深部煤层 CO_2 地质存储与煤层气强化开发有效性理论及评价

桑树勋　刘世奇　王文峰 等　著

国家自然科学基金重点项目(41330638)资助

科学出版社

北　京

内 容 简 介

本书系统地研究了模拟深部无烟煤储层条件下超临界 CO_2 注入煤岩的体积应变效应、地球化学反应效应，深部煤层 CO_2 可注性，CO_2 封存机制与存储容量，深部无烟煤储层 CO_2/CH_4 吸附置换、扩散渗流和驱替产出 CH_4 过程等关键科学问题。本书发展了深部煤层 CO_2 地质存储与煤层气强化开发（CO_2-ECBM）有效性关键理论，探索创建了基于实验模拟与数值模拟的深部无烟煤储层 CO_2-ECBM 有效性评价方法体系，科学地取得了沁水盆地深部无烟煤储层 CO_2-ECBM 有效性评价结果。

本书可供 CO_2 地质存储、煤层气勘探开发领域的研究人员、工程技术人员、管理人员及高等院校相关专业师生阅读和参考。

图书在版编目（CIP）数据

深部煤层 CO_2 地质存储与煤层气强化开发有效性理论及评价/桑树勋等著. —北京：科学出版社，2020.9

ISBN 978-7-03-063844-1

Ⅰ. ①深… Ⅱ. ①桑… Ⅲ. ①煤层-地下气化煤气-地质勘探-研究②煤层-地下气化煤气-资源开发-研究 Ⅳ. ①P618.11-53

中国版本图书馆 CIP 数据核字（2019）第 300089 号

责任编辑：周 丹 沈 旭/责任校对：杨聪敏
责任印制：张 伟/封面设计：许 瑞

科学出版社 出版
北京东黄城根北街 16 号
邮政编码：100717
http://www.sciencep.com
北京中石油彩色印刷有限责任公司 印刷
科学出版社发行 各地新华书店经销
*
2020 年 9 月第 一 版 开本：787×1092 1/16
2020 年 9 月第一次印刷 印张：29
字数：690 000

定价：298.00 元
（如有印装质量问题，我社负责调换）

《深部煤层 CO_2 地质存储与煤层气强化开发有效性理论及评价》

著者名单

桑树勋	刘世奇	王文峰	曹丽文	刘长江
刘会虎	徐宏杰	贾金龙	牛庆合	韩思杰
方辉煌	杜　艺	王　恬	张　琨	陈兴同
周效志	黄华州	王　冉		

序

CO_2地质存储因有望成为碳减排的有效方法而受到全球高度关注，不可采煤层CO_2存储是其重要方式之一，深部煤层是CO_2存储的重要地质体；同时，高效开发煤层气是国家重大需求，因CO_2竞争吸附优势将CO_2注入煤层可大量驱替煤层CH_4产出而成为煤层气强化生产方式。诚然，如何实现CO_2注入煤层减排、CH_4增产且不发生CO_2灾害性泄漏是国际学术界面对的难题。解决以深部煤层CO_2可注性为核心的技术有效性问题是当前最大和迫切的技术挑战。中国深部煤层CO_2-ECBM有效性值得特别关注。集温室气体减排与天然气新能源开发于一体的深部煤层CO_2-ECBM技术在我国有更迫切的需求。

以沁水盆地深部煤层为示例，开展深部无烟煤CO_2地质存储与煤层气强化开发理论研究与评价具有很好的学术价值和实际意义。一方面，取得的理论成果将为国家实施深部煤层CO_2-ECBM工程的探索提供科学依据，推动中国CO_2地质存储和CO_2-ECBM技术的形成和发展，服务于国家减灾减排与新能源开发战略；另一方面，将环境问题与能源问题高度聚焦，有助于培育环境地质与能源地质新的学科生长点，以及发展CO_2-ECBM温室气体减排与大气环境效应基础理论。

在国家自然科学基金重点项目资助下，历经5年的努力拼搏，桑树勋教授带领的研究团队出色地完成了研究任务，取得了丰硕的研究成果。该研究工作突出了深部无烟煤煤层、超临界CO_2流体、CO_2-ECBM体积应变效应与地球化学反应效应协同、CO_2-ECBM流体连续性过程模型等研究特色和关键研究内容；创新和发展了深部煤层CO_2地质存储与煤层气强化开发有效性关键理论，探索创建了基于实验模拟与数值模拟的深部无烟煤储层CO_2-ECBM有效性评价方法体系，科学地取得了沁水盆地深部无烟煤储层CO_2-ECBM有效性评价结果，论证了沁水盆地深部煤层CO_2-ECBM的有效性。《深部煤层CO_2地质存储与煤层气强化开发有效性理论及评价》一书正是上述研究成果的集中呈现和系统凝练。

我相信，该研究成果和该书的出版将有助于推动我国CO_2-ECBM基础研究的深化。该书作为该领域最新研究成果的集中展示，我也非常愿意将其推荐给国内外同行阅读参考。

2020年1月

前　言

煤层 CO_2 地质存储与煤层气强化开采（CO_2-ECBM）技术兼具温室气体减排和洁净化石能源开发双重效益，极具前景。有效性、安全性和经济性是该技术的关键和挑战，其中有效性是基础和前提。CO_2-ECBM 有效性的核心内涵包括煤层 CO_2 可注性、CO_2 封存机制、CO_2 存储容量、煤层气井 CH_4 可增产性，其受到煤储层特征、地层条件、工程条件及 CO_2 注入的地球化学反应效应、体积应变效应等的影响和控制，煤层 CO_2 可注性差成为当前 CO_2-ECBM 技术的最主要瓶颈，深入认识 CO_2-ECBM 有效性机制、科学评价 CO_2-ECBM 有效性、保持和提高 CO_2-ECBM 有效性是当前实现 CO_2-ECBM 商业化的最大技术挑战。中国是煤炭资源、产量和消费大国，不论是温室气体减排，还是煤层气高效开发，对 CO_2-ECBM 都有强烈的现实需求。中国 CO_2-ECBM 潜力巨大，但受煤层煤阶高、渗透率低等地质条件制约，CO_2-ECBM 的有效性值得特别关注。沁水盆地是世界上率先实现无烟煤煤层气大规模商业开发的大型盆地，也是我国最主要的煤层气生产基地，煤层气资源丰富，但煤层气产量、效益都亟待提升；同时，沁水盆地及其周边火力发电厂等碳源密集，温室气体减排潜力大，广泛赋存的深部煤层无疑成为 CO_2 地质存储的重要地质体。以沁水盆地为示例，开展深部无烟煤储层超临界 CO_2 地质存储与煤层气强化开发有效性研究与评价具有突出的学术价值和现实意义。

本书是国家自然科学基金重点项目"深部煤层 CO_2 地质存储与 CH_4 强化开采的有效性理论研究"（编号：41330638）重要研究成果的总结与呈现。项目执行期限为 2014 年 1 月 1 日~2018 年 12 月 31 日，研究工作历时 5 年。本研究以沁水盆地为主要工区，以山西组 3#无烟煤储层为主要研究对象，以自主研发的模拟实验系统为创新平台，以实验模拟和数值模拟为主要方法手段，以工区地层条件、煤储层特征和基本地质模型为实验模拟设置条件、数值模拟边界条件和参数，重点开展了深部无烟煤储层条件下超临界 CO_2 注入煤层体积应力效应和 CO_2/H_2O/煤岩地球化学反应效应，煤储层岩石物理结构、性质演化与 CO_2 可注性，CO_2 封存机制与存储容量，深部无烟煤储层 CO_2-ECBM 吸附置换、扩散渗流和驱替产出 CH_4 过程及其模型等研究工作。主要研究成果集中体现为：创新和发展了深部煤层 CO_2 地质存储与煤层气强化开发（CO_2-ECBM）有效性关键理论，系统揭示了深部无烟煤储层 CO_2-ECBM 有效性机制；探索创建了基于实验模拟与数值模拟的深部无烟煤储层 CO_2-ECBM 有效性评价方法体系，其内涵由 5 台实验装置、3 项实验与数值模拟技术、3 个评价方法所构成；科学地取得了沁水盆地深部无烟煤储层 CO_2-ECBM 有效性评价结果，论证了沁水盆地深部煤层 CO_2-ECBM 具有有效性。研究结果科学地回答了以沁水盆地为代表的深部无烟煤储层 CO_2-ECBM 的有效性问题，为我国实施深部煤层 CO_2-ECBM 工程探索提供了科学依据，发展了温室气体减排的 CO_2-ECBM 关键理论。

本书是研究团队密切协作的成果和集体智慧的结晶。桑树勋负责组织撰写、内容策划与全书统稿，刘世奇协助完成全书统稿。各章节执笔分工如下：前言，桑树勋；第 1 章，桑树勋、韩思杰；第 2 章，刘世奇、周效志、黄华州、王冉；第 3 章，桑树勋、刘世奇；第 4 章，王文峰、刘长江、贾金龙、杜艺、王恬、张琨；第 5 章，曹丽文、牛庆合、贾金龙；第 6 章，刘会虎、徐宏杰；第 7 章，桑树勋、刘世奇、韩思杰；第 8 章，刘世奇、方辉煌、陈兴同；第 9 章，桑树勋、刘世奇、徐宏杰、牛庆合；第 10 章，桑树勋、刘世奇。刘书培、欧阳雄、孙家广、张俊超、牛严伟、熊武侯、敖显书、梁晶晶、王鹤、刘旭东、高德燚、聂鹏辉、张金超、张玉东、刘江、余悠然、吴翔、郑礼儒、谢雨心等参与了实验研究、资料处理、图件绘制、文献整理、文字校对等工作。

研究工作得到了国家自然科学基金委员会资助，特别是地球科学学部的大力支持。中国矿业大学、中国石油大学(华东)、安徽理工大学等为研究工作提供了必要的条件。现场调研和样品采集得到了中国石油天然气股份有限公司山西煤层气勘探开发分公司、山西晋城无烟煤矿业集团有限责任公司、山西潞安矿业(集团)有限责任公司、阳泉煤业(集团)有限责任公司、山西省煤炭地质局的协助。实验系统研发和实验测试工作由江苏珂地石油仪器有限公司、江苏拓创科研仪器有限公司、江苏宏博机械制造有限公司、徐州唐人机电科技有限公司、煤层气资源与成藏过程教育部重点实验室(中国矿业大学)、江苏省煤基温室气体减排与资源化利用重点实验室(中国矿业大学)、中国矿业大学现代分析与计算中心、煤与煤层气共采国家重点实验室(山西晋城无烟煤矿业集团有限责任公司)、河北省区域地质矿产调查研究所实验室、贵州煤炭测试技术开发实业公司、北京市理化分析测试中心、卡尔蔡司(上海)管理有限公司等的协助或被委托完成。英国伦敦帝国理工学院 Sevket Durucan 教授、英国赫瑞-瓦特大学 Jinsheng Ma 副教授、德国亚琛工业大学 Bernhard Krooss 研究员、美国俄克拉荷马大学 Jack Pashin 教授、澳大利亚联邦科学与工业研究组织 Zhejun Pan 研究员、加拿大萨斯喀彻温大学 Samuel Leonard Butler 教授为研究工作，特别是建模与数值模拟工作，提供了帮助。袁亮院士审阅了书稿并慨然作序。科学出版社南京分社的周丹编辑等为本书的高质量出版付出了辛勤劳动。值此付梓之际，谨向上述单位、个人表示最诚挚的谢意！

在国家重点研发计划项目课题(2018YFB0605601)的资助下，依托沁水盆地柿庄南区块 CO_2 驱煤层气示范工程，研究团队正在开展实验室研究成果的延伸及工程应用研究，试图进一步将理论研究与工程探索进行深度结合，本书也包括了基金项目结题后少部分国家重点研发计划项目课题接续研究的成果。受限于条件、研究阶段和能力，本次研究工作取得的部分成果和认识还有待工程实践的验证，有关深部煤层 CO_2 地质存储与 CH_4 强化开发的置换驱替机制也有待于进一步深化研究，流体连续性过程模型还有待进一步完善，对于书中存在的不足，敬请读者批评指正！

著　者

2019 年 5 月 30 日

目 录

第1章　绪　　论

煤层 CO_2 地质存储与煤层气强化开采(CO$_2$ geological storage and enhanced coalbed methane recovery，CO_2-ECBM)既是国际前沿，也是国家需求；有发展前景，也面临诸多技术挑战。CO_2 能否注得进、存得住、容量多少及 CH_4 增产效果如何等 CO_2-ECBM 有效性问题成为关注的焦点。本书充分吸收前人的相关研究成果和认识，主要采用 CO_2-ECBM 实验模拟和数值模拟等方法手段，突出深部无烟煤煤层、超临界 CO_2 流体、CO_2-ECBM 体积应变效应与地球化学反应效应协同、CO_2-ECBM 流体连续性过程模型等研究特色和关键研究内容，在 CO_2-ECBM 有效性模拟研究方法体系、CO_2-ECBM 有效性机制、沁水盆地深部无烟煤 CO_2-ECBM 有效性评价方面取得了重要研究进展和创新，研究成果有助于推动我国 CO_2-ECBM 基础研究的深化，也将为我国以沁水盆地为代表的深部煤层 CO_2-ECBM 工程的实施提供科学参考和重要依据。

1.1　CO_2-ECBM 及其有效性

煤层 CO_2 地质存储与煤层气强化开采技术兼具温室气体减排和洁净化石能源开发双重效益，极具前景。有效性、安全性和经济性是其技术关键和挑战，其中有效性是基础和前提。CO_2-ECBM 有效性的核心内涵包括地面井 CO_2 可注性、CO_2 封存机制、CO_2 存储容量、煤层气井 CH_4 可增产性，受到煤储层特征、地层条件、工程条件及 CO_2 注入的地球化学反应效应、体积应变效应等的影响和控制。中国是煤炭资源、产量和消费大国，不论是温室气体减排，还是煤层气高效开发，对 CO_2-ECBM 都有强烈的现实需求。中国 CO_2-ECBM 潜力巨大，但受煤层煤阶高、渗透率低等地质条件制约，CO_2-ECBM 的有效性值得特别关注。在国家自然科学基金重点项目“深部煤层 CO_2 地质存储与 CH_4 强化开采的有效性理论研究”(41330638)的资助下，针对沁水盆地无烟煤 CO_2-ECBM 有效性问题开展了为期五年的系统研究工作，以期揭示以沁水盆地无烟煤为代表的深部煤层 CO_2-ECBM 有效性机制，为 CO_2-ECBM 工程实施提供科学依据。

1.1.1　CO_2-ECBM

CO_2 地质存储是 CCUS(carbon capture, utilization and storage, 碳捕获、利用与封存)新技术的关键组成部分，是目前国际上公认的有望实现 CO_2 温室气体减排的极具潜力的地质处置方法。其主要目标地质体包括深部咸水层、正在开采或枯竭的油气田、深部不可采煤层、玄武岩层等(图 1-1)。深部咸水层在地球上广泛分布，因此其 CO_2 地质存储容量最大。但 CO_2 注入储层强化油气开采则可通过油气增产有效抵减 CO_2 注入成本，是较为经济的 CO_2 地质存储方式。CO_2 注入常规油气储层与煤储层强化油气开采的技术有 CO_2-EOR(CO$_2$ enhanced oil recovery)与 CO_2-ECBM，这两种工程技术在实现 CO_2 地质存储的同时，可以提高油气资源的采收率，集温室气体减排和能源开发为一体，使 CO_2 地质存储具有更好的经济性，因此世界上美国、加拿大、欧盟、澳大利亚、日本、中国等相关政府组织、研究机构和油气公司先后开展了大量实验研究、工程试验和商业化开发工程。CO_2-EOR 相对于 CO_2-ECBM 是一种更为成熟的技术，在世界范围内已经进入商业化实施阶段，尤其在北美的主要油气盆地，如墨西哥湾盆地等。而 CO_2-ECBM 技术虽然在小范围内已经商业化应用或处于示范工程阶段，但总体上仍处于现场试验阶段，如我国 2011~2015 年在沁水盆地柿庄北区块开展了深煤层井组（SX006 井组）注入 CO_2 的现场试验，试验井组共由 11 口井组成，其中 CO_2 注入井 3 口，煤层气生产井 8 口，累计注入 3963 t 液态 CO_2（叶建平等，2016）。CO_2-ECBM 相关的 CO_2/CH_4 竞争吸附置换过程、置换吸附 CO_2 煤层膨胀引起的渗透率衰减动态变化等问题更为复杂，对 CO_2 注入有效性带来挑战，也阻碍了 CO_2-ECBM 技术的商业化进程。另外，目前认为的深部不可采煤层在未来技术得到发展后有可能成为可采煤层，彼时先前注入存储煤层的 CO_2 必然会随着新的采煤活动而重新排放到大气中，因此存在潜在的环境风险。尽管存在这些挑战，煤储层在全球的广泛分布吸引着越来越多国家和学者持续研究并不断深化 CO_2-ECBM 地质存储理论与技术，CO_2-ECBM 附加的煤层气增产潜力和已经实施的大量煤层气生产井为不可采煤层中的 CO_2 地质存储提供了动力和有利条件。实验证实，煤层对 CO_2 的吸附能力是对 CH_4 的 1.5~9 倍，注入的 CO_2 能够置换煤层中原有的 CH_4，相较于常规开发的排水降压过程，能够显著地提高 CH_4 采收率（Busch and Gensterblum, 2011）。同时，正是由于 CO_2 多被吸附在煤层微孔内表面且不易移动，因此能保证长期、稳定、安全的存储。

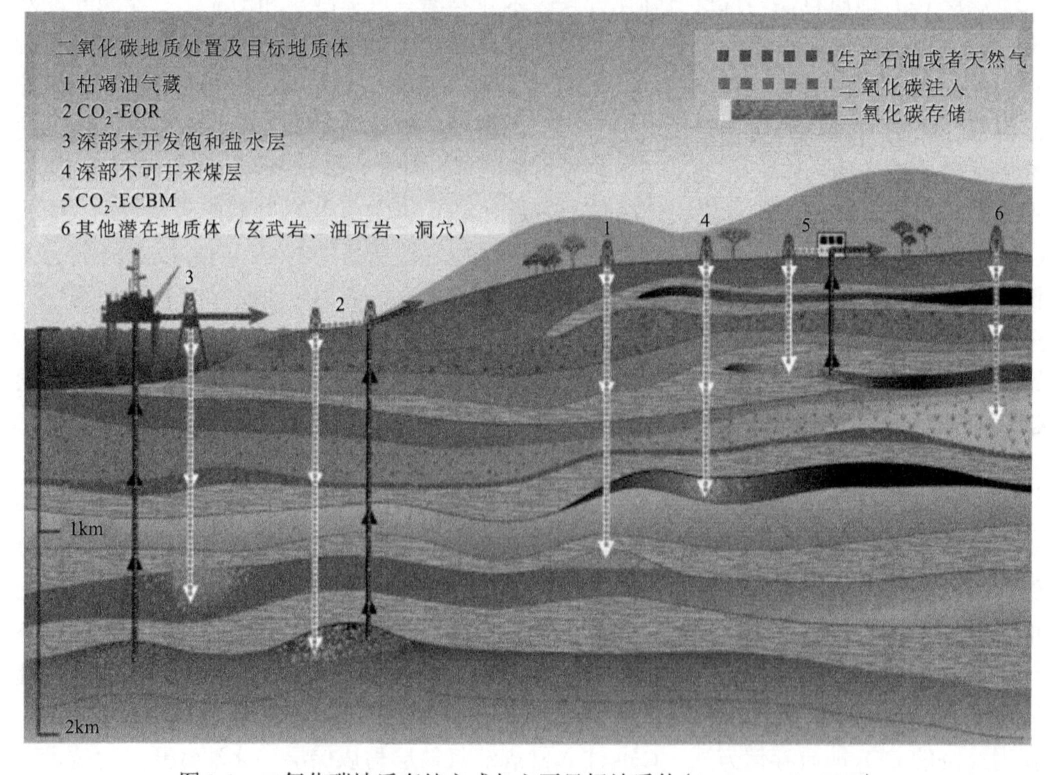

图 1-1 二氧化碳地质存储方式与主要目标地质体（Aminu et al., 2017）

1.1.2 CO_2-ECBM 有效性

深部煤层 CO_2-ECBM 有效性的科学内涵包括 CO_2 可注性(injectivity)、CO_2 封存机制与存储容量(containment and storage capacity)和 CH_4 增产效果(productivity)，是 CO_2-ECBM 面临的关键基本理论和技术问题。煤层 CO_2-ECBM 有效性也成为煤层 CO_2-ECBM 安全性、经济性的前提和基础。煤层 CO_2 可注性通过注入压力、注入速率、累计注入量等参数进行表征，主要与煤层渗透性及其动态变化有关。伴随 CO_2 的注入，煤层渗透率会发生衰减，往往影响煤层 CO_2 可注性，煤层吸附 CO_2 产生的体积应变效应是造成 CO_2 注入过程中煤层渗透率降低的主要原因。虽然 CO_2，特别是超临界 CO_2 与煤中矿物的地球化学反应和与煤有机本体间的物理化学作用可改善煤层渗透率，对提高煤层 CO_2-ECBM 可注性具有一定的积极意义，但因煤岩体积应变和膨胀应力的影响更显著，导致 CO_2-ECBM 过程中煤层渗透率总体呈降低趋势，一定程度上制约了煤层 CO_2 的整体可注性。CO_2 吸附置换 CH_4 和吸附封存是主要封存方式，构造圈闭、地层圈闭封存也不可忽视，而溶解封存和矿物固化封存影响较小。深部煤层温压条件控制的 CO_2 超临界性质是 CO_2 吸附封存的关键，决定了 CO_2 封存机制与存储容量。CO_2-ECBM 的理论存储容量、有效存储容量、技术存储容量和经济存储容量存在显著差距。煤层气生产井增产幅度和采收率变化可用来表征 CO_2-ECBM 增产效果。准确评价煤层 CO_2 注入速率、有效存储容量和生产井 CH_4 产量变化是科学评估 CO_2-ECBM 有效性的关键，其中深部煤层 CO_2-ECBM 有效性评价实验模拟方法和数值模拟技术是当前 CO_2-ECBM 模拟研究和评价的关键技术手段。

中国深部煤层(埋深≥1000m)发育广泛，煤阶显著偏高、渗透率总体偏低，增加了 CO_2-ECBM 技术难度，对以沁水盆地深部无烟煤为典型代表的深部煤层 CO_2-ECBM 有效性问题必须给予特别关注。

1. 气体竞争吸附置换与 CO_2-ECBM 有效性

煤层多元组分气体竞争吸附的大量实验研究工作初步证实了含 CH_4 煤层具有 CO_2 存储能力和 CO_2 注入的 CH_4 增产效果(Day et al., 2008c；Fitzgerald et al., 2005；Siemons and Busch, 2007)。众多学者相继开展了 CH_4、CO_2、N_2 等多元气体等温吸附解吸实验，形成了较为成熟的实验方法，获得了温、压、水等条件下多元组分气体吸附解吸实验数据(Cui et al., 2004；Fitzgerald et al., 2005；Ottiger et al., 2008；唐书恒等，2004a, 2004b；张庆玲等，2005)；注入 N_2 是通过降低 CH_4 分压提高产量，而 CO_2 主要是依靠其优势吸附能力，并就此建立了煤层多组分气体吸附解吸规律表述方程，主要有理想吸附溶液理论(IAS)(Yu et al., 2008)、扩展的朗缪尔(Langmuir)方程(Chaback et al., 1996)、二维位力状态方程(DeGance et al., 1993)、Zhou-Gasem-Robinson 二维状态方程(Fitzgerald et al., 2005)。CO_2 较 CH_4、N_2 具有竞争吸附优势，其中 CO_2/CH_4 吸附比可达 1.1~9.1。CH_4 较 CO_2 优先解吸，随煤阶、水分和实验温度变化 CO_2、CH_4 相对吸附解吸能力不同(Ottiger et al., 2008)。实验模拟表明，注入煤层气体数量越大、注入气体中 CO_2 组分浓度越高，单位压降下的 CH_4 解吸率和 CO_2 吸附率越高(唐书恒等，2006)，随着注入气体压力的升高，煤对 CO_2 选择性吸附能力增加；张遂安等(2005)在气体竞争吸附理论基础上，开展了置换解吸实验和理论探讨，对沁水盆地单井注入-生产效果给予了理论解释。

2. 体积应变效应与CO_2-ECBM有效性

CO_2注入后煤基质体积变化研究取得显著进展，已发现煤基质体积变化规律及其对渗透率的明显影响。用不同的实验方法均观察到吸附气体后煤基质体积发生变化(Day et al., 2008b；Jia et al., 2018；Ottiger et al., 2008)。随着煤吸附气体的增加，煤体的膨胀可能呈现单调递增的现象，其中吸附CO_2的膨胀效应大于CH_4(Ottiger et al., 2008)；使用CO_2置换CH_4会导致煤体的净膨胀，煤体随压力的膨胀曲线可以用Langmuir方程进行描述(Pan and Connell, 2007)；煤的膨胀具有可逆性和方向性(Day et al., 2008b)，气体吸附所产生的膨胀不会改变煤的各向异性(Larsen, 2004)。CO_2注入后煤体膨胀的可能原因：吸附CO_2导致煤的比表面能发生变化，而这种变化可以用体积变化引起的弹性能改变来相互抵消(Pan and Connell, 2007)；煤是具有拉张性的、相互联结的大分子结构系统，其在高压下吸附CO_2会引起煤的结构改变(Larsen, 2004)。同时，CO_2的注入可能会导致煤的软化和增塑，引起煤力学性能的改变，如在CO_2长期埋藏后引起软化温度和杨氏模量的变化(Viete and Ranjith, 2006)。CO_2-ECBM过程中所发生的煤体积变化直接影响了煤层的渗透率变化，随CO_2注入有效应力显著增大，煤层渗透率显著降低(Wei et al., 2010)，但长时间注入后煤层渗透率会出现部分恢复(Pan et al., 2010)。煤岩发生气体吸附或解吸后，其体积会发生膨胀和收缩，并产生膨胀应力和收缩应力，导致煤储层有效地应力和孔隙度、渗透率等煤储层物性的显著变化，这种现象称为体积应变效应。CO_2注入煤层的体积应变效应显著且为负效应，可导致煤层渗透率急剧衰减，一般被认为是制约煤层CO_2可注性的基本机制。

3. 地球化学效应与CO_2-ECBM有效性

煤层CO_2存储中，CO_2、特别是超临界CO_2-H_2O与煤岩地球化学反应及其煤储层结构演化研究已取得诸多认识，初步确认煤储层地球化学反应可导致煤储层储存能力和渗透性的变化(Du et al., 2019；Liu et al., 2018a)。一般800~1000m埋深的煤层温、压可达到CO_2临界点，使得CO_2在煤储层中的赋存为超临界状态。煤储层超临界CO_2-H_2O与煤岩地球化学反应系统引起了众多学者的关注(Day et al., 2008a; Du et al., 2018a; Wang et al., 2019b)，Hayashi等(1991)分别用盐酸和碳酸对煤样品进行处理，结果发现在室温条件下，后者对于Ca和Mg的迁移具有相对更强的作用；Hedges等(2007)则把研究重点放在CO_2在煤储层存储过程中水的地球化学变化上，同时从岩石学方面对模拟存储过程中煤的割理中的矿物变化进行了研究；在实验中明显观察到在有水存在的条件下，方解石、白云石以及菱镁矿等均会被淋滤出来(Hayashi et al., 1991)。在CO_2的模拟存储过程中，CO_2与水所生成的碳酸与煤中矿物发生反应，可改变整个煤的孔隙结构(Wen et al., 2017)，原本一些处于封闭或者半封闭的孔在这个过程中可能被打开(图1-2)，这个过程与CO_2注入深部咸水层具有相似之处(Bertier et al., 2006)。在CO_2的注入过程中，随着流体地球化学反应，煤的孔径分布和渗透率都会发生变化，出现孔隙度、渗透率和煤层吸附能力增大的现象(Liu et al., 2010a)，也有研究认为煤层结构变化的结果会导致煤层CO_2存储能力的降低(Liu and Smirnov, 2008)，同时，煤的原始裂隙结构对CO_2注入后的煤体力学性质产生显著影响(Ranjith and Perera, 2012)。当煤在接触超临界CO_2时，某些有机物也会被抽提出来(Kolak and Burruss, 2006)，导致煤大分子的再排列和明显增塑，煤的物理化学结构发生改变(Mirzaeian et al., 2010)，其中部分原因可能是煤体膨胀(Mazumder and Wolf, 2008)。煤岩-水-二氧化碳体系会发生较为强烈的水岩作用等地球化学反应，煤中矿物质发生不同程度溶解和新矿物沉淀，甚至超临界CO_2会对煤中有机质产生萃取作用，导致煤储层中物质迁移和岩石物理结构、煤储层物性的改变，这种现象称为CO_2-ECBM的地球化学效应。由于地层条件和工程条件的不同，一般会发生不同程度的正效应，即煤储层的渗透性和可注性随CO_2注入和反应时间的增加得到一定改善。

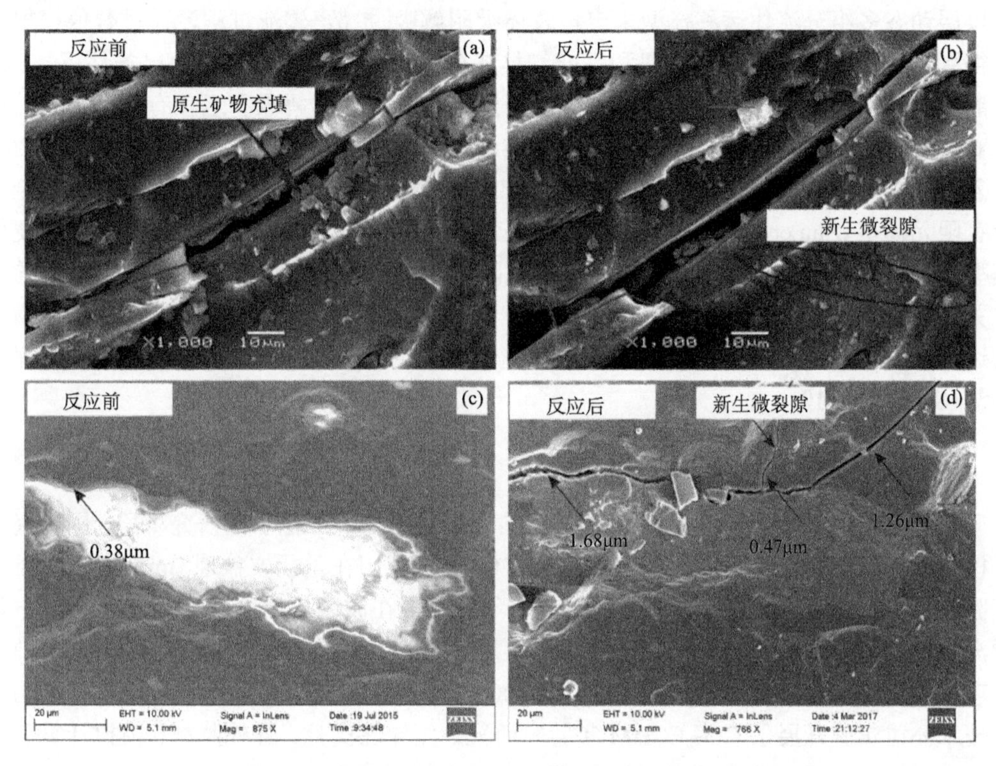

图 1-2 煤岩-水-CO_2反应前后煤中矿物与孔裂隙对比

(a), (b) 引自文献 Wen et al., 2017

4. 流体过程建模、数值模拟技术与CO_2-ECBM有效性

关于CO_2注入煤层的解吸扩散、渗流、驱替的模型研究已取得长足进展，特别是将三维应力状态和热传导引入耦合模型。数值模拟技术已成为揭示、描述煤层CO_2存储地质、物理化学过程、预测CO_2-ECBM工程效果的有效手段。Fitzgerald 等(2005)应用改进的SLD-PR(simplified local density Peng-Robinson)模型和Gibbs吸附方程，考虑超临界状态吸附相密度，描述了煤吸附气体特征。煤层中CO_2运移是煤层CO_2-ECBM有效性的重要影响因素，随气体压力的增加，煤层中气体扩散过程变得缓慢，吸附平衡时间变长(Siemons and Busch, 2007)。Busch 等(2004)应用双扩散模型来描述吸附解吸-扩散动力学过程，获得了与实验结果较为吻合的数值模拟结果；Kelemen 和 Kwiatek(2009)认为

单孔扩散模型能够描述 CO_2 注入吸附扩散动力学过程，并得到了煤层变形量和吸附量没有线性关系的认识；Hu 等(2010)基于煤分子模型、煤分子与气体分子作用，模拟了煤层气体吸附和扩散特征。被广泛采用的 CO_2 注入煤层渗透率模型有 Palmer-Mansoori 模型、Shi-Durucan 模型、the advanced resources international 模型，其基础是煤储层体积、应力变化与渗透率的关系。Zhang 等(2008)建立了基于原位地应力的吸附相和煤基质吸附变形的孔隙度及渗透率变化有限元模型，模拟结果表明 CO_2 注入煤层孔隙度和渗透率的变化是有效应力和孔隙体积变化竞争影响的结果；进一步考虑煤层结构、力学性质和非均质性，Wang 等(2009b)提出了煤层渗透率改进模型。Wei 等(2010)利用所建立的 CO_2 注入煤层动态多组分流体运移模型来定量表述吸附解吸-扩散-渗流过程，通过数值模拟预测得到了注入气体组分对渗透率和生产气体成分的影响。研究发现：地层条件下，CO_2 扩散速度是 CH_4 的近 2 倍(Saghafi, 2010)；煤层水分对气体解吸和运移有显著影响，湿度对 CH_4 扩散的影响较 CO_2 要大。Liu 和 Smirnov(2008)建立了基于饱和度变化的 CO_2 注入存储与 CH_4 生产数值模型，模拟计算出中国深部煤层 CO_2 注入量为 12GT。以全耦合有限元模型(Zhu et al., 2011)和三维有效应力、孔隙弹性、吸附解吸、煤基质体积变化模型(Hol et al., 2011)为基础的数值模拟可以得到 CO_2 注入煤层有效性参数随时间的变化关系，模拟结果显示煤层渗透率在 3~13 年后出现部分恢复，注入的 CO_2 在 30 年后可到达煤层气生产井(Ozdemir, 2009)；并可获得含 CH_4 煤层 CO_2 理论存储容量和有效存储容量(Saghafi, 2010)。

5. 工程探索与 CO_2-ECBM 有效性

关于 CO_2-ECBM 有效性的工程探索，国际上总体处于工程示范研究阶段，国内尚处于模拟研究与工程试验阶段(表 1-1)。1995~2001 年，美国在圣胡安盆地 Burlington Allison 试验区首次进行了 CO_2-ECBM 实验。2001 年，欧盟在波兰启动 RECOPOL 项目，它是欧洲第一个在煤层中封存二氧化碳和提高煤层气采收率的先导性实验示范项目，目前后续项目仍在进行注入后的运移监测研究。2004~2005 年，日本经济产业省组织、通用环境技术公司实施开展了 CO_2-ECBM 实验室研究、先导性实验、野外监测、模拟计算和评价工作。我国“十五”攻关项目开始启动 CO_2-ECBM 基础研究和经济技术评价研究工作，2002~2012 年中联煤层气有限责任公司与加拿大 ARC 公司、澳大利亚 CSIRO 等合作，在沁水盆地、鄂尔多斯盆地东缘开展了 CO_2-ECBM 工程试验研究，2013 年后在国家科技重大专项“大型油气田及煤层气开发专项”的资助下开始了 CO_2-ECBM 自主工程探索。已有的先导性试验和野外监测表明，CO_2-ECBM 技术具有商业化前景，特别是在有效性的工程研究领域已取得积极进展(De Silva et al., 2012；Mazzotti et al., 2009)，同时也凸显出其技术难度(Mazzotti et al., 2009)，CO_2 高效注入技术尚未成熟，CO_2 实际存储容量尚不确定，CH_4 增产效果还有待提升。我国于 2011~2015 年在沁水盆地柿庄北区块开展 CO_2-ECBM 示范工程，试验井组由 3 口注入井、8 口产气井组成，评价结果表明，间歇式注入 CO_2 单井注入速率可达 15000 m^3/d，单井注入量可达 4862 t，平均吨煤存储 CO_2 可达 8 t，增产迟滞时间为 460 d(300m 井距)，增产幅度最高可达 3.8 倍，预计采收率可提高 35%(Ye, 2017；叶建平等，2016)。

表 1-1　世界主要 CO_2-ECBM 工程实施概况（Pan et al., 2018；Ye, 2017）

工程位置	注入时间	CO_2 注入量	井口布置/监测手段	国家
柿庄南煤层气区块 ECBM 工程，沁水盆地	2004.4~2004.6	192.8 t/13 d	单井间歇式/压力，水化学，气体组分	中国
柿庄北煤层气区块 ECBM 工程，沁水盆地	2010.4~2010.5	233.6 t/17 d	单井间歇式/压力，气体组分	
柳林煤层气区块 APP ECBM 工程，鄂尔多斯盆地东缘	2011.9~2012.3	460 t/70 d	多分支水平注入井 1 口；监测井 1 口/U 形管系统示踪	
柿庄北煤层气区块多井组注入工程，沁水盆地	2013~2015	4491 t/460 d	注入井 3 口，生产井 8 口/瞬变电磁，水样	
Allison 试验区，圣胡安盆地	1995.4~2001.8	336000 t	注入井 4 口，生产井 16 口，压力监测井 1 口	美国
Pump 峡谷，圣胡安盆地	2008.7~2009.8	16699 t	注入井 1 口，生产井 3 口	
Tanquary 农场试验，伊利诺伊盆地	2008 年夏	92.3 t	注入井 1 口，监测井 3 口	
Virginia，阿巴拉契亚盆地中部试验	2009.1.15~2009.2.9	约 900 t	注入井 1 口，生产井 7 口	
褐煤区块有效性试验，威利斯顿盆地，北达科他州	2009.3	90 t/16 d	注入井 1 口，监测井 4 口	
黑武士盆地，亚拉巴马州	2010.6~2010.8	225 t	注入井 1 口，水力压裂，监测井 3 口	
Marshall 县，阿巴拉契亚盆地北部，西弗吉尼亚州	2009.9~2013.12	4500 t	水平注入井 2 口，相邻生产井若干	
Buchanana 县，阿巴拉契亚盆地中部，弗吉尼亚州	2015.7~2015.8	1470 t	注入井 3 口	
FBV 4A 微型先导试验工程，Fenn，Big 区，阿尔伯塔省	1998	201 t	注入井 1 口	加拿大
CSEMP，Alder Flats，阿尔伯塔省	2006.6	2 次注入，注入量未知		
RECOPOL，Kaniow 区，卡托维兹南	2004.8~2005.5	692 t	注入井 1 口，生产井 1 口	波兰
Yubari，Ishikari 盆地，北海道	2004.7~2007.9	约 800 t	注入井 1 口，生产井 1 口	日本

1.1.3　意义及应用前景

1. 深部无烟煤储层 CO_2-ECBM 有效性机制的科学意义

深部无烟煤储层 CO_2-ECBM 有效性机制是本次研究工作的核心内容和重要成果。其科学意义主要在于：阐释了煤储层 CO_2-ECBM 有效性的科学内涵，揭示了煤层 CO_2 可注性差的机制和 CO_2 可注性变化的原因，明确了深部无烟煤储层 $ScCO_2$（supercritical CO_2，超临界二氧化碳）注入的特征与规律；探明了深部无烟煤储层 CO_2 封存机制，建立了评价 CO_2 封存容量的本构模型；发现并解释了深部无烟煤储层理论封存容量相对大、经济封存容量相对小（有效存储容量低）的问题，为深部煤层 CO_2 封存容量计算评价提供了理论基础；探索了深部煤层 CO_2 注入-吸附解吸-流体运移-CH_4 产出过程的理论模型，为深部煤层，特别是无烟煤层 CO_2 注入和 CH_4 增产动态评价与预测提供了科学依据；丰富和创新性发展了深部煤层 CO_2 地质存储与煤层气强化开发有效性理论，为开展深部煤

层 CO_2 地质存储与煤层气强化开发有效性评价和工程探索奠定了理论基础，也为深部煤层 CO_2 地质存储与煤层气强化开发的经济性、安全性研究提供了前提；发展了中国的深部煤层 CO_2 地质存储与煤层气强化开发的基础理论。

2. 深部无烟煤储层 CO_2-ECBM 有效性评价方法体系的应用前景

深部无烟煤储层 CO_2-ECBM 有效性评价方法体系是本次研究工作的另一重要成果，主要由 5 台自主研发装置、3 项关键技术和 3 个评价方法构成。其应用前景主要在于：沁水盆地郑庄区块以及盆地尺度的应用实例表明，深部无烟煤储层 CO_2-ECBM 有效性评价方法体系可以用于沁水和其他类似无烟煤发育含煤盆地的 CO_2-ECBM 有效性评价工作，同时对中低煤阶含煤盆地的 CO_2-ECBM 有效性评价工作也有借鉴意义。基于实验模拟和数值模拟的深部煤储层 CO_2-ECBM 有效性评价，快捷经济，可信度较高，将大大降低工程探索和工程实施的风险，提高深部煤储层 CO_2-ECBM 工程的成功率，有助于推动我国煤层气大规模高效开发技术和产业的发展，也将助推深部煤层 CO_2 地质存储技术的进步和新产业的培育。

3. 沁水盆地深部无烟煤储层 CO_2-ECBM 有效性评价结果的应用前景

沁水盆地深部无烟煤储层 CO_2-ECBM 有效性评价结果回答了 4 个关键问题：沁水盆地深部无烟煤储层 CO_2-ECBM 是否具有有效性？沁水盆地深部无烟煤储层 CO_2-ECBM 的 CO_2 可注性如何？沁水盆地深部无烟煤储层的 CO_2 存储容量是多少？沁水盆地深部无烟煤储层 CO_2-ECBM 煤层气生产井的增产效果如何？沁水盆地的评价工作基于坚实的深部无烟煤储层 CO_2-ECBM 有效性理论和科学的深部无烟煤储层 CO_2-ECBM 有效性评价方法体系，评价结果可信。评价结果确认了沁水盆地深部无烟煤储层 CO_2-ECBM 的有效性、CO_2 可注性和 CH_4 增产效果，为当前沁水盆地深部无烟煤储层 CO_2-ECBM 工程实施提供了重要理论技术支撑和指导，可推动沁水盆地 CO_2-ECBM 工程更快发展和取得更好效果，对沁水盆地煤层气开发低产井改造提供了理论技术依据。同时，也为开展其他盆地 CO_2-ECBM 有效性评价工作提供了经验和借鉴，所取得评价结论对类似的无烟煤发育盆地，更具有参考价值。

1.2 CO_2-ECBM 国内外研究现状

CO_2、CH_4 在煤层中的竞争性吸附-解吸，CO_2 置换并驱替 CH_4 是 CO_2-ECBM 的基本原理，有关煤层对气体特别是对多元气体的吸附机制、表征模型、影响因素、吸附封存容量等的认识构成了 CO_2-ECBM 有效性的重要理论基础。煤层渗透率低且随 CO_2 注入而衰减，制约煤层 CO_2 可注性，是当前 CO_2-ECBM 有效性研究需要破解的最大难题。CO_2 注入煤层导致的体积应变效应和地球化学反应效应是造成煤层渗透率变化的主要机制，前人关于 CO_2 注入煤层的体积应变效应研究已取得重要进展，关于 CO_2 注入煤层的地球化学反应效应研究也有了一定工作积累，为本次开展 CO_2 注入煤层的体积应变效应、地球化学反应效应深化研究和协同研究提供了基础。CO_2-ECBM 有效性研究的另一关键是认识 CO_2-ECBM 的 CO_2 注入-吸附/解吸置换-扩散渗流驱替-CH_4 产出的流体连续性过程，建立 CO_2-ECBM 流体连续性过程模型，这也是前人研究工作相对薄弱，本次研究工作取得重要进展的方面。对超临界 CO_2-ECBM 的系统研究也是本次工作的重要特色和进展所在。

1.2.1 CO_2-ECBM 相关的吸附过程与 CO_2 存储容量

1. 吸附影响因素及控制机制

Levy 等(1997)、Bustin 和 Clarkson(1998)认为：在煤层吸附甲烷的过程中吸附能力随温度的升高呈现线性降低。随后许多学者都发现煤层中甲烷吸附量随温度升高而降低的规律，且降低程度随温度增加而变快(Crosdale et al., 2008；Lama and Bodziony, 1998；Sakurovs et al., 2008；钟玲文等，2002)，温度对煤层中 CO_2 吸附的影响显示相同的变化规律(Goodman et al., 2004)，这是由于温度升高加快了气体分子的热运动速度，降低了气体分子的黏度，气体分子获得的动能增加，更加容易从煤体孔隙表面脱逸出来，相反的解吸则是随着温度升高而变得更为容易。

Prinz(2004)综合干湿煤样的实验发现：干煤样 Langmuir 吸附量与煤阶的相关性散点图呈“向上开口抛物线形”变化趋势，对于平衡水煤样两者相关性散点图呈现轻微的线性增加关系。Laxminarayana 和 Crosdale(2002)通过对印度中低煤阶(0.62%~1.46%)的实验表明，干煤样朗缪尔吸附量与煤阶呈二次多项式关系，平衡水煤样两者呈线性增加关系。Levy 等(1997)认为在煤岩吸附能力随煤阶的变化过程中，吸附量的最小值与煤阶跃变有关。Bustin 和 Clarkson(1998)却认为吸附量在总体上与煤阶的关系不明显。Saghafi 等(2007)通过煤岩的 CO_2 吸附实验认为，煤阶对煤岩吸附 CO_2 的影响具有与甲烷相似的关系，然而不足的是其实验最高气体压力仅仅达到 5MPa。

一般认为煤中孔隙水的存在对 CO_2 或 CH_4 的吸附起到抑制作用(Guo et al., 2015；崔永军等，2005；聂百胜等，2004；桑树勋等，2005)，这是由于水具有更强的极性，能优先占据高能吸附位，从而降低 CO_2/CH_4 的吸附量(Gensterblum et al., 2013；Ozdemir and Schroeder, 2009)。然而煤中水分含量的影响存在一个极限值(平衡水含量)，在到达临界值之前吸附量随水分含量增加而减小，超过这个临界值，吸附量基本保持一致(Day et al., 2008c；Joubert et al., 1973；Levine et al., 1993)。另外，Day 等(2008c)通过对澳大利亚和中国烟煤的研究发现 1 个水分子可以替换 0.3 个 CO_2 分子或 0.2 个 CH_4 分子。

影响煤岩吸附能力的其他因素包括储层压力、煤岩显微组分组成特征、灰分等煤质特征及煤体结构等。同一煤阶中镜质组含量越高，吸附能力越强(Laxminarayana and Crosdale, 2002; Zhang et al., 2011)，这是由于煤的显微组分中镜质组微孔最为发育，而吸附主要发生在微孔中。Lamberson 和 Bustin(1993)认为最高的气体吸附量在高镜质组或者镜质组-丝质组混合的煤岩样品中。Clarkson 和 Bustin(2000)对不同灰分产率的煤进行了等温吸附的对比实验，结果表明吸附量随灰分增加而减小。灰分与吸附能力呈负相关关系(Bustin and Clarkson, 1998；Faiz et al., 2007；Laxminarayana and Crosdale, 2002)，这是由于有机组分的吸附能力强于矿物。

2. 超临界气体吸附模型与机制

CH_4 和 CO_2 在深部不可采煤层的温度、压力条件下通常保持超临界状态，特别是 CO_2 在深部条件下密度与可压缩性变化显著。适宜用目前在低压条件下常用的 Langmuir 模型、BET（Brunauer-Emmett-Teller）模型、D-R（Dubinin-Radushkevich）/D-A（Dubinin-Astakov）模型等来表征，且需考虑自由相组分密度与吸附相组分密度之间不断减小的差距，因此前人提出了基于这些理论的改进型吸附模型（Bae and Bhatia, 2006; Sakurovs et al., 2007; Tang et al., 2016；周尚文等，2016）。

1）Langmuir 型超临界吸附模型（Bae and Bhatia, 2006）

$$V_{ex}=\frac{V_0K_0\rho_g}{1+K_0\rho_g}\left(1-\frac{\rho_g}{\rho_a}\right)+k\rho_g\left(1-\frac{\rho_g}{\rho_a}\right) \tag{1-1}$$

式中，V_{ex} 为吸附气体体积；V_0 为朗缪尔体积；K_0 为朗缪尔常数；ρ_g 为自由相气体密度；ρ_a 为吸附相气体密度；k 为与吸附膨胀引起的吸附量变化相关的常数。

2）Toth 型超临界吸附模型（Bae and Bhatia, 2006）

$$V_{ex}=\frac{V_0K_0\rho_g}{1+K_0\rho_g}-\rho_gV_a \tag{1-2}$$

式中，K_0 为吸附常数；V_a 为吸附相体积。

3）双吸附位 Langmuir 型超临界吸附模型

越来越多的超临界气体吸附实验结果证明，以均匀吸附表面和等能量吸附位为假设的传统的 Langmuir 模型不能够准确描述固气吸附系统，尤其是具有强烈非均质孔表面的煤，不同吸附位的吸附能量由于孔径和煤大分子结构的不同存在显著差异。因此，为了表征非均质吸附剂的特征，Tang 等（2016）假设了最简单的吸附位分布情况及两种具有显著差异的吸附位，并建立了双吸附位 Langmuir 型超临界吸附模型：

$$V_{ex}=V_0\left[(1-\alpha)\frac{K_1P}{1+K_1P}+\alpha\frac{K_2P}{1+K_2P}\right]\left(1-\frac{\rho_g}{\rho_a}\right) \tag{1-3}$$

式中，α（$0<\alpha<1$）为不同吸附类型占比；$K_1=A_1\cdot\exp\dfrac{-E_1}{RT}$ 和 $K_2=A_2\cdot\exp\dfrac{-E_2}{RT}$ 为不同吸附类型的吸附常数，E_1 和 E_2 为不同吸附位对应的吸附能，A_1 和 A_2 为与吸附热力学相关的参数，R 为通用气体常数；P 为平衡压力；T 为温度。Tang 和 Ripepi（2017）在研究煤的高压 CO_2 吸附中认为，双吸附位 CO_2 包括附着于煤孔隙表面的 CO_2 吸附相与渗入煤大分子结构的 CO_2 吸附相。

4）微孔填充型超临界吸附模型（Sakurovs et al., 2007）

常规的微孔填充模型如 D-R 和 D-A 模型采用了气体饱和蒸气压的概念，然而，针对超临界气体，饱和蒸气压已经失去其基本的物理意义，因此，Sakurovs 等（2007）用自由相密度代替平衡压力、吸附相密度代替饱和蒸气压，并引入经验参数 k，构建了超临界 D-R 吸附模型：

$$n_{ex}=n_0\left(1-\frac{\rho_g}{\rho_a}\right)e^{-D\left[\ln(\rho_a/\rho_g)\right]^2}+k\rho_g\left(1-\frac{\rho_g}{\rho_a}\right) \tag{1-4}$$

式中，n_{ex}为吸附气体的物质的量；n_0为微孔体积；D为反映吸附热和吸附质与吸附剂之间关系的常数。

5) Dubinin-Radushkevich-Langmuir 复合型超临界吸附模型

周尚文等(2017)开展了页岩的超临界 CH_4 吸附实验，根据吸附结果计算了超临界CH_4的吸附空间和分子层数，发现超临界CH_4在页岩孔隙中的吸附行为既不满足微孔填充也不满足单分子层吸附，因此推测页岩气超临界吸附机制应为微孔填充和单分子层吸附并存，并通过对比微孔填充模型和单分子吸附模型的拟合结果，发现微孔填充-单分子层吸附复合模型对页岩的超临界CH_4吸附具有更好的拟合结果。以微孔填充与单分子层吸附为基础的 Dubinin-Radushkevich-Langmuir 复合型及相关的改进吸附模型如下：

$$n_{ex}=n_1\left(1-\frac{\rho_g}{\rho_a}\right)e^{-D\left[\ln\left(\rho_a/\rho_g\right)\right]^2}+n_2\left(1-\frac{\rho_g}{\rho_a}\right)\frac{P}{P+P_L} \tag{1-5}$$

式中，n_1为微孔填充的最大吸附量；n_2为单分子层的最大吸附量或朗缪尔体积；P_L为朗缪尔压力。

超临界气体吸附模型均是基于传统的吸附模型的改进，如 Langmuir 单分子层吸附模型、微孔填充模型。虽然应用的基础吸附模型不同，但都针对超临界条件下气体密度的变化特征进行了改进，运用自由相密度代替了平衡压力，同时也反映了高压条件下气体在煤/页岩中的不同吸附行为。相较于低压条件的吸附，超临界气体(CO_2/CH_4)在压力不断增加的情况下，密度不断增加，不出现凝聚现象，也造成了过剩吸附量与绝对吸附量之间的差距不断增加(Siemons and Busch, 2007)，因此常规的吸附模型，如 Langmuir 单分子层吸附模型、BET 多分子层吸附模型、吸附势模型等需进行转换，这是由于上述模型的吸附假设均基于绝对吸附量。超临界过剩吸附曲线在高压下迅速降低，甚至不同温度的曲线会发生交叉(Ottiger et al., 2006)，这是由不同温度下自由相密度变化不一致导致的。超临界条件下，气体不再单纯地以单分子层吸附的形式存在于煤的孔隙结构中，最大微孔填充孔径随温度和压力的变化而不断变化(Sakurovs et al., 2008)。

超临界流体最为显著的特征即为不存在凝聚现象，在一定温度下密度随压力增加而不断增加，正是由于超临界条件下自由相的密度效应，在吸附相密度不断增加的条件(分子间距减小)下，吸附质分子层从单分子层吸附向多分子层吸附转变，较小的微孔被不断填充，最终形成微孔填充与多分子层共存的吸附形式(韩思杰等，2018)。这种吸附孔隙效应在超临界 CO_2 吸附时更为明显，这是由于超临界 CO_2 的临界温度较高，实验过程中压力的增加能够显著增加 CO_2 密度，使单分子层吸附更快地过渡到多分子层吸附(侯晓伟等，2016；盛茂等，2014；周尚文等，2017)。

虽然超临界气体吸附在自由相密度不断增加时受基质孔隙网络的限制呈现不同的吸附方式，但是由于大部分煤主要以微孔为主(<2nm)，微孔比表面积占比可达 90%以上，因此 Dubinin-Radushkevich-Langmuir 复合型吸附模型对以煤为基础的吸附拟合目前并没有较为成功的例子，而该模型在页岩的超临界甲烷吸附拟合中得到了很好的运用(周尚文等，2017)。需要注意的是，正是由于 CO_2 具有较高的临界温度，在埋深条件下会出现不同性质的超临界 CO_2，这与超临界 CH_4 有显著的不同。最新的研究发现，煤层埋藏条件下 CO_2 密度随埋深变化呈三段式递增，超临界等容线附近不同状态的 CO_2 决定了不同

深度下吸附行为的显著差异(Han et al., 2019)。

3. 深部不可采煤层 CO_2 封存类型与地质存储容量计算方法

深部煤储层的 CO_2 地质封存存在多种形式，包括吸附封存、溶解封存、矿化封存和残留封存(White et al., 2005)。其中吸附封存是利用煤岩表面对 CO_2 的吸附效应固定 CO_2，这也是煤层区别于其他地质体的主要封存形式。同时煤层孔隙中还含有水、未被水饱和的空孔隙以及煤中矿物(如黄铁矿、方解石和黏土矿物等)，这就导致 CO_2 在注入煤层后必然会存在其他的封存形式，如孔隙水的溶解、空孔隙的 CO_2 残留、含 CO_2 酸性溶液与矿物发生地球化学反应等。在研究评价 CO_2 存储容量时应尽量考虑 CO_2 可能的封存形式，以期能够准确地评价封存量，为后期工程开发提供可信的理论数据。从工程尺度上来说，煤层 CO_2 的地质存储容量取决于储层规模、渗透率与温度压力条件等。目前国际上通用的计算不可采煤层中 CO_2 地质存储容量的方法主要有如下四种。

1) 碳封存领导人论坛(Carbon Sequestration Leadership Forum, CSLF)计算方法

根据原始地质储量与产气能力建立的煤中 CO_2 存储容量计算方法(De Silva et al., 2012)：

$$M_{CO_2} = \text{PGIP} \times \rho_g \times \text{ER} \tag{1-6}$$

其中，PGIP 是煤层可产气量，PIGP=煤储层体积×煤密度×甲烷含量×完成率×采收率；ρ_g 为某深度下 CO_2 的密度；ER 为 CO_2 与 CH_4 的体积置换比。完成率是指开采区内有助于气体产出和 CO_2 储存的煤层厚度的总和占总煤层厚度的比例。采收率是指可从煤层中部分产出得到的气体分数，一般为 0.2~0.6。

2) 美国能源部计算方法

美国能源部提出的煤中 CO_2 存储容量计算方法(De Silva et al., 2012)：

$$M_{CO_2} = \rho_g \times A_{coal} \times h \times (V_a + V_f) \times E \tag{1-7}$$

其中，A_{coal} 为目标煤层面积；h 为目标煤层厚度；V_a 为单位体积煤的 CO_2 吸附量；V_f 为单位体积煤中 CO_2 游离量；E 是 CO_2 储层的有效因子，包括煤中 CO_2 封存的适用性、吸附能力、浮力特征、运移能力、饱和吸附量等，具体表征方法与影响有效性参数的计算方法见 De Silva 等(2012)。

3) 采用不同封存类型总和的计算方法

该方法是先分别计算不同封存类型 CO_2 储量，包括自由量、吸附量、溶解量等，再求和(De Silva et al., 2012)：

$$M_{CO_2} = M_v + M_w + M_{ads} + M_a \tag{1-8}$$

其中，M_v 为煤储层中自由 CO_2 的质量；M_w 为溶解在煤储层水中的 CO_2 质量；M_{ads} 为目标区煤的剩余探明地质储量中总的 CO_2 吸附量；M_a 是目标区煤的新增探明地质储量中总的 CO_2 吸附量。剩余探明地质储量为目标区煤层经人为开采后剩下的，在目前技术、经济和政策条件下，利用现有地质和技术手段已经确定的煤的总量。新增探明地质储量为目标区内新开展的地质普查勘探后查明的煤的总量，该部分没有人为采煤影响，煤的总量固定。

4)简化的 CSLF 计算方法

Li 等(2009)从宏观尺度运用如下公式对中国 45 个含煤盆地进行了深部不可采煤层 CO_2-ECBM 的 CO_2 存储储量评价：

$$M_{CO_2} = 0.1 \times \rho_g \times G \times RF \times ER \tag{1-9}$$

其中，G 是煤层气资源量；RF 为煤层气采收率。

4. 我国深部不可采煤层 CO_2 地质存储潜力评价

基于我国最新一轮的煤层气评价结果，利用 CSLF 推荐的计算方法，郑长远等(2016)得到全国 28 个含煤层气盆地埋深 1000~2000m 的煤层存储 CO_2 总潜力为 98.81×10^8t。其中鄂尔多斯盆地、准噶尔盆地、吐哈盆地、海拉尔盆地的存储潜力都超过 10×10^8t，这 4 个盆地的总存储潜力为 68.45×10^8t，占全国总存储潜力的 69.27%。Li 等(2009)计算了我国 45 个主要含煤盆地 CO_2 存储容量，总存储容量大约为 120×10^8t，存储容量较大的盆地分布在西北和华北地区。刘延锋等(2005)认为利用 CO_2-ECBM 技术可使我国埋深为 300~1500m 的煤层气平均可采率从 35%提高到 95%，该埋深的 CO_2 煤层存储潜力约为 120.78×10^8t，其中鄂尔多斯盆地、吐鲁番-哈密盆地和准噶尔盆地的煤层 CO_2 存储潜力最大，三者占全国总存储容量的 65.49%。沁水盆地 CO_2-ECBM 评价结果显示，利用该技术埋深 1500m 以浅煤层气可增产 20.80%，可埋藏 CO_2 37.4×10^8t，沁水盆地 CO_2 总存储容量为 47.7×10^8t(王烽等，2009)。姚素平等(2012)评价了江苏省埋深 600~1500m 煤层 CO_2 存储容量，认为徐州煤田的 CO_2 地质处置量最大，为 1.48×10^8t，并认为 CO_2-ECBM 工程的开展需充分考虑煤层埋深、渗透率、构造等地质因素。刘俊杰等(2013)认为 CO_2 在煤中存在吸附、游离、溶解和矿化四种封存形式，其中吸附量占 90%以上，游离量和溶解量随压力的升高而增加，但溶解量的增加幅度不大。

1.2.2 CO_2-ECBM 相关的煤储层物理化学结构的改变

1. CO_2 与煤中矿物的地球化学反应

深部未开采煤层在成煤过程中或者上覆含水层下渗过程中必然有水分的存在，过量的 CO_2 溶入水中会形成碳酸，这种酸性溶液会与煤中主要矿物，如碳酸盐矿物、硅酸盐矿物和黏土矿物发生地球化学反应，这与 CO_2 注入盐水层引起的地球化学反应相同，然而不同矿物类型的反应速率不同(Espinoza et al., 2011)。矿物发生地球化学反应一方面会导致原有矿物的溶解，另一方面也会生成新矿物(Du et al., 2018a；Lu et al., 2009)。

煤中主要矿物包括石英、长石、黏土矿物、方解石和黄铁矿等，不论化学反应的时间有多长，这些矿物都能不同程度地溶解或者转化为新矿物。碳酸盐矿物在 CO_2 酸性溶液中反应速率最大，在方解石的解理和原始晶面的微起伏处最先被溶蚀，首先形成溶蚀坑和溶蚀带，逐渐形成溶蚀晶锥，并随着反应的进行而消退，进而露出新的方解石晶面(孟繁奇等，2013)。白云石较方解石更为稳定，在 CO_2 溶液中钙离子首先溶出，形成富镁面(Urosevic et al., 2012)。方解石和白云石在温度和 CO_2 分压增加的情况下，溶解速率加快，但在埋藏相对较深的煤储层条件下，较高的 CO_2 分压会使碳酸盐矿物更难溶解，如果 H^+受到缓冲，CO_2 分压的增加不仅不能增加矿物溶解，反而使碳酸盐矿物沉淀(黄思静等，2010)。长石类矿物可作为 CO_2 地质存储的活性矿物，在扫描电镜下可发现与超临界 CO_2-H_2O 反应的长石表面均有溶蚀现象(曲希玉等，2008b)。在一定 CO_2 分压条件下，除长石外，煤中高岭石、伊利石、蒙脱石、绿泥石均会发生溶解，但伊利石和高岭石的晶体结构破坏较弱(倪小明等，2014)。石英是煤中最为稳定的矿物，在较高的地层温度下(>200℃)，与 CO_2 酸性溶液也会发生溶蚀反应，但反应速率仍然较慢(宋土顺等，2012)。

煤中的铝硅酸盐主要是长石、云母和黏土矿物，其中黏土矿物包含高岭石族、蒙脱石族、水云母族、绿泥石等类型，当流体 pH 发生改变，铝硅酸盐矿物不仅会发生溶解，还可能发生转变(倪小明等，2014)。长石在弱酸环境下，反应初期碱金属离子不断溶出，铝、硅离子重新组合，在开放或半开放的环境下有利于形成高岭石，而在封闭的环境下，当 K^+浓度较高时可生成伊利石(陈丽华等，1990)。伊利石和绿泥石在弱酸的作用下也可生成高岭石，但由于其溶解速率较长石低，故实验模拟条件下一般不可见(Watson et al., 2004)。随着矿物的逐渐溶解，碱金属离子不断溶出，地层水逐渐由初始的酸性转变为中性乃至碱性。在中性环境下，铝硅酸盐溶解生成的偏铝酸和可溶性 SiO_2 与 K^+结合生成伊利石(陈丽华等，1990)。碱性环境下，溶液富 Ca^{2+}、Mg^{2+}的情况有利于形成蒙脱石，而富 Mg^{2+}、Fe^{2+}的情况下更有利于形成绿泥石(Kaszuba et al., 2003)。可溶性矿物分解所释放的二价金属阳离子如 Mg^{2+}、Fe^{2+}、Ca^{2+}等，与碳酸根反应，可生成难溶的碳酸盐矿物，以实现 CO_2 的封存(Kaszuba et al., 2003)。片钠铝石是主要的固定 CO_2 的矿物，通常是在 25~100℃、CO_2 分压的条件下，形成于富含钠铝硅酸盐溶液的碱性流体、中性流体和弱酸性流体中(曲希玉等，2008a)。

2. 超临界 CO_2 与煤基质的反应

超临界 CO_2 对煤的中小分子有机质起到萃取的作用(Wang et al., 2019b)。CO_2 是非极性溶剂，分子偶极矩为 0，根据相似相溶原理，在一定的温度和压力下，煤基质中极性较低的碳氢化合物和类脂有机化合物，如酯、醚、内酯类、环氧化合物等可在较低压力范围(7~10MPa)内被萃取出来(Stahl et al., 1978)。随着有机物中极性较高的官能团的增多，超临界 CO_2 的萃取作用逐渐降低(李得飞，2012)，由于煤中镜质组成分最为复杂，含有较多的极性低的小分子，因此镜质组最有可能被超临界 CO_2 萃取，其次为壳质组，而惰质组则相对稳定(Mazumder et al., 2006)。Mazumder 等(2006)发现在高压条件下 CO_2 能够与煤中的有机质发生化学反应。Mirzaeian 和 Hall(2006)对伊利诺斯 6 号煤和匹兹堡 8 号煤利用差示扫描量热法和小角中子散射法研究高压下煤和 CO_2 的相互作用，研究发现，高温高压下 CO_2 在煤基质的扩散引起大分子的增塑，从而改变了煤大分子结构。Gathitu 等(2009)在扫描电镜下观察到 $ScCO_2$ 作用后的烟煤中生成的碳结构类似于无结构凝胶体。

$ScCO_2$-H_2O 对煤基质的作用机制可归纳为两个方面：一方面 $ScCO_2$ 具有很好的溶解力和扩散性，其在煤基质中的吸附和扩散导致煤产生溶胀。煤溶胀过程主要是有机溶剂进入煤的大分子链和孔隙结构之间，通过非共价作用，如氢键、电荷转移、络合及极性偶极矩之间的相互作用等，使煤大分子链之间的相互作用减小，大分子链间的距离增加，大分子链得到伸展，从而使其体积增大，发生溶胀。Day 等(2008b)研究发现，溶胀度随压力的增大可增加1.7%~1.9%，而与温度基本没有关系，且低阶煤在$ScCO_2$中更易发生溶胀。Gathitu等(2009)发现在$ScCO_2$中，溶胀后煤的微孔体积显著增加，但微孔孔径分布形式与溶胀前类似。另一方面为溶剂萃取，$ScCO_2$在水的作用下溶解并携带出煤基质中的有机小分子相，其本质为通过有效地削弱分子间的作用力使小分子化合物能够从煤骨架结构上游离出来，使煤孔隙结构改变以及物理结构重排。萃取能力的大小取决于流体的密度，即取决于温度和压力。

3. 注入CO_2对煤储层孔裂隙系统的改造

煤储层在CO_2注入过程中会发生矿物的溶解和重结晶，有机小分子也会随着CO_2的流动被萃取运移，因此必然会导致煤孔裂隙结构的改变，影响储层渗透率(Du et al., 2019)。大量实验证明，煤中微裂隙中的矿物在CO_2-H_2O溶液的作用下会溶解，形成空裂隙或溶蚀孔隙(Du et al., 2019；Guo et al., 2018；Jiang and Yu, 2019；张双全，2004)。在煤化作用或后生作用过程中，煤中裂隙可被矿物质充填而形成脉体，多数是被方解石所充填，其次为黄铁矿、石英及其他自生或后生矿物。由于$ScCO_2$-H_2O的作用，裂隙中原本充填的矿物会发生溶解，使裂隙开放连通(Zhang et al., 2019a)。由于$ScCO_2$-H_2O-煤岩是个长期反应的体系，随着反应的进行，溶解释放的离子及胶体成分随气、水的流动迁移到其他地方，并在合适的条件下生成新的沉淀，短期内煤层渗透率可能会提高，但是随着反应的继续和新矿物的生成，煤中裂隙会被重新填充(Baines and Worden, 2001)。

煤中的孔隙主要分为原生孔、变质孔、外生孔和矿物质孔(张慧，2001)。$ScCO_2$萃取出煤中小分子后会对煤基质中的孔进行改造，甚至形成新的孔隙。对$ScCO_2$-H_2O反应前后的孔隙特征，国内外学者常根据压汞法、低温液氮吸附法、二氧化碳吸附法来分析。刘长江(2010)对不同煤阶煤进行$ScCO_2$-H_2O反应后发现，无烟煤的大孔、过渡孔和中孔的孔径分布变化不大，其影响主要在微孔阶段；褐煤大孔的比例增加了超过100%，过渡孔和中孔变化较小，微孔比例降低；而烟煤大孔有降低的趋势，过渡孔和中孔变化小，微孔变化大。Massarotto等(2010)对两个矿物含量不同的气煤样品(光亮煤和暗淡煤)进行$ScCO_2$-dH_2O(去离子水)反应，结果表明微孔和中孔在反应后显著增加，暗淡煤中大孔数量减少但总孔隙度几乎不变，而光亮煤中大孔数量增加，总孔隙度也显著增大。Mastalerz等(2010)对光亮煤、半亮煤、半暗煤和暗淡煤分别进行了高压CO_2反应，发现光亮煤、半亮煤、半暗煤的比表面积有所减小，而暗淡煤的比表面积增大。Gathitu等(2009)研究认为$ScCO_2$-H_2O会使褐煤、烟煤的中孔和大孔的表面变得光滑，这将会导致比表面积减少，但是微孔的比表面积和孔容会增大。$ScCO_2$-H_2O也会影响煤中孔形的变化，低煤阶煤墨水瓶状孔数量增加，无烟煤中则有所减少甚至遭到破坏(刘长江等，2010)。Wang等(2014)对天然的CO_2入侵的甘肃窑街煤层样品进行分析，由于该地区CO_2是从地下深处沿着19号断层进入煤层，所以分别采集断层附近的煤样和远离断层的煤样，发现随着距离的增加，微孔、中孔、大孔的孔容逐渐减小，从而证明$ScCO_2$可使煤样微孔、中孔、大孔的孔容增大。然而，Kutchko等(2013)在FESEM(field emission scanning electron microscope，场发射扫描电子显微镜)下观察了$ScCO_2$作用前后的烟煤(在15.3MPa、55℃下反应104天)，通过定位观察孔隙，对比反应前后孔隙面积，并没有发现比较明显的改变，可能是因为反应没有水的参与，可见水在$ScCO_2$-煤作用中起着至关重要的作用。

1.2.3 CO_2-ECBM 相关的煤岩应力应变与渗透率变化

1. CO_2 吸附置换 CH_4 引起的煤基质体积应变

前人进行了大量煤 CO_2、CH_4、N_2 吸附解吸体积应变的相关实验，实验方法主要包括膨胀计测量法、应力应变计测量法、光学测量法和间接测量法(Briggs and Sinha, 1934；Day et al., 2008b；Durucan et al., 2009；Harpalani and Schraufnagel, 1990；Siemons and Busch, 2007；Walker et al., 1988)。煤岩 CO_2、CH_4 吸附膨胀量随气体压力增加而增加(Reucroft and Sethuraman, 1987)，但膨胀量在不同压力点出现最大值(Day et al., 2008b)，同时吸附膨胀具有非均质性，垂向上的膨胀量大于横向(Levine, 1996)，CO_2 吸附造成的膨胀量是 CH_4 的 1.3~4 倍，混合气体造成的膨胀量接近 CH_4 的对应值，但低于 CO_2 的对应值(Zarębska and Ceglarska-Stefańska, 2008；Durucan et al., 2009)。煤吸附 CO_2、CH_4 和 N_2 后的最大体积膨胀量依次降低，膨胀量的变化与压力的关系可用 Langmuir 形式的方程描述(Pini et al., 2009a, 2009b)。

关于煤吸附解吸 CO_2 的体积应变机制，有以下 3 种解释：①气体在煤微孔内的吸附造成煤表面自由能降低，从而使煤发生体积膨胀；②CO_2 可以与煤形成氢键或发生电荷转移作用，降低煤结构的交联度；③CO_2 分子在高压条件下容易渗入煤基质内部，使煤的大分子网状结构发生溶胀。不同煤阶煤的 CO_2 吸附膨胀具有差异性，Reucroft 和 Patel(1986)、Reucroft 和 Sethuraman(1987)、Walker 等(1988)、傅雪海等(2002a)、陈金刚和陈庆发(2005)、Day 等(2008b)的实验表明，随煤阶的降低煤岩膨胀量增大。Reucroft 和 Patel(1986)、Reucroft 和 Sethuraman(1987)认为，这是由于低煤阶煤的酸碱官能团较高煤阶煤多，更容易与 CO_2 发生反应，而对 CH_4 和 N_2 尚未见解释报道。Cui 等(2007)的实验表明，随煤阶升高煤的膨胀量增大。Karacan(2007)认为，这与高煤阶煤较大的吸附量有关。而 van Bergen 等(2009)的实验表明，膨胀量与煤阶的关系不明显。这是由于在上述学者的实验中实验条件、煤岩煤质性质等都有较大差异。

煤层吸附不同气体后的体积应变量存在较大差异，并且实验环境的改变对吸附后的体积应变影响较大。Day 等(2012)实验研究了低煤阶煤样吸附不同浓度的 CO_2 与 CH_4 后的体积变化规律，认为 CO_2 与 CH_4 混合气体浓度达到一定比例时，煤体发生膨胀变形，且煤体吸附 CO_2 导致的膨胀变形量大于吸附 CH_4 的膨胀变形量；Syed 等(2013)从烟道气(CO_2、CH_4、N_2 的混合气体)的角度，研究了烟道气注入不同煤阶煤体的膨胀特征，发现低煤阶样品膨胀变形量明显小于高煤阶样品的膨胀变形量，煤吸附 CO_2、CH_4 和 N_2 后的膨胀量依次降低，并认为高煤阶样品微孔发育是导致膨胀量高于低煤阶煤的主要原因；Hol 等(2011)通过实验研究得出应力作用下煤吸附 CO_2 的能力可降低 50%；Siriwardane 等(2009)建立了煤基质三维收缩膨胀模型，研究了不同地质力学参数(包括弹性模量、泊松比、孔隙度、渗透率)煤体的收缩膨胀特性；Pan 和 Connell(2007)在同时考虑吸附膨胀和高压气体对煤基质压缩作用的前提下，利用等温吸附数据、煤密度、孔隙度、弹性模量和泊松比等参数推导出了煤吸附膨胀模型，与 Moffat 和 Weale(1955)、Levine(1996)的实测数据具有较高的一致性；张遵国等(2014)基于不同瓦斯压力条件下的原煤和型煤吸附解吸瓦斯变形全过程试验，认为两种煤样吸附膨胀和解吸收缩应变曲线均符合 Langmuir 方程；白冰(2008)建立了描述煤层注入 CO_2 后体积膨胀的本构模型，给出了基于湿度应力场理论的膨胀系数的一个估算方法，并给出了膨胀系数的具体的表达式；周军平等(2011)基于吸附过程的热动力学和能量守恒原理，建立了煤吸附应变的理论模型。

2. 注 CO_2 引起的煤储层渗透率变化

深部地层温度、压力、水条件下，CO_2 往往以超临界态存在，超临界 CO_2 有零表面张力、低黏度、强扩散能力及对温度和压力改变敏感的特性。超临界 CO_2 注入煤层引起的体积膨胀对渗透率的影响极其显著(Niu et al., 2018a, 2019；牛庆合等，2018)，并且与其他气体对渗透率的影响存在不同(孙可明等，2013)，引起了国内外学者的高度关注。研究中发现随 CO_2 注入煤层有效应力显著增大，煤层渗透率显著降低，长时间注入后煤层渗透率会出现恢复，甚至较原始渗透率增大(Fujioka et al., 2010；Vishal et al., 2013；Wei et al., 2010)。

煤岩单轴或三轴应力-渗透率实验表明，渗透率与孔隙压力呈现非线性关系，基于两者的非线性关系，前人已建立渗透率与孔隙压力的经验及理论关系式(Shi and Durucan，2004；曹树刚等，2010；林柏泉和周世宁，1987；赵阳升等，1999)。在有效应力不变的情况下，孔隙压力越小，滑脱效应越明显(傅雪海等，2002a)。渗透率随有效应力的增加而迅速减小，其变化符合负指数函数关系(彭守建等，2009)，李建楼等(2013)分别采用 N_2 和 CO_2 在煤体内进行渗透试验，发现同等温度和压力条件下 N_2 在煤体内的渗透速度比 CO_2 大，含瓦斯煤体的渗透速度随气体压力增加按照二次多项式规律增加。许江等(2011)将温度敏感性系数与采用渗透率–温度曲线的斜率进行比较，说明温度敏感性系数更能反映出温度对渗透率的影响。马飞英等(2013)研究了煤岩中水分含量对渗透率的影响，认为在相同条件下，干燥煤样、3%水分含量煤样及 6%水分含量煤样的渗透率随孔隙压力的增大而先减小后增大，呈“向上开口抛物线形”变化趋势。干燥煤样的渗透率明显高于含水煤样的渗透率，随着水分含量的增加，煤样渗透率下降。

Pan 和 Connell(2007)基于能量平衡方法建立了煤层吸附 CO_2 引起的体积膨胀变形量与膨胀变形对煤体渗透率的影响理论模型。张松航等(2012a，2012b)开展的三轴 CO_2/CH_4 吸附应力实验表明，CH_4 和 CO_2 在无烟煤中的扩散方式不同，煤岩对 CH_4 的吸附膨胀符合单孔气体扩散模型，而对 CO_2 的吸附膨胀符合双孔气体扩散模型，且 CH_4 的吸附膨胀速率小于 CO_2 的吸附膨胀速率。同等条件下无烟煤吸附 CH_4 后的渗透率为吸附 CO_2 后渗透率的 1.14~1.51 倍，大部分在 1.3 倍左右。王登科等(2014)利用自主研发的三轴瓦斯渗流实验系统提出了一种综合气体动力黏度和压缩因子影响及克氏效应的煤层瓦斯渗透率计算方法。程远平等(2014)建立了考虑有效应力和瓦斯吸附解吸变形等因素的、以应变为变量的煤体卸载损伤增透理论模型，数值计算得到卸载后煤岩的渗透率演化规律。

3. 注 CO_2 煤岩力学性质变化

CO_2-ECBM 过程中伴随 CO_2 的吸附与 CH_4 的解吸，会导致煤岩强度的软化。原始煤层的强度与煤层中气体类型相关，因此在 CO_2-ECBM 工程实施前需考虑可能的煤岩强度变化。Karacan(2003)进行了不同显微煤岩类型、不同气体类型和不同围压条件下的吸附变形实验，发现煤样吸附变形具有显著的各向异性，利用 CT 扫描图像分析发现不同显微煤岩类型的变形规律有很大不同。Viete 和 Ranjith（2006, 2007）进行了吸附 CO_2 条件下褐煤单轴和三轴压缩力学实验，发现在单轴实验中抗压强度和弹性模量显著下降，而三轴实验中抗压强度和弹性模量降低不明显。白冰（2008）对 CO_2 和 CH_4 吸附引起的膨胀进行了计算和分析，为评估 CO_2 注入引起的膨胀对煤层力学稳定性的影响提供了理论依据。Larsen（2004）研究结果表明，吸附态的 CO_2 可以作为一种塑化剂并且有助于煤结构的重排。Liu 等（2010a）研究发现超临界 CO_2 会改变无烟煤的孔隙结构，可以提高无烟煤的孔隙率，有利于增加 CO_2 的存储容量。

煤体是高度非均质性的地质介质，在原位 CO_2 注入-吸附过程中必然会受到各种地质因素的影响，造成煤体结构强度的变化（Niu et al., 2017b）。一般认为围压对 CO_2 注入煤层引起的煤体力学强度减小起到抑制作用（Ranathunga et al., 2016a），这是由于水平方向围压支撑作用能够强化煤体的力学性质，此外部分割理和孔隙的闭合也能使煤体更为紧实（Corkum and Martin, 2007；Gentzis et al., 2007）。然而 Masoudian 等（2014）发现高挥发性烟煤在高压下具有更明显的煤体弱化现象，并认为内摩擦角的减小和煤结构表面的平滑化是造成煤体层间滑动的重要原因。CO_2 注入深部不可采煤中保持超临界状态，煤体对超临界 CO_2 具有更大的吸附能力，能够造成更为显著的基质膨胀作用，超临界 CO_2 吸附下单抽抗压强度和杨氏模量均显著降低，孔隙压力/注入压力越大，煤体强度弱化越明显（Perera et al., 2013；Ranathunga et al., 2016a）。CO_2-ECBM 的主要目的是为了长期保存 CO_2，因此 CO_2 在煤层中的饱和时间是必然要考虑的因素，CO_2 注入引发的煤体强度变化主要集中在注入早期，虽然 CO_2 的存在能够一直弱化煤体强度，但这种弱化效应随着时间的流逝逐渐降低（Ranathunga et al., 2016b；Sampath et al., 2019a）。另外煤体性质，如煤阶、灰分含量、碳含量、水分含量、割理密度和方向等均会不同程度地影响 CO_2 注入后煤体强度的变化（Clarkson and Bustin，1997；Day et al., 2011；Pan et al., 2013；Ranjith and Perera，2012；Sampath et al., 2019a；Saghafi et al., 2007）。

注入 CO_2 引起的煤岩力学性质的降低主要有以下几个原因：①CO_2 吸附造成的煤基质表面能的降低。吸附剂表面在吸附质分子浓度发生改变时会发生 Rehbinder 效应，从而降低吸附剂表面能，产生软化。对于煤岩来说，CO_2 具有高度的可吸附性和吸附能力，因此煤基质内表面吸附 CO_2 降低表面能而显著降低煤岩强度（Ates and Barron，1988）。②塑化和基质膨胀效应。煤是一种大分子结构材料，与 CO_2 反应使得分子结构重排，而具有更高的熵和更低的能量状态，导致玻璃相变的温度降低，使煤体更易橡胶化（Larsen, 2004）。另外 CO_2 的注入导致煤大分子结构中聚合作用被破坏，缩短了聚合分子链，聚合链的长度与煤体强度直接相关（Masoudian et al., 2014）。③煤基质吸附膨胀-收缩形成微裂隙。饱水煤层由于 CO_2 的吸附造成水分的部分解吸，煤岩失水收缩形成微裂隙，造成煤体一定程度的软化（Wen et al., 2017）。另外，由于煤体具有强烈的非均质性和各向异性，不同组分的吸附变形程度（矿物、煤岩显微组分）具有差距，差异性的形变必然导致内部应力不平衡而产生微裂隙（Karacan, 2003）。④矿物的溶解。煤中割理和孔隙中通常填充了矿物（碳酸盐矿物和黏土矿物），这些矿物在 CO_2-H_2O 体系中发生溶解，显著减小孔隙结构的结合能，影响煤体内粒间接触，并产生次生孔裂隙，从而降低煤体强度（Feucht and Logan, 1990；Marbler et al., 2013）。

1.2.4　CO_2-ECBM 相关的岩石物理仿真与流体连续性过程

1. 煤储层岩石物理技术与三维数字化表征

数字岩石物理技术将高精度三维孔裂隙结构成像与计算机技术相结合，用以直观表现煤储层三维孔裂隙结构，并对相关孔裂隙参数进行量化表征(Yeong and Torquato, 1998)，是一种有效的表征手段和实验模拟技术(Quiblier, 1984)。

岩石物理技术主要包括：①X-ray CT(computerized tomography，计算机层析成像)技术，基于X射线CT图像，运用计算机图像处理技术(如Avizo 9.0.1三维可视化软件)，通过特定的算法完成数字岩心重构(Okabe and Blunt, 2005)。②FIB-SEM (focused ion beam scanning electron microscope，聚焦离子束扫描电子显微镜)三维切割成像技术，以场发射扫描电镜为平台，运用聚焦离子束实现三维重构分析，解决了纳米级孔隙结构的直接观测，与X-ray CT技术建立数字岩心相类似，FIB-SEM三维切割图像的处理包含多个复杂的步骤(Yan et al., 2000)：三维图像重建、图像去噪、图像二值化及三维结构提取。目前FIB-SEM三维表征分析技术在煤的纳米级孔隙结构方面的应用尚处于起步阶段(Fang et al., 2019a；Liu et al., 2017)。

基于X-ray CT、FIB-SEM所建立的数字岩心，提取与真实孔隙空间具有相似拓扑结构的等价孔裂隙网络模型，已被广泛应用(Silin et al., 2003)。在孔隙网络的提取算法中，应用最多的是最大球算法和中轴线算法: ①最大球算法。对于孔隙空间中的任意一个体素，找到以该体素为中心且能够放置在孔隙空间中的最大内切球，于是，岩心孔隙空间中便充满了一系列相互交叠及包含的球体，将所有被包含的小尺寸球体删除并将剩下的球体分为主球体和仆球体用以描述孔隙空间。最后，所有局部最大的主球体用来表征孔隙，所有连接相邻孔隙的球体用来表征喉道(Silin and Patzek，2006)。国内学者黄丰(2007)、苏娜(2011)分别对其进行了推广，并建立了Berea均质砂岩、天然砂岩的孔裂隙网络模型。②中轴线算法。基于形态学细化演算或孔隙空间燃烧算法来获取数字岩心孔隙空间的拓扑学骨架(即中轴线)，并将中轴线的节点定义为孔隙，再通过球体膨胀法得到孔裂隙网络模型。相比最大球算法，中轴线算法更能捕捉孔隙空间的拓扑结构，反映内部连通性也相对容易(Baldwin et al., 1996)。Sheppard等(2005)、Al-Raoush和Willson(2005)、Shin等(2005)、Jiang等(2007)以及盛金昌等(2012)对该算法进一步的发展、优化，使其能够更加准确地表征岩心孔隙空间结构特征，便于煤孔隙内气体及液体流动模拟的开展。

2. CO_2-ECBM 流体连续性过程

煤储层是由孔隙和裂隙组成的多尺度孔隙介质，其多重孔隙特征使得煤储层具有储气和允许CO_2、CH_4等气体发生“扩散-渗流-运移”的能力(Charrière et al., 2010)。煤层CO_2-ECBM过程为煤岩CO_2注入、吸附-解吸、扩散、渗流、CH_4产出的连续过程。已有研究工作重点描述了连续性过程的不同阶段，建立了一系列阶段过程模型。气体注入压力与吸附解吸产生的体积变形对煤体孔隙结构及其分布产生影响，进而影响流体运移规律(Mavor and Vaughn, 1998)。CO_2-ECBM过程中流体压力的变化引起煤层骨架应力变化，影响流体渗透率，反过来有效应力等变化又会进一步影响流体的运移规律(Palmer, 2009)。赵阳升等(1994)提出了煤层 CH_4 流动的固气数学模型，并用数值方法对均质岩体的固气耦合数学模型进行了求解；梁冰等(1995)利用塑性力学的内变量理论进一步发展了瓦斯突出的固气耦合数学模型；刘建军和刘先贵(1999)研究了煤层气的运移产出和煤体变形的流固耦合问题，建立了比较完善的煤层气储层流固耦合模型；孙可明等(2001)在考虑气溶于水的情况下，建立了煤层气开采过程中的气、水两相流阶段的渗流场和煤岩体变形场以及物性参数间耦合作用的多相流体流固耦合渗流模型；李祥春等(2007)在考虑煤吸附 CH_4 产生膨胀应力的前提下，根据煤体受力平衡条件建立了考虑吸附膨胀应力的煤体有效应力表达式，并根据流固耦合渗流理论的基本思想，建立了煤层 CH_4 流固耦合数学物理模型；王惠芸等(2005)考虑气体滑脱效应影响，建立了煤层气在低渗透储层中渗流的数学模型，采用 Laplace 变换和数值计算方法进行解析求解，得出了气体非线性渗流的压力分布规律，并将其与达西渗流条件计算的结果进行对比分析；白冰(2008)研究了煤层 CO_2 地质存储流动流固耦合问题，给出了 CO_2-ECBM 过程固气耦合分析的数学模型，并考虑了煤岩体的吸附膨胀效应，提出了考虑吸附膨胀效应的煤岩孔隙率、渗透率的动态演化方程；周来(2009)将煤体看做单孔介质建立了包含气体竞争吸附、竞争扩散、气体渗流及煤体变形的多物理场耦合数学模型。

CO_2-ECBM 流体连续性过程控制机制主要包括：①置换吸附-解吸机制。煤对不同气体的吸附能力不同，对 CO_2 较 CH_4 具有更高的吸附能力，因而注入的 CO_2 通过竞争吸附可以置换出 CH_4 气体。正是由于 CO_2 的优势吸附，会将煤层内部吸附的 CH_4 置换出来，迫使 CH_4 吸附相的相对浓度逐渐降低(Lowell and Shields, 1991)，CO_2 在吸附相的相对浓度逐渐升高，从而达到注入 CO_2 驱替原始煤层中 CH_4 的效果。②注气气流的驱动作用机制。根据吸附分离和传质原理，煤层注入 CO_2 时，CO_2 将游离相中的 CH_4 不断驱赶出来，打破了 CH_4 原有的游离与吸附之间的平衡状态(王立国，2013)，游离 CH_4 的减少导致不断有 CH_4 解吸出来且解吸量大于吸附量，使大量的 CH_4 流出煤层，达到促排煤层 CH_4 的目的。③注气气流稀释扩散机制。煤基质微孔表面的 CH_4 气体被 CO_2 稀释后，其浓度大幅度降低，并及时被 CO_2 带走，微孔隙内部的 CH_4 开始持续向外扩散，随着孔隙内部 CH_4 浓度的降低，游离相中 CH_4 的分压也就同时降低了，导致煤基质表面的 CH_4 不断解吸-扩散到裂隙系统中被 CO_2 带走，使煤层甲烷含量不断下降(周军平等，2011)；另外，CO_2 经过裂隙系统到达煤基质表面以后，煤基质表面 CO_2 浓度较高，在浓度梯度的促使下 CO_2 向煤基质内部扩散，并部分吸附于煤基质孔隙表面(Ranathunga et al.，2017)。

1.3 研究思路与方法

本书以 CO_2-ECBM 实验模拟和数值模拟为主要方法手段，研创了 CO_2-ECBM 实验模拟系统和基于 COMSOL Multiphysics 的数值模拟软件，通过实现 CO_2-ECBM 有效性模拟研究方法体系的探索，以期实现 CO_2-ECBM 有效性理论的创新。模拟研究的对象是沁水盆地 3#煤层，但为了更好地认识无烟煤煤层 CO_2-ECBM 有效性的普适性，实际工作中选择了中、低煤阶煤层样品作为参照开展对比研究。考虑到深部煤层的实际地层条件和超临界 CO_2 流体 CO_2-ECBM 的可能优势，本书的重点是超临界 CO_2 流体 CO_2-ECBM

有效性模拟研究。

1.3.1 研究思路

以沁水盆地基本地质条件和煤储层特征为研究背景，以山西组 3#无烟煤储层深部(埋深 1000~1500m) CO_2-ECBM 为研究对象，以自主开发的“超临界 CO_2 等温吸附实验装置”、“模拟超临界 CO_2-H_2O 体系与煤岩地球化学反应装置”、“CO_2-ECBM 煤岩应力应变效应模拟实验装置”、“模拟 CO_2 注入煤储层渗流驱替实验装置”和“煤岩渗透率测试装置”及其实验设计为重要创新平台，以深部煤层 CO_2 地质存储实验模拟和数值模拟为技术手段，综合应用煤与煤层气地质学、环境地质学、地球化学、工程地质学、数学地质等学科的基础理论，以建立深部煤层 CO_2 地质存储有效性实验模拟方法体系和开发深部煤层 CO_2 地质存储有效性数值模拟技术为研究切入点，以阐明超临界 CO_2 注入深部无烟煤储层地球化学反应效应-体积应力效应及其共同影响的超临界 CO_2 注入深部煤层吸附解吸-封存-流体运移过程、CO_2 注入-吸附解吸-流体运移-CH_4 产出连续过程地质-物理化学模型和数学模型等关键科学问题为核心研究内容，最终实现揭示深部无烟煤储层 CO_2-ECBM 有效性机制、形成深部煤层以 CO_2 储存为主要目标的 CO_2-ECBM 有效性理论、科学评估沁水盆地深部煤层 CO_2-ECBM 有效性的研究目标。

1.3.2 研究方法

1. 资料收集与整理

收集与整理研究区成果报告资料 50 份，查阅相关论文文献 5000 余篇、相关专著 30 余部，梳理了国内外 CO_2 地质存储的最新理论研究成果。重点收集沁水盆地中南部煤层气井生产资料 2135 份，主要煤矿区地质勘查报告 12 份，地层综合柱状图与采掘工程平面图各 12 份；绘制沁水盆地主要煤层气开发区块区域图件 7 幅、解剖图件 29 幅，整理附表 35 个。根据所收集的资料，查明了沁水盆地煤储层温、压、水、地应力等地质背景条件。

2. 野外地质考察、样品采集与国外示范工程考察

对美国 San Juan、Black Worrier、N. Appalachian，加拿大 Fenn Big Valley 和波兰 Silesian 等盆地的 CO_2-ECBM 典型示范工程进行了针对性考察与资料调研，梳理了国内外 CO_2 地质存储的最新工程项目进展情况。开展了沁水盆地深部煤层(3#煤层)地质条件与煤储层特征的现场地质调查，对沁水盆地晋城、长治、五阳、沁源、阳泉等重点研究地区，渤海湾盆地济阳拗陷周缘、新疆和什托洛盖盆地周缘中低煤阶煤储层对比研究地区，煤层气开发区块周边为主的 16 个矿井进行了 20 批次的井下煤岩剖面描述与割理裂隙观测，拍摄井下煤壁照片 10 张，绘制采样点煤岩描述柱状图与井下煤壁素描图各 20 份；采集煤矿井下煤岩样品共计 80 块，其中沁水盆地山西组 3#煤层 65 块，太原组 15#煤层 5 块，渤海湾盆地济阳拗陷太原组 9#煤层 7 块，新疆和什托洛盖盆地八道湾组 A4 煤层 3 块，完成大样品室内系统描述 16 块；采集晋城、长治地区煤层水(包括煤层气井所产地层水)样品共计 9 份。

3. 实验模拟、测试分析及其关键技术

超临界 CO_2-H_2O 体系与煤岩地球化学作用实验模拟：主要实验平台为自主加工的"模拟超临界 CO_2-H_2O 体系与煤岩地球化学反应装置"，完成反应前后煤岩样品的煤岩煤质分析(镜质组反射率测定、显微组分鉴定、工业分析、元素含量分析、全硫含量测定、真密度测试)、煤岩结构物性测试(压汞实验、低温氮吸附实验、低温 CO_2 吸附实验)、煤岩多尺度孔裂隙观测[光学显微镜(optical microscope, OM)、环境扫描电镜(environment scanning electron microscope, ESEM)、FESEM、透射电子显微镜(transmission electron microscope, TEM)、原子力显微镜(atomic force microscope, AFM)]、矿物分析[X 射线衍射(X-ray diffraction, XRD)、FESEM+EDS(energy dispersive spectrometer，能谱仪)]、表面官能团测试[傅里叶变换红外光谱(Fourier transform infrared spectroscopy, FTIR)、拉曼光谱]、煤有机相中化合物组成分析[逐级萃取+气相色谱-质谱联用仪(gas chromatograph-mass spectrometer, GC-MS)]、渗透率测试实验等基础实验共计 450 余批次；完成所收集水样的元素分析[常量元素：电感耦合等离子体发光光谱(inductively coupled plasma-optical emission spectrometer, ICP-OES)；微量元素：电感耦合等离子体质谱(inductively coupled plasma-mass spectrometry, ICP-MS)]，所收集水样的萃取实验及液相色谱实验，反应后煤样的微量元素测试(ICP-MS+低温灰化)、常量元素分析[X 射线荧光光谱(X-ray fluorescence spectrum, XRF)]等共计 420 余批次；完成反应前后煤样的三维孔裂隙网络结构模型构建实验(X-ray CT 扫描实验、FIB-SEM 三维切割扫描实验)23 批次；完成 $ScCO_2$ 作用前后测试样品的核磁共振实验及 $ScCO_2$ 驱替煤中 CH_4 的核磁共振成像实验 42 批次，完成深部地层温、压、水、地应力环境下 $ScCO_2$ 与煤样及铝硅酸盐矿物的地球化学反应模拟实验 88 批次，收集了反应后的水样与煤样。

深部地层条件下含甲烷煤层吸附超临界 CO_2 实验模拟：利用自主研发的超临界 CO_2 等温吸附实验装置，开展高温高压条件下干/湿无烟煤 CO_2 吸附实验，开展模拟 1000m、1250m、1500m 埋深不同地层温、压、水条件下，煤样吸附超临界 CO_2 及吸附 CO_2/N_2 二元气体的等温吸附解吸实验(含平衡水样品制备)；开展模拟含气煤层的超临界 CO_2 置换吸附实验，针对多元气体运用气相色谱仪测定吸附缸内不同的气体比，计算不同温度压力条件下，混合气体的吸附比。

CO_2 注入含甲烷煤储层应力应变及渗透性变化的实验模拟：利用自主开发的"CO_2-ECBM 煤岩应力应变效应模拟实验装置"和"模拟 CO_2 注入煤储层渗流驱替实验装置"，以研究区深部储层温度与压力为模拟条件，开展恒定围压、不同温度条件下，注入 CO_2 煤岩样品的吸附特征、体积应变特征、渗透率变化模拟实验。采用滴定法测吸附量，排液法测膨胀量，稳态法测渗透率。煤岩 CO_2 吸附量与煤岩体积应变的实验数据可同时获取，吸附达到平衡后可测试渗透率。本部分实验数据主要用于分析围压条件下，柱状煤岩样品的吸附特征、吸附-体积应变特征、吸附-体积应变-渗透特征，探讨围压对注 CO_2 煤岩吸附-体积应变-渗透率的影响机制，建立注 CO_2 煤样的吸附-体积应变-渗透率耦合模型，并且探讨不同深度(1000m、1200m、1400m)煤储层的吸附量、体积应变量、渗透率变化规律。

4. 多尺度孔裂隙网络模型构建与数值模拟

通过微米焦点 X-ray CT 扫描成像与纳米尺度 FIB-SEM 三维切割扫描成像可获得孔裂隙三维模型构建的基础信息，利用表征技术与数值图像方法，通过三维图像重建、图像去噪、图像二值化和三维结构模型提取构建三维结构模型。在三维结构模型基础上，首先，基于空间拓扑学(形态学)理论对孔隙空间进行保持拓扑性质不变的“骨架化”，获取孔隙空间结构描述的必要量化参数；其次，依据三维空间拓扑与几何特征，得到基于几何与拓扑特征的孔裂隙系统的描述，并计算相关几何参数；再次，基于孔裂隙识别，对孔裂隙空间进行分割，孔隙-裂隙空间沿骨架发育方向的横截面，并提取孔隙度、孔径分布、形状因子、配位数等参数；最后，通过内外边界条件转换进行多尺度表征与升级，即在差异位置图像匹配基础上，实施孔裂隙网络定位融合，建立纳米至岩心尺度孔裂隙三维网络模型。以连通孔裂隙三维网络模型为基础，考虑温度场、渗流场及应力场共同作用的全耦合过程，建立由流体控制方程、温度场方程、应力场方程、吸附解吸方程及孔隙度与渗透率动态方程综合构建的CO_2注入煤储层结构演化-流体运移-储存能力数学模型，并采用有限元法进行多物理场全耦合求解；基于 COMSOL Multiphysics 多物理场仿真软件的 PDE(partial differential equation，偏微分方程)模块，应用该软件的二次开发工程，通过 MATLAB 进行编程，开发了深部煤层 CO_2-ECBM 的 CO_2 注入-吸附解吸-煤储层封存-流体运移-驱替数值模拟软件，形成了深部煤层 CO_2-ECBM 有效性数值模拟技术，并选择代表性地质背景条件，对沁水盆地深部无烟煤储层进行数值模拟研究，获得了 CO_2-ECBM 有效性关键参数。

1.4 取得的研究成果与进展

本次研究工作基于沁水盆地关键地质要素表征的 CO_2-ECBM 模拟研究地质模型，创新性发展了深部煤层 CO_2 地质存储与煤层气强化开发有效性关键理论，系统揭示了深部无烟煤储层有效性机制；探索创建了基于实验模拟与数值模拟的深部无烟煤储层 CO_2-ECBM 有效性评价方法体系；科学取得了沁水盆地深部无烟煤储层 CO_2-ECBM 有效性评价结果，论证了沁水盆地深部煤层 CO_2-ECBM 具有有效性。为我国实施深部煤层 CO_2-ECBM 工程探索提供了科学依据，发展了温室气体减排的 CO_2-ECBM 关键理论。

1.4.1 主要研究成果

系统阐述了沁水盆地目的层系地层温度、地层压力、水文地质条件、地应力等地层条件和无烟煤储层物质、结构、物性和力学强度等储层特征，构建了 CO_2-ECBM 深部无烟煤储层地质模型，发现网状差异变形孔和板状大分子定向晶间孔是无烟煤储层特有的煤岩孔裂隙结构，对无烟煤储层孔裂隙结构连通和煤储层中气体吸附解吸、扩散和介孔尺度渗流具有重要贡献，为沁水盆地深部无烟煤储层 CO_2-ECBM 实验模拟和数值模拟提供了条件设置依据和参数，也为深部无烟煤储层 CO_2-ECBM 有效性机制与评价研究提供了地质模型基础。

研创了模拟超临界 CO_2-H_2O 体系与煤岩地球化学反应装置和煤储层岩石物理结构

表征技术，发现煤层中矿物地球化学迁移转化与煤储层结构演化存在耦合关系，同时 $ScCO_2$-H_2O 与煤有机本体间也会发生萃取等较显著的物理化学作用，深部煤层 CO_2-ECBM 煤岩 CO_2 地球化学反应效应对煤储层孔裂隙结构发育和渗透率改善有积极作用，随煤岩 CO_2 地球化学反应，煤储层物质迁移和储层孔裂隙演化具有规律性，为认识和改进深部煤层 CO_2 可注性提供了理论依据。

研创了深部煤层 CO_2-ECBM 煤岩应力应变效应模拟实验装置和煤岩渗透率测试装置，发现 $ScCO_2$ 注入无烟煤层后煤岩发生显著的体积膨胀、力学强度变小，膨胀应力导致煤岩渗透率衰减，$ScCO_2$ 注入无烟煤的煤岩力学性质响应与渗透率演化特征也具有相关性，构造软弱面煤层不利于实施 CO_2 地质封存或 CO_2-ECBM 工程；煤岩应力应变效应较地球化学反应效应更显著，导致 CO_2 可注性快速变差。深部煤层 CO_2-ECBM 煤岩应力应变效应研究与地球化学反应效应一道，构成了认识 CO_2-ECBM 技术 CO_2 可注性及其变化规律的理论基础。

研创了超临界 CO_2 等温吸附实验装置和模拟 CO_2 注入煤储层渗流驱替实验装置，实验研究表明，地球化学反应效应、体积应力效应对深部煤层 CO_2 吸附特征也有显著影响；CO_2 注入煤层后的竞争吸附—CO_2 置换 CH_4—CH_4 解吸是深部煤层 CO_2 封存的主要机制；无烟煤对 CO_2 的吸附能力受控于 CO_2 自由相密度，密度效应与孔隙尺度效应是无烟煤 $ScCO_2$、CH_4 吸附封闭机制的关键；煤储层孔裂隙系统中气体的扩散形式和渗流方式则受压力和孔径的影响，表现为非线性气体压力关系。深部煤层 $ScCO_2$ 吸附与封存机制的认识为 CO_2 存储容量计算评价提供了理论基础，$ScCO_2$ 在煤层中的扩散、渗流特征对预测 CO_2 可注性和煤层气井增产效果提供了重要理论依据。

深部煤层 CO_2-ECBM 的 CO_2 注入—吸附解吸—扩散—渗流—驱替—CH_4 产出过程具有连续性，构建了 CO_2 注入—吸附解吸—流体运移—CH_4 产出地质模型和数学模型，研创了深部煤层 CO_2-ECBM 有效性评价的数值模拟技术。深部煤层 $ScCO_2$ 存储与 CH_4 产出过程是一个集 CO_2 与 CH_4 竞争吸附、扩散及渗流于一体的动态变化过程，裂缝是 $ScCO_2$ 注入和 CH_4 产出的主要通道，微孔和中孔则是 CH_4 的主要吸附场所，深部煤层条件下 CO_2、CH_4 的吸附特征决定了 CO_2 置换 CH_4 的效果，扩散、渗流特征则决定了 CO_2 驱替 CH_4 的效果，为认识 CO_2 置换驱替煤层气机制和预测煤层气井增产效果提供了理论模型和计算模型。

构建了深部无烟煤储层 CO_2 可注性实验室评价方法体系，建立了超临界 CO_2 注入无烟煤储层的 CO_2 存储地质模型与存储容量评价方法，形成了深部无烟煤储层以 CO_2 存储为主要目标的 CO_2-ECBM 有效性理论，科学评估并确认了沁水盆地深部煤层 CO_2 存储的有效性，为沁水盆地 CO_2-ECBM 工程部署实施提供了依据，对其他含煤盆地 CO_2-ECBM 有效性评价工作也有应用借鉴意义。

1.4.2　进展与前瞻

1. *深部无烟煤储层 CO_2-ECBM 研究进展*

创新发展了深部煤层 CO_2 地质存储与煤层气强化开发（CO_2-ECBM）有效性关键理论，系统揭示了深部无烟煤储层有效性机制。煤层 CO_2 可注性、CO_2 封闭机制、CO_2 存储容量与CH_4可增产性构成CO_2-ECBM有效性的科学内涵；阐释了深部无烟煤层ScCO_2注入的特征与规律，发现地层条件与煤储层特征差异性影响下的煤岩体积膨胀应力应变(负)效应、地球化学反应(正)效应是煤层CO_2可注性变化的原因；CO_2注入煤层后的竞争吸附—CO_2置换CH_4—CH_4解吸是深部煤层CO_2封存的主要机制；基于储层地质模型和CO_2封存机制本构模型建立了CO_2封存容量计算评价模型；探索建立了深部煤层CO_2注入—吸附解吸—流体运移—CH_4产出过程连续性的理论模型，形成了深部煤层，特别是无烟煤层CO_2注入和CH_4增产动态评价与预测的理论基础。

探索创建了基于实验模拟与数值模拟的深部无烟煤储层CO_2-ECBM有效性评价方法体系。研创了模拟超临界CO_2-H_2O与煤岩地球化学反应、模拟CO_2-ECBM煤岩应力应变效应、模拟CO_2注入煤储层渗流驱替、煤岩超临界CO_2等温吸附、煤岩渗透率测试5台实验装置，深部煤层CO_2-ECBM实验模拟、煤储层多元多级孔裂隙结构的数字岩石物理表征、深部煤层CO_2-ECBM流体连续性过程建模与数值模拟3项技术，建立了深部煤层CO_2可注性实验室评价方法、CO_2存储容量评价方法及CH_4增产评价方法3个评价方法。

科学取得沁水盆地深部无烟煤储层CO_2-ECBM有效性评价结果，论证了沁水盆地深部煤层CO_2-ECBM具有有效性。预测CO_2可注性直井单井注入速率可达3.93~30.25 t/d，累计注入量为2.08×10^3~11.41×10^3 t，沁水盆地郑庄区块3#煤层埋深2000m以浅的CO_2理论有效存储容量达1.39×10^7 t，单井CH_4产能可提高105%以上。

2. 深部煤储层CO_2-ECBM研究前瞻

深部煤层CO_2-ECBM储层岩石物理结构多尺度三维可视化系统表征：以X-ray CT和FIB-SEM扫描成像技术为基础的煤储层岩石物理表征目前仅限于纳米-毫米孔裂隙尺度，如何将纳米-毫米级别孔裂隙网络与宏观煤岩裂隙系统相衔接，对煤储层物理结构数字化表征进行尺度升级是储层数字岩心技术应用于CO_2-ECBM模拟研究的关键。

深部煤层CO_2-ECBM工程尺度储层地质模型与流体连续性过程模型：微观尺度CO_2注入—吸附解吸—流体运移—CH_4产出地质模型与流体过程连续性数值模拟局限于简单的地质条件下，CO_2注入工程条件下，储层地质模型的构建需考虑工程控制因素，CO_2-ECBM微观连续性过程与地质剖面尺度气体注入-产出/井筒附近气体运动路径的结合是今后CO_2-ECBM工程有效性和CO_2可注性研究的重要方向。

深部煤层CO_2-ECBM的CO_2存储容量及CH_4增产效果：受限于当前的研究程度及影响因素的复杂性，计算预测的CO_2存储容量及CH_4增产效果可靠性需要不断提升，依赖于深部煤层CO_2-ECBM地质模型和流体连续性过程工程模型的改进构建，研究工作需要CO_2-ECBM模拟与示范工程探索的结合，这也将成为深部煤层CO_2-ECBM经济性研究的重要基础。

深部煤层CO_2-ECBM安全性基础理论：深部不可采煤层在注入CO_2后，如何实现长期稳定的封存，防止在后期地下流体运动和构造变动中泄漏是CO_2储层安全性的重点，因此CO_2-ECBM后期CO_2泄漏的风险性评价、地层构造对煤层中流体的圈闭作用及涉及未来可能的煤炭资源开采影响的地质选区选址等是安全性理论的重要内容。

第 2 章　沁水盆地 CO_2-ECBM 地质背景

沁水盆地位于中国山西省东南部，含煤面积 29500km^2，煤炭储量 5100 亿 t，是我国主要的特大型含煤盆地之一，也是世界储量最大的高煤阶煤层气田之一(Liu et al., 2015b)。沁水盆地不仅是我国实现煤层气商业性开发的最主要地区，也是我国目前 CO_2-ECBM 示范工程项目最为集中的研究区，在我国煤层气开发和 CO_2-ECBM 研究中具有代表性。本书选择沁水盆地为研究对象，通过对沁水盆地煤储层地质背景条件(温度、地层压力、地应力、水文)、无烟煤储层物质、结构、物性(孔隙度、渗透率、含气性等)和力学强度等的系统总结分析，确定实验模拟和数值模拟的温度、压力、围压等条件，以及数值模拟的边界条件，为沁水盆地 CO_2-ECBM 有效性理论与评价体系研究提供地质基础。

2.1　沁水盆地基础地质条件

基础地质条件包括区域地层及含煤地层、区域构造特征与演化、沉积特征、岩浆活动、水文地质条件和地层温、压条件等，是深部温、压、水、地应力条件下煤储层地质模型构建的基础。沁水盆地基础地质条件已有较为系统的研究，本书借鉴以往对沁水盆地基础地质背景的研究，以大量煤与煤层气井揭示的煤储层地质特征为依据，进一步系统总结、分析沁水盆地的基础地质条件。

2.1.1　区域地层及含煤地层

1. 区域地层

沁水盆地地层区划属华北地层区山西地层分区。地层发育由老到新为：上元古界震旦系，古生界寒武系、奥陶系、石炭系、二叠系，中生界三叠系、侏罗系、白垩系，新生界古近系、新近系、第四系。区域地层发育特征见表 2-1。

表 2-1　沁水盆地地层简表(郑柏平和马收先，2008)

界	系	统(群)	组	段	符号	厚度/m(最小~最大) 一般	岩性描述	沉积相
新生界	第四系				Q	0~330	砾石，黄土及砂层，左权县羊角一带有玄武岩	陆相
	新近系				N	0~268	棕红色黏土，底部为底砾岩。在榆社、武乡一带，粉砂土，黏土夹薄层泥灰岩	
	古近系				E	485~576	红色长石石英砂岩夹透镜状砾岩，下部为巨砾岩	

续表

界	系	统(群)	组	段	符号	厚度/m(最小~最大)	厚度/m 一般	岩性描述	沉积相
中生界	白垩系				K	249		鲜红色泥岩，暗紫红色薄层长石石英砂岩，夹薄层砂质灰岩，底为砾岩	陆相
	侏罗系	中统	黑峰组		J_2	30~254		上部灰绿、黄绿、灰黄色砂质页岩、页岩，下部灰黄、黄白、灰白色厚—巨厚层含砾中粗粒硬砂质石英砂岩	
	三叠系	上统	延长组		T_3y	30~283	50	浅肉红、灰绿色中厚中细粒石英砂岩、粉砂岩、页岩夹淡水灰岩	
		中统	铜川组	二段	T_2t^2	272~433		上部紫色砂质泥岩、泥岩夹中细粒长石砂岩，中部浅肉红色、灰紫色、灰红色厚层中细粒长石砂岩，下部灰紫、灰绿色砂质泥岩、页岩夹砂岩	
				一段	T_2t^1	124~158		浅肉红、灰黄色斑状厚层中粒长石砂岩，局部夹灰绿、灰紫色砂质泥岩	
			二马营组	三段	T_2er^3	94~196		上部紫红色泥岩，砂质泥岩夹白色斑状中细粒长石砂岩，下部灰绿色中细粒长石砂岩夹紫红色泥岩	
				二段	T_2er^2	180~388		上部紫红色砂质泥岩夹浅灰绿、灰绿色中薄层斑状中粗粒长石砂岩，下部浅灰绿中细粒长石砂岩夹紫红色泥岩	
				一段	T_2er^1	193~327		灰绿色厚—中薄层中细粒长石砂岩夹紫红色泥岩及灰绿色泥岩	
		下统	和尚沟组		T_1h	131~474	250	灰紫色薄—中层状细粒长石砂岩夹紫红色泥岩	
			刘家沟组		T_1l	115~595	400	浅灰、紫红色薄—中层细粒长石砂岩，夹紫红色页岩、细砂岩及砾岩，在细砂岩中夹磁铁矿条带	
古生界	二叠系	上统	石千峰组		P_3sh	22~217	150	黄绿色厚层状长石砂岩与紫红色泥岩互层，顶部有淡水灰岩	
			上石盒子组	三段	P_3s^3	17~236	140	黄绿、灰紫色砂岩，粉砂岩互层、夹燧石层	
				二段	P_3s^2	18~216	160	灰绿色薄层状中粗石英砂岩与黄绿紫红色粉砂岩互层	
				一段	P_3s^1	88~224	140	杏黄色中粗粒石英砂岩，夹紫色粉砂岩	

续表

界	系	统(群)	组	段	符号	厚度/m(最小~最大)	一般	岩性描述	沉积相
古生界	二叠系	中统	下石盒子组		P_2x	44~100	65	黄绿、杏黄色泥岩、粉砂岩及砂岩，近顶部有透镜状锰铁矿，底部有薄煤	陆相
		下统	山西组		P_1s	25~72	60	灰白、灰绿色石英砂岩、粉砂岩、泥岩、煤层	过渡相
			太原组		C_2t-P_1t	76~142	90	灰白、灰色薄层状中细粒石英砂岩、粉砂岩、页岩及灰岩煤层	海陆交互相
	石炭系	上统	本溪组		C_2b	0~55	20	杂色铁铝岩、灰白、灰色黏土岩，底部有山西式铁矿	北中部为海陆交互相，南部渐变为陆相
	奥陶系	中统	峰峰组		O_2f	0~216	120	中层状豹皮状灰岩，灰白、灰黄色薄层状白云质灰岩，夹灰黑色中层状灰岩	陆表海相
			上马家沟组		O_2s	170~320	230	顶部为白云泥灰岩夹泥质灰岩，中上部灰黑色中厚状豹皮状灰岩夹泥岩，下部为泥灰岩，角砾状泥灰岩	
			下马家沟组		O_2x	37~213	120	青灰色中厚—巨厚灰岩，下部为角砾状泥灰岩，底部为浅灰、黄绿色钙质页岩	
		下统			O_1	64~209	130	浅灰色中厚—巨厚层状白云岩，含燧石条带及结核白云岩，下部泥质白云岩夹竹叶状白云岩	咸化潟湖相
	寒武系	上统	风山组		Є$_3f$	38~109	90	厚层状结晶白云岩，竹叶状白云岩，鲕状白云岩偶尔含燧石	浅海相
			长山组		Є$_3e$	6~35	20	灰色中层竹叶状灰岩夹薄绿色页岩、泥质白云岩，竹叶状白云岩	
			崮山组		Є$_3g$	15~42	35	薄层泥质条带灰岩、竹叶状灰岩、黄绿色页岩互层，泥质条带白云质灰岩，鲕状灰岩	
		中统	张夏组		Є$_2z$	65~244	160	灰青色中厚层状鲕状灰岩，白云质鲕状灰岩，底部薄层灰岩、泥质条带灰岩、页岩	
			徐庄组		Є$_2x$	32~169	130	鲕状灰岩、泥质条带灰岩，灰岩互层、中下部猪肝色页岩夹薄层细砂岩、灰岩	
		下统	毛庄组		Є$_1mz$	4.8~92	60	紫红色页岩夹薄层灰岩、泥岩、顶部青色鲕状灰岩	

续表

界	系	统(群)	组	段	符号	厚度/m(最小~最大) 一般	岩性描述	沉积相
古生界	寒武系	下统	馒头组		$\in_1m$	35~86 60	黄绿色页岩、泥灰岩，底部为黄色含砾砂岩	浅海相
			辛集组		$\in_1x$	29~54 40	上部为灰白色厚层白云岩夹致密灰岩，下部红色石英砂岩	
上元古界	震旦系	中统	北大尖组		Z_2bd	4~460 200	灰白、紫色厚层状中粗粒石英砂岩、夹紫红色页岩	滨海/浅海相
			白草坪组		Z_2b	5~217 100	紫红色页岩，砖红色粉砂岩，泥岩夹中细粒石英砂岩，局部夹白云岩和白云质砾岩	
			云梦山组		Z_2y	2.2~591 150	紫红、灰白色中厚层中粗粒石英砂岩，底部为厚层砂砾岩及巨砾岩	
		下统西阳河群	马家河组		Z_1m	1973~2128 2050	暗灰色安山岩、杏仁状安山岩，夹少量辉石安山岩、暗绿粗安山岩，少量粗面岩或碱性流纹岩夹泥岩、页岩和细砂岩	
			鸡蛋坪组		Z_1j	107~250 180	暗绿、暗紫色安山岩、紫红色杏仁状粗安山岩夹少量石英斑岩	
			许山组		Z_1x	2500~2964 2700	暗绿、暗紫色安山岩，紫灰色中厚层中粗粒石英砂岩，底部厚层砾岩	
			大古石组		Z_1d	54~62 60	紫红黄褐色页岩、紫灰色中厚层中粗粒石英砂岩，底部厚层砾岩	
下元古界		铁山河群	双房组		Pt_1s	>853	上部灰绿色绿泥石英片岩、钠长角闪片岩、黑云片岩、黑云斜长片麻岩，下部为变质砂岩，绿泥片岩夹大理岩	
			北崖山组		Pt_1b	420~681 661	灰白、紫灰色厚层变质长石石英砂岩、石英岩夹绿泥片岩及大理岩，底部变质砾岩	
		银鱼沟群	赤山沟组		Pt_1c	608~1215 950	上部碳质绢云片岩，夹石英岩，中部大理岩，下部紫红灰白色变质长石石英砂岩	
			幸福园组		Pt_1r	335~354 345	灰白、肉红色厚层变质长石石英砂岩，变质石英砂岩、石英岩夹绢云母石英片岩及黑云母片岩，底部为透镜状变质砾岩	
太古界		林山群			A_2ln	>507	黑云片岩、绿泥片岩、角闪片岩、黑云斜长片麻岩、角闪片麻岩，局部夹大理岩，混合岩化	

2. 含煤地层

沁水盆地含煤地层为石炭—二叠系，自下向上依次为本溪组、太原组、山西组、下石盒子组、上石盒子组和石千峰组，其中太原组和山西组含可采煤层，也是煤层气开发和 CO_2-ECBM 的目的地层。

1) 太原组

太原组为一套海陆交互相沉积，形成于陆表海碳酸盐岩台地沉积和堡岛沉积的复合沉积体系。主要由砂岩、粉砂岩、砂质泥岩、泥岩、煤层及石灰岩组成。该组地层厚度为 76~142m，平均约 90m，煤层出露厚度为 6.72~9.92m，含煤系数为 6.25%~8.70%。

太原组含煤 7~16 层，下部煤层发育较好。灰岩 3~11 层，以 K_2、K_3、K_5 三层灰岩较稳定，具多种类型层理。泥岩及粉砂岩中富含黄铁矿、菱铁矿结核。动植物化石极为丰富。据岩性、化石组合及区域对比，自下而上将本组分为一、二、三段，现分述如下。

一段(K_1 砂岩底~K_2 灰岩底)：厚度 0~62.81m。由灰黑色泥岩、深灰色粉砂岩、灰白色细粒砂岩、煤层及 1~2 层不稳定的灰岩组成。本段有煤层 3 层，自上而下编为 14#~16#。其中 15#煤层全区稳定分布，为煤层气开发的主要目的层之一。本段为障壁砂坝、潟湖、潮坪及沼泽等沉积。

二段(K_2 灰岩底~K_4 灰岩顶)：厚度 24.45~65.18m。主要由灰岩、泥岩、粉砂岩、细—中粒砂岩及煤层组成，以色深、粒细、灰岩发育、逆粒序为特征。本段有煤层 3 层，编号为 11#~13#煤层，煤层薄而不稳定。本段有三个旋回，主要由碳酸盐岩台地、潮坪和水下三角洲沉积组成。各煤层均在每个旋回顶部，层位稳定。

三段(K_4 灰岩顶~K_7 砂岩底)：厚度 14.82~72.22m。由砂岩、粉砂岩、泥岩、灰岩及煤层组成。本段有煤层 6 层，编号为 5#~10#，其中 9#煤层为局部可采煤层，其他煤层多薄而不稳定。本段为碳酸盐岩台地-滨海及三角洲交互沉积。

2) 山西组

山西组为发育于陆表海沉积背景之上的三角洲沉积，一般从三角洲河口砂坝、支流间湾过渡到三角洲平原相，主要由砂岩、粉砂岩、砂质泥岩、泥岩和煤层组成。本组以砂岩发育、层理类型多、植物化石丰富为特征。地层厚度为 25~72m，煤层厚度为 4.62~7.16m，含煤系数为 8.40%~14.30%。

山西组含煤 4 层，自上而下编号为 1#~4#。其中 3#煤层全区分布稳定，为煤层气开发最重要的目的层，也是本次研究的主要目的煤层。本组与下伏太原组上部(K_6 顶~K_7 砂岩底)共同构成一个完整的进积型三角洲沉积旋回。

2.1.2　区域构造特征与演化

1. 沁水盆地构造特征

沁水盆地为华北板块山西复背斜带上，中生代以来形成的构造型复式盆地(韩德馨和杨起，1980；刘焕杰等，1998)。沁水盆地现今整体构造形态为一近 NE—NNE 向的大型复式向斜，轴线大致位于榆社—沁县—沁水一线，东西两翼基本对称，倾角 4°左右，次级褶皱发育。在北部和南部斜坡仰起端，以 SN 向和 NE 向褶皱为主，局部为近 EW 向和弧形走向的褶皱。断裂以 NE、NNE 和 NEE 向高角度正断层为主，主要分布于盆地的西部、西北部及东南缘(图 2-1)。

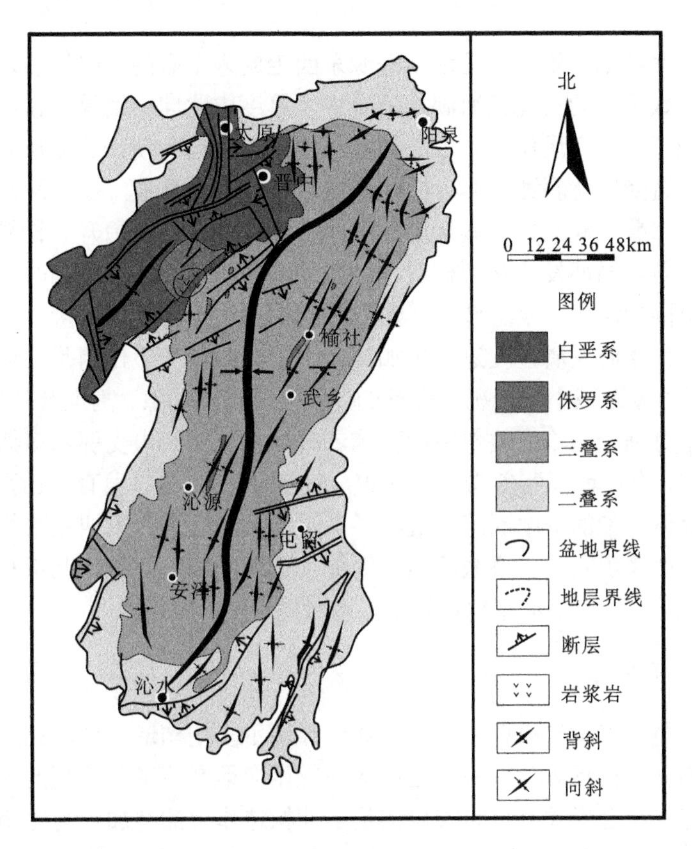

图 2-1　沁水盆地构造纲要图(改自刘洪林等，2009)

盆地的不同部位具有不同的构造特点。总体来看，西部以中生代褶曲和正断层相叠加为特征，东北部和南部以中生代的 EW 向、NE 向褶皱为主，盆地中部发育 NNE—NE 向褶皱。断层主要发育于盆地东、西部边缘，在盆地中部有一组近 EW 向正断层。

2. 沁水盆地构造演化

沁水盆地的构造演化大体上经历了三个阶段(刘焕杰等，1998；秦勇和宋党育，1998)。

沁水盆地构造基底形成阶段：自太古代、元古代以来至古生代早期，随着华北克拉通的形成，沁水盆地作为其中的一部分经历了早期的结晶基底形成和晚期的沉积盖层沉积两个阶段，最终成为具有二元结构的板块。受加里东运动影响，在中奥陶世之后整体抬升，接受剥蚀夷平，构成 C-P 煤系地层的沉积基底。

含煤盆地泥炭堆积阶段：自古生代晚期以来，随着华北板块的整体板内沉降，石炭—二叠纪本区成为发育海陆过渡相沉积的聚煤盆地，发育了一套广泛分布的煤系地层。煤系沉积以后，连续稳定沉降，成为华北地区三叠纪的沉积中心之一，接受了一套厚而稳定的大型内陆河湖相碎屑岩沉积，并构成了 C-P 煤系的上覆盖层，在区内连续分布。

构造抬升剥蚀阶段：受印支运动的影响，特别是在燕山运动和喜马拉雅运动期间，本区经受强烈的挤压抬升、剥蚀作用，造成厚达数千米的地层损失，而由构造活动导致的褶皱及断裂造成区域及局部构造裂隙系统广泛发育，从而对沁水盆地煤层气藏形成产生了巨大影响。

印支期，沁水盆地受侯马—沁水—济源东西走向为中心的凹陷控制，以持续沉降为主，沉积了厚达数千米的三叠纪河湖相碎屑岩，厚度由北向南增厚，使石炭—二叠系煤层被深埋并经受了深成变质作用。中三叠世末期的印支运动使华北板块开始解体，沁水盆地开始抬升，遭受风化剥蚀。燕山期区内构造运动最为强烈，在 EW 向的挤压应力作用下，石炭系、二叠系和三叠系等地层随基底的隆起上升而被抬升、褶皱，形成了轴向近南北的复式向斜，局部发育断裂构造，并遭受不同程度的剥蚀。同时，该期区内莫霍面上拱并有大范围的深成岩浆岩侵入，形成不均衡高地热场，使石炭—二叠系的煤层因经历区域热变质作用而变质程度进一步加深。由于区域热变质作用是在煤层被抬升、褶皱、上覆静岩压力逐渐减小的情况下进行的，所以对煤层孔隙、割理及外生裂隙的生成、保存等均产生了有别于深成变质作用的影响。喜马拉雅期区内受鄂尔多斯盆地东缘走滑拉张应力场作用，在山西复背斜带产生 NW—SE 向拉张应力，发育了山西地堑系，区内形成了榆次—介休一带的晋中断陷，沉积了上千米的新近系、第四系陆相碎屑岩，而其他地区石炭—二叠系煤系和三叠系等地层则继续遭受剥蚀，并在西北部和东南部因拉张而形成 NE 向正断裂，使沁水盆地定型于现今状态。

3. 构造应力场演化

自石炭—二叠系煤系形成以来，沁水盆地经历了多期构造运动，先后经历了印支运动、燕山运动和喜马拉雅运动，每次构造运动都相应地产生了一系列的地质构造，现存的地质构造形态、组合形式及分布规律都是各期构造作用的叠加。与之相对应，沁水盆地构造应力场可以分为四期：第一期，印支期构造应力场；第二期，燕山期构造应力场；第三期，喜马拉雅早期构造应力场；第四期，喜马拉雅晚期—现代构造应力场(表 2-2)。

表 2-2　沁水盆地中生代以来构造应力场演化及主应力特征(刘焕杰等，1998；秦勇和宋党育，1998)

地质年代			构造期	应力场主应力特征
新生代	第四纪		喜马拉雅晚期—现代	NE—SW 向挤压，NW—SE 向伸展
	新近纪			
	古近纪		喜马拉雅早期	NWW—SEE 向伸展作用
中生代	白垩纪		燕山期	NW—SE 向挤压作用
	侏罗纪			
	三叠纪	晚三叠世	印支期	SN 向挤压作用
		中三叠世		
		早三叠世		

1) 印支期构造应力场

印支运动从中三叠世之后开始影响沁水盆地，主要活动期为晚三叠世末。华北板块与北部西伯利亚板块南部碰撞拼接，与华南板块全面拼贴构成统一的中国板块，产生与华北板块南、北缘垂直的近南北向构造应力场，使沁水盆地主体遭受近南北向的挤压应力场。该期应力场形成了两组早期的共轭剪节理系，第一组节理发育左列羽列现象，显示左旋扭动，第二组节理发育右列羽列现象，反映右旋扭动，但这种水平挤压应力场由华北板块边缘向盆地内部逐渐减弱。因此，变形强度由盆地边缘向盆内递减，盆地边缘挤压褶皱和逆冲推覆变形较为强烈，而盆地内部则并不明显。

总体上看，印支期近南北向的水平挤压应力场对沁水盆地的影响不大，沁水盆地仍保持稳定状态，并未在盆地内部形成明显的地质构造，仅使盆地南部产生了一定程度的隆起抬升。

2）燕山期构造应力场

燕山运动对于华北板块而言，是一次十分重要的变革性的运动。侏罗纪以来，库拉—太平洋板块向 NW 方向挤压，与欧亚大陆的相互作用日益增强。初生的太平洋板块在南半球向 SW 方向俯冲，使中国大陆及邻区受到较强的总体上 NW 向的挤压和缩短作用，也使中国东部 NE 向、NNE 向构造线得到加强。发生在燕山期的构造运动，在山西省内普遍存在(林建平，1991)，同时也是沁水盆地中生代以来最强烈的一次构造变形(张抗和冯力，1989)，该期构造应力场表现为 NW—SE 向近水平挤压应力场。

在该期构造应力场的作用下，沁水盆地的构造活动以挤压抬升和褶皱作用最为显著，盆地内部形成了轴向 NE—NNE 的一系列宽缓的背、向斜构造，规模较大，一般长 10~30km，褶皱走向自北向南呈规律性变化，在大褶皱的两翼往往发育一系列的次级褶皱，而盆地东、西边缘特别是盆地东缘靠近太行山造山带形成了 NE 向展布的冲断层。同时，盆地的莫霍面上拱并有局部的岩浆侵入，导致煤层发生显著的区域热变质作用，形成本区特有的煤阶虽高，但割理比较发育的状况，对于煤层气的生成和产出以及勘探开发十分有利。

3）喜马拉雅早期构造应力场

新生代，由于受西太平洋板块俯冲和中国西南部印度—欧亚板块碰撞作用的共同影响，古新世开始，随着库拉—太平洋板块俯冲带向东迁移，亚洲大陆东缘由安第斯型大陆边缘转化为西太平洋沟-弧-盆型大陆边缘。库拉—太平洋洋脊逐渐倾没于日本和东亚大陆之下，导致弧后地幔物质活动激化，热扩容促使地幔上拱，地壳减薄，岩石圈侧向(华北板内呈 NW—SE 向)伸展。

4）喜马拉雅晚期—现代构造应力场特征

进入新近纪以来，华北板块受太平洋板块与印度洋板块的联合作用，地幔活动减弱、热异常衰减，逐渐由拉张作用转变为挤压作用，其主压应力方向向东偏转为 NE 或 NNE 向，而近 NE 向构造处于张扭性构造环境。山西地区的构造应力场由早期的 NNE—SSW 向挤压应力逐渐转变为 NE—SW 向挤压应力。沁水盆地在该期构造应力场作用下，地壳进一步被抬升，接受剥蚀，并在第四纪老黄土中发育有节理构造。野外实测黄土节理表明现代构造应力场的主压应力方向为 NE50°左右(图 2-2)，也揭示了该期构造应力场的基本特征。

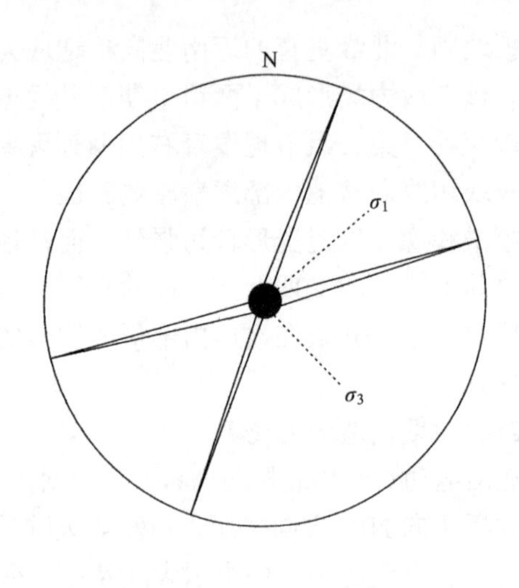

图 2-2　沁水盆地黄土层节理产状求解的应力场特征

2.1.3　沉积地质特征

沁水盆地煤层气开发主要目的煤层，即 CO_2-ECBM 的主要目的煤层，为石炭—二叠系太原组 15#煤层和山西组 3#煤层。石炭—二叠系沉积建造由碳酸盐岩与硅质碎屑岩混合的含煤建造和红色硅质岩建造两部分组成，前者形成于陆表海环境，后者形成于陆相河流-湖泊环境(贾建称，2007；杨克兵等，2013)。石炭—二叠系沉积建造可分为 3 类沉积环境、4 种沉积体系和 7 类沉积相(李增学等，2005；邵龙义等，2006)，即陆表海滨岸环境下的障壁潟湖-碳酸盐台地复合沉积体系、海陆过渡相环境下的浅水三角洲沉积体系及陆相环境下的河流-湖泊复合沉积体系。石炭—二叠系总体沉积环境演化是由海相向陆相转化，有利的沉积环境为该区煤层气藏的形成提供了很好的储层物质基础和生储盖组合。

太原组为一套陆表海滨岸沉积，形成了陆表海碳酸盐台地沉积体系和障壁潟湖沉积体系的复合沉积体系(表 2-3)，其中开阔台地相形成时海水流通性较好，岩石类型主要为生物碎屑泥晶灰岩和泥晶生物碎屑灰岩。太原组地层分布较稳定，石灰岩沉积发育，其石灰岩都是浅海相沉积产物，含丰富的海相化石，主要发育于研究区中南部地区，向北部厚度呈现逐渐减少和变薄的趋势。本区 K_2~K_5 灰岩多属开阔台地相沉积。障壁体系潮坪相也可以形成较好的聚煤条件，形成连续分布的煤层，但煤层硫分相对较高。

表 2-3　沁水盆地太原组与山西组沉积体系及沉积相、微相组成(李增学等，2005；邵龙义等，2006)

沉积体系	沉积相	典型沉积微相
浅水三角洲沉积体系	上三角洲平原相	分流河道、分流间湾、沼泽、泥炭沼泽
	下三角洲平原相	分流河道、分流间湾、沼泽、泥炭沼泽
陆表海障壁潟湖-碳酸盐台地复合沉积体系	障壁岛相	障壁坪、沙丘
	潟湖相	潟湖
	潮坪相	砂坪、泥坪、混合坪
	沼泽	沼泽、泥炭沼泽
	碳酸盐岩台地相	开阔台地、局限台地

山西组为发育于陆表海沉积背景之上的浅水三角洲沉积，因华北板块整体抬升，海水从聚煤盆地两侧退出，盆地性质由陆表海盆地演变为近海湖盆地，沉积环境转变为过渡环境，一般从三角洲河口沙坝、支流间湾过渡到三角洲平原相。山西组沉积特征主要表现为三角洲相取代潮坪-浅水陆棚相，沉积相带呈南北相带分异特点。由于陆表海海底地形平坦、坡度小、水浅，以河流作用为主的浅水三角洲的整体形状常呈朵叶状。在垂向上以三角洲平原相占优势，其中分流河道相又占主要地位，三角洲前缘相及前三角洲相相对不发育。泥炭沼泽相是三角洲平原上的成煤环境，聚煤条件较好，煤层分布连续但厚度变化相对较大，也常因分流河道冲刷而发生变薄或尖灭(贾建称，2007；杨克兵等，2013)。

沁水盆地内主要海相层由东南向北西，随着海水大区域内由深变浅，内源沉积也由以碳酸盐沉积为主逐渐转变为以氧化物沉积为主，泥质、砂质含量升高，在岩性上表现为灰岩—泥质灰岩—泥岩的变化。

2.1.4　岩浆活动

沁水盆地南部岩浆岩地表露头主要见于襄汾—翼城—浮山之间的塔尔山、二峰山一带，在其他地区，如太岳山西部、临汾西佐、吕梁临县紫金山等地，岩浆岩则沿一些较深的断裂断续分布。岩浆岩种类多样，主要见有花岗岩类、中性岩类、超基性岩类和基性岩类，岩体出露规模一般不大，产状有岩枝、岩墙、岩脉等(刘焕杰等，1998)。沁水盆地煤层高变质带的出现与岩浆活动关系密切，煤变质带的分布与岩浆岩体的分布相吻合，在平面上，煤质的分带以岩浆岩体侵入位置为中心依次向外展布，其中心往往为无烟煤，高变质带的宽窄受岩体规模的大小和侵入深度控制，侵入浅则高变质带较窄。例如，襄汾、浮山、翼城之间的二峰山、塔尔山花岗岩，高平、晋城、陵川、平顺西沟等地一带的花岗岩，晋中地堑祁县的石英二长岩，太原西山煤田西部的狐偃山花岗岩，临县紫金山花岗岩都与煤的高变质带相对应。在东部晋城、高平及其以东的陵川、平顺西沟等地有燕山期岩浆侵入体存在(花岗岩)。另外，在晋城、阳城、阳泉都有岩脉和岩浆热液矿脉分布(孟元库等，2015；任战利等，1999)。

盆地内岩浆活动主要集中于太古代—元古代和中生代两个地质阶段。太古代和元古代岩浆岩存在于前寒武系地层中，其岩体小，多以脉状产出，岩性以超基性岩、基性岩和酸性岩为主，主要分布在太岳山区(刘焕杰等，1998)。中生代是华北地区岩浆活动的鼎盛时期，岩浆侵入和喷发从侏罗纪到白垩纪。如盆地南缘翼城一带的二峰山、塔尔山岩体的年龄为 95.34~135.74Ma，平顺岩体的年龄为 138.62~166.45Ma，大致相当于晚侏罗世—早白垩世。值得注意的是，同时期的火成岩体还广泛发育于盆内其他邻近地区，如盆地西北隅的祁县岩体(141Ma)、太原西山狐偃山岩体(110.12~135.58Ma)及临县紫金山岩体(134.8~158.4Ma)等(陈刚，1997；任战利等，2005a，2005b)，主要分布于110~150Ma，主峰值在 120~140Ma，主峰值年龄相当于早白垩世，其在山西南部也有清楚的显示(任战利等，2005a，2005b)。中生代大规模的岩浆活动与区域岩石圈伸展有关。岩石圈快速减薄使岩浆作用活跃(任战利等，2005a，2005b)。岩浆岩多位于造山与非造山之间的过渡区，属弱造山环境，反映沁水盆地中生代构造体制由挤压向伸展的转变(任战利等，2005a，2005b)。岩浆岩体多呈 NEE 向断续分布，其展布方向和形式受隐伏的基底断裂带控制，各侵入体在地表以近等轴状形态出露，多沿短轴背斜的轴部侵入，其围岩主要是奥陶系、石炭—二叠系和三叠系(任战利等，2005a，2005b)。

构造热事件的发生受岩石圈深部热活动性增强及岩浆侵入的控制。燕山晚期沁水盆地深部地幔热活跃，地幔上涌，岩石圈减薄，下地壳发生熔融和壳幔物质交换，形成异常地热场，地热背景值高是形成石炭—二叠系煤层热演化程度高的主要原因。深部岩浆活动是沁水盆地南、北两端高变质带形成的重要因素。深部热液活动在奥陶系顶面活动性强，使靠近奥陶系的石炭—二叠系煤层热演化程度提高(任战利等，2005a，2005b)，且使煤系地层中广泛发育燕山期热液脉体，如方解石、石英等，其中以煤系地层中的方解石脉体最为常见。

区内最大的出露岩体(塔尔山—二峰山)呈枝状产出，分布面积大于100km^2，与其呈侵入接触的最新地层是三叠系二马营组。根据同位素年龄测定结果，岩体的侵入时代为白垩纪早中期。该岩体对附近石炭—二叠系煤的变质作用具有显著影响，造成侵入体附近煤阶呈环带状分布(刘焕杰等，1998)。

除暴露于地表或侵入煤系及其以上层位的岩体之外，区内存在隐伏岩浆岩体的可能性不容忽视。根据已有资料和区内岩浆活动规律分析，区内翼城、安泽、阳城、晋城范围内可能存在较大规模的燕山期隐伏岩浆岩体，侵位较深。其主要证据有：①晋城—阳城一带可见零星出露的燕山期岩浆岩热液岩脉，属于岩浆后期产物，其下必有较大母体存在；②航测资料显示阳城—晋城—高平一带为正磁异常区，异常强度可达+100γ~+250γ(γ为磁异常伽马数，表示磁异常强度)；③浮山—翼城为断裂与岩浆活动强烈的块段隆起构造区，有燕山期岩体分布，其磁异常局部可达+700γ，向东至阳城、晋城岩浆岩体呈东西向带状分布；④周边地区燕山期岩浆侵入奥陶系—寒武系或下部层位的现象较为常见(刘焕杰等，1998；秦勇和宋党育，1998)。

中生代(特别是燕山期)的岩浆活动对研究区内石炭—二叠系煤层的变质作用有深刻的影响。沁水盆地区域岩浆热变质作用主要表现为发生在深成变质作用背景上的叠加效应。燕山中晚期地幔柱上隆，岩浆及火山活动频繁，形成北纬35°带和北纬38°带两个区域岩浆热变质带。岩浆热事件主要发生在沁水盆地的南北两端。影响范围较大的是两个东西向高变质带，这两个高变质带与岩浆岩体的分布相吻合。如西山煤田位于北纬37.5°~38.5°岩浆活动带，煤田西部狐偃山有燕山期岩浆岩体分布，并造成环带状接触变质带，其影响范围2~4km。根据煤阶分布特征，煤系下隐伏岩体的形状为树枝状，有2枝岩株分别向上侵入煤田的东部和西部，为两期活动产物。早期(139~125Ma)为碱性二长岩，侵入西部狐偃山一带，已露出地表；晚期(105Ma)为花岗闪长岩，侵入东部，隐伏在煤系下伏地层中，产生区域岩浆热变质作用(郭景林和郭晓明，2010)；沁水盆地的南端，主要是晋城地区发生的岩浆活动热事件。晋城地区位于北纬35°~36°岩浆活动带，其深成变质作用为焦煤，因岩浆热的叠加影响而为无烟煤。燕山期岩浆侵入事件持续10Ma，属于快速加热，促进了二次生烃作用，不但促进大量气体生成，还提高了煤层的储层空间和改善了煤层裂隙的渗透性，有利于煤层气的产出(琚宜文等，2009；王勃等，2007)。

2.1.5　水文地质条件

1. 含水层与隔水层

1) 含水层

沁水盆地存在奥陶系、石炭—二叠系和第四系 3 套主要含水层系。含水层主要为碳酸盐岩、砂岩和松散沉积层。隔水层主要为泥质岩类，某些地段特定层位的致密碳酸盐岩也能起到一定的阻水作用。其中，中奥陶统为区内主要含水层，石炭—二叠系含水层的含水性通常较弱，第四系松散沉积物含水层的含水性变化较大且影响范围相对局限(刘洪林等，2008；王红岩等，2001；张建博和王红岩，1999)。煤系含水层与煤层气开发、CO_2-ECBM 关系更为密切。

(1) 太原组裂隙岩溶含水层组。

该含水层组由砂岩、砂质泥岩、煤层夹 3~6 层石灰岩组成，为区内主要含水层之一，含层间岩溶裂隙水，富水性强弱取决于岩溶及裂隙发育程度。该含水层为碎屑岩夹石灰岩岩溶裂隙含水层，含水空间以岩溶裂隙为主，含水层主要由 K_2、K_3、K_4、K_5 四层石灰岩组成，厚度为 7.56~26.69m，平均总厚度为 15.25m。该含水层单位涌水量为 0.0009~0.004L/(s·m)，渗透系数为 0.003~0.016m/d，水位标高为+698.05~+820.24m，水质类型为 HCO_3^--K^+·Na^+或 Cl^-·SO_4^{2-}-K^+·Na^+型。该含水层富水性一般较弱，但在构造部位富水性可能变好，属承压的弱富水性含水层。

由于构造影响，此含水层组在区域东南部有较大面积的出露，可以接受大气降水的补给，由于盆地内部断裂构造的影响，也受到其他含水层的补给，地下水运动以水平方向为主。其他部位接受大气降水的补给条件较差，与上覆含水层及下伏含水层均有一定厚度的隔水层相隔。地下水运动一般以层间径流为主，仅在断层等构造部位才可能与其他含水层直接发生水力联系。

(2) 山西组及下石盒子组砂岩裂隙含水层组。

该含水层组为碎屑岩裂隙含水层，主要包括二叠系一套陆相、过渡相碎屑岩层，由砂岩、砂质泥岩夹煤层组成，厚度为 324~435m。含水层空间以构造裂隙为主，含水层主要由粗、中、细粒砂岩组成，一般裂隙较发育，局部充填。该含水层单位涌水量为 0.0006~0.0112L/(s·m)，渗透系数为 0.0019~0.0629m/d，水位标高为+689.87~+769.56m，水质类型为 HCO_3^--K^+·Na^+·Ca^+型，属富水性弱—中等的砂岩裂隙含水层组。

本类型含水层以风化裂隙及构造裂隙含水为主，裂隙发育程度受岩性、埋深和构造的性质、规模影响。在埋藏较浅处，以风化裂隙水为主，受大气降水、地表水及松散类含水层补给，含水性随地段不同而异，一般含水量较小。在埋藏较深处，以构造裂隙为主，一般补给量小，径流条件差，含水微弱，但在局部构造应力集中区，裂隙较发育，并沟通与上覆含水层的水力联系，有良好的补给源和储水空间，含水性较好。含水空间以风化裂隙和构造裂隙为主，裂隙水除少部分沿构造破碎带向深部运动外，以水平方向运动为主，由于相对呈层状，不同层位的含水层各具补给区，构成若干个小的含水系统，其间水力联系较弱。

以上两个含水层组，由于受构造的影响，在区域东部壶关一带和南部的高平、晋城地区有较大面积出露，直接接受大气降水的补给；另外，通过构造通道等也可接受其他含水层水的补给。含水层组内各含水层一般相对独立，水力联系微弱，具有各自不同的水压值。地下水的运动一般以层间径流为主。径流过程中，因沟谷切割、径流受阻，常形成泉排泄于地表。

2) 隔水层

本区主要隔水层为本溪组隔水层，太原组和山西组泥岩和砂质泥岩隔水层，下石盒子组及上石盒子组中、下部隔水层组。上石炭统隔水层主要为本溪组铝质泥岩、太原组泥岩或煤层。太原组和山西组所含泥岩和砂质泥岩在局部地段也具有一定的隔水作用（张建博和王红岩，1999）。上石盒子组中、下部及下石盒子组隔水层组的厚度为几十米到200m 不等，由泥岩、砂质泥岩夹砂岩构成，在高平一带垂向分布呈现平行复合结构，裂隙不甚发育，为山西组顶部的相对隔水层组（王红岩等，2001；张建博和王红岩，1999）。

2. 水文地质单元及边界特征

1) 水文地质单元

沁水盆地水文地质单元主要由阳泉地区娘子关泉域、长治地区辛安泉域、阳城地区延河（马山）泉域、晋城地区三姑泉域、洪洞广胜寺泉域、太原晋祠泉域和介休西侧的洪山泉域等组成。各泉域地层构成南部向北、北部向南、东西两侧向中间的复式向斜储水构造（池卫国，1998）（图 2-3）。

2) 边界特征

东部边界为晋霍褶断带，走向 NE23°~25°，为呈阶梯状向西倾斜的高角度张扭性正断层，倾角约 70°，由断裂和与之平行的褶皱组成，从北到南其导水逸气性能可明显地分为 3 段（王红岩等，2001；张建博和王红岩，1999）。

南部边界为东西向构造带，按其阻水性能可分为 3 段，即东部的沁河导水段，中部的西沟阻水段及西部的西沟以西导水段；西沟阻水段由 8 条断裂构成，其中最大的断裂长达 15km，落差 100 余 m，使煤系砂泥岩地层与奥陶系灰岩接触，起了阻水作用（王红岩等，2001；张建博和王红岩，1999）。就东、西两段导水段而言，断裂构造不甚发育且落差比阻水段小，一般为 10~100m。断裂两盘灰岩与灰岩接触，断裂南北泉水的水质及水型相似，硬度不高，矿化度相近，说明两盘水力联系明显（王红岩等，2001；张建博和王红岩，1999）。

西部边界以安泽为界分为两段。北段为霍山隆起，由寒武系、震旦系组成，为一阻水边界；南段则由导水性断层组成（王红岩等，2001；张建博和王红岩，1999）。

3. 单元内部边界水文地质条件

本区内部存在 4 条重要的水文地质边界，包括近 EW 向 2 条和 NNE—NE 向 2 条。其中 3 条边界是由次级隆起形成的地下分水岭，1 条为对南部煤层气富集高产条件具有明显影响的寺头断裂（王红岩等，2001；张建博和王红岩，1999）。

沿近 EW 向展布的 2 条边界分别位于沁水盆地中、南部的北部和中部。北部边界为由武乡—沁县次级隆起构成的近 EW 向地下分水岭，构成辛安泉域的北部界线。中部边界由高平北部近 EW 向次级隆起组成，为基本阻水边界，这一地下分水岭的存在，构成

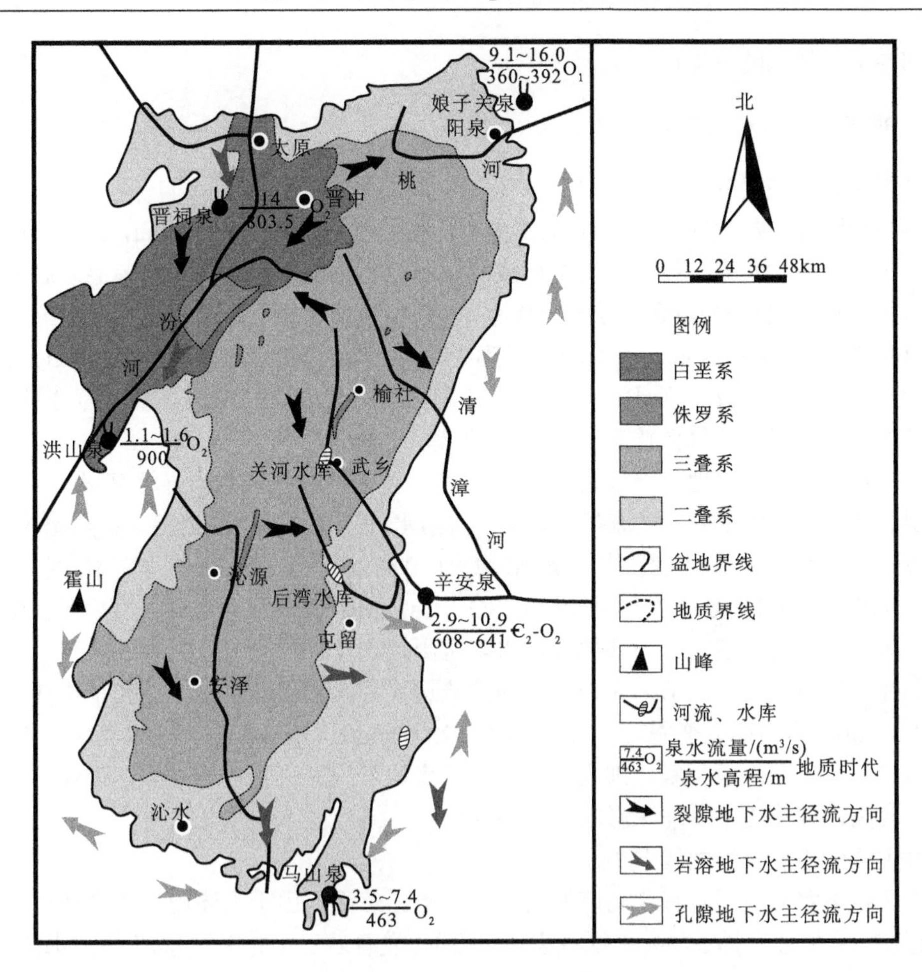

图 2-3　沁水盆地水文地质简图(改自池卫国，1998)

辛安泉域与延河泉域的南部边界。该地下分水岭有往 NW 方向延伸的趋势，构成了沁水盆地中、南部南、北水文地质条件差异的重要分界线。

沿近 NNE—NE 向分布的 2 条边界分别存在于沁水盆地中、南部的东北部和南部。东北部边界沿沿尚—武乡 NNE 向褶皱带展布，为一地下分水岭，构成了辛安泉域的西部边界。南部边界为寺头断层，是延河泉域与广胜寺泉域的北部分界，从寺头村沿断层往 NE 方向地表断点有多处出露，走向 NE10°~60°，倾向 NW，倾角 70°~85°。断层落差在寺头村南附近最大，达 500m，向两端变小，往西南在寺头村南附近变为 360m。

寺头断裂对其东、西两区的水文地质条件、构造格局和煤层气赋集状态具有明显的控制作用。在断层破碎带中钻进时，水位无较大变化，消耗量最大仅 0.106m^3/h，断层角砾岩充填的方解石未见溶蚀现象。对位于断层两侧钻孔进行中奥陶统含水层抽水试验，发现水质类型截然不同，矿化度有较大差异。同时，断裂两侧甲烷含量也存在差异。断裂东侧的大宁 2 号井田、潘庄井田等主煤层的含气量高，最高可达 30m^3/t。西侧含气量相对较低，与东侧等深度条件下含气量通常不超过 15m^3/t。

抽水试验、水化学、煤层含气性等方面的证据表明，寺头断裂是一条封闭性的断层，导水、导气能力极差。但是，该断裂断距较大，延伸较长，与其他断裂相连，故不能排除局部导水、导气的可能性。

4. 现代地下水动力场展布

1) 区域径流强度分区

强径流区位于盆地向内 3~5km 范围内，石炭系顶界标高 700~1000m，强径流区的断裂和次级褶皱相对发育，裂隙、岩溶构成脉状网络，垂向上存在山西组碎屑岩裂隙含水层、太原组灰岩裂隙-岩溶含水层和奥陶系岩溶-裂隙含水层，富水程度相对较高，钻孔单位涌水量大于 4.34L/(s·m)，矿化度一般为 356.84~542.2mg/L，水质类型以 $HCO_3^-·SO_4^{2-}-Ca^{2+}·Mg^{2+}$ 型为主，岩溶水处于无压转承压状态，水力坡度变化较缓，流速为 1.1km/a，径流条件较强，煤层含气量普遍较低(王红岩等，2001)。

中等径流区位于盆地环斜坡地带，平面宽度 3~8km，石炭系顶界标高 400~700m，受断层和次级褶皱的影响，径流条件较强，岩溶水处于承压状态，岩溶、裂隙比较发育，富水程度极不均一，钻孔单位涌水量为 0.472~10.265L/(s·m)，矿化度一般为 465.72~1399.18mg/L，水质类型以 $HCO_3^-·SO_4^{2-}$-$Ca^{2+}·Mg^{2+}$ 型为主，水力坡度中等，煤层含气量及渗透率变化幅度大，局部地段排水降压困难。

弱径流区位于盆地深部，为地下水的滞流边界。富水程度较强，钻孔单位涌水量为 0.877L/(s·m)。水质明显变差，矿化度高达 1823.61mg/L，水质类型为 SO_4^{2-}-$Ca^{2+}·Mg^{2+}$ 型。水径流微弱，但在次级背斜轴部裂隙、岩溶发育地带，径流相对较强。该带煤层气含气量普遍较高，但渗透率受埋深影响而普遍偏低。

2) 主要含水层等势面展布

本区地下水等势面具有北高南低的总体态势。然而，由于上述内部水文地质界线的客观存在，区内地下水动力条件并不是如此简单，发育若干个相对"低洼"的汇水中心(王红岩等，2001)。

(1) 太原组含水层等势面态势。

含水层以太原组灰岩为主，下主煤层的顶板或直接盖层为 K_2 灰岩，该层灰岩也是区内太原组含水层系中的主要含水层。在等势面呈北高南低的总体背景下，地下水的补给主要还是来自西北部地区，大致沿高平北、屯留、沁县一线展布的 NW 向地下分水岭隐约可见。

在寺头断裂与晋霍断裂之间，等势面要显著低于东、西两侧地区，并以大宁井田—潘庄井田为中心，以樊庄地区为斜坡地带形成一个等势面低地。在这一低地中，含水层显然富水但径流条件极弱，其意义不仅在于进一步显示了寺头断裂和晋霍断裂南段的高阻水及"低洼"部位地下水滞流的特性，更为重要的是低地位置恰好处于沁水盆地中、南部主煤层含气量最高的地带。

(2) 山西组含水层等势面态势。

山西组的主要含水层是上主煤层间接顶板砂岩，等势面的展布格局总体上与太原组含水层相似，北高南低，东南部最低。地下水的补给主要来自西北部地区，由 NW 向地下分水岭分割成的两个径流方向区域仍清晰可见(王红岩等，2001)。

寺头断裂和晋霍断裂南段的阻水特性对等势面的控制作用依然清晰可见，但影响程度和范围有所变化。在两条断裂之间的地带，等势面同样明显地高于东、西两侧。与太原组不同的是，山西组含水层等势面的低洼程度在大宁—潘庄一带已明显减弱，而在樊庄地区有所增强。相邻含水层等势面分布的这一层域组合关系，可能是控制南部上、下主煤层含气量关系的重要地质原因。

根据上述水文地质条件和构造部位，山西组含水层等势面可进一步分成“滞流”和“缓流”两大类型，包括三种小类型：一是等势面“洼地”滞流型，该类型出现在寺头断裂以东、晋霍断裂带以西、高平近东西向分水岭以南、南部近 NW 向分水岭以北的地区，即大宁—潘庄—樊庄一带。等势面明显呈“洼地”形态，矿化度极高，地下水几乎呈封闭状态。山西组、太原组和马家沟组的水量均很小，水温较高。经水质分析，全固形物和硬度均很大，氚同位素值较低，表明地下水流不畅，地表水入渗微弱，煤层气因水力封闭而富集。二是等势面箕状缓流型，该类型发育在屯留、沁源—安泽、潘庄北等地。三面水势较高，一面水势较低。但是水势低的一面地表露头有水源补给，径流受到封阻，地层产状呈簸箕状，地下水流动十分缓慢，对煤层气的保存及形成水承压煤层气藏较为有利。三是等势面扇状缓流型，出现的地域为西南部沁水地区，并以郑庄一带较为典型。北面和西面水势较高，东面和南面水势相对较低，水势低的部位部分被寺头断裂阻隔，部分在露头地带接受地表水补给，径流被封阻，煤层气随地下水运移的逸散作用可能相对较弱。

2.1.6　地层温度压力条件

1. 地层温度条件

根据煤矿钻孔井温测量结果和煤层气井资料统计，沁水盆地恒温带深度在 20~80m，3#煤层温度随埋深、构造变化较大，介于 9.5~28.4℃；地温梯度介于 0.46~4.76℃/100m，且集中分布在 0.8~3℃/100m，无显著地热异常，基本属地温正常区(表 2-4)。其中，盆地南部地温梯度略高于北部和中(西)部。

表 2-4　沁水盆地地温梯度和压力梯度统计数据

地区	盆地位置	煤层	地温梯度/(℃/100m)			压力梯度/(MPa/100m)		
			最小	最大	平均值	最小	最大	平均值
晋城地区	南部	3#	0.63	4.42	3.53	0.36	0.97	0.66
长治地区	南部	3#	0.46	4.42	3.53	0.49	0.97	0.63
阳泉地区	北部	3#	1.60	4.76	2.70	0.43	0.77	0.75
新源地区	中(西)部	3#	0.90	2.40	2.24	—	—	0.94

2. 地层压力条件

沁水盆地地层压力在垂向上和横向上均有较大差异。垂向上，上石盒子组接近正常—微超压层，地层压力梯度约 1.0MPa/100m；上石盒子组至奥陶系马家沟组地层压力梯度逐渐降低，平均值约为 0.939MPa/100m，山西组和太原组为 0.767~0.772MPa/100m，而奥陶系峰峰组至马家沟组仅 0.681MPa/100m(杨浩，2017；郑贵强等，2018)。横向上，地层压力分布也存在非均衡性，盆地南部阳城—端氏地区、盆地东部长治—潞安及盆地北部寿阳—阳泉地区煤层气钻井测试获得的山西组和太原组煤层压力梯度普遍较低，平均值为 0.43~0.75MPa/100m，地层欠压严重；靠近盆地中部的山西组煤层，地层压力梯度为 0.94MPa/100m，属微欠压或基本接近正常压力(郭春阳，2016；王红岩，2005)。

2.2 沁水盆地煤储层特征

沁水盆地山西组 3#煤层是煤层气开发和 CO_2-ECBM 的目的地层，无烟煤储层地质特色鲜明。本书以山西组 3#煤层为研究的主要目标煤层，以浅部资料为基础，结合实验模拟和补充测试，通过总结、分析沁水盆地山西组 3#煤层深部无烟煤物质、结构、物性(孔隙度、渗透率、含气性等)和力学强度特征，设置实验模拟条件，确定数值模拟边界条件。

2.2.1 煤储层厚度与埋深

1. 煤储层厚度

沁水盆地山西组 3#煤层是盆地分布最稳定、单层厚度最大的煤层，是煤层气勘探开发的主要目的煤层，也是本次研究的目的煤层。山西组 3#煤层厚度变化在 1~8m，全盆地广泛发育且分布稳定。总体而言，3#煤层在盆地北部和东南部较发育，厚度较大，其中阳城、潞安和晋城一带以及太原、清徐一带煤厚超过 4m；屯留、潘庄—樊庄一带煤厚在 6m 左右；阳泉、寿阳以及沁水一带煤厚 2m 左右，其他地区煤厚相对较薄，通常小于 2m(冀涛和杨德义，2007；赵冬等，2015)(图 2-4)。

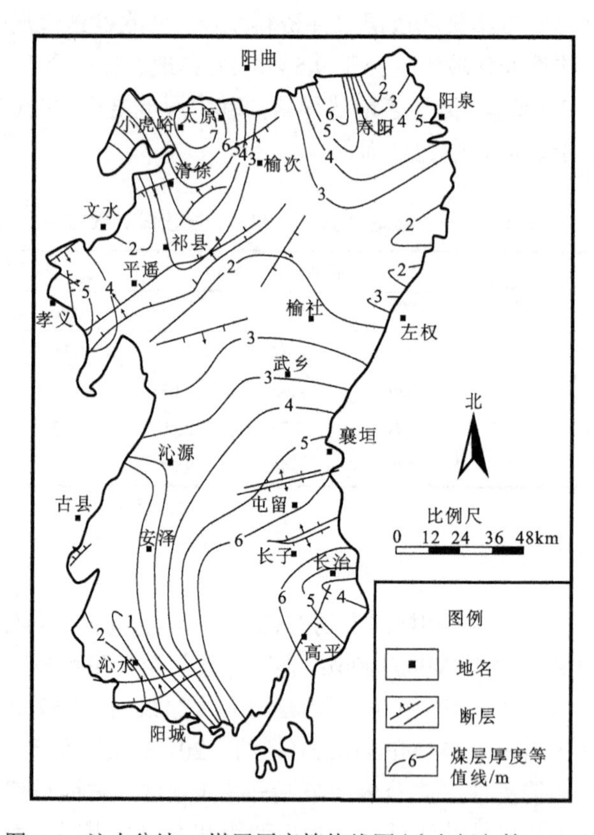

图 2-4 沁水盆地 3#煤层厚度等值线图(改自赵冬等，2015)

2. 煤储层埋深

3#煤层埋深受环形向斜构造盆地和局部新生代断陷控制，埋深由边缘露头向盆地中部增大。石炭系底埋深 0~5000m。其中西北部平遥、祁县、太谷一带的晋中断陷，煤层埋深达 2000~5000m，是埋深最大的地区；沁县一带是向斜轴部，煤层埋深约 2000m(冀涛和杨德义，2007；赵冬等，2015)。埋深小于 1000m 的区域分布于盆地边部，分布面积为 14750km^2，占总含煤面积的 52%，以太原—阳泉、襄垣—长治、沁水—阳城和沁源—安泽四个地区面积较大。埋深 1000~2000m 的含煤带呈环带状分布于前两者之间，面积为 9950km^2，占总含煤面积的 35%，以中南部和东北部分布面积较大(冀涛和杨德义，2007；赵冬等，2015)(图 2-5)。

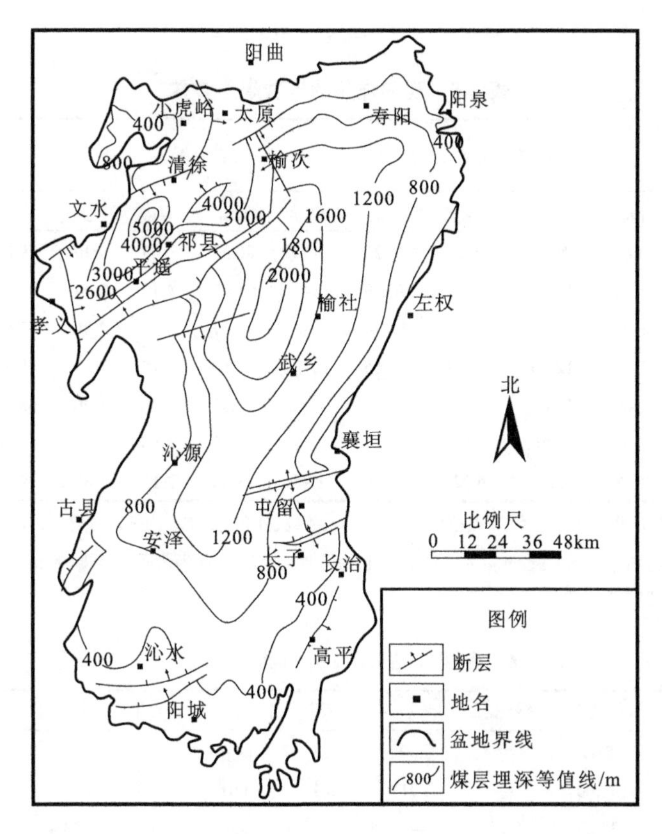

图 2-5　沁水盆地 3#煤层埋深等值线图(改自赵冬等，2015)

2.2.2　煤岩煤质

1. 宏观煤岩类型

沁水盆地 3#煤层宏观煤岩类型以半亮煤为主，其次为光亮煤，局部有暗淡煤分层。其中，盆地北部阳泉一带煤岩类型以半亮煤和光亮煤为主，到中部长治地区几乎全为半亮煤，极少部分为半暗煤，光亮煤不再出现，南部出现半暗煤和半亮煤的多样煤岩类型组合。光亮煤、半亮煤中见层状构造，而暗淡煤、半暗煤中见块状构造。煤岩成分以亮煤为主，镜煤主要为细—中—宽条带状结构；煤体质地较坚硬，常见贝壳状断口，以原生结构煤为主，局部发育碎裂和碎粒结构煤。

2. 显微煤岩组分

沁水盆地 3#煤层煤中显微组分以镜质组为主(53.90%~92.70%)，其次为惰质组(7.30%~46.10%)，壳质组基本不可见(表 2-5)。镜质组主要是基质镜质体和均质镜质体，惰质组主要为惰屑体和半丝质体。实测煤灰分产率在 5.35%~13.12%，属于特低灰煤和低灰煤(表 2-5)。基于 XRD 定量分析(表 2-6)，煤中主要矿物为硅酸盐、碳酸盐、氧化物、铝氢氧化物和磷酸盐矿物，其中以黏土矿物高岭石和伊利石为主(占矿物总含量的平均比例分别为 34.67%和 26.70%)，其次是以石英为代表的脆性矿物(占矿物总含量的平均比例为 17.48%)。

表 2-5 观测样品的煤岩煤质参数

采样地点	$\bar{R}_{o,max}$ /%	工业分析/%(质量分数)				元素分析/%				显微煤岩组分/%(体积分数)		
		M_{ad}	A_{ad}	V_{daf}	FC_{ad}	O_{daf}	C_{daf}	H_{daf}	N_{daf}	Vit	Ine	Min
新源矿	1.81	0.81	5.35	15.26	80.20	9.30	80.32	4.43	9.30	79.80	19.00	1.20
余吾矿	2.19	1.10	11.98	13.44	76.19	2.44	91.73	4.12	2.44	73.16	23.66	3.18
李村矿	2.38	1.96	5.72	11.59	83.36	2.84	91.17	3.9	2.84	72.60	21.40	6.00
赵庄矿	2.44	1.61	12.16	10.46	78.65	2.13	91.60	4.15	2.13	78.26	19.37	2.37
新景矿	2.64	1.66	10.02	10.10	80.89	3.05	91.52	3.96	1.06	68.86	28.54	2.59
伯方矿	2.83	2.05	9.40	9.86	81.67	2.42	91.82	3.85	1.06	69.74	27.50	2.75
寺河矿	3.33	1.48	13.12	6.32	81.39	2.98	93.45	2.15	1.00	79.84	18.36	1.80

注：$\bar{R}_{o,max}$ 为平均镜质组最大反射率；M_{ad} 为水分含量；A_{ad} 为灰分含量；V_{daf} 为挥发分含量；FC_{ad} 为固定碳含量；O_{daf} 为氧含量；C_{daf} 为碳含量；H_{daf} 为氢含量；N_{daf} 为氮含量；Vit 为镜质组含量；Ine 为惰质组含量；Min 为矿物含量；下标“ad”为空气干燥基，“daf”为干燥无灰基。

表 2-6 测试样品 XRD 分析结果 (单位：质量分数，%)

采样地点	高岭石	伊利石	绿泥石	长石	白云石	石英	金红石	铝土矿	磷灰石	方解石
新源矿	73.27	5.42	—	8.00	4.23	6.47	—	—	—	2.61
余吾矿	8.21	38.00	—	2.01	1.41	33.01	3.20	—	14.16	—
李村矿	37.50	34.23	3.27	—	27.6	1.49	—	33.41	—	—
赵庄矿	47.30	36.04	2.66	4.43	3.24	3.67	2.66	—	—	1.49
新景矿	34.23	3.27	—	27.60	—	33.41	—	—	—	11.27
伯方矿	26.44	24.60	3.21	7.10	—	32.65	2.13	3.87	—	—
寺河矿	15.73	52.35	—	7.42	1.55	11.68	—	—	—	—

3. 镜质组反射率

沁水盆地 3#煤层镜质组最大反射率($R_{o,max}$，%)分布在 1.20~4.25，大部分地区镜质组最大反射率超过 2.00，仅在盆地边缘构造隆起区域小于 2.00，盆内煤变质程度较高，以瘦煤–无烟煤为主，表现为由两翼向中部逐渐增大的趋势(图 2-6)(郭春阳，2016)。煤岩镜质组反射率总体呈现南北高、中间低的特点。盆地南部晋城地区煤岩镜质组反射率最高，一般大于 3.00；其次为盆地北部的阳泉和中北部的榆社一带，煤岩镜质组反射率在 2.80 左右；盆地中部 3#煤层镜质组最大反射率以小于 2.00 为主。

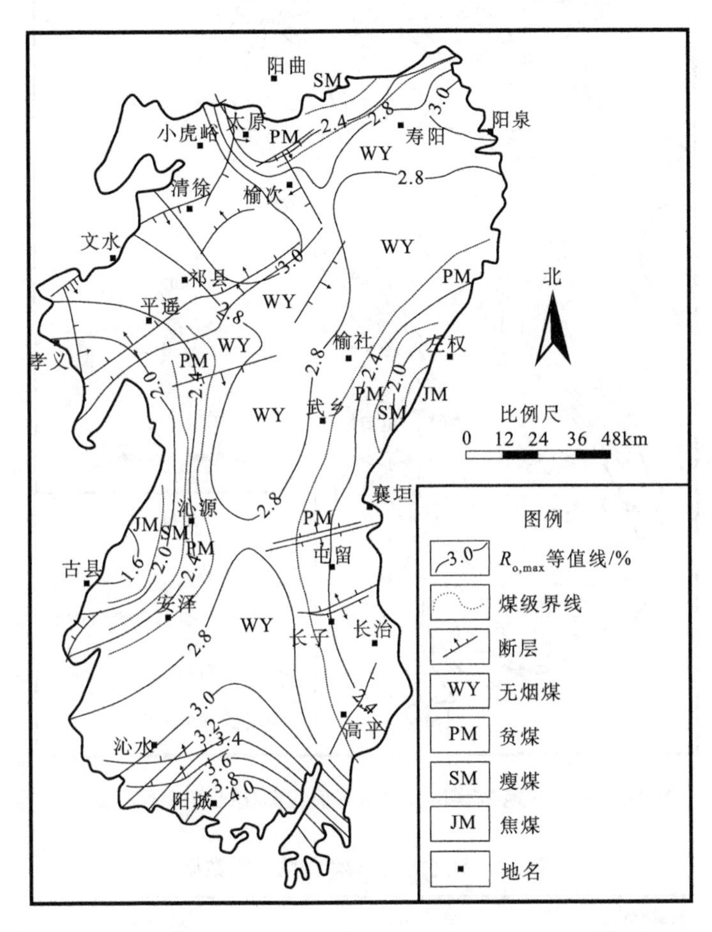

图 2-6　沁水盆地 3#煤层镜质组反射率等值线图(改自郭春阳，2016)

2.2.3　煤储层含气性

煤储层含气性主要包括煤层含气量、气体成分(CH_4 浓度等)、含气饱和度等。

沁水盆地 3#煤层含气量变化幅度较大，变化范围为 1~40m³/t(干燥无灰基)，多分布在 10~30m³/t(图 2-7)(郭春阳，2016)。盆地南部含气量最高，介于 1.80~37.64m³/t，平均约为 20.57m³/t，北部次之，中部最低。相应地，沁水盆地气体甲烷含量变化较大，介于 6.89~36.89m³/t(干燥无灰基)，平均约为 23.21m³/t(表 2-7)。一般认为随埋深的增大，煤层含气量也增加。从所收集的资料看，埋深对沁水盆地煤层含气量有一定的控制作用，但控制作用不明显。沁水盆地 3#煤层甲烷的浓度介于 77.55%~99.17%，平均约为 94.92%；氮气的浓度介于 0.29%~20.96%，平均约为 4.10%；二氧化碳的浓度介于 0.32%~3.23%，平均约为 1.00%；基本不含重烃气。同时，盆地内 3#煤层含气饱和度介于 28%~99%，平均约为 67%。总体上处于欠饱和状态，部分区域接近含气饱和状态。

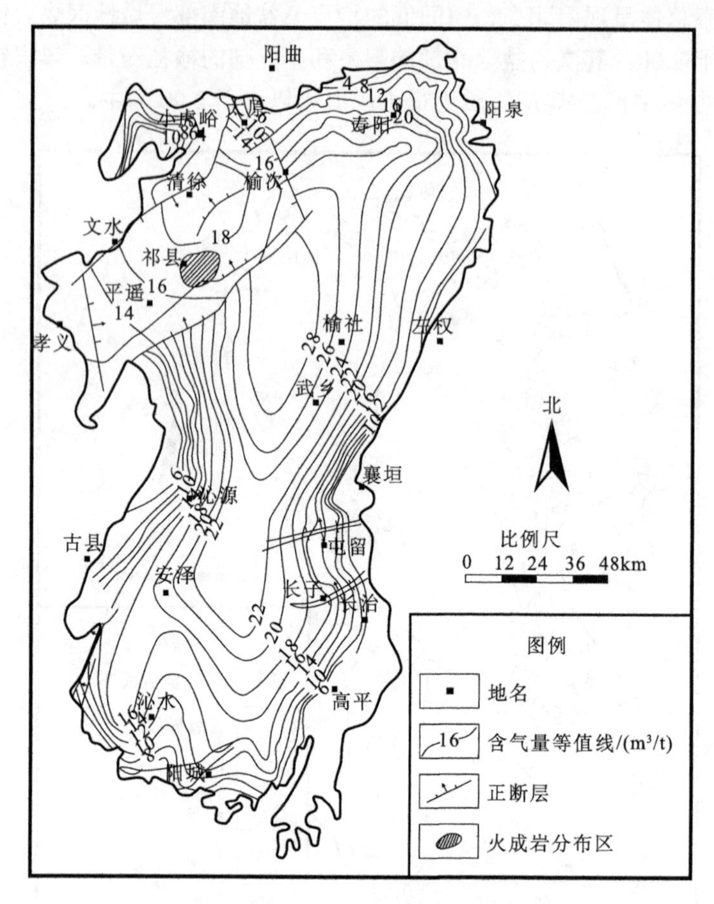

图 2-7　沁水盆地 3#煤层含气量等值线图(改自郭春阳，2016)

表 2-7　沁水盆地 3#煤层含气性数据

井号	含气量/(m^3/t)		甲烷含量/(m^3/t)		气体成分/%			甲烷 $\delta^{13}C$/‰
	ad	daf	ad	daf	CH_4	N_2	CO_2	
ZSH15	10.00	12.67	8.41	10.59	83.98	14.74	1.29	–39.16
ZSH19	19.3	22.9	18.45	21.91	95.66	3.81	0.53	–34.49
ZSH24	26.99	30.76	26.33	30.01	97.68	0.95	1.37	–29.67
ZSH25	11.78	15.03	10.84	13.84	92.31	6.55	1.15	–57.8
ZSH26	29.65	33.92	28.97	33.14	—	—	—	—
ZSH27	26.98	32.04	26.44	31.39	97.76	1.16	0.89	–31.1
ZSH29	20.02	22.8	19.42	22.12	96.98	2.29	0.73	—
ZSH30	25.81	28.90	24.92	27.91	96.55	2.63	0.81	–34.33
ZSH31	8.7	10.08	7.03	8.14	80.45	18.31	1.24	–35.37
ZSH32	11.74	13.68	10.79	12.57	91.82	7.05	1.13	–35.32
ZSH33	26.69	30.86	25.86	29.89	96.75	0.59	2.68	–31.89
ZSH34	28.06	32.26	27.59	31.72	98.33	0.29	1.38	–30.3

续表

井号	含气量/(m³/t)		甲烷含量/(m³/t)		气体成分/%			甲烷 $\delta^{13}C$/‰
	ad	daf	ad	daf	CH_4	N_2	CO_2	
ZSH36	22.51	25.48	21.97	24.88	96.89	2.67	0.62	–34.91
ZSH37	21.48	24.9	20.95	24.29	97.48	2.05	0.42	–36.5
ZSH38	21.4	24.37	20.92	23.82	97.72	1.26	1.02	–35.47
ZSH40	20.54	23.78	19.66	22.77	96.08	3.13	0.79	–30.7
ZSH41	25.74	28.88	25.33	28.42	98.39	1	0.62	–31.40
ZSH42	22.33	26.27	22.02	25.9	98.9	0.64	0.47	–33.47
ZSH43	8.03	8.98	6.16	6.89	77.55	20.96	1.49	–46.19
ZSH44	8.06	10.22	7.49	9.5	92.53	6.66	0.62	–48.2
ZSH45	20.28	24.06	19.69	23.35	97.01	2.42	0.57	–33.4
ZSH46	21.70	25.00	21.10	24.31	97.25	2.12	0.63	–35.7
ZSH47	13.72	17.03	12.88	16.01	93.97	5.52	0.5	–43.2
ZSH48	23.81	26.88	23.32	26.33	97.54	1.62	0.83	–32.76
ZSH49	15.64	18.07	14.15	16.37	90.38	9.23	0.39	–36.4
ZSH51	21.11	24.36	20.62	23.8	97.76	1.93	0.32	–31.23
ZSH52	26.65	30.14	26.2	29.63	98.3	0.73	0.97	–29.25
ZSH54	28.50	31.71	27.91	31.05	97.69	0.98	1.34	–32.4
ZSH55	25.03	28.61	24.55	28.05	98.05	1.42	0.53	–33
ZSH56	16.81	19.61	16.16	18.85	96.13	3.49	0.38	–32.5
ZSH57	20.91	24.53	20.51	24.04	98.00	1.19	0.81	–33.2
ZSH58	30.04	37.64	29.44	36.89	98.00	0.54	1.46	–33.6
ZSH59	31.44	35.19	30.43	34.06	96.8	0.67	3.23	–27.4
ZSH60	28.45	32.38	27.65	31.47	97.14	0.37	2.49	–30.44
ZSH61	11.61	13.86	10.65	12.69	91.34	7.81	0.86	—
ZSH62	22.02	24.78	21.47	24.17	97.48	1.66	1.23	–30.62
ZSH63	13.44	15.82	10.45	12.32	82.85	15.94	1.22	–36.5
HG17-2	20.94	24.82	20.75	24.61	99.17	0.45	0.39	–35.09
HG17-3	22.8	25.84	21.75	24.64	94.96	4.43	0.61	–35.68
HG17-4	21.98	26.59	21.63	26.16	98.36	0.80	0.84	–34.15

注：ad 为空气干燥基；daf 为干燥无灰基。甲烷 $\delta^{13}C$ 表示稳定碳同位素比值（^{13}C 与 ^{12}C 之比）与标样稳定碳同位素比值的千分偏差。

沁水盆地 3#煤层甲烷 $\delta^{13}C$ 介于–57.8‰～–27.4‰，全区范围内分布比较集中，集中分布在–40‰～–30‰（表 2-7）。甲烷的 $\delta^{13}C$ 值随煤层埋深具有显著的分异性，随煤层埋深的增大，煤层甲烷的 $\delta^{13}C$ 值略呈增大趋势；少部分实测样品 $\delta^{13}C$ 值随埋深快速增大。

2.2.4　煤储层压力

根据沁水盆地煤层气井实测资料统计，垂向上，盆地南部和北部地区煤层埋深 800m 以浅的煤层气井，储层压力梯度较小，平均约 0.6MPa/100m，为低异常地层压力；煤层埋深 800m 以深的煤层气井，储层压力梯度较大，且煤层埋深越大，压力梯度越大，至煤层埋深 1000m 左右，压力梯度多接近 1.0MPa/100m，属于正常地层压力（表 2-4）。盆地中部和西部地区储层压力梯度较南部和北部地区高，埋深 800m 以浅的煤层平均压力梯度接近 1.0MPa/100m，埋深 800m 以深的煤层平均压力梯度逐渐大于 1.0MPa/100m，但埋深 1000~1500m 范围压力梯度仍基本属于正常地层压力(表 2-4)。整体上，15#煤层储层压力梯度略大于 3#煤层。山西组 3#煤层的压力梯度变化范围为 0.38~1.00MPa/100m，平均为 0.72MPa/100m，其中绝大部分煤层储层压力梯度低于正常压力状态(0.93~1.03MPa/100m)；太原组15#煤层的储层压力梯度变化范围在 0.46~1.02MPa/100m，平均为 0.77MPa/100m，其中以小于 0.93MPa/100m 为主。横向上，不同地区的煤储层压力梯度差别也较大。阳泉地区煤储层平均压力梯度为 0.75MPa/100m，潞安地区煤储层平均压力梯度为 0.64MPa/100m，郑庄区块煤储层平均压力梯度为 0.91MPa/100m，樊庄区块煤储层平均压力梯度为 0.92MPa/100m，沁源、安泽和潘庄地区发育盆区内异常高压区，沁源地区煤储层压力梯度最高可达 1.60MPa/100m。总体上，沁水盆地煤储层主要为低压—接近正常压力之间，仅中西部的局部地区属于异常高压区。

2.2.5　煤储层孔隙渗透性

据前人压汞法测试数据统计，沁水盆地山西组 3#煤层的孔隙度变化范围为 0.07%~18.84%，平均为 6.15%，且孔隙度大小呈现出西高东低、南高北低的特点(傅雪海等，2003)。本次研究覆压孔渗实验的结果(表 2-8)显示，沁水盆地 3#煤层煤岩样品孔隙度介于 2.34%~6.99%，平均为 5.13%；而所收集的试井资料显示，沁水盆地 3#煤层孔隙度介于 1.00%~6.00%，平均为 2.50%，煤层孔隙度普遍较低(傅雪海等，2003)。

表 2-8　覆压孔渗法测试孔隙度数据表

采样地点	样品编号	直径/cm	长度/cm	孔隙体积/cm^3	孔隙度/%
寺河矿	SH3-1-V1	2.423	4.080	1.228	6.528
	SH3-1-V1	2.423	4.080	0.956	5.080
	SH3-1-V2	2.451	3.675	0.683	3.940
	SH3-1-V5	2.454	4.187	1.310	6.620
	SH3-1-V5	2.454	4.187	0.464	2.343
	SH3-1-V9	2.458	5.760	1.450	5.305
成庄矿	CZ3-2-V1	2.406	7.423	2.012	5.961
	CZ3-2-V2	2.370	5.295	1.013	4.338
	CZ3-2-V2	2.370	5.295	1.100	4.700
	CZ3-2-V5	2.401	3.606	1.141	6.986
	CZ3-2-V7	2.375	3.406	0.563	3.788
	CZ3-2-V7	2.375	3.406	0.899	5.956

据盆地内试井渗透率资料统计，3#煤层渗透率主要分布在 0.03~6.21mD[①]，平均为 1.59mD，最高可达 13.18mD(郭春阳，2016；王晖等，2016)。垂向上，渗透率由浅部向深部逐渐降低；横向上，由中部向南北逐渐增加，其中南部阳城和北部阳泉一带渗透性

① 1D=$0.986923\times10^{-12}m^2$。

较好(汤达祯和王生维，2010)。对于沁水盆地中南部，渗透率分布在 0.01~3.00mD，并呈现出“南高北低”“翼部高、轴部低”的总体展布形态(郭春阳，2016；王晖等，2016)。渗透率最大的地区出现在盆地南部樊庄地区，可高达 1.00mD 以上，盆地西南侧的沁源—安泽—沁水一带，煤层的渗透率可能达到 0.10~3.00mD，在北部潞安地区，渗透率一般低于 0.10mD，而襄垣、长治等地煤层中发育大量的裂隙，渗透率可达到 1.00mD 以上(图 2-8)(傅雪海等，2003；王晖等，2016)。

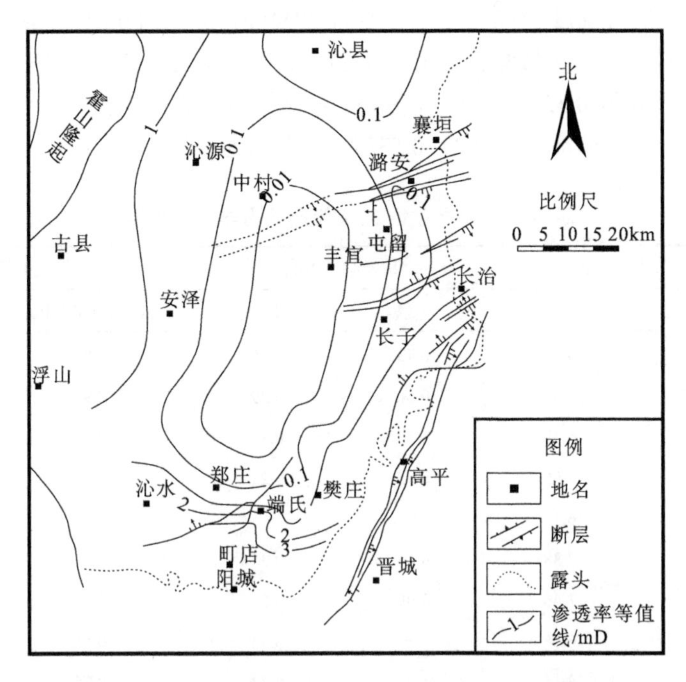

图 2-8　沁水盆地中南部煤储层渗透率等值线图(改自傅雪海等，2003)

本次研究所收集的沁水盆地南部煤层气井试井渗透率和实验渗透率(表2-9)显示，沁水盆地 3#煤层渗透率变化较大，介于 0.01~1.82mD，最大相差 4 个数量级，且普遍小于 0.10mD；其中，试井渗透率介于 0.01~0.43mD，平均约为 0.12mD。说明沁水盆地 3#煤层非均质性十分明显，属于低渗煤储层。

表 2-9　实验渗透率与试井渗透率数据表

实验渗透率				试井渗透率	
样品编号	渗透率/mD	样品编号	渗透率/mD	试井编号	渗透率/mD
SH-1	0.001	CZ-1	0.015	ZS-1	0.013
SH-2	0.002	CZ-2	0.011	ZS-2	0.43
SH-3	0.279	CZ-3	0.001	ZS-3	0.09
SH-4	0.050	CZ-4	0.008	ZS-4	0.03
SH-5	0.005	CZ-5	0.375	ZS-5	0.29
SH-6	0.005	CZ-6	0.075	ZS-6	0.03
SH-7	0.811	CZ-7	1.824	ZS-7	0.02
SH-8	0.042	CZ-8	0.153	ZS-8	0.09

2.2.6 煤储层力学性质与应力应变

沁水盆地内煤层气开发井资料表明，煤岩体力学性质具有显著的各向异性特征。盆地内各地区3#煤层煤岩的抗压与抗拉强度区别较大，但抗拉强度远小于抗压强度。其中，抗压强度（饱和）介于1.46~14.55MPa，平均为6.63MPa，抗压强度（干燥）介于2.51~28.45MPa，平均为12.61MPa，变化相对平缓；抗拉强度（饱和）介于0.06~1.20MPa，平均为0.37MPa，抗拉强度（干燥）介于0.09~1.20MPa，平均为0.61MPa；杨氏模量较低，且变化较大，相差可达一个数量级，介于0.21~2.33GPa，平均为1.03GPa；泊松比较高，介于0.28~0.33，平均为0.32（表2-10）。另外，3#煤层煤岩的体积模量介于0.39~1.16GPa，平均为0.50GPa；剪切模量介于0.24~0.53GPa，平均为0.31GPa。

表 2-10 沁水盆地 3#煤储层的力学性质数据

样号	抗压强度/MPa		抗拉强度/MPa		变形指数	
	干燥	饱和	干燥	饱和	杨氏模量/GPa	泊松比
1	9.89	5.76	0.43	0.25	0.82	0.33
2	11.07	6.39	0.50	0.29	0.90	0.33
3	8.57	6.38	—	0.36	0.71	0.33
4	20.91	4.66	0.93	0.21	1.63	0.30
5	—	6.11	—	—	0.99	0.28
6	17.44	7.88	0.77	0.35	1.42	0.30
7	2.51	1.46	0.09	0.06	0.21	0.33
8	7.64	6.26	—	0.33	0.66	0.33
9	8.64	6.15	—	0.33	0.75	0.33
10	28.45	10.83	1.20	1.20	2.33	0.30
11	4.37	3.55	0.18	0.18	0.36	0.33
12	10.54	6.26	0.44	0.27	0.83	0.33
13	21.24	14.55	0.95	0.63	1.75	0.30

据陈金刚和陈庆发（2005）的研究，煤岩弹性模量、抗压强度与煤基质体积应变量之间呈现出良好的负指数关系。煤层气吸附、解吸过程中，由于其煤岩抗压强度和弹性模量较低，故其煤基质体积应变量较高。由于盆地内杨氏模量、体积模量变化较大，煤基质体积应变量全盆地差异较大。

2.3 郑庄区块深部无烟煤储层地质模型

郑庄区块位于晋城地区，属于沁水盆地南部煤层气田，主体部分处于山西省沁水县境内，以寺头断层为界。区块总面积约692.64km^2，煤层气资源总量约1612.68亿m^3，是沁水盆地重要的煤层气生产区块。郑庄区块投产煤层气井超过1000口，煤层气井总日产气量达到63×10^{4}m^3/d，煤层气井排采深度介于400~1400m，拥有较丰富的深部煤层（埋深>1000m)地质与工程资料，为深部煤层 CO_2-ECBM 有效性研究提供了必要条件。故选择沁水盆地郑庄区块作为本书研究的示范工区，并依据区块内 3#煤层的地质条件与煤储层特征，建立其深部无烟煤储层基础地质模型。

2.3.1　储层地层条件

1. 地层温度

根据试井解释资料，郑庄区块 3#煤层恒温带温度为 9℃，恒温带深度为 20m，实测煤层温度介于 19.50~50.00℃，地温梯度介于 2.06~3.88℃/100m，平均 2.75℃/100m(图 2-9)。随煤层埋深的增加，煤层温度显著增大，说明埋深是 3#煤层温度的主要控制因素；而地温梯度随埋深的增加有所下降，埋深<600m 的区域，地温梯度以>3℃/100m 为主，而埋深>600m 的区域，地温梯度以小于平均值为主(图 2-9)。

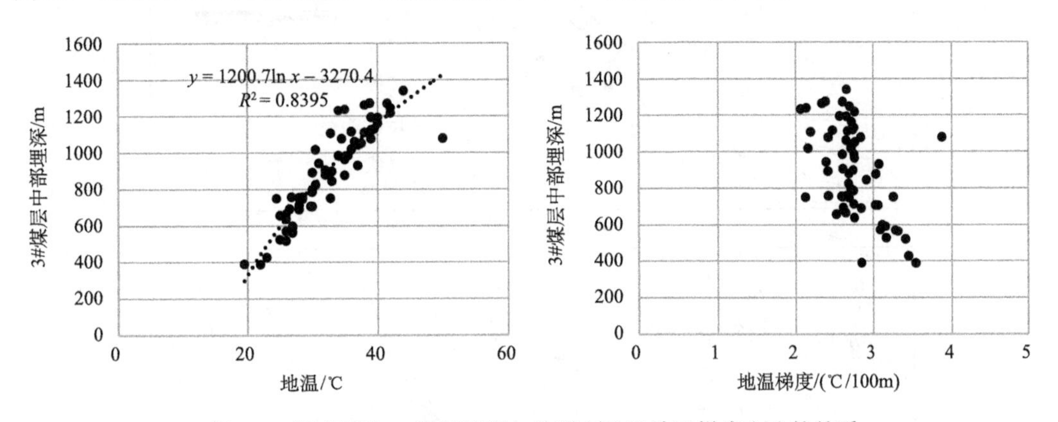

图 2-9　郑庄区块 3#煤层埋深与地温(左)及地温梯度(右)的关系

2. 地层压力

郑庄区块 3#煤层压力介于 3.49~10.60MPa，平均约为 7.18MPa，主要集中于 5.00~8.00MPa。变化特点表现为北部高、南部低，整体受埋深控制明显，一般埋深越深，储层压力越大(图 2-10)。郑庄区块压力梯度介于 0.42~1.06MPa/100m，平均约 0.72MPa/100m，大部分区域为欠压储层，高压储层只有零星分布[图 2-10(a)]。压力梯度同样与煤层埋深密切相关。区块南部 3#煤层顶板埋深 800m 以浅的区域，压力梯度较小，平均约 0.6MPa/100m，煤层压力以<6MPa 为主；区块北部顶板埋深 800m 以深的区域压力梯度较大，至顶板埋深 1000m 左右，压力梯度多接近 1.0MPa/100m；郑庄区块中部和西部地区压力梯度较南部和北部地区高，顶板埋深 800m 以浅平均压力梯度已接近 1.0MPa/100m[图 2-10(b)]。

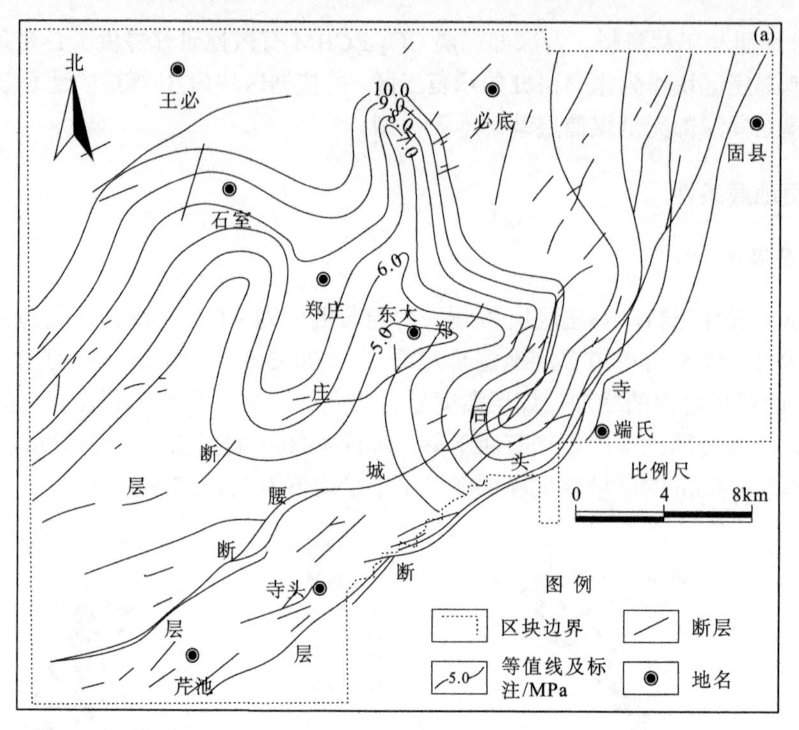

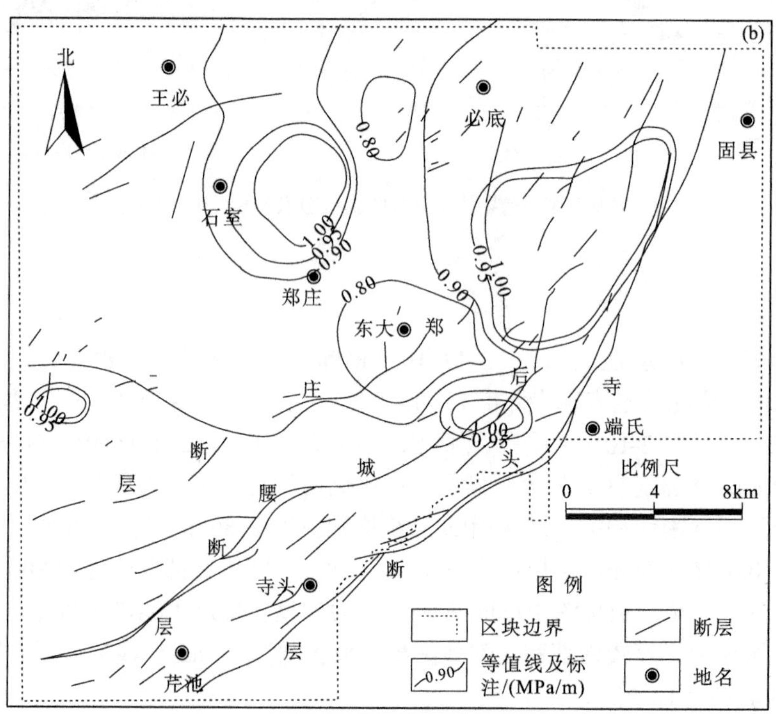

图 2-10　郑庄区块 3#煤层压力(a)及压力梯度(b)等值线图

3. 水文地质条件

郑庄区块处于沁河水系中段，地表水资源丰富。区块内由下至上发育四套含水层，即中奥陶统石灰岩岩溶裂隙含水层、石炭—二叠系太原组裂隙岩溶含水层、山西组及下石盒子组砂岩裂隙含水层和第四系松散沉积物含水层。其中，中奥陶统含水层为区内主要含水层。石炭—二叠系含水层的含水性通常较弱，第四系松散沉积物含水层的含水性变化较大且影响范围相对局限。隔水层主要发育有两套，主要为上石盒子组中下部—下石盒子组隔水层，太原组、山西组泥岩和砂质泥岩隔水层。

郑庄区块地下水径流为典型的等势面扇状缓流型。区块西侧的沁水、浮山一线及南面阳城北为开放性边界，东面寺头断层为北东向阻水边界，水体由西向东南汇流，在寺头断层西侧至郑庄一带水位等势面呈扇形，在扇端部形成小范围的滞水地带，地下水径流强度相对较弱(曹新款等，2011)。寺头断层、后城腰断层以及局部发育的陷落柱等构造破碎带构成了地下水在各含水层之间的主要通道。地表水由断层裂隙向煤层深部运移，在断层、断裂带影响区域和节理密集带以及陷落柱较发育且煤层较陡的区域，煤层与顶底板砂岩和灰岩的垂向水力联系较强。

郑庄区块煤层水 Na^++K^+离子浓度介于 417.45~1273.37mg/L，平均 652.57mg/L；HCO_3^-离子浓度介于 87.57~2374.41mg/L，平均 1504.04mg/L；矿化度介于 1492.56~5217.34mg/L，平均 2372.26mg/L(张军燕等，2017；张晓阳，2018)。水质类型以 Na^+-HCO_3^-型为主，区块内西部矿化度整体低于东南部，同样表明水体由西向东南方向汇流。同时研究区水质水型与寺头断层东侧樊庄区块存在差异，说明断层两侧水力联系较弱，寺头断层为一封闭性断层，其东西两侧为两个独立的地下水循环系统(张双斌，2016)。

4. 地应力特征

3#煤层构造应力场由早期的 NNE—SSW 向挤压应力逐渐转变为 NE—SW 向挤压应力，即 NW—SE 向拉张应力场，从而形成了现代构造应力场的主压应力方向。郑庄区块现今最大水平主应力优势方位为 NE—NEE 向(图 2-11)。由此推知，现今地应力是对喜马拉雅晚期构造应力场的继承，且不同测点的地应力方向相对均一，没有发生突变，表明郑庄区块现今地应力场主应力方位未发生大幅偏转。郑庄区块北部现今地应力场最大水平主应力方向与断裂构造迹线方向呈一定角度斜交，使断层呈现出一定的封闭性；西南部主应力方向逐渐与断裂迹线方向相一致，尤其是在寺头断层西南部与后城腰断层组成的 NE 向地堑内，断裂构造逐渐呈现张性构造特征，封闭性减弱(图 2-12)。

3#煤层测井解释的水平最大主应力变化为 10.37~33.25MPa，平均为 18.71MPa；水平最小主应力变化为 5.43~22.59MPa，平均为 11.78MPa；垂直主应力变化为 8.87~29.84MPa，平均为 16.29MPa(图 2-13)。水平最大主压应力梯度介于 1.67~2.71MPa/100m，平均为 2.54MPa/100m；水平最小主应力梯度介于 1.32~1.69MPa/100m，平均为 1.57MPa/100m；垂直主应力梯度介于 2.00~3.25MPa/100m，为平均 2.23MPa/100m。3#煤层主应力与深度呈正相关，即随着煤层埋深(300~1400m)的增加，煤层主应力同步增加(图 2-13)。对比水平最大主应力(σ_{hmax})、水平最小主应力(σ_{hmin})及垂直主应力(σ_v)发现，其状态为 $\sigma_{hmax} \geqslant \sigma_v \geqslant \sigma_{hmin}$，随煤层埋深增大，水平最大主应力与水平最小主应力之比、水平最大主应力与垂直主应力之比减小，水平最小主应力与垂直主应力之比增大，而平均主应力(水平最大主应力与水平最小主应力的平均值)与垂直主应力之比(侧压系数)(孟召平等，2009)在煤层埋深 700m 以浅有增大趋势，埋深在 700m 以深变化较弱

(图 2-14)。说明郑庄区块 3#煤层埋深 300~1400m 范围内地应力的变化具有阶段性。埋深 700m 以浅，水平最大主应力高于垂直主应力，而垂直主应力明显高于水平最小主应力，水平最小主应力以<12MPa 为主，现今地应力状态以伸张带为主，具有大地静力场型特征。

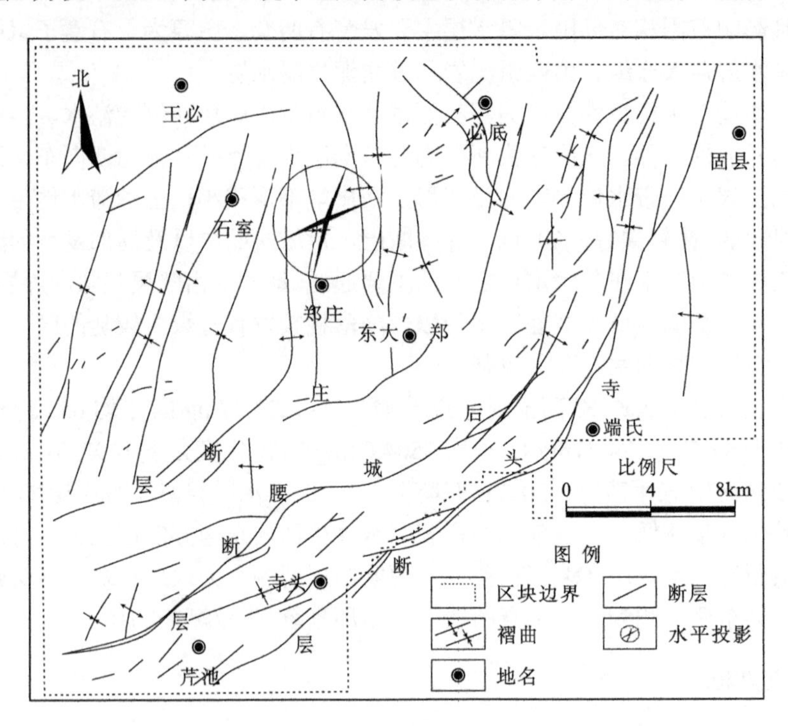

图 2-11　郑庄区块 3#煤层现今最大水平主应力迹线图

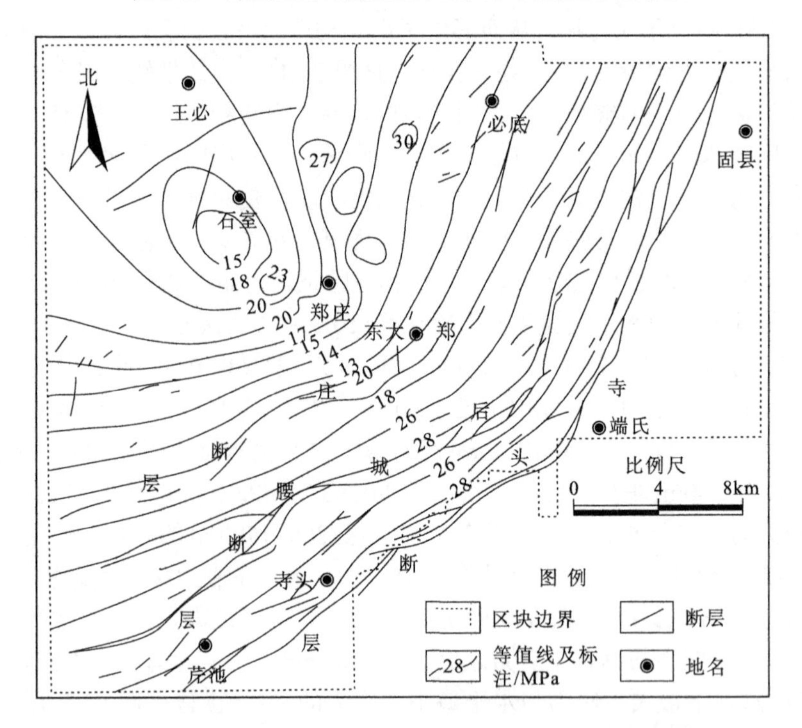

图 2-12　郑庄区块 3#煤层现今最大水平主应力等值线图

随埋深的增加，垂直主应力与水平最大主应力、水平最小主应力差异减小，至埋深 700m 左右，水平最大主应力与垂直主应力之比趋近于 1.0，水平最小主应力与垂直主应力之比趋近于 0.8，而侧压系数也维持在 0.8~1.0 范围内(图 2-14)。说明埋深 700~1400m，现今地应力状态由伸张带向压缩带转换，具有准静水压力场型特征。其中，埋深 700~1200m，水平最小主应力介于 12~20MPa，现今地应力状态为伸张带向压缩带转换的过渡带；埋深 1200~1400m，水平最小主应力>20MPa，现今地应力状态转换为压缩带。

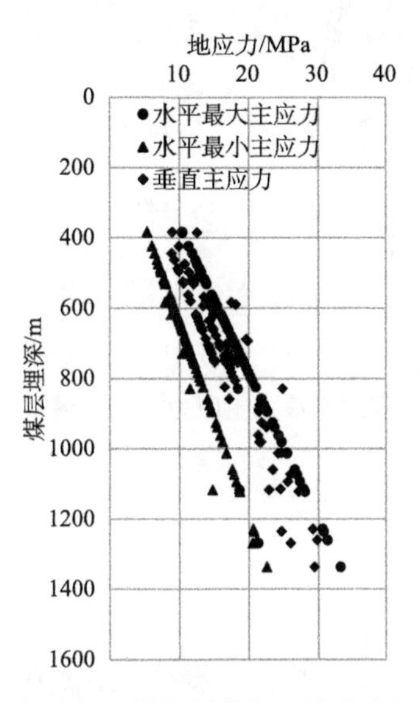

图 2-13　郑庄区块 3#煤层测井解释地应力与埋深的关系

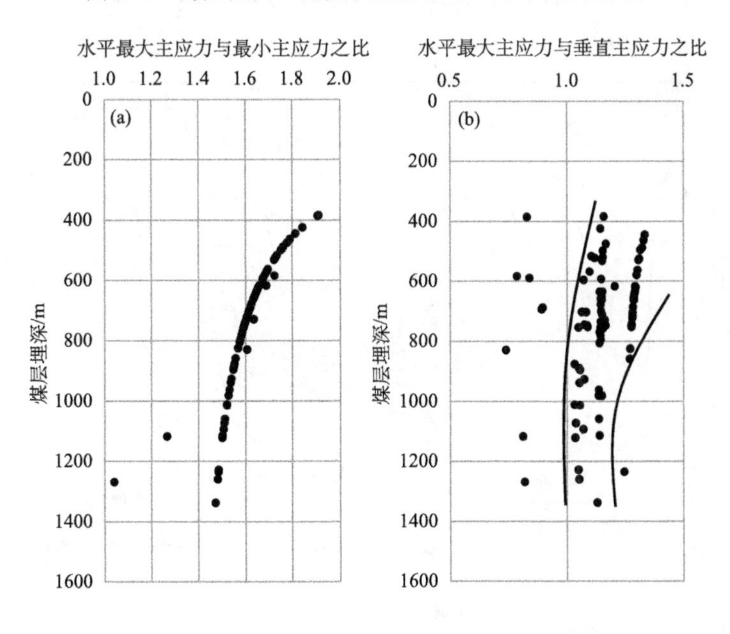

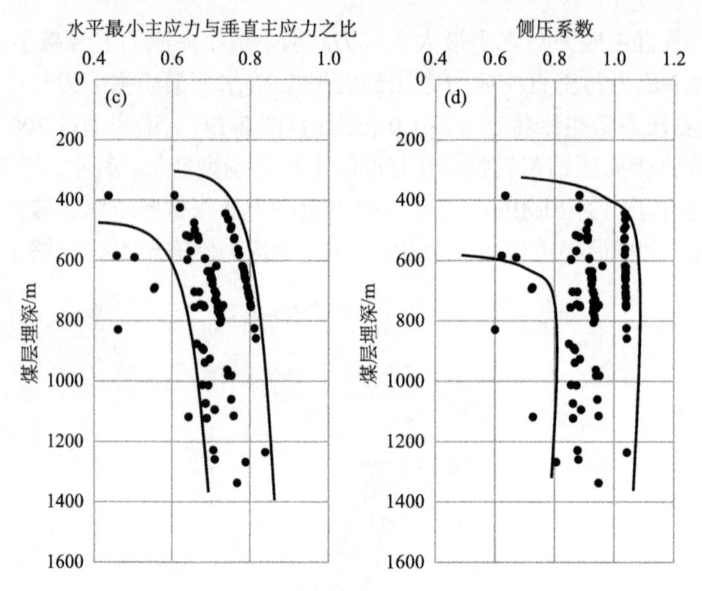

图 2-14　郑庄区块 3#煤层测井解释水平最大主应力、水平最小主应力与垂直主应力之间的关系

2.3.2　埋深与地质构造

1. 埋深与煤厚

郑庄区块 3#煤层发育比较稳定，煤厚主要变化在 5.0~6.0m，呈现出由南向北缓慢递增的趋势(图 2-15)。郑庄区块 3#煤埋深变化范围较大，一般为 400~1400m，且由南向北埋深呈增大趋势(图 2-16)。

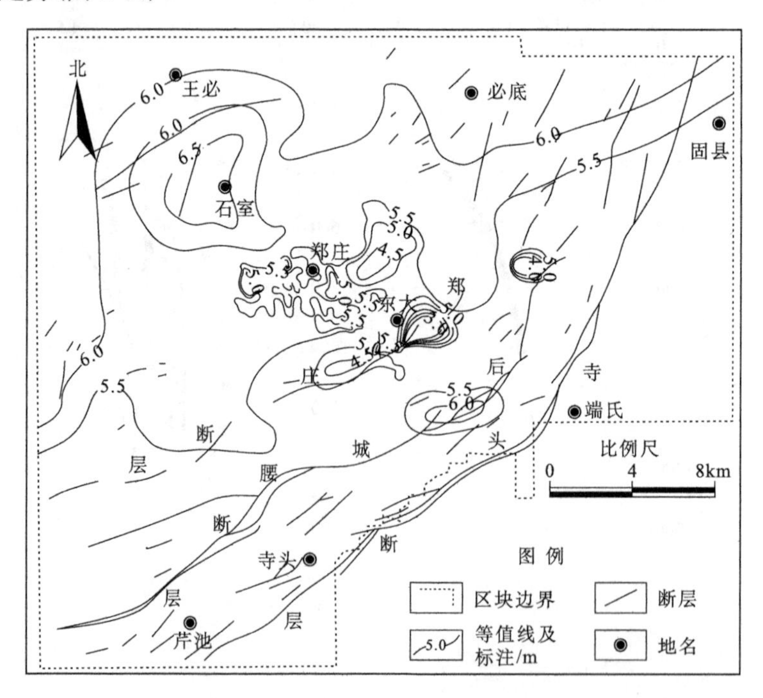

图 2-15　郑庄区块 3#煤层煤厚等值线图

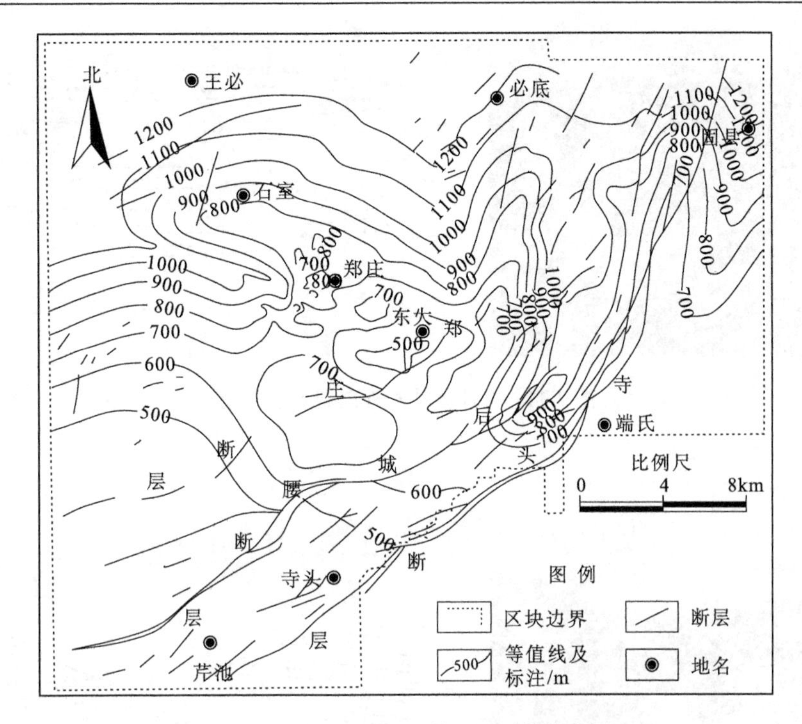

图 2-16　郑庄区块 3#煤层埋深等值线图

2. 构造特征

郑庄区块地层宽缓，地层倾角平均只有 4°左右，低缓、平行褶皱普遍发育，呈近南北和北北东向，褶皱的幅度相对较小，背斜幅度一般小于 50m，延伸长度在 5~10km，呈典型的长轴线性褶皱。断层相对不发育，断距大于 20m 的断层仅在西南部分布，主要有寺头断层、后城腰断层及与之伴生的断层，呈一组北东向—东西向正断层组成的弧形断裂带。区内无岩浆活动，但发育有一定数量的陷落柱。

1) 褶曲构造

郑庄区块 3#煤层褶曲发育，至少有 25 个，但其发育的规律性比较明显。背、向斜轴延伸规律性强，主要集中在 NNE—NE，统计对比结果表明，褶曲轴向集中在 30°~74°。主要发育两翼倾角较缓的宽缓褶曲，如野外观测到一向斜(核部观测点 N35°45′0.5″，E112°23′4.1″)，其核部发育在三叠系刘家沟组中，岩性特征为中厚层砂岩夹薄层砂岩，向斜 NW 翼岩层产状为 280°∠6°，SE 翼产状为 105°∠2°，为一轴向 NNE 宽缓的向斜构造(图 2-17)；野外观测到一背斜(核部观测点 N35°45′3.4″，E112°22′24.5″)，其核部组成地层为二叠系石千峰组，由紫红色砂岩夹薄层状泥岩组成，背斜 NW 翼岩层产状为 283°∠12°，SE 翼产状为 90°∠9°，两翼倾角大致相同，为一近对称背斜构造，褶曲轴的延伸方向仍为 NNE(图 2-18)。

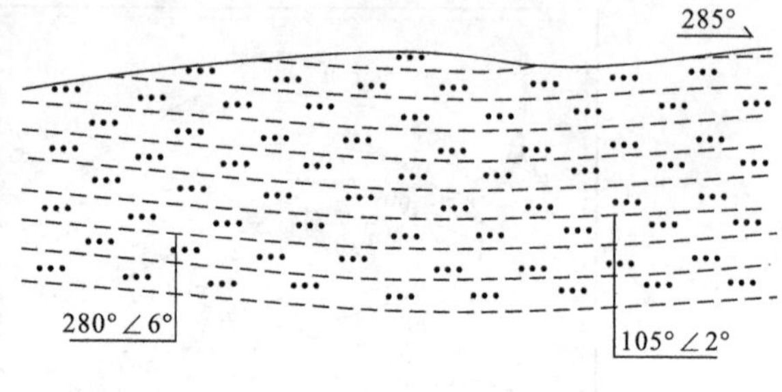

图 2-17　郑庄区块野外向斜及素描图

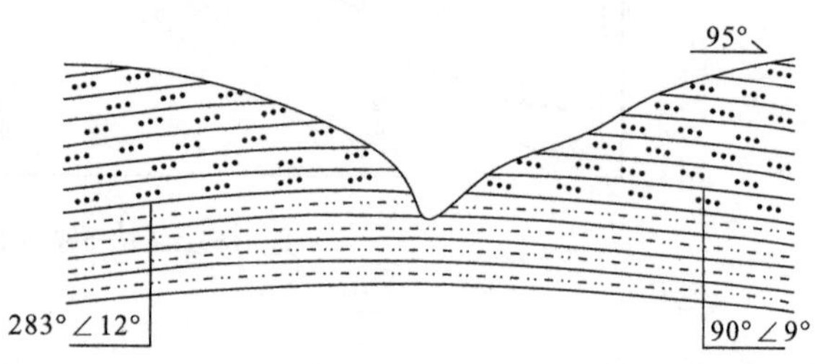

图 2-18　郑庄区块野外背斜及素描图

2) 断层构造

郑庄区块断裂构造并不十分发育，在野外实际观测中也见有几条断层，多为正断层，断层的规模相对较小(图 2-19)。在郑庄区块野外调研中，发现两条小型正断层，一条位于郑庄镇西北侧，发育于刘家沟组(T_1l)地层中，断层产状为 115°∠54°，断距为 H=1.2m；另一条位于郑庄镇西石千峰组(P_3sh)地层中，产状为 325°∠55°，断距为 H=2m，发育在石千峰组的砂泥岩互层中(图 2-20，图 2-21)。寺头断层是区内最大的断层构造，虽然由于地面剥蚀与冲积层堆积较厚，无法观察到，但平面位置较清楚，在研究区北侧的枣园地区该断层地表出露良好，地表有多处出露，表现为正断层，断层发育在上石盒子组、下石盒子组中，断层带宽约 3m，总体呈 NNE 向延伸，平面上呈舒缓状，断层面产状为 110°∠40°。

3) 构造发育程度

由于构造发育受诸多因素的控制，郑庄区块的构造发育程度明显存在不均一性。对郑庄区块的构造分形研究揭示，平面上构造分形维数随距离寺头断层的远近而呈现明显的增减，最低值出现在区块的西边界，其分形维数仅为 0.45，反映出该区域构造发育较为简单，断裂不发育；而随着靠近寺头断层，分形维数则逐渐增大，最高可达 1.35，说明受寺头断层影响，接近大断层带节理也越发育(图 2-22)。分形维数最大值出现在寺头断层与后城腰断层的相交处；局部受小断层发育的影响，其分形维数也有随之增大的趋势，但总体上不破坏整个区块内部向 NW 方向分形维数递减的趋势，由图 2-22 中数据结合地震解释资料及野外实测值综合分析比对表明，分形维数的展布与实际情况非常吻合，因此，分形维数大的区域，其构造发育程度也将增高，发育有断层等构造的可能性也增大。

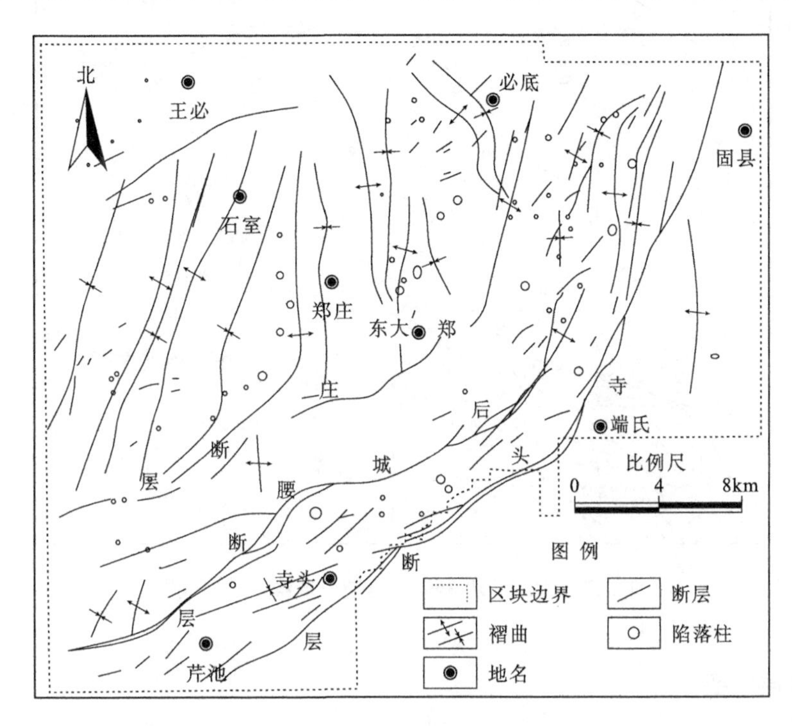

图 2-19　郑庄区块构造纲要图

图 2-20　郑庄区块郑庄镇西北侧的正断层

图 2-21　郑庄区块郑庄镇西侧的正断层

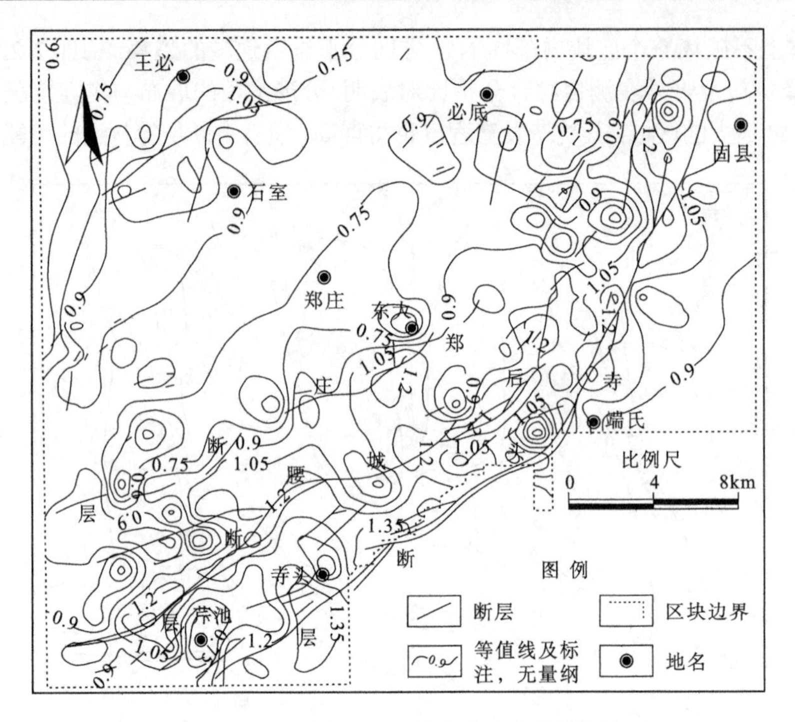

图 2-22　郑庄区块 3#煤层构造分形维数等值线图

2.3.3　煤储层特征

1. 煤岩煤质特征

郑庄区块 3#煤层整体属于无烟煤，但受岩浆活动的影响最大镜质组反射率值由北向南呈现出明显的递增趋势(图 2-23)。区块内 3#煤层灰分变化范围较大，属于中—低灰煤，整体上呈现出由中心向四周逐渐变大的趋势，且 W 或 WS 方向煤灰分的增长趋势显著快于 N 或 NE 方向(图 2-24)。郑庄区块 3#煤层主要以半亮煤为主，其次是光亮煤，局部地区含有少量暗淡煤。光亮、半亮煤中可见层状构造，暗淡煤中则见块状构造。煤岩成分以亮煤为主，镜煤主要为细—中—宽条带状结构；煤体质地较坚硬，常见贝壳状断口，以原生结构煤为主，局部发育碎裂结构煤。

郑庄区块 3#煤层以镜质组为主，其含量介于 54%~93%，平均约为 73%，镜质组分中以基质镜质体为主，其次为结构镜质体、均质镜质体及少量团块镜质体，同时镜质体异向光性明显，结构镜质体具网状消光现象；其次为惰质组，其含量介于 7%~46%，平均约为 27%，惰质组中以半丝质体为主，少量微粒体、丝质体及惰屑体；壳质组含量非常少。此外，3#煤岩中的无机组分以细分散状黏土类矿物为主，微量方解石充填于组分孔隙中，偶见黄铁矿呈斑点状分布。

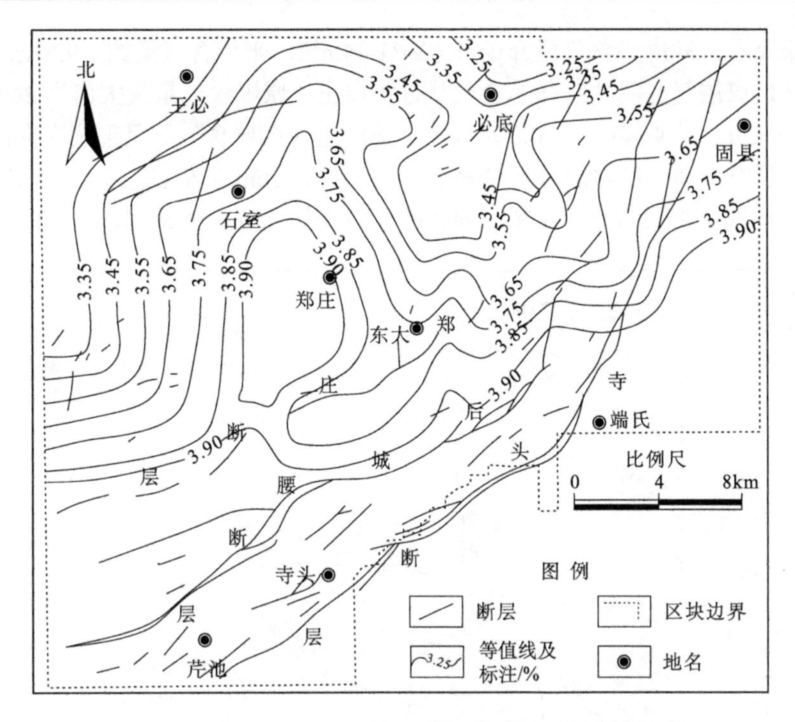

图 2-23　郑庄区块 3#煤层镜质组反射率等值线图

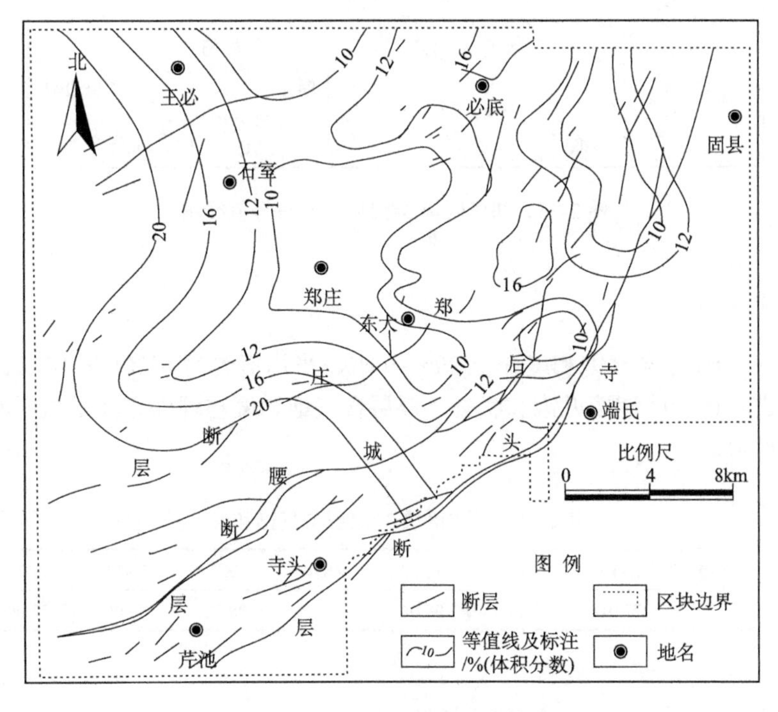

图 2-24　郑庄区块 3#煤层灰分等值线图

2. 煤层含气性

郑庄区块 3#煤层含气量值变化比较大。区内 44 口参数井的含气量(空气干燥基)统计分析结果显示，3#煤层含气量介于 1.49~31.44m³/t，平均含气量约 19.67m³/t。另对郑庄区块 222 口煤层气井测井解释的含气量分析得出，原煤含气量最大值为 26.97m³/t，最小值为 8.70 m³/t，主要集中在 20m³/t 以上。郑庄区块煤层含气量呈现北东向高、西南向低的趋势，且整个郑庄区块的含气量普遍较高，到达 20m³/t 左右。靠近寺头断层和后城腰断层附近含气量明显偏低，而东北向大断层较少的区域含气量则较高(图 2-25)。

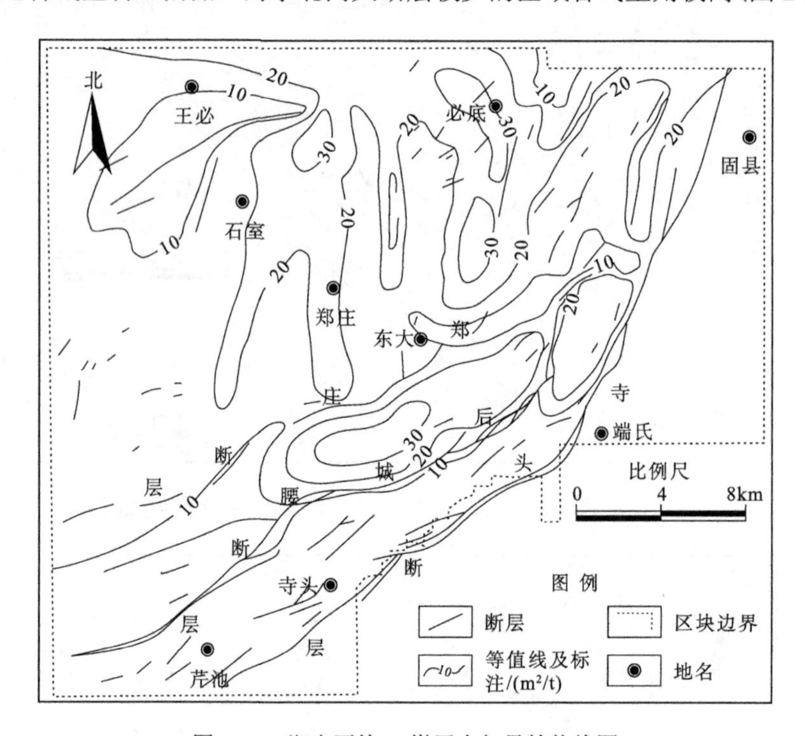

图 2-25　郑庄区块 3#煤层含气量等值线图

3. 含气饱和度

郑庄区块 3#煤层含气饱和度介于 29%~99%，平均值约为 62%(表 2-11)。总体上处于欠饱和状态，部分区域接近饱和状态。煤层含气饱和度与埋深之间呈微弱的正相关，但相关性不明显。

表 2-11　郑庄区块 3#煤层含气饱和度　　　　(单位：%)

井号	ZS15	ZS19	ZS25	ZS27	ZS30	ZS31	ZS32	ZS37	ZS38
含气饱和度	29.29	77.01	46.00	98.84	91.00	28.37	40.00	72.00	75.69

4. 渗透性

郑庄区块 3#煤层渗透率值在全区内变化较大，介于 0.01~0.51mD，平均约为 0.17mD(图 2-26)。除个别地区渗透率达到 0.50mD 以上，郑庄区块 3#煤层渗透率普遍小于 0.10mD。郑庄区块西北部渗透率较高，向东南部逐渐降低(图 2-26)。

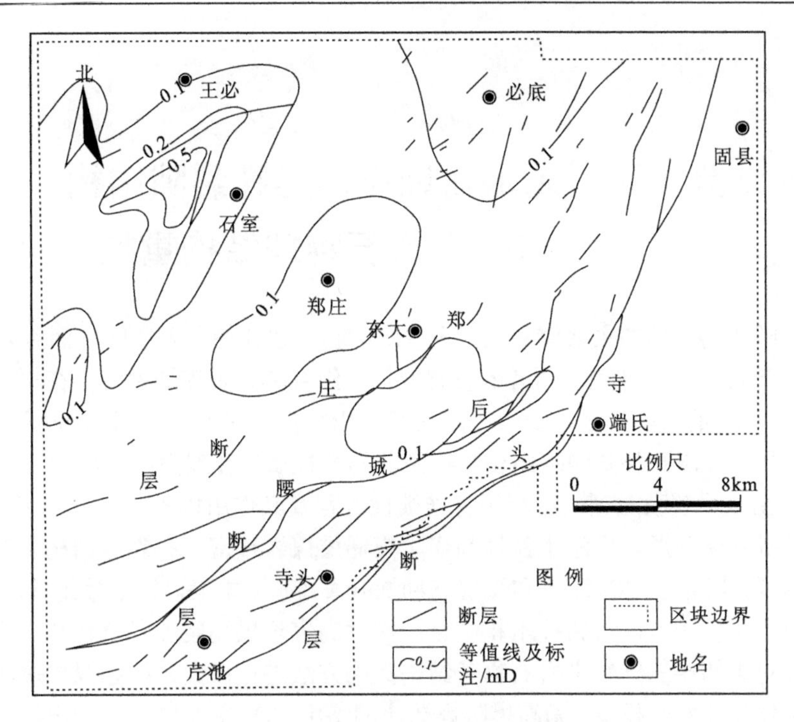

图 2-26　郑庄区块 3#煤层渗透率等值线图

第3章　沁水盆地煤储层孔裂隙结构与数字岩石物理结构重构

煤层孔隙作为气体的主要储集场所和 CO_2 置换 CH_4 的主要空间，而裂隙作为 CO_2 注入和 CH_4 产出的主要通道，两者的发育特征、组合关系及连通性等，在很大程度上决定了 CO_2 与 CH_4 的吸附解吸、扩散、渗流和产出特征，对 CO_2 可注性和驱替 CH_4 效果具有重要作用。煤层孔裂隙网络结构特征及其拓扑性质，孔裂隙网络结构控制的 CO_2 注入与 CH_4 产出吸附解吸-扩散-渗流驱替连续性过程及其作用机制，是煤层 CO_2-ECBM 亟待解决的关键科学问题。而沁水盆地高煤阶煤储层煤岩致密，孔裂隙结构复杂多变，渗透率总体偏低，增加了 CO_2 注入和煤层气勘探开发难度。本书以沁水盆地 3#无烟煤煤层为研究对象，将传统方法与新技术相结合，探讨高煤阶煤孔裂隙发育特征、成因类型及连通性；并对煤储层三维数字岩石物理结构重构方法进行探索，构建煤层多级孔裂隙结构三维数字化渗流网络模型，为高煤阶煤渗流网络中 CO_2 注入与 CH_4 产出机制研究奠定基础。

3.1　煤储层裂隙发育特征

煤中裂隙可被划分为直接利用肉眼或普通放大镜可观察到的宏观裂隙，以及肉眼难以辨认、必须借助光学显微镜或扫描电镜才能观察的微观裂隙(Sang et al., 2009)。研究者普遍认为裂隙是内力、外力或两者共同作用的结果，构造演化、煤岩变质程度和煤岩组分等对其发育起关键作用(Groshong Jr et al., 2009；Kumar et al., 2011)。基于发育尺度，本节将煤中裂隙分为宏观裂隙和微观裂隙，微观裂隙又进一步划分为显微裂隙和超微裂隙。宏观裂隙根据成因类型的不同，可分为外生裂隙、内生裂隙(割理)两类；显微裂隙多与煤岩变形有关，包括静压裂隙、失水裂隙、张性裂隙、压性裂隙、剪性裂隙和松弛裂隙；超微裂隙主要为缩聚裂隙。

3.1.1　煤储层宏观裂隙

1. 外生裂隙发育特征

沁水盆地 3#煤层外生裂隙总体较发育。外生裂隙以斜交裂隙为主，与煤层层理呈一定倾角，其面平直或呈锯齿状，按其力学性质，张裂隙[图 3-1(a)]、剪裂隙[图 3-1(b)]均有发育。外生裂隙以网状组合形态和平行排列为主，由于发育密度较小限制了其连通性，连通性中等。

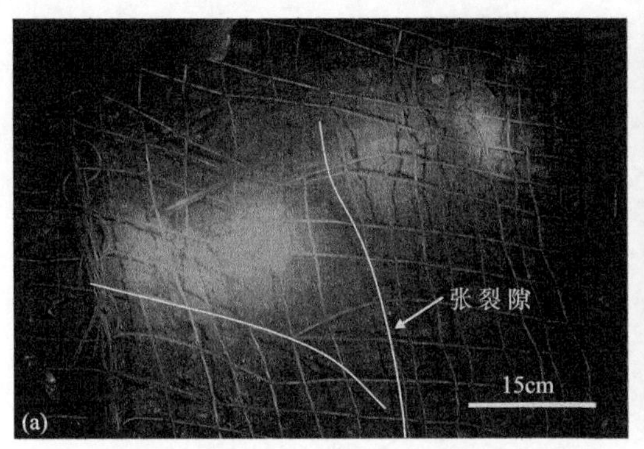

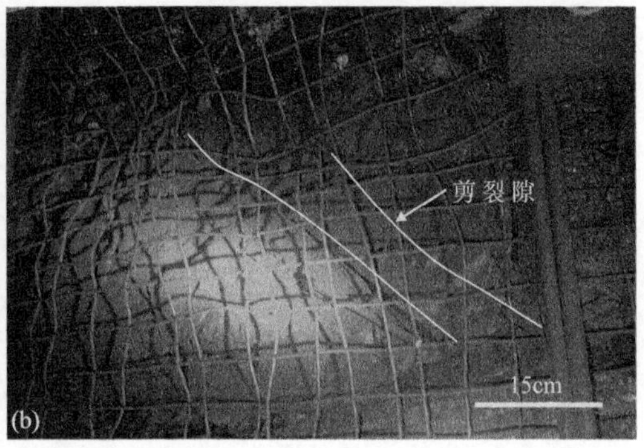

图 3-1　沁水盆地 3#煤层外生裂隙照片(Liu et al., 2016b)

(a)张裂隙，五阳矿；(b)剪裂隙，五阳矿

1)产状

受燕山期 NW—SE 向挤压和喜马拉雅造山期 NE—SW 向挤压的影响，沁水盆地 3#煤层主要发育有 NE 走向和 NW 走向外生裂隙(图 3-2)。受多期构造运动的影响，外生裂隙优势发育倾向与优势发育走向不十分显著，但两者关系基本对应(图 3-3)。外生裂隙倾角分布较为集中，主要分布在 40°~90°(图 3-4)，同一区域外生裂隙在倾角方面大多相互平行或近于平行排列。外生裂隙与煤层的相对倾角集中在 45°左右，主要与煤层层理斜交。外生裂隙发育倾角受古构造应力场作用下的拉张、剪切运动等的影响。

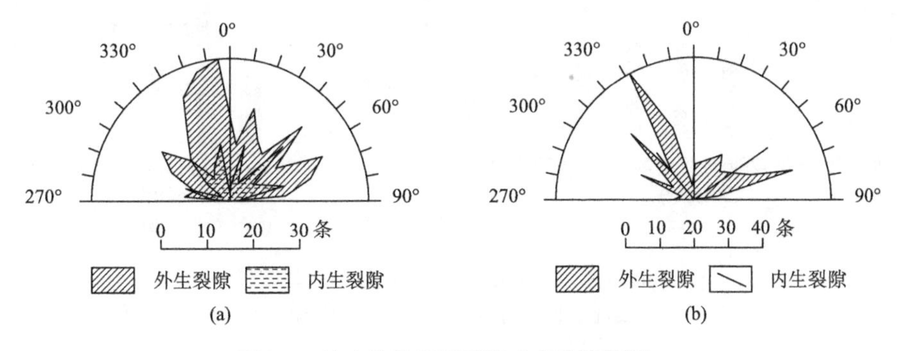

图 3-2　沁水盆地宏观裂隙走向玫瑰花图

(a)长治地区，Liu et al., 2016b；(b)晋城地区

2)规模类型

沁水盆地 3#煤层外生裂隙以大型裂隙为主，偶见巨型和中型裂隙。长度、高度变化较大，主要介于几十厘米至几米，裂口宽度介于几百微米至 1cm，部分裂隙裂口宽度大于 1cm。

3)发育密度

沁水盆地 3#煤层外生裂隙密度分布较为集中，主要分布在 10 条/m 以内，其中，密度为 2~8 条/m 的外生裂隙较为多见，个别区域外生裂隙十分发育，大于 10 条/m(图 3-5)，且发育规模越小，密度越大。不同区域由于构造特征、古构造应力大小、煤岩力学性质等的差异，发育密度略有不同。

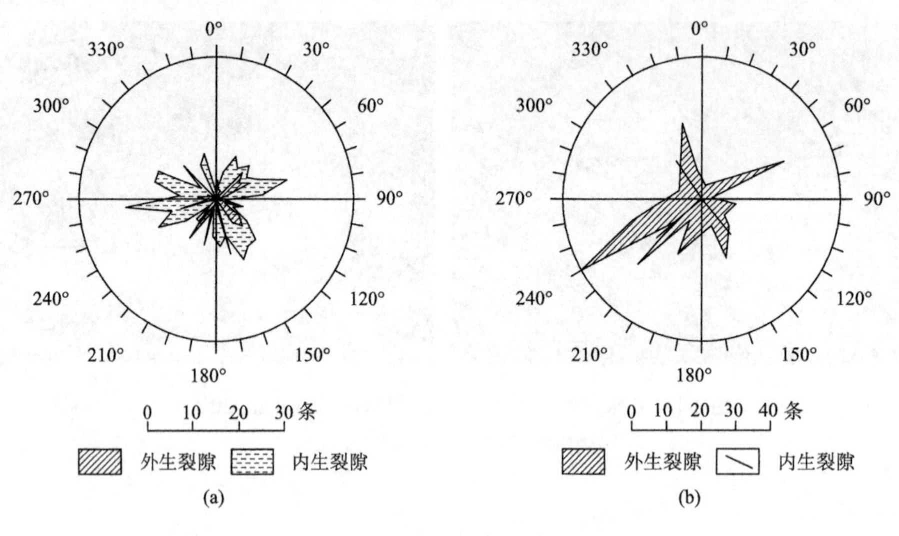

图 3-3 沁水盆地宏观裂隙倾向玫瑰花图

(a) 长治地区，Liu et al., 2016b；(b) 晋城地区

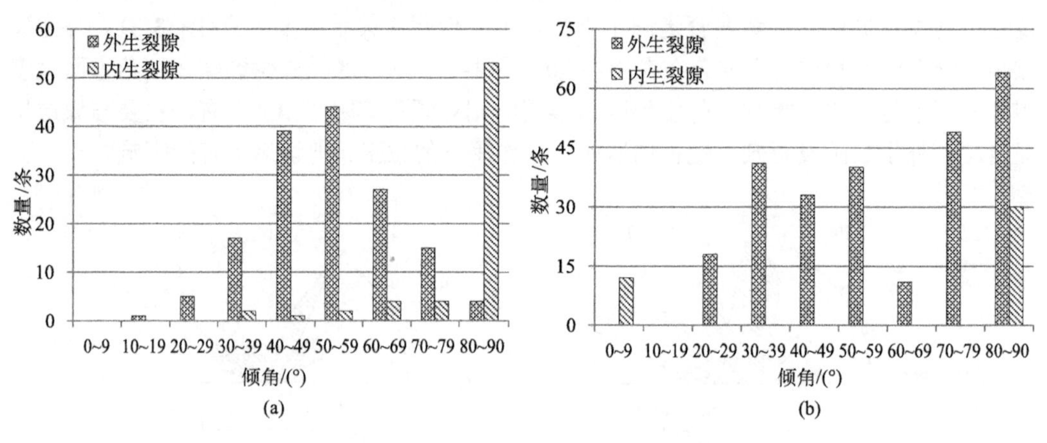

图 3-4 沁水盆地宏观裂隙倾角统计结果

(a) 长治地区，Liu et al., 2016b；(b) 晋城地区

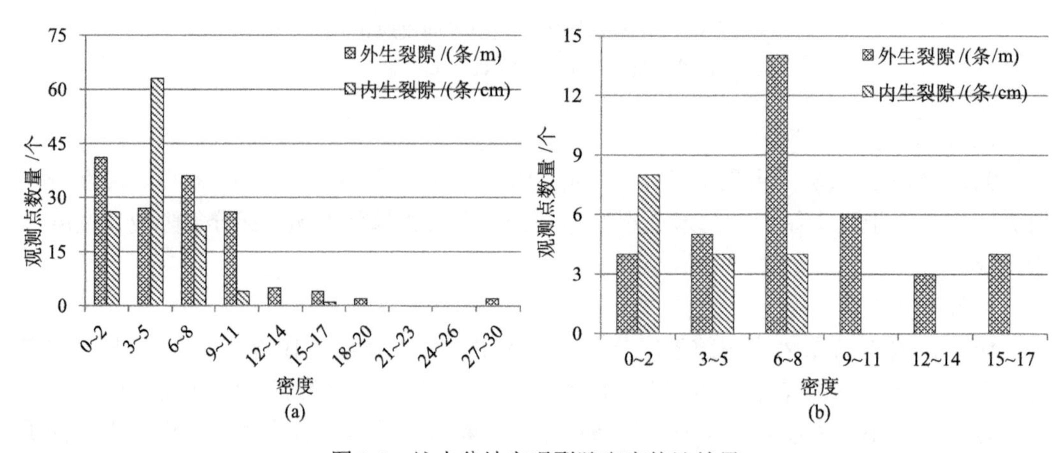

图 3-5 沁水盆地宏观裂隙密度统计结果

(a) 长治地区，Liu et al., 2016b；(b) 晋城地区

4) 充填情况

沁水盆地 3#煤层外生裂隙无矿物充填或有少部分黏土矿物和煤粉充填。

2. 内生裂隙(割理)发育特征

沁水盆地 3#煤层内生裂隙(割理)极为发育，主要发育于光亮煤、半亮煤中，面割理与端割理走向基本正交，倾向上近于垂直斜交，相互交切为网状，连通性极好(图 3-6)。相对于外生裂隙，内生裂隙产状较为集中，规律性更明显。

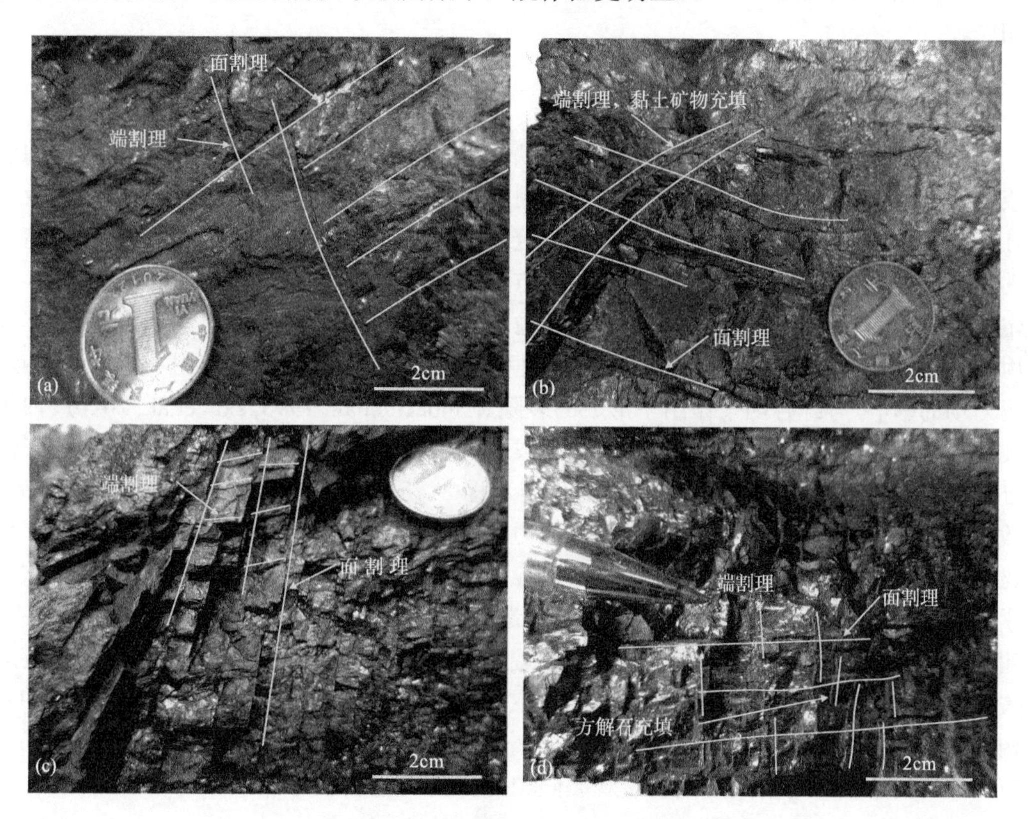

图 3-6　沁水盆地 3#煤层内生裂隙(割理)照片

(a) 无充填，五阳矿，Liu et al., 2016b；(b) 黏土矿物充填，高河矿，Liu et al., 2016b；(c) 无充填，赵庄矿；(d) 方解石充填，成庄矿

1) 产状

沁水盆地同样发育有 NE 走向和 NW 走向的内生裂隙(图 3-2)。与外生裂隙类似，内生裂隙倾向多变，没有明显的优势发育倾向(图 3-3)。内生裂隙倾角大小分布较为集中，主要分布在 80°~90°(图 3-4)，与煤层层理垂直或近于垂直。部分区域由于埋深较浅，垂向应力小于水平主应力，发育有一定数量的顺层裂隙，与煤层层理平行。

2) 规模类型

沁水盆地 3#煤层内生裂隙以小型裂隙为主。NE 走向内生裂隙属面割理，大多处于开启状态，发育高度较大，介于 1~10cm，往往被限制于一个煤岩类型分层内(图 3-6)；NW 走向内生裂隙属端割理，发育长度受控于面割理，大多处于闭合状态，发育高度普遍小于面割理，介于 0.1~2cm，一般发育于某一镜煤条带或亮煤分层内(图 3-6)。

3)发育密度

内生裂隙密度较大，集中在 2~6 条/cm 范围内，个别区域大于 10 条/cm 或小于 2 条/cm(图 3-5)。不同区域由于构造特征、古构造应力大小、煤岩力学性质、煤岩特性、变质程度等的差异，发育密度不同，断层附近内生裂隙发育程度高于其他地区。

4)充填情况

3#煤层内生裂隙基本无充填[图 3-6(a)、(c)]或被黏土或方解石等矿物充填[图 3-6(b)、(d)]。

3. 外生与内生裂隙的成因关系

外生裂隙是煤层形成后受地质构造运动应力影响而形成的裂隙，其形态表现出剪切或拉张应力作用的结果，故其大小、排列组合等特征是构造运动和构造应力的直接反映(Liu et al., 2015b, 2016b)。因此，受研究区燕山运动、喜马拉雅运动多幕次复杂构造运动的影响，沁水盆地外生裂隙的优势发育方位不明显；而构造运动相对强烈的时期，外生裂隙表现出较高的发育程度，例如喜马拉雅运动的Ⅱ幕。内生裂隙(割理)则指煤化作用过程中，煤中凝胶化组分在多种压实作用和脱水、脱挥发分的收缩作用(不排除古构造应力场的影响)等综合因素作用下形成的裂隙(Laubach et al., 1998; Zou et al., 2010)。内生裂隙形成于煤基质压实作用和脱水、脱挥发分的收缩作用，但与外生裂隙类似，其形成过程中受构造应力场的重要影响。煤化作用过程中，应力较小的方向更有利于煤体开启，故内生裂隙一般沿古构造应力的最小主应力方向开启，沿最大主应力方向延伸。综上所述，外生裂隙与内生裂隙产状均是古构造应力场的反映，表现出极为一致的发育期次与紧密相关的产状特征，但成因的不同和古构造应力场的变化使两者具有独特的组合关系，即不同时期的古构造应力场主应力方向相近时，外生裂隙与内生裂隙表现为一定的继承关系，造成不同期次形成的外生裂隙与内生裂隙具有一致的产状特征；而不同时期的古构造应力场主应力方向发生明显转变时，不同期次形成的宏观裂隙由于古构造应力场主应力方向的不同，与前期形成的宏观裂隙相互斜交或近于正交。

3.1.2　煤储层微观裂隙

1. 显微裂隙发育特征

在借鉴和参考宏观裂隙分类的基础上，结合显微裂隙的发育特点和成因类型，将显微裂隙分为内生裂隙和外生裂隙(程庆迎等，2011；霍永忠和张爱云，1998；张慧等，2002)，其中内生显微裂隙包括失水裂隙和静压裂隙，外生显微裂隙包括张性裂隙、剪性裂隙。沁水盆地 3#煤层显微裂隙多发育于镜煤和亮煤中。

1)内生显微裂隙发育特征

内生显微裂隙主要由收缩应力和上覆岩层静压力作用形成(Liu et al., 2015b；张慧等，2002)，根据其形成机制的不同，分为失水裂隙和静压裂隙。沁水盆地 3#煤层内生显微裂隙较为发育，但裂隙长度短、裂口宽度窄，连通性相对较差，而部分内生裂隙与割理相连通，增加了其连通性。不同区块内生显微裂隙发育程度差异较大，平均裂隙密度介于 1~8 条/cm。

(1)失水裂隙：失水裂隙又称为收缩裂隙，是煤在变质过程中因脱水、脱挥发分而收缩形成的裂隙(Liu et al., 2015b；张慧等，2002)。失水裂隙主要发育于镜质组中，受显微组分的显著制约。沁水盆地 3#煤层失水裂隙主要呈 S 状或月牙状，裂隙口较平整，裂隙内无充填[图 3-7(a)、(b)]。S 状失水裂隙长度较短，孤立分布，密度较小[图 3-7(a)]；月牙状失水裂隙在植物胞腔附近的基质体中大量分布，分布无规律，裂隙内无充填，连通性差[图 3-7(b)]。按照力学性质，S 状失水裂隙多为剪性裂隙，而月牙状失水裂隙多为张性裂隙。失水裂隙长度变化较大，介于几十微米至几毫米，裂口宽度介于几微米至几百微米，以小于 100μm 为主，属于大孔范围，密度介于 1~7 条/cm。

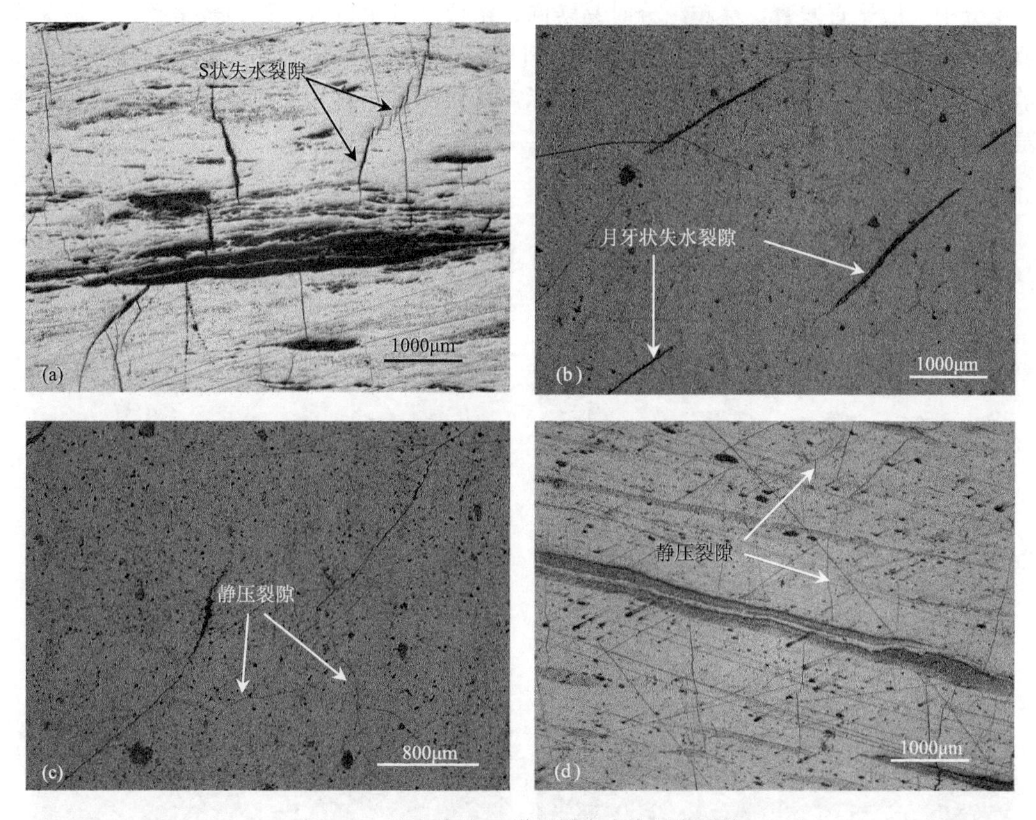

图 3-7 沁水盆地 3#煤层煤中内生显微裂隙

(a)S 状失水裂隙，成庄矿，光学显微镜；(b)月牙状失水裂隙，赵庄矿，光学显微镜；(c)静压裂隙，无定向性，赵庄矿，光学显微镜；(d)静压裂隙，平行状排列，李村矿，光学显微镜

(2)静压裂隙：静压裂隙主要发育于均质镜质体和半丝质体中，受上覆岩层静压作用的影响，主要表现出短小、弯曲状、密集、无定向性或近平行状排列等特点，发育受组分制约，裂隙口不平整，裂隙内无充填，连通性中等，部分静压裂隙与构造显微裂隙或割理相连通，增大了其连通性[图 3-7(c)、(d)]。静压裂隙长度一般介于几百微米至几毫米，裂口宽度相对较小，介于几微米至几十微米，属于大孔范围，密度一般小于 10 条/cm。

2) 外生显微裂隙发育特征

外生显微裂隙又称为构造显微裂隙，是后期定向构造应力作用于相对致密组分(均质镜质体和半丝质体)而形成的(Liu et al., 2015b；张慧等，2002)。根据其力学性质的不同，将外生显微裂隙分为张性裂隙、剪性裂隙。沁水盆地3#煤层外生显微裂隙发育，裂隙延伸长，不受限于特定煤岩组分，裂口宽度大，且部分外生显微裂隙与割理相连通，连通性相对较好。外生显微裂隙发育程度受煤岩组分影响，不同地区外生显微裂隙发育程度有一定差异，平均裂隙密度为3~6条/cm。

(1) 张性裂隙：张性裂隙是受拉张作用形成的构造裂隙(Liu et al., 2015b；张慧等，2002)，主要发育于镜质组中，但不受显微组分的制约。张性裂隙呈平直或折曲状，在单一组分中一般平直发育，穿越组分时易转向、错位，发生弯折，裂口较平整，一般无充填，少部分被黏土矿物所充填，连通性中等[图3-8(a)、(c)]。张性裂隙长度介于几百微米至2cm，裂口宽度介于几微米至几十微米，变化不大，属于大孔范围，不同地区密度差异非常小，约2条/cm。

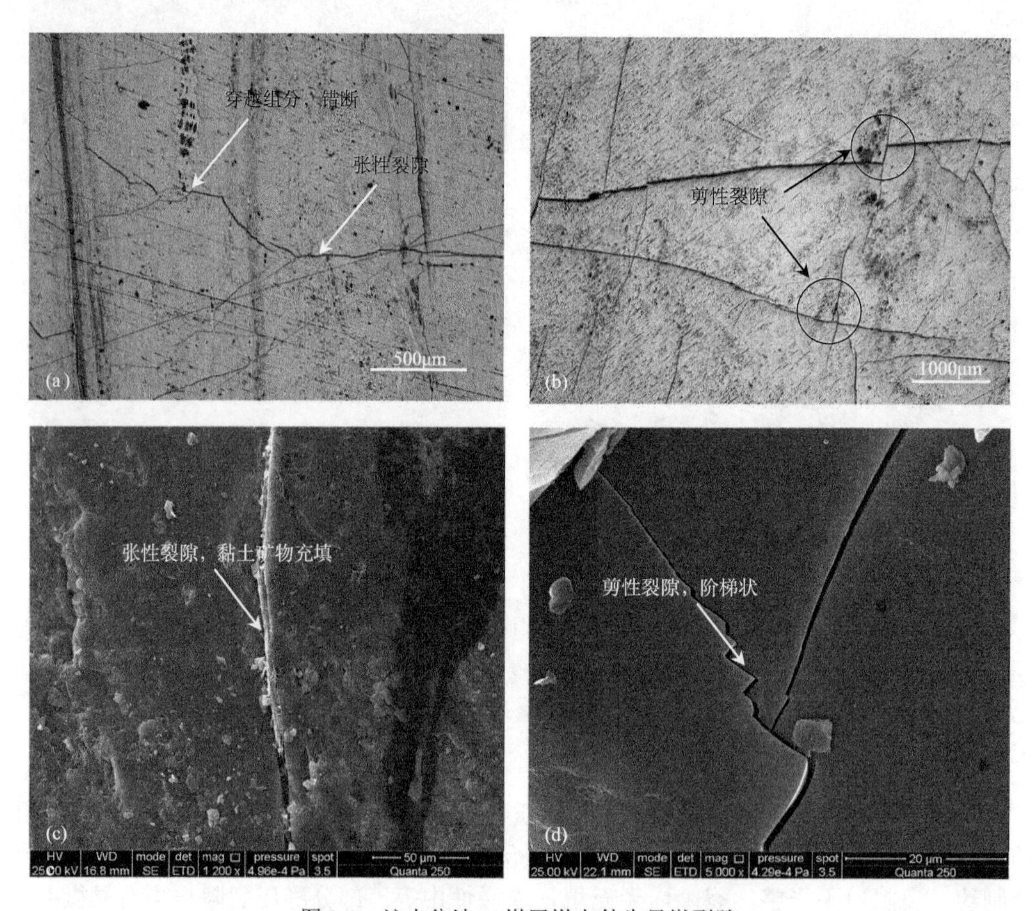

图3-8　沁水盆地3#煤层煤中外生显微裂隙

(a)张性裂隙，无充填，新源矿，光学显微镜；(b)剪性裂隙，无充填，寺河矿，光学显微镜；(c)张性裂隙，黏土矿物充填，寺河矿，ESEM；(d)剪性裂隙，无充填，阶梯状，李村矿，ESEM

(2) 剪性裂隙：剪性裂隙是受剪切作用形成的构造裂隙(Liu et al., 2015b；张慧等，

2002)，与张性裂隙相同，主要发育于镜质组中，且不受显微组分的制约。剪性裂隙主要呈阶梯状(锯齿状)，且相互共轭，发育程度较高的区域交切成为网状，共轭裂隙在交叉处有明显剪切破裂面，裂口较平整，裂隙内无充填，连通性中等[图3-8(b)、(d)]。剪性裂隙长度变化较大，一般大于几百微米而小于1cm，裂口宽度与张性裂隙相当，介于几微米至几十微米，属于大孔范围，密度变化较小，主要分布在1~5条/cm。

综上所述，沁水盆地3#煤层显微裂隙广泛发育，且属于大孔范围，弥补了大孔不发育的情况，在一定程度上改善了煤层渗透性和连通性。

2. 超微裂隙发育特征

沁水盆地3#煤层除发育显微裂隙外，还广泛发育超(显)微裂隙。超微裂隙是在一定静岩压力下随着煤演化程度提高，缩合环显著增大，侧链和官能团减少，到无烟煤阶段，煤分子发生拼叠作用并产生定向排列而形成的(Liu et al., 2015b；张慧等，2002)。超微裂隙即线状的链间孔或线状差异收缩孔。超微裂隙比较发育，长度一般小于10μm，裂口宽度一般小于100nm甚至更小，属于中孔至大孔范围，并以中孔为主。超微裂隙主要发育于镜质组，具有一定的方向性和成组出现的特点，一般无矿物充填(图3-9)。部分超微裂隙与显微裂隙、次生气孔、矿物质孔或差异收缩孔相连通，有利于煤层气的扩散和运移。超微裂隙也可能是低温液氮等温吸附曲线中表现出的狭缝孔。

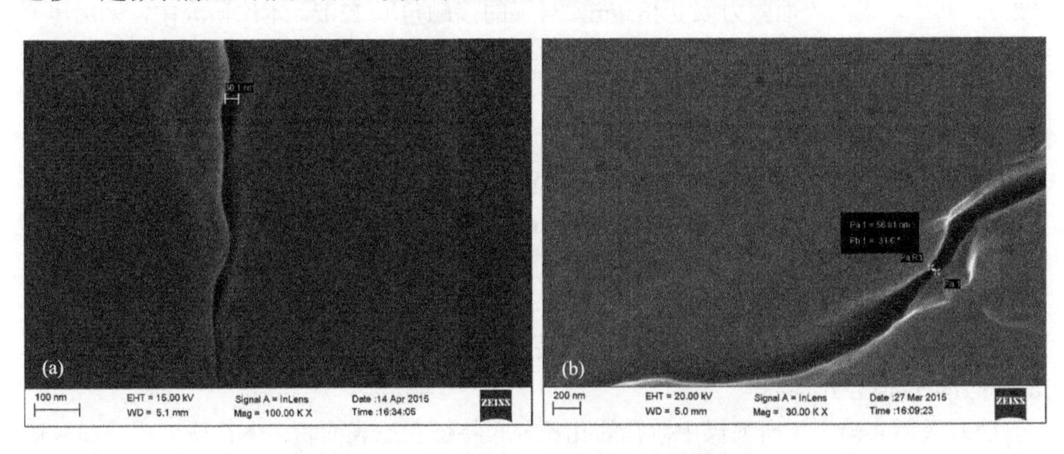

图3-9　沁水盆地3#煤层煤中超微裂隙

(a)超微裂隙，无充填，赵庄矿，FESEM；(b)超微裂隙，无充填，伯方矿，FESEM

3.2　煤储层孔隙发育特征

煤储层孔隙发育特征是煤层生气、储气和渗透性的直接反映，控制了 CO_2 和 CH_4 的吸附、扩散和渗流特征，同时也决定了 CO_2 可注性与 CH_4 产出效率，明确煤储层孔隙发育特征是深刻理解 CO_2 封存能力与 CH_4 产出过程的关键。煤孔隙的成因类型多，形态复杂，孔径尺度范围广。煤中主要发育有4种类型的孔隙：原生孔、外生孔、变质孔和矿物质孔，煤孔隙的成因、形态等发育特征与煤岩显微组分和煤的变质与变形密切相关。本节应用压汞实验、低温液氮吸附实验、CO_2 吸附实验、核磁共振实验，结合光学显微镜与电子显微镜观测，系统介绍沁水盆地高煤阶煤孔隙发育特征，重点阐述孔径结构、孔型特征、孔隙成因类型和不同成因类型孔隙的结构特征。

3.2.1 孔径与孔型

1. 孔径结构

1) 研究方法

本书采用国际纯粹与应用化学联合会(International Union of Pure and Applied Chemistry, IUPAC)提出的孔径结构分类系统：孔径小于2nm为微孔，2~50nm为中孔(介孔)，大于50nm为大孔(宏孔)(Pierotti and Rouquerol, 1985)。煤中孔隙孔径分布的定量化表征主要采用压汞实验、低温液氮吸附实验和CO_2吸附实验获得。其中压汞实验主要用于研究大孔和中孔，低温液氮吸附实验可用于研究中孔和部分微孔，CO_2吸附实验则主要用于研究微孔。

压汞实验主要用于研究孔径为3.0~130000nm的孔隙孔径分布特征和比表面积。本次研究中，压汞实验采用美国Micromeritics公司生产的AutoPore Ⅳ 9500压汞仪，并依照国际标准ISO 15901-1:2005执行。压汞实验所采用的样品为体积为3~4cm^3的小煤块。实验中汞的注入压力为0.0099~413.46MPa。孔径的计算采用Washburn公式(Washburn, 1921)，其中，汞的表面张力取0.48N/m，与煤的接触角取130°。本次研究中，采用压汞数据计算煤中孔隙的分形维数并分析压汞实验数据的可靠性。孔隙分形维数的计算、分析方法参照前人已发表的相关文献(Debelak and Schrodt, 1979；Friesen and Mikula, 1988；Liu et al., 2015a, 2017)。

低温液氮吸附实验用于研究孔径为0.85~150nm的孔隙孔径分布特征和比表面积。本次研究中，低温液氮吸附实验采用美国Micromeritics公司生产的TriStar Ⅱ 3020快速比表面积分析仪，并依照国际标准ISO 15901-2:2006和ISO 15901-3:2007执行。实验所采用的样品为粒度45~60目(0.25~0.40mm)的煤粉。实验中，以氮气作为吸附物，分析浴温度为–195.85℃。孔隙的比表面积计算采用BET方法，孔径的计算采用BJH(Barrett-Joyner-Halenda)公式。

CO_2吸附实验用于研究煤中微孔的孔径分布特征和比表面积。本次研究中，CO_2吸附实验采用美国Quantachrome Instruments公司生产的Autosorb iQ2全自动微孔吸附分析仪，按照国际标准ISO 15901-2:2006和ISO 15901-3:2007进行表征，所采用的样品为粒径20~80目(0.20~0.85mm)的煤粉。实验中，以CO_2作为吸附物，分析浴温度为0℃(273.15K)，在相对压力($P/P_0$①)4.9624×10^{-4}~2.8697×10^{-2}范围内，得到CO_2吸附等温线。采用D-A模型解释煤粉吸附CO_2的数据，采用D-R模型计算孔隙的比表面积，采用密度函数理论(density functional theory, DFT)分析孔径0.30~1.50nm的微孔孔容(Liu et al., 2018a, 2019b)。

2) 压汞实验结果

学者研究认为，低压时，压汞实验所测得的孔隙是煤中大孔还是煤粒之间的空隙，

① P为氮气的吸附平衡压力，P_0为氮气的饱和蒸气压。

以及高压下所测得的进汞量是由煤压缩造成的还是中孔的实际进汞量都很难判断(Diduszko et al., 2000；Mahamud et al., 2003；Radliński et al., 2009)。因此，实验所获得的压汞数据需要进一步校正方可使用。学者通常应用分形理论校正压汞实验数据(Diduszko et al., 2000；Mahamud et al., 2003；Radliński et al., 2009)。目前已经证实煤的孔隙网络具有分形特征，并可将煤颗粒的压汞曲线分为三段，分形维数分别为 D_1、D_2、D_3(Diduszko et al., 2000；Mahamud et al., 2003；Radliński et al., 2009)。D_1 表示低压下汞进入煤颗粒间的空隙；D_2 表示煤孔隙的实际进汞特征，一般小于 3；D_3 表示高压下煤压缩所造成的“进汞特征”，一般大于 3。对于块煤来说，由于没有颗粒间的空隙，往往不存在 D_1 或者 D_1 表现非常弱(Liu et al., 2015a, 2017)。同时，部分学者研究认为，进汞压力高于 10MPa 时，进汞量均是由煤的压缩所造成的(Liu et al., 2015a, 2017)。

图 3-10 为沁水盆地部分煤岩样品的分形维数拟合特征。由图 3-10 可以看出，由于实验采用了块煤，分形维数拟合曲线 lg(dV/dP)-lg(P)没有明显的 D_1。lg(dV/dP)-lg(P)曲线可以划分为两个阶段，第一个阶段为煤中孔隙进汞阶段，分形维数为 D_2，第二个阶段为煤的压缩阶段，分形维数为 D_3。由表 3-1 可以看出，6 块煤样的分形维数 D_2、D_3 所对应的临界压力集中在 8~9MPa，孔径范围分布在 120~155nm。说明压力高于 9MPa 左右时，进汞量明显受煤本身压缩性的影响。这一临界值要略小于其他学者的研究，主要是因为实验中采用了块煤，块煤本身含有大量的割理和微观裂隙，增大了煤的压缩性。由此可见，压汞数据基本能够真实反映大孔特征，但无法真实地反映中孔特征。

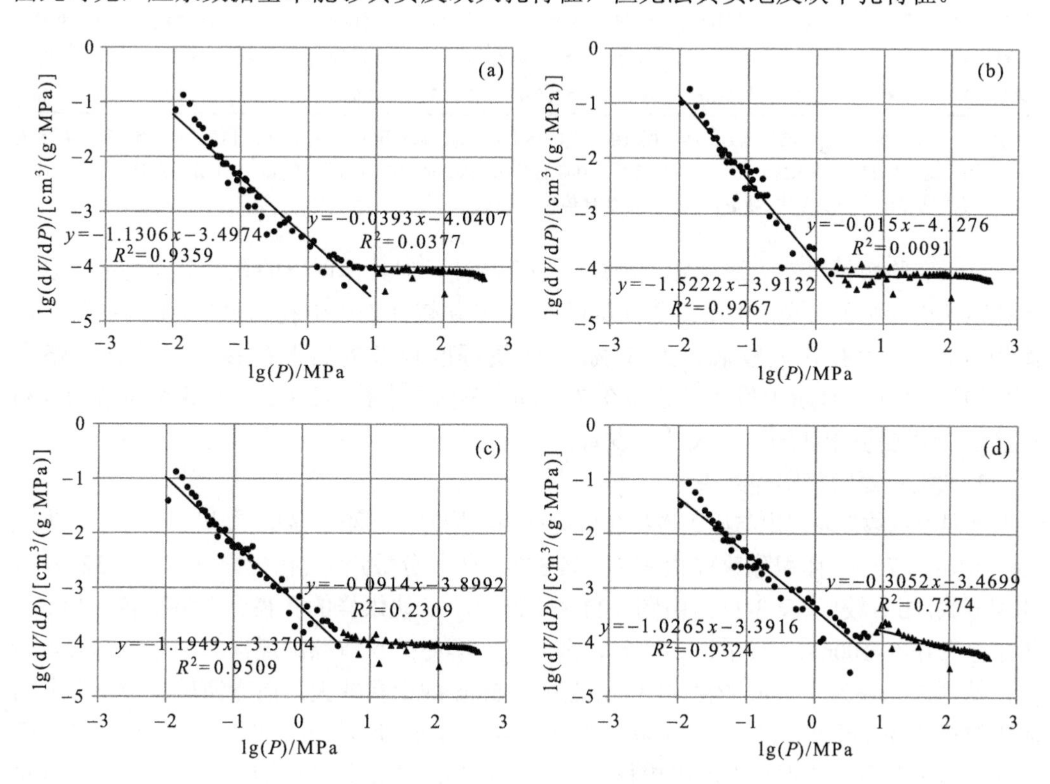

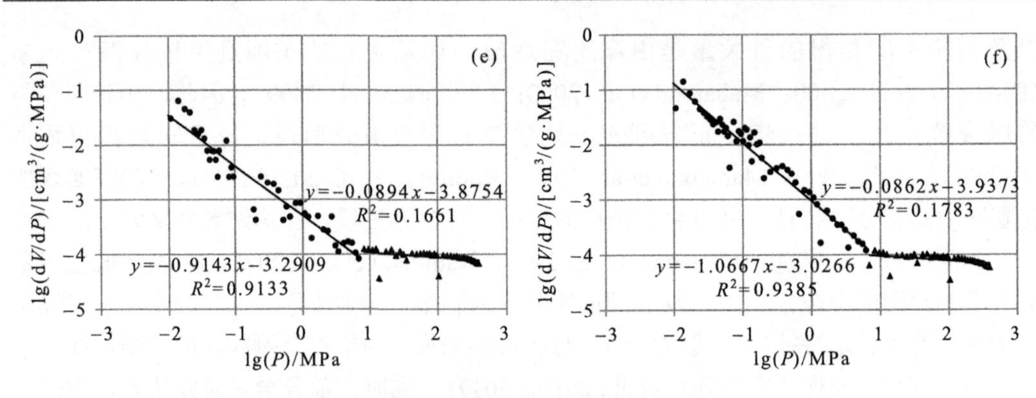

图 3-10　煤样分形维数拟合特征曲线 lg(dV/dP)-lg(P)

(a)伯方矿煤样，Liu et al., 2017；(b)寺河矿煤样；(c)赵庄矿煤样，Liu et al., 2017；(d)余吾矿煤样；(e)李村矿煤样；(f)新源矿煤样

表 3-1　沁水盆地 3#煤层煤样的压汞和液氮数据(Liu et al., 2017)

采样地点	分形维数		压力分类				压汞数据			液氮吸附数据/%		
	D_2	D_3	P_2/MPa	d_2/nm	P_3/MPa	d_3/nm	V_{Ma}/%	V_{Me}/%	d_M/nm	V'_{Ma}	V'_{Me}	V'_{Mi}
伯方	2.87	3.96	<9.63	<129.6	>9.63	>129.6	13.62	86.38	7.3	24.46	72.42	3.08
寺河	2.74	3.97	<9.63	<129.5	>9.63	>129.5	14.77	85.23	7.3	14.31	50.78	34.85
赵庄	2.90	3.93	<9.62	<129.7	>9.62	>129.7	15.91	84.09	7.9	25.31	70.59	4.10
余吾	2.97	3.69	<8.24	<151.3	>8.24	>151.3	18.44	81.56	8.7	17.53	75.77	6.65
李村	3.12	3.88	<8.25	<151.2	>8.25	>151.2	13.78	86.22	7.5	29.70	70.30	0
新源	2.95	3.86	<9.63	<129.6	>9.63	>129.6	23.65	76.35	9.2	32.54	66.98	0.46

注：P_2，颗粒间充填阶段临界压力；P_3，煤压缩阶段临界压力；d_2，临界压力 P_2 所对应的孔径；d_3，临界压力 P_3 所对应的孔径；V_{Ma}，大孔所占体积百分比；V_{Me}，中孔所占体积百分比；d_M，体积中值孔径；V'_{Ma}，大孔所占 BJH 体积百分比；V'_{Me}，中孔所占 BJH 体积百分比；V'_{Mi}，微孔所占 BJH 体积百分比。

压汞实验数据虽然无法真实反映煤的中孔特性，但其体现出的孔径分布特征可以作为孔隙结构特征的参考。由压汞数据可以看出，6 块煤样均以中孔为主(76.35%~86.38%，体积分数)，大孔含量较低(<23.65%)，变质程度较低的新源矿瘦煤大孔含量略高(表 3-1)；压汞的体积中值孔径分布在 7~9nm，偏向于中孔(表 3-1)。压汞数据说明，沁水盆地 3#煤层以中孔为主，大孔不发育。

3)低温液氮吸附实验结果

低温液氮数据表现出与压汞数据相似的孔隙结构特征。沁水盆地 3#煤层均以中孔为主(50.78%~75.77%，体积分数)，微孔(0~34.85%，体积分数)和大孔含量(14.31%~32.54%，体积分数)相对较低(表 3-1)。由图 3-11 可以看出，6 块煤样的孔径分布特征较为相似，集中分布在 5~100nm。其中，寺河矿、余吾矿、李村矿和新源矿煤样的部分中孔含量较低，特别是孔径为 1~2nm 的微孔和孔径为 2~5nm 的中孔缺失。而寺河矿、余吾矿和新源矿煤样孔径小于 1nm 的微孔含量有明显的增高趋势，但是限于实验手段，这部分孔隙无法直接观测到。特别是寺河矿煤样，孔径小于 1nm 的微孔含量增长幅度极高，其含量远大于中孔和大孔。除寺河矿煤样外，其余 5 块煤样的孔隙含量呈正态分布，孔隙含量高峰均在 20~40nm，说明孔径 20~40nm 的中孔含量最高，孔径小于 10nm 和大于 50nm

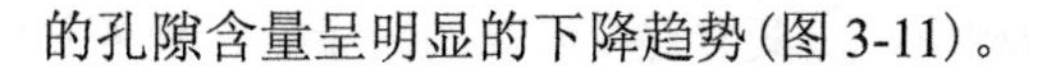
的孔隙含量呈明显的下降趋势(图 3-11)。

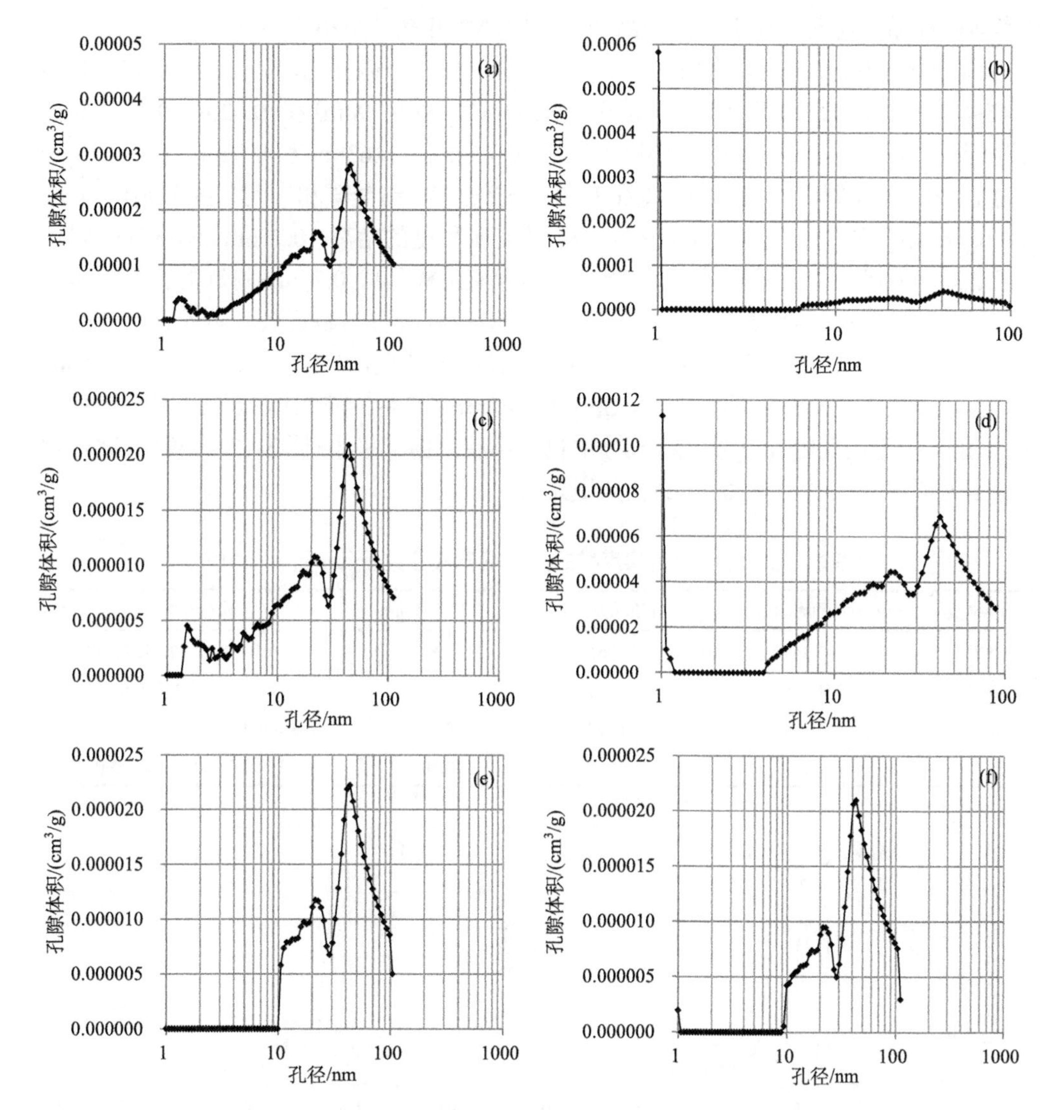

图 3-11　低温液氮吸附实验所获得的孔隙体积与孔径分布

(a)伯方矿煤样，Liu et al., 2017；(b)寺河矿煤样；(c)赵庄矿煤样；(d)余吾矿煤样，Liu et al., 2017；(e)李村矿煤样；(f)新源矿煤样

寺河矿煤样与其余 5 块煤样的中孔和大孔孔径分布特征极为相似，但由于微孔含量增长幅度极高，造成其孔径分布特征表现不明显。因此，沁水盆地 3#煤层中，孔径介于 10~50nm 的中孔含量最高。学者研究认为，大孔是煤中渗流孔，在其中主要为气体的层流和紊流；而中孔和微孔则是吸附孔，在其中主要是气体的物理吸附和扩散。6 块煤样的孔径结构特征说明，沁水盆地 3#煤层具有较强的吸附气体的能力，而渗流能力较弱。

4) CO_2 吸附实验结果

CO_2 吸附实验结果显示，沁水盆地 3#煤层微孔孔容介于 0.056~0.068cm^3/g，微孔比表面积介于 271.446~304.682m^2/g，平均孔径为 0.501~0.627nm(表 3-2)。随变质程度增大，孔容和孔比表面积有增大的趋势；平均孔径则相反，煤变质程度较高的新景矿、余吾矿和寺河矿样品平均孔径较小，说明高变质程度煤微孔孔径更小。

4 块煤样的微孔孔径呈多峰分布，一般拥有 4~5 个微孔孔峰，主要分布在 0.50nm (0.46~0.55nm)、0.63nm(0.55~0.69nm)、0.75nm(0.69~0.79nm)和 0.82nm(0.79~1.50nm)附近(表 3-2，图 3-12)。其中，新源矿样品以 0.50nm、0.63nm 和 0.82nm 附近的 3 个孔峰为主，0.75nm 附近的孔峰较小(图 3-12)；余吾矿、新景矿和寺河矿样品则以 0.50nm 和 0.63nm 附近的 2 个孔峰为主(图 3-12)。随变质程度的增高，0.75nm 和 0.82nm 附近的孔峰之间差异减小，至无烟煤阶段(新景矿和寺河矿样品)，0.75nm 附近的孔峰基本消失(图 3-12)。同时，无烟煤(新景矿和寺河矿样品)的孔径分布特征较为特殊，拥有 5 个孔峰，相对于瘦煤(新源矿)和贫煤(余吾矿)的孔径分布特征，寺河矿样品缺少了 0.75nm 附近的孔峰，而多了 0.31nm(0.30~0.36nm)和 0.42nm(0.38~0.46nm)附近的孔峰(图 3-12)，且 0.31nm 附近的孔峰在贫煤(余吾矿)中也有出现，但其极小(图 3-12)，说明高煤阶煤，特别是无烟煤孔径小于 0.46nm 的孔隙更发育。

表 3-2　沁水盆地 3#煤层煤样的 CO_2 吸附实验数据(Liu et al., 2019b)

采样地点	D-R 比表面积/(m^2/g)	D-A 孔容/(cm^3/g)	平均孔径/nm	峰值孔径/nm
新源	273.349	0.056	0.627	0.501/0.627/0.751/0.859
余吾	271.446	0.068	0.501	0.501/0.600/0.786/0.859
新景	275.309	0.062	0.501	0.366/0.501/0.627/0.751/0.821
寺河	304.682	0.065	0.501	0.319/0.418/0.501/0.573/0.822

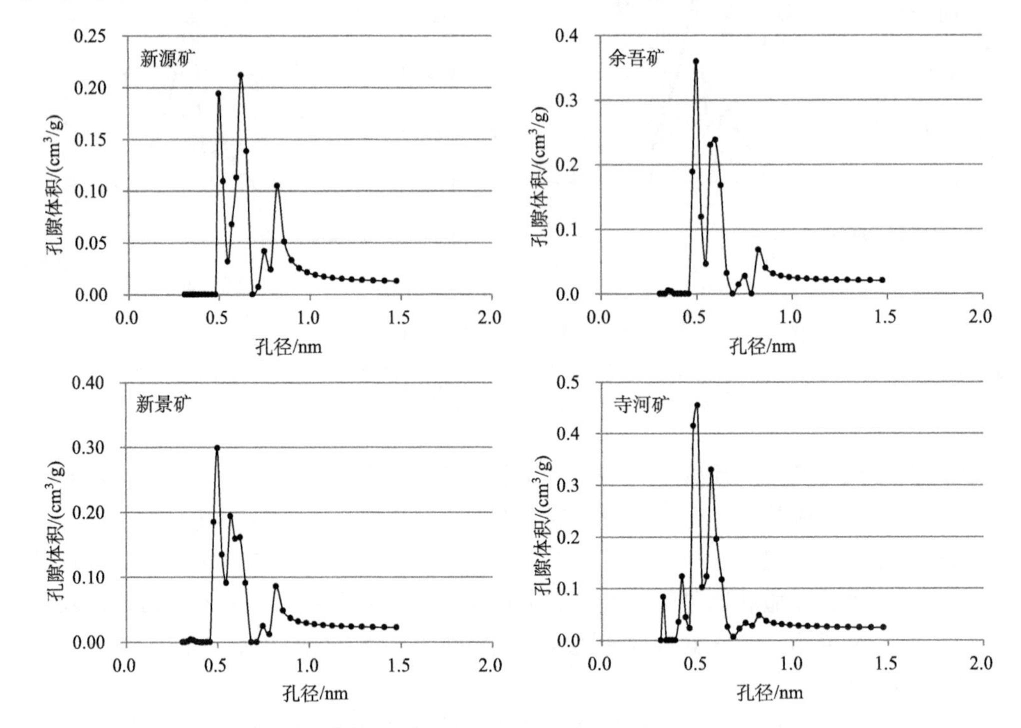

图 3-12　CO_2 吸附实验所获得的孔隙体积与孔径分布(Liu et al., 2019a)

5）核磁共振实验结果

除采用上述压汞实验、低温液氮吸附实验和 CO_2 吸附实验外，本次研究还采用核磁共振实验获得了沁水盆地 6 块代表性煤样的 T_2 谱，并通过 T_2 谱探讨了测试样品的孔径分布特征和连通性特征。

由图 3-13 可以看出，沁水盆地 3#煤层煤岩样品的 T_2 谱具有 3~4 个谱峰，其中位于微孔和中孔位置的 2 个谱峰最大，两者孔径范围分别在<5nm 和 10~100nm 的范围，与低温液氮吸附实验所获得的孔径分布曲线(图 3-11)极为吻合，说明微孔和中孔最发育。而较小的谱峰分布在大孔范围，其中，伯方矿、寺河矿、成庄矿[图 3-13(a)、(b)、(c)、(f)]煤岩样品仅有一个比较明显的峰，分布在孔径>0.1μm 的范围，而余吾矿、李村矿[图 3-13(d)、(e)]煤岩样品含有 2 个比较明显的峰，一个为大孔的谱峰，分布在孔径 40~250nm 的范围，一个为微裂隙的谱峰，分布在孔径 0.4~2.0μm 的范围。说明沁水盆地 3#煤层大孔发育程度较低，且晋城地区(伯方矿、寺河矿、成庄矿)煤样微裂隙相对不发育，而长治地区(余吾矿、李村矿)煤样发育有一定程度的微裂隙，这与该地区煤岩构造变形较为严重有关。

核磁共振实验结果与压汞及低温液氮吸附实验结果较为吻合。对比饱和水 T_2 谱和束缚水 T_2 谱可以看出，孔径<5nm 的微孔和中孔谱峰离心前后有较大变化，束缚水 T_2 谱远低于饱和水 T_2 谱，甚至离心后部分谱峰消失[图 3-13(a)、(e)]，说明孔径<5nm 的微孔和中孔发育程度最高，且连通性非常好，有利于气体的运移。孔径介于 10~100nm 的中孔谱峰在离心前后有一定程度的变化，但变化程度不一，说明中孔具备一定的连通性，可使部分流体自由运移。其中伯方矿、余吾矿和李村矿煤岩样品[图 3-13(a)、(d)、(e)]中孔谱峰变化较大，中孔连通性更强，其余样品中孔连通性中等，部分束缚在中孔孔壁的残余水不能够通过离心实验离出。孔径<5nm 的微孔-中孔谱峰和孔径介于 10~100nm 的中孔谱峰之间连续好(图 3-13)，说明微孔和中孔间的连通性好，能组成较为完整的流体运移路径。除余吾矿和李村矿煤岩样品[图 3-13(d)、(e)]外，其余煤岩样品大孔谱峰和微裂隙谱峰经离心后均消失，说明大孔和微裂隙的连通性非常好，非常有利于流体的运移，而大孔谱峰和微裂隙谱峰之间不连续，说明大孔和微裂隙之间连通性较差。余吾矿和李村矿煤岩样品大孔谱峰和微裂隙谱峰经离心后变化不大[图 3-13(d)、(e)]，说明大孔和微裂隙的连通性差，残余水不能够通过离心实验离出，但大孔谱峰和微裂隙谱峰之间连续性较好，大孔和微裂隙之间有一定的连通性。虽然大孔和微裂隙具有一定的连通性，但是其含量过低，对整个煤岩的连通性贡献微弱。另外，中孔谱峰和大孔谱峰之间同样不连续，说明两者之间连通性差，缺乏连接的桥梁。

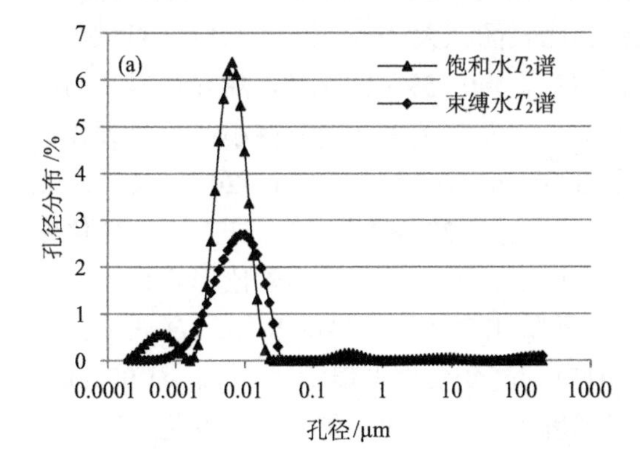

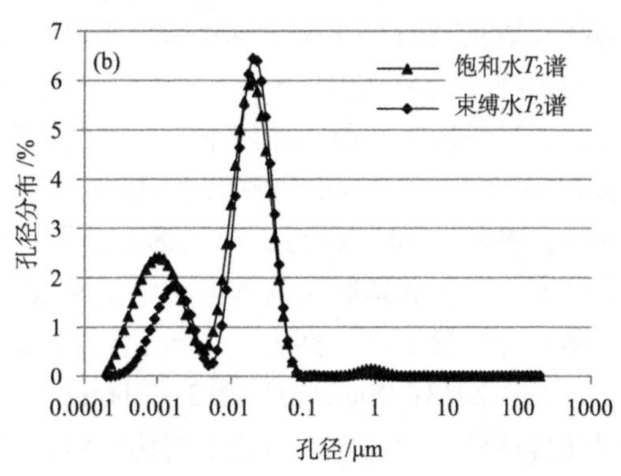

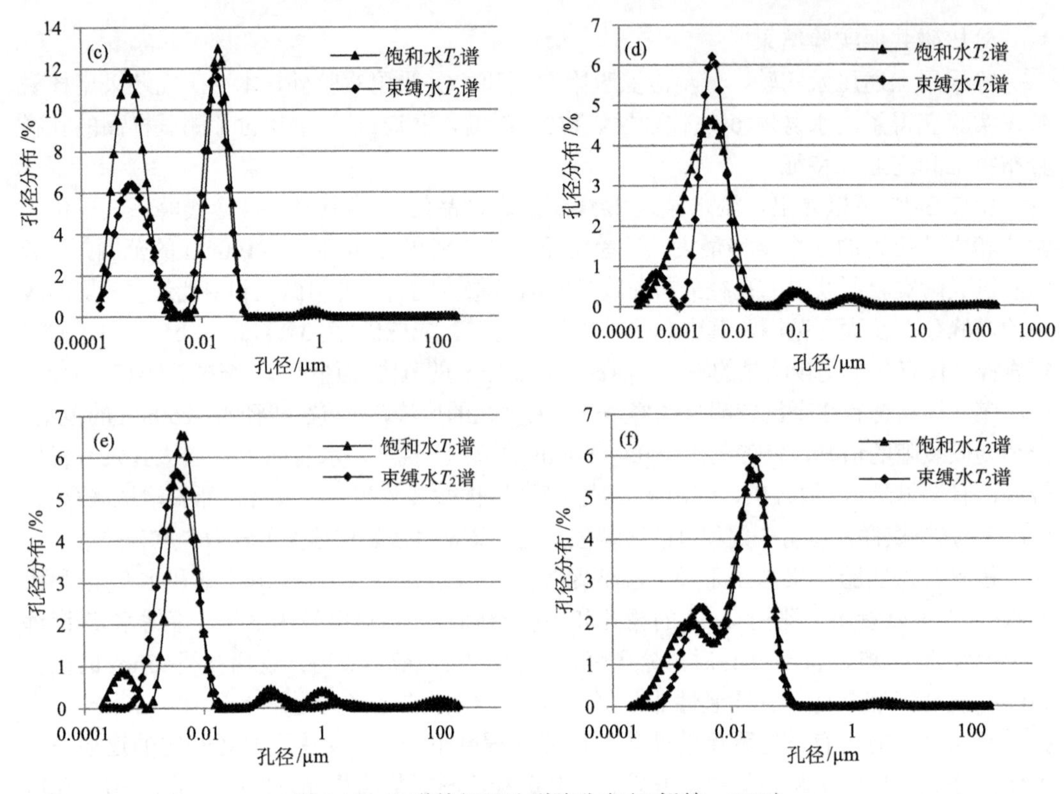

图 3-13　T_2 谱特征及孔裂隙分布(王恬等，2017)

(a)伯方矿煤样；(b)寺河矿平行于层面煤样；(c)成庄矿煤样；(d)余吾矿煤样；(e)李村矿煤样；(f)寺河矿垂直于层理煤样

通过以上分析发现，压汞及低温液氮吸附实验无法有效获得孔径<5nm 的微孔和中孔信息，故其表现出的主要连通孔隙是孔径介于 10~100nm 的中孔和大孔，这与核磁共振结果是一致的。综上所述，沁水盆地 3#煤层以中孔和微孔为主，大孔不发育。微孔和中孔连通性较强，是煤中主要的连通孔隙，有利于煤中 CO_2 和 CH_4 气体赋存；大孔的严重缺失限制了孔隙连通性，对 CO_2 注入和 CH_4 运移、产出造成不利影响。

6)煤层孔径分布特征的成因

学者研究认为，由于上覆静岩压力、构造作用和变质程度不同，不同煤阶的煤具有不同的孔隙发育特征(Hakimi et al., 2013；Wang et al., 2009a；Zhou et al., 2015)。煤化作用早期阶段($R_{o,max}$<0.65%)，即第一次煤化作用跃变期间，煤分子排列不规则，结构松散，各孔径段孔隙的发育程度均较高，孔隙的孔容和比表面积大(Bao et al., 2013；Xia et al., 2013；Zhou et al., 2015)。中-高挥发分烟煤阶段($R_{o,max}$=0.65%~1.19%)，随煤化程度的提高，在机械压实和脱水作用下，孔隙体积迅速减少，尤其是大孔明显减小；相对大孔，微孔、中孔对机械压实和脱水作用有一定滞后(Bao et al., 2013；Liu et al., 2013；Xia et al., 2013；Zhou et al., 2015)。至低挥发分烟煤阶段($R_{o,max}$=1.20%~1.90%)，即第二次煤化作用跃变阶段，腐殖凝胶基本上完成了脱水作用，压实、脱水作用在该阶段影响较弱，孔隙体积降至最低点，随微孔、中孔含量的减少，孔隙比表面积明显降低(Bao et al., 2013；Liu et al., 2013；Xia et al., 2013；Zhou et al., 2015)。高变质程度煤阶段($R_{o,max}$>1.90%)，煤化程度进一步提高，煤分子的化学结构在以温度为主的因素控制下发生变化，芳香化程度显著升高，芳环层增大，且出现定向排列，形成了一系列微孔和中孔(多为大分子结构孔)，同时导致大孔持续减少，至无烟煤阶段(5#煤样)微孔和中孔含量达到最高(Liu et al., 2013；Zhou et al., 2015)。因此，高煤阶煤以微孔和中孔为主。

2. 孔型特征

沁水盆地 3#煤层煤样的进汞/退汞曲线具有一定的进汞、退汞体积差，滞后环窄小，以开放孔隙为主，但退汞曲线均呈下凹状，表明煤样中具有相当数量的半封闭孔，孔隙的连通性受到限制(图 3-14)。

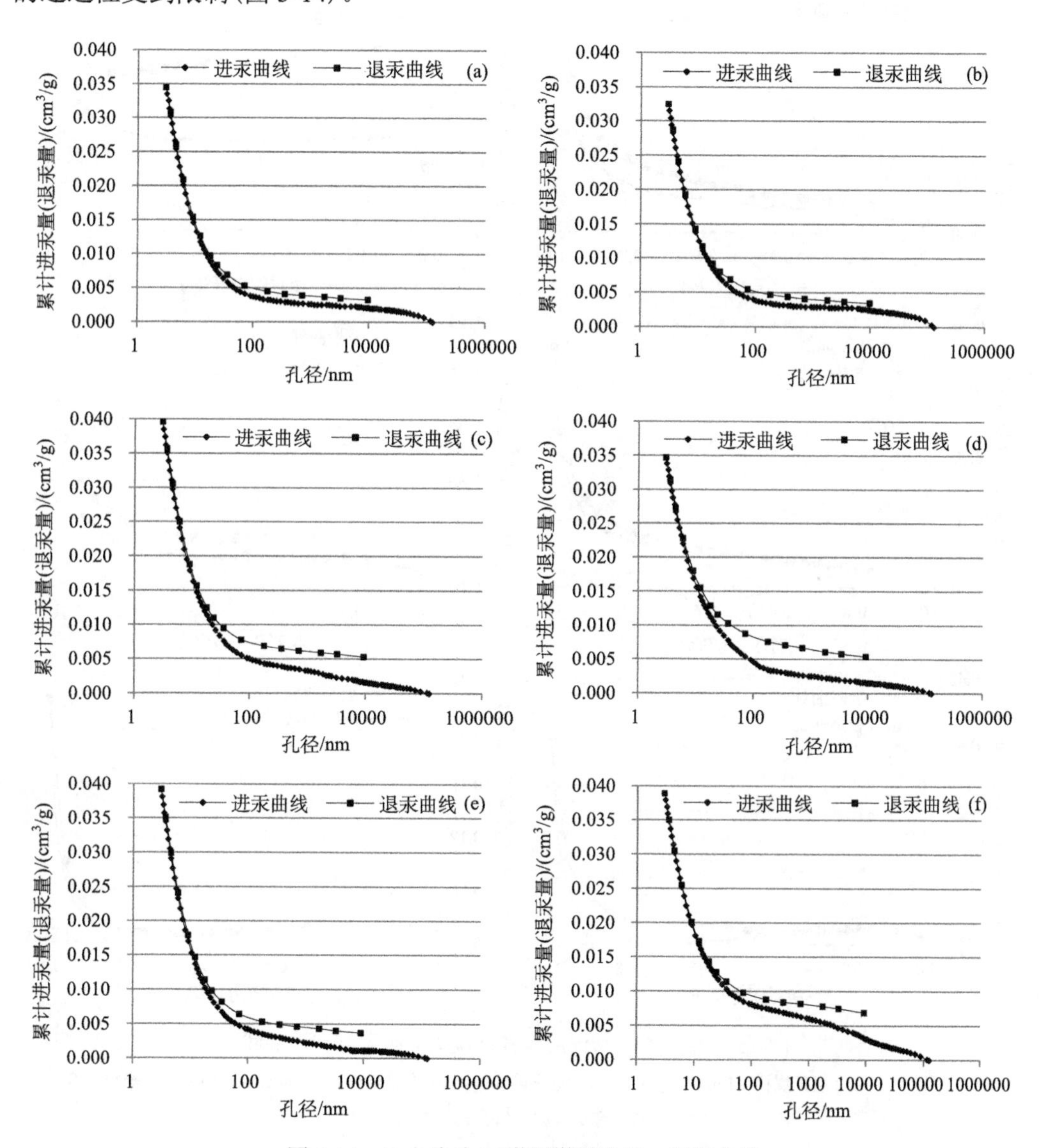

图 3-14　沁水盆地 3#煤层煤样进汞、退汞曲线

(a)伯方矿煤样；(b)寺河矿煤样，Liu et al., 2017；(c)赵庄矿煤样；(d)余吾矿煤样，Liu et al., 2017；(e)李村矿煤样；(f)新源矿煤样，Liu et al., 2017

吸附/解吸滞后环在高压段变化(图 3-15)，说明在较高 P/P_0 时没有限制性吸附，具有一定数量片状粒子堆积形成的狭缝孔(Pierotti and Rouquerol, 1985)。高压阶段解吸曲线急剧下降，并出现急剧下降的拐点，而在中压和低压阶段解吸曲线与吸附曲线基本平行(图 3-15)，表现出微孔性的指示和裂隙状孔隙，同时说明煤样粒子被压实，甚至闭合，煤岩中孔隙由开放型孔向封闭、半封闭型孔过渡；而急剧下降的拐点则与大孔缺失所造成的毛细凝聚有关。

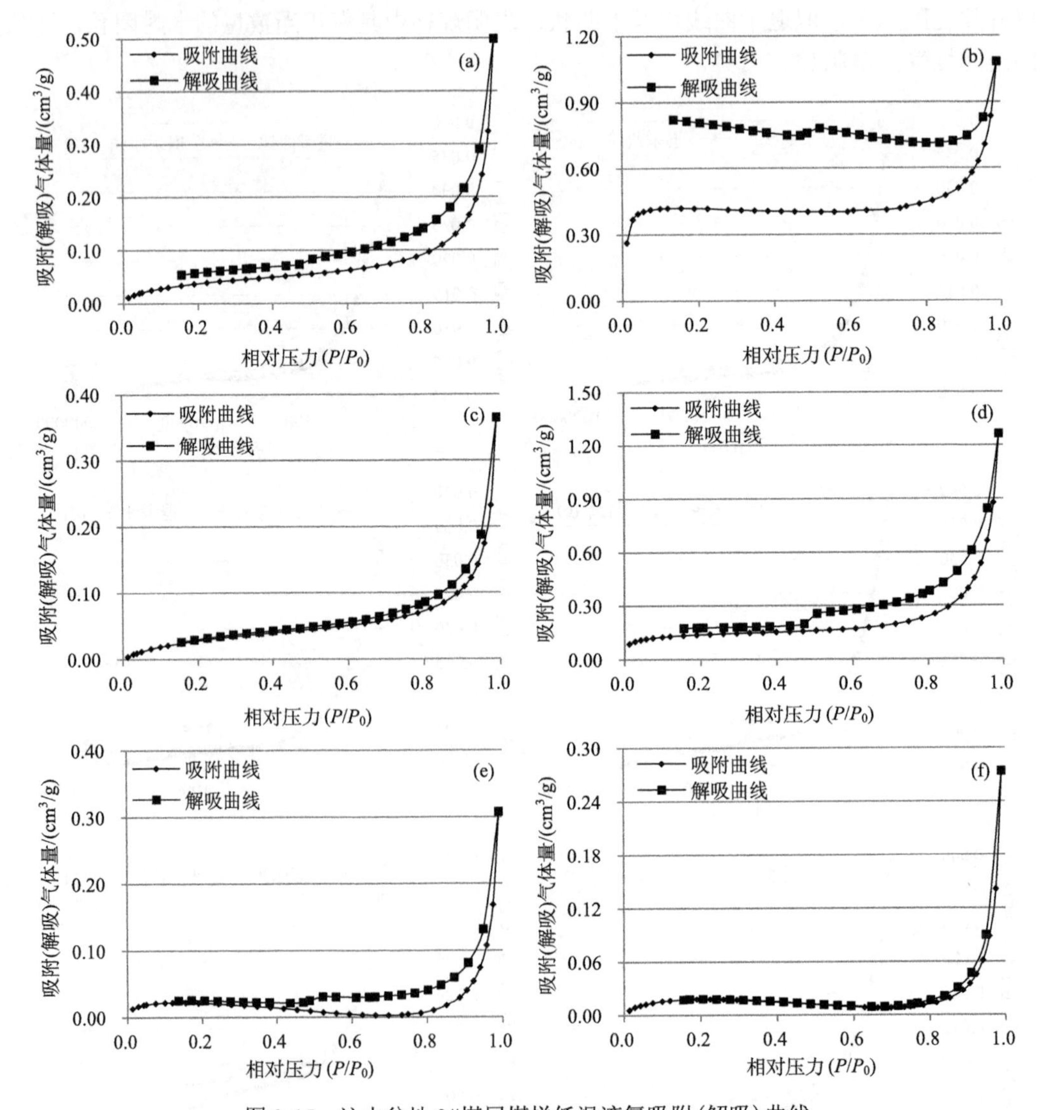

图 3-15　沁水盆地 3#煤层煤样低温液氮吸附(解吸)曲线

(a)伯方矿煤样；(b)寺河矿煤样，Liu et al., 2017；(c)赵庄矿煤样；(d)余吾矿煤样，Liu et al., 2017；(e)李村矿煤样；(f)新源矿煤样，Liu et al., 2017

3.2.2　孔隙成因类型

现有研究认为，煤中主要发育有 4 种类型的孔隙：原生孔，主要包括植物组织孔、粒间孔；外生孔，包括角砾孔、碎粒孔和摩擦孔；变质孔，常见气孔和链间孔；矿物质孔，主要包括铸模孔、溶蚀孔和晶间孔(表 3-3)。而本书研究的 ESEM、FESEM 和 FIB-SEM 观测结果表明，沁水盆地测试煤样中主要存在两种成因类型的孔隙：变质孔和矿物质孔。原生孔、外生孔虽然有所发育，但不具有代表性。

表 3-3　煤孔隙类型及其成因简述(改自张慧，2001)

成因类型		成因解释
原生孔	植物组织孔	成煤植物本身所具有的细胞结构孔
	粒间孔	镜屑体、惰屑体和壳屑体等碎屑状显微体之间的孔
外生孔	角砾孔	煤受构造应力破坏而形成的角砾之间的孔
	碎粒孔	煤受构造应力破坏而形成的碎粒之间的孔
	摩擦孔	压应力作用下面与面之间摩擦而形成的孔
变质孔	气孔	煤变质过程中由生气和聚气作用而形成的孔
	链间孔	凝胶化物质在变质作用下缩聚而形成的链之间的孔
矿物质孔	铸模孔	煤中矿物质在有机质中因硬度差异而铸成的印坑
	溶蚀孔	可溶性矿物质在长期气、水作用下受溶蚀而形成的孔
	晶间孔	矿物晶粒之间的孔

3.2.3　孔隙结构特征

1. 原生孔

原生孔是煤沉积时已有的孔隙。光学显微镜和 ESEM 下，沁水盆地 3#煤层中原生孔以植物组织孔(胞腔孔)和粒间孔为主，均在大孔级以上。

1) 植物组织孔

植物组织孔是成煤植物本身所具有的细胞结构孔(Liu et al., 2015b, 2017；张慧，2001)。高煤阶煤中，植物组织孔不发育，可见于结构镜质体-2 和丝质体中，偶见于菌类体中，并随煤变质程度的加深或构造作用而被破坏。发育于结构镜质体-2 中的植物组织孔细胞腔被压扁，呈短线状，排列不甚规则，孔径(长轴，下同)介于 10~145μm，变化比较大[图 3-16(a)]；发育于丝质体中的植物组织孔细胞结构或保存相对较好或遭到破坏，呈现出星状、弧状等形态，导致其间的胞腔呈现出不规则状，孔径与发育于结构镜质体-2 中的植物组织孔类似[图 3-16(b)]；发育于菌类体中的植物组织孔保存相对较好，以圆形、椭圆形为主，边缘圆滑，孔径一般小于 10μm，孤立存在[图 3-16(c)、(d)]。受限于高煤阶煤中结构镜质体、丝质体和菌类体的发育程度，植物组织孔发育极不均匀，仅发育于某些微区内，且细胞腔一般局限于一个方向发育，空间连通性差，因此，植物组织孔对煤储层连通性的贡献微弱。

2) 粒间孔

粒间孔是指煤中镜屑体、惰屑体、壳屑体等各种碎屑状显微体的碎屑颗粒之间的孔隙(Liu et al., 2015b, 2017；张慧，2001)，碎屑颗粒无一定形态，孔径大小不一，形态各异。煤样中粒间孔主要发育于团块镜质体间及基质镜质体中，孔径介于 2~30μm，形态以不规则状为主[图 3-16(e)、(f)]。与植物组织孔类似，粒间孔不发育，且分布极不均匀，部分测试样品中未发现粒间孔。由于粒间孔数量很少，其连通性仅局限于特定微区内，对煤储层连通性贡献不大。

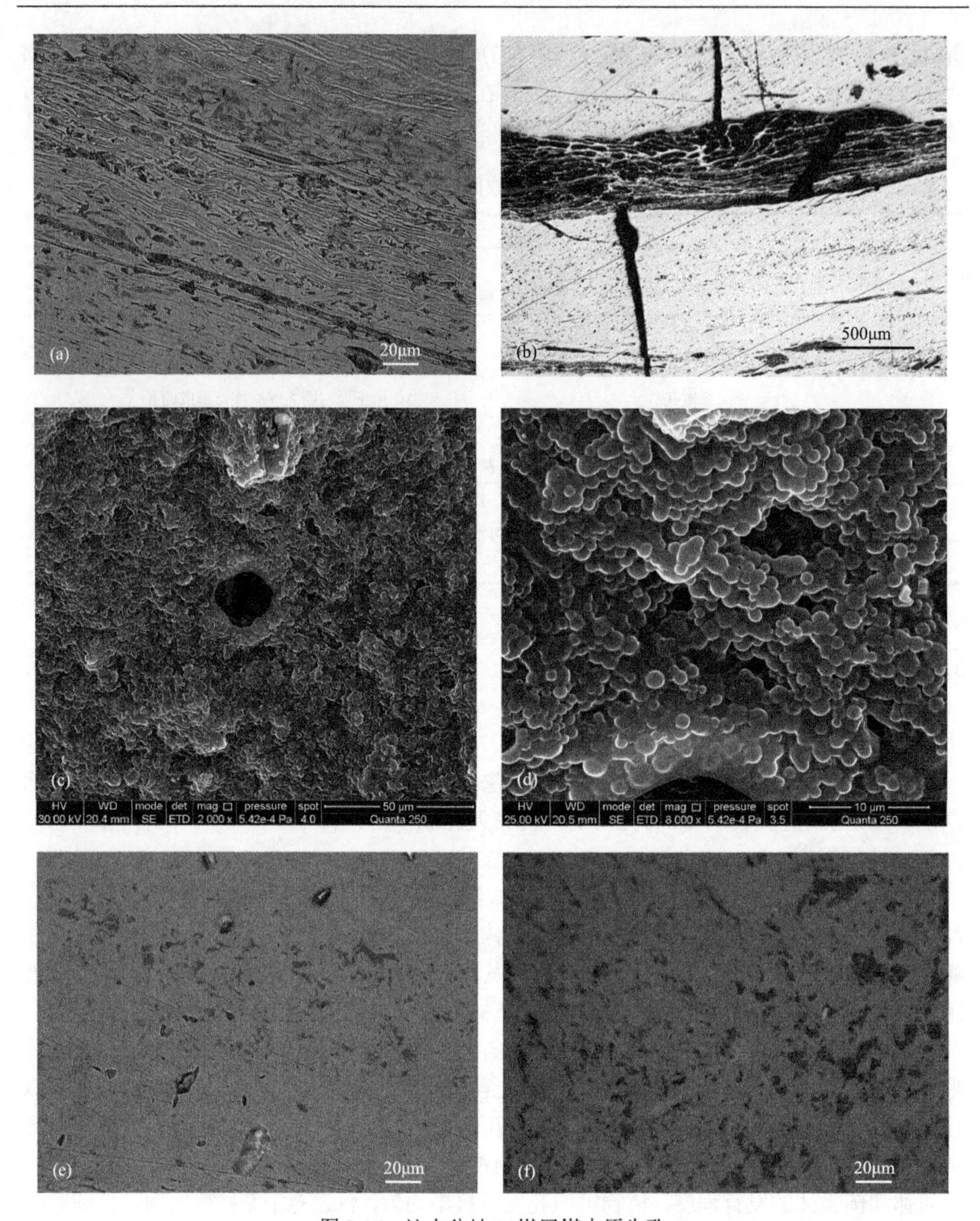

图 3-16　沁水盆地 3#煤层煤中原生孔

(a)植物组织孔，结构镜质体-2，李村矿，光学显微镜；(b)植物组织孔，丝质体，成庄矿，光学显微镜；(c)植物组织孔，菌类体(链球菌)，伯方矿，ESEM；(d)植物组织孔，菌类体(链球菌)，伯方矿，ESEM；(e)粒间孔，基质镜质体，李村矿，光学显微镜；(f)粒间孔，团块镜质体，寺河矿，光学显微镜

2. 外生孔

“外生孔”被认为是煤固结成岩后受各种外界因素(构造破坏、摩擦和滑动)作用而形成的孔隙(Liu et al., 2015b, 2017；张慧，2001)。光学显微镜下，可看到测试煤样表面存

在大量与擦痕伴生的摩擦孔或因遭受较严重的构造破坏而形成的疑似碎粒孔[图 3-17(a)、(b)]。光学显微镜下所发现的这些孔隙，一方面仅局限于二维构造面上，空间连通性差；另一方面难以排除制样过程中机械破坏的影响。因此，本书中不再将外生孔作为一类孔隙，而仅仅作为测试煤样观测面上受机械作用形成的“坑洼”。

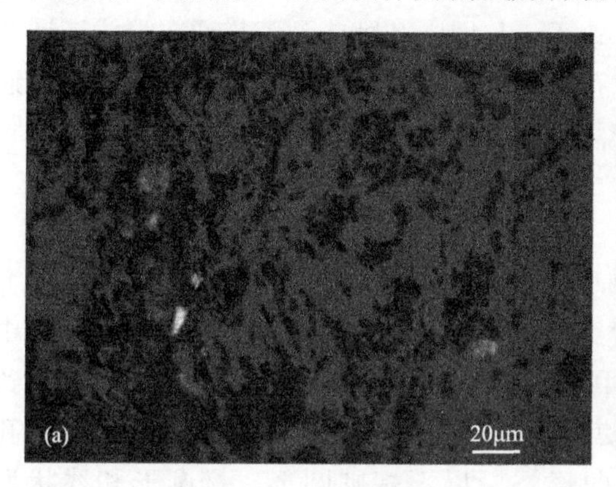

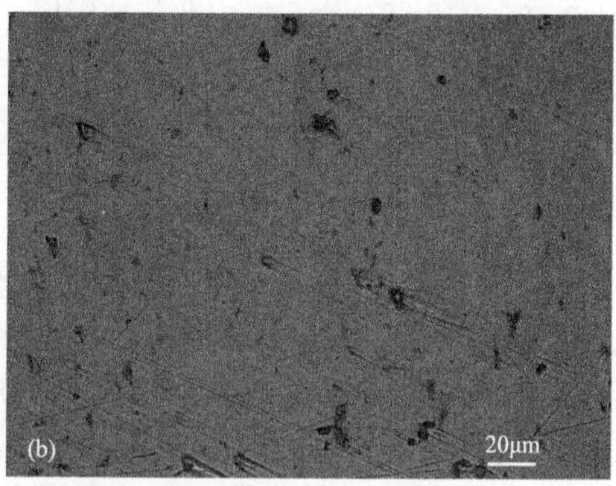

图 3-17　沁水盆地 3#煤层煤中“外生孔”

(a)碎粒孔，镜质体，赵庄矿，光学显微镜；(b)摩擦孔，镜质体，新源矿，光学显微镜

3. 变质孔

变质孔是煤在变质过程中发生各种物理化学反应而形成的孔隙。FESEM 和 FIB-SEM 观测发现，沁水盆地 3#煤层中含两种变质孔隙：次生气孔和差异收缩孔，其中差异收缩孔是新发现的煤中孔隙类型。

1)次生气孔

气孔又称为热成因孔(Liu et al., 2015b；张慧，2001)，沁水盆地 3#煤层测试煤样中主要为次生气孔。次生气孔为变质孔，是煤化作用过程中生气和聚气作用而形成的(Liu et al., 2015b；张慧，2001)。次生气孔主要发育于煤有机质中，孔径大致分布在 0.1~5.0μm，以 0.5~2.0μm 居多，属大孔[图 3-18(a)、(b)]。这类气孔的形态以圆形、椭圆形为主，边缘圆滑，另有少数呈三角形、不规则形等，气孔边缘被破坏[图 3-18(a)]。部分次生

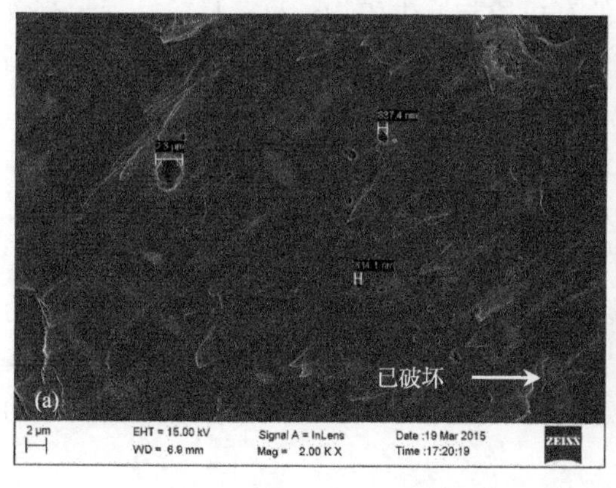

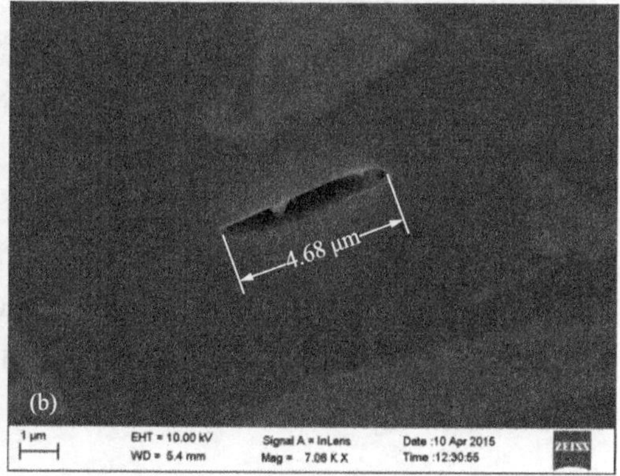

图 3-18　沁水盆地 3#煤层煤中次生气孔(Liu et al., 2017)

(a)有机质中的次生气孔群，伯方矿，FESEM；(b)有机质中的短线状次生气孔，余吾矿，FESEM

气孔受上覆岩层较大静岩压力的作用而变形甚至闭合，呈短线状[图 3-18(b)]。次生气孔发育极不均匀，大多以群聚的形式出现，多发育于镜质组。气孔群中的气孔呈带状分布，常以椭圆形气孔的长轴定向排列[图 3-18(a)]。气孔群与气孔群之间很少连通，气孔群中的单个气孔之间以孤立形式存在，与气孔群中其他气孔之间连通性不好[图 3-18(a)]。部分气孔群中孔隙被压扁、破坏，与周围孔隙或裂隙贯通，形成连通孔隙。也有少量气孔以孤立形式存在，这类气孔孔径往往大于 1μm，发育于镜质组，连通性不好[图 3-18(b)]。

2) 差异收缩孔

(1) 发育特征。

差异收缩孔多发育于煤中原生矿物边缘与有机质交接处，围绕矿物与煤有机质边界发育并向有机质内部延伸(图 3-19)。差异收缩孔是新发现的一类孔隙。这类孔隙与煤中有机质热演化直接相关，是成煤作用过程中有机质与矿物质间发生差异收缩等不一致变形，导致煤中有机质与矿物质接触面分离所形成的孔隙，本书中称之为差异收缩孔(或差异变形孔)。差异收缩孔不具有固定的形态，以不规则圆形、椭圆形和线状为主，孔径变化较大(图 3-19)。不规则圆形和椭圆形差异收缩孔孔径多小于 1μm，以 20~300nm 居多，属于中孔和大孔(图 3-19)；线状差异收缩孔裂口宽度多小于 50nm，长度介于 100nm~10μm，多属于中孔[图 3-19(a)、(d)]，也可称为超微裂隙。差异收缩孔主要发育在石英等脆性矿物、黏土矿物与煤有机质交接处，其发育尺度受矿物粒度的影响，煤中石英矿物、黏土矿物粒度较小，主要集中在 300nm~5μm，限制了差异收缩孔的发育尺度。差异收缩孔以群聚的形式出现，特别是线状差异收缩孔多相互贯通，并连通周围不规则圆形和椭圆形差异收缩孔或次生气孔，在某些矿物较为集中的区域，差异收缩孔与次生气孔堆积在一起[图 3-19(b)]，孔壁遭到破坏，形成较大的“孔洞”，或与矿物内部的矿物质孔连通[图 3-19(b)、(c)、(d)]。因此，差异收缩孔具有较好的连通性，是煤中最重要的连通性孔隙。

(2) 成因分析。

从成因上分析，差异收缩孔可能由煤化作用过程中生气和聚气作用、吸附气解吸所造成的煤基质收缩作用，以及煤岩应力释放作用所形成。这说明，差异收缩孔可能形成于煤化作用、煤基质收缩或应力释放所造成的有机质与原生矿物分离。目前，尚无有效方法直接观测气体吸附解吸所造成的煤基质收缩前后煤基质和煤中孔隙的微观变化(Ma et al., 2011；St. George and Barakat, 2001；Yang et al., 2012)。研究表明，在围压 0~12MPa、注气压力 0~10MPa、实验温度 35~65℃时，沁水盆地高煤阶煤(空气干燥煤样)吸附超临界 CO_2 的体积变形量、轴向变形量和径向变形量分别小于 10600με[①]、4500με 和 3250με。而部分学者研究认为,高煤阶煤吸附 CH_4 时的形变能力要远小于吸附 CO_2 时的形变能力。由图 3-19 可以看出，差异收缩孔的裂口宽度一般大于 10nm，在前文所提到的形变能力下，煤基质收缩无法形成如此大量的且裂口宽度达到 10nm 的差异收缩孔。因此，煤基质收缩不是差异收缩孔形成的原因。同样，我们认为应力释放也不是差异收缩孔形成的

① ε 表示应变，是形变量与原尺寸的比值，即 $\varepsilon = \Delta L/L$，无量纲，常用百分数表示；με 表示微应变，也用来表示形变的变化程度，只不过是用来描述极其微小的形变，$1\mu\varepsilon = (\Delta L/L) \times 10^{-6}$，即 $\varepsilon = 10^6\mu\varepsilon$。

原因。一般认为，煤岩在最大主应力方向上的应力释放水平大于在最小主应力方向上的应力释放水平。这会造成像群居形式的次生气孔一样的孔隙定向排列。然而，由图 3-19 可以看出，差异收缩孔没有定向性。当然，样品采集过程中吸附解吸所造成的煤基质收缩作用和样品采集后的应力释放作用仍然对差异收缩孔有一定的影响，两者增大了差异收缩孔的孔径或裂口宽度。因此，本书中所定义的差异收缩孔是由煤化作用过程中生气和聚气作用所形成的，是一种特殊形式的次生气孔。

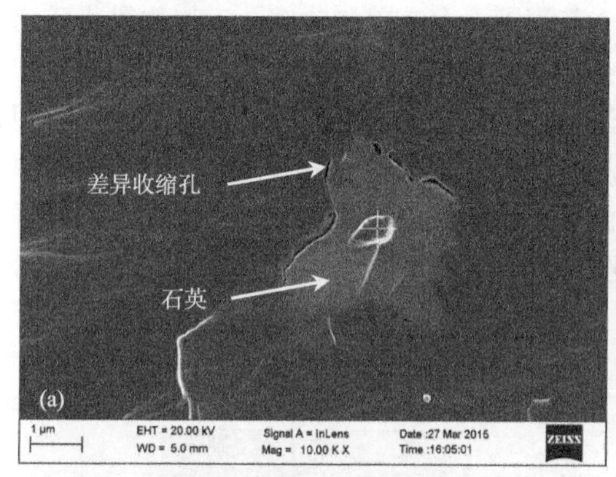

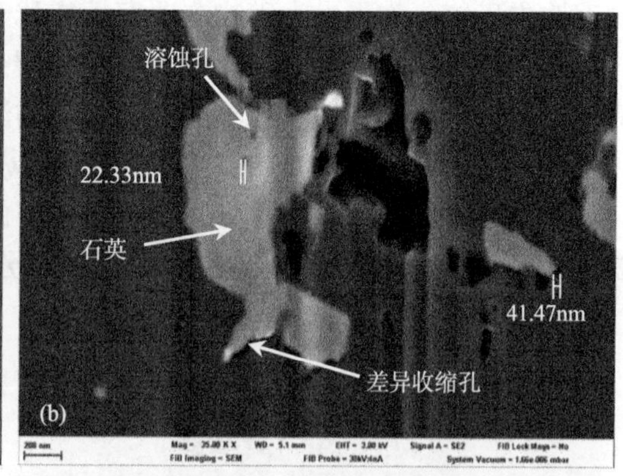

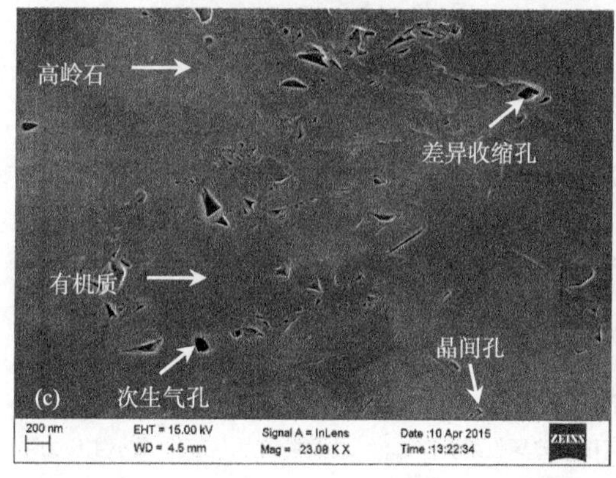

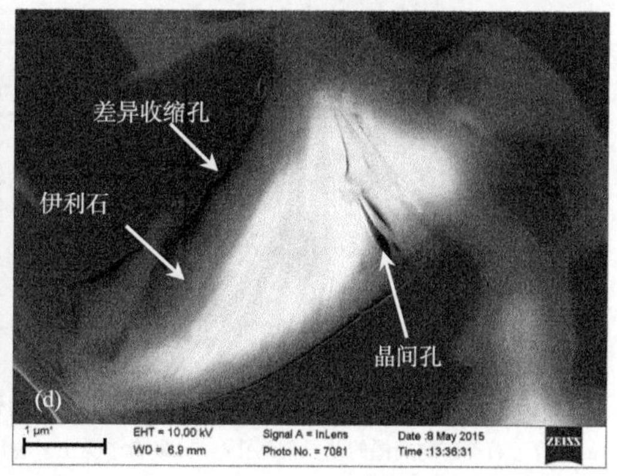

图 3-19　沁水盆地 3#煤层煤中差异收缩孔

(a)石英矿物周围的差异收缩孔，伯方矿，FESEM；(b)石英矿物周围的差异收缩孔和石英中的溶蚀孔，伯方矿，FIB-SEM，Liu et al, 2017；(c)高岭石周围的差异收缩孔、有机质中的次生气孔及高岭石中的晶间孔，余吾矿，FESEM，Liu et al, 2017；(d)伊利石周围的差异收缩孔和伊利石中的晶间孔，赵庄矿，FESEM

此外，矿物周边差异收缩孔往往发育不均匀。矿物一侧的差异收缩孔发育程度往往高于另一侧，这一现象在线状差异收缩孔中尤为明显(图 3-19)。这可能是由构造应力造成的。矿物在垂直于最大主应力一侧所受的应力要大于垂直于最小主应力一侧，造成差异收缩孔沿最小主应力扩展，沿最大主应力延伸(图 3-19)。

第 2 章所介绍的沁水盆地煤岩测试结果表明，沁水盆地 3#煤层的矿物总含量介于 1.20%~6.00%，平均 2.84%(表 2-5)。其中以黏土矿物高岭石和伊利石为主(占矿物总含量的平均比例分别为 34.67%和 27.70%)，其次是以石英为代表的脆性矿物(占矿物总含量的平均比例为 17.48%)，碳酸盐矿物等其他矿物的含量很小。沁水盆地 3#煤层中较大含量的黏土矿物和脆性矿物促进了差异收缩孔的广泛发育。

差异收缩孔具两种成因类型。第一种成因类型：煤中石英矿物以原生矿物为主，形成于硅质碎屑沉积物在异常高地热场下的区域变质作用，其稳定性好，具有稳定的化学性质，不受煤变质作用的影响，很难与煤的有机质固结在一起。在高煤阶煤的形成过程中，随煤化程度的增加，煤中脂肪族、脂肪族官能团及芳香凝胶核的侧链大幅减少(Zhou et al., 2015)。由于脱水和脱挥发分作用，凝胶化组分收缩，导致有机质和石英矿物分离，形成一系列的差异收缩孔[图 3-20(a)]。第二种成因类型：煤中黏土矿物既有原生矿物也有次生矿物。次生黏土矿物主要充填裂隙，其周围不存在差异收缩孔。原生黏土矿物与煤的形成是同步的，并与有机质固结、混杂在一起[图 3-20(b)]。原生黏土矿物是在高异常地热场作用下，由长石、云母等矿物沉积、风化、分解之后，经区域热变质作用或热液蚀变所形成的(Dai et al., 2013；Longwell, 1987)。随着煤化作用的增加，固结在原生黏土矿物周围的凝胶化组分发生收缩；与此同时，由于与原生黏土矿物之间存在物理性质的差异，凝胶化组分从原始黏土矿物中分离，最终导致差异收缩孔的形成(图 3-20)。

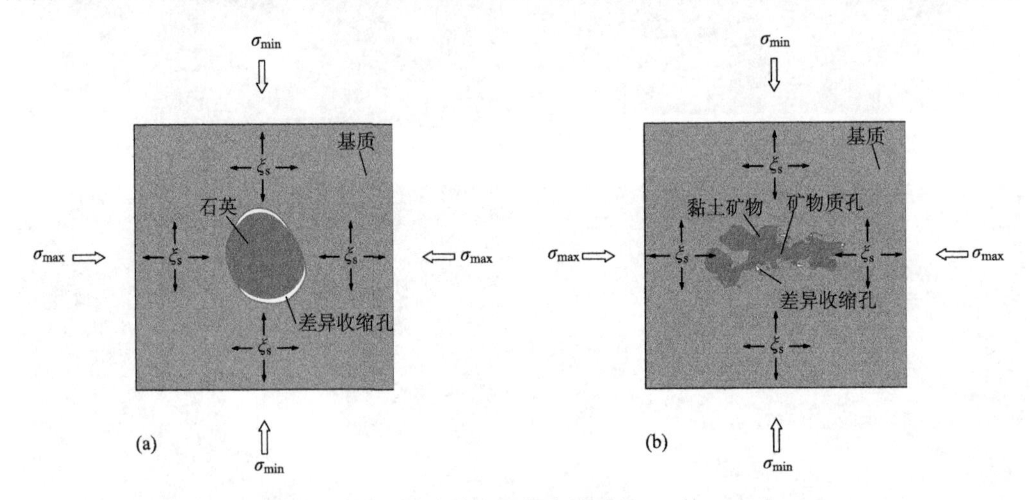

图 3-20　差异收缩孔成因模式简图(Liu et al., 2017)

(a)发育于石英矿物周围的差异收缩孔；(b)发育于黏土矿物周围的差异收缩孔；σ_{max}，最大主应力；σ_{min}，最小主应力；ξ_s，内聚力，煤基质收缩

沁水盆地高煤阶煤形成于燕山期区域热变质作用，燕山期区域热变质作用具有高异常古地热场和埋深相对较浅的特点(Deng et al., 2007; He and Xu, 2012; Yang et al., 2015)。燕山期是沁水盆地岩浆活动最强烈的时期，岩浆侵入和火山喷发开始于侏罗纪并持续至白垩纪(He and Xu, 2012)。燕山期较大规模的岩浆活动与该时期区域岩石圈伸展有关(Deng et al., 2007)。燕山期沁水盆地岩石圈有明显的减薄，深部地幔热活跃，地幔上涌，岩石圈减薄，下地壳发生熔融和壳幔物质交换，形成高异常地热场，而地热背景值高是石炭—二叠系煤层热演化程度高的主要原因(Deng et al., 2007)。由此可见，燕山期岩浆活动对沁水盆地石炭—二叠系煤层的煤化作用有很大影响。沁水盆地的区域热变质作用主要发生在深成变质作用背景之上。燕山中—晚期，深部岩浆活动在北纬 35°和 38°附近形成了两个高变质带(He and Xu, 2012)，两个岩浆变质带分别位于沁水盆地南北两端。沁水盆地南部的高变质带位于晋城和长治地区，北部的高变质带位于阳泉和榆次地区，即本书研究的采样点。沁水盆地高变质带形成于深成变质作用的煤主要为低-中挥发分烟

煤，深部热液活动在奥陶系顶面活动强烈，其使靠近奥陶系的石炭—二叠系煤层热演化程度提高，进一步转化成高煤阶煤。区域变质作用过程中，岩浆热液活动不仅提高了煤的变质程度，而且使燕山期煤系地层中热液脉体，如方解石、石英等广泛发育(Deng et al., 2007)，促进了煤中矿物的形成，增大了煤中原生矿物含量，并最终导致原生矿物周边差异收缩孔的大量发育。因此，沁水盆地区域热变质作用是差异收缩孔形成的前提条件。此外，相对较浅的埋藏深度意味着相对较小的地应力，较弱的挤压变形更有利于有机质和矿物分离，并使差异收缩孔保持开放状态。

3) 大分子结构孔

大分子结构孔又称为大分子定向晶间孔或链间孔，是指凝胶化物质在变质作用下缩聚而形成的链与链之间的孔隙(Liu et al., 2015b, 2017；张慧，2001)。大分子结构孔发育于煤有机质中，处于煤大分子链之间或断裂处(图 3-21)。孔径以小于 10nm 为主，属于中孔和微孔范围(图 3-21)。该类孔隙无固定形态[图 3-21(a)、(b)]，大小及分布都比较

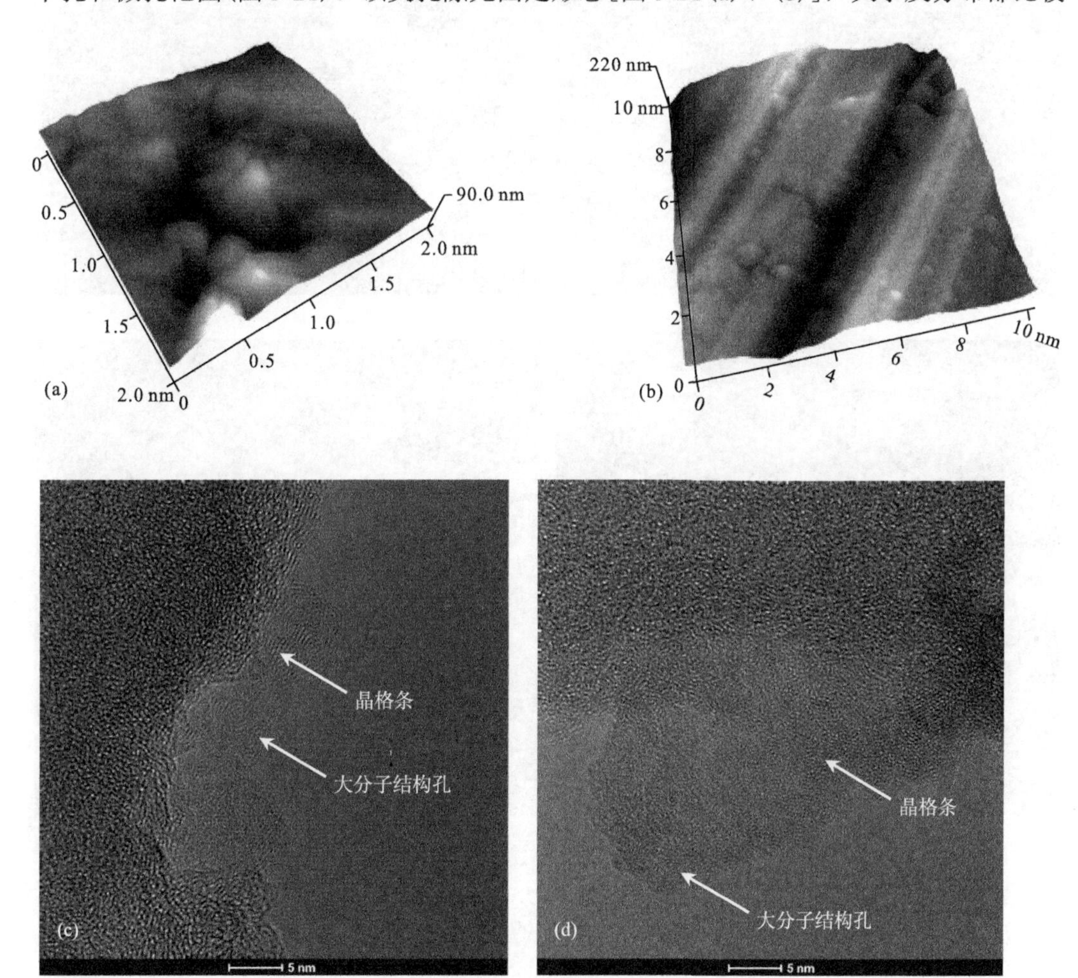

图 3-21　沁水盆地 3#煤层煤中大分子结构孔

(a) 不规则形状大分子结构孔，伯方矿，AFM；(b) 条带状或板状大分子结构孔，伯方矿，AFM；(c) 晶格条纹特征与大分子结构孔，余吾矿，TEM；(d) 晶格条纹特征与大分子结构孔，余吾矿，TEM

均匀[图 3-21(c)、(d)]，可能具有较高的发育密度。大分子结构孔是 CO_2 和 CH_4 的主要储集空间，决定了高变质程度煤的吸附/解吸量大小。同时，大分子结构孔也可能是低温液氮等温吸附曲线中表现出的狭缝孔。

4. *矿物质孔*

矿物质孔是由于矿物质的存在而形成的孔隙，孔径变化较大，0.05~10μm 均有分布，主要发育有溶蚀孔和晶间孔，且不同成因类型的矿物质孔发育尺度、形态不同(图 3-22)。

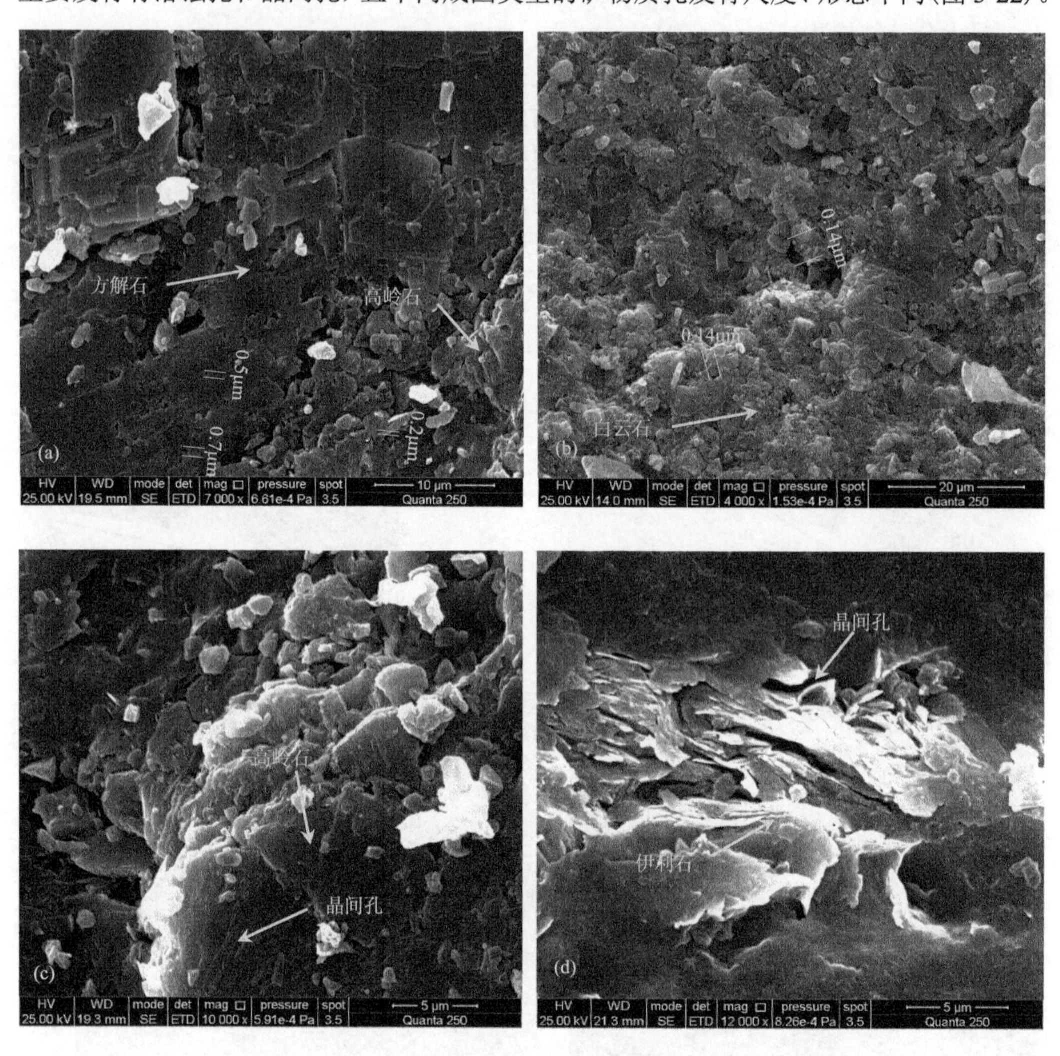

图 3-22 沁水盆地 3#煤层煤中矿物质孔

(a)方解石和高岭石中的溶蚀孔，伯方矿，ESEM，Liu et al., 2017；(b)白云石中的晶间孔，余吾矿，ESEM，Liu et al., 2017；(c)高岭石中的晶间孔，伯方矿，ESEM；(d)伊利石中的晶间孔，成庄矿，ESEM

1)溶蚀孔

溶蚀孔是煤中可溶性矿物质在长期气、水作用下受溶蚀而形成的孔隙(Liu et al., 2015b, 2017；张慧，2001)。溶蚀孔孔径较小，沁水盆地主要发育有两类溶蚀孔。一类主要发育于粒度较大的方解石等碳酸盐矿物，部分高岭石中也有发育[图 3-22(a)]。该类溶蚀孔孔径相对较大，一般介于 0.1~1.0μm，属于大孔范围，形态不规则，多以孔群的形式出现，相互之间有较强的连通性，但由于沁水盆地煤中碳酸盐矿物含量较低，限制了其总体发育程度和连通程度。另一类发育于粒度较小的白云石中，孔径较小，一般小于 50nm，属中孔范围，在电子显微镜下形态以圆形为主，发育程度较低，以孤立形式存在，连通性较差。部分该类溶蚀孔与石英周边差异收缩孔相连通，增大了连通性。

2) 晶间孔

晶间孔为矿物晶粒之间的孔隙(Liu et al., 2015b, 2017；张慧，2001)，主要发育于高岭石、伊利石、绿泥石、白云石和方解石中[图 3-22(b)、(c)、(d)]。晶间孔孔径一般较大，多在 1μm 左右甚至更大。部分矿物中晶间孔发育程度较高，相互之间有较强的连通性，但总体数量较少，对储层连通性影响不大。部分晶间孔与矿物周边有机质中发育的气孔及差异收缩孔相连通[图 3-22(c)、(d)]，增大了连通性。

3.3　煤储层数字岩石物理结构重构

煤层孔裂隙成因类型复杂、孔径尺度范围广、非均质性强，难以直观、有效地获取其连通性特征。煤层纳米级(0.1~100nm)微观孔裂隙发育，更增加了研究难度，造成对孔裂隙系统的认识不足。如何直观、有效地表征煤储层微米至纳米尺度孔裂隙发育特征和连通关系，如何认识和理解煤层孔裂隙网络结构及其拓扑特征，是目前煤层气地质学和煤层气开发工程亟待解决的关键科学问题。学者采用井下煤壁观察、室内岩心描述、光学显微镜、扫描电子显微镜、压汞法及液氮(或 CO_2)吸附法等传统方法研究了煤层孔裂隙发育特征，取得了显著成果(Liu et al., 2015b, 2016b, 2017)。当然，传统方法有其局限性，难以有效解决纳米尺度孔裂隙发育特征、孔裂隙结构关系与连通关系等问题。X-ray CT 和 FIB-SEM 等新技术的发展和应用，使大孔(>50nm)和中孔(2~50nm)尺度的孔裂隙结构数字化表征成为可能(Hughes and Blunt, 2001；Ma et al., 2014a, 2014b；Knackstedt et al., 2005, 2006)。

孔隙空间特征描述方面，本书研究中，基于空间拓扑学(形态学)理论对孔隙空间进行保持拓扑性质不变的“骨架化”(skeleton)，在骨架化过程中获取其孔隙空间结构的必要描述参数并量化。骨架化后的孔隙空间能够更加直观地展现其脉络(通道)结构。依据三维空间拓扑与几何特征，对微观裂隙特征开展研究，得到基于几何与拓扑特征的微观尺度裂隙系统的描述，包括将裂隙空间中无序信息进行归纳总结，提取出不同于普通孔隙空间的差异特征信息等。最后，基于对微观裂隙的识别并计算其相关几何参数，对孔隙空间进行分割，建立新的孔裂隙网络模型。该模型对煤储层渗透率预测和流体流动机制研究具有重要作用。而对于煤储层多尺度特性的描述则需要对数字岩心进行多级成像，获得不同尺度下的岩心图像数据，然后在骨架模型和孔裂隙网络模型上进行如孔隙配位数、孔喉比、孔喉截面形状因子等空间结构参数的概率统计分析工作，得到代表各自尺度下的岩心区域网络模型，继而将其有机地融合以反映其多尺度的孔隙空间特征。

3.3.1　煤储层岩石物理结构表征

1. “骨架化”

“骨架化”是剔除岩心内部孤立的孔隙及岩石骨架颗粒，并建立岩心孔隙空间居中轴线体系，删除该体系中冗余枝节结构的过程。空间居中轴线体系犹如孔隙空间的骨骼，反映了孔隙在岩心内部的空间分布及相互连通情况，因此准确建立孔隙空间居中轴线体系将为孔裂隙网络的高质量建模奠定基础。诸多学者在空间介质居中轴线的提取及表征方面做了大量研究，其中，Lee、Kashyap 和 Chu 所提出的算法(简称 LKC 算法)具有明显的优势(Lee et al., 2002；Lee and Chang, 2003)。LKC 算法在构建介质居中轴线过程中对初始介质的噪声具有一定的抹平能力，因而最终得到的居中轴线受噪声的影响小，没有物理意义的枝节少；此外，该算法相对于其他算法具有运算速度快的优点。因此，本书将借助 LKC 算法建立数字岩心孔隙空间的居中轴线体系。

“骨架化”的基本思想是：首先，借助图像分析理论及相关算法剔除岩心内部孤立的孔隙及岩石骨架颗粒；然后，采用 LKC 算法建立岩心孔隙空间居中轴线体系(图 3-23)，再删除该体系中由粗糙的岩石骨架壁面引起的冗余枝节结构，保证孔隙居中轴线体系准确表征岩心孔隙的拓扑结构。

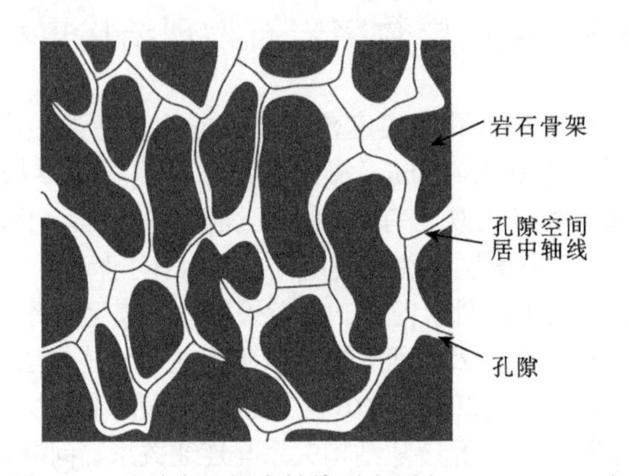

图 3-23　孔隙空间居中轴线示意图(Liu et al., 2019c)

在优化处理后的孔隙居中轴线体系上，定位各孔隙中心位置，分割局部孔隙空间得到孔隙、喉道；最后，度量孔隙、喉道的几何参数，包括体积、内切圆半径、长度、形状因子等，从而建立起具有真实岩心孔隙空间拓扑结构及几何特征的孔隙网络模型。

2. 孔隙-裂隙空间拓扑特征分析

裂隙特征的描述中，考虑到其空间非平面特性，利用空间拓扑特征分析方法理解和量化裂隙空间特征，基于空间欧拉方程反求其空间数学表达。普遍空间欧拉方程为(Delerue and Perrier, 2002；Vogel and Roth, 2001)

$$N(V)=\sum_{i=1}^{m}N(V_i)-\sum_{i=1}^{m-1}\sum_{j=1+1}^{m}N(V_i\cap V_j)+\sum_{1<i<j<m}N(V_i\cap V_j\cap V_k)+\cdots+(-1)^{m+1}N\left(\bigcap_{i=1}^{m}V_i\right)\tag{3-1}$$

引入 Hadwiger 提出的贝蒂数(Betti number)，则对于 n 维空间，欧拉方程可以表示为(Delerue and Perrier, 2002；Vogel and Roth, 2001)

$$N_n(V)=\sum_{i=0}^{n-1}(-1)^i H_i(V)\tag{3-2}$$

那么三维空间欧拉方程可以写为(Delerue and Perrier, 2002；Vogel and Roth, 2001)

$$N_3(V)=H_0(V)-H_1(V)+H_2(V) \tag{3-3}$$

对于裂隙非平面属性来说，通过拓扑反求法，可得 $H_0(V)>1$。再将反求结果 $H_0(V)>1$ 映射到空间直接邻居域中，得到空间直接邻居域的邻居和连通基本关系表达，即裂隙面上特征点的拓扑数属性为其被包裹的直接邻居空间固体颗粒组件数量(>1)，并以此为裂隙面点判定标准加入到孔隙空间简单点删除法则中，建立新的孔隙-裂隙空间骨架化提取扫描顺序，便可在孔隙空间骨架提取过程中保留裂隙的面状信息。

3. 孔隙截面沿骨架分步切割方法

根据空间拓扑学理论中的直接邻居域概念，将孔隙空间骨架某一发育方向的两点包裹在直接邻居域中(3×3×3)，则其对应的截面种类有 13 种。然后，在得到某截面匹配对应的模板之后，基于邻居域连通性判定法则按照一定的顺序对整个截面上的点进行扩散复原，最终得到孔隙空间沿骨架发育方向的横截面。

4. 网络模型的结构特征分析

孔裂隙渗流网络模型的结构特征分布主要包括几何结构特征分布和拓扑结构特征分布(Ioannidis and Chatzis, 2000；Øren and Bakke, 2003)。其中，几何结构特征用来描述网络模型中孔喉单元的几何尺寸和形状分布，其评价参数主要包括孔喉数目、孔隙半径、孔喉体积、喉道长度、形状因子、迂曲度等(Prodanović et al., 2007；Sok et al., 2002)；拓扑结构特征用来描述网络中孔喉之间相互连接的关系，其评价参数主要包括配位数、连通性函数等(Lindquist et al., 2000；Vogel and Roth, 2001)。

1) 几何结构评价参数

(1) 孔隙半径(R)。

在提取孔裂隙网络模型过程中，通过最大内切球区域定义孔隙空间，孔隙内切球的半径采用球体等径膨胀法(Sok et al., 2002；Liu et al., 2019c)求得(图 3-24)。基于球体等径膨胀法，可以将数字岩心中的孔隙空间精确分割出孔隙和喉道单元体所占据的空间。

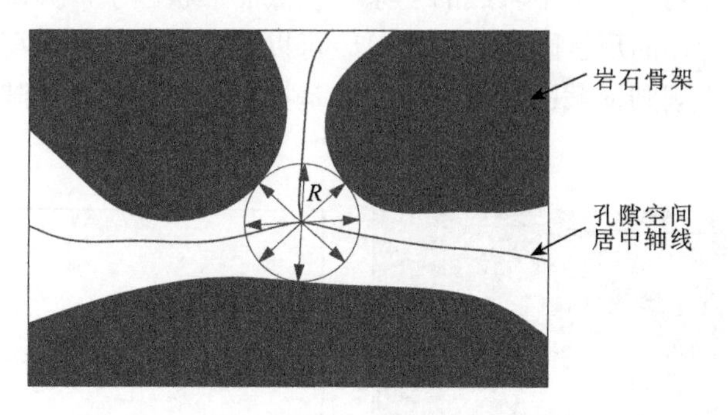

图 3-24　孔隙半径求取示意图(Liu et al., 2019c)

孔隙半径即为孔隙内切球体的半径。获得孔隙所占据的孔隙空间之后，统计该孔隙单元体中体素的数目可以得到孔隙体积。本书中，孔隙体积概率分布通过孔隙体积对应的孔隙半径来进行表征。

(2) 喉道长度 (L)。

喉道是指连接孔隙之间的通道 (Sok et al., 2002)。成功划分孔隙后，在孔隙空间中去除已经识别出的孔隙后即可得到喉道空间 (图 3-25)，且各喉道是相互隔离的，统计各喉道空间内体素数目就可得到喉道的体积。喉道长度的计算公式如下

$$L = D - R_1 - R_2 \tag{3-4}$$

式中，R_1、R_2 分别为该喉道所连接两个孔隙的半径，m，采用的计算方法与计算孔隙的方法相同；D 为两孔隙中心点的实际距离，m。

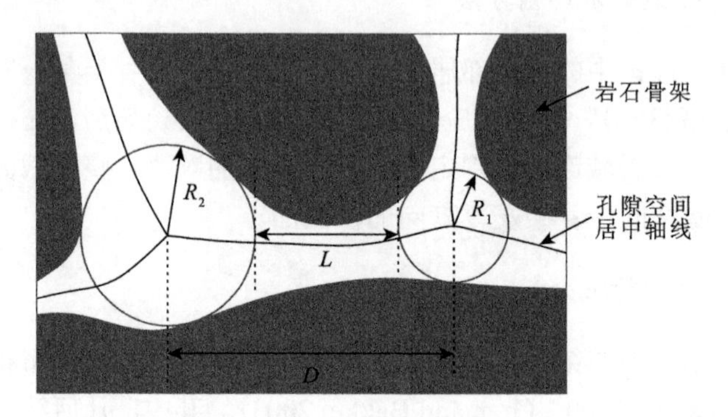

图 3-25　喉道长度的计算示意图 (Liu et al., 2019c)

(3) 形状因子 (G)。

形状因子是定量表征孔隙空间中孔隙、喉道单元体的形状特征的参数，由下式表示 (Silin and Patzek, 2006)

$$G = A / P^2 \tag{3-5}$$

式中，A 为孔隙、喉道的横截面面积，m^2；P 为孔隙、喉道单元体横截面的周长，m。

实际孔隙和喉道的截面形状不是固定不变的，其面积和周长沿着孔隙和喉道中轴线不断变化。针对每个孔隙、喉道单元体进行剖切得到一系列横截面，通过式 (3-5) 计算该孔隙或者喉道单元体内垂直于中轴线的一系列横截面形状因子，并求出形状因子的平均值，即可得到该单元体的形状因子 (图 3-26)。可以看出，形状因子可以描述真实孔隙空间中孔喉单元体的不规则横截面形状和尺寸，是描述多孔介质中孔隙空间几何特征的重要参数。

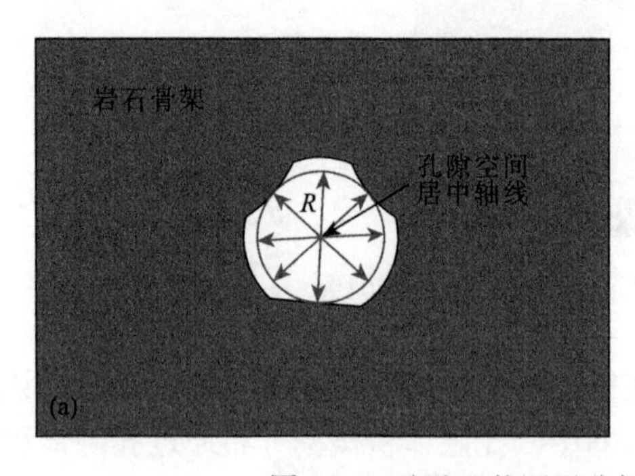

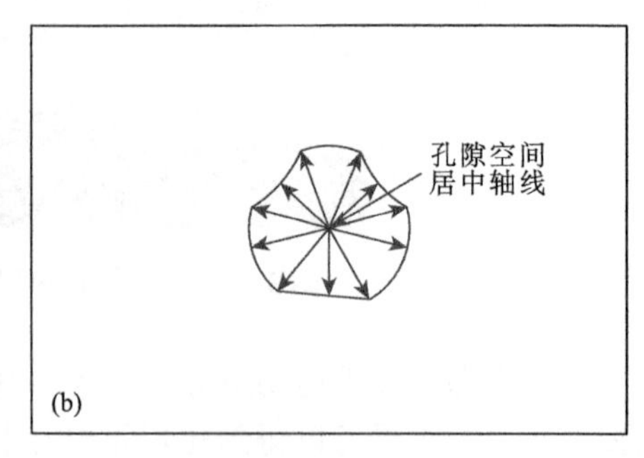

图 3-26　孔隙形状因子分析示意图 (Liu et al., 2019c)

(a) 处理后的孔隙半径；(b) 处理后的孔隙截面

(4) 迂曲度 (τ)。

迂曲度又称迂回度，其定义为多孔介质中“有效平均路径长度”与沿渗流方向测量的最短距离之比，是指流体质点实际流经的煤岩孔隙长度与煤岩视长度的比值。迂曲度表示渗流流体质点穿越煤岩单位距离时，质点在孔道中运动轨迹的真实长度 (Knackstedt et al., 2005；Silin and Patzek, 2006)。孔隙网络模型中引入迂曲度的概念是为了描述喉道的弯曲程度，其表达式如下 (Knackstedt et al., 2005；Silin and Patzek, 2006)：

$$\tau = l_a / l_s \tag{3-6}$$

式中，l_a 表示连通孔喉之间的实际长度；l_s 表示连通孔喉之间的最短长度。

2) 拓扑结构评价参数

(1) 配位数 (Z)。

配位数指与每个孔隙所连通的喉道数量，用来表征孔隙与喉道的相互配置关系，代表了孔喉的连通程度和连通路径复杂程度 (Lindquist et al., 2000；Sok et al., 2002)。去除孔隙识别喉道空间时，即可统计与各孔隙连通的喉道数目。

(2) 连通性函数 [$\chi_V(r)$]。

连通性函数又称为欧拉示性数，通过计算不同最小孔喉半径的欧拉示性数 (即欧拉数) 描述孔隙网络模型中孔隙、喉道单元体的拓扑结构信息 (Silin and Patzek, 2006；Vogel and Roth, 2001)，可以通过下式表示：

$$\chi_V(r) = \frac{N_N(r) - N_B(r)}{V} \tag{3-7}$$

式中，$N_N(r)$ 为半径大于 r 的孤立孔隙数目；$N_B(r)$ 为半径大于 r 的连通孔隙数目；V 为孔隙网络模型的体积。

5. 孔隙空间多尺度表征方法

成像设备有其分辨率范围，通过成像设备所获取的图像信息是当前分辨率下的可见孔裂隙的特征信息。煤储层孔裂隙具有多尺度发育的特征，但仅有当前分辨率下的可见孔裂隙的特征信息无法重建完整的煤储层数字岩心，当前分辨率下无法获取的微孔信息对描述煤岩连通性同样具有重要作用。本次工作引入 FIB-SEM，采取 X-ray CT、FIB-SEM 与传统手段相结合的方法实现煤储层多级次孔裂隙网络的融合。FIB-SEM 可直接获得煤岩样品纳米尺度的三维图像信息，为多级次孔裂隙网络融合奠定了重要硬件条件基础。

(1) 图像分割与灰度值测定。

由传统观测方法的观测结果可知，煤中不同区域显微组分差异明显，孔隙空间多尺度分布无规律可循。对此，基于煤岩显微组分 X 射线吸收能谱方面的研究成果，以 X-ray CT 扫描成像结果为判定条件，对 X-ray CT 扫描图像进行图像分割与灰度值测定，通过射线吸收能谱矿物分析方法将其划分为若干区域并分组，不同的组系代表不同的煤结构类型。

(2) 区域网格模型化和粗化。

在组系中选取代表性的区域进行 FIB-SEM 纳米级三维切割扫描，然后对代表性的区域网络模型化，通过模型内外边界条件转换进行多尺度表征和升级。

岩心的多尺度表征和升级借鉴了 Walsh、Burwinkle 等 (Ma et al. 2014a, 2014b) 对于孔

隙介质流程分析的研究成果，他们对于广义 N-S 方程(Navier-Stokes equation，纳维-斯托克斯方程)在孔隙空间中的运用进行推导，得到了部分反弹系数的流场解释，即

$$n_s \Delta f = n_s \left[f_a^{\mathrm{eq}}(x,t) - f_a^{\mathrm{c}}(x,t) \right] \tag{3-8}$$

式中，n_s 为流体穿过孔隙空间的反弹系数；Δf 为流体密度增量；$f_a^{\mathrm{eq}}(x, t)$为 a 方向、x 节点、t 时间流体流速达到平衡时的密度；$f_a^{\mathrm{c}}(x, t)$为 a 方向、x 节点、t 时间的流体密度。

当流体穿过孔隙空间时，一部分通过岩石颗粒被反弹了回来，整个流场包括穿透孔隙空间和被反弹回的流体。通过对布林克曼方程的流场求解，可以得到

$$k = \frac{(1-n_s)v_f}{2n_s} \tag{3-9}$$

式中，k 为渗透率；v_f为流速。

式(3-9)说明 n_s 与局部流场的渗透率有关。本书将分组后的小区域生成的网络模型的渗透率视为局部流场渗透率，将穿透整个煤柱的部分反弹系数作为全局渗流指标，那么在小区域与整个煤柱的流场边界条件的不断循环迭代过程中，当循环迭代系统达到平衡态时就完成了对整个煤柱的多个尺度的表征和升级。

(3)孔裂隙网络定位融合。

定位融合实施的前提是已经完成了对差异位置图像的匹配，即已知差异位置在数字岩心中的三维坐标或相对位置情况。在对差异位置进行 FIB-SEM 二次成像后，得到差异位置的更高分辨率的数字岩心，为了将其还原到原始数字岩心中，首先对其进行孔裂隙网络模型化，得到它的孔隙网络模型 A。同时，对原始数字岩心进行孔裂隙网络模型化得到它的孔裂隙网络模型 B，再依据前期图像匹配的结果算出 A 中当前各要素尺寸与原始数字岩心孔裂隙网络模型 B 差异位置要素尺寸的比值 C，将 A 中各要素压缩 C 倍，并同时保持其数据规模(宽高比)不变，得到新的孔裂隙网络模型 D。最后将 D 安装到 A 的差异位置中，得到包含两个尺度的孔网模型 E(图 3-27)。

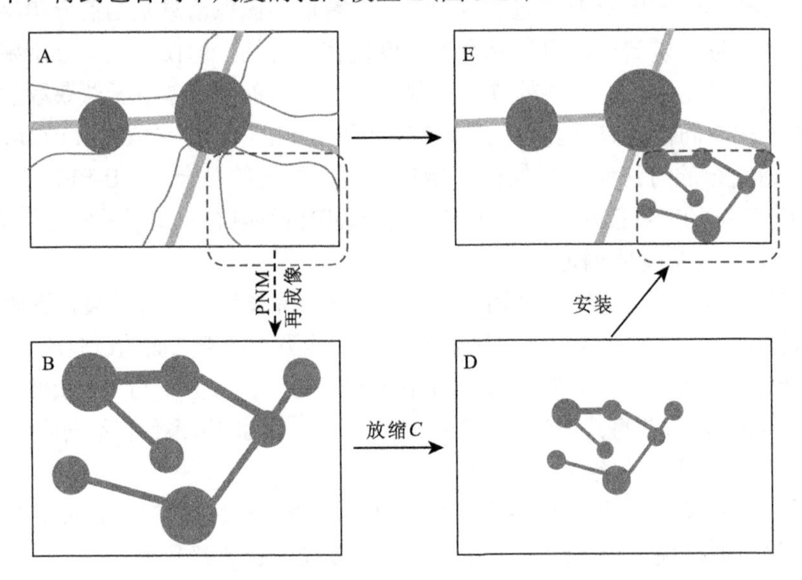

图 3-27　孔网定位融合技术流程图(Wang et al., 2017b, 2018c)

PNM 为 pore-network model(孔隙网络模型)

在安装过程中，需要在A和B中构建更多的喉道将其进行连接以保证它的连通性，同时不能改变A和B中的总孔隙数(保证空间不变)。连接A、B过程中需给定一些判定条件，若以pore代表孔隙，1、2分别代表A、B中的要素，ThroatLength代表喉道长度，distance代表欧氏距离，radius代表孔隙半径，则生成喉道连接的判定条件如下：

distance(pore1,pore2)<=averageThroatLength

distance(pore1,pore2)>pore1.radius+pore2.radius

ThroatLengthall=ThroatLength1+ThroatLength2+ThroatLengthnew

Poreall=pore1+pore2

其中，averageThroatLength视具体情况而定，可以分别是A、B的喉道平均长度，也可以是两者的平均喉道长度。

通过上述方法，可以使地质物理模型由纳米尺度上升至岩心尺度，上升至岩心尺度后即可将物理仿真模拟的结果与实验模拟的结果进行对比、验证。进一步，还可用类似的思想，结合传统方法，将岩心尺度的地质物理模型进一步上升至区块尺度，实现微观、介观、宏观、区块尺度的相互衔接。

6. 岩石物理表征技术的优势

数字岩心分析技术(digital rock physics)是一项应用于能源与矿产资源领域的新兴岩心分析技术。数字岩心分析技术以提高采收率为目标，通过对岩心进行数字三维立体成像，建立数字计算模型，预测岩心内部油气储量或矿物组成，致力于提供更快、更精准的油气藏解决方案。目前，数字化表征方法发展迅速，越来越受到国内外学者的重视，应用范围也更加广泛。煤储层结构数字化表征方法所获得的孔裂隙结构发育特征及孔裂隙连通性，与传统实验方法高度统一，该方法可以有效地表征煤岩内部空间结构。与传统方法相比，数字化表征方法有得天独厚的优势，这些优势决定了数字化表征方法更适合煤储层结构表征和多孔介质中渗流规律的研究。

1)传统方法的优缺点

传统煤岩结构研究方法包括煤岩结构物性测试方法(压汞法、低温液氮吸附实验、CO_2吸附实验)、煤岩结构二维形态观测方法(肉眼观测、光学显微镜、各种电子显微镜、原子力显微镜等)、渗透性分析测试方法(气测渗透率仪、孔隙度测试仪等)、岩石物理性质测试方法(核磁共振分析仪、力学测试系统和岩石电阻率仪等)(图3-28)。传统方法种类繁多，功能不一，各有优缺点。在煤岩样品的研究中往往采用多种测试方法相结合的方式。

(1)优点：传统方法主要存在以下几个方面的优点。

①功能专一，专业性强，技术非常成熟。每一种传统方法往往聚焦于煤岩结构和物理性质的一种解决方案，针对性强。例如，压汞法致力于解决中孔、大孔的孔径和比表面积分布规律研究，低温液氮吸附实验致力于中孔和微孔的孔径及比表面积分布测试，气测渗透率仪则主要测试煤岩样品的渗透率。随着多年的发展，传统方法的理论基础、实验手段、技术设备等均形成了非常成熟的体系。

②测试价格便宜，适合大数据统计分析。由于传统方法的技术已经非常成熟，其测试价格一般为几百至几千元，相对便宜，可进行大批量样品实验测试，适合通过大数据的统计分析寻找规律。

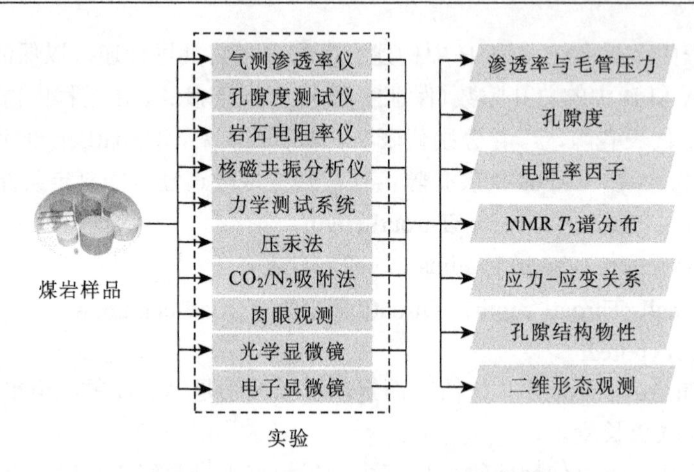

图 3-28　传统煤岩结构研究方法基本流程

③分析方法简单，易于掌握。传统方法的理论基础已非常成熟。例如，低温液氮吸附实验的理论基础是 BET 方法和 BJH 公式，二维形态观测方法均有成熟的技术指标体系等，这使得传统方法的分析手段易于掌握，数据易于分析和应用。

④与生产结合紧密，数据应用广泛。传统方法已经为广大科研工作者和现场技术人员所熟知，并通过多年的摸索，与现场生产紧密结合，得到了一套行之有效的应用方式。例如，气测渗透率仪、孔隙度测试仪、力学测试系统已广泛用于探讨煤层气井产气效果和煤岩应力应变分析。

(2)缺点：虽然传统方法具有以上诸多优点，但是随着对煤岩结构及其物理特性认识程度的加深，越来越难以满足科研工作者和现场技术人员的要求，其不足之处也逐渐凸显出来。传统方法主要存在以下几个方面的缺陷，限制了其应用潜力的进一步挖掘。

①传统方法以定性或半定量分析为主。传统方法大多难以实现煤岩结构及其物理特性的纯定量分析，特别是在煤岩结构方面表现更加明显。例如，压汞法、低温液氮吸附实验和核磁共振分析仪是对煤岩结构的半定量分析，所获得的结果是孔径和比表面积的分布频率，而非精确的孔径和比表面积定量数据；而二维形态观测方法则以定性分析为主，侧重于表面形态的观测和简单的统计分析。随着多孔介质渗流规律研究的深入及对更微观结构的探索，对煤岩结构精确的定量化的数据要求日益紧迫，而传统方法无法满足这一要求。

②传统方法以空间二维观测为主，无法再现煤岩内部的真实空间结构。以光学显微镜、各种电子显微镜和原子力显微镜等为代表的煤岩结构空间表征技术，均以二维观测和表面形貌观测为主，无法实现煤岩结构内部空间的描述。随着研究的深入，科研工作者和现场技术人员越来越深刻地认识到，煤岩结构三维空间的拓扑特征是煤储层渗透性和煤岩内部流体运移的决定性因素，对煤岩结构三维空间拓扑特征的认识程度不足极大地限制了对流体运移、产出规律的认识，阻碍了增产技术的研发和实施。而传统方法本身的局限性，使其难以实现对煤岩内部结构的描述。虽然诸多学者进行了大量尝试，希望利用传统观测手段描述煤岩内部的三维结构，如用大量 SEM 图像进行数字岩心的随机建模，但是这些尝试均忽略了煤岩本身的强非均质性，误差较大，难以应用。

③传统方法的制样过程或实验过程会对煤岩造成永久性破坏。传统方法的制样过程

非常复杂，如电子显微镜观测，要获得较为理想的观测结果，需要机械切割、粗抛、细抛、氩离子抛光、喷金等多个步骤，制样过程烦琐且价格昂贵，在制样过程中极易对样品造成破坏，影响观测结果；不同的方法对样品的要求不同，一般均需要对煤样进行破碎，如低温液氮吸附实验需要将煤样破碎至45~60目，压汞实验需要将煤样破碎至1cm左右；同时，实验过程也对煤样造成不可逆转的损伤，如压汞试验和力学测试均可使煤样报废，实验无法重复和验证。

④基于传统方法，煤岩的每项物理参数需要对应的仪器。如前文所述，每一种传统方法往往聚焦于煤岩结构和物理性质的一种解决方案，针对性强，这既是传统方法的优点，也是缺陷。针对性强，使其更专业、技术和方法体系更成熟，同时也造成实验复杂、繁重。正如前文所述，在煤岩样品的研究中往往采用多种测试方法相结合的方式，因此在研究过程中就需要采用多种制样方法，进行多种实验测试，工作量巨大。而且由于方法和理论基础不同，不同实验所获得的结果不能相互验证。例如，压汞实验主要用于研究大孔和中孔，低温液氮吸附实验主要用于中孔和微孔，但由于实验方法和计算模型的不同，两者不能相互衔接。

⑤传统方法难以实现微观结构和宏观结构的结合及物理仿真模拟和实验模拟的验证。由于传统方法定性和半定量性、较强的专业性和二维性等，造成所获得的不同尺度的煤岩结构特征难以结合，特别是微观和宏观之间无法有机结合。例如，前文所述的压汞实验结果和低温液氮吸附实验结果。目前，学者提出的“双重结构系统”“三元孔裂隙介质”等均有大量猜想的成分，并无直接证据。由于微观结构和宏观结构不具有可对比性，也造成了基于微观结构的渗流机制研究和物理仿真模拟结果，与基于宏观结构的渗流规律研究和实验模拟结果之间缺乏联系，无法相互验证。

⑥传统方法过于依赖科研工作者和技术人员的经验，受人为因素的影响较大。传统方法过度依赖科研工作者和技术人员，造成实验测试结果准确度低，可重复性差，影响了后续的分析和研究。

2) 数字化表征方法的优点

正是由于传统方法具有前文所述的缺陷，国内外学者开展了数字岩心分析技术的研究，用以弥补传统方法的不足，解决传统方法无法解决的问题。数字岩心分析技术不仅可以完成传统方法所能完成的绝大部分工作，而且可以实现煤岩结构三维空间表征。目前，主要采用X-ray CT扫描技术和FIB-SEM三维切割扫描技术实现煤岩结构的数字化表征(图3-29)。相对于传统方法，数字化表征方法主要存在以下几个方面的优点。

①数字岩心分析技术以半定量或定量分析为主。既可获得与压汞实验和低温液氮吸附实验类似的孔径和孔比表面积半定量结果，又可实现孔隙、孔喉数量、直径、截面因子等参数的精确定量分析，从而满足微观物理结构探索和渗流物理仿真模拟的要求。

②数字岩心分析技术以空间三维观测为主，可以完全再现煤岩内部真实空间结构。数字岩心分析技术的目的就是为了获得煤岩结构的真实三维空间拓扑特征，以满足渗流物理仿真模拟和微观结构直观表征的需要。

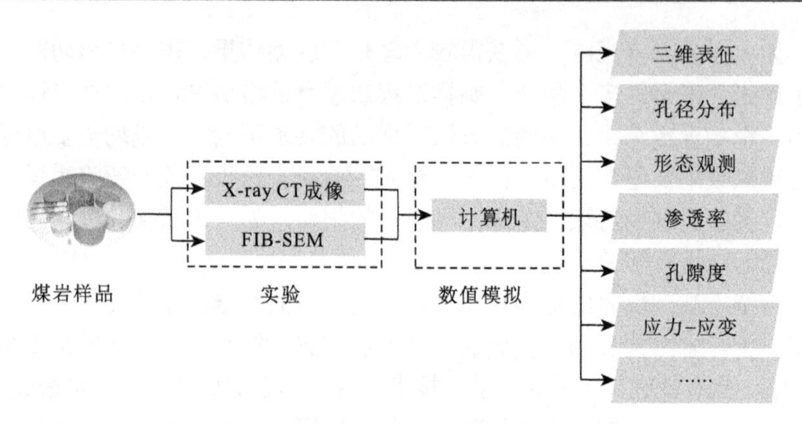

图 3-29　数字岩心分析技术基本流程

③数字岩心分析技术可对煤岩进行无损成像。X-ray CT 扫描和 FIB-SEM 三维切割扫描只需要钻取毫米级的小煤柱，制样过程简单，降低了制样对测试样品的影响。X-ray CT 扫描是无损检测，实验过程不会破坏煤样，可以实现一个样品的多次重复实验；FIB-SEM 三维切割扫描过程会破坏煤样，但是 FIB-SEM 三维切割扫描一般与 X-ray CT 扫描结合，作为纳米尺度的补充，而纳米尺度的 FIB-SEM 三维切割扫描可以进行多次、多处选区的重复切割扫描，弥补无法重复实验的不足。

④数字岩心分析技术可同时进行多项模拟，大幅降低了工作量。数字岩心分析技术可同时实现毫米级、微米级、纳米级的三维成像、孔隙网络建模及矿物组分识别，而且可以与物理仿真模拟相结合，实现流体、弹性、电磁、核磁共振等多项模拟（Lee and Chang, 2003），即采用最少的实验和模拟步骤，获得最大量的结果，降低了工作量。由于流体、弹性、电磁、核磁共振等各种模拟结果均出自同一种方法，各种结果及其表征可以相互验证。

⑤数字岩心分析技术可以实现微观结构和宏观结构的结合及物理仿真模拟和实验模拟的相互验证和补充。通过尺度升级，可以使地质物理模型由纳米尺度上升至岩心尺度，甚至可以采用类似的思想，结合传统方法，将岩心尺度的地质物理模型进一步上升至区块尺度，实现微观、介观、宏观、区块尺度的相互衔接，以及微观结构表征与宏观结构表征的完美结合，完整的展现整个煤储层微观至宏观的结构特征。更重要的是，上升至岩心尺度后，基于渗流网络模型的物理仿真模拟结果可与实验模拟结果进行对比、验证，实现微观渗流机制与宏观渗流规律的紧密结合。目前，对于渗流机制的研究主要有两种方法。其一，通过实验模拟所获得的宏观渗流规律推测微观渗流机制，最具有代表性的就是对扩散方式的推测，通过实验模拟所获得的扩散系数，反推扩散方式。这种方法不仅受到实验方法的限制，反推结果的精确性无法保证，而且反推过程往往加入了过多主观因素的判断，受人为因素的影响太大，推测结果科学性低。其二，基于传统方法的半定量结果计算渗流规律的关键参数，如 *Kn* 数（*Knudsen* 数）、滑脱系数等，从而推测微观渗流机制。这种方法的基础是传统煤岩结构方法所获得的半定量数据，由于基础数据的不准确和计算方法的粗糙，造成误差过大，可靠性低。而通过数字岩心分析技术，一方面，可以弥补实验模拟无法有效研究微观渗流机制的缺陷。基于真实反映煤岩内部三维空间结构的渗流网络模型的物理仿真模拟，模拟结果精度高，所获得的微观渗流机制科学、可靠，模拟结果可以作为实验模拟的有效补充。另一方面，渗流网络模型上升至岩

心尺度后，渗流物理仿真模拟可以从微观渗流机制出发，上升至宏观渗流规律，并和数值模拟相结合，实现煤层气井产能预测。模拟结果既可以与实验模拟结果相互验证，也可与实际煤层气井生产数据相互验证，实现物理仿真模拟与实验模拟、工程实际的有机结合。

⑥数字岩心分析技术依赖精确的扫描结果和精细的数据分析，每一步都有扎实的理论基础和可靠的计算模型，受人为因素影响较小，模拟结果准确度高，可重复性高。

3.3.2　煤储层渗流网络结构

综合 X-ray CT 扫描和 FIB-SEM 三维切割扫描成像结果，应用本章所介绍的孔裂隙三维网络模型(煤储层渗流网络结构模型)构建方法，提取了沁水盆地伯方矿及余吾矿煤岩样品考虑裂隙面状信息的骨架模型，基于骨架模型和配位数，实现了孔裂隙网络定位融合后的三维网络结构模型构建，获得了考虑面状信息(裂隙)的孔裂隙截面信息；以孔裂隙三维网络模型为基础，进一步建立了连通孔裂隙模型，提取了煤岩样品孔隙度、孔隙半径、连通性函数、配位数、迂曲度、孔隙截面形状、喉道长度等参数，并与实验结果进行对比。通过骨架模型的提取、三维网络结构模型的建立和连通孔裂隙模型的获得，最终实现了煤储层渗流网络结构模型的构建，即三维数字化表征。煤储层渗流网络结构模型囊括了中孔至大孔孔径范围的孔隙与裂隙，加深了对沁水盆地高阶煤孔裂隙结构发育特征和连通性的认识，同时也为沁水盆地高阶煤中 CO_2 注入与 CH_4 产出机制的研究提供基础。

1. 沁水盆地高阶煤孔裂隙连通特征

1)伯方矿样品孔裂隙连通特征

图 3-30 为伯方矿煤样考虑裂隙空间信息的三维网络结构模型，该模型囊括了中孔至大孔范围的孔隙与裂隙，展现了伯方矿煤样孔裂隙结构发育特征和连通性，并为渗流仿真模拟提供基础。由图 3-30 可以看出，伯方矿煤样中连通孔裂隙较发育，形成了具有一定网络拓扑性质的渗流网络结构。

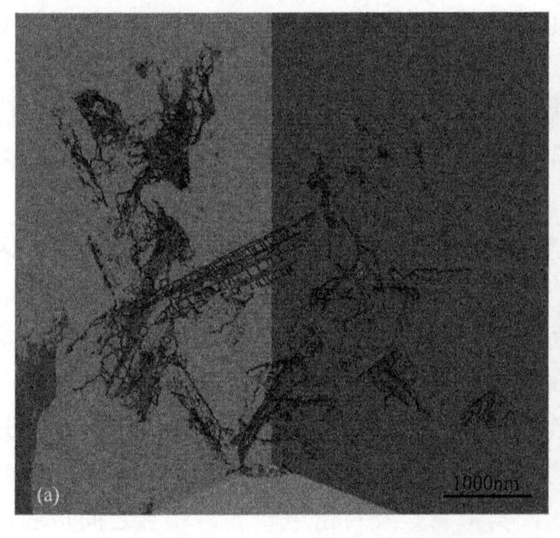

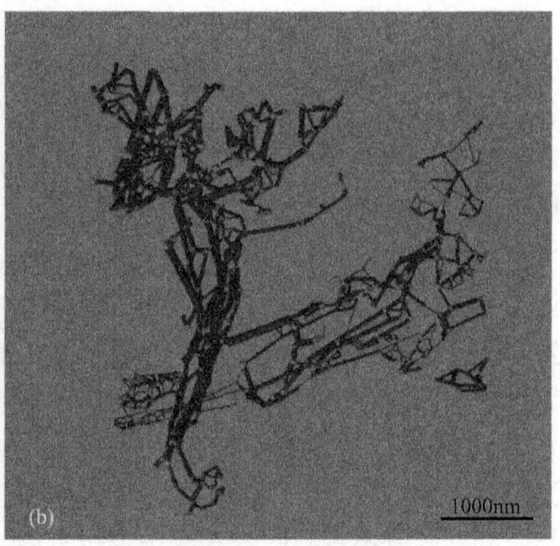

图 3-30　伯方矿煤样考虑裂隙空间信息的三维网络模型(Liu et al., 2019c)

(a)基于骨架模型提取的孔裂隙三维网络模型；(b)基于孔裂隙三维网络模型提取的连通孔裂隙模型

对比不考虑裂隙空间信息的孔隙三维网络模型[图 3-31(a)]发现，不考虑裂隙的情况下，煤中孔隙的连通性较弱，大量孔隙呈孤立的“孔群”状态[图 3-31(a)中实线框和短划线框中的区域]。裂隙明显提高了孔隙连通性。裂隙的作用体现在两个方面：其一，与连通孔隙相连通，增强了煤样中连通孔隙的连通性(图 3-31 中点线框中区域)；其二，沟通了孤立状态的孔隙，特别是沟通了孤立的“孔群”以及“孔群”中孤立状态的孔隙(图 3-31 中实线框和短划线框中的区域)，提高了孔隙之间的连通性，成为孔隙之间连通的桥梁。由此可见，考虑裂隙空间信息的孔裂隙三维网络模型不仅表征了煤岩样品中孔隙与裂隙的分布特征，更重要的是表征了孔隙与裂隙之间的拓扑关系。

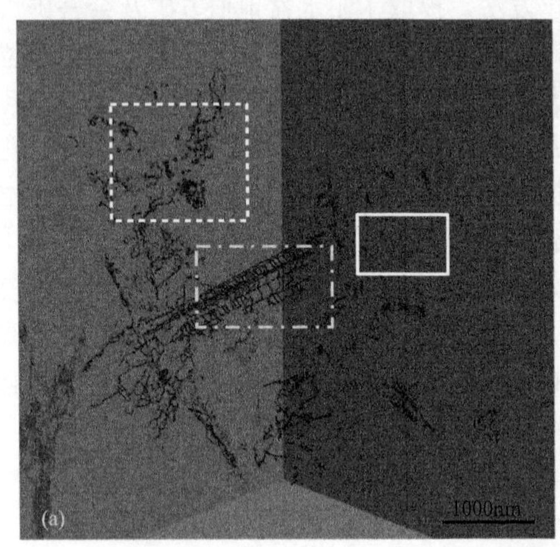

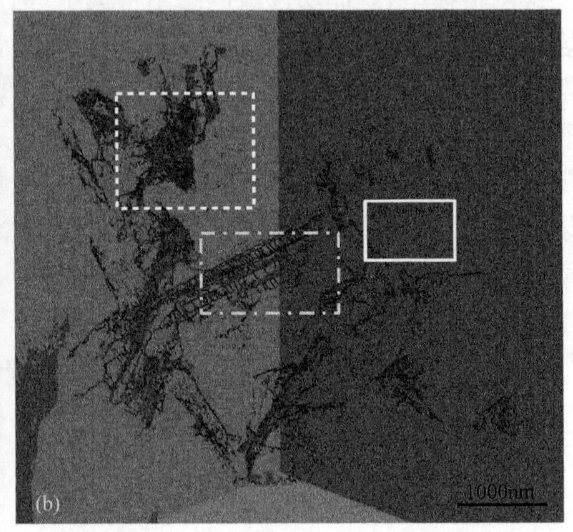

图 3-31　伯方矿样品孔隙三维网络模型与孔裂隙三维网络模型对比(Liu et al., 2019c)

(a)不考虑裂隙空间信息的孔隙三维网络模型，其中，实线框和短划线框中为孤立或连通性较弱的孔隙及“孔群”，点线框中为连通孔隙；(b)考虑裂隙空间信息的孔裂隙三维网络模型，其中，实线框和短划线框中为微裂隙连通的孤立孔隙及“孔群”，点线框中为连通孔裂隙

综合孔裂隙三维网络模型与前文所述孔裂隙发育特征，可进一步认识不同成因类型的孔裂隙对煤储层连通性的贡献。

①孔裂隙三维网络模型中，孤立的孔隙和“孔群”[图 3-31(b)中实线框中的区域]主要为次生气孔(图 3-32)。该部分次生气孔属大孔，多发育于远离矿物的煤基质中，受矿物的影响微弱(图 3-32)。

②部分孔隙被裂口宽度大于 20nm 尺度的微裂隙连通[图 3-31(b)中短划线框中的区域]，这部分孔隙既有靠近矿物发育的次生气孔和矿物中发育的矿物质孔，也有矿物周边发育的不规则圆形和椭圆形差异收缩孔，而连通它们的微裂隙则为矿物周边发育的线状差异收缩孔(图 3-32)。线状差异收缩孔多属于中孔，也可称为超微裂隙。另有部分较大发育尺度的孔隙被发育尺度较大的裂隙所连通[图 3-31(b)中点线框中的区域]，这部分孔裂隙主要是粒度较大的矿物周边所发育的差异收缩孔(图 3-32)和部分微裂隙，此类差异收缩孔既有不规则圆形和椭圆形也有线状，其特点是发育密度较高，相互之间贯通，与微裂隙一起形成连通性较高的孔裂隙网络。

因此，差异收缩孔是煤岩样品中主要的连通孔隙，它不仅自身具有较高的连通性，而且沟通了次生气孔，成为孔隙连通的主要桥梁；次生气孔大量发育，但自身连通性较差；而矿物质孔发育程度较低，对连通性的贡献微弱。

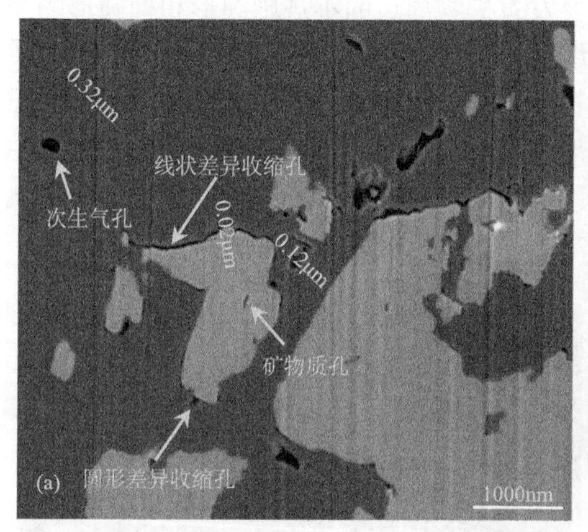

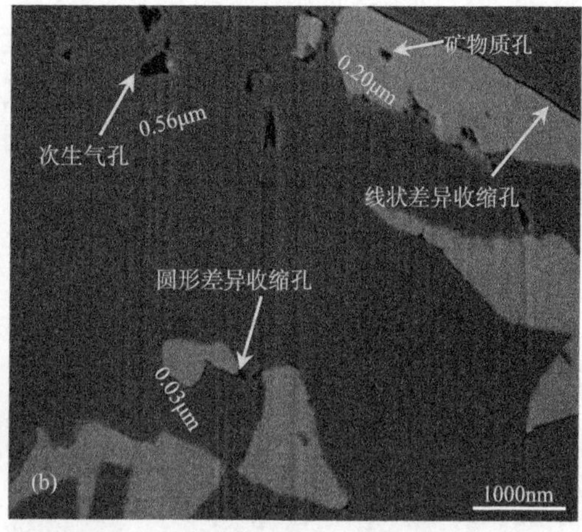

图 3-32 伯方矿样品中发育的典型孔隙(Liu et al., 2019c)

(a)石英矿物周围的差异收缩孔、石英中的矿物质孔和有机质中的次生气孔，伯方矿，FIB-SEM；(b)黏土矿物周围的差异收缩孔、矿物质孔和次生气孔，伯方矿，FIB-SEM

2)余吾矿样品孔裂隙连通特征

从孔裂隙三维网络模型可以看出，余吾矿煤岩样品孔隙连通性极差[图3-33(a)]。为了进一步了解余吾矿样品孔隙的连通性，在考虑空间信息的孔裂隙三维网络模型基础上，提取了连通孔裂隙模型[图3-33(b)]。连通孔裂隙网络提取过程中发现，大部分孔隙空间没有被获取，仅获取了34个有效孔隙和28个有效喉道，孔隙与喉道数目少，不具有代表性。说明余吾矿样品的孔隙连通性极差，连通孔隙零星分布，未形成有效的渗流网络。

图 3-33 余吾矿样品考虑裂隙空间信息的三维网络模型(Liu et al., 2019c)

(a)孔裂隙三维网络模型；(b)连通孔裂隙模型

通过分析余吾矿样品的孔隙发育特征发现，对渗流网络起主要贡献的是矿物周边发育的不规则圆形和椭圆形的差异收缩孔[图 3-34(a)]；次生气孔多呈孤立状态，对渗流网络的贡献微弱[图 3-34(b)]。对比伯方矿样品发现，造成孔隙连通性极差的原因主要是该煤岩样品中线状差异收缩孔不发育，主要发育矿物周边的不规则圆形和椭圆形的差异收缩孔(图 3-34)。由此可见，线状差异收缩孔是连通差异收缩孔、次生气孔和矿物质孔的主要桥梁，该形态的差异收缩孔大量发育能大大提高孔隙之间的连通性。相反，虽然余吾矿样品中发育有相当数量的不规则圆形和椭圆形的差异收缩孔和煤基质中的次生气孔，但是，由于线状差异收缩孔的缺失，不规则圆形和椭圆形的差异收缩孔、次生气孔多以孤立状态或“孔群”状态存在，即死端孔隙，难以成为有效连通孔隙。

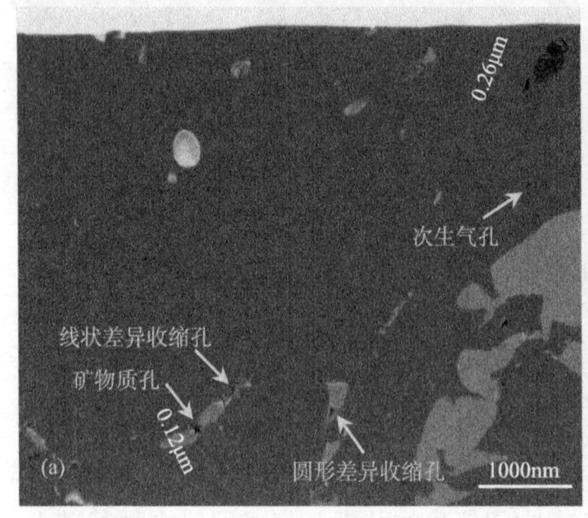

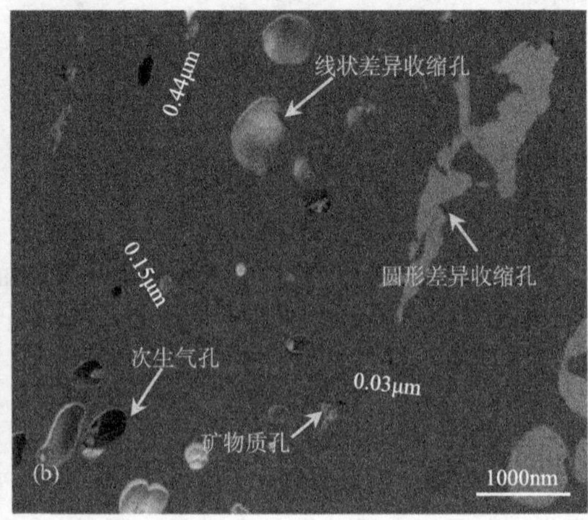

图 3-34 余吾矿样品中发育的典型孔隙(Liu et al., 2019c)

(a)石英矿物周围的差异收缩孔、石英中的矿物质孔和有机质中的次生气孔，伯方矿，FIB-SEM；(b)黏土矿物周围的差异收缩孔、矿物质孔和次生气孔，伯方矿，FIB-SEM

2. 沁水盆地高阶煤孔裂隙特征关键参数

基于伯方矿和余吾矿煤岩样品孔裂隙网络结构模型，进一步提取了其几何结构特征和拓扑结构特征关键参数(表 3-4)，定量化地描述了纳米至微米尺度孔裂隙的连通性特征。

表 3-4 孔裂隙网络关键参数(Liu et al., 2019c)

采样地点	孔隙度/%	平均孔隙半径/nm	平均迂曲度	平均喉道长度/nm	平均配位数	平均形状因子
伯方矿	1.16	46.9	2.02	430	2.99	0.055
余吾矿	1.30	27.8	4.18	115	2.35	0.049

1)孔径分布

由图 3-35(a)可以看出，伯方矿样品孔隙主要分布在 200nm 以下，占孔隙总量的 96.99%；孔径集中分布在 100nm 以下，占孔隙总量的 74.06%；分布高峰在 20nm 左右，孔径大于 20nm 的孔隙数量迅速降低。说明伯方矿样品以中孔为主，大孔含量很低。

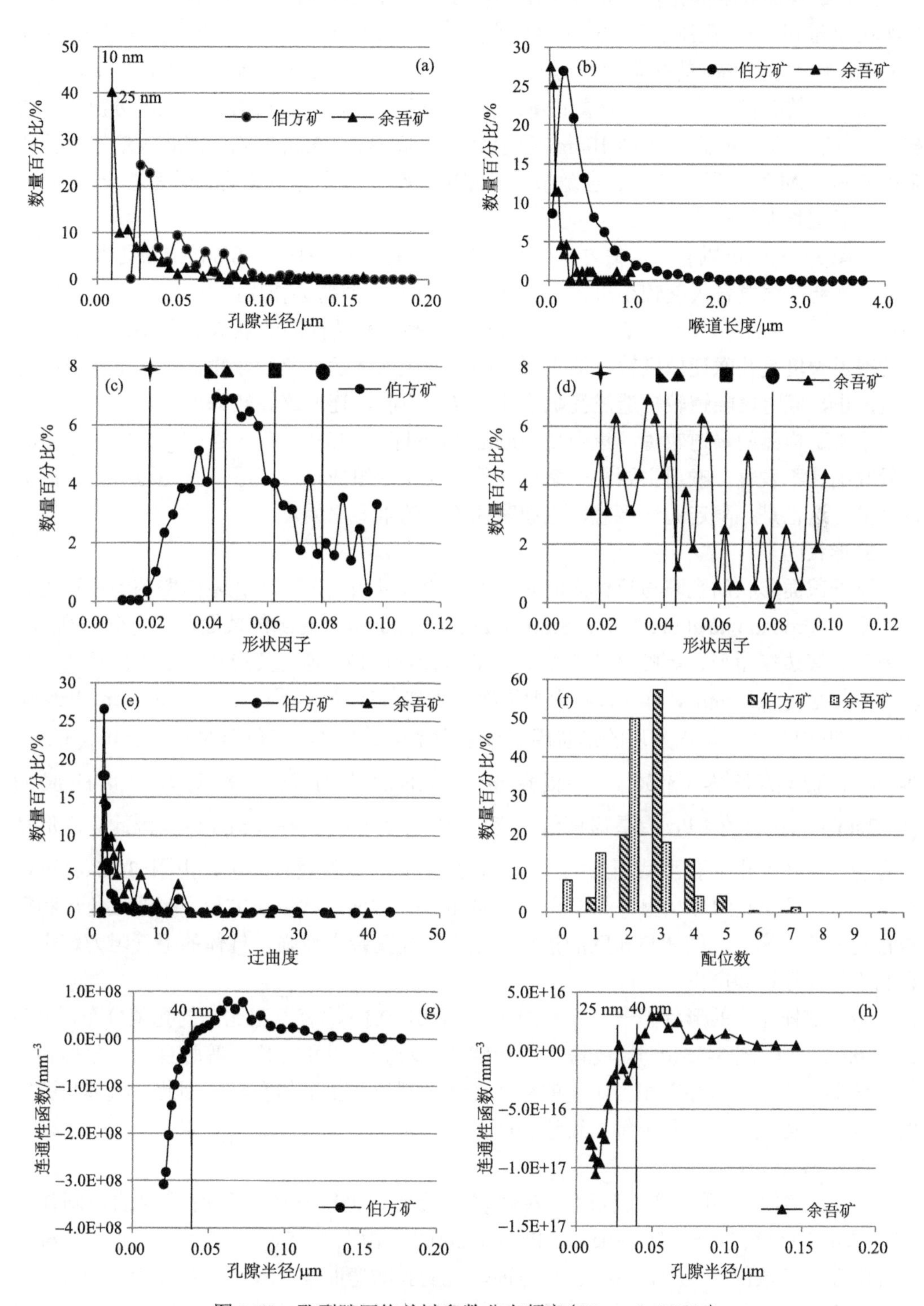

图 3-35 孔裂隙网络关键参数分布频率(Liu et al., 2019c)

(a)孔径分布频率；(b)喉道长度分布频率；(c)伯方矿样品形状因子分布频率；(d)余吾矿样品形状因子分布频率；(e)迂曲度分布频率；(f)配位数分布频率；(g)伯方矿样品连通性函数分布频率；(h)余吾矿样品连通性函数分布频率

余吾矿样品孔隙的孔径主要分布在 100nm 以下，占孔隙总量的 87.52%；孔径集中分布在 40nm 以下，孔径小于 40nm 的孔隙占孔隙总量的 61.10%；孔径分布高峰在 20nm 左右，孔径大于 20nm 的孔隙数量迅速降低[图 3-35(a)]。说明相比于伯方矿样品，余吾矿样品孔隙的孔径更小，中孔含量占绝对主导。另外，限于 FIB-SEM 的扫描分辨率，能够有效分辨的最小孔隙孔径约 10nm，而孔径分布高峰在 20nm 左右，因此大量的中孔并未被 FIB-SEM 有效观测到，这也是余吾矿测试样品孔隙连通性较差的原因之一。

2) 喉道长度

由图 3-35(b)可以看出，伯方矿样品的喉道较短，集中在 0.2~0.6μm。喉道长度较短主要与连通孔隙发育尺度较小有关。对孔隙连通性起主要桥梁作用的是线状差异收缩孔，该形态的差异收缩孔长度主要介于 0.1~1μm，限制了测试样品的喉道长度(图 3-32)。较短的喉道长度是孔喉迂曲度较低的重要原因，造成流体运移路径较短，有利于孔隙中游离气产出，同时，喉道较短造成孔隙连通性受到限制，连通路径较为单一。

余吾矿样品的喉道较短，集中在 300nm 以下[图 3-35(b)]。余吾矿样品裂隙形态的差异收缩孔不发育，喉道主要由一系列孔隙相互串联组成，造成喉道普遍短于伯方矿测试样品。这也是孔隙连通性极差、连通路径单一的重要原因。

3) 形状因子

不同截面形状的孔隙与流体之间具有不同的接触角，影响了孔隙内壁的毛细管阻力和润湿性(Prodanović et al., 2007；Silin and Patzek, 2006)。孔隙的截面形状可分为圆形、正方形、等边三角形、等腰直角三角形和星形(顶角 30°)等，其形状因子依次降低，与流体的接触角依次减小，而毛管阻力则依次增大(Prodanović et al., 2007；Silin and Patzek, 2006)。其中，圆形、正方形的形状因子分别为 1/4π、1/16，三角形的值介于 $0\sim\sqrt{3}/36$，等边三角形的值为 $\sqrt{3}/36$，等腰直角三角形的值为 $1/(12+8\sqrt{2})$，星形的值为 $(1+2\sin\alpha-\cos\alpha)/64$（$\alpha$ 为星形顶角角度），顶角 30°时为 $(4-\sqrt{3})/128$。因此，圆形是最有利于流体产出的孔隙截面形状，星形是最不利的孔隙截面形状。由图 3-35(c)可以看出，伯方矿样品的形状因子主要介于 0.04~0.06，截面形状以正方形、等边三角形和等腰直角三角形为主，气体与孔壁的接触角较大，孔壁亲水性强，气体的毛管阻力较小，有利于气体运移和产出。

余吾矿样品中的形状因子分布范围较广，0.01~0.10 均有一定比例的孔隙分布，主要介于 0.02~0.06[图 3-35(d)]。孔隙截面形状变化较大，以正方形、等腰直角三角形和等边三角形为主，同时存在相当比例的截面形状为圆形、星形的孔隙。因此，气体与孔壁的接触角变化较大，不利于气体运移和产出。

4) 迂曲度

迂曲度描述了孔喉弯曲程度，对煤岩渗透率、毛细管阻力等有重要的控制作用(Knackstedt et al., 2005；Delerue and Perrier, 2002)。由图 3-35(e)可以看出，伯方矿样品的孔喉迂曲度较低，集中在 1~2。一方面，说明孔喉弯曲程度较小，毛细管阻力较小；另一方面，说明气体产出所需的运移路径较短，解吸气经过较短的路径即可运移至更高尺度流动通道，有利于气体运移和产出。

余吾矿样品的孔喉迂曲度介于 1~10，集中分布在 1~5，略高于伯方矿煤岩样品

[图 3-35(e)]。说明孔喉弯曲程度较大，毛细管阻力较大，气体产出所需的运移路径较长。出现这种现象的原因是，作为喉道的线状差异收缩孔不发育，喉道由一系列孔隙相互串联组成，孔隙孔径变化较大，增大了喉道弯曲程度。

5) 孔喉配位数

配位数的大小对孔隙中气体的渗流和产出起重要控制作用，配位数较大时，孔隙连通程度较高；当配位数为 0 和 1 时，孔隙即为死端孔隙，不具有连通性(Sok et al., 2002; Lindquist et al., 2000)。由图 3-35(f)可以看出，伯方矿样品孔隙的配位数集中于 3 左右，说明每个孔隙与其他 3 个孔隙相连通，连通路径或气体运移路径较为单一，限制了煤岩总体的连通性；同时，存在一定量的死端孔隙(配位数为 0 和 1)，但其所占比例较低，对渗流网络的影响微弱。

余吾矿样品中孔隙的配位数集中于 2 左右[图 3-35(f)]，说明每个孔隙与其他 2 个孔隙相连通，连通路径或气体运移路径相比于伯方矿煤岩样品更为单一，限制了煤岩总体的连通性；同时，死端孔隙(配位数为 0 和 1)占孔隙总量的 23.63%，明显高于伯方矿煤岩样品，说明孔隙连通性更差。

6) 连通性函数

连通性函数与 X 轴的交点越接近 0，孔隙的连通性越差(Silin and Patzek, 2006; Vogel and Roth, 2001)。由图 3-35(g)可以看出，伯方矿样品孔隙的连通性函数与 X 轴的交点在 40nm 左右，交点之前中孔发挥作用，交点之后大孔发挥作用。说明对孔隙连通性起主要作用的是孔径小于 50nm 的中孔和介于 100~200nm 的大孔，且中孔发挥的作用高于大孔，中孔(或者说差异收缩孔)是主要的纳米连通孔隙。

余吾矿样品中孔隙的连通性函数与 X 轴的交点在 20~40nm，相比于伯方矿测试样品，交点更靠近零点[图 3-35(h)]。说明对连通性起主要作用的孔隙孔径更小，是孔径小于 30nm 的中孔。

3. 沁水盆地高阶煤孔裂隙连通性差异

综合伯方矿和余吾矿渗流网络结构及其关键参数可以看出，总体上，沁水盆地高阶煤具有相似的连通孔裂隙发育特征，表现为孔隙度普遍较低，孔喉细小，中孔含量较高，大孔含量较少，造成总体连通性较差，气体运移路径单一，说明煤储层具有显著的非均质性；孔喉迂曲度较低，气体与孔隙内壁的接触较大，气体的毛细管阻力较小，有利于其运移和产出。同时，两者的孔隙连通性又存在明显的差异，表现为伯方矿样品连通性相对较好，余吾矿样品连通孔隙零星分布。造成这种现象的原因主要是线状差异收缩孔是沁水盆地高阶煤纳米尺度孔裂隙连通的主要桥梁，而余吾矿样品虽有相当数量的不规则圆形和椭圆形的差异收缩孔和次生气孔发育，但由于线状差异收缩孔的缺失，加之矿物质孔发育程度较低，对连通性的贡献微弱，不规则圆形和椭圆形的差异收缩孔、次生气孔多为死端孔隙，难以成为有效连通孔隙。

差异收缩孔的形成与煤中石英矿物和高岭石、伊利石等黏土矿物密切相关，黏土矿物和石英矿物促进了差异收缩孔的发育(Liu et al., 2017)。由伯方矿和余吾矿样品 XRD 分析结果(表 3-5)可知，伯方矿和余吾矿样品煤岩显微组分差别很小，其中，矿物含量分别为 9.63%和 7.70%，极为相似。但伯方矿样品石英含量占矿物总含量的 33.01%，远高于余吾矿样品的 11.68%；余吾矿样品的高岭石和伊利石等黏土矿物含量占矿物总含量的 68.08%，占据绝对优势，伯方矿样品黏土矿物含量则仅为 46.21%，远低于余吾矿样品。根据差异收缩孔的成因类型，线状差异收缩孔多发育于石英矿物与有机质的胶结处 (Liu et al., 2017)。石英矿物的含量决定了线状差异收缩孔的发育程度。不规则圆形和椭圆形差异收缩孔多发育于原生黏土矿物与有机质的胶结处 (Liu et al., 2017)。黏土矿物的含量一般决定了不规则圆形和椭圆形差异收缩孔的发育程度。伯方矿和余吾矿样品矿物类型和含量的显著差异，导致两者孔隙发育程度和连通性的差异。因此，矿物类型和含量对高阶煤孔裂隙连通性具有重要意义。矿物中所发育的矿物质孔不仅是煤中重要的孔隙类型，更主要的是矿物类型和含量决定了差异收缩孔的发育形态和程度，并在较大程度上影响了煤的总体连通性。

表 3-5 XRD 分析结果及煤岩显微组分测试结果（Liu et al., 2019c）

采样地点	XRD/ %(质量分数)								显微组分/ %(体积分数)		
	Ka	I	Fs	Do	Qz	Ru	Ba	Ap	镜质组	惰质组	矿物
伯方	8.21	38.00	2.01	1.41	33.01	3.20	—	14.16	64.81	25.56	9.63
余吾	15.73	52.35	7.42	1.55	11.68	—	—	—	69.74	22.56	7.70

注：Ka、I、Fs、Do、Qz、Ru、Ba 和 Ap 分别代表高岭石、伊利石、长石、白云石、石英、金红石、铝土矿和磷灰石。

第 4 章 超临界 CO_2 注入深部无烟煤储层的地球化学反应效应

高压注入深部煤储层的 CO_2 以超临界状态赋存(超临界 CO_2)。在超临界 CO_2 和地层水的双重作用下，煤的有机组成和无机矿物赋存特征的改变可导致煤物理化学结构的变化，进而影响 CO_2-ECBM 的有效性。本章主要从超临界 CO_2-H_2O 体系与煤岩地球化学作用、煤储层结构随煤岩地球化学反应的演化规律、煤岩力学性质随煤岩地球化学反应的演化规律 3 个方面，揭示超临界 CO_2 注入深部无烟煤储层的地球化学反应效应。

4.1 超临界 CO_2-H_2O 体系与煤岩地球化学作用

超临界 CO_2-H_2O 体系与煤岩地球化学作用主要体现在超临界 CO_2/H_2O 与矿物和有机质间的地球化学反应过程中的元素地球化学迁移，因此，本节主要讨论以下 4 个方面：超临界 CO_2-H_2O-单矿物间地球化学反应的实验研究，超临界 CO_2-H_2O-煤岩相互作用过程中的微矿物响应特征，以及元素地球化学迁移特征，超临界 CO_2-H_2O 与煤中有机质间的物理化学作用。

4.1.1 超临界 CO_2-H_2O-单矿物间的地球化学反应

CO_2 注入煤层后，会溶解于煤层水中，使得流体变成弱酸性。由于流体 pH 降低，煤层中流体的原有酸碱平衡被打破，煤体中的矿物会与流体溶液发生离子交换。不同矿物会发生不同的化学反应，溶解或沉淀生成新的物质。煤中矿物是泥炭堆积、煤演化程度增加、地下流体活动和沉积物成岩作用等过程的产物，在煤中的种类多达 44 种，沁水盆地无烟煤中最常见的有黏土矿物(特别是伊利石、高岭石和绿泥石)、长石、石英、碳酸盐矿物方解石、白云石、微量的黄铁矿。

碳酸盐矿物溶蚀溶解规律已被众多学者所研究，石英被证实在 200℃条件下的超临界 CO_2-H_2O 体系中基本没有变化，黄铁矿在碳酸作用下溶蚀情况微弱，其主要变化取决于反应体系中的氧化还原情况。故分别进行超临界 CO_2-H_2O-长石、绿泥石、伊利石和高岭石在不同埋深对应的温压下的实验模拟。

矿物与水接触时发生溶解反应，据反应产物的不同将其分为两大类，即全等溶解和非全等溶解(蔡进功等，2002)。所谓全等溶解是指矿物与水接触发生溶解反应时，其反应产物都是溶解组分。例如，方解石($CaCO_3$)、石膏($CaSO_4 \cdot 2H_2O$)或硬石膏($CaSO_4$)等矿物的溶解，其溶解反应的产物为 Ca^{2+}、CO_3^{2-}和 SO_4^{2-}。而铝硅酸盐类的溶解则属于非全等溶解。非全等溶解是指矿物与水接触产生溶解反应时，其反应产物除溶解组分外，还有新生成的一种或多种矿物或非晶质固体物质。

在铝硅酸盐溶解过程中，部分离子被溶解进入溶液中，而另一部分组分则将转变成新的矿物。由于这些新生的矿物或称次生矿物与原始矿物组成不同，它们的分子量、密度等物理化学性质也不同，其所占据的体积空间将发生变化，从而导致次生孔隙空间的产生。在酸性介质条件下，铝硅酸盐与水接触时，都将发生非全等溶解反应，在成岩变化中称为溶蚀作用(曲希玉，2007)。

1. 实验模拟与测试

1) 实验样品

实验样品为采购的天然长石、绿泥石、伊利石和高岭石。长石、绿泥石、伊利石、高岭石均为小于 500 目(粒径≥28μm)的粉末状样品。

2) 实验方案

研究采用的模拟实验平台为自行设计研发的“模拟超临界 CO_2-H_2O 体系与煤岩地球化学反应装置”，超临界 CO_2-H_2O-钾长石/绿泥石/伊利石/高岭石反应的实验方案如表 4-1 所示(杜艺，2018)。首先将样品充分混合，平均分成四份。对反应前的样品需要进行 XRF 分析，分析其元素相对含量，确定样品的化学式。此外需要利用 XRD 对反应前后的样品做矿物成分分析；利用 ESEM-EDS 对反应前后样品进行形貌观察；并利用 ICP-OES/MS 对反应过程中液体样品进行 pH 的测定及水中离子浓度测试。同时根据所测的离子浓度，利用 PHREEQC-3(version 3.3.7)软件的平衡模型模块，计算实验过程中溶液的 pH 及矿物的饱和指数。

表 4-1 超临界 CO_2-H_2O-单矿物实验模拟方案(杜艺，2018)

实验模拟	模拟埋深	测试分析	样品规格	实验模拟用量	模拟计算
钾长石 绿泥石 伊利石 高岭石	1000m(45℃，10MPa) 2000m(80℃，20MPa)	反应前 XRF 反应前后 XRD 反应前后 ESEM-EDS 水样 ICP-OES/MS 水样 pH	粉末 500 目 液体 20mL	30g 固体，>600mL 去离子水	反应过程中实时的 pH，溶液对矿物的饱和指数 SI

3) 实验过程

(1) 试样装罐。称取 30g 样品，装入 800 目尼龙纱网袋中，并放入高压釜中，加入 600mL 去离子水，合上釜盖并拧紧螺丝。

(2) 气密性检查。将高压釜抽真空，然后进行预热，使其温度恒定在设定温度±0.1℃范围内；向高压釜注入高纯氦气(纯度为 99.99%)，检查系统整体密封性。

(3) 实验测试。气密性检查完成后，卸掉样品室内高纯氦气，并抽真空。向样品室注入 CO_2，直至高压釜内压力稳定在设定压力，实验过程中持续检测温度和压力(表 4-1)，并保持反应系统稳定。

(4) 实验过程中取样。每隔 48h 取一次水样(约 20mL)，过滤后立即测 pH。随后滴入 0.5mL 的硝酸进行酸化，以防离子沉淀，影响 ICP-OES/MS 对水中阳离子浓度的测定。

(5) 实验完成。反应十天后，卸掉高压釜内压力，取出反应后的样品，放入真空干燥箱内，在 50℃的温度下真空干燥 24h。

2. 实验结果

1) 样品信息

XRF 测试获得的天然矿物原样中主要元素含量如表 4-2 所示(杜艺，2018)。

钾长石的化学分子式为 $KAlSi_3O_8$，从化学组分上来看，样品掺杂有一定杂质因而混入微量的 Na、Mg、Ca 和 Fe 等元素。

绿泥石的代表化学式为 $Mg_5Al_2Si_3O_{10}(OH)_8$，黏土矿物中的阳离子经常因离子交换作用而相互取代，因而其理想化学组成为 $Y_3[Z_4O_{10}](OH)_2 \cdot Y_3(OH)_6$，晶体结构由带负电荷的 2∶1 型结构单元层 $Y_3[Z_4O_{10}](OH)_2$ 与带正电荷的八面体片 $Y_3(OH)_6$ 交替组成。根据表 4-2 可知，化学式中 Y 主要代表 Mg^{2+}、Fe^{2+}或 Fe^{3+}，Z 主要是 Si^{4+}和 Al^{3+}。

伊利石代表化学式为 $KAl_2Si_4O_{10}(OH)_2$，其成分更为复杂，理想化学组成为 $K_{<1}(Al, R^{2+})_2[(Si, Al)Si_3O_{10}][OH]_2 \cdot nH_2O$，晶体主要属单斜晶系的含水层状结构硅酸盐矿物。式中 R^{2+}代表二价金属阳离子，本样品中主要为 Mg^{2+}、Fe^{2+}等，部分 K^+也被 Na^+、Ca^{2+}所取代。

高岭石的代表化学式为 $Al_2Si_2O_5(OH)_4$，是由 Si-O 四面体片和 Al-O 八面体片沿 C 轴方向 1∶1 叠合成的层状硅酸盐矿物，几乎不存在晶格取代，层间引力以氢键为主。故样品中 K、Na、Mg、Ca 和 Fe 等元素的混入应该是杂质导致的。

表 4-2　样品矿物组分与化学组分(杜艺，2018)　　(单位：质量分数，%)

样品	Al_2O_3	SiO_2	K_2O	Na_2O	MgO	CaO	Fe_2O_3
钾长石	37.48	46.58	10.51	0.18	0.24	0.21	0.28
绿泥石	6.84	52.05	—	—	34.81	—	2.57
伊利石	37.48	46.58	10.51	0.18	0.24	0.21	0.28
高岭石	27.29	62.34	1.23	1.88	0.29	0.88	0.64

2) 成分变化

固体样品 XRD 测试表明，仅钾长石样品反应后有新矿物生成，即铝土矿(表 4-3)。钾长石、绿泥石、伊利石和高岭石反应后的样品均可见非晶态物质含量明显增加(表 4-3，表 4-4)(杜艺，2018)。同时可发现，随着实验模拟埋深的增加，钾长石的含量逐渐减小，而铝土矿和非晶态含量的总和逐渐增加；绿泥石是在 2000m 模拟条件下非晶态物质的含量最大，伊利石与高岭石则是在 1000m 模拟条件下非晶态物质的含量最大，之后随着埋深的增大，非晶态物质的含量逐渐降低。

表 4-3　长石样品反应前后矿物组分(杜艺，2018)　　(单位：质量分数，%)

样品	钾长石	石英	铝土矿	非晶态
原始	84.13	5.17	—	10.70
1000m	63.36	4.20	12.97	19.47
2000m	59.24	4.34	16.01	20.41

表 4-4　绿泥石、伊利石、高岭石样品反应前后矿物组分(杜艺，2018)(单位：质量分数，%)

样品	绿泥石	石英	非晶态	伊利石	石英	非晶态	高岭石	石英	非晶态
原始	48.27	51.02	0.71	57.45	41.19	0.36	60.04	36.74	3.22
1000m	44.06	51.81	4.13	45.20	52.62	2.18	53.7	38.87	7.43
2000m	43.76	51.02	5.22	47.30	51.59	1.11	55.44	38.95	5.29

3) 结晶度变化

为了进一步研究超临界 CO_2-H_2O 对铝硅酸盐的影响，我们对反应前后的样品利用 XRD 图谱进行结晶度计算，用结晶度指数表示。结晶度指数(crystallinity index)是判别晶体结构缺陷最常用的方法之一，结晶度指数越大，样品结晶程度越好。

(1) 钾长石：钾长石的结晶度指数选取扣除背景值后，校正的 XRD 曲线中衍射强度最高的，2θ 约为 8.9°的衍射峰的半高宽来表示(章西焕等，2007)。原始样品中钾长石的结晶度指数为 0.272，反应后的样品(模拟 1000m 和 2000m 埋深的固体样品)中钾长石结晶度指数分别为 0.257 和 0.244(图 4-1)。由此可见，超临界 CO_2-H_2O 体系可对钾长石晶体结构发生影响，导致钾长石的结晶程度变差，这与易玲娜(2015)的研究结论一致，并

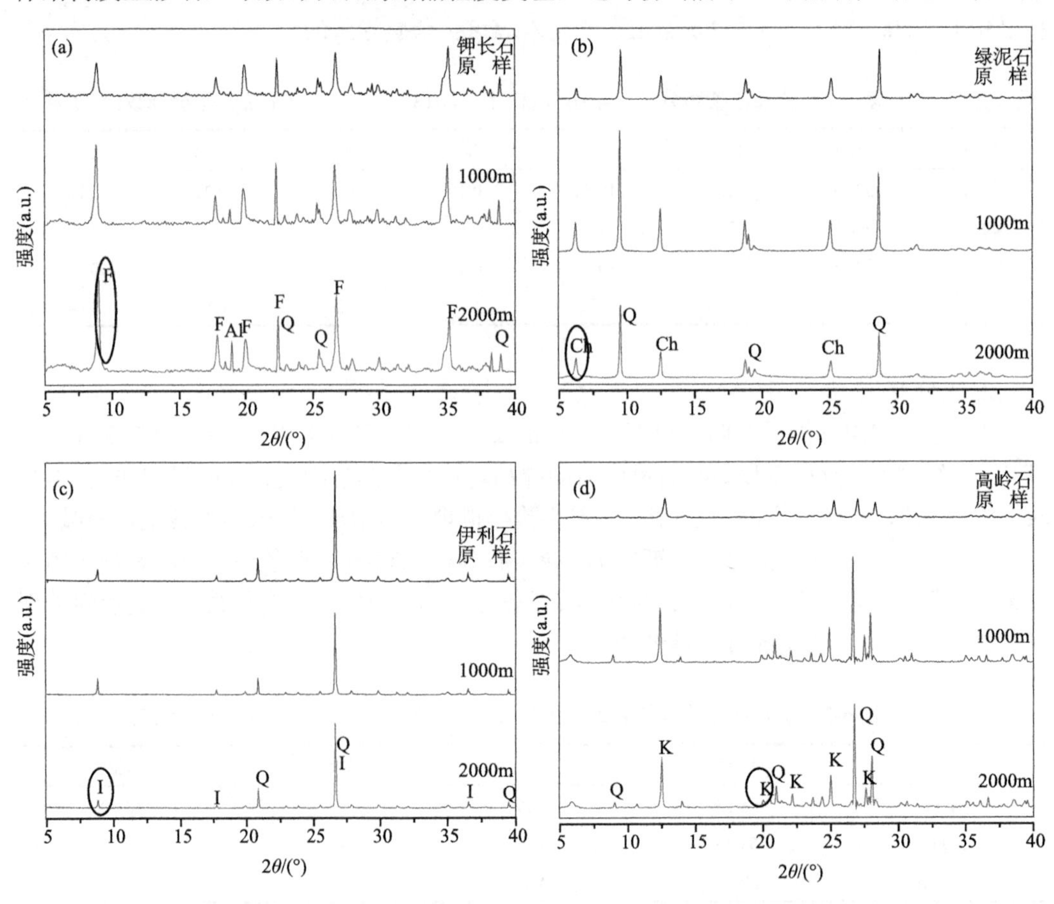

图 4-1　样品反应前后的 XRD 图谱(Du et al., 2018b；杜艺，2018)

Q 为石英，K 为钾长石，Al 为铝土矿，I 为伊利石，Ch 为绿泥石，F 为长石

且埋深 2000m 的条件下对钾长石的结晶度影响最大。

(2) 绿泥石：绿泥石的结晶度指数采用扣除背景值后，校正的 XRD 曲线中 14Å 衍射峰的半高宽表示(Árkai, 1991)。原始样品中绿泥石的结晶度指数为 0.211，反应后的样品(模拟 1000m 和 2000m 埋深的固体样品)中绿泥石结晶度指数分别为 0.214 和 0.249(图 4-1)。由此可见超临界 CO_2-H_2O 体系可对绿泥石晶体结构发生影响，导致绿泥石的结晶程度变好，且在 2000m 的模拟条件下结晶度指数最高。

(3) 伊利石：伊利石的结晶度指数(Kübler 指数)可用扣除背景值后，校正的 XRD 曲线的 10Å 衍射峰的半高宽表示(陈涛，2012)。原始样品中伊利石的结晶度指数为 0.138，反应后的样品(模拟 1000m 和 2000m 埋深的固体样品)中伊利石结晶度指数分别为 0.095 和 0.109(Du et al., 2018b；杜艺，2018)。由此可见，超临界 CO_2-H_2O 体系可对伊利石晶体结构产生影响，导致伊利石的结晶程度变差，且埋深 1000m 的条件下对伊利石的结晶度影响最大。

(4) 高岭石：高岭石的结晶度指数(Kübler 指数)可用扣除背景值后，校正的 XRD 曲线(110)晶面与(020)晶面的强度比值表示，比值越大，结晶度越好(王永刚，2014)。原始样品中高岭石的结晶度指数为 2.462，反应后的样品(模拟 1000m 和 2000m 埋深的固体样品)中高岭石结晶度指数分别为 2.466 和 2.212(图 4-1)。由此可见，超临界 CO_2-H_2O 体系对高岭石晶体结构影响较小，仅埋深 2000m 的条件下对高岭石的结晶度影响较大，可导致结晶度指数降低。

4) 形貌变化

在扫描电镜下可见原始钾长石样品呈薄片状，边缘较为分明。反应后样品的形貌基本没有改变，但表面趋于光滑，且埋深越大，样品表面似乎越光滑(图 4-2A)(Du et al., 2018b；杜艺，2018)。曲希玉(2007)的研究也发现在 100℃以下，长石样品在超临界 CO_2-H_2O 的环境中会发生微弱溶蚀，扫描电镜下可见钾长石表面形成港湾状溶蚀，颗粒边缘变得光滑。在 300℃的反应温度下，在扫描电镜下可观察到针叶状的水铝矿。

绿泥石样品在扫描电镜下均呈薄片状，反应前样品边缘多不规则，但反应后边缘趋近于规则状(图 4-2B)。

原始样品中伊利石在扫描电镜下呈厚板状，棱角较鲜明，层状颗粒紧密贴合，仅有部分晶体轻微弯曲，孔隙发育少(图 4-2C_1)；反应后的样品形貌多与原样品形貌一致，仅在少数晶体边缘有较大的弯曲褶皱(图 4-2C_2、C_3)。

高岭石样品反应后形貌变化最小，始终呈不明显的六角薄片状(图 4-2D)。唐洪明等(2006)研究认为，高岭石在酸中相对比较稳定，结晶程度仅微弱降低。

5) 溶液 pH 变化

根据所取水样的离子浓度，用 PHREEQC-3 软件计算溶液的 pH(图 4-3)(Du et al., 2018b；杜艺，2018)。图 4-3 中 0 天的点是假设超临界 CO_2 注入实验所用去离子水中，并保持埋深 1000m 和 2000m 的温压条件，当溶液达到平衡时的 pH，分别为 3.40 和 3.21。图 4-3 中 2~10 天的点是根据阶段取水样的离子浓度计算的原位 pH。

随着反应的进行，实验模拟 1000m 和 2000m 埋深的钾长石样品最终溶液 pH 分别上升到 4.21 和 4.46，绿泥石最终溶液的 pH 分别上升到 4.19 和 4.39，伊利石最终溶液的 pH 分别上升到 3.97 和 4.05，高岭石最终溶液的 pH 分别上升到 4.32 和 4.40。

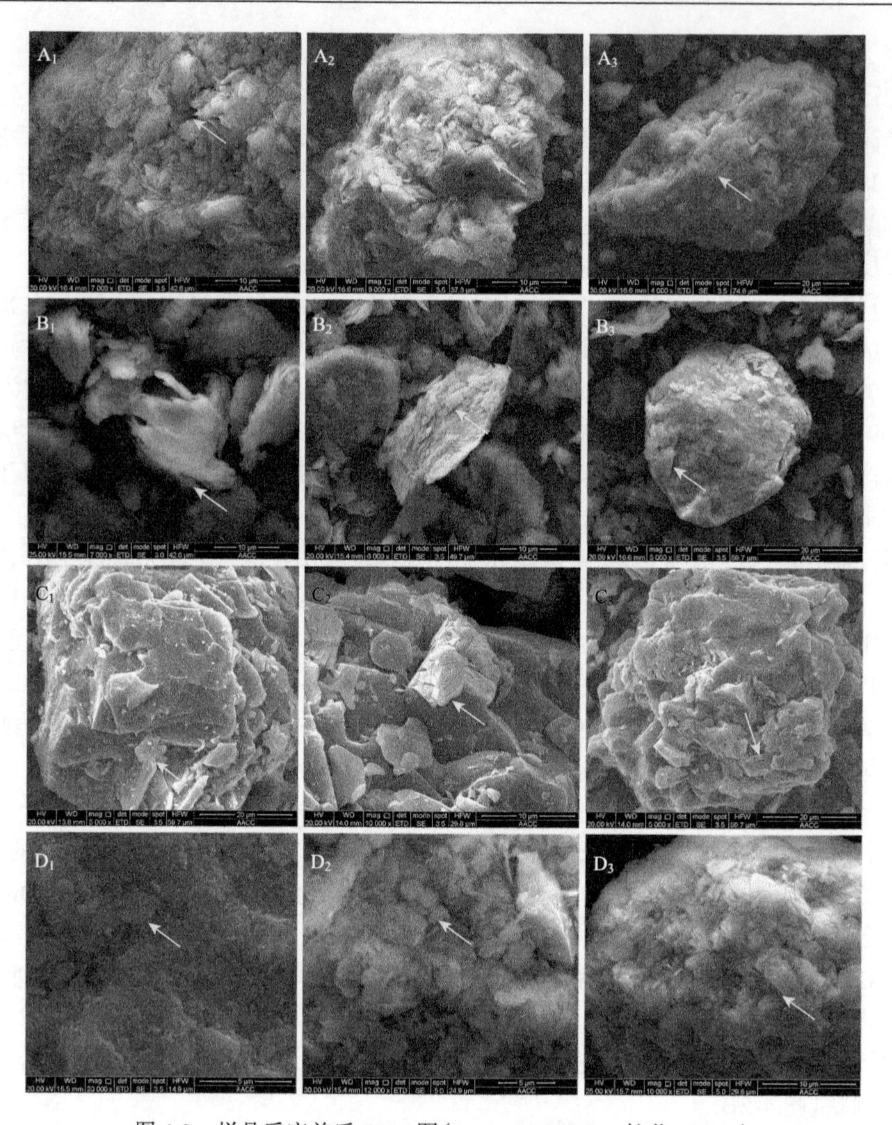

图 4-2　样品反应前后 SEM 图(Du et al., 2018b；杜艺，2018)

A 为钾长石，B 为绿泥石，C 为伊利石，D 为高岭石；1~3 分别为原样、模拟 1000m 反应后样品、模拟 2000m 反应后样品

超临界 CO_2 与去离子水达到平衡时，溶液的 pH 随埋深的增加而降低，可见埋深越大的溶液酸性越强。随反应的进行，溶液中的 pH 均逐渐升高，并基本保持着埋深越大 pH 越大的规律。由此可见，样品溶解是耗 H^+ 的过程，埋深越大，样品所耗 H^+ 的量越大。

6) 元素释放规律

(1) 钾长石：从离子释放角度来看，随着反应的进行，钾长石中 K、Al、Si 等元素均随反应的进行逐渐溶出。钾长石为架状结构铝硅酸盐。长石的基本结构单元由 [TO_4] (T 主要是 Si^{4+} 和 Al^{3+}) 四面体连接成四节环，其中 2 个四面体顶角向上，2 个向下；四面体通过共顶方式连接成曲轴状的链，链与链之间在三维空间连接成架状结构。K^+ 位于链间孔隙处用以平衡骨架中 [AlO_4] 多余的负电荷。由图 4-4 可见，K^+ 极易与 H^+ 发生离子交换而释放，导致钾长石溶解，晶型被破坏。

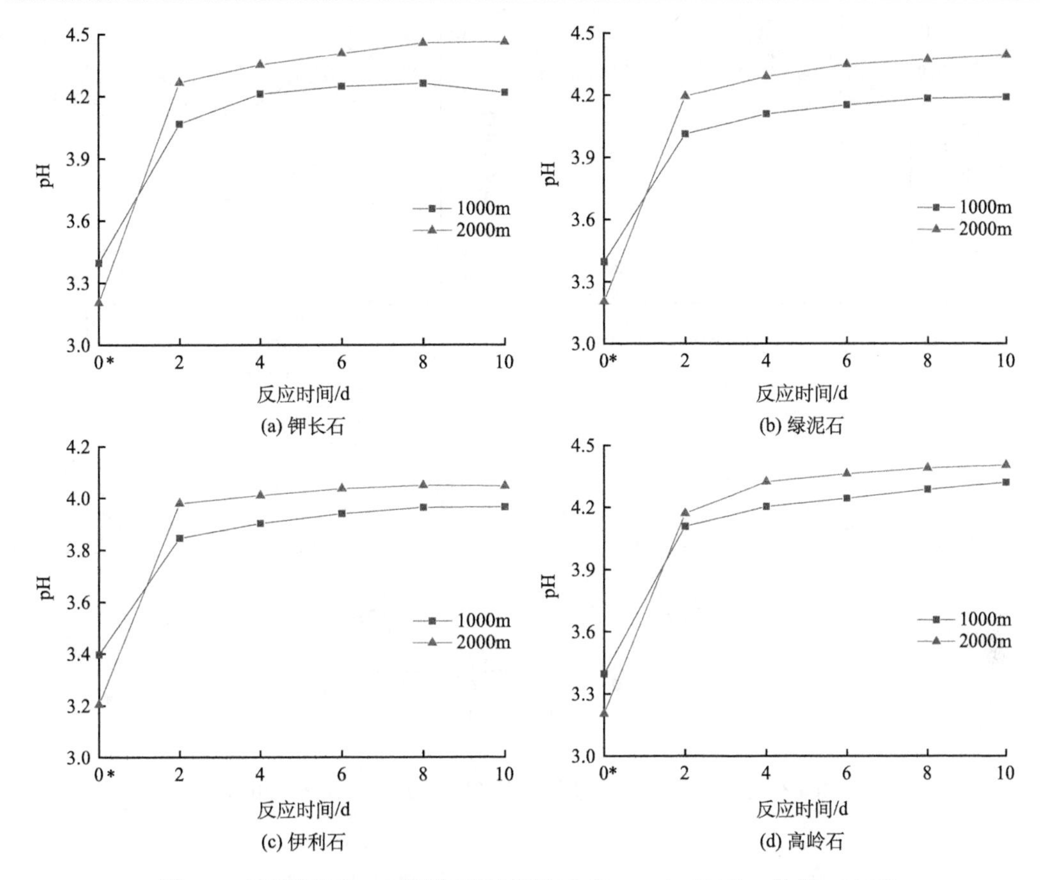

图 4-3　反应液原位 pH 随反应时间的变化(Du et al., 2018b；杜艺，2018)

*表示假设超临界 CO_2 注入实验所用去离子水中，并保持埋深 1000m 和 2000m 的温压条件，溶液 pH 达到平衡时的时间点，作为反应起始时间

(2) 绿泥石：随着反应的进行，Al、Si、Fe 和 Mg 等元素均逐渐溶出，且模拟埋深越大，离子溶出量越多(图 4-5)(杜艺，2018)。由于绿泥石中存在 Fe—OH 和 Mg—OH 键，在酸性环境下，极易与 H^+发生反应，因此相对于其他铝硅酸盐矿物，绿泥石所释放的 Mg^{2+}最多。杨国栋等(2014)和杨志杰等(2014)的模拟研究也认为，绿泥石对于 CO_2 矿物的封存具有积极作用。

(3) 伊利石：伊利石晶体中由于 Si-O 四面体存在大量的晶格取代，因此层间 K^+用来平衡负电荷。由图 4-6(Du et al., 2018b；杜艺；2018)可见，溶液中 K^+和 Ca^{2+}的浓度随着埋深的增加而增大，但 Na^+则相反。Ca^{2+}和 Na^+溶出的量明显大于 K^+溶出的量。由图 4-7(Du et al., 2018b；杜艺；2018)可见，四八面体中 Mg 和 Fe 溶出的量高于 Al 和 Si 元素，且随着埋深的增加元素溶出量增大。对比图 4-6 和图 4-7 可见层间离子比四八面体中离子更易溶出。

(4) 高岭石：随着反应的进行，Al、Si 元素逐渐释放，且埋深越大，元素溶出的量越多(图 4-8)(杜艺，2018)。众多学者的研究认为，酸对高岭石晶体中硅、铝元素的溶蚀程度不同，对铝氧八面体的破坏程度强于硅氧四面体(唐洪明等，2006)。但由于样品中有石英等杂质，所以 Si 的释放量大于 Al。

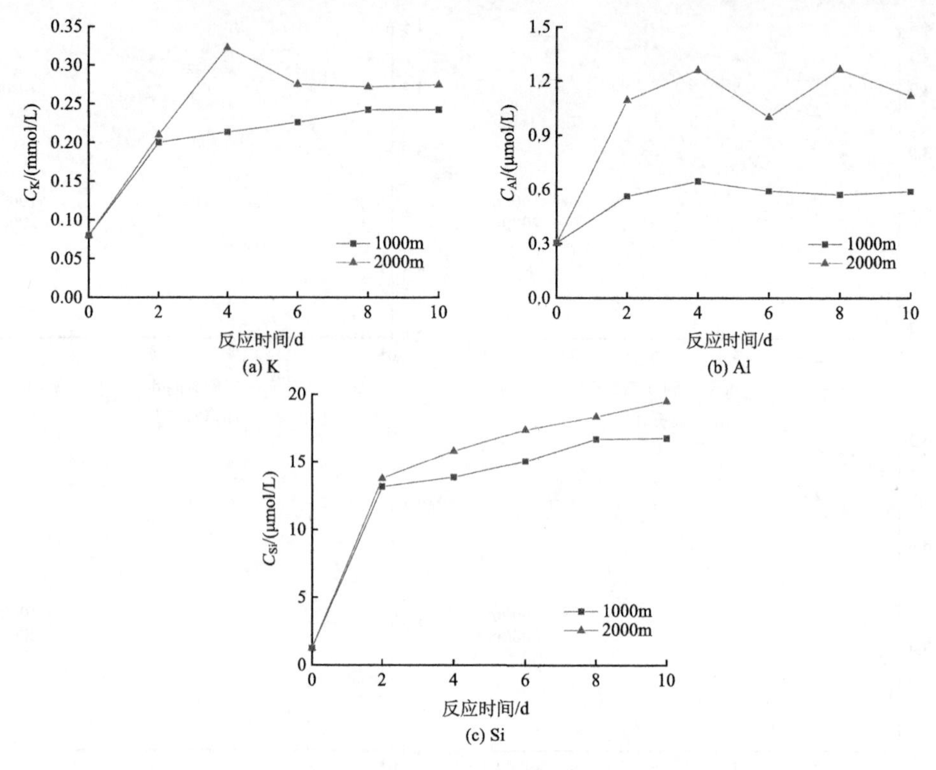

图 4-4　钾长石样品反应过程中离子的释放规律(杜艺，2018)

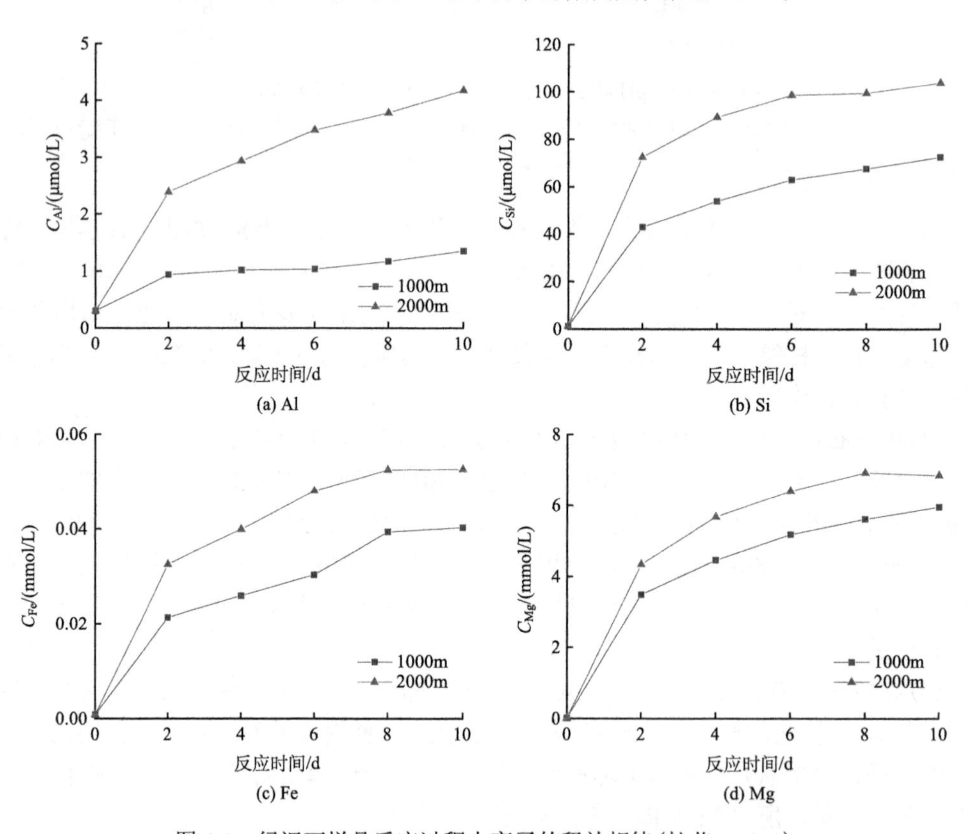

图 4-5　绿泥石样品反应过程中离子的释放规律(杜艺，2018)

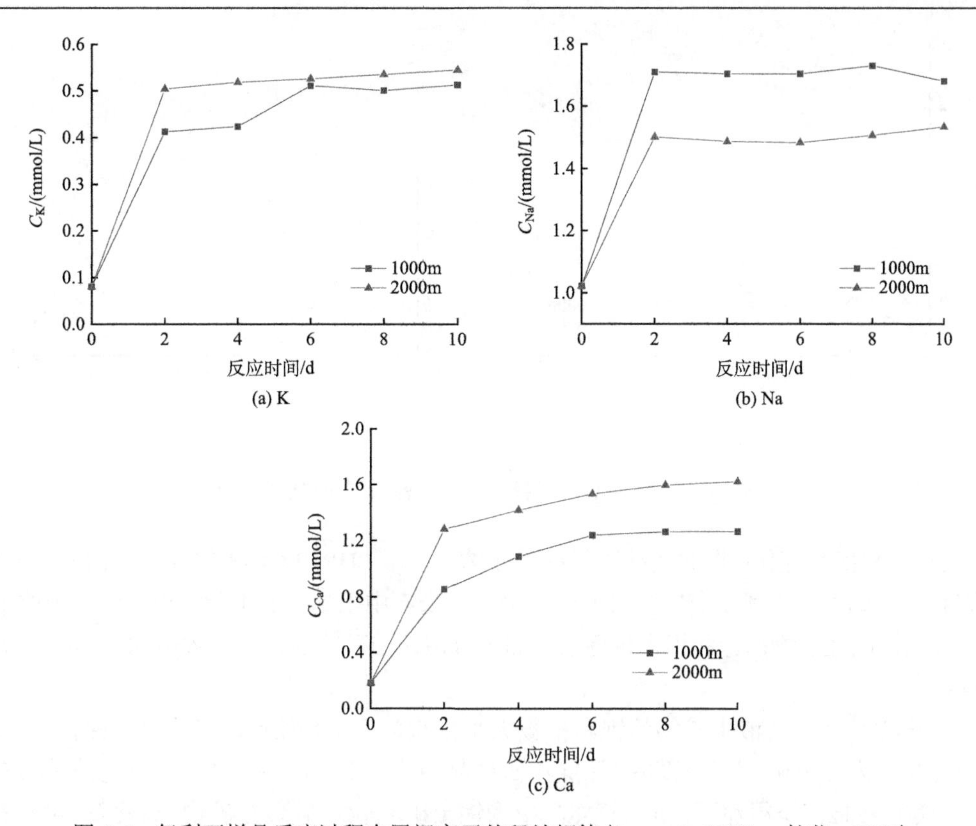

图 4-6　伊利石样品反应过程中层间离子的释放规律(Du et al., 2018b；杜艺，2018)

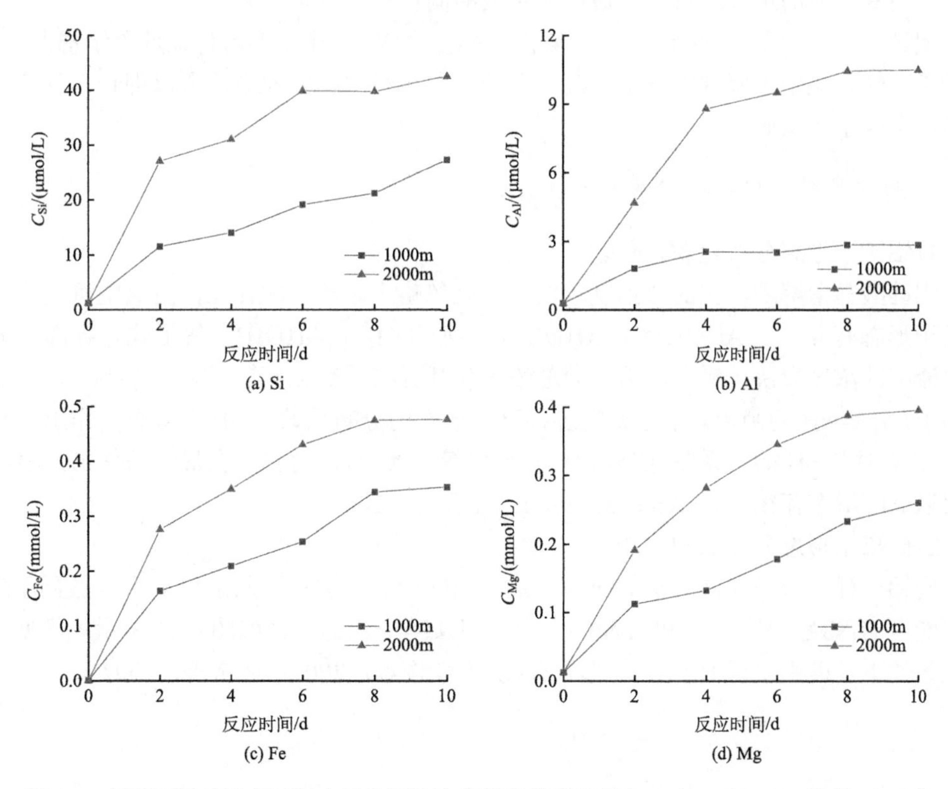

图 4-7　伊利石样品反应过程中四八面体中离子的释放规律(Du et al., 2018b；杜艺，2018)

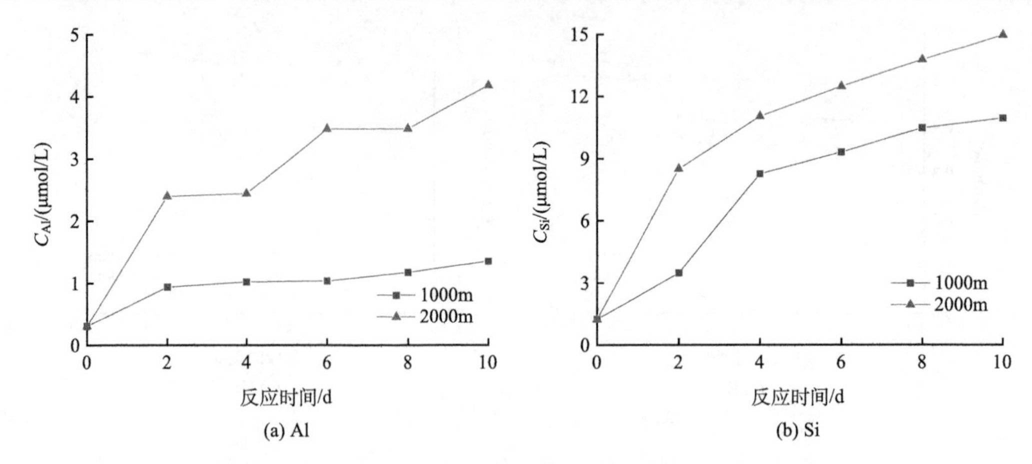

图 4-8　高岭石样品反应过程中离子的释放规律(杜艺，2018)

(5)饱和指数变化：根据所接水样的离子浓度，用 PHREEQC-3 软件计算溶液中矿物的饱和指数如图 4-9 所示(杜艺，2018)。随着钾长石中阳离子的不断溶出，溶液中的 pH 逐渐升高，因此矿物的饱和指数也逐渐升高，且溶液中矿物的饱和指数由 pH 和离子浓度共同决定。

长石样品反应溶液中矿物的饱和指数大小依次为石英>铝土矿>高岭石>钾长石；高岭石样品中为铝土矿>石英>高岭石；绿泥石样品中为石英>铝土矿>高岭石>菱铁矿>方解石>菱镁矿>白云石>绿泥石；伊利石样品中为铝土矿>石英>碳酸盐矿物>高岭石>伊利石。可见，随着反应的进行，溶液中最可能生成的固体样品为铝土矿。

理论上来讲由于 SI 均小于 0，一般没有固体生成，但由于实验样品放置于尼龙袋中，固体样品较为集中，释放的离子并没有充分均匀地释放在溶液中，所以钾长石反应后的样品中生成了铝土矿。

3. 超临界 CO_2-H_2O-铝硅酸盐反应机制

1)铝离子形态分布随 pH 的变化

铝硅酸盐溶解后，铝的总浓度较低，因此忽略多聚离子的存在，溶液中可能存在的铝离子形态有 Al^{3+}、$Al(OH)^{2+}$、$Al(OH)_2^+$、$Al(OH)_3$、$Al(OH)_4^-$ 等形式。各离子形态在溶液中的浓度取决于铝在溶液中的总浓度和其分布系数 λ，其关系为 $C_i=\lambda_i C_{总}$。在定温定压下，λ_i 是 pH 的函数。根据铝的各种离子形态的分布系数与 pH 的关系，作出分布系数在 25℃时与 pH 的关系图(图 4-10)(罗孝俊等，2001)。可见，在酸性条件下，溶液中主要以 Al^{3+}形态存在(Holdren et al., 1984；曲希玉，2007)。

2)硅离子形态分布随 pH 的变化

同铝一样，只考虑硅离子的简单形式，铝硅酸盐溶解后进入溶液中的硅主要存在形式可能有 H_4SiO_4、$H_3SiO_4^-$ 和 $H_2SiO_4^{2-}$，分布系数与 pH 的关系如图 4-11 所示。可见，在酸性条件下，硅主要以 H_4SiO_4 的形式存在(罗孝俊等，2001；曲希玉，2007)。

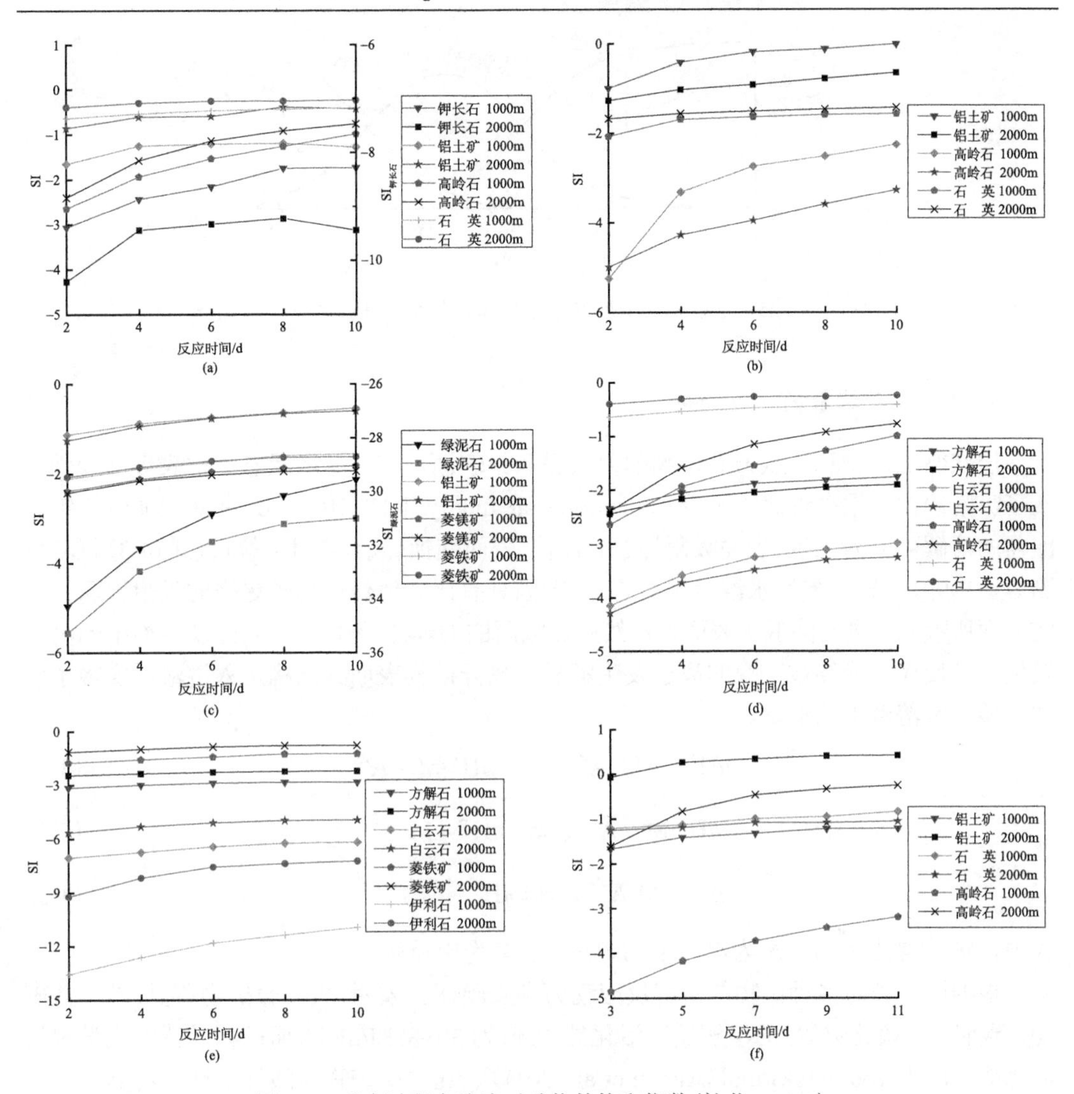

图 4-9　反应过程中溶液对矿物的饱和指数(杜艺，2018)

(a)钾长石；(b)高岭石；(c)和(d)绿泥石；(e)和(f)伊利石

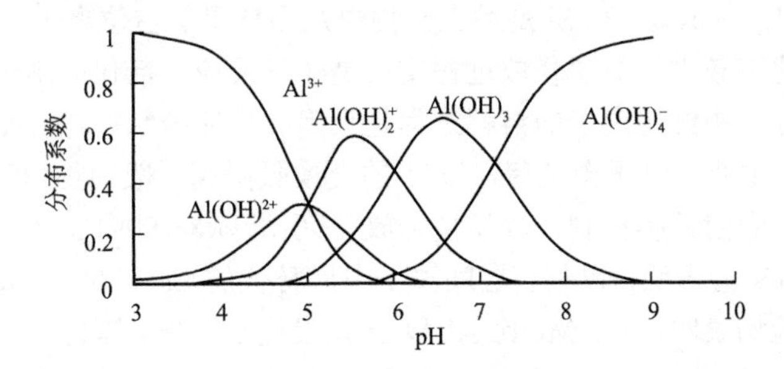

图 4-10　25℃下铝的离子形态分布与 pH 关系图(罗孝俊等，2001)

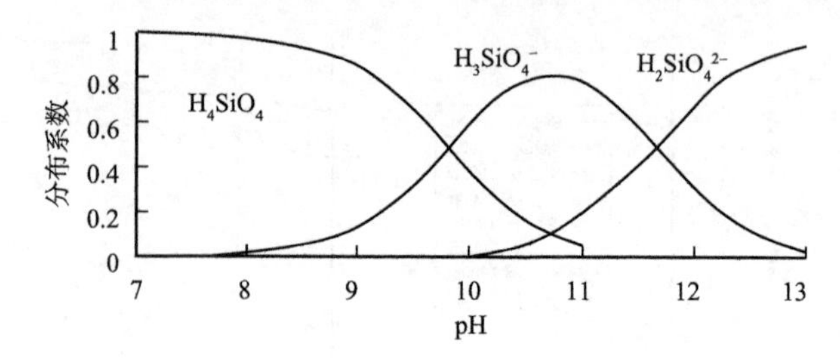

图 4-11 25℃下硅的离子形态分布与 pH 关系图(罗孝俊等，2001)

4. 铝硅酸盐溶解的理论分析

层状黏土矿物和架状长石矿物的内表面和外表面，在高分散状态下都表现出较强的离子吸附倾向。根据过渡态理论(transition state theory, TST) (Brantley et al., 2008)，铝硅酸盐的溶解可分为三步：表面吸附[式(4-1)]—表面交换[式(4-2)]—解析[式(4-3)](蒋引珊等，1999)，即在酸性水溶液中，首先 H^+因具有比其他任何离子更强的吸附性而被矿物表面所吸附，进而降低了表面能；然后被吸附的 H^+与矿物内、外表面及结构中的离子发生交换反应；最终被交换的离子发生解析，离开矿物表面或结构进入溶液，实现了矿物在酸性水溶液中的溶解。

$$nH^+ + M - A^{Z+} \rightleftharpoons nH^+ \cdot M - A^{Z+} \tag{4-1}$$

$$nH^+ \cdot M - A^{Z+} \rightleftharpoons nH^+ - M \cdot A^{Z+} \tag{4-2}$$

$$nH^+ - M \cdot A^{Z+} \rightleftharpoons nH^+ - M + A^{Z+} \tag{4-3}$$

式中，M 为黏土晶体；A 为晶体中的阳离子；Z 为电荷数。

根据国内外对多种矿物的溶解反应动力学实验研究表明，大多数矿物(包括硅酸盐矿物、碳酸盐、硫化物等)的溶解反应活化能 E_a 值为 30~80kJ/mol，而矿物晶体中化学键的活化能一般为 160~440kJ/mol(Alemu et al., 2011)。这说明矿物在酸性条件下溶解有一个降低反应活化能的中间状态，即活化络合物状态。

实验结果表明，不同离子溶解特征不同，说明在同一体系中离子溶解机制不同。钾长石和伊利石的分子结构均具有层间离子，实验结果表明，层间离子比四八面体中的离子更容易溶出。Mg、Fe、Al 和 Si 是黏土矿物中八面体里的占位离子，与 O 有 2~4 个配位键，其反应活化能较大。离子释放过程实质是化学反应，活化能由于吸附而低于晶格能。因此，四八面体中结构离子的溶解过程是吸附和反应控制的综合结果，以反应控制为主。而层间离子主要用以平衡电荷，与 H^+的交换吸附属一般的物理吸附，不涉及化学键的断裂，因此属吸附控制机制，较易被释放(蒋引珊等，1999)。

此外，伊利石实验表明，伊利石层间离子中后替代的 Ca 和 Na 比 K 更易溶出。而伊利石与绿泥石实验均表明，Fe、Mg 比 Al 和 Si 元素更易溶出。国内外众多学者均发现相同的规律。Kalinowski 和 Schweda(2007)发现蛭石在反应初期，在 H^+或 H_3O^+的作用下与 Mg 和 K 发生阳离子交换作用，并具有较快的释放速率。同样的，Metz 等(2005)发现蒙脱石中 Ca、Na 和 Mg 的溶出速率较快。Bibi 等(2011)研究伊利石在酸性条件下的溶解规律时也发现，晶格中阳离子按照价态由低到高，溶出速率逐渐降低，即 Fe、Mg>Al>Si。由于其他离子较易发生离子交换反应，通常用 Si 或 Al 的溶解速率来表征伊利石的溶解速率。

综上所述，伊利石晶体中由于置换作用存在的元素较晶格中原固定元素更易发生离子交换反应，且层间位置的阳离子较四八面体中阳离子更易溶出。

5. 不同埋深对矿物溶解的影响

1) 埋深与 pH

埋深越大，CO_2 在水中的溶解度越大，溶液 pH 越低(图 4-3)。但同时，埋深越大，离子溶出速率越大，H^+的消耗量越大，导致在 CO_2 注入后所形成的 H^+用来中和离子交换作用产生的 OH^-，因此溶液的 pH 出现反转，并随着埋深的增大而增大。

2) 埋深与离子释放

埋深越大，反应温度越高。无论是层间离子的吸附控制，还是四八面体中晶格离子的反应控制，都主要受温度的影响，温度越高，离子溶出速率越大。

4.1.2　超临界 CO_2-H_2O-煤岩相互作用过程中的微矿物响应特征

1. 超临界 CO_2-H_2O-煤岩地球化学反应

为深入研究深部煤层温、压、水条件下 CO_2 对高阶煤中矿物的影响，以沁水盆地 3#煤层典型高阶煤为研究对象，开展模拟不同埋深的地球化学反应实验。利用场发射扫描电镜对特征矿物定位的方法，观察微米尺度下超临界 CO_2-H_2O 对同一矿物的作用效果，同时结合 XRF、XRD 和 ICP-OES/MS 的分析结果，探讨短时间内超临界 CO_2-H_2O 流体对高阶煤中矿物的影响。

1) 样品信息

本次实验样品取自山西沁水盆地伯方矿、余吾矿、寺河矿和新景矿的 3#煤层，以及新景矿的 15#煤层，样品编号分别为 BF-3#、YW-3#、SH-3#、XJ-3#、XJ-15#(表 4-5)(杜艺，2018)。实验所用煤样均为变质程度较高的无烟煤，镜质组反射率最低为 2.19%，最高为 3.33%。煤中矿物以黏土矿物为主，SH-3#与 XJ-15#样品碳酸盐含量相对较高，仅 XJ-15#样品赋存硫化物矿物(图 4-12)(杜艺，2018)。样品具体的煤岩煤质特征如表 4-5 及图 4-12 所示。

表 4-5　实验样品镜质组反射率及显微组分(杜艺，2018)

样品编号	$\bar{R}_{o,max}$	有机组分体积分数/ %		矿物质量分数/%				
	/%	镜质组	惰质组	总体	黏土	硫化物	碳酸盐	其他
BF-3#	2.83	71.72	28.28	9.63	73.6	—	4.12	22.28
SH-3#	3.33	81.30	18.70	15.61	67.08	—	13.82	19.1
YW-3#	2.19	75.56	24.44	7.7	58.43	—	9.67	31.9
XJ-3#	2.64	70.70	29.30	11.78	75.14	—	4.07	20.79
XJ-15#	2.68	81.29	18.71	11.41	72.71	1.03	16.81	9.45

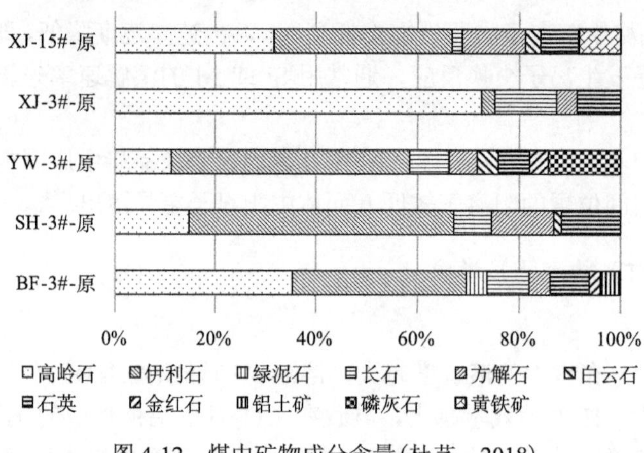

图 4-12 煤中矿物成分含量(杜艺，2018)

2)实验方案

对于超临界CO_2-H_2O-煤岩实验(表 4-6)(杜艺，2018)，同样采用自行设计研发的“模拟超临界CO_2-H_2O体系与煤岩地球化学反应装置”。首先将不同粒度的样品充分混合，平均分成四份以进行反应前和反应后(不同埋深)的相关测试。

表 4-6 超临界CO_2-H_2O-煤岩实验模拟方案(杜艺，2018)

实验样品	模拟埋深	测试分析	样品规格	实验模拟用量
BF-3# SH-3# YW-3# XJ-3# XJ-15#	1000m 2000m	XRF XRD	煤粉<200 目	150g 固体，600mL 去离子水(固体样品为列表中所有规格，其中煤粉 20g，补充样品为 4~8mm 的煤粒)
		FESEM-EDS (AMICS 矿物定位) CT 扫描	煤块 0.8cm×0.8cm×0.7cm	
		水样 ICP-OES/MS 水样 pH	液体 20mL	

对反应前后的样品需要进行 XRF 测试，确定固体样品中元素的相对含量；利用 XRD 对反应前后的样品做矿物成分分析，利用 FESEM-EDS 对反应前后的样品进行形貌观察，通过 AMICS 软件进行矿物分析与定位。

对综合煤岩结构物性进行分析，包括压汞实验、N_2和CO_2吸附实验；对同一煤柱样品(Φ25mm)进行覆压孔渗实验及低场核磁共振实验，分析同一样品的孔隙度及渗透率的变化；为进一步探索同一样品微观孔隙网络的变化，对 XJ-15#样品钻取煤柱(Φ4.1mm)，并在反应前后均进行 CT 扫描。

此外，对反应过程中液体样品进行 pH 的测定，并利用 ICP-OES 和 ICP-MS 进行水中离子浓度测试。同时根据所测的离子浓度，利用 PHREEQC-3(version 3.3.7)软件的平衡模型模块，计算实验过程中溶液的 pH 及矿物的饱和指数。

3)实验过程

(1)试样装罐。称取 150g 样品，装入 800 目尼龙纱网袋中，再放入高压釜中，加入 600mL 去离子水，合上釜盖并拧紧螺丝。

(2) 气密性检查。对高压釜抽真空，然后进行预热，使其温度恒定在设定温度±0.1℃范围内；向高压釜内注入高纯氦气(纯度为 99.99%)，检查系统整体密封性。

(3) 实验测试。气密性检查完成后，卸掉样品室内高纯氦气，并抽真空。向样品室注入 CO_2，直至高压釜内压力稳定在设定压力，实验过程中持续检测温度和压力，并保持反应系统稳定。

(4) 实验过程中取样。每隔 24h 取一次水样(约 20mL)，过滤后立即测 pH。随后滴入 0.5mL 的硝酸进行酸化，以防离子沉淀，影响 ICP-OES、ICP-MS 对水中阳离子浓度的测定。

(5) 实验完成。反应十天后，卸掉高压釜内压力，取出反应后的样品，放入真空干燥箱内，在 50℃的温度下真空干燥 24h。

2. 可视化显微矿物颗粒变化

1) 观测的样品整体矿物分布变化

样品表面经 FESEM 背散射模式扫描后(扫描区域约为样品表面的 1/4)，利用 AMICS 软件进行初步的矿物识别。由图 4-13 和图 4-14 (Du et al., 2018b；杜艺，2018) 可以看出，实验对碳酸盐矿物作用较为明显，对其他矿物作用较弱。反应后的富碳酸盐矿物样品表面变化剧烈，矿物颗粒尺寸、形状均有所变化，溶蚀后煤表面形成溶蚀坑，煤表面呈蜂窝状，经仔细对比后方能找见原始观察位置。而富铝硅酸盐矿物样品矿物分布变化较小，矿物颗粒尺寸、形状均无明显改变。

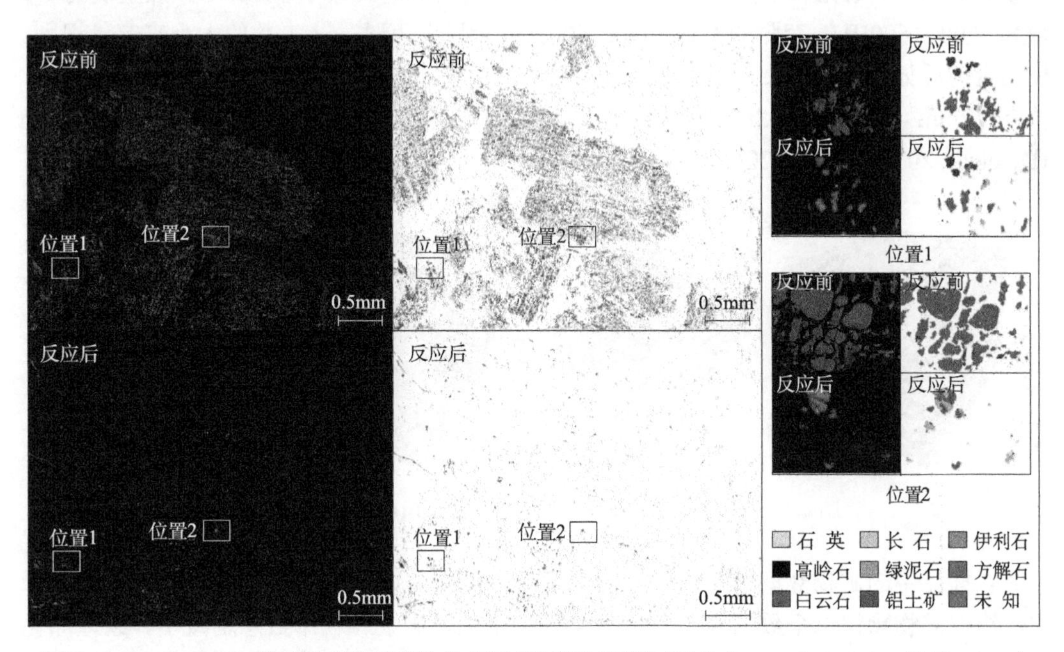

图 4-13　XJ-3#-2000 样品反应前后矿物分布图(富碳酸盐矿物区域) (Du et al., 2018b；杜艺，2018)

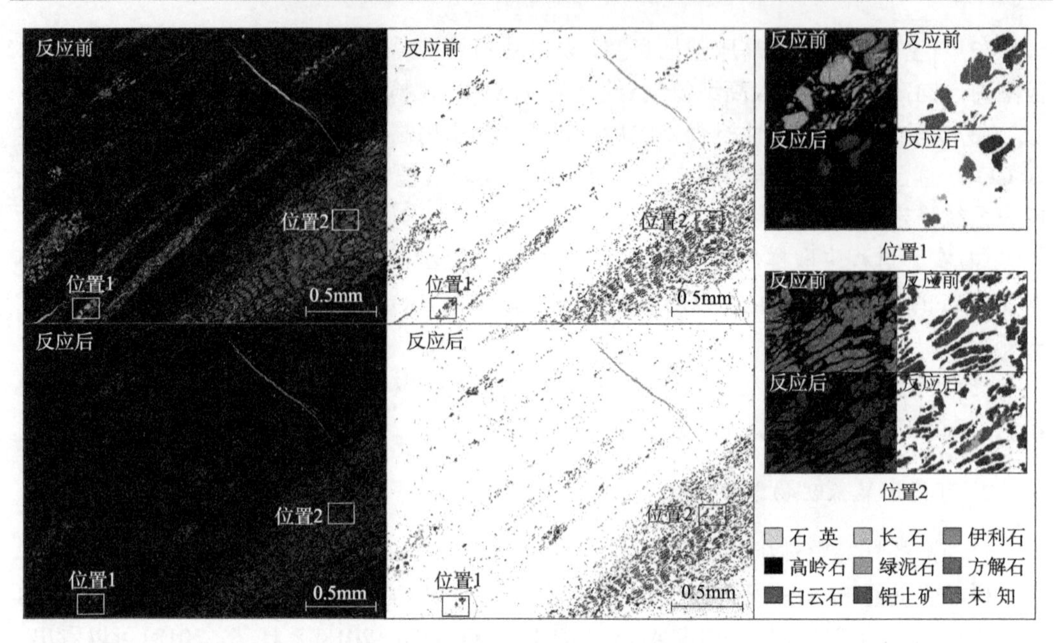

图 4-14　BF-3#-2000 样品反应前后矿物分布图(富铝硅酸盐矿物区域)(Du et al., 2018b；杜艺，2018)

2) 观测的样品矿物特征变化

在煤中，矿物质、空隙和煤基质等组分在密度和衰减系数大小方面有较大的差异，导致它们的 CT 数分布不同，一般来说，矿物质的 CT 数大约在 3000HU，煤基质的 CT 数为 1000~1600HU，空隙的 CT 数低于 600HU，因此，可根据 CT 数的大小来定量识别。样品重构后如图 4-15 (Du et al., 2019；杜艺，2018) 所示。可见反应后矿物体积明显减少，从 0.117mm^3 降低到 0.042mm^3 (表 4-7)，矿物颗粒最大半径由 176.18μm 减小到 93.13μm (Du et al., 2019；杜艺，2018)。

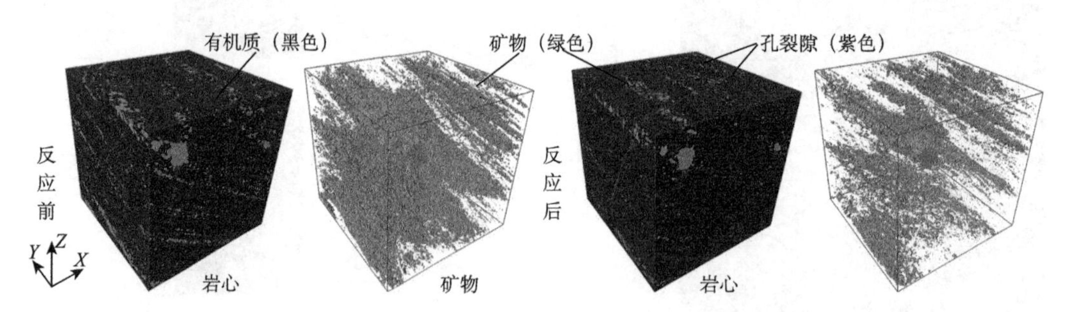

图 4-15　煤体三维可视化重构(Du et al., 2019；杜艺，2018)

对样品中的矿物数据进行提取，可以发现，反应前煤中矿物主要以<10μm 的颗粒为主，约占矿物颗粒总个数的 94%，随着半径的增大，矿物颗粒个数急剧减小。经地球化学反应后，煤中矿物显著减少(图 4-16，表 4-7) (Du et al., 2019；杜艺，2018)。由表 4-7 可知，矿物总体数量减少了 4.08%，所提供的表面积减小了 35.97%，体积降低了 64.10%。其中 2~5μm 和 25~50μm 尺度的矿物反而有所增加，其所提供的表面积和体积也均有所增加，其他尺度的颗粒均不同程度地减小，20~25μm 尺度的颗粒减少得最多。

表 4-7　矿物颗粒参数变化(Du et al., 2019；杜艺，2018)

半径/μm	数量			表面积			体积		
	前/个	后/个	后/前/%	前/mm^2	后/mm^2	后/前/%	前/mm^3	后/mm^3	后/前/%
2~5	14118	14574	103.23	1.60	1.72	107.27	0.002	0.003	109.41
5~10	6630	5471	82.52	4.15	3.53	85.01	0.009	0.008	84.16
10~15	914	767	83.92	2.36	2.05	86.74	0.007	0.006	84.60
15~20	216	201	93.06	1.45	1.39	96.07	0.004	0.004	93.76
20~25	75	44	58.67	1.08	0.65	60.26	0.004	0.002	56.15
25~50	52	55	105.77	2.20	4.28	194.49	0.008	0.008	100.45
50~100	9	9	100.00	2.55	2.70	106.09	0.013	0.012	93.72
>100	5	0	0.00	10.09	0.00	0.00	0.070	0.000	0.00
总计	22019	21121	95.92	25.49	16.32	64.03	0.117	0.042	35.90

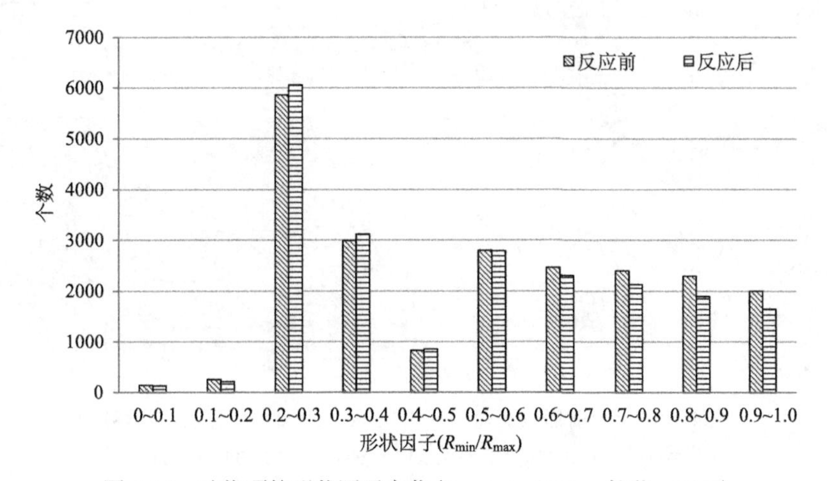

图 4-16　矿物颗粒形状因子变化(Du et al., 2019；杜艺，2018)

从图 4-16 可见，反应前，形状因子在 0.2~0.3 范围内的矿物颗粒最多，呈多边形形状，实验反应后，越接近圆形的(接近 1)矿物颗粒减少得越多，而 0.2~0.3 范围内矿物数量反而增大。

3)煤中矿物赋存特征变化

(1)碳酸盐矿物。

在扫描电镜下可观察到反应前方解石与白云石共生，常充填在煤岩裂缝(Wang et al., 2016a)和植物胞腔内(图 4-17E)(Du et al., 2019；杜艺，2018)。受地应力及地下弱酸性流体的作用，表面发育微裂缝和少量的圆形、椭圆形、似正方形的溶蚀孔(图 4-17A、H)。经超临界 CO_2-H_2O 作用后，1000m 模拟埋深下，方解石被部分溶蚀，留下较大的溶蚀洞(图 4-17B)，白云石表面可见较小的矩形溶蚀孔和纳米级溶蚀沟(图 4-17C、D)；2000m 模拟埋深下，样品表面的方解石被大量溶解(图 4-17F)，已基本不可见，内部的方解石被溶解后出现溶蚀晶锥(图 4-17G)及新的溶蚀晶面(图 4-17I)，可见方解石被溶蚀的程度较大。碳酸盐区域表面剩余的基本是白云石(图 4-17F)，白云石表面仅有菱形的溶蚀坑存在(图 4-17G)，可见相对而言白云石溶解量较少。XRD、XRF 和 ICP-OES 均可表明碳酸盐矿物的剧烈反应，且埋深越大，反应越强烈。

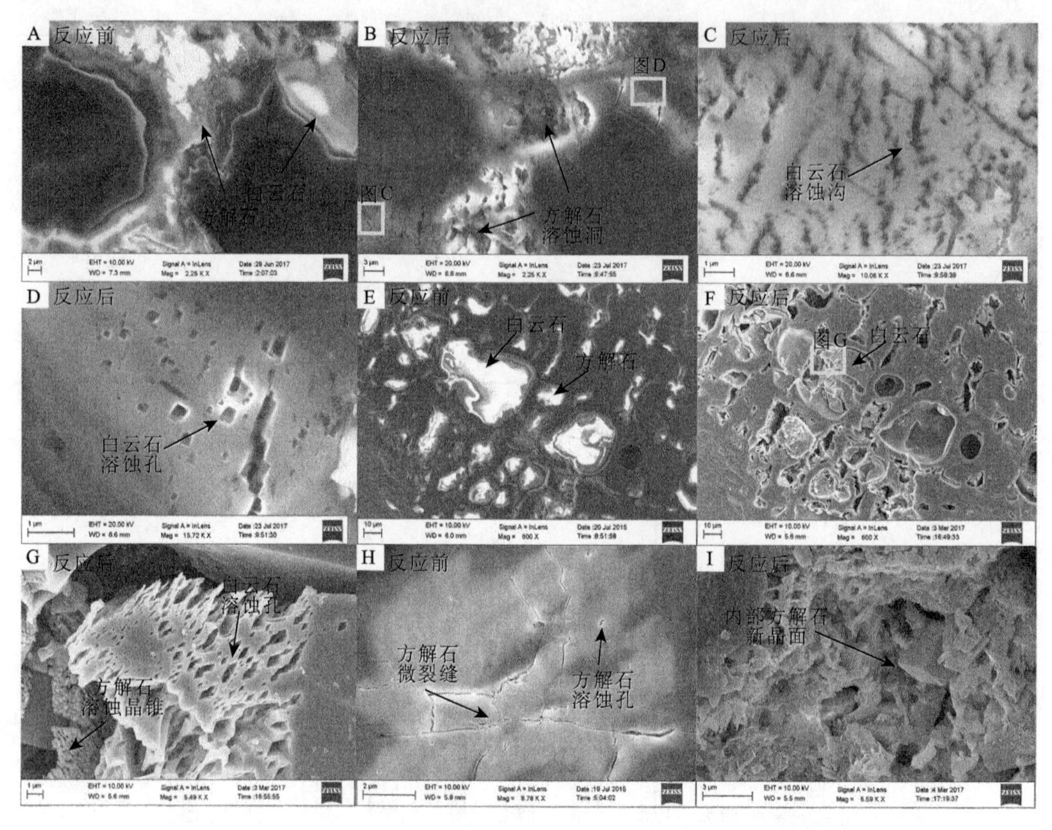

图 4-17　反应前后碳酸盐的变化(Du et al., 2019；杜艺，2018)

A~D 为 BF-3#-1000；E~G 为 XJ-3#-2000；H、I 为 BF-3#-2000

方解石的溶解过程是先生成溶蚀坑、溶蚀带再形成溶蚀晶锥，最终消失，露出新的晶面(孟繁奇等，2013)。而扫描电镜中内部方解石的溶蚀晶锥(图 4-17G)及新的溶蚀晶面(图 4-17I)已露出，可见方解石被溶蚀程度之剧烈。

(2)铝硅酸盐矿物。

原始样品中，钠长石多与高岭石共生(图 4-18A~D)(Du et al., 2019；Lu et al., 2009)，常充填在植物胞腔内。由于部分样品放电严重并不能较为清晰地观察到其赋存形貌，部分样品可见其内部有少数孔隙。经超临界 CO_2-H_2O 作用后，1000m 模拟埋深下，长石的反应并不明显，由于实验的局限性，并没有观察到明显的新的溶蚀坑出现，原存在孔隙有较小的变化；2000m 模拟埋深下，长石有两种反应现象，其一是长石更倾向于沿着晶面溶解(垂直于观察面)，导致反应后钠长石晶面间距离增大，观察的表面上展现出来溶蚀裂缝(图 4-18D)，其二是直接转化为伊利石，在长石表面生成弯曲的薄片状(图 4-18F)。曲希玉等(2008b)的研究也发现在 100℃以下，长石样品在超临界 CO_2-H_2O 的环境中会发生微弱溶蚀，扫描电镜下可见钾长石表面形成港湾状溶蚀，颗粒边缘变得光滑。在 300℃的反应温度下，可观察到针叶状水铝矿。

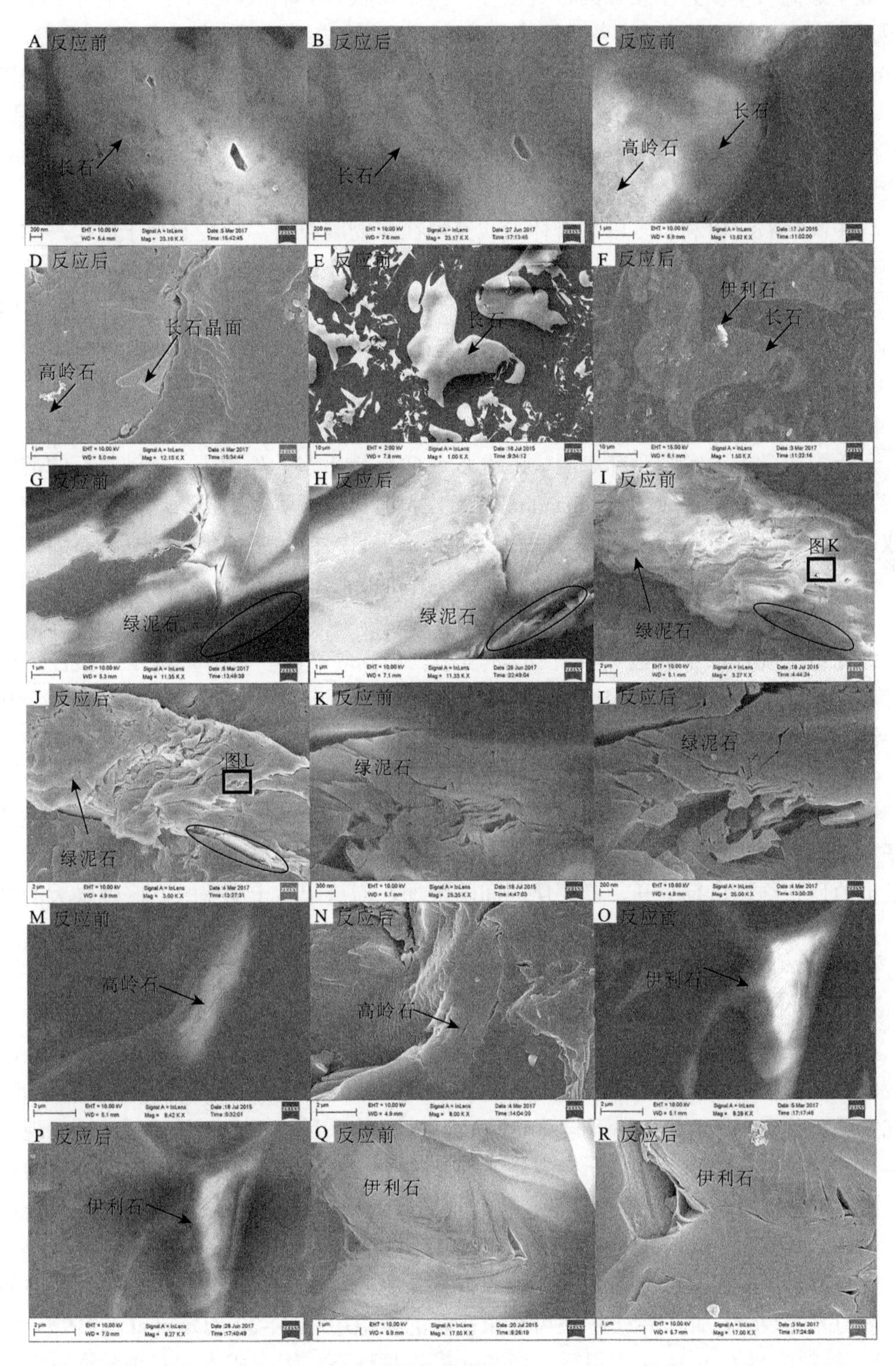

图 4-18　反应前后铝硅酸盐的变化(Du et al., 2019；杜艺，2018)

A、B 为 XJ-3#-1000；C、D、M、N 为 SH-3#-2000；E、F 为 YW-3#-2000；G、H 为 BF-3#-1000；I~L 为 BF-3#-2000；O、P 为 SH-3#-1000；Q、R 为 XJ-3#-2000

煤中绿泥石多以充填裂隙的方式赋存，呈条带状(图 4-18G~L)。经超临界 CO_2-H_2O 作用后，1000m 模拟埋深下，条带边缘部分溶蚀，溶蚀边缘呈弯曲薄片状(图 4-18G、H)；2000m 模拟埋深下，绿泥石内部被大量溶蚀(图 4-18K、L)，煤岩与矿物接触处的裂隙变宽，这似乎并不能说明绿泥石被溶蚀，也有可能是超临界 CO_2 对煤岩的增塑作用导致的，但是绿泥石边缘有突出样品表面并呈较大的层状弯曲薄片(图 4-18I、J)。其赋存形态的改变证实了其化学组分的变化。

煤中高岭石、伊利石多以集合体形式充填在植物胞腔内，高岭石由于放电严重，较难观察到其赋存的形貌特征，伊利石多呈较大的弯曲薄片状赋存。对比反应前后的扫描电镜图片发现，1000m 和 2000m 模拟埋深条件下，高岭石似乎并没有发生改变(图 4-18C、D 和 M、N)；2000m 模拟埋深条件下，伊利石薄片弯曲程度稍微变大，晶间裂缝变得更为明显，这可能与黏土的膨胀性有关，但 1000m 模拟埋深条件下作用并不明显(图 4-18O~R)。总体来说超临界 CO_2-H_2O 对高岭石和伊利石的作用较弱。

尽管多数学者的实验研究表明，在超临界 CO_2-地下水的作用下，钾钠长石的溶解伴随着高岭石和石英的生成(Kaszuba et al., 2003)。但实验表明，钠长石的溶解并没有直接生成高岭石，可能是由于反应的时间较短所致。从原始样品中钠长石与高岭石的共生可见，在成岩演化阶段高岭石由钠长石的溶解转化而来(图 4-18C)，可见如果反应足够长，钠长石可全部转化为高岭石。

绿泥石主要形成于弱酸-弱碱性的环境中，而高岭石和伊利石形成于弱酸性环境中(何满潮等，2006)，因此在酸性条件下，绿泥石的溶解速率与溶解度较高岭石和伊利石的溶蚀作用更明显(Black and Haese, 2014)。反应过程中，绿泥石由于在 H^+ 的作用下 Mg—O、Fe—O 键断裂，破坏了原八面体层之间与氢键之间的作用力，导致层面弯曲。

黏土都会吸水膨胀，但不同矿物水化膨胀的程度不同。其原因是黏土中可交换的阳离子在水中解离，导致表面形成扩散双电层，使片状结构表面带负电；由于静电斥力，带负电的片状结构自行分开，晶层层间间隙增加，而引起黏土膨胀。膨胀性最大的是蒙脱石，高岭石、伊利石、绿泥石由于晶层间作用力较大而膨胀性较小，且由于失水后又会收缩，故在扫描电镜下看到微弱的膨胀效果。

(3) 石英。

石英在煤中分布普遍，研究区可见由泥炭沼泽溶液沉淀形成的团块状自生石英，但反应前后石英颗粒变化不明显(图 4-19) (Du et al., 2019；杜艺，2018)。曲希玉等(2008b)研究发现石英在 200℃的条件下与超临界 CO_2-H_2O 体系反应才有明显的溶蚀坑出现。陈修等(2015)对石英的水热实验研究发现，在酸性条件下，石英在温度大于 200℃的条件下才出现质量损失。可见是由于实验温度较低而导致超临界 CO_2-H_2O 对石英的作用较弱。

(4) 铝土矿。

实验前铝土矿以集合体的形式充填在植物晶胞中，并与黏土共生，表面有晶体间隔所导致的晶间裂缝，此外铝土矿还可充填在煤的裂隙中(图 4-20) (Du et al., 2019；杜艺，2018)。经超临界 CO_2-H_2O 作用后，1000m 模拟埋深下，铝土矿表面有少量物质生成，并堵塞了原有的裂缝，图 4-20C 中有大块的铝土矿消失，从矿物残留的边缘可见其呈厚板状，且边缘较为整齐，估计其并非溶解所导致的，而是由于矿物断裂所引起的；2000m 模拟埋深下，反应后铝土矿晶体形状并未有明显改变，而矿物边缘则生长出鳞片状新矿物(图 4-20F)。经能谱仪分析可知新矿物主要由 Al、Si、O 组成。毕云飞等(2016)对三水铝石在不同温度和 pH 下的水热实验发现，当反应温度超过 160℃时，三水铝石的形貌发生改变，超过 210℃，晶相发生改变。可见反应温度并不足以使三水铝石改变晶体结构和晶相。

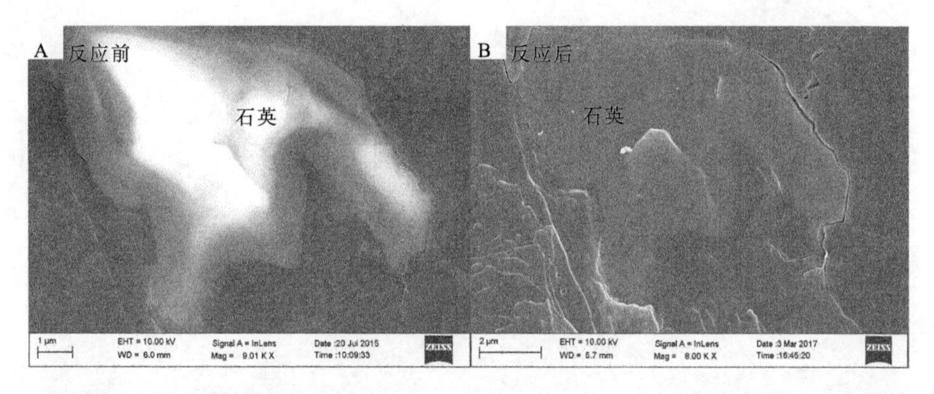

图 4-19　反应前后石英的变化(A、B 为 XJ-3#-2000)(Du et al., 2019；杜艺，2018)

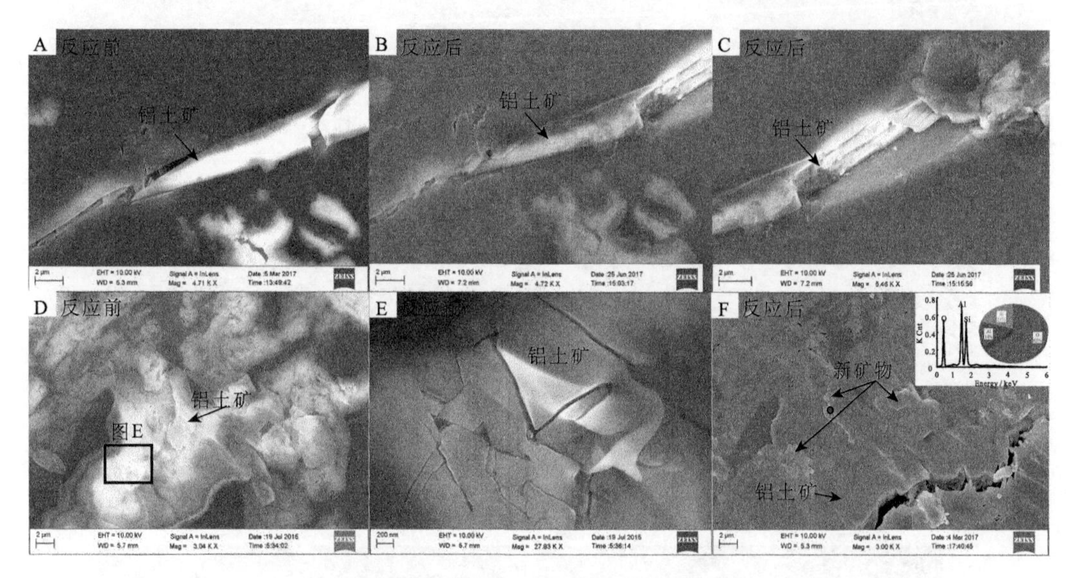

图 4-20　反应前后铝土矿的变化(Du et al., 2019；杜艺，2018)

A~C 为 BF-3#-1000；D~F 为 BF-3#-2000

(5)黄铁矿。

反应前，黄铁矿呈团块状分布在煤中，表面有少量溶蚀坑和微裂缝(图 4-21)(Du et al., 2019；杜艺，2018)。由于反应过程中无法精确地控制反应系统内残余的氧气含量，从反应结果来看，模拟 1000m 反应过程中系统内混入的氧气较少，黄铁矿表面并未有特别明显的变化；而模拟 2000m 实验过程中混入的氧气较多，黄铁矿表面有矩形片状的石膏生成，并堵塞了部分原有的溶蚀孔和晶间裂缝。

(6)磷灰石。

反应前磷灰石多呈团块状充填在植物晶胞中，并与碳酸盐矿物共生(图 4-22)(Du

et al., 2019；杜艺，2018）。经超临界 CO_2-H_2O 作用后，1000m 模拟埋深下磷灰石变化并不明显，可能有微量的溶蚀；2000m 模拟埋深下磷灰石边缘有局部溶蚀和脱落的现象，可增大样品的孔隙度。

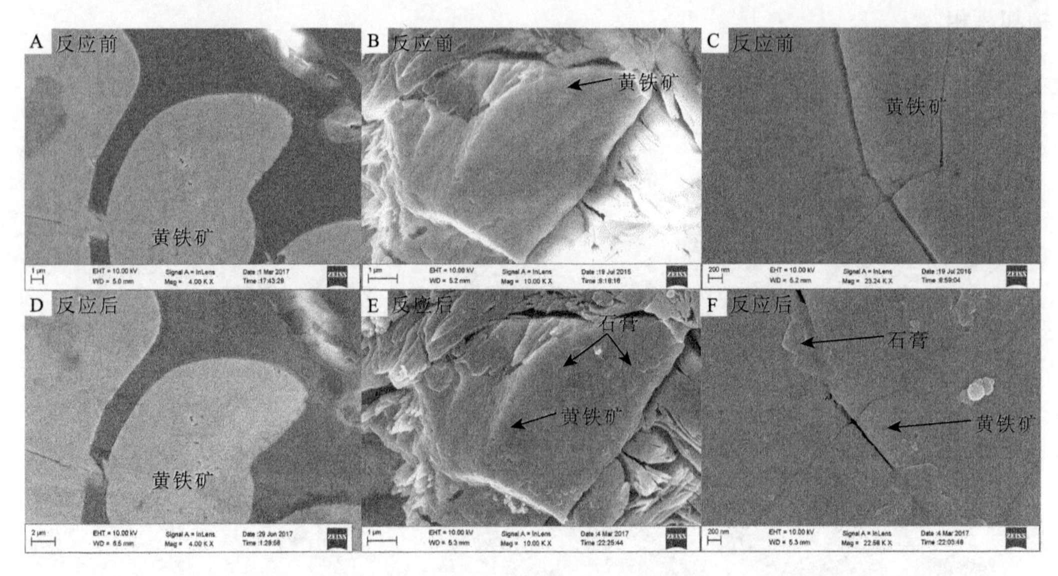

图 4-21　反应前后黄铁矿的变化（Du et al., 2019；杜艺，2018）

A、D 为 XJ-15#-1000；B、C、E、F 为 XJ-15#-2000

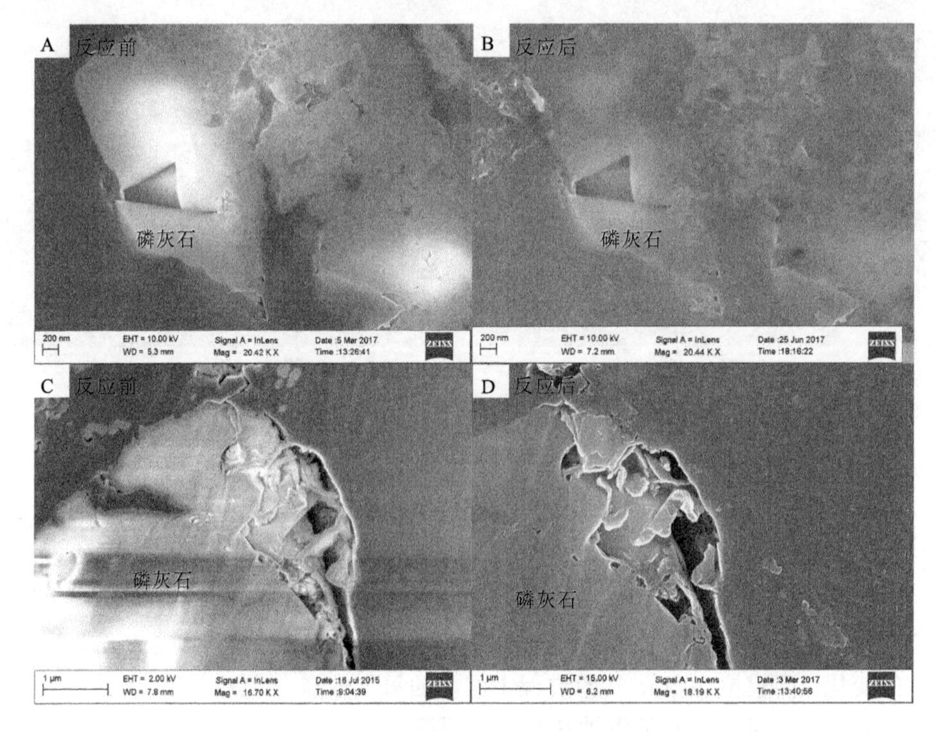

图 4-22　反应前后磷灰石的变化（Du et al., 2019；杜艺，2018）

A、B 为 YW-3#-1000；C、D 为 YW-3#-2000

4) 次生矿物沉淀

(1) 饱和指数。

由溶液中离子浓度，经 PHREEQC-3 计算，可得溶液对各矿物的饱和程度，若饱和指数(SI)大于 0，则溶液对该矿物属于过饱和状态，便可能生成次生矿物沉淀。

由图 4-23 可见(以 BF-3#样品为例)(Du et al., 2019；杜艺，2018)，CO_2 注入后，随着离子的不断溶出，pH 的不断升高，溶液中矿物的饱和指数也逐渐升高。但溶液对矿物基本均处于欠饱和状态，即 SI<0。只有三水铝石的 SI 大于 0，饱和指数最高。其次是高岭石、碳酸盐矿物和石英，铝硅酸盐中高岭石的饱和指数最高，绿泥石最低。可见如果反应时间足够长，溶液可能对高岭石和碳酸盐类矿物饱和，有利于沉淀的生成，进而达到固碳的作用。此外，埋深越大，溶液对矿物的饱和指数越高，越易生成沉淀。

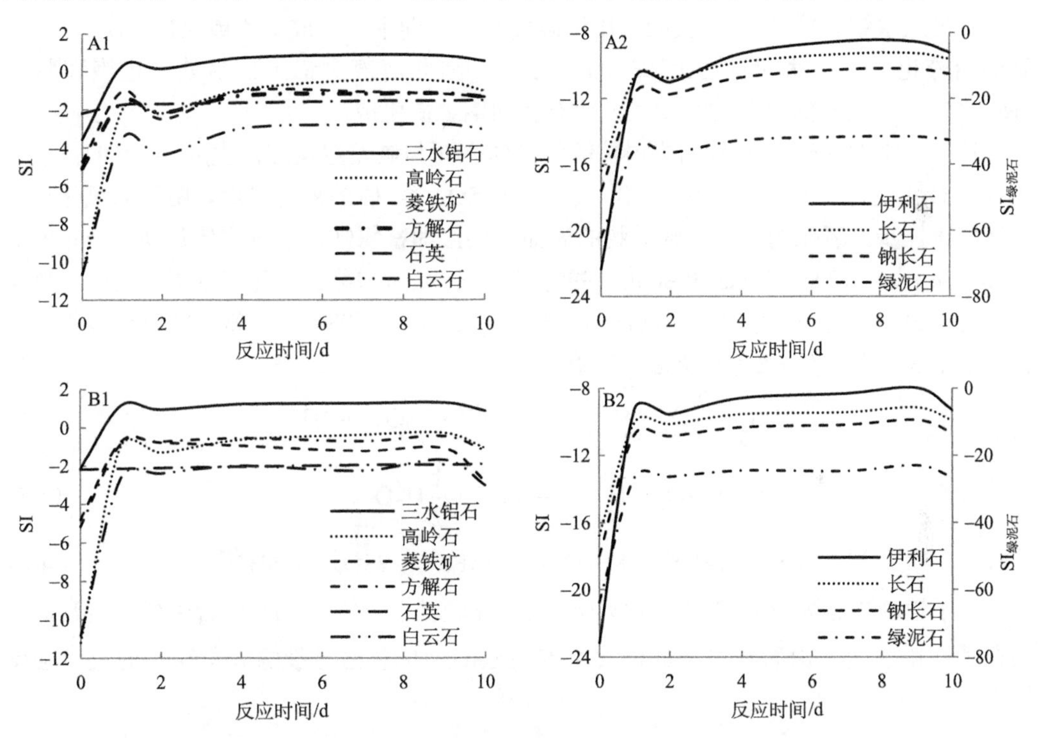

图 4-23　煤岩反应过程中溶液对矿物的饱和指数(Du et al., 2019；杜艺，2018)

BF-3#样品，A 为 1000m 埋深，B 为 2000m 埋深

(2) 局部溶解平衡。

虽然方解石、白云石及绿泥石的溶解可为次生碳酸盐的生成提供 Ca、Fe、Mg 等阳离子，但是次生碳酸盐矿物并没沉淀，其饱和指数小于 0，原因是煤中矿物含量较少，且反应的时间较短，尚未达到溶解平衡。多数学者在对砂岩、泥岩的长期实验(几周、几个月、1 年等)中较为容易地观察到次生碳酸盐的生成(Alemu et al., 2011；Fischer et al., 2013；Tarkowski et al., 2011；Wdowin et al., 2014)。此外，铝土矿的饱和指数最高，且>0，说明随着反应的进行，次生铝土矿更易生成。

经超临界 CO_2-H_2O 作用后，有新矿物生成，即在铝土矿表面有层状硅酸盐生成以及长石直接转化为伊利石。但是对溶液整体的饱和指数计算发现，铝硅酸盐类矿物的饱和指数更低，从溶液对铝硅酸盐类矿物欠饱和的角度来看似乎不应该有任何新矿物析出，但是饱和指数是根据整体溶液的浓度计算的，而沉淀发生在局部特定区域，由于实验装置缺少搅拌装置，矿物溶解所释放的离子并不能快速均匀地释放到整个溶液中，而是聚集在矿物附近孔隙内存在的溶液中，导致局部溶液对矿物属于过饱和状态，因此便易生成次生矿物沉淀。

(3) 次生铝硅酸盐。

铝土矿[Al(OH)$_3$]容易与 H^+ 发生反应，大量的 Al^{3+} 聚集在矿物附近的溶液中，结合溶液中已经有的大量的 H_4SiO_4 和 Fe 离子，由于铝硅酸盐较低的溶解度，在三水铝石表面生成了新的铝硅酸盐矿物。同理，长石矿物的溶解，Al、Si 元素不等比例地溶出，同时 K 离子没有及时迁出而在小范围聚集，导致长石直接转化为伊利石。

可见三水铝石较易与 H^+ 反应，比铝硅酸盐更易向水中释放 Al^{3+} 或 $Al(OH)^{2+}$，而长石的溶液也可释放大量的 Al^{3+} 或 $Al(OH)^{2+}$，因此溶液对铝土矿易处于过饱和状态(图 4-23)，钾长石的单矿物实验也证明有新的铝土矿生成。

黄铁矿中的 Fe^{2+} 首先从晶格内扩散到晶体表面与氧发生反应，生成 FeOOH；然后 H_2O 或 O_2 穿过 FeOOH 层与 S_2^{2-} 或 S^{2-} 反应形成 SO_4^{2-} 等，硫的氧化滞后表明硫的氧化反应是反应速控步，氧化的结果导致矿物的表面分层，即富氧缺硫层→富硫贫铁层→黄铁矿层(Knipe et al., 1995；Mycroft et al., 1995；Pratt et al., 1994)。氧化产物硫酸盐中的氧主要来自于 H_2O 而不是 O_2(Reedy et al., 1991；Taylor et al., 1984)。黄铁矿的氧化过程主要包括如下 3 个反应(蔡美芳和党志，2006)：

$$FeS_2+\frac{7}{2}O_2+H_2O \longrightarrow Fe^{2+}+2SO_4^{2-}+2H^+ \tag{4-4}$$

$$Fe^{2+}+\frac{1}{4}O_2+H^+ \longrightarrow Fe^{3+}+\frac{1}{2}H_2O \tag{4-5}$$

$$FeS_2+14Fe^{3+}+8H_2O \longrightarrow 15Fe^{2+}+2SO_4^{2-}+16H^+ \tag{4-6}$$

由于溶液中有大量的 Ca^{2+}，硫酸钙的溶解度较低，Ca^{2+} 与 SO_4^{2-} 结合生成了石膏而结晶在黄铁矿表面。由石膏生成的位置可推断原溶蚀坑和溶蚀裂隙处黄铁矿的反应强度较大。

4.1.3 超临界 CO_2-H_2O-煤岩相互作用过程中的元素地球化学迁移特征

煤是由无机矿物和有机组分组成的(Karacan, 2003)，无机矿物主要有铝硅酸盐、碳酸盐、硫化物、氧化物及硫酸盐矿物等，CO_2 注入煤层后，与地层水结合形成的酸性流体可与煤中矿物发生地球化学反应，包括煤中矿物的溶解(Dawson et al., 2011)(碳酸盐矿物在酸性条件下溶解等)、铝硅酸盐矿物的转化(Alemu et al., 2011)(酸性条件下，伊/蒙混层矿物向高岭石的转化等)及次生矿物的生成沉淀(Watson et al., 2004)(CO_2 与含铁和镁的黏土矿物反应形成铁白云石沉淀等)。此外，根据正常地温和地层压力梯度，注入深部煤层(埋深超过 1000m)中的 CO_2 将处于超临界状态(T_c=31.06℃，P_c=7.38MPa)，并具有低黏度、低密度、高扩散系数及无表面张力和惊人的溶解能力，可以萃取煤中有机组分(Zhang et al., 2006)。镜质组则由于结构相对复杂，最有可能被萃取(Mazumder et al., 2006)。煤体地球化学反应也会导致其赋存元素的溶出，其迁移能力与方式与其在矿物中的赋存状态密切相关。因此，分析 CO_2 注入过程中煤中元素的迁移特征，有助于探究 CO_2 注入后的地球化学反应过程及机制(Larsen, 2004)，也为监控 CO_2 注入过程提供可能(Hayashi et al., 1991；Liu et al., 2015a)。

1. 样品和实验

1) 样品信息

选择山西省沁水盆地山西组 3#煤层寺河矿、新景矿无烟煤，新源矿焦煤，以及山东省渤海湾盆地太原组 9#煤层的杨庄矿肥煤，进行模拟深部煤层 CO_2 注入实验，样品信息如表 4-8 所示。

表 4-8　样品信息与模拟实验参数(张琨，2017)

样品	地区	煤层	$\bar{R}_{o,max}$ /%	煤阶	M_{ad}/% (质量分数)	A_{ad}/% (质量分数)	V_{daf}/% (质量分数)	FC_{ad}/% (质量分数)	真密度 /(g/cm^3)	模拟温度 /℃	模拟压力 /MPa
寺河	山西晋城	3#	3.33	无烟煤	1.48	13.12	6.32	81.39	1.61	62.5	15
新景	山西阳泉	3#	2.64	无烟煤	0.81	5.35	15.26	80.2	1.46	50	15
新源	山西长治	3#	1.81	焦煤	1.66	10.02	10.1	80.89	1.45	43	15
杨庄	山东泰安	9#	0.94	气煤	0.86	14.3	19.6	65.24	1.37	47.5	13.5

2) 实验方案

本次研究同样采用自行设计研发的“模拟超临界 CO_2-H_2O 体系与煤岩地球化学反应装置”。选择粒径为 4~8mm 的煤岩样品，首先将样品充分混合，平均分成两份，一份作为空白对照，另一份放入反应釜中进行模拟实验。考虑到我国已经有多处煤层的开采深度达到 1000m，本次实验模拟深部煤层的埋深为 1500m，为尽可能模拟样品所处的环境条件，根据地层温度和压力梯度计算模拟实验的温度和压力(表 4-8)。

将反应前后的样品粉碎至 74μm 以下，105℃下烘干 2h 后，使用 XRF 测试反应前后煤中元素含量的变化；对反应过程中接取的淋滤液，使用 Agilent 公司生产的 7700 型电感耦合等离子体-质谱仪进行水样元素含量测试。

3) 实验过程

模拟实验的过程同 4.1.2 节所述的 “超临界 CO_2-H_2O-煤岩实验”。

2. 测试结果

1) 煤中元素含量

煤中主量元素主要赋存在无机矿物中，也有部分元素，如 S、P 等，常与有机质结合。CO_2 注入深部煤层与煤层水结合后形成超临界 CO_2 酸性流体，可以溶解矿物和萃取有机质，进而导致煤中元素含量的变化。使用 XRF 测试超临界 CO_2-H_2O 反应前后煤中元素的含量(质量百分比)，可以看出不同元素含量差异明显(表 4-9)，这与其赋存矿物含量的差异有关，如黏土矿物是煤中最主要的矿物，Al、Si 两元素主要以硅铝酸盐的形式存在于煤中，所以其含量普遍高于其他元素；除 Al、Si 和 P 元素外，其他主量元素含量均有不同程度降低(表 4-9)。

表 4-9　样品反应前后煤中主量元素测试结果(Zhang et al., 2019a)　(单位：质量分数，%)

样品	CO₃	Na_2O	MgO	Al_2O_3	SiO_2	P	S	K_2O	CaO	TiO_2	Fe_2O_3	总和
SH-0	80.9	0.250	0.015	5.03	8.37	0.220	0.539	0.162	0.490	0.345	0.808	97.129
SH-1	81.3	0.170	0.012	5.48	9.22	0.190	0.518	0.160	0.156	0.341	0.720	98.267
XJ-0	87.2	0.110	0.044	3.94	5.63	0.006	0.699	0.017	0.657	0.174	0.393	98.870
XJ-1	88.3	0.058	0.043	4.02	5.71	0.007	0.684	0.014	0.177	0.174	0.344	99.531
XY-0	91.4	0.058	—	2.29	3.08	0.012	0.760	0.017	0.393	0.096	0.291	98.397
XY-1	92.4	0.041	—	2.34	3.16	0.012	0.747	0.014	0.063	0.097	0.226	99.100
YZ-0	87.1	0.068	0.063	2.77	3.66	0.010	3.897	0.012	0.540	0.057	1.293	99.470
YZ-1	88.2	0.039	0.056	2.91	3.57	0.011	3.721	0.010	0.279	0.057	0.855	99.708

注：“—”是指没有被 XRF 仪器检测到；SH-0、XJ-0、XY-0 和 YZ-0 表示原始样品，SH-1、XJ-1、XY-1 和 YZ-1 表示反应后的样品。

不同元素的迁移能力是由有机质含量、矿物的种类、含量及水解能力的差异决定的。通过计算反应前后煤中元素的迁移率(图 4-24)，发现不同样品中同一元素迁移率大致相同，这与各样品中矿物种类相似有关；其中 Ca、Na、Fe、K、Mg、P 元素迁移率普遍较高，Al、Si 和 S 元素迁移能力较低，而 Ti 元素非常稳定，几乎没有迁移。

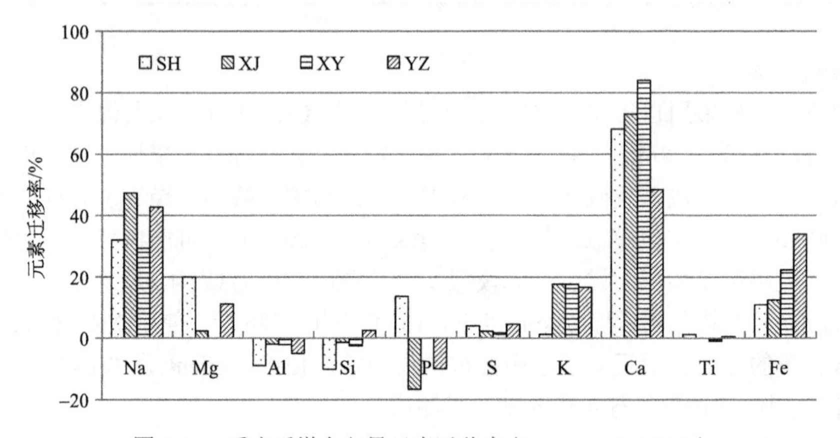

图 4-24　反应后煤中主量元素迁移率(Zhang et al., 2019a)

2) 元素溶出量

使用 ICP-MS 测试淋滤液中元素的含量。由于模拟试验过程中不断接取水样，反应釜内水量逐渐降低造成误差。为最小化误差，本书计算不同时间段内煤中元素的溶出总量[式(4-7)]，实验刚开始在反应釜内放入 600mL 去离子水，每次接取水样 20mL，根据不同阶段接取水样中元素浓度和反应釜内剩余水量计算出其在反应釜内的量，再与之前取出水样中元素的溶出量求和，计算出不同阶段各主量元素总溶出量，结果如图 4-25 所示。

$$S_i=\left[0.6-0.02(n-1)\right]C_i+0.02\sum_{i=1}^{n-1}C_{i-1} \tag{4-7}$$

式中，n 为接取水样次数，$n=\{x\in\mathbf{Z}|1\leqslant x\leqslant 10\}$；$S_i$ 为反应第 i 天$(1\leqslant i\leqslant n)$某元素总溶出量，mg；$C_i$ 为样品第 i 天测试水样中的某元素浓度，mg/L，$C_0=0$。

如图 4-25 所示，煤中元素溶出量的顺序为 Na/Ca > Mg > K > Fe > Si > P > Al，这与煤中各元素迁移率顺序大致相同(图 4-24)。分析不同阶段的元素溶出量变化，可以看出，在注入的初始阶段(第 1 天)超临界 CO_2 便与煤中矿物发生剧烈反应，导致元素迅速溶出；第 2 天开始大多数元素溶出量略有降低，这可能与元素被重新吸附有关；随着反应进行，各元素溶出量变化较为稳定，但变化趋势不同，其中 Na、K 和 Mg 元素溶出量稳定增加；Ca 元素溶出量略有增大后便缓慢降低；Si 元素溶出量较低且缓慢增加，Al 元素溶出量很低且波状起伏；各样品中 Fe 元素溶出量均差异很大，总体呈现出先增加后降低最后趋于稳定的变化趋势；P 元素溶出量较高且缓慢增加，可能与超临界 CO_2 对有机质的萃取作用有关。

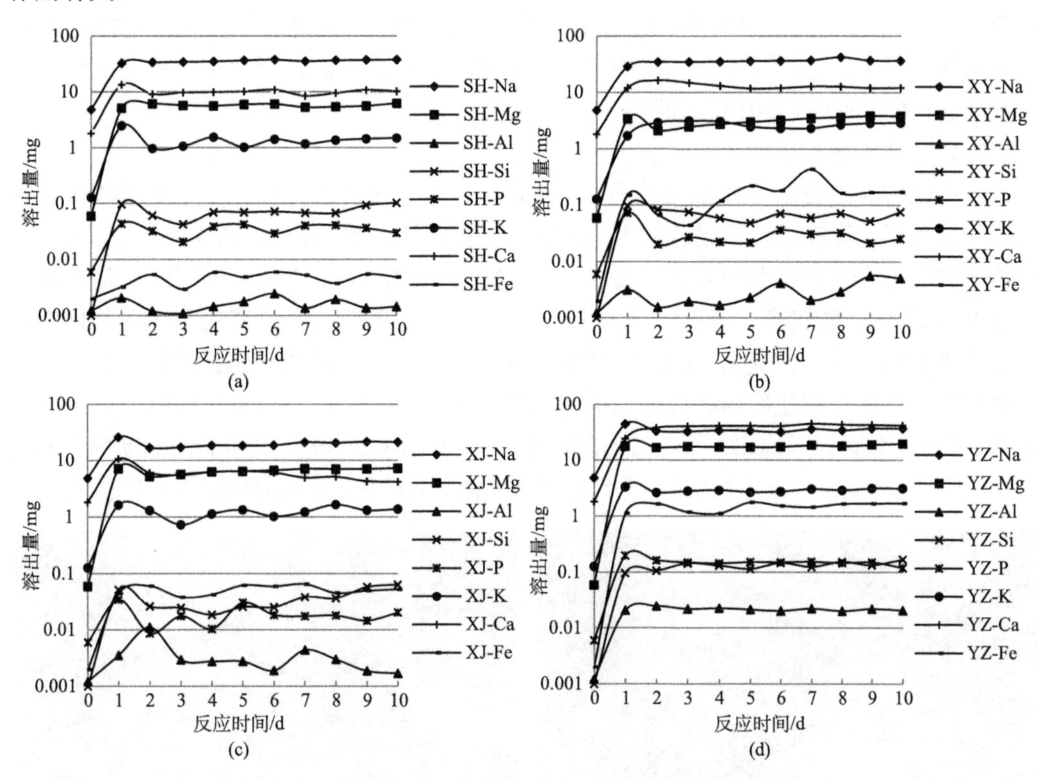

图 4-25　煤中主要元素溶出量随时间的变化(Zhang et al., 2019a)

(a) 寺河矿煤样；(b) 新源矿煤样；(c) 新景矿煤样；(d) 杨庄矿煤样

3. 元素迁移过程

1)碳酸盐矿物

碳酸盐矿物主要以充填在裂隙中的薄膜形式存在，当 CO_2 与煤层水结合形成碳酸，碳酸电离生成游离的 H^+ 并与裂隙中的碳酸盐矿物充分接触，导致方解石和白云石发生溶

解(Plummer, 1978)，反应过程可以简化为

$$CO_2 + H_2O \rightleftharpoons H_2CO_3 \tag{4-8}$$

$$H_2CO_3 \rightleftharpoons HCO_3^- + H^+ \tag{4-9}$$

$$\text{Calcite } CaCO_3 + CO_2 + H_2O \rightleftharpoons Ca^{2+} + 2HCO_3^- \tag{4-10}$$

$$CaMg(CO_3)_2 + 2CO_2 + 2H_2O \rightleftharpoons Ca^{2+} + Mg^{2+} + 4HCO_3^- \tag{4-11}$$

煤中 Ca 元素主要赋存在方解石矿物中，Mg 元素主要存在于白云石和绿泥石中。碳酸盐矿物被溶蚀导致淋滤液中 Ca^{2+}和 Mg^{2+}的含量明显增加(图 4-25)，说明碳酸盐矿物与 CO_2 反应过程较为剧烈。由于煤中白云石含量较低，且相对于方解石，其与碳酸反应温和，Mg 元素的溶出量小于 Ca 元素(图 4-25)。Ca 元素溶出量随时间增加呈现出先升高后降低的变化趋势，说明方解石能快速参与反应并达到平衡，而后被重新吸收；Mg 元素溶出总量随时间缓慢增加，白云石矿物与 CO_2 反应速度较慢，反应平衡的时间较长。随着反应进行，HCO_3^-也会发生微弱电离作用，重新形成 CO_3^{2-}和 H^+，当含 HCO_3^-的水逐渐渗入煤中更小的孔隙时，会发生碳酸盐矿物的重新结晶沉淀，导致反应后期 Ca 元素含量降低，Chiquet 等(2013)也证实了这一点。

2)硅酸盐矿物

煤中硅酸盐矿物主要有黏土矿物和长石族矿物等，煤中 Si、Al 元素主要以硅酸盐和铝硅酸盐等形式存在。反应过程中 Si 和 Al 元素的溶出总量均很低(图 4-25)，说明煤中硅酸盐矿物与 CO_2 反应程度微弱，其中 Si 元素溶出量均随时间增加不断增大，说明煤中赋存 Si 元素的矿物较多，能够持续不断地与 CO_2 发生反应；Al 元素的溶出总量极低，其溶出总量随时间起伏变化，可能是 Al 元素溶出后又不断被吸附或沉淀导致。通过 SEM 观察到煤中存在碳酸盐矿物和硅酸盐矿物共生的情况[图 4-26(a)]，在经过 CO_2 处理后，煤中碳酸盐矿物溶蚀显露出类似高岭石的硅酸盐矿物[图 4-26(b)]，说明硅酸盐矿物与 CO_2 的反应程度远没有碳酸盐矿物剧烈，与碳酸盐矿物共存的硅酸盐矿物因碳酸盐被溶蚀而脱落。

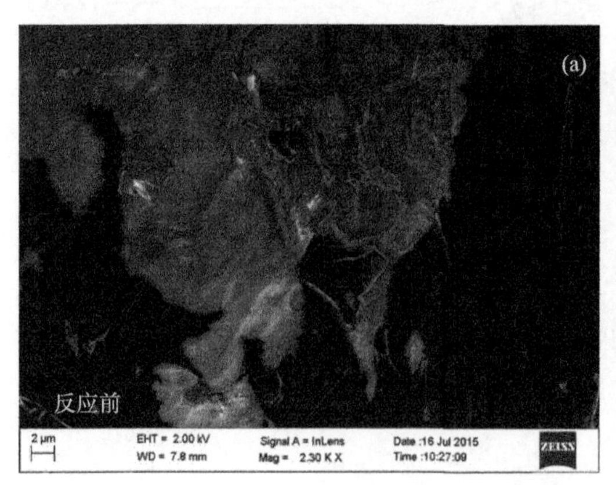

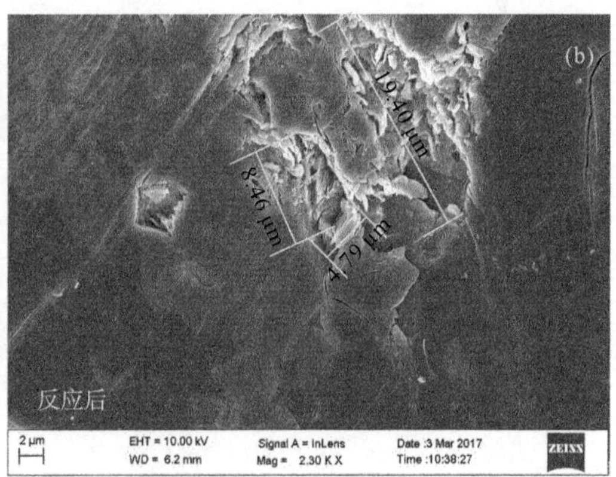

图 4-26　反应前后碳酸盐和硅酸盐矿物共存情况(Zhang et al., 2019a)

硅酸盐矿物中，绿泥石是一种酸敏性矿物，能在 CO_2 酸性溶液中发生反应[式(4-12)]，反应过程中有新矿物产生，如高岭石和石英，并向溶液中释放更多的 Fe^{2+}和 Mg^{2+}。

$$[Fe/Mg]_5Al_2Si_3O_{10}(OH)_8+5CaCO_3+5CO_2 = 5Ca[Fe/Mg](CO_3)_2+Al_2Si_2O_5(OH)_4+SiO_2+2H_2O \tag{4-12}$$

伊利石属于单斜晶系的含水层状结构硅酸盐矿物，钾离子存在于伊利石的晶层间，使伊利石水化作用较弱；伊利石在酸中也具有离子交换能力，可生成高岭石[式(4-13)]，同时释放 K^+和 Mg^{2+}，但 K^+会使伊利石水化作用变弱，增加伊利石在酸溶液中的稳定性，其反应过程为

$$K_{0.6}Mg_{0.25}Al_{2.3}Si_{3.5}O_{10}(OH)_2+1.1H^++0.75H_2O \longrightarrow 1.15Al_2Si_2O_5(OH)_4+1.2SiO_2+0.6K^++0.25Mg^{2+} \tag{4-13}$$

钾长石为单斜晶系硅酸盐矿物，钠长石为三斜晶系硅酸盐矿物，两者均易与酸性溶液发生离子交换，产生高岭石及石英等次生矿物，并产生 K^+和 Na^+，淋滤液中 K^+和 Na^+的溶出量很高(图 4-25)：

$$2KAlSi_3O_8+2CO_2+11H_2O \longrightarrow Al_2Si_2O_5(OH)_4+2K^++2HCO_3^-+4H_4SiO_4 \tag{4-14}$$

$$2NaAlSi_3O_8+2CO_2+11H_2O \longrightarrow Al_2Si_2O_5(OH)_4+2Na^++2HCO_3^-+4H_4SiO_4 \tag{4-15}$$

高岭石形成于酸性介质中，因此在 CO_2 酸性溶液中的性质相对稳定，同时由于长石及其他硅酸盐矿物反应生成次生高岭石。值得注意的是，高岭石晶格较稳定，但晶层之间通过氢键相连接，结构松散，容易被流体冲刷而脱落，形成的微粒和次生高岭石沉淀可能会堵塞和分割煤中孔隙和喉道。

3) 硫化物矿物

煤中大部分黄铁矿是成煤作用初期泥炭聚集时海水侵入的产物，称为原生黄铁矿；其他黄铁矿是在煤发育成型后由于低温热液充填于裂隙而形成，称为次生黄铁矿。黄铁矿表面结构属于热力学不稳定体系，具有很多极性基团且容易被氧化。在酸性条件下，黄铁矿中 S^-会被氧化成硫单质，同时生成游离的 Fe^{2+}和 H_2S，反应方程式如下：

$$FeS_2+2H^+ \longrightarrow Fe^{2+}+S\downarrow+H_2S\uparrow \tag{4-16}$$

反应生成的 Fe^{2+}会被氧化生成 Fe^{3+}，而 Fe^{3+}可以发生强烈的水解作用形成 $Fe(OH)_3$，在 pH>3.7 的环境下就会完全沉淀，而反应环境可近似为碳酸饱和溶液(pH=5.6)，因此 Fe^{3+}会水解生成 $Fe(OH)_3$ 沉淀。SEM 也观察到(图 4-27)黄铁矿表面逐渐被溶蚀，并形成 $Fe(OH)_3$。$Fe(OH)_3$ 具有很强的吸附能力，可以重新吸附已溶出元素。

图 4-27　反应前后黄铁矿的变化(Zhang et al., 2019a)

(a) 黄铁矿反应前；(b) 黄铁矿反应后；(c) 反应后黄铁矿表面

黄铁矿是煤中 Fe 元素最主要的赋存载体，分析反应过程中 Fe 元素溶出量的变化，可以看出样品淋滤液中 Fe 元素溶出量较高且不同样品差异很大(图 4-25)，这是煤中黄铁矿含量和种类不同导致的。此外，Fe 元素溶出量存在波状起伏再趋于稳定的变化趋势(图 4-25)，说明 CO_2 与煤中黄铁矿反应存在阶段性：在反应初期(第 1~2 天)，CO_2 酸性溶液与煤裂隙中的次生黄铁矿反应，导致 Fe 元素的溶出量较大；随着反应进行，溶出的 Fe^{3+} 逐渐水解沉淀，同时超临界 CO_2 流体逐渐渗入煤层溶蚀微小孔隙中的原生黄铁矿，导致 Fe 元素的溶出量逐渐增大(第 2~8 天)；最后，Fe 元素的溶出、吸附或沉淀逐渐达到平衡，Fe 元素溶出总量趋于稳定。

4) 氧化物

石英在弱酸条件下可以被溶解[式(4-17)]，但由于其表面存在大量 H^+，同性阳离子受到排斥且难以接近石英表面反应活性点，反应速度很小。John 等(Kaszuba et al., 2003)发现在温度为 200℃、压力 20MPa 的实验条件下用二氧化碳水溶液处理石英时，其表面几乎未出现溶蚀现象，仅有部分黏土矿物覆盖表面。其他矿物如钾长石、绿泥石等发生化学反应时会产生少量 SiO_2 沉淀。

$$SiO_2 + 2H_2O \longrightarrow H_2SiO_3 \cdot H_2O \tag{4-17}$$

4. *矿物溶解机制*

1) 碳酸盐矿物

在 CO_2 酸性流体作用下，方解石的解理处和原始晶面的微起伏处最先被溶蚀，形成溶蚀坑和溶蚀带，随后逐渐形成溶蚀晶锥，并随着反应的进行而消退，进而露出新的方解石晶面(Meng et al., 2013；Smith et al., 2013)，如图 4-28 所示。研究表明(Liu et al., 2018b)，方解石表面形成的溶蚀坑可以增加煤中 50nm 以上孔隙的体积，白云石的溶解速率主要受控于较浅的溶蚀坑的发育与合并造成的层间错位(Urosevic et al., 2012)。在 CO_2 流体所形成的酸性条件下，白云石中 Ca 元素优先溶出，而 Mg 元素滞留随后缓慢溶出，Ca 元素溶出量普遍高于 Mg 元素，Mg 元素溶出量随时间缓慢增加(图 4-25)。此外，CO_2 注入深部煤层时，较高的储层温度和压力也会加快碳酸盐矿物的溶解速率。随着 CO_2 不断注入，溶液中 H^+ 受到缓冲，CO_2 分压的增加不仅不利于矿物溶解，反而使碳酸盐矿物沉淀，堵塞煤中孔隙，并减小 Ca 元素的溶出量。

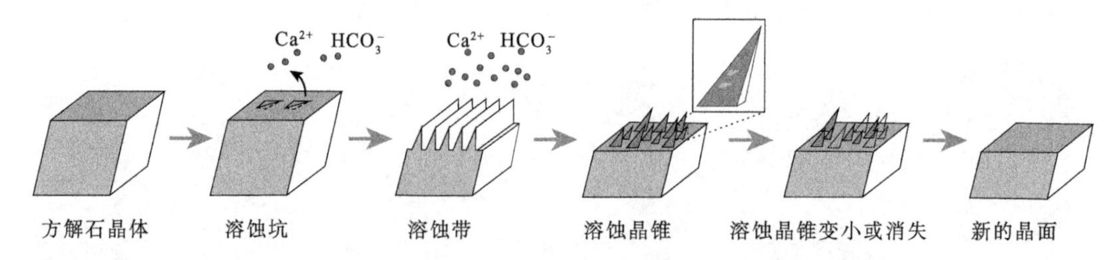

图 4-28　方解石矿物表面溶蚀过程(Meng et al., 2013)

2) 硅酸盐矿物

根据界面化学理论和过渡态理论(Brantley et al., 2008)，酸性条件下，硅酸盐矿物的溶解经历了三个过程(蒋引珊等，1999)(图 4-29)。由于黏土矿物的内外表面在高分散状态下都表现出明显的吸附倾向，在酸性水溶液中 H^+ 的吸附性最强，导致其被矿物表面吸附，降低了矿物表面能；之后被吸附的 H^+ 与矿物内外表面及结构中的阳离子发生交换反应；最后被交换的离子解析离开矿物表面或结构进入溶液，实现了矿物在酸性水溶液中的溶解。

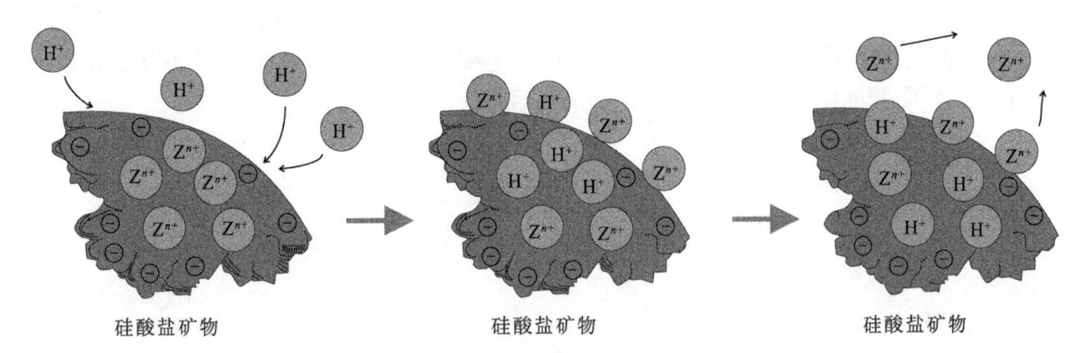

图 4-29　硅酸盐矿物在酸溶液中的溶解过程示意图(蒋引珊等，1999)

对多种矿物的溶解反应动力学实验研究表明(Lasaga, 1984)，大多数矿物(包括硅酸盐矿物、碳酸盐矿物、硫化物等)的溶解反应活化能 E_a 值为 30~80kJ/mol，而矿物晶体中化学键的活化能一般为 160~440kJ/mol，说明矿物在酸性条件下溶解有一个降低反应活化能的中间状态。黏土矿物内外表面对 H^+ 的吸附首先是物理吸附，降低了表面能，H^+ 与黏土矿物形成活化中间状态，减弱了酸根对结构中离子的作用，H^+ 的吸附由物理吸附转化为化学吸附，使结构中的阳离子溶出，该过程的本质是化学反应，需要活化能。因此，H^+ 的浓度越大越有利于矿物表面的吸附，反应温度越高越有利于离子交换反应和解吸。

硅酸盐矿物中，长石族矿物的吉布斯(Gibbs)自由能(ΔG)普遍较低，易发生反应，反应速率也较快(Kaszuba et al., 2003)，赋存的 Ca、Na、K 离子容易与 H^+ 发生离子交换，元素溶出量也很高(图 4-25)。除长石外，煤中高岭石、伊利石、绿泥石均会发生溶解，但伊利石和高岭石的晶体结构破坏程度较弱，绿泥石和长石的溶解可向溶液中释放更多的 Ca^{2+}、Mg^{2+}、Na^+ 和 K^+，这些离子与 Al、Si 元素重新组合，导致铝硅酸盐之间的相互转化，如长石和绿泥石转化为高岭石[式(4-13)~式(4-15)]。

元素溶出结果表明，不同离子的溶解特征不同。一般来说，晶体中以类质同象存在的元素较晶格中固定元素更易发生离子交换反应，且晶格层间阳离子也比四八面体中的阳离子更易溶出。Al 和 Si 元素是黏土矿物中八面体里的占位离子，其反应活化能很大，因此，Na、K、Mg 和 Fe 离子的迁移率普遍高于 Si 和 Al 离子，有学者也发现了同样的规律(Bibi et al., 2011；Metz et al., 2005)。此外，阳离子交换作用也会影响淋滤液中元素的含量，如 Fe^{3+}、Al^{3+} 等离子很容易被黏土矿物吸附，导致其溶出量出现波动。

4.1.4　超临界 CO_2-H_2O 与煤中有机质间的物理化学作用

煤岩超临界 CO_2-H_2O 反应前后煤的有机质结构会发生一定程度的变化。本节使用 X 射线衍射、拉曼光谱、傅里叶变换红外光谱测试技术对反应前后煤样的晶体结构和有机基团变化特征进行分析，以研究超临界 CO_2-H_2O 与煤中有机质间的物理化学作用。

1. 煤晶体结构表征和演化特征

煤是一种非晶态物质，但其具有短程有序的微晶结构。煤晶核是组成煤化学结构的基本单位，由若干个相互平行的紧密堆砌在一起的芳香层组成，而芳香层又由若干个六角芳环以共价键相连构成(汤中一，2014)。煤晶核的大小取决于芳香层中苯环的个数、芳香层之间的距离和芳香层的层数。煤的晶体结构参数主要指煤晶核的平均直径 L_a、堆砌高度 L_c 和面网间距 d_{002} 等，如图 4-30 所示(Lu et al., 2001)。

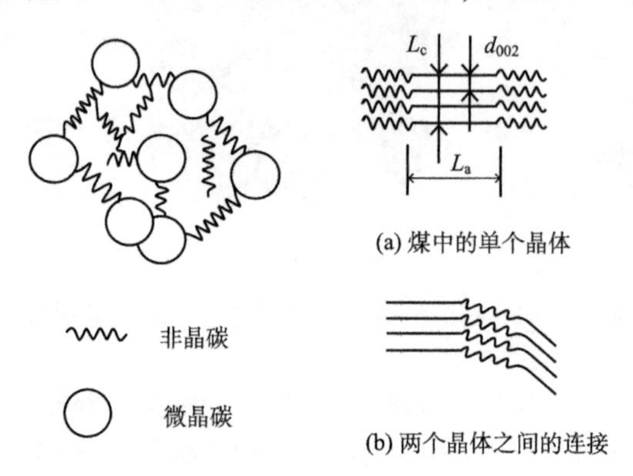

图 4-30　简化的煤结构示意图(改自 Lu et al., 2001)

1) 微晶结构的堆砌高度与面网间距

用 X 射线衍射技术可以获得微晶结构的大小与缩合程度等信息(冯婷婷，2013；梁丽彤，2016)。研究表明，煤的 XRD 谱图中衍射峰少，峰较宽且不规则，但随着煤化程度的加深，煤晶结构逐渐有序化。XRD 实验一般进行解释的衍射峰主要包括：①(002)峰，为芳香环层片堆砌高度，反映芳香环层片在空间排列的平行定向程度。天然石墨中(002)峰对应的衍射角 2θ 为 26.6°，相应的面网间距 d_{002} 为 0.3354nm。②γ 峰，γ 峰与分子中饱和部分(脂链或脂环结构)的间距有关，其衍射角 2θ 为 17.7°~19.5°。③高角度区的(100)峰、(110)峰和(004)峰，(100)峰和(110)峰表示芳香层片的缩合程度，代表了芳香环层片的大小(冯婷婷，2013；梁丽彤，2016)；(004)峰指示芳香环层片的定向排列程度；(100)峰、(110)峰和(004)峰对应的衍射角 2θ 分别为约 42.3°、44.5°和 54.9°(罗陨飞和李文华，2004)。煤中这些峰的宽度和位置会随着煤阶变化有规律地变化。研究表明，通常情况下谱峰越尖锐、强度越大，意味着煤中的碳结构排列越规则，有序化程度越高(谢克昌，2002)。

煤样反应前后的 XRD 谱图如图 4-31 所示。图中横坐标是衍射角 2θ，纵坐标为闪烁计数器上每秒计数的衍射强度。

从被测样品的 XRD 谱图来看，煤有两个宽化的衍射峰，对应的衍射角范围分别是 20°~30°和 40°~50°，与天然石墨中(002)峰和(100)峰的位置基本吻合(对应的衍射角分别为 26.6°和 43.4°)(罗陨飞和李文华，2004)。低阶煤中(002)峰呈不对称分布，这是因为其左侧 γ 峰的叠加，随煤阶增高煤中脂族结构减少，使 γ 峰逐渐减小直至消失(Lu et al., 2001；罗陨飞和李文华，2004)。反应前后煤样存在明显的(002)峰，而(100)峰不明显。

随煤变质程度的增加，衍射峰更加规律化。煤样反应前后谱图中均存在尖锐的矿物质衍射峰，表明反应后煤样中仍存在较多矿物，该结果与孙晔(2016)的研究结果一致。比较煤样反应前后的(002)峰可见峰的位置差别不大，可推断煤样反应前后有着相似的微晶结构(冯婷婷，2013；孙晔，2016)。为了准确计算反应前后煤样的微晶尺寸，对反应前后煤样的 XRD 谱图进行了分峰处理。

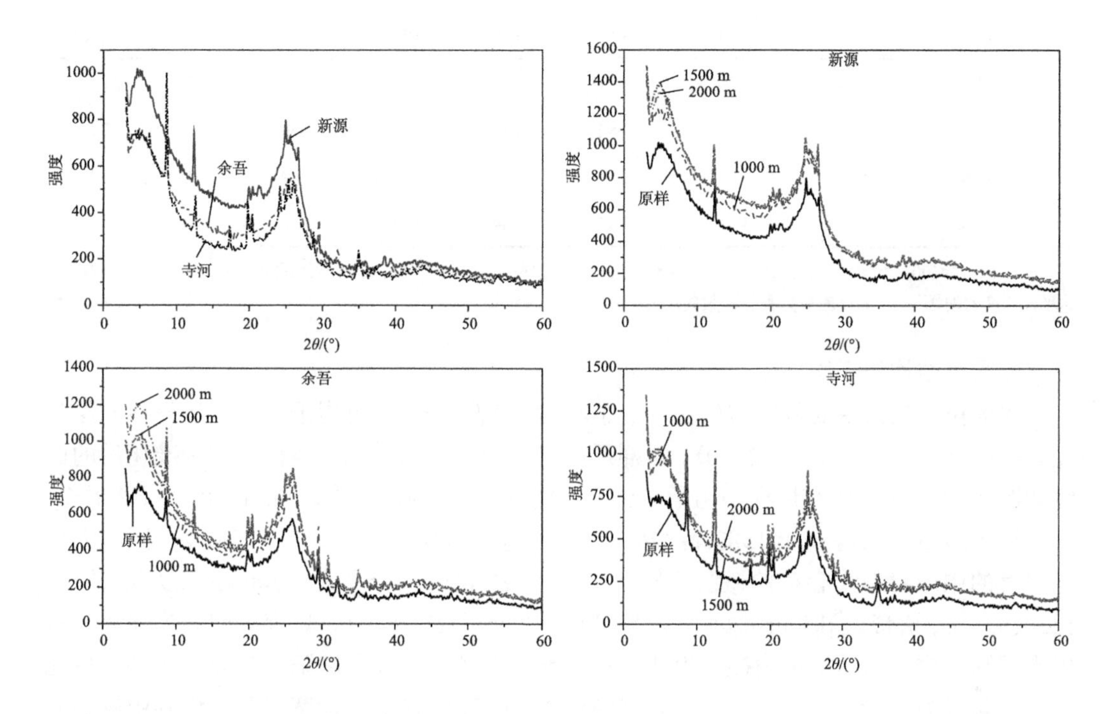

图 4-31　煤样反应前后的 XRD 谱图(Liu et al., 2019b；王恬，2018)

根据煤样的 X 射线衍射曲线可以获得表征“煤晶核”大小的 L_a、L_c 及面网间距 d_{002} 等参数信息，由于衍射角 40°~50°范围的衍射峰较宽泛，无法准确区分(100)峰和(110)峰，会导致 L_a 的计算存在偏差，因此本书采用拉曼光谱对 L_a 进行计算(王恬，2018)。通过拟合获得(002)峰的位置及半峰宽，依此数据计算的煤样的 d_{002}、L_c 及芳香层平均数 N 分别列于表 4-10。

表 4-10　煤样反应前后的微晶参数(Liu et al., 2019b；王恬，2018)

样品		$2\theta_{002}$/(°)	$FWHM_{002}$/(°)	d_{002}/Å	Δd_{002}/%	L_c/Å	ΔL_c/%	N	ΔN/%
新源	原样	25.31	3.94	3.51	—	20.42	—	5.81	—
	1000 m	25.17	4.22	3.53	0.57	19.08	–6.56	5.40	–7.06
	1500 m	25.25	3.95	3.52	0.28	20.36	–0.29	5.78	–0.52
	2000 m	25.27	4.03	3.52	0.28	19.97	–2.20	5.67	–2.41

续表

样品		$2\theta_{002}$/(°)	$FWHM_{002}$/(°)	d_{002}/Å	Δd_{002}/%	L_c/Å	ΔL_c/%	N	ΔN/%
余吾	原样	25.68	3.29	3.47	—	24.52	—	7.08	—
	1000 m	25.59	3.93	3.48	0.29	20.50	–16.39	5.89	–16.81
	1500 m	25.51	4.04	3.49	0.58	19.92	–18.76	5.71	–19.35
	2000 m	25.49	4.03	3.49	0.58	19.98	–18.52	5.72	–19.21
寺河	原样	25.64	3.69	3.47	—	21.81	—	6.28	—
	1000 m	25.42	3.68	3.50	0.86	21.91	0.46	6.26	–0.32
	1500 m	25.36	3.92	3.51	1.15	20.52	–5.91	5.85	–6.85
	2000 m	25.27	4.51	3.52	1.44	17.87	–18.07	5.08	–19.11

注：$2\theta_{002}$ 为(002)峰对应的衍射角的 2 倍；$FWHM_{002}$ 为(002)峰的半峰宽；Δd_{002} 为反应后面网间距的增幅；ΔL_c 为反应后堆砌高度的增幅；ΔN 为反应后芳香层片数的增幅。

2)晶体结构的平均直径

煤的拉曼光谱主要包括 G(石墨)谱带和 D_1(缺陷)谱带，可用于评估碳质材料的结晶度和有序度(Sonibare et al., 2010)。煤样反应前后的拉曼光谱经基线校正和标准化后的曲线如图 4-32 所示。所有煤样均由不同强度、宽度、形状和位置的 D 谱带和 G 谱带组成。石墨结构的 G 谱带存在于 1587cm^{-1} 处，其为石墨芳香层的 E_{2g} 对称伸缩振动。因煤为高无序度的碳质材料，存在的微晶格缺陷产生了 D 谱带，分别为 1200cm^{-1}(D_4 谱带)、1350cm^{-1}(D_1 谱带)、1500cm^{-1}(D_3 谱带)和 1620cm^{-1}(D_2 谱带)，研究表明其为非晶质石墨不规则六边形的晶格结构振动模式，被解释为石墨碳层边界缺陷，与分子结构中单元间的缺陷有关(徐容婷等，2015)。研究煤样的 D 谱带和 G 谱带较宽表明了煤样中碳的晶体尺寸较小。

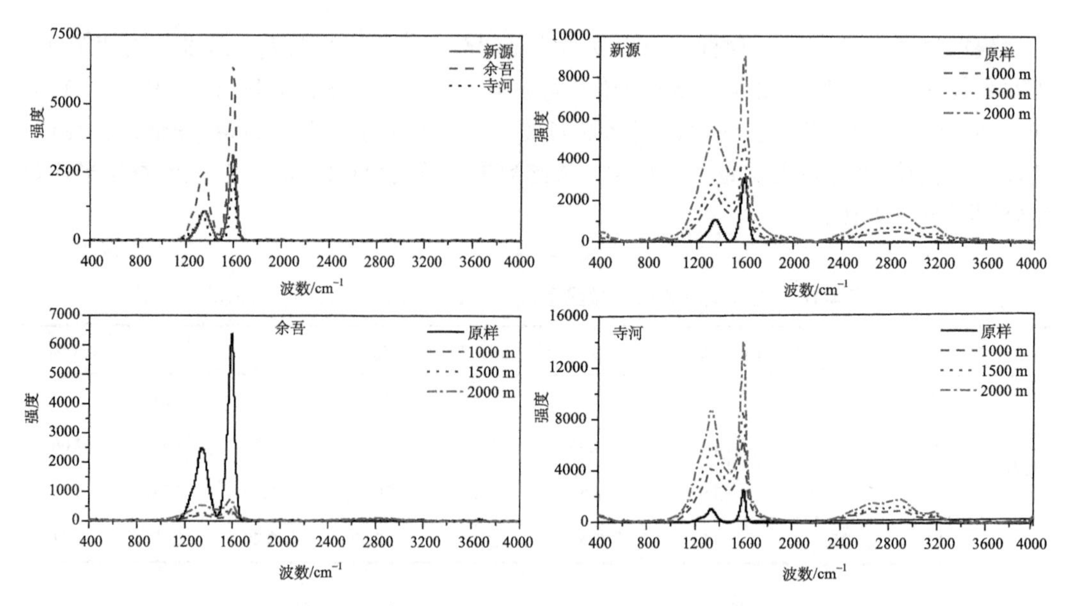

图 4-32　煤样反应前后的拉曼光谱(王恬，2018)

研究表明，煤的拉曼光谱一般分为一级峰带和二级峰带两个区域。其中，1000~1800cm^{-1} 为一级光谱区域。对于具有完美石墨结构的物质来说，仅在一级区域存在一个 G 谱带；对煤等高无序性的碳来说，由于微晶格缺陷，在拉曼光谱的一级区域产生了若干个 D 谱带。其中，以光谱区域集中在 1331~1367cm^{-1} 的 D_1 谱带最为普遍，该谱带涉及芳环及不少于 6 个环的芳香族化合物之间的 C—C 键振动，为非晶质石墨不规则六边形晶格结构的 A_{1g} 振动模式，与分子结构单元间的缺陷及杂原子有关。2200~3500cm^{-1} 为二级光谱区域，为石墨晶格振动模式的谐波和组合，该区域信噪比低，谱带较宽(苏现波等，2016)。

煤属于高度无序的碳质材料，其拉曼光谱与理想的晶体石墨大有不同。由于存在谱峰之间的重叠现象，其拉曼光谱与峰位、半峰宽、峰强度等结构参数之间的定量相关性不能通过简单地考虑 G 谱带和 D 谱带而得到(Li et al., 2006)，为了进一步获得煤样骨架碳结构的详细信息，需借助分峰拟合软件对拉曼光谱进行解析处理。二级峰是一级特征峰的泛音和组合，其相对强度变化趋势与一级峰一致，由于煤样中二级峰区域较宽泛，拟合时不确定性较大，本书只对一级峰区域进行了分峰拟合。拉曼光谱的曲线拟合结果如图 4-33~图 4-35 所示，采用了高斯函数进行拟合。

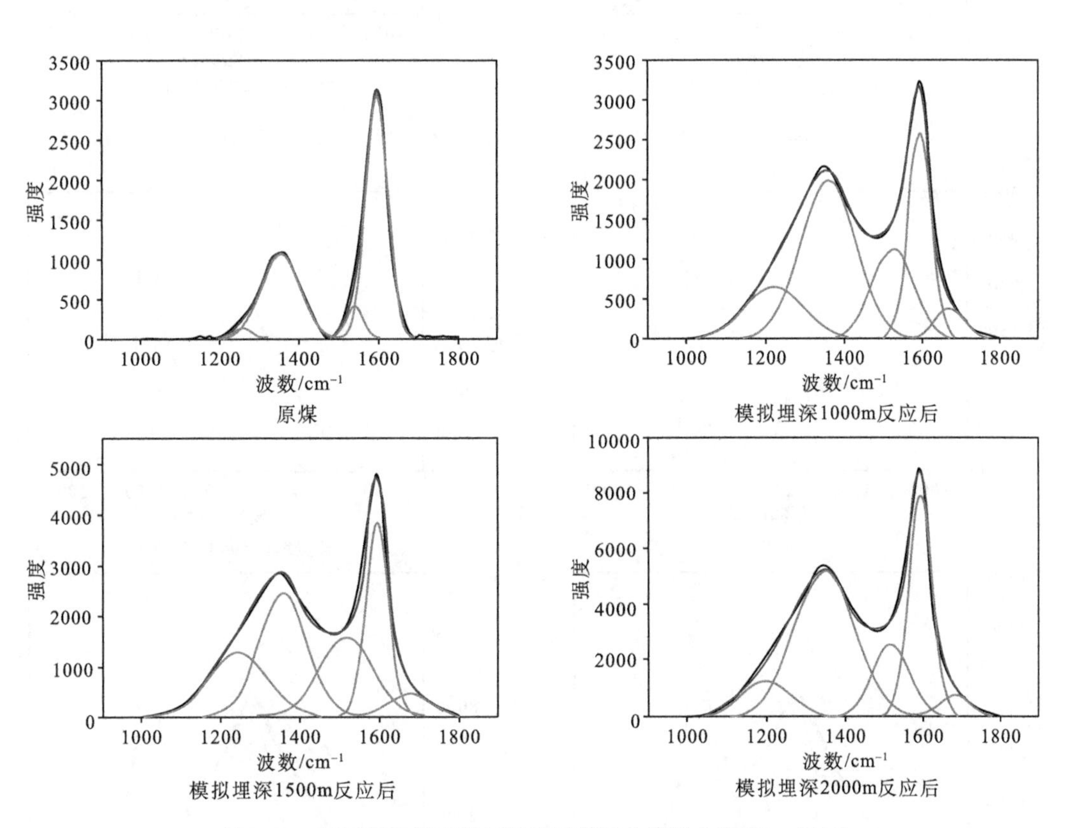

图 4-33　新源煤样反应前后的拉曼谱图分峰拟合(王恬，2018)

黑色曲线为测试获得的拉曼光谱曲线；灰色曲线为拉曼光谱的分峰拟合曲线(下同)

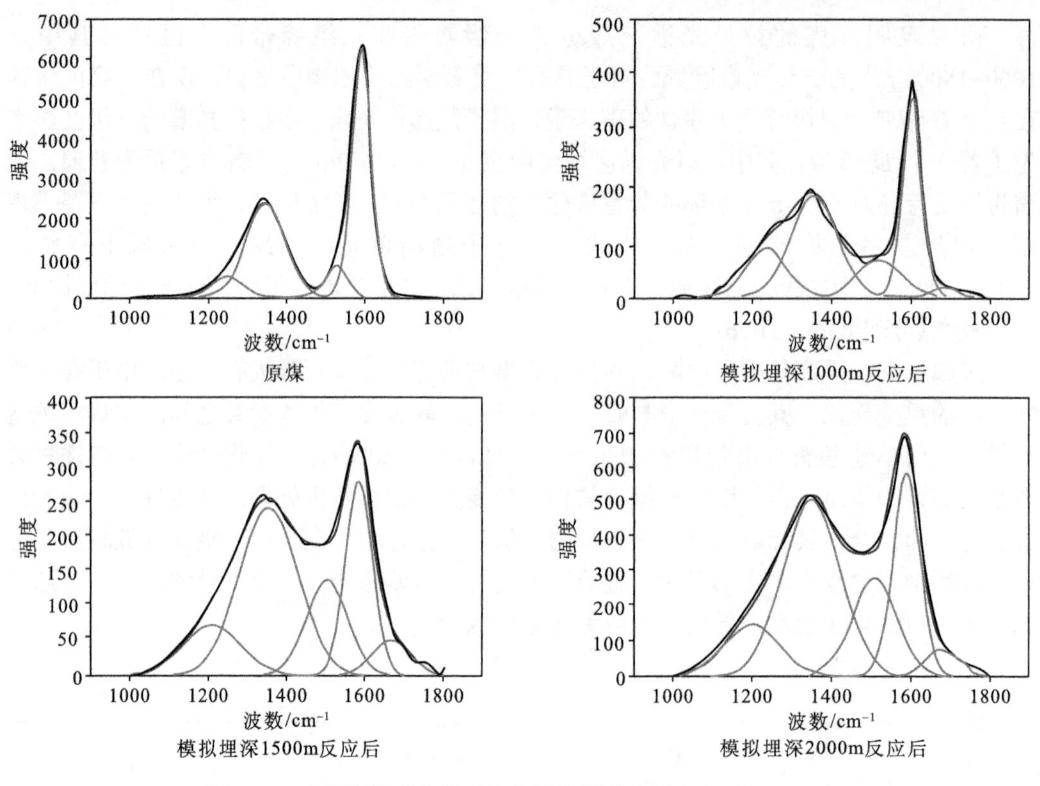

图 4-34　余吾煤样反应前后的拉曼谱图分峰拟合(王恬，2018)

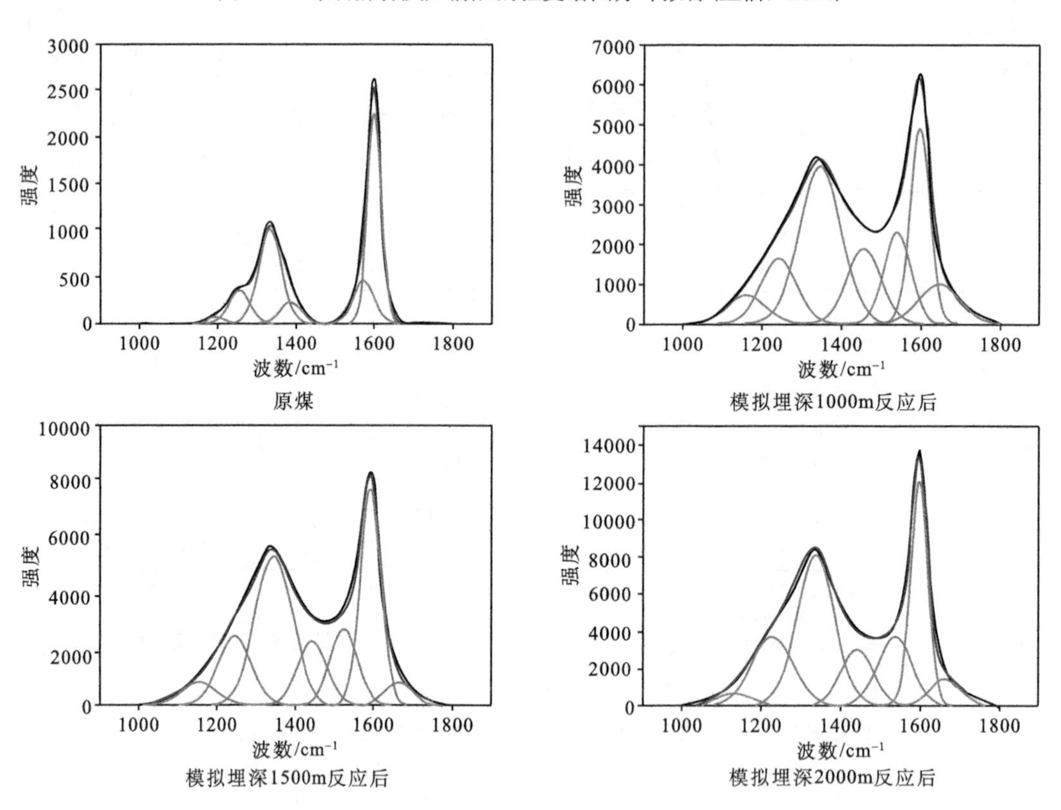

图 4-35　寺河煤样反应前后的拉曼谱图分峰拟合(王恬，2018)

由于 D_1 和 G 为谱图中的主要谱峰，本书选取这两个峰作为主要的研究对象。根据拟合结果，得到这两个峰的位置、面积、半峰宽、峰位差、A_D/A_G、L_a 等参数信息如表 4-11 所示。

表 4-11　煤样反应前后拉曼光谱获得的参数(王恬，2018)

煤样		谱带	位置/cm^{-1}	面积	半峰宽/cm^{-1}	峰位差/cm^{-1}	A_D/A_G	L_a/Å	ΔL_a/%
新源	原样	D 谱带	1355	127755	111	240	0.81	141.17	—
		G 谱带	1595	157722	64				
	1000 m	D 谱带	1358	357677	168	235	1.87	64.25	–54.49
		G 谱带	1593	191705	69				
	1500 m	D 谱带	1356	364234	141	239	1.32	77.57	–45.05
		G 谱带	1595	275226	68				
	2000 m	D 谱带	1348	1005792	183	247	1.69	74.91	–46.94
		G 谱带	1595	595049	72				
余吾	原样	D 谱带	1346	304663	118	247	0.74	128.78	—
		G 谱带	1593	411083	61				
	1000 m	D 谱带	1354	26601	137	249	1.20	97.08	–24.62
		G 谱带	1603	22225	68				
	1500 m	D 谱带	1353	45496	177	231	1.86	57.31	–55.50
		G 谱带	1584	24427	82				
	2000 m	D 谱带	1348	92342	171	239	1.87	57.13	–55.64
		G 谱带	1587	49464	80				
寺河	原样	D 谱带	1331	75350	70	269	0.74	110.15	—
		G 谱带	1600	101196	42				
	1000 m	D 谱带	1344	520786	124	250	1.69	61.33	–44.32
		G 谱带	1594	307614	59				
	1500 m	D 谱带	1343	648772	113	252	1.24	71.26	–35.31
		G 谱带	1595	525205	64				
	2000 m	D 谱带	1335	962740	112	260	1.43	73.69	–33.10
		G 谱带	1595	671017	52				

注：A_D/A_G 为 D_1 谱带和 G 谱带的面积之比；ΔL_a 为反应后煤晶核平均直径的增幅。

3) 原煤的晶体结构特征

前人研究表明，随着煤变质程度增加，煤芳香环缩合程度增大，桥键、侧链和含氧官能团减少，煤的分子结构有序度增加，反映芳香微晶大小的 L_a 和 L_c 逐渐增大，即基本单元结构尺寸变大，而反映芳香微晶层间距的 d_{002} 逐渐减小，极值趋向于石墨的结构参数。分析认为，产生该现象的原因是成煤作用和凝胶化作用时间越长，煤裂解与聚合反应次数越多(罗陨飞和李文华，2004；吴盾，2014)。

由原煤的晶体结构参数可知不同煤阶煤的分子结构具有不同的特征，且分子结构参数随着煤化程度的增加呈现一定的规律性(罗孝俊等，2001；屈争辉，2010)。原煤的层间距 d_{002} 为 3.47~3.51Å，随煤阶升高 d_{002} 总体呈减小的变化趋势，且(002)衍射峰的峰位向高角度方向偏移，说明煤中微晶的晶体结构很不完善，但随着煤变质程度的提高有向石墨晶体结构转变的趋势。原煤的 L_a 为 110.15~141.17Å，随煤阶增加而减小，在瘦煤中最大，Hrisch 认为该值的增大是脱挥发分作用引起的，低成熟度的煤内部芳香环缩合程度较低，桥键、侧链和官能团较多，使得其结构的有序化程度较低，随煤化度加深，煤晶核延展度 L_a 增大，芳香环缩合程度增大，桥键、侧链和官能团逐渐减少，分子内部的排列逐渐有序化，分子之间平行定向程度增加，呈现各向异性；而高变质煤中煤晶核重新变小的现象，可能与煤经受较高温度后的软化和重新固结有关(吴盾，2014)。原煤的 L_c 为 20.42~24.52Å，芳香层片数为 5.81~7.08，无论是芳香核的堆砌高度还是芳香层片数均随煤变质程度的升高呈先增大后减小的变化趋势，且均在贫煤中达到最大值，证明了在煤化过程中芳香核进行了芳环的缩聚反应。随煤化程度的增加，XRD 谱图中(002)峰的波形变得尖锐，煤晶核面网间距变小，延展度和堆砌度增大，说明煤的变质程度和晶核生长正相关(王恬，2018)。

拉曼光谱拟合结果表明，原煤中的 D(表示 D_1 谱带，下同)谱带主要集中在 1331~1355cm^{-1} 范围内，随煤阶增大，D 谱带向低波数段移动，该结果与前人研究结果完全一致(Guedes et al., 2010；Wu et al., 2014)，代表煤的芳香化作用在进行。D 谱带的半峰宽随煤阶增大呈减小的趋势，即随煤阶增大 D 谱带变得狭窄。G 谱带主要集中在 1593~1600cm^{-1} 范围，随煤阶增大，G 谱带向高波数区域移动，已有研究表明，G 谱带位置的增加代表了 sp^2 含量的增加，表明碳原子朝有序的结构演化(李霞等，2016)。半峰宽对煤阶很敏感，半峰宽越大，则晶体有序度越低，因此其通常被用于指示煤的大分子结构序列(Wu et al., 2014)。由表 4-11 可知，随煤阶增大，煤样 G 谱带的半峰宽从 64cm^{-1} 降至 42cm^{-1}，表明随煤阶增大煤样的 G 谱带变得狭窄，煤样的面网间距减小(Marques et al, 2009)、晶体有序度增大，但比起高有序度热解石墨的 15~23cm^{-1} 还是很大。由于随煤阶增大，D 谱带和 G 谱带分别向低、高波数移动，两者的峰位差随煤阶增大而增大，该结论与李霞等(2016)研究的峰位差与最大镜质组反射率存在正相关关系一致，反映了随煤阶增大，煤化作用向芳香化转变。原煤中 A_D/A_G 介于 0.74~0.81，随煤阶增加而减小。关于 A_D/A_G 随煤阶增加的变化趋势，不同学者得出了不同的结论，部分学者研究得出该值随煤阶增加而增加(Guedes et al., 2010)，也有部分学者发现随煤阶增加该值减小。

综上，随着煤变质程度加深，煤结构向石墨化方向发展，煤结构中的缺陷逐渐减小，无序程度减小，晶体结构的完善程度增加(王恬，2018)，但这个过程中又有阶段性的演变，充分体现了煤化作用的复杂性(李霞等，2016)。

4) 煤岩超临界 CO_2-H_2O 反应对煤晶体结构的影响

不同煤样经过煤岩超临界 CO_2-H_2O 反应后晶体结构变化规律相似，被测煤样的面网间距均在反应后增加；其芳香核延展度、堆砌度、芳香层片数均在反应后有不同程度的减小(刘世奇等，2018)，即煤岩超临界 CO_2-H_2O 反应破坏了煤样的晶体完整度(王恬，2018)。煤样经煤岩超临界 CO_2-H_2O 反应后，D 谱带和 G 谱带的半峰宽均增大，表明该反应破坏了煤中部分化学键，使得大分子结构中无序单元增加，结构缺陷迅速增加。反应后煤样 A_D/A_G 的值增大，以往研究表明，该值越大表示碳结构有序度越低(尹艳山等，2015)，即煤岩超临界 CO_2-H_2O 反应破坏了煤中的化学键和晶体结构，使得煤的碳结构有序度降低，晶体结构完整性降低。反应后煤样(002)峰的峰位向低角度方向偏移，且新源煤样反应后 G 谱带位置略有增加，随煤阶增加，G 谱带位置逐渐在反应后减小，指示了超临界 CO_2 作用对不同煤阶煤样晶体结构存在差异。前人研究表明，煤在超临界 CO_2 中会发生溶胀，使煤中本来处于紧张状态的交联键松开，分子结构发生重排，从而使煤结构发生变化(Day et al., 2008a；Gathitu et al., 2009)。因此，推测溶胀作用是造成晶体结构和碳有序度变化的主要原因(王恬，2018)。

总体而言，煤岩超临界 CO_2-H_2O 反应对煤样晶体面网间距的影响较小，变化幅度均在 2%以内，且温压条件对面网间距几乎没有影响。反应后煤样的芳香核堆砌高度和芳香层片数变化幅度也在 20%以内，除余吾煤样较大外，总体变化幅度较小，随温压条件增加，堆砌度和芳香层片数呈一致的变化趋势，其中寺河煤样的堆砌度和芳香层片数随温压条件增加而降低，其余煤样随温压条件变化规律不显著。反应后煤样的延展度变化较大，甚至达到 55%，不同煤样反应后延展度随模拟深度的变化规律均不同。新源瘦煤的 L_a 值随模拟深度增加呈先增后减的变化趋势，在 1500m 时达到最大值；余吾贫煤的 L_a 值随模拟深度增加而减小；寺河无烟煤的 L_a 值随模拟深度增加而增加。对于高阶煤余吾贫煤和寺河无烟煤来说，1500m 和 2000m 模拟深度的 L_a 值几乎没有变化，表明对高阶煤来说升高温压条件至模拟埋深1500m后温度的进一步升高对碳结构的有序度影响并不明显(王恬，2018)。

2. 煤有机基团表征和演化特征

通过 FTIR 实验，我们获得了地球化学反应前后三套煤样的官能团类型和含量，从官能团变化的角度研究了煤岩超临界 CO_2-H_2O 对煤中大分子结构的作用，以及温压条件和煤变质程度对煤岩超临界 CO_2-H_2O 与煤中有机官能团反应的影响。

首先对三套样品反应前后的FTIR谱图进行基线校正、平滑处理(Wang et al., 2019b)，且为防止样品量不同而导致的谱图差异干扰实验结果，对谱图进行了纵坐标归一化处理(王兰云等，2012)，得到的吸收谱图(如图 4-36 和图 4-37 所示)。煤样主要含有 700~900cm^{-1} 芳香烃吸收峰、1000~1800cm^{-1} 含氧官能团及芳环骨架振动吸收峰、2800~3000cm^{-1} 脂肪烃吸收峰和 3000~3600cm^{-1} 羟基吸收峰(Georgakopoulos et al., 2003；Wang et al., 2016b；谢克昌，2002)。煤中也含部分矿物吸收峰，如 478cm^{-1} 和 540cm^{-1} 归属于硅酸盐矿物石英和黏土矿物吸收峰；3600~3700cm^{-1} 为含硅酸盐矿物和高岭石吸收峰，而煤中普遍存在

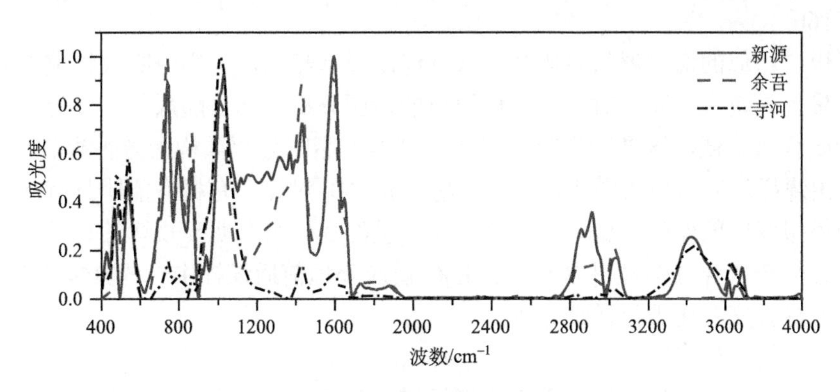

图 4-36　煤的 FTIR 谱图

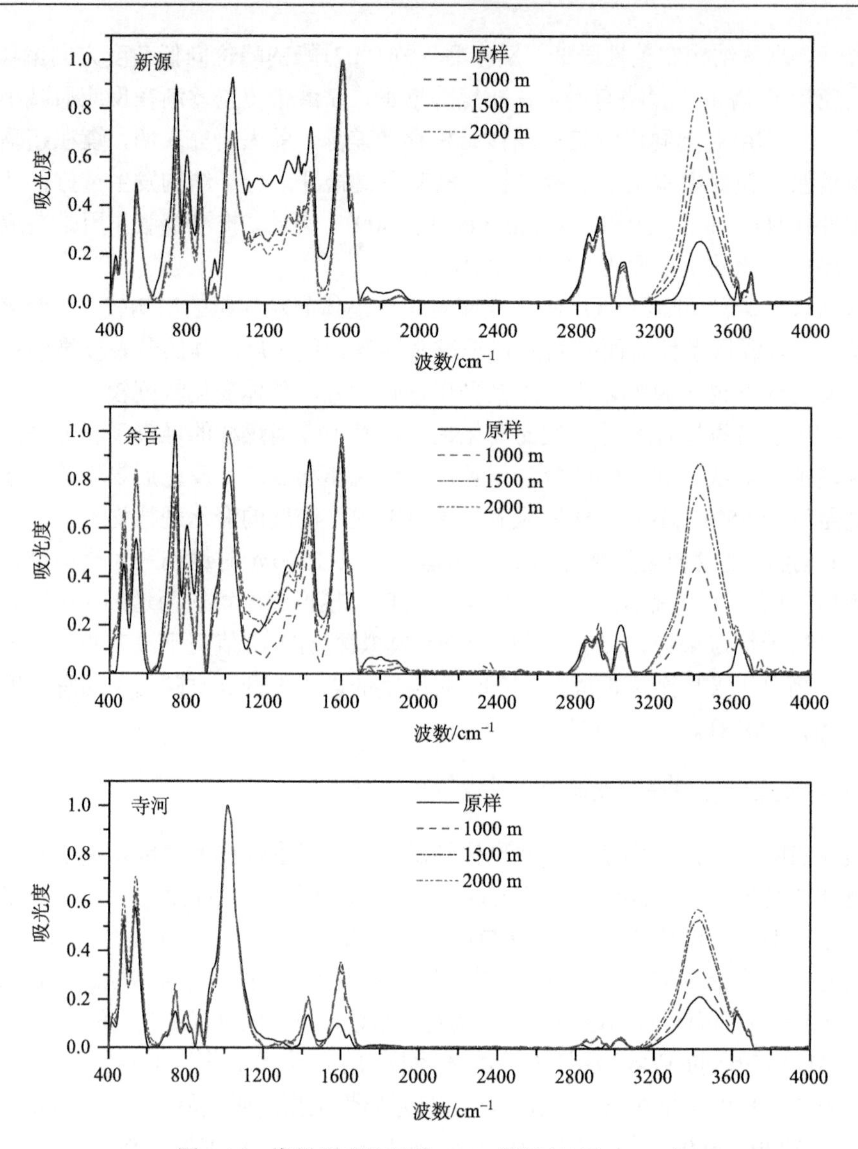

图 4-37　煤样反应前后的 FTIR 谱图(王恬，2018)

的 3620cm^{-1} 和 3690cm^{-1} 吸收峰分别对应水云母和高岭石的羟基吸收谱带(Wang et al., 2019b, 2016b)。

三套煤样相似的谱带形状表明其所含官能团类型相似，但谱带吸收峰值不同表明其官能团含量差异较大。通过对三套煤样原煤的谱图分析可知，随煤化程度提高，煤中脂肪族官能团含量降低，这是因为随着煤化程度增加脂肪分解重构为芳香族(Wang et al., 2019b)。由煤样反应前后谱图比较可知，超临界 CO_2 对煤中有机官能团具有一定的改造作用，随模拟深度的变化，相同有机官能团含量的变化具有明显规律性(王恬，2018)。下文将通过分峰拟合对煤岩超临界 CO_2-H_2O 反应处理前后煤样中一些典型的 FTIR 吸收峰基于吸收峰强度变化进行详细分析。

1) 芳香结构变化特征

波数 700~900cm^{-1} 处的谱带吸收峰表示煤中芳香族化合物的特征吸收峰。反应前后煤样在该段的分峰拟合结果如图 4-38~图 4-40 所示。曲线拟合结果表明，不同煤阶煤样的芳香结构官能团在反应前后存在差异，寺河煤经反应后取代苯类官能团含量增加，其取代苯类官能团含量随模拟深度增加先减小后增加，在 1500m 模拟深度时呈现最小值。新源煤样和余吾煤样反应后芳香结构官能团含量均下降，但下降幅度不同，除 3H 含量下降幅度相差不大外，余吾煤样的芳香结构官能团含量下降幅度明显大于新源煤样，尤其是 2H 和 H 含量下降幅度成倍增长(表 4-12)。随模拟深度的变化，两个煤样芳香结构官能团含量的变化完全相反，新源煤样中取代苯类官能团含量随模拟深度增加呈先增大后减小的变化趋势，而余吾煤样官能团含量变化情况与此完全相反。但总体来看，煤样随温度压力变化，芳香结构官能团含量变化较小(Wang et al., 2019b)。

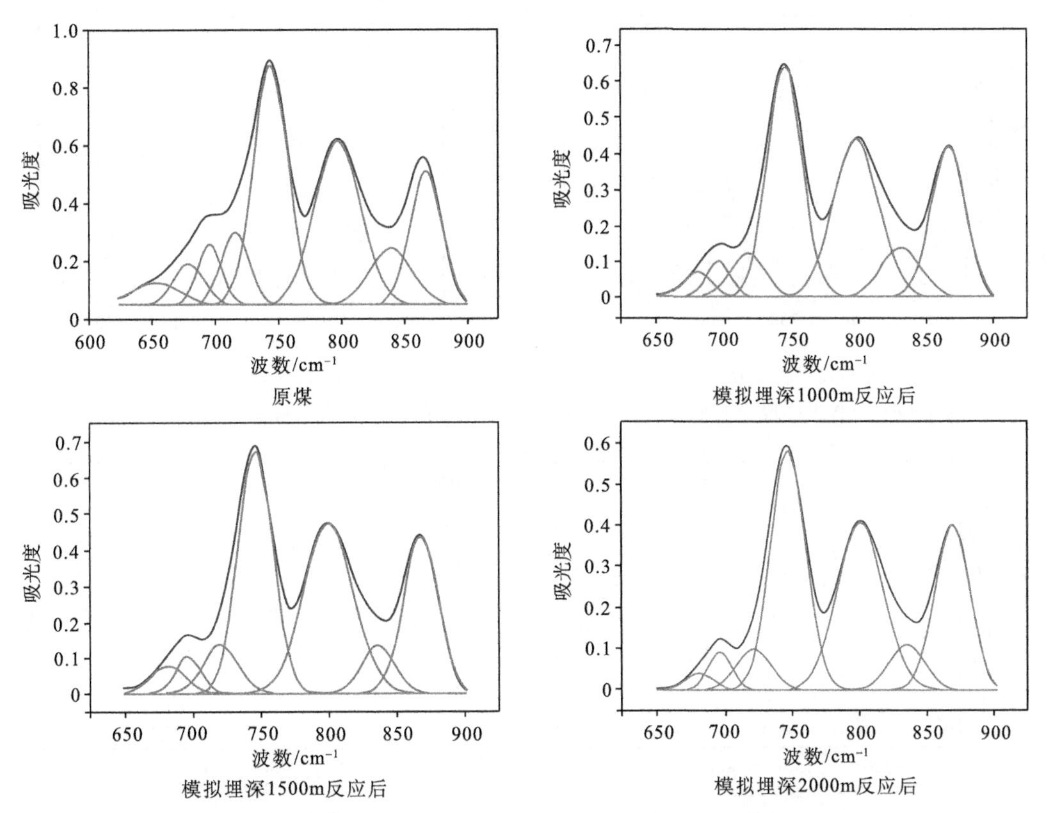

图 4-38　新源煤样反应前后芳香 C—H 面外变形振动的红外光谱分峰拟合(王恬，2018)

黑色曲线为实际测量获得的红外光谱；灰色曲线为红外光谱的分峰拟合曲线(下同)

不同煤阶煤中芳香结构官能团的变化具有一定的规律性。随煤阶增加，煤中芳香结构官能团总量呈先增大后减小的变化趋势，由新源瘦煤至余吾贫煤含量增加，至寺河无烟煤时含量急剧下降。各芳香结构官能团与总官能团含量变化情况基本一致，随煤热变质程度增加呈先增后减的变化趋势，至贫煤时增至最大值。可见煤变质程度对煤中芳香结构官能团含量影响显著(Wang et al., 2019b)。

$725cm^{-1}$ 附近的吸收带是 CH_2 的平面内摇摆振动吸收带，该吸收带强度与分子链上连续相连的 CH_2 基团的数目成正比，其丰度可反映煤中亚甲基链的长度(谢克昌，2002)，随煤阶增加，煤中亚甲基链长度也呈先增后减的变化趋势，至贫煤时增至最大值，表明

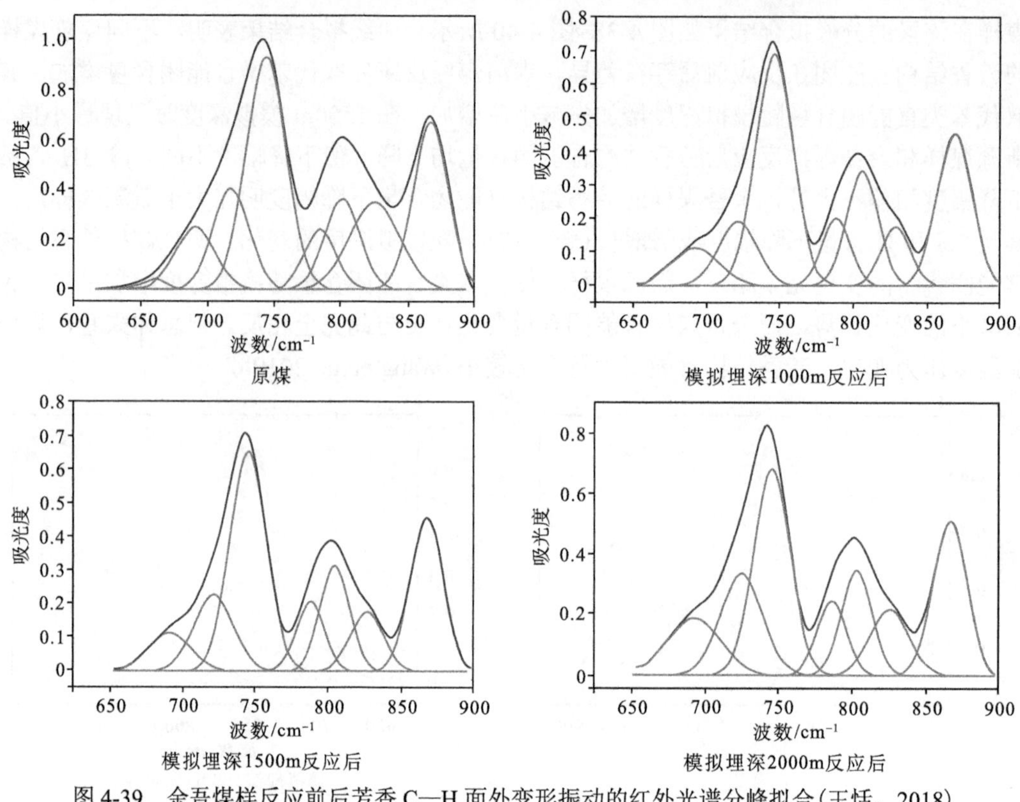

图 4-39　余吾煤样反应前后芳香 C—H 面外变形振动的红外光谱分峰拟合(王恬，2018)

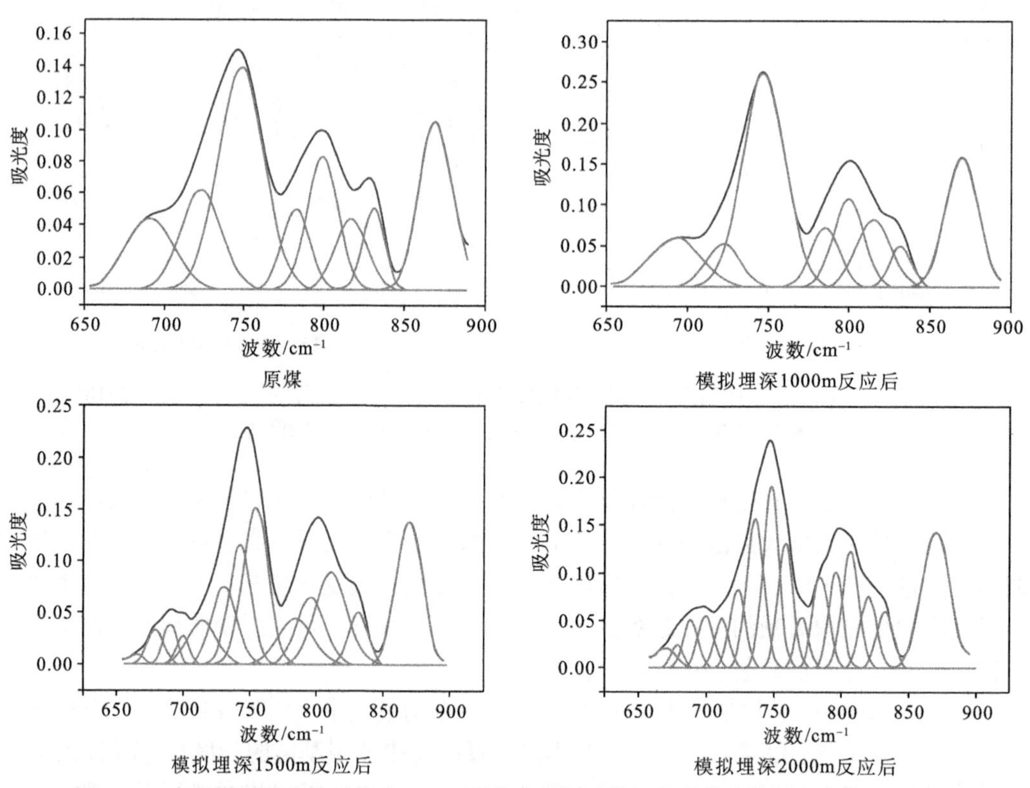

图 4-40　寺河煤样反应前后芳香 C—H 面外变形振动的红外光谱分峰拟合(王恬，2018)

贫煤中亚甲基链长度最长。反应后该官能团强度均降低，表明煤岩超临界 CO_2-H_2O 反应会破坏煤中亚甲基链之间的连接。余吾煤样中该官能团含量随模拟深度增加而增加，而其余煤样反应后该官能团含量随模拟深度变化不明显，表明煤中亚甲基链的断裂受温压条件影响较小(Wang et al., 2019b)。

表 4-12　煤样反应前后芳香 C—H 面外变形振动的红外光谱分峰拟合结果(王恬，2018)(单位：%)

样品		CH_2	4H	3H	2H	H
新源	原样	7.31	29.60	26.84	8.65	14.93
	1000 m	4.00	20.92	18.75	5.03	13.59
	1500 m	4.35	21.32	21.46	5.16	13.74
	2000 m	3.24	18.68	17.25	3.57	12.80
余吾	原样	13.78	33.97	19.18	16.25	21.89
	1000 m	6.27	21.83	13.97	4.95	13.26
	1500 m	7.75	20.17	12.93	4.40	12.99
	2000 m	11.91	20.99	14.89	7.00	14.50
寺河	原样	1.99	4.85	3.10	1.91	2.66
	1000 m	1.38	8.54	4.05	3.53	3.97
	1500 m	1.16	7.19	3.20	2.98	3.40
	2000 m	1.18	7.57	3.40	3.96	3.72

2) 含氧官能团变化特征

红外波长 1000~1800cm^{-1} 处主要是含氧官能团的吸收峰谱带，也包括芳香烃的 C═C 振动以及 CH_3—、CH_2—的变形振动(赵迎亚，2016)。因受煤中矿物的影响，煤样反应前后该区域的变化较大，图 4-41~图 4-43 和表 4-13 为三套煤样在该范围反应前后的曲线拟合情况。煤中 1030~1040cm^{-1} 范围吸收峰对应烷基醚官能团，1100cm^{-1}、1170cm^{-1} 和 1321cm^{-1} 吸收峰分别对应 C—O(醇)、C—O(酚)和 C—O(芳基醚)官能团。煤变质程度不同，则煤中含氧官能团含量变化较大(Murata et al., 2000)，研究发现所有煤样中的 C—O(醇)、C—O(酚)和 C—O(芳基醚)官能团在反应后的变化趋势几乎一致(Wang et al., 2019b)。

新源煤样含氧官能团含量在反应后均下降，且下降幅度较大。不同官能团随模拟深度不同变化趋势略有差异。其中 C—O、CH_3—/CH_2—对称和反对称变形振动以及 COOH 官能团含量随模拟深度增加呈先增大后减小的变化趋势；C═O 官能团含量随模拟深度增加而增加；烷基醚和 C═C 官能团含量随模拟深度增加而减小。不同模拟深度之间官能团含量差异较小，尤其是 1000m 和 1500m 模拟深度官能团含量几乎相同。余吾煤样中烷基醚、C—O(醇)、C═C 和 C═O 官能团在反应后含量增加；C—O(苯酚)和 C—O(芳基醚)官能团含量在 1000m 模拟深度低于原煤，随后随反应的进行含量升高，高于原煤；CH_3—/CH_2—对称/反对称变形振动及 COOH 官能团在反应后含量降低。烷基醚、C═O 和 COOH 官能团在反应后随模拟深度变化差异不大，其余官能团均随模拟深度增加含量大幅增加(表 4-13)。寺河煤样中烷基醚和芳基醚几乎不受反应的影响；CH_3—/CH_2—对称和反对称变形振动、C═C 和 C═O 官能团含量均在超临界 CO_2-H_2O 反应后增加；

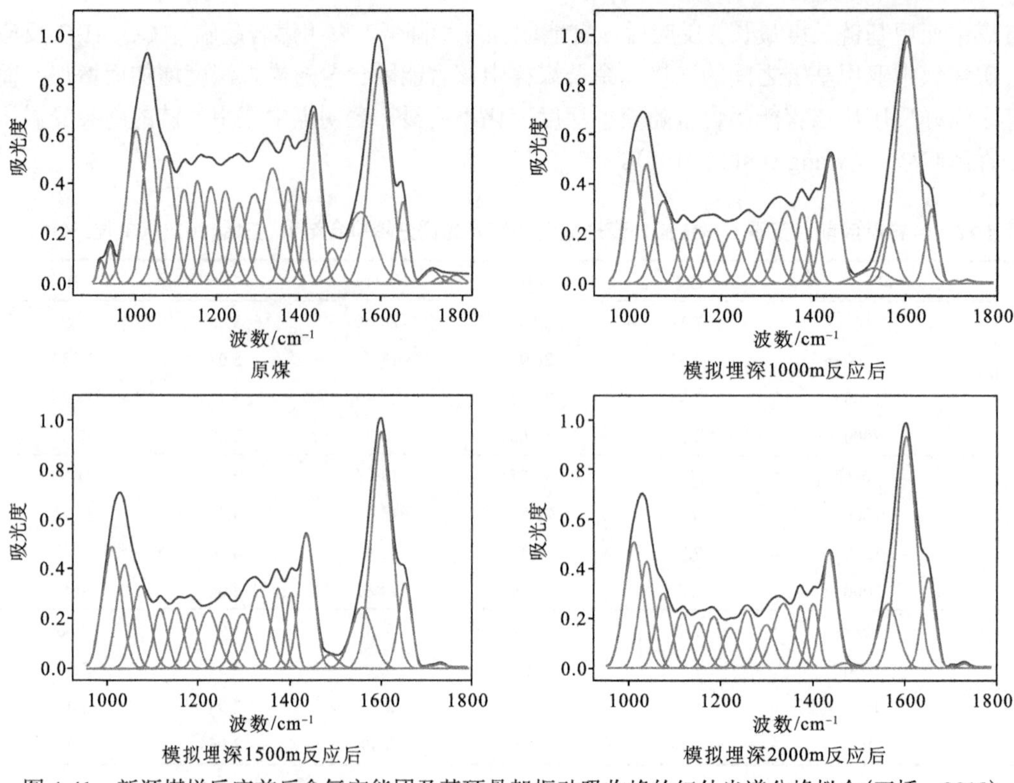

图 4-41　新源煤样反应前后含氧官能团及芳环骨架振动吸收峰的红外光谱分峰拟合(王恬，2018)

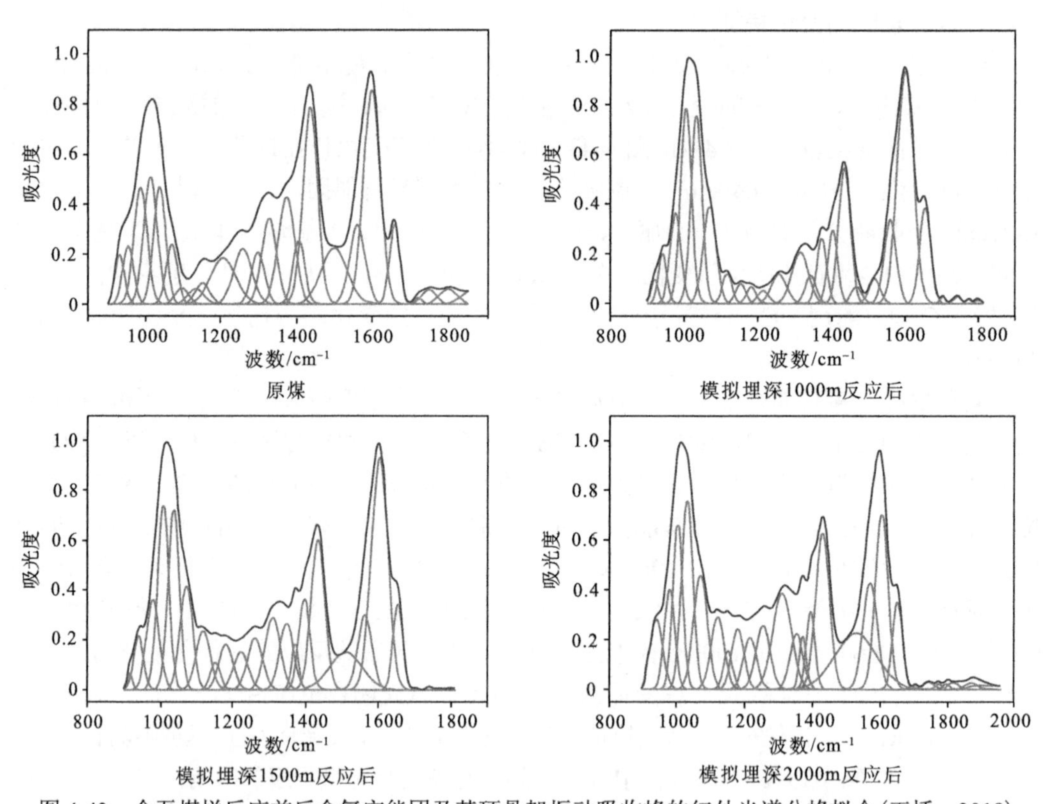

图 4-42　余吾煤样反应前后含氧官能团及芳环骨架振动吸收峰的红外光谱分峰拟合(王恬，2018)

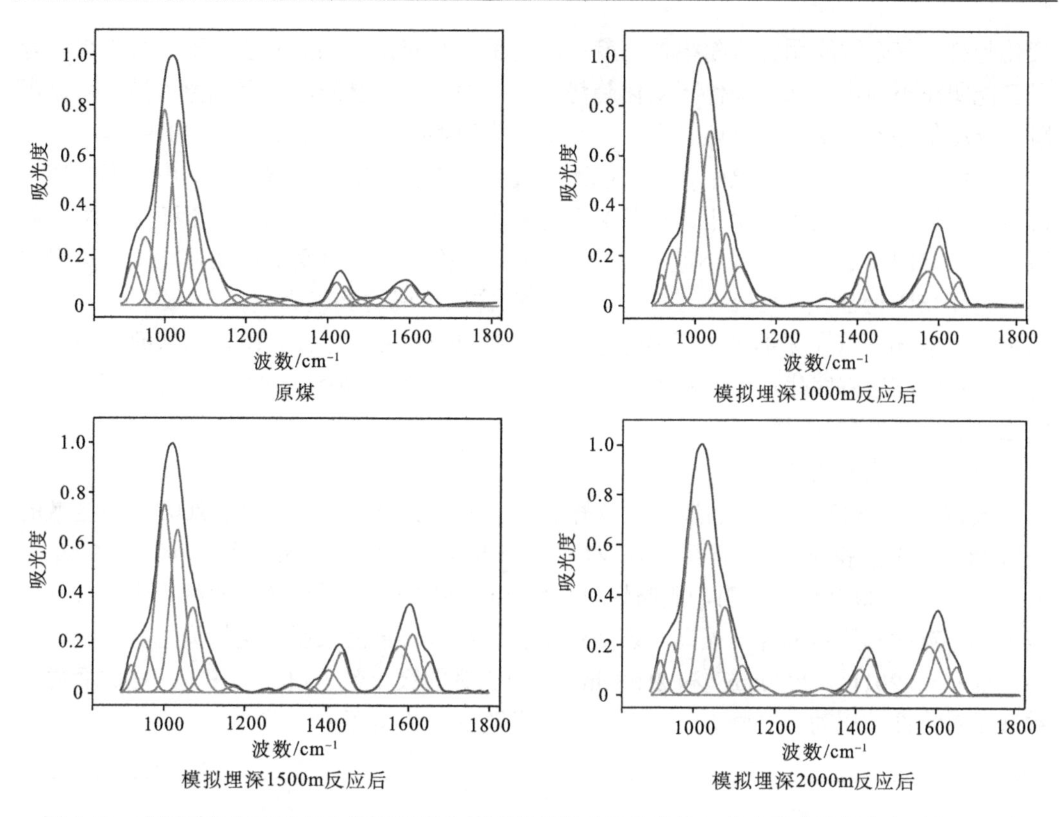

图 4-43　寺河煤样反应前后含氧官能团及芳环骨架振动吸收峰的红外光谱分峰拟合(王恬，2018)

表 4-13　煤样反应前后含氧官能团及芳环骨架振动吸收峰的红外光谱分峰拟合结果(王恬，2018)　　(单位：%)

	样品	烷基醚	C—O(醇)	C—O(酚)	C—O(芳基醚)	δ s CH_3—, CH_2—	δ as CH_3—, CH_2—	C═C	C═O	COOH
新源	原煤	26.47	41.25	52.94	67.19	27.53	35.88	79.05	14.21	1.05
	1000 m	18.57	24.49	29.65	36.61	16.87	23.88	72.82	10.20	0.15
	1500 m	17.62	24.71	31.13	37.75	20.03	25.25	66.20	13.49	0.35
	2000 m	17.40	21.29	22.45	32.27	15.51	20.17	63.46	14.19	0.20
余吾	原煤	18.60	6.49	19.84	38.85	33.67	39.08	62.79	13.62	0.74
	1000 m	28.32	3.92	7.04	22.04	18.50	24.35	68.56	15.74	0.52
	1500 m	28.73	11.95	20.29	38.73	19.25	28.42	84.28	14.25	0.13
	2000 m	28.78	14.26	26.10	40.32	26.01	31.88	89.93	14.14	0.24
寺河	原煤	33.42	13.01	3.70	2.23	4.29	4.08	8.89	2.22	0.19
	1000 m	33.33	8.97	1.23	2.09	5.60	7.69	22.99	4.25	0.22
	1500 m	33.38	7.70	1.07	2.48	5.23	7.24	24.91	5.32	0.14
	2000 m	33.44	5.20	2.05	2.08	6.09	6.48	23.83	4.39	0.06

注：δ 表示变形，s 表示对称，as 表示反对称。

而 C—O 和 COOH 官能团含量在反应后下降。不同官能团含量变化随模拟深度变化略有差异，反对称 CH_3—/CH_2—、C═C 和 C═O 官能团含量随模拟深度变化呈先增后减的变化趋势；其余官能团含量随模拟深度增加几乎没有变化。综上所述，不同煤阶煤样含氧官能团在不同模拟深度条件下变化趋势完全不同，十分复杂，没有规律可循，可见煤阶和温压条件的双重影响对煤中含氧官能团变化的影响之大(Wang et al., 2019b)。

随煤变质程度增加，煤中含氧官能团含量变化具有一定的规律性。其中，无烟煤中的含氧官能团含量最少。煤中的烷基醚含量相差不大；C—O 官能团含量随煤阶增大而减小，至寺河无烟煤减至最小值；CH_3—/CH_2—对称与反对称变形振动官能团含量变化趋势为随煤阶增加先小幅增加后急剧减小，在贫煤阶段达到最大值；C═C、C═O 和 COOH 官能团含量在无烟煤中明显低于其余煤样(Wang et al., 2019b)。前人研究表明，芳环层片的高度有序化反而不利于芳环的骨架振动，致使高阶煤中 C═C 骨架振动吸收峰强度大大降低(屈争辉，2010)。

3)脂肪结构变化特征

波数 2800~3000cm^{-1} 处的谱带吸收峰强度表示脂肪烃含量(Li et al., 2007)。该区域的吸收峰包括甲基和亚甲基的对称和反对称伸缩振动，其拟合结果如图 4-44~图 4-46 和表 4-14 所示。拟合结果表明，脂肪烃以 2850cm^{-1} 和 2920cm^{-1} 两个吸收峰为主，分别对应 CH_2—对称和反对称伸缩振动，表明煤中脂肪烃以长直链或脂环结构为主，支链较少(Wang et al., 2011)。2920cm^{-1} 和 2850cm^{-1} 两个尖锐的吸收带来自于煤中 C—H 的面内对称和反对称伸缩振动，这些 CH_2—全部处在脂链及饱和脂环中。

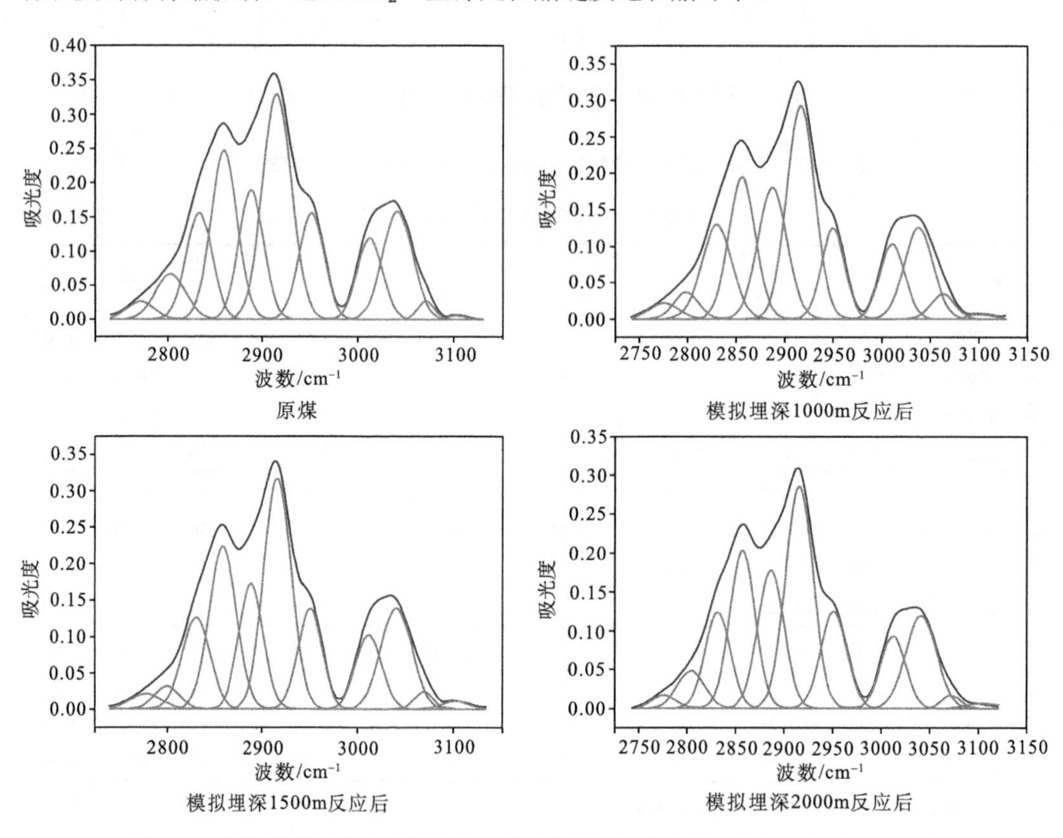

图 4-44 新源煤样反应前后脂肪烃振动吸收峰的红外光谱分峰拟合(王恬，2018)

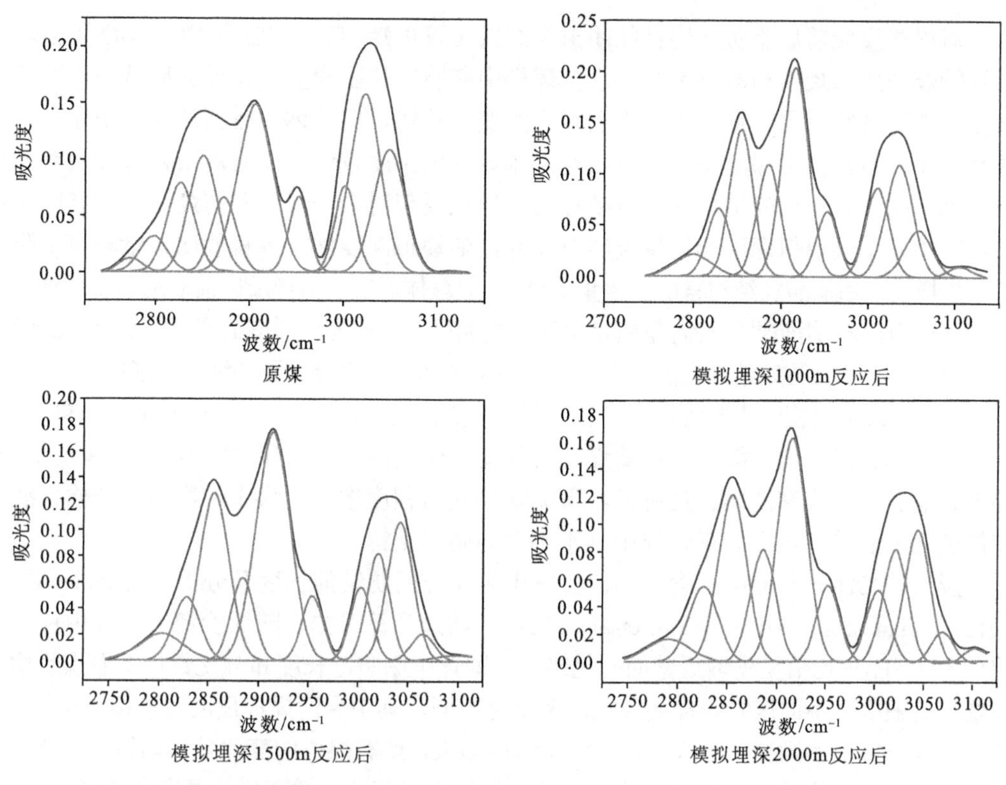

图 4-45　余吾煤样反应前后脂肪烃振动吸收峰的红外光谱分峰拟合（王恬，2018）

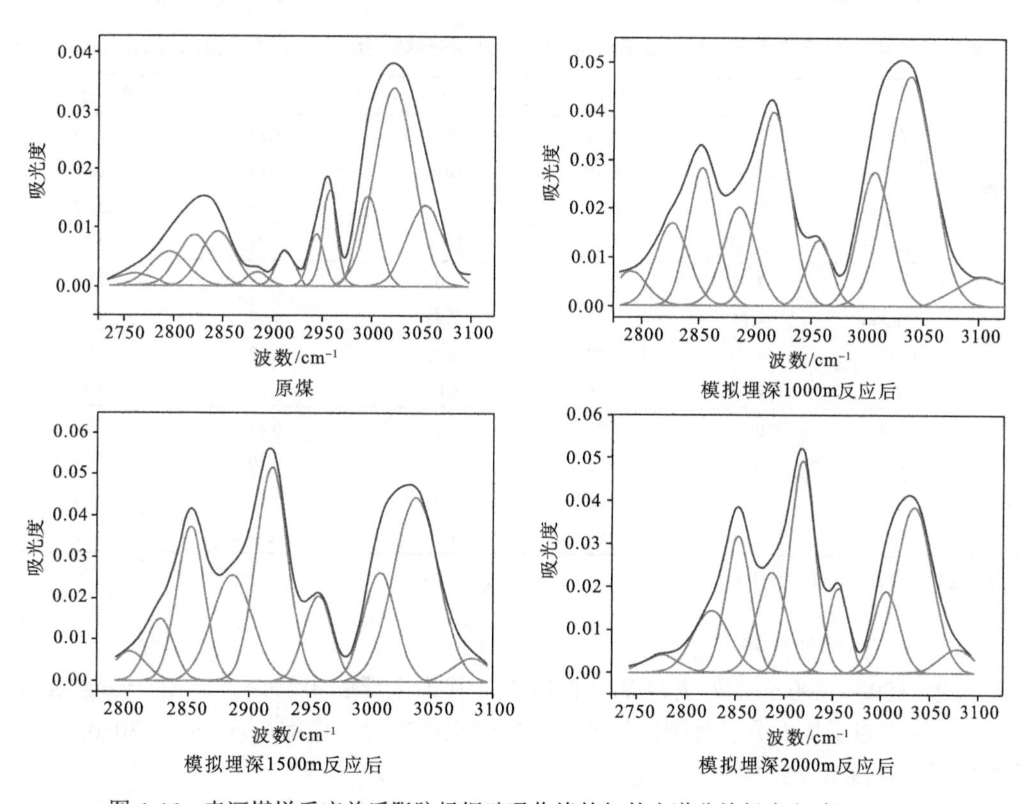

图 4-46　寺河煤样反应前后脂肪烃振动吸收峰的红外光谱分峰拟合（王恬，2018）

对煤样反应前后脂肪结构官能团拟合结果比较可知，煤岩超临界 CO_2-H_2O 反应对不同煤阶煤中脂肪烃结构影响不同，新源煤样中脂肪官能团含量均在反应后减小，随模拟深度增加，各官能团含量呈先增大后减小的变化趋势，但总体而言新源煤样中脂肪烃结构官能团含量随模拟深度变化较小，对温压条件敏感度较低。反应后余吾煤样的对称和反对称 CH_2—官能团峰值均向高波数移动，但该反应对余吾煤样脂肪烃结构官能团含量影响较小，不同模拟深度变化情况略有差异，随模拟深度增加各官能团含量略有下降。寺河煤样反应后脂肪烃结构官能团含量均增加，但总体而言该煤样反应前后的脂肪烃结构官能团含量均较低，脂肪烃结构含量随模拟深度增加呈一致的先增后减的变化趋势。综上所述，新源煤样反应后脂肪烃结构官能团含量下降而余吾和寺河煤样脂肪烃结构官能团含量上升，可见煤阶对反应过程中煤脂肪烃结构官能团含量变化起决定性作用（Wang et al., 2019b）。

煤中脂肪烃结构官能团含量随煤变质程度变化规律十分明显，随着煤变质程度增加，煤中各脂肪烃结构官能团含量降低，可见随煤变质程度增加，煤中的脂肪烃结构官能团和侧链逐渐脱除，至无烟煤时煤中几乎不含脂肪烃结构。

反对称 CH_2—与 CH_3—含量的比值常用来表征脂肪链的长度及分支情况（Chen et al., 2012a；Tian et al., 2016；Wang et al., 2011）。通过计算可知，随煤阶增大，煤中反对称 CH_2—与 CH_3—比值呈先增后减的变化趋势，即煤中脂肪链长度和分支数量随着煤阶增大先增加后减少。不同煤阶煤样随模拟深度变化不同，其中寺河煤样反应后该值大幅增加，其余煤样反应前后则变化不大，且随模拟深度增大，所有煤样的变化差异均较小。该结果进一步证实了超临界 CO_2-H_2O 反应中脂肪烃结构官能团含量的变化受原煤结构影响较大。

表 4-14　煤样反应前后脂肪烃振动吸收峰的红外光谱分峰拟合结果（王恬，2018）（单位：%）

煤样		s CH_2—	s CH_3—	as CH_2—	as CH_3—	CH_2—/CH_3—
新源	原煤	14.14	6.23	12.28	5.13	2.39
	1000 m	11.68	6.01	10.46	4.19	2.50
	1500 m	12.84	6.14	11.23	4.34	2.59
	2000 m	10.61	5.64	10.06	3.71	2.71
余吾	原煤	3.95	2.18	7.01	1.77	3.96
	1000 m	4.71	3.60	7.58	1.99	3.81
	1500 m	4.70	2.78	7.37	1.88	3.92
	2000 m	4.39	2.66	6.09	1.69	3.60
寺河	原煤	0.40	0.07	0.14	0.47	0.30
	1000 m	0.90	0.73	1.45	0.39	3.72
	1500 m	1.08	1.08	1.68	0.60	2.80
	2000 m	1.01	0.88	1.63	0.54	3.02

注：s 表示对称，as 表示反对称。

4）羟基官能团变化特征

波数 3000~3600cm^{-1} 处为羟基吸收谱带，其为主要的含氢键官能团（Wang et al., 2016b），氢键对于煤大分子骨架结构的建立起着至关重要的作用（Tian et al., 2016），其反应性较强，在煤分子结构中不稳定。

图 4-47~图 4-49 和表 4-15 为本书研究煤样反应前后羟基的拟合结果。研究表明，本

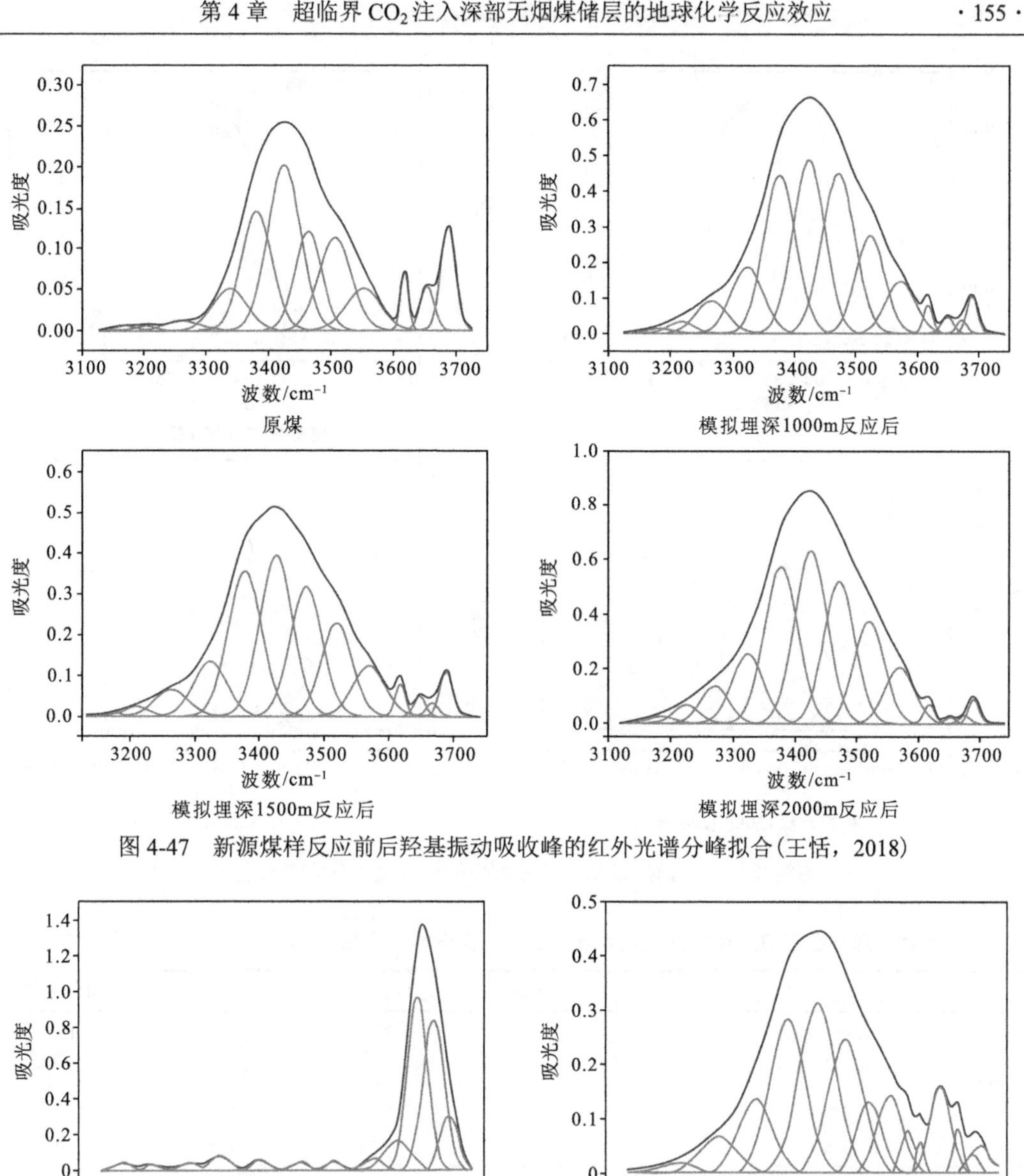

图 4-47　新源煤样反应前后羟基振动吸收峰的红外光谱分峰拟合(王恬，2018)

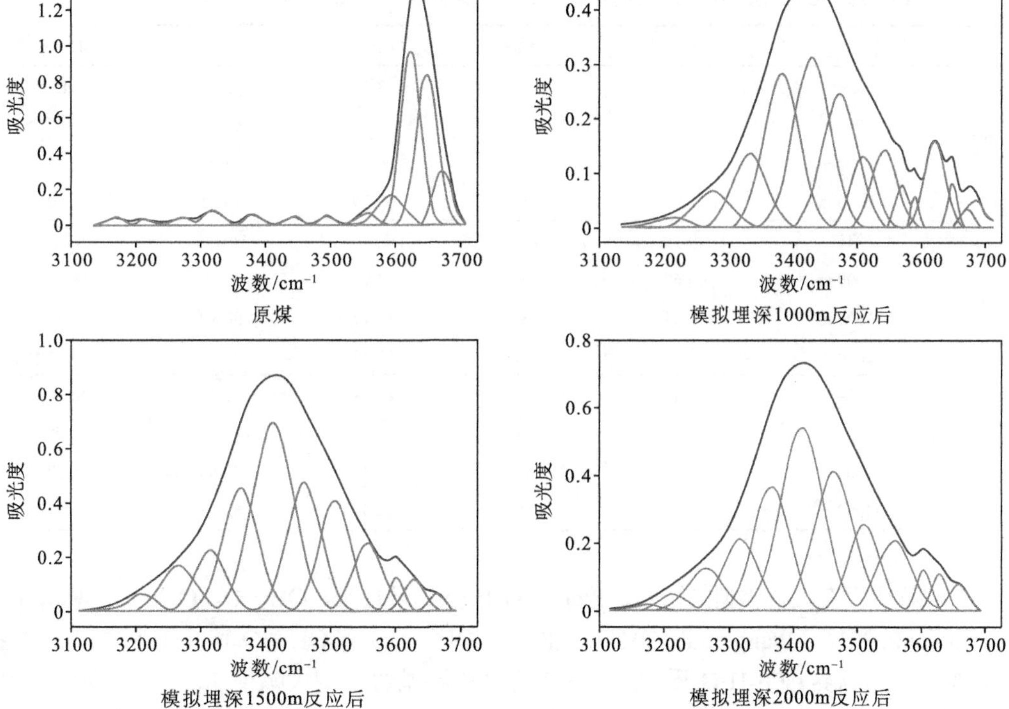

图 4-48　余吾煤样反应前后羟基振动吸收峰的红外光谱分峰拟合(王恬，2018)

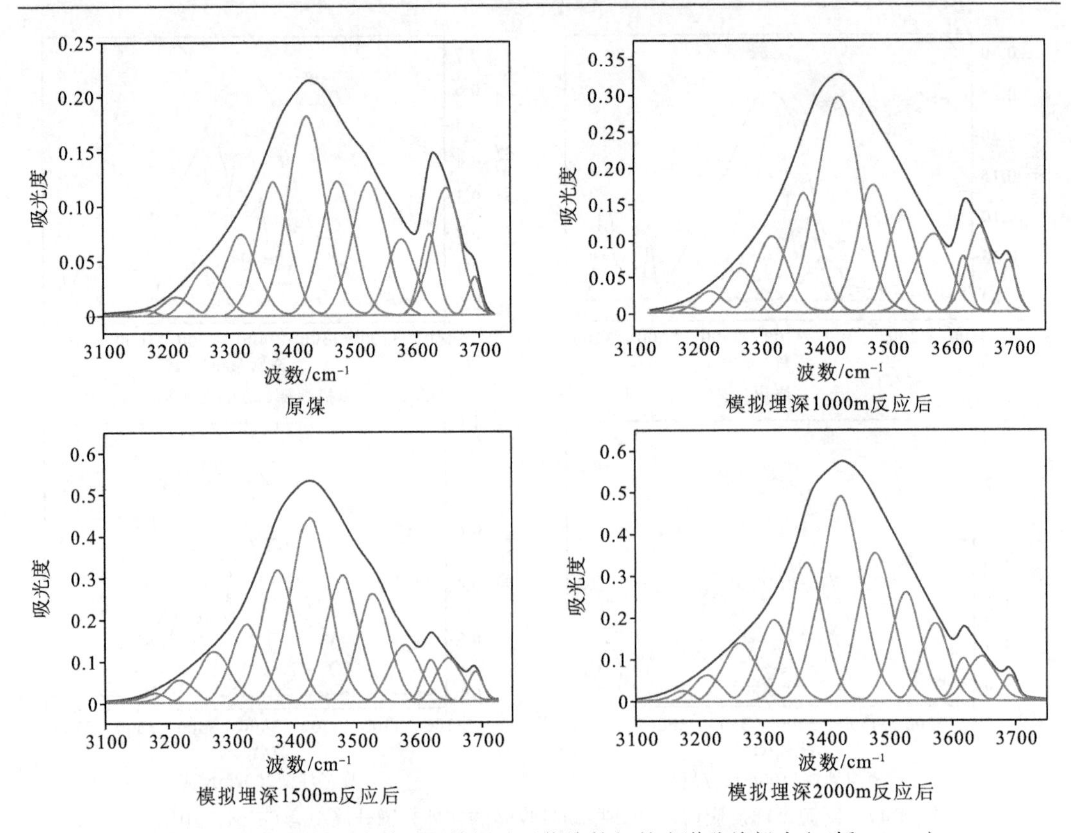

图 4-49　寺河煤样反应前后羟基振动吸收峰的红外光谱分峰拟合(王恬，2018)

表 4-15　煤样反应前后羟基振动吸收峰的红外光谱分峰拟合结果(王恬，2018)（单位：%）

煤样		OH—N	环羟基	OH—O	OH—OH	OH—π
新源	原样	0.38	0.18	13.10	19.76	7.45
	1000 m	2.13	1.85	47.13	62.33	16.36
	1500 m	1.32	1.15	36.43	45.22	13.74
	2000 m	2.06	3.50	63.39	75.85	23.00
余吾	原样	0.19	0.10	0.64	0.14	0.01
	1000 m	0.67	1.47	33.91	39.98	13.86
	1500 m	1.21	3.82	59.17	90.10	25.62
	2000 m	1.45	2.90	50.79	79.01	16.41
寺河	原样	0.36	0.93	15.57	21.25	8.33
	1000 m	0.71	1.60	20.95	36.28	7.98
	1500 m	1.63	2.84	40.34	53.84	15.28
	2000 m	1.97	3.25	43.35	62.93	16.17

书研究煤样中存在五种类型的羟基，分别为OH—N、环羟基、OH—O、OH—OH和OH—π(Tian et al., 2016；Wang et al., 2011)，主要以OH—OH和OH—O官能团为主，含量超过60%。与超临界 CO_2-H_2O 反应后，三个煤样中羟基含量均大幅增加。不同煤阶煤样中羟基含量对模拟深度的敏感度差异较大(Wang et al., 2019b)，其中新源煤样中羟基官能团

含量均随模拟深度增加呈先减后增的变化趋势；余吾煤样中 OH—N 官能团含量随模拟深度增加而增加，其余官能团均随模拟深度增加呈先增后减的变化趋势；寺河煤样中羟基官能团含量均随模拟深度增加而增加。

对原煤中羟基官能团含量的比较可知，羟基官能团含量均随煤阶增加呈先减后增的变化趋势，在贫煤中羟基含量达到最小值。

5) 芳香性和芳香环缩合度变化特征

脂肪烃和芳香烃构成了煤的主要大分子结构，可用来指示煤的芳香性和芳香环缩合度等特征。参照前人(Chen et al., 2012a)计算结构参数的公式，选取相对稳定的吸收峰面积比对煤的结构参数进行计算，结果如表 4-16 和图 4-50 所示。

表 4-16　反应前后煤样 FTIR 结构参数(王恬，2018)

参数		芳香性	增幅/%	芳香环缩合度	增幅/%
新源	原煤	2.164	—	1.105	—
	1000 m	1.913	−11.60	0.855	−22.62
	1500 m	1.907	−11.88	0.981	−11.22
	2000 m	1.704	−21.26	0.875	−20.81
余吾	原煤	5.887	—	1.533	—
	1000 m	2.976	−49.45	0.871	−43.18
	1500 m	3.279	−44.30	0.698	−54.47
	2000 m	4.102	−30.32	0.771	−49.71
寺河	原煤	7.696	—	1.678	—
	1000 m	5.128	−33.37	0.910	−45.77
	1500 m	3.744	−51.35	0.758	−54.83
	2000 m	4.115	−46.53	0.817	−51.31

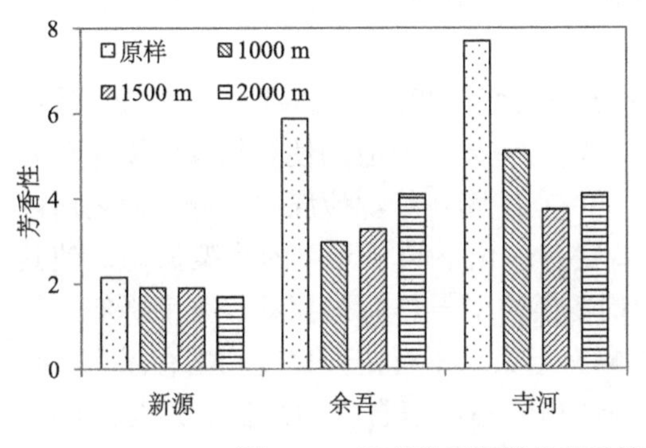

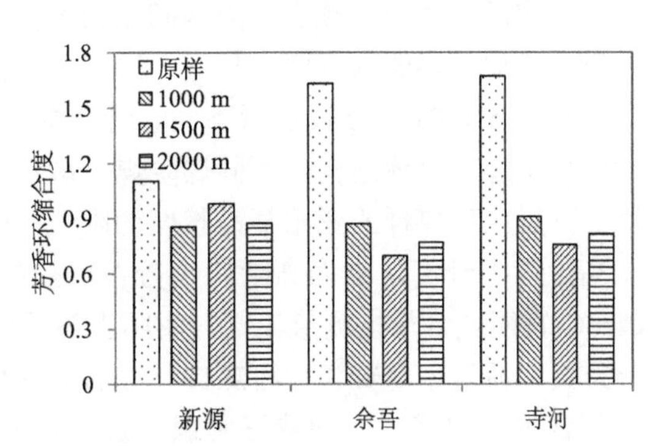

图 4-50　反应前后煤样的芳香性和芳香环缩合度比较(王恬，2018)

前人研究表明，芳香烃与脂肪烃含量之比可用来表征煤的芳香性(Geng et al., 2009)。本书用波数 700~900cm^{-1} 的芳香烃含量与 2800~3000cm^{-1} 的脂肪烃含量面积之比表示煤样的芳香性。由表 4-16 和图 4-50 可知，随着煤变质程度的增加，原煤中煤的芳香性增加，即随着煤变质程度增加煤的芳构化程度增加，与实际情况相符合(Li et al., 2007)。与超临界 CO_2-H_2O 反应后的煤样芳香性减小。随着模拟深度增加，不同煤样芳香性变化趋势不同，余吾煤样随着模拟深度增加，芳香性呈增加的变化趋势，新源煤样则呈减小的变化趋势，寺河煤样随模拟深度增加芳香性呈先减后增的变化趋势，可见煤阶对反应后煤芳香性的变化起着主要的控制作用(王恬，2018)。

芳香环缩合度为波数 700~900cm^{-1} 的芳香烃面积与苯环骨架伸缩振动峰面积之比(Wang et al., 2016b；Wang et al., 2011)，用以指示煤样结构的致密性。原煤的芳香环缩合度随煤变质程度增加而递增，至无烟煤中达到最大值，符合对煤变质程度的认识。反应后煤样的芳香环缩合度均下降，且随变质程度增加降幅增加，甚至出现反应后低变质程度煤缩合度高于高变质煤的情况。新源煤样的芳香环缩合度随模拟深度增加呈先增后减的变化趋势，而余吾和寺河煤样的芳香环缩合度随模拟深度增加呈先减后增的变化趋势。

综上所述，超临界 CO_2-H_2O 反应使中-高阶煤的芳香性和芳香环缩合度降低(Wang et al., 2019b)。随模拟深度增加，煤样的反应规律也不同，随煤阶增加，各参数随模拟深度不同其变化较复杂，但总体会在 1500m 模拟深度出现转折，表明在模拟的 1000~2000m 模拟深度范围内存在一个极值。

3. 有机质结构变化特征分析

以上研究表明，煤样与超临界 CO_2-H_2O 反应后晶体结构、碳有序度和官能团特征均发生了明显的变化，且不同温压条件和不同煤阶之间存在差异。

1) 不同煤阶煤样与超临界 CO_2-H_2O 反应后有机质结构演化规律

煤岩超临界 CO_2-H_2O 反应对不同煤阶煤样的有机质结构影响较小。煤样反应后 d_{002} 增加，L_a、L_c 和 N 均降低，(002)峰的峰位向低角度方向偏移，D 谱带和 G 谱带的半峰宽增大。反应后煤的芳香性和芳香环缩合度降低，但烟煤的降幅明显低于贫煤和无烟煤。新源烟煤反应后各官能团含量均有不同程度降低，而羟基官能团含量上升。余吾和寺河煤样反应后煤的碳碳骨架振动峰强度、脂肪烃结构和羟基官能团含量均增加。综上，高阶煤反应后晶体尺寸减小，面网间距增大，煤的平行定向程度略有减小，煤中各官能团含量的增加使煤的碳有序度降低(王恬，2018)。

超临界 CO_2-H_2O 反应后不同煤阶煤中大分子结构变化特征存在共性。一方面，反应均破坏了煤的晶体结构，不同煤阶煤中破坏程度略有差异；反应均使煤结构的无序单元增加；反应后煤样的亚甲基链长度均降低；C═C 官能团在新源瘦煤中降低，而之所以在高阶煤中升高是因为高阶煤中芳香层片的高度有序化不利于芳环的骨架振动，使其 C═C 官能团含量检测值较低，实际上该反应均使煤的 C═C 骨架振动峰强度降低。另一方面，新源、余吾和寺河煤样反应后 d_{002} 均略有增大，平行定向程度均略有减小，且羟基含量大幅增大，导致三套煤样反应后芳香性和芳香环缩合度的降低。煤与超临界 CO_2-H_2O 反应对煤有机质结构的影响十分复杂，受到煤本身大分子结构、超临界 CO_2-H_2O 与煤发生的化学作用类型及温压条件改变导致的超临界 CO_2 性质改变的共同影响(王恬，2018)，后文将通过详细的机制分析进行解释。

2) 不同模拟深度温压条件对有机质结构演化的影响

在本书实验条件设置的模拟煤层深度范围(1000~2000m)内，温压条件对有机质结构变化具有一定的影响，与煤阶具有一定的关系。寺河煤样的晶体结构变化受温压条件的影响较为明显，随模拟深度增加，寺河煤样的 L_c 和 d_{002} 均向着影响更大的方向发展，即温压条件越大，影响越显著；新源煤样和余吾煤样随模拟深度增加变化趋势较小，但也有一定的规律，其中新源煤样随模拟深度增加影响先减小，至2000m模拟深度时又略有增大，而余吾煤样随模拟深度增加影响略有增加，即随着煤阶增大，温压条件对其影响呈增加的趋势。煤的碳结构有序度也受温压条件的影响，余吾和寺河煤样随模拟深度增加，碳结构有序度先降低后增加，而新源煤样则随模拟深度增加有序度先增加后减小。温压条件对官能团的影响极其复杂，但对芳香性和芳香结构的影响具有一定的规律性。煤样的芳香性和芳香环缩合度受模拟温压条件影响较复杂，不具有一致的规律性，但总体而言变化幅度较小(王恬，2018)。以上研究表明，在本书研究范围内，温压条件对有机质结构的影响并不显著。

4. 超临界CO_2与煤中有机质的作用机制

超临界CO_2与煤基质的作用机制可归纳为2个方面：①超临界CO_2具有很好的溶解能力和扩散性，其在煤基质中的吸附和扩散可导致煤产生溶胀，削弱分子间作用力，使煤大分子链之间的相互作用减小，大分子链得到伸展，从而引起煤基质结构改变和物理结构重排(Tsotsis et al., 2004)。②超临界CO_2和水均为离子化溶剂，因此煤与超临界CO_2-H_2O在一定的温压条件下可发生加成反应、取代反应和键解离反应等各种化学反应，从而对煤基质结构产生较大的影响(王恬，2018)。即超临界CO_2作用过程与煤化作用过程具有相似性，一方面使煤中物质发生脱官能团、侧链和芳构化等反应，另一方面煤各组分之间也将发生化学作用(刘世奇等，2018)。超临界CO_2与煤基质的相互作用主要受控于煤的大分子结构，并受温度和压力条件的影响(王恬，2018)。

1)溶胀作用

超临界CO_2含有溶剂化电子，可以使煤部分溶解，产生溶胀(Dawson et al., 2015；Gathitu et al., 2009)。煤溶胀过程主要是超临界CO_2进入煤的大分子结构之间，通过非共价键作用(如氢键、电荷转移、络合及极性偶极矩之间的相互作用等)，使煤大分子链之间的相互作用减小，大分子间的距离增加，大分子链得到伸展，氢键断裂，交联程度降低，同时煤结构重排、大分子链重新定向(Dawson et al., 2015；Day et al., 2008a；Gathitu et al., 2009；Larsen, 2004；Mirzaeian and Hall, 2006)。溶胀作用伴随有键解离反应、加聚反应、氢键作用等，是多种反应的综合表现。

前文研究表明，超临界CO_2-H_2O反应使中–高阶煤的芳香性和芳香环缩合度降低。高阶煤大分子结构的短程有序主要依靠分子间芳香层片的定向排列(Limantseva et al., 2008；Xu et al., 2016)。同一芳香层片上，芳香基碳碳键、氢键、范德瓦耳斯力等非化学键交联几乎消失，取而代之的是较强离域π键之间的作用，其结构及化学性质稳定，基本不发生溶胀(Mathews and Chaffee, 2012；Mathews et al., 2011)。不同芳香层面之间依靠次甲基键、醚键、硫醚键、次甲基醚键等交联(Mathews and Chaffee, 2012；Mathews et al., 2011)。超临界CO_2等造成的溶胀主要作用于不同芳香层面之间的交联键，导致芳香层面之间作用力减弱，交联度降低，从而使煤的芳香性和芳香环缩合度普遍降低，晶体尺寸减小，面网间距增大，且变质程度越高，这一作用越明显。交联键断裂后，产生氢自由基，氢自由基或被烷基取代，造成芳香结构和脂肪结构增多；或形成羟基，造成醇羟基增多。芳香层面之间交联键的断裂及羟基的形成，使氢键作用和碳碳双键结构的不对称性增强，极性增加，极性基团共轭作用、氢键作用和分子的对称性作用的共同影响可使苯骨架吸收峰强度增大(王恬，2018)。

2) 化学反应

(1) 加成作用。

超临界 CO_2-H_2O 体系和煤中有机基团之间有三种加成反应，分别为氯化反应、共轭加成反应和亲核加成反应。其中，氯化反应和共轭加成反应对煤中的芳香结构官能团影响较大，而亲核加成反应主要影响煤中的羟基和含氧官能团(王恬，2018)。

①氯化反应。氯是煤中常见的元素之一(Xu et al., 2016)。X 射线光电子能谱测试结果显示，测试样品中含有大量 Cl 元素，且随变质程度的升高，含量降低。超临界 CO_2 溶于水所形成的酸性环境，可溶出无机氯化物中的 Cl，Cl 与芳香环在加热、加压条件下，可发生氯的加成反应(氯化反应)(Limantseva et al., 2008)。超临界 CO_2 和水作为离子化溶剂(Arami-Niya et al., 2016)，加速了该反应的进程。

氯化反应前期主要是芳香环上的氢被氯所取代，析出 HCl(Liu et al., 2018b)：

$$\mathrm{RH} \xrightarrow{\mathrm{Cl}} \mathrm{RCl+HCl} \tag{4-18}$$

反应后期，煤中氢含量大幅降低后主要发生碳碳双键的加成反应(Liu et al., 2018b)：

$$\mathrm{>C{=}C<} \xrightarrow{\mathrm{Cl}} \mathrm{Cl{-}\overset{|}{\underset{|}{C}}{-}\overset{|}{\underset{|}{C}}{-}Cl} \tag{4-19}$$

氯化反应破坏了煤中的碳碳双键结构，使煤中芳香环含量和吸收峰强度降低，且在低阶煤中更显著。

②共轭加成反应。超临界 CO_2 和水均为离子化溶剂，可促使芳香环发生共轭加成反应。超临界 CO_2 和水所含的溶剂化电子对芳香环中的 1,3-双烯体进行共轭加成，生成自由负离子。该自由负离子再摄取一个质子生成自由基，自由基再获取一个溶剂化电子转变为负离子。该负离子为强碱性，可以再摄取一个质子生成环烯烃。共轭加成反应同样可破坏芳香环的碳碳双键结构(王恬，2018)。

③亲核加成反应。水是亲核试剂，酸性条件下可以与 C═O 基团发生亲核加成反应，形成—OH，造成煤中 C═O 含量与吸收峰强度降低，—OH 含量增多(Liu et al., 2018b；王恬，2018)。

$$\mathrm{R{-}C{=}O+H_2O \longrightarrow R{-}C{-}(OH)_2} \tag{4-20}$$

$$\mathrm{HCHO+H_2O \longrightarrow H_2C(OH)_2} \tag{4-21}$$

$$\mathrm{CH_3CHO+H_2O \longrightarrow CH_3CH(OH)_2} \tag{4-22}$$

$$\mathrm{CH_3COCH_3+H_2O \longrightarrow (CH_3)_2C(OH)_2} \tag{4-23}$$

(2) 取代反应。

超临界 CO_2-H_2O 体系和煤中有机基团之间存在两种取代反应，包括亲电取代反应和水解反应，分别作用于芳香结构和含氧官能团。

①亲电取代反应。芳香环上的氢易被其他基团取代，超临界 CO_2 所形成的酸性环境促进了亲电取代反应的发生(Liu et al., 2018b；Wang et al., 2016b；梁虎珍等，2014)，造成烷基等取代基含量增多。低阶煤形成的对称性交联结构使取代反应较弱，而高阶煤形

成的极性交联结构使取代反应更强烈(Liu et al., 2018b；王恬，2018)。

$$C_6H_6 + —CH_3 \longrightarrow C_6H_5—CH_3 + H^+ \tag{4-24}$$

②水解反应。含氧官能团的水解反应是其吸收峰强度降低的重要原因。水解反应实际为亲核取代反应，C—O 官能团中碳氧键在酸性或加热条件下不稳定，易水解分裂(Wang et al., 2016a)，使 C—O 官能团含量普遍降低，而—OH 含量大幅上升(Liu et al., 2018b；王恬，2018)。

$$R—O—R'+H_2O \longrightarrow ROH+R'OH \tag{4-25}$$

(3) 键解离反应。

高温高压下 CO_2 迅速溶解于水中，形成大量的 HCO_3^-，使溶液呈酸性，而酸性和加热条件会促进化学反应的进行。超临界 CO_2 造成的酸性环境使加热条件下烷基的化学键分裂产生自由基，即烷基的键解离反应(Liu et al., 2018b；Wang et al., 2016b；梁虎珍等，2014)。从键解离能来看，烷烃分子链越长，碳自由基键解离能越低，形成的碳自由基越不稳定，更易断裂，因此脂链烷烃的裂解是先断长链再断短链。键解离反应所形成的碳自由基不稳定，会继续发生自由基反应，直至自由基消失。自由基反应的结果即碳自由基两两结合，造成环烷烃和脂肪烃变短(Liu et al., 2018b；王恬，2018)。

$$CH_3—H \longrightarrow CH_3\cdot + \cdot H \tag{4-26}$$

$$CH_3CH_2—H \longrightarrow CH_3CH_2\cdot + \cdot H \tag{4-27}$$

$$CH_3CH_2CH_2—H \longrightarrow CH_3CH_2CH_2\cdot + \cdot H \tag{4-28}$$

$$(CH_3)_3C—H \longrightarrow (CH_3)_3C\cdot + \cdot H \tag{4-29}$$

$$CH_3—CH_3 \longrightarrow 2CH_3\cdot \tag{4-30}$$

$$CH_3CH_2—CH_3 \longrightarrow CH_3CH_2\cdot + \cdot CH_3 \tag{4-31}$$

$$CH_3CH_2—CH_2CH_3 \longrightarrow 2CH_3CH_2\cdot \tag{4-32}$$

$$(CH_3)_2CH—CH_3 \longrightarrow (CH_3)_2CH\cdot + \cdot CH_3 \tag{4-33}$$

$$(CH_3)_3C—CH_3 \longrightarrow (CH_3)_3C\cdot + \cdot CH_3 \tag{4-34}$$

综上，不同煤阶煤中官能团含量的变化受各种化学反应的综合影响，其与煤本身的基本结构单元特点、主要有机官能团类型和交联键本质均有关(Liu et al., 2018b；王恬，2018)。

对新源瘦煤的影响：中阶煤中脂肪烃含量达到最大值，芳香烃含量也较多，更易发生烷基断裂，溶胀作用和键解离反应的共同作用强于取代反应，造成环烷烃和脂肪烃变短，使取代苯类和脂肪烃含量降低。

对余吾贫煤和寺河无烟煤的影响：芳香核稠环上的脂肪族官能团和侧链已大量脱落，烷基的溶胀作用和键解离反应减弱，而溶胀作用造成的大量氢自由基促进了取代反应，导致高阶煤中以取代反应为主，烷烃基含量增多。其转折点在贫煤阶段，该阶段由于脂肪烃中烷基相对于芳香环中烷基更稳定，键解离反应继续作用于芳香环中的烷基，而取代反应作用于脂肪烃中的烷基，造成芳香环中取代苯含量降低而脂肪烃结构上升。

4.2 煤储层结构随煤岩地球化学反应的演化规律

超临界 CO_2 在煤层水存在的情况下形成碳酸，使得煤处于弱酸性环境中，煤中赋存矿物会在酸性条件下溶蚀，矿物溶蚀的过程中，赋存在矿物中的元素会发生迁移，同时煤体孔隙结构也会发生相应改变。因此，超临界 CO_2-H_2O 对煤中矿物的溶蚀作用会改变煤储层结构。超临界 CO_2-H_2O 作用下煤中元素迁移与煤储层结构演化存在着密切联系，不同元素或元素组合的地球化学迁移规律可以在一定程度上指示煤储层结构演化特征。

4.2.1 煤储层孔隙结构变化

1. 孔裂隙参数变化

研究煤孔径结构的方法有很多，较为常用的方法为压汞法和低温液氮吸附法。其中，压汞法可以测出煤中孔径 3.0nm 以上的孔隙，低温液氮吸附法(BET 法)可测至孔径 0.85nm 以上的孔隙。本书所采用的孔径划分方案为国际纯粹与应用化学联合会(IUPAC)的分类系统(表 4-17)，低温液氮吸附法的测试范围可以覆盖部分微孔、全部的中孔(介孔、过渡孔)和大孔；压汞法只能测试部分中孔和大孔。因此，本次研究将以低温液氮吸附法为主要研究手段，压汞法为辅助手段，探明样品反应前后密度、孔隙度、孔容、比表面积等表征孔裂隙结构的参数的变化情况，并通过分析样品的低温液氮吸附回线，定性描述反应前后煤样的孔隙形态及连通性。

表 4-17　煤孔径结构划分方案比较　（单位：nm）

Ходот(1966)	Dubinin(1966)	IUPAC(1966)	Gan 等(1972)	抚顺煤炭科学研究所(1985)	杨思敬等(1991)
微孔，<10	微孔，<2	微孔，<2	微孔，<1.2	微孔，<8	微孔，<10
过渡孔，10~100 中孔，100~1000	过渡孔，2~20	中孔(介孔)，2~50	过渡孔，1.2~30	过渡孔，8~100	过渡孔，10~50 中孔，50~750
大孔，>1000	大孔，>20	大孔，>50	粗孔，>30	大孔，>100	大孔，>750

使用氦气置换法、压汞法和低温液氮吸附法测试原样和模拟埋深 1500m 条件下反应后的煤样的真密度、孔隙度、孔容、比表面积等表征孔裂隙结构的参数，分析反应前后煤样孔裂隙结构的变化，如表 4-18 所示。

真密度：真密度是指材料在绝对密实状态下单位体积的质量。样品真密度由氦气真密度仪测试。可以看出各样品在反应后真密度均有不同程度降低，这是因为煤中矿物的密度大于有机质密度，超临界 CO_2 酸性流体对矿物的溶蚀作用超过对有机质的萃取作用，导致样品真密度减小。

孔隙度：孔隙度是指煤中所有孔隙空间体积之和与煤体积的比值。孔隙度是采用压汞实验测试的，测试的孔隙空间是 3.5~130000nm 的孔隙，可以看出所有煤样在经过模拟反应实验后孔隙度均有不同程度的增加，说明超临界 CO_2-H_2O 可促进煤中 3.5nm 以上孔隙的发育。

表 4-18　反应前后煤样孔裂隙结构参数变化表(张琨，2017)

样品	真密度/(g/cm^3)	孔隙度/%	孔容/(cm^3/g)	BET 比表面积/(m^2/g)
寺河-0	1.61	4.22	0.001674	1.3579
寺河-1	1.60	4.40	0.002639	2.0333
新景-0	1.45	4.64	0.000511	0.1009
新景-1	1.42	6.11	0.000702	0.2116
新源-0	1.46	4.15	0.000424	0.0648
新源-1	1.38	4.25	0.000500	0.0509
杨庄-0	1.53	4.69	0.001164	0.2172
杨庄-1	1.45	4.90	0.001627	0.2653

注：样品的编号中，“0”表示反应前，“1”表示反应后。

孔容和比表面积：孔容又称孔体积，是指单位质量多孔固体所具有的孔隙总容积；比表面积指单位质量物料所具有的总面积，两者是表征煤孔裂隙结构的重要参数。孔容和比表面积是使用低温液氮吸附实验测试的，用以涵盖更多的孔径段。可以看出煤样在经过超临界 CO_2-H_2O 作用后，除新源样品比表面积小幅降低外，其他煤样孔容和比表面积均有不同程度的增加，说明超临界 CO_2-H_2O 能促进煤中孔裂隙的发育。根据 IUPAC(1966)的分类标准，分析寺河、新景、新源和杨庄煤样经过超临界 CO_2 处理前后不同类型孔隙的变化情况如表 4-19 所示。

表 4-19　原煤及模拟 1500m 条件反应后煤样低温液氮实验测试孔容和比表面积变化(张琨，2017)

样品	孔容/($10^{-3}cm^3/g$)				比表面积/(m^2/g)			
	总孔容	微孔(<2nm)	中孔(2~50nm)	大孔(>50nm)	总孔比表面积	微孔(<2nm)	中孔(2~50nm)	大孔(>50nm)
寺河-0	1.674	0.598	0.465	0.611	1.358	1.123	0.203	0.032
寺河-1	2.639	1.352	0.773	0.514	3.048	2.865	0.169	0.015
增幅	0.965	0.754	0.308	−0.097	1.690	1.742	−0.034	−0.017
新景-0	0.511	0.022	0.181	0.308	0.101	0.042	0.043	0.016
新景-1	0.702	0.068	0.276	0.357	0.212	0.155	0.047	0.009
增幅	0.191	0.046	0.095	0.049	0.111	0.113	0.004	−0.007
新源-0	0.424	0.013	0.113	0.298	0.065	0.030	0.020	0.015
新源-1	0.500	0.173	0.145	0.182	0.051	0.025	0.020	0.006
增幅	0.076	0.160	0.032	−0.116	−0.014	−0.005	0.000	−0.009
杨庄-0	1.164	0.042	0.415	0.707	0.217	0.040	0.159	0.018
杨庄-1	1.627	0.057	0.528	1.042	0.265	0.068	0.169	0.029
增幅	0.463	0.015	0.113	0.335	0.048	0.028	0.010	0.011

注：样品的编号中，“0”表示反应前，“1”表示反应后。

孔容：煤样总孔容与煤阶的总体关系是随煤阶增大先减小后增大，在焦煤处形成拐点(傅雪海等，2007)，原始煤样孔容大小依次是寺河>杨庄>新景>新源，符合上述关系。对比煤样反应前各孔径段孔容所占比例，新源、新景和杨庄样品的微孔和中孔孔容所占比例很低，大孔所占比例最高，甚至超过微孔和中孔孔容之和；寺河样品三个孔径段所占孔容的比例较为相近，微孔和中孔发育良好。样品经过超临界 CO_2 作用后的总孔容均有不同程度的增加，其中寺河样品总孔容增大最多，杨庄和新景样品次之，新源样品孔容增加不明显。所有样品微孔和中孔孔容增幅最为明显，其中寺河和新源样品增幅最大的是微孔，而新景与杨庄样品中孔增幅最大，大孔的增幅相对较小甚至出现小幅降低的趋势，如寺河样品和新源样品。

比表面积：研究表明，无烟煤的比表面积最大，其次是褐煤，高阶烟煤比表面积较中低阶烟煤大，反映出煤化过程中煤分子结构的变化特征(傅雪海等，2007)。但原始煤样中比表面积的大小依次是寺河>杨庄>新景>新源，与孔容大小顺序相一致，杨庄样品由于成煤过程与环境与其他样品不同，其比表面积相对较大。微孔和中孔孔径段是总比表面积的主要贡献者，其中寺河样品微孔比表面积占比为83%，杨庄中孔比表面积占比为73%，新景和新源样品微孔和中孔比表面积占比相近。各样品的总比表面积增加程度与孔容变化程度类似，寺河样品比表面积增幅最大，其次是新景和杨庄，新源样品比表面积甚至略有降低。新源样品除中孔基本不变外，微孔和大孔比表面积均减少；其他样品微孔的增幅最大，其次是中孔，大孔的比表面积有小幅降低。

总的来说，经过超临界 CO_2 作用后，煤样的微孔和中孔孔容增幅较大，大孔孔容增幅不明显甚至略有下降；微孔比表面积增幅最大，远高于中孔，大孔比表面积增幅不明显。即煤样经过超临界 CO_2 作用后，孔容增加的主要贡献者是微孔和中孔；微孔对于孔比表面积的增加贡献最大，其次是中孔，大孔甚至降低了孔比表面积，说明超临界 CO_2-H_2O 对煤岩孔裂隙结构的改造作用主要集中在50nm以下微孔和中孔的孔径范围。

2. 孔裂隙形态与连通性变化

煤是以大分子联结的多孔性材料，在进行低温液氮吸附实验过程中，根据吸附和凝聚理论，低温液氮在吸附和脱附过程中，其吸附分支和脱附分支会形成重叠和分离现象，这便是所谓的吸附滞回线，吸附滞回线的形式可以反映煤的孔形结构(降文萍等，2011)。有学者根据煤的低温液氮吸附滞回线特性将煤中孔形进行分类，如 De Boer(1958)的 5 类孔形分类标准；降文萍等(2011)的 3 类孔形分类标准；陈萍和唐修义(2001)则将煤中孔分为 3 类：开放性透气性孔、一端封闭的不透气性孔和细颈瓶形(墨水瓶状)孔。

本次实验煤样反应前后的低温液氮吸附滞回线(图 4-51)的形状与陈萍和唐修义(2001)所划分的 L1 和 L2 类相似但略有差别，与降文萍等(2011)所划分的 H1、H2 和 H3 类型十分相似。据此，将样品的吸附滞回线划分为三个类型进行分析。

第一类吸附滞回线(C1 类)：吸附-脱附曲线在相对压力为 0.4~1.0 范围内大致重合；在相对压力为 0.4~0.8 范围内曲线平稳，甚至略有下降；当相对压力在 0.8~1.0 之间时，曲线明显上升；当相对压力接近于 1.0 时，曲线呈近乎垂直的上升趋势，如图 4-51(c)、(e)、(f)、(g)所示。

第二类吸附滞回线(C2 类)：与 C1 类基本相似，但在相对压力为 0.5 左右时脱附曲线出现了小幅下降的拐点，如图 4-51(d)、(h)所示。

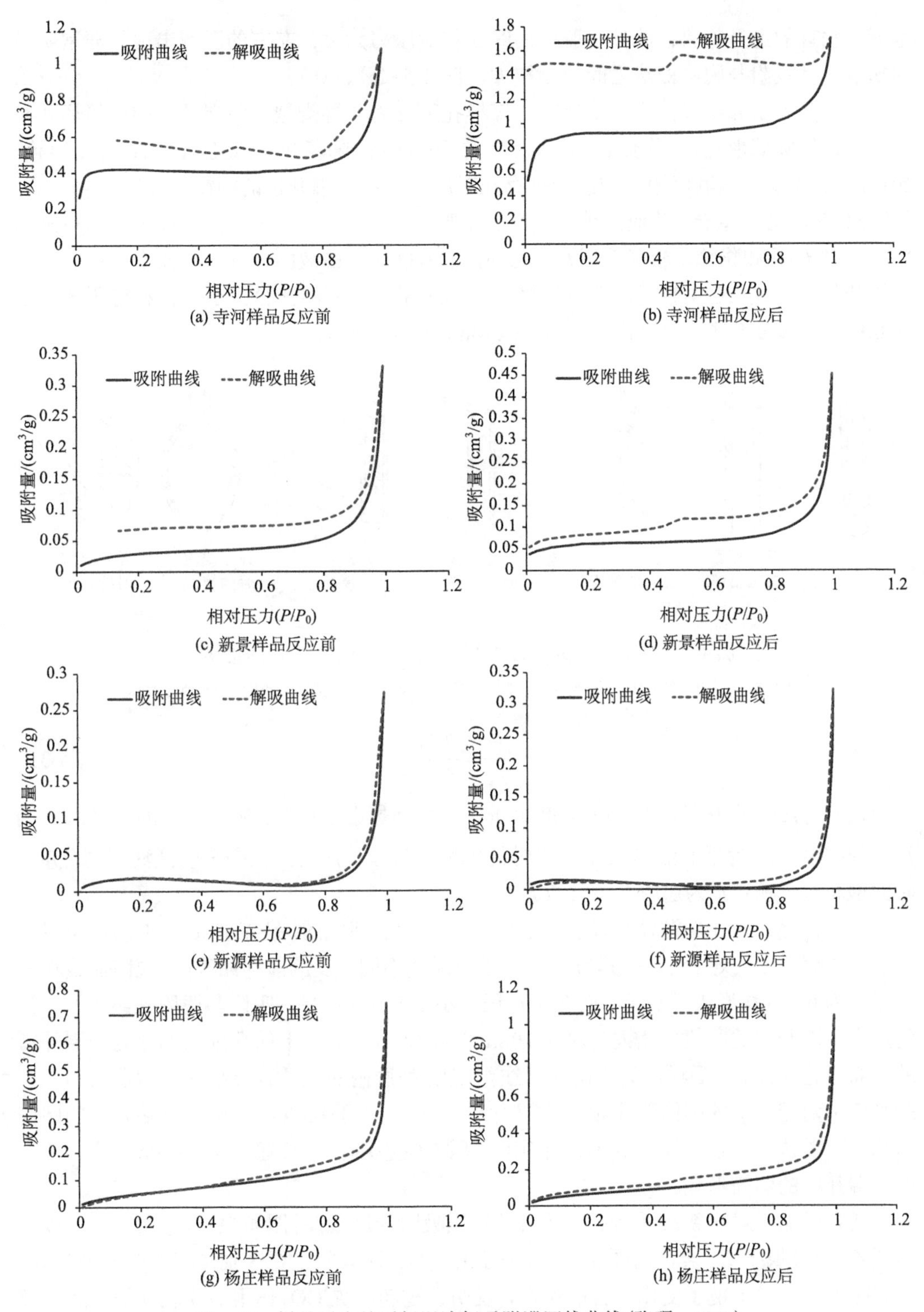

图 4-51　样品反应前后低温液氮吸附滞回线曲线(张琨，2017)

第三类吸附滞回线(C3 类)：吸附-脱附曲线在相对压力 0.2~1.0 范围内，随压力增大曲线缓慢上升；当相对压力为 0.8~1.0 时，曲线明显上升；当相对压力接近 1.0 时，曲线呈近乎垂直的上升趋势；此外，脱附曲线在相对压力为 0.5 左右的区域出现了非常明显的拐点，且吸附与脱附曲线之间差距较大，图 4-51(a)、(b)。

参考前人研究结果，将本次实验中煤样孔隙分为 4 种类型：两端开口的圆筒形孔、一端开口的圆筒形孔、“墨水瓶”形孔和狭缝平板形孔(陈萍和唐修义，2001；降文萍等，2011)。孔隙类型与其吸附滞回线特征存在对应关系：一端开口的圆筒形孔[图 4-52(a)]的吸附-脱附曲线重合，其他三种孔隙产生了吸附滞回线，其中吸附滞回线中的拐点则由“墨水瓶”形孔和狭缝平板形孔引起。此外，根据描述弯曲液面蒸气压与曲率半径之间关系的开尔文公式[式(4-35)]，可以计算不同相对压力对应的孔径大小，在相对压力分别为 0.8、0.5 和 0.4 时对应的孔径为 10nm、4nm 和 3.3nm。

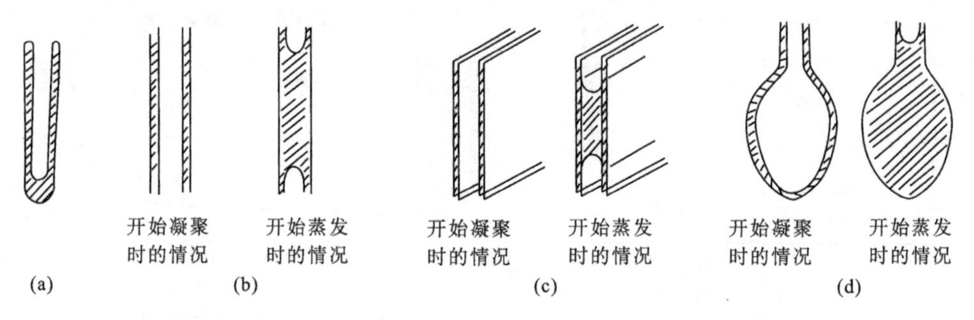

图 4-52　不同孔隙类型低温液氮吸附实验时的气-液界面状况

(a)一端开口的圆筒形孔；(b)两端开口的圆筒形孔；(c)狭缝平板形孔；(d)“墨水瓶”形孔

$$\ln\frac{P}{P_0}=\frac{2\delta M}{RTr\rho} \tag{4-35}$$

式中，δ 为液体的表面张力；M 为摩尔质量；T 为热力学温度；r 为液滴的半径；ρ 为液体的密度；P_0 为平面液体在温度 T 时的饱和蒸气压；P 是半径为 r 的液滴在同温度 T 时的饱和蒸气压；R 为通用气体常数。

新源样品：对比新源样品反应前后的液氮吸附滞回线图[图 4-51(e)、(f)]，可以看出它们均属于 C1 类曲线，但其形成滞回线的区域不同。反应前样品吸附-脱附曲线在相对压力为 0.8~1.0 形成滞回线，而在相对压力小于 0.8 的区域，吸附与脱附曲线重合，说明煤中两端开口的圆筒形孔大多对应 10nm 的孔径，10nm 以下的孔则大部分为一端开口的圆筒形孔；在反应后样品的吸附滞回线中，吸附-脱附曲线重合界限的相对压力为 0.5，此时煤中两端开口的圆筒形孔对应孔径为大于 4nm，小于 4nm 的孔则为一端开口的圆筒形孔。可以认为，超临界 CO_2-H_2O 作用于新源焦瘦煤时，“打通”了 4~10nm 这一范围的一端开口的圆筒形孔。

新景样品：对比新景样品反应前后的液氮吸附滞回线图[图 4-51(c)、(d)]，可以看出图 4-51(c)属于 C1 类，而图 4-51(d)属于 C2 类。两者的主要区别是在相对压力为 0.5 左右时脱附曲线出现了变化轻缓的拐点，说明经过超临界 CO_2 作用后的煤样中形成了部分“墨水瓶”形孔和狭缝平板形孔，其对应的孔径为 4nm。这说明超临界 CO_2-H_2O 溶蚀了煤中以嵌入形式存在的小分子矿物，导致其出现“墨水瓶”形孔，或者“打通”了煤中小型裂隙，形成了狭缝平板形孔。

杨庄样品：对比杨庄样品反应前后的液氮吸附滞回线图[图 4-51(g)、(h)]，可以看出图 4-51(g)属于 C1 类，而图 4-51(h)属于 C2 类。两者存在两个差别：一是在相对压力为 0.5 左右时脱附曲线出现了变化轻缓的拐点，说明超临界 CO_2 对于煤样起到了溶蚀作用，其作用形式与新景样品类似；二是反应前吸附-脱附曲线在相对压力小于 0.4 的区域重合，而反应后曲线没有重合的区域，即原始样品在 3.3nm 以下会存在一端开口的圆筒形孔，在反应后消失，取而代之的是两端开口的圆筒形孔，说明超临界 CO_2“打通”了煤中 3.3nm 以下的微小孔。

寺河样品：对比寺河样品反应前后的液氮吸附滞回线图[图 4-52(a)、(b)]，两者均属于 C3 类，主要的特征是在相对压力为 0.5 左右时，脱附曲线出现了非常明显的拐点，说明寺河样品存在着大量的“墨水瓶”形孔和狭缝平板形孔。两者曲线类似，主要区别是反应后的样品吸附与脱附曲线的“差距”相对于反应前更大。这说明寺河样品原始孔裂隙发育程度较好，连通性也较好，超临界 CO_2-H_2O 作用并没有形成新的孔隙，只是对煤中原始孔裂隙起到扩充作用。

4.2.2　煤储层渗透性变化

1. 微观连通性

1) CT 扫描实验

对反应前后样品进行 CT 扫描实验，进而分析超临界 CO_2-H_2O 与煤岩地化反应对煤体微观连通性的影响。样品为直径 4mm 的新景矿柱样，所用仪器为 Carl Zeiss 公司的 Xradia 510 Versa 型高分辨率三维 X 射线显微成像系统。通过光学透镜的 X 射线显微成像，获得非破坏性的超高分辨率二维 CT 切片图像，然后重建成三维图像。反应前扫描的体素分辨率是 4.05μm，反应后体素分辨率为 4.15μm。反应前后的样品均在相同参数设置下进行扫描，测试温度为 20℃。单张照片的曝光时间为 120s，收集图片总数为 1016 张。

采用三维可视化软件(Avizo)对扫描数据体进行数据分析及煤体结构重构。首先，切片预处理，采用高斯滤波算法对切片进行降噪、对比度增强及边缘锐化处理；其次，煤体结构的三维可视化重构，采用二值化算法对煤体结构进行图像分割及可视化重构；再次，数据提取，基于最大球算法，运用孔隙网络模型模块可方便地对煤体结构进行数据提取(等效直径、孔隙表面积、孔隙体积、配位数、形状因子等)，也可方便地观测孔隙-喉道的分布及连通情况；最后，利用 Avizo 的分布分析模块可对所提取的煤体结构数据分布进行绘制(图 4-53)。

2) 实验结果与分析

CT 样品较小，直径仅 4mm，且分析的体素范围更小，边长为 1.21mm，因此仅可代表局部连通性。

(1) 孔喉。煤体孔隙-喉道的三维空间分布及喉道体积分布见图 4-54(Du et al., 2019)，反应前样品连通性差，孔隙多呈孤立状态，且孔隙与喉道发育不均衡；反应后样品孔隙连通性较好，孔隙通过喉道彼此相连，且孔隙与喉道发育较均衡。

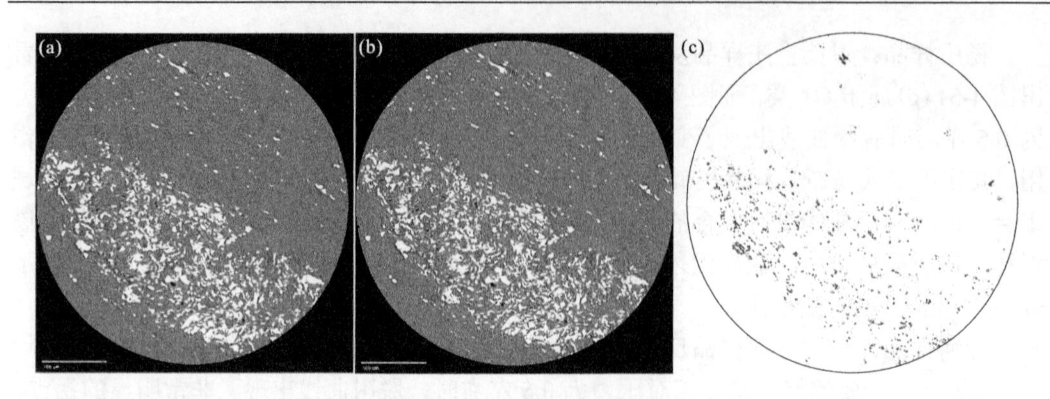

图 4-53　二维切片预处理结果

(a) 二维 CT 切片；(b) 高斯滤波后的二维 CT 切片；(c) 二值化；灰色代表孔隙，白色代表基质

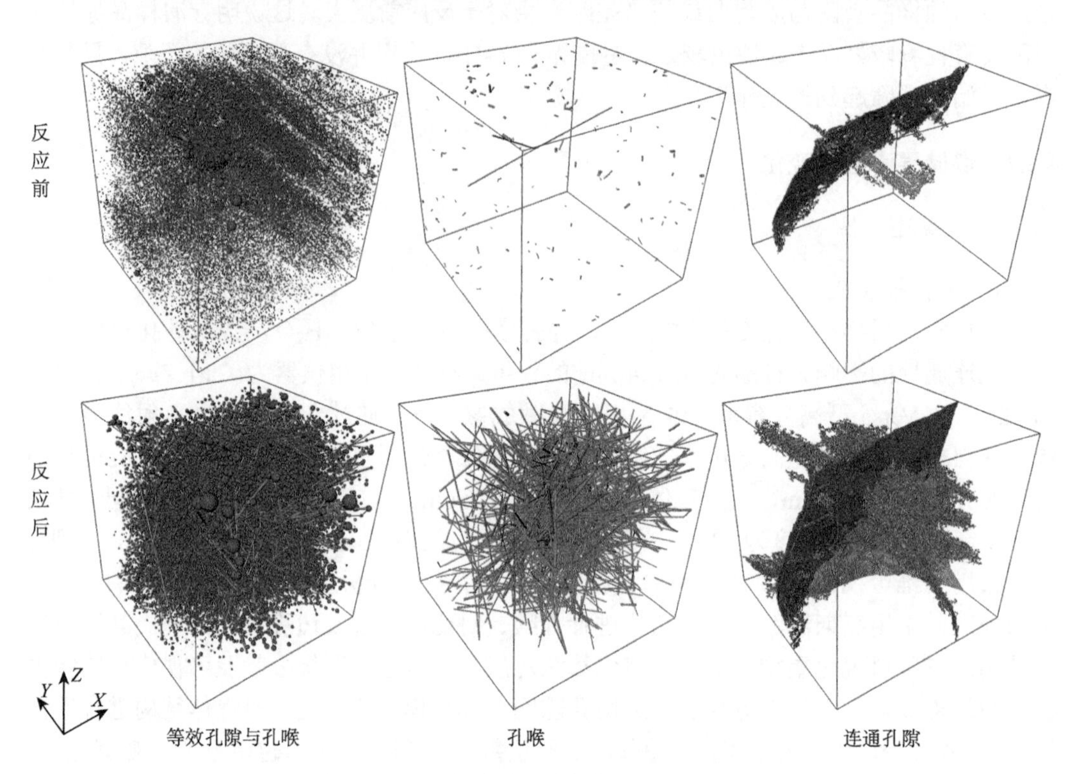

图 4-54　孔喉与连通孔隙变化 (Du et al., 2019)

经统计可知 (表 4-20) (Du et al., 2019)，孔喉个数增大到原来的 5.91 倍，且以半径为 1.0~1.5μm 的孔喉为主。说明反应后微观孔喉直径明显增大，这是超临界 CO_2-H_2O 与煤岩地化反应所致。

表 4-20　孔喉参数变化 (Du et al., 2019)

样品	孔喉半径/μm	个数	孔喉长度/μm	面积/μm^2	孔喉体积/μm^3
反应前	<1.0	69	2101.15	207.2389	6308.39
	1.0~1.5	65	2862.317	276.2094	12245.68
	1.5~2.0	34	877.656	318.5145	8147.43

续表

样品	孔喉半径/μm	个数	孔喉长度/μm	面积/$μm^2$	孔喉体积/$μm^3$
反应前	2.0~2.5	6	157.1858	98.8528	2639.81
	总计	174	5998.309	900.8157	29341.30
反应后	0~1.5	806	311308.7	3285.614	1265555
	1.5~2.0	140	58595.39	1374.224	573657.4
	2.0~2.5	52	20690.82	792.8437	312487
	2.5~3.0	18	5823.42	395.685	127613.5
	>3.0	13	4218.899	1954.458	547359.3
	总计	1029	400637.2	7802.825	2826672

(2)配位数。由图 4-55 可见，配位数集中于 1 和 3，约占总体的 88%，反应前配位数最大为 11，说明孔隙连通路径或气体运移路径单一，限制了孔隙连通性。而反应后虽然配位数增大，但数量最多的仍然是 1 和 3(增大倍数分别为 6.74 和 7.19)，较大配位数的孔隙大量增加，增加了气体运移路径，使连通性变好。

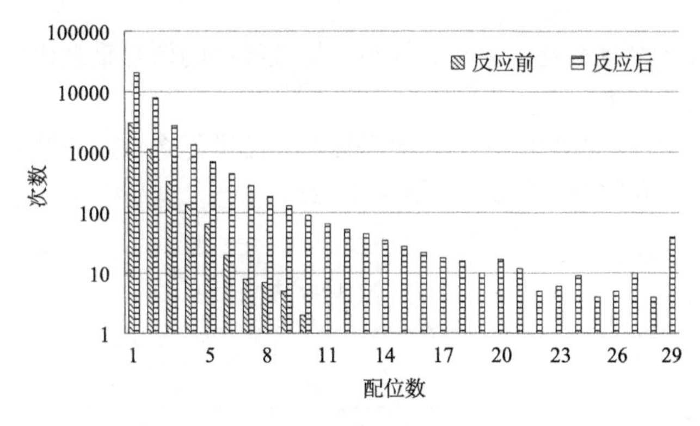

图 4-55　反应前后配位数的变化(Du et al., 2019)

(3)连通孔隙。由图 4-54 可见，连通孔隙体积增大，且连通孔隙主要沿原有裂隙面的垂向方向增多(同样可说明核磁共振样品孔隙变化过程)。反应前连通孔隙体积为 0.008mm^3，反应后体积增大到 0.054mm^3。孔隙迂曲度从 71.83 降低到 15.23，说明孔喉的毛细管阻力减小，气体产出所需的运移长度较短，有利于气体运移和产出。经计算渗透率由 0.085mD 增加到 0.123mD。由于 CT 样品分析的区域较小，反映了在较小范围内，矿物的溶蚀可导致孔隙连通性有效增加。

2. 宏观连通性

由于压汞实验和液氮实验均需将煤处理成颗粒或粉末状，在样品制备过程中破坏了煤的原生孔、裂隙系统，造成较大的误差。而以快速和无损检测为特点的核磁共振技术可弥补这些不足。核磁共振测试的 T_2 弛豫时间反映了样品内部氢质子所处的化学环境，与氢质子所受的束缚力及其自由度有关，而氢质子的束缚程度又与样品内部结构有密不可分的关系(Yao and Liu, 2012；Yao et al., 2014)。除去体弛豫和扩散的影响，T_2 分布与孔隙尺寸相关。多孔介质中，孔径越大，存在于孔中的水弛豫时间越长；孔径越小，存在于孔中的水受到的束缚程度越大，弛豫时间越短，即峰的位置与孔径大小有关，峰的面积大小与对应孔径的孔隙多少有关(Yao and Liu, 2012；Yao et al., 2014；何勇明等，2008)。

1)实验方法

对饱和水岩心测得其核磁信号，利用标准刻度样品进行标定，将信号强度转换成孔隙度，转换公式为

$$\phi = \Phi \cdot \frac{s}{S} \cdot \frac{\mathrm{NS}}{\mathrm{ns}} \cdot 10^{\frac{1}{20}(\mathrm{RG1}-\mathrm{rg1})} \cdot 2^{(\mathrm{RG2}-\mathrm{rg2})} \tag{4-36}$$

式中，各参数意义如表 4-21 所示。

表 4-21　式(4-36)中各参数的意义

样品	孔隙度	累加次数	RG1	RG2	核磁信号值
定标样	Φ	NS	RG1	RG2	S
待测样品	ϕ	ns	rg1	rg2	s

实验中保持采样参数不变，则待测样品与标准样品的信号量之比即为孔隙度之比，从而可求得样品的孔隙度。

采用分析测量软件对配制的 5 个孔隙度标准样品进行 T_2 测试(图 4-56)，反演后可得到单位体积峰面积与孔隙度之间的关系(表 4-22)。

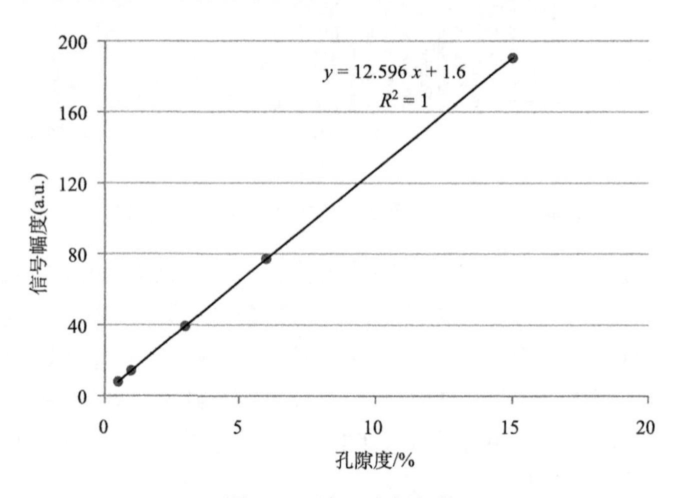

图 4-56　岩心定标标线

表 4-22　孔隙定标信息

孔隙度/%	体积/mL	单位体积峰面积
0.5	10	155.915
1	10	308.206
3	10	441.982
6	10	784.913
15	10	1932.664

对于孔隙中的流体，有三种不同的弛豫机制：自由弛豫、表面弛豫和扩散弛豫，可表示为(Yao and Liu, 2012；Yao et al., 2014)

$$\frac{1}{T_2}=\frac{1}{T_{2自由}}+\frac{1}{T_{2表面}}+\frac{1}{T_{2扩散}} \tag{4-37}$$

式中，T_2为通过CPMG(Carr-Purcell-Meiboom-Gill)序列采集的孔隙流体的横向弛豫时间；$T_{2自由}$为在足够大的容器中(大到容器影响可忽略不计)孔隙流体的横向弛豫时间；$T_{2表面}$为表面弛豫引起的横向弛豫时间；$T_{2扩散}$为磁场梯度下由扩散引起的孔隙流体的横向弛豫时间。

当采用短回波时间(T_E)且孔隙只含饱和流体时，表面弛豫起主要作用，即 T_2 直接与孔隙尺寸成正比：

$$\frac{1}{T_2}\approx\frac{1}{T_{2表面}}=\rho_2\left(\frac{S_{孔隙}}{V_{孔隙}}\right) \tag{4-38}$$

式中，ρ_2 为 T_2 表面弛豫率；$\left(\frac{S_{孔隙}}{V_{孔隙}}\right)$为孔隙的比表面积；$S_{孔隙}$为孔隙的内表面积；$V_{孔隙}$为孔隙的体积(Yao and Liu, 2012；Yao et al., 2014)。

因此，T_2 分布图实际上反映了孔隙尺寸的分布，孔径小，T_2 小，孔径大，T_2 大。假设孔隙是一个半径为 r 的圆柱，计算中，假设岩心弛豫率 ρ_2 为 10μm/s，则 T_2 分布可以转化为孔喉半径的分布。由 T_2 分布获得孔喉半径介于 0.2nm~200μm，孔径测量范围覆盖了几乎全部的微孔、全部的中孔和部分大孔。

核磁共振实验所采用的样品为直径 25mm、长度 40~70mm 的煤柱，仪器采用纽迈电子科技有限公司生产的 MicroMR12-150H-I 型核磁共振仪，共振频率为 12.952MHz，磁体温度控制在(32.00±0.02)℃，探头线圈直径为 70mm。参数设置：采样等待时间 TW=1500ms，回波时间 TE=0.07ms，采样回波个数 NECH=8000，采样重复次数 NS=32，真空覆压饱和装置采用南通华兴石油仪器有限公司生产的 ZYB-1 型真空加压饱和装置，最大饱和压力可达 60MPa，本次实验最高饱和压力为 20MPa。

2)测试结果与分析

对比反应前后的核磁共振图谱(图 4-57)，可见饱和样品均具有三峰的特征。起始为 0.03ms，第一个波谷位于 5ms，第二个波谷位于 100ms。第一个波峰一般代表吸附孔隙，第二、三个波峰代表渗流孔隙。所有样品原样的两个波谷点对应的孔隙度值约等于 0，但反应后样品第二个波谷点均远大于 0。可见这两个阶段渗流孔隙的连通性变好(图 4-57)(Du et al, 2019)。

高煤阶煤主要发育吸附孔隙，且反应后吸附孔隙所提供的孔隙度增大。平行层理样品的渗流孔均可见较为明显的增大，但垂直层理样品增大幅度较小，部分样品甚至减小(表 4-23)。同时垂直层理样品在第三个峰结束处归于零点所对应的 X 轴的值变小，但平行层理样品的值并未发生变化。由于样品中原本存在较大的孔裂隙，经超临界 CO_2-H_2O 作用后孔隙增大，并不足以束缚住自由水，即超过了核磁所测范围，导致所测渗流孔减少。可见垂直层理样品超大孔和裂隙的增大幅度大于平行层理样品。煤是一种各向异性的介质，因此在超临界 CO_2 注入的条件下，煤体发生膨胀仍然具有一定的方向性，经众多学者研究发现，垂直层理面上所表现出来的膨胀性确实大于平行层理面方向所产生的膨胀性(Viete and Ranjith, 2006)。

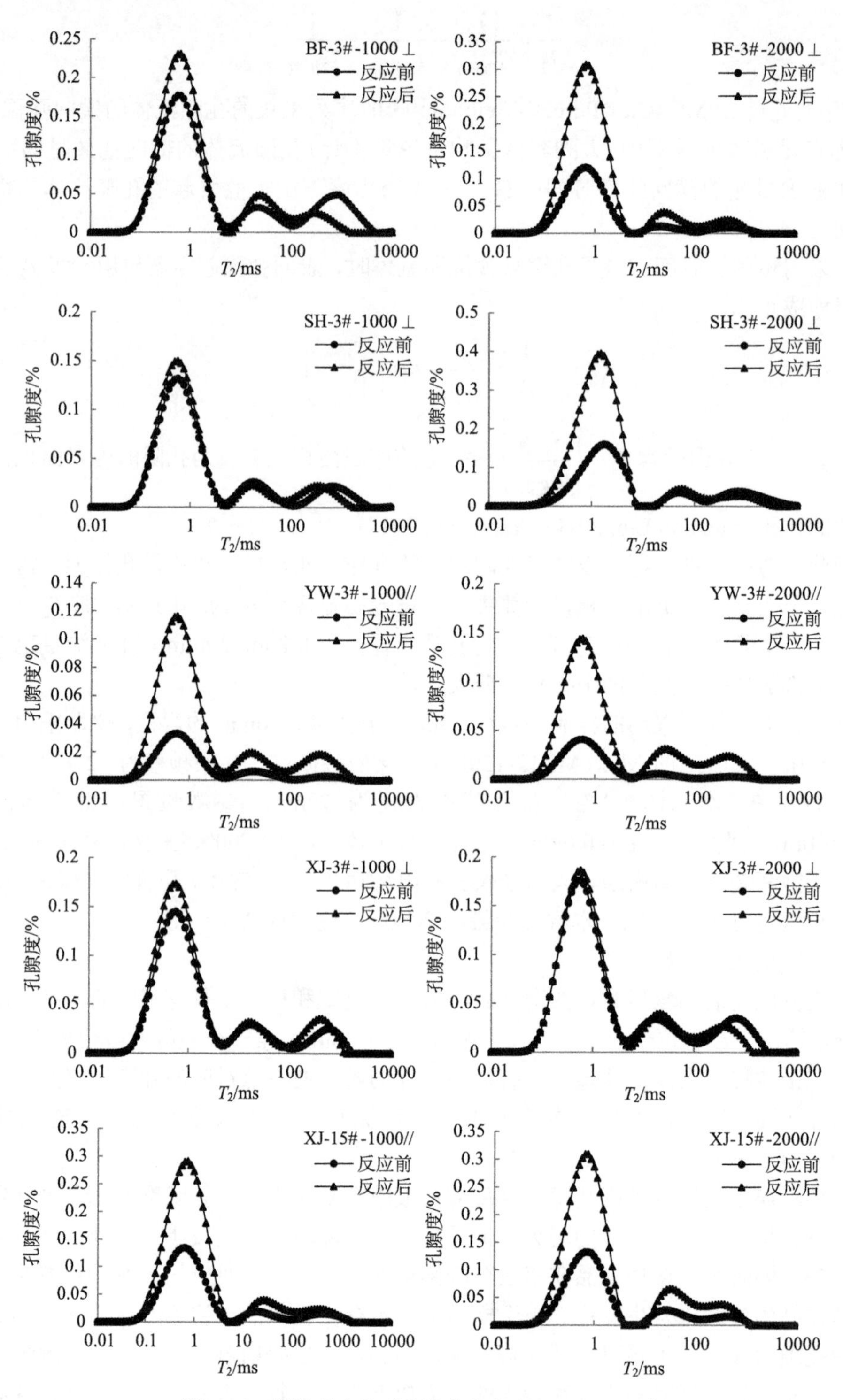

图 4-57　样品反应前后孔隙度分布(Du et al., 2019)

表 4-23　样品孔隙度贡献变化(Du et al., 2019)

弛豫时间	BF-3#-1000⊥	BF-3#-2000⊥	SH-3#-1000⊥	SH-3#-2000⊥	YW-3#-1000//	YW-3#-2000//	XJ-3#-1000⊥	XJ-3#-2000⊥	XJ-15#-1000//	XJ-15#-2000//
<5ms	0.775	2.936	0.268	3.637	1.295	1.621	0.455	0.184	2519	2.688
5~100ms	0.166	0.308	–0.038	0.117	0.193	0.351	0.019	0.037	0.268	0.43
>100ms	–0.44	0.177	–0.007	0.183	0.227	0.313	0.115	0.138	0.147	0.316

3) 煤储层渗透率变化特征

实验室测量渗透率的方法有稳态法和非稳态法。非稳态法有压力降落法和脉冲衰减法。选择经过超临界 CO_2-H_2O 处理前后的直径 25mm、长度 50mm 的煤柱进行渗透率测试。渗透率测试实验采用脉冲衰减法，所用仪器为 PDP200 脉冲衰减渗透率仪。实验所用气体为氮气。实验测试压力为 700psi (非法定单位，1psi=6.895×10^3Pa)，围压为 1000psi。渗透率测试结果如图 4-58 所示(Du et al., 2019)。

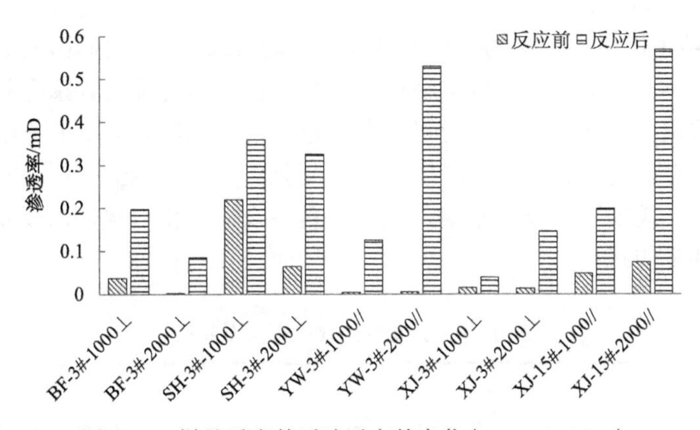

图 4-58　样品反应前后渗透率的变化(Du et al., 2019)

对比样品反应前后的克氏渗透率值(图 4-58)，可见埋深越大，渗透率增大倍数越高。但是平行层理样品的渗透率增大倍数远高于垂直层理样品，其中 YW-3#-2000//的渗透率增大可高达 115.1 倍。可见水平发育的层理的膨胀幅度虽然小于垂向发育的割理，但其连通性强于割理。

综上，根据核磁共振、CT 扫描和渗透率测试结果，发现超临界 CO_2-H_2O 作用可有效增大煤的孔隙度与渗透率，且埋深越大对孔裂隙的改造作用越大。CT 扫描结果表明反应后样品局部连通性较好；宏观煤柱样品的渗透性普遍增强，核磁共振 T_2 图谱表示垂直层理样品比平行层理样品更易膨胀，由于层理的连通性强于割理，水-岩接触面积大，因此覆压孔渗结果表明平行层理样品的渗透率增大幅度远大于垂直层理样品，可高达 115 倍，故导致超临界 CO_2-H_2O 可进入更内部的孔隙，与煤岩发生反应，并使孔隙度增加幅度增大。

4.2.3 地球化学迁移转化与煤储层结构演化的耦合关系

1. 煤中矿物元素地球化学迁移规律

1)煤中元素富集特征

总的来说，煤中元素的赋存状态可以分为有机结合态和无机结合态两大类，其中有机结合态包括元素离子与有机质分子之间形成共价络合物及由于静电吸引而形成络合物两种形式；而无机结合态的种类较多，包括形成独立矿物，形成独立矿物包裹体、类质同象等形式(白向飞，2003)。赵峰华(1997)认为煤中与碳酸盐矿物赋存相关的元素有Ca、Mg、Na、Fe、Mn、Sr、Zn、Co、Ba等；Alastuey等(2001)认为Si、Al、Ba、Be、Co、Cr、Cs、F、Ga、Li、Rb、Ti、V、Ni、Sc等元素与硅铝酸盐具有亲和性；也有研究表明，Fe、Cu、Pb、Zn、Co、Ni、As、Sb、Se、Mo、Hg、Ag、Ge、T1、Mn等微量元素的赋存与硫化物矿物关系密切(白向飞，2003；赵峰华，1997)；与硫酸盐矿物有关的微量元素有Sr、Ba、Fe、Ca、S等。

表4-24总结了煤中主要矿物与相关赋存元素的关系，由于与硫酸盐矿物赋存相关的元素较少且硫化物与硫酸盐的形成关系密切，将与硫酸盐与硫化物赋存相关的元素合并成一类。可以看出，不同元素的组合可以在一定程度上反映相应的矿物赋存情况，通过研究这些元素组合的迁移特征来指示矿物赋存变化，如Cu、Sb、Pb、Tl、Mo、Sr等元素主要在硫化物和硫酸盐矿物中富集，这些元素组合的变化情况可以反映出煤中硫化物和硫酸盐矿物的反应规律。

表4-24　矿物与元素赋存关系特征

矿物	常量元素	微量元素
碳酸盐矿物	以Ca、Mg为主，其次为Na、Fe等	Mn、Sr、Zn、Co、Ba
硅酸盐矿物	以Si、Al、Na为主，其次有Mg、K等	Ba、Be、Co、Cr、Cs、F、Ga、Li、Rb、Ti、V、Ni、Sc、Sr
硫化物及硫酸盐矿物	以Fe、S为主，其次是Ca	Cu、Pb、Zn、Co、Ni、As、Sb、Se、Mo、Hg、Ag、Ge、Tl、Mn、Sr、Ba

2)元素迁移过程

在实验过程中，煤中元素迁移受到模拟埋藏深度、反应时间、煤阶条件等多个因素的影响，在分析元素迁移特征时，必须要减少这些因素对元素变化的干扰。选取同样为无烟煤的寺河和新景样品的元素溶出情况以减少煤阶因素对元素迁移能力的影响。由于元素的溶出量随时间变化，在元素溶出量达到最大时，延长反应时间反而会使已溶出的元素被煤体重新吸收，而实际情况是煤层水处于流动状态，会不断带走已经溶出的元素，因此选取水样中元素含量最大时的浓度来表征该元素的溶出能力。寺河和新景样品在模拟埋深1500m反应条件下，水样中元素含量的最大值如表4-25所示。元素组合的溶出情况可以反映其赋存矿物的溶出规律，但有些微量元素具有多种赋存方式，且不同赋存方式所占比重难以确定，如Cu元素在碳酸盐和硫化物两类矿物中均有富集，本次研究将在不同赋存矿物分类中重复统计这类元素，而对于在三类矿物中均有赋存的元素，如

Co 等，因无法明确指示矿物的溶出情况，将不列入统计范围。

表 4-25　模拟埋深 1500m 反应条件下寺河和新景样品元素最大溶出量(张琨，2017)

常量元素	Ca/(mg/L)	Mg/(mg/L)	Fe/(mg/L)	K/(mg/L)	Na/(mg/L)	Si/(mg/L)	Al/(μg/L)	
寺河	22.37	10.84	18.82	4.16	62.25	0.20	4.44	
新景	12.50	12.67	0.214	4.18	37.87	0.55	18.98	
与碳酸盐矿物赋存相关微量元素	Zn/(μg/L)	Sr/(mg/L)	Ba/(μg/L)	Cu/(μg/L)	Mn/(μg/L)			
寺河	19.19	3.78	39.98	9.00	2336			
新景	13.97	8.01	230.10	10.78	54.1			
与硅酸盐矿物赋存相关微量元素	Li/(μg/L)	Cr/(μg/L)	Rb/(μg/L)	Sc/(μg/L)	Cs/(μg/L)	Be/(μg/L)	V/(μg/L)	Ga/(μg/L)
寺河	12.81	47.95	6.8	1.25	0.94	0.54	0.14	0.12
新景	18.08	7.06	4.95	1.35	0.21	0.098	0.14	0.018
与硫化物及硫酸盐矿物赋存相关微量元素	Sb/(μg/L)	Pb/(μg/L)	Tl/(μg/L)	Cu/(μg/L)	Mo/(μg/L)			
寺河	1.42	1.26	0.028	9.00	1.14			
新景	2.89	1.67	0.036	10.78	3.62			

常量和微量元素对矿物变化的指示作用不同，常量元素的溶出表征矿物的反应，而微量元素的迁移主要来源于其赋存状态的改变(刘长江，2010)。首先分析常量元素的最大溶出量，可以看出 Ca、Mg、Fe、K、Na 等元素溶出量普遍较大，说明这些常量元素迁移能力较强，尤其是 Ca、Na 和 Mg 元素，这些元素主要来源于碳酸盐矿物中的方解石、白云石，硅酸盐中的长石和硫酸盐中的石膏等矿物；Fe 元素的最大溶出量较低，且寺河和新景样品中 Fe 元素溶出量差距很大，可能与样品中黄铁矿等含铁矿物含量的差异有关；两个水样中 Al 和 Si 含量很小，Al 含量甚至只达到 μg/L 级别，而 Si、Al 元素是硅酸盐矿物中不可或缺的元素，说明反应过程中硅酸盐与超临界 CO_2 反应程度很差，甚至小于硫化物矿物。

分析各矿物中赋存的微量元素的最大溶出量，可以发现在碳酸盐矿物、硅酸盐矿物及硫化物和硫酸盐矿物中赋存元素溶出量总体大小依次降低。碳酸盐矿物赋存元素溶出率总体分布在 8~50μg/L，个别矿物溶出率很高，如 Mn 元素最大溶出浓度甚至达到 2mg/L，与常量元素相当；硅酸盐矿物中赋存元素溶出率总体分布呈两极分化，部分元素如 Li、Cr 等含量较高，大于 7μg/L，而有的元素如 Cs、Be、V 等含量小于 1μg/L；硫化物及硫酸盐矿物赋存元素溶出量总体相对较低，仅 Cu 元素溶出量较高，但 Cu 元素也在碳酸盐矿物中富集，其含量较高的原因也可能是由碳酸盐矿物中 Cu 元素的溶出，其他元素含量主要集中于 1~4μg/L。

常量元素的变化特征可以用来比较三种矿物的溶出能力。其中，碳酸盐矿物反应最为剧烈，矿物溶出能力最强，其次是硫化物及硫酸盐矿物，硅酸盐矿物反应最不剧烈。通过分析矿物中微量元素的变化特征可以看出，与碳酸盐矿物赋存相关的元素迁移能力最强，其次是硅酸盐矿物，最后是硫化物及硫酸盐矿物。可以解释为碳酸盐矿物反应最为激烈；硅酸盐矿物与超临界 CO_2 反应的剧烈程度最小，但黏土矿物等硅酸盐矿物中吸附大量的微量元素，硅酸盐矿物与超临界 CO_2 的反应会引起其中微量元素赋存环境的剧烈变化，导致微量元素的大量溶出，所以赋存在硅酸盐矿物中的微量元素溶出量总体大于硫化物及硫酸盐矿物中的微量元素。

2. 矿物迁移能力

煤中矿物主要有三种成因(Stadnichenko et al., 1961)：①来源于成煤植物中的无机质，在植物成煤之前便已经存在；②在早期成煤的泥炭化阶段就已经形成矿物，称为同生矿物；③矿物在成煤过程后期煤化作用阶段形成，称为后生矿物。其中，植物中无机质和同生矿物赋存在煤有机质中，而后生矿物普遍存在于煤中孔裂隙和细胞腔中。XRD 在分析煤中矿物质含量及分布特征中应用广泛(张小东和张鹏，2014)。通过 XRD 实验测试模拟反应前后煤中矿物含量的变化(表 4-26)，可以直观地观测出煤样在经过超临界 CO_2 作用后不同矿物的迁移情况。

表 4-26　寺河和新景样品反应前后矿物含量变化表(张琨，2017)　(单位：质量分数，%)

样品	结晶度	碳酸盐矿物		硅酸盐矿物			氧化物矿物
		方解石	白云石	高岭石	伊利石	长石	石英
寺河原样	15.61	12.27	1.55	14.73	52.35	7.42	11.68
寺河样品反应后	13.56	3.13	1.46	15.62	58.88	7.84	13.07
新景原样	11.78	4.07	—	72.49	2.65	12.18	8.61
新景样品反应后	11.32	2.03	—	74.25	2.76	12.04	8.92

寺河和新景无烟煤中硫化物及硫酸盐矿物含量较少，在 XRD 测试中并没有发现黄铁矿等硫化物矿物和石膏、硬石膏等硫酸盐矿物，这是由于无烟煤煤阶较高，矿物含量相对较少，这一点从样品的结晶度普遍较低也可以看出。从 XRD 测试结果可以看出，寺河和新景样品的矿物以硅酸盐矿物为主，主要是高岭石和伊利石等黏土矿物；碳酸盐矿物含量相对较低，主要是方解石矿物，只有寺河样品中存在少量白云石矿物；同时两个样品中均存在石英矿物。

分析样品中矿物含量的变化情况。寺河和新景样品在反应后的总矿物结晶度均有少量降低，说明煤中矿物与超临界 CO_2 发生了反应。寺河样品的碳酸盐矿物中，方解石含量大幅度降低，白云石矿物含量小幅降低，说明以方解石为主的碳酸盐矿物与超临界 CO_2 发生剧烈反应，含量降低；硅酸盐矿物含量有小幅度上升，说明硅酸盐矿物与超临界 CO_2 反应最为温和，总含量降低幅度不大，在总结晶度变小的情况下，所占比例小幅上升；石英矿物也由于总结晶度降低，导致其比例略有上升。新景样品反应前后的矿物含量的变化特征与寺河样品类似。值得一提的是，在新景样品反应后结晶度降低的情况下，长石矿物所占比例较反应前仍有小幅降低，说明长石相对于其他硅酸盐矿物较易与超临界 CO_2 反应，但剧烈程度远小于碳酸盐矿物。

3. 矿物反应与储层结构演化关系与机制

1)矿物反应与储层结构演化关系

在超临界 CO_2-H_2O 作用下，煤中元素迁移的主要原因是矿物赋存状态的改变，要阐明元素迁移与煤储层孔隙结构的关系，首先要分析煤中矿物存在状态的变化。超临界 CO_2-H_2O 与煤岩反应过程中对煤中矿物的作用主要集中在与煤中后生矿物的反应，具体表现为：超临界 CO_2-H_2O 所形成的高压和流水环境使吸附在煤体表面的矿物质颗粒被冲刷脱落进入水溶液中，以及超临界 CO_2-H_2O 所形成的酸性环境使孔裂隙中的矿物质被溶蚀进入水溶液中。

不同矿物的迁移方式不同，对煤体结构的改造方式也不同。如前所述，超临界 CO_2-H_2O 所形成的酸性环境对碳酸盐矿物赋存的影响较大。以方解石为例，方解石主要以裂隙充填或方解石薄膜的形式存在于煤裂隙中，超临界 CO_2-H_2O 的酸性流体会进入煤裂隙中，与裂隙中的方解石发生反应，一方面溶解方解石矿物，形成溶蚀孔洞，增加煤体孔容；另一方面通过溶解方解石薄膜使得煤中裂隙扩充，连通性增强，甚至连通已经闭合的孔隙，“打通”煤中一端封闭的孔隙。但在碳酸盐矿物被溶蚀带走的过程中，高离子含量的酸性水可能会在煤中其他裂隙范围内重新结晶，引起煤中孔裂隙的阻塞甚至闭合。

超临界 CO_2 不仅会溶蚀煤中碳酸盐矿物，也会改造煤中硅酸盐矿物，硅酸盐矿物反应程度远小于碳酸盐矿物，但硅酸盐矿物，尤其是黏土矿物中赋存大量微量元素，这些微量元素会因其赋存环境的改变而发生迁移。一般来说，煤中黏土矿物以片状形式存在，但也存在充填在煤孔裂隙中的黏土矿物，超临界 CO_2-H_2O 会与这些填充在孔裂隙中的黏土矿物反应，溶蚀其边缘部分，导致黏土矿物从煤孔裂隙中脱落，在带走大量微量元素的同时使煤孔裂隙增大或者连通、扩充煤中原始孔隙，这一点与碳酸盐矿物的作用类似。但值得注意的是，脱落的硅酸盐矿物也有可能堵塞煤中孔裂隙。

煤中硫化物及硫酸盐矿物分别以黄铁矿和石膏为主。黄铁矿形成于中性或酸性溶液中，是煤中形成较早的自身矿物。在酸性条件下，黄铁矿相对于硅酸盐矿物更加容易发生反应，黄铁矿的溶蚀会导致煤中形成新的溶蚀孔，增大煤的孔容，但其赋存微量元素的能力低于硅酸盐矿物，其元素的迁移能力也较低。此外，由于碳酸的酸性远小于硫酸，煤中的少量石膏等硫酸盐矿物难以与之发生反应，但这些矿物会微溶于水中，也会对煤孔容的增加起到一定的促进作用。

综上，超临界 CO_2-H_2O 通过冲刷、溶蚀等方式作用于煤中矿物，导致煤中原矿物所占据的位置形成新的孔，直接使煤中微孔和中孔段的孔容和比表面积增加；此外，超临界 CO_2-H_2O 对煤中矿物的溶蚀作用也会打通一端封闭孔，扩充狭缝平板形孔，增强煤的连通性。

2)矿物反应与储层结构演化机制

煤中孔隙分为原生孔、变质孔、外生孔和矿物质孔 4 个大类，可进一步细分为 10 个小类(张慧，2001)。通过 SEM 观察煤中原生孔隙在大孔范围内并没有发生很大程度的变化，这与超临界 CO_2-H_2O 对煤岩孔裂隙结构的改造作用主要集中在 50nm 以下的孔径范围的结论相一致。通过分析前文煤样经过超临界 CO_2-H_2O 作用后孔裂隙结构形态变化的结果，可知超临界 CO_2-H_2O 改造煤体孔隙结构的方式体现在以下几个方面。

(1)原有孔裂隙的扩充。

超临界 CO_2-H_2O 对煤中原有的大孔范围内的孔隙的改造程度不大，但煤孔隙是 CH_4 的主要储集场所，在煤中注入 CO_2 时，煤在吸附 CO_2、解吸 CH_4 的过程中会发生膨胀、收缩，研究表明由于注入气体的吸附膨胀作用导致的体积应变只占煤体总孔容的 4%左右。

虽然煤样吸附膨胀对于煤微孔变化的影响不大，但注入 CO_2 会引起煤中裂隙的大幅度变化。这是由于原始煤层处于应力分布的平衡状态，当反应过程中注入 CO_2 时，高压 CO_2-H_2O 流体会注入煤体孔隙中，改变了煤样原始的应力分布状态：

$$P_f \geqslant \sigma_3 + T \text{且} \sigma_1 - \sigma_3 < 4T \tag{4-39}$$

式中，P_f 为裂隙内流体的压力；T 为煤的抗张强度；σ_1、σ_3 为最大、最小主应力。

在 CO_2 注入的初期阶段，当超临界 CO_2-H_2O 流体压力小于煤体的抗张强度和所受到的应力时，裂隙将发生压缩，产生宽度变窄的现象；随着 CO_2 的注入和反应的不断进行，当超临界 CO_2-H_2O 流体压力和煤体所受到的应力满足式(4-39)时，裂隙将产生扩张现象，从而造成裂隙的张开；与此同时，碳酸也会进入煤中裂隙，溶蚀充填在裂隙中的薄膜形式的方解石，进一步扩充原始裂隙。

(2)新孔的生成。

首先，由于超临界 CO_2 的强萃取性，可以萃取煤中的小分子，超临界 CO_2-H_2O 所形成的酸性条件，可能会破坏煤分子苯环骨架与侧链官能团之间的连接键，导致侧链官能团脱落，这一过程会减弱煤分子的连接作用，有可能使煤中小分子官能团或整块煤基质大分子脱落，进而形成新的孔隙。CO_2 反应后，煤基质上出现点状小孔，这些小孔的形成可能与超临界 CO_2 与煤中有机质作用有关，但具体作用机制仍需要进一步实验研究验证。更重要的是，超临界 CO_2-H_2O 对矿物的溶蚀作用会导致新孔的形成。CO_2 对煤中碳酸盐矿物具有强烈的溶蚀作用，出现明显的孔隙，这些孔隙大小不一，形状不同，均是由矿物溶蚀作用形成的；虽然 CO_2 对硅酸盐矿物的改造程度较低，但可以通过溶蚀与硅酸盐共存的碳酸盐矿物，引起硅酸盐矿物的脱落，进而形成孔隙；同样的，CO_2 也可以直接溶蚀硫化物矿物形成孔隙。上述 SEM 观察仅针对于肉眼可见的大孔和中孔，可以推测超临界 CO_2 对更多微小的矿物集合体同样有强烈的溶蚀作用，而大规模的小矿物集合被溶蚀或脱落形成新孔也是超临界 CO_2-H_2O 对煤样作用主要体现在微孔和中孔孔径段的原因。

(3)一端封闭孔的连通和“墨水瓶”形孔的破坏。

对于煤中一端封闭孔的改造虽然对煤孔容和比表面积的增加贡献不明显，但这一类孔的连通是煤样连通性增强的重要原因。新裂隙的增加和 CO_2 溶蚀裂隙中的碳酸盐矿物，都可使煤中裂隙连通。可以推测，当大量的 CO_2 酸性流体在高压下涌入煤中一端封闭孔和“墨水瓶”形孔时，一方面在酸性流体涌入“墨水瓶”形孔时，强大的压力会破坏“墨水瓶”形孔的孔颈，使“墨水瓶”形孔完全打开形成新的一端封闭孔；另一方面会溶解堵塞煤孔的矿物，使孔的连通性增强，甚至可以“打通”一端封闭孔。

综上，超临界 CO_2 对煤体孔裂隙结构的影响主要体现在三个方面：一是高压 CO_2 的注入改变了煤层原先的应力分布条件，扩充煤中的原始裂隙；二是 CO_2 注入煤中引起煤样的膨胀，但对煤孔裂隙的影响不大；三是超临界 CO_2-H_2O 酸性流体引起煤中矿物的溶蚀和脱落，在形成新矿物孔的同时也溶解堵塞孔隙的矿物，改造原始孔隙使煤样连通性增强，这一过程对煤体结构的影响主要体现在微孔和中孔的孔容和比表面积大幅增加上。因此，超临界 CO_2-H_2O 与煤中矿物的反应是煤体孔裂隙结构演化的重要原因，通过分析煤中元素的迁移规律就可以表征煤中矿物的反应特征，进而探明煤体结构的演化规律。

4.3　煤岩力学性质随煤岩地球化学反应的演化规律

煤为一种典型的有机岩，煤岩组分与结构都有别于常规的无机岩，煤岩发育的微孔结构使其对 CO_2、CH_4 等气体吸附性较强，注气压力与吸附作用可改变煤体力学性质，弱化煤体力学强度，煤体力学属性的改变直接关系着 CO_2 煤层封存的有效性和安全性。前人在含 CH_4 煤岩的力学行为与破坏机制上做了大量工作，然而煤岩吸附 CO_2 的能力远大于吸附 CH_4 的能力，CO_2 注入深部煤层以超临界状态赋存，关于超临界 CO_2 注入无烟煤力学性质响应特征的研究较少，对含超临界 CO_2 无烟煤的变形行为、力学强度和破坏机制等力学特性变化机制的认识不够深入，注气压力与吸附作用对煤岩力学性质的改造需要深入探讨。本章通过开展超临界 CO_2 注入无烟煤的三轴力学实验，以期揭示无烟煤对超临界 CO_2 注入的力学响应特征，分析含超临界 CO_2 无烟煤与含非吸附性气体(He)无烟煤的变形破坏规律，探讨吸附作用与孔隙压力对煤岩力学性质的改造作用，为深部无烟煤存储超临界 CO_2 的安全性评价提供理论基础。

4.3.1　实验模拟方案

1. 实验设计

煤岩注入超临界 CO_2 的三轴力学实验是在模拟平台"CO_2-ECBM 煤岩应力应变效应模拟实验装置"上进行的，其主体部分为一台三轴伺服仪。该三轴伺服仪具有高温高压、三轴压缩、孔隙水压、气水两相渗透等实验功能，三轴伺服仪与"模拟 CO_2 注入煤储层渗流驱替实验装置"共用一套超临界 CO_2 生成系统与注气系统。

1)模拟实验样品

实验所用的样品按照标准圆柱试样的尺寸(直径 50mm、高 100mm)进行加工，由立式深孔钻床钻取。

2)模拟实验条件

模拟实验设定模拟煤层埋深为1000m。根据埋深1000m煤层的有效应力与温度条件，研究模拟围压 10MPa、轴压 10MPa、温度 40℃条件下，无烟煤试样对气压作用与吸附作用的响应特征，每个实验选取 2 个煤样进行重复实验。正交设计的实验方案与所用煤样基本参数见表 4-27。分别设计了模拟不同 CO_2 吸附压力(无气体注入、4MPa 和 8MPa)和不同吸附时间(3h 和 6h)的煤岩吸附气体三轴力学性质测试。

表 4-27　无烟煤三轴力学实验方案

样品名称	长度/mm	直径/mm	体积/cm^3	质量/g	模拟实验内容
CZ 5-1	99.48	49.98	195.69	290.98	无气体注入
CZ 5-2	95.35	49.98	187.57	290.98	同 CZ 5-1
CZ 5-3	97.90	49.60	189.67	274.25	注入 8MPa 的超临界 CO_2，3h
CZ 5-4	94.44	50.02	186.08	284.74	同 CZ 5-3
CZ 5-5	96.88	49.86	189.67	262.44	注入 8MPa 的超临界 CO_2，6h
CZ 5-6	99.08	49.54	191.49	263.74	同 CZ 5-5
CZ 5-7	96.46	50.02	190.06	284.74	注入 4MPa 的 He，6h
CZ 5-8	98.28	50.02	193.64	284.74	同 CZ 5-7
CZ 5-9	99.04	50.02	195.14	284.74	注入 8MPa 的 He，6h
CZ 5-10	98.98	45.00	157.84	277.12	同 CZ 5-9

2. 实验方法

超临界 CO_2 注入深部煤层煤岩三轴力学性质测试过程如下：

(1) 准备工作阶段。准备实验气体、装样、样品室加热、管线加热等。作者及所在课题组人员在设备研发、设备性能改进、装样方法上投入了大量的工作，形成了一套密封效果极其良好的装样方法，解决了吸附实验对设备密封性要求较高的难题。装样方法与部分实物如图 4-59 所示。

图 4-59　三轴力学实验装样与实验设备实物

(2) 预应力加载阶段(加载实验设计的围压与轴压初始条件)。为了避免加载预应力对煤样的损伤，围压和轴压应交替加载。具体加载顺序为围压 2MPa→负荷 3.92kN→围压

4MPa→负荷 7.84kN→围压 6MPa→负荷 11.76kN→围压 8MPa→负荷 15.68kN→围压 10MPa→负荷 19.60kN。围压、轴压加载均采用移动转换的方式，围压加载设置加载速度为 1mm/min，轴压加载设置加载速度为 0.005mm/min，等待应力加载，直至达到预设值，此后保持围压与轴压(围压 10MPa、轴压 10MPa)不变。

(3)注气阶段。当研究注气压力对煤岩力学性质的改变特征时，对管线和样品室抽真空后，注入实验气体，并控制注气压力与注气时间；当研究吸附作用对煤岩力学性质的影响时，需要先将气体管线和柱状煤样抽真空，然后充入非吸附性气体标定样品室与管线自由空间体积。

(4)煤样加载破坏阶段。控制试样围压 10MPa 不变，对含有高压气体的煤样进行轴向加载，轴向应力以位移 0.005mm/s 的方式进行加载，直到样品被破坏。

(5)应力卸载及卸样。压破之后，同样循环卸载围压和轴压，卸载顺序为围压 10MPa→负荷 19.60kN→围压 8MPa→负荷 15.68kN→围压 6MPa→负荷 11.76kN→围压 4MPa→负荷 7.84kN→围压 2MPa→负荷 3.92kN→围压 0MPa→负荷 0kN。随后通过空压机将液压油吹回储油桶之内，打开样品室，小心地将煤样卸下，保证样品破裂形态不变。

实验过程中需要测试无烟煤试样的原始尺寸与各个阶段试样的变形量，包括煤样无应力作用下的原始几何尺寸、煤样在预应力加载阶段的轴向与径向压缩变形量、煤样在注气阶段的轴向与径向膨胀变形量、煤样在破坏阶段的轴向与径向应变。煤样在各实验阶段的变形如图 4-60 所示。

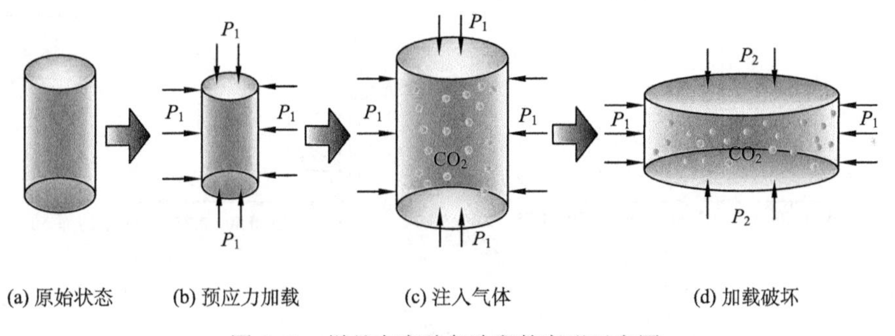

图 4-60　样品在实验各阶段的变形示意图

4.3.2　超临界 CO_2 注入无烟煤的三轴力学实验结果与分析

1. 预应力加载阶段煤岩变形特征

三轴力学实验设计的预应力条件为围压 10MPa、轴压 10MPa 的静水应力场条件。本次三轴力学实验过程中，以压缩变形(收缩)为正，以拉伸变形(膨胀)为负。以 CZ5-6 煤样预应力加载为例，预应力加载过程中煤样应变曲线如图 4-61 所示。

由图 4-61 可知，①围压加载初期(实验时间 0~0.06h，围压 0~2MPa)时，试样的径向与轴向压缩应变均增加，径向应变与轴向应变曲线前期呈现抛物线形式，后期则变为近线性形式，主要由于试样初期加载围压使得煤岩原始孔裂隙闭合、试样基质颗粒处于压密阶段，试样产生非线性应变。试样颗粒压密后，加载使得试样产生弹性变形。②加载 0.18~0.23h 为恒定围压、加载轴压(0~1.5MPa)阶段，轴向变形呈现线性增加的变化规律，而径向压缩变形量呈现线性减小的变化规律。③加载 0.25~0.44h 期间，围压与轴压交替加载，试样变形规律为围压增加、试样的径向压缩变形量增加，轴向应变产生较小的波动，并且随着围压的增大，径向变形量的增加幅度降低。加轴压时试样的径向压缩变形量减少，轴向应变呈现线性增加的规律，并且随着轴压的增大，轴压对径向应变量的影响增大。④加载 0.48~1.25h 期间，轴压与围压保持 10MPa 恒定，随着时间的增加，无烟煤试样表现出一定的蠕变特性，径向与轴向变形均产生了小波动。⑤1.25h 以后，轴压与围压保持 10MPa 恒定，径向与轴向变形基本保持不变，径向应变为 0.062%，轴向应变为 0.66%。

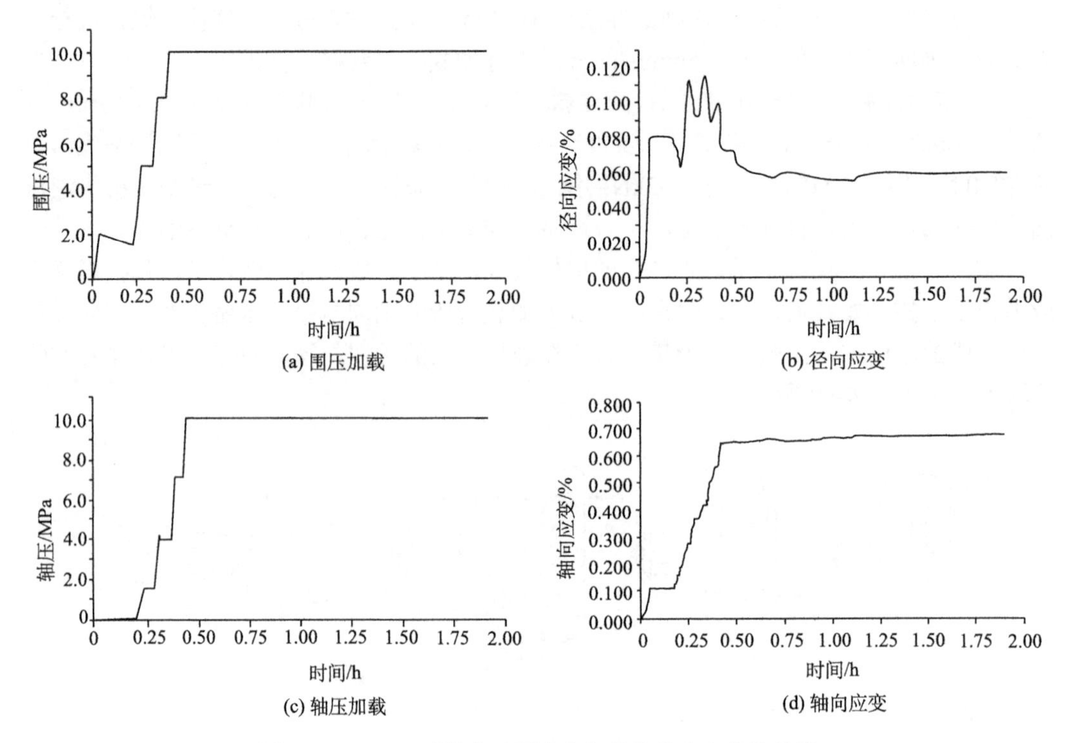

图 4-61　CZ5-6 试样实验预应力加载阶段应变变化曲线

预应力加载过程中，轴向应变与轴向应力呈现出较好的线性关系，可知试样在 10MPa 的预应力前处于线弹性变形阶段，可为后文模拟实验的条件设置方法提供一定的指导。根据有效应力原理(Biot, 1973)，作用在煤岩上的有效应力为

$$\sigma_e=\sigma-\alpha P-\sigma_s \tag{4-40}$$

式中，α 为有效应力系数，无量纲；P 为孔隙气体压力，MPa；σ_s 为膨胀应力，MPa。

预应力加载完成后，试样孔隙气体压力 P=0，无烟煤试样处于应力平衡的弹性压缩状态，试样所受的有效应力等于预应力($\sigma_e=\sigma$)。当压力为 P 的非吸附性气体注入试样时，σ_s=0，试样所受的有效应力为 $\sigma_e=\sigma-\alpha P$，由此可见煤样所受的有效应力减小，原本处于弹性压缩平衡状态的煤样，在有效应力较小的条件下，将发生“回弹”变形。以 CZ5-6 煤样预应力加载完成后，注入不同压力 He 标定自由空间体积时的应变为例，不同 He 气压力下煤样应变曲线如图 4-62 所示。

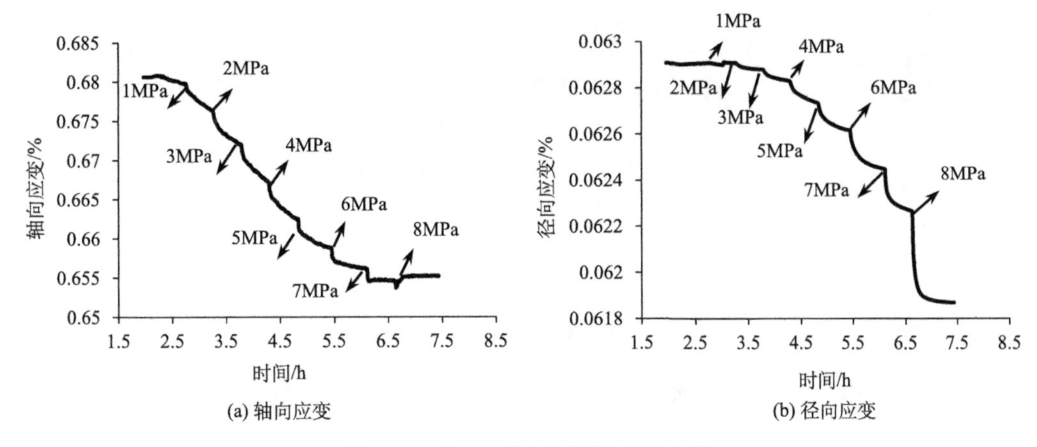

图 4-62　注 He 引起的煤样应变曲线

由图 4-62 可知，He 注入处于应力平衡状态的试样，可降低试样所受的有效应力，原本处于弹性压缩状态的试样将产生“回弹”变形，He 由 1MPa 逐步提升至 8MPa 时，轴向应变由 0.681%降低至 0.652%左右，变化量为 0.029%。径向应变由 0.0629%降低至 0.0619%左右，变化量为 0.001%。由此可见，煤中注入非吸附性 He 气后，试样轴向和径向均产生变形，但变形量远小于注入相同压力超临界 CO_2 产生的变形量。超临界 CO_2 注入煤岩过程中产生的变形为吸附变形与“回弹”变形综合作用的结果，为了分析煤岩吸附 CO_2 产生的体积应变，本书在样品注入超临界 CO_2 实验前，利用相同压力的 He 气标定气体压力产生的“回弹”变形量，然后利用注入超临界 CO_2 产生的总变形量减去气体压力产生的“回弹”变形量，进而得出超临界 CO_2 注入煤岩试样过程中吸附作用产生的变形量，使实验结果相对更为精确。

2. 注入超临界 CO_2 阶段煤岩吸附-应变特征

超临界 CO_2 注入无烟煤过程中，煤岩吸附超临界 CO_2 产生体积应变，轴向与径向均发生变化，且具有各向异性。在围压 10MPa、轴压 10MPa、温度 40℃的条件下，超临界 CO_2 注入无烟煤试样过程中，吸附作用产生的轴向应变与径向应变，如图 4-63 所示。

由图 4-63 可知，无烟煤在注入超临界 CO_2 过程中的轴向应变与径向应变随着注气时间的增加而增大，表现为膨胀变形。对于同一煤样而言，注气前期，煤岩吸附产生的变形量增加速度较快，然而随着注气时间的增加煤岩变形量增加速度减缓。此外，超临界 CO_2 注入无烟煤过程中，试样的径向应变大于轴向应变，径向应变约为轴向应变的 1.5 倍左右。不同煤样、相同注气条件下，吸附产生的应变量存在一定的差异性，导致该现象的主要原因为实验选用的柱状样品体积较大，试样成分组成存在一定的差异性，并且各煤样包含的孔裂隙与原始力学性质(弹性模量、泊松比)不尽相同，即原煤试样结构具有一定的离散性。

图 4-64 为超临界 CO_2 注入无烟煤 3h 与 6h 的吸附量-应变量的关系曲线，可知柱状无烟煤试样的平均吸附量与平均体积应变呈现出较好的线性关系，表现为煤岩平均吸附量越大，平均体积应变量越大，该结论与前文观测结果一致。平均体积应变量与平均吸

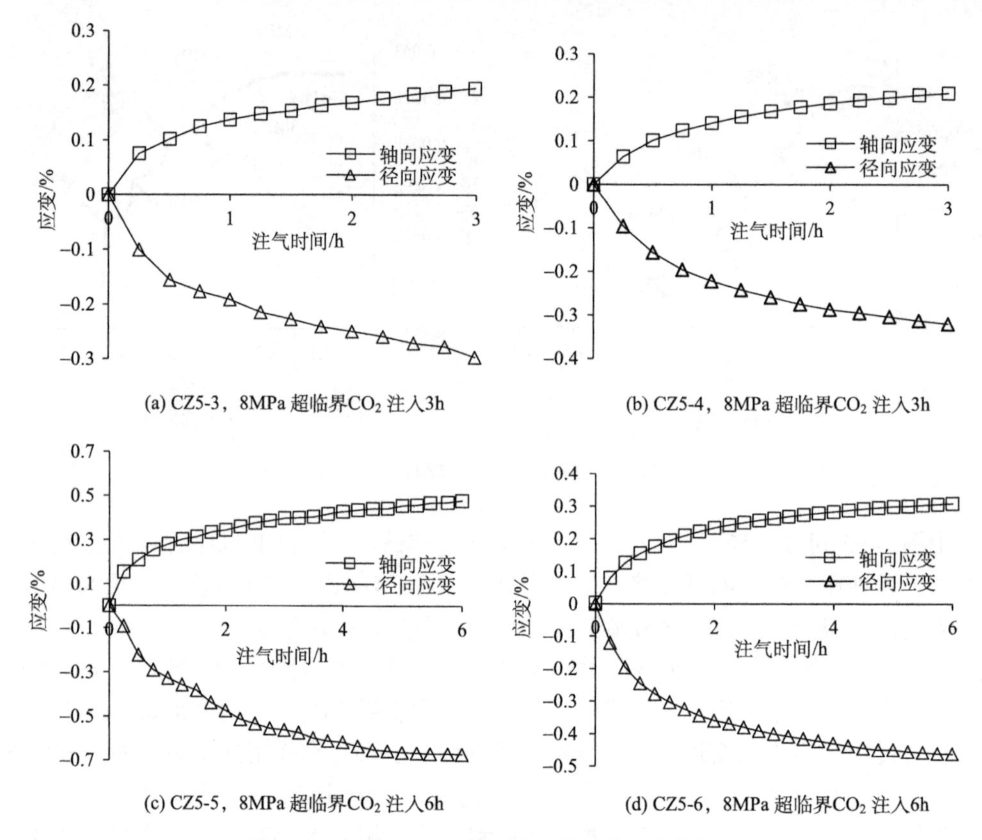

图 4-63　超临界 CO_2 注入无烟煤后煤岩应变特征

附量的拟合关系式为 $y=0.0652x-0.0254$，相关性系数为 0.9948。注气 3h 与 6h 的平均吸附量分别为 13.9cm^3/g 与 23.2cm^3/g，吸附量增加了 0.67 倍。平均体积应变量分别为 0.819% 与 1.528%，平均体积应变增加了 0.87 倍。综上分析，无烟煤吸附超临界 CO_2 可产生显著的体积应变，当超临界 CO_2 注入无烟煤试样时间较短时，煤岩体积应变与 CO_2 吸附量呈现近线性的关系。

3. 含气煤岩加载破坏阶段应力-应变特征

1) 无烟煤偏应力-应变曲线

无烟煤偏应力-应变曲线(图 4-65)中，图 4-65(a)与(b)为不含气无烟煤的偏应力-应变曲线，图 4-65(c)~(f)为含超临界 CO_2 无烟煤的偏应力-应变曲线，图 4-65(g)~(j)为含 He 气无烟煤的偏应力-应变曲线。

由图 4-65 可知，不含气无烟煤、含超临界 CO_2 无烟煤、含 He 气无烟煤试样的偏应力-应变曲线具有一定的差异，但整体包括以下几个阶段。

(1) 压密阶段：不含气无烟煤试样、含超临界 CO_2 无烟煤试样及含 He 气无烟煤试样的偏应力-轴向应变曲线呈现上凹状，其曲线斜率逐渐增加。由于本实验的预应力较大，部分煤样在预应力的作用下内部原生裂隙已被压密闭合，导致一些试样偏应力-轴向应变曲线的压密阶段不明显，但部分试样表现出了压密阶段特征(如试样 CZ5-1、CZ5-4、CZ5-8)。随着试样所受的偏应力增加，该阶段内试样的径向应变的变化量较小，体积应

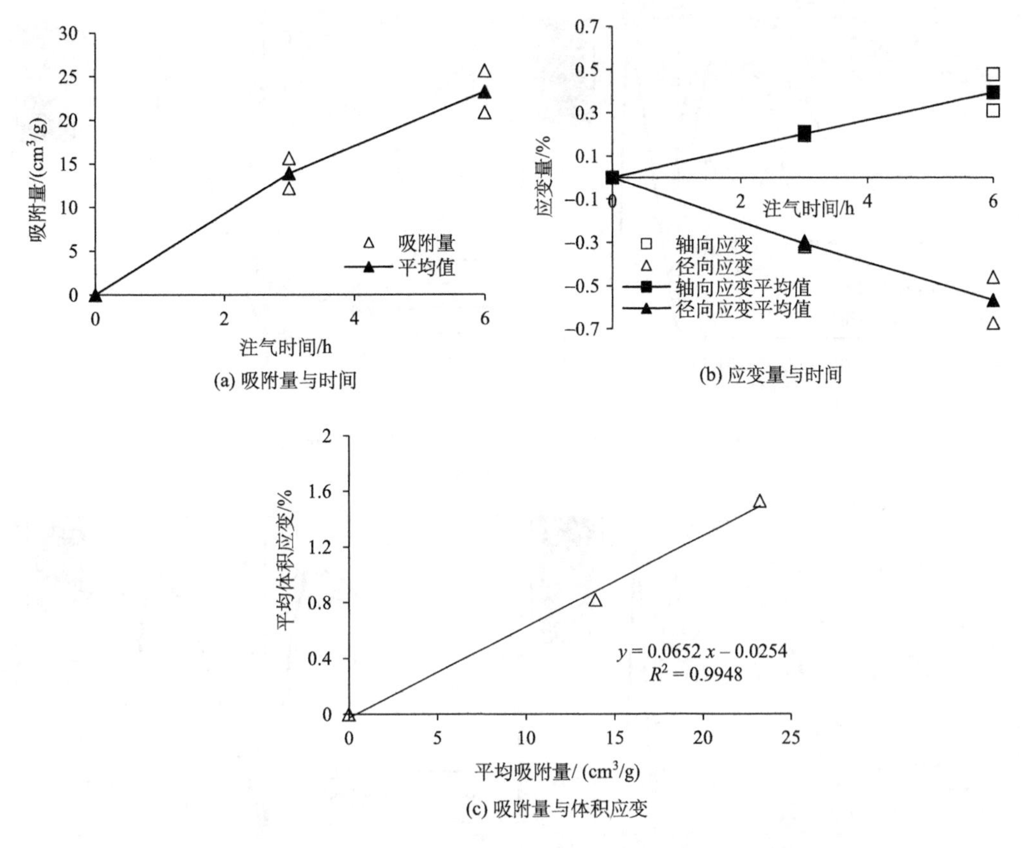

图 4-64　超临界 CO_2 注入无烟煤的吸附量-应变量关系曲线

变主要由轴向应变的增加所引起。体积应变曲线呈现近似抛物线的增加。这主要是由于在偏应力的作用下，试样内部的孔隙被压缩闭合，导致加载初期试样呈现非线性变形的变化规律。

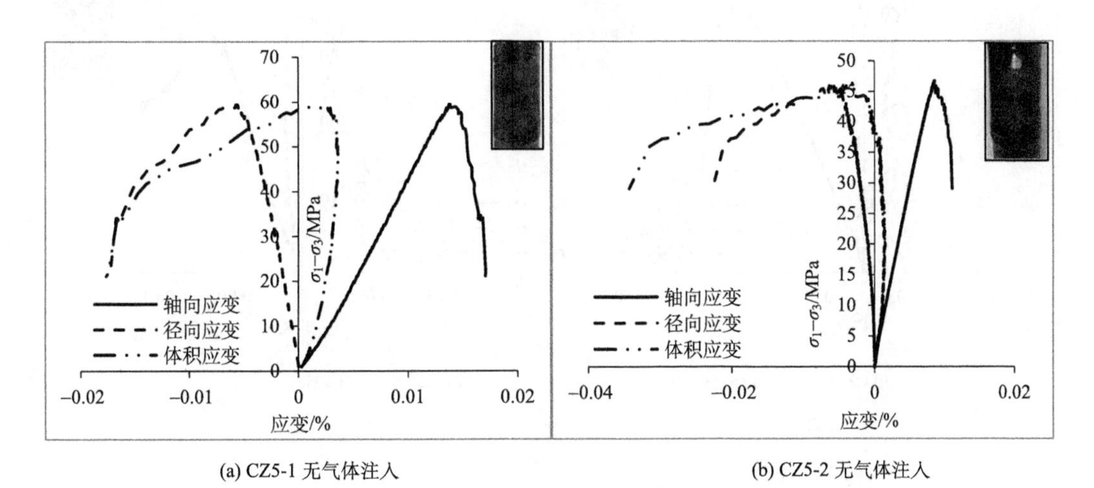

(a) CZ5-1 无气体注入　　(b) CZ5-2 无气体注入

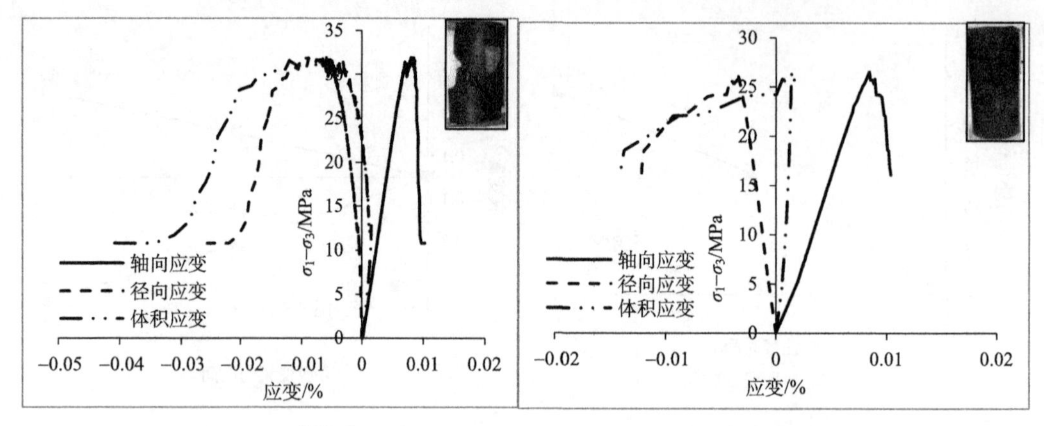

(c) CZ5-3，8MPa 超临界CO_2 注入3h　　(d) CZ5-4，8MPa 超临界CO_2 注入3h

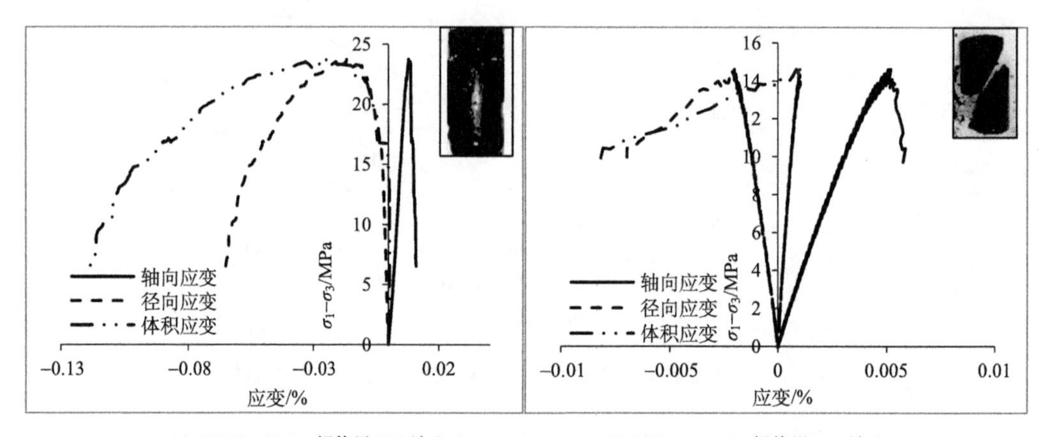

(e) CZ5-5，8MPa 超临界CO_2 注入6h　　(f) CZ5-6，8MPa 超临界CO_2 注入6h

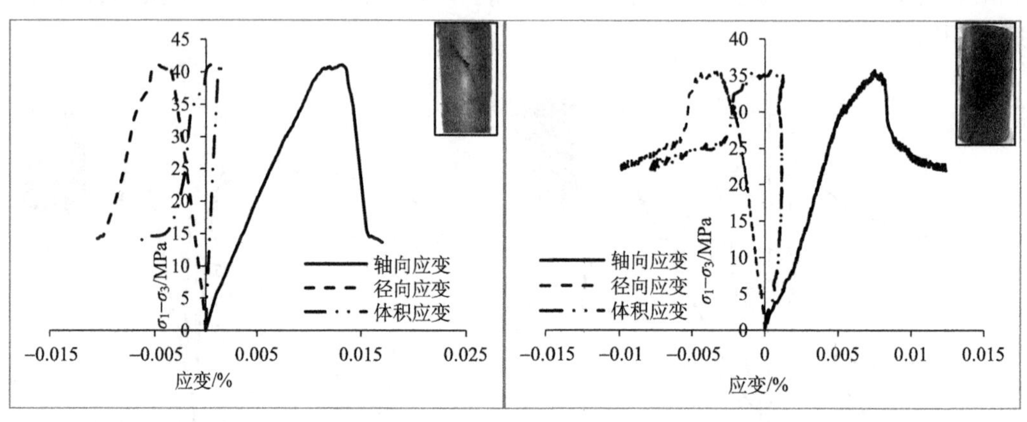

(g) CZ5-7，4MPa He 注入6h　　(h) CZ5-8，4MPa He 注入6h

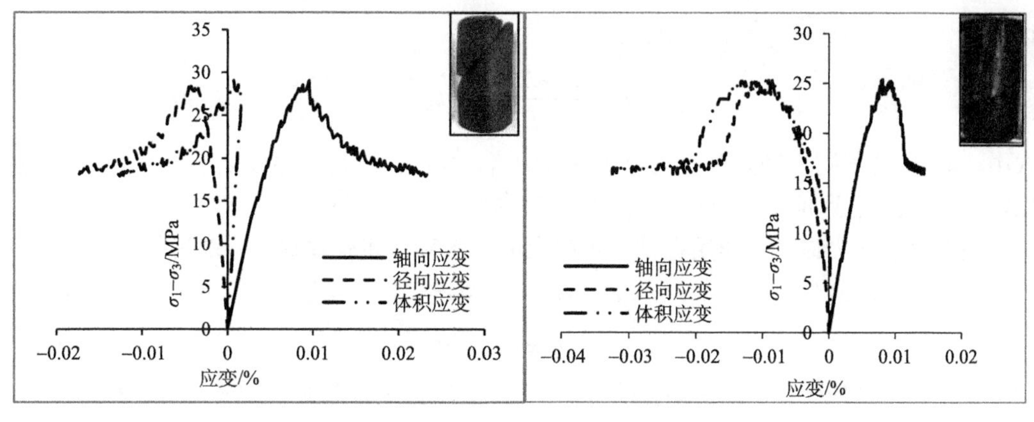

(i) CZ5-9，8MPa He 注入6h　　(j) CZ5-10，8MPa He 注入6h

图 4-65　含气无烟煤试样的偏应力-应变曲线

(2)弹性变形阶段：无烟煤试样的偏应力-轴向应变为直线，偏应力-径向应变表现为线性关系，应力-应变关系符合胡克定律。在该阶段内煤样的部分层理、孔裂隙被进一步压实，煤样变形主要为弹性变形。部分孔隙压力较高的无烟煤试样(如试样 CZ5-6 与 CZ5-9)表现为弹性变形阶段较短，主要由于较高的孔隙压力使得试样部分裂隙重新开启，试样内部萌生微裂隙，很快就进入裂纹扩展阶段。

(3)裂纹稳定扩展阶段：无烟煤试样的偏应力-应变曲线不再呈现线性变化，逐渐偏离线弹性变化阶段，表现为非线性变化趋势。随着偏应力增加，试样原生缺陷附近应力集中，导致微裂纹萌生并缓慢扩展。

(4)裂纹非稳定扩展阶段：无烟煤试样的偏应力-应变曲线呈现明显的非线性变化，偏应力-轴向应变曲线斜率逐渐减小。该阶段煤样内大量微裂纹密集、会合，形成较大的轴向宏观裂纹。轴向裂纹的产生导致径向应变快速增加，径向应变变化速率明显高于轴向应变的变化速率，煤样的体积应变主要受径向应变的影响而逐渐减小。

(5)峰后破坏阶段：由于煤样应力跌落，煤样的偏应力-轴向应变、径向应变、体积应变曲线均向下弯曲并呈现非线性变化，偏应力-轴向应变曲线斜率为负值。该阶段煤样内裂纹会合形成贯通性宏观裂纹面，煤样的有效承载面积随裂纹扩展逐渐减小，煤样的承载力随之迅速下降。煤样的轴向应变变化速率减小，径向应变变化速率增大，部分试样表现为峰后“大变形”的特征(如 CZ5-3、CZ5-5、CZ5-10)。

(6)残余阶段：偏应力降至一定程度后基本保持不变，而轴向应变、径向应变和体积应变稳定发展。这是由于在围压作用下，裂纹面之间的摩擦力为煤样提供了稳定的残余承载力，但裂纹面的剪切滑移使煤样持续变形，本次三轴力学实验对试样峰后破坏阶段观测时间相对较短，导致部分试样未观测到残余变形阶段的变形特征。

2)力学性质参数

煤的弹性模量、泊松比等变形参数定量表征了煤的力学性质(Griffith, 1921；Viete and Ranjith, 2006)，煤层中赋存的游离相和吸附相 CO_2 对煤的物理化学作用可改变煤的力学性质。不同注气压力下煤变形参数的变化特征反映了气体对煤力学性质的影响。

根据广义胡克定律，可得三轴应力条件下，含气煤样在弹性变形阶段的轴向应变表

达式为

$$\varepsilon_1=\frac{\sigma_1^{\mathrm{e}}-2\nu\sigma_3^{\mathrm{e}}}{E}-\varepsilon_{01} \tag{4-41}$$

式中，σ_1^{e} 和 σ_3^{e} 分别为轴向有效应力和有效围压，MPa；E 为弹性模量，MPa；ν 为泊松比，无量纲；ε_{01} 为预应力加载阶段产生的轴向应变，无量纲。

根据有效应力原理，作用在试样轴向上的有效应力和有效围压分别为

$$\sigma_1^{\mathrm{e}}=\sigma_1-\alpha_1 P-\sigma_{\mathrm{s}} \tag{4-42}$$

$$\sigma_3^{\mathrm{e}}=\sigma_3-\alpha_1 P-\sigma_{\mathrm{s}} \tag{4-43}$$

式中，α_1 为有效应力系数；P 为孔隙气体压力，MPa；σ_{s} 为吸附膨胀应力，MPa。

在线弹性变形阶段取任两点 M 和 N，则这两点的轴向应变可分别表示为

$$\varepsilon_{1M}=\frac{\sigma_{1M}^{\mathrm{e}}-2\nu\sigma_3^{\mathrm{e}}}{E}-\varepsilon_{01} \tag{4-44}$$

$$\varepsilon_{1N}=\frac{\sigma_{1N}^{\mathrm{e}}-2\nu\sigma_3^{\mathrm{e}}}{E}-\varepsilon_{01} \tag{4-45}$$

由式(4-44)与式(4-45)可得

$$\varepsilon_{1N}-\varepsilon_{1M}=\frac{\sigma_{1N}^{\mathrm{e}}-\sigma_{1M}^{\mathrm{e}}}{E} \tag{4-46}$$

假设在线弹性变形阶段，α_1 和 σ_{s} 均为常数，可得三轴压缩下含 CO_2 煤的弹性模量为

$$E=\frac{\sigma_{1N}^{\mathrm{e}}-\sigma_{1M}^{\mathrm{e}}}{\varepsilon_{1N}-\varepsilon_{1M}}=\frac{(\sigma_{1N}-\sigma_3)-(\sigma_{1M}-\sigma_3)}{\varepsilon_{1N}-\varepsilon_{1M}} \tag{4-47}$$

由式(4-47)可以看出弹性模量 E 为偏应力-轴向应变曲线中线弹性变形阶段的斜率，采用最小二乘法对线弹性变形阶段的偏应力-轴向应变数据进行线性拟合，可得到线性方程的斜率即为该煤样的弹性模量。同理，可以得到三轴压缩下煤样的泊松比可以表示为

$$\nu=\frac{\varepsilon_{3N}-\varepsilon_{3M}}{\varepsilon_{1N}-\varepsilon_{1M}} \tag{4-48}$$

不同煤样的变形参数与对应的实验条件见表 4-28。

表 4-28 不同煤样的力学性质参数

样品	吸附量/(cm^3/g)	偏应力峰值/MPa	轴向峰值应变	径向峰值应变	抗压强度/MPa	弹性模量/MPa	泊松比	注气条件
CZ5-1	—	58.31	0.01361	–0.00523	68.31	4209	0.27	—
CZ5-2	—	46.26	0.00830	–0.00548	56.26	5921	0.24	—
CZ5-3	15.66	30.26	0.00662	–0.00576	40.26	4560	0.25	8MPa，超临界 CO_2，注入时间 3h
CZ5-4	12.19	25.75	0.00620	–0.00329	35.75	2908	0.38	8MPa，超临界 CO_2，注入时间 3h
CZ5-5	25.62	23.22	0.00762	–0.01324	33.22	2643	0.45	8MPa，超临界 CO_2，注入时间 6h
CZ5-6	20.83	14.24	0.00500	–0.00195	24.24	3308	0.39	8MPa，超临界 CO_2，注入时间 6h
CZ5-7	—	40.52	0.01250	–0.00425	50.52	4373	0.28	4MPa，He，注入时间 6h

续表

样品	吸附量 /(cm^3/g)	偏应力峰值/MPa	轴向峰值应变	径向峰值应变	抗压强度/MPa	弹性模量/MPa	泊松比	注气条件
CZ5-8	—	35.24	0.00714	–0.00296	45.24	4643	0.31	4MPa，He，注入时间 6h
CZ5-9	—	29.86	0.00815	–0.00379	39.86	3771	0.34	8MPa，He，注入时间 6h
CZ5-10	—	25.67	0.00766	–0.00827	35.67	3856	0.42	8MPa，He，注入时间 6h

(1) 含 He 煤岩试样的力学特征。

煤岩对 He 气吸附能力极弱，He 被认为是非吸附性气体。含 He 煤岩力学性质的变化，实质为力学性质对注气压力的响应。在围压 10MPa、轴压 10MPa、温度 40℃的条件下，无烟煤试样注入不同压力 He 气后的力学性质参数如图 4-66 所示。

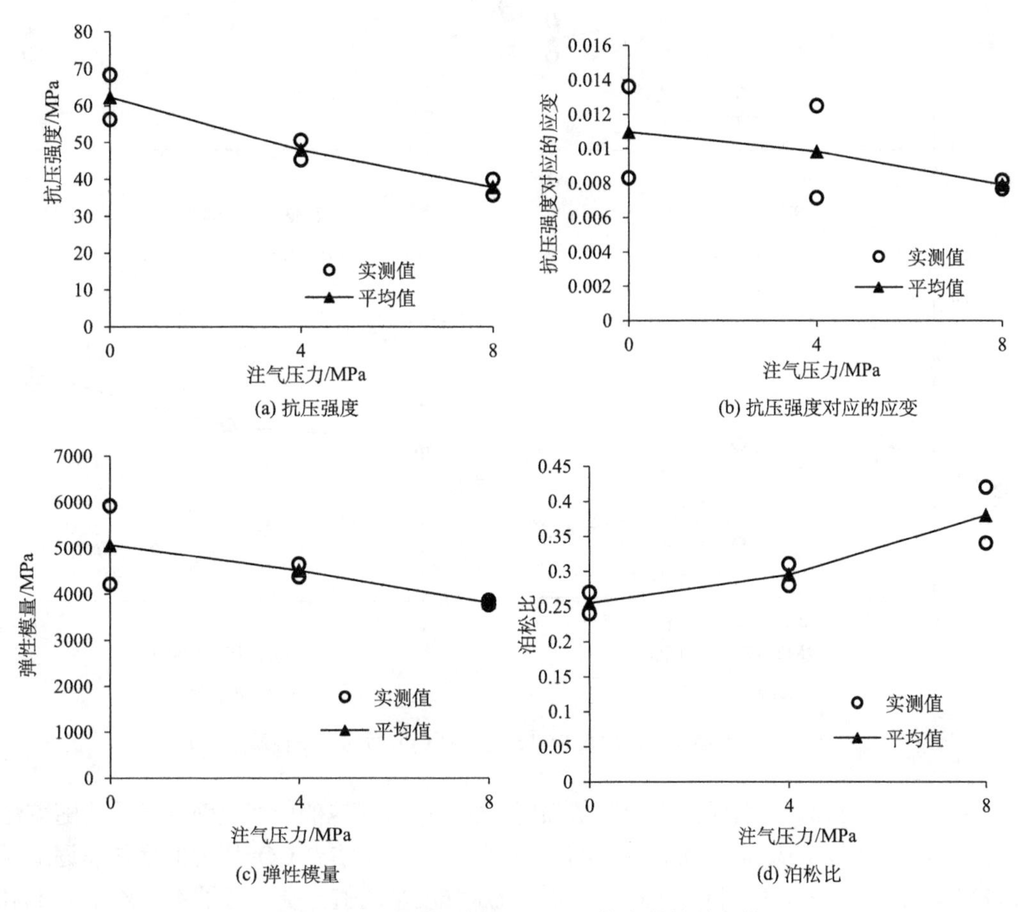

图 4-66　无烟煤试样注入 He 后的力学性质参数

由图 4-66 可知，无烟煤试样的抗压强度、抗压强度对应的应变及弹性模量均随着 He 气注入压力的增加而减小，泊松比随着注入 He 气压力的增加而增大。注入 He 气 4MPa 与 8MPa 时，抗压强度平均值分别降低了 10.2%与 35.9%，弹性模量平均值分别降低了 10.9%和 24.7%，泊松比平均值分别增加了 16%和 49%。可见，注气压力增加了试样的孔隙压力，孔隙压力对试样的抗压强度起到了弱化作用，作用在试样内部孔裂隙表面上的气体压力减弱了围压对煤样裂隙的闭合作用，促进了煤样内裂纹的扩展，使得煤样抵抗破坏的能力下降。

(2)含超临界 CO_2 煤岩试样的力学特征。

超临界 CO_2 注入煤岩的过程中，注气压力与吸附作用同时对煤岩的力学性质产生弱化作用。在围压 10MPa、轴压 10MPa、温度 40℃的条件下，无烟煤试样注入 8MPa 超临界 CO_2 后的力学性质参数如图 4-67 所示。

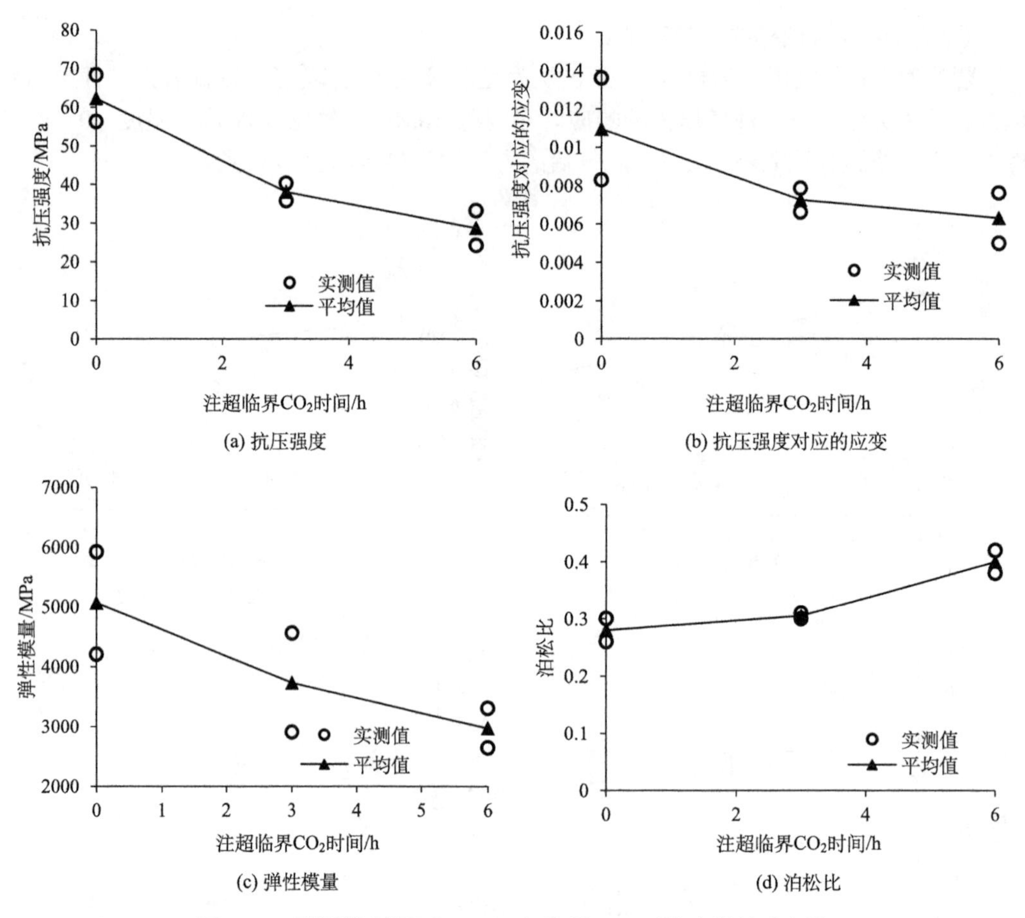

图 4-67　无烟煤试样注入 8MPa 超临界 CO_2 后的力学性质参数

由图 4-67 可知，无烟煤试样的抗压强度、抗压强度对应的应变及弹性模量均随着注入超临界 CO_2 压力的增加而逐渐减小，泊松比随着注入超临界 CO_2 压力的增加而逐渐增加。8MPa 超临界 CO_2 注入试样 3h 与 6h 时，抗压强度平均值分别降低了 42.6%与 61.1%，弹性模量平均值分别降低了 10.4%和 41.3%，泊松比平均值分别增加了 8.92%和 35.71%。超临界 CO_2 压力和吸附作用同时对无烟煤试样的力学强度产生弱化作用，作用在试样结构内部的超临界 CO_2 压力阻碍了围压对试样裂隙的闭合作用，促进了煤样内裂纹的扩展与贯通，降低了试样抵抗破坏的能力。吸附在无烟煤基质孔隙表面的 CO_2 则减弱了煤样内部结构的黏结力，使试样内裂纹更容易产生。孔隙压力与吸附作用两个因素的叠合作用下，试样的力学性质相比单一孔隙压力(注 He)的弱化作用更明显。

(3) 煤岩力学性质参数对比。

图 4-68 给出了相同实验温度、围压与轴压条件下，对比无烟煤试样未注入气体、注入 8MPa 的 He 气与 8MPa 的超临界 CO_2 后的力学性质参数，发现注超临界 CO_2 煤样相比注入 He 气煤样的弹性模量平均值降低了 21.9%，抗压强度平均值降低了 23.9%，泊松比平均值增加了 5.3%。煤岩对超临界 CO_2 的吸附作用是导致注 He 煤样与注超临界 CO_2 煤样力学性质差异的主要原因。

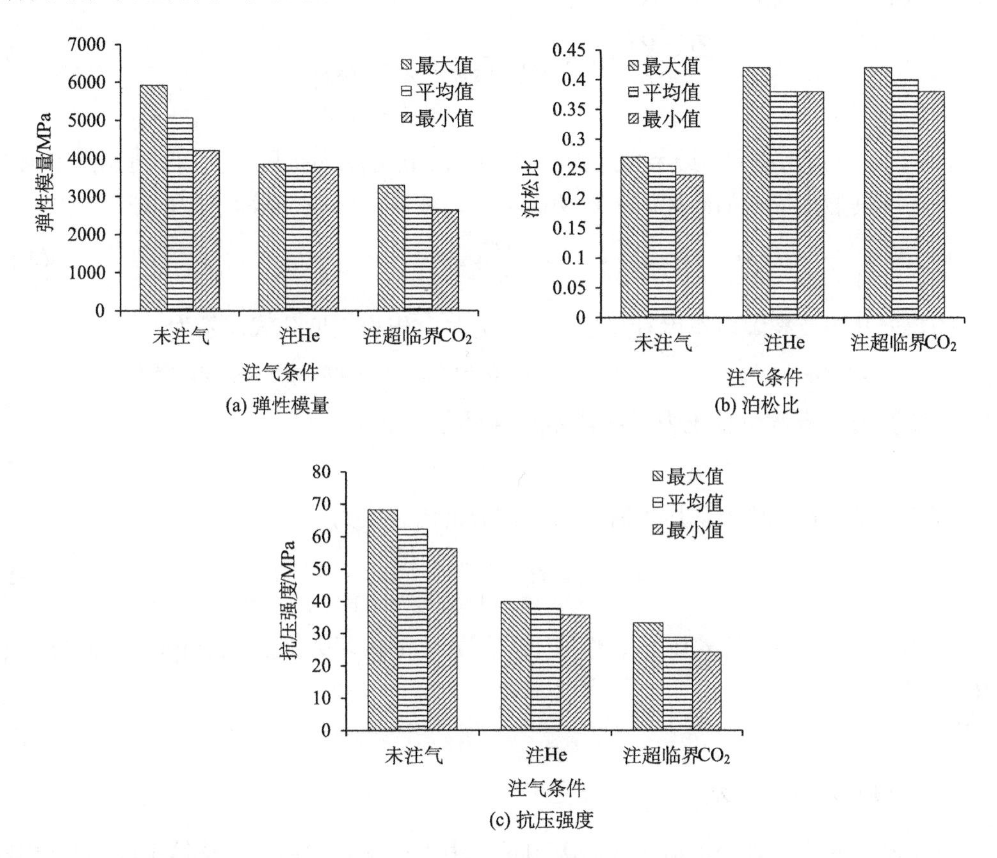

图 4-68　不同注气体条件下无烟煤试样的力学性质参数对比

4.3.3　超临界 CO_2 注入无烟煤的力学性质变化机制

1. 孔隙气压对煤岩力学性质的软化作用

无烟煤试样基质块之间的范德瓦耳斯力与煤的内应力相平衡，当裂隙之间存在吸附或游离的气时，吸附层或游离介质间为分子间引力，明显弱于范德瓦耳斯力，煤基质块间的范德瓦耳斯力转向煤基质块对吸附或游离的气的引力，破坏了范德瓦耳斯力与煤的内应力之间的平衡(傅雪海等，2002b)。根据有效应力原理可知，煤岩基质骨架受到的有效应力为(Biot, 1973)

$$\sigma_{ij}^{'} = \sigma_{ij} - \alpha p \delta_{ij} \tag{4-49}$$

式中，$\sigma_{ij}^{'}$ 为有效应力张量，MPa；σ_{ij} 为总应力张量，MPa；p 为孔隙流体压力，MPa；δ_{ij}

为克罗内克(Kronecker)符号，无量纲；α 为等效孔隙压缩系数，它取决于岩石孔隙、裂隙发育程度。

煤岩破坏满足莫尔-库仑强度准则：

$$\tau = C_0 + \sigma_N \tan\varphi \tag{4-50}$$

式中，C_0 为内聚力，MPa；φ 为内摩擦角，°；σ_N 为正应力，MPa；τ 为剪应力，MPa。

式(4-50)可写成主应力形式，即

$$\frac{\sigma_1}{\sigma_p} - \frac{\sigma_3}{\sigma_t} = 1 \text{或} \frac{\sigma_1}{\dfrac{2C_0\cos\varphi}{1-\sin\varphi}} - \frac{\sigma_3}{\dfrac{2C_0\cos\varphi}{1+\sin\varphi}} = 1 \tag{4-51}$$

式中，σ_1、σ_3 分别为最大、最小主应力，MPa；σ_p、σ_t 分别为抗压强度和抗拉强度，MPa。

上述准则假定煤岩的破坏属于剪切破坏，破坏面的法线与最大应力方向的夹角 α 为

$$\alpha = \frac{\varphi}{2} + 45^\circ \tag{4-52}$$

当煤岩孔隙及裂隙内作用有孔隙气体压力时，煤岩强度公式表示为

$$\tau = C_0 + (\sigma_N - \alpha p)\tan\varphi = \sigma_N \tan\varphi + (C_0 - \alpha p\tan\varphi) = \sigma_N \tan\varphi + C_p \tag{4-53}$$

式中，C_0 为存在孔隙气体压力时煤岩体的内聚力，即

$$C_p = C_0 - \alpha p \tan\varphi \tag{4-54}$$

同样可得存在孔隙气体压力时，煤岩体的抗压强度为

$$P_p = P_0 - \frac{2\alpha p \sin\varphi}{1-\sin\varphi} \tag{4-55}$$

由式(4-55)可知，注入压力 p 作用下，煤岩体的内聚力减少 $\alpha p\sin\varphi$，抗压强度减少 $\dfrac{2\alpha p\sin\varphi}{1-\sin\varphi}$。

2. 吸附作用对煤岩力学性质的软化作用

前文基于热力学理论，得出煤岩吸附过程中 Gibbs 自由能的变化等于固相基质微孔表面能的变化，煤岩吸附气体降低的表面能为(Gibbs, 1921)

$$\Delta\gamma = -\lambda \mathrm{d}\mu \tag{4-56}$$

式中，$\Delta\gamma$ 为表面能变化值，J/m^2；λ 为吸附相的表面浓度，mol/m^2；dμ 为表面化学势变化值，J/mol。

煤岩天然裂隙发育，煤体强度较低，吸附气的存在将加剧煤体力学强度的降低，煤岩吸附量越大，强度降低值越大。格里菲斯(Griffith)破坏准则提供了煤岩强度的表达式(4-57)，定义在现有裂隙尖端形成新裂隙表面需要的拉应力为 σ_t，表面能的减少与裂隙尖端形成新的裂隙所需的拉应力有关，表明吸附作用导致表面能下降的同时也将弱化煤岩力学性质(Griffith, 1921)。

$$\sigma_t = \sqrt{\frac{2\gamma E}{\pi c}} \tag{4-57}$$

式中，γ 为单位裂纹长度的表面能，J/m^2；E 为煤岩弹性模量，MPa；c 为裂纹长度的一

半，m。

根据 Griffith 和 Gibbs 假定，煤岩吸附超临界 CO_2 将降低煤岩表面能，弱化煤岩力学强度。结合 Gibbs 吸附方程与 Griffith 裂纹拉伸强度方程，可得到吸附作用导致煤岩裂纹产生的临界压力变化量为(Viete and Ranjith, 2006)

$$\mathrm{d}\sigma = \sqrt{\frac{2E\lambda \mathrm{d}\mu}{\pi c}} \tag{4-58}$$

由式(4-58)可知，随着煤岩表面能的降低，产生裂纹的临界压力值也将降低；气体的吸附性越强，表面能降低值越大，力学强度降低也越大。由此可见，煤岩的力学强度与气体吸附量密切相关。

第5章　超临界CO_2注入深部无烟煤储层的体积应变效应

煤岩具有典型的双孔介质结构，主要由孔隙和裂隙系统组成。CO_2具有超强吸附亲和力，CO_2注入煤层之后吸附于煤岩孔隙之内，导致煤岩发生明显的吸附膨胀现象，这已得到许多学者的证实(Vandamme et al., 2010；贺伟等，2018)。对于深部不可开采煤层，煤层所受到的地应力(自重应力和构造应力等)要远远大于浅部煤层，地应力一方面会影响煤层的吸附膨胀变形，另一方面，在地应力的约束下，煤岩的吸附膨胀也会产生附加应力-膨胀应力。正如4.3节所述，CO_2，特别是超临界CO_2，和煤之间会产生物理化学作用，从而影响煤的力学性质。煤岩膨胀应力、膨胀应变的产生和力学性质的改变反过来又影响煤储层结构。煤中的裂隙是气体渗流的主要通道，储层结构的改变会影响储层渗透率。一般认为CO_2-ECBM过程中储层渗透率会衰减，这也是导致煤层可注性降低的根本原因。如图5-1所示，深部不可开采煤层的CO_2-ECBM过程中存在CO_2吸附-煤体应变-地应力场的耦合关系。

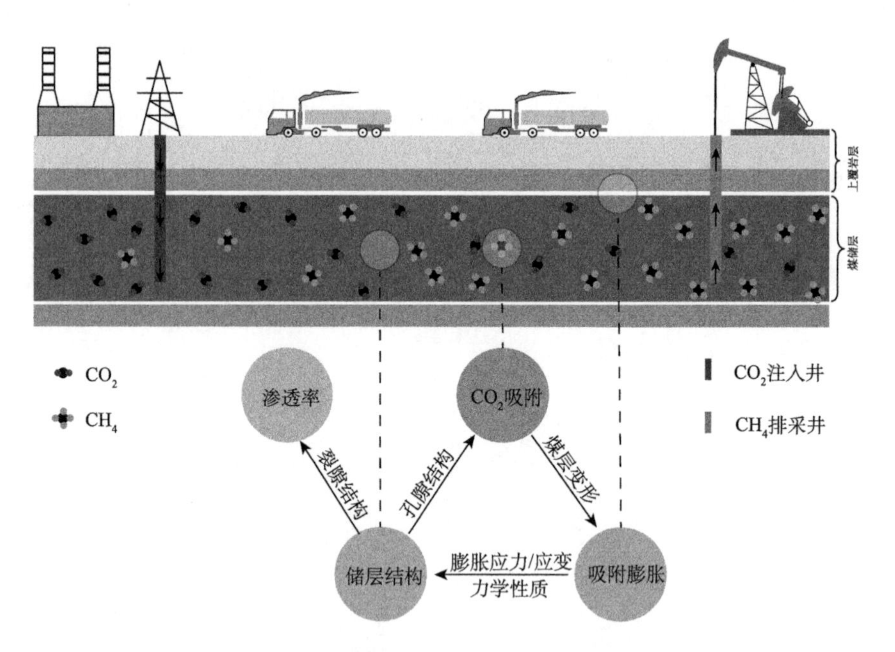

图5-1　CO_2-ECBM过程中CO_2吸附-膨胀应力应变-储层结构及渗透率耦合关系示意图

本章基于自主研发的CO_2注入与煤层气强化开发实验模拟平台，首先，开展CO_2吸附膨胀应变、膨胀应力和三轴力学实验，探讨CO_2-ECBM煤岩应力应变影响因素、煤岩软化机理，并建立吸附膨胀数学模型；然后，分析煤储层的体积应变对煤储层结构的影响；最后，揭示CO_2注入过程中煤岩渗透率的动态变化规律并建立动态渗透率模型。

5.1　超临界 CO_2 注入深部无烟煤储层体积应变特征与模型

煤岩吸附 CO_2 后发生体积膨胀效应，吸附膨胀既和煤岩内部结构有关，又受控于温度、气体压力、地应力和水分含量等多种因素。本节通过室内实验探讨不同注气时间下煤岩体积变形规律，分析煤岩吸附膨胀的各向异性特征及原煤和构造煤型煤膨胀变形的差异性，阐明吸附膨胀阶段性演化机理，揭示温度、围压、气体压力和水分影响下吸附膨胀的耦合作用，建立多因素作用下的体积应变数值模型，为超临界 CO_2 注入深部无烟煤储层体积应变研究奠定理论基础。

5.1.1　超临界 CO_2 注入深部无烟煤储层体积应变

1. 煤岩吸附膨胀应变测试

1) 实验平台

煤岩吸附膨胀应变测试采用传统的电阻应变片(或引伸计)测试方法，由“模拟 CO_2 注入煤储层渗流驱替实验装置”完成。实验装置由反应室(包含参考缸)、超临界 CO_2 生成与注入系统、加压系统、恒温系统、围压系统、实验样品采集系统和电气控制及监控系统 7 部分组成，可准确测量 CO_2-ECBM 过程中煤岩的吸附膨胀应变、膨胀应力、渗透率和力学性质等参数。

2) 实验样品

本章所采用的样品为直径 50mm、长度 100mm 的圆柱煤样，试样通过立式深孔钻床制备，试样实物见图 5-2，其中(a)、(b)、(c)和(d)分别代表寺河矿、成庄矿、余吾矿和赵庄矿煤样。煤样制备完成之后，其表面可能会粗糙不平或有缺口。电阻应变片的安装对样品表面要求较为严格，如若不加处理，在围压加载之后极易导致引线的断裂、应变片的脱落或胶套的破裂。因此，实验前分别用 240 目、600 目和 1200 目的砂纸打磨样品，随后利用抛光机抛光处理。如果有缺口，可用煤粉进行补齐，确保样品表面光滑，以达到实验要求。

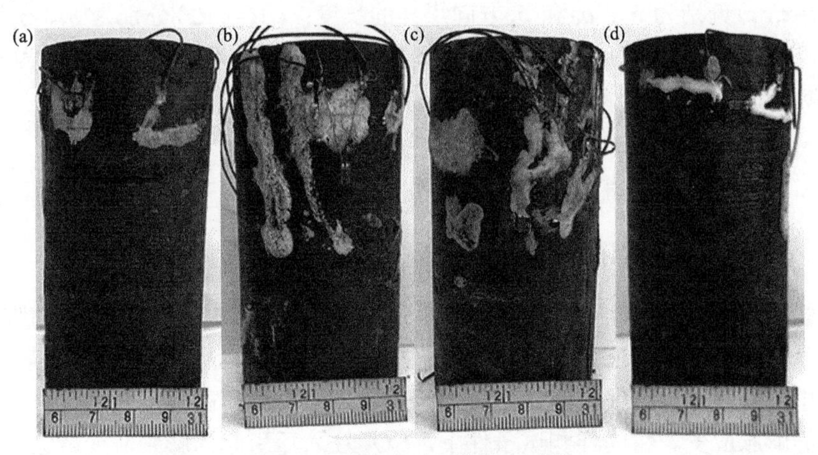

图 5-2　实验中采用的煤岩试样

(a) 寺河矿样品；(b) 成庄矿样品；(c) 余吾矿样品；(d) 赵庄矿样品

3）模拟实验条件

模拟实验温度分别为35.0℃、45.0℃和55.0℃，设置模拟实验围压为12MPa、14MPa和16MPa，注气压力为2~10MPa。

4）模拟实验过程

超临界 CO_2 注入深部煤层煤岩吸附膨胀应变测试的一般过程如下：

(1) 电阻应变片安装。两个应变片分别沿着垂直层理方向和平行层理方向粘贴。为了将应变片导线引出夹持器外部，在夹持器顶端密封环上设计了四个刻槽。装样过程中必须保证导线和引线槽的贴合，以防止将导线压断。样品安装好之后，按照预先设计好的实验方案通过环亚跟踪泵加载围压，加载过程中应缓慢控制应力的变化，防止煤样被压坏。

(2) 气密性检测。围压加载之后，同超临界 CO_2-H_2O 体系与煤岩地球化学反应模拟实验开展气密性检测。

(3) 抽真空处理。气密性检测完成后，对整个装置抽真空，确保整个装置处于真空状态。

(4) 实验测试。按照设计注气压力向样品室注入实验气体，设置采集间隔时间为10s，自动记录整个装置的温度、压力、微应变等数据，开始吸附膨胀应变测试。

2. 煤岩吸附体积膨胀应变计算方法

煤岩具有各向异性的特征，不同方向上的吸附膨胀量不同。假设煤岩吸附膨胀三向各向异性（σ_x、σ_y 和 σ_z 方向），体积应变应由三个方向的应变组成，则体积膨胀应变的公式如下：

$$\varepsilon_{\mathrm{v}}=\frac{\prod\limits_{i=x,y,z} l_i(1+\varepsilon_i)-\prod\limits_{i=x,y,z} l_i}{\prod\limits_{i=x,y,z} l_i}=\sum_{i=x,y,z}\varepsilon_i+\frac{1}{2}\sum_{i,j=x,y,z}^{i\neq j}\varepsilon_i\varepsilon_j+\prod_{i=x,y,z}\varepsilon_i \tag{5-1}$$

由于煤岩的吸附膨胀应变较小，忽略高阶小项后式(5-1)转化为

$$\varepsilon_{\mathrm{v}}=\sum_{i=x,y,z}\varepsilon_i \tag{5-2}$$

式中，$l_i(i=x,y,z)$ 分别为 o_x、o_y 和 o_z 方向煤样的长度；$\varepsilon_i(i=x,y,z)$ 分别为 σ_x、σ_y 和 σ_z 方向煤样的应变量；ε_{v} 为煤样的体积应变。对于圆柱样品，在平行层理方向上视为各向同性，即 $l_x=l_y$，$\varepsilon_x=\varepsilon_y$，则体积膨胀应变计算公式改写为

$$\varepsilon_{\mathrm{v}}=\varepsilon_1+2\varepsilon_3 \tag{5-3}$$

式中，ε_1 和 ε_3 分别代表垂直层理方向应变和平行层理方向应变。

3. 注入氦气煤岩应变特征

实测煤岩 CO_2 吸附膨胀量主要由两部分组成，即有效应力降低引起的膨胀应变和 CO_2 气体吸附引起的膨胀应变。为了计算吸附膨胀量，必须进行注入氦气煤岩应变的平行测试，由于氦气可视为非吸附性气体，因此，用氦气测得的膨胀量可等同于有效应力降低引起的膨胀应变。将同样测试条件下，CO_2 注入后引起的膨胀应变减去氦气注入后引起的膨胀应变即为 CO_2 吸附膨胀量。

以寺河矿煤样为例，氦气注入后膨胀应变曲线见图 5-3。实验温度为 35℃，氦气注入压力逐渐递增(0→1→2→3→4→5→6→7→8→9→10MPa)。实验中发现随着注入压力的增大，轴向和径向应变均增大，但是膨胀应变达到平衡的时间很短，几乎和注入压力的变化是同步的。这说明观测到的应变确实是由于氦气的注入导致有效应力降低引起的。

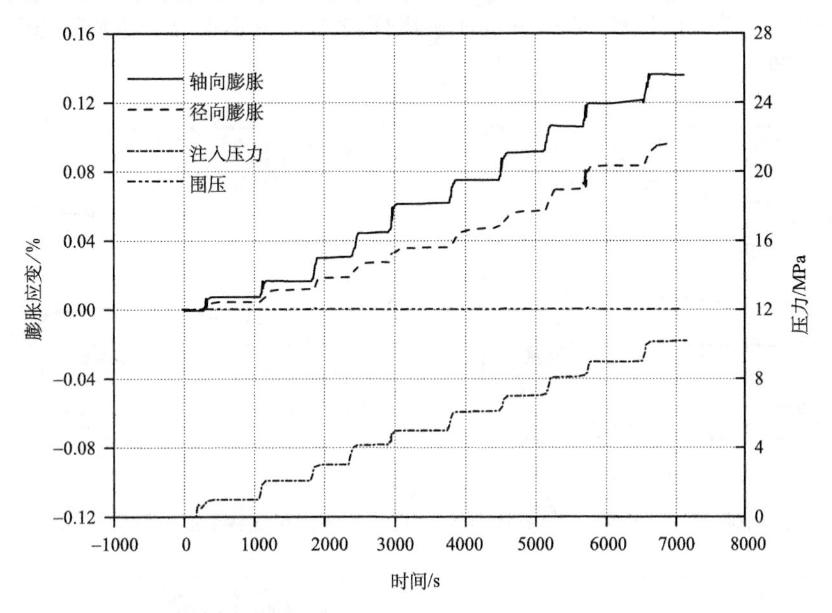

图 5-3　氦气注入过程中煤样膨胀应变和时间的关系

选取不同注入压力下的膨胀应变并绘制出氦气注入压力和膨胀应变的关系图，见图 5-4。首先，无论氦气注入压力如何变化，轴向膨胀应变均大于径向膨胀应变。另外，注入氦气后煤岩的体积应变随着注入压力的增大而增大，且曲线呈现近似线性的变化关系。该趋势显然和 CO_2 注入后吸附膨胀应变趋势不同，这与不同气体引起的膨胀机理不同有关，即注入氦气煤岩膨胀是因为有效应力的衰减，煤岩处于弹性变形阶段，因此，有效应力和膨胀应变线性正相关，这与注入 CO_2 的煤岩膨胀不同。

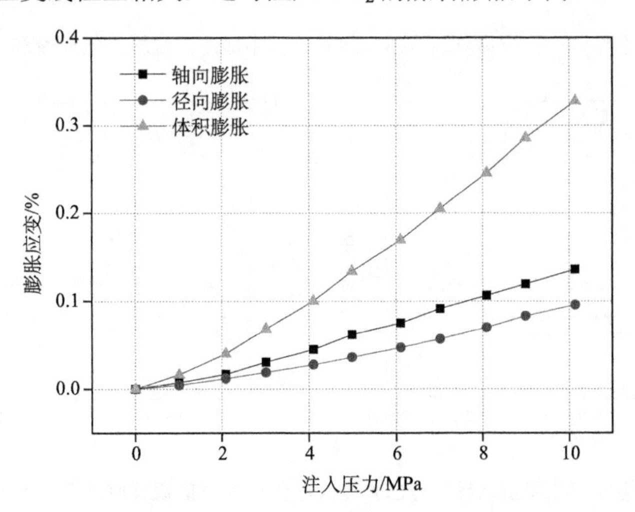

图 5-4　氦气注入过程中煤样膨胀应变和注入压力的关系

4. 注入 CO_2 煤岩吸附膨胀应变特征

由于不同压力下吸附膨胀曲线类似，为了简便起见，选取 6MPa 和 8MPa CO_2 压力分别代表亚临界和超临界状态。亚临界和超临界 CO_2 注入过程中，寺河矿煤样(SH)、成庄矿煤样(CZ)、余吾矿煤样(YW)和赵庄矿煤样(ZZ)吸附膨胀应变随时间的变化关系分别见图 5-5~图 5-8。

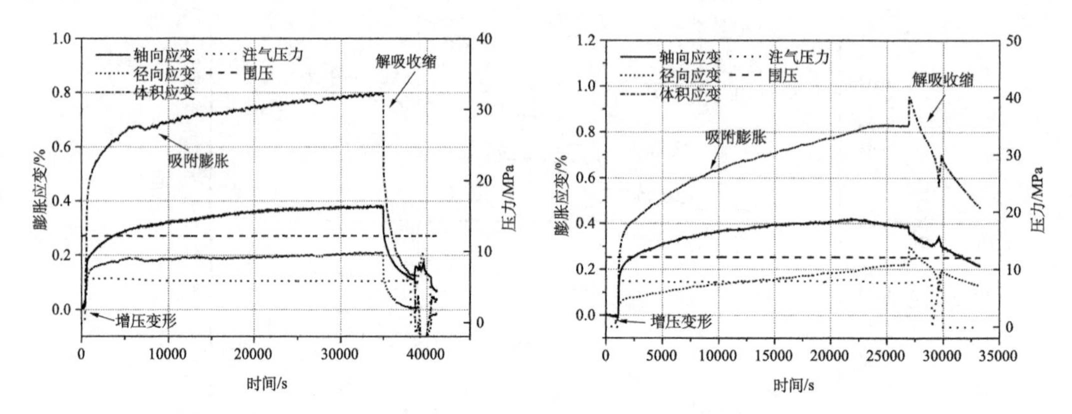

图 5-5　亚临界(左)和超临界(右)CO_2 注入过程中寺河矿煤样膨胀应变和时间的关系

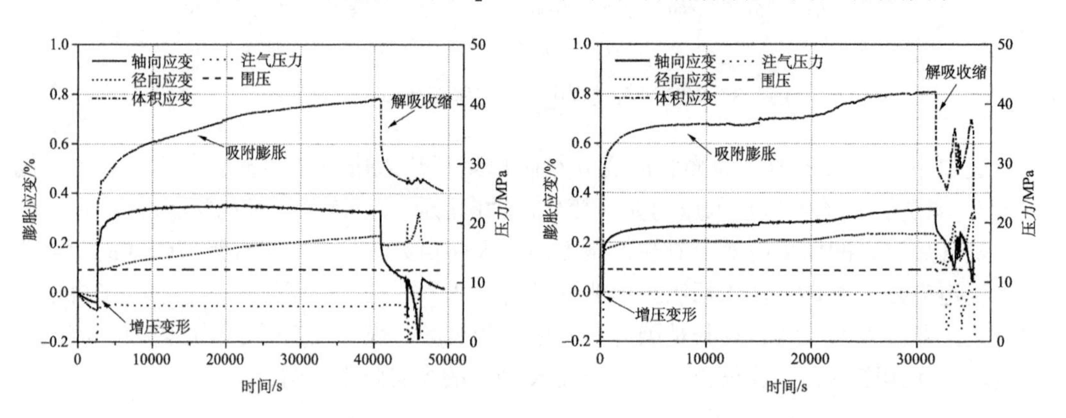

图 5-6　亚临界(左)和超临界(右)CO_2 注入过程中成庄矿煤样膨胀应变和时间的关系

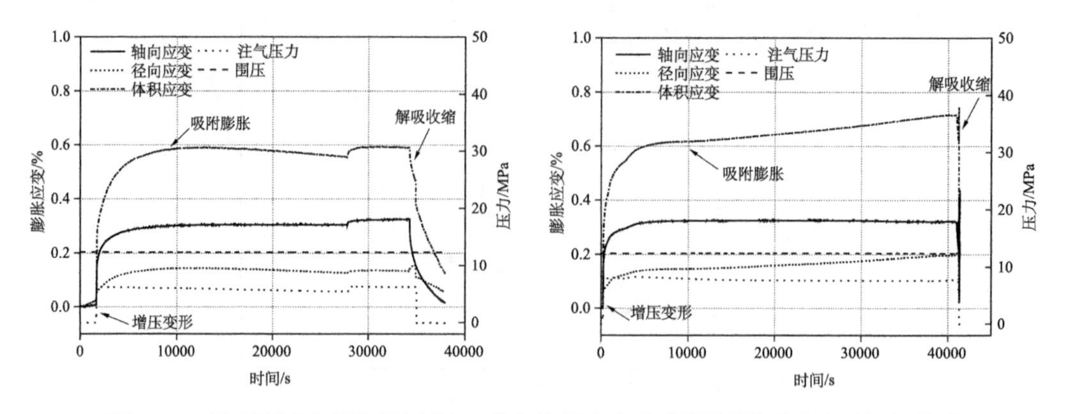

图 5-7　亚临界(左)和超临界(右)CO_2 注入过程中余吾矿煤样膨胀应变和时间的关系

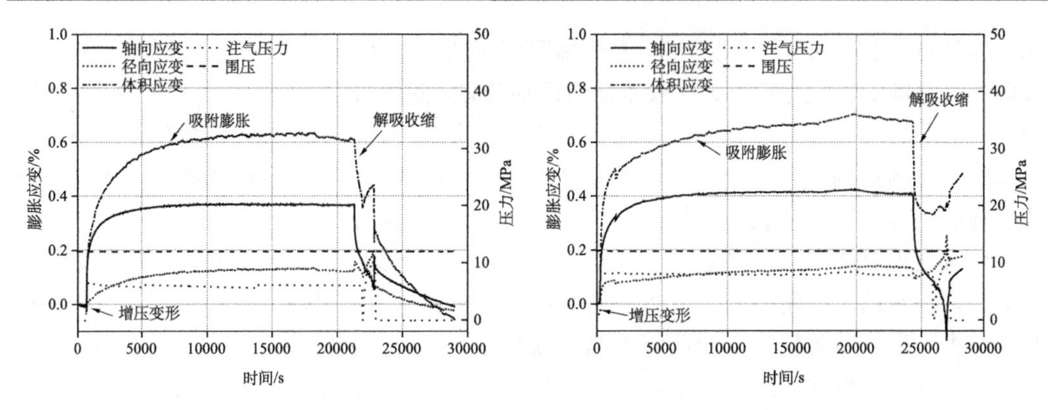

图 5-8　亚临界(左)和超临界(右)CO_2 注入过程中赵庄矿煤样膨胀应变和时间的关系

吸附膨胀测试时间为 12h 左右，一般在 CO_2 吸附 7h 之后几乎达到吸附平衡状态。一次注入 CO_2 后煤岩的应变曲线可以简单地分为三个阶段：增压变形阶段、吸附膨胀阶段和解吸收缩阶段。前两个阶段可以细分为瞬间收缩阶段、缓慢膨胀阶段和稳定变形阶段，这和 Lu 等(2016)的分类相一致，见图 5-9。

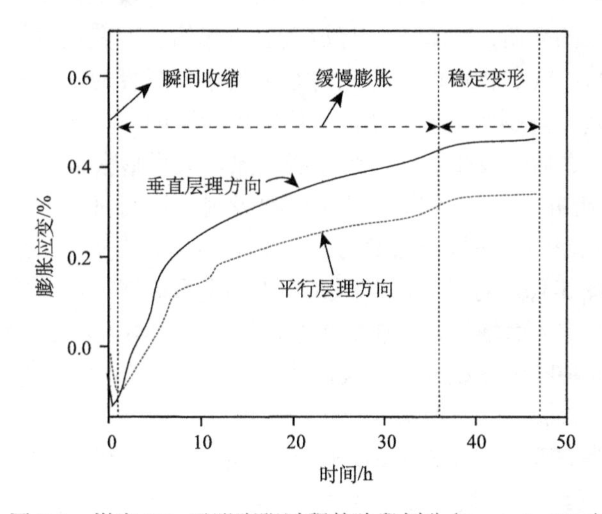

图 5-9　煤岩 CO_2 吸附膨胀过程的阶段划分(Lu et al., 2016)

增压变形是在 CO_2 气体注入之后，尚未发生吸附膨胀或吸附膨胀不明显时发生的。当调节入口调压阀注入高压 CO_2 之后，由于气体进入煤的内部结构需要一定的时间，在较短的时间内，煤体内部和煤体上端表面之间会存在压力差，在压力差的驱使下煤岩轴向会被压缩，导致轴向应变降低。随后，随着 CO_2 逐步进入煤的孔裂隙结构，压差减小，进而引起轴向压缩效应减弱，应变恢复。接下来随着吸附膨胀的发生，轴向应变逐步增大。而对于径向应变来说，CO_2 注入后，对煤岩轴向的压缩可导致径向应变的增大，此后随着吸附膨胀的发生，径向应变进一步增大。总之，在增压变形阶段，轴向应变先减小后增大，而径向变形逐步增大。

吸附膨胀是 CO_2 注入煤体之后和煤基质发生反应导致的煤体变形现象，该阶段紧接着增压变形阶段。对于无烟煤，吸附膨胀应变达到稳定所需的时间较长，一般都在

20000s(5.6h)之后，最大可达 12h。在气体吸附阶段，气体分子充分进入煤体基质中，并吸附在微孔隙和微裂隙表面，引起基质表面能降低，进而发生膨胀变形(贺伟等，2018)。吸附开始阶段，气体分子快速进入煤岩的孔裂隙系统之内，随着吸附作用的持续进行，气体吸附逐渐达到饱和，导致吸附膨胀最终趋于稳定。然而，由于煤吸附量的不同及煤样个体的差异，吸附膨胀达到稳定花费的时间也有所差异。

解吸收缩是指在吸附稳定并打开出口端阀门之后，煤体中 CO_2 解吸后发生收缩变形的现象。与吸附膨胀阶段相反，当游离气排出夹持器之后，吸附气体快速解吸，初始解吸速率大，应变减小较快，随后解吸速率逐渐减小，应变趋于稳定。一般吸附膨胀应变较快达到稳定的煤样，其解吸收缩达到稳定花费的时间也相应较短。依据能量守恒定律，吸附之后煤表面能降低，降低的能量赋存于气体之中，当所维持的气体压力释放之后，煤基质中的 CO_2 气体分子从孔隙中脱附，该能量随之释放出来，同时在围压的作用下，煤基质的孔裂隙遭到压缩，引起应变减小。

另外，解吸收缩之后煤的体积应变并不能完全达到初始值，即吸附膨胀不可逆，这一结论和前人的结论一致(Czerw, 2011；Hol et al., 2012；Liu et al., 2016a；Majewska et al., 2010；Walker Jr et al., 1988)。这可能有两方面原因，首先煤中存在大量的孔裂隙，使得煤岩并不是一个连续的介质，气体注入/释放之后引起的应力变化可能导致孔裂隙的不可逆变形；另外，煤基质或矿物可能和注入的 CO_2 发生化学反应，导致气体释放后煤体物理结构的损害，引起吸附膨胀的不可逆，一般吸附膨胀的不可逆变形值较小。

CO_2 注入煤储层之后会发生煤体吸附膨胀现象，吸附膨胀量的大小和注入 CO_2 的压力密切相关。为了研究不同注入压力下煤岩的吸附膨胀特征，设置 CO_2 吸附压力为 1~10MPa，围压为 12MPa，夹持器温度为 35℃。寺河矿、成庄矿、余吾矿和赵庄矿煤样的吸附膨胀曲线见图 5-10。对于寺河矿、成庄矿和余吾矿煤样，其体积应变曲线变化一致，随着注入压力的增大而增大，特别是在注入压力为 5MPa 之前，膨胀应变增加较快。以注入压力为 5MPa 将吸附曲线分成两段，对于寺河矿煤样，$\Delta\varepsilon_{P<5\mathrm{MPa}}$ 是 $\Delta\varepsilon_{P>5\mathrm{MPa}}$ 的 1.85 倍；对于成庄矿煤样，$\Delta\varepsilon_{P<5\mathrm{MPa}}$ 是 $\Delta\varepsilon_{P>5\mathrm{MPa}}$ 的 1.68 倍；对于余吾矿煤样，$\Delta\varepsilon_{P<5\mathrm{MPa}}$ 是 $\Delta\varepsilon_{P>5\mathrm{MPa}}$ 的 2.08 倍。而对于赵庄矿煤样，$\Delta\varepsilon_{P<5\mathrm{MPa}}$ 是 $\Delta\varepsilon_{P>5\mathrm{MPa}}$ 的 0.99 倍，说明赵庄煤矿吸附膨胀呈现明显的滞后特征。

煤基质内部存在“固定吸附位”，当吸附位处于空白状态，较低的 CO_2 压力就能使气体吸附于煤孔隙结构中，随着吸附压力的增大，吸附的气体分子越来越多，“固定吸附位”趋于饱和，CO_2 需要更大的压力才能实现进一步的吸附。此外，表面自由能随吸附压力的增大其减小幅度逐渐降低，这也是导致高压下吸附量减小的主要原因。而煤岩注入 CO_2 后的膨胀显现和 CO_2 吸附密切相关，CO_2 吸附量的类朗缪尔(Langmuir)变化趋势导致吸附膨胀随吸附压力的阶段性变化。

孙可明等(2017)研究认为，煤体体积应变随孔隙压力的增大而增大，在高压阶段呈“S”形变化趋势，将超临界 CO_2 分为三个区域：跨临界区(7.38~7.75MPa)、近临界区(7.75~8.85MPa)和高临界区(>8.85MPa)，见图 5-11。这说明 CO_2 相态的变化会引起吸附膨胀规律的不同，在跨临界区和高临界区吸附膨胀应变随压力的增大变化较小，而在近临界区吸附膨胀应变增长速率较快，特别是对于赵庄矿煤样，这种变化趋势更为明显。

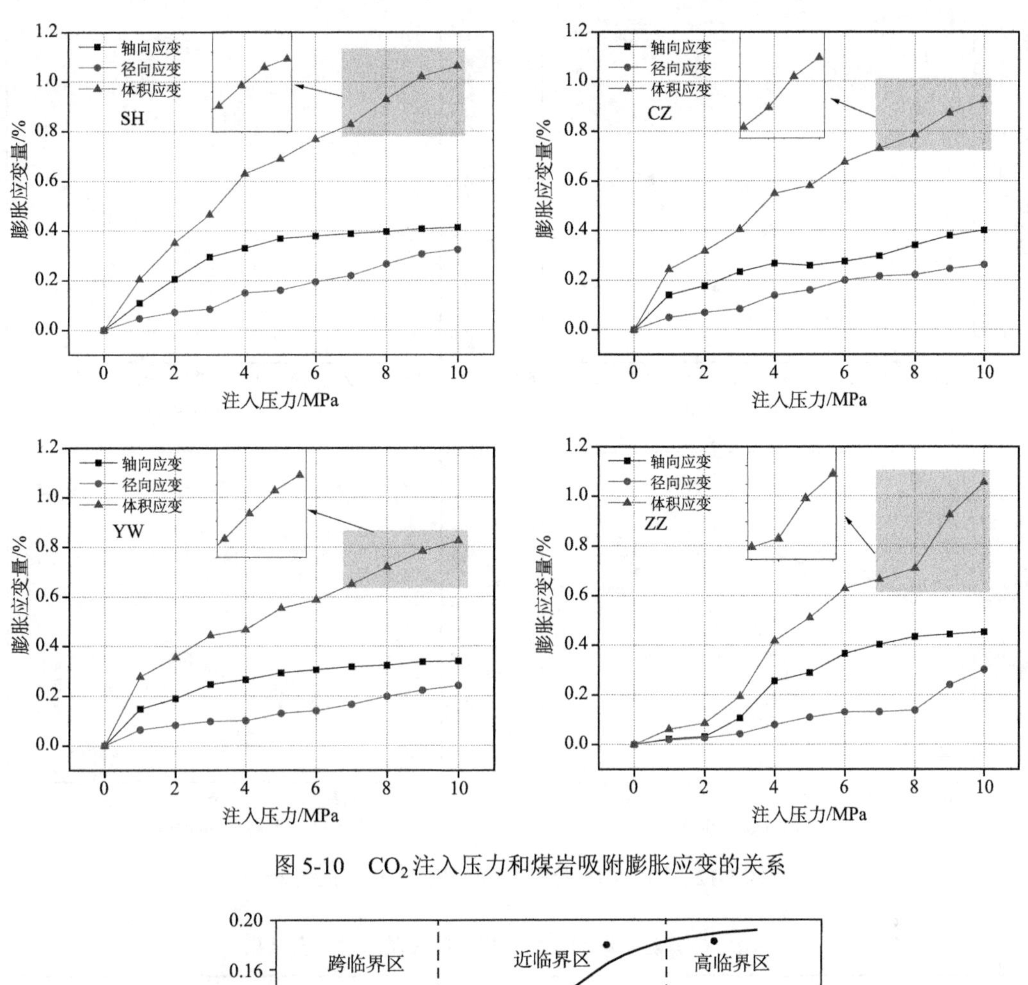

图 5-10　CO_2 注入压力和煤岩吸附膨胀应变的关系

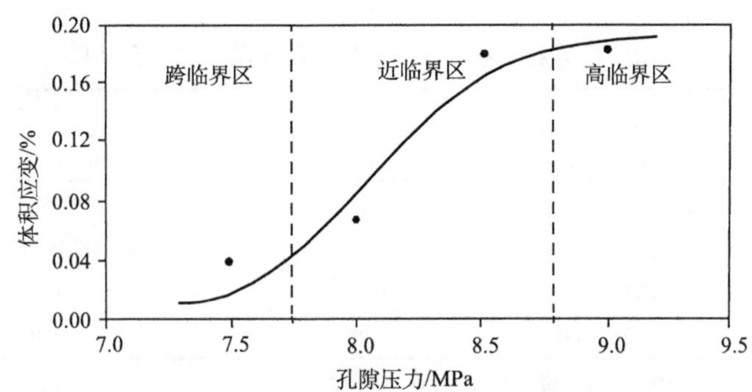

图 5-11　CO_2 超临界压力附近煤岩体积应变变化曲线（孙可明等，2017）

5. 煤岩膨胀应变量和 CO_2 吸附量的关系

煤岩的 CO_2 吸附量和相应的膨胀量关系见图 5-12。总体上，煤岩的体积膨胀量随着 CO_2 吸附量的增大而增大。可见，CO_2 注入煤储层过程中煤岩发生的应变确实是由 CO_2 吸附引起的。具体地，煤岩膨胀应变呈现两段式关系，煤岩的 CO_2 吸附量和相应的膨胀量阶段性拟合结果见表 5-1，煤岩吸附量和膨胀量呈现阶段性的线性相关关系，且拟合相关性较高（$R^2 \geqslant 0.73$）。余吾矿煤样在吸附量>1mmol/g 时只有三个数据，数据点少导致相关系数降低。

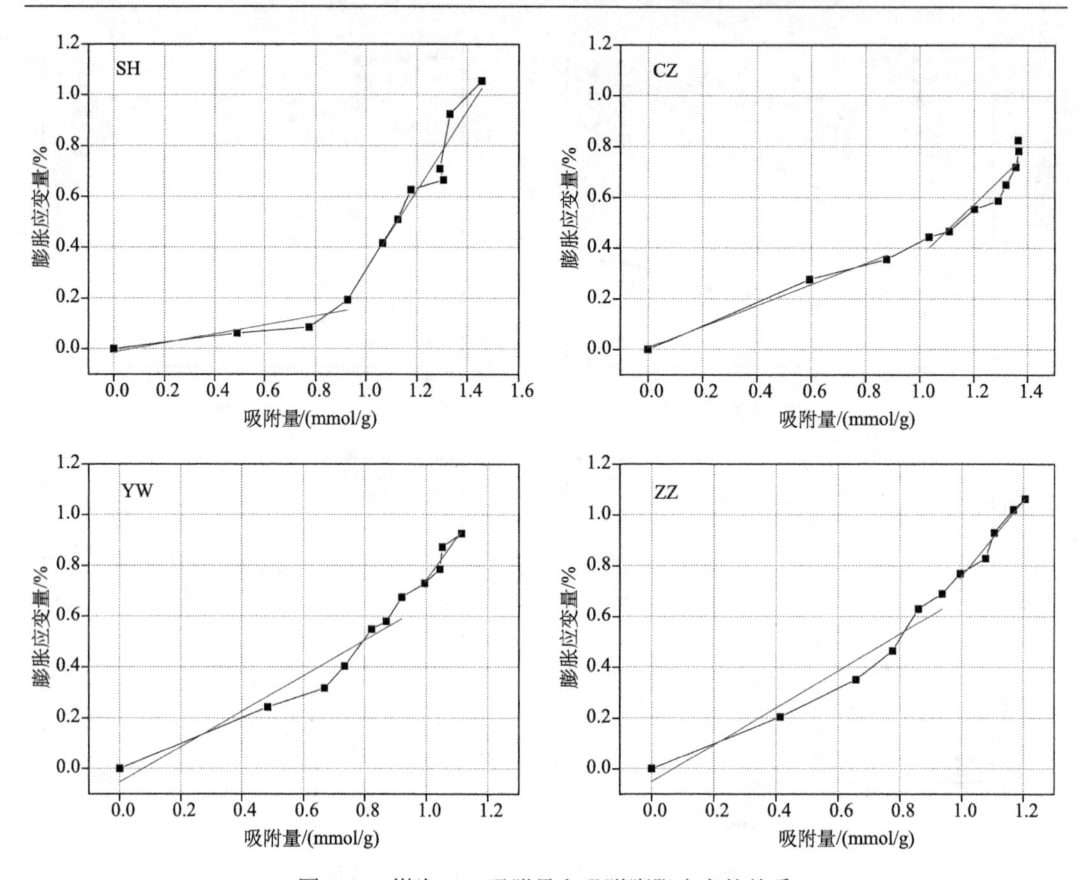

图 5-12　煤岩 CO_2 吸附量和吸附膨胀应变的关系

表 5-1　CO_2 吸附量和煤岩体积膨胀量阶段性拟合结果

样品	线性拟合			
	n<1mmol/g	R^2	n>1mmol/g	R^2
SH	ε_v=0.180n–0.013	0.73	ε_v=1.567n–1.256	0.88
CZ	ε_v=0.415n+0.007	0.98	ε_v=1.034n–13075.210	0.84
YW	ε_v=0.700n–0.053	0.90	ε_v=1.641n–0.897	0.81
ZZ	ε_v=0.726n–051	0.93	ε_v=1.479n–0.720	0.94

注：n 表示煤中 CO_2 的吸附量；ε_v 表示煤岩的体积膨胀量。

煤岩在 CO_2 吸附量<1mmol/g 阶段呈现缓慢膨胀特征，而在 CO_2 吸附量>1mmol/g 阶段呈现快速膨胀特征。该规律和文献中的结果相符（Hol and Spiers, 2012），但由于本次工作实验条件所限，所测最大 CO_2 吸附压力为 10MPa，煤岩最大吸附量在 1.43mmol/g 左右，为了研究整个从低压到高压阶段吸附膨胀应变的变化规律，同时使所得的结论更具有普适性和说服力，将部分文献中数据和本次实验所得数据进行对比（Day et al., 2008b；Kelemen and Kwiatek, 2009；Levine, 1996；Pan and Connell, 2011），结果见图 5-13。从图 5-13 中可以发现，在吸附量<2mmol/g 时，煤岩吸附 CO_2 确实呈现缓慢膨胀和迅速膨胀的两个阶段，吸附量=1mmol/g 是转折点。随着吸附量的进一步升高（>2mmol/g），膨胀应变增加幅度逐渐减小，进入膨胀稳定阶段。总之，煤岩吸附膨胀随着气体吸附量增大而增大，整体上呈现“缓慢膨胀—迅速膨胀—膨胀稳定”的阶段性变化趋势，转折点分别在 CO_2 吸附量=1mmol/g 和 CO_2 吸附量=2mmol/g。

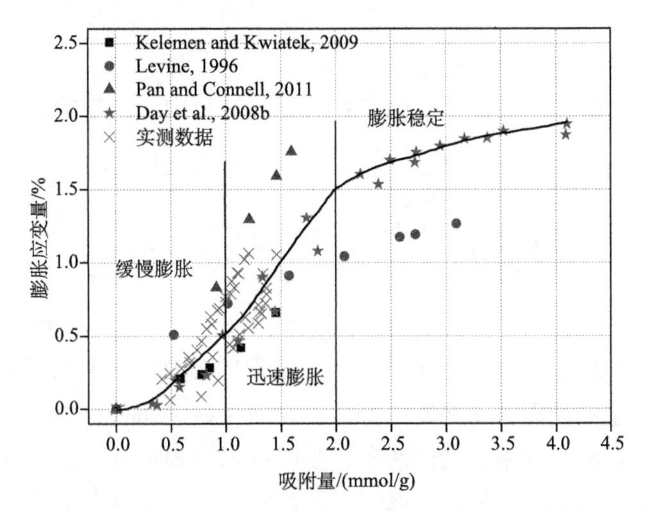

图 5-13　CO_2 吸附膨胀应变随吸附量的变化关系

6. 煤岩阶段性膨胀机理

煤岩的吸附膨胀和煤表面能的变化有关。依据 Bangham 的理论，固体的膨胀变形 $\Delta\varepsilon$ 与其表面能降低值 $\Delta\psi$ 成正比(Bangham and Fakhoury, 1931)：

$$\Delta\varepsilon=\Delta\psi\times\gamma \tag{5-4}$$

式中，

$$\gamma=\frac{A_s\rho}{K_s} \tag{5-5}$$

式中，γ 是变形系数；A_s 是吸附介质的比表面积；ρ 是吸附介质的密度；K_s 是吸附膨胀或解吸收缩的体积模量。

依据 Gibbs 吸附方程，CO_2 吸附过程中表面自由能的降低可以表征为

$$\Delta\psi=RT\int_{P_0}^{P_n}\frac{n^{\text{Gibbs}}}{A_s}\mathrm{d}P \tag{5-6}$$

式中，P_0 和 P_n 分别表示吸附前和吸附后的煤岩表面压力值；n^{Gibbs} 是 Gibbs 吸附量。结合式(5-4)~式(5-6)，可得煤岩吸附 CO_2 之后的线性膨胀量：

$$\Delta\varepsilon_s=\frac{\rho RT}{K_s}\int_{P_0}^{P_n}\frac{n^{\text{Gibbs}}}{P}\mathrm{d}P \tag{5-7}$$

假设煤岩为各向同性膨胀，则煤岩的体积膨胀量可以表示为

$$\Delta\varepsilon_v=3\Delta\varepsilon_s=\frac{3\rho RT}{K_s}\int_{P_0}^{P_n}\frac{n^{\text{Gibbs}}}{P}\mathrm{d}P \tag{5-8}$$

另外，煤岩在吸附过程中的变形除了吸附膨胀之外，还应该包括吸附气体对煤岩的体积压缩变形 $\Delta\varepsilon_{\mathrm{m}}$，其表达式如下：

$$\Delta\varepsilon_{\mathrm{m}} = -\frac{3(1-2\nu)}{E_{\mathrm{s}}}(P_n - P_0) \tag{5-9}$$

式中，ν 为泊松比；E_{s} 为弹性模量。则在 CO_2 注入过程中，煤岩的总应变为

$$\begin{aligned}\Delta\varepsilon &= \varepsilon_{\mathrm{s}} + \varepsilon_{\mathrm{m}} = \frac{3\rho RT}{K_{\mathrm{s}}}\int_{P_0}^{P_n}\frac{n^{\mathrm{Gibbs}}}{P}\mathrm{d}P - \frac{3(1-2\nu)}{E_{\mathrm{s}}}(P_n - P_0)\\ &= \frac{E_{\mathrm{s}}\rho RT}{1-2\nu}\int_{P_0}^{P_n}\frac{n^{\mathrm{Gibbs}}}{P}\mathrm{d}P - \frac{3(1-2\nu)}{E_{\mathrm{s}}}(P_n - P_0)\end{aligned} \tag{5-10}$$

在实验过程中，煤岩提前进行氦气相同条件下的膨胀量测试，在 CO_2 吸附产生的应变中扣除氦气产生的应变，即 ε_{s}。当固体的表面紧密闭合或者表面出现覆盖层，随着 n^{Gibbs} 的增大，界面层原子的受力状态将发生变化，表面张力(表面自由能)将减少，进而导致膨胀应变线性增加。随着吸附量越来越多，吸附进入饱和阶段，表面自由能趋于稳定，此时，煤岩的吸附软化现象占据主导地位，煤岩吸附 CO_2 导致力学强度和弹性模量的快速降低，当煤岩难以支撑膨胀产生的应力之后，煤岩就会继续膨胀，这与 Day 等(2010)的文献中力学性质减弱诱发煤岩快速膨胀的讨论相一致。最终，随着 CO_2 和煤基质的反应，煤岩力学性质也趋于恒定，导致吸附膨胀达到峰值。

可见，煤岩中注入 CO_2 的吸附膨胀阶段性变化与煤表面自由能的降低及力学软化密切相关，在低注入压力区域，煤岩的吸附膨胀主要受控于表面自由能的降低；而在高注入压力区域，煤岩的吸附膨胀主要受控于煤岩力学软化。

5.1.2 超临界 CO_2 注入构造煤导致的煤岩体积应变

煤层的 CO_2-ECBM 选址主要考虑以下几个因素：煤层的压温比、煤层的埋深和厚度、煤层的渗透率、地下水指标、地质构造复杂程度、上覆岩层性质等(王壹等，2012)。实际地层并不是完整和连续的，在构造运动的作用下地层中产生了大量的褶皱和断层，而这个过程往往伴随着构造软弱煤层的产生。该煤层和原生结构煤层在大分子结构、孔裂隙特征、吸附能力以力学性质等方面具有较大的差异性(Cao et al., 2003；Pan et al., 2015；张军伟等，2015)。为了探讨构造煤在 CO_2 注入过程中的特殊性，本次工作利用构造煤型煤来代替钻取煤柱样品，并与同一区域的原生结构煤样品进行对比，吸附膨胀测试分别注入 N_2 和 CO_2，结果见图 5-14 和图 5-15。

图 5-14 和图 5-15 展示了注入 N_2 和 CO_2 后煤岩均发生吸附膨胀现象，这是因为煤对 N_2 的吸附能力要低于 CO_2，如 Shimada 等(2005)认为在 1.2MPa 压力下，CO_2 和 N_2 的吸附能力比值为 8.5∶1，在 6MPa 压力下比值为 5.5∶1(Cao et al., 2003；Pan et al., 2015；张军伟等，2015)。另外，无论对于原生结构煤还是构造煤型煤，吸附膨胀均表现在垂直层理方向要大于平行层理方向，这和前文的研究相一致。吸附膨胀的各向异性特征和煤岩的结构有关，和原生结构煤相比，构造煤型煤的吸附膨胀各向异性特征有所降低，表现在垂直层理方向和平行层理方向的膨胀量比值较小。这是因为原生结构煤具有较为明显的层状结构，而构造煤型煤的层状结构遭到了破坏，更趋近于各向同性结构。对于构

造带附近的软弱煤层，在构造应力的作用下煤岩被破碎、挤压，CO_2 注入之后吸附于基质颗粒孔隙中，并向四周发生膨胀。

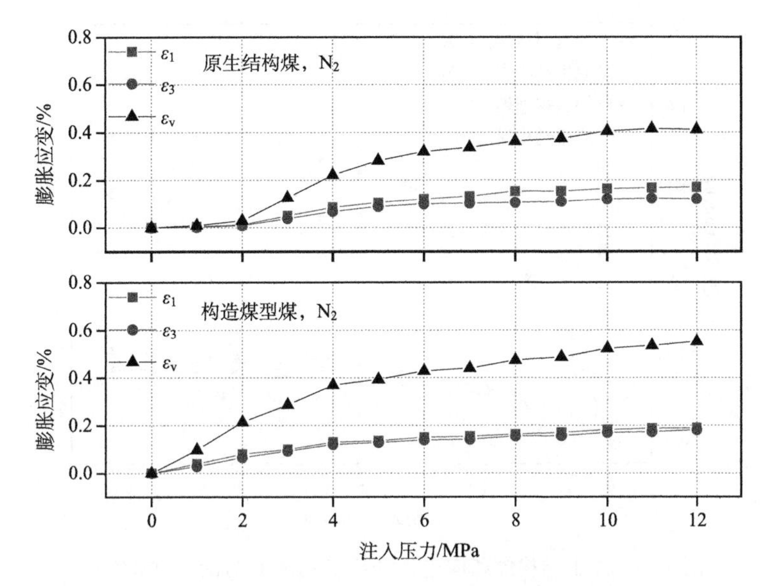

图 5-14　注入 N_2 后原生结构煤和构造煤型煤的膨胀应变

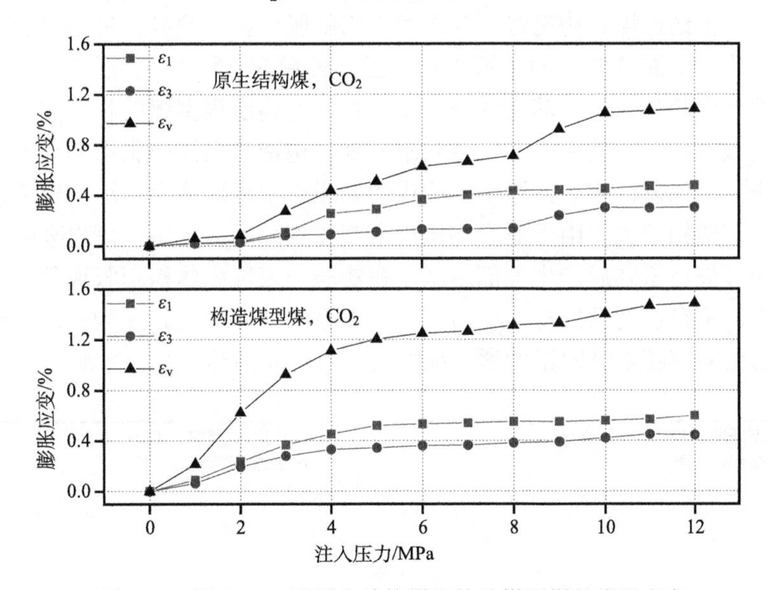

图 5-15　注入 CO_2 后原生结构煤和构造煤型煤的膨胀应变

若忽略吸附过程中煤岩的局部变形，体积膨胀应变 ε_v 是表征煤岩整体变形的主要参数。对比原生结构煤和构造煤型煤的吸附体积膨胀应变，发现无论是吸附 N_2 还是 CO_2，构造煤型煤的膨胀应变量要大于原生结构煤煤柱。煤岩吸附气体是引起膨胀变形的主要原因，煤岩对 CO_2 的吸附量和膨胀量呈现正相关的关系，CO_2 吸附量越大，煤岩的体积膨胀就越明显(Day et al., 2008a；Kelemen and Kwiatek, 2009；Pan and Connell, 2011)。构造煤型煤的吸附量要大于原生结构煤(构造煤型煤对 N_2 和 CO_2 的吸附量分别是原生结构煤的 1.08~1.20 倍和 1.04~1.27 倍)(图 5-16)，因而吸附量的差异是导致原生结构煤和构造煤型煤膨胀应变不同的原因。

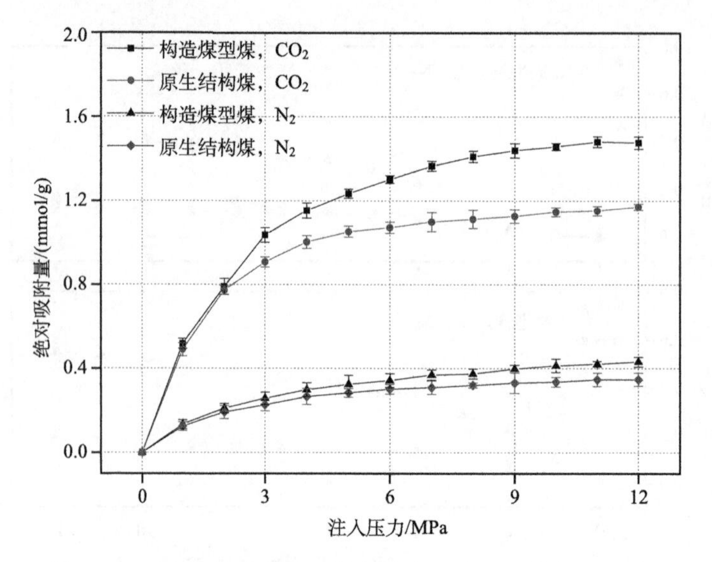

图 5-16　原生结构煤和构造煤型煤对 N_2 和 CO_2 的绝对吸附量

为了探讨原生结构煤和构造煤型煤之间吸附膨胀过程的差异，将绝对吸附量和吸附膨胀应变做对比，见图 5-17。对于原生结构煤，吸附 N_2 或 CO_2 之后，随着吸附量的增大呈现阶段性变化趋势，这和前文的分析相一致，而构造煤型煤的膨胀应变和吸附量之间基本上呈现线性正相关关系。在气体吸附初期，构造煤型煤膨胀更为迅速，而原生结构煤呈现膨胀滞后现象，随后，原生结构煤的膨胀速率迅速增大，这与原生结构煤和构造煤型煤的内部结构相关。由于原生结构煤中存在裂隙网络结构，煤岩吸附后先发生内部膨胀，当裂隙被挤压之后产生外部膨胀，在实验中表现为体积膨胀现象；而构造煤型煤被应力压实，不存在裂隙结构，构造煤型煤在吸附之后主要表现为外部膨胀，因而观测到的体积膨胀应变随着吸附量的增大而增大，并没有滞后现象。

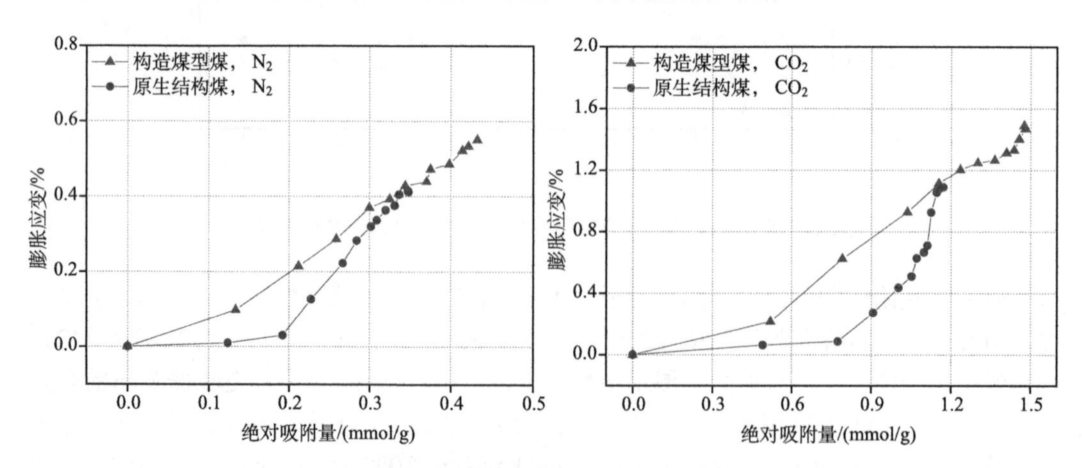

图 5-17　原生结构煤、构造煤型煤吸附量和膨胀应变之间的关系

5.1.3　超临界 CO_2 注入深部无烟煤储层体积应变外部影响因素

1. 注入压力和围压的影响

有效应力是影响煤岩膨胀变形的一个主要因素，主要取决于注入压力和围压这两个因素。煤岩的吸附膨胀应变随注入压力和围压的变化关系见图 5-18。可见，随着注入压力的增大，煤岩的吸附膨胀应变增大，而随着围压的增大，煤岩的吸附膨胀应变减小。事实上，围压和注入压力共同影响了煤储层的有效应力，围压越大，有效应力越大，而注入压力越大，有效应力越小。有效应力是指作用在煤基质骨架上的应力，增大围压导致煤基质中的部分微孔隙发生闭合，此时，CO_2 很难进入这部分孔隙，导致煤岩的吸附空间减少。同时，微孔隙的闭合还会导致孔隙比表面积的降低，减少了煤孔隙对 CO_2 的吸附位置，进一步减少了煤基质的吸附量。另外，增大注入压力会使原来被压缩或者闭合的孔隙重新张开，又为 CO_2 提供了吸附空间，最终导致吸附量的增大。煤岩的 CO_2 吸附量和膨胀应变量之间呈现正相关的关系，因此，注入压力和围压均通过改变煤岩的吸附量来改变吸附膨胀应变。

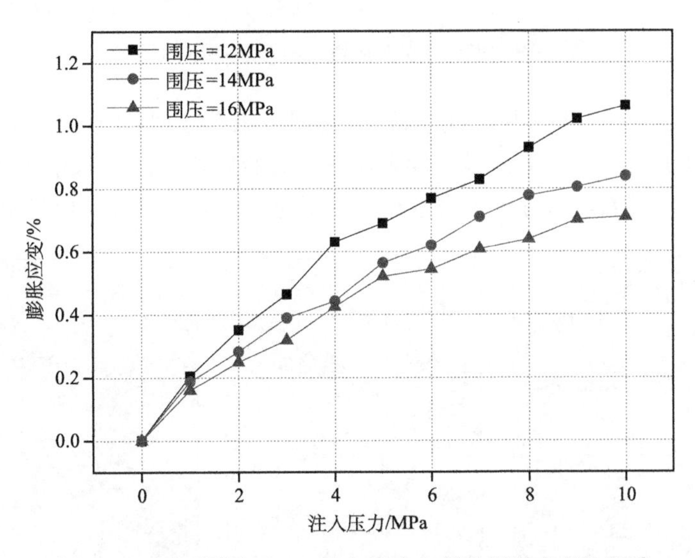

图 5-18　不同围压下 CO_2 注入压力和煤岩膨胀应变的关系

2. 水分的影响

煤层中往往含有水分，因而在煤岩吸附膨胀的研究中必须考虑水分。水分对煤岩吸附 CO_2 膨胀应变的影响见图 5-19。Day 等(2011)对煤样进行了干燥和饱水情况下的吸附膨胀实验，发现干燥煤样在吸附 CO_2 之后体积膨胀应变量为 0.77%~2.48%，而饱水煤样吸附 CO_2 之后体积膨胀应变量为 0.54%~2.07%，显然水分的存在降低了煤岩的膨胀应变量(Sakurovs et al., 2011)。张小东等(2009)对煤样进行了不同程度的饱水处理，得到了不同含水率下含水煤岩吸附 CO_2 后的膨胀应变，其中干燥煤样在吸附 CO_2 之后体积膨胀应变量为 0.37%~1.28%，含水率为 3.25%的煤样在吸附 CO_2 之后体积膨胀应变量为 0.14%~0.33%，含水率为 4.20%的煤样在吸附 CO_2 之后体积膨胀应变量为 0.10%~0.39%，含水率为 4.51%的煤样在吸附 CO_2 之后体积膨胀应变量为 0.07%~0.18%，说明随着煤样中水分含量的增大，煤岩吸附 CO_2 的体积膨胀量逐渐减小。

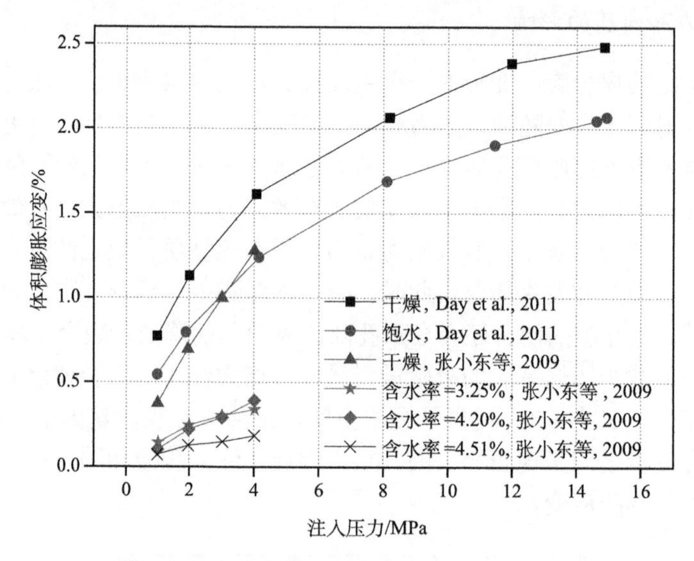

图 5-19　水分含量对煤岩吸附 CO_2 膨胀的影响

水分的存在影响了煤层中 CO_2 的注入过程，水分子吸附于微孔中的亲水性部位(White et al., 2005)。图 5-20(a)是干燥煤样中 CO_2 吸附模型图，CO_2 全部吸附于煤孔隙表面；随着水分的进入，水分子占据了极性吸附位点，呈现单分子层吸附[图 5-20(b)]。

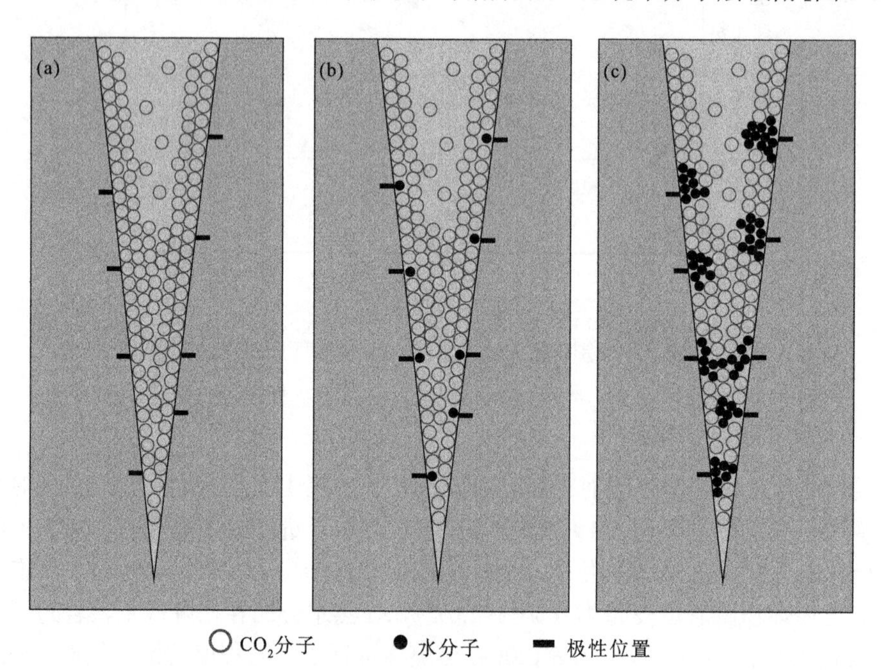

图 5-20　水分影响煤孔隙吸附 CO_2 的示意图(Mukherjee and Misra, 2018)

(a)为干燥煤样中 CO_2 吸附模型图；(b)为煤样含水量未超过孔隙单层容量时的 CO_2 吸附模型图；(c)为煤样含水量超过孔隙单层容量时的 CO_2 吸附模型图

此时，水分的吸附主要取决于煤中极性吸附位点的多少，而 CO_2 的吸附依赖于孔径的大小。当煤中存在大量的微孔时，煤的吸附能力更大(Niu et al., 2017a；Pan et al., 2016)。当含水量超过孔隙单层容量时，水分子团通过相邻水分子间的氢键在极性位点周围形成分子簇[图 5-20(c)]。这些水分子簇不仅挤占了 CO_2 的吸附空间，同时也可能堵塞煤孔隙，进一步降低 CO_2 的吸附量。

3. 温度的影响

深部煤储层往往具有较高的温度，温度对煤岩的吸附膨胀现象也会产生影响。在35℃、45℃和 55℃的温度条件下，煤样吸附 CO_2 产生的膨胀应变见图 5-21。可见，随着温度的逐渐升高，煤岩吸附 CO_2 后的膨胀应变逐渐降低，意味着温度对吸附膨胀具有负效应。这和温度变化过程中 CO_2 自由相密度的变化有关，CO_2 的自由相密度随着温度的增大而减小，见图 5-22。特别是在超临界阶段(8~10MPa 压力段)，CO_2 密度随温度升高

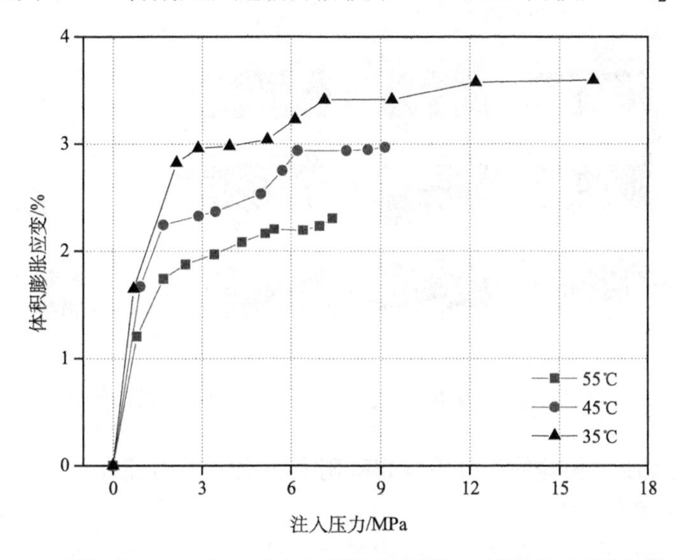

图 5-21　不同温度下 CO_2 注入压力和煤岩体积膨胀应变的关系(贾金龙，2016)

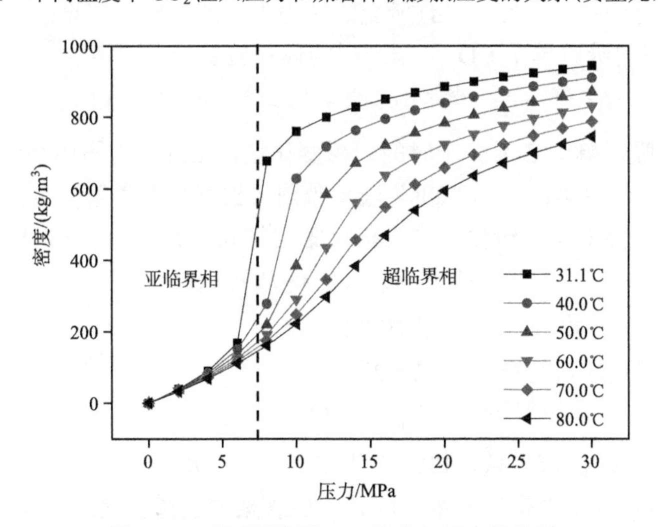

图 5-22　不同温度下 CO_2 密度与压力的关系

急剧降低。气体分子附着在吸附剂的表面，降低分子的随机性和熵。热力学上，当 Gibbs 自由能的变化量为负时，吸附过程可以是自发的，熵的变化为负导致 Gibbs 自由能变为负，故吸附是一个放热过程。随着环境温度的升高，Gibbs 自由能变化逐渐减小，此时，在特定压力下，吸附气体浓度和吸附剂表面覆盖率减小，导致高温下煤对 CO_2 的吸附能力降低。

5.1.4　无烟煤 CO_2 吸附-体积应变的数学模型

1. 围压与孔隙压力相等条件下煤岩 CO_2 吸附-体积应变模型

1) 围压与孔隙压力相等的条件下煤岩 CO_2 吸附-自由形变概念模型

围压与孔隙压力相等条件下煤岩 CO_2 吸附-自由形变是指煤岩样品处于气体压力环境下，煤岩吸附产生的变形。该条件下煤岩孔裂隙内、外压力相等，吸附产生的应变为不受周围压力影响的自由变形。煤岩 CO_2 吸附-自由形变概念模型见图 5-23。

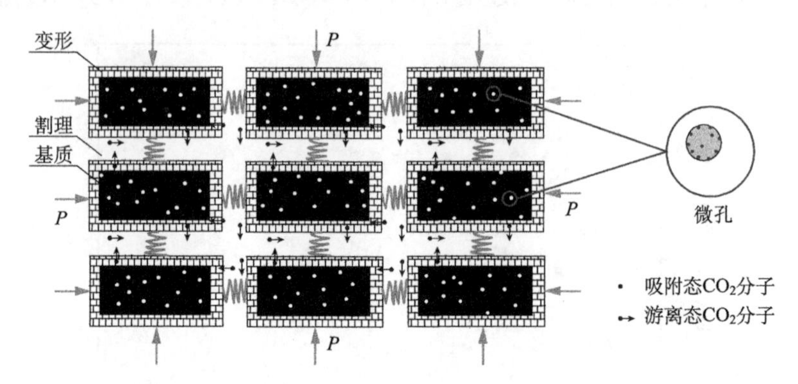

图 5-23　围压与孔隙压力相等的条件下煤岩 CO_2 吸附-自由形变概念模型

2) 围压与孔隙压力相等的条件下煤岩吸附 CO_2 分子附着能变化

(1) 煤岩吸附单个 CO_2 分子。

选取的单元体可看作由游离气、吸附气及煤基质骨架组成，围压与孔隙压力相等的条件下，煤岩单元体基质骨架(固相)所受的应力为孔隙气压。假设围岩固体基质为长度为 l 的正方体，煤岩吸附单个 CO_2 分子产生的体积应变为

$$\Delta\varepsilon_{\mathrm{v}}{}^{\mathrm{ads}} = \Delta\varepsilon_{11}{}^{\mathrm{ads}} + \Delta\varepsilon_{22}{}^{\mathrm{ads}} + \Delta\varepsilon_{33}{}^{\mathrm{ads}} = \Delta\varepsilon_{ii}{}^{\mathrm{ads}} = \Omega_0 / l^3 \tag{5-11}$$

式中，Ω_0 为基质吸附单个 CO_2 分子时的体积变化量，cm^3；l 为固相基质的边长，cm；ε_{ii} 为应变向量形式，无量纲；上标“ads”表示吸附。根据热力学第一定律，固相煤岩基质骨架吸附 CO_2 时内能的变化转化为热能和应变能 (Tuin and Stein, 1995)，即

$$\Delta U_{\mathrm{s}} = W_{\mathrm{s}} + Q_{\mathrm{s}} = -P\Omega_0 + Q_{\mathrm{s}} \tag{5-12}$$

式中，Q_s 为热能，$Q_s=T\Delta S_s$，J；W_s 为应变能，J。

由热力学第二定律可得 (Myers, 2002)

$$\Delta U_{\mathrm{s}} = -P\Omega_0 + T\Delta S_{\mathrm{s}} \tag{5-13}$$

式中，ΔS_s 为固相基质的熵变量，J/K；T 为绝对湿度，K。

考虑注入 CO_2 分子携带的能量，固相基质骨架的能量变化服从 Gibbs 自由能方程

(Myers, 2002)：

$$\Delta U_s = -P\Omega_0 + Q_s + \mu_s \tag{5-14}$$

并且满足亥姆霍兹自由能方程(Myers, 2002)：

$$\Delta F_s = \Delta U_s - T\Delta S_s = -P\Omega_0 + \mu_s \tag{5-15}$$

式中，μ_s 为吸附相分子的化学势，J/mol；ΔF_s 为亥姆霍兹自由能变化量，J/mol。

煤岩固相基质骨架吸附 CO_2 气体分子后，游离相气体的内能变量为(Myers, 2002)

$$\Delta U_f = W_f + Q_f = P\Omega_f + T\Delta S_f - \mu_f \tag{5-16}$$

并且满足亥姆霍兹自由能方程：

$$\Delta F_f = \Delta U_f - T\Delta S_f = P\Omega_f - \mu_f \tag{5-17}$$

式中，下标 f 表示游离相；μ_f 为游离态 CO_2 分子的化学势，J/mol；Ω_f 为游离相 CO_2 的分子体积，cm^3。

对于煤岩固相基质和游离相组成的单元体系统，由式(5-14)与式(5-15)可得

$$\Delta U_a = P(\Omega_f - \Omega_0) + T\Delta S_a + \mu_s - \mu_f \tag{5-18}$$

$$\Delta\mu_a = \mu_s - \mu_f = \Delta U_a + P(\Omega_f - \Omega_0) - T\Delta S_a \tag{5-19a}$$

$$\Delta\mu_a = \Delta F_a + P\Delta V_a \tag{5-19b}$$

式中，$\Delta\mu_a$ 是煤岩单元体系统吸附 CO_2 分子的化学势变化量，J/mol；ΔF_a 是单元体系统的亥姆霍兹自由能变化量，J/mol。

单元体系统的体积变量为

$$\Delta V_a = \Omega_f - \Omega_0 \tag{5-20}$$

式中，ΔV_a 是单元体系统体积的变化量，cm^3。

Gibbs 自由能方程为(Myers, 2002)

$$G = U + PV - TS \tag{5-21}$$

Gibbs 自由能方程的差分形式为

$$\Delta G = \Delta U - T\Delta S - \Delta TS + P\Delta V + \Delta PV \tag{5-22}$$

储层的温度和压力为恒定值时，式(5-22)可表示为

$$\Delta G = (\Delta U - T\Delta S) + P\Delta V = \Delta F_a + P\Delta V_a \tag{5-23}$$

对比式(5-19b)与式(5-23)，可得单元体系统的 Gibbs 自由能变化与单元体系统化学势的变化相等，即

$$\Delta G_a = \Delta\mu_a \tag{5-24}$$

式中，ΔG_a 为单一吸附相分子的 Gibbs“附着能”，它表示吸附相 CO_2 分子转化为游离相所需吸收的能量，即将位于吸附势阱上的分子移走所需吸收的能量。吸附/解吸是可逆的物理化学反应，因此，该值等于游离相 CO_2 分子转化为吸附态时所需释放的能量(Myers, 2002；Pan et al., 2010)。

煤岩吸附过程中单一吸附相分子的 Gibbs“附着能”的变化等于固相基质微孔表面能的变化，即 $\Delta G_a = \Delta\gamma A$，由此可得

$$\Delta\gamma A=\Delta\mu_a \tag{5-25}$$

式中，$\Delta\gamma$ 为煤岩比表面能，J/m^2；A 为煤岩的比表面积，m^2/g。

(2) 煤岩吸附多个 CO_2 分子。

由统计热力学中熵的定义可知，煤岩表面吸附多个 CO_2 分子时，吸附引起的总自由能的变化为(Mason, 1960)

$$\Delta G = n\Delta G_a - T\Delta S_c = n\Delta G_a - kT\ln W \tag{5-26}$$

式中，k 是玻尔兹曼常数；ΔS_c 是熵的变化，$\Delta S_c=k\ln W$，J/K；n 为吸附的分子个数。

n 个 CO_2 分子分布于 n_s 个吸附位的排列组合为 $W=n_s!/[n!(n_s-n)!]$，由此可得煤岩吸附 n 个分子时总自由能的变量为(Tuin and Stein, 1995)

$$\Delta G = n\Delta G_a - kT\ln\frac{n_s!}{n!\left(n_s-n\right)!} \tag{5-27}$$

3) 煤岩吸附多分子的化学势变化

由式(5-27)可知，煤岩单元体吸附 n 个 CO_2 分子时总自由能变化为高度非线性的方程。因此，每个分子的化学势不能简单地用总自由能变量 ΔG 除以分子个数 n 表示。为了获得吸附 n 个分子时每个分子的化学势，必须考虑固相基质骨架和游离相气体的 Gibbs 自由能式(5-14)~式(5-17)，式(5-14)和式(5-16)的微分形式为

$$\mathrm{d}U_s = -P\mathrm{d}V_s + T\mathrm{d}S_s + \mu_s\mathrm{d}n \tag{5-28}$$

$$\mathrm{d}U_f = -P\mathrm{d}V_f + T\mathrm{d}S_f + \mu_f\mathrm{d}n \tag{5-29}$$

式中，μ_s 和 μ_f 分别是吸附相和游离相中每个 CO_2 分子的化学势，J/mol。

对于固相基质骨架和游离相气体组成的系统，由式(5-18)与式(5-19a)可得

$$\mathrm{d}U = -P\left(\mathrm{d}V_s - \mathrm{d}V_f\right) + T\mathrm{d}S - \mu_f\mathrm{d}n + \mu_s\mathrm{d}n \tag{5-30}$$

在恒定的温度 T 和压力 P 条件下，系统总自由能的微分形式为

$$\left(\mathrm{d}G\right)_{P,T} = \mathrm{d}U + P\mathrm{d}V - T\mathrm{d}S = \left(\mu_s - \mu_f\right)\mathrm{d}n \tag{5-31}$$

由式(5-22)可知，恒温和恒压条件下，系统的自由能还可表示为

$$G = G_s + G_f + \Delta G - n\mu_f \tag{5-32}$$

式中，G_s 和 G_f 分别是固相基质骨架和游离相气体在吸附 n 个 CO_2 分子前的总自由能(即常量)，J；ΔG 是吸附的 CO_2 分子引起的自由能的变量，J；$n\mu_f$ 是 n 个游离相 CO_2 分子转化为吸附相时游离相气体的自由能变化，J。

叠加式(5-31)和式(5-32)，可得

$$\left(\frac{\partial G}{\partial n}\right)_{P,T} = \left(\frac{\partial \Delta G}{\partial n}\right)_{P,T} - \mu_f = \mu_s - \mu_f \tag{5-33}$$

进而可得

$$\mu_s = \left(\frac{\partial \Delta G}{\partial n}\right)_{P,T} \tag{5-34}$$

将式(5-27)代入式(5-34)，并应用斯特林公式 $x!=x\ln x-1$，可得

$$\mu_s = \Delta G_a + kT\ln\left(\frac{\theta}{1-\theta}\right) \tag{5-35}$$

式中，$\theta=n/n_s$ 是单位有效吸附位上的吸附相 CO_2 分子的浓度，mmol/g。

4) 煤岩吸附 CO_2 的平衡浓度

当煤岩吸附 CO_2 达到平衡时，吸附相 CO_2 的化学势等于游离相 CO_2 的化学势，即

$$\mu_s = \mu_f \tag{5-36}$$

由流体热动力学方程，可知

$$\mu_f = \mu_{f0} + kT\ln a_f \tag{5-37}$$

式中，a_f 是 CO_2 在压力 P 时的化学活性，$a_f=(P_1/P_0)$，无量纲；P_0 为标准大气压，MPa；P_1 为饱和蒸气压，MPa；μ_{f0} 是 $P_1=P_0\,(a_f=1)$ 时的化学势 (Israelachvili, 2011)，J/mol。

由式 (5-35)~式 (5-37) 可得

$$\Delta G_a + kT\ln\left(\frac{\theta}{1-\theta}\right) = \mu_{f0} + kT\ln a_f \tag{5-38}$$

$$\theta=\frac{a_f\exp\left(\dfrac{\mu_{f0}-\Delta G_a}{kT}\right)}{1+a_f\exp\left(\dfrac{\mu_{f0}-\Delta G_a}{kT}\right)} \tag{5-39}$$

当煤体吸附 CO_2 达到平衡时，煤岩基质孔隙表面吸附 CO_2 分子的速度 $r_+=k_+(1-\theta)a_f$ 与解吸速度 $r_-=k_-\theta$ 相等 (傅雪海等，2007)，引入吸附平衡常数 ξ，可得

$$\xi=\frac{k_+}{k_-}=\frac{\theta}{(1-\theta)a_f} \tag{5-40}$$

将式 (5-40) 代入式 (5-38)，可得

$$\xi=\exp\left(\frac{\mu_{f0}-\Delta G_a}{kT}\right) \tag{5-41}$$

将式 (5-41) 代入式 (5-39) 可得

$$\theta=\frac{\xi a_f}{1+\xi a_f} \tag{5-42}$$

如果游离相气体为理想气体，化学活性 a_f 与饱和蒸气压 P_1 相等。式 (5-42) 可以简化为 Langmuir 形式的等温吸附线 (Langmuir, 1918)。然而，CO_2 为非理想气体，煤岩吸附 CO_2 的浓度通常以 mmol/g 或 mol/kg 进行计量，由式 (5-39) 和式 (5-42) 可表示为

$$C = C_s\theta=\frac{C_s a_f\exp\left(\dfrac{\mu_{f0}-\Delta G_a}{kT}\right)}{1+a_f\exp\left(\dfrac{\mu_{f0}-\Delta G_a}{kT}\right)} \tag{5-43}$$

式中，C 为吸附平衡时 CO_2 的浓度，mmol/g；C_s 为单质量煤的吸附位 (常量)，$C_s= n_s/m$。

如果煤岩达到吸附平衡时 CO_2 浓度较低，饱和蒸气压 P_1 较小，即 θ 远小于 1。式 (5-39)

可简化为

$$\theta \approx a_{\mathrm{f}} \exp\left(\frac{\mu_{\mathrm{f}0} - \Delta G_{\mathrm{a}}}{kT}\right) \tag{5-44}$$

将式(5-44)代入式(5-43)，可得

$$C \approx C_{\mathrm{s}} a_{\mathrm{f}} \exp\left(\frac{\mu_{\mathrm{f}0} - \Delta G_{\mathrm{a}}}{kT}\right) \tag{5-45}$$

由式(5-37)可得

$$a_{\mathrm{f}} = \exp\left(\frac{\mu_{\mathrm{f}} - \mu_{\mathrm{f}0}}{kT}\right) \tag{5-46}$$

当 a_{f}、P、θ 值较小时，式(5-44)和式(5-45)可化简为

$$\theta \approx \exp\left(\frac{\mu_{\mathrm{f}} - \Delta G_{\mathrm{a}}}{kT}\right) \tag{5-47}$$

$$C \approx C_{\mathrm{s}} \exp\left(\frac{\mu_{\mathrm{f}} - \Delta G_{\mathrm{a}}}{kT}\right) \tag{5-48}$$

式(5-48)适用于煤岩在围压与孔隙压力相等的条件下，低压吸附非理想气体 CO_2 的吸附量的计算。然而，超临界流体的温度超过超临界温度点，饱和蒸气压力不再具有物理意义，式(5-48)对于煤岩吸附超临界 CO_2 吸附量的计算适用性较差，本书通过吸附模拟实验同样发现无烟煤吸附超临界 CO_2 的吸附量与吸附平衡压力的关系不明显。气体的密度是气体状态变化的一种宏观表征参量，并且为物质的基本参数。前人研究表明，煤岩吸附超临界流体时可用吸附相密度代替饱和蒸气压、气相密度代替气体压力，很好地解决了超临界 CO_2 的饱和蒸气压无物理意义的难题(Sakurovs et al., 2007)，即 $a_{\mathrm{f}}=P_1/P_0$ 用 $\rho_{\mathrm{a}}/\rho_{\mathrm{g}}$ 代替，由此可将式(5-43)修正为

$$C = \frac{C_{\mathrm{s}} \rho_{\mathrm{a}} \exp\left(\frac{\mu_{\mathrm{f}0} - \Delta G_{\mathrm{a}}}{kT}\right)}{\rho_{\mathrm{g}} + \rho_{\mathrm{a}} \exp\left(\frac{\mu_{\mathrm{f}0} - \Delta G_{\mathrm{a}}}{kT}\right)} \tag{5-49}$$

式中，ρ_{a} 为吸附相 CO_2 的密度，$\mathrm{g/cm^3}$；ρ_{g} 为吸附平衡压力对应的 CO_2 密度，$\mathrm{g/cm^3}$。

2. 围压与孔隙压力不相等条件下煤岩吸附-应力-应变耦合模型

1)围压与孔隙压力不相等的条件下煤岩吸附 CO_2 形变概念模型

煤储层不仅受储层孔隙压力作用，还受地应力作用。围压可限定煤岩吸附产生的变形，吸附产生变形可扰动储层的应力状态。同时，储层的应力状态的变化可影响煤岩的吸附量与吸附变形量，可见围压条件下煤岩吸附-应力-应变为耦合关系。围压条件下煤岩吸附形变的概念模型如图 5-24 所示。

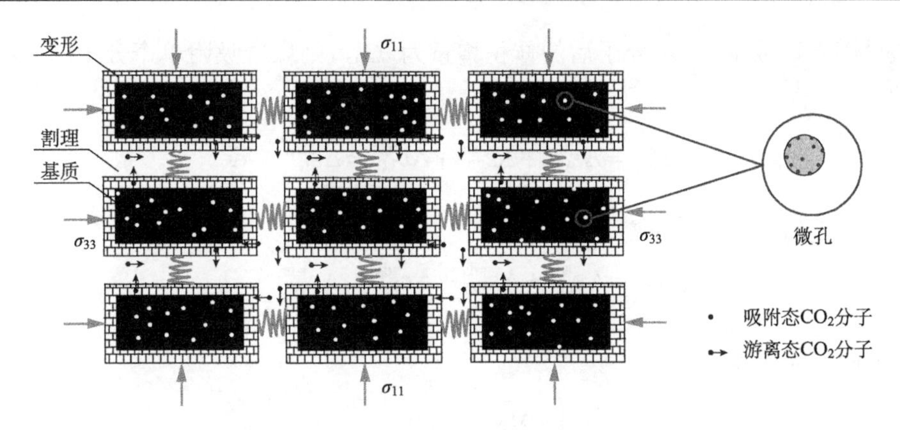

图 5-24　围压与孔隙压力不相等的条件下煤岩 CO_2 吸附形变概念模型

前文得出了煤岩在 CO_2 注气压力 P 条件下的吸附量计算表达式，这里分析煤岩在围压 σ_{ij} 与注气压力 P 共同作用下的吸附量，并假设压应力与膨胀应变为正。根据太沙基(Terzaghi)有效应力计算公式，可得出有效应力的张量表达式(Biot, 1973)：

$$\sigma_{ij}^{\mathrm{e}} = \sigma_{ij} - P\delta_{ij} \tag{5-50}$$

式中，δ_{ij} 为克罗内克函数，无量纲。

$$\delta_{ij}=\begin{cases}1 & (i=j)\\ 0 & (i\neq j)\end{cases} \tag{5-51}$$

由式(5-50)可知，如果 σ_{ij} 和 P 为定值，则有效应力 σ_{ij}^{e} (有效围压)同样为一定值。我们采用与围压和孔隙压力相等条件下推导煤岩 CO_2 吸附量相同的方法，应用热力学理论先计算煤岩吸附单个分子时的吸附量，然后计算吸附多个分子时的吸附量。

2) 围压与孔隙压力不相等的条件下煤岩吸附 CO_2 分子附着能变化

(1) 煤岩吸附单个 CO_2 分子。

煤岩在围压条件下，基质孔隙吸附 CO_2 产生的形变具有各相异性，各方向的应变张量表示为 $\Delta\varepsilon_{ij}^{\mathrm{ads}}$，则单位体积煤岩基质骨架应力做功的表达式为 $\sigma_{ij}\Delta\varepsilon_{ij}^{\mathrm{ads}}$。根据热力学第一定律，可得出煤岩基质骨架的内能变化为

$$\Delta U_{\mathrm{s}} = W_{\mathrm{s}} + Q_{\mathrm{s}} = -\sigma_{ij}\Delta\varepsilon_{ij}^{\mathrm{ads}} l^3 + Q_{\mathrm{s}} \tag{5-52}$$

煤岩吸附 CO_2 为可逆的物理化学反应，考虑注入 CO_2 分子携带的能量，由热力学第二定律可得煤岩固相基质孔隙表面的内能变化为

$$\Delta U_{\mathrm{s}} = -\sigma_{ij}\Delta\varepsilon_{ij}^{\mathrm{ads}} l^3 + T\Delta S_{\mathrm{s}} + \mu_{\mathrm{s}} \tag{5-53}$$

并且可得出亥姆霍兹自由能变化为

$$\Delta F_{\mathrm{s}} = \Delta U_{\mathrm{s}} - T\Delta S_{\mathrm{s}} = \mu_{\mathrm{s}} - \sigma_{ij}\Delta\varepsilon_{ij}^{\mathrm{ads}} l^3 \tag{5-54}$$

煤岩的应变张量可以表示为

$$\Delta\varepsilon_{ij}^{\mathrm{ads}} = \Delta\varepsilon_{ij}^{\mathrm{ads}}\delta_{ij} \tag{5-55}$$

式中，$\Delta\varepsilon_{11}^{\mathrm{ads}}$、$\Delta\varepsilon_{22}^{\mathrm{ads}}$、$\Delta\varepsilon_{33}^{\mathrm{ads}}$ 分别为煤岩吸附单个 CO_2 分子沿 3 个坐标方向的应变分量，无量纲。

假设煤岩可吸附 CO_2 分子后的体积增量为 Ω_0，则煤岩吸附单个分子的体积应变 $\Delta\varepsilon_v^{ads}$ 为

$$\Delta\varepsilon_v^{ads} = \Delta\varepsilon_{11}^{ads} + \Delta\varepsilon_{22}^{ads} + \Delta\varepsilon_{33}^{ads} = \Delta\varepsilon_{ij}^{ads} = \frac{\Omega_0}{l^3} \tag{5-56}$$

吸附产生的平均体积应变 $\Delta\overline{\varepsilon}_v^{ads}$ 为

$$\Delta\overline{\varepsilon}_v^{ads} = \frac{\Delta\varepsilon_{11}^{ads} + \Delta\varepsilon_{22}^{ads} + \Delta\varepsilon_{33}^{ads}}{3} = \frac{\Delta\varepsilon_v^{ads}}{3} = \frac{\Omega_0}{3l^3} \tag{5-57}$$

各方向的应变表示为

$$\Delta\varepsilon_{ij}^{ads} = \begin{pmatrix} a\Delta\overline{\varepsilon}_v^{ads} & 0 & 0 \\ 0 & b\Delta\overline{\varepsilon}_v^{ads} & 0 \\ 0 & 0 & c\Delta\overline{\varepsilon}_v^{ads} \end{pmatrix} \tag{5-58}$$

式中，a、b、c 分别表示 3 个坐标方向的平均应变的倍数，并且 $a+b+c=3$；总应变用偏应变 $\Delta\varepsilon_{ij}'^{ads}$ 和各向同性平均应变 $\Delta\overline{\varepsilon}_v^{ads}\delta_{ij}$ 表示为

$$\Delta\varepsilon_{ij}^{ads} = \begin{pmatrix} a-1 & 0 & 0 \\ 0 & b-1 & 0 \\ 0 & 0 & c-1 \end{pmatrix} A_{ij}\Delta\overline{\varepsilon}_v^{ads}\Delta\varepsilon_{ij}'^{ads} = \Delta\overline{\varepsilon}_v^{ads}A_{ij} + \begin{pmatrix} \Delta\overline{\varepsilon}_v^{ads} & 0 & 0 \\ 0 & \Delta\overline{\varepsilon}_v^{ads} & 0 \\ 0 & 0 & \Delta\overline{\varepsilon}_v^{ads} \end{pmatrix} \Delta\overline{\varepsilon}_v^{ads}\delta_{ij} \tag{5-59}$$

$$\Delta\varepsilon_{ij}^{ads} = \Delta\overline{\varepsilon}_v^{ads}A_{ij} + \Delta\overline{\varepsilon}_v^{ads}\delta_{ij} \tag{5-60}$$

式中，张量 A_{ij} 表示煤基质吸附膨胀的各向异性，称为膨胀各向异性张量。其中，$A_1=(a-1)>A_2=(b-1)>A_3=(c-1)$。假设煤体变形为各向同性时，则 $A_1=A_2=A_3=0$，即 $a=b=c=1$；膨胀各向异性张量 A_{ij} 参照笛卡儿坐标系 (x_1, x_2, x_3) 张量坐标，并且用于应力张量 σ_{ij} 和应变张量 $\Delta\varepsilon_{ij}^{ads}$。

将固相 Gibbs 方程公式(5-53)整理成偏应力 $\Delta\sigma'$ 和平均应力 $\Delta\overline{\sigma}$ 的形式，可得

$$\Delta U_s = T\Delta S_s + \mu_s - l^3(\sigma_{ij}'\Delta\varepsilon_{ij}^{ads} + \Delta\overline{\sigma}\Delta\varepsilon_v^{ads}) \tag{5-61}$$

因为 $\sigma_{ij}\Delta\varepsilon_{ij}^{ads} = \sigma_{ij}'\Delta\varepsilon_{ij}^{ads} + \Delta\overline{\sigma}\Delta\varepsilon_v^{ads}$，将其代入式(5-59)、式(5-56)与式(5-57)，可得

$$\Delta U_s = T\Delta S_s + \mu_s - l^3(\sigma_{ij}'A_{ij}\Delta\overline{\varepsilon}_v^{ads} + \Delta\overline{\sigma}3\Delta\varepsilon_v^{ads}) \tag{5-62}$$

$$\Delta U_s = T\Delta S_s + \mu_s - l^3\left(\frac{1}{3}\sigma_{ij}'A_{ij}\Omega_0 + \Delta\overline{\sigma}\Omega_0\right) \tag{5-63}$$

$$\Delta F_s = \mu_s - l^3\left(\frac{1}{3}\sigma_{ij}'A_{ij}\Omega_0 + \Delta\overline{\sigma}\Omega_0\right) \tag{5-64}$$

对于游离相的 CO_2，围压与孔隙压力相等条件下的 Gibbs 自由能方程式(5-16)，同样适用于固相-气相组成的单元体系统，将式(5-62)代入式(5-16)可得

$$\Delta U_a = T\Delta S_a + \mu_s - \mu_f + P\Omega_f - \bar{\sigma}\Omega_0 - \frac{1}{3}\sigma'_{ij}A_{ij}\Omega_0 \tag{5-65}$$

$$\Delta\mu_\sigma = \mu_s - \mu_f = \Delta U_a - T\Delta S_a - P\Omega_f + \bar{\sigma}\Omega_0 + \frac{1}{3}\sigma'_{ij}A_{ij}\Omega_0 \tag{5-66}$$

定义有效平均应力为 $\bar{\sigma}_e = \bar{\sigma} - P$，可得

$$\Delta\mu_\sigma = \Delta U_a - T\Delta S_a + P(\Omega_0 - \Omega_f) + \bar{\sigma}_e\Omega_0 + \frac{1}{3}\sigma'_{ij}A_{ij}\Omega_0 \tag{5-67}$$

进而可得

$$\Delta\mu_\sigma = \Delta U_a - T\Delta S_a + P\Delta V_a + \bar{\sigma}_e\Omega_0 + \frac{1}{3}\sigma'_{ij}A_{ij}\Omega_0 \tag{5-68}$$

$$\Delta\mu_\sigma = \Delta F_a + P\Delta V_a + \bar{\sigma}_e\Omega_0 + \frac{1}{3}\sigma'_{ij}A_{ij}\Omega_0 = \Delta G_a + \bar{\sigma}_e\Omega_0 + \frac{1}{3}\sigma'_{ij}A_{ij}\Omega_0 \tag{5-69}$$

式中，$\Delta\mu_\sigma$ 表示围压条件下煤岩吸附单个 CO_2 分子后引起的化学势的变化，J/mol，该值与煤岩吸附单个 CO_2 分子释放的能量相等。

通过与无应力条件下 Gibbs 能势公式（$G=U+PV-TS$）对比，可得出应力条件下的 Gibbs 自由能方程为

$$\Phi = U - TS + PV + \sigma_{ij}\varepsilon_{ij} \tag{5-70}$$

式(5-70)的差分形式为

$$\Delta\Phi = \Delta U - T\Delta S - S\Delta T + P\Delta V + \Delta PV + \sigma_{ij}\Delta\varepsilon_{ij} + \Delta\sigma_{ij}\varepsilon_{ij} \tag{5-71}$$

当温度、气体压力及围压为定值时，式(5-68)可表示为

$$\Delta\Phi_a = \Delta F_a + P\Delta V_a + \bar{\sigma}_e\Omega_0 + \frac{1}{3}\sigma'_{ij}A_{ij}\Omega_0 \tag{5-72}$$

式中，$\Delta\Phi_a$ 为围压条件下单个吸附相分子的附着能，$\Delta\Phi_a$ 类似于围压与孔隙压力相等条件下 Gibbs 自由能的 ΔG_a 项，J。$\Delta\Phi_a$ 的意义与 Gibbs 自由能的定义存在一定的差异，Gibbs 自由能方程仅在恒温与恒压条件下适用。然而，$\Delta\Phi_a$ 方程中还包含附加围压 σ_{ij} 的作用。也就是说，式(5-72)中的 $\Delta\Phi_a$ 是与 Gibbs 自由能 ΔG_a 形式相近的附着能。

(2)煤岩吸附多个 CO_2 分子。

与式(5-26)对比可知，围压条件下，煤岩吸附 n 个 CO_2 分子时，引起的总势能变化为

$$\Delta\Phi = n\Delta\Phi_a - kT\ln W \tag{5-73}$$

$$\Delta\Phi = n\Delta\Phi_a - kT\ln\frac{n_s!}{n!(n_s - n)!} \tag{5-74}$$

3)围压与孔隙压力不相等条件下煤岩吸附多分子的化学势变化

围压与孔隙压力不相等条件下，当煤岩吸附 n 个 CO_2 分子时，煤岩单元体中游离态气体与固体基质骨架的 Gibbs 方程微分形式为

$$dU = TdS - \mu_f dn + \mu_s dn + PdV_f - \frac{1}{3}\sigma'_{ij}A_{ij}V_s \tag{5-75}$$

对于恒定的 σ_{ij}、温度(T)和压力(P)条件，固相与液相系统总 Gibbs 方程的微分方程为

$$(\mathrm{d}\varPhi)_{\sigma_{ij},P,T} = \mathrm{d}U - T\mathrm{d}S + P\mathrm{d}V_\mathrm{f} - \bar{\sigma}V_\mathrm{s} - \frac{1}{3}\sigma'_{ij}A_{ij}V_\mathrm{s} = (\mu_\mathrm{s} - \mu_\mathrm{f})\mathrm{d}n \tag{5-76}$$

吸附 n 个 CO_2 分子后，系统的势能或者等效的自由能为

$$\varPhi = \varPhi_\mathrm{s} + \varPhi_\mathrm{f} + \Delta\varPhi - n\mu_\mathrm{f} \tag{5-77}$$

式中，$\varPhi_\mathrm{s}$ 和 $\varPhi_\mathrm{f}$ 为煤岩吸附 CO_2 前固体和游离相的总能量，J；$\Delta\varPhi$ 为煤岩吸附 n 个分子后的势能变化，见式(5-74)；$n\mu_\mathrm{f}$ 为 n 个流体相的 CO_2 转化为吸附相时势能的变化。

式(5-76)和式(5-77)的偏微分方程为

$$\left(\frac{\partial G}{\partial n}\right)_{\sigma_{ij},P,T} = \left(\frac{\partial \Delta G}{\partial n}\right)_{\sigma_{ij},P,T} - \mu_\mathrm{f} = \mu_\mathrm{s} - \mu_\mathrm{f} \tag{5-78}$$

进而可得

$$\mu_\mathrm{s} = \left(\frac{\partial \Delta G}{\partial n}\right)_{\sigma_{ij},P,T} \tag{5-79}$$

将式(5-73)代入式(5-79)，并应用斯特林公式 $x! = x\ln x - 1$，可得每个吸附相 CO_2 分子的化学势为

$$\mu_\mathrm{s} = \Delta\varPhi_\mathrm{a} + kT\ln\left(\frac{\theta_\sigma}{1-\theta_\sigma}\right) \tag{5-80}$$

式中，$\theta_\sigma = n/n_\mathrm{s}$ 是围压与孔隙压力相等条件下吸附相 CO_2 分子的浓度，mmol /g。

4) 围压与孔隙压力不相等条件下煤岩吸附 CO_2 的平衡浓度

当煤岩吸附 CO_2 达到平衡时，则吸附相 CO_2 的化学势等于游离相 CO_2 的化学势，即 $\mu_\mathrm{s} = \mu_\mathrm{f}$。

结合式(5-80)和式(5-37)，可得

$$\Delta\varPhi_\mathrm{a} + kT\ln\left(\frac{\theta_\sigma}{1-\theta_\sigma}\right) = \mu_\mathrm{f0} + kT\ln a_\mathrm{f} \tag{5-81}$$

$$\theta_\sigma = \frac{a_\mathrm{f}\exp\left(\dfrac{\mu_\mathrm{f0} - \Delta\varPhi_\mathrm{a}}{kT}\right)}{1 + a_\mathrm{f}\exp\left(\dfrac{\mu_\mathrm{f0} - \Delta\varPhi_\mathrm{a}}{kT}\right)} \tag{5-82}$$

应用附着能的表达式 $\Delta\varPhi_\mathrm{a} = \Delta\mu_\sigma = \Delta G_\mathrm{a} + \bar{\sigma}_\mathrm{e}\varOmega_0 + \frac{1}{3}\sigma'_{ij}A_{ij}\varOmega_0$，则

$$\theta_\sigma = \frac{a_\mathrm{f}\exp\left(\dfrac{\mu_\mathrm{f0} - \Delta G_\mathrm{a}}{kT}\right)\exp\left(\dfrac{-\bar{\sigma}_\mathrm{e}\varOmega_0}{kT}\right)\exp\left(\dfrac{\sigma'_{ij}A_{ij}\varOmega_0}{3kT}\right)}{1 + a_\mathrm{f}\exp\left(\dfrac{\mu_\mathrm{f0} - \Delta G_\mathrm{a}}{kT}\right)\exp\left(\dfrac{-\bar{\sigma}_\mathrm{e}\varOmega_0}{kT}\right)\exp\left(\dfrac{\sigma'_{ij}A_{ij}\varOmega_0}{3kT}\right)} \tag{5-83}$$

假设吸附位 C_s 为一常数，并且不受应力变化的影响。单位质量煤岩吸附 CO_2 的浓度用 mmol/g 或 mol/g 表示为

$$C_\sigma = C_\mathrm{s}\theta_\sigma \tag{5-84}$$

如果煤岩固体基质骨架所受的气体压力 P 相对于围压较低，则 θ 远小于 1，根据式

(5-83)可得

$$\theta_\sigma \approx a_f \exp\left(\frac{\mu_{f0}-\Delta G_a}{kT}\right)\exp\left(\frac{-\overline{\sigma}_e\Omega_0}{kT}\right)\exp\left(\frac{-\sigma'_{ij}A_{ij}\Omega_0}{3kT}\right) \tag{5-85}$$

根据式(5-48)与式(5-85)，可得

$$C_\sigma \approx C\exp\left(\frac{-\overline{\sigma}_e\Omega_0}{kT}\right)\exp\left(\frac{-\sigma'_{ij}A_{ij}\Omega_0}{3kT}\right) \tag{5-86}$$

式中，C 为围压与孔隙压力相等条件下煤岩吸附低浓度 CO_2 时的浓度，mmol/g。

由式(5-83)~式(5-86)可知，相同温度但围压与孔隙压力不相等的条件下，煤岩吸附 CO_2 的量低于围压与孔隙压力相等条件下的吸附量。为了评价煤岩吸附量的降低程度，需要得出煤岩吸附平衡时体积变形量 Ω_0，该值可由围压与孔隙压力相等条件下煤岩吸附-膨胀实验获得。

5)静水应力条件(σ_1=σ_2=σ_3)下煤岩的吸附量

根据岩体初始应力状态的静水压力理论可知，深部的煤层自重应力场近似达到静水应力状态，表现为煤体所受的三向主应力近似相等，即 $\sigma_1=\sigma_2=\sigma_3$。煤岩固体在静水应力状态下，偏应力项会消失(即 $\sigma'_{ij}=0$)，这种情况下煤岩吸附 CO_2 的平衡浓度式(5-83)可化简为

$$\theta_\sigma=\frac{C_\sigma}{C_s}=\frac{a_f \exp\left(\frac{\mu_{f0}-\Delta G_a}{kT}\right)\exp\left(\frac{-\overline{\sigma}_e\Omega_0}{kT}\right)}{1+a_f \exp\left(\frac{\mu_{f0}-\Delta G_a}{kT}\right)\exp\left(\frac{-\overline{\sigma}_e\Omega_0}{kT}\right)} \tag{5-87}$$

当 CO_2 气体压力较低、有效应力 $\overline{\sigma}_e$ 较高时，θ 趋近于 1，即

$$\theta_\sigma=\frac{C_\sigma}{C_s}=a_f \exp\left(\frac{\mu_{f0}-\Delta G_a}{kT}\right)\exp\left(\frac{-\overline{\sigma}_e\Omega_0}{kT}\right)=\theta\exp\left(\frac{-\overline{\sigma}_e\Omega_0}{kT}\right) \tag{5-88}$$

式中，$\overline{\sigma}_e$ 为煤岩体各向均受到相同的应力 σ 时的有效平均应力，MPa。

6)初始应力条件(σ_1>σ_2>σ_3)下煤层的吸附量

煤层气储层实际所受的三个方向的应力不相当，表现为 $\sigma_1>\sigma_2>\sigma_3$。假设煤岩膨胀具有各向同性，则 $A_1=A_2=A_3=0$。

对于膨胀各向同性的煤岩，式(5-72)中的 $\sigma'_{ij}A_{ij}\Omega_0=0$，而全应力项简化为 $\overline{\sigma}_e\Omega_0$，该项可以表示为

$$\overline{\sigma}_e\Omega_0=\frac{\sigma_1+\sigma_2+\sigma_3}{3}\Omega_0-P\Omega_0 \tag{5-89}$$

将式(5-89)代入式(5-83)，可以得出膨胀各向同性煤岩体的吸附浓度 C_σ 为

$$C_\sigma=\theta_\sigma C_s=\frac{a_f \exp\left(\frac{\mu_{f0}-\Delta G_a}{kT}\right)\exp\left(\frac{-P\Omega_0}{kT}\right)\exp\left[\frac{-(\sigma_1+\sigma_2+\sigma_3)\Omega_0}{3kT}\right]}{1+a_f \exp\left(\frac{\mu_{f0}-\Delta G_a}{kT}\right)\exp\left(\frac{-P\Omega_0}{kT}\right)\exp\left[\frac{-(\sigma_1+\sigma_2+\sigma_3)\Omega_0}{3kT}\right]} \tag{5-90}$$

然而，煤岩吸附膨胀具有各向异性，表现为垂直层理方向的膨胀量大于平行层理方

向的变形量，膨胀张量 $A_1>A_2=A_3$。将式(5-90)的结果扩展应用到各向异性的煤岩可得

$$\Delta\sigma'_{ij}=\begin{pmatrix} \frac{2}{3}\sigma_1-\frac{1}{3}\sigma_2-\frac{1}{3}\sigma_3 & 0 & 0 \\ 0 & -\frac{1}{3}\sigma_1+\frac{2}{3}\sigma_2-\frac{1}{3}\sigma_3 & 0 \\ 0 & 0 & -\frac{1}{3}\sigma_1-\frac{1}{3}\sigma_2-\frac{2}{3}\sigma_3 \end{pmatrix} \tag{5-91}$$

将 $\sigma'_{ij}A_{ij}\Omega_0$ 和式(5-84)代入式(5-83)，可得

$$C_\sigma=\theta_\sigma C_s=\frac{a_f\exp\left[\frac{\mu_{f0}-\Delta G_a}{kT}-\frac{P\Omega_0}{kT}-\frac{(\sigma_1+\sigma_2+\sigma_3)\Omega_0}{3kT}-\frac{(2\sigma_1-\sigma_2-\sigma_3)(A_1-A_2)\Omega_0}{9kT}\right]}{1+a_f\exp\left[\frac{\mu_{f0}-\Delta G_a}{kT}-\frac{P\Omega_0}{kT}-\frac{(\sigma_1+\sigma_2+\sigma_3)\Omega_0}{3kT}-\frac{(2\sigma_1-\sigma_2-\sigma_3)(A_1-A_2)\Omega_0}{9kT}\right]} \tag{5-92}$$

$a_f=P_1/P_0$ 用 ρ_a/ρ_g 代替，由此可将式(5-92)修正为

$$C_\sigma=\theta_\sigma C_s=\frac{\rho_a\exp\left[\frac{\mu_{f0}-\Delta G_a}{kT}-\frac{P\Omega_0}{kT}-\frac{(\sigma_1+\sigma_2+\sigma_3)\Omega_0}{3kT}-\frac{(2\sigma_1-\sigma_2-\sigma_3)(A_1-A_2)\Omega_0}{9kT}\right]}{\rho_g+\rho_a\exp\left[\frac{\mu_{f0}-\Delta G_a}{kT}-\frac{P\Omega_0}{kT}-\frac{(\sigma_1+\sigma_2+\sigma_3)\Omega_0}{3kT}-\frac{(2\sigma_1-\sigma_2-\sigma_3)(A_1-A_2)\Omega_0}{9kT}\right]} \tag{5-93}$$

7) 含 CH_4 煤岩的 CO_2 吸附量

上文推导出煤岩吸附方程不仅适用于 CO_2 吸附，还适用于 CH_4、N_2 等气体的吸附，但需要确定煤岩吸附不同气体时的自由变形量 Ω_0。原始应力条件下，煤储层含有一定量的 CH_4，采用上述的分析方法，由式(5-93)可知，围压条件下煤岩 CH_4 最大吸附量为

$$C_{\sigma\text{-}CH_4}=\frac{\rho_{a\text{-}CH_4}\exp\left[\frac{\mu_{f0\text{-}CH_4}-\Delta G_{a\text{-}CH_4}}{kT}-\frac{P_{0\text{-}CH_4}\Omega_{0\text{-}CH_4}}{kT}-\frac{(\sigma_1+\sigma_2+\sigma_3)\Omega_0}{3kT}-\frac{(2\sigma_1-\sigma_2-\sigma_3)(A_1-A_2)\Omega_{0\text{-}CH_4}}{9kT}\right]}{\rho_{g\text{-}CH_4}+\rho_{a\text{-}CH_4}\exp\left[\frac{\mu_{f0\text{-}CH_4}-\Delta G_{a\text{-}CH_4}}{kT}-\frac{P_{0\text{-}CH_4}\Omega_{0\text{-}CH_4}}{kT}-\frac{(\sigma_1+\sigma_2+\sigma_3)\Omega_0}{3kT}-\frac{(2\sigma_1-\sigma_2-\sigma_3)(A_1-A_2)\Omega_{0\text{-}CH_4}}{9kT}\right]} \tag{5-94}$$

式中，下标 σ-CH_4 表示有效应力大小为 σ 条件下的煤岩吸附的气体为 CH_4。

煤岩基质孔隙表面吸附 CO_2 的能力比 CH_4 更强，当 CO_2 注入含 CH_4 的煤储层后将置换处于吸附位上的 CH_4 分子，使得游离态的 CO_2 转化为吸附态，吸附态的 CH_4 转化为游离态。温度、孔隙气压为恒定值的条件下，假设 CO_2 置换煤层 CH_4 的置换率为 η，单位质量煤岩吸附 CO_2 与 CH_4 的浓度分别为

$$C_{\sigma\text{-}CH_4}=C_s(1-\eta)\theta_\sigma \tag{5-95}$$

$$C_{\sigma\text{-}CO_2}=\eta C_s\theta_\sigma \tag{5-96}$$

CO_2 注入含 CH_4 的煤储层，单位质量煤岩吸附 CO_2 与 CH_4 的吸附量为

$$C_{\sigma\text{-CH}_4}=\frac{\rho_{\text{a-CH}_4}(1-\eta)C_s\exp\left[\frac{\mu_{\text{f0-CH}_4}-\Delta G_{\text{a-CH}_4}}{kT}-\frac{P_{\text{0-CH}_4}\Omega_{\text{0-CH}_4}}{kT}-\frac{(\sigma_1+\sigma_2+\sigma_3)\Omega_{\text{0-CH}_4}}{3kT}-\frac{(2\sigma_1-\sigma_2-\sigma_3)(A_1-A_2)\Omega_{\text{0-CH}_4}}{9kT}\right]}{\rho_{\text{g-CH}_4}+\rho_{\text{a-CH}_4}\exp\left[\frac{\mu_{\text{f0-CH}_4}-\Delta G_{\text{a-CH}_4}}{kT}-\frac{P_{\text{0-CH}_4}\Omega_{\text{0-CH}_4}}{kT}-\frac{(\sigma_1+\sigma_2+\sigma_3)\Omega_{\text{0-CH}_4}}{3kT}-\frac{(2\sigma_1-\sigma_2-\sigma_3)(A_1-A_2)\Omega_{\text{0-CH}_4}}{9kT}\right]} \tag{5-97a}$$

$$C_{\sigma\text{-CO}_2}=\frac{\rho_{\text{a-CO}_2}\eta C_s\exp\left[\frac{\mu_{\text{f0-CO}_2}-\Delta G_{\text{a-CO}_2}}{kT}-\frac{P_{\text{0-CO}_2}\Omega_{\text{0-CO}_2}}{kT}-\frac{(\sigma_1+\sigma_2+\sigma_3)\Omega_{\text{0-CO}_2}}{3kT}-\frac{(2\sigma_1-\sigma_2-\sigma_3)(A_1-A_2)\Omega_{\text{0-CO}_2}}{9kT}\right]}{\rho_{\text{g-CO}_2}+\rho_{\text{a-CO}_2}\exp\left[\frac{\mu_{\text{f0-CO}_2}-\Delta G_{\text{a-CO}_2}}{kT}-\frac{P_{\text{0-CO}_2}\Omega_{\text{0-CO}_2}}{kT}-\frac{(\sigma_1+\sigma_2+\sigma_3)\Omega_{\text{0-CO}_2}}{3kT}-\frac{(2\sigma_1-\sigma_2-\sigma_3)(A_1-A_2)\Omega_{\text{0-CO}_2}}{9kT}\right]} \tag{5-97b}$$

式中，η 为 CO_2 对 CH_4 的置换率，可通过多元气体竞争吸附实验获取。

3. 注 CO_2 煤岩的吸附-应力-应变耦合数学模型

前人基于表面自由能理论建立了恒温、恒气压且煤岩在围压与孔隙压力相等的条件下吸附-体积自由应变模型(Pan and Connell, 2007；Pan et al., 2010)：

$$\varepsilon_{\text{v}}^{\text{eq}}=\varepsilon_{\text{ad}}{}^{\text{eq}}+\varepsilon_{\text{el}}{}^{\text{eq}} \tag{5-98}$$

式中，$\varepsilon_{\text{el}}{}^{\text{eq}}$ 为气体压力 P 下煤基质受压缩产生的弹性应变；$\varepsilon_{\text{el}}{}^{\text{eq}}=P/K_s$，$K_s$ 为煤基质骨架的体积模量，MPa；$\varepsilon_{\text{ad}}{}^{\text{eq}}$ 为气体压力 P 条件下煤岩吸附 CO_2 平衡时产生的自由体积应变，可由式(5-49)求得。

Pan 等利用围压与孔隙压力相等条件下的吸附-体积应变模型拟合了煤岩吸附 CH_4 或者 CO_2 时的吸附量-体积应变的实验数据(Pan and Connell, 2007；Pan et al., 2010)。高压气体对煤基质的压缩变形方向与煤岩吸附 CO_2 的膨胀变形相反，前人应用 $\varepsilon_{\text{el}}{}^{\text{eq}}=P/K_s$ 和 $\varepsilon_{\text{ad}}{}^{\text{eq}}=C\Omega_0$ 拟合了 Hol 和 Spiers(2012)得出的煤岩在 100MPa CO_2 环境下吸附-膨胀变形数据。

基于恒温、恒气压且围压与孔隙压力相等条件下的煤岩的吸附-膨胀本构关系式(5-98)，综合考虑围压 σ_{ij}、应变 ε_{ij} 及煤岩吸附量的多个因素，建立吸附-应力-应变耦合的数学模型。模型建立基于以下几个假设条件：

(1)煤体变形为线弹性变形，满足多孔弹性力学方程；

(2)吸附产生的膨胀变形和吸附浓度呈线性关系，即 $\varepsilon_{\text{ad}}{}^{\text{eq}}=C(P)N_A\Omega_0\rho_{\text{coal}}$，其中，$\rho_{\text{coal}}$ 为煤基质的体积密度；

(3)煤岩的吸附量 C_σ 是气体压力 P 与应力 σ_{ij} 的方程，满足式(5-83)和式(5-84)。

围压与孔隙压力不相等的条件下，煤岩吸附-应力-应变的本构关系式为

$$\varepsilon_{ij}{}^{\text{eq}}=\varepsilon_{ij}{}^{\text{ad}}+\varepsilon_{ij}{}^{\text{el}} \tag{5-99}$$

式中，$\varepsilon_{ij}{}^{\text{el}}$ 为煤岩基质孔隙弹性应变；$\varepsilon_{ij}{}^{\text{ad}}$ 为吸附产生的体积应变。

煤岩单元体吸附产生的膨胀应变量 $\varepsilon_{ij}{}^{\text{ad}}$ 可通过式(5-60)求得。质量 M、体积 V、密度 ρ 的煤体吸附单个分子产生的体积应变为

$$\Delta\varepsilon_{ij}{}^{\text{ad}}=\bar{\varepsilon}_{ij}{}^{\text{ad}}\left(A_{ij}+\delta_{ij}\right) \tag{5-100}$$

由式(5-100)可得

$$\Delta\bar{\varepsilon}^{\mathrm{ad}}=\frac{\Omega_0}{3V}=\frac{\Omega_0\rho_{\mathrm{coal}}}{3M} \tag{5-101}$$

围压 σ 条件下，如果单位质量煤岩吸附气体量为 C_σ(单位：mol)，则单位质量煤岩吸附的分子数量为 $N_\mathrm{A}C_\sigma$，M kg 煤岩吸附的分子数为 $M\cdot N_\mathrm{A}C_\sigma$，$N_\mathrm{A}$ 为阿伏伽德罗常数。假设煤岩吸附单个 CO_2 分子产生的应变为定值，则吸附产生的应变与 CO_2 吸附量 C_σ 的关系为

$$\varepsilon_{ij}^{\mathrm{ad}}=MN_\mathrm{A}C_\sigma\Delta\varepsilon^{\mathrm{ad}} \tag{5-102}$$

由式(5-100)~式(5-102)，可得

$$\varepsilon_{ij}^{\mathrm{ad}}=\frac{V_0\rho_{\mathrm{coal}}\left(A_{ij}+\delta_{ij}\right)}{3}\cdot C_\sigma \tag{5-103}$$

煤岩吸附浓度 C_σ 可由式(5-83)和式(5-84)得出，V_0 为煤岩吸附 1mol CO_2 时体积的变化量。可以得出

$$\varepsilon_{ij}{}^{\mathrm{eq}}=\varepsilon_{ij}{}^{\mathrm{el}}+\frac{V_0\rho_{\mathrm{coal}}\left(A_{ij}+\delta_{ij}\right)}{3}\cdot C_\sigma\left(\sigma_{ij},P\right) \tag{5-104}$$

式中，$\varepsilon_{ij}{}^{\mathrm{el}}$ 为孔隙弹性应变张量。

孔隙弹性变形的应变张量可由各向异性形式的多孔弹性方程表征(Biot, 1973)，即

$$\varepsilon_{ij}{}^{\mathrm{el}}=\frac{-1}{2G}\left[\sigma_{ij}-\left(\frac{3K_1-2G}{9G}\right)\sigma_{kk}\delta_{ij}-\frac{2G}{3K_1}\alpha P\delta_{ij}\right] \tag{5-105}$$

式中，K_1 为煤岩基质的体积模量，$K_1=\dfrac{E}{2(1+\mu)}$，MPa；G 为煤岩基质的剪切模量，$G=\dfrac{E}{3(1-2\mu)}$，MPa；α 为毕奥数，$\alpha=1-\dfrac{K_1}{K_{S1}}$；$\sigma_{kk}$ 为主应力分量，$\sigma_{kk}=\sigma_{11}+\sigma_{22}+\sigma_{33}$。

由式(5-92)可知，煤岩吸附量张量形式为

$$C_\sigma=\frac{C_\mathrm{s}\cdot a_\mathrm{f}\xi\exp\left(\dfrac{P\Omega_0}{kT}\right)\exp\left[\dfrac{-\sigma_{ij}\left(A_{ij}+\delta_{ij}\right)\Omega_0}{3kT}\right]}{1+a_\mathrm{f}\xi\exp\left(\dfrac{P\Omega_0}{kT}\right)\exp\left[\dfrac{-\sigma_{ij}\left(A_{ij}+\delta_{ij}\right)\Omega_0}{3kT}\right]} \tag{5-106}$$

将式(5-106)和式(5-105)代入式(5-104)，可得

$$\varepsilon_{ij}{}^{\mathrm{eq}}=\frac{-1}{2G}\left[\sigma_{ij}-\left(\frac{3K_1-2G}{9G}\right)\sigma_{kk}\delta_{ij}-\frac{2G}{3K_1}\alpha P\delta_{ij}\right]+\frac{V_0\rho_{\mathrm{coal}}\left(A_{ij}+\delta_{ij}\right)}{3}\cdot\frac{C_\mathrm{s}\cdot a_\mathrm{f}\xi\exp\left(\dfrac{PV_0}{RT}\right)\exp\left(\dfrac{-\sigma_{kk}V_0}{3RT}\right)}{1+a_\mathrm{f}\xi\exp\left(\dfrac{PV_0}{RT}\right)\exp\left(\dfrac{-\sigma_{kk}V_0}{3RT}\right)} \tag{5-107}$$

当膨胀均为各向同性时，对于任意的 i 和 j，A_{ij} 均为 0。可得

$$\varepsilon_{ij}{}^{\text{eq}}=\frac{-1}{2G}\left[\sigma_{ij}-\left(\frac{3K_1-2G}{9G}\right)\sigma_{kk}\delta_{ij}-\frac{2G}{3K_1}\alpha P\delta_{ij}\right]+\frac{V_0\rho_{\text{coal}}\delta_{ij}}{3}\cdot\frac{C_{\text{s}}\cdot a_{\text{f}}\xi\exp\left(\frac{PV_0}{RT}\right)\exp\left(\frac{-\sigma_{kk}V_0}{3RT}\right)}{1+a_{\text{f}}\xi\exp\left(\frac{PV_0}{RT}\right)\exp\left(\frac{-\sigma_{kk}V_0}{3RT}\right)} \tag{5-108}$$

煤岩的体积应变为

$$\varepsilon_{\text{v}}^{\text{eq}}=\varepsilon_{11}^{\text{eq}}+\varepsilon_{22}^{\text{eq}}+\varepsilon_{33}^{\text{eq}} \tag{5-109}$$

由式(5-108)与式(5-109)可得

$$\varepsilon_{\text{v}}^{\text{eq}}=\frac{-1}{K_1}\left[\bar{\sigma}-\alpha P\right]+V_0\rho_{\text{coal}}\delta_{ij}\cdot\frac{C_{\text{s}}\cdot a_{\text{f}}\xi\exp\left(\frac{PV_0}{RT}\right)\exp\left(\frac{-\sigma_{kk}V_0}{3RT}\right)}{1+a_{\text{f}}\xi\exp\left(\frac{PV_0}{RT}\right)\exp\left(\frac{-\sigma_{kk}V_0}{3RT}\right)} \tag{5-110}$$

式中，$\bar{\sigma}=-\frac{1}{3}\sigma_{kk}$ 为平均应力，MPa。

CO_2 注入含 CH_4 煤岩过程中，煤岩吸附 CO_2 与解吸 CH_4 产生膨胀与收缩变形。煤岩吸附解吸为可逆的物理反应，对于线弹性多孔介质，吸附膨胀与解吸变形近似相等。假设 CO_2 置换 CH_4 的置换率为 η，则吸附 1mol CO_2 可以置换 η mol CH_4；孔隙气体压力 P 保持不变时，结合分压理论可知 $P_{\sigma\text{-CO}_2}=\eta P$，$P_{\sigma\text{-CH}_4}=(1-\eta)P$，对于恒温条件下 a_{f} 可近似等于 P，则围压条件下 CO_2 置换含 CH_4 的煤岩产生的净应变为

$$\begin{aligned}\varepsilon_{ij}^{\text{net}}&=\left|\varepsilon_{ij}^{\text{eq-CO}_2}\right|-\left|\varepsilon_{ij}^{\text{eq-CH}_4}\right|\\&=\frac{-1}{2G}\left[\sigma_{ij}-\left(\frac{3K_1-2G}{9G}\right)\sigma_{kk}\delta_{ij}-\frac{2G}{3K_1}\alpha P\delta_{ij}\right]+\frac{V_{0\text{-CO}_2}\rho_{\text{coal}}\delta_{ij}}{3}\\&\cdot\frac{C_{\text{s}}\cdot\eta P_1\xi_{0\text{-CO}_2}\exp\left(\frac{\eta PV_{0\text{-CO}_2}}{RT}\right)\exp\left(\frac{-\eta\sigma_{kk}V_{0\text{-CO}_2}}{3RT}\right)}{1+\eta P_1\xi_{0\text{-CO}_2}\exp\left(\frac{\eta PV_{0\text{-CO}_2}}{RT}\right)\exp\left(\frac{-\eta\sigma_{kk}V_{0\text{-CO}_2}}{3RT}\right)}-\frac{V_{0\text{-CH}_4}\rho_{\text{coal}}\delta_{ij}}{3}\\&\cdot\frac{C_{\text{s}}\cdot(1-\eta)P\xi_{0\text{-CH}_4}\exp\left[\frac{P(1-\eta)V_0}{RT}\right]\exp\left[\frac{-\sigma_{kk}(1-\eta)V_0}{3RT}\right]}{1+(1-\eta)P\xi_{0\text{-CH}_4}\exp\left[\frac{P(1-\eta)V_0}{RT}\right]\exp\left[\frac{-\sigma_{kk}(1-\eta)V_0}{3RT}\right]}\end{aligned} \tag{5-111}$$

式(5-111)右侧第一项为孔隙压力压缩基质产生的弹性应变，第二项为吸附 CO_2 产生的体积膨胀应变，第三项为 CH_4 解吸后基质体积收缩应变。由式(5-111)可知，恒温条件下，注入 CO_2 煤体产生的总应变 $\varepsilon_{ij}^{\text{eq}}$ 不仅受吸附作用的影响，还受孔隙气压 P 和煤体所受的应力状态 σ_{ij} 的影响，结合围压条件下煤岩吸附表达式(5-92)，煤岩所受的围压不仅可以降低煤岩的吸附量，还可降低吸附产生的体积应变。

4. 模型验证与分析

应用 CO_2 密度代替 CO_2 饱和蒸气压力，由式(5-111)可得煤岩吸附 CO_2 产生的体积应变与 CO_2 密度的关系式为

$$\varepsilon_{\mathrm{v}}^{\mathrm{eq}}=\frac{-1}{K_1}\left[\overline{\sigma}-\alpha P\right]+V_0\rho_{\mathrm{coal}}\delta_{ij}\cdot\frac{C_{\mathrm{s}}\cdot\left(\rho_{\mathrm{a}}/\rho_{\mathrm{g}}\right)\xi\exp\left(\dfrac{-PV_0}{RT}\right)\exp\left(\dfrac{-\sigma_{kk}V_0}{3RT}\right)}{1+\left(\rho_{\mathrm{a}}/\rho_{\mathrm{g}}\right)\xi\exp\left(\dfrac{-PV_0}{RT}\right)\exp\left(\dfrac{-\sigma_{kk}V_0}{3RT}\right)} \tag{5-112}$$

根据实验模拟条件，设 $a=3V_0\rho_{\mathrm{coal}}C_{\mathrm{s}}$， $b=\rho_{\mathrm{a}}\xi\exp\left[\Omega_0\left(P+\sigma_1\right)\right]/(kT)$，由式(5-112)可得吸附作用产生的体积应变为

$$\varepsilon_{\mathrm{ad}}{}^{\mathrm{eq}}=3V_0\rho_{\mathrm{coal}}\cdot\frac{C_{\mathrm{s}}\left(\rho_{\mathrm{a}}/\rho_{\mathrm{g}}\right)\xi\exp\Omega_0\left(\dfrac{-P-\sigma_1}{kT}\right)}{1+\left(\rho_{\mathrm{a}}/\rho_{\mathrm{g}}\right)\xi\exp\Omega_0\left(\dfrac{-P-\sigma_1}{kT}\right)}=\frac{a\rho_{\mathrm{g}}}{b+\rho_{\mathrm{g}}} \tag{5-113}$$

由式(5-113)可知，围压条件下的绝对吸附量与吸附气体密度之间的关系为近 Langmuir 曲线形式，考虑围压作用得出的吸附应变相比吸附自由变形的应变有所减小。实验条件下无烟煤吸附 CO_2 后的体积应变与 CO_2 密度的拟合关系曲线如图 5-25 所示。

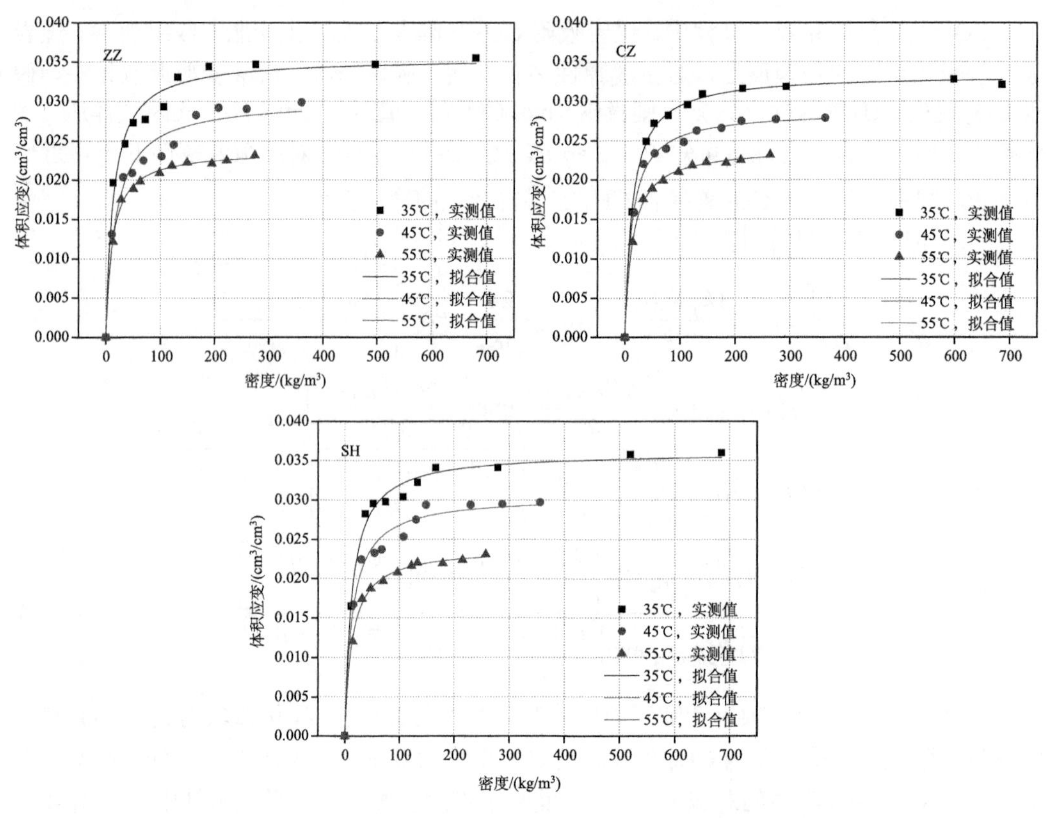

图 5-25 围压条件下煤岩体积应变与 CO_2 密度关系曲线

由图 5-25 可知，模型所得密度-体积应变曲线与实验数据拟合度较高，体积应变与 CO_2 密度呈现类似 Langmuir 曲线形式的变化规律，理论模型适用于柱状无烟煤试样在围压条件下吸附量与 CO_2 密度的数据拟合。围压条件下 CO_2 吸附体积应变与 CO_2 密度的拟合关系式见表 5-2。

表 5-2　围压条件下煤岩体积应变与 CO_2 密度的拟合关系式

试样名称	温度/℃		
	35	45	55
CZ4-1	$\frac{0.033x}{14.13+x}$; R^2=0.997	$\frac{0.028x}{12.01+x}$; R^2=0.996	$\frac{0.023x}{13.15+x}$; R^2=0.998
SH4-1	$\frac{0.036x}{13.10+x}$; R^2=0.992	$\frac{0.030x}{14.68+x}$; R^2=0.984	$\frac{0.023x}{12.89+x}$; R^2=0.998
ZZ4-1	$\frac{0.035x}{14.96+x}$; R^2=0.983	$\frac{0.030x}{19.75+x}$; R^2=0.969	$\frac{0.023x}{13.46+x}$; R^2=0.969

5.2　超临界 CO_2 注入深部无烟煤储层的膨胀应力变化

高应力作用下，深部煤层注入超临界 CO_2 诱发的膨胀应力和膨胀应变相伴而生，膨胀应力的产生造成煤岩内部结构改变和损伤，影响了煤储层 CO_2 的可注性和安全性。本节提出依托间接测试手段研究膨胀应力的方法，结合室内实验探讨 CO_2 注入过程中煤岩膨胀应力的演化过程，分析在气体压力、围压和温度耦合作用下膨胀应力的演变特征和机理，为超临界 CO_2 注入深部无烟煤储层膨胀应力的研究提供科学方法，强化对煤层注 CO_2 诱发膨胀应力的认识。

5.2.1　超临界 CO_2 注入深部无烟煤储层的膨胀应力演化特征

CO_2-ECBM 项目实施过程中，在地应力限制下，CO_2 吸附膨胀后会产生一个附加应力，即膨胀应力。这种情况下，原始煤储层应力条件将会改变，因此有必要进行膨胀应力的研究。而截至 2018 年，关于 CO_2 注入后，煤岩膨胀应力的研究几乎没有涉及，这是由于直接监测煤岩的膨胀应力难度较大。直接的膨胀应力测试主要出现在其他研究领域，如水泥中膨胀剂水化产生的膨胀应力(刘猛等，2017)、煤炭地下气化过程中高温石灰岩膨胀应力(秦本东等，2009)、层状黏土吸附 CO_2 膨胀应力(Zhang et al., 2018a)。而煤岩吸附 CO_2 涉及气体密封性问题，直接进行膨胀应力测试对实验仪器要求太高，目前的实验条件难以达到。因此，本节采用间接测试方法开展膨胀应力测试。间接测试方法首先测试煤样注入氦气后的应变，随后注入 CO_2 测试煤样的吸附膨胀应变，得到两条应力应变曲线。此后，结合注入氦气和 CO_2 煤样的应力应变曲线，利用体积模量反推得到煤样的吸附膨胀应力。

1. 煤岩吸附膨胀应力测试

1) 实验平台

煤岩吸附膨胀应变测试同样采用传统的电阻应变片(或引伸计)测试方法，由“CO_2-ECBM 煤岩应力应变效应模拟实验装置”完成。

2) 实验样品

实验所采用的样品同样为直径 50mm、长度 100mm 的圆柱煤样，通过立式深孔钻床制备。

3) 模拟实验条件

模拟实验的温度、注气压力和围压条件也与煤岩吸附膨胀应变测试相同。

4) 模拟实验过程

(1) 样品安装。将预处理的煤样安装于三轴伺服仪压力仓内，确保装样过程准确无误，可进行三轴力学实验。

(2) 气密性检测。循环加载轴压和围压，轴压和围压加载之后，对压力仓进行预热，使其温度恒定在设定温度±0.1℃范围内，然后通过参考缸注入高纯氦气至压力仓，直至压力仓内压力高于设计实验压力 1MPa。若气体压力在 6h 之内变化不超过 0.05MPa，则视为密封性良好。

(3) 抽真空处理。利用真空泵先对管线系统和三轴伺服仪抽真空，保证整个实验系统处于真空状态。

(4) 煤岩固体骨架“回弹”应力应变量标定。气密性检测完成后，打开参考缸气动阀，并调节调压阀，向三轴伺服仪压力仓注入氦气至目标压力(2→4→6→8MPa)，测定在目标压力下煤岩注入氦气的应力应变曲线。

(5) 实验测试。标定完成后，打开排气阀门，将三轴伺服仪内部氦气排出，再次对整个装置抽真空。然后打开参考缸气动阀，并调节调压阀，向三轴伺服仪压力仓注入实验气体 CO_2 至目标压力(2→4→6→8MPa)，测定在目标压力下煤岩吸附膨胀的应力应变曲线。

(6) 实验结束。样品测试完毕之后，换样，重复步骤(1)~(5)进行下一个样品的 CO_2 吸附膨胀应力测试。

2. 吸附膨胀应力的计算

将 CO_2 和氦气注入所得到的应力应变曲线进行归一化处理，并利用以下公式进行膨胀应力计算(刑俊旺，2018)：

$$\begin{cases} K = \dfrac{E}{3(1-2\nu)} \\ \sigma_{s-CO_2} = 3K(\varepsilon_{v-CO_2} - \varepsilon_{v-He}) \end{cases} \tag{5-114}$$

式中，K 为煤的体积模量，GPa；E 为煤的弹性模量，GPa；ν 为泊松比；ε_v 为体积应变；σ_s 为膨胀应力。

膨胀应力实验中，环境温度始终维持在 35℃，围压为 10MPa。分别测试在 CO_2 注入压力=2、4、6、8MPa 时的膨胀应力。不同 CO_2 注入压力下膨胀应力和时间的关系见图 5-26。可见，随着 CO_2 注入时间的增大，膨胀应力不断增大，最终趋于恒定值。该趋势类似于吸附膨胀随时间的变化曲线，说明吸附膨胀应变是诱发膨胀应力的原因。

5.2.2 超临界 CO_2 注入深部无烟煤储层膨胀应力外部影响因素

1. 注入压力的影响

选取每个注气压力点下的膨胀应力最大值，绘制出膨胀应力和 CO_2 注入压力的曲线，见图 5-27。关于 CO_2 吸附引起膨胀应力的文献比较少，本书将所做实验的结果和文献进行对比发现，膨胀应力随着 CO_2 注入压力的增大而增大。随着 CO_2 注入压力从 2MPa、4MPa、6MPa 增加至 8MPa，膨胀应力从 2.02MPa、3.31MPa、4.16MPa 增加至 6.53MPa。膨胀应力是在膨胀应变及外部约束条件共同作用下出现的，若煤层外部无约束，煤吸附

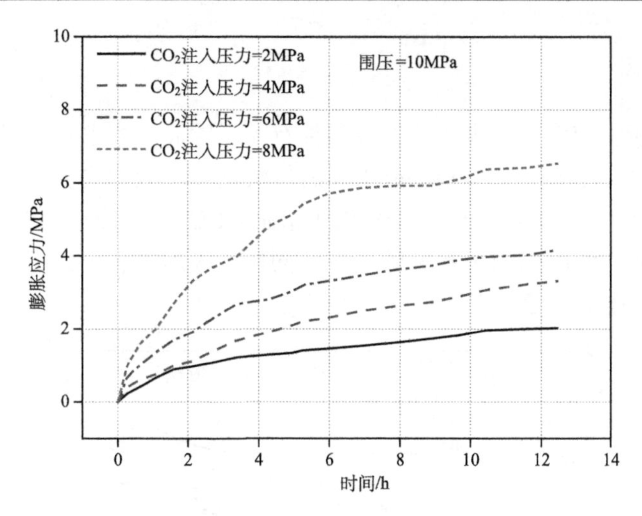

图 5-26　不同 CO_2 注入压力下膨胀应力和时间的关系

膨胀为自由膨胀，并无膨胀应力的存在，而在上覆岩层压力作用下，煤层的吸附膨胀受到限制，这是膨胀应力产生的原因。

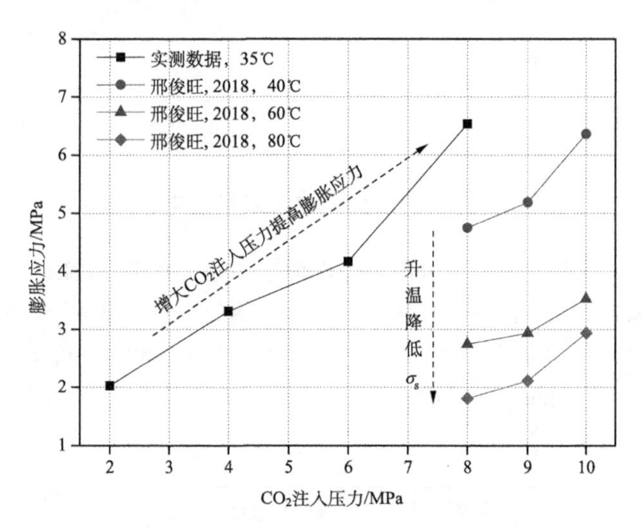

图 5-27　膨胀应力和 CO_2 注入压力的关系

2. 温度的影响

在煤层的外部边界处，煤层的膨胀相当于对煤层界面施加位移，在这个过程中，膨胀变形越大所产生的膨胀应力越大。本书的实验结果和邢俊旺(2018)所得的结论相一致，另外邢俊旺的研究给出了不同温度下膨胀应力的数据，见图 5-27。结果表明，随着温度的升高，超临界 CO_2 引起的膨胀应力逐渐减小。首先，温度越高，分子的相对运动越快、越不容易被束缚，这导致升高温度煤的 CO_2 吸附膨胀量降低，从而降低了煤岩的吸附膨胀应力；其次，煤岩的力学性质随着温度的变化而变化，任晓龙等(2017)认为煤岩的单轴抗压强度和弹性模量随温度的升高而降低，再加上 CO_2 的吸附，煤岩力学性质降低更明显。弹性模量的降低导致了即使吸附膨胀应变很大，所诱发的膨胀应力却很小。

3. 围压的影响

前文提到的膨胀应力还与煤层的约束条件有关，因此，本书设计了在不同的围压条件(10MPa、12MPa、14MPa 和 16MPa)下煤岩的吸附膨胀应力实验，为了模拟深部煤储层的 CO_2-ECBM 项目，该实验中吸附气体为超临界 CO_2(压力为 8MPa，温度为 35℃)。不同围压下膨胀应力和时间的关系见图 5-28。同样，吸附膨胀应力随着时间的增大而增大，最终达到最大值并趋于稳定。

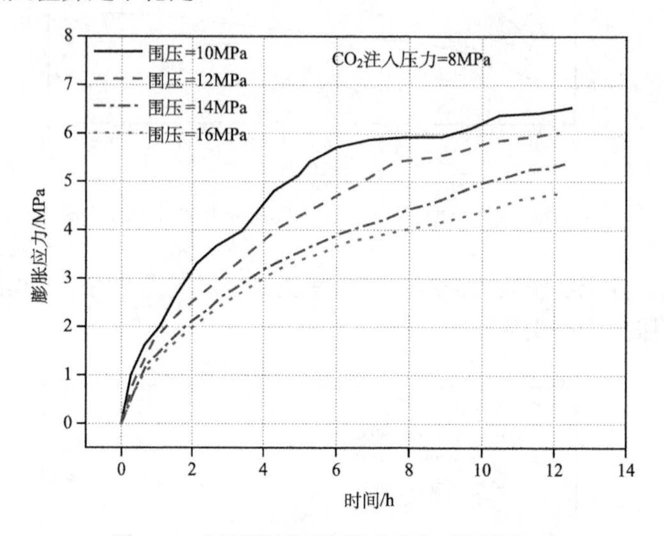

图 5-28　不同围压下膨胀应力和时间的关系

为了分析围压对吸附膨胀应力的影响，选取围压在 10MPa、12MPa、14MPa 和 16MPa 下的膨胀应力数据，并与 Zhang 等(2018a)的数据进行对比，见图 5-29。随着围压从 10 MPa、12 MPa、14MPa 增加至 16MPa，吸附膨胀应力从 6.53 MPa、6.03 MPa、5.36MPa 降低至 4.77MPa。尽管 Zhang 等(2018a)所测的膨胀应力值高于本书数据，但是膨胀应力和围压之间的关系和本书相同。

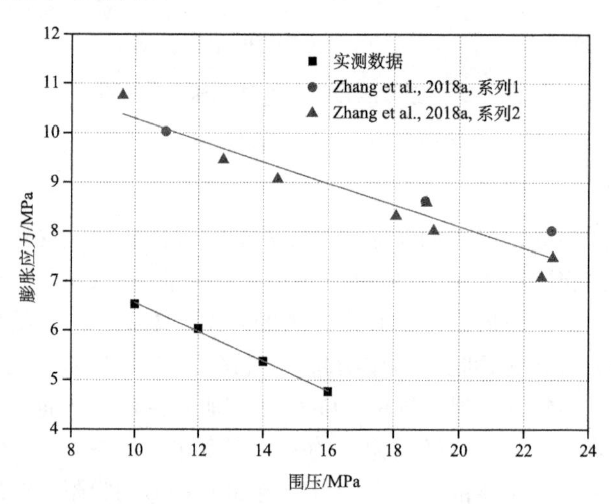

图 5-29　膨胀应力和围压的关系

另外，当外部应力 σ_n(围压)增大时，煤基质中原始孔裂隙受到压缩，孔裂隙度的降低抑制了煤对 CO_2 的吸附作用，导致 CO_2 的吸附量降低。而吸附量和吸附膨胀应变成正比，吸附量的降低也就导致吸附膨胀量的减小。因而，在同样的外部约束条件下，吸附膨胀应力和吸附量直接相关，吸附量越大，膨胀应变越大，最终引起的膨胀应力也越大。

5.3　超临界 CO_2 注入深部无烟煤储层的岩石力学性质变化

CO_2 注入对煤储层具有明显的软化效应，表现为煤岩的峰值强度、弹性模量降低和泊松比升高。本节通过室内实验分析 CO_2 注入煤岩峰值强度、弹性模量和泊松比等力学参数的演化规律，探讨 CO_2 相态、CO_2 注入压力、CO_2 注入时间和水分对煤岩力学性质的综合影响，并进一步阐明 CO_2 注入煤岩的软化机理。

5.3.1　力学参数计算

依据广义胡克定律，常规三轴压缩条件下含气煤岩的偏应力-应变曲线的弹性变化段可表示为

$$\varepsilon_1=\frac{\sigma_1^{\mathrm{e}}-2\nu\sigma_3^{\mathrm{e}}}{E}-\varepsilon_{01} \tag{5-115}$$

其中，σ_1^{e} 和 σ_3^{e} 分别为轴向有效应力和有效围压；E 为弹性模量；ν 为泊松比；ε_{01} 为静水压力作用下煤岩的轴向应变。依据有效应力原理，轴向有效应力和有效围压可以表示为

$$\sigma_1^{\mathrm{e}}=\sigma_1-\alpha P-\sigma_{\mathrm{s}} \tag{5-116}$$

$$\sigma_3^{\mathrm{e}}=\sigma_3-\alpha P-\sigma_{\mathrm{s}} \tag{5-117}$$

式中，α 为有效应力系数；P 为煤岩孔隙压力；σ_{s} 为煤岩吸附 CO_2 后的膨胀应力，可以简单地用下式表示：

$$\sigma_{\mathrm{s}}=-\frac{2a_{\mathrm{m}}\rho RT\ln(1+b_{\mathrm{m}}p)}{3V_{\mathrm{m}}} \tag{5-118}$$

式中，a_{m} 为参考压力下的 CO_2 极限吸附量；b_{m} 为煤岩的吸附平衡常数；ρ 为煤的视密度；R 为通用气体常数，R=8.3143J/(mol·K)；T 为热力学温度；V_{m} 为摩尔体积。

在线性弹性应变阶段任意选取两个点 A 和 B，则 A、B 两点之间的轴向应变分别表示为

$$\varepsilon_{1A}=\frac{\sigma_{1A}^{\mathrm{e}}-2\nu\sigma_3^{\mathrm{e}}}{E}-\varepsilon_{01} \tag{5-119}$$

$$\varepsilon_{1B}=\frac{\sigma_{1B}^{\mathrm{e}}-2\nu\sigma_3^{\mathrm{e}}}{E}-\varepsilon_{01} \tag{5-120}$$

式(5-120)和式(5-119)相减得到

$$\varepsilon_{1B}-\varepsilon_{1A}=(\sigma_{1B}^{\mathrm{e}}-\sigma_{1A}^{\mathrm{e}})/E \tag{5-121}$$

假设在弹性阶段，有效应力系数 α 和膨胀应力 σ_{s} 均为常数，则在三轴应力条件下含 CO_2 煤岩的弹性模量可表示为

$$E=\frac{\sigma_{1B}^{\mathrm{e}}-\sigma_{1A}^{\mathrm{e}}}{\varepsilon_{1B}-\varepsilon_{1A}}=\frac{(\sigma_{1B}-\sigma_3)-(\sigma_{1A}-\sigma_3)}{\varepsilon_{1B}-\varepsilon_{1A}} \tag{5-122}$$

由式(5-122)可以看出，弹性模量 E 为偏应力-轴向应变弹性变形阶段的斜率，可采用最小二乘法对弹性阶段曲线进行线性拟合，所得线性方程的斜率即为该煤样的弹性模量。

同理可得三轴条件下煤样的泊松比：

$$\nu = -\frac{\varepsilon_{3B} - \varepsilon_{3A}}{\varepsilon_{1B} - \varepsilon_{1A}} \tag{5-123}$$

含 CO_2 煤岩的泊松比可以对弹性阶段径向应变-轴向应变曲线利用最小二乘法进行线性拟合，所得的拟合方程的斜率绝对值即为煤样的泊松比。

实验中峰值强度可以从轴向应力应变曲线的最高点取得，弹性模量可以依据式(5-122)计算得到，泊松比可以利用式(5-123)获得。试样 SH01~SH10 峰值强度和弹性模量的计算过程见图 5-30。峰值强度、弹性模量和泊松比计算结果见表 5-3。

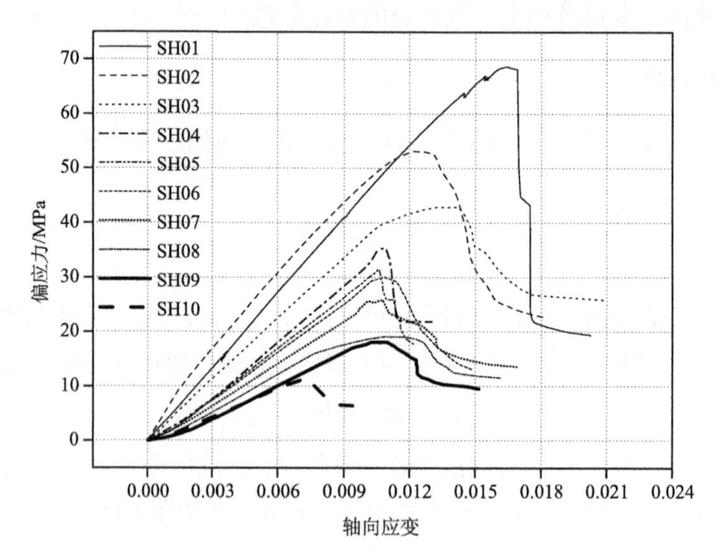

图 5-30　煤样偏应力-应变曲线

为了表征 CO_2 吸附对煤岩力学性质的影响，现定义抗压强度损失率(单轴抗压强度损失率 ΔUCS 或三轴抗压强度损失率 ΔACS)和弹性模量损失率(ΔE)如下：

$$\Delta \mathrm{UCS} = \left(1 - \frac{\mathrm{UCS}_{\mathrm{CO_2}}}{\mathrm{UCS}_{\mathrm{nattural}}}\right) \times 100 \tag{5-124}$$

$$\Delta E = \left(1 - \frac{E_{\mathrm{CO_2}}}{E_{\mathrm{nattural}}}\right) \times 100 \tag{5-125}$$

$$\Delta \mathrm{ACS} = \left(1 - \frac{\mathrm{ACS}_{\mathrm{CO_2}}}{\mathrm{ACS}_{\mathrm{nattural}}}\right) \times 100 \tag{5-126}$$

$$\Delta \nu = \left(\frac{\nu_{\mathrm{CO_2}}}{\nu_{\mathrm{nattural}}} - 1\right) \times 100 \tag{5-127}$$

式中，E_{nattural}、$\mathrm{UCS}_{\mathrm{nattural}}$、$\mathrm{ACS}_{\mathrm{nattural}}$ 和 ν_{nattural} 分别代表煤样未饱和 CO_2 前的弹性模量、单轴抗压强度、三轴抗压强度和泊松比；$E_{\mathrm{CO_2}}$、$\mathrm{UCS}_{\mathrm{CO_2}}$、$\mathrm{ACS}_{\mathrm{CO_2}}$ 和 $\nu_{\mathrm{CO_2}}$ 分别代表煤样饱和 CO_2 后的弹性模量、单轴抗压强度、三轴抗压强度和泊松比。

表 5-3　CO_2 注入煤储层过程中煤岩力学参数变化

煤样编号	采样地点	峰值强度/MPa	峰值强度降幅/%	弹性模量/MPa	弹性模量降幅/%	泊松比	泊松比增幅/%	水分含量	注气类型	注气时间/h	注气压力/MPa	静水压力/MPa
SH01	寺河矿	78.63	—	4617.62	—	0.32	—	干燥	He	8	4	10
SH02		63.32	—	4579.55	—	0.35	—	干燥	He	8	8	
SH03		52.87	32.76	3697.28	19.93	0.34	6.25	干燥	CO_2	8	4	
SH04		45.38	42.29	3467.58	24.91	0.37	15.63	干燥	CO_2	16	4	
SH05		41.58	47.12	3123.13	32.36	0.38	18.75	干燥	CO_2	24	4	
SH06		40.11	48.99	2952.17	36.07	0.40	25.00	干燥	超临界 CO_2	8	8	
SH07		35.90	54.34	2575.41	44.23	0.43	34.38	干燥	超临界 CO_2	16	8	
SH08		29.13	62.95	2312.67	49.92	0.48	50.00	干燥	超临界 CO_2	24	8	
SH09		28.11	64.25	2066.20	55.25	0.41	28.13	饱水	CO_2	24	4	
SH10		21.18	73.06	1759.73	61.89	0.51	59.38	饱水	超临界 CO_2	24	8	

5.3.2　超临界 CO_2 注入深部无烟煤储层的煤岩强度演化特征

1. CO_2 注入压力对煤岩力学性质的影响

为了对比 CO_2 注入压力对煤岩力学性质的影响，需控制实验时间和样品水分含量的恒定。本书选取了三组试样进行对比：SH01、SH03 和 SH06；SH01、SH04 和 SH07；SH01、SH05 和 SH08。不同 CO_2 注入压力下煤岩的峰值强度变化见图 5-31。吸附时间=8h 且注入 CO_2 压力为 4MPa 和 8MPa 时，煤岩峰值强度分别降低了 32.76%和 48.99%；吸附

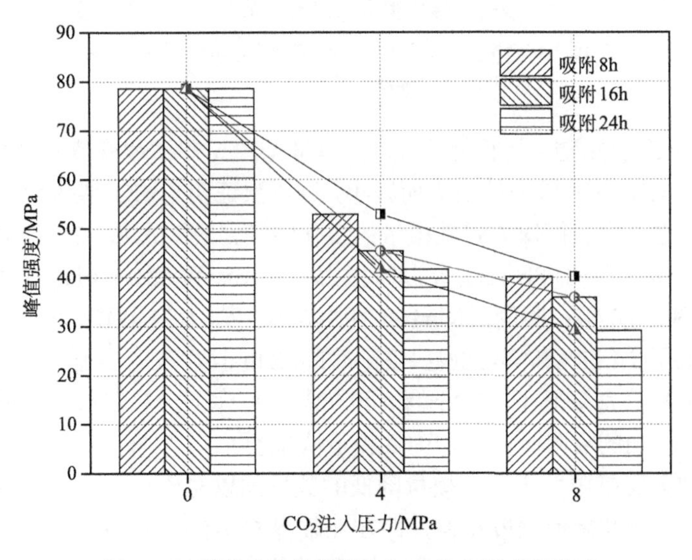

图 5-31　煤岩的峰值强度和 CO_2 注入压力的关系

时间=16h 且注入 CO_2 压力为 4MPa 和 8MPa 时，煤岩峰值强度分别降低了 42.29%和 54.34%；吸附时间=24h 且注入 CO_2 压力为 4MPa 和 8MPa 时，煤岩峰值强度分别降低了 47.12%和 62.95%。可见，无论 CO_2 注入时间是 8h、16h 还是 24h，煤岩的峰值强度随着 CO_2 注入压力的增大而降低。

依据式(5-124)计算出 CO_2 注入后煤岩峰值强度的降幅，见图 5-32。由于实验实测数据有限，引用前人文献中部分数据并进行对比分析。本书中数据与 Zagorščak 和 Thomas(2018)以及 Perera 等(2011)的实验结果相一致[图 5-32(a)]，总体上表现为峰值强度降幅随着注入压力的增大而增大，在亚临界 CO_2 吸附阶段峰值强度降幅先迅速增大，随后降幅趋于稳定。随着注入压力的增大，CO_2 进入超临界状态，在相态转变过程中，峰值强度降幅再次迅速增大，可见，超临界 CO_2 引起的峰值强度变化要大于亚临界 CO_2，这与 Perera 等(2013)、Ranathunga 等(2016a, 2016b)和 Zhang 等(2019b)文中的结果相一致。当 CO_2 注入压力>10MPa 之后，Perera 等(2013)认为煤岩峰值强度降幅呈现反转的趋势，这说明峰值强度在高压超临界 CO_2 注入之后有所恢复。

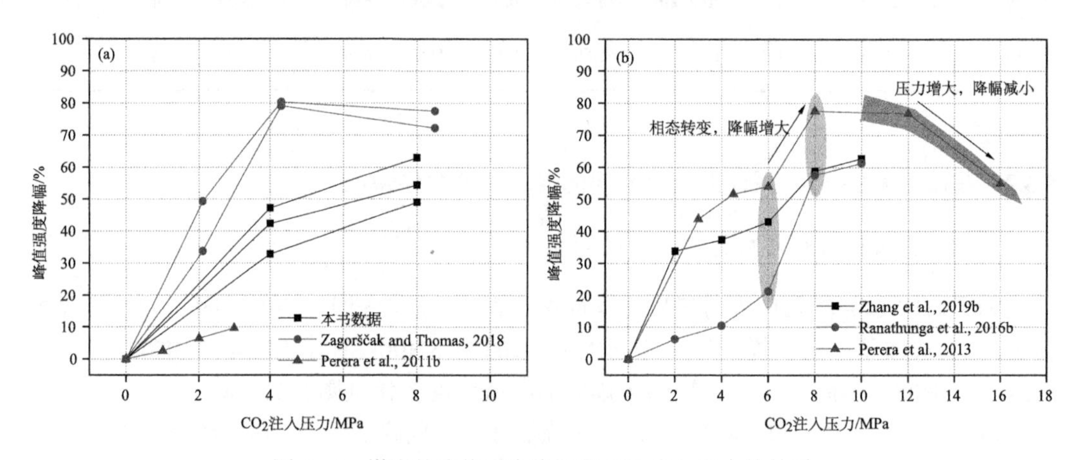

图 5-32　煤岩的峰值强度降幅和 CO_2 注入压力的关系

(a)为亚临界 CO_2 吸附阶段，煤岩的峰值强度降幅与 CO_2 注入压力的关系；(b)为亚临界 CO_2 至超临界 CO_2 吸附阶段，煤岩的峰值强度降幅与 CO_2 注入压力的关系

同样，不同 CO_2 注入压力下煤岩的弹性模量见图 5-33。和峰值强度变化趋势一致，弹性模量也随着 CO_2 注入压力的增大而减小，这再次证明了 CO_2 吸附对煤岩力学性质的软化作用。为了进一步表征煤岩弹性模量的演化特征，依据式(5-125)计算了弹性模量降幅，见图 5-34。吸附时间=8h 且注入 CO_2 压力为 4MPa 和 8MPa 时，煤岩弹性模量分别降低了 19.93%和 36.07%；吸附时间=16h 且注入 CO_2 压力为 4MPa 和 8MPa 时，煤岩弹性模量分别降低了 24.91%和 44.23%；吸附时间=24h 且注入 CO_2 压力为 4MPa 和 8MPa 时，煤岩弹性模量分别降低了 32.36%和 49.92%。总体上，和峰值强度相比，在相同的 CO_2 注入压力、相同的吸附时间下，弹性模量降幅更小。

同样选取前人文献中关于弹性模量降低的数据加以对比(图 5-34)，发现弹性模量随 CO_2 注入的演化规律和峰值强度相似，即在亚临界 CO_2 注入阶段，煤岩弹性模量迅速降低，随后降低速率减小并趋于平缓；在 CO_2 相态从亚临界向超临界过渡阶段，弹性模量降幅增大，同样证实了相态转变进一步软化了煤岩；此后，随着高压 CO_2 的注入，弹性模量反而有所恢复，表现在弹性模量降幅的减小上。

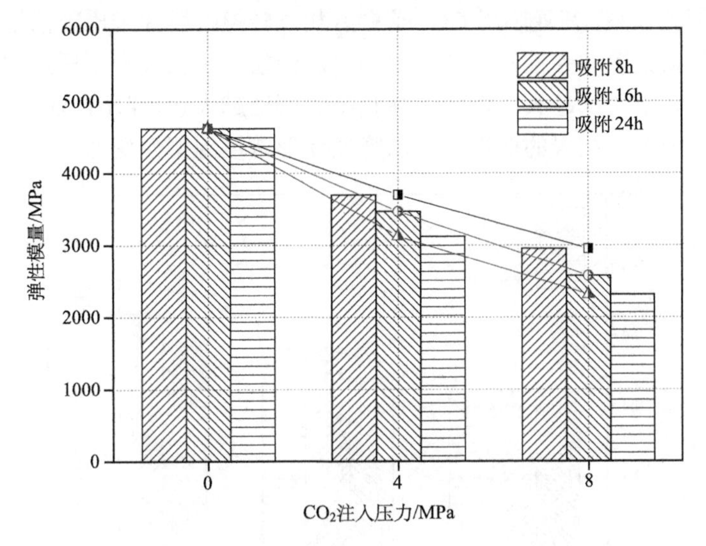

图 5-33　煤岩的弹性模量和 CO_2 注入压力的关系

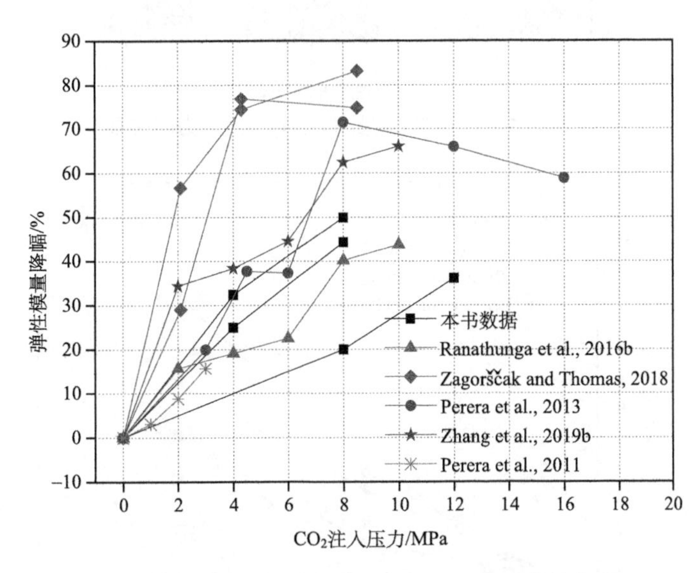

图 5-34　煤岩的弹性模量降幅和 CO_2 注入压力的关系

不同 CO_2 注入压力下煤岩的泊松比见图 5-35。和峰值强度及弹性模量的变化趋势相反，随着 CO_2 注入压力的增大泊松比升高，并且注入压力越大泊松比越高。这说明，和原煤样相比，CO_2 和煤岩反应后，导致轴压加载阶段径向应变增大、轴向应变减小。

为了表征 CO_2 注入过程中煤岩泊松比的演化特征，依据式(5-123)进行计算并绘制了不同 CO_2 注入压力下煤岩的泊松比变化图，见图 5-36。吸附时间=8h 且注入 CO_2 压力为 4MPa 和 8MPa 时，煤岩泊松比分别升高了 6.25%和 25.00%；吸附时间=16h 且注入 CO_2 压力为 4MPa 和 8MPa 时，煤岩泊松比分别升高了 15.63%和 34.38%；吸附时间=24h 且注入 CO_2 压力为 4MPa 和 8MPa 时，煤岩泊松比分别升高了 18.75%和 50.00%。与前人数据进行对比(Perera et al., 2011；Ranathunga et al., 2016a,2016b；Zhang et al., 2019b)，发现泊松比增幅随CO_2注入压力的增大呈现不同的变化趋势，即泊松比和CO_2注入压力呈近似线性正相关关系，在亚临界CO_2或CO_2相态转换阶段并未出现泊松比增幅的增大或减小，这与峰值强度和弹性模量的规律相左。泊松比是指煤岩受压过程中纵向应变和轴向应变的比值，泊松比越大，表示弹性越小、塑性越大(金建彪，2014)，这进一步说明随着注入压力的增大煤岩的变形可能从脆性变形转换到塑性变形。

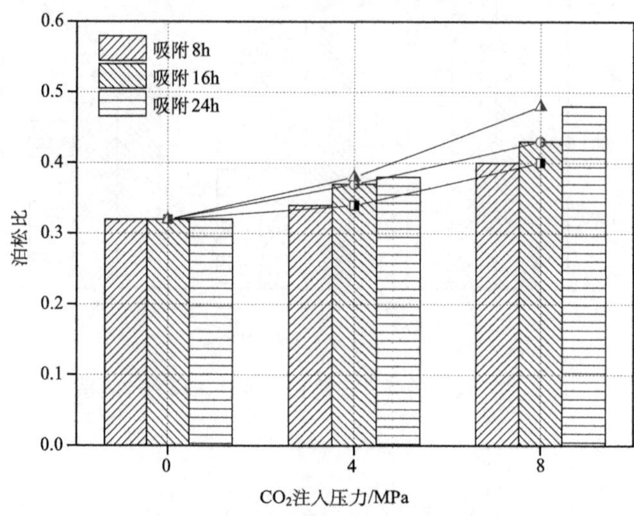

图5-35　煤岩的泊松比和CO_2注入压力的关系

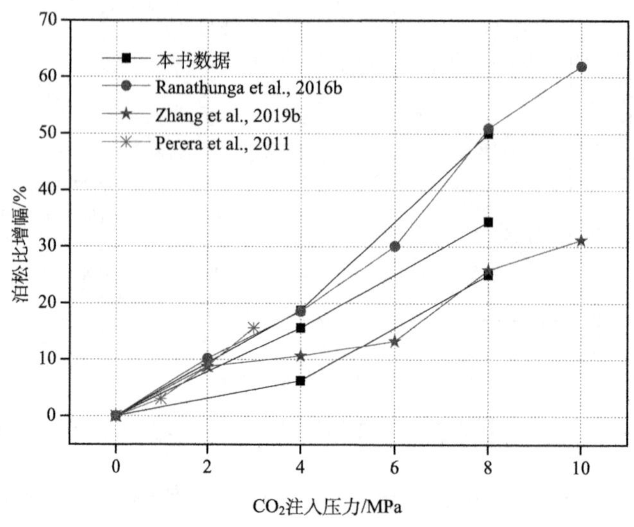

图5-36　煤岩的泊松比增幅和CO_2注入压力的关系

2. CO_2注入时间对煤岩力学性质的影响

为了阐明煤岩力学性质与CO_2注入时间之间的关系，选取了两组试样SH01、SH03、SH04、SH05和SH01、SH06、SH07、SH08进行不同吸附时间下的力学性质实验。吸附0h、8h、16h和24h的峰值强度变化见图5-37。可以发现，无论是亚临界CO_2还是超临界CO_2吸附，煤岩的峰值强度均随着注入时间的增大而减小，在开始阶段降低速率大，后期变缓趋于稳定。

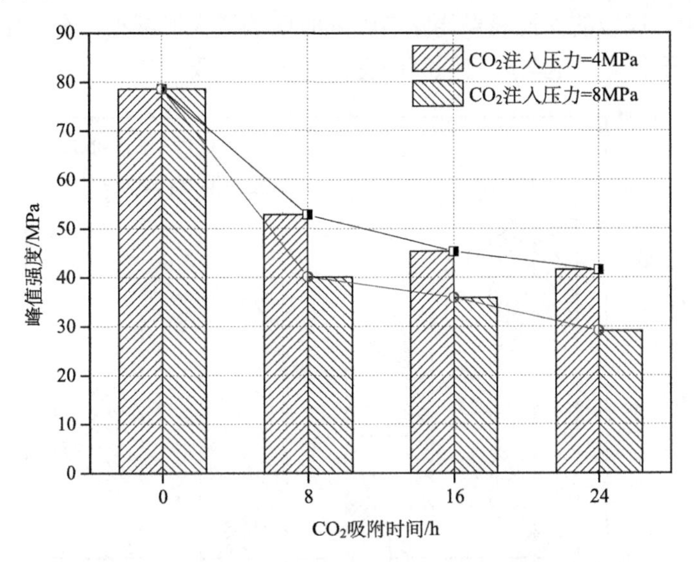

图 5-37　煤岩的峰值强度和 CO_2 吸附时间的关系

煤岩的峰值强度降幅随 CO_2 吸附时间的变化见图 5-38。由于本次实验试样吸附时间相对较短，为了使实验结果可靠、更具有说服性，选取了前人文章中数据加以对比。在 CO_2 注入压力为 4MPa 时，注入 8h、16h 和 24h 后煤岩峰值强度降幅分别为 32.76%、42.29% 和 47.12%；在 CO_2 注入压力为 8MPa 时，注入 8h、16h 和 24h 后煤岩峰值强度降幅分别为 48.99%、54.34%和 62.95%。尽管 CO_2 吸附时间不一，但是峰值强度降幅均随着吸附时间的增大先快速增大，后趋于稳定。这说明煤岩峰值强度的降低和 CO_2 吸附量直接相关，因为煤基质对 CO_2 的吸附存在一个极限吸附量，当煤岩吸附达到饱和之后，CO_2 的注入也达到顶峰，CO_2 对煤岩的软化作用达到最大。

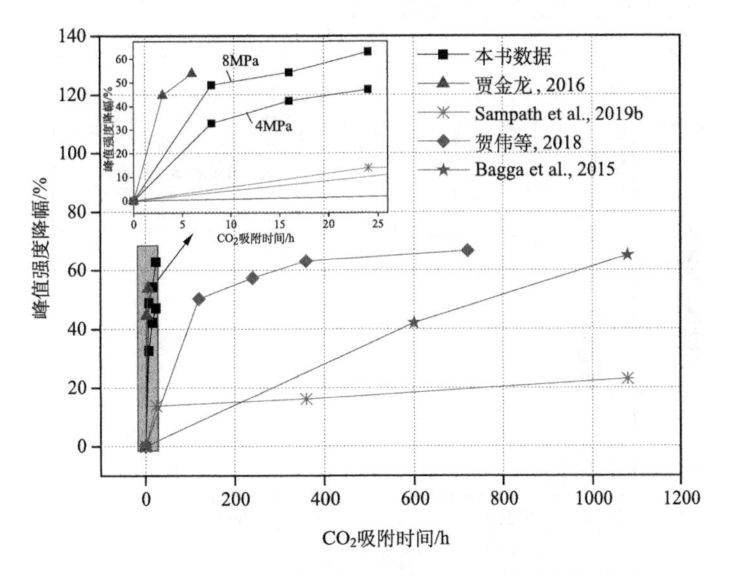

图 5-38　煤岩的峰值强度降幅和 CO_2 吸附时间的关系

吸附0h、8h、16h和24h的弹性模量变化见图5-39。同样，无论是亚临界CO_2还是超临界CO_2吸附，煤岩的弹性模量均随着注入时间的增大而减小，在开始阶段降低速率大，后期变缓趋于稳定，这与峰值强度的变化趋势相一致。

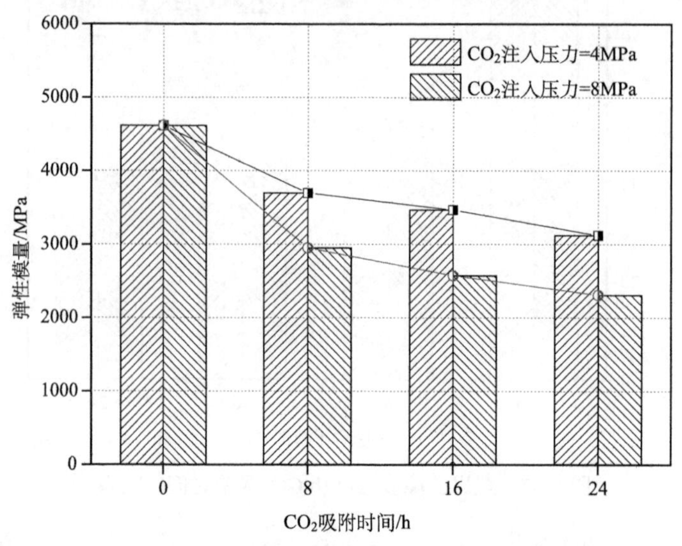

图5-39　煤岩的峰值弹性模量和CO_2吸附时间的关系

煤岩的弹性模量降幅随CO_2吸附时间的变化见图5-40。在CO_2注入压力为4MPa时，注入8h、16h和24h后煤岩弹性模量降幅分别为19.93%、24.91%和32.36%；在CO_2注入压力为8MPa时，注入8h、16h和24h后煤岩弹性模量降幅分别为36.07%、44.23%和49.92%。和峰值强度一样，弹性模量降幅均随着吸附时间的增大先快速增大，后趋于稳定，这与文献中的实验结果相一致(贺伟等，2018；贾金龙，2016)，而Bagga等(2015)则认为弹性模量降幅随时间变化呈现近似正线性关系。另外，在同等吸附时间和吸附压力条件下，弹性模量降幅要低于峰值强度降幅。

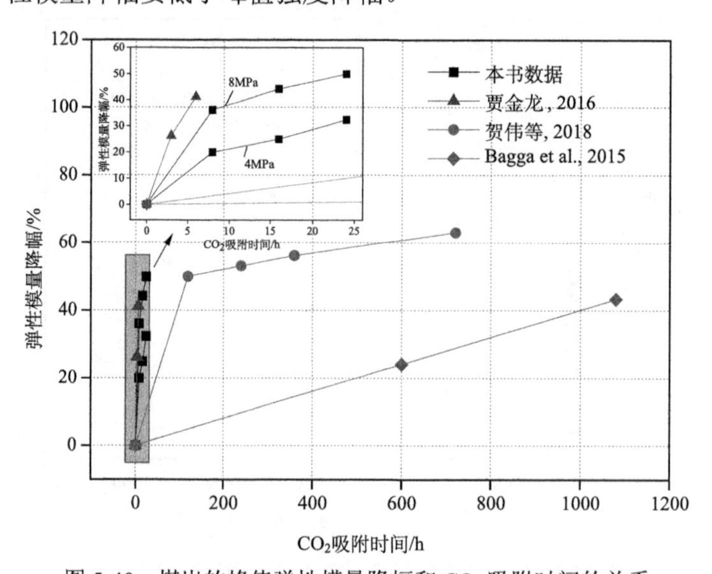

图5-40　煤岩的峰值弹性模量降幅和CO_2吸附时间的关系

图 5-41 展示了煤岩泊松比随 CO_2 吸附时间的变化关系。泊松比随着吸附时间的增大而增大，这与峰值强度和弹性模量的变化不同。吸附时间越长泊松比增大越多，特别是对于超临界 CO_2 吸附，这种现象更甚。

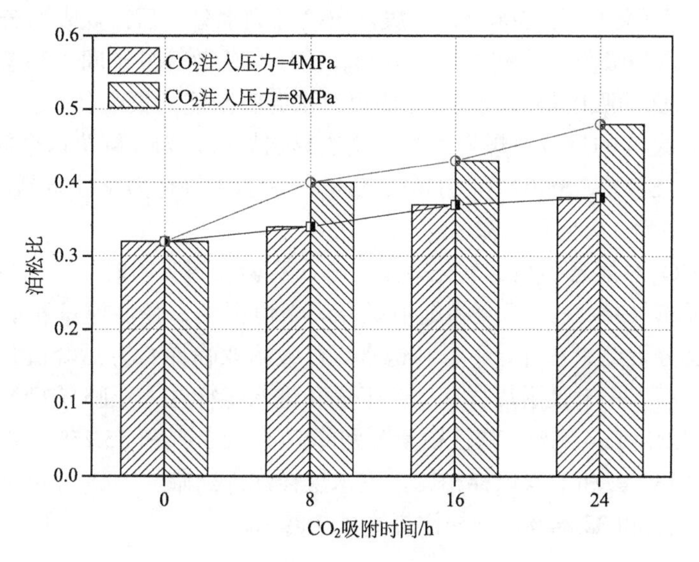

图 5-41　煤岩的泊松比和 CO_2 吸附时间的关系

煤岩的泊松比增幅随 CO_2 吸附时间的变化见图 5-42。在 CO_2 注入压力为 4MPa 时，注入 8h、16h 和 24h 后煤岩泊松比增幅分别为 6.25%、15.63%和 18.75%；在 CO_2 注入压力为 8MPa 时，注入 8h、16h 和 24h 后泊松比增幅分别为 25.00%、34.38%和 50.00%。泊松比随 CO_2 吸附时间呈现线性相关的关系，这与贾金龙(2016)的实验结果相一致。

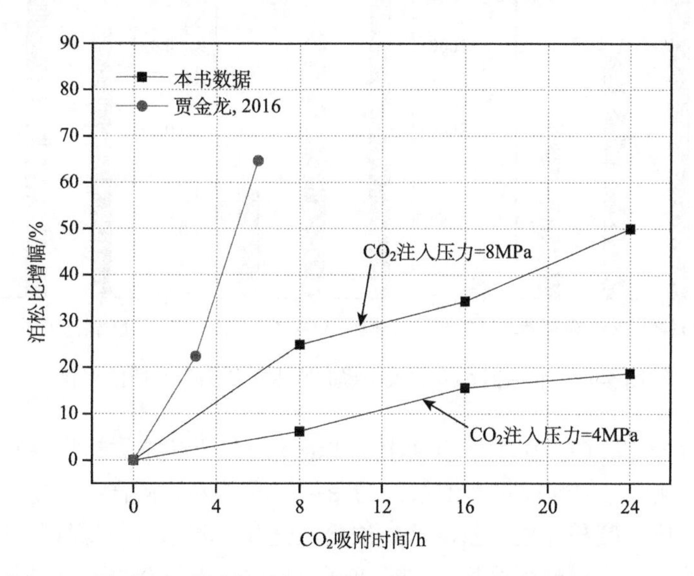

图 5-42　煤岩的泊松比增幅和 CO_2 吸附时间的关系

3. CO_2 注入过程中水分含量对煤岩力学性质的影响

煤基质内表面是在煤体破裂或晶体生长时形成的，存在剩余的不饱和键和键能，因此具有“表面能”(文书明，2002)，当煤基质接触到水分之后，煤表面分子和水分子相互作用导致煤对水的吸附，这些力包括取向、诱导和色散等分子间力和氢键(聂百胜等，2004)。水在煤表面的吸附势阱较大，因而煤对水的吸附能力很强(降文萍等，2007)。而 CO_2+水和煤基质之间的反应对煤岩力学性质的影响如何？为了解决这个问题，本书选取两组试样 SH01、SH05、SH09 和 SH01、SH08、SH10 进行力学性质测试。试样 SH09 和 SH10 的含水率为 3.98%和 4.32%。

为了得到 CO_2 对煤岩明显的软化效果，本次实验设置吸附时间为 24h。在 4MPa 注入压力下，亚临界 CO_2 注入干燥和饱水煤样后峰值强度、弹性模量和泊松比的变化见图 5-43。和前文分析结果一样，干燥和饱水煤样吸附亚临界 CO_2 后峰值强度和弹性模量降低、泊松比升高。和未吸附煤样相比，干燥和饱水煤样注入亚临界 CO_2 之后峰值强度分别降低了 47.12%和 64.25%；弹性模量分别降低了 32.36%和 55.25%；泊松比分别升高了 18.75%和 28.13%。和干燥煤样相比，饱水煤样注入亚临界 CO_2 峰值强度和弹性模量分别降低了 32.40%和 33.84%，泊松比提高了 7.89%。

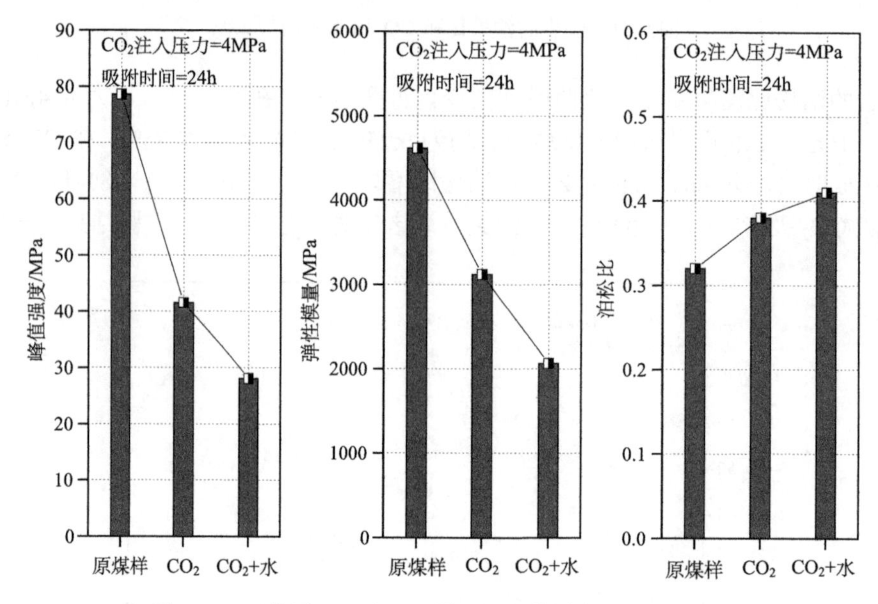

图 5-43　亚临界 CO_2 注入干燥和饱水煤样力学性质的变化

实验温度为 35℃，CO_2 压力增至 8MPa 即进入超临界状态。超临界 CO_2 注入干燥和饱水煤样后峰值强度、弹性模量和泊松比的变化见图 5-44。同样，干燥和饱水煤样吸附超临界 CO_2 后峰值强度和弹性模量降低、泊松比升高。和未吸附煤样相比，干燥和饱水煤样注入超临界 CO_2 之后峰值强度分别降低了 62.95%和 73.06%；弹性模量分别降低了 49.92%和 61.89%；泊松比分别升高了 50.00%和 59.38%。和干燥煤样相比，饱水煤样注入超临界 CO_2 峰值强度和弹性模量分别降低了 27.29%和 23.91%，泊松比提高了 6.25%。

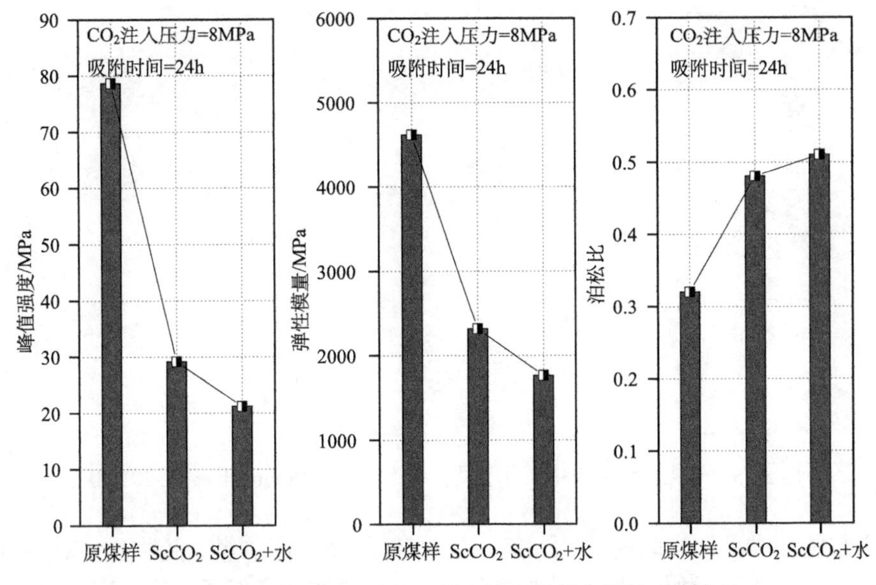

图 5-44　超临界 CO_2 注入干燥和饱水煤样力学性质的变化

由于煤对水的吸附性要强于 CO_2，水分的存在降低了煤对 CO_2 的吸附能力，单单从 CO_2 对煤岩的软化作用来看，CO_2+水注入（CO_2 注入饱水煤样）煤岩引起的力学性质降低要小于纯 CO_2 注入。而实验结果显示 CO_2+水注入煤层之后对煤岩力学性质软化效果更明显，这是因为水分同样会引起煤岩力学性质的弱化；CO_2 溶于水之后，含 CO_2 的水溶液会和煤基质发生更加激烈的反应。这两方面共同导致 CO_2+水注入煤层后引起更大的力学性质改变。

5.3.3　超临界 CO_2 注入深部无烟煤储层煤岩强度变化机理

1. 改变煤的大分子结构

一般认为煤具有聚合物结构，是由芳香族大分子链相互交联形成的。在煤化作用阶段，煤的大分子结构逐渐发生变化（Hatcher and Clifford, 1997；Sampath et al., 2019d），见图 5-45。随着变质程度的增大，煤中的大分子侧链脱落变短，多环芳烃增加并密集排列。这个过程中，煤的大分子结构从混乱到有序，高阶煤的大分子结构有序度最高。此外，随着煤阶由低到高的增加，煤的结构由多官能团结构演化为缩聚芳香结构，变得紧密排列，微孔较少，这也导致高阶煤的力学性质的增大。

Larsen（2004）认为 CO_2 是一种良好的塑性剂，CO_2 分子进入煤中可改变煤的物理结构。这与聚合物中加入塑性剂降低聚合物强度的现象相似，如 Shah 和 Shertukde（2010）认为将塑性剂邻苯二甲酸丁苄酯（butyl benzyl phthalate, BBP）加入聚合物氯化聚氯乙烯（chlorinated polyvinyl chloride, CPVC）中，其强度明显降低。

超临界 CO_2 和煤也会发生化学反应，CO_2 特别是超临界 CO_2 可以萃取煤中的低极性分子化合物，包括含氧有机物、含氮有机物、含硫有机物和含卤原子有机物等（王立国，2013）。超临界 CO_2 主要通过与煤基质发生萃取作用、溶胀作用、加成反应、取代反应、键解离反应等化学反应影响其结构。煤的结构变化与煤本身的基本结构单元特点有关（主

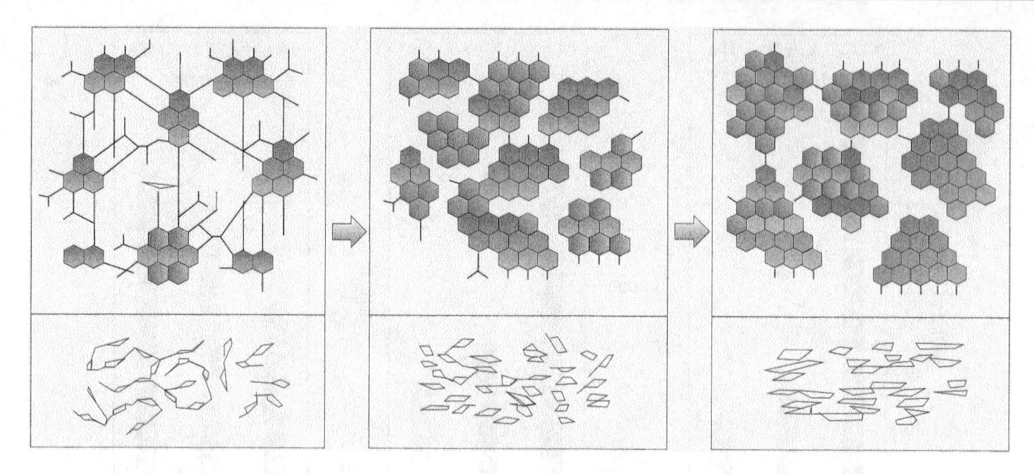

图 5-45 煤化过程中煤中大分子结构缩聚和重组(Sampath et al., 2019d)

要为有机官能团类型和交联键)。本书研究的煤储层属于高阶煤，超临界 CO_2 和煤反应之后使煤中无序结构增加，煤微晶结构的面网间距增加，降低了堆垛高度，最终萃取作用改变了煤的微晶结构(冯婷婷，2013)。反应过程中，Karacan(2007)通过 CT 技术观察了 CO_2 对煤的溶胀作用，见图 5-46。随着 CO_2 注入压力的增大，煤中基质的密度发生了变化，图 5-46 中白色区域增大，表明该区域基质膨胀最为明显。溶胀作用主要断裂不同芳香层面之间的交联键，造成芳香层面之间作用力减弱，交联度降低，进一步使反应后煤的面网间距增加(王恬，2018)。

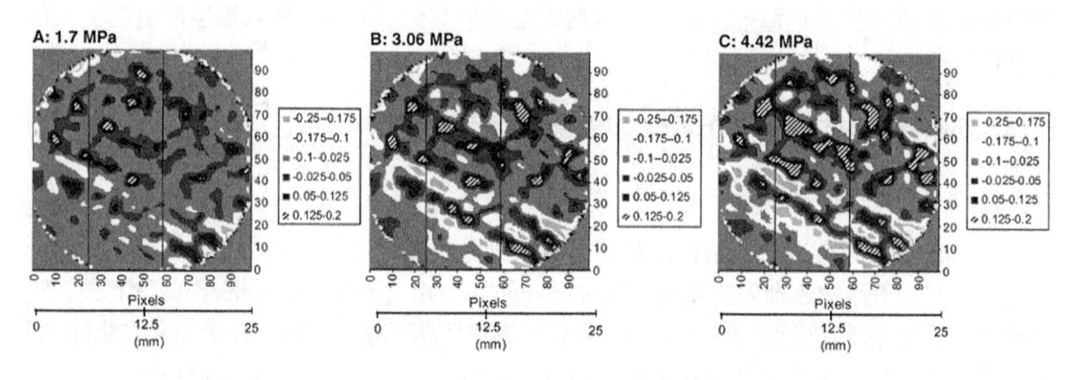

图 5-46 CT 观测下不同压力 CO_2 对煤的溶胀作用(Karacan, 2007)

2. 降低煤的表面自由能

吸附表面能的降低是导致煤的力学性质软化的原因之一，其本质是表面活性吸附质浓度的改变。可依据 Gibbs 吸附公式和 Griffith 破裂准则对 CO_2 吸附诱发力学性质降低的原因进行理论推导。Gibbs 吸附公式定义材料表面吸附能的变化为

$$\mathrm{d}\gamma = -\sum_i (\varGamma_i \mathrm{d}\mu_i) \tag{5-128}$$

式中，$\mathrm{d}\gamma$ 为吸附产生的表面能变化量；$\varGamma_i$ 为材料表面第 i 种吸附质的浓度；$\mathrm{d}\mu_i$ 为表面化学吸附势的变化。

从式(5-128)可知，材料表面能的降低可由以下三种原因引起：吸附质浓度的增大，吸附环境的变化引起吸附质表面化学吸附势的增大，用化学吸附势更大、更活跃的吸附质代替当前的吸附质。岩石破裂是因为岩石内部产生了大量的新裂隙，新裂隙的产生与原生裂隙尖端破裂需要的拉应力 σ_t 有关，而 σ_t 和吸附表面能之间的关系可用 Griffith 破裂准则表示：

$$\sigma_t = \sqrt{\frac{2E\gamma}{\pi a}} \tag{5-129}$$

式中，E 是材料的杨氏模量；γ 是单位裂隙长度的表面能；a 是裂隙长度的一半。式(5-129)显示表面能的降低可以降低新裂隙生成所需要的拉应力。因而，材料表面吸附自由能的变化和其力学性质相关。岩石裂隙产生所需要的临界拉应力变化可表示为

$$\mathrm{d}\sigma_t = \sqrt{\frac{2E\sum_i(\Gamma_i \mathrm{d}\mu_i)}{\pi a}} \tag{5-130}$$

该方程已经被大多学者用来解释不同材料力学性质的降低，如玻璃(Hiller, 1964)、金属(Petch, 1956)、混凝土(Cook and Haque, 1974)、岩石(Darot and Gueguen, 1986)和煤(Ates and Barron, 1988)等。前文已经说明，煤对 CO_2 具有极强的吸附能力，因而，CO_2 分子进入煤基质之后可以通过降低其表面能来降低煤岩的力学性质。

3. 改变煤的软化温度

CO_2 的吸附会改变煤的软化温度，Khan 和 Jenkins(1985)向高阶 Lower Kittanning 煤中注入不同压力的氦气和 CO_2，发现煤的软化温度(T_g)随着氦气压力的增大几乎保持不变，始终维持在 709K 左右。而煤吸附 CO_2 之后软化温度发生了明显改变，在 CO_2 压力>3MPa 之后发生骤降，至 CO_2 压力=5MPa 时已经降至 328K。

煤具有高分子聚合物的特性。未吸附气体的煤样处于玻璃态(此时不是处于最低的能量状态)，一旦环境温度高于煤的软化温度，煤就可以从玻璃态过渡到橡胶态(Mackinnon and Hall, 1995)。煤岩的软化温度和 CO_2 吸附压力的关系见图 5-47。

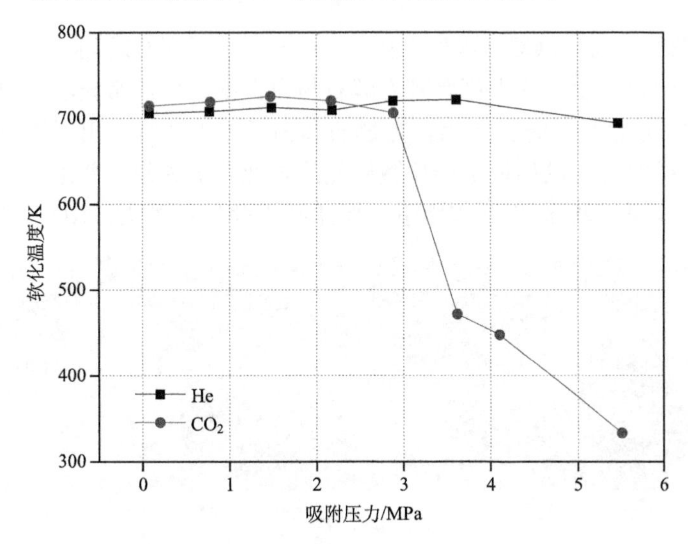

图 5-47　He/CO_2 饱和对煤软化温度的影响(Khan and Jenkins, 1985)

图 5-47 显示随着 CO_2 压力的增大，CO_2 分子逐步扩散进入煤基质，降低了煤的软化温度，导致煤分子结构的变化。煤分子结构的重组引起了煤基质的膨胀，和玻璃态的煤相比，橡胶态煤的聚合物交链结构很容易通过主链键的旋转迅速地分裂和移动，从而能够立刻达到平衡状态(Li et al., 2014)。初始煤样的体积就会小于 CO_2 吸附后煤样的体积，即煤基质吸附膨胀。膨胀后的煤岩结构较为疏松，因而力学性质降低。

4. 改变煤的孔裂隙结构

CO_2 注入后和煤基质之间发生化学和物理变化。CO_2 萃取之后，煤基质产生一部分新孔，因而比表面积增大，孔容增大，煤颗粒表面产生许多“沟壑”，使得原煤颗粒平整的表面会变得松散破碎(冯婷婷，2013)。

煤中除了含有有机质，同时还存在大量的矿物，如硅酸盐矿物(高岭石、伊利石、蒙脱石、石英)、碳酸盐矿物(方解石、白云石)和硫化物(黄铁矿)等(李全中，2014)。矿物往往堵塞甚至填充煤岩中的孔隙和裂隙结构，当混合流体 CO_2+水注入煤层后，它们和煤中矿物会发生化学反应，进而影响煤层的孔裂隙结构。CO_2 和水接触后，按照下面的化学反应释放大量的 H^+，形成酸性的混合溶液，进而溶蚀煤中矿物。

$$CO_2+H_2O \rightleftharpoons H^+ + HCO_3^- \tag{5-131}$$

CO_2 和水形成的酸性溶液易和煤中的碳酸盐矿物和硅酸盐矿物反应，和硫化物之间的反应较微弱。常见的反应主要发生在碳酸盐中的方解石(calcite)、白云石(dolomite)，以及黏土矿物中的高岭石(kaolinite)、伊利石(illite)，化学反应见式(5-132)~式(5-135)。

$$\text{calcite} + 6H^+ \rightleftharpoons 2Ca^{2+} + 2HCO_3^- \tag{5-132}$$

$$\text{dolomite} + 2H^+ \rightleftharpoons Ca^{2+} + Mg^{2+} + 2HCO_3^- \tag{5-133}$$

$$\text{kaolinite} + 6H^+ \rightleftharpoons 2Al^{3+} + 5H_2O + 2SiO_2(aq) \tag{5-134}$$

$$\text{illite} + 8H^+ \rightleftharpoons 0.25Mg^{2+} + 2.5Al^{3+} + 0.6K^+ + 5H_2O + 3.5SiO_2(aq) \tag{5-135}$$

图 5-48 和图 5-49 表示 CO_2+水和方解石、白云石及绿泥石之间的反应对孔裂隙结构的影响。扫描电子显微镜照片中可看到方解石与白云石共生，常充填在煤岩裂缝和植物胞腔内，在 CO_2+水酸性流体注入后，方解石和白云石被溶蚀，出现大量的溶蚀孔隙。绿泥石属于黏土矿物，通过扫描电子显微镜照片发现其溶蚀作用并不明显，但是黏土矿物可吸水膨胀，在循环膨胀/收缩作用下，原始孔裂隙体积扩大。CO_2+水和煤中矿物反

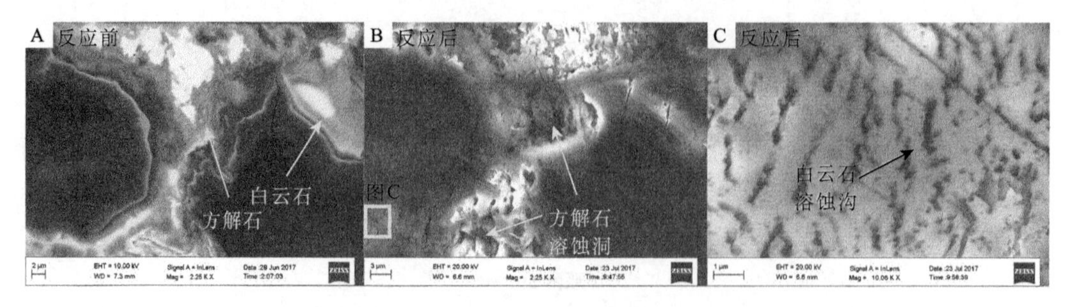

图 5-48　CO_2+水和方解石、白云石的反应(杜艺，2018)

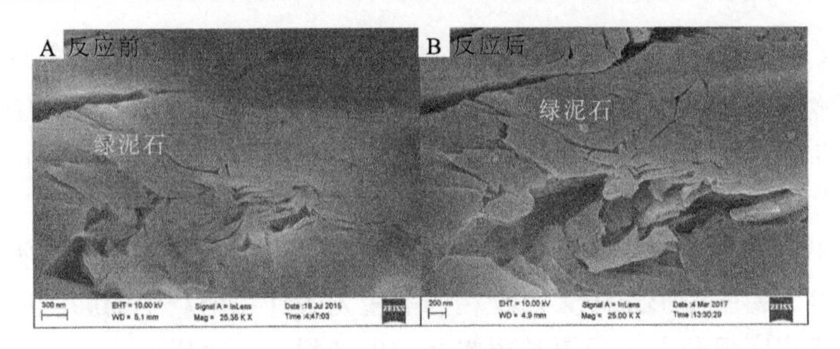

图5-49　CO_2+水和绿泥石的反应(杜艺，2018)

应引起力学性质降低的原因包括降低孔隙结构的键能(Han and Dusseault, 2002)、影响煤中颗粒之间的接触(Feucht and Logan, 1990)、次生孔隙的产生(Marbler et al., 2013)。

5. CO_2注入引起煤体结构损伤

CO_2注入过程中，煤岩内部会发生基质膨胀现象，在原位地层中，吸附膨胀诱发的膨胀应力可能导致煤岩内部结构损伤。CO_2引起的膨胀导致煤基质中形成新的微裂隙(图5-50)，同时CO_2溶蚀填充的矿物，引起原始裂隙的扩展。随着微裂隙的增大、增多和积累，煤的力学性质降低。

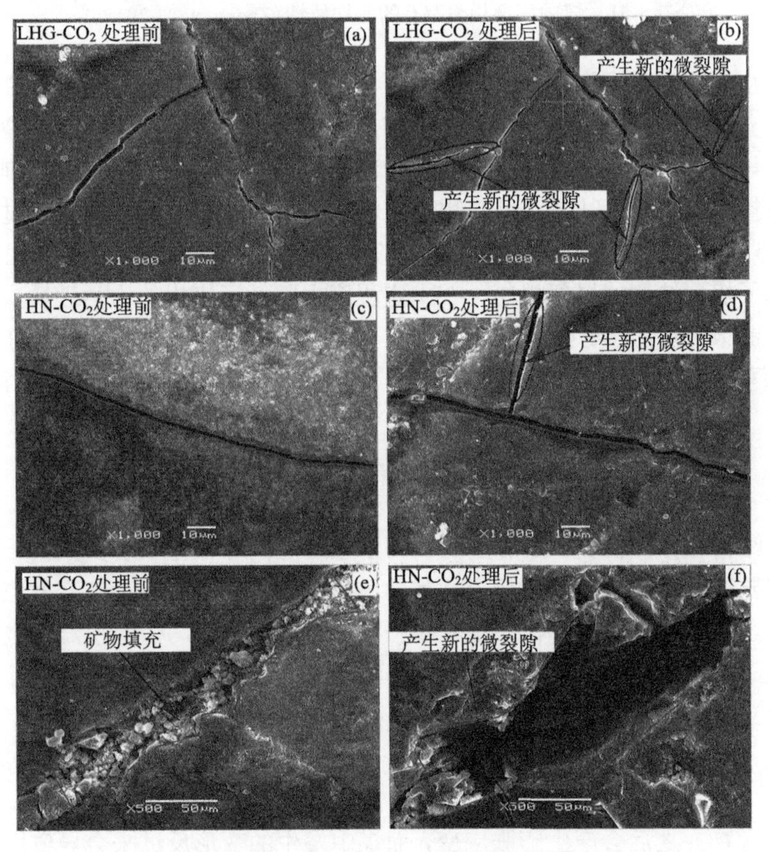

图5-50　CO_2和煤基质反应后产生新的微裂隙(Hu et al., 2017)

LHG为硫磺沟煤矿，长焰煤；HN为淮南矿区，焦煤

煤中注入 CO_2 导致微裂隙的产生和煤岩的各向异性有关，如组分非均质性、力学性质非均质性和吸附膨胀非均质性等(Hol et al., 2012; Sampath et al., 2019c)。Zhang 等(2018c)通过纳米压痕实验研究了饱水前后中阶煤的显微力学性质，压痕模量动态见图 5-51。可见压痕模量差异很大，最大在 15GPa 之上，最小在 2GPa 之下。另外，煤的吸附膨胀在煤中镜质组、壳质组和惰质组三大组分中不同，镜质组中膨胀现象更为明显(Karacan, 2007)。膨胀变形量越大，在相同的应力条件下所产生的膨胀应力越大，当膨胀应力作用于低强度组分上之后煤基质就会发生破裂、产生局部损伤。

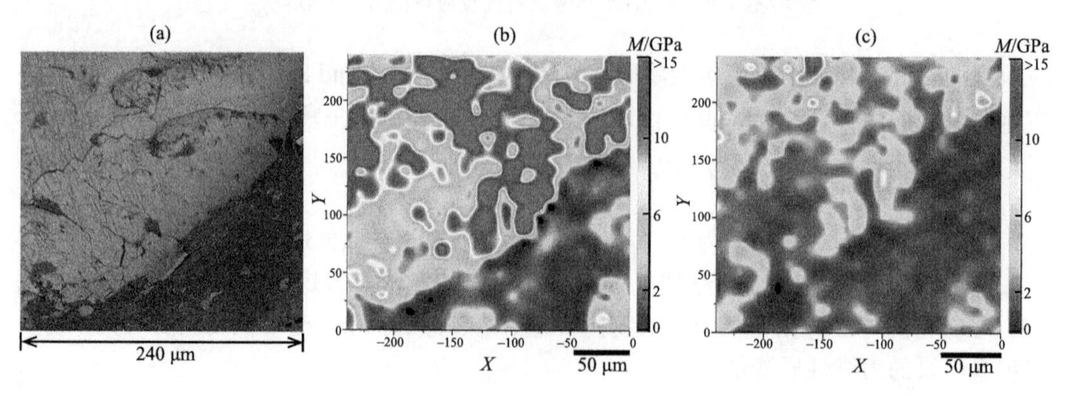

图 5-51　煤中压痕模量(*M*)的非均质性(Zhang et al., 2018c)

矿物和煤基质之间同样存在刚度差异，当基质膨胀之后，由于矿物和有机质之间力学性质的差异，它们接触的位置可能出现应力集中或应力释放，产生新的裂隙进而形成力学薄弱面。然而，如果煤层中存在构造运动形成的软弱面或构造裂隙，则新形成的裂隙有可能连接构造裂隙，甚至穿过矿物。煤岩的非均质性是导致 CO_2 注入过程中煤岩裂隙的扩展和产生的主要原因，并且这种现象随着 CO_2 饱和时间的增长而加强。总之，CO_2 注入后引起了煤岩结构的局部损伤，在一定程度上降低了煤岩的力学性质，尽管煤岩结构的变化可能很微弱，但是如果 CO_2-ECBM 中引起了较大的应力场改变，在应力作用下含 CO_2 煤层可能沿着局部损伤面发生破坏，进而诱发 CO_2 注入过程中的安全问题。

5.4　煤储层结构随煤岩体积应变的演化规律

煤储层结构和体积应变、膨胀应力和力学性质之间存在全耦合关系。一方面，煤储层结构的差异造成膨胀应力应变效应的差异；另一方面，膨胀应力应变效应反过来影响煤储层结构。本节通过分析体积应变、膨胀应力和力学性质与煤储层结构之间的关系，阐明煤储层结构随煤岩体积应变的演化规律，从岩石力学角度进一步深化对 CO_2 注入煤储层结构响应的理解。

5.4.1　体积应变与煤储层结构演化

煤岩吸附 CO_2 之后会产生膨胀应变，而煤中发生的变形反过来会导致煤储层结构的变化。在 15MPa 围压、10MPa 的超临界 CO_2 注入前后煤岩中的微裂隙变化见图 5-52。三维图像处理发现在该样品上煤基质体积占 71.4%、矿物质体积占 28.2%、微裂隙体积占 0.4%，尽管微裂隙的体积很小，但其控制了煤岩的渗透率。图 5-52 中可以看出，在吸附超临界 CO_2 前后煤岩的基质和矿物并未发生明显的改变，至少未观测到微米级别的变化；而煤岩中的微裂隙变化较大，在超临界 CO_2 注入 17h 之后，煤岩中的微裂隙大大减少，体积几乎降低至零。

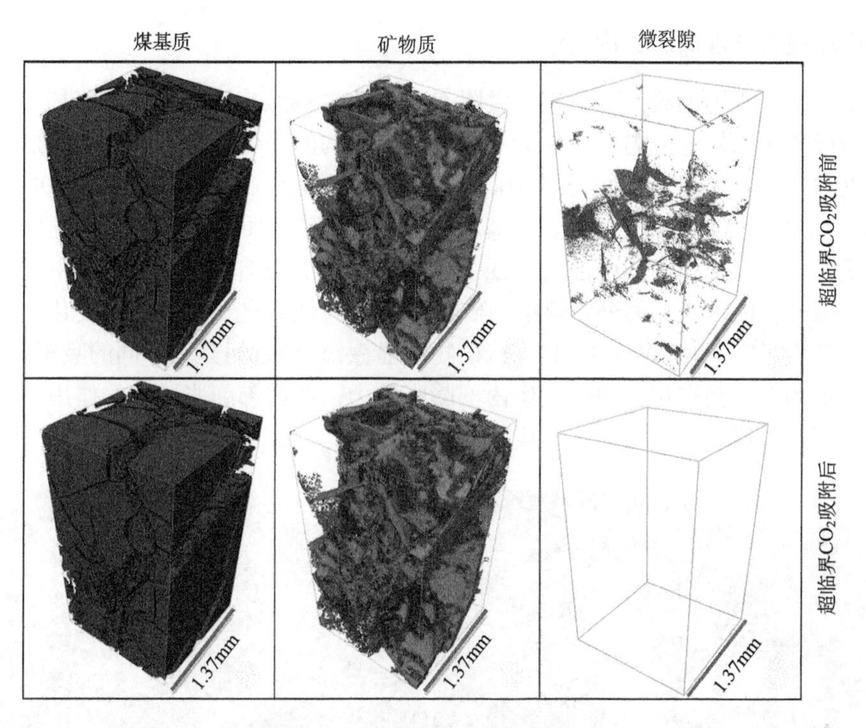

图 5-52　有侧限条件下超临界 CO_2 吸附前后煤岩结构的变化(Zhang et al., 2016)

无侧限约束条件下 CO_2 吸附前后煤岩裂隙结构的变化见图 5-53。未吸附超临界 CO_2 原始样品的裂隙体积分数为 0.31%；与超临界 CO_2 反应 14 天、60 天和 90 天后，样品的裂隙体积分数分别为 1.70%、3.58%和 5.32%。可见随着反应时间的增加煤岩中裂隙增多，这和 Zhang 等(2016)所得的结果相反。造成这种现象的主要原因是样品和 CO_2 反应过程中是否有侧限约束，煤岩吸附 CO_2 发生膨胀，若无侧限约束，煤岩整体向四周膨胀，导致裂隙开度和数量增大；若有侧限约束，且煤岩内部膨胀应力无法抵抗围压，煤岩基质发生内部局部区域膨胀，主要造成裂隙开度降低甚至闭合。在原位地层条件下，特别是

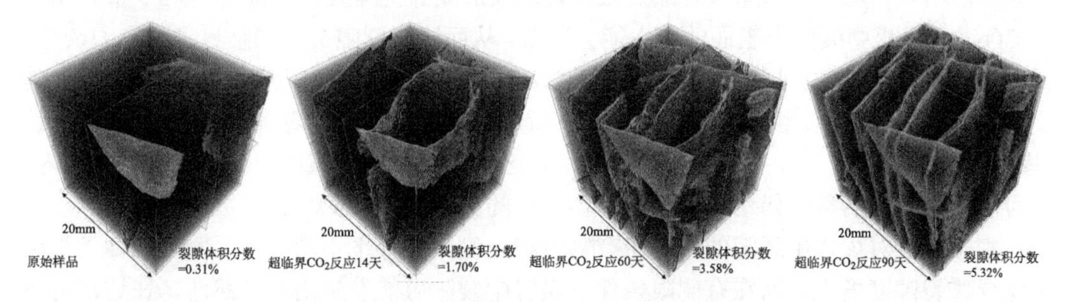

图 5-53　无侧限条件下超临界 CO_2 吸附对煤岩裂隙结构的影响(Sampath et al., 2019c)

深部煤储层承载着较大的上覆岩层压力，因此原位煤储层处于侧限约束条件，这说明 Sampath 等(2019c)的研究结论并不符合实际条件，对于深部煤储层注入 CO_2，吸附膨胀显现降低了裂隙度进而导致渗透率的衰减，因而 Zhang 等(2016)的研究更好地阐明了这一现象。

5.4.2　膨胀应力与煤储层结构演化

在上覆岩层压力的约束下，煤岩吸附 CO_2 发生的膨胀应变会导致膨胀应力的产生。膨胀应力扰动了原始地应力场，也会导致煤储层结构的变化。基质和矿物扫描电子显微镜照片见图 5-54，实验条件如下：围压为 15MPa，超临界 CO_2 注入压力为 10MPa，吸附时间为 17h，图 5-54 中深灰色代表煤基质，白色代表矿物质。未吸附 CO_2 的原始样品中存在大量的微裂隙，当煤样中注入 CO_2 后微裂隙闭合，这印证了 5.4.1 节中煤岩体积应变影响裂隙开度的观点。另外，煤中的矿物质在 CO_2 注入之后也发生了变化，表现在矿物组分中产生了新裂隙。煤岩不同组分(矿物或显微组分)之间具有不同的吸附膨胀潜力，局部形变量的差异会在煤体内部产生内部膨胀应力，在内部膨胀应力的作用下导致矿物质发生错断，最终在矿物组分中形成新裂隙。

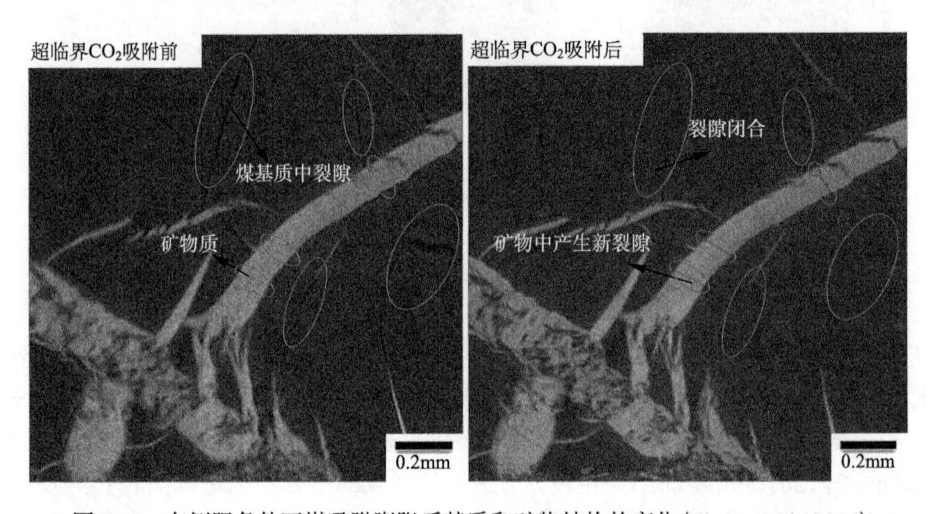

图 5-54　有侧限条件下煤吸附膨胀后基质和矿物结构的变化(Zhang et al., 2016)

无侧限约束条件下煤岩吸附 CO_2 后裂隙的变化见图 5-55。在吸附 CO_2 之后，随着吸附时间的增加，煤岩中的原有裂隙扩张、新裂隙形成并持续发育。首先，5.3.3 节表明吸附 CO_2 之后，煤中裂隙内表面的自由能会降低，从而降低裂隙尖端的临界破裂应力阈值，最终导致原有裂隙的扩展。另外，由于显微组分和矿物之间的硬度存在差异，在两者的交界处易形成薄弱面。由于局部应力集中，新形成的裂隙往往沿着煤基质-矿物界面延伸(图 5-55 中 A 区域)。如果煤岩组分中存在构造薄弱区域，裂隙可能会形成在该区域内，这可能是新形成的裂隙偶尔出现穿越矿物现象的原因(图 5-55 中 B 区域)。

膨胀应变对煤岩中裂隙的影响在有侧限和无侧限条件下不同，在无侧限条件下裂隙扩张导致裂隙度增大，而在有侧限条件下煤岩中裂隙可能发生闭合。然而，在这两种条件下，煤岩中均观察到了膨胀应力引起的新裂隙，这和膨胀应力导致煤岩结构损伤的机

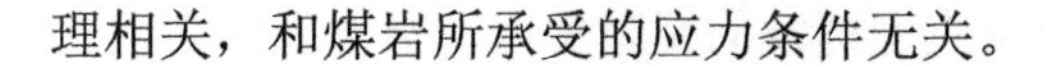

理相关，和煤岩所承受的应力条件无关。

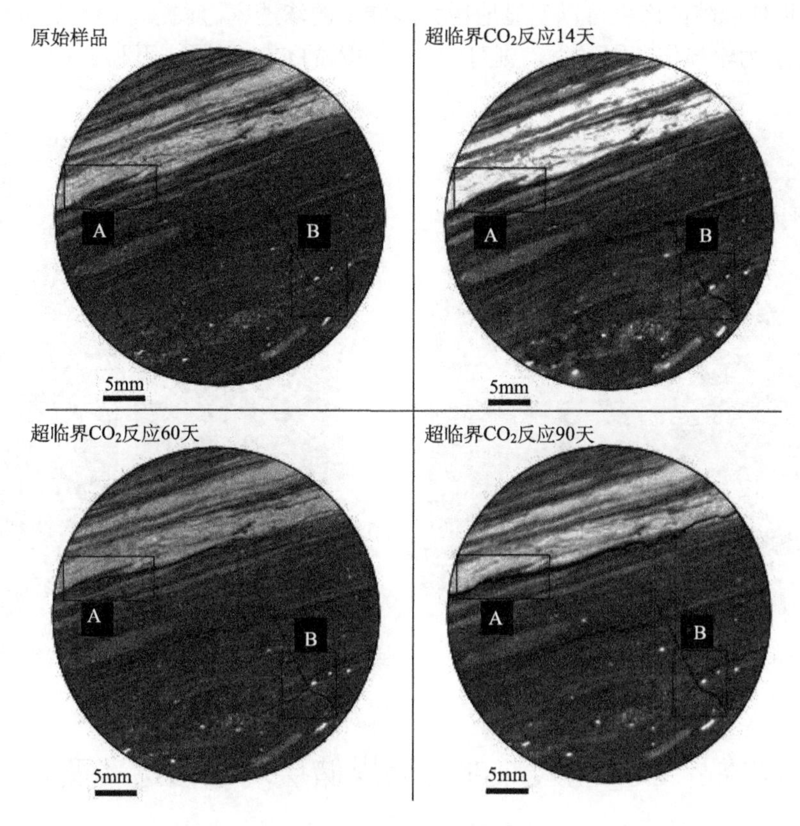

图 5-55　无侧限条件下煤岩吸附膨胀后裂隙变化(Sampath et al., 2019c)

5.4.3　岩石力学性质与煤储层结构演化

5.3 节中介绍了超临界 CO_2 注入煤岩之后会导致煤岩的软化，表现在煤岩的峰值强度和弹性模量的衰减上。对于沁水盆地地区，埋深在 1000m 的深部煤储层所承受的上覆岩层压力在 20MPa 之上(Meng et al., 2011)，因而该煤层在 CO_2 注入后起初层结构会产生变化。Ranjith 等(2010)对 CO_2 吸附前后煤岩进行了单轴压缩实验，并用声发射记录煤岩的破裂过程，发现饱和 CO_2 之后的煤岩在 4.6MPa 的压力之下就进入裂隙损伤阶段，而未饱和 CO_2 煤岩的裂隙损伤发生在 5.8MPa 的压力下，这意味着 CO_2 注入后会导致煤岩裂隙损伤的提前。

注入氦气和注入 CO_2 后煤岩破裂的照片见图 5-56 和图 5-57。实验中气体注入压力为 8MPa，实验温度为 40℃，注入时间为 24h。注入氦气后煤岩沿着破裂面破成两半，尽管煤岩破裂后产生了明显的裂隙面，但是其他部位并没有肉眼可见的裂隙出现。由于氦气可视为不吸附气体，因此，煤岩在未吸附情况下的破裂形态属于脆性剪切破坏。当煤岩吸附超临界 CO_2 之后，除了产生一个明显的破裂面之外，还存在着平行层理的大裂隙，同时沿着破裂面两端又发育大量的羽状裂隙。此外，压破后煤样又存在粉末状的煤颗粒，这意味着该煤样已经被局部塑性化。在深部煤层中，吸附 CO_2 引起的塑性化现象可能导致煤岩内部出现大量的损伤裂隙，和膨胀应力诱发的裂隙相比，损伤裂隙更大、延伸更长。损伤裂隙的产生可以明显地增大煤储层的渗透率，对提高 CO_2 的可注性有利；然而，若煤层力学损伤范围过大，则可能导致注入的 CO_2 泄漏，不利于 CO_2 的封存。

图 5-56　注入氦气煤岩破裂前后照片

图 5-57　吸附超临界 CO_2 煤岩破裂前后照片

5.5　超临界 CO_2 注入深部无烟煤储层动态渗透率变化模型

CO_2 注入造成的煤储层结构改变直接导致煤储层渗透率的动态变化。本节分析注入压力、围压、水分和温度等因素影响下的渗透率动态演化特征，阐述各因素之间的耦合作用；通过选取煤的基本结构单元，建立煤岩渗透率动态模型，实现对多因素作用下 CO_2 注入煤岩渗透率的定量表征。

5.5.1　煤储层动态渗透率变化特征

一般地，渗透率受外部应力和注入压力的共同影响，渗透率的演化可以用以下公式来表示：

$$k = k_0 e^{-3C_f\left[(\sigma_h - \sigma_{h0}) - (p - p_0)\right]} \tag{5-136}$$

式中，k 和 k_0 分别表示煤岩渗透率和初始渗透率；C_f 为裂隙的压缩系数；$(\sigma_h - \sigma_{h_0})$ 表示外部荷载的变化量，在本节实验中为围压的变化量；$(p - p_0)$ 表示注入压力的变化量。

在恒定围压改变注入压力的条件下，渗透率和注入压力之间的关系可以表示为

$$k = k_0 e^{3C_f(p - p_0)} \tag{5-137}$$

同样，在恒定注入压力改变围压的条件下，渗透率和围压之间的关系可以表示为

$$k = k_0 e^{3C_f(\sigma_h - \sigma_{h0})} \tag{5-138}$$

以寺河矿煤样为例，不同 CO_2 注入压力下煤岩的渗透率随有效应力的变化关系见

图 5-58。可见煤岩的渗透率随 CO_2 注入压力和有效应力呈现动态变化的特征，另外，将渗透率曲线利用式(5-137)拟合，发现无论煤岩吸附或未吸附 CO_2 渗透率和有效应力之间均符合负指数关系，拟合结果见表 5-4。

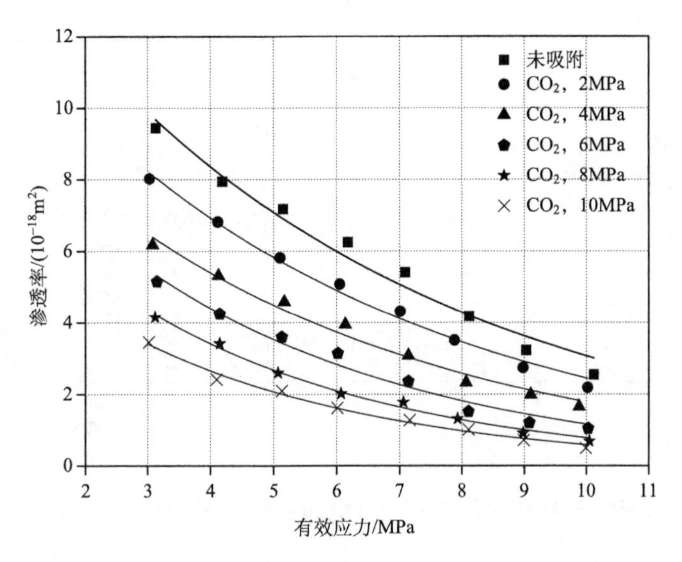

图 5-58 不同吸附压力下渗透率和有效应力的关系

表 5-4 不同吸附压力下煤岩渗透率的拟合结果

CO_2 吸附压力/MPa	拟合方程	R^2	裂隙压缩系数/MPa^{-1}
0	k=16.35×exp(−0.167×$\Delta\sigma_h$)	0.95	0.056
2	k=13.87×exp(−0.173×$\Delta\sigma_h$)	0.99	0.058
4	k=11.29×exp(−0.184×$\Delta\sigma_h$)	0.98	0.061
6	k=10.70×exp(−0.221×$\Delta\sigma_h$)	0.96	0.074
8	k=9.07×exp(−0.244×$\Delta\sigma_h$)	0.98	0.081
10	k=7.23×exp(−0.227×$\Delta\sigma_h$)	0.99	0.076

5.5.2 煤储层动态渗透率变化控制因素

1. CO_2 吸附对渗透率的影响

为了阐明 CO_2 吸附对煤岩渗透率的影响，现选取低有效应力(3MPa)和高有效应力(10MPa)下 CO_2 吸附压力和渗透率的数据，并绘制成图，见图 5-59。可见煤岩初始渗透率(即未吸附 CO_2 的情况下)最高，随着 CO_2 吸附压力的增大，渗透率逐渐衰减。

正如学者们的研究，煤储层的渗透率受 CO_2 注入的影响。CO_2 和煤基质反应之后诱发的基质膨胀引起了渗透率的降低，为了定量表征 CO_2 吸附对渗透率的影响，本节引入渗透率吸附损失率(PALR)：

$$PALR=\frac{k_0-k_1}{k_0}\times 100\% \tag{5-139}$$

式中，k_0和k_1分别表示煤样的初始渗透率和达到吸附平衡后的渗透率。

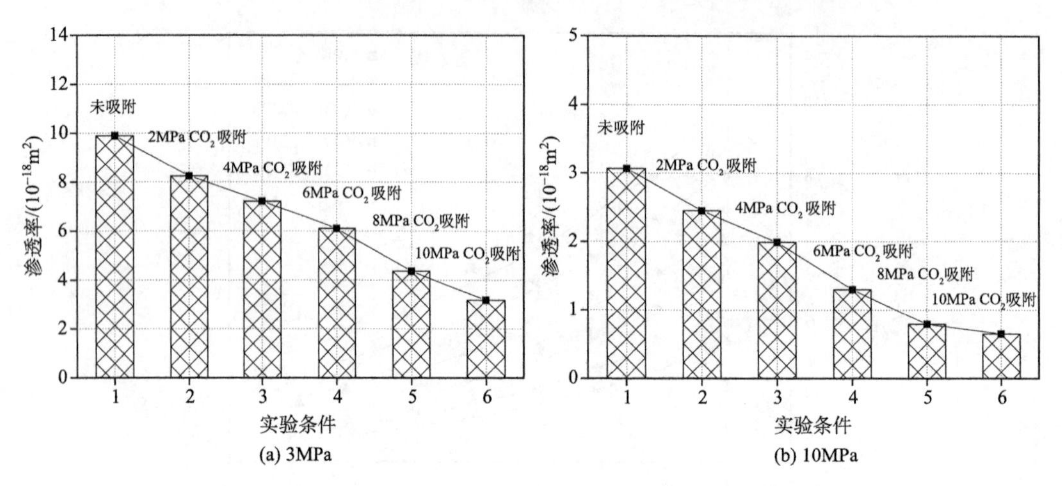

图 5-59　3MPa 和 10MPa 有效应力下CO_2吸附对渗透率的影响(Niu et al., 2019)

为了说明CO_2吸附和渗透率衰减的关系，将不同CO_2注入压力下的膨胀应变和渗透率衰减作对比，见图 5-60。发现随着CO_2注入压力的增大，吸附膨胀量逐渐增大，而渗透率逐渐减小。可见，CO_2注入诱发的吸附膨胀占据了煤岩中的裂隙，裂隙宽度降低甚至部分裂隙发生闭合，导致了CO_2渗流空间的降低，煤岩渗透率逐渐减小。PALR 反映了吸附导致渗透率损失的程度，PALR 越大，CO_2吸附后渗透率损失越多。PALR 和CO_2吸附膨胀量之间的关系见图 5-61。可见随着膨胀应变的增大，PALR 呈现近似线性增大，这进一步确认了吸附膨胀对渗透率的负效应。

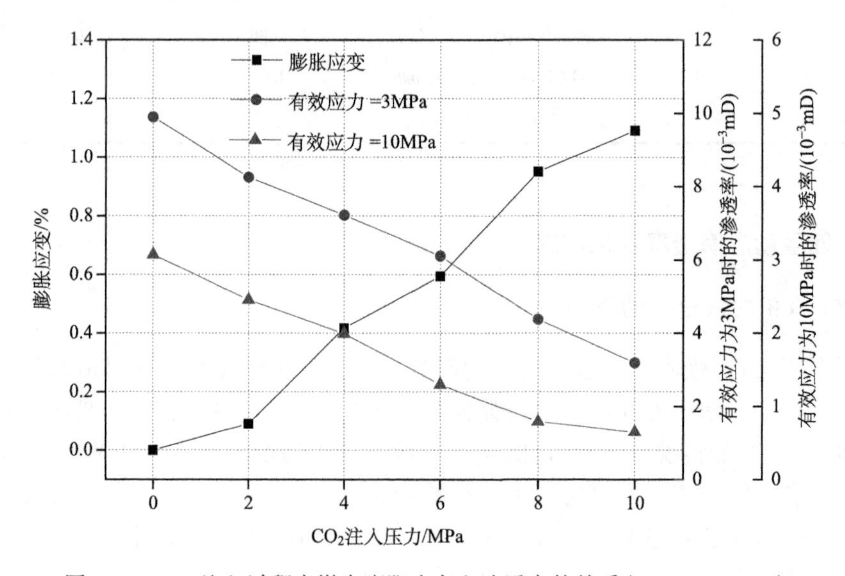

图 5-60　CO_2注入过程中煤岩膨胀应变和渗透率的关系(Niu et al., 2019)

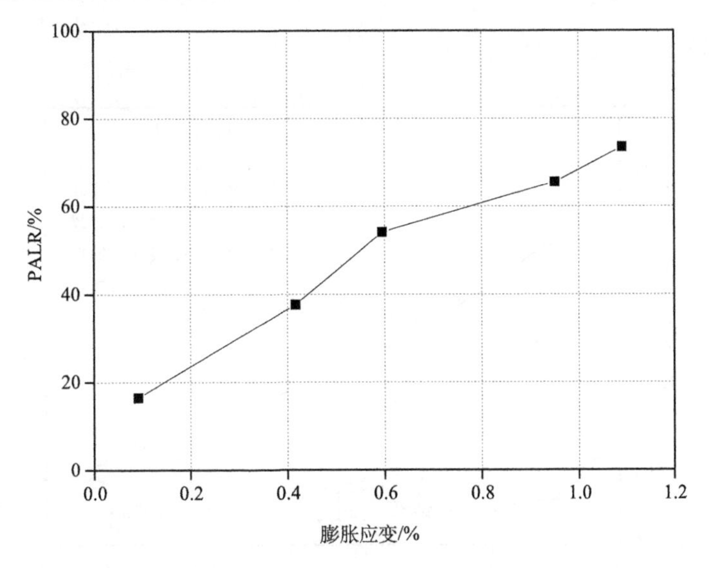

图 5-61　CO_2 注入过程煤岩吸附膨胀应变和 PALR 的关系(Niu et al., 2019)

CO_2 吸附诱发的裂隙结构变形主要有以下 3 个原因： CO_2 的溶胀作用，CO_2 融入煤基质中，促使基质体积增大(Karacan, 2003)；CO_2 和煤之间的化学反应，CO_2 萃取煤中含弱极性或非极性官能团的化合物(Yassin et al., 2017)，降低煤结构的交联度，使其结构更加疏松；表面自由能的改变，CO_2 吸附降低煤表面自由能，引起煤体力学性质的降低，进一步诱发基质膨胀(Liu and Harpalani, 2013)。另外，前文提到从亚临界 CO_2 到超临界 CO_2 的过渡阶段，煤岩的力学性质降幅更大，力学性质降低导致煤中裂隙更易被压缩，进而导致超临界 CO_2 吸附引起的渗透率衰减要比亚临界 CO_2 吸附更大。

2. 有效应力对渗透率的影响

煤岩渗透率对应力极为敏感，关于有效应力的改变对渗透率的影响前人也进行了大量的研究。此外，CO_2 注入过程中，有效应力难免进行数次的增大和减小(即加卸载循环)，因而，有必要研究有效应力周期性变化对煤岩渗透率的影响。首先，定义一个加卸载循环内渗透率不可逆损失率(IPLR)(Meng and Li, 2013)：

$$\mathrm{IPLR}=\frac{k_0-k'}{k_0}\times 100\% \tag{5-140}$$

式中，k_0 和 k' 分别是一次有效应力循环加卸载前后的初始渗透率。

寺河矿煤样在一次有效应力循环加卸载阶段的渗透率变化见图 5-62。渗透率数据利用式(5-137)进行拟合，拟合结果见表 5-5。可以看出，加载和卸载阶段渗透率和有效应力符合指数关系。另外，未吸附、吸附 6MPa 和 8MPa CO_2 煤岩卸载阶段裂隙压缩系数分别为 0.051、0.054 和 0.057，均低于加载阶段的 0.056、0.074 和 0.081。这反映了煤岩孔裂隙在加卸载阶段的差异性变化。在加载阶段，随着有效应力的增大，煤基质之间的孔裂隙被压缩，导致气体的有效渗流路径减少，进而降低了煤岩的渗透率；在卸载阶段，随着有效应力的减小，被压缩的孔裂隙开始“膨胀”，导致孔裂隙度重新增大，进而引起渗透率的恢复。孔裂隙的存在导致煤岩并不是一个连续的结构，预示着煤岩并不能被视为完全的弹性体。

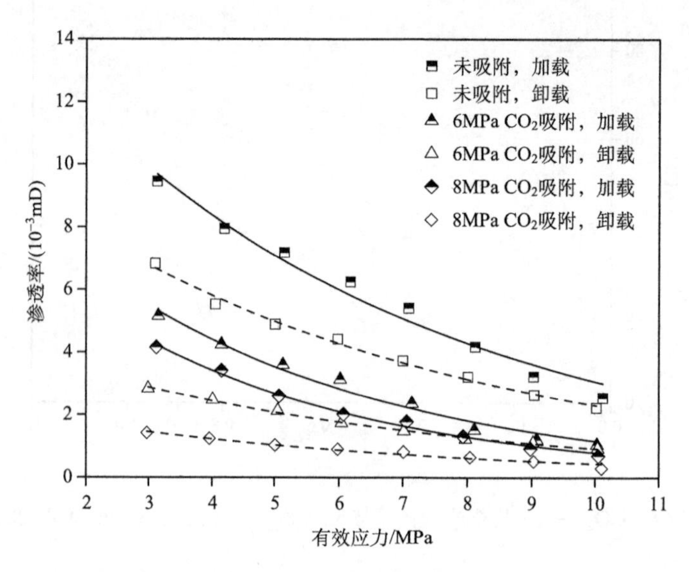

图 5-62 CO_2注入过程中应力加卸载煤岩的渗透率

表 5-5 CO_2注入过程中应力加卸载渗透率

CO_2吸附压力/MPa	加卸载路径	拟合方程	R^2	裂隙压缩系数/MPa^{-1}
0	加载	$k=16.35\times\exp(-0.167\times\Delta\sigma_h)$	0.95	0.056
	卸载	$k=10.76\times\exp(-0.154\times\Delta\sigma_h)$	0.99	0.051
6	加载	$k=10.68\times\exp(-0.221\times\Delta\sigma_h)$	0.97	0.074
	卸载	$k=4.69\times\exp(-0.163\times\Delta\sigma_h)$	0.99	0.054
8	加载	$k=9.07\times\exp(-0.244\times\Delta\sigma_h)$	0.98	0.081
	卸载	$k=2.42\times\exp(-0.170\times\Delta\sigma_h)$	0.96	0.057

依据式(5-140)，未吸附CO_2煤岩的IPLR为28.52%，吸附6MPa和8MPa的CO_2之后煤岩的IPLR分别变为56.73%和72.34%。说明CO_2的吸附增大了煤岩加卸载渗透率的不可逆损失率，特别是超临界CO_2吸附引起的IPLR值更大。前文分析了CO_2吸附可增大煤岩的塑性特征，降低煤岩的弹性模量和抗压强度。随着CO_2注入过程中弹性模量的减小，在相同的加卸载条件下，由于塑性压缩变形的存在，煤岩裂隙恢复程度更低，这就引起了更大的IPLR。

3. 水分对渗透率的影响

一般情况下，煤层中往往含有大量的水分(Du et al., 2018a；Huang et al., 2017)，由于深部煤储层渗透率较低，因此研究水分对CO_2注入过程中渗透率的影响十分有必要。煤样通过真空饱水装置进行饱水处理，饱水后煤样的含水率为2.57%。随后，煤样立即装入夹持器内，进行水分对渗透率影响的实验。干燥和饱水煤样在6MPa和8MPa吸附压力下渗透率的变化见图5-63。

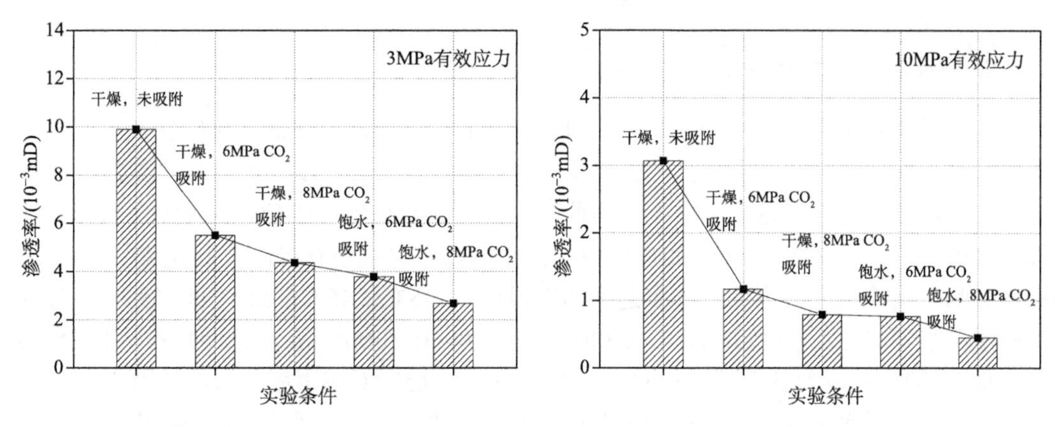

图 5-63　水分对 CO_2 注入过程中煤岩渗透率的影响(Niu et al., 2019)

图 5-63 中显示，无论是 6MPa 还是 8MPa 吸附压力，饱水煤样的渗透率均小于干燥煤样的渗透率。在 3MPa 有效应力下，吸附 6MPa 和 8MPa CO_2 干燥煤样的 PALR 为 44.44%和 61.72%，吸附 6MPa 和 8MPa CO_2 饱水煤样的 PALR 为 55.86%和 73.83%；在 10MPa 有效应力下，吸附 6MPa 和 8MPa CO_2 干燥煤样的 PALR 为 61.89%和 74.98%，吸附 6MPa 和 8MPa CO_2 饱水煤样的 PALR 为 74.18%和 85.42%。可见，CO_2 注入过程中，饱水煤样引起的渗透率损失要大于干燥煤样。这反映了煤中水分和煤基质之间的相互作用。水分的存在可以影响煤对 CO_2 的吸附能力(Day et al., 2008c；Gruszkiewicz and Naney, 2009；Joubert et al., 1973)，对于同一个孔隙或结合位点，水分子和 CO_2 分子之间存在竞争吸附关系(Ozdemir and Schroeder, 2009)。水分的存在不仅占据了大孔隙的吸附位置，同时可能堵塞小孔隙的孔喉，最终降低 CO_2 的吸附能力。按照这样的推测，饱水煤样吸附膨胀量更小，仅仅从吸附膨胀的角度来看饱水煤样的渗透率要大于干燥煤样。然而，实验结果恰好相反，这可能有两个原因：水分诱发膨胀和水锁效应。煤是由有机质(镜质组、惰质组和壳质组)和矿物组成的。和气体的吸附不同，水分在毛细管力作用下束缚于煤基质孔隙之中，通过分子间作用力和氢键吸附于孔隙表面。另外，煤中也存在一定量的黏土矿物，同样的，毛细管力驱使水分迅速填充在无机孔隙中，在分子间作用力、化学键力和离子交换作用下，吸附在黏土矿物夹层(Zolfaghari et al., 2017a, 2017b)。反荷离子从矿物表面迁移到矿物中间夹层而实现完全水合，这个过程中黏土发生膨胀(Hensen and Smit, 2002)。

Fry 等(2009)认为水分含量在 2.5%~16%所引起的体积膨胀在 0.5%~5.0%。该数据是在煤岩无侧限情况下得到的，可能高估了实际条件下的水分膨胀量，因为深部煤层往往需要承受较高的地应力。尽管如此，水分膨胀对渗透率的影响仍不可忽视。实际上，总膨胀量分为两部分：CO_2 吸附膨胀和水分吸附膨胀，饱水煤样的总膨胀量要大于干燥煤样的吸附膨胀量(Chen et al., 2012b；Day et al., 2011)。此外，水分的存在影响了气体渗流通道，增强了气体的渗流阻力，即水锁效应(Ni et al., 2018)。水锁效应的产生限制了煤层中 CO_2 的渗流过程，降低了气体渗透率。综合 CO_2 吸附膨胀、水分膨胀和水锁效应三种因素的影响，CO_2 注入过程中，饱水煤样的 PALR 值要高于干燥煤样。

4. 温度对渗透率的影响

为了避免 CO_2 的泄漏和对煤矿正常开采的干扰，CO_2-ECBM 的实施往往选择在深部不可开采煤层。和浅部煤层相比，深部煤层往往具有较高的温度。当液态 CO_2 注入深部煤层之后，它首先从目标储层中吸收热量，随后这些热量会随着 CO_2 的渗流而携带到目标储层的其他位置(Guan et al., 2018)。可见，CO_2 注入过程中有可能改变煤储层的温度，进而影响储层渗透率。因此，本节选取四个温度点(35℃、45℃、55 ℃和 65℃)，分别对应于四个煤层埋深(800m、1100m、1400m 和 1700m)。6MPa 和 8MPa 吸附压力、3MPa 和 10MPa 的有效应力条件下，35℃、45℃、55℃和 65℃对渗透率的影响见图 5-64。对不同温度下渗透率进行二次项拟合，发现随着温度的升高，渗透率先减小，在温度超过 55℃后，渗透率出现反转，随着温度的升高而增大，这和水分对渗透率的影响不同。这说明在 CO_2 注入过程中，渗透率随温度的变化受多种因素的综合影响。

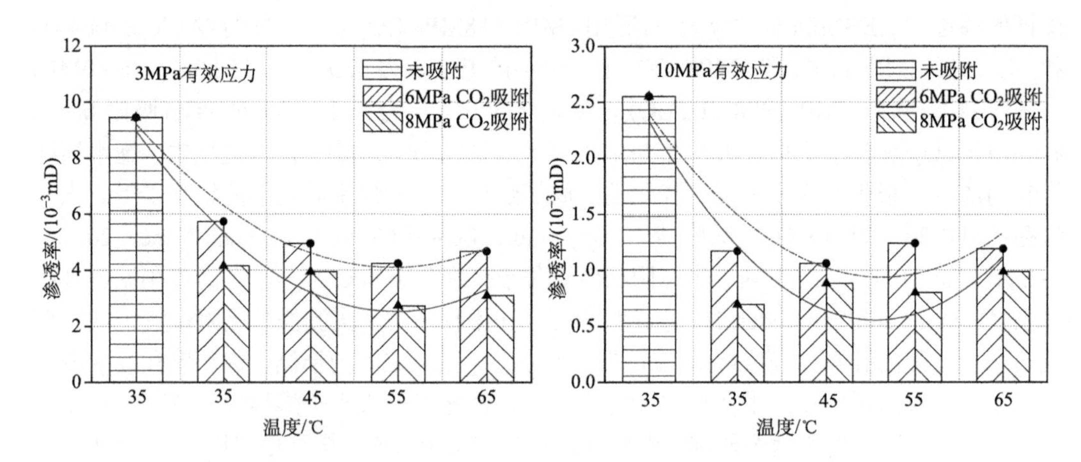

图 5-64　温度对 CO_2 注入过程中煤岩渗透率的影响(Niu et al., 2019)

煤岩受热同样会发生膨胀(即热膨胀)，图 5-65 展示了温度引起的热膨胀现象，若将 35℃时煤岩的应变视为零，则 45℃、55℃和 65℃时煤岩的体积热膨胀量为 0.097%、0.148%和 0.197%，可见热膨胀量随着温度的增大而增大。另外，热膨胀也呈现各向异性特征，即垂直层理方向的热膨胀量要大于平行层理方向，这与煤岩的 CO_2 吸附膨胀各向异性特征相一致。而在升温过程中，煤岩的吸附能力逐渐减弱，即随着环境温度的升高，煤岩对 CO_2 的吸附量逐渐降低(Guan et al., 2018)。5.1.1 节讨论得到吸附膨胀随着吸附量的增大呈现阶段性正相关关系，综合以上两点可以认为随着温度的升高吸附膨胀逐渐降低。同时，前人研究认为，气体滑脱效应随温度升高逐渐增大(赵瑜等，2018)，因而，在高温条件下，气体滑脱效应对视渗透率的影响不可忽略。气体分子的平均自由路程接近于孔隙半径时，气体分子扩散可以不受碰撞而自由飞动，由于这一原因导致视渗透率增加即为气体滑脱效应。

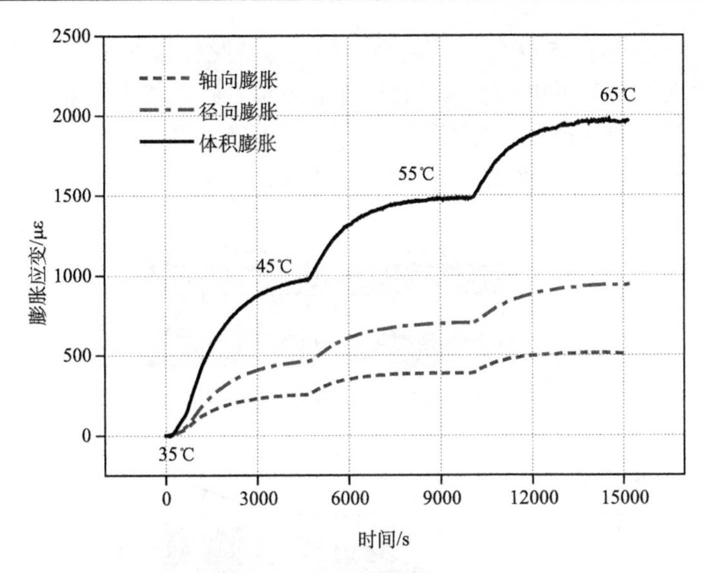

图 5-65　煤岩的热膨胀应变和时间的关系(Niu et al., 2019)

依据文献中论述(Zhao et al., 2015)，气体视渗透率(k_g)等于等效液体渗透率 k_l 和气体滑脱效应引起的渗透率增量之和：

$$k_g = k_l\left(1+\frac{b}{p_f}\right) \tag{5-141}$$

式中，b 为气体滑脱因子，b 定义如下：

$$b = \frac{4m\lambda p_f}{r} \tag{5-142}$$

式中，r 为孔隙半径；m 为比例因子；λ 为气体分子的平均自由程。结合式(5-141)和式(5-142)可将公式变形为

$$k_g = k_l\left(1+\frac{4m\lambda}{r}\right) \tag{5-143}$$

气体的分子平均自由程来源于气体动力学理论(Gensterblum et al., 2014)：

$$\lambda=\frac{KT}{\sqrt{2}\pi d_m^2 p_f} \tag{5-144}$$

式中，p_f 为孔隙压力；K 为玻尔兹曼(Boltzmann)常量；T 为实验中的环境温度；d_m 为气体分子的有效直径。

前文提到 CO_2 注入过程中温度对渗透率的影响受多种因素的影响，包括吸附膨胀、热膨胀和气体滑脱效应，可以通过图 5-66 来反映这一过程。在较低温度下，煤岩的膨胀主要受控于吸附膨胀，随着 CO_2 的持续注入，煤岩膨胀量逐渐增大，挤占了裂隙空间，造成渗透率的降低(图 5-66 中前半部分，即基质膨胀影响渗透率)。在较高温度下，煤岩的吸附量降低导致吸附膨胀减小，然而热膨胀持续增大弥补了一部分吸附膨胀损失，最终整体基质膨胀趋于稳定且为最大。这时候孔裂隙的半径降低至最小值，同时，高温增大了 CO_2 分子的平均自由程[式(5-144)]，这两个效应导致 $\lambda \approx r$，引起的气体滑脱效应

造成视渗透率显著升高(图 5-66 中后半部分，即气体滑脱影响渗透率)。可见，在 CO_2 注入过程中，温度对煤层渗透率的影响存在一个临界值，在临界值之前，渗透率随着温度的升高而降低，这主要受控于吸附膨胀和热膨胀；而在临界值之后，渗透率随着温度的升高出现反转，这主要是因为气体滑脱效应的出现。

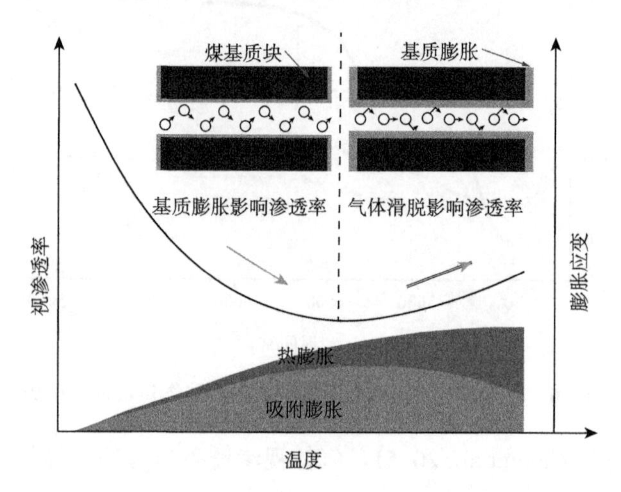

图 5-66　CO_2 注入过程中温度对煤岩视渗透率影响示意图

5. 各影响因素对渗透率的贡献

前文通过实验探讨了在 CO_2 注入过程中，超临界 CO_2 吸附、有效应力改变、循环加卸载、水分和温度对煤储层渗透率的影响。图 5-67(a) 展示了每一节中各因素对渗透率衰减的影响。另外，对渗透率贡献率进行归一化处理，得到了 12MPa 围压下，超临界 CO_2(气体压力=8MPa，温度=35℃)注入过程中 CO_2 吸附、有效应力增大、循环加卸载、水分和温度对煤储层渗透率衰减的归一化贡献率，见图 5-67(b)。

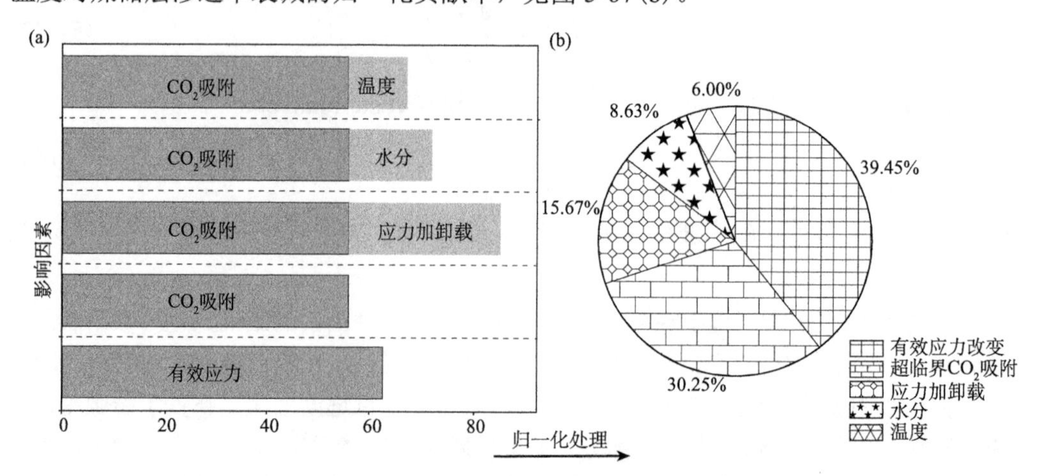

图 5-67　超临界 CO_2 注入过程中各影响因素对渗透率衰减的贡献率

其中，有效应力改变对渗透率衰减的贡献率为 39.45%，超临界 CO_2 吸附对渗透率衰减的贡献率为 30.25%，超临界 CO_2 注入过程中，应力加卸载对渗透率衰减的贡献率为

15.67%，水分对渗透率衰减的贡献率为 8.63%，温度对渗透率衰减的贡献率为 6.00%。可见，CO_2 注入过程中，影响渗透率的因素排序为有效应力改变>超临界 CO_2 吸附>应力加卸载>水分>温度。因此，可认为有效应力和 CO_2 吸附是煤储层渗透率的两个主要影响因素。

5.5.3　煤储层动态渗透率变化模型

1. 渗透率模型的建立

对于不含构造裂隙的原生煤来说，割理(面割理和端割理)和层面裂隙是 CO_2 的主要渗流通道，而煤岩的渗透率和裂隙度(即裂隙孔隙度)有直接的关系(Mckee et al., 1988)：

$$\frac{k}{k_0}=\left(\frac{\phi}{\phi_0}\right)^3 \tag{5-145}$$

式中，k 和 ϕ 分别代表渗透率和裂隙度，下标 0 代表初始值。为了导出煤中面割理、端割理和层面裂隙的裂隙度，将煤结构进行理想化，并选取一个具有代表性的区域作为研究的基本结构单元(REV)，见图 5-68。

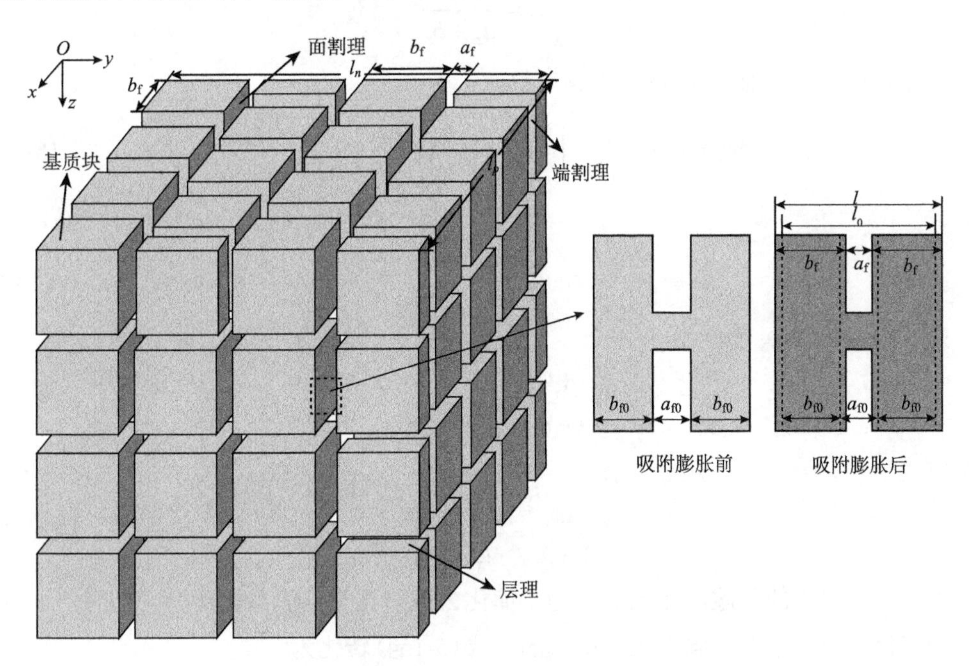

图 5-68　煤的基本结构单元及吸附膨胀示意图

对于 REV 来说，以 Oz 方向为例，该方向上的裂隙度就是垂直于该方向上截面(Oxy 截面)的面裂隙度，则

$$\phi_f=\frac{A_f}{A_{rz}} \tag{5-146}$$

式中，A_f 为 Oxy 截面上的面裂隙度；A_{rz} 为 REV 在 Oxy 截面上的截面积。Oxy 截面由数条裂隙构成，假设裂隙数为 n_f，则

$$A_f = n_f a_f l_p \tag{5-147}$$

$$A_{rz} = l_n l_p \tag{5-148}$$

式中，l_p 为 REV 在 Ox 方向上的长度。b_f 是相邻裂隙的一个基质块宽度，则 REV 的宽度 l_f 由裂隙宽度和基质块宽度组成：

$$l_n = (a_f + b_f)n_f \tag{5-149}$$

将式(5-147)~式(5-149)代入式(5-146)得

$$\phi_f = \frac{A_f}{A_{rz}} = \frac{n_f a_f l_p}{l_n l_p} = \frac{n_f a_f}{(a_f + b_f)n_f} = \frac{a_f}{a_f + b_f} \tag{5-150}$$

考虑到裂隙的各向异性特征，则面割理、端割理和层理的裂隙度分别为

$$\begin{cases} \phi_x = \dfrac{a_x}{a_x + b_x} \\ \phi_y = \dfrac{a_y}{a_y + b_y} \\ \phi_z = \dfrac{a_z}{a_z + b_z} \end{cases} \tag{5-151}$$

以面割理为例，对式(5-151)求导可得

$$\mathrm{d}\phi_x = \mathrm{d}\left(\frac{a_x}{a_x + b_x}\right) = \mathrm{d}\left(\frac{l_x - b_x}{l_x}\right) = \frac{b_x}{l_x}\left(\frac{\mathrm{d}l_x}{l_x} - \frac{\mathrm{d}b_x}{b_x}\right) \tag{5-152}$$

式中，

$$\frac{b_x}{l_x} = 1 - \phi_x \tag{5-153}$$

将式(5-153)代入式(5-152)得

$$\frac{\mathrm{d}\phi_x}{1-\phi_x} = \frac{\mathrm{d}l_x}{l_x} - \frac{\mathrm{d}b_x}{b_x} \tag{5-154}$$

又可写成

$$\frac{\Delta\phi_x}{1-\phi_x} = \frac{\Delta l_x}{l_x} - \frac{\Delta b_x}{b_x} \tag{5-155}$$

事实上，煤岩的裂隙度相当低，为了简化公式，将 $(1-\phi_x)$ 约等于 1。同时，面割理宽度的变化是由端割理方向上应变引起的。式(5-154)转化为

$$\Delta\phi_x = \Delta\varepsilon_y^{\mathrm{b}} - \Delta\varepsilon_y^{\mathrm{m}} \tag{5-156}$$

式中，b 表示基本结构单元 REV；m 表示 REV 中的基质块。

在 CO_2-ECBM 过程中，煤体的应变由两部分构成，即有效应力改变引起的应变（$\Delta\varepsilon_{\mathrm{e}}$）和 CO_2 吸附引起的应变（$\Delta\varepsilon_{\mathrm{a}}$），则式(5-156)中的 $\Delta\varepsilon_y^{\mathrm{b}}$ 和 $\Delta\varepsilon_y^{\mathrm{m}}$ 可分别表示为

$$\begin{cases} \Delta\varepsilon_y^{\mathrm{b}} = \Delta\varepsilon_{\mathrm{a}y}^{\mathrm{b}} - \Delta\varepsilon_{\mathrm{e}y}^{\mathrm{b}} \\ \Delta\varepsilon_y^{\mathrm{m}} = \Delta\varepsilon_{\mathrm{a}y}^{\mathrm{m}} - \Delta\varepsilon_{\mathrm{e}y}^{\mathrm{m}} \end{cases} \tag{5-157}$$

依据 Pan 和 Connell(2011)，对于各向异性介质，在三向应力的作用下，面割理方向

的有效应力引起的应变可表示为

$$\begin{cases}\Delta\varepsilon_{ey}^{b}=\dfrac{\Delta\sigma_{ay}-\nu_{xy}^{b}\Delta\sigma_{ex}-\nu_{zy}^{b}\Delta\sigma_{ez}}{E_y^{b}}\\[2ex]\Delta\varepsilon_{ey}^{m}=\dfrac{\Delta\sigma_{ay}-\nu_{xy}^{m}\Delta\sigma_{ex}-\nu_{zy}^{m}\Delta\sigma_{ez}}{E_y^{m}}\end{cases}\tag{5-158}$$

在本书中将压缩定为负，拉伸定为正，煤在注入 CO_2 过程中有效应力为

$$\Delta\sigma_e=-\Delta\sigma_t+\alpha\Delta p\tag{5-159}$$

如图 5-68 所示，煤体由于吸附 CO_2 引起的变形增量为

$$\begin{aligned}\Delta l=l-l_0&=\alpha_f+2b_f-(a_{f0}+2b_{f0})\\&=\alpha_{f_0}-2\Delta\varepsilon_{ain}^{m}b_{f0}+2(b_{f0}+2\Delta\varepsilon_{at}^{m}b_{f0})-(\alpha_{f0}+2b_{f0})\\&=2b_{f_0}(\varepsilon_{at}^{m}-\varepsilon_{ain}^{m})\end{aligned}\tag{5-160}$$

式中，$\Delta\varepsilon_{at}^{m}$ 是在受限条件下基质块吸附 CO_2 引起的总膨胀应变变化；$\Delta\varepsilon_{ain}^{m}$ 是基质块吸附 CO_2 引起的内部膨胀应变变化，该膨胀压缩煤中裂隙，影响煤层的渗透率。一般内部膨胀主要出现在煤体受限条件下。

结合式(5-160)，煤体的膨胀应变变化可表示为

$$\Delta\varepsilon_{at}^{b}=\frac{\Delta l}{l_0}=\frac{2b_{f0}(\varepsilon_{at}^{m}-\varepsilon_{ain}^{m})}{a_{f0}+2b_{f0}}\tag{5-161}$$

由于煤中的裂隙宽度远远小于基质块的尺寸，即 $\alpha_{f_0}\ll b_{f_0}$，式(5-161)可改写为

$$\Delta\varepsilon_{at}^{b}=\frac{\Delta l}{l_0}=\frac{2b_{f0}(\varepsilon_{at}^{m}-\varepsilon_{ain}^{m})}{a_{f0}+2b_{f0}}\approx\Delta\varepsilon_{at}^{m}-\Delta\varepsilon_{ain}^{m}\tag{5-162}$$

在 CO_2 吸附膨胀实验过程中，所测的膨胀应变变化为 $\Delta\varepsilon_{at}^{b}$，内部膨胀难以直接测量。因此，本书引入吸附膨胀的内部膨胀系数 f_{in}，即为内部膨胀和总膨胀量之比。除了吸附气体影响 f_{in}，温度和水分会通过影响煤岩的内部膨胀系数来影响渗透率，因此，f_{in} 需考虑吸附 CO_2 引起的应变以及温度和水分引起的应变，假设 f_{ina}、f_{inT}、f_{inw} 分别为 CO_2 吸附、温度和水分引起的内部膨胀系数，则总内部膨胀系数为

$$f_{in}=f_{ina}+f_{inT}+f_{inw}\tag{5-163}$$

方程(5-162)可转换为

$$\begin{aligned}\Delta\varepsilon_{at}^{b}&=\Delta\varepsilon_{at}^{m}-\Delta\varepsilon_{ain}^{m}=(\varepsilon_{at}^{m}-\varepsilon_{at_0}^{m})-(\varepsilon_{ain}^{m}-\varepsilon_{ain_0}^{m})\\&=(\varepsilon_{at}^{m}-\varepsilon_{at_0}^{m})-(f_{in}\varepsilon_{at}^{m}-f_{in_0}\varepsilon_{at_0}^{m})=\varepsilon_{at}^{m}(1-f_{in})-\varepsilon_{at_0}^{m}(1-f_{in_0})\end{aligned}\tag{5-164}$$

依据方程(5-164)，面割理由于 CO_2 吸附引起的煤体膨胀应变变化可表示为

$$\Delta\varepsilon_{ay}^{b}=\varepsilon_{ay}^{m}(1-f_{in})-\varepsilon_{ay_0}^{m}(1-f_{in_0})\tag{5-165}$$

煤的基质膨胀符合 Langmuir 型方程，则面割理由于 CO_2 吸附引起的基质块应变变化为

$$\Delta\varepsilon_{ay}^{m}=\frac{\varepsilon_{Ly}p}{p+p_{Ly}}\tag{5-166}$$

式中，ε_{Ly} 为 oy 方向上基质的最大膨胀应变；p_{Ly} 为 Langmuir 压力。

将式(5-157)、式(5-158)、式(5-163)、式(5-165)和式(5-166)代入式(5-156)，可得面割理的裂隙度变化量为

$$\Delta\phi_x = \frac{\Delta\sigma_{ey} - \nu_{xy}^{b}\sigma_{ex} - \nu_{zy}^{b}\sigma_{ez}}{E_y^{b}} - \frac{\Delta\sigma_{ey} - \nu_{xy}^{m}\sigma_{ex} - \nu_{zy}^{m}\sigma_{ez}}{E_y^{m}} - \varepsilon_{Ly}\left[\frac{(f_{ina}+f_{inT}+f_{inw})_x p}{p+p_{Ly}} - \frac{(f_{ina}+f_{inT}+f_{inw})_{x_0} p_0}{p_0+p_{Ly}}\right] \tag{5-167}$$

同理，端割理和层理的裂隙度变化为

$$\Delta\phi_y = \frac{\Delta\sigma_{ex} - \nu_{yx}^{b}\sigma_{ey} - \nu_{zx}^{b}\sigma_{ez}}{E_x^{b}} - \frac{\Delta\sigma_{ey} - \nu_{yx}^{m}\sigma_{ey} - \nu_{zx}^{m}\sigma_{ez}}{E_x^{m}} - \varepsilon_{Lx}\left[\frac{(f_{ina}+f_{inT}+f_{inw})_y p}{p+p_{Lx}} - \frac{(f_{ina}+f_{inT}+f_{inw})_{y_0} p_0}{p_0+p_{Lx}}\right] \tag{5-168}$$

$$\Delta\phi_z = \frac{\Delta\sigma_{ez} - \nu_{yz}^{b}\sigma_{ey} - \nu_{xz}^{b}\sigma_{ex}}{E_z^{b}} - \frac{\Delta\sigma_{ez} - \nu_{yz}^{m}\sigma_{ey} - \nu_{xz}^{m}\sigma_{ex}}{E_z^{m}} - \varepsilon_{Lz}\left[\frac{(f_{ina}+f_{inT}+f_{inw})_z p}{p+p_{Lz}} - \frac{(f_{ina}+f_{inT}+f_{inw})_{z_0} p_0}{p_0+p_{Lz}}\right] \tag{5-169}$$

面割理方向渗透率由层理裂隙度和端割理裂隙度贡献；端割理方向渗透率由层理裂隙度和面割理裂隙度贡献；垂直层理方向渗透率由面割理裂隙和端割理裂隙度贡献，因此任意一渗流方向上的面裂隙度为

$$\phi_i = \phi_{i0} + \left\{\begin{aligned} &\frac{\Delta\sigma_{ej} - \nu_{ij}^{b}\sigma_{ei} - \nu_{kj}^{b}\sigma_{ek}}{E_j^{b}} - \frac{\Delta\sigma_{ej} - \nu_{ij}^{m}\sigma_{ej} - \nu_{kj}^{m}\sigma_{ek}}{E_j^{m}} \\ &+\frac{\Delta\sigma_{ek} - \nu_{ik}^{b}\sigma_{ei} - \nu_{jk}^{b}\sigma_{ej}}{E_k^{b}} - \frac{\Delta\sigma_{ej} - \nu_{ik}^{m}\sigma_{ei} - \nu_{jk}^{m}\sigma_{ej}}{E_k^{m}} \\ &-\varepsilon_{Lj}\left[\frac{(f_{ina}+f_{inT}+f_{inw})_j p}{p+p_{Lj}} - \frac{(f_{ina}+f_{inT}+f_{inw})_{j_0} p_0}{p_0+p_{Lj}}\right] \\ &-\varepsilon_{Lk}\left[\frac{(f_{ina}+f_{inT}+f_{inw})_k p}{p+p_{Lk}} - \frac{(f_{ina}+f_{inT}+f_{inw})_{k_0} p_0}{p_0+p_{Lk}}\right] \end{aligned}\right\} \tag{5-170}$$

将式(5-170)代入式(5-145)得

$$k_i = k_{i0}\left(1+\frac{1}{\phi_{i0}}\left\{\begin{aligned} &\frac{\Delta\sigma_{ej} - \nu_{ij}^{b}\sigma_{ei} - \nu_{kj}^{b}\sigma_{ek}}{E_j^{b}} - \frac{\Delta\sigma_{ej} - \nu_{ij}^{m}\sigma_{ej} - \nu_{kj}^{m}\sigma_{ek}}{E_j^{m}} \\ &+\frac{\Delta\sigma_{ek} - \nu_{ik}^{b}\sigma_{ei} - \nu_{jk}^{b}\sigma_{ej}}{E_k^{b}} - \frac{\Delta\sigma_{ej} - \nu_{ik}^{m}\sigma_{ei} - \nu_{jk}^{m}\sigma_{ej}}{E_k^{m}} \\ &-\varepsilon_{Lj}\left[\frac{(f_{ina}+f_{inT}+f_{inw})_j p}{p+p_{Lj}} - \frac{(f_{ina}+f_{inT}+f_{inw})_{j_0} p_0}{p_0+p_{Lj}}\right] \\ &-\varepsilon_{Lk}\left[\frac{(f_{ina}+f_{inT}+f_{inw})_k p}{p+p_{Lk}} - \frac{(f_{ina}+f_{inT}+f_{inw})_{k_0} p_0}{p_0+p_{Lk}}\right] \end{aligned}\right\}\right)^3 \tag{5-171}$$

式中，$i \neq j \neq k$，对于具有多孔结构的煤岩来说，基质块的弹性模量远远大于煤体的弹性模量，即 $E_j^{\mathrm{m}} \gg E_j^{\mathrm{b}}$，则方程(5-171)转换为

$$k_i = k_{i0}\left(1+\frac{1}{\phi_{i0}}\left\{\begin{aligned}&\frac{\Delta\sigma_{ej}-\nu_{ij}^{\mathrm{b}}\sigma_{ei}-\nu_{kj}^{\mathrm{b}}\sigma_{ek}}{E_j^{\mathrm{b}}}+\frac{\Delta\sigma_{ek}-\nu_{ik}^{\mathrm{b}}\sigma_{ei}-\nu_{jk}^{\mathrm{b}}\sigma_{ej}}{E_k^{\mathrm{b}}}\\&-\varepsilon_{\mathrm{L}j}\left[\frac{(f_{\mathrm{ina}}+f_{\mathrm{inT}}+f_{\mathrm{inw}})_j p}{p+p_{\mathrm{L}j}}-\frac{(f_{\mathrm{ina}}+f_{\mathrm{inT}}+f_{\mathrm{inw}})_{j_0} p_0}{p_0+p_{\mathrm{L}j}}\right]\\&-\varepsilon_{\mathrm{L}k}\left[\frac{(f_{\mathrm{ina}}+f_{\mathrm{inT}}+f_{\mathrm{inw}})_k p}{p+p_{\mathrm{L}k}}-\frac{(f_{\mathrm{ina}}+f_{\mathrm{inT}}+f_{\mathrm{inw}})_{k_0} p_0}{p_0+p_{\mathrm{L}k}}\right]\end{aligned}\right\}\right)^3 \tag{5-172}$$

2. 边界条件

1) 围压恒定

在该边界条件下，孔隙压力变化而总应力维持不变，即

$$\Delta\sigma_{\mathrm{t}x}=\Delta\sigma_{\mathrm{t}y}=\Delta\sigma_{\mathrm{t}z}=0 \tag{5-173}$$

此时，有效应力的表达式为

$$\Delta\sigma_{\mathrm{e}x}=\Delta\sigma_{\mathrm{e}y}=\Delta\sigma_{\mathrm{e}z}=\Delta p \tag{5-174}$$

将式(5-174)代入式(5-172)中，得到在恒定围压的边界条件下，任意面的渗透率表达式：

$$k_i = k_{i0}\left(1+\frac{1}{\phi_{i0}}\left\{\begin{aligned}&\frac{(1-\nu_{ij}^{\mathrm{b}}-\nu_{kj}^{\mathrm{b}})\Delta p}{E_j^{\mathrm{b}}}+\frac{(1-\nu_{ik}^{\mathrm{b}}-\nu_{jk}^{\mathrm{b}})\Delta p}{E_k^{\mathrm{b}}}\\&-\varepsilon_{\mathrm{L}j}\left[\frac{(f_{\mathrm{ina}}+f_{\mathrm{inT}}+f_{\mathrm{inw}})_j p}{p+p_{\mathrm{L}j}}-\frac{(f_{\mathrm{ina}}+f_{\mathrm{inT}}+f_{\mathrm{inw}})_{j_0} p_0}{p_0+p_{\mathrm{L}j}}\right]\\&-\varepsilon_{\mathrm{L}k}\left[\frac{(f_{\mathrm{ina}}+f_{\mathrm{inT}}+f_{\mathrm{inw}})_k p}{p+p_{\mathrm{L}k}}-\frac{(f_{\mathrm{ina}}+f_{\mathrm{inT}}+f_{\mathrm{inw}})_{k_0} p_0}{p_0+p_{\mathrm{L}k}}\right]\end{aligned}\right\}\right)^3 \tag{5-175}$$

2) 有效应力恒定

在该边界条件下，有效应力维持不变，即有效应力的增量恒为零，有

$$\Delta\sigma_{\mathrm{e}x}=\Delta\sigma_{\mathrm{e}y}=\Delta\sigma_{\mathrm{e}z}=0 \tag{5-176}$$

将式(5-176)代入式(5-172)，得到在恒定有效应力的边界条件下，任意面的渗透率表达式：

$$k_i = k_{i0}\left(1-\frac{1}{\phi_{i0}}\left\{\begin{aligned}&\varepsilon_{\mathrm{L}j}\left[\frac{(f_{\mathrm{ina}}+f_{\mathrm{inT}}+f_{\mathrm{inw}})_j p}{p+p_{\mathrm{L}j}}-\frac{(f_{\mathrm{ina}}+f_{\mathrm{inT}}+f_{\mathrm{inw}})_{j_0} p_0}{p_0+p_{\mathrm{L}j}}\right]\\&+\varepsilon_{\mathrm{L}k}\left[\frac{(f_{\mathrm{ina}}+f_{\mathrm{inT}}+f_{\mathrm{inw}})_k p}{p+p_{\mathrm{L}k}}-\frac{(f_{\mathrm{ina}}+f_{\mathrm{inT}}+f_{\mathrm{inw}})_{k_0} p_0}{p_0+p_{\mathrm{L}k}}\right]\end{aligned}\right\}\right)^3 \tag{5-177}$$

3) 孔隙压力恒定

在该边界条件下，孔隙压力维持不变，即孔隙压力的增量恒为零，有

$$\Delta p = 0 \tag{5-178}$$

此时，有效应力表达式变为

$$\Delta\sigma_{\mathrm{e}} = -\Delta\sigma_{\mathrm{t}} \tag{5-179}$$

将式(5-179)代入式(5-172)，得到在恒定孔隙压力的边界条件下，任意面的渗透率表达式：

$$k_i = k_{i0}\left(1 - \frac{1}{\phi_{i0}}\left\{\begin{array}{l}\dfrac{\Delta\sigma_{\mathrm{t}j} - \nu_{ij}^{\mathrm{b}}\sigma_{\mathrm{t}i} - \nu_{kj}^{\mathrm{b}}\sigma_{\mathrm{t}k}}{E_j^{\mathrm{b}}} + \dfrac{\Delta\sigma_{\mathrm{t}k} - \nu_{ik}^{\mathrm{b}}\sigma_{\mathrm{t}i} - \nu_{jk}^{\mathrm{b}}\sigma_{\mathrm{t}j}}{E_k^{\mathrm{b}}} \\ +\varepsilon_{\mathrm{L}j}\left[\dfrac{(f_{\mathrm{ina}} + f_{\mathrm{inT}} + f_{\mathrm{inw}})_j\, p}{p + p_{\mathrm{L}j}} - \dfrac{(f_{\mathrm{ina}} + f_{\mathrm{inT}} + f_{\mathrm{inw}})_{j0}\, p_0}{p_0 + p_{\mathrm{L}j}}\right] \\ +\varepsilon_{\mathrm{L}k}\left[\dfrac{(f_{\mathrm{ina}} + f_{\mathrm{inT}} + f_{\mathrm{inw}})_k\, p}{p + p_{\mathrm{L}k}} - \dfrac{(f_{\mathrm{ina}} + f_{\mathrm{inT}} + f_{\mathrm{inw}})_{k0}\, p_0}{p_0 + p_{\mathrm{L}k}}\right]\end{array}\right\}\right)^3 \tag{5-180}$$

3. 各向同性煤样渗透率的验证

本节选取恒定围压条件下的渗透率进行验证。以寺河矿煤样为例，选取四组不同围压下的渗透率数据，实验条件如下：围压=10MPa、12MPa、14MPa、16MPa，CO_2 注入压力=1MPa、2MPa、3MPa、4MPa，温度=35℃。对于圆柱煤样，其渗透率一般假设为各向同性，此时，$\nu_{ij}^{\mathrm{b}} = \nu_{ik}^{\mathrm{b}} = \nu_{jk}^{\mathrm{b}} = \nu^{\mathrm{b}}$，$E_i^{\mathrm{b}} = E_j^{\mathrm{b}} = E_k^{\mathrm{b}} = E^{\mathrm{b}}$，则式(5-175)变形为

$$k = k_0\left(1 + \frac{1}{\phi_0}\left\{\frac{2(1-2\nu^{\mathrm{b}})\Delta p}{E^{\mathrm{b}}} - \varepsilon_{\mathrm{L}}\left[\begin{array}{l}\dfrac{(f_{\mathrm{ina}} + f_{\mathrm{inT}} + f_{\mathrm{inw}})p}{p + p_{\mathrm{L}}} \\ -\dfrac{(f_{\mathrm{ina}} + f_{\mathrm{inT}} + f_{\mathrm{inw}})p_0}{p_0 + p_{\mathrm{L}}}\end{array}\right]\right\}\right)^3 \tag{5-181}$$

恒定围压条件下渗透率随 CO_2 注入压力的变化见图 5-69，为了验证模型的可靠性，一些基本参数采用文献中的数据(Peng et al., 2017)，见表 5-6。为了和模型参数相匹配，渗透率采用无量纲渗透率 (k/k_0)，可见，随着 CO_2 注入压力的增大，无量纲渗透率逐渐增大，这是因为注入 CO_2 导致闭合的裂隙重新张开，同时煤基质向外部膨胀，使裂隙的宽度变大，提升了煤岩的渗透率。同时，模型值和实测值基本相符，存在的差异可能是测试过程中的误差或模型中选取的参数与实际值有差异，但是，总体上所建立的模型与实际情况相匹配。

表 5-6　各向同性条件下渗透率模型验证采用的数据

参数	赋值	单位
E^{b}	1300	MPa
ν^{b}	0.3	—
ϕ_0	0.3	%
p_0	0	MPa
p_{L}	6	MPa
ε_{L}	0.025	—

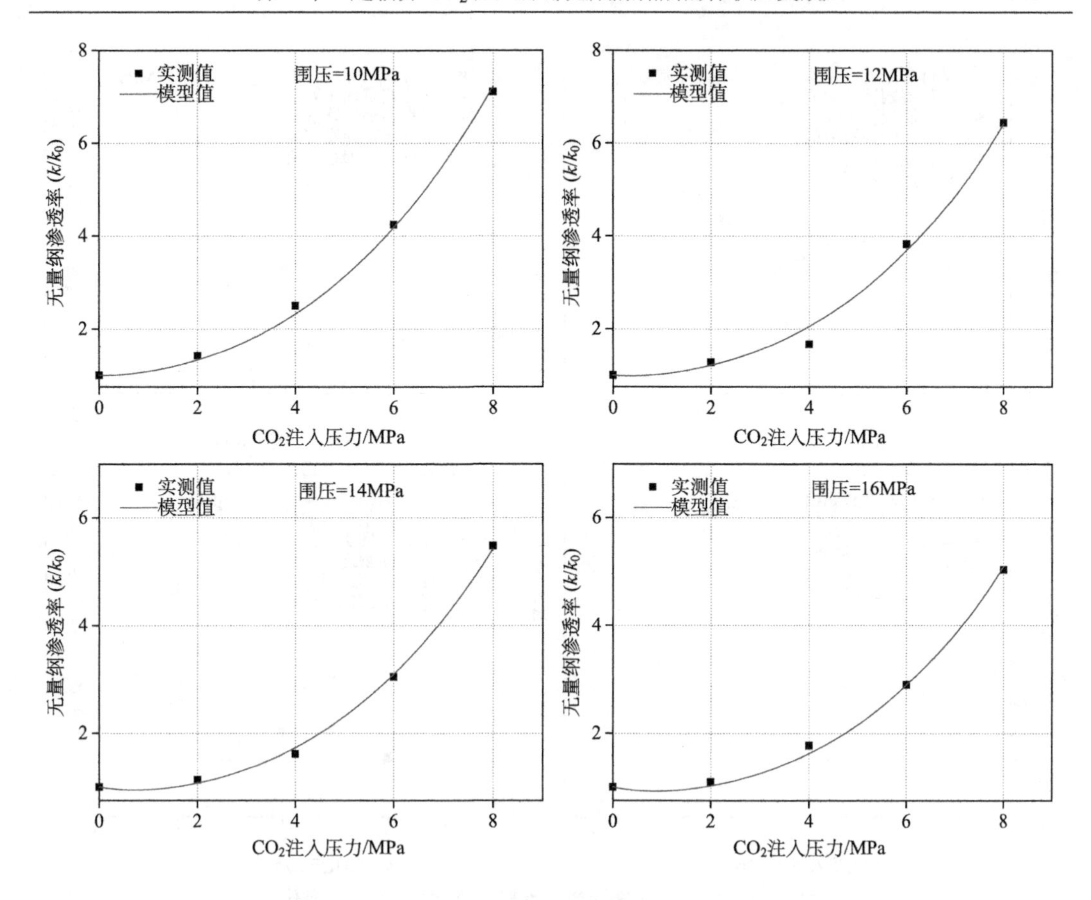

图 5-69　煤岩各向同性渗透率随 CO_2 注入压力的变化

4. 各向异性煤样渗透率的验证

本节利用立方样品测试各向异性渗透率，选取四组不同围压下的渗透率数据，由于样品渗透率较小，因此选取较高的注入压力。恒定围压条件下渗透率随 CO_2 注入压力的变化见图 5-70。

该实验的实验条件如下：围压=10MPa、12MPa、14MPa、16MPa，CO_2 注入压力=2MPa、4MPa、6MPa、8MPa，温度=35℃。总体上来看，渗透率的变化趋势和图 5-69 相一致，即随着 CO_2 注入压力的增大无量纲渗透率逐渐增大。另外，渗透率呈现各向异性特征，渗透率在平行面割理方向>平行端割理方向>垂直层理方向。

利用式(5-175)对实验数据进行拟合，拟合过程中模型选取的数据见表 5-7。其中孔隙度的数据是假设值，其余数据均来源于文献。煤岩的杨氏模量、吸附最大应变量及所对应的 Langmuir 压力在平行层理方向视为各向同性，泊松比在 o_x、o_y 和 o_z 三个方向上视为各向同性。无论在哪个方向上，模型值和实测值呈现一致的变化趋势，说明该模型可以反应 CO_2-ECBM 过程中渗透率受吸附膨胀、应力、温度和水分影响的变化规律。

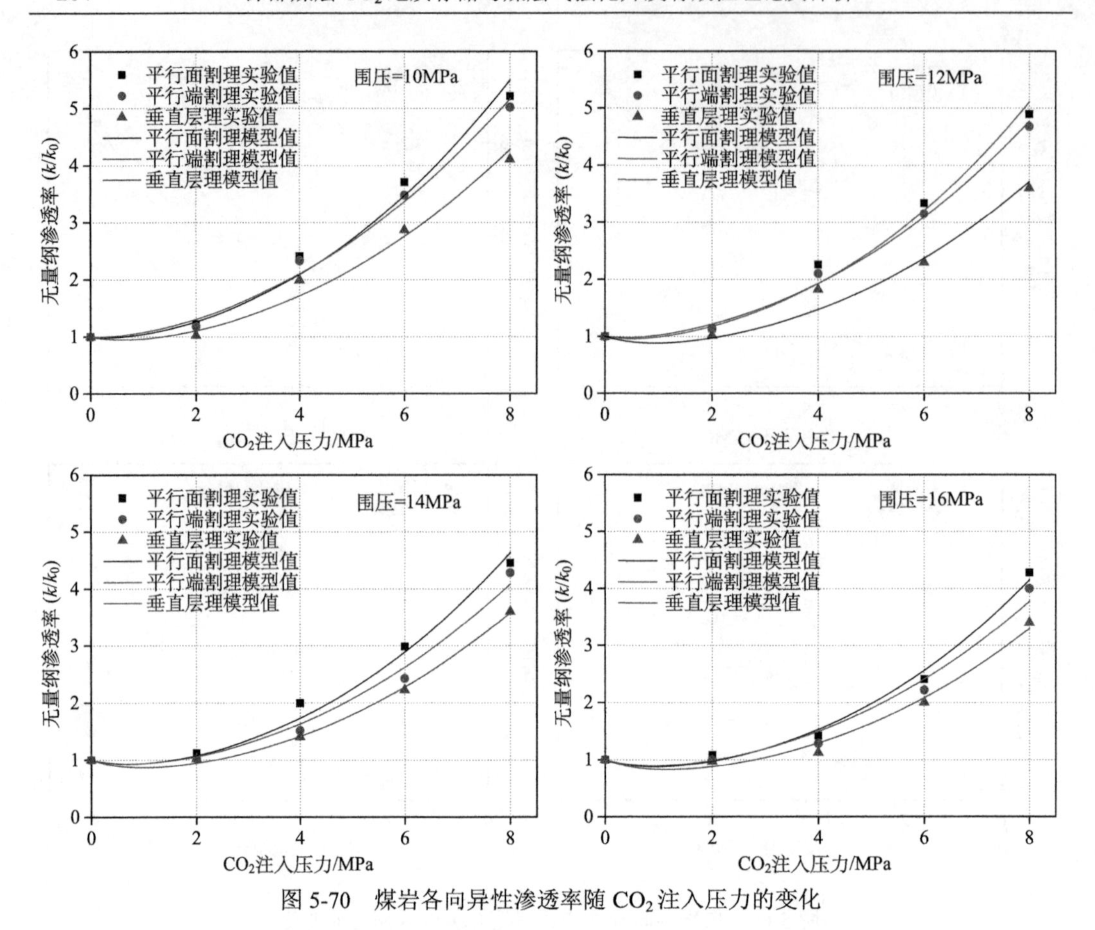

图 5-70　煤岩各向异性渗透率随 CO_2 注入压力的变化

表 5-7　各向异性渗透率模型验证采用的数据

参数	赋值	单位	数据来源
$E_x^{\mathrm{b}}=E_y^{\mathrm{b}}$	2800	MPa	Zhao et al., 2014
E_z^{b}	2120	MPa	
$\nu_x=\nu_y=\nu_z$	0.24	—	贾金龙，2016
ϕ_{x_0}	0.340*	%	
ϕ_{y_0}	0.350*	%	
ϕ_{z_0}	0.295*	%	
$\varepsilon_{\mathrm{L}x}=\varepsilon_{\mathrm{L}y}$	0.634	%	Wang et al., 2013
$\varepsilon_{\mathrm{L}z}$	1.063	%	
$p_{\mathrm{L}x}=p_{\mathrm{L}y}$	2.707	MPa	
$p_{\mathrm{L}z}$	2.582	MPa	

注：*表示数据为假定值。

第 6 章　深部无烟煤储层 CO_2-ECBM 的 CO_2 封存机理

本章通过自主设计和开展高压等温吸附实验，结合煤储层相关物性测试，探讨沁水盆地南部深部无烟煤储层 CO_2-ECBM 的超临界 CO_2 吸附特征及其影响因素；通过应用目前主要的吸附模型对等温吸附实验结果拟合建立超临界 CO_2 吸附量的模型比选原则与方法，实现深部无烟煤储层超临界 CO_2 吸附封存表征模型优选；分析超临界 CO_2 的构造圈闭、溶解与矿物固定封存特征；最终确立深部无烟煤储层超临界 CO_2 不同形式封存的表征模型，定义深部无烟煤储层超临界 CO_2 封存的存储容量，建立深部无烟煤储层 CO_2-ECBM 的超临界 CO_2 存储容量本构模型。

6.1　超临界 CO_2 吸附封存

本节介绍超临界 CO_2 等温吸附实验设计原理与方法、等温吸附实验数据的处理方法；通过开展超临界 CO_2 等温吸附实验，获取超临界 CO_2 吸附的过剩吸附量和绝对吸附量，较详细地讨论超临界 CO_2 的吸附特征；结合研究煤样煤岩煤质、煤的镜质组反射率、煤的孔隙结构测试结果，讨论超临界 CO_2 吸附的影响因素；通过超临界 CO_2 吸附量与实验平衡压力拟合，依据拟合度初步筛选出可进一步用于表征超临界 CO_2 吸附的吸附模型，进而分压力段对超临界 CO_2 吸附量与实验平衡压力进行拟合，结合吸附模型参数拟合结果是否具有物理意义，讨论不同吸附模型的适用性，确立优选合适吸附模型的原则方法，进一步筛选表征超临界 CO_2 吸附的吸附模型，并采用统计学方法对筛选出的吸附模型进行比选，优选出能有效表征超临界 CO_2 吸附的理想吸附模型。

6.1.1　深部无烟煤储层超临界 CO_2 等温吸附实验设计

1. 深部无烟煤储层基础物性测试

研究区无烟煤样均进行了煤岩煤质、煤的镜质组反射率及矿物含量测定，分别依据国家标准《煤的工业分析方法》(GB/T 212—2008)、《煤的显微组分组和矿物测定方法》(GB/T 8899—2013)、《煤的镜质体反射率显微镜测定方法》(GB/T 6948—2008)，以及石油天然气行业标准《沉积岩中黏土矿物和常见非黏土矿物 X 射线衍射分析方法》(SY/T 5163—2010)进行测定，实验分析结果见表 6-1 和表 6-2。

表 6-1　实验样品工业分析结果

采样点	M_{ad}/%(质量分数)	A_{ad}/%(质量分数)	V_{daf}/%(质量分数)	FC_{ad}/%(质量分数)	$S_{t,d}$/%(质量分数)	$Q_{gr,d}$/(MJ/kg)	H_{daf}/%
余吾矿	1.10	11.98	13.44	76.19	0.25	31.170	3.79
寺河矿	1.48	13.12	6.32	81.39	0.28	30.518	3.40
成庄矿	2.71	12.18	6.94	81.72	0.34	30.942	3.56

注：$S_{t,d}$ 为全硫含量，干燥基；$Q_{gr,d}$ 为发热量，空气干燥基；H_{daf} 为氢含量，干燥无灰基。

表 6-2　实验样品显微组分及矿物含量

采样点	$\overline{R}_{o,max}$ /%	显微组分体积分数/%			矿物体积分数/%		
		镜质组	惰质组	壳质组	黏土矿物	脆性矿物	总和
余吾矿	2.18	69.74	22.56	—	3.55	4.15	7.70
寺河矿	3.37	68.61	15.78	—	10.63	4.98	15.61
成庄矿	2.97	72.22	20.39	—	4.43	2.96	7.39

2. 超临界CO_2等温吸附实验

1) 模拟实验样品

以沁水盆地南部深部3#无烟煤储层为研究对象，选择余吾矿、成庄矿和寺河矿煤样开展实验。实验所使用的样品为粒径60~80目(0.25~0.18mm)的煤样。根据实验设计，制备的样品经平衡水分处理后开展超临界CO_2等温吸附实验，平衡水样按照《煤的高压等温吸附试验方法》(GB/T 19560—2008)中煤样的平衡水分测定方法制备。

2) 模拟实验条件

实验设定的模拟煤层埋深为1000m、1500m和2000m。根据地层条件，设定模拟1000m、1500m、2000m煤层埋深条件下地层温度分别为45℃、62.5℃、80℃，地层压力分别为10MPa、15MPa、20MPa(表6-3)。

表 6-3　等温吸附实验参数

煤层埋深/m	地温/℃	压力/MPa
1000	45.0	10
1500	62.5	15
2000	80.0	20

实验前先称取空气干燥基煤样100g，进行平衡水分处理，使煤样在平衡水条件下达到饱和湿度。深部煤层超临界CO_2等温吸附实验在自主研发的超临界CO_2等温吸附实验装置上完成。该模拟实验依据国家标准《煤的高压等温吸附试验方法》(GB/T 19560—2008)执行。主要实验环节包括试样装罐、气密性检查、自由空间体积测定、实验测试和实验数据处理等。具体如下：

(1) 试样装罐。将预处理(平衡水分或其他)的煤样准确称重后装入样品室。

(2) 气密性检查。将装置抽真空，然后进行预热，使其温度恒定在设定温度±0.1℃范围内；向装置内注入高纯氦气(纯度为99.99%)，至样品室和参考缸内压力高于最高设计实验压力1MPa，若气体压力在6h之内变化不超过0.05MPa，则视为密封性良好。

(3) 自由空间体积测定。若装置气密性良好，则进行自由空间体积测定(包括煤孔隙体积和样品室残余空间体积等)，所使用的气体同样为高纯氦气。

(4) 实验测试。自由空间体积测定完成后，向装置中注入CO_2达到指定压力，CO_2部分被煤样吸附，最终建立一个动态吸附平衡，测定该状态下系统内CO_2的压力和体积。按一定的增压幅度多次注入CO_2到指定目标压力，取得多个压力测点的相应压力、体积测试数据。

(5) 实验数据处理。根据自由气体平衡前后物质的量差值，计算被吸附的 CO_2 体积。

3) 过剩吸附量与绝对吸附量计算方法

实验所获得的为 Gibbs 吸附量，即视吸附量，又称过剩吸附量，与真实吸附量(又称绝对吸附量)之间存在一定差异，尤其在高压状态下，过剩吸附量和绝对吸附量之间的差异不容忽略。对两种不同的吸附量进行换算时，忽略煤吸附膨胀对自由空间体积的影响，假设煤体积不随吸附过程的变化而变化，CO_2 吸附相密度采用普遍接受值 1.028×10^6g/m^3。

实验过程中，对第 i 个压力点下过剩吸附量的换算，需考虑 (i–1) 压力点吸附相体积影响，并通过下列 PVT (pressure-volume-temperature，压力-体积-温度) 方程计算绝对吸附量：

$$P_0V_0 = Z_0n_0RT \tag{6-1}$$

$$P_1(V_0 - \Delta V) = Z_1n_1RT \tag{6-2}$$

$$\Delta n = n_1 - n_0 \tag{6-3}$$

$$\Delta V_{\text{ab}} = \frac{\Delta n \times M}{\rho_{\text{ad}}} \tag{6-4}$$

$$\Delta V = \Delta n \times 22.4 \times 1000 \tag{6-5}$$

式中，P_0、P_1 分别为第 i 个压力点初始状态和平衡状态时的 CO_2 压力，MPa；Z_0、Z_1 分别为第 i 个压力点初始状态和平衡状态时的 CO_2 压缩因子；n_0、n_1 分别为第 i 个压力点初始状态和平衡状态时 CO_2 的物质的量，mol；Δn 为第 i 个压力点平衡时吸附相 CO_2 增加物质的量，mol；V_0 为第 i 个压力点初始状态的自由空间体积，cm^3；ΔV_{ab} 为第 i 个压力点平衡状态时的吸附相 CO_2 体积，cm^3；ΔV 为第 i 个压力点 CO_2 吸附量在标准状态下的体积，cm^3；ρ_{ad} 为吸附相 CO_2 密度，值为 1.028×10^6g/m^3；M 为 CO_2 的摩尔质量，g/mol；R 为通用气体常数，J/(mol·K)；T 为等温吸附实验的温度，K。由式 (6-1)~式 (6-5) 推导得

$$\Delta n = \frac{\rho_{\text{ad}}V_0\left(P_1 - \frac{Z_1}{Z_0}P_0\right)}{1\times10^3 \times P_1M - Z_1\rho_{\text{ad}}RT} \tag{6-6}$$

$$\Delta V_{\text{ab}} = \frac{MV_0\left(P_1 - \frac{Z_1}{Z_0}P_0\right)}{1\times10^3 \times P_1M - Z_1\rho_{\text{ad}}RT} \tag{6-7}$$

$$\Delta V = \frac{22.4\times\rho_{\text{ad}}V_0\left(P_1 - \frac{Z_1}{Z_0}P_0\right)}{P_1M - 1\times10^{-3}\times Z_1\rho_{\text{ad}}RT} \tag{6-8}$$

等温吸附实验结果见表 6-4~表 6-6。

表 6-4　余吾矿煤样等温吸附实验结果

实验温度	45℃	平衡压力/MPa	0	2.37	4.18	5.94	7.33	7.92	8.92	9.98	—	—	—	—	—
		过剩吸附量/(cm^3/g，daf)	0	21.2	24.69	27.02	28.49	28.13	27.59	26.69	—	—	—	—	—
	62.5℃	平衡压力/MPa	0	2.22	3.92	6.10	7.00	8.08	10.14	12.02	13.88	15.10	—	—	—
		过剩吸附量/(cm^3/g，daf)	0	17.54	20.75	22.44	23.17	23.44	22.57	22.44	22.12	21.38	—	—	—
	80℃	平衡压力/MPa	0	1.75	3.91	5.87	6.94	8.10	10.04	12.07	14.37	14.97	15.95	17.72	19.75
		过剩吸附量/(cm^3/g，daf)	0	12.03	17.10	19.33	20.24	21.63	20.92	20.61	20.26	19.99	19.67	19.66	19.58

注：表 6-5~表 6-7 中“—”表示没有数据。

表 6-5　寺河矿煤样等温吸附实验结果

实验温度	45℃	平衡压力/MPa	0	2.34	4.22	5.57	6.90	7.89	8.95	9.91	—	—	—	—	—
		过剩吸附量/(cm^3/g，daf)	0	24.87	29.55	30.62	30.58	29.43	27.97	26.95	—	—	—	—	—
	62.5℃	平衡压力/MPa	0	1.80	3.80	6.08	7.12	8.11	10.08	11.99	13.80	14.94	—	—	—
		过剩吸附量/(cm^3/g，daf)	0	17.69	23.91	26.35	26.63	25.76	24.90	24.81	24.80	24.63	—	—	—
	80℃	平衡压力/MPa	0	2.31	3.89	5.80	7.07	8.13	9.92	12.08	13.92	15.24	16.42	17.94	19.97
		过剩吸附量/(cm^3/g，daf)	0	15.17	19.45	22.60	23.93	24.53	21.74	20.65	20.54	20.52	20.41	20.12	20.02

表 6-6　成庄矿煤样等温吸附实验结果

实验温度	45℃	平衡压力/MPa	0	2.04	4.01	6.03	7.14	8.00	9.03	9.95	—	—	—	—	—
		过剩吸附量/(cm^3/g，daf)	0	24.35	29.99	32.36	31.36	30.62	29.83	29.62	—	—	—	—	—
	62.5℃	平衡压力/MPa	0	2.17	4.07	6.09	7.20	8.13	10.43	11.97	13.89	15.14	—	—	—
		过剩吸附量/(cm^3/g，daf)	0	19.87	25.32	29.69	29.71	29.06	27.34	27.17	26.36	25.29	—	—	—
	80℃	平衡压力/MPa	0	2.15	4.10	6.04	7.11	8.19	9.90	12.04	14.01	15.34	16.45	18.01	19.93
		过剩吸附量/(cm^3/g，daf)	0	15.53	21.27	22.78	23.50	25.04	23.07	21.79	21.82	21.92	21.24	21.21	20.98

6.1.2　深部无烟煤储层超临界 CO_2 吸附特征

通过式(6-6)计算 CO_2 过剩吸附量，得出 45℃、62.5℃和 80℃三个不同温度条件下 CO_2 过剩吸附量等温吸附曲线，如图 6-1 所示。发现高温高压条件下的超临界 CO_2 吸附曲线不同于常温常压下的 CO_2 吸附曲线。从图 6-1 中可以看出，CO_2 过剩吸附量随压力变化呈四段式变化：低压条件下(压力约为 2MPa)吸附量先快速增加；而后缓慢增加至峰值，气体接近临界点(45℃、62.5℃温度条件时吸附量峰值对应平衡压力为 6MPa，80℃温度条件时吸附量峰值对应平衡压力为 8MPa)；之后又快速下降(压力范围分别为 6~8MPa 和 8~12MPa)；最后缓慢下降趋于平稳(45℃、62.5℃温度条件时对应平衡压力条件为 8MPa 以后，80℃温度条件时对应平衡压力条件为 12MPa 以后)。超临界 CO_2 达到过剩吸附量峰值对应的压力点具有随地温升高向高压漂移的特征，即实验设定温度(地温)越高，过剩吸附量峰值对应的平衡压力也越高。

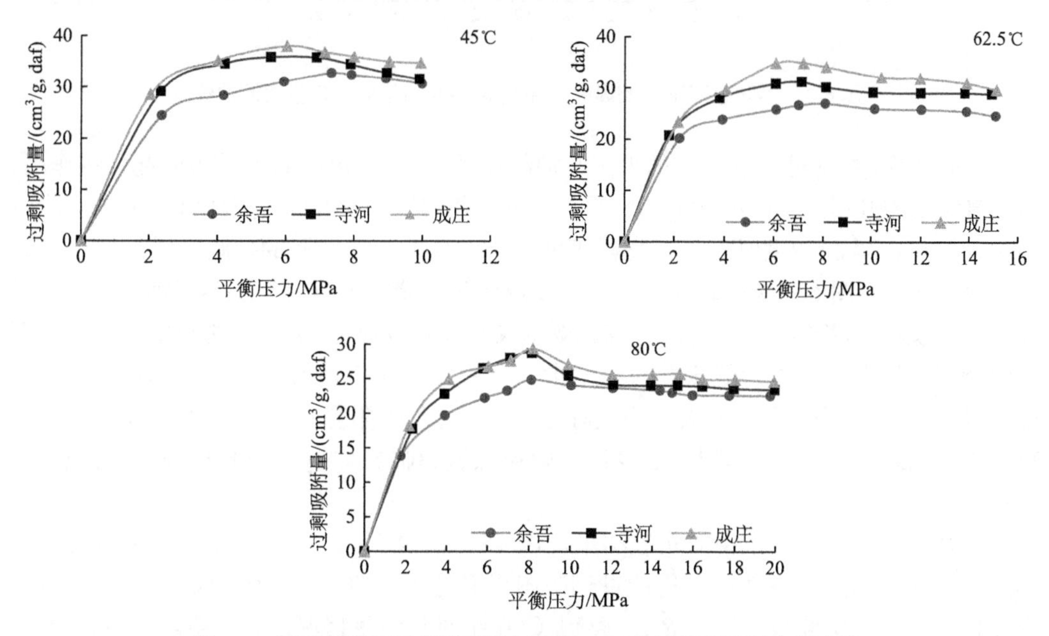

图 6-1　不同温度下无烟煤吸附超临界 CO_2 的过剩吸附量实测曲线

由于吸附空间内外密度不同，通常把吸附分子或原子所处的状态称为吸附相。常温常压条件下，CO_2 吸附相体积可以忽略。超临界 CO_2 性质发生突变，黏度和分子间作用力近于气态，密度迅速增大近于液态，吸附相密度和自由空间气体密度差异越发显著，吸附相体积对精确估量 CO_2 吸附量有着重要影响，因此不能忽略。通过式(6-7)计算 CO_2 绝对吸附量，得到 45℃、62.5℃和 80℃三种不同温度条件下 CO_2 绝对吸附量等温吸附曲线(图 6-2)。由图 6-2 可以看出，超临界 CO_2 绝对吸附量随压力的变化多呈三段式变化：低压(通常为 2MPa)下吸附量快速增大阶段，之后吸附量增大速度放缓，最后在临界点附近(压力平衡点范围 8~14MPa)又开始快速增大。由图 6-2 同样可以看出，超临界 CO_2 绝对吸附量后期快速增大对应出现的压力拐点也具有随地温升高向高压漂移的特征。

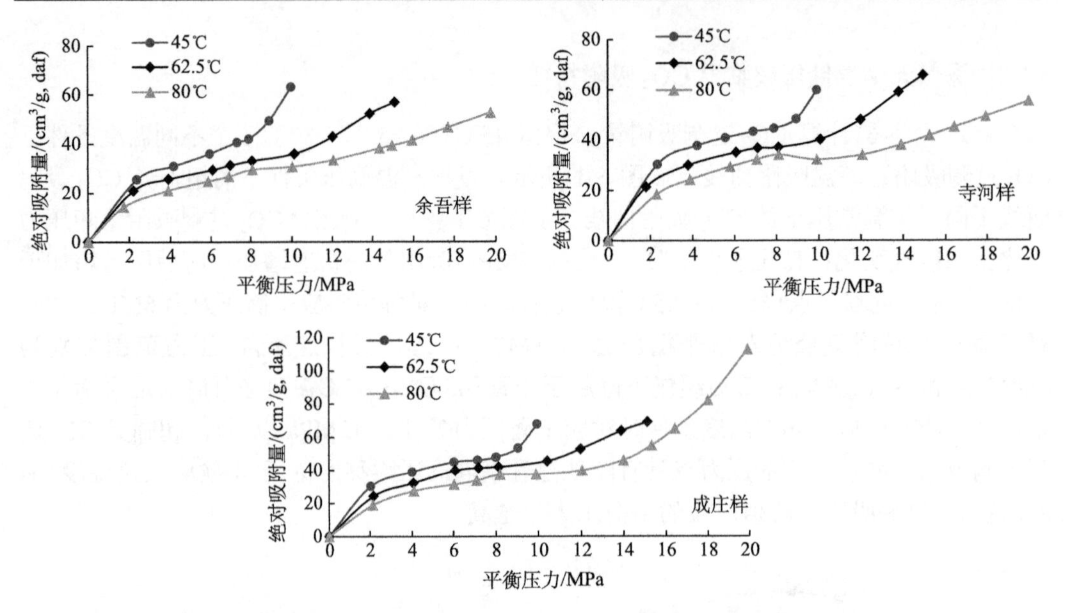

图 6-2　不同温度下无烟煤吸附超临界 CO_2 的绝对吸附量实测曲线

一般认为，温度对煤中 CO_2 的吸附起抑制作用，压力对煤中 CO_2 的吸附起促进作用。即随着温度的升高，煤样对 CO_2 的吸附量降低；随着压力的升高，煤样对 CO_2 的吸附量增大。图 6-1 和图 6-2 也明显反映出温度和压力对煤中 CO_2 吸附的控制作用。

对图 6-1 和图 6-2 观察和比较，可以发现无论是余吾矿煤样，还是寺河矿煤样，或是成庄矿煤样，随着实验温度的升高，煤对 CO_2 的绝对吸附量和过剩吸附量均出现下降的特点。过剩吸附量远低于绝对吸附量，且吸附量差值随着压力的增加不断扩大；过剩吸附量和绝对吸附量最大的不同在于 CO_2 过剩吸附量在高压时出现显著下降趋势，采用 Langmuir 吸附模型无法表征和解释煤岩超临界 CO_2 的吸附机理(刘会虎等，2018)。

结合表 6-1 和表 6-2 中的实验结果，以 45℃、62.5℃、80℃条件下 CO_2 等温吸附实验时最终平衡压力条件所获得的过剩吸附量和绝对吸附量(均为干燥无灰基吸附量)为数据源，对煤质参数、煤的 $\overline{R}_{o,max}$ 影响 CO_2 绝对吸附量情况进行分析，得到图 6-3~图 6-6。

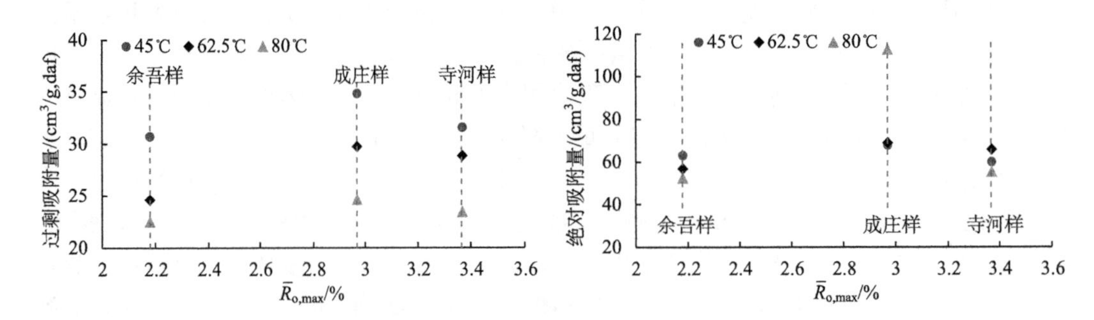

图 6-3　不同温度下煤的 $\overline{R}_{o,max}$ 对超临界 CO_2 吸附量的影响

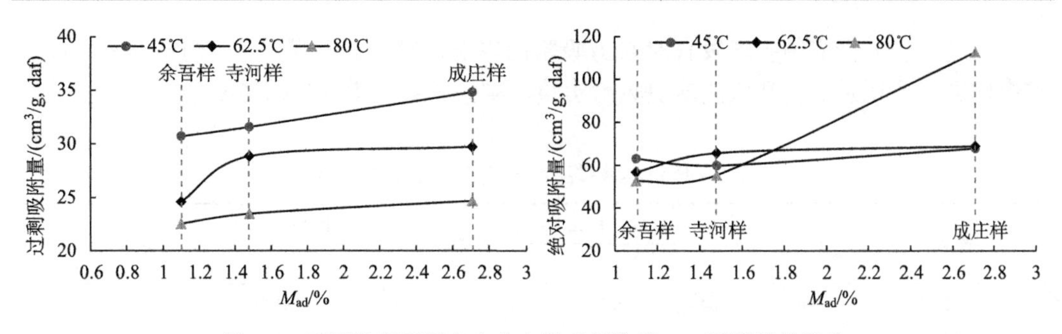

图 6-4　不同温度下煤中水分含量对超临界 CO_2 吸附量的影响

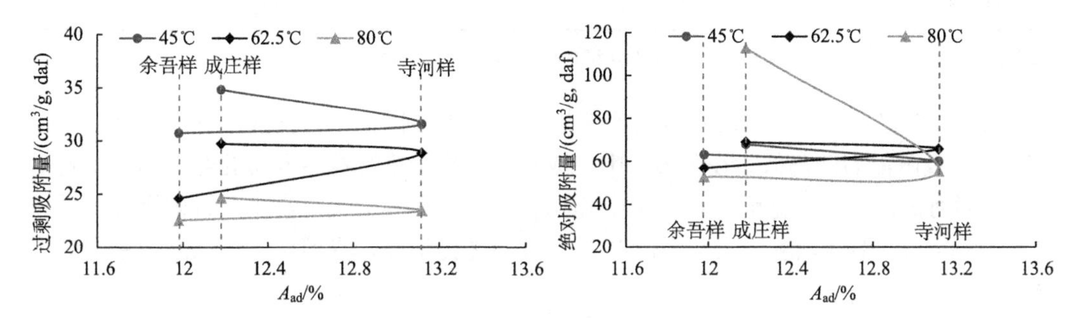

图 6-5　不同温度下煤中灰分含量对超临界 CO_2 吸附量的影响

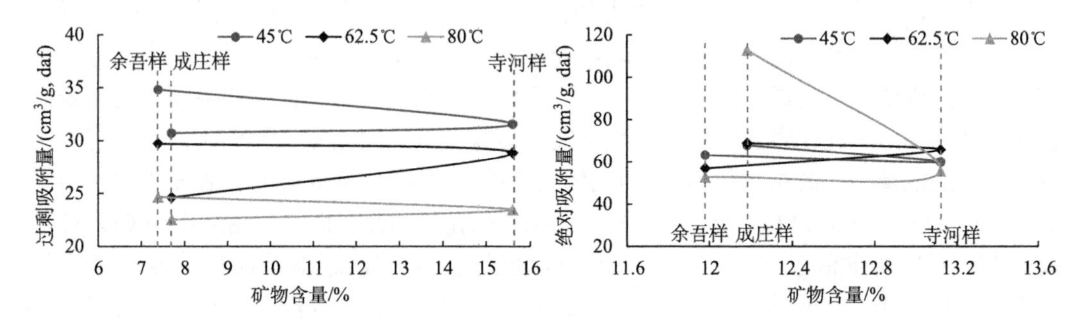

图 6-6　不同温度下煤中矿物含量对超临界 CO_2 吸附量的影响

由图 6-3 可知，煤对 CO_2 的过剩吸附量和绝对吸附量随煤的 $\overline{R}_{o,max}$ 增加先升高后下降。随煤的 $\overline{R}_{o,max}$ 增加，煤对 CO_2 的吸附性增强，但当煤的 $\overline{R}_{o,max}$ 增加到一定值，如寺河矿煤样和成庄矿煤样的 $\overline{R}_{o,max}$ 均在 3%左右，介于第三次和第四次煤化跃变之间，寺河矿煤样对 CO_2 的吸附量出现比成庄矿煤样低的特点。由图 6-4 可知，煤中水分含量对 CO_2 的过剩吸附量和绝对吸附量的影响不明显。一般认为水分含量达到临界含水量时，水分子以自由水形式存在，不占据煤表面的吸附位置，对 CO_2 吸附不再产生影响(Day et al., 2008c)。由图 6-5 和图 6-6 可知，煤中灰分含量和矿物含量对 CO_2 的过剩吸附量和绝对吸附量具有抑制的趋势，即煤中灰分含量越高(尤其是黏土矿物含量越高)，煤对 CO_2 的过剩吸附量和绝对吸附量降低。结合表 6-1 和表 6-2，煤的 $\overline{R}_{o,max}$ 总体对 CO_2 的过剩吸附量和绝对吸附量起控制作用，同时受煤中灰分(煤中矿物含量)的影响。煤中灰分和矿物含量对吸附能力影响的实质是其引起煤中孔隙结构变化的结果(苏现波等，2005；Busch and Gensterblum, 2011；刘贝等，2014)，因此，需要对煤中孔隙结构进行分析。

为进一步分析煤中孔隙发育对 CO_2 吸附的影响，对余吾矿煤样、寺河矿煤样、成庄矿煤样进行了压汞实验和低温液氮吸附实验，实验结果见表 6-7~表 6-9。

表 6-7　压汞实验样品实测孔容分布及总孔隙度

样品	煤层	孔容/($10^{-4}cm^3/g$)			孔容比/%		孔隙度/%
		V_1	V_2	V_t	V_1/V_t	V_2/V_t	
余吾煤样	3#	64	283	347	18.44	81.56	4.437
寺河煤样	3#	48	277	325	14.77	85.23	4.222
成庄煤样	3#	66	318	384	17.19	82.81	4.844

注：V_1 为大孔（孔径>50nm）孔容；V_2 为中孔（孔径介于 2~50nm）孔容；V_t 为总孔容。

由表 6-7 可知，中孔占总孔容的比例均高于 80%，因而中孔的发育程度直接决定了煤对 CO_2 吸附能力的高低。在表 6-7 中，成庄矿煤样中中孔孔容及总孔容均高于余吾矿煤样和寺河矿煤样，而寺河矿煤样中中孔孔容所占总孔容的比例高于余吾矿煤样。结合图 6-3~图 6-6，不难理解成庄矿煤样对 CO_2 吸附能力最高，寺河矿煤样次之，余吾矿煤样最低。

由表 6-8 可知，中孔的比表面积占总比表面积的比例均大于 99%，因此中孔比表面积的大小可以用于表征对 CO_2 吸附能力的强弱。无论是中孔比表面积，还是总比表面积，均是成庄矿煤样最高，寺河矿煤样次之，而余吾矿煤样最低，进一步揭示了由孔隙控制的吸附能力强弱顺序为成庄矿煤样最高、寺河矿煤样次之，余吾矿煤样最弱。孔比表面积测试结果揭示中孔比表面积与中孔孔容发育规律完全一致，进一步说明中孔、微孔（压汞实验无法取得微孔的相关数据）作为气体吸附的主要空间，其孔容和比表面积的大小决定了煤对 CO_2 吸附能力的大小，而且 3 个样品中孔孔容和比表面积的结果也与 CO_2 吸附量的大小变化规律完全一致。压汞实验测试数据分析表明，超临界状态下煤对 CO_2 的吸附量与煤中中孔的比表面积、孔容的大小有关，实际上与微孔比表面积、孔容大小更为密切。

表 6-8　压汞实验样品实测孔比表面积分布及总孔比表面积

样品	煤层	孔比表面积/(m^2/g)			孔比表面积比/%	
		S_1	S_2	S_t	S_1/S_t	S_2/S_t
余吾煤样	3#	0.149	17.720	17.869	0.83	99.17
寺河煤样	3#	0.073	18.410	18.483	0.39	99.61
成庄煤样	3#	0.100	21.070	21.170	0.47	99.53

注：S_1 为大孔（孔径>50nm）比表面积；S_2 为中孔（孔径介于 2~50nm）比表面积；S_t 为总比表面积。

表 6-9 为 3 个矿井 3#煤层样品低温液氮吸附数据。由表 6-9 可知，成庄矿煤样中孔和微孔孔容、比表面积的累加和均高于余吾矿煤样和寺河矿煤样，因此成庄矿煤样 CO_2 吸附量最高。结合表 6-9 和表 6-8 的结果，基本上可确定寺河矿煤样中孔、微孔比余吾矿煤样更发育，且寺河矿煤样的变质程度较余吾矿煤样高，故寺河矿煤样 CO_2 吸附量居中，余吾矿煤样最低。

表 6-9　低温液氮吸附实验样品实测孔容、孔比表面积

样品	孔容/($10^{-4}cm^3/g$)				孔比表面积/(m^2/g)			
	微孔	中孔	大孔	总和	微孔	中孔	大孔	总和
余吾煤样	0.49	14.69	3.40	18.58	0.1052	0.1771	0.0102	0.2925
寺河煤样	0.82	12.48	2.39	15.69	0.1633	0.1509	0.0069	0.3211
成庄煤样	0.68	21.43	4.21	26.32	0.1351	0.2482	0.0124	0.3957

结合表 6-1、图 6-1~图 6-3、表 6-7~表 6-9，寺河矿煤样煤变质程度高于成庄矿煤样，而中、微孔孔容和比表面积均低于成庄矿煤样，但寺河矿煤样煤中灰分(煤中矿物含量)明显高于成庄矿煤样，寺河矿煤样中、微孔孔容与比表面积低于成庄矿煤样可能与煤中矿物质有关。

6.1.3　深部无烟煤储层超临界 CO_2 吸附模型

本次工作考虑了 10 种吸附模型用于表征深部无烟煤储层超临界 CO_2 的吸附量，10 种吸附模型包括 Langmuir 模型(L 模型)、双参数 Langmuir 模型(TL 模型)、Toth 模型(T 模型)、朗氏-弗罗因德利希模型(LF 模型)、扩展 Langmuir 模型(EL 模型)、双参数 BET 模型(DBET 模型)、三参数 BET 模型(TBET 模型)、D-R 模型、D-A 模型、Ono-Kondo 格子理论模型(OK 模型)。

1. 吸附量实测数据的已有模型拟合度分析

以寺河矿煤样为例，在 45℃、62.5℃、80℃下过剩吸附量实验值和拟合值、拟合相关系数(R)和决定系数(R^2)如图 6-7~图 6-9 和表 6-10 所示。

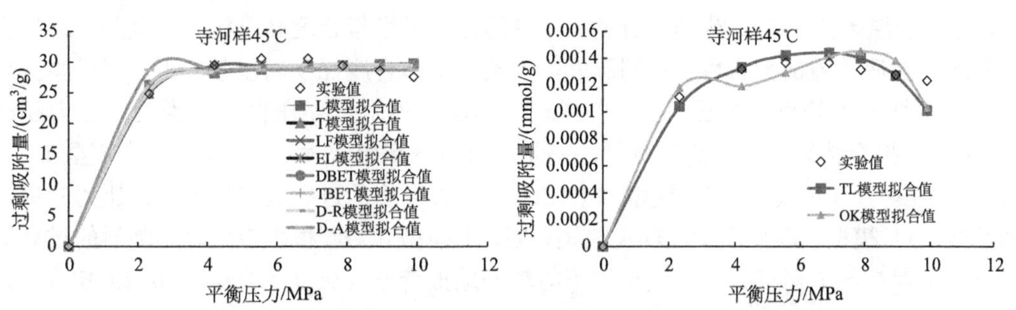

图 6-7　45℃条件下寺河矿煤样超临界 CO_2 过剩吸附量的实测值与已有模型拟合结果比较

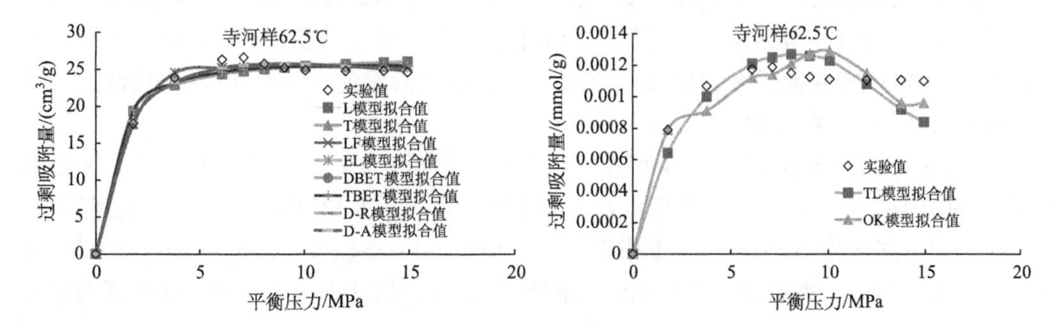

图 6-8　62.5℃条件下寺河矿煤样超临界 CO_2 过剩吸附量的实测值与已有模型拟合结果比较

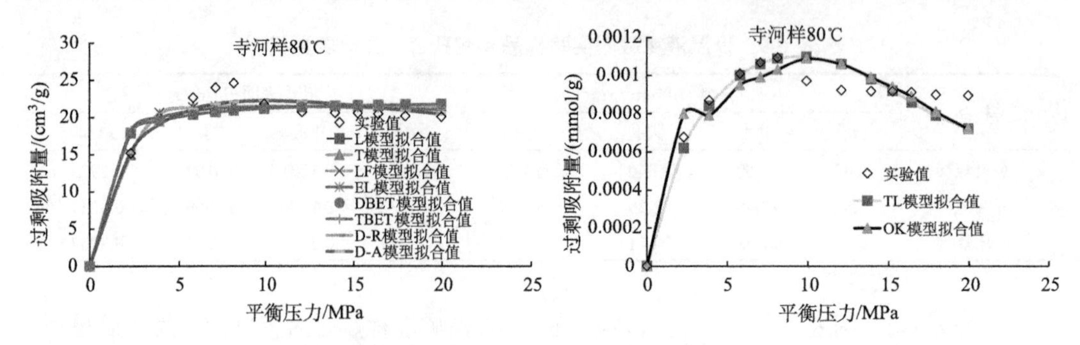

图 6-9　80℃条件下寺河矿煤样超临界 CO_2 过剩吸附量的实测值与已有模型拟合结果比较

表 6-10　不同温度条件下寺河矿煤样超临界 CO_2 过剩吸附量的不同模型拟合度

温度/℃	拟合度	不同模型的拟合度									
		L 模型	T 模型	LF 模型	EL 模型	TL 模型	DBET 模型	TBET 模型	D-R 模型	D-A 模型	OK 模型
45	R^2	0.98	0.99	0.99	0.98	0.96	0.98	0.99	0.99	0.99	0.94
	R	0.99	1.00	1.00	0.99	0.98	0.99	0.99	0.99	0.99	0.97
62.5	R^2	0.97	0.99	0.99	0.97	0.88	0.97	0.98	0.96	0.96	0.90
	R	0.99	1.00	1.00	0.99	0.94	0.99	0.99	0.98	0.98	0.95
80	R^2	0.90	0.94	0.94	0.90	0.92	0.90	0.92	0.96	0.96	0.89
	R	0.95	0.97	0.97	0.95	0.98	0.95	0.96	0.98	0.98	0.94

由图 6-7~图 6-9 和表 6-10 发现，已有吸附模型不能较好地描述超临界 CO_2 过剩吸附量的变化特征，具体表现为不能很好地描述吸附量变化的拐点。同时由图 6-7~图 6-9 可知，相对低温条件下超临界 CO_2 过剩吸附量的已有模型拟合度高于相对高温条件下超临界 CO_2 过剩吸附量的拟合度；相同温度低压条件下拟合度优于高压条件下已有模型拟合度。当平衡压力趋近临界压力 7.38MPa 时，过剩吸附量存在拐点。当测试压力超过 7.38MPa，拟合结果开始偏离实测值，偏差随压力升高而增大。在 10 种拟合模型中，L 模型、T 模型、LF 模型、EL 模型和 DBET 模型拟合出的过剩吸附量为平衡压力的单调增函数。TL 模型、D-R 模型、D-A 模型、TBET 模型和 OK 模型拟合时超临界的过剩吸附量显示存在一个拐点。所有模型均不能较好地拟合不同温度下全压段(0~20MPa)尤其是高温高压下的超临界 CO_2 的过剩吸附量。

为分析低压和高压条件下吸附模型的有效性，以寺河矿煤样 80℃下等温吸附为例，以最接近临界压力(7.38MPa)的数据点 8.13MPa 作为平衡压力的节点，对比分析了平衡压力低于 8.13MPa 和高于 8.13MPa 超临界 CO_2 过剩吸附量的实验值和模型拟合值，结果如图 6-10、图 6-11 和表 6-11 所示。

由图 6-10、图 6-11 和表 6-11 可知，当平衡压力低于 8.13MPa 时，超临界 CO_2 过剩吸附量的模型拟合与实测值一致性很好；当平衡压力高于 8.13MPa 时，模型拟合结果在一定程度上与实测值相吻合。而 T 模型、D-A 模型、TL 模型和 OK 模型拟合结果[拟合相关系数(R)和决定系数(R^2)均在 0.5 以下]比其他模型具有更大的偏差，D-R 模型拟合度也较低。

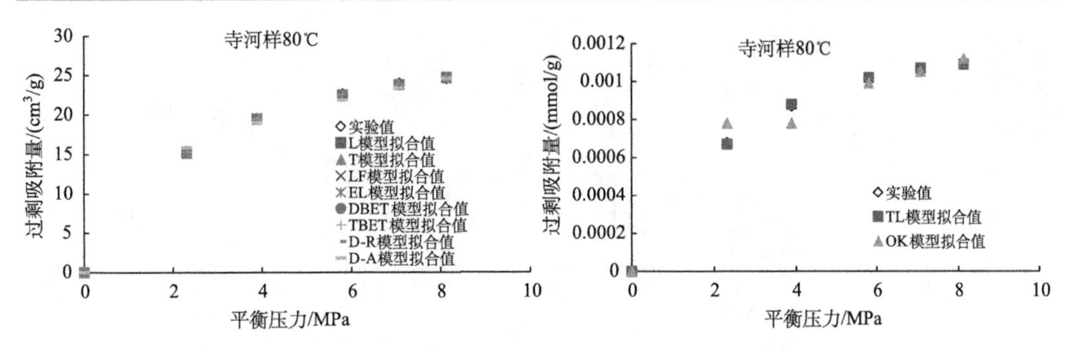

图 6-10　80℃、≤8.13MPa 条件下寺河矿煤样超临界 CO_2 过剩吸附量的实测值与不同模型拟合度比较

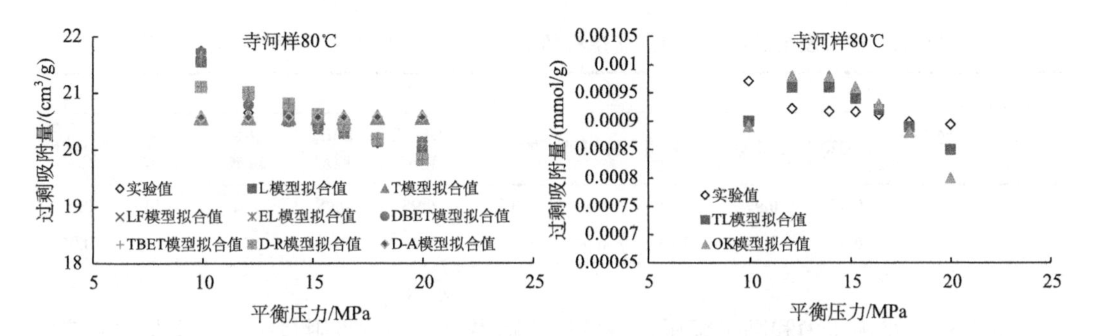

图 6-11　80℃、>8.13MPa 条件下寺河矿煤样超临界 CO_2 过剩吸附量的实测值与不同模型拟合值比较

表 6-11　80℃及不同压力条件下寺河矿煤样超临界 CO_2 过剩吸附量不同模型拟合度

平衡压力/MPa	拟合度	不同模型拟合结果									
		L 模型	T 模型	LF 模型	EL 模型	TL 模型	DBET 模型	TBET 模型	D-R 模型	D-A 模型	OK 模型
≤8.13	R^2	1.00	1.00	1.00	1.00	1.00	1.00	1.00	1.00	1.00	0.98
	R	1.00	1.00	1.00	1.00	1.00	1.00	1.00	1.00	1.00	0.99
>8.13	R^2	0.91	3.8×10^{-3}	0.95	0.91	0.06	0.96	0.94	0.66	0	0.05
	R	0.96	0.06	0.97	0.96	0.25	0.98	0.97	0.81	0	0.21

图 6-12 和表 6-12 为寺河矿煤样 80℃及全压(0~20MPa)条件下不同模型拟合的绝对吸附量与实验值的对比结果及拟合相关系数(R)和决定系数(R^2)。由图 6-12 和表 6-12 可知，大多数吸附模型拟合超临界 CO_2 绝对吸附量具有较高的精度，而 D-R 模型和 D-A 模型具有较大的偏差。由于模型假设条件和函数性质原因，当采用 TL 模型、D-R 模型、D-A 模型和 OK 模型进行拟合时，超临界 CO_2 绝对吸附量出现明显的拐点，这与超临界状态 CO_2 绝对吸附量随平衡压力持续增加而增加的特征不一致。由图 6-12 不难发现，D-R 模型、D-A 模型和 OK 模型在全压段条件拟合超临界状态 CO_2 绝对吸附量时出现较大偏差的原因在于高压段拟合时不准确，因而需要分压力段进行拟合以进一步分析。

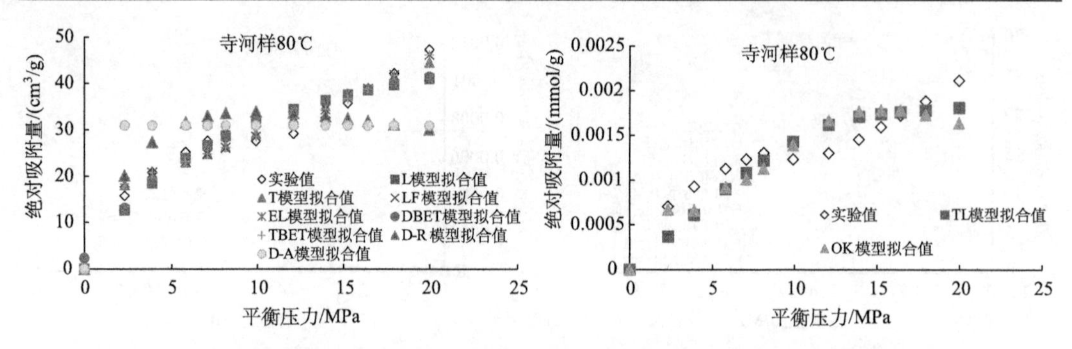

图 6-12　80℃及全压条件下寺河矿煤样超临界 CO_2 绝对吸附量实测值与不同模型拟合度比较

表 6-12　80℃及全压条件下寺河矿煤样超临界 CO_2 绝对吸附量不同模型的拟合度

实验温度/℃	拟合度	不同模型拟合结果									
		L 模型	T 模型	LF 模型	EL 模型	TL 模型	DBET 模型	TBET 模型	D-R 模型	D-A 模型	OK 模型
80	R^2	0.93	0.97	0.98	0.93	0.87	0.93	0.98	0.61	0.50	0.81
	R	0.96	0.98	0.99	0.96	0.93	0.97	0.99	0.78	0.71	0.90

为分析低平衡压力和高平衡压力条件下超临界 CO_2 绝对吸附量拟合结果与实验值的差异，进行了超临界 CO_2 绝对吸附量的分段拟合，结果如图 6-13、图 6-14 和表 6-13 所示。

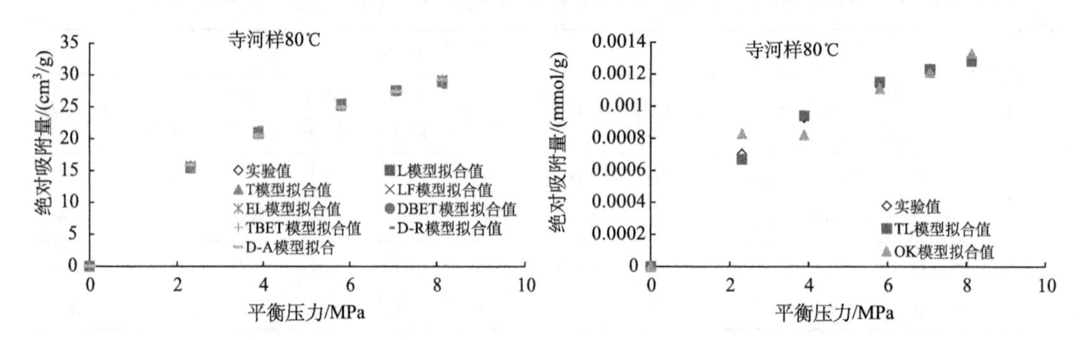

图 6-13　80℃、≤8.13MPa 条件下寺河矿煤样超临界 CO_2 绝对吸附量实测值与不同模型拟合度比较

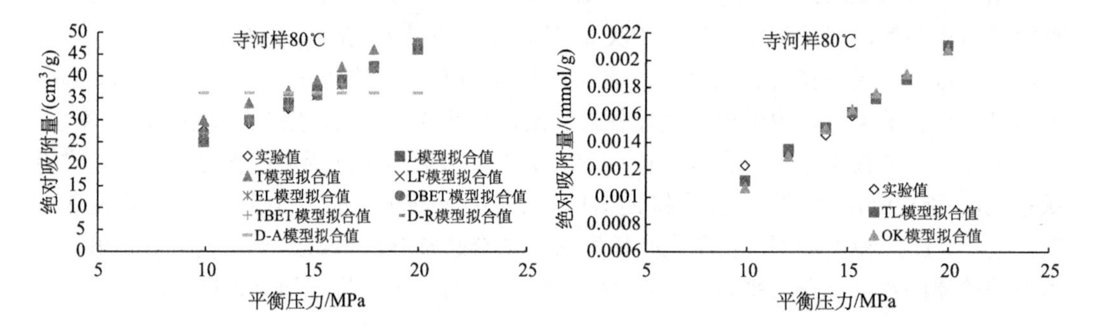

图 6-14　80℃、>8.13MPa 条件下寺河矿煤样超临界 CO_2 绝对吸附量实测值与不同模型拟合度比较

据图 6-13、图 6-14 和表 6-13 可知，当压力处于低压段(≤8.13MPa)时，所有吸附模型对超临界 CO_2 绝对吸附量的拟合具有较高的精度，拟合相关系数(R)和决定系数(R^2)均在 0.98 以上；但当压力处于高压段(>8.13MPa)时，D-A 模型、OK 模型在拟合时拟合相关系数(R)和决定系数(R^2)均在 0.5 以下，明显不适合于拟合高压力段下超临界 CO_2 的绝对吸附量，其模型拟合效果不理想。

表 6-13　80℃及不同压力条件下寺河矿煤样超临界 CO_2 绝对吸附量不同模型拟合度

平衡压力/MPa	拟合度	不同模型拟合结果									
		L 模型	T 模型	LF 模型	EL 模型	TL 模型	DBET 模型	TBET 模型	D-R 模型	D-A 模型	OK 模型
≤8.13	R^2	1.00	1.00	1.00	1.00	1.00	1.00	1.00	1.00	1.00	0.98
	R	1.00	1.00	1.00	1.00	1.00	1.00	1.00	1.00	1.00	0.99
>8.13	R^2	0.96	0.97	0.99	0.96	0.97	0.99	0.99	0.98	0	0.05
	R	0.98	0.98	1.00	0.98	0.98	1.00	1.00	0.99	0	0.21

综上分析，对高压段超临界 CO_2 过剩吸附量拟合时，T 模型、D-A 模型、TL 模型和 OK 模型的拟合结果欠佳[拟合相关系数(R)和决定系数(R^2)均在 0.5 以下]，对高压段超临界 CO_2 过剩吸附量拟合时，D-A 模型、OK 模型拟合效果欠佳[拟合相关系数(R)和决定系数(R^2)均在 0.5 以下]。而通过研究发现，所有吸附模型均适用于低压条件(低于 8.13MPa)，但在高压条件下吸附模型对超临界 CO_2 吸附量拟合效果不理想。与此同时，不同吸附模型得到的拟合结果与实验结果的匹配并不意味着拟合结果是合理有效的，因为可能存在拟合得到的参数不具有物理意义，因而通过拟合获得的模型参数必须经过进一步分析，吸附模型的优选必须通过评价或评估来确定。

2. *深部煤层超临界 CO_2 吸附模型的比选分析*

合适的吸附模型必须满足以下条件：回归参数必须具有物理意义，拟合结果必须与深部煤层超临界 CO_2 吸附特征相符，拟合精度必须足够高且能用于准确预测吸附量(Liu et al., 2019a)。

基于上述原则，对比前述 10 种模型的分析结果，如 V_L、P_L、n_{inf}、K_L、K_b、n、P_0、V_m、C、V_0、D、Γ_0 参数必须为正值，相关回归模型才有意义。而且，在 T 模型、LF 模型、EL 模型、DBET 模型、TBET 模型、D-A 模型中指数函数 n 必须为非零正整数。其中，V_L 是 T 模型的 Langmuir 体积(m^3/t)，P_L 是 L 模型的 Langmuir 压力(MPa)，n_{inf} 为 TL 模型中的绝对吸附量(mmol/g)，K_L 为通过 TL 模型拟合得到的 Langmuir 系数；K_b 为 T 模型、LF 模型、EL 模型中的结合常数($m^3/[t\cdot(MPa)^n]$)，n 为 T 模型、LF 模型、EL 模型、D-A 模型中与温度和孔径分布相关的模型参数(非零整数)，P_0 为 DBET 模型、TBET 模型、D-R 模型、D-A 模型中的饱和蒸气压力(MPa)，V_m 为 TBET 模型中单层吸附量参数(cm^3/g)，C 为 TBET 模型中与吸附热和液态吸附质相关的常数，V_0 为微孔孔容(cm^3/g)，D 为 D-A 模型中与净吸附热相关的常数，Γ_0 为 OK 模型中理论单层饱和吸附密度(mmol/g)。

根据 Polanyi 提出的吸附势理论，结合给出的 D-R 模型和 D-A 模型中计算超临界虚拟饱和蒸气压力的公式(Dubinin and Radushkevich, 1947；Dubinin et al., 1960；Polanyi, 1963)，计算出温度条件 45℃、62.5℃、80℃下虚拟饱和蒸气压力为 8.0724MPa、8.9849MPa、9.9462MPa。采用不同吸附模型对不同温度下寺河矿煤样超临界 CO_2 的过剩吸附量拟合时的拟合参数结果见表 6-14。由表 6-14 可知，当采用不同吸附模型对不同温度下全压力段的超临界 CO_2 的过剩吸附量拟合时，通过 EL 模型拟合的 n、62.5℃条件通过 DBET 模型拟合得到的 V_m、45℃和 80℃通过 DBET 模型拟合得到的 C 均小于 0，均没有物理意义，因而，EL 模型、DBET 模型不适合拟合超临界 CO_2 的过剩吸附量。此外，来自不同温度采用 EL 模型拟合得到的 V_L 明显异常(Langmuir 体积小于 1，与实际实验和煤层气开发中获得的含气量明显不符)。当 TBET 模型用于拟合超临界 CO_2 的过剩吸附量时，在 45℃、80℃条件下拟合得到的参数 C 和 n 小于 0，失去了物理意义，62.5℃条件下拟合得到的参数 n 为非整数，结果显示 TBET 模型不适合拟合深部煤层超临界 CO_2 吸附的过剩吸附量。与此同时，T 模型和 LF 模型中的 n 为小数，与模型比选满足的条件不符。综上分析，L 模型、TL 模型、D-A 模型、D-R 模型和 OK 模型是相对有效的，能用于拟合深部煤层全压力段超临界 CO_2 过剩吸附量的吸附等温线。

表 6-14　采用不同模型对不同温度条件下寺河矿煤样超临界 CO_2 吸附的过剩吸附量拟合的参数结果

吸附模型	参数	温度		
		45℃	62.5℃	80℃
L 模型	V_L	31.05	27.32	22.37
	P_L	0.43	0.74	0.58
TL 模型	n_{inf}	2.50×10^{-3}	2.60×10^{-3}	2.20×10^{-3}
	K_L	3.07	5.28	5.57
T 模型	V_L	29.41	25.37	21.46
	K_b	0.36	0.41	0.31
	n	110.90	4.17	5.74
LF 模型	V_L	29.40	25.36	21.43
	K_b	2.40×10^{-15}	0.30	0.06
	n	41.62	3.47	4.43
EL 模型	V_L	0.98	0.67	0.58
	K_b	74.05	55.02	66.48
	n	–1.94	–1.95	–1.95

吸附模型	参数	温度		
		45℃	62.5℃	80℃
DBET 模型	V_m	0.97	–0.26	0.06
	C	–0.08	0.41	–0.41
TBET 模型	V_m	102.40	61.72	81.05
	C	–25.82	12.38	–15.76
	n	–0.06	0.18	–0.09
D-A 模型	V_0	29.56	25.73	22.18
	D	0.09	0.14	0.17
	n	2	2	2
D-R 模型	V_0	29.65	25.77	22.27
	D	0.47	0.14	0.18
OK 模型	Γ_0	1.7×10^{-3}	1.8×10^{-3}	1.2×10^{-3}
	$-\frac{\varepsilon_s}{k}$	571.87	510.13	678.77

表 6-15 归纳了 80℃条件下不同压力范围寺河矿煤样超临界 CO_2 过剩吸附量采用不同吸附模型得到回归参数结果。可以看出，当超临界 CO_2 过剩吸附量采用分压力段拟合时，平衡压力低于 8.13MPa，EL 模型中的 n、DBET 模型中的 C 出现负值，不具物理意义；T 模型、LF 模型及 TBET 模型中的 n 为非整数，不符合模型比选条件。此外，EL 模型中的 V_L 明显异常(小于 1，与实际实验和煤层气开发中获得的含气量明显不符)。平

衡压力高于 8.13MPa，L 模型中的 P_L、LF 模型中的 K_b、EL 模型中的 V_L 和 n、DBET 模型中的 C、TBET 模型中的 C、D-A 模型中的 D 出现负值，这些参数失去了物理意义。与此同时，T 模型、LF 模型及 TBET 模型中的 n 为非整数，与模型比选条件不符，因而这些参数对应模型不适用于拟合过剩吸附量。结合表 6-11，当平衡压力低于 8.13MPa 时，所有吸附模型拟合的超临界 CO_2 过剩吸附量均得到了合理的精度，而当平衡压力高于 8.13MPa 时，T 模型、D-A 模型、TL 模型和 OK 模型拟合的结果不理想，D-R 模型拟合度较低(R 为 0.81，R^2 为 0.66)。因而，结合拟合参数的物理意义和吸附模型拟合时所得到的拟合精度结果，吸附模型中 L 模型、TL 模型、T 模型、LF 模型、EL 模型、DBET 模型、TBET 模型、D-A 模型、OK 模型均不适用于描述高压条件下超临界 CO_2 的过剩吸附量。综上分析，仅有 D-R 模型在采用分压力段拟合超临界 CO_2 过剩吸附量时对高压条件下超临界 CO_2 过剩吸附量有效，能用于拟合高压条件下超临界 CO_2 过剩吸附量。

表 6-15　采用不同模型对 80℃及不同压力条件下寺河矿煤样超临界 CO_2 过剩吸附量拟合的参数结果

吸附模型	参数	平衡压力		吸附模型	参数	平衡压力	
		≤8.13MPa	>8.13MPa			≤8.13MPa	>8.13MPa
L 模型	V_L	32.84	18.64	DBET 模型	V_m	6.46	0.06
	P_L	2.68	−1.34		C	−6.23	−0.17
TL 模型	n_{inf}	2.00×10^{-3}	8.00×10^{-3}	TBET 模型	V_m	31.40	12.67
	K_L	4.31	59.68		C	3.85	−2.83
T 模型	V_L	30.43	20.57		n	1.06	1.71
	K_b	0.34	15.49	D-A 模型	V_0	24.50	20.56
	n	1.20	76.52		D	0.35	-4.28×10^{-4}
LF 模型	V_L	30.95	19.99		n	1	0
	K_b	0.38	−0.01	D-R 模型	V_0	24.50	21.11
	n	1.12	3.41		D	0.23	0.13
EL 模型	V_L	0.13	−0.35	OK 模型	Γ_0	2.00×10^{-3}	2.30×10^{-3}
	K_b	94.80	39.38		$-\frac{\varepsilon_s}{k}$	484.74	309.88
	n	−1.99	−2.04				

表 6-16 显示的是 80℃条件下不同压力范围，采用不同吸附模型所获得的寺河矿煤样超临界 CO_2 的绝对吸附量拟合参数结果。由表 6-16 可知，当平衡压力为 0~20MPa(全压力范围)时，TL 模型中的 n_{inf} 和 K_L、T 模型中的 n、LF 模型中的 K_b 和 n、EL 模型中的 n、DBET 模型中的 C、TBET 模型中的 V_m 和 n 均小于 0，均失去了物理意义。此外，EL 模型中的 V_L 明显异常(Langmuir 体积小于 1 或接近于 1，与实际实验和煤层气开发中获得的含气量明显不符)。结合表 6-12，虽然 D-R 模型、D-A 模型和 OK 模型在全压段条件下拟合超临界 CO_2 绝对吸附量时拟合精度不够理想，但仅有 L 模型、D-A 模型、D-R 模型和 OK 模型 4 种吸附模型在拟合全压力段超临界 CO_2 吸附的绝对吸附量时拟合参数具有物理学意义，对超临界 CO_2 吸附等温吸附曲线的拟合是有效的，适用于拟合全压力

段下超临界 CO_2 的绝对吸附量。

由表 6-16 可知，当平衡压力低于 8.13MPa 时，EL 模型中的 n、DBET 模型中的 C 小于 0，失去了物理意义。同时，T 模型中的 V_L(Langmuir 体积在 90 以上，与实际实验和煤层气开发中获得的含气量明显不符)、EL 模型中的 V_L 明显异常(Langmuir 体积小于 1，与实际实验和煤层气开发中获得的含气量明显不符)。此外，T 模型中的 n、LF 模型中的 n、TBET 模型中的 n 为非整数，与模型比选条件不符。同时，表 6-13 表明所有吸附模型在拟合平衡压力低于 8.13MPa 时拟合超临界 CO_2 绝对吸附量获得了较佳的拟合精度，因而，剔除 T 模型、EL 模型、LF 模型、DBET 模型、TBET 模型因参数异常或失去物理意义外，L 模型、TL 模型、D-A 模型、D-R 模型和 OK 模型在平衡压力低于 8.13MPa 条件下对超临界 CO_2 绝对吸附量拟合时拟合参数既有物理意义且拟合能获得理想的拟合精度，这 5 种吸附模型适合拟合低压条件下超临界 CO_2 的绝对吸附量。

表 6-16　采用不同模型对 80℃及不同压力条件下寺河矿煤样超临界 CO_2 绝对吸附量拟合的参数结果

吸附模型	参数	平衡压力		
		0~20MPa	≤8.13MPa	>8.13MPa
L 模型	V_L	58.03	44.45	276.65
	P_L	8.31	4.34	99.78
TL 模型	n_{inf}	−0.01	3.90×10^{-3}	-3.40×10^{-3}
	K_L	−77.68	7.11	−33.51
T 模型	V_L	15.39	90.71	6.14×10^{8}
	K_b	0.11	0.25	1.48×10^{-8}
	n	−1.13	0.48	0.12
LF 模型	V_L	12.96	67.09	14.92
	K_b	−4.56	0.17	−9.31
	n	−0.40	0.73	−0.62
EL 模型	V_L	1.06	0.49	1.00
	K_b	6.57	20.97	2.76
	n	−1.96	−1.98	−1.99

吸附模型	参数	平衡压力		
		0~20MPa	≤8.13MPa	>8.13MPa
DBET 模型	V_m	2.43	6.46	0.06
	C	−25.56	−6.23	−0.50
TBET 模型	V_m	−27.77	17.63	−22.59
	C	0.89	8.38	0.84
	n	−1.34	2.74	−1.54
D-A 模型	V_0	31.03	29.19	36.12
	D	2.2×10^{-3}	0.48	-9.69×10^{-4}
	n	0	1	0
D-R 模型	V_0	33.93	28.45	28.65
	D	0.24	0.30	−1.08
OK 模型	Γ_0	2.27×10^{-2}	6.03×10^{-3}	-1.28×10^{-3}
	$-\frac{\varepsilon_s}{k}$	55.45	216.47	−1733.24

根据表 6-16，当平衡压力超过 8.13MPa 时，在选定的 10 种吸附模型拟合超临界 CO_2 绝对吸附量时，TL 模型中的 n_{inf} 和 K_L、LF 模型中的 K_b 和 n、EL 模型中的 n、DBET 模型中的 C、TBET 模型中的 V_m 和 n 均小于 0，D-A 模型和 D-R 模型中的 D、OK 模型中的 $\left(-\frac{\varepsilon_s}{k}\right)$ 均为负值，失去了物理意义。此外，L 模型中的 V_L(Langmuir 体积在 270 以上，与实际实验和煤层气开发中获得的含气量明显不符)、P_L(Langmuir 压力在 90 以上，与实际实验和煤层气开发中获得的储层压力明显不符)及 T 模型中 n(非整数)和 V_L 明显异常(Langmuir 体积在 10^8 以上，与实际实验和煤层气开发中获得的含气量明显不符)。因而，所有吸附模型中的因参数出现负值失去了物理意义或数值异常，导致所选的 10 种吸

附模型均不能有效地拟合高压条件下超临界 CO_2 的绝对吸附量。因此，本书中，当平衡压力超过 8.13MPa 时，在选定的 10 种吸附模型均不可用于拟合高压条件下超临界 CO_2 绝对吸附量的背景下，尝试采用线性拟合、指数函数拟合、对数函数拟合、幂函数拟合和多项式拟合，拟合结果如图 6-15 所示。

图 6-15 显示超临界 CO_2 绝对吸附量采用线性拟合、指数函数拟合、对数函数拟合、幂函数拟合、多项式拟合均具有很好的精度，决定系数 R^2 分别为 0.973、0.9872、0.9282、0.9576、0.9959。模拟结果显示，5 种函数均能满足压力条件超过 8.13MPa 时超临界 CO_2 绝对吸附量的拟合。然而，决定系数显示多项式拟合、指数函数拟合和线性拟合优于幂函数拟合和对数函数拟合。

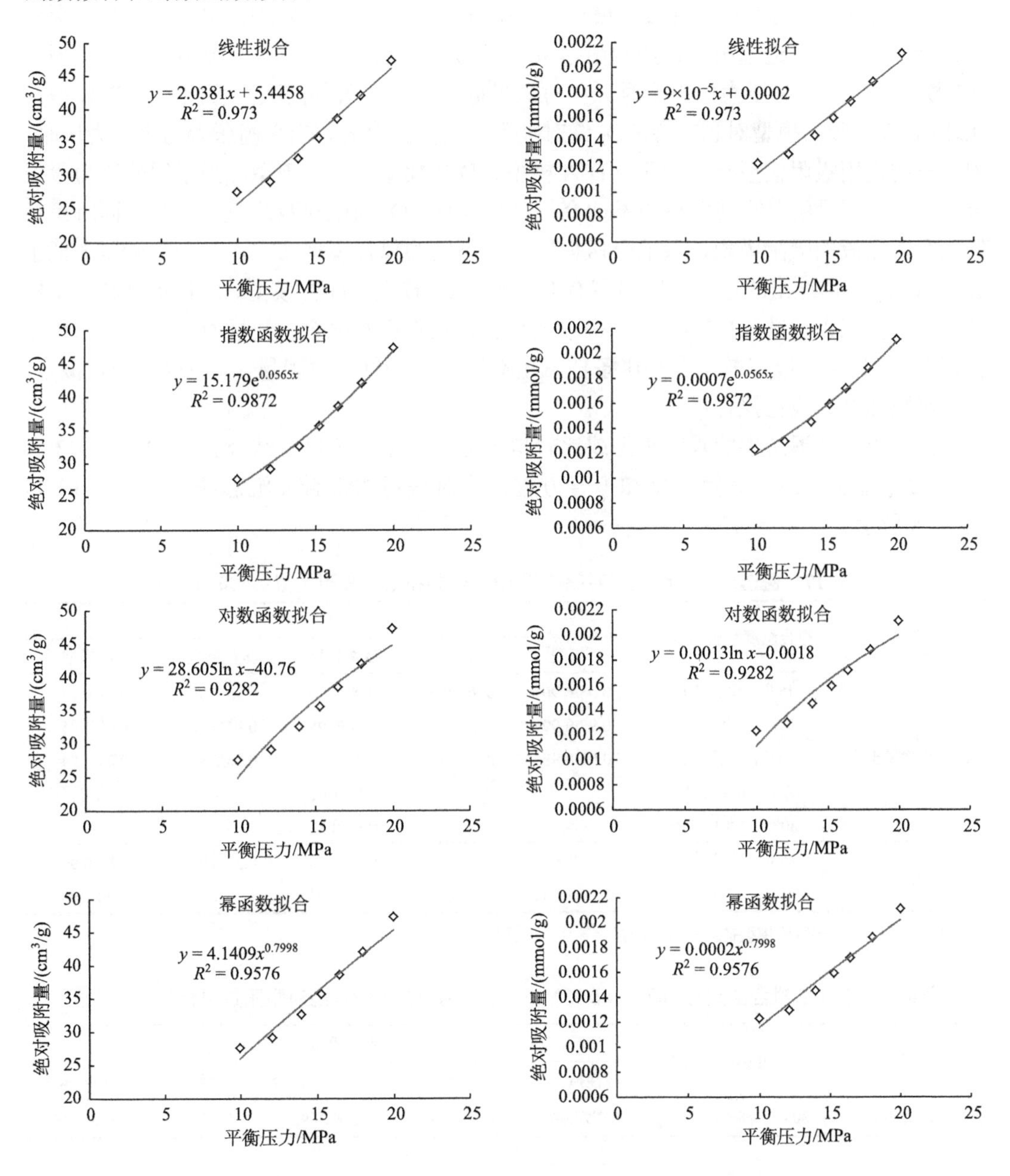

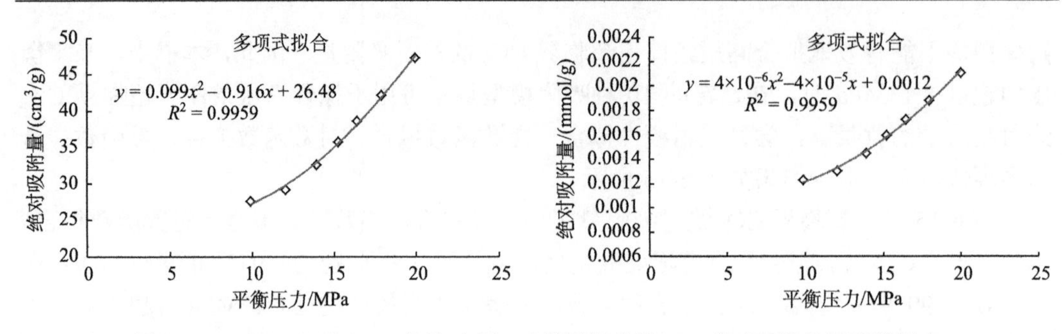

图 6-15 80℃、>8.13MPa 条件下寺河矿煤样超临界CO_2绝对吸附量等温线拟合

综上分析，在运用 10 种吸附模型对超临界CO_2过剩吸附量进行拟合时，当平衡压力为全压力段时，遴选出的适用吸附模型有 L 模型、TL 模型、D-A 模型、D-R 模型和 OK 模型，当采用分压力段拟合时，同时满足低压和高压条件的吸附模型为 D-R 模型；在运用 10 种吸附模型对超临界CO_2绝对吸附量进行拟合时，当平衡压力为全压力段时，遴选出的适用吸附模型有 L 模型、D-A 模型、D-R 模型和 OK 模型，当采用分压力段拟合时，因高压段所有吸附模型均不适合拟合超临界CO_2的绝对吸附量，不存在同时满足低压和高压段的吸附模型，只能分压力段选用不同的拟合模型或方法。当平衡压力低于 8.13MPa 时，遴选出的适用吸附模型有 L 模型、TL 模型、D-A 模型、D-R 模型和 OK 模型；当平衡压力超过 8.13MPa 时，多项式拟合、指数函数拟合、线性拟合、对数函数拟合、幂函数拟合均能有效拟合高压条件下超临界CO_2的绝对吸附量，其中以多项式拟合、指数函数拟合、线性拟合更优。

为了更好地遴选出的吸附模型或比较拟合方程的拟合效果，结合表 6-10~表 6-13 和图 6-12，将遴选出的吸附模型和拟合方程拟合时获得的拟合度汇总统计如表 6-17 和表 6-18 所示。

表 6-17 遴选出的吸附模型对超临界CO_2过剩和绝对吸附量拟合时的拟合度

拟合对象	拟合温度和压力条件	拟合度 R^2/R				
		L 模型	TL 模型	D-R 模型	D-A 模型	OK 模型
过剩吸附量拟合	45℃、全压力段	0.98/0.99	0.96/0.98	0.99/0.99	0.99/0.99	0.94/0.97
	62.5℃、全压力段	0.97/0.99	0.88/0.94	0.96/0.98	0.96/0.98	0.90/0.95
	80℃、全压力段	0.90/0.95	0.92/0.98	0.96/0.98	0.96/0.98	0.89/0.94
	80℃、≤8.13MPa	—	—	1.00/1.00	—	—
	80℃、>8.13MPa	—	—	0.66/0.81	—	—
绝吸附量拟合	80℃、全压力段	0.93/0.96	—	0.61/0.78	0.50/0.71	0.81/0.90
	80℃、≤8.13MPa	1.00/1.00	1.00/1.00	1.00/1.00	1.00/1.00	1.00/1.00

注：“—”表示该吸附模型在对应选择的拟合条件下不适用。

表 6-18 选定的拟合函数对 80℃、>8.13MPa 条件下超临界CO_2绝对吸附量拟合时的拟合度

拟合对象	拟合温度和压力条件	拟合度 R^2/R				
		线性拟合	指数函数拟合	对数函数拟合	幂函数拟合	多项式拟合
绝吸附量拟合	80℃、>8.13MPa	0.97/0.99	0.98/0.99	0.93/0.96	0.96/0.98	1.00/1.00

前述已有吸附模型均为非线性模型，在遴选出的可适用的吸附模型中，当拟合相关系数 R、决定系数 R^2 非常接近的情况下，无法区分出吸附模型的优劣，此时拟合相关系数 R、决定系数 R^2 不能作为评价模型优劣的有效标准。因此，本书中引入标准差 S 和残差平方和 SSE 来评价模型拟合的效果，两者计算公式如下：

$$S=\left[\frac{1}{n}\sum_{i=1}^{n}(V_i-V_e)^2\right]^{\frac{1}{2}} \tag{6-9}$$

$$\mathrm{SSE}=\sum_{i=1}^{n}(V_i-V_e)^2 \tag{6-10}$$

式中，S 表示标准差；SSE 表示残差平方和；n 表示数据的量；V_i 和 V_e 分别表示每个平衡压力点下吸附量的实验值和拟合值。

根据标准差 S 和残差平方和 SSE 的基本定义，标准差和残差平方和越小，表示拟合结果与样本值的偏差越小，结合标准差 S 和残差平方和 SSE 可以比较吸附模型和拟合函数的优劣。运用标准差 S 计算公式(6-9)和残差平方和 SSE 计算公式(6-10)对遴选出的吸附模型和函数拟合结果进行计算，结果如表 6-19~表 6-22 所示。

表 6-19 为根据遴选出的 5 种吸附模型对全压范围、不同温度条件下超临界 CO_2 过剩吸附量计算出的标准差 S 和残差平方和 SSE 的结果。

表 6-19　不同温度条件下寺河矿煤样超临界 CO_2 过剩吸附量拟合标准差 S 和残差平方和 SSE

温度/℃	L 模型		TL 模型		D-A 模型		D-R 模型		OK 模型	
	S	SSE	S	SSE	S	SSE	S	SSE	S	SSE
45	1.34	14.37	2.10	35.41	1.08	9.32	1.07	9.14	2.50	49.09
62.5	1.22	16.32	2.88	91.06	0.64	4.49	0.64	4.48	2.43	65.01
80	1.88	46.01	1.85	44.49	1.23	19.51	1.22	19.44	2.09	56.65

据表 6-19 可知，当实验温度为 45℃时，5 种吸附模型用于评价全压力段下过剩吸附量的优劣顺序为 D-R 模型>D-A 模型>L 模型>TL 模型>OK 模型；当实验温度为 62.5℃时，5 种吸附模型用于评价全压力段下过剩吸附量的优劣顺序为 D-R 模型>D-A 模型>L 模型>OK 模型>TL 模型；当实验温度为 80℃时，5 种吸附模型用于评价全压力段下过剩吸附量的优劣顺序为 D-R 模型>D-A 模型>TL 模型>L 模型>OK 模型。

为进一步证实上述结果，以余吾矿煤样作为实例，采用 5 种遴选出的吸附模型对超临界 CO_2 过剩吸附量计算出标准差 S 和残差平方和 SSE，结果如表 6-20 所示。当实验温度为 45℃时，5 种吸附模型用于评价全压力段下过剩吸附量的优劣顺序为 D-R 模型>D-A 模型>L 模型>OK 模型>TL 模型；当实验温度为 62.5℃时，5 种吸附模型用于评价全压力段下过剩吸附量的优劣顺序为 D-R 模型>D-A 模型>L 模型>TL 模型>OK 模型；当实验温度为 80℃时，5 种吸附模型用于评价全压力段下过剩吸附量的优劣顺序为 D-R 模型>D-A 模型>L 模型>TL 模型>OK 模型。

表 6-20　不同温度条件下余吾矿煤样超临界 CO_2 过剩吸附量拟合标准差 S 和残差平方和 SSE

温度/℃	L 模型		TL 模型		D-A 模型		D-R 模型		OK 模型	
	S	SSE	S	SSE	S	SSE	S	SSE	S	SSE
45	0.77	4.69	2.26	40.72	0.54	2.37	0.54	2.36	2.00	31.92
62.5	0.90	8.02	0.90	8.19	0.35	1.20	0.34	1.17	2.47	60.97
80	1.06	14.63	1.65	35.23	0.43	2.39	0.39	1.93	1.81	42.68

联合表 6-19 和表 6-20，D-R 模型和 D-A 模型在对全压范围下超临界 CO_2 过剩吸附量拟合时均具有较高的精度。L 模型在 5 种模型中具有中等精度，TL 模型和 OK 模型在 5 种模型中具有相对较低的精度。在这些选定的吸附模型中，D-R 模型、D-A 模型、TL 模型和 OK 模型均能描述超临界 CO_2 过剩吸附量的拐点。因此，结合吸附模型能否模拟吸附曲线拐点特征和拟合精度结果，D-R 模型和 D-A 模型在对全压范围下超临界 CO_2 过剩吸附量拟合时为最佳吸附模型。最终遴选出的用于拟合温度分别为 45℃、62.5℃、80℃且平衡压力为全压范围下的吸附模型，具体如式(6-11)~式(6-16)。

45℃条件下超临界 CO_2 过剩吸附量拟合表达式具体为

$$\text{D-R 模型：}\quad V = 29.65\exp\left[-0.09\ln^2\left(\frac{8.07}{P}\right)\right] \tag{6-11}$$

$$\text{D-A 模型：}\quad V = 29.56\exp\left[-0.09\ln^2\left(\frac{8.07}{P}\right)\right] \tag{6-12}$$

62.5℃条件下超临界 CO_2 过剩吸附量拟合表达式具体为

$$\text{D-R 模型：}\quad V = 25.77\exp\left[-0.14\ln^2\left(\frac{8.98}{P}\right)\right] \tag{6-13}$$

$$\text{D-A 模型：}\quad V = 25.73\exp\left[-0.14\ln^2\left(\frac{8.98}{P}\right)\right] \tag{6-14}$$

80℃条件下超临界 CO_2 过剩吸附量拟合表达式具体为

$$\text{D-R 模型：}\quad V = 22.18\exp\left[-0.17\ln^2\left(\frac{9.95}{P}\right)\right] \tag{6-15}$$

$$\text{D-A 模型：}\quad V = 22.27\exp\left[-0.18\ln^2\left(\frac{9.95}{P}\right)\right] \tag{6-16}$$

最终遴选出的用于拟合温度为 80℃且满足分压力段的 D-R 吸附模型具体表达式为

$$\text{平衡压力}\leqslant 8.13\text{MPa 时，}\quad V = 24.50\exp\left[-0.23\ln^2\left(\frac{9.95}{P}\right)\right] \tag{6-17}$$

$$\text{平衡压力} > 8.13\text{MPa 时，}\quad V = 21.11\exp\left[-0.13\ln^2\left(\frac{9.95}{P}\right)\right] \tag{6-18}$$

表 6-21 为 4 种遴选出的吸附模型对全压力范围(0~20MPa)超临界 CO_2 绝对吸附量计算出的标准差 S 和残差平方和 SSE 结果。结果显示 4 种遴选出的吸附模型对超临界 CO_2

绝对吸附量拟合的优选顺序为 L 模型>OK 模型>D-R 模型>D-A 模型，而且 4 种吸附模型的优先顺序与不同压力范围下超临界 CO_2 的吸附特征保持一致。结合表 6-17 中的结果，同时考虑遴选出的 4 种吸附模型中 D-A 模型、D-R 模型与 OK 模型在拟合时，过拐点后绝对吸附量拟合值出现随压力增加而下降，与绝对吸附量变化特征(绝对吸附量随压力持续增加)不一致的情况，最终优选出用于拟合超临界 CO_2 绝对吸附量的最佳吸附模型为 L 模型。

表 6-21　80℃、全压条件下寺河矿煤样超临界 CO_2 绝对吸附量拟合标准差 *S* 和残差平方和 SSE

平衡压力/MPa	L 模型		D-A 模型		D-R 模型		OK 模型	
	S	SSE	*S*	SSE	*S*	SSE	*S*	SSE
0~20	3.10	125.18	8.21	875.28	7.26	685.28	5.34	370.60

在温度 80℃且平衡压力为全压范围条件下，可用于拟合超临界 CO_2 绝对吸附量的吸附模型具体表达式为

$$\text{L 模型：}\ V = 58.03\frac{P}{8.31+P} \tag{6-19}$$

表 6-22 显示的为遴选出的 5 种吸附模型对 80℃、压力低于 8.13MPa 条件下超临界 CO_2 绝对吸附量计算出的标准差 *S* 和残差平方和 SSE 结果。结果显示 5 种遴选出的吸附模型用于拟合绝对吸附量的优先顺序为 L 模型>D-A 模型>TL 模型>D-R 模型>OK 模型。据表 6-22 可知，L 模型计算得到的标准差 *S* 和残差平方和 SSE 与 D-A 模型计算得到的标准差 *S* 和残差平方和 SSE 相近，低于 TL 模型和 D-R 模型，远低于 OK 模型。因此，最终优选出平衡压力低于 8.13MPa 条件下超临界 CO_2 绝对吸附量拟合时的最佳吸附模型为 L 模型、TL 模型、D-A 模型和 D-R 模型。

表 6-22　80℃、<8.13MPa 条件下寺河矿煤样超临界 CO_2 绝对吸附量拟合标准差 *S* 和残差平方和 SSE

平衡压力/MPa	L 型		TL 模型		D-A 模型		D-R 模型		OK 模型	
	S	SSE	*S*	SSE	*S*	SSE	*S*	SSE	*S*	SSE
≤8.13	0.20	0.24	0.45	1.19	0.21	0.27	0.77	3.60	1.55	14.69

拟合温度 80℃且平衡压力低于 8.13MPa 条件下，超临界 CO_2 绝对吸附量拟合表达式具体为

$$\text{L 模型：}\ V = 44.45\frac{P}{8.31+P} \tag{6-20}$$

$$\text{TL 模型：}\ n_{\text{excess}} = 0.0039\frac{P}{7.11+P}\left[1-\frac{\rho_{CO_2}(P,T)}{1028000}\right] \tag{6-21}$$

$$\text{D-R 模型：}\ V = 28.45\exp\left[-0.3\ln^2\left(\frac{9.95}{P}\right)\right] \tag{6-22}$$

$$\text{D-A 模型：} V = 29.19\exp\left[-0.48\ln^2\left(\frac{9.95}{P}\right)\right] \tag{6-23}$$

式(6-11)~式(6-23)中，V 为吸附量，cm^3/g；P 为实验平衡压力，MPa；$\rho_{CO_2}(P,T)$ 为自由相密度，g/cm^3，由实验获取。

当平衡压力高于 8.13MPa 时，因采用线性拟合、指数函数拟合、对数函数拟合、幂函数拟合和多项式拟合模拟超临界 CO_2 绝对吸附量时均能获得较高的精度，且拟合精度具有较明显的区分度，采用的拟合函数排序为多项式拟合、指数函数拟合、线性拟合、幂函数拟合、对数函数拟合，考虑到吸附量用体积和物质的量分别表示时可以相互转换，因而只给出吸附量以体积表示时进行拟合所得到的拟合方程，其拟合方程如下。

$$\text{多项式拟合：} V = 0.099 \times P^2 - 0.916 \times P + 26.48 \tag{6-24}$$

$$\text{指数函数拟合：} V = 15.179 \times e^{0.0565P} \tag{6-25}$$

$$\text{线性拟合：} V = 2.0381 \times P + 5.4458 \tag{6-26}$$

$$\text{幂函数拟合：} V = 4.1409 \times P^{0.7998} \tag{6-27}$$

$$\text{对数函数拟合：} V = 28.605 \times \ln P - 40.76 \tag{6-28}$$

式(6-24)~式(6-28)中，V 为吸附量，cm^3/g；P 为实验平衡压力，MPa。

6.2　超临界 CO_2 构造圈闭封存

由于地壳运动使储集层发生变形和变位而形成的圈闭，即构造圈闭。构造圈闭的类型包括背斜圈闭、断层圈闭、刺穿接触圈闭(何生等，2010)。与常规油气储层不同，在深部煤层中，超临界 CO_2 由于密度比地层水小，在浮力的作用下直至达到封闭的盖层，被封存在低渗透性的盖层之下，盖层的突破压力必须大于浮力和水动力，CO_2 聚集在有垂向和侧向的边界之中，这是进行 CO_2 存储的前提条件(Golding et al., 2011)。气相或超临界 CO_2 在浮力的驱动下向上运移，当受顶部盖层的遮挡而不能继续运移时就圈闭于储层中，形成构造圈闭封存。根据相关研究成果(常锁亮等，2016)，背斜轴部、两翼斜坡及深部向斜缓坡等不同构造位置，为圈定 CO_2 封存单元的物性封堵边界提供了可能。对于 CO_2 构造圈闭封存，可以理解为以构造高点等构造圈闭为代表的煤储层连通空间中以游离气赋存方式封存 CO_2 的机制。

本节讨论深部无烟煤储层超临界 CO_2 构造封存的特征，指出可能存在的构造圈闭封存类型，并给出深部无烟煤储层超临界 CO_2 构造封存中游离气量的基本计算方法。

6.2.1　深部无烟煤储层超临界 CO_2 构造封存特征

沁水盆地总体构造特征见 2.1.2。从沁南盆地构造应力场演化看，本区经历了早期印支期的 SN 向的挤压、燕山期的 NW—SE 向挤压、新生代的由 NWW—SEE 向伸展到 NE—SW 向挤压和 NW—SE 向伸展作用。受构造运动影响，尤其是受最近一期应力场作用，寺头断层在该期应力场作用下处于相对紧密状态，有利于煤层气的保存。

从控造控气的关系分析看，樊庄区块煤储层含气量变化与地质构造呈现出明显相关性，含气量高值区主要发育于区块内 NNE 向复式向斜中的次级背斜和次级向斜两翼，低值区则发育于张性断层附近(Liu et al., 2013)；郑庄区块煤储层含气量的分布与构造也呈现出明显的相关性，煤层气含气量高值区主要位于区内发育的 NNE 向复式向斜中的次级背斜和次级向斜两翼，形态上受向、背斜形迹限制而呈现条带状，或位于断层及褶皱均不发育的地带；煤层气含气量中值区主要位于区内发育的 NNE 向复式向斜中的次级向斜两翼(Liu et al., 2014)。

由沁水盆地南部构造分布特征和煤层气含气性分布与构造的关系不难推断：深部无烟煤储层超临界 CO_2 构造封存主要以次级背斜圈闭和次级向斜两翼的构造复合圈闭为主，压性断层区域可能存在断层圈闭和断层岩性复合圈闭。

6.2.2　深部无烟煤储层超临界 CO_2 构造封存量

在地层条件下，超临界 CO_2 注入深部无烟煤储层中被构造圈闭封存时主要以游离态封存于孔裂中。深部无烟煤储层超临界 CO_2 的构造封存量即为构造圈闭中游离超临界 CO_2 的封存量。

设煤层中游离态的 CO_2 体积为 V，煤层体积为 V_{coal}，煤储层孔隙中的含气饱和度为 S_{CO_2}，煤中有效孔隙度为 φ，则煤层中游离态的 CO_2 体积 V 可表示为

$$V = V_{coal} \times \varphi \times S_{CO_2} \tag{6-29}$$

式中，

$$V_{coal} = A \times H \tag{6-30}$$

则煤层中游离态的 CO_2 体积 V 最终可表示为

$$V = A \times H \times \varphi \times S_{CO_2} \tag{6-31}$$

式中，V_{coal} 为煤层体积，m^3；A 为煤层有效面积，m^2；H 为煤层厚度，m；S_{CO_2} 为煤储层孔隙中 CO_2 的含气饱和度，%；φ 为煤的有效孔隙度，%。

6.3　超临界 CO_2 溶解与矿物固定封存

本节讨论深部无烟煤储层超临界 CO_2 溶解与矿物固定封存的基本特征，揭示超临界 CO_2 溶解与矿物固定封存机理，并讨论其影响因素。

6.3.1　超临界 CO_2 溶解封存

溶解封存是一个持续的气体溶于水的变化过程。CO_2 注入煤层后，可通过扩散和对流逐渐与煤层中的地下水混合，并溶解于其中。溶解封存速率理论上取决于 CO_2 的注入量及 CO_2 与未被 CO_2 饱和的储层水间的接触量。一旦 CO_2 停止运移，煤层中的水将逐渐达到 CO_2 饱和，扩散成为主要的混合过程，有助于 CO_2 的溶解(Bachu et al., 2007)。但也存在含水层中水力梯度引起的水流动和被 CO_2 饱和的储层水及未被 CO_2 饱和的储层水间由于密度差引起的重力驱动流和环形对流(Audigane et al., 2007)。一般情况下被 CO_2 饱和的储层水要比原有的储层水重 1%左右，如果岩石渗透率足够高，含水层足够厚，对流作用使未被 CO_2 饱和的储层水持续替换其上面的被 CO_2 饱和的储层水，使对流的速度远远大于扩散的速度，所以更有助于加速 CO_2 气体的溶解过程(Xu et al., 2006)。

应当注意的是，CO_2 在水中的溶解度高于 CH_4，有助于注入的 CO_2 向煤层及周围地层流动。当封存 CO_2 的煤层中有大量地下水存在时，水会使煤层对 CO_2 的吸附量大大降低，因为部分水分子抢占了 CO_2 的吸附空间。在深部煤层条件下，超临界 CO_2 更容易在地下流体中溶解，形成 CO_2 溶解封存。溶解封存量的大小取决于煤储层温度、压力、盐度变化和含水率等。CO_2 在水中的溶解度一般随压力的增大而增大，随温度的减小而减小，但随压力增大的速度远快于 CH_4。CO_2 溶解封存量常因占比较小而被忽略。如深部煤层具有较大的面积、厚度和含水性，CO_2 溶解封存也可形成可观的存储容量。

气体在煤层水中的溶解其实是一种气-液两相平衡的状态。当 CO_2 溶于煤层水达到平衡时，可由气-液平衡方程得到 CO_2 在水中的溶解度，此时系统中 CO_2 在气-液两相中的逸度都相同，表示如下(普劳斯尼茨和骆赞椿，2006)：

$$f_{CO_2}^{g} = f_{CO_2}^{l} \tag{6-32}$$

式中，$f_{CO_2}^{g}$ 为气相逸度，MPa；$f_{CO_2}^{l}$ 为液相逸度，MPa。

此时，必须知道 CO_2 在气-液两相中逸度与温压的关系，才能计算出 CO_2 在煤层水中的溶解度，因此难以用上述方程直接计算 CO_2 在水中的溶解度。此时，可以根据拉乌尔(Raoult)定律，对上式进行变换：

$$p_{CO_2} = x p_{CO_2}^{S} \tag{6-33}$$

式中，p_{CO_2} 为 CO_2 在系统中的分压，MPa；x 为 CO_2 的溶解度，mol/mol；$p_{CO_2}^{S}$ 为指定温度下溶剂的饱和蒸气压。

由式(6-33)求解出来的溶解度是 CO_2 在理想状态下的溶解度，有如下假设：CO_2 符合理想气体状态方程，压力对液相无影响，CO_2 与溶剂之间无相互作用引起的非理想性(即假定 CO_2 与溶剂之间的相互作用仅由物理或化学的分子间作用力产生)(苏长荪，1987)。

超临界 CO_2 在临界点附近既有气体的高扩散系数和低黏度，同时其密度接近液体，又具有液体一样的溶解能力。超临界 CO_2 在水中的溶解度受温度、压力和盐度等影响，在实验数据的基础上，很多学者从热力学观点出发，认为在 CO_2 达到溶解平衡时，CO_2 在液相中的化学势和其在气相中的化学势相等，再建立相关溶解模型。主要包括状态方程法、活度系数法和分子模拟方法，其状态方程主要有 Redlich-Kwong 方程、Peng-Robinson 方程、Duan-Sun 方程、PR-HV(Peng-Robinson-Huron-Vidal)模型、Furnival 模型、Duan 模型、Chang 模型等。但对于不同方法测量的溶解度实验数据，不同计算方程的误差均不一致，也在一定程度上限制了模型在深部地层水中溶解度计算方面的应用。

6.3.2　超临界 CO_2 矿物固定封存

矿物固定封存是指通过 CO_2 与地层中的矿物岩石发生反应生成新矿物，将 CO_2 以新矿物的形式固定在地层中，这被认为是目前最安全、稳定的 CO_2 封存方式，但缺点是封存所需时间过长(Audigane et al., 2007)。

CO_2 在地层水中的溶解及随后的酸化过程是矿化封存的第一步，CO_2 在水中的溶解反应过程如下(De Silva et al., 2012)：

$$CO_2(g) \rightleftharpoons CO_2(aq) \tag{6-34}$$

$$CO_2(aq)+H_2O(1) \rightleftharpoons H^++HCO_3^- \tag{6-35}$$

$$2HCO_3^- \rightleftharpoons H^++HCO_3^-+CO_3^{2-}(aq) \tag{6-36}$$

Espinoza 等(2011)总结了典型的矿化封存反应及其反应速率。溶解的 CO_2 与地层中矿物的反应如表 6-23 所示。

表 6-23　CO_2 矿化封存的主要反应(Espinoza et al., 2011)

矿物	典型反应	反应速率/(mol/m²/s)
铝硅酸盐	钾长石：$KAlSi_3O_8(s)+4H^++4H_2O \rightleftharpoons K^++Al^{3+}+3H_4SiO_4$	奥长石：1.2×10^{-8}
	钠长石：$NaAlSi_3O_8(s)+4H^++4H_2O \rightleftharpoons Na^++Al^{3+}+3H_4SiO_4$	钠长石：3.6×10^{-9}
	钙长石：$CaAl_2Si_2O_8(s)+8H^+ \rightleftharpoons Ca^{2+}+2Al^{3+}+2H_4SiO_4$	钙长石：1.2×10^{-5}
	高岭石：$Al_2Si_2O_5(OH)_4(s)+6H^+ \rightleftharpoons 2Al^{3+}+2H_4SiO_4+H_2O$	高岭石：10^{-15}~10^{-14}
碳酸盐	方解石：$CaCO_3(s)+H^+ \rightleftharpoons Ca^{2+}+HCO_3^-$ $CaCO_3(s)+CO_2+H_2O \rightleftharpoons Ca^{2+}+2HCO_3^-$	方解石：3.2×10^{-5}~1.6×10^{-5}

CO_2 溶解在水中形成 H_2CO_3，导致地层水 pH 下降，使地层中硅酸盐矿物和碳酸盐矿物发生溶解，其溶解释放的 Ca^{2+}、Mg^{2+}、Fe^{2+}等阳离子与 CO_3^{2-}结合形成碳酸盐矿物沉淀。

然而，由于实验模拟的时间较短，可能观察到的并不是最终产物，而是中间过渡态产物，其中片钠铝石是 CO_2 矿化封存的主要矿物(Xu et al., 2005)。片钠铝石是在高 CO_2 分压富含钠铝硅酸盐溶液的条件下形成的，其形成温度为 25~100℃，形成于碱性流体、中性流体和弱酸性流体环境。Limantseva 等(2008)、Ryzhenko(2006)通过地球化学模拟实验，发现在高 CO_2 分压条件下，高岭石能够结合流体中的钠离子生成片钠铝石，甚至高岭石分解形成的 AlOOH 也能结合钠离子形成片钠铝石，以下列出了典型的反应：

$$\underset{\text{钠长石}}{NaAlSi_3O_8}+H_2O+CO_2 \longrightarrow \underset{\text{片钠铝石}}{NaAlCO_3(OH)_2}+\underset{\text{石英}}{3SiO_2} \tag{6-37}$$

$$\underset{\text{钙长石}}{CaAl_2Si_2O_8}+2Na^++3CO_2+3H_2O \longrightarrow \underset{\text{片钠铝石}}{2NaAlCO_3(OH)_2}+\underset{\text{方解石}}{CaCO_3}+\underset{\text{石英}}{2SiO_2}+2H^+ \tag{6-38}$$

$$\underset{\text{高岭石}}{Al_2Si_2O_5(OH)_4}+2CO_2+H_2O+2Na^+ \longrightarrow \underset{\text{片钠铝石}}{2NaAlCO_3(OH)_2}+\underset{\text{石英}}{2SiO_2}+2H^+ \tag{6-39}$$

$$\underset{\text{云母}}{NaAl_3Si_3O_{10}(OH)_2}+2H_2O+CO_2 \longrightarrow \underset{\text{片钠铝石}}{NaAlCO_3(OH)_2}+\underset{\text{高岭石}}{Al_2Si_2O_5(OH)_4}+\underset{\text{石英}}{SiO_2} \tag{6-40}$$

CO_2 地质封存必须了解盖层与 CO_2 流体之间的化学反应机理，CO_2 的矿化封存对于盖层的性质也提出了特殊的要求。CO_2 的水溶流体在浮力、溶解扩散等因素的作用下，沿着层间隔层或微裂缝窜至盖层，与盖层接触，并发生溶蚀反应，从而可能使盖层变成可渗透层，导致盖层的密封效果变差，水-盖层间存在强烈的溶质交换。与此种观点不同，通过对石英胶结物中蒙脱石的溶解和微晶石英的沉淀研究，Thyberg 等(2010)认为，咸水与盖层之间溶质交换很有限，仅有部分 SiO_2 从盖层运移至储层中，且 SiO_2 通常沉淀在黏土基质中，导致孔隙度降低，扩散和反应过程也相应降低。通过对富碳酸盐页岩和富黏土页岩在不同温度下的 CO_2-水-岩反应和水-岩反应的对比实验，Alemu 等(2011)发现，CO_2-水-岩反应对页岩的孔隙度和渗透率影响较小。由于页岩低孔的特点，即使在很高的浓度梯度下，CO_2 也很难在盖层中发生扩散运移。

CO_2 注入煤层过程中，水-岩反应模拟时间尺度较长(万年)(Audigane et al., 2007; Xu et al., 2005)，且受影响因素较多(如压力、温度、矿物含量、盐度、矿化度)，需要开展水-岩相互作用模拟实验，通过专业模拟软件(如 PHREEQC、TOUGHREACT)进行数值模拟计算来确定超临界 CO_2 通过矿物固定方式的封存量。

6.4　深部无烟煤储层 CO_2-ECBM 的 CO_2 存储容量

CO_2 在煤层中的储存时间可以达到地质时代尺度。煤储层内部存在的孔隙系统使 CO_2 能够以多种形态在其内部封存。其中，吸附态是煤层中 CO_2 封存的主要机制，占据了存储容量的绝大部分。其他的封存方式还包括游离态、水溶态和矿化态等。与气态 CO_2 相比，高密度相 CO_2 的注入具有更高的存储能力。为了实现煤层 CO_2 存储容量的快速评价，存储容量计算模型提出了多种假设或简化方法。实际上煤层作为吸附介质是高度非均质性的，包括煤层厚度、煤层气体含量、CO_2 的吸附量、孔隙渗透性等储层性质均随着深度和裂隙的演化而变化，使 CO_2 存储容量的计算过程趋于复杂。因此，本节结合前人研究，在 CO_2-ECBM CO_2 存储容量概念的基础上，结合实验数据和现场数据建立适合本区 CO_2-ECBM CO_2 存储容量计算的本构模型，进而为本区 CO_2 存储容量计算和存储有效性提供评价依据。

6.4.1　存储容量概念

CO_2 在煤储层中的储集主要包括吸附态、游离态、水溶态和矿化态等几种形式。吸附态 CO_2 以物理吸附形式赋存于煤内表面，游离态 CO_2 主要赋存于裂隙、割理及大孔隙结构中，水溶态 CO_2 主要赋存于煤层水中，矿化态被认为是长期有效封存最稳定可靠的形式，但其发生所需时间尺度很大，主要与水-岩作用有关。CO_2 存储容量的系列概念最早是在技术-经济资源金字塔模型中提出的，根据评估目的不同可分为理论存储容量、有效存储容量、实际存储容量和匹配存储容量。理论存储容量指理论最大上限值，为整个资源金字塔模型；有效存储容量是理论储存容量的一个子集，是通过应用地质上和工程上的条件来限制储存容量的评估范围而获得的；实际存储容量是有效存储容量的一个子集，考虑了技术、法律、基础设施和经济条件对存储能力评估的影响；匹配存储容量是实际存储容量的一个子集，是通过大规模 CO_2 排放源和具有足够储存能力、注入能力的地质储存场地的详细匹配得到的(Bachu et al., 2007；Bradshaw et al., 2007)。

由于深部煤储层 CO_2 储集具有较多的不确定性，不可能特别准确地量化地质属性。因此，CO_2 存储容量是存储 CO_2 的最佳近似值(刘延锋等，2005)。本书中的存储容量指 CO_2 经工程手段注入深部无烟煤煤层，由于煤层吸附封存、构造圈闭封存、溶解封存、矿物固定封存等具体形式使 CO_2 封存在煤层中的量。存储容量包括极大存储容量和有效存储容量，前者指煤层在实验与计算条件下可以理论存储的最大容量，相当于资源金字塔中的理论存储容量；后者指在具体地质条件下可存储的容量，是概化考虑了孔隙度、渗透率、温压等地质条件的存储量，介于资源金字塔中的理论存储容量和有效存储容量之间。有效存储容量小于极大存储容量。两种存储容量的界定是依据实验条件、地质条件和理论计算确定的，并没有考虑技术、经济和政策措施等因素。

6.4.2　存储容量本构模型

CO_2 存储容量是综合考虑储层规模、储层有效孔隙度(粒间孔隙空间内的岩石)和 CO_2 密度等因素得到的。存储容量因源于多种封存形式，其本构模型的建立也由多个部分构成。其中，构造圈闭封存、吸附封存属于物理封存，溶解封存和矿化封存属于化学封存。考虑以上封存机制，CO_2 在煤层中的存储容量本构模型可以由式(6-41)表述：

$$n_t = n_{ab} + n_s + n_f + n_m \tag{6-41}$$

式中，n_{ab} 为吸附存储容量；n_s 为溶解存储容量；n_f 为游离存储容量；n_m 为矿化存储容量；单位均为 m^3/t。

由于 CO_2 溶解于地层水后呈酸性，与煤中矿物质产生反应，从而形成矿化封存，使 CO_2 永久埋存。矿化封存复杂的反应动力学机制及矿化反应是一个长期的过程，使矿化封存量难以精确计算。然而，矿化封存是溶解于水中的 CO_2 随着封存时间的延长而产生的矿物固定，矿化封存量来源于溶解封存量的长时期转化。因此，可以认为 CO_2 长期封存后的溶解封存和矿化封存量之和近似等于溶解封存总量。则式(6-41)可以简化为

$$n_t = n_{ab} + n_s + n_f \tag{6-42}$$

吸附封存量是指 CO_2 在煤基质内表面产生物理吸附而形成的封存形式。在深部煤的温度和压力条件下，Langmuir 等温线模型与实测数据不太吻合，特别是在压力大于 6MPa 时，如 Langmuir 模型在 15MPa 时对煤的吸附能力低估了约 30%(Sakurovs et al., 2007)。前人研究表明，修正的 D-R 模型可以较好地表述用气体密度代替气体压力时的高压 CO_2 吸附数据(Day et al., 2008a；Sakurovs et al., 2007)。前述 CO_2 等温吸附实验和 10 种吸附模型的比较分析表明，D-R 模型对过剩吸附量的拟合具有较优的精度。因此，基于修正的 D-R 模型对 CO_2 等温吸附曲线进行表征，修正的 D-R 吸附模型如式(6-43)所示。

$$n_{ex} = W_0\left(1-\frac{\rho_g}{\rho_a}\right)e^{-D\left[\ln\left(\frac{\rho_a}{\rho_g}\right)\right]} + k\rho_g \tag{6-43}$$

式中，n_{ex} 为 CO_2 在单位质量煤中的过剩吸附量，cm^3/g；W_0 为煤储层的最大吸附容量，cm^3/g；ρ_g 为气体在煤储层温度和压力条件下的密度，g/cm^3；ρ_a 为吸附相的密度，g/cm^3，取值为 $1.0g/cm^3$；D 为与吸附热和吸附剂有关的常数；k 为与亨利(Henry)定律有关的常数。

实验获得的 CO_2 吸附数据为过剩吸附量，也称为 Gibbs 吸附量。绝对吸附量可用

式(6-44)计算(Pan and Connell, 2007)：

$$n_{ab}=\frac{n_{ex}}{1-\dfrac{\rho_g}{\rho_a}}=\frac{n_{ex}}{1-\dfrac{P_eT_c}{8ZP_cT_e}} \tag{6-44}$$

式中，n_{ab}为气体的绝对吸附量，cm^3/g；P_c为CO_2的临界压力，取值7.383；T_c为CO_2的临界温度，K，取值304.21；P_e为实验压力，MPa；T_e为实验温度，K；Z为CO_2的压缩系数，无量纲。

煤层赋水是煤层的一种重要特征。地层水中的溶解气体含量极低，但对于CO_2在煤层水中的溶解可能含量很大，其含量是压力和温度的函数(Duan and Sun, 2003)。CO_2溶解于煤层水可能占到一些低阶煤总储气能力的50%(Busch et al., 2007)。超临界CO_2在深部煤层中的水溶封存量是煤层埋深、煤层孔隙度(φ)、煤层含水饱和度(S_w)、煤密度($\rho_{skeletal,coal}$)与CO_2溶解度的函数。单位质量的煤中，其水溶气含量可用式(6-45)计算：

$$n_s=\frac{\varphi S_w S_{CO_2}}{\rho_{skeletal,coal}}\times 22.4 \tag{6-45}$$

式中，n_s为煤中溶解气含量，cm^3/g；S_{CO_2}为CO_2在地层水中的溶解度，mol/L，由实验确定。

游离态CO_2存储含量在高压或低煤级中较大，可通过气体状态方程计算，也可通过高压吸附仪直接测量，或通过模拟软件计算得到。在煤体中的大孔和裂隙中，CO_2驱替CH_4后主要是以游离态存在，在构造圈闭中成为主要封存形式。因此，游离态CO_2在深部无烟煤层的地质存储中同样占有重要的地位。游离态CO_2存储是深部煤层CO_2存储的有机组成部分。根据马奥特定律(Mariotte's law)，煤储层CO_2游离态含量可用式(6-46)表示：

$$n_f=\frac{\varphi_c pT_0}{\rho_a Zp_0T} \tag{6-46}$$

式中，n_f为埋深H对应标准状态下的CO_2游离量，cm^3/g；φ_c为埋深H对应CO_2游离态所占的有效孔隙度，%；ρ_a为煤体视密度，g/cm^3；p_0为标准大气压力，0.101325MPa；T_0为热力学温度，273.15K；Z为埋深H所对应温压下的气体压缩因子，无量纲；p为埋深H对应的煤储层压力，MPa；T为埋深H对应的煤储层温度，K。

如果考虑煤储层的含气饱和度，则有

$$n_f=\frac{\varphi S_g}{\rho_a B_g} \tag{6-47}$$

式中，φ为孔隙度，%；S_g为含气饱和度，%；B_g为气体在地层条件下体积与在标准状态下体积之比，无量纲。其中，

$$B_g=\frac{p_0TZ}{pT_0Z_0} \tag{6-48}$$

式中，Z_0为标准状态下气体压缩因子，取值1。即

$$n_f=\frac{\varphi S_g pT_0}{\rho_a Zp_0T} \tag{6-49}$$

第 7 章　深部无烟煤储层 CO_2-ECBM 气体吸附置换、扩散渗流和驱替产出过程

煤储层 CO_2 注入与驱替 CH_4 的过程即煤层温、压、水和地应力条件下，CO_2 与 CH_4 吸附解吸—封存—流体运移驱替—产出过程，是煤层孔裂隙系统中流体流动特征与运移规律的宏观表征，在很大程度上决定了 CO_2 的可注性和驱替 CH_4 的效果，对 CO_2-ECBM 的有效性十分重要。深部无烟煤储层具有相对高地温、高地层压力、高地应力且相对低渗透率的特征，其复杂孔裂隙网络结构控制的 CO_2 与 CH_4 吸附置换、扩散渗流和驱替产出过程及其作用机理，以及 CO_2 注入与 CH_4 产出过程中气体吸附置换机理和流体运移机制，对深部煤层 CO_2-ECBM 有效性更为关键。本章基于沁水盆地深部无烟煤储层温、压、水、地应力特征及孔裂隙发育特征，结合模拟实验和渗流物理仿真模拟，通过超临界 CO_2 与 CH_4 置换吸附机理、CH_4 与 CO_2 微观流动规律的研究，形成 CO_2 注入无烟煤储层驱替产出 CH_4 过程的认识，从而实现深部无烟煤储层 CO_2-ECBM 连续性过程地质-物理模型与数学模型的建立。

7.1　超临界 CO_2 注入无烟煤储层吸附置换作用

本节介绍模拟深部含 CH_4 煤储层注入超临界 CO_2 置换吸附实验方法和设计，取得并分析置换吸附实验结果，阐述超临界 CO_2 注入含 CH_4 煤储层的吸附置换特征；在评述已有煤层二元气体竞争吸附特征的基础上，讨论 CO_2/CH_4 二元气体竞争吸附的影响因素，进一步揭示 CO_2/CH_4 二元气体竞争吸附机理和超临界 CO_2 注入含 CH_4 煤储层的吸附置换机理。

7.1.1　超临界 CO_2 注入含 CH_4 煤储层的吸附置换特征

由于安全方面的考虑，项目开展的 CH_4 吸附实验均采用 N_2 替代 CH_4。由于 N_2 与 CH_4 性质相似，为非极性气体，且两者超临界温度压力条件(N_2: 126.2K，3.4MPa; CH_4: 190K，4.6MPa)接近，与 CO_2 超临界条件(304.1K，7.38MPa)差异明显。因此，CH_4 与 N_2 所反映的吸附规律类似，特别是高温高压的深部煤储层条件下的吸附特征具有可比性，因而开展 CO_2、N_2 置换吸附实验可以用来反映 CO_2 竞争吸附置换 CH_4 过程的一般规律。

1. 模拟深部含 CH_4 煤储层注入超临界 CO_2 置换吸附实验

1)实验样品与装置

模拟深部含 CH_4 煤储层注入超临界 CO_2 置换吸附实验由“超临界 CO_2 等温吸附实验装置”完成。实验样品采自沁水盆地南部山西组 3#煤层。同超临界 CO_2 等温吸附实验一样，本实验使用的样品为粒径 60~80 目(0.25~0.18mm)的煤样，煤岩样品按照国家标准

《煤样的制备方法》(GB/T 474—2008)制取。根据实验设计，制备的煤岩样品放入 105℃恒温的干燥箱中干燥 1.5h，均匀取 50g 进行等温吸附实验。

实验采用压力法测量煤样的吸附量，在设计温度不高的情况下用水浴加温，在吸附缸排气口处加装小体积量的取样器，由于实验压力高，极少量的取样对实验结果影响不大。

2）实验条件

N_2 等温吸附实验拟定的模拟煤层深度为 800m。根据地层条件，设定实验温度为 40℃，N_2 最高吸附平衡压力为 8MPa。CO_2 注入置换 N_2 吸附实验中，设计 CO_2 注入压力 9~16MPa，即 CO_2 吸附平衡压力为 9~16MPa。

3）实验方法

同超临界 CO_2 等温吸附实验，模拟深部含 CH_4 煤储层注入超临界 CO_2 置换吸附实验主要包括试样装罐、气密性检查、自由空间体积测定、实验测试和实验数据处理等环节，且试样装罐、气密性检查、自由空间体积测定和实验数据处理方法环节内容相同，不再赘述。不同之处在于实验测试环节，模拟深部含 CH_4 煤储层注入超临界 CO_2 置换吸附实验分为 N_2 等温吸附实验和 CO_2 注入置换 N_2 吸附实验两部分。

(1) N_2 等温吸附实验。向参考缸中注入 N_2 达到 30MPa，平衡后打开参考缸与吸附缸之间的阀门，向吸附缸注气，使吸附缸压力保持在 1MPa，平衡 4h 后记录吸附缸和参考缸的压力值，利用真实气体状态方程计算该压力点下 N_2 的吸附量，重复上述步骤直到压力达到设计压力 8MPa。

(2) CO_2 注入置换 N_2 吸附实验。保持前一步骤设备状态，关闭参考缸与吸附缸之间的阀门，打开参考缸阀门，打开真空泵，抽空管线和参考缸内多余的 N_2，向参考缸中注入 CO_2 达到 30MPa，稳定后缓慢打开中间阀门向吸附缸注入 CO_2，直到吸附缸压力达到 9MPa，计算参考缸中 CO_2 的减少量，压力平衡时间为 12h，用气相色谱仪测定吸附缸中自由相 CO_2/N_2 比，利用 NIST 软件计算该混合比下混合气体的压缩因子或密度，从而计算出自由相气体量和各组分气体量，得到该压力点下吸附相中 CO_2 和 N_2 的吸附量。再打开阀门使吸附缸压力达到 10MPa，重复上述步骤，直到达到设计的最终压力 16MPa，从而得到不同压力下注入 CO_2 置换 N_2 吸附的置换比。

2. 置换吸附实验结果分析

模拟深部条件下的 CO_2/N_2 置换吸附实验表明，在注入 CO_2 后压力增加幅度较小的情况下仍具有明显的置换行为，这是由于高压下煤 CO_2 吸附能力是 N_2 的 10 倍左右(Pini et al., 2009b)，即使混合气体中 CO_2 含量较少仍能发生较为显著的置换(图 7-1)。实验数据表明，13MPa 左右时吸附罐内总的 N_2 与 CO_2 体积比为 1∶1，因此，该平衡压力下吸附相中 CO_2/N_2 应在 10 倍左右，置换效率达到 90%以上，随着压力的进一步增加，吸附相中剩余 N_2 逐渐减少，因此置换效率也在下降。CO_2 置换煤中 CH_4 的吸附实验也表明，混合气体中 CO_2 的含量越大，对煤中 CH_4 的置换能力就越大；对于相同配比的混合气体来说，随着置换压力升高置换量总体上呈增大趋势(图 7-2)，然而在低压条件下出现置换吸附量减少的情况(杨宏民等，2015)，这可能是由于低压下煤远未达到吸附理论饱和，注入 CO_2 后压力增加反而会促进更多的 CH_4 吸附，即低压状态下为非完全的置换吸附，而随着压力的不断增加，煤孔隙表面均吸附了 CH_4，CO_2 注入后由于与煤更强的相互作用，从而在吸附相内产生 CH_4 与 CO_2 的置换吸附。

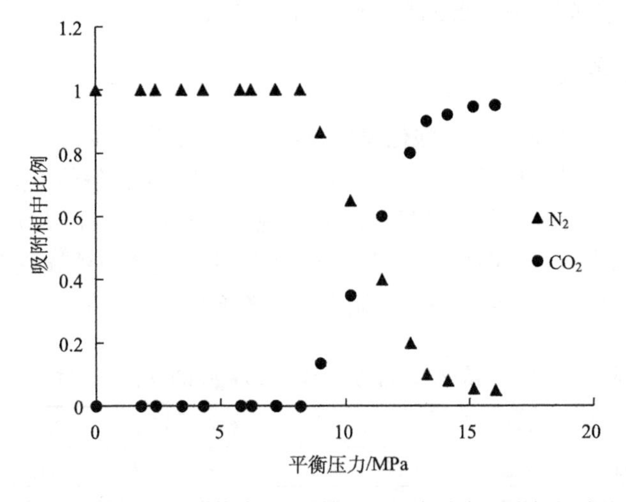

图 7-1　模拟 CO_2 置换含 N_2 煤等温吸附实验中吸附相组分比

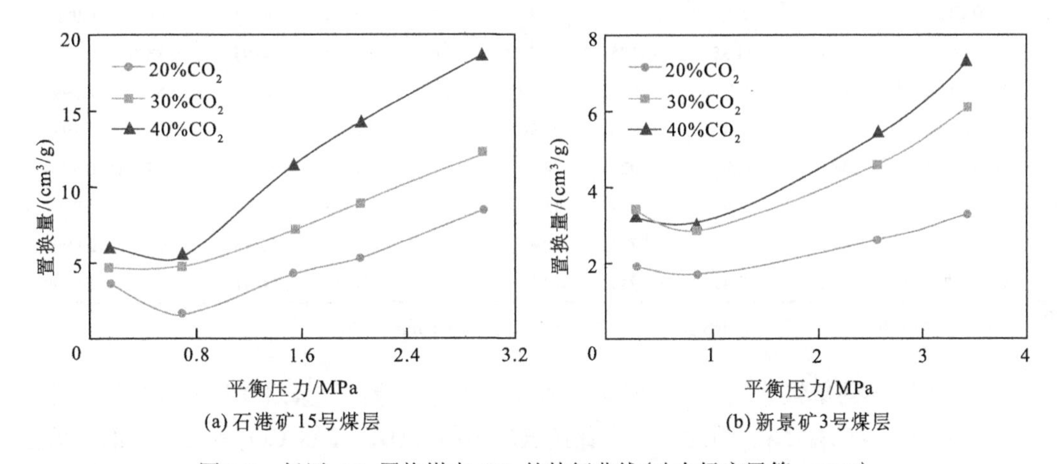

图 7-2　低压 CO_2 置换煤中 CH_4 的特征曲线(改自杨宏民等，2015)

7.1.2　超临界 CO_2 注入含 CH_4 煤储层的吸附置换机理

杨宏民等(2015)通过竞争吸附与置换吸附的对比研究发现，两者结果一致，表明煤对气体的吸附解吸与气体进入煤体的先后顺序和过程无关，只与吸附前后的状态有关。含 CH_4 煤储层中注入 CO_2 发生的置换作用，其实质是 CO_2 的吸附和 CH_4 的解吸，诱导这一过程发生的原因是煤储层对 CO_2 相较于 CH_4 具有更高的吸附潜力，即 CO_2 相对于 CH_4 的优势吸附。虽然少数学者发现在低压情况下，CH_4 相对于 CO_2 具有更强的吸附优势(Busch et al., 2006; Mukherjee and Misra, 2018)，但是目前来看，更多学者开展的不同温度、含水条件、煤阶等 CO_2/CH_4 竞争吸附实验结果显示，CO_2 相较于 CH_4 具有竞争优势(Bae and Bhatia, 2006; Weishauptová et al., 2015; Weniger et al., 2012; 唐书恒等，2004b; 代世峰等，2009)。相同条件下 CO_2 和 CH_4 单组分气体的等温吸附实验也证明，CO_2 的

吸附能力明显高于 CH_4(Gensterblum et al., 2013; Li et al., 2010)，这一差异在低煤阶煤中尤为明显，可能与低煤阶煤的高含水性有关，有学者认为 CO_2 相对于 CH_4 的高溶解度是这一差异形成的重要原因(Busch and Gensterblum, 2011)。

1. 二元气体竞争吸附特征

为适应 CO_2/N_2 注入含气煤层强化煤层甲烷开采的工程应用，前人开展了大量多元气体混合吸附实验，不同煤阶与不同混合气体组分、比例等实验条件下的实验结果均显示，随煤阶升高，总的吸附量增加，对于单组分来说，同一压力下，吸附量 CO_2 最高，N_2 最低(表 7-1)。正因为有这一吸附能力的差异，不同注入气体必然导致煤层甲烷的采收率不同，注入工艺也不同，CO_2 的高吸附能力成为置换煤层甲烷的理想气体。

表 7-1　不同煤阶煤吸附不同浓度二元混合气体的 Langmuir 模型拟合结果(张庆玲，2007)

气体比例	长焰煤			焦煤			无烟煤		
	$V_{L,daf}$	$P_{L,daf}$	R	$V_{L,daf}$	$P_{L,daf}$	R	$V_{L,daf}$	$P_{L,daf}$	R
纯 CO_2	50.27	4.53	0.9926	33.75	1.15	0.9986	70.24	1.17	0.9963
纯 CH_4	16.96	9.97	0.9939	22.11	2.27	0.9996	46.23	2.81	0.9998
纯 N_2	36.41	74.35	0.4175	17.75	7.16	0.9994	34.55	9.88	0.9993
CH_4∶CO_2=4∶1	19.54	5.23	0.9971	26.94	2.26	0.9995	54.31	2.62	0.9996
CH_4∶CO_2=1∶1	26.82	4.92	0.9976	26.96	1.72	0.9980	53.61	2.10	0.9991
CH_4∶CO_2=1∶4	38.22	4.59	0.9926	28.69	1.18	0.9992	57.24	1.25	0.9984
CH_4∶N_2=4∶1	10.48	5.79	0.9914	18.72	1.96	0.9985	45.39	3.41	0.9991
CH_4∶N_2=1∶1	15.79	12.79	0.9723	20.82	3.32	0.9999	39.95	3.90	0.9998
CH_4∶N_2=1∶4	19.05	22.49	0.8932	19.31	4.84	0.9998	36.31	6.22	0.9999

注：$V_{L,daf}$ 为干燥无灰基的 Langmuir 体积；$P_{L,daf}$ 为干燥无灰基的 Langmuir 压力。

由前人对不同单组分气体等温吸附实验的研究可以看出，煤对气体的吸附能力存在如下规律：$CO_2>CH_4>N_2$。因此，对于置换煤层中的 CH_4，显然 CO_2 具有更高的有效性和经济性。总体来看，由于相同平衡条件下，CO_2 的吸附能力大于 CH_4，因此混合气的总吸附量低于单组分 CO_2 的吸附量，而高于单组分 CH_4 的吸附量，总吸附等温线介于单组分 CO_2 吸附等温线和单组分 CH_4 吸附等温线之间。压力条件相同时，自由气相中 CO_2 含量越高总吸附量越大，当 CO_2 含量分别为 80%、50%、20%时，其吸附等温线依次远离单组分 CO_2 的吸附等温线，向单组分 CH_4 的吸附等温线靠近(张庆玲，2007)。Ottiger 等(2008)通过 1∶4、2∶3、3∶2、4∶1 四种不同比例混合的 CO_2/CH_4 等温吸附实验与 Ono-Kondo 格子吸附模型的拟合研究发现，即使是 1∶4 混合的 CO_2/CH_4，随着压力增加，CO_2 的吸附量也逐渐大于 CH_4，表明少量的 CO_2 就能导致 CH_4 吸附量的降低，而随着 CO_2 在混合气中浓度的不断增加，CH_4 吸附量进一步降低，在浓度比达到 4∶1 时，煤层对 CH_4 的吸附量几乎为零。Ono-Kondo 格子吸附模型的拟合结果更明确地反映了这一结论(图 7-3)。

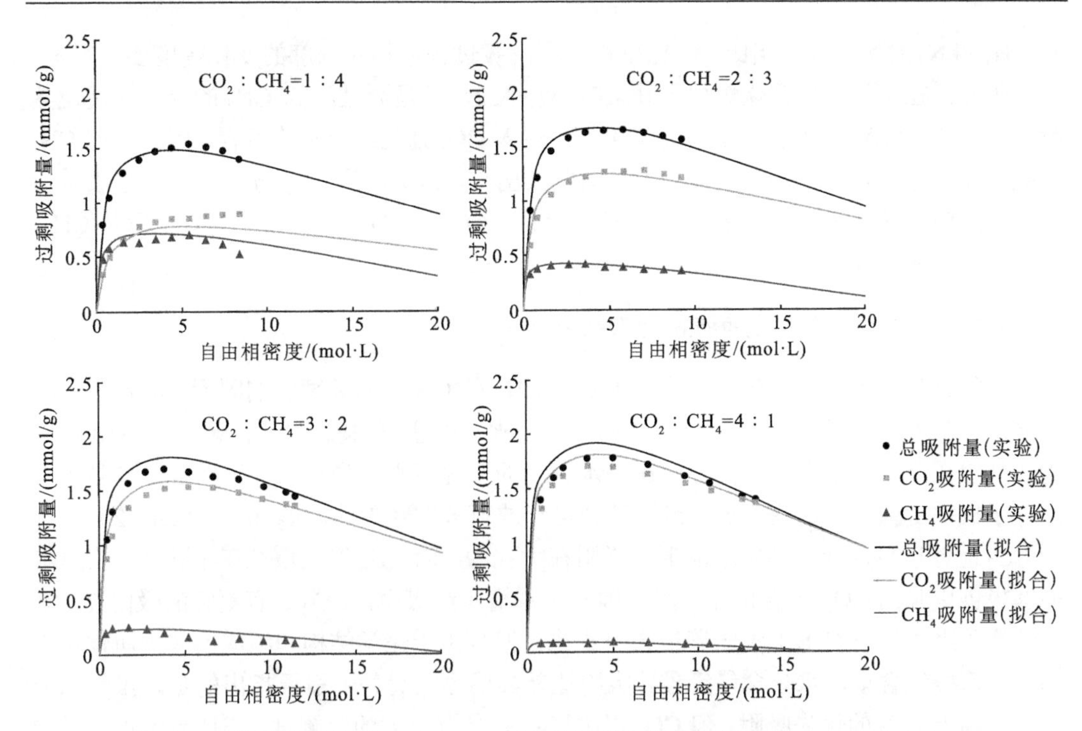

图 7-3　不同比例混合的 CO_2/CH_4 二元气体过剩吸附曲线(改自 Ottiger et al., 2008)

在 CH_4 和 N_2 二元气体的等温解吸实验中，随着压力降低，吸附相的 CH_4 相对浓度呈逐渐增加的趋势，而 N_2 相对浓度呈逐渐降低的趋势，但是变化幅度较小(图 7-4)。这是因为 CH_4 的吸附能力高于 N_2，它在竞争吸附中占据优势，所以在解吸过程中，N_2 的解吸速率相对较快，CH_4 的解吸速率相对较慢，使得吸附相中 CH_4 的相对浓度逐渐增加，而 N_2 的相对浓度逐渐降低。并且，由于 N_2 的分压较低，对解吸过程影响较小，所以两种组分相对浓度的变化幅度不是很大。

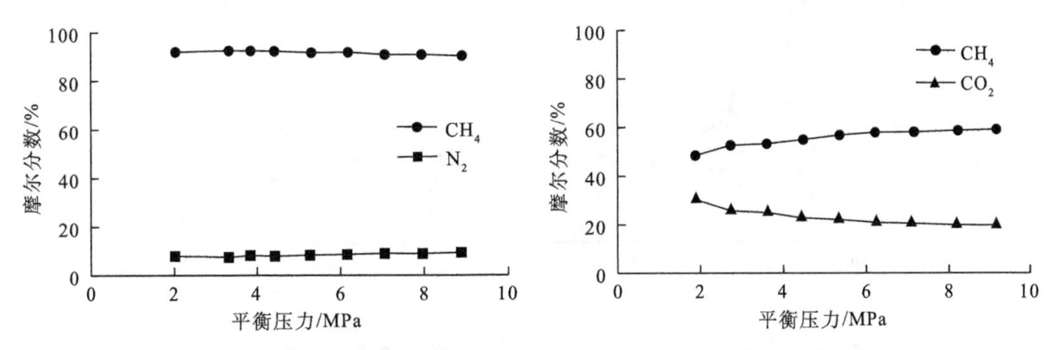

图 7-4　二元气体等温解吸实验中吸附气的浓度(唐书恒等，2004b)

原始注入吸附气体比 CH_4/N_2 和 CH_4/CO_2 均为 4：1

CH_4 和 CO_2 二元气体的等温解吸实验中，随着压力降低，吸附相中 CH_4 的相对浓度逐渐降低，而 CO_2 的相对浓度逐渐升高，这是因为 CH_4 的吸附能力低于 CO_2，它在与 CO_2 的竞争吸附中处于劣势，所以在解吸过程中，CH_4 的解吸速率相对较快，CO_2 的解吸速率相对较慢，使得吸附相中 CH_4 的相对浓度逐渐减小，而 CO_2 的相对浓度逐渐增大。

与 CH_4 和 N_2 的解吸过程相比，CH_4 和 CO_2 在解吸过程中相对浓度的变化幅度要大得多。

因此，在进行注气强化煤层气开采时，注入 N_2 只是通过降低 CH_4 的分压来促使其解吸，所以，注入 N_2 的分压必须足够大。而注入 CO_2 则是一个置换过程，因为它比 CH_4 的吸附能力强，可以将 CH_4 从煤的微表面置换出来，其实质是 CO_2 与 CH_4 的竞争吸附作用。少量 CO_2 的存在即有利于 CH_4 的解吸。注入 CO_2 比注入 N_2 可以更高效地驱替 CH_4，提高煤层气的采收率。

2. CO_2/CH_4 二元气体竞争吸附的影响因素

煤的镜质组含量和水分含量是控制 CO_2/CH_4 竞争吸附的关键影响因素(Busch et al., 2006)，CO_2 的优先吸附与煤大分子结构中的亲水官能团(羟基、羧基、羰基)有关，这些含氧基团在惰质组中大量存在，而在有水分子的情况下则优先与水分子结合，这是由于水分子极性更强，与这些含氧官能团结合可释放更多的吸附热。Ryan 和 Lane(2001)认为 CO_2 能够以单层或多层覆盖的形式吸附在大孔中，而 CH_4 仅能填充在小孔中，惰质组能够提供更强的 CO_2-煤岩相互作用，因此在富惰质组煤中，CO_2 具有更强的吸附能力。虽然惰质组含量与 CO_2 竞争吸附能力呈正比，但是由于化学结构和组成的非均质性，不同煤阶惰质组含量、水分含量等导致吸附比差异明显。另外，需要指出的是，虽然水分含量不利于 CO_2 的优先吸附，但 CO_2 相比于 CH_4 具有更大的溶解度，在计算饱水煤样的气体吸附量时会人为地将溶解量归入吸附量中，因此在水分含量多的低阶煤中，CO_2/CH_4 吸附比更大(图 7-5)。

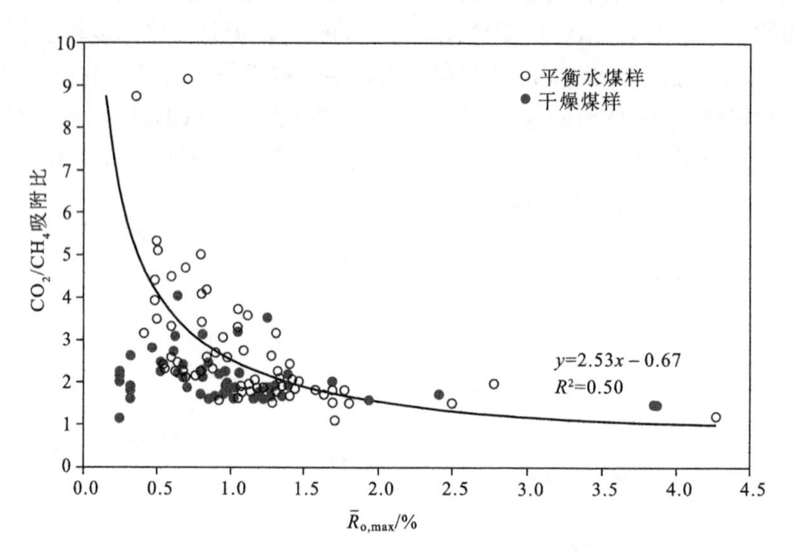

图 7-5　不同煤级 CO_2/CH_4 竞争吸附比(改自 Busch and Gensterblum, 2011)

压力对 CO_2 和 CH_4 吸附的影响是多方面的，一方面不同气体达到气体饱和的临界压力不同，另一方面煤基质膨胀与压力呈正相关关系，压力的增大必然导致部分孔喉闭合，使气体不再能够进入部分孔隙。部分学者发现，在低压条件下 CH_4 的吸附能力大于 CO_2(Busch et al., 2006)，高压条件下未出现 CH_4 的竞争吸附，可能是由于 CH_4 已经达到饱和，限制了 CH_4 进入煤结构，而 CO_2 随着压力的增加有着更高的溶解度，以便进入煤基质内部(Larsen, 2004)。

3. CO_2/CH_4 二元气体竞争吸附机理

目前，针对 CO_2/CH_4 竞争吸附机理的解释主要包括以下五点：①常压下沸点越高的吸附质具有优势吸附属性，CO_2 的沸点温度(–78.5℃)显著高于 CH_4(–161.5℃)，因此 CO_2 相对于 CH_4 具有更高的吸附能力(Harpalani et al., 2006)。②不同孔径微孔的选择性吸附能力表现出明显差异，Cui 等(2004)的研究发现半径小于 0.36nm 及大于 0.46nm 的微孔更倾向于吸附 CO_2，而这一孔径范围内的微孔占煤孔隙比表面积的绝大多数，因此整体效应是 CO_2 的吸附能力大于 CH_4。③从分子直径上来看，CO_2 分子直径(330pm)小于 CH_4(414 pm)，因此 CO_2 能够进入更小的微孔。煤岩是典型的微孔介质，煤化过程中发育大分子侧链断裂和芳香烃缩聚形成的分子级别的微孔，因此具有更小分子直径的 CO_2 能够进入更多的微孔，同时部分 CO_2 分子能够穿透煤基质表面形成吸收态，这就造成实验得到的 CO_2 吸附量(实际为 CO_2 吸附量+吸收量)大于 CH_4 吸附量(Milewska-Duda et al., 2000)。④Sakurovs 等(2010)认为吸附能力与不同气体的临界温度有关，临界温度越高，吸附能力越强，CO_2(31.1℃)相对于 CH_4(–81.9℃)具有较高的临界温度，同时经常应用到常规的等温吸附实验中，因此 CO_2 具有更高的吸附能力。⑤CO_2 是极性分子而 CH_4 是非极性分子，分子模拟结果显示煤大分子结构存在大量电荷不平衡的极性吸附位，这些极性吸附位优先被 CO_2 分子占据从而增大 CO_2 的吸附能力(Zhang et al., 2015)。

7.2　超临界 CO_2 注入无烟煤储层扩散渗流作用

煤中气体的运移可归结为扩散、渗流等流动状态的变化，主要采用两种方法开展研究：实验模拟和数值模拟。学者们采用吸附/解吸法、稳态法和逆扩散法等实验方法研究了煤中气体的扩散过程(Tan et al., 2018b, 2018c; Xu et al., 2015; Zhao et al., 2017)，并基于分子动力学理论，通过建立扩散理论模型获得扩散系数的解析解和数值解(Chen et al., 2019; Li et al., 2016; Staib et al., 2015; Wang et al., 2017a; Zhao et al., 2016)。滑流是导致煤中气体非达西渗流的重要因素。除渗流实验(Li et al., 2019)外，更多学者从分子动力学角度，应用数值模拟方法(分子动力学模拟、直接蒙特卡罗法、格子玻尔兹曼法、基于 Bhatnagar-Gross-Krook 方程的模拟法等)研究气体在煤中的渗流特征(Niu et al., 2018b; Song et al., 2018; Wang et al., 2019a)。实验模拟和数值模拟方法在低渗透储层渗流机理的分析中均表现出明显不足。低孔隙度和低渗透率煤岩的实验模拟非常耗时，甚至难以实现，导致实验结果的可靠性差；而达西定律是基于实验数据统计得到的宏观规律，忽略了孔隙空间复杂拓扑结构对真实多孔介质中流体流动的影响(Ma et al., 2014b, 2014c)。近年，考虑孔隙空间形状和拓扑结构影响的渗流网络仿真模拟成为研究多孔介质中流体流动机理的有效方法(Ma et al., 2014b, 2014c)，学者相继提出了针对亚微米和纳米孔隙中气体流动的模型、PNFM(pore-network flow model，孔裂隙渗流网络模型)和非理想气体在圆形孔隙中的渗流模型等(Arya et al., 2003; Civan et al., 2011; Gruener and Huber, 2008; Javadpour, 2009; Marshall, 2009; Sakhaee-Pour and Bryant, 2012)，丰富和完善了渗流网络仿真模拟技术。目前，煤中气体流动状态的研究仍局限于实验模拟和数值模拟手段，未考虑真实孔隙空间复杂拓扑结构对气体流动的影响，且研究多集中在微米至岩心尺度，纳米尺度鲜有涉及，而渗流网络仿真模拟技术在煤储层的研究也未见报道。本节基于第3章介绍的煤储层渗流网络模型，考虑滑流、扩散、气体解吸/吸附和达西流动，探索开展纳米尺度孔隙中非理想气体运移的渗流物理仿真模拟，进而探讨 CO_2 与 CH_4 在煤储层孔裂隙中的运移行为。

7.2.1 无烟煤储层渗流物理仿真模拟

1. 广义的视渗透率与 Knudsen 数

煤是一种典型的多孔介质，其视渗透率（K，单位：m^2）可用统一的 Hagen-Poiseuille-type 公式表达（Beskok and Karniadakis, 1999; Civan, 2010b）：

$$K = K_\infty f\left(Kn\right) \tag{7-1}$$

式中，K_∞为多孔介质固有渗透率，m^2；$f(Kn)$是表达流动状态的函数，是克努森（Knudsen）数（Kn）、无量纲膨胀系数（或稀疏系数）α 和无量纲滑移系数 b 的函数，可用下式表示：

$$f\left(Kn\right) = \left(1+\alpha Kn\right)\left(1+\frac{4Kn}{1-bKn}\right) \tag{7-2}$$

K_∞可通过实验获得，如岩心压力脉冲衰减法；滑移系数 b 是经验参数，可通过线性化的 Boltzmann 方程或直接蒙特卡罗法（direct-simulation Monte Carlo，DSMC）获得（Beskok and Karniadakis, 1999）；假设 α_0 是 α 的无量纲渐进极限值（Beskok and Karniadakis, 1999），当 $0<Kn<\infty$时，无量纲稀疏系数 α 为 $0<\alpha<\alpha_0$，则 α 可根据 Civan（2010b）提出的经验关系求解：

$$\frac{\alpha_0}{\alpha}-1=\frac{A}{Kn^B},\ A>0,\ B>0 \tag{7-3}$$

式中，A，B 是无量纲经验拟合常数，可利用式（7-3）与 α 一起进行回归模拟获得。

Kn 数将分子自由程看作是典型路径（如平均水力半径）的一部分。此时，广义的 Kn 数可表示为（Civan, 2010a）

$$Kn = \frac{\lambda}{R_h} \tag{7-4}$$

式中，R_h 为多孔介质中流体流经路径的平均水力半径，m；λ 为平均分子自由程，m。

对于煤等致密岩石，基于孔裂隙渗流网络模型的渗流物理仿真模拟中一般采用气体运移路径的特征长度取代流体流经路径的平均水力半径来定义 Kn 数，即

$$Kn = \frac{\lambda}{l_{ch}} \tag{7-5}$$

式中，l_{ch} 为气体运移路径的特征长度，m。其中，平均分子自由程可用下式表示（Civan et al., 2011）：

$$\lambda = \frac{k_B T}{\sqrt{2}\pi d^2 p} \tag{7-6}$$

式中，k_B 为 Boltzmann 常数，1.38×10^{-23}J/K；T 为热力学温度，K；d 为气体分子有效直径，m；p 为气体压力，Pa。

2. 气体吸附/解吸

气体在煤基质孔隙中的吸附量与压力和吸附剂（煤基质）有关（Ross and Bustin, 2012）。气体在煤基质孔隙中的吸附可通过 Langmuir 等温吸附方程表示：

$$q = \frac{\rho_s M}{V_{std}} q_a = \frac{\rho_s M}{V_{std}} \frac{q_L p}{p_L + p} \tag{7-7}$$

式中，q 为单位体积多孔介质所吸附的气体质量，kg/m^3；ρ_s 为多孔介质（煤）的密度，kg/m^3；M 为气体分子量，g/mol；V_{std} 为标准状况（273.15K，1.01×10^5Pa）下气体的摩尔体积，m^3/kmol；q_a 为单位质量多孔介质所吸附的气体的标准体积，m^3/kg；q_L 为 Langmuir 体积，m^3/kg；p_L 为 Langmuir 压力，Pa。

气体密度 ρ（单位：kg/m^3）由真实气体的状态方程求得

$$\rho = \frac{Mp}{ZRT} \tag{7-8}$$

式中，R 为通用气体常数，8314J/(kmol·K)；Z 为真实气体压缩因子，无量纲，可根据 Al-Anazi 和 Al-Quraishi（2010）的校准公式计算。则由式（7-7）和式（7-8）可得

$$\frac{q}{\rho} = \frac{\rho_s q_L ZRT}{V_{std}\left(p_L + p\right)} \tag{7-9}$$

3. 质量守恒与动量守恒模型

孔裂隙渗流网络模型中，孔隙可看做是具有一定截面形状的毛细管，其中最为典型和理想化的是圆柱形毛细管。Civan 等（2010a, 2010b）给出了致密多孔介质（煤、页岩等）的质量守恒与动量守恒模型。该模型是基于流体宏观运移特征提出的，未考虑孔裂隙渗流网络模型中孔隙的毛细管特性及孔隙中可能出现的滑流和扩散。本书中，以 Civan 等（2010a, 2010b）提出的质量守恒与动量守恒模型为基础，考虑孔裂隙渗流网络模型中孔裂隙的毛细管特性，并将滑流和扩散叠加在达西流上，对模型进行适当修正，提出适合高阶煤渗流物理仿真模拟的质量守恒与动量守恒模型。

对于一个长度为 L（单位：m）、半径为 r（单位：m）的均匀圆柱形毛细管，流经其中的气体质量流量［即每秒流经单位截面的气体质量，单位：kg/(m^2·s)］可表示为（Civan, 2007, 2010c）

$$\dot{m} = -\frac{r^2 \rho}{8\mu}\left(1 + 4\frac{\xi}{r}\right)\frac{\mathrm{d}p}{\mathrm{d}x} - D_k \frac{\mathrm{d}\rho}{\mathrm{d}x} \tag{7-10}$$

式中，μ 为气体黏度，Pa·s；ξ 为气体的滑移系数，s^2/m；D_k 为气体的扩散系数，m^2/s。

气体的滑移系数 ξ，即滑流区壁面速度非 0 时对流体运移的贡献（Arya et al., 2003; Loyalka and Hamoodi, 1990）可用下式表示：

$$\xi = \frac{2\mu}{p\bar{v}}\left(\frac{2-\beta}{\beta}\right) \tag{7-11}$$

式中，$\bar{v}$ 为气体分子的热力学平均速度，m/s；系数 β 为孔隙内壁上的切向动量调节系数（tangential momentum accommodation coefficient，TMAC）（Ma et al., 2014b, 2014c），取值

范围为(0,1]，其大小取决于孔隙表面形态、气体性质、温度和压力。

$\overline{v}$ 和 D_k 可分别用下式表示(Gruener and Huber, 2008)：

$$\overline{v}=\sqrt{\frac{8RT}{\pi M}} \tag{7-12}$$

$$D_k=\frac{2r}{3}\overline{v} \tag{7-13}$$

令 x_i 表示毛细管的进口(i=1)和出口(i=2)，将式(7-10)沿毛细管方向积分，得到式(7-14)，即流经毛细管的气体平均质量流量(单位：kg/m^2)，该流量可用于定义流体视渗透率。

$$\dot{M}=-\left[\frac{r^2}{8(p_2-p_1)}\int_{x_1}^{x_2}\frac{\rho p}{\mu}dx+\frac{r}{\overline{v}}\left(\frac{2-\beta}{\beta}\right)+\frac{2r\overline{v}}{3}\frac{(\rho_2-\rho_1)}{(p_2-p_1)}\right]\frac{p_2-p_1}{L} \tag{7-14}$$

令 ρ_i 和 p_i 分别表示气体在毛细管进口(i=1)和出口(i=2)的密度和压力，$p_r=p_1/p_2$。对于给定的非理想气体，在 $T_r(=T/T_c)$ 和 $P_r(=P/P_c)$ 的空间里，Z 与压力、温度可表述成一个普遍关系，即已知临界温度 T_c(单位：K)和临界压力 P_c(单位：Pa)则均可确定 $Z=f(T_r, P_r)$ 的值(Azom and Javadpour, 2012)，进而根据式(7-8)确定非理想气体 PVT 关系。研究表明，除了 PVT 关系，非理想气体的黏度随毛细管条件的变化而变化，且不再受热力学作用影响(Ma et al., 2014b, 2014c)。1 个大气压下，气体黏度 μ 和其标准值 μ_0 的比值可以表示为 $\mu/\mu_0=g(T_r, P_r)$ (Ma et al., 2014b, 2014c)。

对于给定的非理想气体，定义几个参数：

$$\mu_r=\frac{\mu(x)}{\mu_0}$$

$$\mu^{ig}=\frac{\rho\overline{v}\lambda}{3}$$

$$P_{r,i}=P_r(x_i)=p(x_i)/P_c$$

$$\frac{\mu^{ig}}{\rho\overline{v}r}=\frac{\lambda}{3r}=\frac{2}{3}Kn$$

代入式(7-14)中可得

$$\dot{M}=-\frac{r^2\rho_2}{8\mu_2}\left[\frac{\mu_2}{\mu_0}NIG_c+\frac{\mu_2}{\mu_2^{ig}}\frac{16}{3}Kn_2\left(\frac{2-\beta}{\beta}\right)+\frac{\mu_2}{\mu_2^{ig}}\frac{16^2}{9\pi}Kn_2 NIG_k\right]\frac{p_2-p_1}{L} \tag{7-15}$$

式中，连续状态下的非理想气体系数 NIG_c 和扩散中的非理想气体系数 NIG_k 可分别定义为

$$NIG_c\triangleq\frac{z_2}{P_{r,2}(P_{r,2}-P_{r,1})}\int_{P_r(x_1)}^{P_r(x_2)}\frac{P_r}{\mu_r z}dP_r \tag{7-16}$$

$$NIG_k\triangleq\left(\frac{P_{r,2}}{z_2}-\frac{P_{r,1}}{z_1}\right)\Big/(P_{r,2}-P_{r,1}) \tag{7-17}$$

在(T_r, P_r)空间中，NIG_c 可用二阶精确不规则四边形法进行数值估算。

根据式(7-15)，毛细管中非理想气体的视渗透率为

$$K_{\text{app}}^{\text{NIG}}=\frac{r^2}{8}\left[\frac{\mu_2}{\mu_0}\text{NIG}_{\text{c}}+\frac{\mu_2}{\mu_2^{\text{ig}}}\frac{16}{3}\left(\frac{2-\beta}{\beta}\right)Kn_2+\frac{\mu_2}{\mu_2^{\text{ig}}}\frac{16^2}{9\pi}\text{NIG}_{\text{k}}Kn_2\right] \tag{7-18}$$

假定毛细管的达西渗透率为 $K_{\text{darcy}}=r^2/8$，则视渗透率与达西渗透率的比值为

$$\text{RK}_{\text{NIG}}=\frac{K_{\text{app}}^{\text{NIG}}}{K_{\text{darcy}}}=\frac{\mu_2}{\mu_0}\text{NIG}_{\text{c}}+\frac{\mu_2}{\mu_2^{\text{ig}}}\frac{16}{3}\left(\frac{2-\beta}{\beta}\right)Kn_2+\frac{\mu_2}{\mu_2^{\text{ig}}}\frac{16^2}{9\pi}\text{NIG}_{\text{k}}Kn_2 \tag{7-19}$$

式中，RK_{NIG} 量化了滑流、扩散及气体性质对毛细管视渗透率的作用。由式(7-19)可以看出，视渗透率要大于达西渗透率，两者的比值 RK_{NIG} 与 Kn 成线性正相关。而当 $(2-\beta)/\beta$ 无限接近于零时，这个比值是没有上界的，因此 Kn 与 TMAC 非线性相关。

4. 非圆柱形毛细管中的非理想气体视渗透率

孔喉截面形状是流导率的重要决定因素，也增加了用数值方法计算截面形状不规则的孔喉视渗透率的难度(Lago and Araujo, 2001)。对于孔隙网络模型，其中的孔喉截面可被看做是特定的几何形状，较常见的有圆形、正方形、三角形和星形(Oren et al., 1998; Patzek, 2001; Ryazanov et al, 2009; Valvatne and Blunt, 2004)。孔喉截面形状常用形状因子表述(详见本书第3章)。

本书中，采用传统的 PNFM 方法获得截面形状不规则孔喉的流导率，即采用不规则截面的水力半径替换圆形截面的半径。其中，水力半径定义为

$$R_{\text{h}}=\frac{A}{P}=\sqrt{AG}$$

式中，P、A 和 G 分别为孔喉横截面的周长、面积和形状因子。则视渗透率可以表述为

$$K_{\text{app}}^{\text{NIG}}=C_{\text{g}}R_{\text{h}}^2\left[\frac{\mu_2}{\mu_0}\text{NIG}_{\text{c}}+\frac{\mu_2}{\mu_2^{\text{ig}}}\frac{8}{3}\left(\frac{2-\beta}{\beta}\right)Kn_{2\text{h}}+\frac{\mu_2}{\mu_2^{\text{ig}}}\frac{64}{9C_{\text{g}}\pi}\text{NIG}_{\text{k}}Kn_{2\text{h}}\right] \tag{7-20}$$

式中，$Kn_{2\text{h}}=\dfrac{\lambda}{2R_{\text{h}}}$ 定义为孔喉的出口位置的 Knudsen 数；C_{g} 是校正因子，圆形、正方形、等边三角形取值分别为 0.5、0.5623 和 0.6(Patzek, 2001)。

需要注意的是，滑移系数 ξ 可能需要 ω 因子校正，即

$$\xi_{\text{h}}=\omega\xi=\omega\frac{2\mu}{\rho\overline{v}}\left(\frac{2-\beta}{\beta}\right)$$

式中，ω 可由数值模拟决定，一般取值约 1.0(Morini et al., 2004)，因此，本书中滑移系数不进行校正。

另外，式(7-20)中的 Knudsen 流部分可通过以下方法推导。假设 Knudsen 系数为

$$D_{\text{k}}=\frac{d_{\text{k}}}{3}\overline{v}$$

式中，$\dfrac{1}{d_{\text{k}}}=\dfrac{1}{4L}\displaystyle\int_0^L\frac{P(l)}{A(l)}\text{d}l=\frac{1}{4L}\int_0^L\frac{1}{R_{\text{h}}(l)}\text{d}l$，$P(l)$ 和 $A(l)$ 分别是孔喉横截面的周长和面积。

对于孔隙网络，每个元素的 $P(l)$ 和 $A(l)$ 被认为是常数，因此 $d_{\text{k}}=4R_{\text{h}}$。对于一个半径为 r 的圆形横截面，d_{k} 等于 $2r$。

5. 仿真模拟基本流程

本书中，基于所建立的纳米孔裂隙渗流网络模型，给定渗流网络出口和进口压力，利用上述模型计算每个孔喉节点处的压力和流体质量流量，最后根据渗流网络出口与进口压差和计算得到的流体质量流量可推算孔喉视渗透率。本书中所建立的质量平衡方程与压力有关，是非线性的。而计算过程中使用的 NIG_c、NIG_k 及流体黏度可通过线性内插法对压缩因子 Z 和黏度比求插值得出，而临界状态附近压缩因子的快速变化可通过高阶内插法实现。

7.2.2　无烟煤储层流体流动形态

1. 无烟煤纳米孔裂隙中 CH_4 与 CO_2 视渗透率

基于无烟煤纳米孔裂隙渗流网络模型(图 7-6)，应用所建立的渗流物理仿真模型，获得 CH_4、CO_2 运移过程中纳米孔喉的视渗透率。渗流物理仿真模拟中使用的参数如表 7-2 所示。

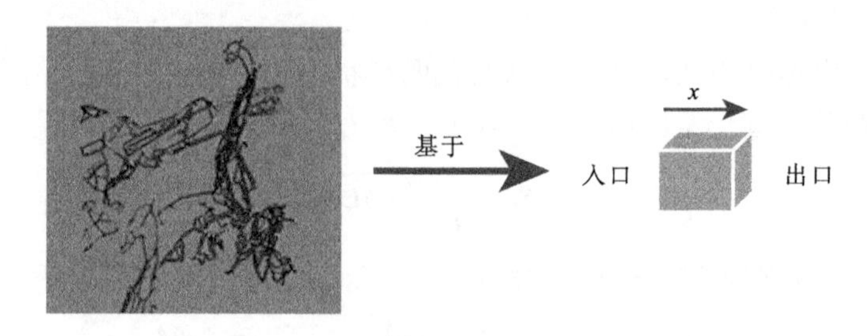

图 7-6　渗流物理仿真模型示意图

表 7-2　渗流物理仿真模拟参数设定

项目	参数和单位	值
气体参数	黏度/(mPa·s)	0.011
	摩尔质量/(g/mol)	0.016
	CH_4 分子直径/nm	0.414
	CO_2 分子直径/nm	0.330
	CH_4 临界压力/MPa	4.696
	CH_4 临界温度/K	290.5
初始条件	入口压力/MPa	14.088
	滑脱系数	0.01

对于图 7-6 所示的孔裂隙渗流网络模型，CH_4 与 CO_2 运移过程中纳米孔喉的视渗透率表现出相似的变化特征，不同之处在于 CO_2 运移过程中纳米孔喉的视渗透率高于 CH_4。气体压力>8MPa 时，$K_{app}/K_{darcy}\approx3$，且保持平缓(图 7-7)，说明高压下(>8MPa) CH_4 与 CO_2 以达西流动为主，滑流和扩散的作用较弱，两者可看做连续流体。气体压力≤8MPa 时，随压力减小，K_{app}/K_{darcy} 呈指数增加(图 7-7)，为非线性气体压力关系，这是由于 Kn 是非

线性增加的。说明低压下，滑流和扩散的作用迅速增大并逐渐成为主导。沁水盆地深部煤储层(埋深 1000~2000m)压力以>10MPa 居多，纳米孔裂隙中滑流和扩散的作用较弱，可忽略，且随 CH_4 和 CO_2 的产出，煤层压力逐渐降低，两者对 CH_4、CO_2 运移产出的影响加强。

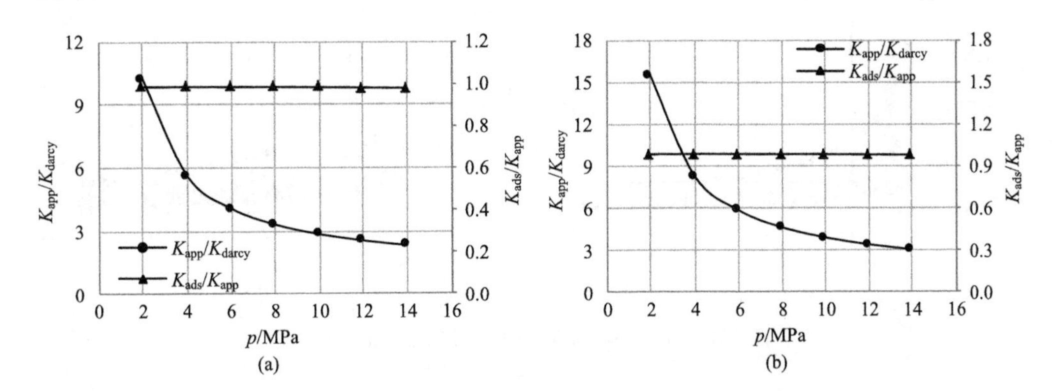

图 7-7　气体运移过程中纳米孔喉的视渗透率(β=0.01，(a) CH_4，(b) CO_2)

K_{darcy}，达西渗透率；K_{app}，考虑达西流动、滑流和扩散的视渗透率；K_{ads}，考虑达西流动、滑流、扩散和 CH_4 吸附/解吸的视渗透率

随压力减小，K_{ads}/K_{app} 略有增大，气体压力>8MPa 时，K_{ads}/K_{app} 增幅略高，气体压力≤8MPa 时，K_{ads}/K_{app} 相对平缓。K_{ads}/K_{app} 随压力的变化特征说明，高压(>8MPa)下吸附对气体运移的影响相对较强，随气体压力的升高，这一影响逐渐降低。CH_4 与 CO_2 运移过程中，K_{ads}/K_{app} 介于 0.98~0.99，变化很小，表明 CO_2-ECBM 过程中吸附解吸对气体运移和产出的作用较弱，起主要作用的是气体流动状态。

2. 无烟煤纳米孔裂隙中 CH_4 与 CO_2 微观流动规律

基于所建立的渗流物理仿真模型，本小节进一探讨 CH_4 运移产出与 CO_2 注入过程中，压力和 TMAC 对孔喉视渗透率和 CH_4 与 CO_2 微观流动行为的影响。

1) Kn 与 p 和 l_{ch} 的关系

现有研究成果表明，Kn≥10 时，孔隙气体分子和孔隙壁之间的碰撞占主导地位，扩散类型为 Knudsen 型扩散；0.1<Kn<10 时，分子之间的碰撞和分子与壁面之间的碰撞同样重要，扩散过程受 Knudsen 型扩散和 Fick 型扩散的制约，为过渡型扩散；Kn<0.1 时，分子之间的碰撞占主导地位，为 Fick 型扩散；0.01<Kn<0.1 时，滑流作用不可忽略，而 Kn≤0.01 时，气体可看做连续流体(Ma et al., 2014b, 2014c)。由式(7-5)可以看出，气体的 Kn 与气体分子直径成反比。由于 CO_2 分子直径略小于 CH_4，故相同压力和孔径条件下，CO_2 的 Kn 略大于 CH_4，但两者总体趋势一致，即无烟煤纳米孔裂隙中 Kn 始终小于 0.1(图 7-8)，渗流仿真模拟条件下，CH_4 和 CO_2 以 Fick 型扩散为主。随气体压力降低和孔径减小，Kn 表现为非线性增加趋势(图 7-8)。气体压力>8MPa 时，Kn 以小于 0.01 为主，CH_4 和 CO_2 可看做连续流体，仅在 l_{ch}<100nm 左右时出现滑流和 Fick 型扩散；随气体压力的降低，出现滑流和 Fick 型扩散的 l_{ch} 逐渐增大，至气体压力降至 2MPa，无烟煤纳米孔隙中几乎不存在连续性流动，均以滑流和 Fick 型扩散为主。综合考虑 K_{app}/K_{darcy}

与 l_{ch} 的关系，认为 CO_2-ECBM 过程中，中孔和孔径为 50~100nm 的大孔中 CH_4 和 CO_2 的流动形态对 CH_4 产出和 CO_2 注入至关重要。

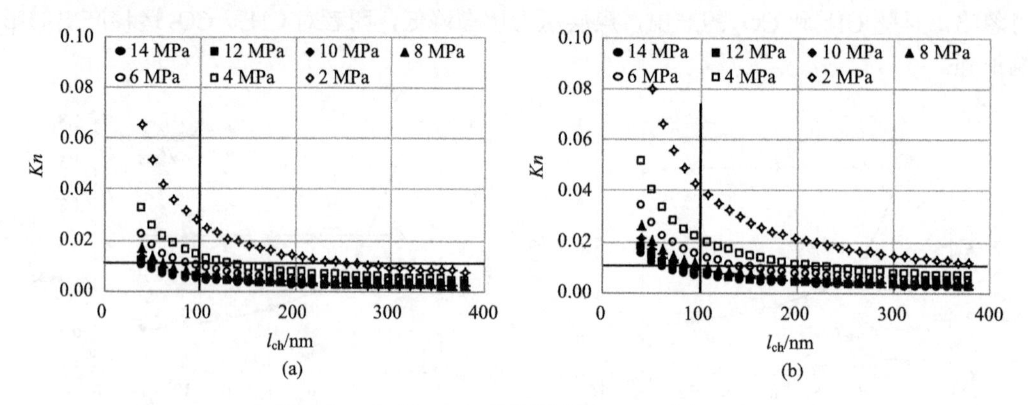

图 7-8　Kn 与 p、l_{ch} 的关系((a) CH_4，(b) CO_2)

2) ξ 与 p、β 的关系

CH_4 和 CO_2 的滑移系数 ξ 均随 β 和气体压力的降低而升高，且同样受分子直径的影响，相同 β 和气体压力条件下，CO_2 的滑移系数 ξ 略低于 CH_4(图 7-9)。$\beta \geqslant 0.1$ 时，气体压力对 ξ 的影响微弱，ξ 始终<0.01，说明滑流对 CH_4 和 CO_2 运移的贡献微弱；而 $\beta<0.1$ 时，随气体压力的降低，ξ 呈指数形式迅速增大，特别是气体压力<8MPa 时，滑流对 CH_4 运移产出和 CO_2 注入的贡献显著。

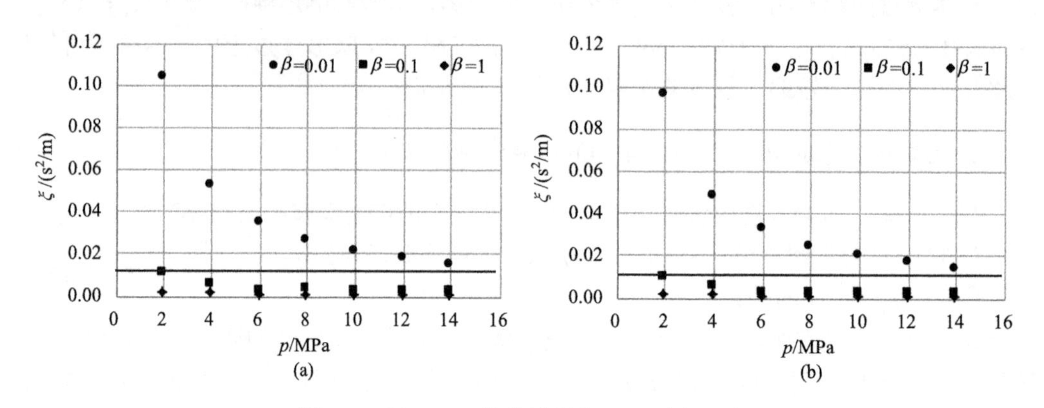

图 7-9　ξ 与 p、β 的关系((a) CH_4，(b) CO_2)

3) K_{app}/K_{darcy} 与 β、p 和 l_{ch} 的关系

CH_4 与 CO_2 的 K_{app}/K_{darcy} 均与 β 有负相关性，受 Kn 和滑移系数 ξ 的影响，相同 β、p 和 l_{ch} 条件下，CO_2 的 K_{app}/K_{darcy} 高于 CH_4，但两者总体趋势一致。相同压力下，β 越大，K_{app}/K_{darcy} 越小，滑流和扩散的作用越弱(图 7-10)。$\beta \geqslant 0.1$ 时，随 β 增大，K_{app}/K_{darcy} 变化较小，说明气体压力对纳米孔裂隙视渗透率的影响较弱，气体的达西流动占主导(图 7-10)。而 $\beta<0.1$ 时，气体压力对纳米孔裂隙视渗透率的影响极为显著(图 7-10)。气体压力>8MPa 时，K_{app}/K_{darcy} 较小，气体的达西流动仍占据一定主导作用；气体压力≤8MPa 时，K_{app}/K_{darcy} 呈指数形式迅速增加，滑流和扩散的作用迅速增大(图 7-10)。

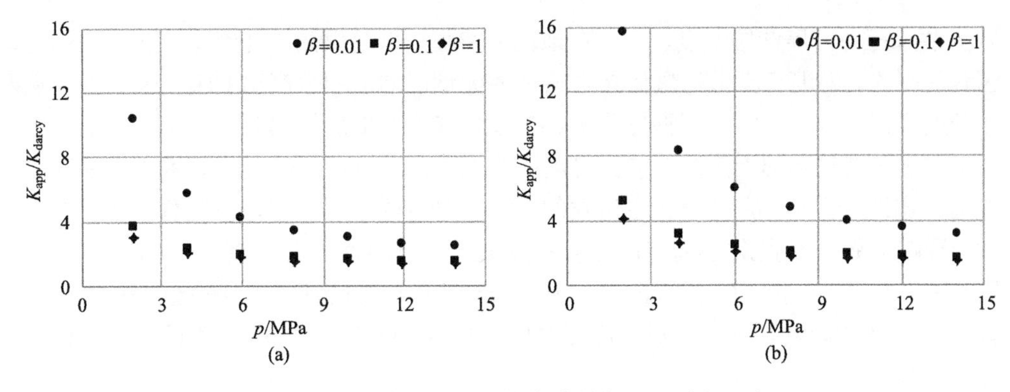

图 7-10　K_{app}/K_{darcy} 与 β 的关系((a) CH_4，(b) CO_2)

与 β 类似，K_{app}/K_{darcy} 与气体压力同样有负相关性(图 7-11)。相同 β 下，气体压力越大，则 K_{app}/K_{darcy} 越小，滑流和扩散的作用越弱。气体压力>8MPa 时，其对 K_{app}/K_{darcy} 的影响较弱，CH_4 和 CO_2 的 K_{app}/K_{darcy} 均以小于 3 为主，且变化微弱，CH_4 和 CO_2 均可看做连续流体；气体压力≤8MPa 时，K_{app}/K_{darcy} 滑流和扩散的作用迅速增大(图 7-11)。同时，K_{app}/K_{darcy} 随 l_{ch} 的增大呈指数降低(图 7-11)。l_{ch}>200nm 时，K_{app}/K_{darcy} 变化平缓，且值较小，说明孔径>200nm 的孔隙中 CH_4 和 CO_2 的达西流动显著；l_{ch}<100nm 时，K_{app}/K_{darcy} 呈指数形式迅速增大，滑流和扩散作用强烈；而 l_{ch} 介于 100~200nm 时，K_{app}/K_{darcy} 受气体压力影响表现出不同的变化趋势，气体压力>8MPa 时，K_{app}/K_{darcy} 以小于 3 为主且相对平缓，而气体压力≤8MPa 时，K_{app}/K_{darcy} 增幅已然增大(图 7-11)。煤层气开发过程中，低压下孔径<100nm 的孔隙中 CH_4 和 CO_2 的流动形态是影响 CH_4 产出效率和 CO_2 注入效果的关键。

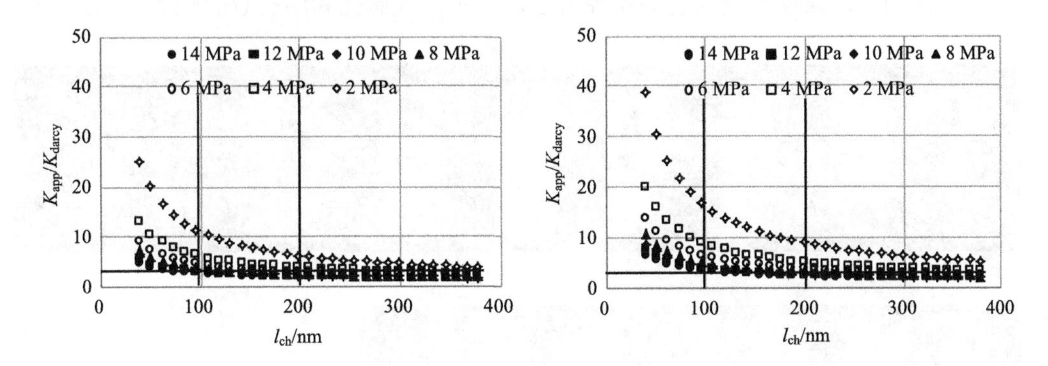

图 7-11　K_{app}/K_{darcy} 与 p、l_{ch} 的关系(β=0.1，左图 CH_4，右图 CO_2)

7.3　超临界 CO_2 注入无烟煤储层驱替产出 CH_4 过程

超临界 CO_2 注入无烟煤储层驱替产出 CH_4 过程是一个多物理过程，涉及 CO_2 和 CH_4 在煤储层孔裂隙中的竞争吸附/解吸、扩散、渗流过程。这一系列过程既连续，又相互影响，表现为 CO_2 与 CH_4 的竞争吸附打破了原有的流体动态平衡，畅通的渗流通道能够加速气体扩散、渗流的进程，而高效的扩散、渗流又促进解吸的发生。同时，这一过程也

受 CO_2 注入压力，煤储层温度、压力、地应力特征，以及煤储层孔裂隙结构等工程与地质因素的制约。为进一步明确超临界 CO_2 注入无烟煤储层驱替产出 CH_4 过程，本节从两方面开展探讨。其一，在 CO_2 驱替置换 CH_4 过程核磁共振成像实验所指示的无烟煤储层流体运移优势路径基础上，结合前文对煤层孔裂隙发育特征的研究，阐述 CO_2 注入与煤中 CH_4 产出路径；其二，基于自主研发的“模拟 CO_2 注入煤储层渗流驱替实验装置”平台，开展超临界 CO_2 置换/驱替 CH_4 的实验研究，划分超临界 CO_2 置换/驱替煤层 CH_4 的作用阶段，并深入分析 CO_2 注入压力、围压、温度及孔裂隙网络结构对超临界 CO_2 置换/驱替 CH_4 效率的影响。本研究对深部煤储层超临界 CO_2 储存与 ECBM 的协同优化方案设计具有参考价值。

7.3.1　超临界 CO_2 注入与煤中 CH_4 产出路径

利用超临界 CO_2 和 CH_4 在煤层中的竞争性吸附特征，通过核磁共振检测超临界 CO_2 驱替置换 CH_4 过程中煤样中 CH_4 信号的变化与成像，直观观察 CH_4 在煤中的解吸运移过程，对深刻认识 CO_2 驱替 CH_4 的过程具有重要的意义。CH_4 吸附饱和过程中，煤样在 T_2=0.1~5ms 的峰值变化最为明显，且随煤样吸附 CH_4 时间的增加，峰值逐渐升高，473min 后增量逐渐变缓并趋于平稳，与煤样核磁共振成像的 CH_4 信号量变化相吻合[图 7-12(a)]。该峰值对应微孔和中孔，表明测试样品微孔和中孔最为发育，其吸附表面积较大，构成 CH_4 吸附的主要场所，而 CH_4 在大孔及裂隙中吸附量并不多。超临界 CO_2 驱替置换煤样中 CH_4 的过程中，随吸附的 CH_4 卸压解吸，成像图中图像颜色逐步变淡[图 7-12(b)]，而由于解吸时间较短，煤样 T_2 图谱几乎没有发生变化[图 7-12(b)]，仅 T_2>10ms 的峰值有较明显的减小趋势。说明无烟煤较致密，渗透率较小，允许流体通过的能力较弱，超临界 CO_2 倾向于以煤中裂缝为优势路径流出，而不进入微孔和中孔(图 7-12)。

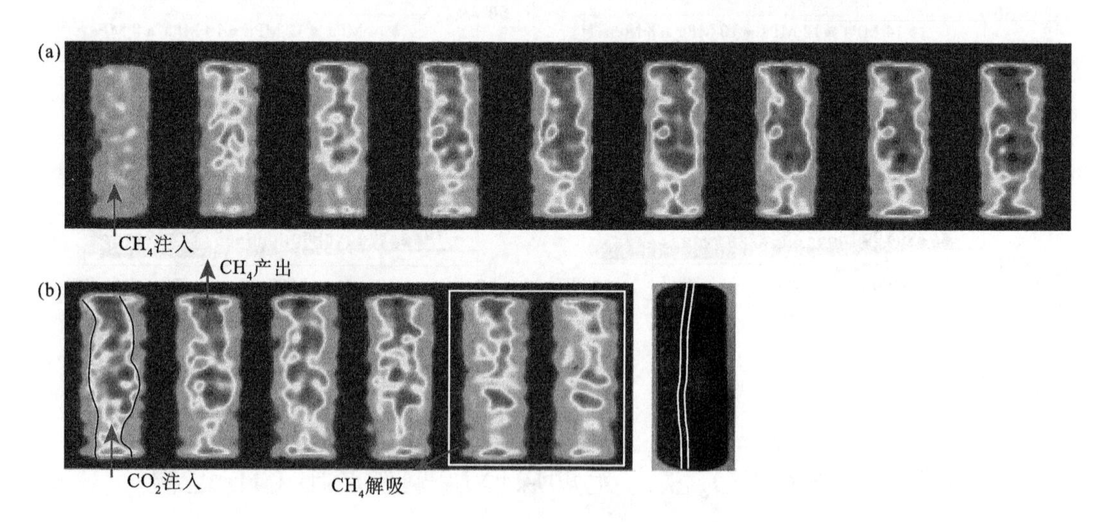

图 7-12　寺河矿煤样 CH_4 吸附饱和过程与 CO_2 驱替置换 CH_4 过程 CPMG 与成像测试

(a) CH_4 吸附饱和过程；(b) CO_2 驱替置换 CH_4 过程

综合上述分析，结合本书前文对煤层孔裂隙发育特征的研究，提出如图 7-13 所示的沁水盆地高阶超临界 CO_2 注入与煤中 CH_4 产出路径模型。该模型展示了 CO_2 注入与煤中 CH_4 产出的微观路径和宏观路径，并阐述了煤储层孔裂隙之间的连通关系。CO_2 注入与煤中 CH_4 产出路径模型描述如下。

(1) 微孔（大分子结构孔）和中孔（差异收缩孔）是 CO_2 与 CH_4 的主要吸附场所与储集场所，CO_2 与 CH_4 倾向于以煤中压裂裂缝和天然裂缝为优势路径注入和流出。

(2) 从孔裂隙渗流网络来看，CH_4 的产出经历了微孔（大分子结构孔）—中孔（差异收缩孔和超微裂隙）、大孔（次生气孔和矿物质孔）—显微裂隙—内生裂隙—宏观裂隙—压裂裂缝过程，CO_2 的注入则经历了相反的过程。

(3) 宏观方面，CH_4 的产出经历了三级流动：孔隙—天然裂隙（微观裂隙—宏观裂隙）—压裂裂缝—井筒，CO_2 的注入同样经历了三级流动：井筒—压裂裂缝—天然裂隙（微观裂隙—宏观裂隙）—孔隙。

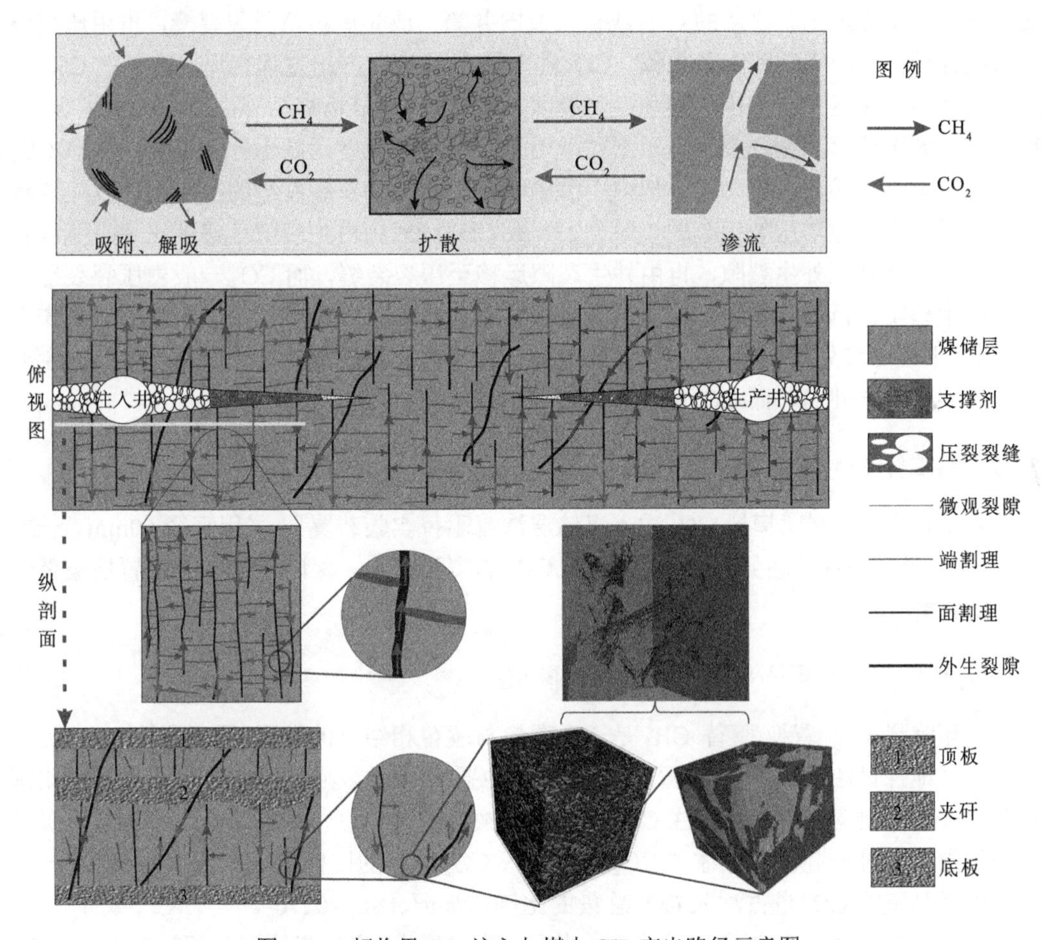

图 7-13 超临界 CO_2 注入与煤中 CH_4 产出路径示意图

微观方面（图 7-13），由于差异收缩孔及超微裂隙与大分子结构孔相贯通并沟通了部分次生气孔、矿物质孔和显微裂隙，微孔（大分子结构孔）和中孔（差异收缩孔）中解吸出的 CH_4 或直接运移至大孔（次生气孔和矿物质孔）和显微裂隙，或先运移至差异收缩孔或超微裂隙，再通过差异收缩孔或超微裂隙运移至大孔（次生气孔和矿物质孔）和显微裂隙。由于显微裂隙沟通了微观孔裂隙网络与割理、外生裂隙等宏观渗流网络，中孔、大孔中游离态的 CH_4 或直接运移至宏观裂隙（内生裂隙和外生裂隙），或先运移至显微裂隙，再通过显微裂隙运移至宏观裂隙。CO_2 的注入过程与 CH_4 产出过程相反，注入的 CO_2 首先由宏观裂隙直接运移至中孔、大孔，或先运移至显微裂隙，再通过显微裂隙运移至中孔、大孔；中孔、大孔游离态的 CO_2 或直接运移至微孔和中孔并置换出其中的吸附态 CH_4，或先运移至差异收缩孔或超微裂隙，再通过差异收缩孔或超微裂隙运移至微孔和中孔，进而参与竞争吸附。

宏观路径方面（图 7-13），显微裂隙是沟通孔隙与内生裂隙（割理）的重要通道，微观裂隙中游离态的 CH_4 或直接运移至与之相连通的外生裂隙，或先运移至内生裂隙，再由内生裂隙运移至外生裂隙。内生裂隙是沟通外生裂隙及压裂裂缝的重要通道。内生裂隙中游离态的 CH_4 或直接运移至压裂裂缝，或先运移至外生裂隙，再由外生裂隙运移至压裂裂缝。外生裂隙中游离态的 CH_4 或直接流向井筒，或先运移至压裂裂缝，再由压裂裂缝流向井筒。与微观运移路径相似，CO_2 注入过程与 CH_4 产出过程相反，注入的 CO_2 或经外生裂隙直接运移至内生裂隙和微观裂隙，或由压裂裂缝运移至外生裂隙和内生裂隙，再经内生裂隙运移至微观裂隙。沁水盆地内生裂隙发育程度远高于外生裂隙，虽然 CO_2 和 CH_4 在其中的流动能力较差，但内生裂隙与外生裂隙和压裂裂缝的接触面积及连通程度远高于外生裂隙与压裂裂缝的接触面积，故 CH_4 一般由内生裂隙运移至压裂裂缝或者由内生裂隙运移至外生裂隙，再由外生裂隙运移至压裂裂缝，而 CO_2 一般由压裂裂缝运移至外生裂隙，再由外生裂隙或压裂裂缝运移至内生裂隙。再者，由于压裂裂缝与宏观裂隙（内生裂隙和外生裂隙）的接触面积远大于井筒与宏观裂隙的接触面积，故 CH_4 主要由压裂裂缝流向井筒，而 CO_2 主要经压裂裂缝注入煤储层。

7.3.2 超临界 CO_2 置换驱替煤中 CH_4 过程

基于自主研发的“模拟 CO_2 注入煤储层渗流驱替实验装置”，采用直径 50mm、长度 100mm 的煤样进行超临界 CO_2 置换/驱替 CH_4 的实验研究，探讨超临界 CO_2 置换驱替煤中 CH_4 的作用过程。

1. 超临界 CO_2 置换/驱替 CH_4 作用阶段

注超临界 CO_2 置换/驱替 CH_4 是一个置换与驱替相结合的过程（杨宏民等，2016）。为了更好地探讨注超临界 CO_2 置驱 CH_4 过程中置换/驱替效应的贡献率，引入置换比例和驱替比例的概念，定量描述注 CO_2 过程中置换作用和驱替作用哪个占主导地位。置换比例是指某一时刻驻留在煤体中 CO_2 量占注入 CO_2 总量的比例，驱替比例则是指某一时刻排出样品室的 CO_2 量占注入 CO_2 总量的比例（Wang et al., 2017c）。

CO_2 置换/驱替 CH_4 过程可分为三个阶段。第一阶段：出口未检测到超临界 CO_2，CO_2 驻留在煤层中并置换出 CH_4，表现为置换效应。超临界 CO_2 的注入使原有吸附平衡状态被打破，导致 CH_4 解吸出来；大量空余吸附位被 CO_2 占据，并与 CH_4 分子竞争吸附，最终置换出 CH_4，该阶段置换效应占 100%（图 7-14 中阶段 1）。第二阶段：出口可同时检测到 CH_4 和 CO_2，CH_4 和 CO_2 同时产出，但气体浓度持续变化并未达到稳定状态。注入

的 CO_2 一部分驻留在煤中置换 CH_4，起置换作用，一部分随着气流排出，起驱替作用，是由以置换作用为主逐渐向以驱替作用为主转变的过程；置换和驱替比例有一个50%的交叉点，此刻之前置换作用起主导作用，此刻之后驱替作用开始占据主导地位而置换作用呈次要地位(图7-14中阶段2)。第三阶段：出口可同时检测出 CH_4 和 CO_2，CH_4 和 CO_2 同时产出，且气体浓度已达到稳定状态，即 CH_4 基本稳定在5%左右，CO_2 则稳定在95%左右，很明显驱替比例开始占据绝对的主导地位，该阶段以驱替作用为主(图7-14中阶段3)。

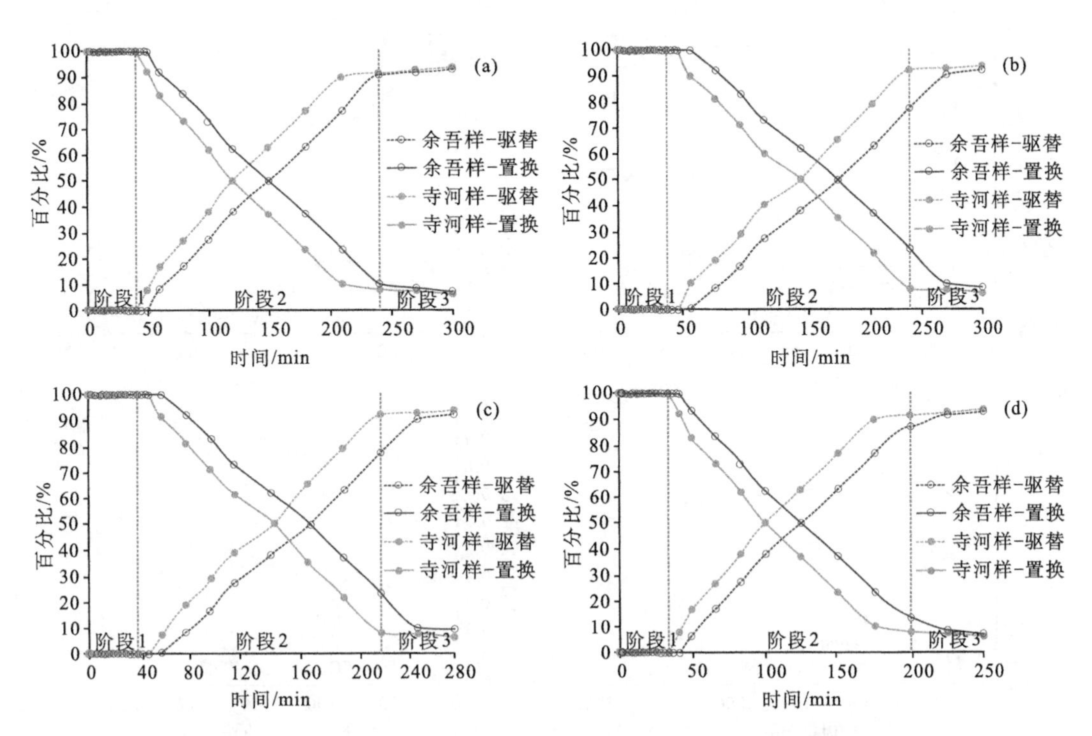

图7-14　置换比例和驱替比例随时间变化规律(Fang et al., 2019c)

(a)围压14MPa，温度38℃，注入压力8.5MPa；(b)围压16MPa，温度38℃，注入压力8.5MPa；(c)围压16MPa，温度65℃，注入压力8.5MPa；(d)围压16MPa，温度65℃，注入压力10MPa

2. 超临界 CO_2 存储与 ECBM 的协同优化

CO_2-ECBM 有两个潜在的好处：可回收更多的 CH_4 及可将 CO_2 永久封存于煤中。因此，CO_2-ECBM 可以是 ECBM 项目，其目标是最大化提高 CH_4 采收率；可以是 CO_2 存储项目，其目的是最大化存储 CO_2；也可以是 ECBM 与 CO_2 存储协同优化项目，其目的在于提高 CH_4 采收率的同时又可最大量封存 CO_2(Zhou et al., 2013)。为设计一个 CO_2-ECBM 项目，一个协同优化函数可定义如下：

$$f = w_1\left(\frac{V_{CH_4\_production\_t}}{V_{CH_4\_production}}\right) + w_2\left(1 - \frac{V_{超临界CO_2\_injection\_t}}{V_{超临界CO_2\_injection}}\right) \tag{7-21}$$

式中，f 表示协同优化函数；w_1 为 ECBM 的权重因子；$V_{CH_4\_production\_t}$ 为 CH_4 随时间变化的累计生产量；$V_{CH_4\_production}$ 为 CH_4 总的累计生产量；w_2 为存储超临界 CO_2 的权重因子；

$V_{超临界CO_2\_injection\_t}$ 为超临界 CO_2 随时间变化的累计注入量；$V_{超临界CO_2\_injection}$ 为超临界 CO_2 总的累计注入量。

由公式(7-21)可知，CO_2-ECBM 为 ECBM 项目时，取 w_1=1，w_2=0；为 CO_2 存储项目时，取 w_1=0，w_2=1；为 ECBM 与 CO_2 存储协同优化项目时，取 w_1=0.5，w_2=0.5。基于超临界 CO_2 置换/驱替 CH_4 实验模拟数据，4 种情况下的协同优化函数随时间的分布情况如图 7-15 所示。

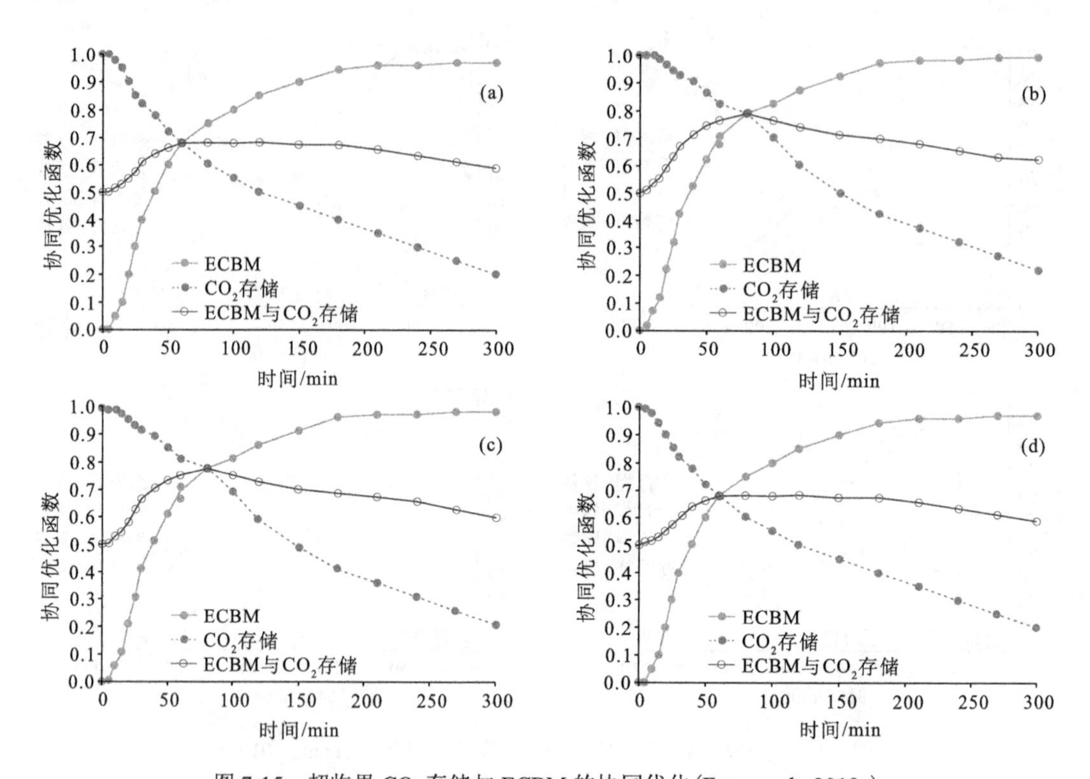

图 7-15　超临界 CO_2 存储与 ECBM 的协同优化(Fang et al., 2019c)

(a)围压 14MPa，温度 38℃，注入压力 8.5MPa；(b)围压 16MPa，温度 38℃，注入压力 8.5MPa；(c)围压 16MPa，温度 65℃，注入压力 8.5MPa；(d)围压 16MPa，温度 65℃，注入压力 10MPa

起初，CO_2 存储项目(w_1=0，w_2=1)表现出最高的协同优化趋势。此阶段，注入的超临界 CO_2 全部存储于煤体中，CO_2 与 CH_4 开始发生竞争吸附，且超临界 CO_2 的注入对 CH_4 采收率的提高的响应不是很明显(图 7-15)；随着 CO_2 突破，CO_2 的注入对其存储的影响越来越小；随着时间的进一步增加[图 7-15(a)中 60min；图 7-15(b)中 80min；图 7-15(c)中 70min；图 7-15(d)中 60min]，ECBM 项目(w_1=1，w_2=0)开始表现出显著的协同优化趋势，CO_2 与 CH_4 竞争吸附作用越来越强烈，超临界 CO_2 的注入对提高 CH_4 采收率的作用越来明显(图 7-15)；对于 ECBM 与 CO_2 存储协同优化项目(w_1=0.5，w_2=0.5)，其变化趋势在模拟时间尺度内分布较均匀，这也在一定程度上表明了进行实验研究的地质意义所在(图 7-15)。

超临界 CO_2 存储与 ECBM 协同优化的过程是一个集 CO_2 与 CH_4 竞争吸附、扩散及渗流于一体的动态变化过程。注入 CO_2 后，打破了原有的 CH_4 动态平衡环境，CO_2 与煤

基质中吸附的 CH_4 产生了竞争吸附，由于煤对 CO_2 的吸附能力大于 CH_4，煤基质会优先吸附 CO_2、解吸 CH_4。微观角度上，煤基质表面 CO_2、CH_4 之间存在着吸附位的竞争，解吸出来的 CH_4 在浓度梯度下以扩散的方式从煤基质表面进入微孔和小孔中，然后在压力梯度的驱动下以渗流的方式在煤中的大孔和裂隙中运移，是一个逐渐由 CO_2 存储向 ECBM 项目优化的过程。从宏观来看，CO_2 置换/驱替 CH_4 过程中，注入的 CO_2 分压不断增大，CH_4 分压不断降低，注入 CO_2 经竞争吸附取代 CH_4，在 CO_2-ECBM 过程中，CO_2 对 CH_4 的置换，使得 CH_4 采收率提高并完成 CO_2 的地质存储，是一个 CO_2 存储与 ECBM 协同优化的过程。

3. 超临界 CO_2 置换/驱替 CH_4 作用过程的关键影响因素

CO_2 注入压力、围压、温度及煤储层非均质性(孔裂隙结构差异)是影响 CO_2 置换/驱替 CH_4 效率的关键因素。

1)注入压差对置换/驱替效果的影响

恒定温压条件下，对于同一样品在相同时间内，混合气体中 CO_2 占比与注入压力呈正相关，100min 以内 CO_2 占比增幅较大，150min 以后基本趋于稳定[图 7-16(a)]；对于不同样品而言，在注入压力 8.50~11.5MPa 条件下，余吾矿煤样 CO_2 的突破时间在约 5min，突破时尾端 CO_2 浓度为 0.23%~2.34%，在注入压力 13.0~14.5MPa 条件下，CO_2 的突破时间在约 1.5min、2.5min，浓度为 0.89%~1.42%；寺河矿煤样，在置换/驱替开始 1.2min、2.2min 时便取得突破，尾端检测到 CO_2 浓度为 0.46%~10.14%[图 7-16(b)]。

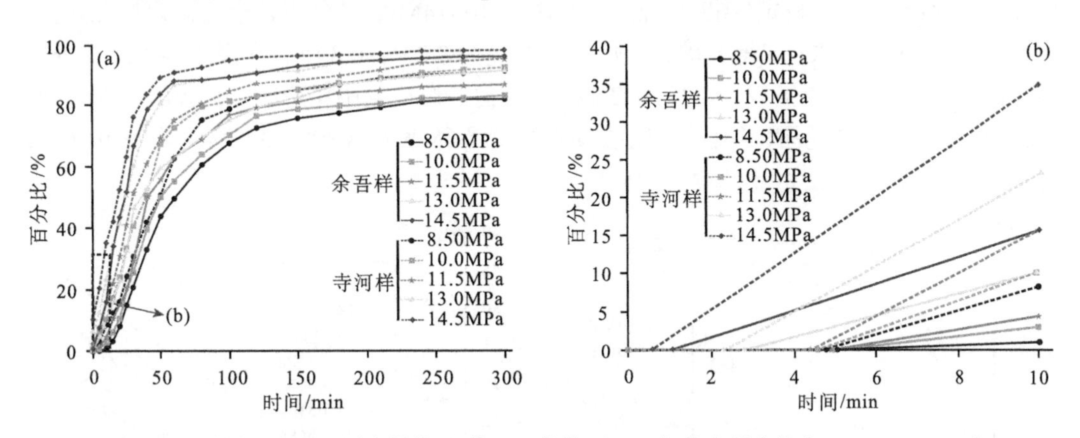

图 7-16　不同 CO_2 注入压力置换/驱替 CH_4 条件下 CO_2 气体含量变化(Fang et al., 2019c)

(a)实验全过程中 CO_2 气体含量变化；(b)实验 0~10min 时 CO_2 气体含量变化

对同一样品而言，相同围压(16MPa)及温度(65℃)条件下，出口混合气体的等百分比置驱时间(混合气体中 CH_4、CO_2 各占 50%所用时间)与注入压差(CO_2 注入压力与出口背压阀压力的差值)呈负相关[图 7-17(a)]，说明 CO_2 的突破时间随着注入压差的增大而变短(Farzard et al., 2017; Li et al., 2018)；置换/驱替效率与注入压差呈正相关[图 7-17(b)]，说明注入压力越高可在更大程度上降低煤中 CH_4 的分压，且压差越大，CO_2 携带 CH_4 的动能越大，置换/驱替效率越高。

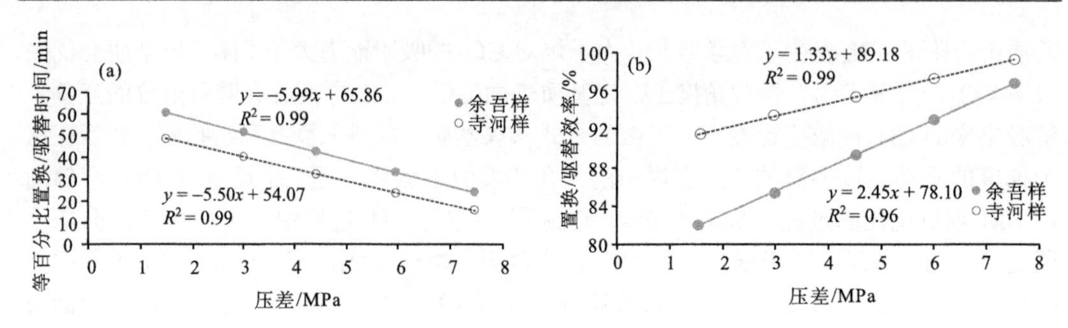

图 7-17 不同注入压差对置换/驱替效果的影响分析(Fang et al., 2019c)

(a)等百分比置换/驱替时间；(b)置换/驱替效率

深部煤层条件下 CO_2、CH_4 的吸附特征决定了 CO_2 置换 CH_4 的效果。CO_2 注入压力越高可在更大程度上降低煤中 CH_4 的分压，促进大、中孔表面吸附的 CH_4 解吸，加剧 CO_2 的微孔填充作用，进而提高了 CO_2 置换 CH_4 的效率。深部煤层条件下 CO_2、CH_4 的扩散、渗流特征决定了 CO_2 驱替 CH_4 的效果。较高的气相压力下，CO_2、CH_4 趋向于 Fick 型扩散和达西流动，以连续性流动为主，运移效率更高，进而降低了等百分比置换/驱替时间和 CO_2 的突破时间，提高了 CO_2 驱替 CH_4 的效率。

2)围压对置换/驱替效果的影响

恒定注入压力及温度条件下，对于同一样品在相同时间内，混合气体中 CO_2 占比与围压呈负相关关系，且同一样品在同一围压条件下，100min 以内 CO_2 占比增幅较大，150min 以后基本趋于稳定[图7-18(a)]。在围压 10~14MPa 条件下，余吾矿煤样在置换/驱替 1.5~2.5min 时 CO_2 取得突破，尾端 CO_2 浓度为 3.23%~0.89%；在围压为 16MPa 时，CO_2 在 5min 左右取得突破，浓度为 2.87%。寺河矿煤样受围压影响十分显著，在置换/驱替 0.5min 时 CO_2 便取得突破，尾端检测到 CO_2 浓度为 8.89%~0.74%，降幅 91.68% [图 7-18(b)]。

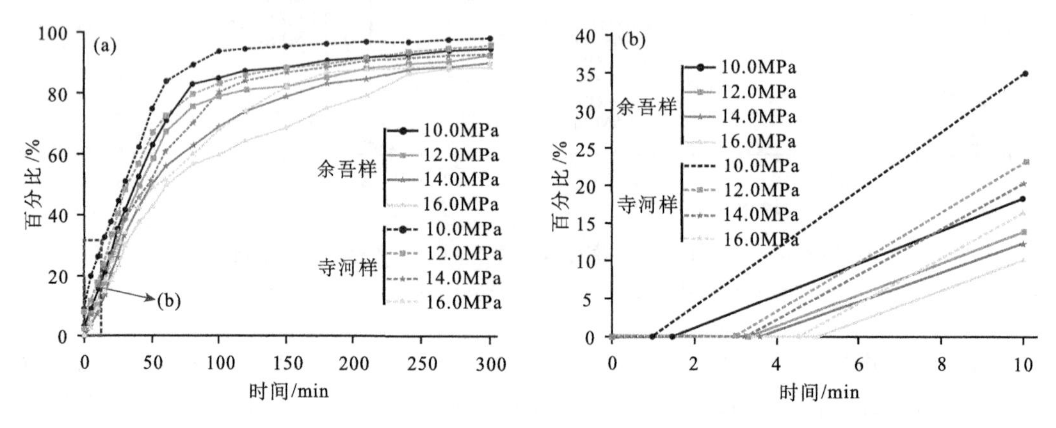

图 7-18 不同围压条件下 CO_2 置换/驱替 CH_4 过程中 CO_2 气体含量变化(Fang et al., 2019c)

(a)实验全过程中 CO_2 气体含量变化；(b)实验 0~10min 时 CO_2 气体含量变化

对于同一样品而言，恒定注入压力(8.5MPa)及温度(65℃)条件下，实验中围压越大，出口混合气体中 CH_4、CO_2 达到等百分比的时间越长，即 CO_2 的突破时间越长[图 7-19(a)]；围压越大，同一样品吸附 CH_4 后的置换/驱替效率越低[图 7-19(b)]。超

临界 CO_2 的注入压力不变，则与出气端的压差保持不变，基本在 1MPa 左右。因压差产生的动能较小，煤体中 CH_4、CO_2 分压的改变主要由竞争吸附决定。随着围压的增加，两个样品的等百分比置换/驱替时间和置换/驱替效率逐渐靠近[图 7-19(a)]。增加围压，煤基质受到的有效应力增加，煤体中的孔裂隙系统压缩闭合，造成孔裂隙连通性降低，加之滑流和 Knudsen 扩散的作用增大，流体运移效率降低，导致置换/驱替过程延长，同时孔裂隙发育的差异被弱化(图 7-19)。

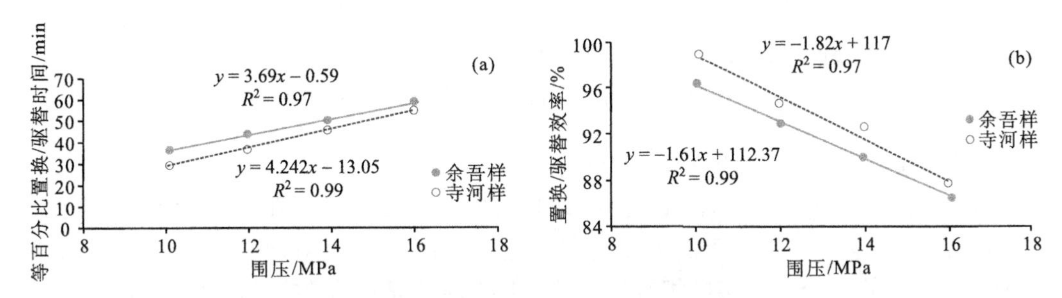

图 7-19　不同围压条件对置换/驱替效果的影响分析(Fang et al., 2019c)

(a) 等百分比置换/驱替时间；(b) 置换/驱替效率

3) 温度对置换/驱替效果的影响

在温度 38~52℃条件下，余吾矿煤样 CO_2 的突破时间在 5min 左右，突破时尾端 CO_2 浓度为 0.62%~0.98%，在温度 59~65℃时，CO_2 在 1~2.5min 便取得突破，尾端 CO_2 浓度为 0.89%~1.42%(图 7-20)。寺河矿煤样，CO_2 在 0.5min、2.1min、4.2min 分别取得突破，尾端检测到 CO_2 浓度为 0.46%~9.35%，受温度影响显著(图 7-20)。

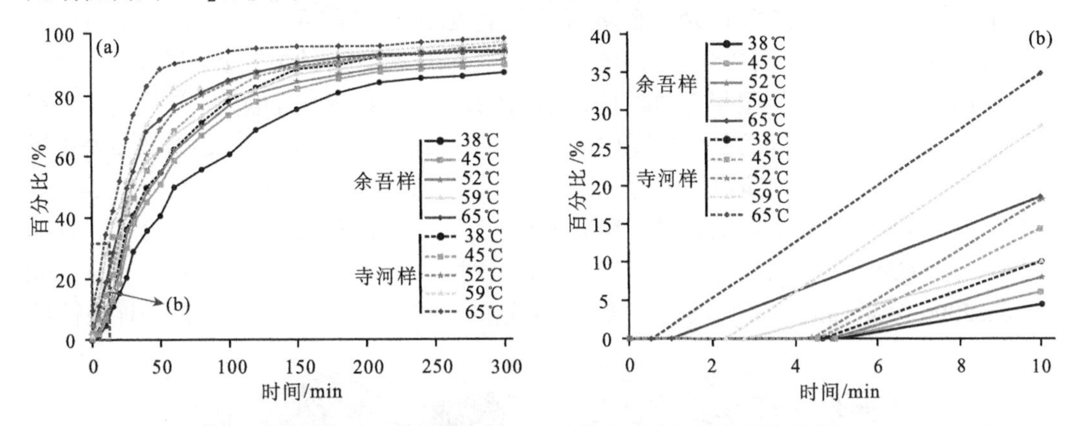

图 7-20　不同温度条件下 CO_2 置换/驱替 CH_4 过程中 CO_2 气体含量变化(Fang et al., 2019c)

(a) 实验全过程中 CO_2 气体含量变化；(b) 实验 0~10min 时 CO_2 气体含量变化

恒定注入压力(8.5MPa)及围压(10MPa)条件下，实验中温度越高，同一样品出口混合气体中 CH_4、CO_2 达到等百分比的时间越短，即 CO_2 的突破时间越短[图 7-21(a)]；温度越高，同一样品吸附 CH_4 后的置驱效率越高[图 7-21(b)]。超临界 CO_2 的注入压力不变，则因压差产生的动能不变；围压不变，则煤基质所受的有效应力不变，孔裂隙系统基本不受实验条件影响。煤体中 CH_4、CO_2 的竞争吸附过程受温度影响，温度越高，分子运动越剧烈，能够有效促进解吸-竞争吸附进程(图 7-21)。

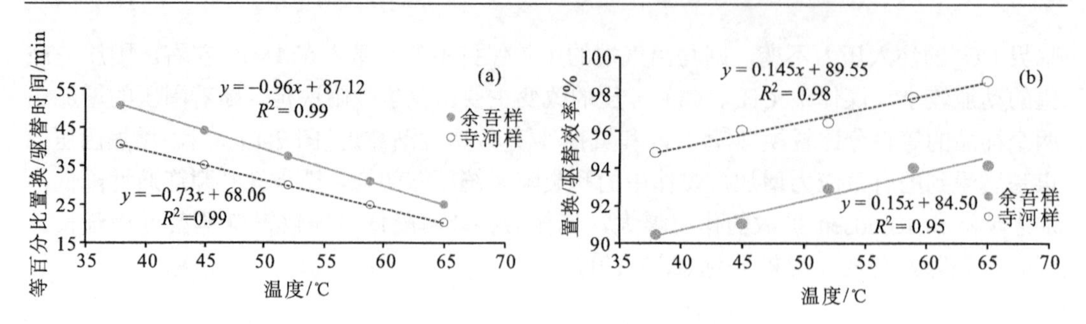

图 7-21　不同温度条件对置换/驱替效果的影响分析(Fang et al., 2019c)

(a)等百分比置换/驱替时间；(b)置换/驱替效率

4)孔裂隙结构差异对置换/驱替效果的影响

非均质性对 CO_2 置换/驱替 CH_4 效率的影响主要通过煤储层孔裂隙系统的发育程度体现。由前文可知，各条件下的 CO_2 置换/驱替 CH_4 过程中，寺河矿煤样的等百分比置换/驱替时间均短于余吾矿煤样相对应时间，且寺河矿煤样的置换/驱替效率均高于余吾矿煤样(图 7-16~图 7-21)。气体在煤储层吸附/解吸、扩散及渗流整个连续性过程中均与孔裂隙系统密切相关(Bird et al., 2014; Ni et al., 2017)，因此下面从煤岩的孔裂隙系统发育角度对样品间的置换/驱替效果差异进行影响分析。

余吾矿煤样孔裂隙发育程度较寺河矿煤样低，且大量孔隙呈孤立的“孔群”分布[图 7-22(a)]；尽管余吾矿煤样与寺河矿煤样皆发育有连通孔裂隙，但寺河矿煤样连通孔裂隙较余吾矿煤样多，且寺河矿煤样的连通孔裂隙发育方向与实验模拟中流体的运移方向一致，而余吾矿煤样连通孔裂隙发育方向垂直于流体的运移方向[图 7-22(b)]；寺河矿煤样孔隙与喉道的发育较余吾矿煤样均衡，也在一定程度上改善了流体的运移[图 7-22(c)]。因此，寺河矿煤样的超临界 CO_2 置换/驱替 CH_4 效果较余吾矿煤样理想。

配位数是指与某一孔隙相连通的其他孔隙的数量，可以表征孔喉间的连通性，并在一定程度上表明连通路径的复杂程度(Ramandi et al., 2016; Song et al., 2017)。余吾矿煤样孔隙配位数为 1~12，且集中分布于 4~7，分布不均匀；寺河矿煤样配位数为 1~24，分布较均匀，说明寺河矿煤样的孔隙与喉道间的发育较均匀，孔隙间的连通性较好，连通路径或气体的运移路径较多样化[图 7-23(a)]。欧拉示性数又称为连通性函数(Silin and Patzek, 2006; Vogel and Roth, 2001)，曲线与横轴的焦点越靠近 0 点，则孔隙的连通性越

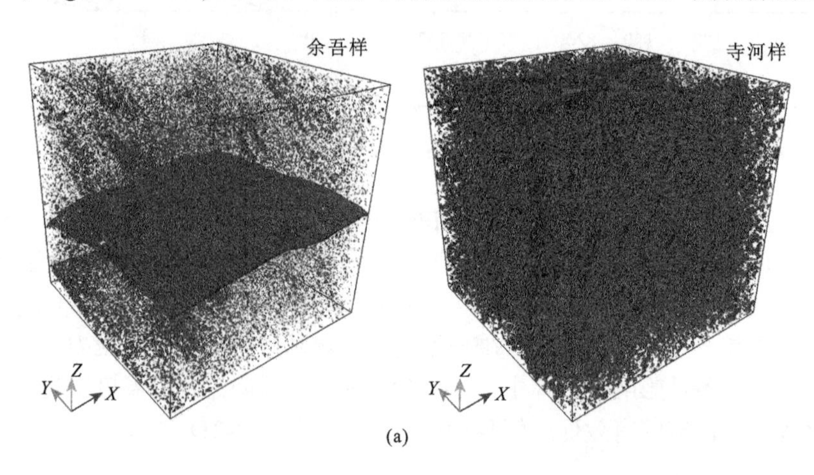

(a)

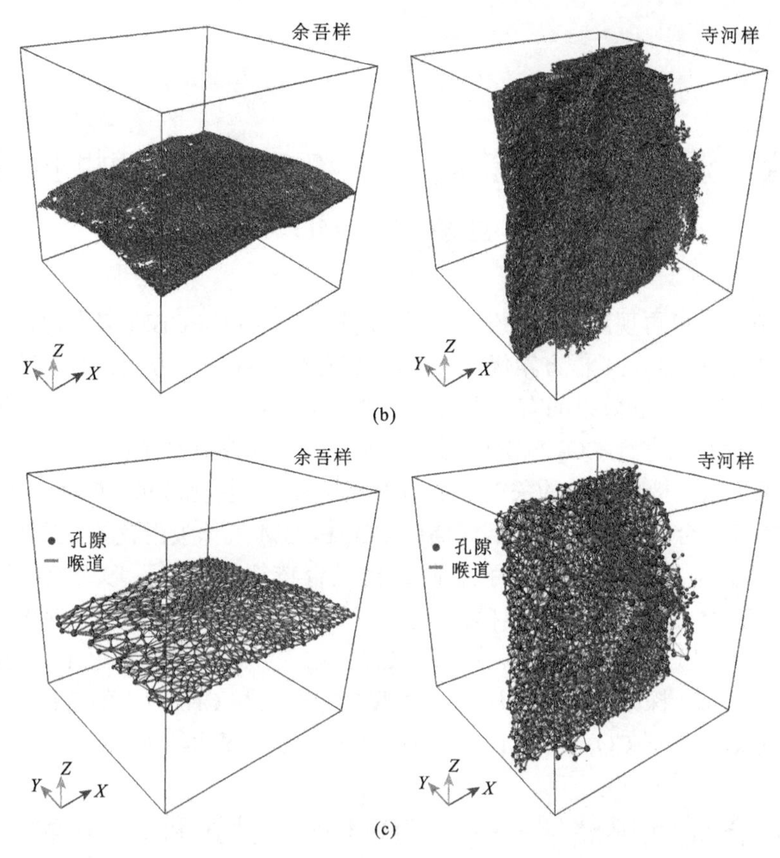

图 7-22　孔裂隙及其等价网络模型三维可视化图(Fang et al., 2019c)

(a)孔隙；(b)连通孔裂隙；(c)孔裂隙网络模型

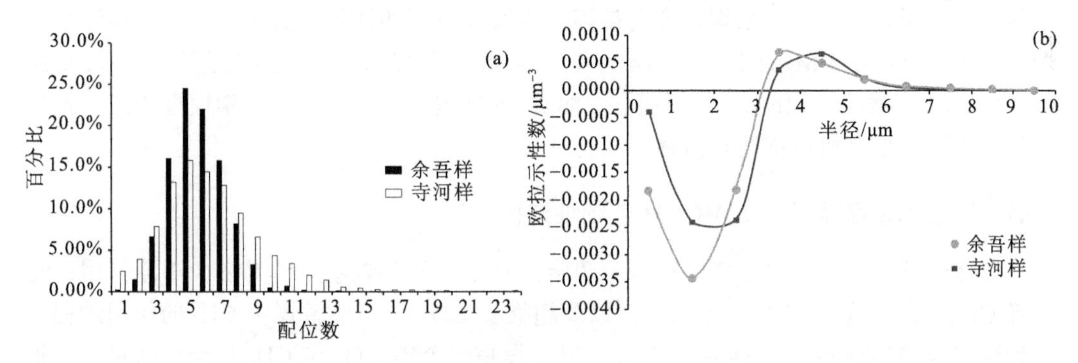

图 7-23　煤岩孔裂隙网络模型拓扑参数(Fang et al., 2019c)

(a)配位数；(b)欧拉示性数

差，余吾矿煤样曲线较寺河矿煤样曲线接近 0 点，则寺河矿煤样的孔隙连通性较好[图 7-23(b)]。因此，配位数、欧拉示性数在一定程度上解释了寺河矿煤样超临界 CO_2 置换/驱替 CH_4 的效果较余吾矿煤样好。

综上所述，煤层中流体沿连通孔裂隙发育方向运移，孔裂隙连通性较好的煤层，连通路径或气体的运移路径较多样化，有利于提高超临界 CO_2 置换/驱替 CH_4 的效果，因此，孔径分布均衡也在一定程度上改善了流体的运移和产出。

第 8 章　深部无烟煤储层 CO_2-ECBM 连续性过程模型与数值模拟

数值模拟技术可再现煤层气井生产历史，定量分析 CO_2-ECBM 潜力，且研究投入少、时间短，在 CO_2-ECBM 工程方案优化与增产 CH_4 效果评价等方面具有显著优势，已成为预测 CO_2-ECBM 工程效果的有效手段。煤储层 CO_2-ECBM 工程开展前，通过数值模拟技术可对工程井组进行 CO_2-ECBM 过程动态评价，科学评估 CO_2 注入量与 CH_4 增产效果，并为工程试验提供有效的关键地质与工程参数，为优化改进 CO_2-ECBM 生产工艺提供依据。本章综合第 7 章深部无烟煤储层 CO_2-ECBM 气体吸附置换、扩散渗流和驱替产出过程的研究与第 3 章煤储层孔裂隙结构发育特征的认识，形成深部无烟煤储层 CO_2-ECBM 连续性过程地质–物理模型；基于该地质–物理模型，建立深部无烟煤储层 CO_2-ECBM 连续性过程全耦合数学模型及求解方法，并通过工程井组 CO_2-ECBM 生产动态过程数值模拟，探讨不同注入压力条件下 CO_2 注入与 CH_4 产出的特征，从而获得沁水盆地深部无烟煤储层 CO_2-ECBM 生产动态过程预测与评估结果。

8.1　深部无烟煤储层 CO_2-ECBM 连续性过程地质–物理模型

本节基于第 7 章深部无烟煤储层 CO_2-ECBM 气体吸附置换、扩散渗流和驱替产出过程的研究成果，结合第 3 章煤储层孔裂隙结构发育特征的认识，进一步归纳总结深部无烟煤储层 CO_2-ECBM 连续性过程，并生成可用数学模型表达的深部无烟煤储层 CO_2-ECBM 连续性过程地质–物理模型。地质–物理模型可为全耦合数学模型的建立提供理想化的储层形态特征描述与流体流动特征描述。

8.1.1　深部无烟煤储层 CO_2-ECBM 连续性过程

综合深部煤层超临界 CO_2、CH_4 竞争吸附特征，深部煤层流体扩散、渗流作用，超临界 CO_2 注入与煤中 CH_4 产出路径，以及超临界 CO_2 置换/驱替煤中 CH_4 的作用过程，认为深部煤层超临界 CO_2 存储与 CH_4 产出过程是一个集 CO_2 与 CH_4 竞争吸附置换、扩散及渗流、驱替产出于一体的动态变化过程(图 8-1)。

煤储层 CO_2-ECBM 连续性过程具体表现为，注入的 CO_2 以连续性流动(Fick 型扩散和达西流动)为主沿煤层宏观裂隙(内生裂隙和外生裂隙)和显微裂隙向煤基质系统运移，并首先置换大、中孔内表面覆盖式吸附的 CH_4，形成 CO_2 的单分子层吸附，进而以 Fick 型扩散、滑流、表面扩散等方式运移至微孔，置换出微孔中以体积填充方式吸附的 CH_4，并形成 CO_2 的多层分子层吸附；CO_2 置换煤层 CH_4 的同时，解吸的 CH_4 以 Fick 型扩散、滑流、表面扩散等方式运移至大、中孔隙，并与部分 CO_2 一起以连续性流动的方式沿显微裂隙和宏观裂隙产出。随置换效应向驱替作用的转变，大、中孔隙、显微裂隙和宏观

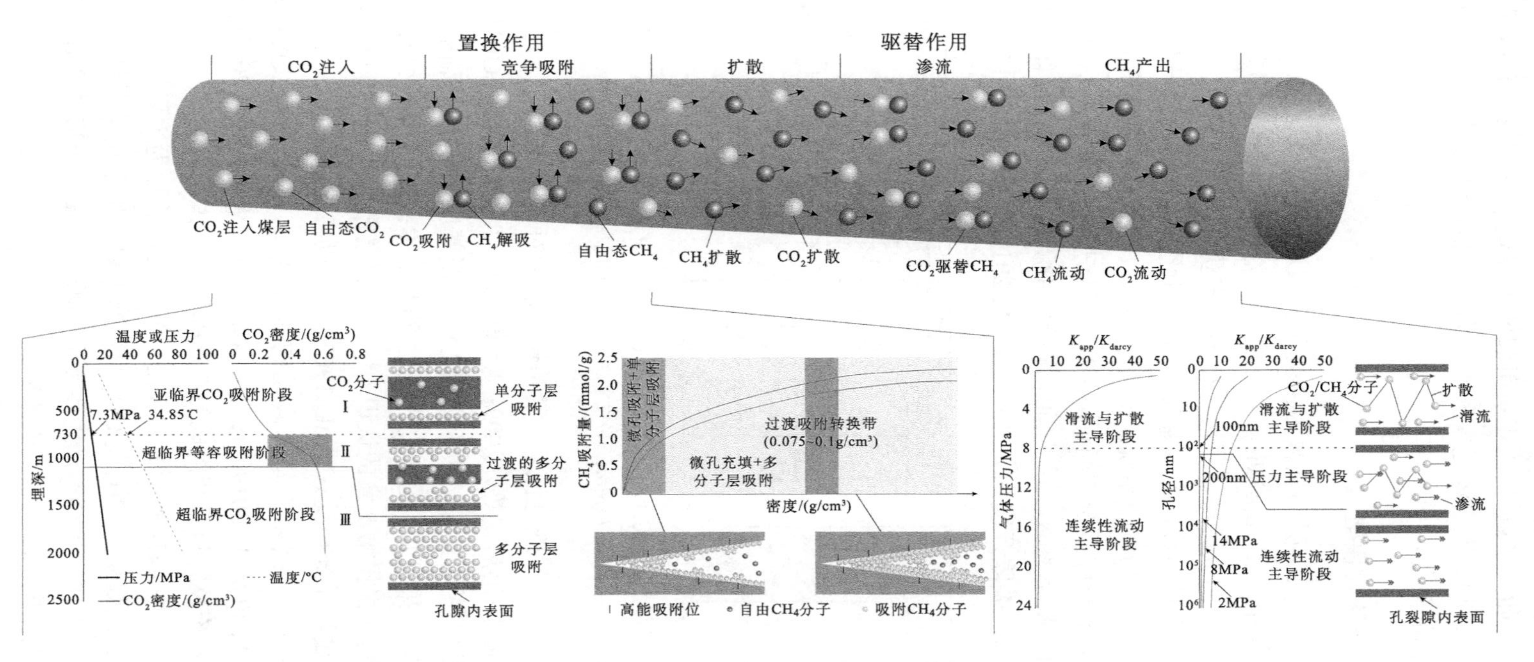

图 8-1　CO_2 吸附置换-CH_4 解吸扩散-渗流驱替连续性过程示意图

裂隙中压力逐渐降低，滑流和 Knudsen 扩散的作用迅速增强，并逐渐成为主导，流体运移效率逐渐降低。同时，CO_2 注入煤层引起的地球化学反应效应和体积应力效果共同影响了煤储层孔裂隙结构、煤层渗透率和煤岩力学性质，进而导致 CO_2、CH_4 吸附/解吸特征与运移产出规律的变化。

8.1.2　煤储层地质-物理模型

研究普遍认为，煤储层可抽象为由基质孔隙和裂隙组成的双孔介质(Kumar et al., 2014; Wang et al., 2018a, 2018b; Wu et al., 2011)。沁水盆地南部 3#煤层地质条件下，CO_2 与 CH_4 在显微裂隙中的渗流规律和运移行为与宏观裂隙中的相似，煤层双孔介质系统中应将显微裂隙归为裂隙系统，而非基质系统。因此，本次研究进一步扩展了煤层双孔介质系统，将显微裂隙归为裂隙系统。扩展后的“双孔”特指基质孔隙系统和由网状显微裂缝、割理等组成的裂隙系统空间(图 8-2)。真实煤储层如图 8-2(a)所示，抽象煤储层示意图如图 8-2(b)所示，图 8-2(c)为抽象煤储层中所选取的代表性体积单元的某一切面，其中基质宽度为 m，裂隙开度为 n(Kumar et al., 2012; Tao et al., 2012; Wu et al., 2010)。

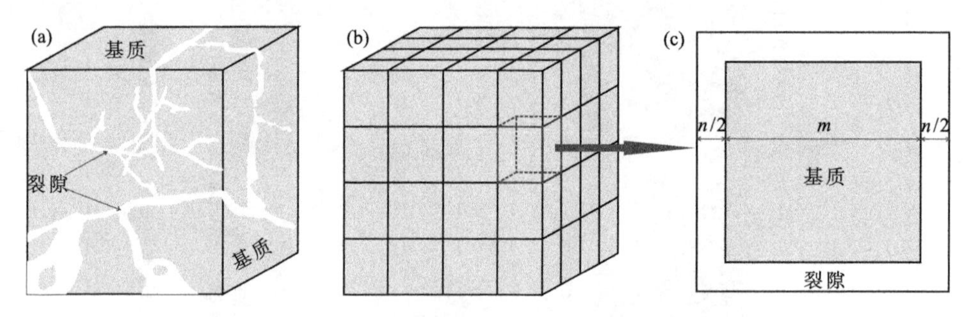

图 8-2　煤储层双孔介质抽象示意图(改自 Wu et al., 2011; Kumar et al., 2014)

(a)真实煤储层；(b)抽象煤储层；(c)煤储层基质及裂隙示意

对 CH_4 而言，煤储层既是源岩，又是储集层；对 CO_2 而言，煤储层是封存、埋藏温室气体的主要地质体(冯启言等，2009；叶建平等，2016)。CO_2-ECBM 连续性过程主要涉及两个阶段(图 7-13)：第一阶段为吸附 CH_4 从煤基质往煤层孔隙内的解吸-扩散运动，根据第 7 章的研究结果可知，这一过程遵循 Fick 定律；第二阶段为自由 CH_4 从孔隙向裂隙的渗流运动，同样根据第 7 章的认识，这一过程遵循达西(Darcy)定律。CO_2 的注入过程与 CH_4 的产出过程正好相反(Cervik, 1967; 桑树勋, 2018)。

基于上述认识，根据以下基本假设构建 CO_2-ECBM 连续性过程地质-物理模型(Langmuir, 1916; Fang et al., 2019b; Kumar et al., 2014; Wang et al., 2018a, 2018b)：①煤储层抽象为由基质系统及裂隙系统组成的双孔弹性介质体，煤层各向均质；②煤层中 CH_4 呈饱和状态；③煤层中 CH_4 及 CO_2 的吸附、解吸及扩散行为主要发生于基质系统中，扩散符合 Fick 定律；④煤层中 CH_4 及 CO_2 的渗流主要发生于裂隙系统中，渗流符合 Darcy 定律；⑤忽略温度对 CH_4 及 CO_2 动力黏度的影响；⑥煤体变形符合弹性形变，吸附、解吸及有效应力变化使煤基质体积发生改变。

8.2　深部无烟煤储层 CO_2-ECBM 连续性过程全耦合数学模型

含 CH_4 煤层的 CO_2-ECBM 连续性过程是 CO_2 与 CH_4 在储层中于温度场、渗流场及应力场环境下共同作用的全耦合过程，主要涉及气体的竞争吸附、解吸、扩散、渗流、煤体变形及气体与煤骨架的热交换等(Zhang et al., 2008; Xia et al., 2015)。建立合理的含 CH_4 储层应力场方程、CH_4 和 CO_2 渗流场方程及气体与煤骨架热交换的温度场方程是保证模型计算科学性的前提。

8.2.1　二元气体吸附解吸方程

本次研究含 CH_4 煤层 CO_2-ECBM 的数值模拟，在 CO_2 注入后，煤储层主要含 CO_2 与 CH_4 两种气体。根据第 6 章超临界 CO_2 吸附模型的对比研究和第 7 章超临界 CO_2 与 CH_4 二元混合气体竞争吸附机理的研究，认为煤层中 CO_2 与 CH_4 的吸附总量可通过 Langmuir 模型(Li et al., 2016; Zhu et al., 2011)进行计算：

$$V = V_{CH_4} + V_{CO_2} = \frac{V_{L1}b_1P_1 + V_{L2}b_2P_2}{1 + b_1P_1 + b_2P_2} \tag{8-1}$$

式中，V_{L1} 表示 CH_4 的 Langmuir 体积常数，m^3/kg；V_{L2} 表示 CO_2 的 Langmuir 体积常数，m^3/kg；b_1 为 CH_4 的 Langmuir 吸附常数，MPa^{-1}；b_2 为 CO_2 的 Langmuir 吸附常数，MPa^{-1}；P_i 为气体类型 i 的压力，MPa，其中 i 代表气体类型，i=1 为 CH_4，i=2 为 CO_2。

根据第 5 章超临界 CO_2 注入深部无烟煤储层体积应变的研究结果，煤层中 CO_2 与 CH_4 的吸附、解吸会引起储层基质的膨胀、收缩；且煤基质的吸附、解吸所引起的总体积应变(ε_s)是相同气体压力和应力条件下，煤岩吸附 CO_2 产生的体积膨胀应变与 CH_4 解吸产生的体积收缩应变之和，与煤岩 CO_2 与 CH_4 的吸附、解吸量直接相关，其定义如下(Fang et al., 2019b; Wang et al., 2018a, 2018b)：

$$\varepsilon_s = \varepsilon_{CH_4} + \varepsilon_{CO_2} = \frac{\varepsilon_{L1}b_1P_1 + \varepsilon_{L2}b_2P_2}{1 + b_1P_1 + b_2P_2} \tag{8-2}$$

$$\varepsilon_{s0} = \frac{\varepsilon_{L1}b_1P_{10} + \varepsilon_{L2}b_2P_{20}}{1 + b_1P_{10} + b_2P_{20}} \tag{8-3}$$

式中，ε_{L1} 为 CH_4 的 Langmuir 体积应变常数；ε_{L2} 为 CO_2 的 Langmuir 体积应变常数；ε_{s0} 为总体积应变的初始状态；P_{10} 与 P_{20} 分别为 CH_4 与 CO_2 的初始压力，MPa。

将式(8-2)对时间求导可得

$$\frac{\partial \varepsilon_s}{\partial t} = \mathrm{MM}\frac{\partial P_1}{\partial t} + \mathrm{NN}\frac{\partial P_2}{\partial t} \tag{8-4}$$

其中，

$$\mathrm{MM} = \frac{\varepsilon_{L1}b_1}{1 + b_1P_1 + b_2P_2} - \frac{b_1\left(\varepsilon_{L1}b_1P_1 + \varepsilon_{L2}b_2P_2\right)}{\left(1 + b_1P_1 + b_2P_2\right)^2}$$

$$\mathrm{NN} = \frac{\varepsilon_{L2}b_2}{1 + b_1P_1 + b_2P_2} - \frac{b_2\left(\varepsilon_{L1}b_1P_1 + \varepsilon_{L2}b_2P_2\right)}{\left(1 + b_1P_1 + b_2P_2\right)^2}$$

8.2.2 煤储层孔隙度与渗透率动态方程

1. 基质孔隙度及渗透率方程

煤体变形会引起基质孔隙的膨胀、收缩，从而引起基质内孔隙体积的变化。本书第 5 章系统地建立了面割理方向、端割理方向和垂直层理方向煤岩孔隙度变化模型。对于本章建立的数学模型，认为煤层各向均质，则煤基质内孔隙的体积随基质体积的变化而变化，且孔隙与基质具有相同的体积应变变化率(Zimmerman, 2010; Zimmerman et al., 2012)，因此可用煤基质受到的平均压应力$\bar{\sigma}$(单位：MPa)和孔隙压力 P(单位：MPa)分别表征煤储层体应变及基质内的孔隙体应变(Wang et al., 2018a, 2018b)：

$$\frac{\Delta V}{V}=-\frac{1}{K_m}\left(\Delta\bar{\sigma}-\alpha\Delta P\right)+\alpha_s\Delta T+\Delta\varepsilon_s \tag{8-5}$$

$$\frac{\Delta V_P}{V_P}=-\frac{1}{K_P}\left(\Delta\bar{\sigma}-\beta\Delta P\right)+\alpha_s\Delta T+\Delta\varepsilon_s \tag{8-6}$$

式中，$\Delta V/V$ 为储层体应变；$\Delta V_P/V_P$ 为孔隙体应变；V 为基质总体积，$V=V_P+V_s$，m^3；V_s 为煤体骨架体积，m^3；V_P 为孔隙体积，m^3；α、β 分别为煤基质与孔隙的 Biot 系数；α_s 为煤体的热膨胀系数，K^{-1}；T 为煤层温度，K。α、β 及$\bar{\sigma}$分别定义如下(Biot, 1941; Fang et al., 2019b; Sang et al., 2016; Wang et al., 2018a, 2018b)：

$$\alpha=1-K_m/K_s \tag{8-7}$$

$$\beta=1-K_P/K_s \tag{8-8}$$

$$\bar{\sigma}=-\left(\sigma_{11}+\sigma_{22}+\sigma_{33}\right)/3 \tag{8-9}$$

式中，K_m 为煤储层体积模量，MPa；K_s 为煤骨架体积模量，MPa；K_P 为煤基质内的孔隙体积模量，MPa，定义如下(Wang et al., 2018a, 2018b)：

$$K_P=\frac{\varphi_m}{\alpha}K_m \tag{8-10}$$

式中，φ_m 为基质孔隙度，$\varphi_m=V_P/V$。

联立式(8-5)~式(8-10)，则基质内孔隙度的变化量可定义如下：

$$\Delta\varphi_m=\varphi_m-\varphi_{m0}=\left(\alpha-\varphi_m\right)\left(\Delta\varepsilon_v+\frac{1}{K_s}\Delta P-\alpha_s\Delta T-\Delta\varepsilon_s\right) \tag{8-11}$$

式中，φ_{m0} 为基质初始孔隙度；ε_v 为煤体积应变。

令 $U=\varepsilon_v+\frac{1}{K_s}\left(P_1+P_2\right)-\alpha_s T-\varepsilon_s$，$U_0=\varepsilon_{v0}+\frac{1}{K_s}\left(P_{10}+P_{20}\right)-\alpha_s T_0-\varepsilon_{s0}$，则式(8-11)可简化为

$$\varphi_m-\varphi_{m0}=\left(\alpha-\varphi_m\right)\left(U-U_0\right) \tag{8-12}$$

基于此，煤储层内基质孔隙度可定义如下：

$$\varphi_m=\frac{\alpha\left(U-U_0\right)+\varphi_{m0}}{1+U-U_0} \tag{8-13}$$

正如第 5 章关于煤储层动态渗透率变化特征的研究结果，根据孔隙度与渗透率间存

在的立方定律(Chilingar, 1964; Wang et al., 2018a, 2018b)，煤基质渗透率可定义如下：

$$\frac{k_{\mathrm{m}}}{k_{\mathrm{m0}}}=\left(\frac{\varphi_{\mathrm{m}}}{\varphi_{\mathrm{m0}}}\right)^3=\left[\frac{\alpha\left(U-U_0\right)+\varphi_{\mathrm{m0}}}{1+U-U_0}\right]^3 \tag{8-14}$$

式中，k_{m} 为基质渗透率，μm^2；k_{m0} 为基质初始渗透率，μm^2。

2. 裂隙孔隙度及渗透率方程

基于第 5 章所建立的面割理方向、端割理方向和垂直层理方向煤层裂隙孔隙度变化模型，裂隙开度变化与有效应力大小密切相关；同样考虑煤层各向均质，则裂隙开度变化可定义如下(Liu et al., 2010b; Wang et al., 2018a, 2018b)：

$$\Delta n=\left(m+n\right)\frac{\Delta\sigma_{\mathrm{et}}}{E}-m\frac{\Delta\sigma_{\mathrm{et}}}{E_{\mathrm{m}}}=m\left(1-\frac{E}{E_{\mathrm{m}}}\right)\frac{\Delta\sigma_{\mathrm{et}}}{E}+n\frac{\Delta\sigma_{\mathrm{et}}}{E} \tag{8-15}$$

式中，E 为储层弹性模量，MPa；E_{m} 为基质弹性模量，MPa；$\Delta\sigma_{\mathrm{et}}$ 为有效应力；m 为基质块的宽度，m；n 为裂隙开度，m。

令 $R_{\mathrm{m}}=E/E_{\mathrm{m}}$，并利用总有效应变增量 $\Delta\varepsilon_{\mathrm{et}}$ 替换 $\Delta\sigma_{\mathrm{et}}/E$。因为 $n<<m$，则式(8-15)可简化为

$$\Delta n=m\left(1-R_{\mathrm{m}}\right)\Delta\varepsilon_{\mathrm{et}} \tag{8-16}$$

含温度效应的煤体总有效应变增量可定义如下(张丽萍，2011)：

$$\Delta\varepsilon_{\mathrm{et}}=\frac{\Delta\varepsilon_{\mathrm{v}}-\alpha_{\mathrm{s}}\Delta T-\Delta\varepsilon_{\mathrm{s}}}{3} \tag{8-17}$$

将式(8-17)代入式(8-16)可得裂隙孔隙度为

$$\frac{\varphi_{\mathrm{f}}}{\varphi_{\mathrm{f0}}}=1+\frac{\Delta n}{n}=1+\frac{m\left(1-R_{\mathrm{m}}\right)\left(\Delta\varepsilon_{\mathrm{v}}-\alpha_{\mathrm{s}}\Delta T-\Delta\varepsilon_{\mathrm{s}}\right)}{3n} \tag{8-18}$$

同理，根据孔隙度与渗透率间的立方定律，裂隙渗透率可定义如下：

$$\frac{k_{\mathrm{f}}}{k_{\mathrm{f0}}}=\left(\frac{\varphi_{\mathrm{f}}}{\varphi_{\mathrm{f0}}}\right)^3=\left[1+\frac{m\left(1-R_{\mathrm{m}}\right)\left(\Delta\varepsilon_{\mathrm{v}}-\alpha_{\mathrm{s}}\Delta T-\Delta\varepsilon_{\mathrm{s}}\right)}{3n}\right]^3 \tag{8-19}$$

式中，k_{f} 为裂隙渗透率，μm^2；k_{f0} 为裂隙初始渗透率，μm^2。

综上，CO_2-ECBM 过程中，煤储层总渗透率(k，单位 μm^2)可定义如下：

$$k=k_{\mathrm{m}}+k_{\mathrm{f}}=k_{\mathrm{m0}}\left[\frac{\alpha\left(U-U_0\right)+\varphi_{\mathrm{m0}}}{1+U-U_0}\right]^3+k_{\mathrm{f0}}\left[1+\frac{m\left(1-R_{\mathrm{m}}\right)\left(\Delta\varepsilon_{\mathrm{v}}-\alpha_{\mathrm{s}}\Delta T-\Delta\varepsilon_{\mathrm{s}}\right)}{3n}\right]^3 \tag{8-20}$$

8.2.3　煤储层应力场方程

基于第 5 章有关煤储层膨胀应力和岩石力学性质的认识，煤体变形是在应力、气体压力、气体吸附/解吸与煤体温度等多因素共同作用下形成的(Liu et al., 2010b; Zhang et al., 2008; 冉启全和李士伦，1997)，基于多孔介质弹性理论可推导出含吸附作用的煤的本构方程(Cui et al., 2018; Sang et al., 2016; Wang et al., 2012; Wu et al., 2010; 尹光志等，2013)：

$$\varepsilon_{ij}=\underbrace{\frac{1}{2G}\sigma_{ij}-\left(\frac{1}{6G}-\frac{1}{9K}\right)\sigma_{kk}\delta_{ij}}_{\text{压力}}-\underbrace{\frac{\alpha}{3K}(P_1-P_2)\delta_{ij}+\frac{\varepsilon_s}{3}\delta_{ij}}_{\text{气体压力}}+\underbrace{\frac{\varepsilon_s}{3}\delta_{ij}}_{\text{气体吸附/解吸}}+\underbrace{\frac{\alpha_s\Delta T}{3}\delta_{ij}}_{\text{温度}} \tag{8-21}$$

式中，ε_{ij}为应变张量分量，m；G为剪切模量，MPa；σ_{ij}为应力张量分量；K为煤的体积模量，MPa；σ_{kk}为正应力分量；δ_{ij}为 Kronecker 符号。

式(8-22)为表征煤储层空间平衡状态的平衡方程，且应变分量与位移分量满足式(8-23)。

$$\sigma_{ij,j}+F_i=0 \tag{8-22}$$

$$\sigma_{ij}=\frac{1}{2}\left(u_{ij}+u_{ji}\right) \tag{8-23}$$

式中，F_i为体积力分量；u_{ij}为位移分量。

基于式(8-21)~式(8-23)可推导出表征煤储层应力场的 Navier-Stokes 方程：

$$Gu_{i,ij}+\frac{G}{1-2\nu}u_{j,ji}-K_s\cdot\varepsilon_{s,i}+\alpha\cdot P_{1,i}+\alpha\cdot P_{2,i}-\alpha_s\cdot K_s\cdot T_{,i}+F_{,j}=0 \tag{8-24}$$

式中，ν为泊松比；K_s为煤基质的体积模量。

式(8-24)前两项表示在压力、温度及应力影响下煤层的弹性变形，第三项表示气体吸附作用引起的煤体变形，第四项、第五项分别表示 CH_4、CO_2 压力引起的煤体变形，第六项为热应变导致的煤体变形，第七项表示重力引起的变形。

8.2.4 煤储层流体控制方程

根据第 7 章煤储层孔裂隙系统中 CH_4 与 CO_2 运移行为的认识，考虑煤层中 CH_4 及 CO_2 在基质系统中的 Fick 型扩散，以及在裂隙系统中的 Darcy 流动，根据质量守恒原理，应用多孔介质内流体的动力弥散定律及流体的连续性方程可推导出多孔介质中的对流-弥散方程(Fan et al., 2018; Gruszkiewicz and Naney, 2009; Ren et al., 2017; Xia et al., 2015; Wu et al., 2011; Yin et al., 2017)：

$$\frac{\partial m_i}{\partial t}-\nabla\cdot\left(\frac{k}{\mu_i}\nabla P_i\cdot\rho_{gi}\right)-\frac{\varphi}{RT}\nabla\cdot\left(D_i\nabla P_i\right)=Q_{si} \tag{8-25}$$

式中，m_i为单位体积煤中气体类型 i 的质量，kg/m^3；t为时间，s；k为煤层渗透率，m^2；μ_i为气体类型 i 的动力黏度，Pa·s；ρ_{gi}为气体类型 i 的密度，kg/m^3；φ为煤层孔隙度，无量纲；R为通用气体常数，J/(mol·K)；T为煤层温度，K；D_i为气体类型 i 的动力弥散系数，m^2/s；Q_{si}为气体类型 i 的运移质量，kg/m^3。

则单位体积煤中的各气体组分质量可定义为(Ren et al., 2017; Wang et al., 2018a, 2018b; Yin et al., 2017)

$$m_i=\frac{\varphi}{RT}P_iM_i+\rho_C\rho_{gi}M_i\frac{\varepsilon_{Li}b_iP_i}{1+b_1P_1+b_2P_2} \tag{8-26}$$

式中，M_i为气体类型 i 的摩尔质量，g/mol；ρ_C为煤体密度，kg/m^3。

将式(8-26)代入式(8-25)可得 CO_2-ECBM 过程中流体控制方程：

$$\frac{\partial}{\partial t}\left(\frac{\varphi}{RT}P_iM_i+\rho_C\rho_{gi}M_i\frac{V_{Li}b_i}{1+b_1P_1+b_2P_2}\right)-\nabla\left(\frac{k}{\mu_i}\nabla P_i\rho_{gi}\right)-\frac{\varphi}{RT}\nabla\left(D_i\nabla P_i\right)=Q_{si} \tag{8-27}$$

综上，CO_2-ECBM 过程中 CH_4 的流动控制方程为

$$\begin{aligned}&\frac{P_1}{RT}\left[\left(\frac{\alpha-\varphi}{1+U}\right)+\left(1-R_m\right)\right]\frac{\partial\varepsilon_v}{\partial t}-\alpha_s\frac{P_1}{RT}\left[\left(\frac{\alpha-\varphi}{1+U}\right)+\left(1-R_m\right)\right]\frac{\partial T}{\partial t}\\&+\frac{1}{RT}\left[\varphi+\frac{P_1}{RT}\left(\frac{\alpha-\varphi_m}{1+U}\right)\left(\frac{RT}{K_s}-\mathrm{AA}\right)-\frac{\mathrm{AA}\cdot P_1}{RT}\left(1-R_m\right)+\frac{\rho_C P_{at}}{RT}\cdot\mathrm{CC}\right]\frac{\partial P_1}{\partial t}\\&+\frac{1}{RT}\left[\frac{P_1}{RT}\left(\frac{\alpha-\varphi_m}{1+U}\right)\left(\frac{RT}{K_s}-\mathrm{BB}\right)-\mathrm{BB}\frac{P_1}{RT}\left(1-R_m\right)+\frac{\rho_C P_{at}}{RT}\cdot\mathrm{DD}\right]\frac{\partial P_2}{\partial t}+\\&\nabla\left(-\frac{k}{\mu}\frac{P_1}{RT}\cdot\nabla P_1\right)+\nabla\left(-D_1\frac{\varphi}{RT}\cdot\nabla P_1\right)=\frac{Q_{s1}}{M_1}\end{aligned} \tag{8-28}$$

CO_2 的流动控制方程为

$$\begin{aligned}&\frac{P_2}{RT}\left[\left(\frac{\alpha-\varphi}{1+U}\right)+\left(1-R_m\right)\right]\frac{\partial\varepsilon_v}{\partial t}-\alpha_s\frac{P_2}{RT}\left[\left(\frac{\alpha-\varphi}{1+U}\right)+\left(1-R_m\right)\right]\frac{\partial T}{\partial t}\\&+\frac{1}{RT}\left[\varphi+\frac{P_2}{RT}\left(\frac{\alpha-\varphi_m}{1+U}\right)\left(\frac{RT}{K_s}-\mathrm{BB}\right)-\frac{\mathrm{BB}\cdot P_2}{RT}\left(1-R_m\right)+\frac{\rho_C P_{at}}{RT}\cdot\mathrm{EE}\right]\frac{\partial P_2}{\partial t}\\&+\frac{1}{RT}\left[\frac{P_2}{RT}\left(\frac{\alpha-\varphi_m}{1+U}\right)\left(\frac{RT}{K_s}-\mathrm{AA}\right)-\mathrm{AA}\frac{P_2}{RT}\left(1-R_m\right)+\frac{\rho_C P_{at}}{RT}\cdot\mathrm{FF}\right]\frac{\partial P_1}{\partial t}+\\&\nabla\left(-\frac{k}{\mu}\frac{P_2}{RT}\cdot\nabla P_1\right)+\nabla\left(-D_2\frac{\varphi}{RT}\cdot\nabla P_2\right)=\frac{Q_{s2}}{M_2}\end{aligned} \tag{8-29}$$

式中，P_{at} 为标准大气压，0.1MPa。其中，

$$\mathrm{AA}=\frac{\varepsilon_{L1}b_1RT\left(1+b_2P_2\right)}{\left(1+b_1P_1+b_2P_2\right)^2}-\frac{\varepsilon_{L2}b_1b_2RTP_2}{\left(1+b_1P_1+b_2P_2\right)^2} \tag{8-30}$$

$$\mathrm{BB}=\frac{\varepsilon_{L2}b_2RT\left(1+b_1P_1\right)}{\left(1+b_1P_1+b_2P_2\right)^2}-\frac{\varepsilon_{L1}b_1b_2RTP_1}{\left(1+b_1P_1+b_2P_2\right)^2} \tag{8-31}$$

$$\mathrm{CC}=\frac{V_{L1}b_1RT\left(1+b_2P_2\right)}{\left(1+b_1P_1+b_2P_2\right)^2} \tag{8-32}$$

$$\mathrm{DD}=\frac{V_{L1}b_1b_2RTP_1}{\left(1+b_1P_1+b_2P_2\right)^2} \tag{8-33}$$

$$\mathrm{EE}=\frac{V_{L2}b_2RT\left(1+b_1P_1\right)}{\left(1+b_1P_1+b_2P_2\right)^2} \tag{8-34}$$

$$\mathrm{FF}=\frac{V_{L2}b_1b_2RTP_2}{\left(1+b_1P_1+b_2P_2\right)^2} \tag{8-35}$$

式(8-28)和式(8-29)中，左边第一项(与 $\frac{\partial\varepsilon_v}{\partial t}$ 有关)是单位体积煤中由于煤储层变形而释放(或存储)的 CH_4(CO_2)的摩尔数；左边第二项(与 $\frac{\partial T}{\partial t}$ 有关)是单位体积煤中由于温

度变化产生热膨胀(收缩)而促使基质和裂隙释放(或存储)的 $CH_4(CO_2)$ 的摩尔数；左边第三项(与 $\frac{\partial P_1}{\partial t}$、$\frac{\partial P_2}{\partial t}$ 有关)是单位体积煤中 $CH_4(CO_2)$ 的存储项，表示压力变化导致单位体积的煤中 $CH_4(CO_2)$ 气体释放(或存储)的气体摩尔数；左边第四项(与 $\frac{\partial P_2}{\partial t}$、$\frac{\partial P_1}{\partial t}$ 有关)是单位体积煤中由于 CO_2 的注入而驱替的 CH_4 的摩尔数；左边第五项是由于气体渗流导致煤中 $CH_4(CO_2)$ 摩尔数的变化；左边第六项是由于气体分子动力弥散作用引起 $CH_4(CO_2)$ 摩尔数的变化。

8.2.5 煤储层温度场方程

根据能量守恒原理和傅里叶(Fourier)定律，可以得出固相骨架的能量守恒方程和流体能量守恒方程，将两者叠加、整理可推导出煤储层温度场方程为(Fan et al., 2018; Lin et al., 2017)：

$$\left[\rho_s C_s+\varphi\cdot\left(\rho_{g1}C_{g1}+\rho_{g2}C_{g2}\right)\right]\frac{\partial T}{\partial t}+\Delta T\cdot\left(\rho_{g1}C_{g1}+\rho_{g2}C_{g2}\right)\frac{\partial\varphi}{\partial t}+T\alpha_s K\frac{\partial\varepsilon_v}{\partial t}+$$
$$\Delta T\cdot\left(\rho_{g1}C_{g1}+\rho_{g2}C_{g2}\right)\cdot\nabla\left[-\frac{k}{\mu}\nabla\left(P_1+P_2\right)\right]+\nabla\left[\left(\varphi\cdot k_g+k_s\right)\nabla T\right]=\varphi Q_{Tg}+Q_{Ts} \quad (8\text{-}36)$$

式中，ρ_s 为煤体骨架密度，kg/m^3；C_s 为煤体骨架比热容，J/(kg·K)；ρ_{g1} 为 CH_4 密度，kg/m^3；ρ_{g2} 为 CO_2 密度，kg/m^3；C_{g1} 为 CH_4 比热容，J/(kg·K)；C_{g2} 为 CO_2 比热容，J/(kg·K)；k_g 为气体的热传导系数，W/(m·K)；k_s 为煤体骨架的热传导系数，W/(m·K)；Q_{Tg} 为气体的热源强度，W/m^3；Q_{Ts} 为煤体骨架热源强度，W/m^3。

将式(8-36)进一步整合可得 CO_2-ECBM 过程中储层温度场的控制方程：

$$\left\{\rho_s C_s+\left(\rho_{g1}C_{g1}+\rho_{g2}C_{g2}\right)\left[\varphi-\frac{\alpha_s(\alpha-\varphi_m)\Delta T}{1+U}-\alpha_s\Delta T\left(1-R_m\right)\right]\right\}\frac{\partial T}{\partial t}$$
$$+\left\{\Delta T\left(\rho_{g1}C_{g1}+\rho_{g2}C_{g2}\right)\left[\frac{\alpha-\varphi_m}{K_s(1+U)}-\frac{(1-R_m)\varepsilon_L P_L}{(P+P_L)^2}+\frac{(\alpha-\varphi_m)\varepsilon_L P_L}{(1+U)(P+P_L)^2}\right]\right\}\frac{\partial P}{\partial t}$$
$$+\left\{T\alpha_s K+\Delta T\left(\rho_{g1}C_{g1}+\rho_{g2}C_{g2}\right)\left[\frac{\alpha-\varphi_m}{1+U}-\left(1-R_m\right)\right]\right\}\frac{\partial\varepsilon_v}{\partial t}$$
$$+\left(\rho_{g1}C_{g1}+\rho_{g2}C_{g2}\right)\Delta T\cdot\nabla\left(-\frac{k}{\mu}\nabla P\right)+\nabla\left[\left(\varphi\cdot k_g+k_s\right)\cdot\nabla T\right]=\varphi Q_{Tg}+Q_{Ts} \quad (8\text{-}37)$$

式(8-37)中，左边第一项(与 $\frac{\partial T}{\partial t}$ 有关)为煤储层内能变化项；左边第二项(与 $\frac{\partial P}{\partial t}$ 有关)为压力引起有效应力变化使孔隙变化而产生的煤储层内能变化项；左边第三项(与 $\frac{\partial\varepsilon_v}{\partial t}$ 有关)为煤体变形引起煤储层内能的变化项；第四项为热对流项；第五项为热传导项。

8.2.6 各物理场之间全耦合关系

综上，式(8-24)、式(8-28)、式(8-29)与式(8-37)共同构成含 CH_4 煤层 CO_2-ECBM

连续性过程全耦合数学模型。应力场方程含有效应力项、气体压力项、温度项及吸附项，即有效应力、压力、温度的改变及气体的竞争吸附会引起储层的变形；渗流场方程含体积应变和气体压力、温度共同表述的孔隙度和渗透率方程，即气体流动受到煤岩变形影响；有效应力、气体压力及吸附应力变化所导致的煤储层、孔隙体积改变使煤储层及气体内能发生变化，从而引起温度场的变化，模型自身完全耦合。

各物理场之间的全耦合关系具体表现为(图 8-3)：储层温度变化引起的热应力会对储层骨架应力场产生影响；储层骨架内能耗散产生的应变能会对储层温度产生影响；温度变化引起气体的吸附、变形及密度变化会对气体产生影响；气体的吸附、解吸及气体与储层骨架间的热对流、热转换作用会对储层温度场产生影响；储层变形引起孔隙度的变化，会对气体流动产生影响；气体的吸附变形引起储层有效应力分变化，从而引起储层产生变形。

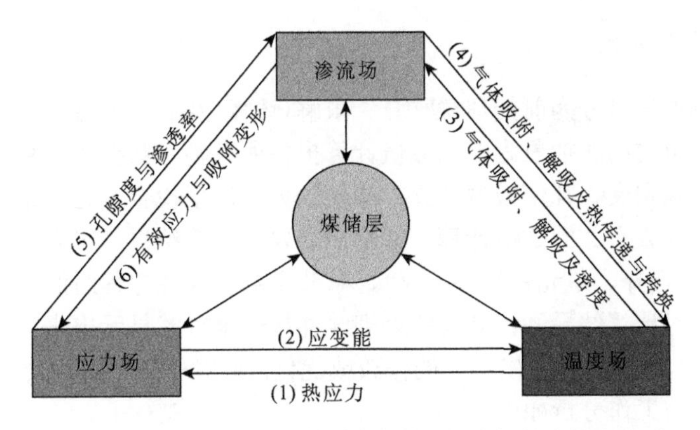

图 8-3　CO_2-ECBM 连续性过程各物理场之间的全耦合关系

8.3　深部无烟煤储层 CO_2-ECBM 连续性过程数值模拟

上述建立的全耦合数学模型是含多个变量的高度非线性方程组，一般采用数值方法求解。数学模型的求解包括数学模型的离散化和数值方程组的求解。数学模型离散化的基本思路是将强非线性的方程组离散化为可直接求解的低阶线性方程组，不同数值分析方法得到的数值方程组的计算量、收敛性、稳定性及计算复杂程度不同。数值方程组的求解则包括求解方法和求解过程。由于求解计算量巨大，一般采用计算机方式求解，同时为了减少计算量，加快求解的收敛速度及稳定性，需要选择合适的数值计算方法。数值方程组的求解过程主要指计算机计算过程，为了方便模型的应用，往往将计算过程编制成可视化的计算机模块或软件，因此数值方程组的求解过程不仅指计算程序的编写过程，一般还包括相关数值模拟软件的开发。本节重点介绍上述全耦合数学模型的有限元求解过程和求解方法，特别是基于 COMSOL Multiphysics 和 MATLAB 的数值模拟软件开发过程。

8.3.1 全耦合数学模型求解方法

数值分析是求解含多个变量的高度非线性方程组所采用的核心方法，具体包括有限差分法、有限元法、边界元法等。本书中全耦合数学模型的求解采用的是有限元法，有限元法(finite element method，FEM)是随着电子计算机的广泛使用而发展起来的一种有效解决数学问题的求解方法。其基本求解思路是把计算域划分为多个互不重叠的单元，选择一些合适的节点在每个单元内作为求解函数的插值点，将微分方程中的变量改写成由各变量或其导数的节点值与所选用的插值函数组成的线性表达式，借助于变分原理或加权余量法，将微分方程离散求解。采用不同的权函数和插值函数形式，便构成了不同的有限元法。有限元法最早应用于结构力学，后来随着计算机的发展逐渐运用于流体力学、弹塑性力学、断裂力学、电磁学、声学、热传导等众多领域的数值模拟。

1. 有限元求解过程

有限元求解过程可分为前处理(建模)、求解(计算)及后处理 3 个阶段(图 8-4)。前处理是指将所分析的问题抽象为能为数值计算提供所有输入数据的计算模型，即建模，主要工作包括问题定义、几何模型建立、网格剖分、模型检查及边界条件定义；求解是基于有限元模型完成有关的数值计算，并输出需要的计算结果，主要工作包括单元矩阵的形成(单元类型选择、单元特征性定义)、总装求解和线性方程组的求解，并求解相应问题；后处理是对计算结果进行必要的处理，并按一定方式显示出来，以便对分析对象的性能进行分析与评估，以做出相应的修改或优化。针对 CO_2-ECBM 过程，特将有限元求解过程中主要的工作分析如下。

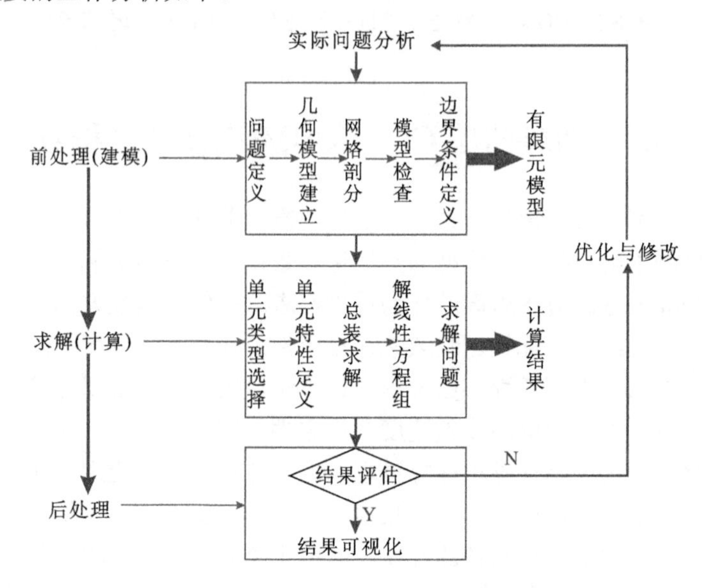

图 8-4　有限元求解一般过程

1) 问题分析及求解域定义

根据 CO_2-ECBM 过程中的实际井网分布、实际地质状况及需要解决的实际问题，建立本次 CO_2-ECBM 有限元分析所需的求解域，即在定义问题的基础上建立有限元分析所需的几何模型。

2) 求解域离散化

前处理的核心工作就是求解域的离散化，即有限元网格剖分，是将求解域(煤储层、注气井及生产井等)离散为具有不同有限大小和形状且彼此相连的有限个单元组成的离散域。应综合采用不同的网格剖分方法来实现煤储层、注气井及生产井等的最优离散化，以便实现 CO_2-ECBM 过程的有限元分析。其中，求解域的离散化是有限元法的核心技术之一。

典型的有限元网格剖分主要从域、边界、边 3 个实体层数对井网进行网格划分。网格划分需要考虑的因素主要在于网格数量、网格疏密、单元阶次、网格质量、网格分界面与分界点及节点与单元编号。

(1) 域。

当实体层数为"域"时，网格划分方法主要采用自由四面体网格剖分。缩放几何、尺寸大小是影响"域"分割效果的关键参数(图 8-5)。

当使用缩放几何参数时，如果 *X*、*Y*、*Z* 方向上的缩放比例不等于 1，在网格剖分前，首先会根据缩放因子对几何尺寸进行虚拟缩放，然后再剖分网格，完成后再根据缩放因子反向映射至实际的几何模型中。图 8-5 中，当 *Y* 方向上缩放因子等于 0.5 时，完整网格包含 7980 个"域"单元[图 8-5(b)]；当 *Y* 方向上缩放因子等于 1 时，完整网格包含 16553 个"域"单元[图 8-5(c)]。

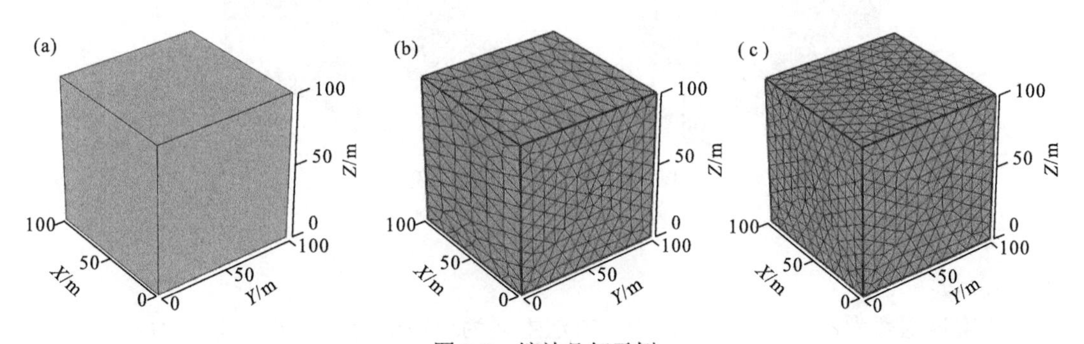

图 8-5　缩放几何示例

(a)"域"剖分前；(b)"域"剖分后，*Y* 方向上缩放因子等于 0.5；(c)"域"剖分后，*Y* 方向上缩放因子等于 1

尺寸大小参数指最大单元尺寸、最小单元尺寸、最大单元生成率、曲率解析度及狭窄区域解析度等。最大单元尺寸是指目标对象上单元尺寸的最大值；最小单元尺寸是指目标对象上单元尺寸的最小值；最大单元生成率是指定区域内从较小的单元到较大的单元，直至最大的单元的增长倍数；曲率解析度是指定几何边界曲面处的边界单元尺寸；狭窄区域解析度是指定狭窄区域单元层数。图 8-6 中，当"域"被粗化剖分时，完整网格包含 4894 个"域"单元[图 8-6(a)]；当"域"被细化剖分时，完整网格包含 32430 个"域"单元[图 8-6(b)]。

(2) 边界。

当实体层数为"边界"时，网格剖分方法主要有自由三角形网格剖分与自由四边形网格剖分(图 8-7)，其剖分方法类似于自由四面体网格剖分。图 8-7 中，当"边界"被自由三角形网格剖分时，完整网格包含 1536 个"边界"单元[图 8-7(a)]；当"边界"被自由四边形网格剖分时，完整网格包含 600 个“边界”单元[图 8-7(b)]。

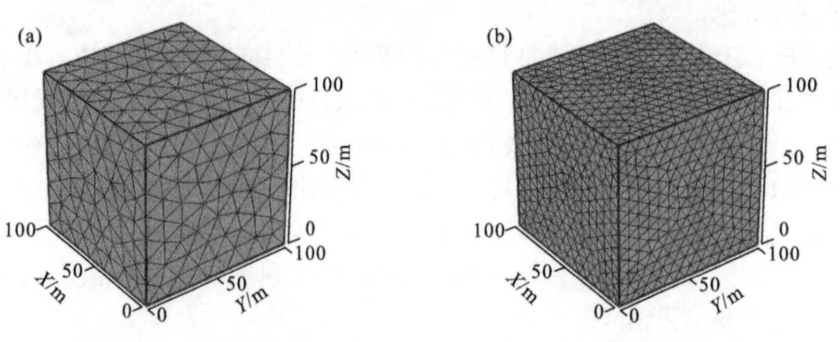

最大单元生成率：1.6；狭窄区域解析度：0.4
最大单元尺寸：15；最小单元尺寸：2.8；曲率解析度：0.7

最大单元生成率：1.45；狭窄区域解析度：0.6；
最大单元尺寸：8；最小单元尺寸：1；曲率解析度：0.5

图 8-6　尺寸大小参数示例

(a)粗化“域”剖分；(b)细化“域”剖分

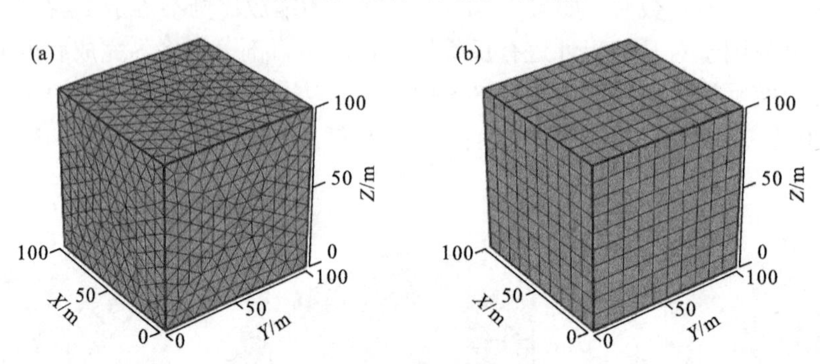

图 8-7　“边界”剖分示例

(a)自由三角形网格剖分；(b)自由四边形网格剖分

(3)边。

当实体层数为“边”时，网格划分方法主要为边网格剖分，可通过单元数对“边”的网格点进行控制，其他剖分步骤类似于自由四面体网格剖分。图 8-8 中，当“边”被单元数为 5 的边网格剖分时，完整网格包含 60 个“边”单元[图 8-8(a)]；当“边”被单元数为 20 的边网格剖分时，完整网格包含 240 个“边”单元[图 8-8(b)]。

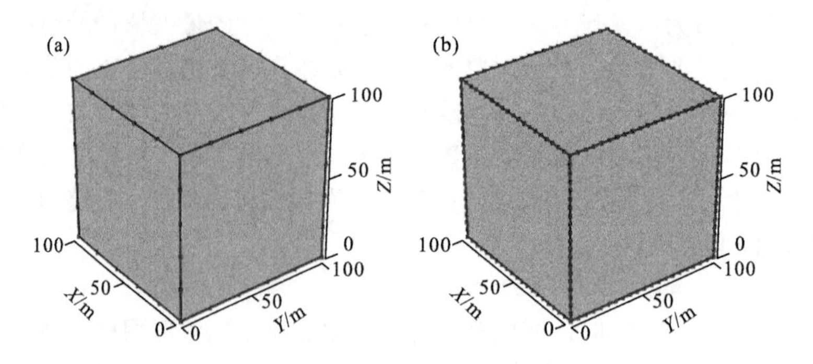

图 8-8　“边”剖分示例

(a)单元数为 5；(b)单元数为 20

3) 确定状态变量及控制方法

CO_2-ECBM 过程是一个含温度场-应力场-流体场等多物理场的全耦合过程，通常可以用一组包含问题状态变量边界条件的微分方程式表示。为适合有限元求解，通常可将微分方程化为等价的泛函形式。

4) 单元推导

对单元构建一个适合的近似解，即推导有限单元的列式，其中包括选择合理的单元坐标系，建立单元试函数，以某种方法给出单元各状态变量的离散关系，从而形成单元矩阵。

5) 总装求解

将单元总装形成离散域的总矩阵方程(联合方程组)，以反映对近似求解域的离散域的要求，即单元函数的连续性要满足一定的连续条件。总装在相邻单元节点进行，状态变量及其导数连续性建立在结点处。

6) 联立方程组求解及结果解释

有限元法的最终目的是联立方程组。联立方程组的求解可用直接法、迭代法和随机法。求解结果是单元结点处状态变量的近似值。对于计算结果的质量，通常需要与实地的生产数据进行历史拟合，以确定是否需要对有限元求解进行修改与优化，并重新进行计算。

2. 有限元求解方法

求解有限元分析过程中所联立的方程组是进行有限元求解(计算)的核心，方程组有线性与非线性之分，其中有限元求解方法也存在很大的差异(图 8-9)。

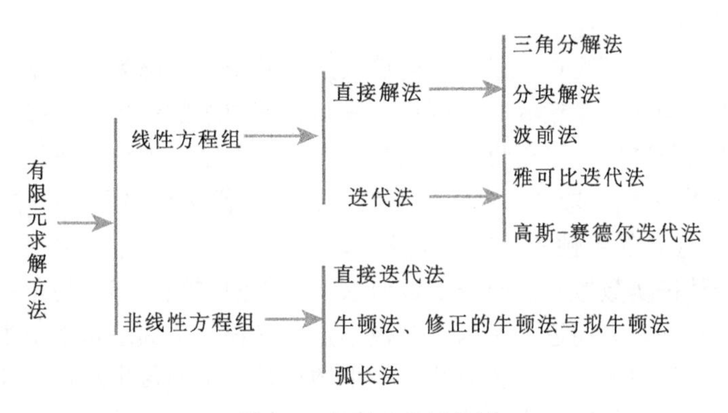

图 8-9　有限元求解方法

1) 线性方程组求解方法

线性方程组的求解方法主要有直接解法和迭代法两类。

(1) 直接解法。

直接解法以高斯消元法为基础，求解效率高，但计算过程中的舍入误差会随着方程组阶数的提高而不断积累，因此一般不适用于阶数较高的方程组。最常见的直接解法有因子分解法、分块解法和波前法等。

因子分解法是利用因子分解定量与有限元分析中系数矩阵的对称正定性质对系数矩

阵进行分解的方法。因子分解的过程实际相当于消去过程，其运算时间较短。

分块解法与波前法是解决计算机内存不足的有效方法，其基本思想都是基于对高斯消元法的再分析，由先组集后消元发展到组集和消元交替进行。分块解法采用组集完一批自由度消去一批自由度的方法，而波前法采用组集完一个自由度消去一个自由度的方法。与分块解法比较，波前法需要的内存更小，但程序编制复杂，内外存交换频繁。

(2) 迭代法。

迭代法也称辗转法，是一种不断用变量的旧值递推新值的过程。其主要利用计算机运算速度快、适合重复性操作的特点，让计算机对一组指令进行重复执行，在每次执行这组指令时，都从变量的原值推出它的一个新值。其中，雅可比迭代法和高斯-赛德尔迭代法是求解线性方程组最常用的两种迭代法。

雅可比迭代法的优势最为明显，计算公式简单，每迭代一次只需计算一次矩阵和向量的乘法，且计算过程中原始矩阵始终不变，比较容易并行计算。然而，这种迭代方式收敛速度较慢，而且占据的存储空间较大，所以工程中一般不直接用雅可比迭代法，而用其改进方法。高斯-赛德尔迭代法是雅可比迭代法的一种改进，当系数矩阵严格对角占优或对称正定时，高斯-赛德尔迭代法必收敛，因此它成为有限元法中求解线性代数方程组的最常用迭代法。

2) 非线性方程组的求解方法

非线性方程组一般不可以直接求解，通常以一系列线性代数方程组的解去逼近，因此求解过程较复杂，且耗时较久。不同的线性逼近方法对应不同的非线性方程组的求解方法。目前常用的非线性方程组求解方法有直接迭代法，牛顿法、修正的牛顿法及拟牛顿法，弧长法等。

(1) 直接迭代法。

直接迭代法是一种最简单、最直观的迭代法，其求解思路为使用某个固定公式反复校正根的近似值，使其逐步精确，直到得出满足精度要求的结果。直接迭代法的收敛准则一般采用位移收敛准则、平衡收敛准则及能量收敛准则。由于存在收敛速度慢、迭代过程不稳定、严重依赖所选取的初值等缺陷，直接迭代法在实际应用中很少采用。

(2) 牛顿法、修正的牛顿法及拟牛顿法。

牛顿法是一种在实数域和复数域上近似求解方程的方法，其思想是利用目标函数的二次泰勒展开的极小点去逼近目标函数的极小点。修正的牛顿法是基于牛顿法改进的一种寻求无约束最优化问题极小点的方法。拟牛顿法是一类使每步迭代计算量少而又保持超线性收敛的牛顿型迭代法。牛顿法求解非线性方程组具有收敛速度快的优点，修正的牛顿法和拟牛顿法则在此基础上提高了计算效率。

(3) 弧长法。

弧长法是目前结构非线性分析中数值计算最稳定、计算效率最高且最可靠的迭代控制方法之一，它有效地分析了结构非线性前后屈曲及屈曲路径跟踪，使其享誉“结构界”。弧长法属于双重目标控制方法，即在求解过程中同时控制荷载因子和位移增量的步长，主要有球面弧长法与柱面弧长法。弧长法克服了牛顿法不能越过极值点的缺点，使其使用范围逐渐扩大。

3) 有限元分析软件

基于有限元分析算法编制的软件，即所谓的有限元分析软件。有限元方法的发展与新型有限元分析软件的开发密切相关。根据软件的适用范围，可以将之分为专业有限元软件和大型通用有限元软件。经过几十年的发展和完善，各种专用的和通用的有限元软件已经使有限元方法转化为强大的生产力。当今主流的有限元模拟软件有德国的 ASKA，英国的 PAFEC，法国的 SYSTUS，美国的 ABQUS、ADINA、ANSYS、BERSAFE、BOSOR、ELAS、MARC 和 STARDYNE，瑞典的 COMSOL 等产品。上述商业软件经过多年的发展现已基本满足求解三维、多坐标系、非线性问题的要求，并配合强大的可视化后处理功能、二次开发平台以及与大型绘图软件的无缝集成，使这些商业软件在有限元分析技术的发展中充当了越来越重要的角色。

基于有限元理论，本章主要采用先进的多物理场有限元数值模拟软件——COMSOL Multiphysics (www.comsol.com) 对所推导的多物理场全耦合数学方程组进行分析求解，并采用 MATLAB 软件对数值模拟的地质模型进行网格优化，以及对 COMSOL 处理后的仿真结果进行数据及可视化优化。

8.3.2 数值模拟软件及其开发

1. COMSOL Multiphysics 软件

COMSOL Multiphysics 是一款大型的高级数值仿真软件，广泛应用于各个领域的科学研究及工程计算，被当今世界科学家称为“第一款真正的任意多物理场直接耦合分析软件”。COMSOL Multiphysics 是多场耦合计算领域的伟大创举，它基于完善的理论基础，整合丰富的算法，兼具功能性、灵活性和实用性于一体，并且可以通过附加专业的求解模块进行极为方便的应用拓展。COMSOL Multiphysics 拥有良好的用户操作界面(图 8-10)，可以使科研工作者方便地建模和设置参数。

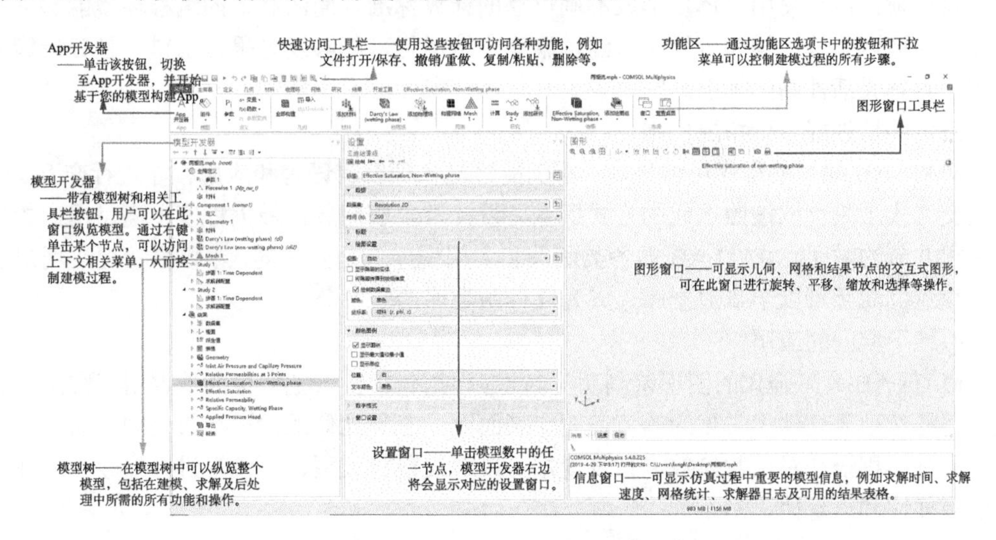

图 8-10 COMSOL Multiphysics 用户操作界面

多物理场的模拟研究通常采用以下步骤进行建模和求解：①选择模型空间维度，零维、一维、一维轴对称、二维、二维轴对称、三维；②选择物理场，可对 12 大独立模块自行选择组合进行模型求解；③添加研究，有特征值、稳态及瞬态等；④绘制(或导入)几何模型，依据案例地质模型及边界加载条件绘制(或导入)数值模拟的几何模型；⑤定义参数及变量，将所推导的数学模型依次写入选择的物理场中，并同时输入数值模拟所需的参数及变量；⑥建立微分方程系统，在子域和边界中分别设置模型计算域的控制方程和边界条件；⑦绘制网格，有物理场控制网格及用户控制网格；⑧求解，运用 Solve 控件对定义好的数值模型进行迭代计算；⑨后处理及可视化，COMSOL 的后处理模块可提供不同维度的数据读取(或导出)、图件绘制(截面图、等值面图、等值线图等)、动画演示(或导出)，以实现高性能的可视化分析，并可将分析结果生成相应的报告。

2. MATLAB 软件

MATLAB 将数值分析、矩阵计算、科学数据可视化及非线性动态系统的建模和仿真等诸多强大功能集成在一个易于使用的视窗环境中，为科学研究、工程设计以及必须进行有效数值计算的众多科学领域提供了一种全面的解决方案，并在很大程度上摆脱了传统非交互式程序设计语言的编辑模式，代表了当今国际科学计算软件的先进水平。MATLAB 和其他编程软件相比有以下优势。

1) 编程简单高效

MATLAB 能以数学形式编写代码，能够按照纸质计算的流程自上而下编写程序，更贴近人类的思维习惯，称为“演草纸式的科学计算语言”。MATLAB 的大多数矩阵运算不需要重复转换，编程简单而且高效。此外，MATLAB 还可以通过程序直接调用包含大量功能和文件的应用工具箱，提高了编程效率。

2) 便于使用、灵活性高

MATLAB 拥有友好的人机交互平台，具有界面人性化、方便灵活的特点。因此，编程思路清晰，便于使用，逐步形成准确可靠的计算标准。简洁高效的编程环境能够提供较完善的调试系统，程序可以不必经过编译直接运行，能够及时报告出错并且分析错误原因，具有灵活性高的优点。

3) 可移植性好、可拓展性强

MATLAB 编写的程序可读性高，不仅能够与多种编辑语言和应用程序进行交互，而且其交互式工具可以按照迭代的方式探查、设计及求解问题，最大程度上满足用户的学习需求并节约时间。MATLAB 的各类函数和实用程序包是开放的，不仅直接促进用户之间的交流，而且可以丰富数据库，成为软件函数库的一部分。

4) 地下空间的应用

MATLAB 具有强大的图形绘制功能，能够根据建模要求把大量的数据用三维图形表达，并构建地质软件中常见的等值线图、表面图、三维立体图。在细节处理方面，使用者可通过编程语法对函数参数进行设置，可以对线条、线型、颜色等进行修改，保证绘图的多样性和丰富性。

3. COMSOL 与 MATLAB 仿真系统构建

COMSOL 软件虽然具有强大的仿真能力及后处理能力，但并不能添加相应的编辑接口，且 COMSOL 后处理的数据优化能力较低。然而，MATLAB 软件刚好可以弥补 COMSOL 在数据优化方面的不足，且 MATLAB 在三维几何图形的数据处理及几何模型的网格划分等方面也具有较强的优势。

针对本章 CO_2-ECBM 数值模拟研究，COMSOL 软件可构建图形化的界面(GUI)，以实现 COMSOL 与 MATLAB 仿真系统的构建，且基于典型的运算方法，GUI 可以形成独立的软件包。首先，在 COMSOL 软件的 GUI 中调用 MATLAB 脚本以构建数值模拟所需的地质模型，并实现地质模型的网格划分与优化；其次，基于 MATLAB 脚本于 COMSOL 软件的 GUI 中对划分后的地质模型网格进行检测；然后，基于 COMSOL 内置的 PDE 函数，在 GUI 中完成参数、变量及边界条件的设定，并顺利完成数值仿真；最后，调用 MATLAB 脚本函数和自己编写的脚本语言对 COMSOL 后处理后的数据进行三维可视化及数据优化(图 8-11)。基于 MATLAB 脚本实现 COMSOL 软件与 MATLAB 软件数据的交互、共享。

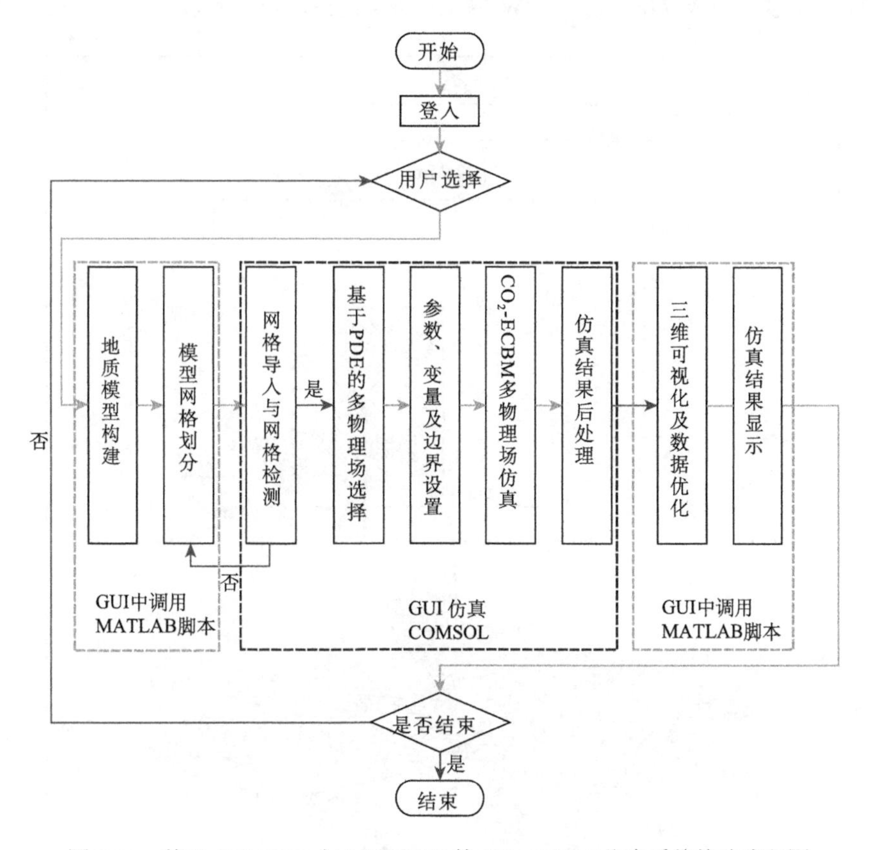

图 8-11　基于 COMSOL 与 MATLAB 的 CO_2-ECBM 仿真系统构建流程图

8.4　沁水盆地 3#煤层 CO_2-ECBM 连续性过程模拟

本节基于所建立的深部无烟煤储层 CO_2-ECBM 连续性过程全耦合数学模型和所构建的 CO_2-ECBM 仿真系统，选取沁水盆地典型的五井式 CO_2-ECBM 试验工程井组，开

展 CO_2-ECBM 连续性过程模拟，并探讨煤层注入 CO_2 对煤层气产出的影响，以及 CO_2 注入压力、生产井温度对 CO_2-ECBM 的影响，科学评估沁水盆地井网尺度的 CO_2-ECBM 工程试验生产动态过程，预测 CO_2 注入量与 CH_4 增产效果。

8.4.1　CO_2-ECBM 过程数值模拟开发井网及计算网格

1. 沁水盆地典型五井式 CO_2-ECBM 开发井网

沁水盆地位于中国山西省中南部，是我国煤层气地质储量大于 $10^{12}m^3$ 的含煤盆地之一，也是目前我国煤层气商业化开发最活跃和最有前景的地区。沁水盆地中心区具有稳定的构造环境、弱水动力条件及良好的区域性盖层，可为 CO_2-ECBM 技术的实施提供有力保障(Wong et al., 2007；唐书恒等，2006)。

本次数值模拟研究选择我国沁水盆地五井式 CO_2-ECBM 试验工程为研究对象[图 8-12(a)]，其中 IW 为注气井，PW 为生产井。采用单井注气，多井产气的模式，四

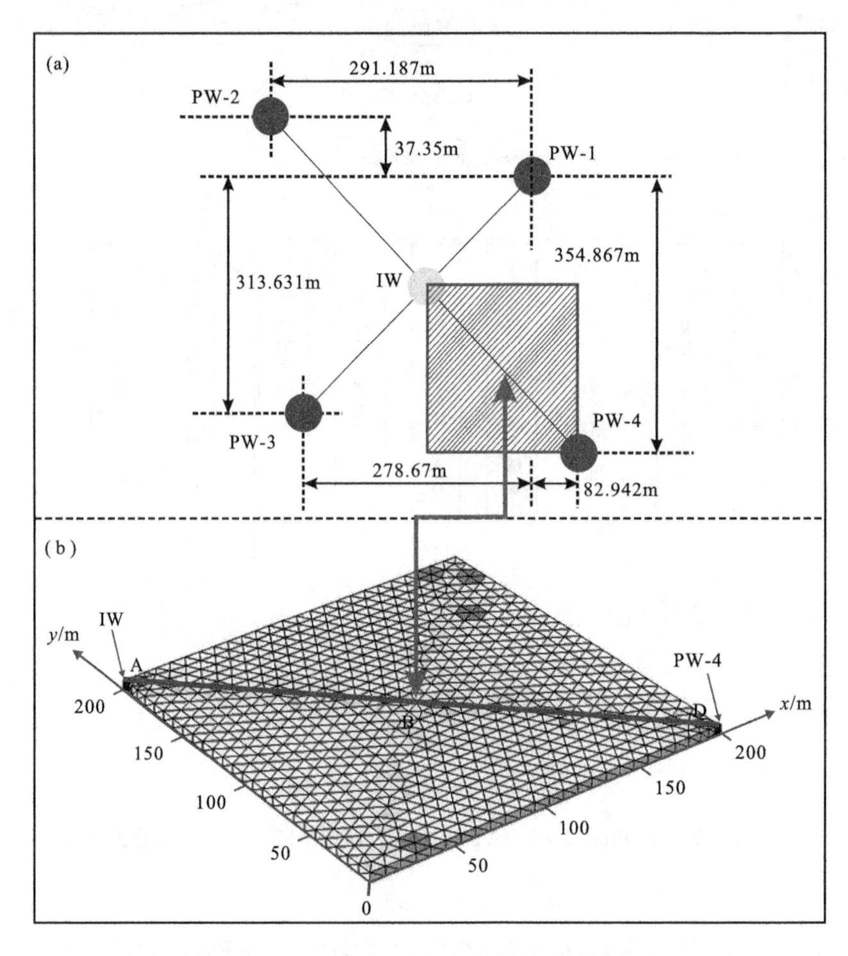

图 8-12　CO_2-ECBM 数值模拟地质模型

(a)沁水盆地五井式 CO_2-ECBM 工程平面布置图(改自 Wong et al., 2007)；(b) CO_2-ECBM 数值模拟三维地质模型及其网格划分

口生产井围绕注气井周围约 300m 范围内进行煤层气的开采。基于沁水盆地现场工程平面布置图，并同时考虑计算机内存和运行速度，依据对称性选取平面布置图的 1/4 区域进行数值模拟分析，模拟区域即为图 8-12(a) 中阴影部分，实际模拟分析尺寸约为 200m×200m×5m[图 8-12(b)]，其中煤层厚度为 5m。

由 CO_2-ECBM 数值模拟三维地质模型可知，注入井 IW 位于数值模型左上角，生产井 PW-4 位于数值模型右下角，井筒直径皆为 0.1m。选取对角线 AD 及观察点 B 以便于观察 CO_2-ECBM 的模拟效果，其中，A、B 和 D 点的坐标分别为(0, 200, 2.5)、(100, 100, 2.5)和(200, 0, 2.5)。模拟注气时间为 3650 天(10 年)。

2. 五井式 CO_2-ECBM 开发井网网格剖分

三维地质模型井网剖分主要涉及对煤储层、注气井与生产井的网格剖分[图 8-12(a)]。结合上述对“域”、“边界”和“边”等网格剖分方法的研究，可对图 8-12(a) 中的煤层气注气开发井网剖分如下：立方体煤储层内部(域)采用自由四面体网格剖分；立方体煤储层外部(边界)采用自由三角形网格剖分；圆柱形注气井及生产井内壁(边界)采用自由四边形网络剖分；立方体煤储层各边及圆柱形注气井、生产井顶部及底部边(边)采用边网格剖分，以求实现网格数量适中、网格疏密适中、网格质量最优化。

综合采用上述自由四面体网格、自由三角形网格、自由四边形网络及边网格可对本书 CO_2-ECBM 过程数值模拟研究的开发井网进行网格剖分[图 8-12(a)]，完整网格包含 4604 个域单元、3190 个边界单元和 264 个边单元[图 8-12(b)]。

8.4.2　CO_2-ECBM 过程数值模拟核心参数

本次 CO_2-ECBM 过程数值模拟研究所用参数(表 8-1)主要来源于沁水盆地 3#煤层无烟煤样品的相关室内实验测试数据、煤储层地质背景调查数据及相关参考文献，模拟煤层埋深为 1000m(Fan et al., 2018; Shi et al., 2018)。

表 8-1　CO_2-ECBM 过程数值模拟核心参数

变量	参数	值	单位	变量	参数	值	单位
V_{L1}	CH_4 Langmuir 体积常数	0.0256	m^3/kg	ν	泊松比	0.345	无量纲
V_{L2}	CO_2 Langmuir 体积常数	0.0477	m^3/kg	α_s	热膨胀系数	2.4×10^{-5}	K^{-1}
P_{L1}	CH_4 Langmuir 压力常数	2.07	MPa	D_1	CH_4 动力弥散系数	3.6×10^{-12}	m^2/s
P_{L2}	CO_2 Langmuir 压力常数	1.38	MPa	D_2	CO_2 动力弥散系数	5.8×10^{-12}	m^2/s
R	通用气体常数	8.314	J/(K·mol)	ρ_c	煤体密度	1.25×10^3	kg/m^3
T_0	初始储层温度	313.15	K	ρ_s	煤骨架密度	1.47×10^3	kg/m^3
P_0	初始储层压力	10	MPa	ρ_{g1}	标准状态下 CH_4 密度	0.717	kg/m^3
ε_{L1}	CH_4 Langmuir 体积应变常数	0.006	无量纲	ρ_{g2}	标准状态下 CO_2 密度	1.977	kg/m^3
ε_{L2}	CO_2 Langmuir 体积应变常数	0.0237	无量纲	C_{g1}	CH_4 比热容	2227	J/(K·kg)
φ_0	初始孔隙度	0.0423	无量纲	C_{g2}	CO_2 比热容	1250	J/(K·kg)

续表

变量	参数	值	单位	变量	参数	值	单位
k_0	储层渗透率	0.514	μm^2	C_s	煤骨架比热容	1255	J/(kg·K)
E	煤杨氏模量	2.710	GPa	μ_1	CH_4 动力黏度	1.03×10^{-2}	MPa·s
E_s	煤骨架杨氏模量	8.134	GPa	μ_2	CO_2 动力黏度	1.38×10^{-2}	MPa·s

CO_2-ECBM 过程数值模拟方案见表 8-2。方案 A 主要探讨注 CO_2 开采对煤层气生产的影响，其中 CO_2 注气井底压力为 15MPa；方案 B 主要探讨注气压力对 CO_2-ECBM 的影响；方案 C 主要探讨生产井温度对 CO_2-ECBM 的影响，其中注气压力为 15MPa。

表 8-2　CO_2-ECBM 过程数值模拟方案

方案	模型	耦合方式	影响因素
A	模型 1：CBM 模型 2：CO_2-ECBM	应力场-流体场	注 CO_2 对 CBM 开采的影响
B	模型 3：注气压力 12.0MPa 模型 4：注气压力 14.0MPa 模型 5：注气压力 16.0MPa 模型 6：注气压力 18.0MPa	应力场-流体场-温度场	注 CO_2 压力对 CO_2-ECBM 的影响
C	模型 7：生产井温度 318.15K 模型 8：生产井温度 328.15K 模型 9：生产井温度 338.15K 模型 10：生产井温度 348.15K	应力场-流体场-温度场	生产井温度对 CO_2-ECBM 的影响

8.4.3　CO_2-ECBM 过程数值模拟边界条件

流体场：煤层初始地层压力为 10MP，煤层温度为 318.15K(45℃)；注气井边界条件为恒压边界条件，依据模拟方案，注气井底压力分别为 12MPa、14MPa、16MPa、18MPa；生产井与大气相连，井底流压 0.1MPa；其他边界均设置为零流量边界条件。

应力场：模型左边界、前边界和下边界是对称位移边界，右边界、后边界及上边界为应力边界。

温度场：模型上、下、前、后、左及右边界均为热绝缘边界；注气井和生产井采用温度边界条件；注气井始终与煤层初始温度相等；生产井温度可调，按模拟方案分别为 318.15K、328.15K、338.15K、348.15K。

8.4.4　CO_2-ECBM 过程数值模拟结果及分析

1. 注 CO_2 开采对煤层气产出的影响

1) 储层压力变化

直接开采时，储层压力随时间逐渐变小[图 8-13(a)]；注 CO_2 开采时，储层压力随时间而逐渐增大[图 8-13(b)]。同一生产时间，注 CO_2 开采对储层压力的增加具有积极效应。注气约 10 年后，整个储层压力趋于一致，说明此时储存的 CO_2 已经饱和，地质封存工作结束(图 8-13)。

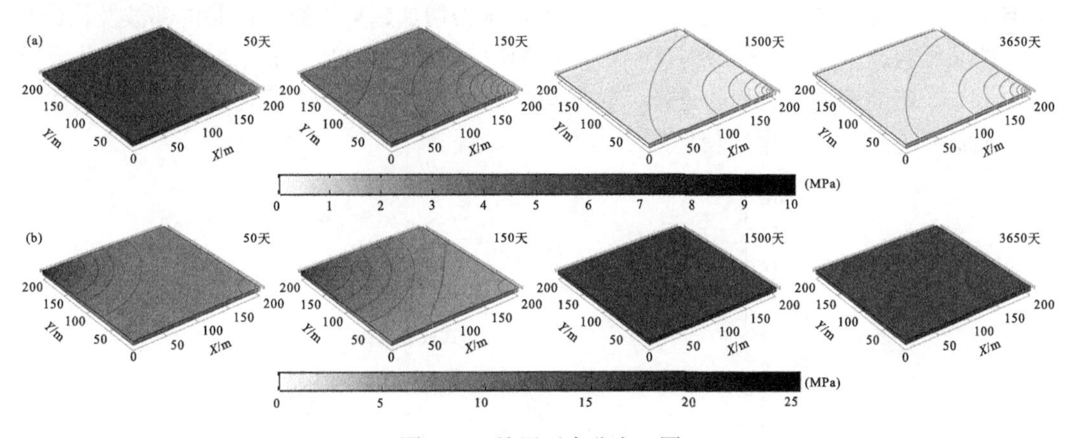

图 8-13　储层压力分布云图

(a) 直接开采；(b) 注气开采

直接开采时，尽管储层气体压力随生产时间的增加而逐渐减少，但减少幅度逐渐趋缓[图 8-14(a)]。当生产时间为 50 天时，距离生产井 30m 储层气体压力约为 4.0MPa，为储层初始气体压力的 40%，距离生产井 80m 处的储层气体压力减少为 5.2MPa，最大压差为 6.0MPa。以储层初始压力为参考，当生产 50 天、150 天、1500 天及 3650 天时，注入井附近储层气体压力分别减少 35%、62%、92%及 95%。注 CO_2 开采时，自注入井至储层中部再至生产井，储层气体压力逐渐降低，且距离注气井越远储层气体压力越小[图 8-14(b)]。储层内气体压力随生产时间延长而增大，但在一定时间后，气体压力会趋于稳定[图 8-14(b)]。当生产 50 天、100 天、1500 天及 3650 天时，煤层气体压力稳定在 11MPa、12MPa、14MPa 及 17MPa，且在 3650 天时，注入井附近与生产井附近的最大压差分别为 7.5MPa、6MPa、4MPa 及 2MPa。

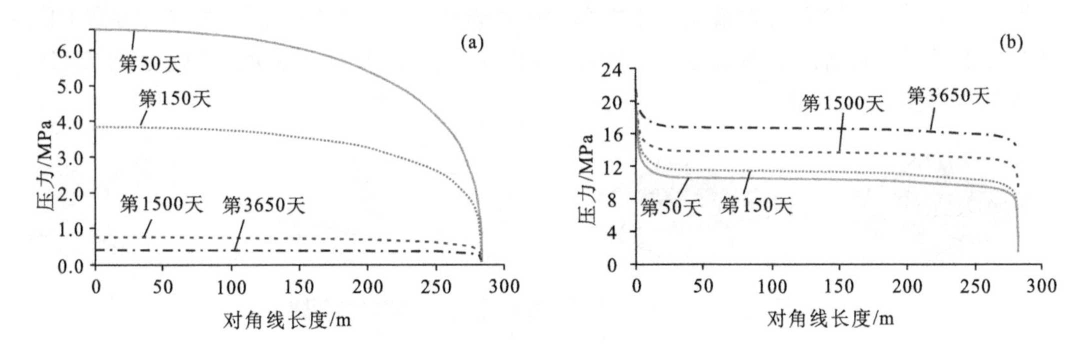

图 8-14　储层气体压力沿模型对角线 AD 的分布曲线

(a) 直接开采；(b) 注气开采

直接开采时，B 点(注入井附近)储层压力随着时间的增大而逐渐降低，降低速度先急后缓(图 8-15)。由于初始储层压力高于生产井附近压力，在压力梯度作用下，煤层气向生产井运移，导致储层压力逐渐下降，最终将与生产井边界压力相等，气体不在定向移动，生产过程结束。注 CO_2 开采时，注入井附近储层压力随时间变化先略微降低再增加，初始压力增加速率很快，后期压力增加趋缓(图 8-15)。由于 CO_2 的注入使注气井附近储层压力首先增加，随着注气过程的进行，压力增加趋势不断向储层内部波及，CO_2 注入的区域也越来越大，一段时间后必然影响注入井附近的储层压力，并使注入井附近压力增加，但随着注入过程的进行，储层与注入井间的压差会逐渐变小，增加的气体压力会抑制 CO_2 的注入速率，使储层压力的增加趋缓。

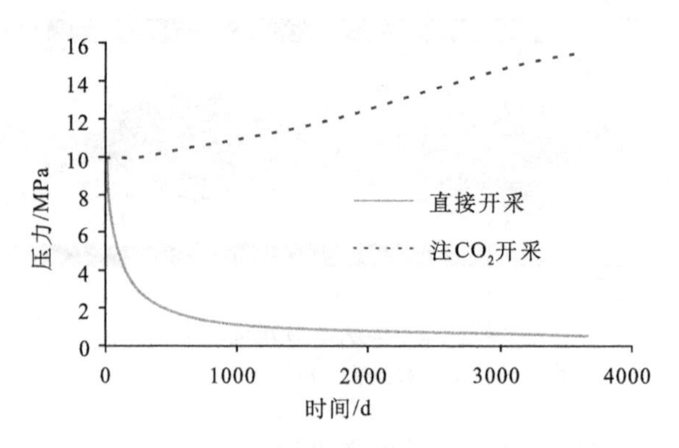

图 8-15　储层压力于参考点 B 的变化曲线

2) 储层 CH_4 含量变化

CH_4 含量首先在生产井附近区域发生变化，并不断向储层内部波及，使储层内 CH_4 含量逐渐降低(图 8-16)。由于生产井压力低于储层压力，受压差影响，CH_4 向生产井运移，且离生产井越近压差越大，气体运移速度也越快，导致生产井附近气体含量最低，且距生产井越近，气体含量越低。直接开采时，由于储层与生产井压差相对较小，气体运移速度整体缓慢，CH_4 含量变化较缓[图 8-16(a)]；注 CO_2 开采时，由于 CO_2 注入，注气井至煤层内部再到生产井，压差较直接开采煤层气大[图 8-16(b)]。因此，同一时间内，注 CO_2 开采较直接开采煤层气的 CH_4 含量变化较大，含量降低较快[图 8-16(b)]。在生产井附近，初始 CH_4 含量受卸压引起的压差影响，使 CH_4 向生产井移动，导致 CH_4 气体含量降低，随着注 CO_2 过程的进行，一段时间后生产井附近也会受 CO_2 驱替影响，促使 CH_4 含量进一步降低。

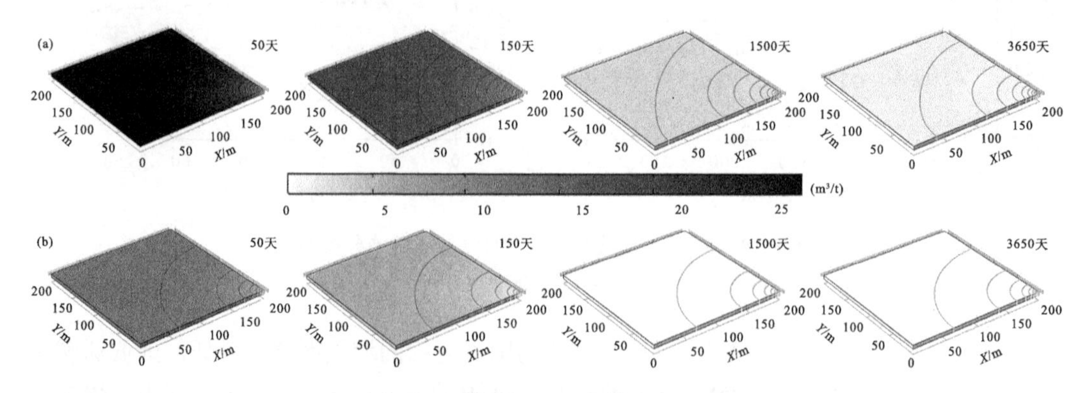

图 8-16　煤储层 CH_4 含量分布云图

(a) 直接开采；(b) 注气开采

3）储层渗透率变化

直接开采时，当生产 50 天时，生产井附近渗透率约为初始渗透率的 1.3 倍；当生产 3650 天时，生产井附近渗透率约为初始渗透率的 1.5 倍，表明储层渗透率随时间变化逐渐增加，且离生产井越近，渗透率越大[图 8-17(a)]。这是由于随着生产的进行，生产井附近压力下降，吸附量下降，导致煤基质吸附变形减小，孔隙度增大，渗透率增大。注 CO_2 开采时，当生产 50 天时，注气井附近渗透率约为初始渗透率的 82%，生产井渗透率约为初始渗透率的 1.3 倍；当生产 150 天时，注气井附近渗透率约为初始渗透率的 78%，生产井渗透率约为初始渗透率的 1.25 倍；当生产 3650 天时，煤层中各点渗透率降低，约为初始渗透率的 70%。因此，注气井附近煤层渗透率随时间变化逐渐下降，生产井附近渗透率先上升后下降[图 8-17(b)]。对于注气井，因 CO_2 和 CH_4 的竞争吸附会引起膨胀变形，注气井附近煤层渗透率迅速下降；对于生产井，当生产 50 天时，注入的 CO_2 未波及至生产井，影响生产井附近渗透率的主导因素是压差，因此渗透率有所增加，当生产 1500 天时，注入的 CO_2 影响至生产井，CO_2 和 CH_4 竞争吸附促使煤体膨胀，且吸附膨胀作用会逐渐取代压差对渗透率的影响，从而使渗透率下降。

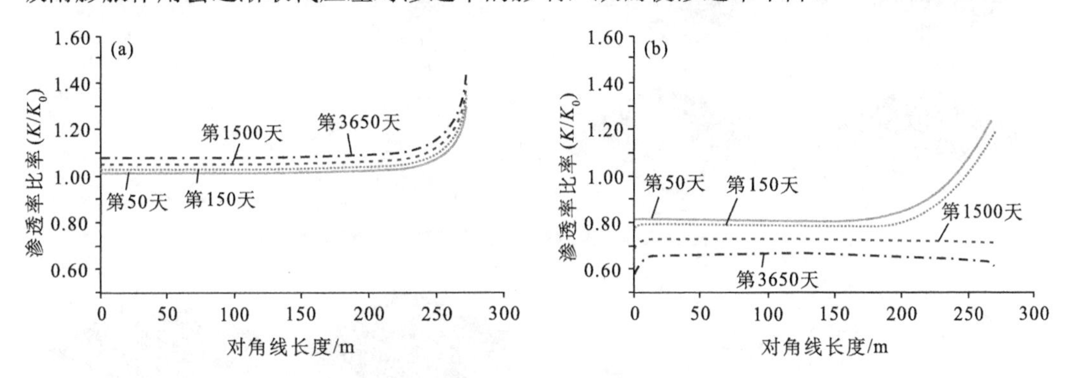

图 8-17　煤层渗透率沿模型对角线 AD 变化曲线

(a) 直接开采；(b) 注气开采

4）生产井 CH_4 产量变化

注 CO_2 开采对 4 口生产井 CH_4 的累计产量影响较大。在模拟的整个生产周期中，直接开采时，4 口生产井 CH_4 的累计产量约为 $4.0\times10^6m^3$（图 8-18）；而当注 CO_2 开采时，4 口生产井 CH_4 的累计产量约为 $15.0\times10^6m^3$（图 8-18）。由此可知，注 CO_2 开采的 CH_4 累计产量约为直接开采的 3.75 倍。

2. 注气压力对 CO_2-ECBM 的影响

1）储层气体组分含量变化

同一生产时间，注气压力越大，CH_4 被驱替出煤层的范围越大，且 CO_2 从裂隙中扩散到孔隙中的速度越快，对孔隙中的 CH_4 驱替越彻底（图 8-19），表明提高驱替压力能够有效地在更短的时间内使储层中 CH_4 脱离原有位置而离开煤层，进而提高煤层气产量。同一生产时间，注气压力越大，CO_2 运移范围也越大，且运移范围的增加量随时间变化而逐渐加大（图 8-19）。注气压力越大，对应的储层压力梯度就越大，相应渗流速度也越大，表明增加注入压力能够在煤体中存储更多的 CO_2。

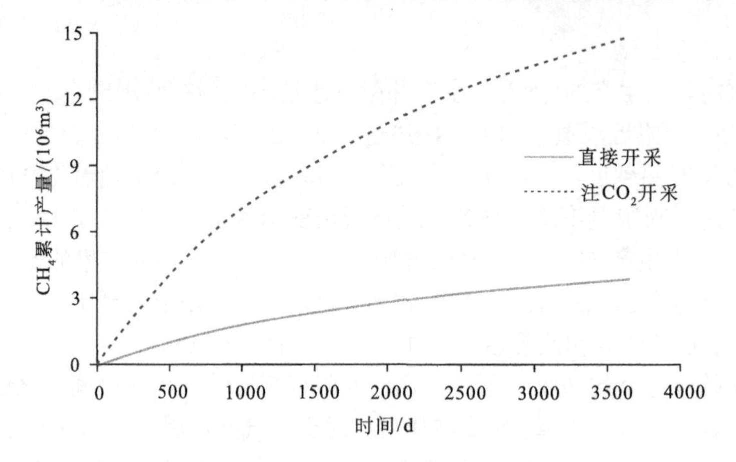

图 8-18　4 口生产井 CH_4 累计产量变化

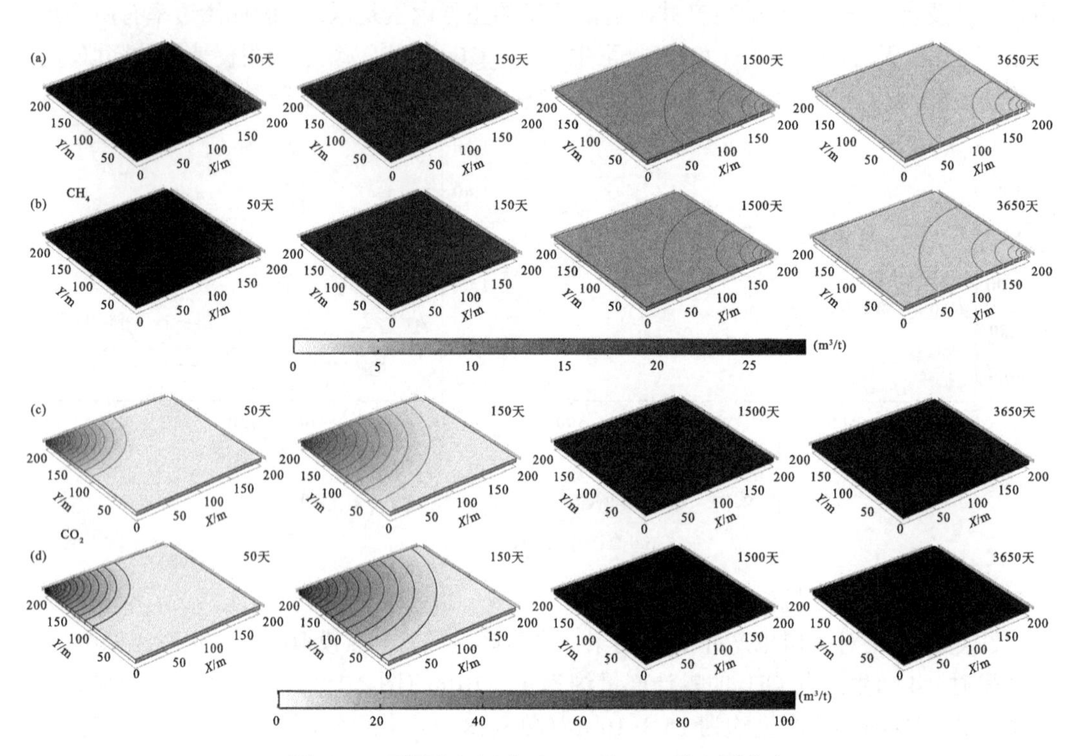

图 8-19　不同注气压力下 CH_4 及 CO_2 的含量分布

(a)、(b) CH_4；(c)、(d) CO_2；(a)、(c) 14MPa；(b)、(d) 16MPa

CH_4 及 CO_2 含量自注入井至生产井呈降低趋势，CH_4 及 CO_2 含量的最大改变区域分别在生产井与注入井附近(图 8-20)。同一时间，注气压力越大，CH_4 含量成比例减少，CO_2 含量成比例增大(图 8-20)。当注气压力由 12MPa 增大至 14MPa 时，储层 CH_4 含量由 7.93m^3/t 减少为 6.33m^3/t，CO_2 含量由 61.67m^3/t 增加至 80.00m^3/t；注气压力增大至 18MPa 时，储层 CH_4 含量减少为 4.36m^3/t，CO_2 含量增加至 108.87m^3/t(图 8-20)。由此可知，增大注气压力可以提高注 CO_2 及驱替 CH_4 的效率。

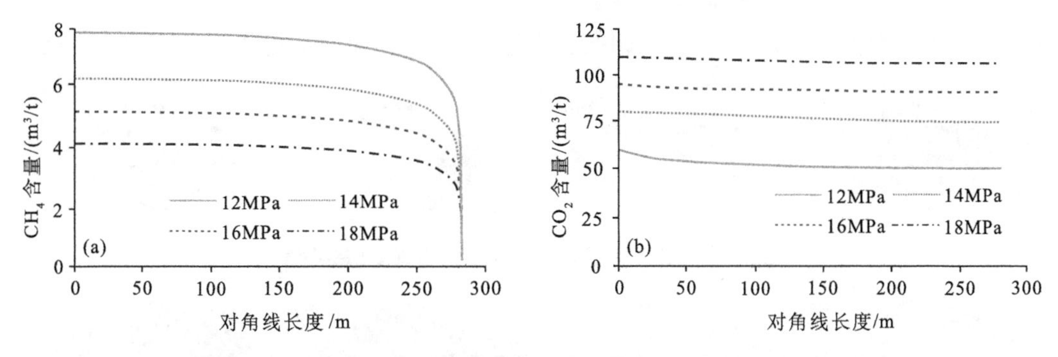

图 8-20　不同注气压力条件下气体含量沿模型对角线的分布(t=1500d)

(a) CH_4；(b) CO_2

不同注气压力下，CH_4 含量均随时间增加而降低；且同一时间内，注气压力越大，煤层中 CH_4 含量越低[图 8-21(a)]。在 3650 天时，当注入压力为 12MPa、14MPa、16MPa、18MPa 时，B 点的 CH_4 含量减少量分别为 81.58%、82.89%、85.53%、89.47%，表明 CH_4 含量的减少量随注入压力的增大而增大。CO_2 含量随注气时间和注气压力的增大而增大，且注气压力越大，CO_2 含量达到饱和含量的时间越短[图 8-21(b)]。在 3650 天时，当注入压力为 12MPa、14MPa、16MPa、18MPa 时，B 点的 CO_2 含量分别为 70.01m^3/t、80.01m^3/t、93.34m^3/t、111.68m^3/t；以注入压力 12MPa 为参考，注入压力为 14MPa、16MPa、18MPa 时，CO_2 含量分别增加 14.29%、33.33%、59.52%，表明 CO_2 含量的增加量随注入压力的增大而增大。

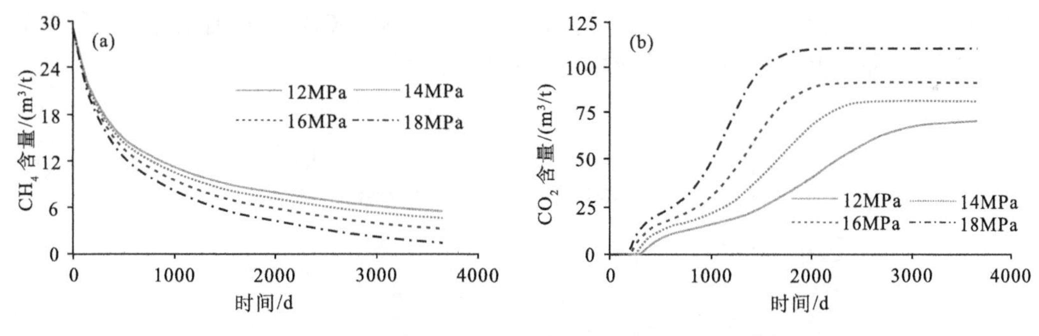

图 8-21　不同注气压力条件下气体于 B 点的含量分布

(a) CH_4；(b) CO_2

2) 储层压力分布

在 CO_2-ECBM 过程中，气体压力均随开采时间的增加而持续增加(图 8-22)。同一时间内，增加注入压力可使储层中气体压力的变化更明显，尤其在注气阶段早期，增加注气压力能够使储层中的气体压力在短时间内迅速增加，增加煤层中气体的能量，使 CH_4 气体更易产出。当 CO_2 未波及至生产井时，注入井与生产井之间的压差随着时间的增加而增大(图 8-22)，压差及浓度差是 CO_2 与 CH_4 在煤层中渗流、扩散的驱动力，当 CO_2 注入后，储层压力大大增加，压差也随之增大，促使气体更快地向生产井渗流和扩散，这是注 CO_2 能提高煤层气产量的原因之一。当 CO_2 波及至生产井后，压力差随着生产时间

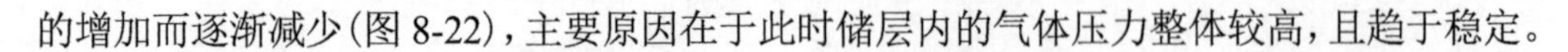

的增加而逐渐减少(图 8-22)，主要原因在于此时储层内的气体压力整体较高，且趋于稳定。

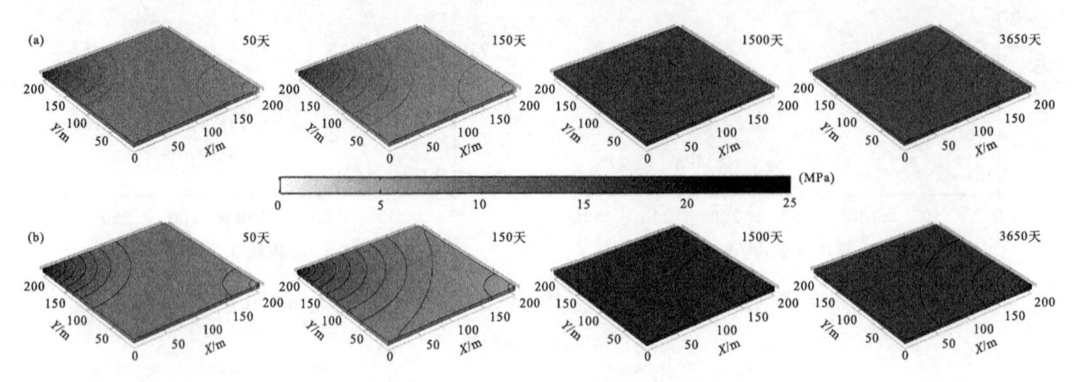

图 8-22　不同注气压力下储层压力分布

(a) 4MPa；(b) 6MPa

3) 储层渗透率变化

注气井附近渗透率低于初始渗透率，生产井附近渗透率高于初始渗透率；生产井附近渗透率远高于注入井附近，且同一生产时间下渗透率随注气压力增大而降低(图 8-23)。CO_2 注入，储层压力增大，导致储层吸附量增加，因此孔隙度会降低，继而引起渗透率降低。压力越大，吸附膨胀越大，渗透率相应也就越低。就生产井附近而言，渗透率比初始渗透率有所增加，原因在于当注入 CO_2 未波及生产井时，生产井附近受卸压影响，压力下降，吸附量下降，导致煤基质吸附变形减小，孔隙度增大会引起渗透率增大，因此渗透率会高于初始渗透率。就注入井而言，CO_2 注入后，CO_2 与 CH_4 的竞争吸附会导致煤体膨胀变形，孔隙度减小使渗透率低于初始渗透率。

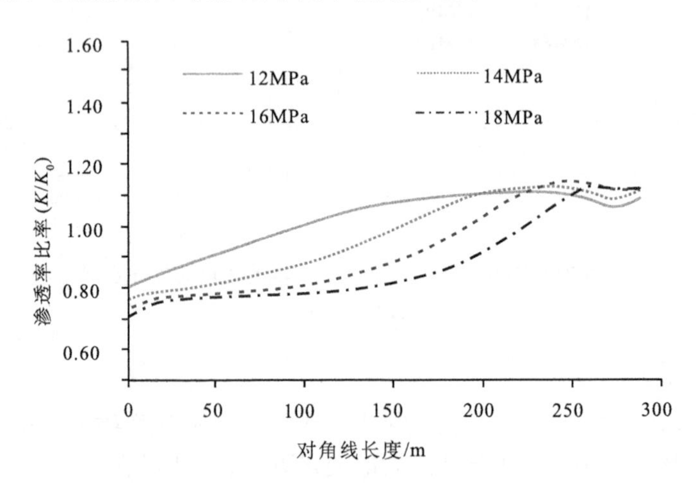

图 8-23　不同注气压力下储层渗透率沿模型对角线 AD 的演化分布

4) 生产井 CH_4 产量及煤层 CO_2 存储量变化

4 口生产井 CH_4 累计产量与煤层 CO_2 累计存储量均随注气时间和注气压力的增加而增加，在注入压力为 12MPa、14MPa、16MPa、18MPa 时，4 口生产井 CH_4 累计产量分别为 $0.82\times10^7m^3$、$1.208\times10^7m^3$、$1.704\times10^7m^3$、$2.401\times10^7m^3$[图 8-24(a)]，煤层 CO_2 累计

存储量分别为 $0.6\times10^7m^3$、$1.0\times10^7m^3$、$2.6\times10^7m^3$、$4.35\times10^7m^3$[图 8-24(b)]，以注入压力 12MPa 为参考，14MPa、16MPa、18MPa 时 4 口生产井的 CH_4 累计产量较 12MPa 增长 47.32%、107.80%、192.80%，CO_2 累计存储量较 12MPa 增长 66.67%、333.33%、625.00%。因此，提高注气压力不仅可以提高生产效率，从而提高 CH_4 的同期产量，还可以提高 CO_2 地质封存速率及总量。

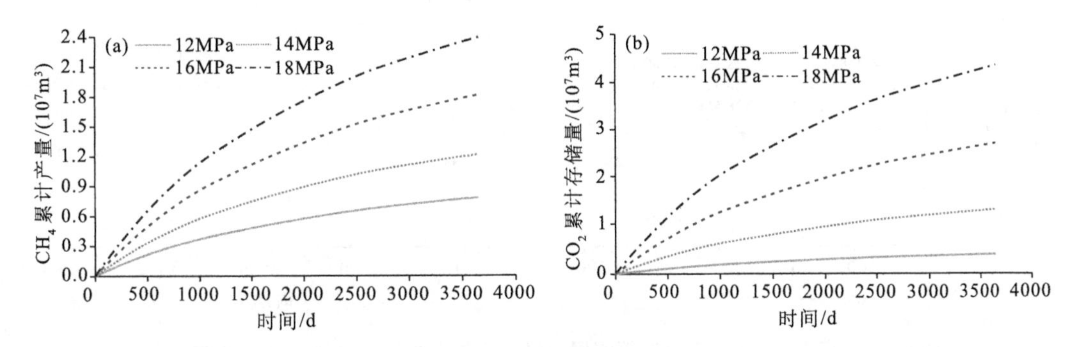

图 8-24　不同注入压力条件下储层 CH_4 累计产量及 CO_2 累计存储量分布

(a) CH_4 累计产量；(b) CO_2 累计存储量

3. 生产井温度对 CO_2-ECBM 的影响

由于在煤层气开采过程中，储层初始温度一定，因此这里主要通过改变生产井温度来研究温度对于 CO_2-ECBM 的影响，其他条件及参数均保持一致。

1) 储层温度分布规律

同一开采温度条件下，由于热传导过程的进行，温度影响范围逐渐增大(图 8-25)。同一生产时间，生产井温度越高，储层升温范围越大，且温度主要影响生产井附近，而远离生产井处煤层温度几乎不变(图 8-25)。由于储层中气体运移速度较低，导致对流传热不明显，同时由于储层的导热系数较低，储层固体传热差距不大，不同生产井温度条件下，储层温度变化不明显。

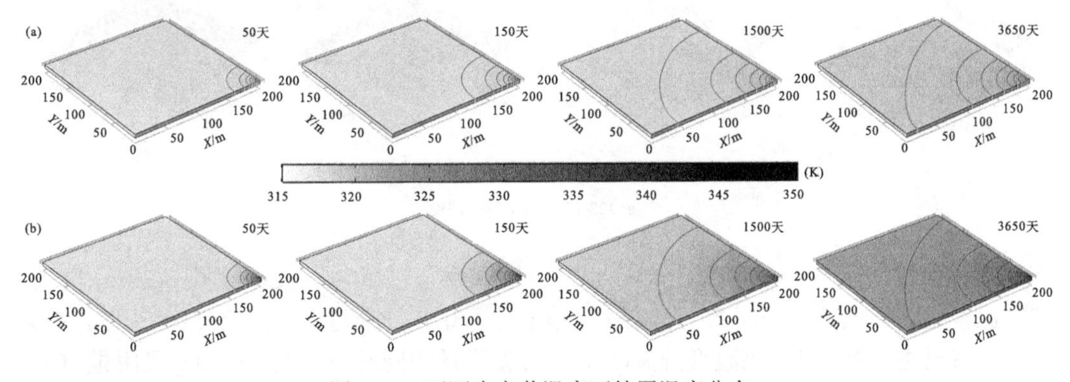

图 8-25　不同生产井温度下储层温度分布

(a) 328.15K；(b) 348.15K

由于生产井温度高于储层温度，在热传导作用影响下，储层各处温度呈上升趋势

(图 8-26)。在一定温度条件下，离热源(生产井)越近，储层温度越高，注热时间越长，储层温度越高[图 8-26(a)]。随着时间增加，观测点 B 温度升高，近似呈线性关系；当 3650 天时，B 点温度分别为 315.22K 及 319.36K，与热源温度相差甚远[图 8-26(b)]，再次说明流体对流传热不明显，储层固体传热差距较小。

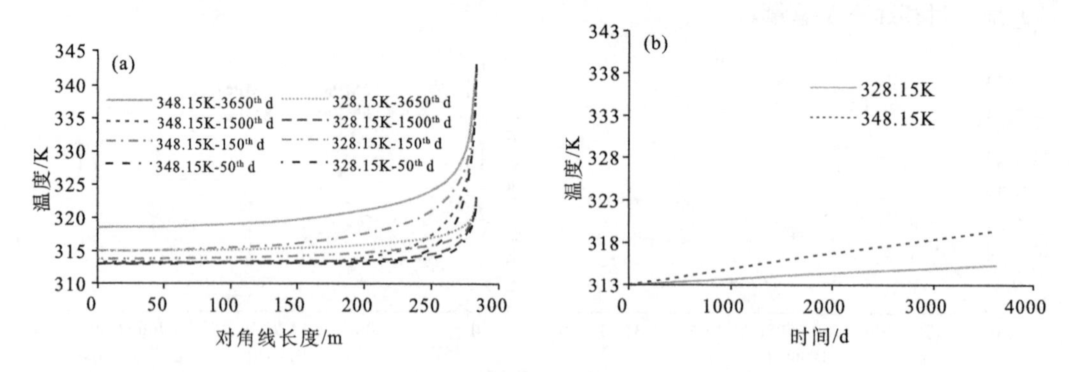

图 8-26　不同生产井注入温度下储层温度沿模型对角线 AD 及参考点 B 的分布

(a) 模型对角线 AD；(b) 参考点 B

2) 储层压力变化

储层气体压力随时间增加而增大，离注气井越近，孔隙压力越大(图 8-27)。同一生产时间内，生产井温度越高，孔隙压力越大，但不同温度间的压力差异较小(图 8-27)。由于温度升高，在降低 CH_4 吸附量同时，也会降低 CO_2 吸附量，必然导致游离态 CO_2 的增加，从而增大储层压力。

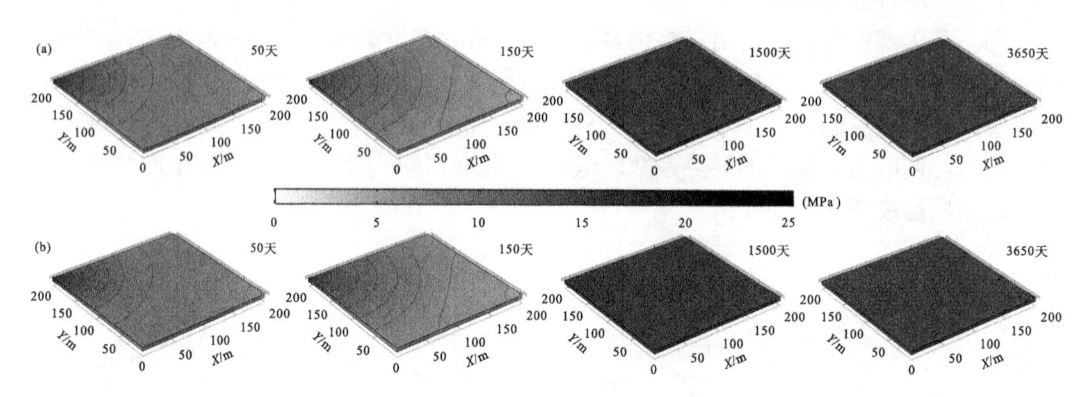

图 8-27　不同生产井温度下储层气体压力分布

(a) 328.15K；(b) 348.15K

沿对角线方向孔隙压力逐渐降低，离注气井越近，气体压力越大[图 8-28(a)]。生产井温度越高，气体压力越大，但增大幅度较小[图 8-28(a)]。当生产 500 天时，CO_2 已经运移至生产井附近，在温度升高降低 CH_4 吸附量的同时，也会降低 CO_2 吸附量，CO_2 吸附量的降低，必然导致游离态 CO_2 的增加，从而增加储层压力，加快 CO_2 的运移速度。

初始气体压力各处相同且均为 10MPa，当生产 100 天时，注气井压力增加至 20MPa，距注气井 120~180m 处孔隙压力基本保持初始压力，离注气井 180m 以外，由于受生产井影响孔隙压力会下降至约 6MPa[图 8-28(b)]。当生产 400 天时，气体注入引起压力增加范围扩大至距注气井 150m，该处孔隙压力保持初始压力直至离注气井 220m，220m 之外孔隙压力分布规律与生产 100 天时类似。生产初期，当注入 CO_2 未波及至生产井时，生产井附近气体压力随时间增加逐渐降低[图 8-28(b)中 0~400 天时]，主要原因在于温度能够促进 CH_4 气体解吸，向基质孔隙和裂隙中渗流，导致气体压力降低。当注入 CO_2 波及至生产井后，生产井附近气体压力随时间增加逐渐增大[图 8-28(b)中 1000~2000 天时]，主要原因在于温度升高在降低 CH_4 吸附量的同时也会降低 CO_2 吸附量，导致游离态 CO_2 的增加，从而增加储层压力。

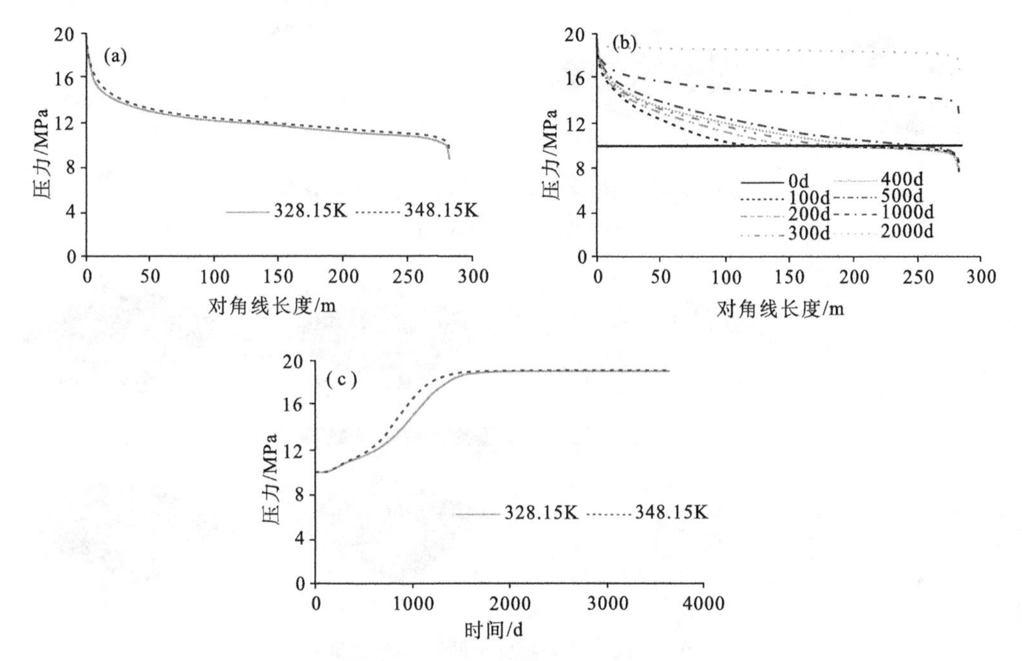

图 8-28　不同生产井注入温度下储层气体压力沿模型对角线 AD 及参考点 B 的分布

(a)、(b)模型对角线 AD；(c)参考点 B

开采 150 天之前，B 点压力降低，开采 150 天之后，B 点压力随时间增加而增加[图 8-28(c)]。由于 B 点位于模型中央，开采初期注入的 CO_2 未波及至 B 点，CH_4 的卸压开采使 B 点气体压力有稍微降低，随着 CO_2 气体的持续注入，其影响范围逐渐扩大，至 150 天后，CO_2 气体已运移至 B 点附近，B 点压力会迅速升高。对比不同温度发现孔隙压力随温度升高而增加。

3)储层气体含量变化

同一时间,生产井温度主要影响其附近 CH_4 含量,温度越高,CH_4 含量越低(图 8-29)。由于温度升高能够促使 CH_4 解吸，从而提高 CH_4 产出速率以降低储层 CH_4 含量；且 CH_4 的解吸能增加储层压力梯度，从而加速 CH_4 的运移以进一步降低 CH_4 含量。

同一时间，随着生产井温度提高，CO_2 含量有所增加，但 CO_2 含量受生产井温度影响较小(图 8-30)。由于 CO_2 的吸附、解吸同样受温度影响，温度升高促使吸附态 CO_2 解吸变为游离态，CO_2 含量有所增加。生产井距 CO_2 注入井较远，初始热传导几乎不受温度影响，但随着注入过程与热传导过程的进行，CO_2 含量逐渐受温度影响，温度升高促使吸附的 CO_2 解吸，变为游离态，同时也增加了储层压力梯度，影响 CO_2 的运移速度，从而进一步促使 CO_2 含量的提高。

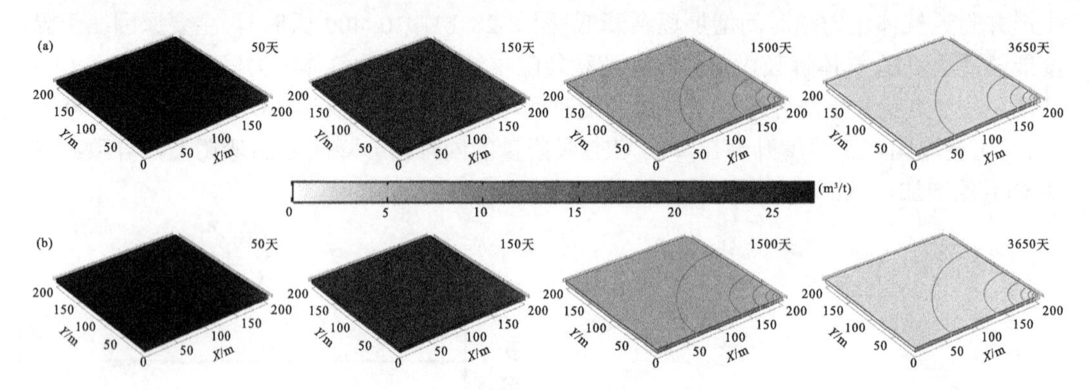

图 8-29　不同生产井温度下储层 CH_4 含量分布

(a) 328.15K；(b) 348.15K

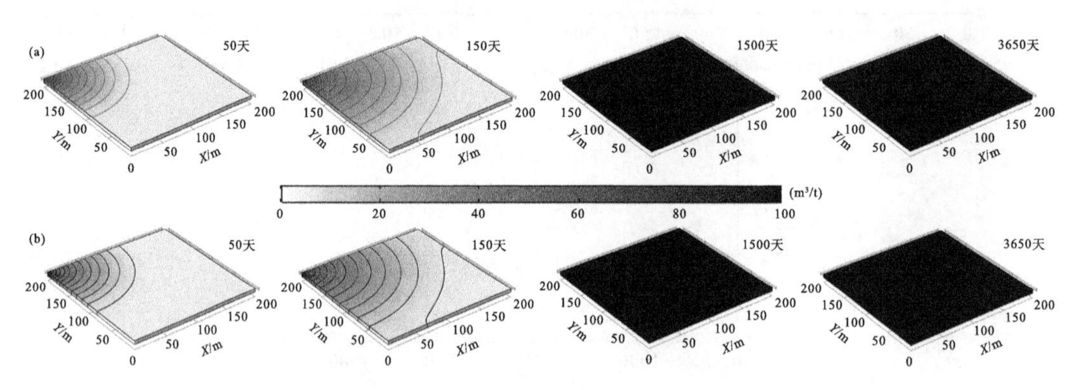

图 8-30　不同生产井温度下储层 CO_2 含量分布

(a) 328.15K；(b) 348.15K

4) 储层渗透率变化

生产井温度主要影响距生产井 100m 范围内的储层渗透率，在此范围内，渗透率随着温度升高而逐渐降低(图 8-31)。同样，由于温度升高会导致储层 CH_4 解吸而减小吸附膨胀，从而提高渗透率，且温度越高，CH_4 解吸量越大，渗透率越大。距注气井越近，储层渗透率越低，主要原因为 CO_2 产生的吸附变形大于储层对 CH_4 的吸附变形，CO_2 的注入，与 CH_4 竞争吸附结果会导致煤吸附变形增大，吸附变形增大又会导致煤孔隙度降低而使储层渗透率减小。

5) 温度对 CH_4 产量及 CO_2 存储量的影响

生产井温度为 318.15K、328.15K、338.15K 与 348.15K 时，4 口生产井 CH_4 累计产量分别为 $1.41\times10^7m^3$、$1.45\times10^7m^3$、$1.50\times10^7m^3$、$1.58\times10^7m^3$[图 8-32(a)]，CO_2 累计存储量分别为 $1.88\times10^7m^3$、$1.90\times10^7m^3$、$1.95\times10^7m^3$、$2.05\times10^7m^3$[图 8-32(b)]。升高生产井温度可以提高 CH_4 累计产量，但增长率较低，为 2.8%~12.1%，也可以增加 CO_2 累计注入量，但增长率更低，为 1.1%~9.0%，主要由于生产井离 CO_2 注入井距离较远(约

288m)，生产井温度变化对其影响较小。

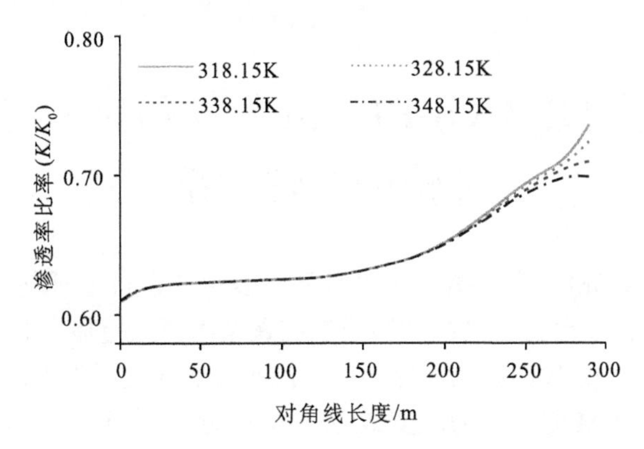

图 8-31　不同生产井注入温度条件下储层渗透率沿对角线的演化分布(t=1800d)

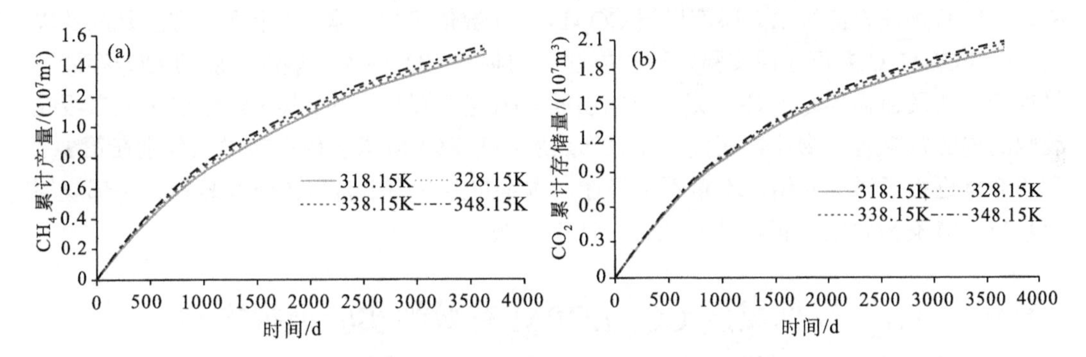

图 8-32　不同生产井注入温度下 4 口生产井 CH_4 累计产量及煤层 CO_2 累计存储量

(a) CH_4 产量；(b) CO_2 存储量

第 9 章　深部煤层 CO_2-ECBM 模拟研究和有效性实验室评价的方法体系

深部煤层 CO_2-ECBM 有效性评价方法体系主要由 5 台自主研发装置、3 项关键技术和 3 个评价方法构成。5 台自主产权实验模拟装置是“模拟超临界 CO_2-H_2O 体系与煤岩地球化学反应装置”、“模拟 CO_2 注入煤储层渗流驱替实验装置”、“超临界 CO_2 等温吸附实验装置”、“CO_2-ECBM 煤岩应力应变效应模拟实验装置”和“煤岩渗透率测试装置”；3 项关键技术是深部煤层 CO_2-ECBM 有效性实验模拟技术、煤储层多元多级孔裂隙结构的数字岩石物理表征技术、深部煤层 CO_2-ECBM 数值模拟技术；3 个评价方法是深部煤层 CO_2-ECBM CO_2 可注性实验室评价方法、超临界 CO_2 注入无烟煤储层的 CO_2 存储容量评价方法及超临界 CO_2 注入无烟煤储层的 CH_4 增产评价方法。其中煤储层多元多级孔裂隙结构的数字岩石物理表征技术和深部煤层 CO_2-ECBM 数值模拟技术已分别在第 3 章和第 8 章进行了详细介绍，本章不再赘述，本章重点介绍 5 台自主研发装置、深部煤层 CO_2-ECBM 有效性实验模拟技术及 3 个评价方法。

9.1　深部煤层 CO_2-ECBM 有效性实验模拟方法

深部煤层 CO_2-ECBM 有效性实验模拟方法是深部煤层 CO_2-ECBM 有效性研究的基础，包括 5 台自主产权的实验模拟装置及深部煤层 CO_2-ECBM 有效性实验模拟技术，用以实现超临界 CO_2-H_2O 体系与煤岩地球化学反应、深部煤层超临界 $CO_2/CH_4/N_2$ 等温吸附、超临界 CO_2 注入深部煤层煤岩体积应力效应、深部地层 CO_2 驱替 N_2/CH_4 的过程及超临界 CO_2 注入深部煤层煤岩渗透率变化等的实验室模拟。本节主要介绍 5 台自主研发装置的结构组成、实验原理和测试方法及其实验模拟技术。

9.1.1　实验模拟平台

1. 模拟超临界 CO_2-H_2O 体系与煤岩地球化学反应装置

模拟超临界 CO_2-H_2O 体系与煤岩地球化学反应装置用于开展地层温、压条件下超临界 CO_2-H_2O 体系与煤岩及矿物的地球化学作用模拟实验。该装置主要包括一台高压实验容器(反应室)、一套加压系统、一套升温系统、实验样品采集系统、一套电气控制及监控系统(图 9-1)。装置设计压力 35MPa，设计温度 380℃，工作压力 30MPa，工作温度 350℃。装置主要部分说明如下：

(1) 反应室为一台 TFF2-32/316L 高压反应釜，容量 2L，采用伍德式密封。

(2) 加压系统由空压机推动气体增压泵向反应室注入高压气体，输入气体包括甲烷、氦气和二氧化碳。气体增压泵增压比为 60∶1，最大允许出口压力为 60MPa。

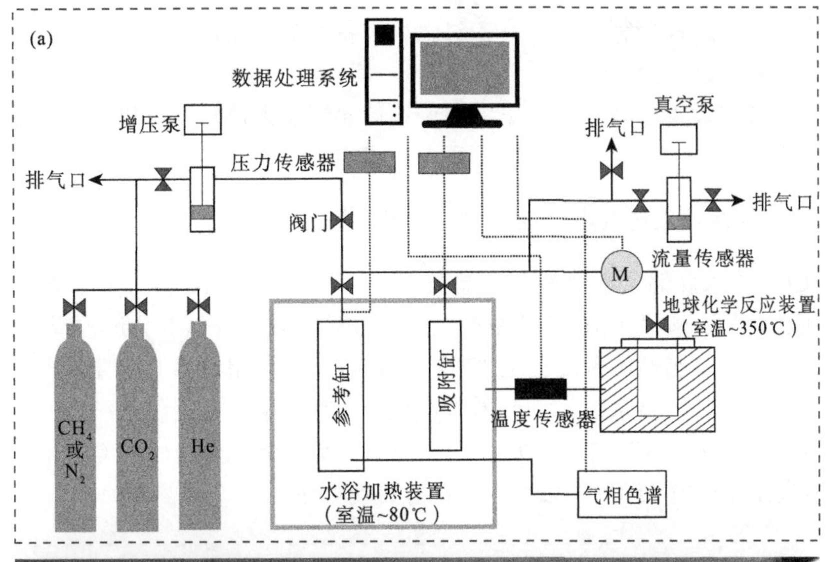

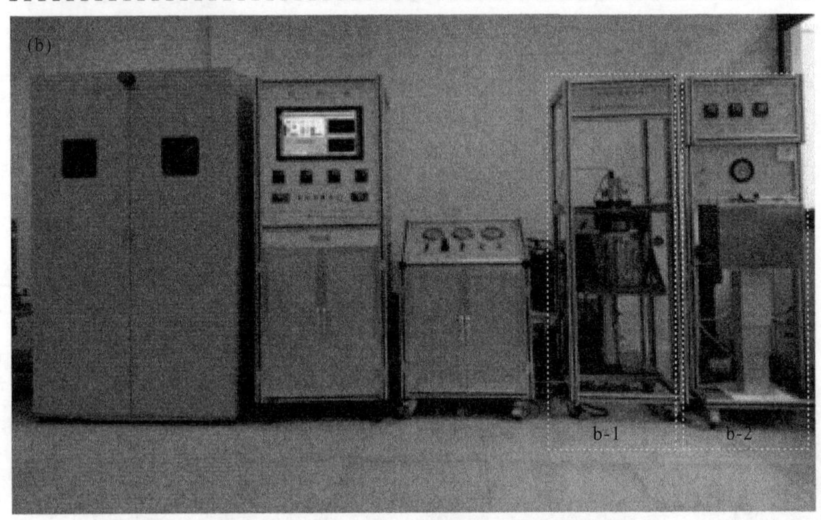

图 9-1 模拟超临界 CO_2-H_2O 体系与煤岩地球化学反应装置及超临界 CO_2 等温吸附实验装置

(a) 原理图；(b) 实物图，其中，b-1 为模拟超临界 CO_2-H_2O 体系与煤岩地球化学反应装置，b-2 为超临界 CO_2 等温吸附实验装置

(3) 升温系统采用电阻丝加热，温度为室温至 350℃可调整，采用自动温度调节仪实现自动恒温，控温精度±1℃。

(4) 实验样品采集系统包括液体取样系统和气体取样系统。液体取样系统由减压阀、固液分离罐组成，液体(混合固体)由下部出料口进入取样管，通过逐级降压，以常压进入固液分离罐。气体取样系统由冷却器、减压阀、流量计、冷凝装置和接收罐组成。气体由出气口进入冷却器，通过冷却、过滤，进入减压阀泄压，泄压后进入冷凝装置，冷凝后的液体流入接收罐，气体由冷凝装置上部排出。

(5) 电气控制及监控系统由机械柜(加压柜)、集中控制柜(含监控)、计算机、压力变送器、温度控制仪表及各类传感器、电磁阀等组成。主要对整个实验模拟装置的压力(采集精度±0.25%F.S.)、温度(采集精度±0.5%F.S.)等进行采集、处理和显示，对管路和电器件进行集中控制台远程控制，同时具备对电气设备的配电监控、系统的安全保护和报警等功能，以保障系统安全。

另外，该装置设置爆破片，当压力超过设计允许压力值时，可以自动泄压，起到安全保护的作用。

2. 模拟 CO_2 注入煤储层渗流驱替实验装置

模拟 CO_2 注入煤储层渗流驱替实验装置用于开展地层温、压、水、地应力条件下 CO_2 注入-吸附置换-解吸扩散-渗流驱替-CH_4 产出连续性过程(部分过程或全过程)的模拟实验。该装置主要包括一台反应室(包含参考缸)、一套超临界 CO_2 生成与注入系统、一套加压系统、一套恒温系统、一套围压系统、一套实验样品采集系统、一套电气控制及监控系统(图 9-2)。装置设计最大压力 25MPa，设计最高温度 180℃，最大工作压力 20MPa，最高工作温度 150℃。装置主要部分说明如下：

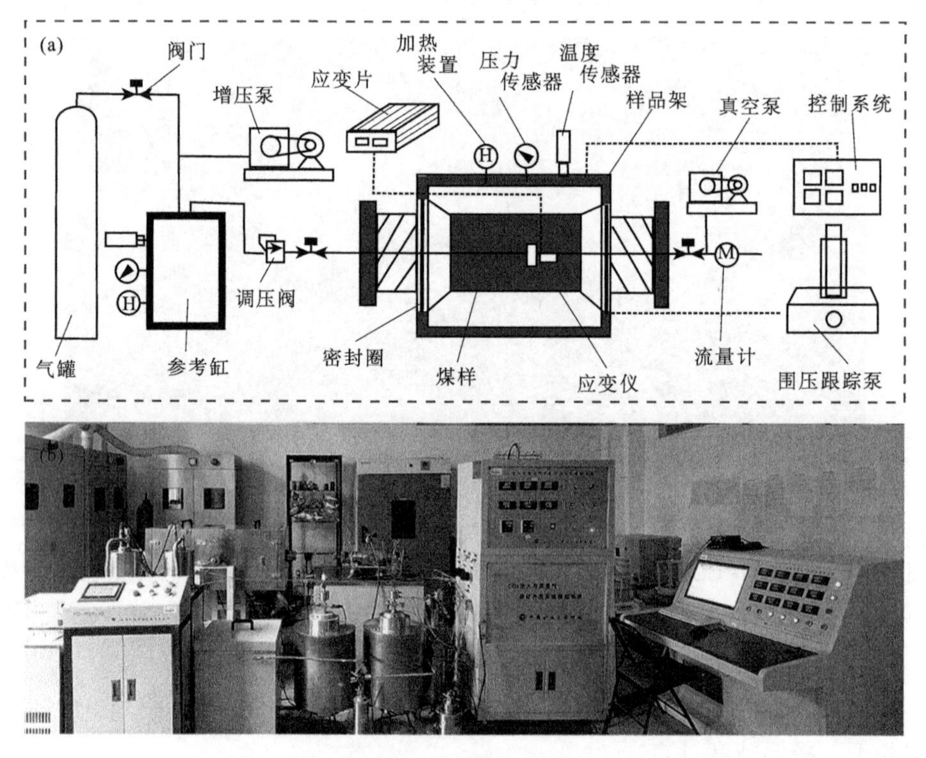

图 9-2　模拟 CO_2 注入煤储层渗流驱替实验装置

(a)原理图；(b)实物图

(1)反应室可模拟地层高温、高压、密封环境，为一个直径 50mm、长度 200mm(可调节)的岩心夹持器，采用热缩管或氟橡胶胶套包裹测试样品，采用活塞式密封。为了更精确地标定样品室容积，以得到精确的检测数据，岩心夹持器配有参考缸。

(2)超临界 CO_2 生成与注入系统用于生成超临界 CO_2，确保 CO_2 在进入样品室和参考缸时即达到超临界状态，并且将超临界 CO_2 以设定压力或流量注入样品室和参考缸中。超临界 CO_2 生成与注入系统由制冷系统、CO_2 泵、恒温水浴、加热螺旋管线及控制气体进出的阀门组成。气瓶中的 CO_2 首先进入制冷系统，经制冷系统降温后形成液态 CO_2，冷却后的液态 CO_2 由 CO_2 泵加压至临界压力或实验设定压力之后，经加热螺旋管线泵注至反应室和参考缸中。加热螺旋管线放置在恒温水浴中，具有较长的管路，以确保高压液态 CO_2 在经过加热螺旋管线的过程中可充分升温至临界温度以上，升温后的高压液态 CO_2 即形成超临界 CO_2。

(3) 加压系统与模拟超临界 CO_2-H_2O 体系与煤岩地球化学反应装置相同，由空压机推动气体增压泵向反应室注入高压气体，输入气体包括甲烷、氦气和氮气。

(4) 升温系统为恒温空气浴，包裹整个样品室和参考缸，为样品室和参考缸提供高温环境并且在实验过程中保持恒温。

(5) 围压系统主要包含环压跟踪泵、回压缓冲容器、回压阀、高精度电子天平、烧杯和压力传感器。通过环压跟踪泵向反应室加围压，为岩心夹持器提供实验所需的稳定围压环境；同时也防止注气过程中岩心夹持器中热缩管或氟橡胶胶套因内外压差过大而破裂；环压跟踪泵与回压缓冲容器、回压阀、高精度电子天平、烧杯和压力传感器配合，通过排液法准确测量煤岩在吸附气体过程中的自由体积膨胀量。

(6) 实验样品采集系统用于收集实验中与实验后岩心夹持器尾端排出的气体，进行冷凝、降压、气液分离、气体组分测量等操作，包括气相色谱仪、气液分离容器和调压阀。

(7) 电气控制及监控系统同样与模拟超临界 CO_2-H_2O 体系与煤岩地球化学反应装置相似，由机械柜、集中控制柜、计算机、压力变送器、温度控制仪表及各类传感器、电磁阀等组成，对整个实验模拟装置的压力（采集精度±0.25%F.S.）、温度（采集精度±0.25%F.S.）、围压等进行采集、处理和显示，对管路和电器件用集中控制台远程控制，同时具备对电气设备的配电监控、系统的安全保护和报警等功能，以保障系统安全。

3. *超临界 CO_2 等温吸附实验装置*

超临界 CO_2 等温吸附实验装置依据煤的滴定法、高压等温吸附实验方法设计，用于开展地层温、压、水、条件下超临界 CO_2 或其他气体的高压等温吸附实验。该装置与模拟超临界 CO_2-H_2O 体系与煤岩地球化学反应装置共用一套加压系统和电气控制及监控系统，除此之外还包括一套样品室与标准室、一套升温系统、一套抽真空系统（图 9-1）。装置设计最大压力 50MPa，设计最高温度 100℃，最大工作压力 40MPa，最高工作温度 90℃，压力测量精度 0.1%，温度测量精度±0.1℃。装置主要部分说明如下：

(1) 样品室与标准室采用特种钢材制造，设计压力 50MPa。标准室用于存储测试的气体，标定样品室容积，容积 100mL；样品室容积 160mL，最高工作温度 100℃，可以实现对圆柱状固态样品或者粉状样品开展测试。样品室采用活塞式密封与密封圈密封相结合的方式，在一定程度上可模拟地下储层煤岩的实际特征。

(2) 升温系统主要由加热器、恒温水浴、循环水泵等组成。加热器主要用来对导热液（水或硅油）进行加温；恒温水浴和循环水泵为样品室与标准室提供循环恒温热源，维持整个恒温水浴的恒温环境。

(3) 抽真空系统主要为真空泵和管阀件，用于排空整个实验装置中的空气，使实验装置内尽可能达到真空的状态，保证实验数据的可靠性。

4. CO_2-ECBM 煤岩应力应变效应模拟实验装置

CO_2-ECBM 煤岩应力应变效应模拟实验装置与模拟 CO_2 注入煤储层渗流驱替实验装置可联合使用，主要用于开展 CO_2-ECBM 应力应变效应模拟实验。该装置的核心部分是电液伺服加压单元，包括电液伺服动态三轴测试系统主机、伺服油源、电液伺服围压增压装置和测量控制系统(图 9-3)。模拟实验装置可实现高温(120℃，可控精度达到±0.1℃)、高压(最大围压 100MPa，最大轴压 1000kN)条件下，气、液、固三相耦合的力学实验、渗流实验及吸附-应变实验等。装置主要部分说明如下：

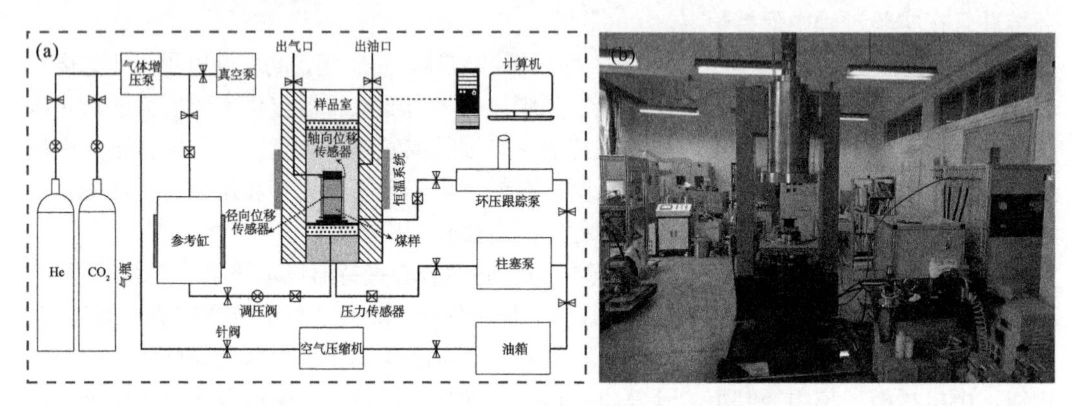

图 9-3　CO_2-ECBM 煤岩应力应变效应模拟实验装置

(a) 原理图；(b) 实物图

(1) 电液伺服动态三轴测试系统主机刚度 7MN/mm，轴向最大试验力 1000kN，测力分辨率 10N，测力精度±1%，包括小吊车、加载伺服油缸、送样小车及导轨。

(2) 伺服油源由柱塞泵、伺服阀、油箱、油源冷却装置组成。柱塞泵和伺服阀工作压力 30MPa，油箱容积 80L，油源冷却装置容积 20L。

(3) 电液伺服围压增压装置可增压到 100MPa，围压测控精度±2%，围压分辨率 0.1MPa。

(4) 测量控制系统包括多通道闭环测控仪，用于轴向和围压压力伺服控制，采用德国 DOLI 公司原装进口的 EDC 全数字伺服测控器。其中，油压传感器量程 100MPa，精度 0.05%F.S.；负荷传感器最大量程 1000kN，精度 0.1%F.S.；位移传感器量程 0~100mm，准确度 0.04mm；煤岩变形传感器 4 只，其中轴向 3 只，径向 1 只，轴向量程 0~10mm，径向量程 0~5mm，测量分辨率 0.0001mm，测量精度±1%。

CO_2-ECBM 煤岩应力应变效应模拟实验装置与模拟 CO_2 注入煤储层渗流驱替实验装置可共用超临界 CO_2 生成与注入系统、加压系统、实验样品采集系统和电气控制及监控系统，从而实现模拟 CO_2 注入煤储层三轴渗流驱替实验及 CO_2-ECBM 应力应变效应模拟实验。

5. 煤岩渗透率测试装置

煤岩渗透率测试装置与模拟 CO_2 注入煤储层渗流驱替实验装置可联合使用，主要用

于测试超临界 CO_2 注入后煤岩渗透率值及其变化。该装置主要包括一台岩心夹持器、一套加压与注液系统、一套围压系统、一套实验样品收集容器、一套电气控制及监控系统。装置设计压力 20MPa，设计温度 60℃，工作压力 16MPa，工作温度 55℃（图 9-4）。装置主要部分说明如下：

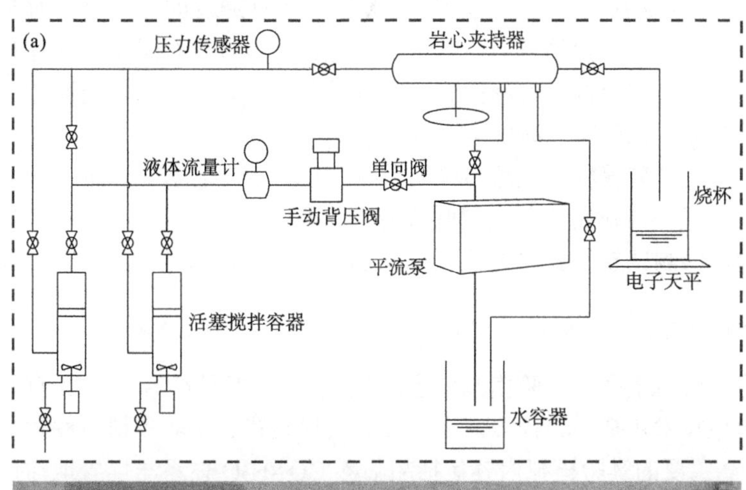

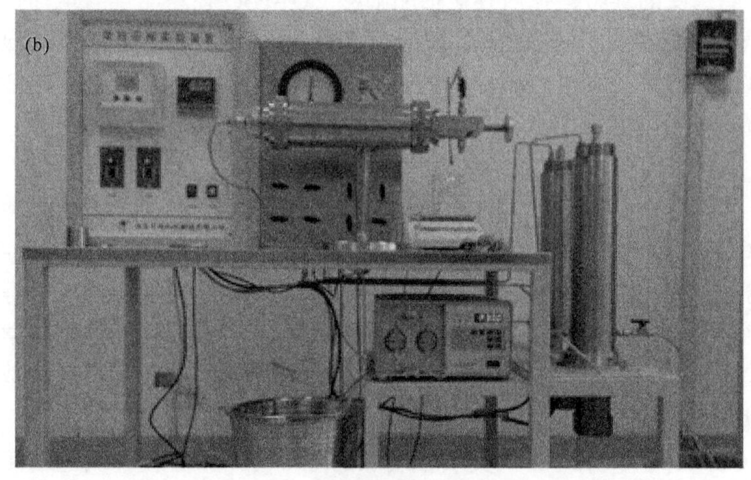

图 9-4　煤岩渗透率测试装置

(a) 原理图；(b) 实物图

(1) 岩心夹持器是该装置的反应室，用以实现模拟地层高温、高压、密封环境。岩心夹持器直径为 50mm、长度为 50~200mm（可调节），采用氟橡胶胶套包裹测试样品，采用活塞式密封。

(2) 加压与注液系统为平流泵和相关管阀件，平流泵设计压力 20MPa，工作压力 16MPa，注入流量 0~30mL/min，通过控制电控压力或流量调节阀调节岩心夹持器入口端压力或流量。

(3) 围压系统主要为岩心夹持器提供围压，包含环压跟踪泵和压力传感器，工作压力 0~20MPa，围压介质为水。

(4) 实验样品收集容器有 2 个，用来收集注入前与实验后流出的水。一个与平流泵相连，盛有清水，加压时，平流泵从中吸取清水注入岩心夹持器；另一个置于岩心夹持器出口处，接收岩心夹持器中流出的水。

(5) 电气控制及监控系统除包括机械柜、集中控制柜、计算机外，还包括手动背压阀、电磁流量计、压力传感器等。其中，手动背压阀和压力传感器工作压力均为 0~20MPa，控制精度 0.4 级；电磁流量计工作压力 0~20MPa，允许通过的最大流量为 5L/h。其主要功能是对整个实验模拟装置的压力、围压、流速、流量等进行采集、处理和显示，对管路和电器件用集中控制台进行远程控制，同时具备对电气设备的配电监控、系统的安全保护和报警等功能，以保障系统安全。

煤岩渗透率测试装置独有加压与注液系统，可实现煤岩水相渗透率测试。同时与模拟 CO_2 注入煤储层渗流驱替实验装置联合使用，可实现气水两相的渗透率测试及与水有关的模拟实验，如测试超临界 CO_2 注入含水煤层后煤岩的渗透率值及其变化等。

9.1.2 实验模拟技术

基于上述 5 台自主产权实验模拟装置，形成了深部煤层 CO_2-ECBM 有效性实验模拟技术，实验模拟技术包括实验模拟内容、实验模拟装置、实验模拟条件和实验模拟方法等要素。其中，主要的实验模拟内容包括超临界 CO_2-H_2O 体系与煤岩地球化学反应模拟实验、深部煤层超临界 CO_2/CH_4/N_2 等温吸附实验、超临界 CO_2 注入深部煤层煤岩体积应力效应模拟实验、深部地层 CO_2 驱替 N_2/CH_4 的过程模拟实验及超临界 CO_2 注入深部煤层煤岩渗透率变化模拟实验。

1. 超临界 CO_2-H_2O 体系与煤岩地球化学反应模拟实验

超临界 CO_2-H_2O 体系与煤岩地球化学反应模拟实验由模拟超临界 CO_2-H_2O 体系与煤岩地球化学反应装置完成，可进一步分为超临界 CO_2-H_2O-铝硅酸盐矿物等单矿物的地球化学效应模拟实验和超临界 CO_2-H_2O 体系与不同变质程度煤的地球化学效应模拟实验。虽然两者地球化学反应的主体不同，但实验模拟条件和实验模拟方法基本相同。

1) 模拟实验样品

超临界 CO_2-H_2O 体系与不同变质程度煤的地球化学效应模拟实验应使用块煤作为模拟实验样品，尽量接近真实煤层煤岩特征。但煤块越大，反应所用时间也越长，为了缩短实验时间，模拟实验所使用的样品一般为粒径 4~8mm 的煤颗粒。为开展反应前后样品的扫描电镜观测和 X-ray CT 扫描实验，也可采用 1cm×1cm×1cm 左右的小煤块。

对于超临界 CO_2-H_2O-铝硅酸盐矿物等单矿物的地球化学效应模拟实验，实验样品采用天然长石、绿泥石、伊利石和高岭石粉末状样品，粒径均小于 500 目(粒径≥28μm)。

2) 模拟实验条件

模拟实验拟定的模拟煤层埋深为 1000m、1500m 和 2000m。模拟实验的温度和压力分别依据采样地区的地温、压力梯度计算得到。根据第 2 章的介绍，沁水盆地恒温带温度约 9℃，恒温带深度约 20m，平均地温梯度约 3.53℃/100m；沁水盆地 1000~2500m 埋深可认为是正常压力系统，压力梯度接近 1.0MPa/100m。根据所统计的地温梯度和压力梯度的平均值来取整数，则设计实验温度和压力见表 9-1。由表 9-1 可以看出，实验设定温度和压力条件下 CO_2 为超临界状态。

表 9-1　模拟实验设定温度和压力

地区	地温/℃			压力/MPa		
	1000m	1500m	2000m	1000m	1500m	2000m
沁水盆地	45.0	62.5	80.0	10.0	15.0	20.0

实验时间决定了超临界 CO_2-H_2O 体系与煤岩地球化学反应是否完全、是否达到平衡，这对模拟实验成功与否十分重要。Liu 等(2015a)及 Kolak Burruss(2006)设定的实验时长为 72h，认为应将模拟实验时间设定得相对长一些。Farquhar 等(2015)设定的 CO_2-水-砂岩的反应时间为 16 天，但在 14 天时已经达到平衡。煤中矿物的含量虽然小于砂岩，但煤岩往往较砂岩更致密。因此，可将反应时间初步设定为 14 天，再通过多个样品的尝试，确定合理的反应时长。通过对多个样品反应过程中水中离子浓度、元素含量的检测，发现煤岩样品在实验开始 7~10 天时即达到平衡，故设计模拟实验总时长为 240h(10 天)。

3)模拟实验过程

超临界 CO_2-H_2O 体系与煤岩地球化学反应模拟实验的一般过程包括试样装罐、气密性检查、实验测试、实验过程中取样和实验完成后样品处理 5 个环节，具体见第 4 章 4.1.1 节和 4.1.3 节。5 个步骤的关键分别如下：

(1)试样装罐时，需确保样品室中去离子水没过实验样品；为方便回收样品，可将样品装入 800 目尼龙纱网袋中，再放入样品室。

(2)气密性检查的关键在于确保样品室温度恒定(设定温度的±0.1℃范围内)，因此需要首先对样品室进行预热。采用高纯氦气(纯度为 99.99%)进行气密性检查，其标准是样品室内压力高于最高设计实验压力 1MPa 的情况下，若气体压力在 6h 之内变化不超过 0.05MPa，则视为密封性良好。

(3)实验测试中需要实时监测样品室内压力和温度，确保实验过程中温度和压力始终保持稳定。

(4)根据实验设计每隔 24h(超临界 CO_2-H_2O 体系与不同变质程度煤的地球化学效应模拟实验)或 48h(超临界 CO_2-H_2O-铝硅酸盐矿物等单矿物的地球化学效应模拟实验)取一次水样。一般将水样分为 2 份，其中一份密封保存，用以开展液相质谱实验，不进行酸化处理，以免造成有机基团改变；另一份滴入 0.5mL 的硝酸进行酸化，以防离子沉淀，开展水中阳离子浓度的测定等。

(5)反应后的样品需在较低温度下进行真空干燥，然后密封保存待用，防止样品氧化、高温干燥影响后续测试结果。

2. 深部煤层超临界 $CO_2/CH_4/N_2$ 等温吸附实验

深部煤层超临界 $CO_2/CH_4/N_2$ 等温吸附实验由超临界 CO_2 等温吸附实验装置完成。该模拟实验参照国家标准《煤的高压等温吸附试验方法》(GB/T 19560—2008)执行。

1)模拟实验样品

模拟实验所使用的样品为粒径 60~80 目(0.25~0.18mm)的煤样，样品质量不少于 50g(精确到 0.1mg)。煤岩样品可按照国家标准《煤样的制备方法》(GB/T 474—2008)

制取。根据实验设计，如需制备平衡水样，可按照 GB/T 19560—2008 中煤样的平衡水分测定方法制备。

2) 模拟实验条件

模拟实验拟定的模拟煤层深度、实验温度和压力同超临界 CO_2-H_2O 体系与煤岩地球化学反应模拟实验。

3) 模拟实验过程

深部煤层超临界 CO_2/CH_4/N_2 等温吸附实验依照 GB/T 19560—2008 执行，具体过程见第 6 章 6.1.1 节。

3. 超临界 CO_2 注入深部煤层煤岩体积应力效应模拟实验

超临界 CO_2 注入深部煤层煤岩体积应力效应模拟实验由 CO_2-ECBM 煤岩应力应变效应模拟实验装置和模拟 CO_2 注入煤储层渗流驱替实验装置完成。该实验包括超临界 CO_2 注入深部煤层煤岩吸附膨胀应变测试、超临界 CO_2 注入深部煤层煤岩吸附膨胀应力测试、超临界 CO_2 注入深部煤层煤岩三轴力学性质测试组成。

1) 超临界 CO_2 注入深部煤层煤岩吸附膨胀应变测试

煤岩吸附膨胀应变测试的方法有两种。其一为传统的电阻应变片(或引伸计)测试方法，其二为自主研发的排液法。该测试由模拟 CO_2 注入煤储层渗流驱替实验装置完成。

(1) 传统的电阻应变片测试方法。

①模拟实验样品。

模拟实验采用两种煤岩样品。第一种是直径 50mm、长度 50~100mm 的圆柱煤样，采用立式深孔钻床钻取(图 9-5)；第二种是边长 30mm×30mm×30mm 的立方煤样，采用线切割机制备(图 9-6)，可测试平行面割理、平行端割理和平行层面三个方向的吸附膨胀量和渗透率，以探讨煤岩的各向异性膨胀量和渗透率演化特征。

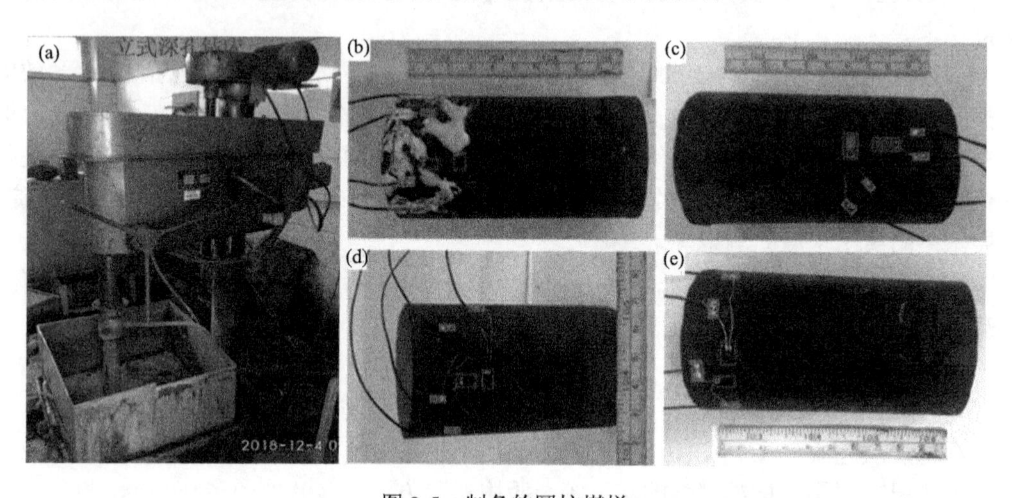

图 9-5　制备的圆柱煤样

(a) 立式深孔钻床；(b) 寺河煤矿样品；(c) 成庄煤矿样品；(d) 余吾煤矿样品；(e) 赵庄煤矿样品

②模拟实验条件。

模拟实验拟定模拟煤层深度为 800m、1000m、1300m 和 1600m。根据沁水盆地地温、

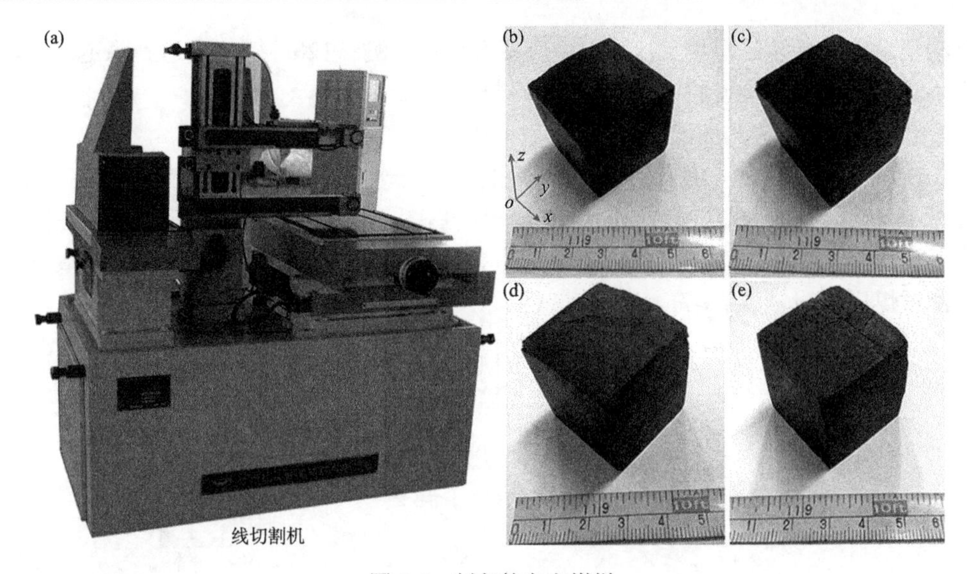

图 9-6　制备的立方煤样

(a) 线切割机；(b) 寺河煤矿样品；(c) 成庄煤矿样品；(d) 余吾煤矿样品；(e) 赵庄煤矿样品

压力梯度，计算得到模拟实验温度为 35.0℃、45.0℃、55.0℃和 65.0℃(表 9-2)，模拟实验围压为 6~16MPa；考虑储层压力特征，且不高于围压，设置注气压力为 2~10MPa。

表 9-2　超临界 CO_2 注入深部煤层煤岩体积应力效应模拟实验条件

地温/℃	注气压力/MPa	围压/MPa
35.0	2	6
45.0	4	8
55.0	6	10
65.0	8	12
	10	14
		16

③模拟实验过程。

对于圆柱样品，超临界 CO_2 注入深部煤层煤岩吸附膨胀应变测试的一般过程包括电阻应变片安装、气密性检测、抽真空处理和实验测试，具体见第 5 章 5.1.1 节。

对于立方样品，超临界 CO_2 注入深部煤层煤岩吸附膨胀应变测试的一般过程如下：

a.电阻应变片安装。对于立方样品，为了测试各向异性吸附膨胀特征，三个应变片分别沿着平行面割理、平行端割理和垂直层理方向粘贴。依据样品尺寸的大小，放置一定数量的玻璃球于吸附罐之内，以调整吸附罐自由空间体积，降低注入气体量。

b.样品装罐。立方样品的吸附应变测试使用吸附罐而非岩心夹持器。将立方样品放置于吸附罐之内，将应变片导线通过上部端盖内的引线槽引出。

c.气密性检测。方法同圆柱样品。

d.抽真空处理。方法同圆柱样品。

e.实验测试。向吸附罐注入实验气体直至压力达到预设值，设置采集间隔时间为 10s，自动记录整个装置的温度、压力、微应变等数据。测试12h，待应变达到稳定之后，打开吸附罐放气阀门，缓慢将吸附罐内气体排出。

(2) 自主研发的排液法。

传统的电阻应变片测试方法可测试出样品某一点或小范围内的应变(图 9-7)。煤岩组分(有机组分和无机组分)分布具有非均质性，导致试样吸附膨胀变形存在各向异性，为了更准确地测试出煤岩试样吸附过程中整体的变形量，创新性地设计了排液法，并同时测试煤岩吸附量(图 9-7)。

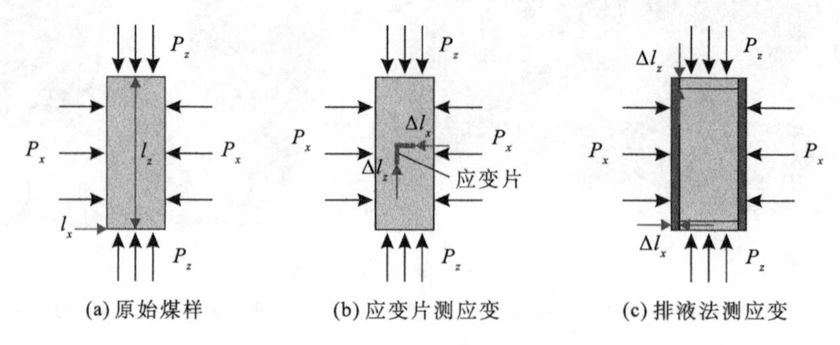

图 9-7　电阻应变片测试方法与排液法测样品吸附膨胀应变示意图

①排液法原理。

煤岩样品吸附将产生膨胀变形，煤岩样品膨胀变形会压缩围压液体，使得围压增加。如果将样品室围压设置为一个定值，膨胀将排出样品与样品室之间的围压液体，膨胀变形量达到最大值时，吸附膨胀排液停止。基于此，模拟平台采用排液控制阀(回压阀)设置煤岩样品吸附膨胀排液的压力(称为排液压力)。排液控制阀的工作原理如图 9-8 所示，排液控制阀实物如图 9-9 所示。

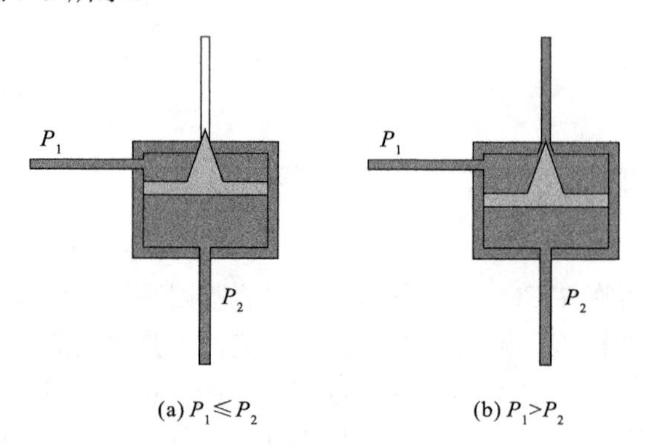

图 9-8　排液控制阀工作原理

排液控制阀利用围压 P_1 与排液压力 P_2 的大小关系控制排液，排液控制阀工作原理如下：

a.当围压 P_1 小于或等于排液压力 P_2 时，排液控制阀处于关闭状态，样品室内的液体不能排出。

b.当围压 P_1 大于排液压力 P_2 时，排液控制阀处于开启状态，样品室内的液体排出后样品所受的围压降低，围压与排液压力相等时，排液控制阀再次关闭，排液停止。

图 9-9　排液控制阀实物图

采用电子天平在线监测煤岩体积膨胀排液质量，排液质量与液体密度的比值即为煤岩体积变形量。当围压液体为清水时，排液质量 m_f 等于煤岩体积应变量 ΔV_{sw}。体积应变是反映物体体积变形大小的物理量，其值等于物体体积变形量与物体原始体积的比值。根据体积应变的定义可得，煤岩注 CO_2 引起的体积应变(包括吸附膨胀变形量与孔隙压力引起的“回弹”变形量)计算公式为

$$\varepsilon_v = \frac{\Delta V_{sw}}{V_0} \tag{9-1}$$

式中，ε_v 为煤岩样品体积应变，无量纲；ΔV_{sw} 为体积变形量，cm^3；V_0 为样品原始体积，cm^3。

②排液法测吸附膨胀应变量的影响因素及消除方法。

a.气体压力对测试结果的影响及消除方法。

煤岩样品在围压作用下固体骨架压缩，处于应力平衡状态。注气打破了试样原有的应力平衡状态，使得作用在煤岩固体骨架上的有效压应力减小，煤岩样品固体骨架将发生“回弹”向外排液。由此可见，煤样中注入 CO_2 产生的排液量由吸附膨胀排液和气压作用排液两部分组成，两种不同机理排液同时发生并且叠合在一起。研究吸附与体积膨胀变化规律时，需要区分孔隙压力作用与吸附作用产生的排液量。

$$\varepsilon_a = \varepsilon_v - \varepsilon_e = \frac{\Delta V_{sw}}{V_0} - \frac{\Delta V_e}{V_0} \tag{9-2}$$

式中，ε_a 为煤岩吸附膨胀应变，无量纲；ε_e 为孔隙压力变化引起的体积应变，无量纲；ΔV_e 为孔隙压力变化引起的煤岩固体骨架“回弹”变形量，cm^3。

煤岩对 He 的吸附能力极弱，He 可被认为是非吸附性气体。因此，可以在模拟注 CO_2 实验前，向样品中注入相同压力的氦气，标定出注氦气产生的排液量，然后开展注 CO_2 煤岩吸附膨胀应变排液量的实验，实验结果需要减去相同氦气压力产生的排液量。煤岩固体骨架“回弹”变形量与自由空间体积标定可同时进行。

b.热膨胀量对测试结果的影响及消除方法。

物体具有热胀冷缩的特性，样品室升温时，样品室内的煤岩样品、胶套及围压液体受热后均产生膨胀变形，并且总膨胀量显著，随温度的升高热膨胀变形量呈现对数形式增长。研究煤岩吸附膨胀应变时，如果不消除热膨胀的影响，势必影响吸附膨胀排液量的测试精度。因此，在设置模拟实验的温度条件时，需要在煤岩样品、胶套及围压液体受热产生的总膨胀量达到平衡后，方可开展煤岩吸附膨胀应变模拟实验。

③模拟实验样品、实验条件。

排液法测吸附膨胀应变量的实验采用与电阻应变片测试方法相同的圆柱煤样。模拟实验的温度、注气压力和围压条件也与电阻应变片测试方法相同，在此不再赘述。

④模拟实验过程。

超临界CO_2注入深部煤层煤岩吸附膨胀应变测试的一般过程如下：

a.样品安装。同传统的电阻应变片测试方法，将样品置入夹持器。

b.气密性检测。同传统的电阻应变片测试方法。

c.煤岩固体骨架“回弹”变形量标定。气密性检测完成后对整个装置抽真空，确保整个装置处于真空状态，然后向样品中注入与设定实验压力相同的氦气，标定出注氦气产生的排液量。

d.实验测试。标定完成后，再次对整个装置抽真空，即可按照设计注气压力向样品室注入实验气体，设置采集间隔时间为 10s，自动记录整个装置系统的温度、压力、排液量等数据，开始吸附膨胀应变测试。

2) 超临界CO_2注入深部煤层煤岩吸附膨胀应力测试

超临界CO_2注入深部煤层煤岩吸附膨胀应力测试由CO_2-ECBM 煤岩应力应变效应模拟实验装置完成。

(1) 模拟实验样品、实验条件。

超临界CO_2注入深部煤层煤岩吸附膨胀应力测试采用与电阻应变片测试方法相同的圆柱煤样。模拟实验的温度、注气压力和围压条件也与电阻应变片测试方法相同。

(2) 模拟实验过程。

超临界CO_2注入深部煤层煤岩吸附膨胀应力测试的一般过程包括样品安装、气密性检测、抽真空处理、煤岩固体骨架“回弹”应力应变量标定和实验测试，具体见第 5 章 5.2.1 节。

3) 超临界CO_2注入深部煤层煤岩三轴力学性质测试

超临界CO_2注入深部煤层煤岩三轴力学性质测试由CO_2-ECBM 煤岩应力应变效应模拟实验装置完成。

(1) 模拟实验样品。

超临界CO_2注入深部煤层煤岩三轴力学性质测试采用与电阻应变片测试方法相同的圆柱煤样。

(2) 模拟实验条件。

模拟实验拟定模拟煤层深度为 1000m，模拟 10MPa 静水压力下煤样对气体的吸附作用和吸附后力学性质的响应。

(3) 模拟实验过程。

超临界CO_2注入深部煤层煤岩三轴力学性质测试一般过程包括样品安装、预应力加载阶段、气密性检测、抽真空处理、注气阶段、煤样加载破坏阶段和应力卸载及卸样 7 个部分，具体见第 4 章 4.3.1 节。实验的关键是预应力加载阶段为了避免加载预应力对煤样的损伤，采用围压和轴压交替加载。具体加载顺序见第 4 章 4.3.1 节。

4. 深部地层 CO_2 驱替 N_2/CH_4 的过程模拟实验

深部地层 CO_2 驱替 N_2/CH_4 的过程模拟实验由模拟 CO_2 注入煤储层渗流驱替实验装置完成。

1) 模拟实验样品

深部地层 CO_2 驱替 N_2/CH_4 的过程模拟实验采用直径 50mm、长度 50~100mm 的圆柱煤样。

2) 模拟实验条件

模拟实验拟定模拟煤层深度为 800m、1200m、1400m 和 1600m。模拟实验的温度依据第 2 章介绍的采样地区的地温计算得到；该模拟实验围压设定为采样地区的储层压力，根据第 2 章介绍的采样地区的压力梯度计算得到，详见表 9-3。在实验设定温度和压力条件下，CO_2 为超临界状态。

表 9-3　深部地层 CO_2 驱替 N_2/CH_4 的过程模拟实验温度与围压条件

煤层埋深/m	800	1000	1200	1400	1600
储层温度/℃	35	45	52	59	65
围压/MPa	8	10	12	14	16

为探讨不同注入压力、不同围压及不同温度条件下，超临界 CO_2 置换/驱替 CH_4 的效果，分别设计了不同的模拟实验方案，模拟方案如表 9-4 所示。其中，夹持器出口端压力设置为 7.5MPa；而 CO_2 的注入压力与 CH_4 的平衡压力相同，以确保在设定好的出口压力条件下，整个模拟实验过程夹持器入口和出口始终保持相同的压差。

表 9-4　超临界 CO_2 置换/驱替 CH_4 实验方案

模拟方案	围压/MPa	储层温度/℃	CO_2 注入压力/MPa	CH_4 平衡压力/MPa	备注
1	16	65	8.5	8.5	探讨同一围压、储层温度，不同注入压力下 CO_2 置换/驱替 CH_4 效果
2	16	65	10.0	10.0	
3	16	65	11.5	11.5	
4	16	65	13.0	13.0	
5	16	65	14.5	14.5	
6	16	52	8.5	8.5	探讨同一储层温度、注入压力，不同围压下 CO_2 置换/驱替 CH_4 效果
7	14	52	8.5	8.5	
8	12	52	8.5	8.5	
9	10	52	8.5	8.5	
10	10	65	8.5	8.5	探讨同一围压、注入压力，不同储层温度下 CO_2 置换/驱替 CH_4 效果
11	10	59	8.5	8.5	
12	10	52	8.5	8.5	
13	10	45	8.5	8.5	
14	10	35	8.5	8.5	

另外，需要说明的是，为了充分考虑实验室安全，实验中使用的易燃易爆气体 CH_4 由 N_2 替代，由于煤层中 N_2 与 CH_4 具有相近的气体性质和吸附解吸特征，不影响实验的整体规律。

3) 模拟实验过程

深部地层 CO_2 驱替 N_2/CH_4 的模拟实验一般过程如下：

①样品安装。将样品装入岩心夹持器，按照预先设计好的实验方案通过环压跟踪泵加载围压，加载过程中应缓慢控制应力的变化，防止煤样被压坏。

②气密性检测。同超临界 CO_2 注入深部煤层煤岩体积应力效应模拟实验。

③抽真空处理。同超临界 CO_2 注入深部煤层煤岩体积应力效应模拟实验。

④设备及管线校正。待样品室压力及温度稳定后，将入口调压阀调节至实验所设计的注入压力，向装置内注入氦气以校正流量计及管线，待入口压力稳定后开始记录入口流量，用于标定样品室和管线自由空间体积。

⑤CH_4/N_2 吸附平衡处理。再次对整个装置抽真空，向装置内注入 CH_4/N_2，基于所设计的平衡压力进行 CH_4/N_2 吸附过程，吸附平衡后记录入口流量并计算 CH_4/N_2 吸附量。

⑥CO_2 驱替过程。调节背压阀至 7.5MPa，以保持样品室 CO_2 处于超临界状态，将入口调压阀调节至实验所设计的注入压力，向装置内注入 CO_2，开始置换/驱替 CH_4/N_2 实验。

⑦气体成分测试。混合气体经过背压阀及出口流量计进入气相色谱仪，按一定时间间隔测试混合气体成分，当混合气体中 CO_2 含量占比大于 90%时，置换/驱替过程结束。

5. *超临界 CO_2 注入深部煤层煤岩渗透率变化模拟实验*

超临界 CO_2 注入深部煤层煤岩渗透率变化模拟实验由模拟 CO_2 注入煤储层渗流驱替实验装置和煤岩渗透率测试装置完成。

1) 模拟实验样品

同超临界 CO_2 注入深部煤层煤岩吸附膨胀应变测试，分别采用直径 50mm、长度 50~100mm 的圆柱煤样和边长 30mm×30mm×30mm 的立方煤样开展实验。立方煤样用以测试煤岩的各向异性渗透率演化特征。

2) 模拟实验条件

同深部地层 CO_2 驱替 N_2/CH_4 的过程模拟实验，拟定模拟煤层深度为 800m、1200m、1400m 和 1600m。相应地，模拟实验的温度分别为 35℃、45℃、55℃、65℃；围压 6MPa、8MPa、10MPa、12MPa、14MPa；注入压力 1MPa、2MPa、3MPa、4MPa、5MPa，以探讨不同注入压力、不同围压及不同温度条件下超临界 CO_2 注入深部煤层煤岩渗透率变化特征。

3) 模拟实验过程

(1) 对于圆柱煤样。

①样品安装。方法同深部地层 CO_2 驱替 N_2/CH_4 的过程模拟实验。

②气密性检测。方法同深部地层 CO_2 驱替 N_2/CH_4 的过程模拟实验。

③抽真空处理。方法同深部地层 CO_2 驱替 N_2/CH_4 的过程模拟实验。

④渗透率测试。待样品室压力及温度稳定后，将入口调压阀调节至实验所设计的注

入压力，向装置内注入实验气体开始实验。待入口压力稳定后开始记录入口流量，当出口流量保持长时间稳定后，该围压条件下的渗透率实验完成。

(2) 对于立方煤样。

为了测试立方样品的各向异性渗透率，利用硅橡胶制作模具，模具直径为 5cm，宽度为 3cm，中间留有 3cm×3cm×3cm 的空间用来装立方体样品(图 9-10)。

图 9-10　立方体渗透率测试样品处理

(a) 寺河矿煤样；(b) 成庄矿煤样

将立方样品沿 σ_x 方向放置于硅橡胶模具之内，随后将装有样品的模具安装于实验装置的夹持器内，按照圆柱煤样相同的方法，开始平行面割理方向的渗透率测试。

σ_x 方向渗透率测试完成后，将样品从夹持器上拆卸下来，取出样品后，再沿着 σ_y 方向将其放置于硅橡胶模具之内，随后安装于实验装置的夹持器内，开始平行端割理方向的渗透率测试。

σ_y 方向渗透率测试完成后，再次将样品从夹持器上拆卸下来，取出样品后，再沿着 σ_z 方向将其放置于硅橡胶模具之内，随后安装于实验装置的夹持器内，开始垂直层理方向的渗透率测试。

4) 渗透率计算方法

渗透率测试基于稳态法，利用压缩气体修正的 Darcy 定律计算(Anggara et al., 2016)：

$$k = \frac{2Q_{\text{in}} p_{\text{a}} \mu L}{A(p_{\text{in}}^2 - p_{\text{out}}^2)} \tag{9-3}$$

式中，k 为煤样的渗透率，mD；p_a 为实验时大气压力，Pa；Q_{in} 为在压力 p_a 下的体积流量，cm^3/s；μ 为气体黏度，mPa·s；L 为煤样柱的长度，cm；A 为煤样柱的横截面面积，cm^2；p_{in} 为进口端压力，Pa；p_{out} 为出口端压力，$p_{out}=p_a$，Pa。

实验过程中所采用的流量计为质量流量计，该流量计用氮气标定，测试 CO_2、CH_4 和 He 等气体流量的时候，需要对流量计所得数据进行校正：

$$Q_1 = CQ_2 \tag{9-4}$$

式中，Q_1 和 Q_2 分别为质量流量计的读数，mL；C 为转换系数。

如果气体为单组分气体，流量的转换系数公式为

$$C = \frac{0.3106N}{\rho c_p} \tag{9-5}$$

式中，ρ 为气体标准状况下的密度，g/L；c_p 为气体的比定压热容，J/(kg·K)；N 为气体分子的构成系数，无量纲。单组分气体的转换系数见表 9-5。

表 9-5　单组分气体的转换系数

气体	比热容/[J/(kg·K)]	密度/(g/L)	气体分子构成系数	气体转换系数
N_2	0.2486	1.2500	1.00	1.000
CO_2	0.2017	1.9640	0.94	0.737
He	1.2418	0.1786	1.01	1.415
CH_4	0.5318	0.7150	0.88	0.719

如果气体为 n 种气体组成的多组分气体，转换系数 C 为

$$C = \frac{0.3106[N_1(\omega_1/\omega_T) + N_2(\omega_2/\omega_T) + \cdots + N_n(\omega_n/\omega_T)]}{\rho_1 c_1 P_1(\omega_1/\omega_T) + \rho_2 c_2 P_2(\omega_2/\omega_T) + \cdots + \rho_n c_n P_n(\omega_n/\omega_T)} \tag{9-6}$$

式中，C 为转换系数，无量纲；ω_n 为第 n 种气体的流量，mL/s；ω_T 为混合气体的流量，mL/s；ρ_n 为第 n 种气体在标准状况下的密度，g/L；c_n 为第 n 种气体的比定压热容，J/(kg·K)；N_n 为第 n 种气体的分子构成系数，无量纲；P_n 为孔隙压力，MPa。

9.2　深部煤层 CO_2-ECBM CO_2 可注性实验室评价方法

可注性是 CO_2-ECBM 有效性的关键要素，煤储层 CO_2 的可注性受控于 CO_2 吸附量、储层孔隙压力、煤岩力学性质和围压等因素的综合影响。本节通过定义煤层超临界 CO_2 可注性评价参数，阐明煤层超临界 CO_2 可注性的影响机理，建立深部无烟煤储层超临界 CO_2 的可注性评价模型，为煤储层 CO_2 的可注性提供实验室评价体系。

9.2.1　煤层超临界 CO_2 可注性及其评价参数

1. 煤层超临界 CO_2 可注性评价参数

CO_2 注入煤储层是一个连续的过程，煤层中的多级次、各向异性裂隙共同决定了煤储层的 CO_2 可注性，一般对于特定的注入井来说，CO_2 的注入流量可以在一定程度上反映煤层的可注性，然而该参数不具有普适性，因为煤层 CO_2 的可注性还取决于储层的几何尺寸、储层的初始渗透率、储层的温压条件和构造条件等因素。本节选择主要因素并定义出表征煤储层 CO_2 可注性的参数，即可注入率 J，它表示单位煤储层厚度和单位储层压力差条件下 CO_2 注入过程中的流量，其表达式为(Heddle et al., 2003)

$$J = \frac{Q_{inj}}{d(p_{wf} - p)} \tag{9-7}$$

式中，Q_{inj} 为注气端流量，cm^3/min；d 为煤储层的厚度，m；p_{wf} 为井底流压，MPa；p 为储层压力，MPa。

在实验室中，超临界 CO_2 注入流量反映了煤层的可注入量的变化，而煤层孔隙压力反映了注入条件(CO_2 注入的难易程度)的变化，注入流量和孔隙压力变化综合体现了煤层的可注性。另外，实验室模拟条件下，煤样的尺寸是恒定的，因此，可注入率的表达式可简化为

$$J=\frac{Q_{\text{inj}}}{p} \tag{9-8}$$

根据气体渗透率计算公式可得出煤层孔隙压力平均值为

$$\overline{P}=\frac{P_0 L\mu_{\text{g}}Q_{\text{out}}}{Ak}=\alpha\frac{Q_{\text{out}}}{k} \tag{9-9}$$

式中，α 为常量，$\alpha=P_0L\mu_g/A$；$\overline{P}$ 为平均孔隙压力，MPa；Q_{out} 为出气端流量，cm^3/min；P_0 为标准大气压力，MPa；L 为试样长度，cm；μ_{g} 为气体黏度，Pa·s；A 为试样横截面面积，cm^2；k 为试样渗透率，mD。

将式(9-9)代入式(9-8)可得

$$J=\frac{Q_{\text{inj}}k}{\alpha Q_{\text{out}}} \tag{9-10}$$

式中，Q_{inj} 为注气端流量，cm^3/min；由式(9-10)可得超临界 CO_2 注入煤层过程中，煤层可注入率与煤层原始可注入率的比值为

$$\frac{J_B}{J_A}=\frac{Q_{\text{inj},B}k_B Q_{\text{out},A}}{Q_{\text{inj},A}k_A Q_{\text{out},B}} \tag{9-11}$$

式中，J_A 和 J_B 分别为煤层原始可注入率与超临界 CO_2 注入煤层过程中煤层的可注入率。超临界 CO_2 注入封闭的煤储层时，煤层边界流量很小或可近似为零(即模拟实验的出口端流量)，$Q_{\text{out},A}\approx Q_{\text{out},B}\ll Q_{\text{inj}}$，可得

$$\frac{J_B}{J_A}=\frac{Q_{\text{inj},B}k_B}{Q_{\text{inj},A}k_A} \tag{9-12}$$

综合分析温度-围压-吸附及应变对煤岩渗透性的影响规律，可将温度-围压-吸附体积应变作用下煤岩的渗透率假定如下：

$$k=k_0\lambda \text{e}^{-a\sigma_{\text{c}}-bT-c\varepsilon_{\text{v}}} \tag{9-13}$$

式中，k_0 为试样的初始渗透率，mD；σ_{c} 为围压，MPa；T 为温度，℃；ε_{v} 为吸附体积应变；λ、a、b 和 c 均为正常数。

煤储层的温度和压力均和埋深呈线性变化的关系，即储层温度和储层压力是煤层埋深的函数，$\sigma_{\text{c}}=\sigma(h)$，$T=T(h)$。因此，超临界 CO_2 注入不同深度储层的渗透率变化方程为

$$k=k_0\lambda \text{e}^{-mf(h)-c\varepsilon_{\text{v}}} \tag{9-14}$$

式中，m 为正常数；h 为煤层的埋深，m。

将式(9-14)代入式(9-12)可得

$$\frac{J_B}{J_A}=c\cdot\frac{Q_{\text{inj},B}}{Q_{\text{inj},A}}\cdot \text{e}^{-f(\varepsilon_{\text{v},B})} \tag{9-15}$$

式中，c 为正常数。由式(9-15)可知，超临界 CO_2 注入煤储层过程中煤岩体积应变是导致煤层可注性变化的主控因素，可注入率随体积应变的增加呈负指数下降，理论分析评价结果与模拟实验观察结果具有一致性。将前文建立的煤岩吸附-应力-应变耦合模型公式(5-110)代入式(9-15)，可得超临界 CO_2 注入煤储层过程中可注入率变化的表达式为

$$\frac{J_B}{J_A}=c\cdot\frac{Q_{\mathrm{inj},B}}{Q_{\mathrm{inj},A}}\cdot\exp\left\{-f\left[V_0\rho_{\mathrm{coal}}\delta_{ij}\cdot C_\sigma-\frac{1}{K_1}\left(\bar{\sigma}-\alpha P\right)\right]\right\} \tag{9-16}$$

式(9-16)表明深部无烟煤储层超临界 CO_2 可注性受控于煤岩的吸附量、孔隙压力、煤岩基质的体积模量、围压平均值的综合作用。

2. 煤层超临界 CO_2 可注性的影响因素

1) 煤层超临界 CO_2 吸附量对可注性的影响

围压条件下的煤岩吸附-体积应变实验结果表明：围压条件下煤岩吸附量与体积应变量呈正相关关系，吸附量越大，煤岩的体积应变量越大。超临界 CO_2 注入煤层过程中，煤岩吸附超临界 CO_2 后体积膨胀，相邻基质块之间的孔裂隙宽度减小，孔裂隙趋于闭合，孔裂隙度减小，渗透率下降，可注性降低。

2) 储层孔隙压力对煤层超临界 CO_2 可注性的影响

原始煤储层的孔隙压力对超临界 CO_2 注入起到阻碍作用，储层原始孔隙压力越大，超临界 CO_2 注入煤储层需要克服的阻力越大，驱动超临界 CO_2 在煤层孔裂隙中运移需要的注入压力越大。在超临界 CO_2 注入压力相同的条件下，孔隙压力增加，煤储层的可注性变差。由前文研究得出：沁水盆地深部无烟煤储层孔隙压力与储层埋深呈线性关系，储层埋深越大，孔隙压力越大，从超临界 CO_2 运移与工程注入压力(注入压力越高，对工程现场压缩机的压力与井筒的耐压强度要求越高)的角度考虑，深部煤层超临界 CO_2 可注性较差。然而，高压注入深部煤储层的超临界 CO_2 在增加储层孔隙压力的同时，也增加了对煤基质的压缩变形，并使得原本处于闭合状态的裂隙得到有效支撑而重新张开，在一定程度上增加了煤层的可注性。

3) 煤岩力学性质参数对超临界 CO_2 可注性的影响

煤岩基质的体积模量的表达式为 $K_1=E/[2(1+\mu)]$，体积模量为弹性模量与泊松比变化的综合表现形式。本书开展的超临界 CO_2 注入无烟煤的三轴力学实验结果表明：煤岩吸附超临界 CO_2 对力学强度起到软化作用，表现为抗压强度与弹性模量降低、泊松比增大，可知煤岩基质的体积模量下降。由式(9-16)可知，煤岩基质的体积模量降低，基质的压缩变形量增加，增加了煤岩孔裂隙之间的开度，使得煤层渗透率增加，在一定程度上提高了煤层的可注性。此外，根据 Griffith 裂纹拉伸强度理论，煤岩力学强度与弹性模量的降低，使得煤岩原始裂隙扩展的临界压力条件降低，高注入压力条件下煤岩原始裂隙尖端会产生新裂隙，在一定程度上也增加了煤层的可注性。

4) 围压对超临界 CO_2 可注性的影响

围压是作用在煤岩固体骨架上的应力，孔隙压力恒定不变时，围压越大，煤岩固体骨架变形量越大，减少了煤岩基质块之间的空间体积，煤岩孔裂隙趋于闭合，煤层渗透率降低，煤层可注性降低。综上分析，提高深部煤层超临界 CO_2 可注性的方法包括：

①采取煤层压裂造缝的方法，增加煤层的渗透率，进而提高超临界 CO_2 注入速率与注入量，但煤层压裂不免对围岩产生压裂破坏作用，煤层存储的 CO_2 可能沿着围岩裂隙运移扩散从而发生泄漏事故，增加了煤层 CO_2 存储的风险性。②减小煤层吸附超临界 CO_2 产生的膨胀变形量，减少煤岩吸附膨胀变形对渗透率的影响，可向煤层注入非吸附性气体或者相比 CO_2 吸附能力弱的气体(如 N_2)，通过降低 CO_2 的有效分压促使吸附态 CO_2 解吸，并利用低吸附性气体的注入压力驱动煤层 CO_2 扩散运移，恢复储层渗透率，提高深部煤层的 CO_2 可注性。③综合考虑井筒的耐压强度与生产现场气体压缩机的功率等因素，适当增加超临界 CO_2 注入压力可提高深部煤层的 CO_2 可注性，最大注入压力还需考虑储层的力学强度、破裂压力等，降低煤层 CO_2 长期存储发生泄漏事故的风险。

9.2.2　深部无烟煤储层超临界 CO_2 可注性评价模型

1. 模型的建立

在实验室模拟过程中，CO_2 注入压力即为井底流压和储层压力之差，因此，结合式(9-3)和式(9-7)可得 CO_2 可注性计算公式：

$$J = \frac{kA(p_{\text{in}}^2 - p_{\text{out}}^2)}{p_{\text{in}} p_{\text{a}} d \mu L} \tag{9-17}$$

煤岩的渗透率具有各向异性的特征，各个方向的渗流能力都会影响 CO_2 的可注性。因此，CO_2 可注性的计算应采用等效渗透率(k_{equ})(Economides et al., 2000)：

$$k_{\text{equ}} = \sqrt[3]{k_x k_y k_z} \tag{9-18}$$

结合式(5-180)、式(9-17)和式(9-18)得到在恒定孔隙压力条件下 CO_2 可注性评价模型为

$$J = \frac{A(p_{\text{in}}^2 - p_{\text{out}}^2)}{p p_{\text{a}} d \mu L} \prod_{i \neq j \neq k} \left(k_{i0} + \frac{k_{i0}}{\phi_{i0}} \left\{ \begin{aligned} & \frac{\Delta\sigma_{tj} - \nu_{ij}^{\text{b}}\sigma_{ti} - \nu_{kj}^{\text{b}}\sigma_{tk}}{E_j^{\text{b}}} - \frac{\Delta\sigma_{tj} - \nu_{ij}^{\text{m}}\sigma_{tj} - \nu_{kj}^{\text{m}}\sigma_{tk}}{E_j^{\text{m}}} \\ & -\varepsilon_{\text{L}j}\left[\frac{(f_{\text{ina}} + f_{\text{inT}} + f_{\text{inw}})_j p}{p + p_{\text{L}j}} - \frac{(f_{\text{ina}} + f_{\text{inT}} + f_{\text{inw}})_{j_0} p_0}{p_0 + p_{\text{L}j}}\right] \\ & -\varepsilon_{\text{L}k}\left[\frac{(f_{\text{ina}} + f_{\text{inT}} + f_{\text{inw}})_k p}{p + p_{\text{L}k}} - \frac{(f_{\text{ina}} + f_{\text{inT}} + f_{\text{inw}})_{k_0} p_0}{p_0 + p_{\text{L}k}}\right] \end{aligned} \right\} \right) \tag{9-19}$$

结合式(5-175)、式(9-17)和式(9-18)可得在恒定围压条件下煤岩的 CO_2 可注性模型：

$$J = \frac{A(p_{\text{in}}^2 - p_{\text{out}}^2)}{p p_{\text{a}} d \mu L} \prod_{i \neq j \neq k} \left(k_{i0} + \frac{k_{i0}}{\phi_{i0}} \left\{ \begin{aligned} & \frac{(1 - \nu_{ij}^{\text{b}} - \nu_{kj}^{\text{b}})\Delta p}{E_j^{\text{b}}} + \frac{(1 - \nu_{ik}^{\text{b}} - \nu_{jk}^{\text{b}})\Delta p}{E_k^{\text{b}}} \\ & -\varepsilon_{\text{L}j}\left[\frac{(f_{\text{ina}} + f_{\text{inT}} + f_{\text{inw}})_j p}{p + p_{\text{L}j}} - \frac{(f_{\text{ina}} + f_{\text{inT}} + f_{\text{inw}})_{j_0} p_0}{p_0 + p_{\text{L}j}}\right] \\ & -\varepsilon_{\text{L}k}\left[\frac{(f_{\text{ina}} + f_{\text{inT}} + f_{\text{inw}})_k p}{p + p_{\text{L}k}} - \frac{(f_{\text{ina}} + f_{\text{inT}} + f_{\text{inw}})_{k_0} p_0}{p_0 + p_{\text{L}k}}\right] \end{aligned} \right\} \right) \tag{9-20}$$

2. 模型的验证

在 12MPa 的围压下，进行 2MPa、4MPa、6MPa、8MPa 和 10MPa 注入压力的 CO_2 可注性实验，瞬时可注入率随时间的变化关系见图 9-11。对于亚临界 CO_2 的注入(2MPa、4MPa 和 6MPa 的注入压力)，整体可注性较差，瞬时可注入率在 CO_2 注入开始阶段瞬间升高，并出现多次波动的现象，最大可注入率可达到 1.8cm^2/(MPa·min)。大约在 1h 之前瞬间可注性均降为零，并且在随后的监测过程中并未出现可注性恢复。

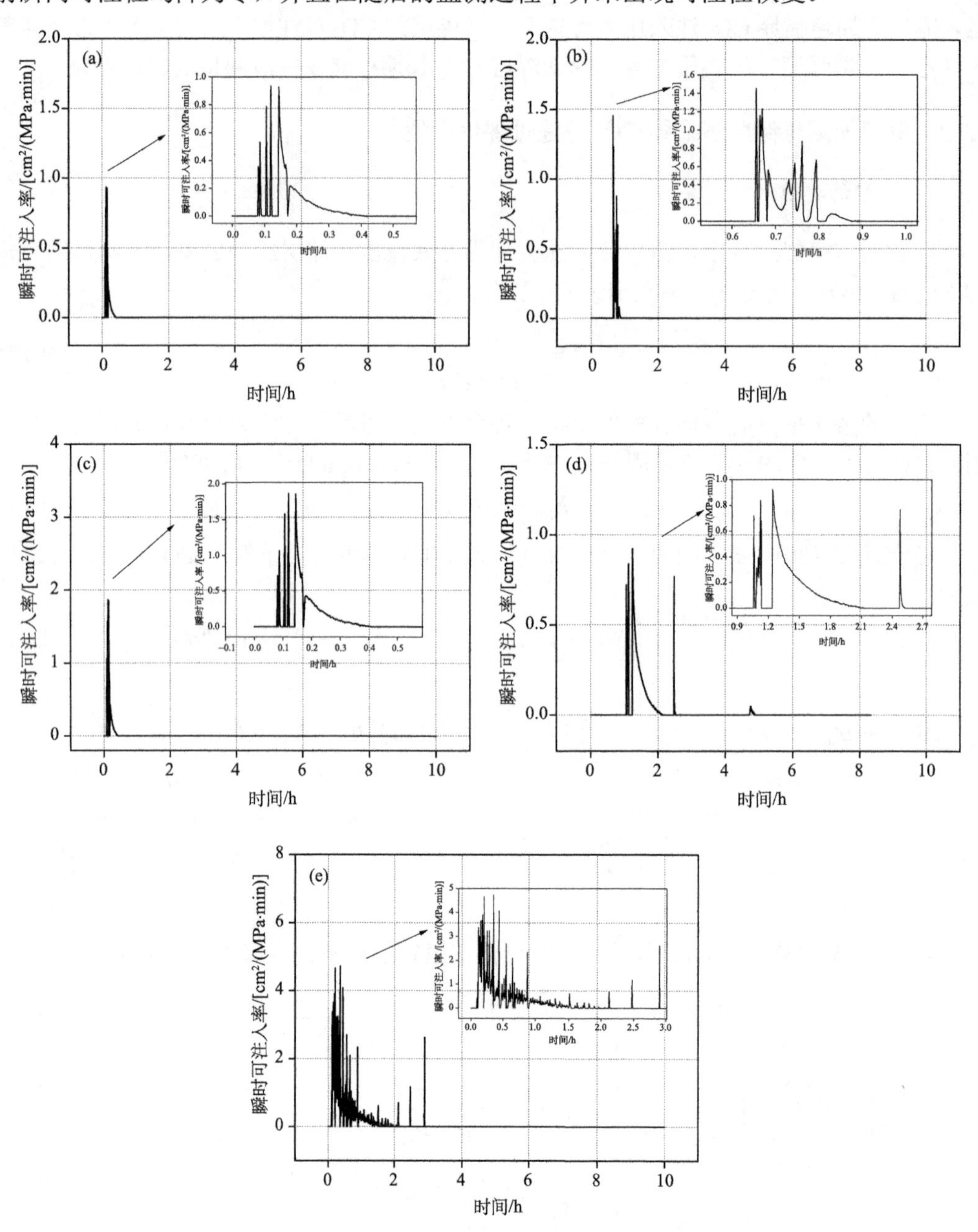

图 9-11　不同 CO_2 注入压力下瞬时可注入率随时间的变化

(a)、(b)、(c)、(d)和(e)分别代表 CO_2 注入压力为 2MPa、4MPa、6MPa、8MPa 和 10MPa 时瞬时可注入率随时间的变化

而对于超临界 CO_2 的注入(8MPa 和 10MPa 的注入压力)，可注性发生变化。在 CO_2 压力=8MPa 时，和亚临界 CO_2 相比，该压力下 CO_2 的瞬时可注入率并未提高，但是 CO_2 注入的维持时间要长于亚临界状态。特别是在注入 2h 之后，出现了两个注入峰值。在 CO_2 压力=10MPa 时，瞬时可注入率明显增大，最大瞬时可注入率接近 5cm^2/(MPa·min)。此外，注入过程持续时间最长，在 3h 左右。可见，随着注入压力的增大煤岩的 CO_2 的可注性增大，这是因为高注入压力下煤岩原本处于闭合状态的裂隙得到了有效支撑而重新张开，同时增大了储层压力，实现了对煤基质的压缩，进一步引起煤层可注性的增大。

对每个注入压力下的瞬时可注入率求和得到总可注入率，总可注入率和 CO_2 注入压力之间的关系见图 9-12。随着 CO_2 注入压力的增大，煤岩的总可注入率从 13.61 cm^2/(MPa·min) 增大至 311.87cm^2/(MPa·min)，特别是对于超临界 CO_2，其可注入率急剧增长。

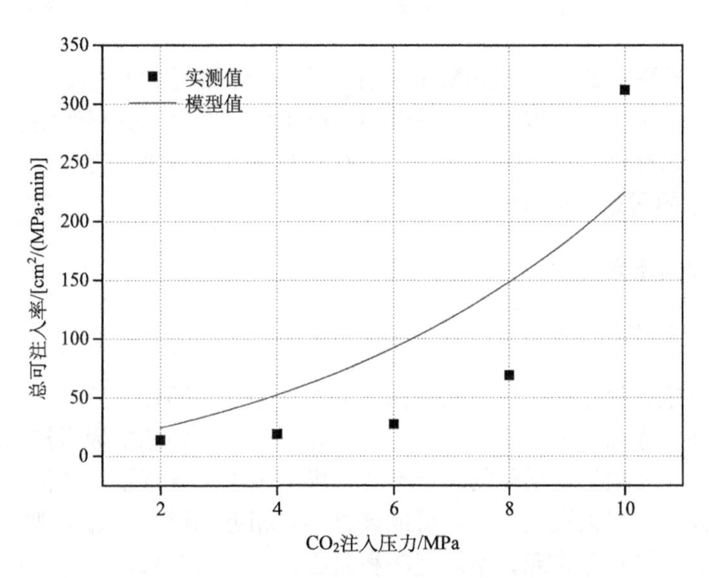

图 9-12　总可注入率和 CO_2 注入压力之间的关系

利用式(9-19)对煤中 CO_2 的总可注入率进行比对，发现该模型可以对煤储层 CO_2 的可注性进行预测，该预测模型所采用的数据中，弹性模量、最大吸附应变量及所对应的 Langmuir 压力均摘自相关文献，泊松比来自本书数据，孔隙度为假定值，见表 9-6。尽管该模型和实测值相匹配，但是匹配度并不是很高，可能和参数的选取有关，今后可进行模型优化，以提高对煤储层 CO_2 的可注性预测的精确性。

表 9-6　煤岩的 CO_2 可注性模型验证采用的数据

参数	赋值	单位	数据来源
$E_x^b = E_y^b$	2800	MPa	Zhao et al., 2014
E_z^b	2120	MPa	
$\nu_x = \nu_y = \nu_z$	0.37	—	本书数据
φ_{x0}	0.589*	%	

续表

参数	赋值	单位	数据来源
φ_{y0}	0.565*	%	
φ_{z0}	0.369*	%	
$\varepsilon_{Lx}=\varepsilon_{Ly}$	0.634	%	Wang et al., 2013
ε_{Lz}	1.063	%	
$P_{Lx}=P_{Ly}$	2.707	MPa	
P_{Lz}	2.582	MPa	

注：*代表数据为假定值。

9.3 超临界 CO_2 注入无烟煤储层的 CO_2 存储容量评价方法

CO_2 存储容量决定了 CO_2-ECBM 有效性的意义，煤储层 CO_2 存储容量受压力、温度、埋深、渗透性、可采系数、替换比等综合因素影响，其存储形式以吸附存储为主，并存在溶解存储和游离存储。本节通过建立 CO_2 存储容量计算模型与方法，提出无烟煤储层的 CO_2 存储容量的科学评价方法。

9.3.1 地质模型构建方法

1. 基础地质模型构建原则

CO_2 存储容量评价是在具体地质条件基础上，划分不同计算单元，进行地质条件分析并进一步开展的存储容量评价。存储容量计算单元指各种地质因素控制的含气的煤储集体。一般而言，要依据地质体的构造形态、煤层埋深、含气量、评价面积等特点开展单元划分。纵向上，可以根据单一煤层或煤岩煤质相近的煤层、煤层埋藏深度、煤层厚度、煤层温压条件等划分单元。不同埋深和温压条件下的有效地应力、孔隙度、渗透率等都不尽相同，其地质存储量也随之改变。一般以单一煤层为计算单元，煤层相对集中的煤层组可合并计算单元。横向上，可以以地质构造作为划分计算单元的前提，根据断层、褶皱并结合煤层含气边界、井田或采区边界、预测区边界、水动力边界、深部边界等，将地质体在平面上划分为不同的计算单元，不同单元内的煤储层物性、含气量、含水量等计算参数也有变化，导致不同单元内的 CO_2 地质存储量各有差异。

2. 模型地质属性

模型地质属性主要指研究区块地质体的基本地质条件、储层物性等参数。以沁南地区郑庄区块 3#煤储层为例开展研究。煤层可存储面积共约 350km^2，地层倾角平均 4°，褶皱幅度相对较小，断层相对不发育，主要有寺头断层、后城腰断层及其伴生断层。区内无岩浆活动，整体为一内部起伏较大的单斜构造。3#煤层厚度为 5.0~6.0m，埋深为 500~1200m。3#煤层密度为 1.26kg/m^3，主要以半亮煤为主，显微组分主要是镜质组和惰质组，煤级均为无烟煤。

根据实际煤层气井资料统计，沁水盆地南部恒温带温度为 9℃，恒温带深度为 20m。

地温梯度介于 2.95~4.42℃/100m，平均为 3.53℃/100m。考虑研究区背景资料及设定的地质参数，煤层埋深与温度之间的关系为

$$T = 3.53 \times \frac{H-20}{100} + 9 = 0.0353H + 8.294 \tag{9-21}$$

式中，H 为煤层埋深，m；T 为该埋深下储层的温度，℃。

将温度单位转换成国际标准单位后，为

$$T = 0.0353H + 281.444 \tag{9-22}$$

式中，T 为一定埋深下的储层温度，K。

利用试井方法测试得到研究区部分煤层气井储层压力介于 3.49~10.60MPa，平均为 7.18MPa。研究区内煤储层压力主要为 5~8MPa，储层压力梯度介于 8.35~10.80kPa/m，平均约为 9.61kPa/m。研究区大部分区域属于低压煤储层，部分区域为常压煤储层，少数区域为超压状态。区内煤储层压力与埋深呈现正相关关系(图 9-13)，可用下述拟合关系式表达：

$$p = 0.0102H - 0.4959 \tag{9-23}$$

式中，H 为煤层埋深，m；p 为该埋深下的储层压力，MPa；R^2=0.94。

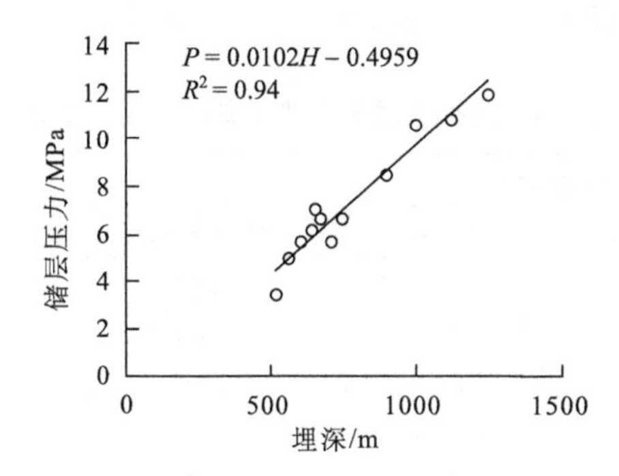

图 9-13　研究区 3#煤储层压力与埋深关系

郑庄区块 3#煤层厚度和煤层含气量分布分别见本书第 2 章图 2-15 和图 2-25。由图 2-15 可以看出，郑庄区块 3#煤厚度在全区内相对稳定，煤厚主要变化在 5.0~6.0m，且呈现出由南向北缓慢递增的趋势。煤储层含气量一般介于 10~20cm³/g，煤储层含气量>20cm³/g 的区域主要位于区块的北部，煤储层含气量<10cm³/g 的区域主要分布于区块的西部；含气量的分布与构造呈现出明显的相关性，高值区(>20cm³/g)主要位于区内发育的 NNE 向复式向斜中的次级背斜和次级向斜两翼，形态上受向、背斜形迹限制而呈现条带状，或位于断层及褶皱均不发育的地带；中值区(10~20cm³/g)主要位于区内发育的 NNE 向复式向斜中的次级向斜两翼；低值区(<10cm³/g)分布区域较零星，可能是由于局部构造等地质原因而导致煤储层含气量值较低。

表 9-7 建立了沁水盆地南部煤储层孔隙度和有效围压之间的关系(孟雅和李治平，2015)。煤储层孔隙度与有效应力呈指数关系，有效应力越大，孔隙度越低。该关系揭示在 CO_2 存储中煤储层孔隙度随埋深的变化趋势应被考虑。随孔隙度变化，煤储层的孔隙结构和孔径均会产生显著变化，进而影响 CO_2 的存储容量。

表 9-7 沁水盆地南部煤储层孔隙度随有效应力变化关系(孟雅和李治平，2015)

样品号	孔隙度/%	方程式	k_0/%	C	R^2
1	3.4933	k_i=3.4933e$^{-0.049p}$	3.4933	0.0490	0.9711
2	2.8397	k_i=2.8397e$^{-0.0957p}$	2.8397	0.0957	0.5481
3	3.4842	k_i=3.4842e$^{-0.0483p}$	3.4842	0.0483	0.9819
4	5.8803	k_i=5.8803e$^{-0.1325p}$	5.8803	0.1325	0.9144
5	4.8654	k_i=4.8654e$^{-0.0548p}$	4.8654	0.0548	0.9877

注：k_i 为煤储层在应力条件下的渗透率，mD；k_0 为煤储层在初始应力条件下的渗透率，mD；C 为应力敏感性回归系数，MPa^{-1}；p 为有效应力，MPa。

此外，煤储层渗透是影响 CO_2 可注性的重要参数。本次研究选取寺河矿和成庄矿各 8 件煤样进行渗透率测试，由表 9-8 可知，实验渗透率测定值变化范围较大，最大可相差 5 个数量级，说明煤层非均质性十分明显，其中，渗透率普遍小于 0.1mD。从实验数据可以看出，成庄矿煤样的渗透率相对于寺河矿较高，主要是因为成庄矿 3#煤层的割理裂隙发育较寺河矿相对明显。从选取的 8 个具代表性的郑庄区块试井渗透率可以发现，郑庄区块 3#煤层的渗透率也普遍低于 0.1mD。结合两组实验数据，说明郑庄区块 3#煤层渗透率较低，属于低渗煤储层。

表 9-8 实验渗透率与试井渗透率数据统计

实验渗透率				试井渗透率	
样品编号	渗透率/mD	样品编号	渗透率/mD	试井编号	渗透率/mD
SH-1	0.001	CZ-1	0.015	ZS-1	0.013
SH-2	0.002	CZ-2	0.011	ZS-2	0.43
SH-3	0.279	CZ-3	0.001	ZS-3	0.09
SH-4	0.050	CZ-4	0.008	ZS-4	0.03
SH-5	0.005	CZ-5	0.375	ZS-5	0.29
SH-6	0.005	CZ-6	0.075	ZS-6	0.03
SH-7	0.811	CZ-7	1.824	ZS-7	0.02
SH-8	0.042	CZ-8	0.153	ZS-8	0.09

在煤储层渗透性测试、煤体结构预测、煤层裂隙发育预测和地应力预测的基础上，建立了 3#煤储层渗透率等值线图(见本书第 2 章图 2-26)。除了个别地区渗透率达到 0.5mD 以上，郑庄区块 3#煤层渗透率普遍小于 0.1mD，即图 2-26 中低值区。郑庄区块西北部渗透率较高，向东南部逐渐降低。

3. 模型模拟参数

1) CO_2 密度

气体的密度 ρ 是温度 T 和压力 P 的函数，可表示为 $\rho=f(T, P)$。以美国国家标准与技术研究院研发的 REFPROP 软件模拟所得的 CO_2 密度变化曲线如图 9-14 所示。从图 9-14 中可以看出，当温度一定时，CO_2 密度 ρ 随压力的增加而缓慢增大，当到达临界点附近，密度 ρ 则发生突变，骤然变大然后随压力的增加而缓慢上升，同时，随温度的升高，密

度 ρ 的这种突变幅度越来越小。而在某一个特定压力 P 下，CO_2 密度 ρ 随温度 T 的上升而降低。目前，计算 CO_2 密度应用得最多的是三次方程，包括 Redlich-Kwong(R-K)、Soave-Redlich-Kwong(S-R-K)、Peng-Robinson(P-R)等方程，以及 Span-Wagner 提出的 S-W 状态方程(Clarkson and Bustin, 2000; Mazumder et al., 2006; Pan and Connell, 2009; Span and Wagner, 1996)。

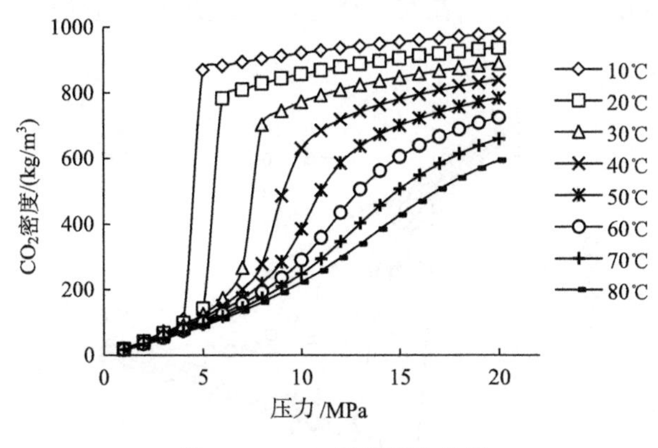

图 9-14　CO_2 密度变化曲线

大量研究证明，R-K 方程、S-R-K 方程及 P-R 等三次方程使用范围小，而且在临界点附近或在高压高密度的区域内所得到 CO_2 物性参数并不能令人满意(Reid et al., 1977)。而 S-W 状态方程采用亥姆霍兹(Helmholtz)自由能来计算 CO_2 物性参数取得了令人满意的成果。王海柱等(2011)、李江飞等(2016)研究发现，利用 S-W 状态方程所计算的 CO_2 密度值与文献参考值最为符合，其结果误差控制在 2%范围内，计算精度远远高于 P-K、S-R-K、P-R 等方程。综合前人研究成果，本书采用 S-W 状态方程来计算 CO_2 的密度参数。计算出 1000~2000m 不同埋深下的部分 CO_2 密度如表 9-9 所示。

表 9-9　不同温压条件下 CO_2 密度

埋深/m	温度		压力/MPa	CO_2 密度/(kg/m^3)
	℃	K		
1000	44.37	317.52	9.70	468.16
1100	47.90	321.05	10.72	515.16
1200	51.43	324.58	11.74	539.56
1300	54.96	328.11	12.76	560.37
1400	58.49	331.64	13.78	569.18
1500	62.02	335.17	14.80	575.49
1600	65.55	338.70	15.82	580.23
1700	69.08	342.23	16.84	583.90
1800	72.61	345.76	17.86	589.73
1900	76.14	349.29	18.88	591.84
2000	79.67	352.82	19.90	593.59

2) CO_2 压缩因子

在评价 CO_2 地质封存潜力和吸附特性时，CO_2 压缩因子都是不可或缺的参数。对于气体而言，压缩因子 Z 受温度 T 和压力 P 的共同影响，即 $Z=F(T,P)$。利用 REFPROP 软件模拟不同温度下，CO_2 压缩因子与压力的变化曲线(图 9-15)。从图 9-15 中可以看出，当温度 T 保持不变时，气体压缩因子 Z 首先随压力的增大而逐渐减小至某一个最小值，然后随压力的增加而缓慢上升；而在某一个特定压力 P 下，气体压缩因子 Z 随温度 T 的上升而增加。

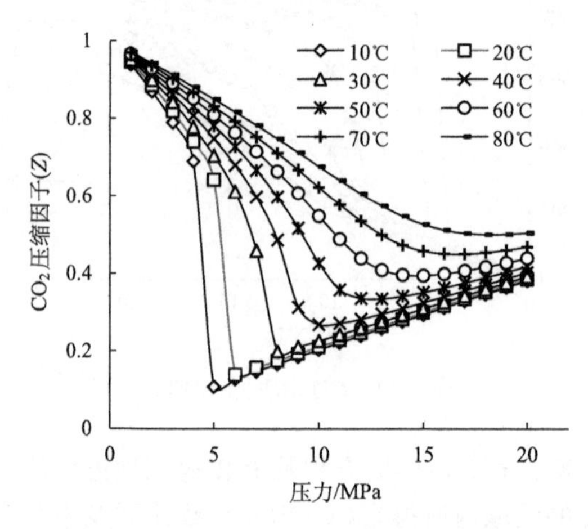

图 9-15　CO_2 压缩因子与压力的变化曲线

在不同温压条件下，CO_2 的压缩因子可由气体状态方程或者 CO_2 经验状态方程得到，所得到的压缩因子与温压的变化趋势也较为一致，变化曲线均呈现一直开口向上、不对称的抛物线形状，即 CO_2 的压缩因子随压力的增大而逐渐降低至最低值后再增加，而且最低值受温度影响，都表现为压缩因子的最低值随温度的升高而增大。

不同状态方程得到的 CO_2 压缩因子都有一定差异性，因为不同状态方程都有各自的适用范围，选择合适的状态方程可提高 CO_2 存储量计算的精确度。目前，通用的气体状态方程有三种：P-R 方程、R-K 方程、S-R-K 方程(Peng and Robinson, 1976; Soave, 1972)，以及 3 种仅适用于 CO_2 的状态方程：S-W 状态方程、Duan 状态方程、Augus 状态方程(Angus et al., 1981；Duan et al., 1992a, 1992b; Span and Wagner, 1996)。表 9-10 列出了不同状态方程计算的 CO_2 压缩因子，显示了相同深度、相同压力条件下，不同状态方程计算的压缩因子并不相同。

表 9-10　不同状态方程计算的 CO_2 压缩因子

深度/m	压力/MPa	温度/℃	B-W-R-S	S-R-K	P-R	S-W
1000	9.70	44.4	0.42	0.40	0.37	0.35
1100	10.72	47.9	0.40	0.40	0.37	0.34
1200	11.74	51.4	0.40	0.41	0.39	0.35
1300	12.76	55.0	0.41	0.43	0.40	0.37
1400	13.78	58.5	0.42	0.45	0.42	0.39

续表

深度/m	压力/MPa	温度/℃	B-W-R-S	S-R-K	P-R	S-W
1500	14.80	62.0	0.44	0.47	0.44	0.41
1600	15.82	65.6	0.45	0.49	0.46	0.43
1700	16.84	69.1	0.47	0.51	0.48	0.45
1800	17.86	72.6	0.48	0.53	0.50	0.46
1900	18.88	76.1	0.50	0.55	0.52	0.48
2000	19.90	79.7	0.52	0.57	0.53	0.50

注：B-W-R-S 为 Benedict-Webb-Rubin-Starling 状态方程(Starling, 1973)。

于洪观等(2013)对不同状态方程所得到的 CO_2 压缩因子进行了详细的研究，发现在低压(0~7MPa)时，这 6 种状态方程计算出的压缩因子 Z 相差不大，而在中高压(7~20MPa)时，各状态方程得到的 Z 值差异明显。不同温压条件下，S-W 状态方程计算的 CO_2 压缩因子与文献值具有较高的契合度，大部分值保持一致。因此，本书结合研究区的地质特征及实验研究的温压条件，优先考虑使用 S-W 状态方程来计算 CO_2 的压缩因子，其表达式为(Mazzoccoli et al., 2012；Span and Wagner, 1996)

$$Z = \frac{P}{\rho RT} = 1 + \delta \phi_{\delta}^{\gamma} \tag{9-24}$$

式中，δ 为对比密度，$\delta = \rho / \rho_c$；ρ_c 为 CO_2 临界密度；ϕ_{δ}^{γ} 为无量纲亥姆霍兹自由能。

3) CO_2 溶解度

基于不同地层条件下的温度和压力，开展了溶解平衡实验，采用平衡液取样分析法分析并计算出相应温压下 CO_2 在纯水中的溶解度。然而，经纯水测试的数据被认为是确定煤中可溶性气体含量的一种可接受的方法。模拟郑庄区块深部煤层的赋存条件，对埋藏煤深度 1000~2000m 对应的压力和温度进行了实验。采用体积分析法，利用气体状态方程，根据平衡池压力计算出从水溶液中分离出的 CO_2 的体积。然后选择已知浓度的氢氧化钠溶液，采用化学滴定法测定剩余溶液中 CO_2 的含量。测试结果如表 9-11 所示。

表 9-11　CO_2 溶解度实验结果

深度/m	温度		压力/MPa	溶解度/(mol·L)
	℃	K		
1000	44.4	317.52	9.7041	0.9854
1100	47.9	321.05	10.7241	1.0032
1200	51.4	324.58	11.7441	1.0742
1300	55.0	328.11	12.7641	1.1092
1400	58.5	331.64	13.7841	1.1290
1500	62.0	335.17	14.8041	1.1461
1600	65.6	338.70	15.8241	1.1472
1700	69.1	342.23	16.8441	1.1480
1800	72.6	345.76	17.8641	1.1487
1900	76.1	349.29	18.8841	1.1512
2000	79.7	352.82	19.9041	1.1584

根据上述模拟实验数据，对常用的 PR-HV 模型、Furnival 模型、Duan 模型和 Chang 模型进行对比，分析 CO_2 在高温高压下的溶解度规律，为超临界 CO_2 溶解封存提供基础数据。

(1) PR-HV 模型。

PR-HV 模型表示如下(Huron and Vidal, 1979；侯大力等，2015)：

$$p=\frac{RT}{v-b_m}-\frac{a_m}{v\left(v+b_m\right)+b_m\left(v-b_m\right)} \tag{9-25}$$

其中：

$$a_m=b_m\left(\sum_{i=1}^{n}x_i\frac{a_i\alpha_i}{b_i}-\frac{G_\infty^E}{c_0}\right),\quad b_m=\sum_{i=1}^{n}{}_i\,x_ib_i \tag{9-26}$$

$$a_i=0.0477235\frac{R^2T_{ci}^2}{p_{ci}}\alpha_i,\quad b_i=0.077796\frac{RT_{ci}^2}{p_{ci}},\quad \alpha_i=\left[1+m\left(1-T_{ri}^{0.5}\right)\right]^2 \tag{9-27}$$

式中，p 为系统压力，MPa；T 为系统温度，K；R 为通用气体常数，取 8.314 J/(mol·K)；v 为摩尔体积，cm^3/mol；n 为体系总组分的摩尔数；x_i 为液相中组分 i 的摩尔分数；a_i，b_i 为 i 组分纯物质的状态方程参数；T_{ci} 为 i 组分的临界温度，K；p_{ci} 为 i 组分的临界压力，MPa；T_{ri} 为 i 组分的对比温度，$T_{ri}=T/T_{ci}$；m 为偏心因子，m=0.37646+1.5426ω–0.26992ω^2；c_0 为常数，$c_0=\frac{1}{2\sqrt{2}}\ln\left(\frac{2+\sqrt{2}}{2-\sqrt{2}}\right)$。

在不限定压力的条件下，Gibbs 自由能按以下公式计算：

$$G_\infty^E=\sum_{i=1}^{n}x_i\frac{\sum_{j=1}^{n}x_jC_{ji}G_{ji}}{\sum_{k=1}^{n}x_kG_{ki}} \tag{9-28}$$

G_∞^E 为无穷大压力下的超额 Gibbs 自由能，J/mol，其中：

$$C_{ji}=g_{ji}-g_{ii}$$

式中，g_{ji}、g_{ii} 分别表示不同和相同分子间作用的玻尔兹曼因子，其表达式分别为

$$g_{ji}=-2\frac{b_ib_j}{b_i+b_j}\left(g_{ii}g_{jj}\right)^{0.5}\left(1-k_{ij}\right) \tag{9-29}$$

$$g_{ii}=-c_0\frac{a_i}{b_i} \tag{9-30}$$

式中，k_{ij} 为组分 i 和组分 j 之间的相互作用系数。G_{ji} 和 G_{ki} 是与温度有关可以调节的参数，其中，

$$G_{ji}=b_j\exp\left(-\alpha_{ji}\frac{C_{ji}}{RT}\right) \tag{9-31}$$

$$G_{ki}=b_k\exp\left(-\alpha_{ki}\frac{C_{ki}}{RT}\right) \tag{9-32}$$

式中，α_{ji}、α_{ki} 分别为组分 i、j 之间和组分 i、k 之间的非随机参数。

Peng-Robinson 方程结合 Huron-Vidal 混合规则的逸度系数为(候大力等，2015)

$$\ln\varphi_m = \frac{b_i}{b_m}(Z_m - 1) - \ln\left[Z_m\left(1 - \frac{b_m}{v_m}\right)\right] - \frac{1}{2\sqrt{2}RT}\left[\frac{a_i}{b_i} - \frac{RT\ln\gamma_i}{c_0}\right]\ln\left[\frac{v_m + \left(\sqrt{2}+1\right)b_m}{v_m - \left(\sqrt{2}-1\right)b_m}\right] \quad (9\text{-}33)$$

式中，φ_m 为混合物的逸度系数；Z_m 为混合物的偏差因子；v_m 为混合体系的摩尔体积，m^3/mol；γ_i 为混合物中 i 组分的活度系数。

其他参数见表 9-12 和表 9-13。

表 9-12　PR-HV 模型中组分参数的临界值(候大力等，2015)

组分	临界温度/℃	临界压力/MPa	偏心因子	标准沸点/℃	摩尔质量/(g/mol)
H_2O	374.150	22.089	0.3440	100.000	18.015
NaCl	426.850	3.546	1.0000	1413.000	58.443
CO_2	31.050	7.376	0.2250	–78.500	44.010

表 9-13　PR-HV 模型的混合规则及模型参数(候大力等，2015)

混合规则或模型参数	组分	H_2O	NaCl	CO_2
k_{ij} 取值	H_2O	0	0	0
	NaCl	–0.2169	0	0
	CO_2	0.2000	2.1000	0
PR-HV 中的 α_{ji}	H_2O	0	0	0
	NaCl	–0.7806	0	0
	CO_2	0.0270	0.0162	0
PR-HV 中的 g/R	H_2O	0	–19.72	–4247.21
	NaCl	94.7	0	2446.82
	CO_2	4104.13	0.9	0
PR-HV 中的 g–T/R	H_2O	0	0.00	8.80
	NaCl	0.00	0	0
	CO_2	–6.00	0.00	0

注：g 为玻尔兹曼因子。

(2) Duan 模型。

Duan 模型适用于 0~260℃、0~200MPa 条件下的 CO_2 溶解度计算。根据气液两相平衡时，气-液化学势相等（$\mu_{CO_2}^{l(0)} = \mu_{CO_2}^{v(0)}$）即可计算出 CO_2 在水中的溶解度 m_{CO_2} (Duan, 2006；Duan et al., 2006；Duan and Sun, 2003)：

$$\ln\frac{y_{CO_2}p}{m_{CO_2}} = \frac{\mu_{CO_2}^{l(0)} - \mu_{CO_2}^{v(0)}}{RT} - \ln\varphi_{CO_2}(T,P,y) + \ln\gamma_{CO_2}(T,P,m) \quad (9\text{-}34)$$

式中，y_{CO_2} 为气相中 CO_2 摩尔分数；m_{CO_2} 为 CO_2 在水中的溶解度，mol/kg；T 为体系温

度，K；P 为气相压力，bar[①]；$\mu_{CO_2}^{l(0)}$、$\mu_{CO_2}^{v(0)}$ 分别表示温度 T、压力 P 条件下液相和气相中 CO_2 标准化学势；$\varphi_{CO_2}(T,P,y)$ 为气相中 CO_2 摩尔分数为 y 时，CO_2 的逸度系数；$\gamma_{CO_2}(T,P,m)$ 为液相中 CO_2 溶解度为 m 时，CO_2 的活度系数；m 为 CO_2 在液相中的质量摩尔浓度。

根据式(9-34)，气体溶解度 m_{CO_2} 是温度 T、压力 P、气相组分 y_{CO_2}、逸度系数 φ 和活度系数 γ 以及 $\mu_{CO_2}^{l(0)}$ 和 $\mu_{CO_2}^{v(0)}$ 差值的函数。其参数求解方法如下所述。

①气相中 CO_2 摩尔分数 y_{CO_2}。假设水在气相混合物中的偏压力与纯水饱和压一致，则 CO_2 气体在气相中的摩尔分数 y_{CO_2} 可由式(9-35)近似得到：

$$y_{CO_2}=\left(P-P_{H_2O}\right)/P \tag{9-35}$$

其中，水在蒸汽相的偏压 P_{H_2O} 被近似地认为是纯水的饱和压，由经验方程计算得出或由下列方程计算得出：

$$P_{H_2O}=\left(P_C T/T_C\right)\left[1+c_1(-t)^{1.9}+c_2 t+c_3 t^2+c_4 t^3+c_5 t^4\right] \tag{9-36}$$

$$t=\frac{T-T_C}{T_C} \tag{9-37}$$

式中，T_C 为 CO_2 临界温度，取值 304.2K；P_C 为 CO_2 临界压力，取值 73.825bar（1bar=0.1MPa）。其他参数如表 9-14 所示。

表 9-14　式(9-36)中的参数

参数	参数值
c_1	−38.640844
c_2	5.8948420
c_3	59.876516
c_4	26.654627
c_5	10.637097

②液相和气相中 CO_2 标准化学势差值。若以 $\mu_{CO_2}^{v(0)}$ 为参考系，即 $\mu_{CO_2}^{v(0)}=0$ 时，

$$\begin{aligned}\frac{\mu_{CO_2}^{l(0)}-\mu_{CO_2}^{v(0)}}{RT}=\frac{\mu_{CO_2}^{l(0)}}{RT}&=c_1+c_2T+\frac{c_3}{T}+c_4T^2+\frac{c_5}{(630-T)^2}\\&+c_6P+c_7P\ln T+\frac{c_8P}{T}+\frac{c_9P}{630-T}+\frac{c_{10}P^2}{(630-T)^2}\end{aligned} \tag{9-38}$$

式中，参数取值如表 9-15 所示。

① 1 bar=10^5Pa。

表 9-15　式(9-38)中参数(Tang et al., 2015)

系数	$\mu_{CO_2}^{l(0)}$ /RT	系数	$\mu_{CO_2}^{l(0)}$ /RT
c_1	28.9447706	c_6	9.04037140×10^{-3}
c_2	−0.0354581768	c_7	-1.14934031×10^{-3}
c_3	−4770.67077	c_8	−0.307405726
c_4	1.02782768×10^{-5}	c_9	−0.0907301486
c_5	33.8126098	c_{10}	9.32713393×10^{-4}

③CO_2 逸度系数 $\varphi_{CO_2}(T,P,y)$。CO_2-H_2O 混合系统中的气相水分含量较少，气相中 CO_2 逸度系数可用纯 CO_2 逸度系数 $\varphi_{CO_2}(T,P)$ 表示。利用 Duan 状态方程可计算出 CO_2 逸度系数为(Duan and Sun, 2006; Duan et al., 2006)

$$\varphi_{CO_2}(T,P)=Z-1-\ln Z+\frac{B}{V_r}+\frac{C}{2V_r^2}+\frac{D}{4V_r^4}+\frac{E}{5V_r^5}+\frac{F}{2\gamma}\left[\beta+1-\left(\beta+1+\frac{\gamma}{V_r^2}\right)\exp\left(-\frac{\gamma}{V_r^2}\right)\right] \tag{9-39}$$

式中，$B=\alpha_1+\frac{\alpha_2}{T_r^2}+\frac{\alpha_3}{T_r^3}$，$C=\alpha_4+\frac{\alpha_5}{T_r^2}+\frac{\alpha_6}{T_r^3}$，$D=\alpha_7+\frac{\alpha_8}{T_r^2}+\frac{\alpha_9}{T_r^3}$，$E=\alpha_{10}+\frac{\alpha_{11}}{T_r^2}+\frac{\alpha_{12}}{T_r^3}$，$F=\frac{\alpha}{T_r^3}$，$T_r=\frac{T}{T_C}$，$V_r=\frac{V}{V_C}$，$V_C=\frac{RT_C}{P_C}$。式中，$Z$ 为 CO_2 压缩因子；T 为温度，K；V 为体积，L；P 为压力，bar；R 为通用气体常数，取值 8.314 J/(mol·K)。

其他参数如表 9-16 所示。

表 9-16　Duan 状态方程 CO_2 和 H_2O 经验常数(Tang et al., 2015)

参数	CO_2	H_2O
α_1	8.99288497×10^{-2}	8.64449220×10^{-2}
α_2	-4.94783127×10^{-1}	-3.96918955×10^{-1}
α_3	4.779245×10^{-2}	-5.73334886×10^{-2}
α_4	1.03808883×10^{-2}	-2.93893000×10^{-4}
α_5	-2.82516861×10^{-2}	-4.15775512×10^{-3}
α_6	9.49887563×10^{-2}	1.99496791×10^{-2}
α_7	5.20600880×10^{-4}	1.18901426×10^{-4}
α_8	-2.93540971×10^{-4}	1.55212063×10^{-4}
α_9	-1.77265112×10^{-3}	-1.06855859×10^{-4}
α_{10}	-2.51101973×10^{-5}	-4.93197687×10^{-6}
α_{11}	8.93353441×10^{-5}	-2.73739155×10^{-6}
α_{12}	7.88998563×10^{-5}	2.65571238×10^{-6}
α	-1.66727022×10^{-2}	8.96079018×10^{-3}
β	1.398	4.02
γ	2.96×10^{-2}	2.57×10^{-2}

④CO_2 活度系数 $\gamma_{CO_2}(T,P,m)$。CO_2 在液相中的活度系数可以由 Pitzer 模型(Pitzer, 1973)导出：

$$\ln\gamma_{CO_2} = 2\sum_c \lambda_{CO_2-c} m_c + 2\sum_a \lambda_{CO_2-a} m_a + \sum_c\sum_a \xi_{CO_2-a-c} m_c m_a \tag{9-40}$$

式中，λ、ξ 分别为二元和三元相互作用参数；c、a 分别代表阳离子和阴离子；m 为基础的离子强度。将式(9-40)代入式(9-34)，得

$$\ln\frac{y_{CO_2}P}{m_{CO_2}} = \frac{\mu_{CO_2}^{l(0)}}{RT} - \ln\varphi_{CO_2} + 2\sum_c \lambda_{CO_2-c} m_c + 2\sum_a \lambda_{CO_2-a} m_a + \sum_c\sum_a \xi_{CO_2-a-c} m_c m_a \tag{9-41}$$

(3) Chang 模型。

Chang 模型适用于 12~100℃、0.1~69MPa 条件下 CO_2 在纯水或者浓度为 0~6mol/kg 的 NaCl-H_2O 溶液中溶解度的计算。对于纯水，其表述如下(Tang et al., 2015)：

$$当\ p<p^0\ 时，\quad R_{sw} = a\cdot p\cdot\left[1-b\cdot\sin\left(\frac{\pi}{2}\frac{c\cdot p}{c\cdot p+1}\right)\right] \tag{9-42}$$

$$当\ p\geqslant p^0\ 时，\quad R_{sw} = R_{sw}^0 + m\cdot\left(p-p^0\right) \tag{9-43}$$

式中，

$$a = \sum_{i=0}^{4} a_i\cdot 10^{-3i}\cdot T^i \tag{9-44}$$

$$b = \sum_{i=0}^{4} b_i\cdot 10^{-3i}\cdot T^i, 0<b<1 \tag{9-45}$$

$$c = 10^{-3}\sum_{i=0}^{4} c_i\cdot 10^{-3i}\cdot T^i \tag{9-46}$$

$$p^0 = \frac{2}{\pi}\cdot\frac{\sin^{-1}\left(b^2\right)}{c\cdot\left[1-\frac{2}{\pi}\sin^{-1}\left(b^2\right)\right]} \tag{9-47}$$

$$R_{sw}^0 = ap^0\left(1-b^3\right) \tag{9-48}$$

$$m = a\left\{1-b\left[\sin\left(\frac{\pi}{2}\frac{c\cdot p^0}{c\cdot p^0+1}\right)+\frac{\pi}{2}\frac{c\cdot p^0}{\left(c\cdot p^0+1\right)^2}\cos\left(\frac{\pi}{2}\frac{c\cdot p^0}{c\cdot p^0+1}\right)\right]\right\} \tag{9-49}$$

式中，R_{sw} 为 CO_2 在纯水中的溶解度；T 为温度，°F①；p、p^0 分别表示气体压力和饱和蒸气压；a_i、b_i、c_i 见表 9-17。

表 9-17 Chang 状态方程中经验常数(Tang et al., 2015)

参数	i=0	i=1	i=2	i=3	i=4
a_i	1.163	−16.630	111.073	−376.859	524.889
b_i	0.965	−0.272	0.0923	−0.1008	0.0998
c_i	1.280	−10.757	52.696	−2.395	462.672

① 1°F=−17.22℃。

对于盐水，有(Tang et al., 2015) $\log\left(\dfrac{R_{sb}}{R_{sw}}\right)=-0.028C\cdot T^{-0.12}$。

式中，R_{sb} 为标况下，CO_2 在盐水中的溶解度；C 为盐水中所含盐的质量百分比。

(4) Furnival 模型。

Furnival 模型在 Chang 模型的基础上进行了改进。其中，系数 a、b、c 分别表示为(Kiepe et al., 2002)

$$a=246.96T^{-1.465},\ b=-0.0002498T+0.9635,\ c=0.6052T^{-1.5061} \tag{9-50}$$

通过以上四种常用的 CO_2 溶解度计算模型，可以计算出实验温压条件下的 CO_2 溶解度，如表 9-18 所示。

表 9-18　CO_2 溶解度实验数据和计算数据

深度/m	温度		压力/MPa	溶解度/(mol/kg)				
	℃	K		实验数据	PR-HV	Duan	Chang	Furnival
1000	44.4	317.52	9.7041	0.9854	0.9445	0.9656	1.0983	1.0289
1100	47.9	321.05	10.7241	1.0032	0.9625	0.9895	1.1056	1.0618
1200	51.4	324.58	11.7441	1.0742	1.0003	1.0462	1.1132	1.0932
1300	55.0	328.11	12.7641	1.1092	1.0487	1.0934	1.1198	1.1143
1400	58.5	331.64	13.7841	1.1290	1.0894	1.1176	1.1275	1.1787
1500	62.0	335.17	14.8041	1.1461	1.104	1.1287	1.1821	1.2003
1600	65.6	338.70	15.8241	1.1472	1.1495	1.1598	1.2234	1.2243
1700	69.1	342.23	16.8441	1.1480	1.1734	1.1732	1.2432	1.1743
1800	72.6	345.76	17.8641	1.1487	1.1754	1.1987	1.2576	1.1963
1900	76.1	349.29	18.8841	1.1512	1.1782	1.2041	1.2655	1.2103
2000	79.7	352.82	19.9041	1.1584	1.1876	1.2243	1.2945	1.2276

将实验值与计算值比较，可以得到各计算模型的相对误差，见图 9-16 和表 9-19。

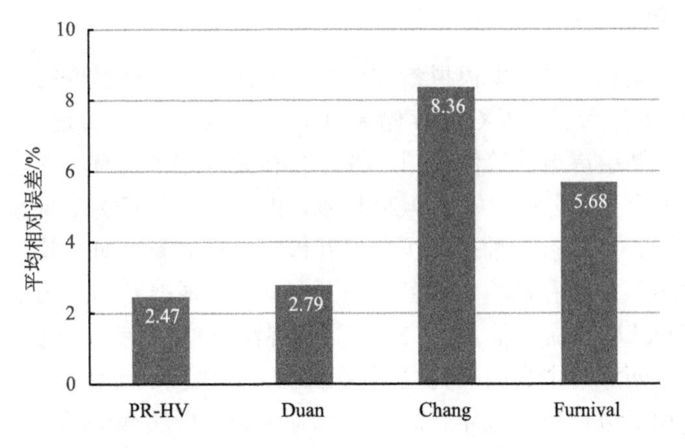

图 9-16　溶解度计算模型平均相对误差

表 9-19　计算数据与实验数据的相对误差

深度/m	压力/MPa	相对误差/%				
		实验数据	PR-HV	Duan	Chang	Furnival
1000	9.7041	0.9854	4.15	2.01	11.46	4.41
1100	10.7241	1.0032	4.06	1.37	10.21	5.84
1200	11.7441	1.0742	2.55	1.92	8.45	6.50
1300	12.7641	1.1092	1.92	2.26	4.73	4.22
1400	13.7841	1.1290	1.13	1.42	2.32	6.97
1500	14.8041	1.1461	1.08	1.13	5.91	7.54
1600	15.8241	1.1472	1.98	2.89	8.53	8.61
1700	16.8441	1.1480	3.10	3.08	9.23	3.18
1800	17.8641	1.1487	2.32	4.35	9.48	4.14
1900	18.8841	1.1512	2.35	4.60	9.93	5.13
2000	19.9041	1.1584	2.52	5.69	11.75	5.97
平均相对误差			2.47	2.79	8.36	5.68

实验条件下，将 CO_2 在水中的溶解度与四种模型值进行比较。发现在纯水条件下，PR-HV 方程计算的 CO_2 溶解度值的相对误差较小，平均相对误差为 2.47%，其次是 Duan 方程，Chang 模型计算出的 CO_2 溶解度较本实验值相对误差最大，平均值达到了 8.36%，最高误差则超过了 10%，而由于 Furnival 模型和 Chang 模型的计算方法一样，只是修正了部分参数，其平均相对误差也较高，超过了 5%。说明在 1000~2000m 埋深的高温高压条件下，CO_2 的溶解度计算模型中 PR-HV 较为可靠。CO_2 在矿化水中的溶解度模拟研究也验证了 PR-HV 模型具有更好的精确度(侯大力等，2015)。因此，在高温高压条件下，PR-HV 模型能够较好地表征 CO_2 在纯水中和不同矿化度水中的溶解度特征，特别是高矿化度条件下的 CO_2 溶解。

4. 基础地质模型建立

在上述模型地质属性与模型模拟参数已知的条件下，根据温度的关系，以及压力和埋藏深度，研究区可分为超临界 CO_2 存储区和亚临界 CO_2 存储区。进一步根据煤体结构、裂缝发育预测的煤储层渗透性等值线图，将 CO_2 存储区划分为有利存储区、较有利存储区和不利存储区三个次级分区，如表 9-20 所示。由于煤层对 CO_2 的储集性，在煤储层中所有煤层气体均被 CO_2 置换的前提下可获取其极限存储容量。而有效存储容量的获取需要进一步依据 CO_2 气体的存储率和驱替系数开展评估。根据 CO_2 本身的性质，其压力和温度达到 7.38 MPa 以上(临界压力)和 31.1℃(临界温度)时为超临界状态。在研究区，该状态线分别从东到西穿过中央的研究区域(在图 9-17 中黑色虚线代表了二氧化碳相变)的边界。从 CO_2 相变边界到北边界的范围为超临界 CO_2 储层提供了一个目标区域，而该线至南边界为亚临界 CO_2 存储区。

表 9-20　根据模型参数界定的 CO_2 存储区划分

区域	子区域	压力/MPa	温度/℃	埋深/m	渗透性/mD	采收率	驱替系数
超临界区	有利存储	>7.35	>31.1	>772	>0.5	0.9	1.0
	较有利存储	>7.35	>31.1	>772	0.1~0.5	0.5	0.8
	不利存储	>7.35	>31.1	>772	<0.1	0.3	0.4
亚临界区	较有利存储	<7.35	<31.1	<772	0.1~0.5	0.5	0.8
	不利存储	<7.35	<31.1	<772	<0.1	0.3	0.4

注：驱替系数和采收率是根据沁水盆地 3#煤层 CO_2-ECBM 过程模拟结果所做的合理假设。

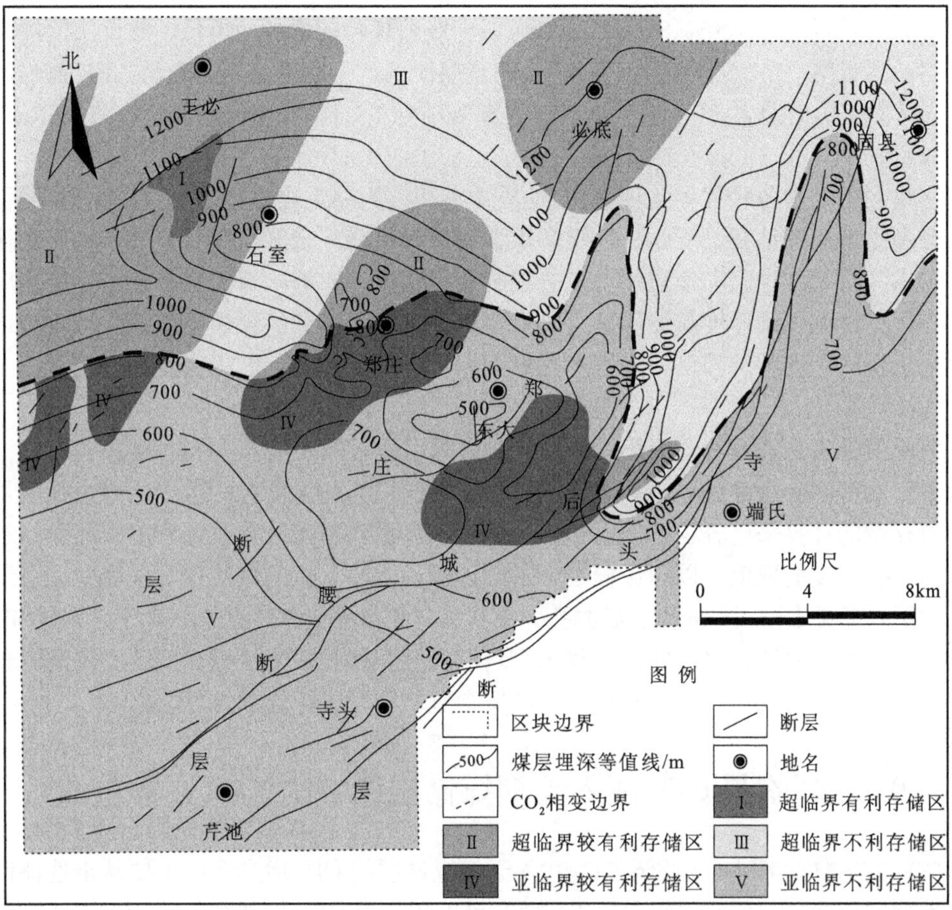

图 9-17　郑庄区块 3#煤层存储容量计算模型划分图

9.3.2　CO_2 存储容量计算模型与方法

关于煤储层 CO_2 存储容量评估，前人主要应用 CSLF、ECOFYS 等提出的存储容量计算方法，但上述方法忽略了溶解存储和游离存储形式的 CO_2。煤储层具有孔隙且含水，因此溶解存储和游离存储量在总的存储容量中占有一定的比例。所以，CO_2 煤层存储应考虑以上多种存储形式。CO_2 总存储容量可以由式(9-51)表达：

$$M_{CO_2} = A \times H \times \rho_{bulk,coal} \times \left(n_f + n_s + n_{ab}\right) \times 10^3 \tag{9-51}$$

式中，A 为计算区块面积，m^2；H 为存储煤层平均厚度，m；$\rho_{bulk,coal}$ 为煤储层视密度，g/cm^3；n_{ab} 为极限理论吸附封存量，m^3/t；n_f 和 n_s 分别为游离封存量(构造圈闭封存量)和溶解封存量，m^3/t。有效存储容量可根据经验采收率和驱替系数进一步计算。

$$M_{CO_2,C} = \alpha \mathrm{RF} \cdot \mathrm{ER} \cdot M_{CO_2} \tag{9-52}$$

式中，α 为可采煤层气区占煤层总分布面积的比例，参考美国等国家的经验，可取 10%；RF 为煤中利用 CO_2-ECBM 技术煤层气的可采系数(采收率)，根据我国部分煤层气试井数据，煤层气的可采系数一般为 8.9%~74.5%，平均为 35%(刘延锋等，2005)，采用 ECBM 技术理论上可以达到 100%(Stevens, 1999)，一般随煤阶的增加而降低，通过实验模拟可以获得，无量纲；ER 为评价区 CO_2/CH_4 的置换比例，无量纲，一般来说，ER 值与煤阶有关，随着煤阶的增大，ER 值由 10∶1 逐渐减小到 1∶1，符合一定的函数关系(Reeves, 2003)。

区块面积是指各种边界条件(包括地质边界和人为划定边界)圈定的煤层分布面积。可充分利用地质、钻井、测井、地震和煤样测试等资料综合分析煤层分布的地质规律和几何形态，在钻井控制和地震解释综合编制的煤层顶、底板构造图上圈定。煤层厚度指扣除夹矸、达到煤层厚度起算标准且具有储气能力的那部分的煤储层厚度。厚度可依据岩心分析资料、测井解释资料进行对比确定。煤储层密度为煤的视密度，可由取心实验测定方法获得。

吸附封存量可通过等温吸附实验法得到，采用修正的 D-R 模型描述吸附特征。根据实验得到的等温吸附曲线可以获得不同样品在不同压力和温度(深度)下的最大吸附量。溶解封存量的计算采用容积法，由 CO_2 在地层水中的溶解度、含水饱和度、孔隙率等综合求得。孔隙度的取值可以理论模型为基础，利用实验分析的参数值与各测井信息进行分析，并进行覆压校正，将校正后的孔隙度作为评价储量计算的依据。对于含水饱和度，可以利用密度测井法计算，并采用算术平均法和孔隙体积权衡法综合确定。游离态封存量可以通过修正的气体状态方程结合煤储层含气饱和度进行计算。

9.4 超临界 CO_2 注入无烟煤储层的 CH_4 增产评价方法

CO_2-ECBM 过程中，超临界 CO_2 注入无烟煤储层的 CH_4 增产评价主要从定性评价与定量预测评价两方面展开。其中，CH_4 增产可以量化为 CH_4 产出速率与 CH_4 累计产出量 2 个表征指标。

9.4.1 定性评价方法

定性评价指通过逻辑推理、历史求证、法规判断等思维方式，着重从“质”的方面评价 CH_4 增产效果。CH_4 增产定性评价方法主要从高校及研究机构层面、企业及公司层面、市场层面三个方面合力分析(图 9-18)。

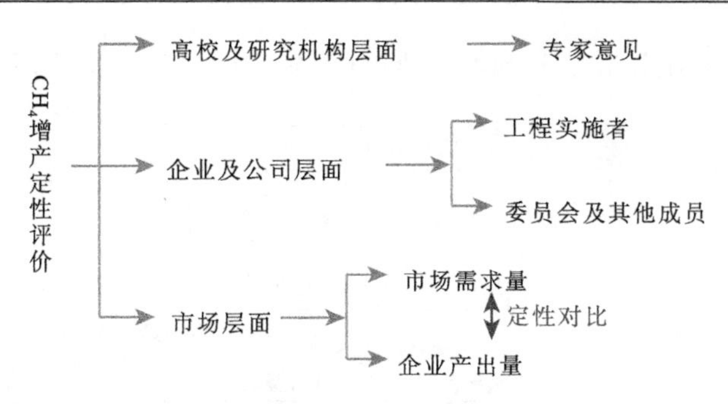

图 9-18　CO_2-ECBM CH_4 增产多层面定性评价

1. 高校及研究机构层面

高校及研究机构层面主要指专家所提出的意见。此方法建立在油气专家多年累积的专业知识及工程实践经验基础上，可为 CO_2-ECBM 工程实践中 CH_4 增产评价带来高度专业化和有价值的意见。工程实施方应聘请油气专家在 CO_2-ECBM 工程实践的全过程(如方案设计、工程选址、工程实施、CH_4 增产效果分析等)中给予专业化与实质性的生产建议。

2. 企业及公司层面

工程实施者、委员会及其他成员皆可参与 CH_4 的增产评价，但工程实施者的估测却是 CH_4 增产评价的主要信息来源。工程实施者对于 CH_4 增产的信息来源能够带来很大的价值，因为工程实施人员一般最接近 CO_2-ECBM 工程实践，并能对工程效应做第一手数据评估。委员会及其他成员需对 CH_4 增产的评价方案、评价指标达成一致意见；所有成员均需对 CH_4 的生产状况发表口头观点和意见，且所有观点和意见均需公证、客观，避免代入个人主观色彩。

3. 市场层面

市场层面着重对比、分析市场对 CH_4 的需求与企业 CH_4 产出量间的关系。同一周期内 CH_4 的增产速率必定与 CH_4 的需求增长率呈正比关系。

9.4.2　定量预测评价方法

定量预测评价分析法是对 CH_4 增产现象的数量特征、数量关系与数量变化进行预测分析的方法。定量预测评价分析法是本次重点研究的评价方法。本次研究基于第 8 章所建立的深部无烟煤储层 CO_2-ECBM 连续性过程模型与数值模拟技术，采用基于参数对比、时间序列和影响因素等多方面的预测评价方法(图 9-19)，对沁水盆地深部无烟煤储层 CO_2-ECBM 的 CH_4 增产效果进行评价。

1. 基于参数对比的预测评价方法

基于参数对比的预测评价方法主要是将数值模拟、实验模拟的数据与已完成的 CO_2-ECBM 工程的生产数据进行对比，从而不断调整 CO_2-ECBM 工程实施方案的方法。

该方法可进一步定量化分析 CH_4 的增产数据(图 9-19)。具体方法如下：

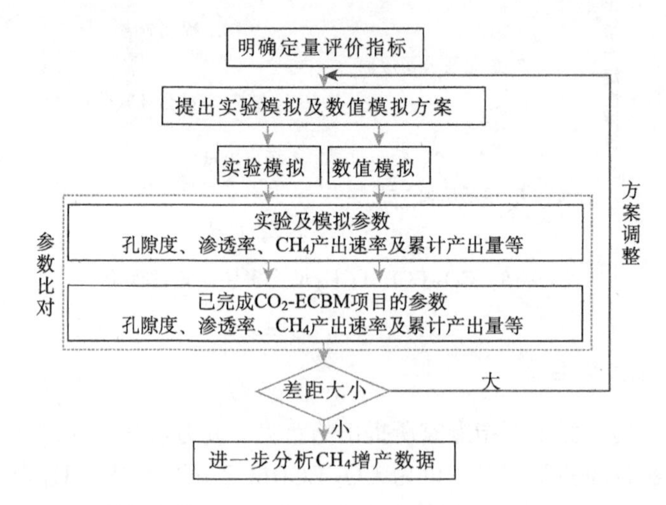

图 9-19 基于参数对比的 CO_2-ECBM CH_4 增产定量预测评价方法

1) 明确定量评价指标

明确 CH_4 增产定量评价指标是评价方法研究的前提。本次研究厘定的主要评价指标有 CO_2-ECBM 过程中储层孔隙度和渗透率的变化、CH_4 日产出速率、日产出量及累计产出速率、累计产出量等。

2) 提出实验及数值模拟方案

借鉴前人已完成的 CO_2-ECBM 工程实践中对 CO_2 注入及 CH_4 生产方案的总结，并结合研究区的实际地质状况，提出最优的 CO_2-ECBM 实验模拟及数值模拟方案。本次研究选择沁水盆地典型的五井式 CO_2-ECBM 试验工程开展数值模拟研究，并借鉴前人成果设计了 3 套 CO_2-ECBM 过程数值模拟方案，分别探讨注 CO_2 开采对 CH_4 增产的影响、CO_2 注气压力对 CH_4 增产效果的影响和生产井温度对 CH_4 增产效果的影响。

3) 实验模拟及数值模拟

采集研究区典型煤样并结合新设计的实验方案开展 CO_2-ECBM 实验模拟；依据真实的地质环境条件及所设计的数值方案开展 CO_2-ECBM 数值模拟。本次研究采用所建立的深部无烟煤储层 CO_2-ECBM 连续性过程全耦合数学模型和数值模拟软件，依据模拟方案对选定的五井式 CO_2-ECBM 试验工程开展了系统的数值模拟工作，获得了可视化的模拟结果。

4) 参数比对

这是超临界 CO_2 注入无烟煤储层的 CH_4 增产定量评价方法的核心。提取实验模拟和数值模拟的结果参数：孔隙度、渗透率、CH_4 产出速率及 CH_4 累计产出量等，将所提取的实验、数值模拟数据与前人已完成的 CO_2-ECBM 工程实践所监测的数据进行比对。本次研究将数值模拟所获得的主要评价指标值与已有工程数据和其他学者的研究结果进行了对比，证实了数值模拟结果精度较高，数值模拟技术具有可行性。

5) 差距分析

对所进行对比的参数进行差距分析。若差距较大，则需进行实验模拟及数值模拟方案的重新调整，并进行新的实验与数值模拟；若差距较小，则可进一步分析 CH_4 增产数据，并指导 CO_2-ECBM 实际工程实践。

2. 基于时间序列的预测评价方法

时间序列，又称动态序列，是指将 CO_2-ECBM 过程中 CH_4 生产数据的某一组观测值按时间先后顺序排列而成的数列。时间序列预测评价方法是通过对时间序列数据的分析，掌握 CH_4 生产现象随时间的变化规律，从而预测 CH_4 未来的生产状况的方法。

时间序列预测评价方法主要包括：收集与整理历史资料，并对这些资料进行检查鉴别、排成序列；分析时间序列，从中寻找随时间变化的规律，并得出相应的模式；基于所得出的模式预测未来的变化情况。常见的时间序列模型有回归模型、滑动平均模型及自回归滑动平均模型。回归模型能更好地反映系统的本质特征，且回归模型是无偏估计，是时间序列预测评价方法中运用最多的模型。基于回归模型的时间序列预测方法的主要步骤如图 9-20 所示。

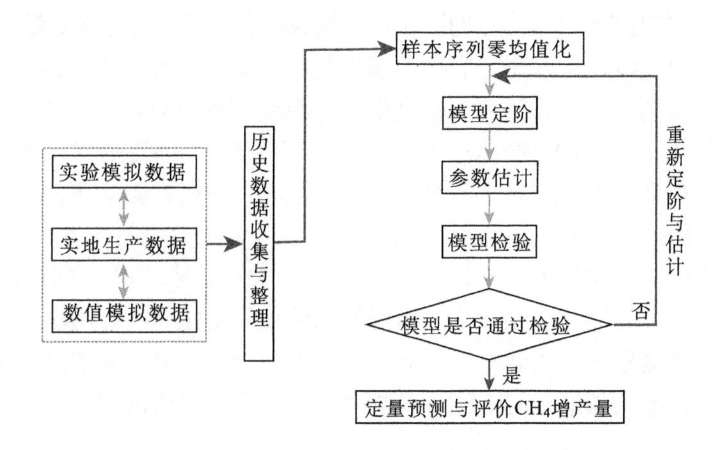

图 9-20　基于回归模型的时间序列 CO_2-ECBM CH_4 增产预测方法

本次研究应用所建立的深部无烟煤储层 CO_2-ECBM 连续性过程全耦合数学模型和数值模拟软件，开展 CO_2 注入后选定试验工程井组 3650 天(10 年)的煤层气井生产特征及井控范围内煤储层参数变化特征模拟，特别是掌握了不同 CO_2 注入压力和不同生产井温度条件下，储层压力、储层 CH_4 含量、储层渗透率、储层温度、CH_4 产量及 CO_2 存储量随时间的变化规律。

3. 基于影响因素的预测评价方法

影响因素预测评价方法主要探讨影响 CH_4 产出的因子与 CH_4 产出速率、累计产出量间的关系。其中，影响 CH_4 产出速率的因子有气体压力、渗透率、CH_4 黏度等。各因子皆与储层温度、压力等有密切关系，因此厘清各影响因子间的关系至关重要。该方法主要的分析步骤如图 9-21 所示。

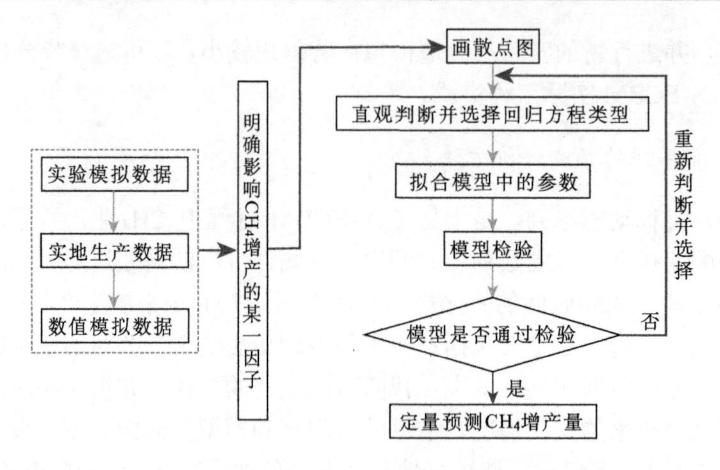

图 9-21　基于影响因素的 CO_2-ECBM CH_4 增产定量预测评价方法

本次研究依据实验模拟数据、实地生产数据及数值模拟数据，确定了影响 CH_4 增产(CH_4 产出速率与 CH_4 累计产出量)的因子，主要包括孔隙度、渗透率、温度、气体压力、气体黏度等。其中，CO_2 注入压力和储层温度是本次研究的核心影响因子，提高注气压力可以较大幅度提高 CH_4 产出速率，提高生产井温度同样可以提高 CH_4 产出速率，但相对于提高 CO_2 注入压力，CH_4 产出速率的增长幅度较低。而储层压力、储层 CH_4 含量、储层渗透率等同样受 CO_2 注入压力和储层温度的影响，是两者影响下的 CH_4 增产的次一级影响因子。其中，提高 CO_2 注入压力可使储层中气体压力增加，生产压差随之增大，不仅促进 CH_4 产出，相同时间内 CO_2 运移范围也增大，造成储层中 CH_4 含量降幅更大，煤吸附 CO_2 引起的渗透率降低更显著；温度升高降低了 CH_4 和 CO_2 吸附量，导致游离态气体增加，在提高储层压力的同时，也促进了 CH_4 解吸和产出，降低了煤基质吸附膨胀对渗透率的作用，导致储层中 CH_4 含量降幅增大，渗透率降幅减小。

第 10 章　沁水盆地深部煤层 CO_2-ECBM 有效性评价与分析

基于前述深部无烟煤储层 CO_2-ECBM 地球化学反应效应、应力应变效应、CO_2/CH_4 吸附解吸置换-扩散渗流-驱替产出连续性过程的理论认识，本章主要应用已建立的实验模拟与数值模拟相结合的深部无烟煤储层 CO_2-ECBM 有效性实验室评价方法体系，以沁水盆地南部郑庄区块为刻度区解剖实例，开展沁水盆地深部无烟煤储层 CO_2-ECBM 有效性评价研究工作，从理论上论证沁水盆地深部无烟煤储层 CO_2-ECBM 具有有效性。同时，建立沁水盆地深部无烟煤 CO_2-ECBM 工程理论模型，探讨三种 CO_2-ECBM 技术模式，并将实验室评价结果与沁水盆地深部无烟煤储层 CO_2-ECBM 示范工程探索和认识进行对比分析，进一步明确沁水盆地实施深部无烟煤储层 CO_2-ECBM 工程的前景和潜力，进而讨论深部煤层超临界 CO_2 地质存储与煤层气强化开发成果的普适性问题和借鉴推广意义。

10.1　沁水盆地深部煤层 CO_2-ECBM 有效性评价

本次研究工作科学地取得了沁水盆地深部无烟煤储层 CO_2-ECBM 有效性评价结果，从超临界 CO_2 可注性、超临界 CO_2 存储容量和煤层气井增产效果三个方面，论证了沁水盆地深部煤层 CO_2-ECBM 具有有效性。评价结果显示，沁水盆地埋深 2000m 以浅的煤层具有高于 1.35t/d 的单井最大可注入速率，3#煤层 CO_2 理论有效存储容量可达 136.8×10^7t，CO_2-ECBM 技术可将 3#煤层中 CH_4 的采收率提高 80%以上。基于此，沁水盆地可增产煤层气资源 $1.16\times10^{12}m^3$，目前已投产煤层气井可年增产 $31.4\times10^8m^3$。评价结果确认了沁水盆地深部无烟煤储层 CO_2-ECBM 的有效性、CO_2 可注性和 CH_4 增产效果，为当前沁水盆地深部无烟煤储层 CO_2-ECBM 工程实施提供了重要的技术理论支撑和指导，推动沁水盆地 CO_2-ECBM 工程更快发展并取得更好效果，对沁水盆地煤层气开发低产井改造提供理论技术依据。同时，也为开展其他盆地 CO_2-ECBM 有效性评价工作提供了经验和借鉴，所取得评价结论对无烟煤发育的类似盆地，更具有参考价值。

10.1.1　超临界 CO_2 可注性评价结果

基于第 9 章介绍的深部煤层 CO_2-ECBM CO_2 可注性实验室评价方法，结合第 8 章深部无烟煤储层 CO_2-ECBM 连续性过程数值模拟结果，将实验模拟和数值模拟相结合，对沁水盆地深部无烟煤储层超临界 CO_2 可注性进行综合评价。

1. 不同注入压力下 CO_2 的可注性

CO_2 可注性实验模拟结果（见本书第 9 章图 9-11）表明，围压 12MPa 条件下，亚临界

CO_2(注入压力 2MPa、4MPa 和 6MPa)整体可注性较差，具有瞬时可注入率偏低[最大瞬时可注入率为 1.8cm^2/(MPa·min)]、可注性持续时间短(CO_2 持续注入时间小于 1h 瞬间可注性即降为零)及 CO_2 可注性难以恢复等特点。相同围压条件下，超临界 CO_2(注入压力 8MPa 和 10MPa)可注性显著优于亚临界 CO_2，表现出瞬时可注入率明显增大[注入压力 10MPa 时，最大瞬时可注入率接近 5cm^2/(MPa·min)]、可注性持续时间长(注入压力为 8MPa 和 10MPa 时，CO_2 注入的维持时间分别达到 2h 和 3h)、CO_2 可注性更易于恢复等特点。由此可知，随着注入压力的增大煤岩的 CO_2 可注性明显提高。该 CO_2 可注性实验模拟结果同时表明，随注入压力的增大，CO_2 总可注入率，特别是超临界 CO_2 总可注入率急剧增大[从 13.61cm^2/(MPa·min)增大至 311.87cm^2/(MPa·min)](见本书第 9 章图 9-12)。这进一步证实了相同条件下，超临界 CO_2 具有更优的可注性，且较高的注入压力有利于提高 CO_2 可注性。

2. 不同变化围压下 CO_2 的可注性

围压同样对 CO_2 的可注性产生了影响。CO_2 注入压力为 10MPa 条件下，围压为 12MPa、14MPa 和 16MPa 时，瞬时可注入率在 CO_2 注入的开始阶段较大，随着持续注入时间的增加而减小。相同 CO_2 注入压力下，随围压的增大，CO_2 最大瞬时可注入率降低[围压 12MPa、14MPa 和 16MPa 时，CO_2 最大瞬时可注入率分别为 4.73cm^2/(MPa·min)、2.88cm^2/(MPa·min)和 2.71cm^2/(MPa·min)](图 10-1)，表明围压增大可降低煤岩的 CO_2 的可注性。

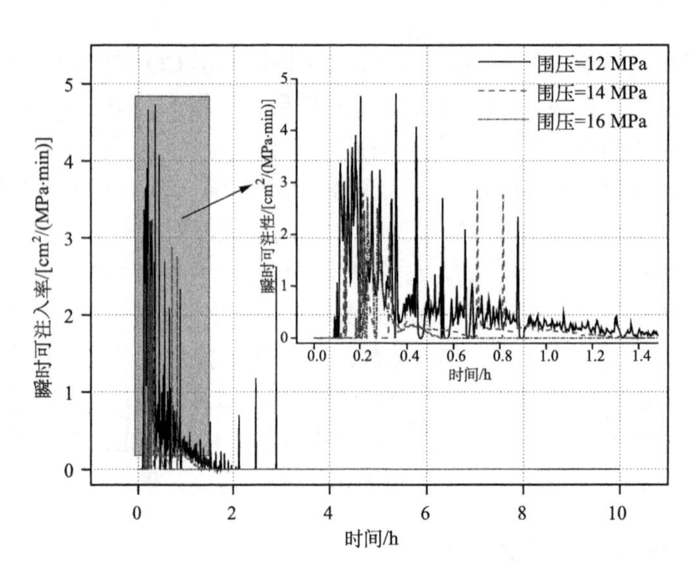

图 10-1　不同围压下瞬时 CO_2 可注入率随时间的变化

同样，CO_2 注入压力为 10MPa 条件下，随围压的增大，总可注入率减小。相较于围压为 12MPa 时，围压为 14MPa 和 16MPa 时，CO_2 的总可注入率分别降低了 69.71%和 80.91%(图 10-2)。可见，相同注入压力条件下，较高的围压可大幅降低 CO_2 可注性，且在围压开始增加的阶段总可注入率降低较快，随后再增加围压总可注入率降低趋势变缓。

围压为作用在煤岩固体骨架上的应力，在孔隙压力恒定不变时，随着围压的增大，煤岩固体骨架得到压实，从而使煤岩基质块之间的空间体积减少，煤岩孔裂隙趋于闭合，煤层渗透率降低，最终导致煤层的可注性降低。

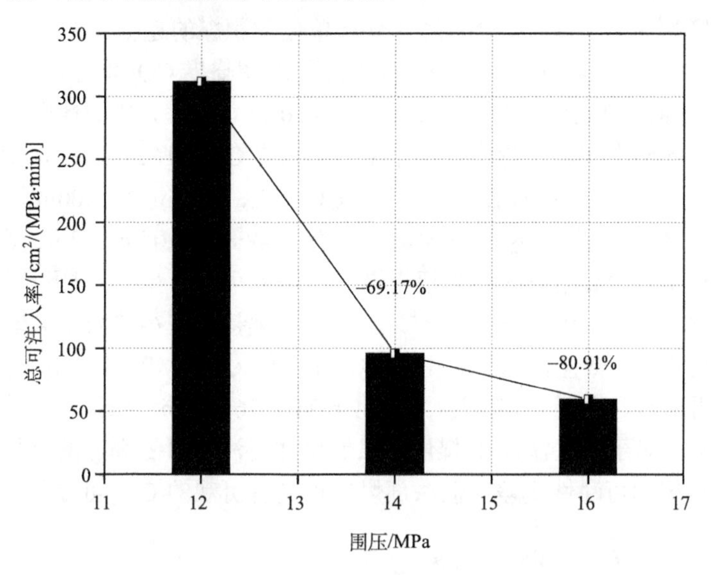

图 10-2　CO_2 总可注入率和围压之间的关系

3. 超临界 CO_2 注入不同模拟深度无烟煤储层的单井可注性

上述实验模拟采用沁水盆地长治地区余吾矿代表性样品，获得了注入压力为 10MPa 时，12MPa、14MPa 和 16MPa 围压条件下的超临界 CO_2 最大瞬时可注入率[分别为 4.73cm^2/(MPa·min)、2.88cm^2/(MPa·min)和 2.71cm^2/(MPa·min)]。上述 CO_2 最大瞬时可注入率可以认为是沁水盆地长治地区 1200m、1400m 和 1600m 埋深煤层的单井恒压(10MPa) CO_2 瞬时最大可注入率。应用上述 CO_2 最大瞬时可注入率，同时基于第 9 章所建立的 CO_2 可注性评价模型，可反推超临界 CO_2 单井最大可注入速率。考虑沁水盆地煤层平均厚度约为 5m，CO_2 注入压力为 10MPa 时，沁水盆地长治地区 1200m、1400m 和 1600m 埋深煤层的单井最大可注入速率则分别为 $3.41\times10^3m^3/d$、$2.07\times10^3m^3/d$ 和 $2.00\times10^3m^3/d$(标况下气体体积)。同理，选择沁水盆地晋城地区典型煤岩样品，开展了 CO_2 注入压力为 8MPa 条件下的超临界 CO_2 可注性模拟实验，结果显示晋城地区 1000m、1200m 和 1400m 埋深煤层的单井最大可注入速率分别为 $1.54\times10^4m^3/d$、$4.56\times10^3m^3/d$ 和 $2.64\times10^3m^3/d$，相同埋深煤层，在较低的注入压力条件下，晋城地区单井最大可注入速率略高于长治地区。上述实验模拟所获得的沁水盆地深部煤层单井最大可注入速率与应用第 8 章数值模拟所获得的 CO_2 注入压力为 8MPa，1200m、1400m 和 1600m 埋深煤层的单井最大可注入速率 $3.86\times10^3m^3/d$、$2.66\times10^3m^3/d$ 和 $1.15\times10^3m^3/d$ 相当，两者互为验证。由此可见，沁水盆地深部无烟煤储层具有较为可观的 CO_2 单井可注入速率。

余吾矿样品超临界 CO_2 可注性模拟实验的整个实验过程中，累计注入超临界 CO_2 3051.34cm^3、924.29cm^3 和 582.54cm^3(标况下气体体积)，考虑所使用的样品体积为 185.71cm^3，计算出长治地区 1200m、1400m 和 1600m 埋深煤层的单位体积(m^3)煤可注入超临界 CO_2 的最大量分别为 16.43m^3、4.98m^3、3.14m^3。超临界 CO_2 注入煤层后沿井筒径向扩展，煤层气开发工程经验表明煤层气井排采的有效井间距离为300m左右(即单井排采的有效距离为150m)，可见超临界 CO_2 注入压力的传导距离为150m。沁水盆地煤层平均厚度为5m左右，结合各埋深煤层单位体积煤的超临界 CO_2 可注入量，计算得出长治地区1200m、1400m和1600m埋深煤层的超临界 CO_2 单井可注入量(标况下气体体积)分别为 $5.81\times10^6m^3$、$1.76\times10^6m^3$ 和 $1.11\times10^6m^3$。同理，晋城地区样品超临界 CO_2 可注性模拟实验的整个实验过程中，累计注入超临界 CO_2 816cm^3、735cm^3 和548cm^3(标况下气体体积)，样品体积为181.85cm^3，模拟1000m、1200m和1400m埋深煤层的单位体积(m^3)煤可注入超临界 CO_2 的最大量分别为4.48m^3、4.04m^3、3.01m^3，则晋城地区1000m、1200m和1400m埋深煤层的超临界 CO_2 单井可注入量(标况下气体体积)分别为 $1.58\times10^6m^3$、$1.43\times10^6m^3$ 和 $1.06\times10^6m^3$。上述实验模拟所获得的沁水盆地深部煤层单井可注入量与应用第8章数值模拟所获得的 CO_2 注入压力为8MPa，1200m、1400m和1600m埋深煤层的单井累计注入量(模拟注入时间1000d) $2.76\times10^6m^3$、$1.67\times10^6m^3$ 和 $0.79\times10^6m^3$ 相当。由此可见，对于沁水盆地3#煤层，虽然单井可注入量随埋深的增加而下降，深部煤层相比浅部煤层的可注性变差，但深部煤层仍具有可观的 CO_2 可注入量。

10.1.2　超临界 CO_2 存储容量评价结果

1. 郑庄刻度区解剖与评价结果

基于第9章所建立的深部无烟煤储层 CO_2-ECBM存储容量评价模型，在明确刻度区储层厚度、温度、压力、孔隙度、渗透性等模型地质属性的平面变化和深度变化规律的基础上，结合 CO_2 密度、压缩因子、溶解度等模型模拟参数的深度变化规律，对沁水盆地郑庄区块 CO_2 在煤储层中的理论吸附封存量、理论游离封存量、理论溶解封存量、理论最大存储容量、理论存储容量和考虑RF和ER的理论有效存储容量进行评价。

评价结果显示，如果煤储层中不包含其他气体，储层内表面全部为 CO_2 吸附，可采系数达100%。此时获得的存储容量即为理论上的最大存储容量，则刻度区内存储容量可达 6.65×10^7t，其中吸附封存量达 5.83×10^7t，占比87.7%；游离封存量和溶解封存量分别为 7.88×10^6t 和 3.64×10^5t，占比分别为11.8%和0.5%(表10-1)。各存储态 CO_2 显示了在 CO_2 煤层存储评价过程中，由于溶解态存储比例占比非常小，且存储容量评价相对复杂，可以忽略不计。然而，煤储层内部含有的煤层气会导致 CO_2 注入后 CH_4 与 CO_2 的竞争吸附。此外，根据第9章的研究结果，刻度区内3#煤层原位煤层气含量一般介于10~20cm^3/g，不同深度含气量也不相同。因此，基于3#煤层含气量随深度的变化规律，假设 CO_2 的可采系数和置换 CH_4 的比例均为100%，即煤层中的甲烷等烃类气体全部被 CO_2 置换，则计算得到的 CO_2 总存储容量为 2.78×10^7t。根据 CO_2 存储容量的金字塔模型，计算得到的 CO_2 总存储容量(2.78×10^7t)即为理论存储容量。其中，吸附存储容量、游离存储容量和溶解存储容量分别为 2.42×10^7t、3.41×10^6t 和 1.53×10^5t，占比分别为87.05%、12.27%和0.55%(表10-1)。

采用 CO_2-ECBM技术进行煤层气开采时，可储存的 CO_2 量受煤层气可采系数和 CO_2/CH_4 置换比例的约束。不同煤阶的煤层气可采系数和 CO_2/CH_4 置换比例均不一致，表10-2给出了中国各煤阶的煤层气可采系数和 CO_2/CH_4 置换比(刘延锋等, 2005)，可见

表 10-1 郑庄刻度区CO_2煤层存储容量评价结果

评价参数	超临界区				亚临界区			合计
	有利存储	较有利存储	不利存储	合计	较有利存储	不利存储	合计	
面积/km^2	4.36	141.07	207.67	353.1	58.59	301.33	359.92	713.02
煤质量/($\times10^8$t)	0.30	9.58	14.10	23.98	3.98	20.46	24.44	48.42
最大存储容量/($\times10^6$t)	0.61	19.35	31.73	51.68	3.42	11.39	14.81	66.49
最大吸附存储容量/($\times10^6$t)	0.52	16.90	27.20	44.62	3.13	10.50	13.63	58.25
最大游离存储容量/($\times10^5$t)	0.85	23.40	43.50	67.75	2.72	8.31	11.03	78.78
最大溶解存储容量/($\times10^3$t)	3.33	105.00	178.00	286.33	17.50	60.00	77.5	363.88
理论存储容量/($\times10^6$t)	0.14	8.44	14.57	23.15	1.71	2.89	4.60	27.75
理论吸附存储容量/($\times10^6$t)	0.12	7.35	12.49	19.96	1.57	2.67	4.24	24.20
理论游离存储容量/($\times10^5$t)	0.19	10.5	19.98	30.67	1.36	2.11	3.47	34.14
理论溶解存储容量/($\times10^3$t)	0.75	46.18	81.7	128.63	8.89	15.27	24.16	152.79
考虑RF和ER的理论有效存储容量/($\times10^6$t)	0.07	4.22	7.28	11.57	0.86	1.45	2.31	13.88
理论吸附存储容量/($\times10^6$t)	0.06	3.67	6.24	9.97	0.78	1.33	2.11	12.08
理论游离存储容量/($\times10^5$t)	0.10	0.53	9.99	10.62	0.68	1.06	1.74	12.36
理论溶解存储容量/($\times10^3$t)	0.38	23.09	40.85	64.32	4.39	7.63	12.02	76.34

对于刻度区的无烟煤储层，其RF值和ER值可分别取0.5和1.0。因此，利用无烟煤储层的RF值和ER值，可以对刻度区内无烟煤储层的CO_2存储潜力进行进一步计算。结果显示，刻度区内3#煤层的CO_2理论有效存储容量约为1.39×10^7t。根据金字塔存储容量模型，由于有效存储容量考虑了现有经济、埋存技术和地质条件等因素，求取的存储容量(1.39×10^7t)是在考虑CO_2存储状态、可采系数和置换比等几个因素的基础上得出的，因此，该值代表了理论存储容量和有效存储容量的中间值。其中，吸附存储容量、游离存储容量和溶解存储容量分别为1.21×10^7t、1.24×10^6t和7.63×10^4t(表10-1)。

表 10-2 中国各煤阶的煤层气可采系数和CO_2/CH_4置换比(刘延锋等，2005)

参数	褐煤	不黏煤	弱黏煤	长焰煤	气煤	肥煤	焦煤	瘦煤	贫煤	无烟煤
RF	1.00	0.67	1.00	1.00	0.61	0.55	0.50	0.50	0.50	0.50
ER	10.0	10.0	10.0	6.0	3.0	1.5	1.0	1.0	1.0	1.0

在存储地点上，煤的渗透性对CO_2存储技术也起到限制性的作用。Zuber等认为当煤层埋深为1300~1500m时，因煤层的渗透率过小，煤层气不能产出，该深度不仅是煤层气开采的下限，也是煤层存储CO_2限制的深度(姚素平等，2012)。Bachu等(2007)认为有利于CO_2注入的煤层渗透率应大于0.01mD，如果煤层的渗透率过低，则不利于CO_2从割理进入孔隙，从而导致注入失败或进展缓慢。因此，渗透性的变化也影响了CO_2存储的有效性。刻度区3#煤层试井渗透率在全区内变化比较大，介于0.01~0.51mD，平均约为0.17mD。从图2-26可以看出煤层渗透率在区块内中部、西北部等地块状分布范围

内基本在 0.10mD 以上。因此，刻度区内煤层渗透性能满足 CO_2 存储技术上的要求。根据 CO_2 性质，其压力和温度达到 7.38MPa 以上(临界压力)和 31.1℃(临界温度)为超临界状态。而超临界 CO_2 在煤层中的存储更具优势。结合图 9-17，刻度区内由西至东存在 CO_2 相变边界线，即在该线以北，符合超临界 CO_2 的存储深度；该线以南，不具备超临界 CO_2 相态的赋存深度。因此，结合 3#煤储层的渗透性变化趋势，将研究区进一步划分为超临界存储区和亚临界存储区两个大区及 5 个存储子区域，并对各个区域的 CO_2 存储容量分别进行了计算。结果显示：对于超临界 CO_2 存储区，如果 CO_2 的可采系数和置换 CH_4 比例均为 100%，即煤层中的 CH_4 等烃类气体全部被 CO_2 置换，则计算得到的 CO_2 总存储容量为 2.32×10^7t，为该超临界存储区的理论存储容量；如果 CO_2 的可采系数和置换 CH_4 比例分别取 0.5 和 1.0，计算得到的理论有效存储容量为 1.16×10^7t，该值高于但接近金字塔模型中的有效存储容量。对于亚临界 CO_2 存储区，其理论存储容量为 0.46×10^7t，根据可采系数和置换 CH_4 比例计算的理论有效存储容量为 0.23×10^7t。

对于评价过程中采用的 CO_2 的可采系数和置换 CH_4 比例，根据政策、技术和地质条件的约束相对较易修改，并用于重新计算 CO_2 存储容量，以不断提高 CO_2 存储量评估的精度。郑庄区块 CO_2 存储容量评价结果表明，郑庄区块深部无烟煤储层具有可观的 CO_2 有效存储容量，在 CO_2 存储容量方面，郑庄区块深部无烟煤储层 CO_2-ECBM 具有较高有效性。

2. 沁水盆地深部煤层 CO_2 存储能力估算

基于第 9 章所介绍的基础地质模型构建原则，根据第 2 章所述的沁水盆地 3#煤层厚度、埋深、储层压力、含气性、孔渗性等煤储层特征，可建立沁水盆地 3#煤层基础地质模型(图 10-3)。基于表 9-20 所展示的 CO_2 存储区域划分方案，同样将沁水盆地 3#煤层划分为超临界 CO_2 存储区和亚临界 CO_2 存储区(图 10-3)。由图 10-3 可以看出，沁水盆地 3#煤层超临界 CO_2 存储区主要集中于盆地中心埋深超过 800m 的区域，而亚临界 CO_2 存储区分布在盆地周边。第 2 章沁水盆地 3#煤层渗透性研究结果表明，盆地内 3#煤层试井渗透率变化比较大，主要分布在 0.03~6.21mD，平均为 1.59mD。还可以看出，3#煤层渗透率在盆地中部和西部部分地区小于 0.10mD，其他地区均以大于 0.10mD 为主。说明沁水盆地 3#煤层渗透性能满足 CO_2 存储技术上的要求。结合 3#煤储层的渗透性变化趋势，进一步将沁水盆地 3#煤层划分为超临界存储区和亚临界存储区的 5 个存储子区域(图 10-3)。

基于沁水盆地 3#煤层基础地质模型，按照郑庄刻度区相同的评价方法，可进一步估算沁水盆地 3#煤层中 CO_2 的理论吸附封存量、理论游离封存量、理论溶解封存量、理论最大存储容量、理论存储容量和理论有效存储容量。

评价结果显示，沁水盆地 3#煤层理论最大存储容量可达 655.2×10^7t，其中吸附封存量达 573.9×10^7t，游离封存量和溶解封存量分别为 776.2×10^6t 和 358.5×10^5t(表 10-3)。同样假设 CO_2 的可采系数和置换 CH_4 比例均为 100%，则计算得到 CO_2 的理论存储容量为 273.4×10^7t。其中，吸附存储容量、游离存储容量和溶解存储容量分别为 238.4×10^7t、336.4×10^6t 和 150.5×10^5t(表 10-3)。

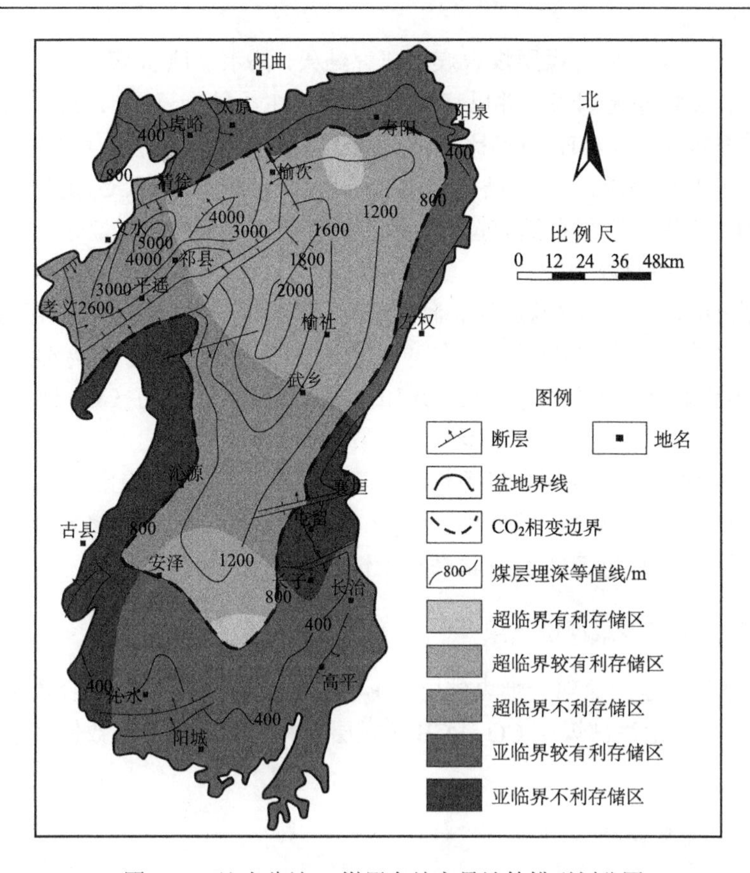

图 10-3　沁水盆地 3#煤层存储容量计算模型划分图

表 10-3　沁水盆地 3#煤层 CO_2 煤层存储能力评价结果

评价参数	超临界区				亚临界区			合计
	有利存储	较有利存储	不利存储	合计	较有利存储	不利存储	合计	
面积/km^2	440.49	8558.63	5999.78	14998.90	10460.80	4040.31	14501.10	29500.00
煤质量/(×10^{8}t)	29.56	574.33	402.62	1006.50	701.97	271.12	973.10	1979.60
最大存储容量/(×10^{6}t)	60.10	1906.54	3126.34	5092.98	336.97	1122.25	1459.22	6552.20
最大吸附存储容量/(×10^{6}t)	51.24	1665.15	2680.00	4396.38	308.40	1034.56	1342.95	5739.33
最大游离存储容量/(×10^{5}t)	83.75	2305.59	4286.03	6675.36	268.00	818.78	1086.78	7762.14
最大溶解存储容量/(×10^{3}t)	328.10	10345.58	17538.22	28211.90	1724.26	5911.76	7636.02	35847.93
理论存储容量/(×10^{6}t)	13.79	831.59	1435.57	2280.95	168.49	284.75	453.23	2734.19
理论吸附存储容量/(×10^{6}t)	11.82	724.19	1230.63	1966.65	154.69	263.07	417.76	2384.41
理论游离存储容量/(×10^{5}t)	18.72	1034.56	1968.62	3021.89	134.00	207.90	341.90	3363.79
理论溶解存储容量/(×10^{3}t)	73.90	4550.08	8049.85	12673.83	875.93	1504.54	2380.47	15054.30
考虑 RF 和 ER 的理论有效存储容量/(×10^{6}t)	6.90	415.79	717.29	1139.98	84.74	142.87	227.60	1367.59
理论吸附存储容量/(×10^{6}t)	5.91	361.60	614.82	982.34	76.85	131.04	207.90	1190.23
理论游离存储容量/(×10^{5}t)	9.85	52.22	984.31	1046.38	67.00	104.44	171.44	1217.82
理论溶解存储容量/(×10^{3}t)	37.44	2275.04	4024.92	6337.41	432.54	751.78	1184.32	7521.73

根据第 2 章沁水盆地 3#煤层煤岩煤质研究结果，沁水盆地 3#煤层变质程度较高，包括焦煤、瘦煤、贫煤和无烟煤，并以瘦煤-无烟煤为主。结合表 10-2 给出的中国各煤阶的煤层气可采系数和 CO_2/CH_4 置换比，可见对于沁水盆地 3#煤层，其 RF 值和 ER 值均可分别取 0.5 和 1.0。因此，评估结果显示，沁水盆地 3#煤层的 CO_2 理论有效存储容量约为 136.8×10^7t。其中，吸附存储容量、游离存储容量和溶解存储容量分别为 119.0×10^7t、121.8×10^6t 和 75.2×10^5t（表 10-3）。

基于所划分的沁水盆地 3#煤层超临界存储区和亚临界存储区的 5 个存储子区域，进一步计算各个区域的 CO_2 存储容量。结果显示：超临界存储区的 CO_2 理论存储容量为 228.1×10^7t，理论有效存储容量为 114.0×10^7t；亚临界存储区的 CO_2 理论存储容量为 45.3×10^7t，理论有效存储容量为 22.8×10^7t。

沁水盆地 3#煤层 CO_2 存储容量评价结果表明，沁水盆地深部无烟煤储层具有可观的 CO_2 有效存储容量，CO_2 有效存储容量可达亿吨级，说明在 CO_2 存储容量方面，沁水盆地深部无烟煤储层 CO_2-ECBM 具有较高有效性。

10.1.3　煤层气井增产效果评价结果

基于第 8 章所建立的深部无烟煤储层 CO_2-ECBM 连续性过程全耦合数学模型及数值模拟软件，对沁水盆地深部煤层 CO_2-ECBM 煤层气井增产效果进行数值模拟研究和效果评价。

1. 单井增产效果评估

第 8 章的模拟结果证实，注 CO_2 对提高煤层气井 CH_4 累计产量、煤层气采收率具有积极的作用。模拟埋深 1000m 条件下，模拟生产周期（3650 天）内，直接开采时，CH_4 的直井单井累计产量约为 $4.0\times10^6m^3$，而注 CO_2 开采时（注入压力 15MPa），CH_4 的直井单井累计产量约为 $15.0\times10^6m^3$，注 CO_2 开采的 CH_4 累计产量约为直接开采的 3.75 倍，CH_4 增产效果显著。不同注入压力（12MPa、14MPa、16MPa 和 18MPa）下，CH_4 的直井单井累计产量分别为 $8.2\times10^6m^3$、$12.1\times10^6m^3$、$17.0\times10^6m^3$、$24.0\times10^6m^3$，相对于直接开采 CH_4 的直井，单井累计产量均有大幅提高，增幅分别达 105%、203%、325%和 500%。而对于 CH_4 的直井单井日产气量也出现大幅提高。模拟埋深 1000m 条件下，注 CO_2 开采时（注入压力 15MPa），单井日产气量平均增幅约为直接开采的 2.5 倍。相对于直接开采，不同注入压力（12MPa、14MPa、16MPa 和 18MPa）下，注 CO_2 开采时的单井日产气量平均增幅分别达到了 116%、206%、342%和 525%。由图 10-4 可以看出，CO_2 注入的同时即出现生产井增产的响应，且 CO_2 注入压力越高，单井日产气量增幅越大。这是由于注气阶段早期，CO_2 注入压力提高了 CH_4 的生产压差，使其更易产出。随生产时间的推移，注 CO_2 开采时的单井日产量总体变化趋势与直接开采相似，呈现出逐渐减少的趋势，至生产 2600d 左右时，单井日产量趋于稳定并维持在较低水平[图 10-4(a)]。相对于直接开采，注 CO_2 开采时的单井日产量增幅则表现出先小幅上升，至生产 350d 左右时单井日产量增幅略有增大，至生产 2600d 左右时逐渐趋于稳定[图 10-4(b)]。说明注 CO_2 开采时单井日产量的提高主要集中在 350~2600d，这两个时间节点分别对应于煤层中 CO_2 的突破时间（产出气体中 CO_2 浓度不超过 10%的生产时间）和井控范围内煤层中

CO_2浓度差平衡时间。CO_2的突破时间代表了注入的CO_2到达生产井的时间，表明井控范围内 CO_2 全面置换/驱替煤层中 CH_4，单井日产量的提高由压力驱动控制全面转变为CO_2置换/驱替控制；CO_2浓度差平衡时间则代表了井控范围内煤层中各点CO_2浓度基本一致的时间，表明CO_2置换/驱替煤层中CH_4的过程基本完成，CH_4浓度也已降至较低水平，单井日产量的提高主要依靠煤层中残余能量实现。同时，图 8-19 和图 8-21 显示，CO_2注入压力越高，煤层中CO_2的突破时间和CO_2浓度差平衡时间越短，这也造成了随CO_2注入压力的升高，单井日产量迅速升高阶段提前。相应地，随注CO_2开采时CH_4产量的提高，井控范围内煤层中CH_4采收率也得以大幅提高。模拟埋深 1000m 条件下，模拟生产周期(3650 天)内，不同注入压力(12MPa、14MPa、16MPa 和 18MPa)下，注入井与生产井连线的中心位置，CH_4的采收率相对于直接开采CH_4的采收率分别提高 81.58%、82.89%、85.53%和 89.47%，说明注CO_2开采有利于提高煤层CH_4的采收率。

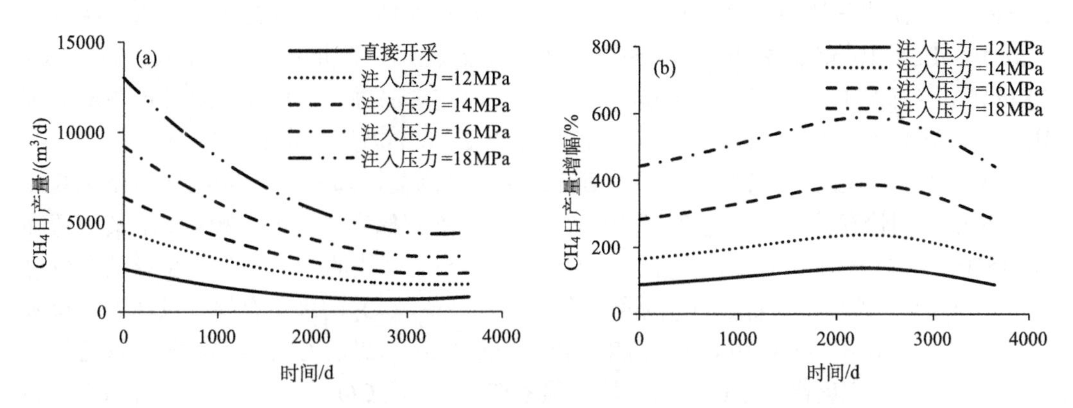

图 10-4　不同CO_2注入压力下CH_4的单井日产量和日产量增幅

(a) CH_4的单井日产量；(b) CH_4的单井日产量增幅

综上所述，在提高 CH_4 产能方面沁水盆地深部无烟煤储层 CO_2-ECBM 具有较高有效性。同一时间内，注入压力越大，煤层中CO_2的浓度越高，CH_4浓度越低，对提高CO_2累计存储量、CH_4 累计产量及单井日产量均具有积极效应，与实验模拟结果吻合，进一步证实了较高的注气压力可提高注入CO_2及产出CH_4的效率。

2. 沁水盆地 CO_2-ECBM 煤层气增产效果评估

王烽等(2009)根据我国新一轮煤层气资源评价结果评估了沁水盆地煤层气可采资源量，认为沁水盆地煤层气总资源量为 $3.97\times10^{12}m^3$，通过常规技术可开采煤层气 $1.13\times10^{12}m^3$，即现有技术条件下沁水盆地煤层气可采资源量为 $1.13\times10^{12}m^3$，采收率为 36.5%。根据第 8 章的模拟结果，相对于直接开采，注CO_2开采时煤层中CH_4的采收率可提高 80%以上，即煤层气采收率可达 65.7%。依此可以估算，通过注CO_2开采，沁水盆地可增产煤层气资源 $1.16\times10^{12}m^3$，这一煤层气资源量也就是 CO_2-ECBM 技术的增产资源量，即通过 CO_2-ECBM 技术可使沁水盆地煤层气可采资源量达到 $2.61\times10^{12}m^3$。这一数据说明沁水盆地CO_2埋藏潜力和煤层气资源潜力巨大，在提高煤层气可采资源量方面，沁水盆地深部无烟煤储层 CO_2-ECBM 具有较高有效性。

截至 2018 年，沁水盆地主要煤层气开发区块(主要包括潘庄、潘河、樊庄—郑庄、柿庄南、寺河—成庄等区块)共投产煤层气井 9383 口，煤层气产量 $31.4\times10^8m^3$，占 2018 年全国煤层气产量的 71%(前瞻网，2019)。同样，基于第 8 章的模拟结果，相对于直接开采，注 CO_2 开采时的单井日产量平均增幅均高于 100%，则沁水盆地目前已投产的煤层气井年产量可达 $62.8\times10^8m^3$，CO_2-ECBM 技术可使目前已投产的煤层气井年增产 $31.4\times10^8m^3$。进一步说明了在提高目前已投产煤层气井的 CH_4 产能方面，沁水盆地深部无烟煤储层 CO_2-ECBM 具有较高有效性。

10.1.4　沁水盆地深部煤层 CO_2-ECBM 有效性实验室评价综合结论

综合上述超临界 CO_2 可注性、超临界 CO_2 存储容量和 CO_2-ECBM 煤层气井增产效果评价结果，本次研究认为沁水盆地深部煤层 CO_2-ECBM 具有有效性。CO_2 注入压力为 10MPa 时，沁水盆地埋深 1000~1600m 煤层 CO_2 可注性直井单井最大可注入速率可达 2.00×10^3~$1.54\times10^4m^3/d$(标况下，约合 3.93~30.25t/d)，单井可注入量为 1.06×10^6~$5.81\times10^6m^3$(标况下，约合 2.08×10^3~11.41×10^3t)，随埋深进一步增加，直井单井最大可注入速率与单井可注入量进一步降低，但至埋深 2000m 仍具有高于 1.35t/d 的单井最大可注入速率，以及高于 1.25×10^3t 单井可注入量。沁水盆地郑庄区块 3#煤层埋深 2000m 以浅的 CO_2 理论存储容量高达 2.78×10^7t，且理论有效存储容量约为 1.39×10^7t，其中超临界存储区的 CO_2 理论有效存储容量占绝对优势。由郑庄区块的 CO_2 封存与总存储容量可估算出整个沁水盆地 3#煤层 CO_2 封存与存储容量可观，CO_2 的理论存储容量和理论有效存储容量可分别达 273.4×10^7t 和 136.8×10^7t。沁水盆地 3#煤层 CO_2 存储容量与该盆地高变质程度煤发育程度高、对 CO_2 吸附能力强密切相关。注 CO_2 可大幅提高 CH_4 的产量和采收率，注 CO_2 开采 CH_4 单井日产量增幅约为直接开采的 100%以上，煤层中 CH_4 的采收率可提高 80%以上，且随 CO_2 注入压力的增大，CH_4 单井累计产量的增幅可高达数倍，有效提高了 CH_4 产能。根据沁水盆地煤层气总资源量估算，通过注 CO_2 强化开采煤层气，沁水盆地可增产煤层气资源 $1.16\times10^{12}m^3$，煤层气可采资源量达到 $2.61\times10^{12}m^3$；根据沁水盆地已投产煤层气井产量估算，CO_2-ECBM 技术可使目前已投产的煤层气井年增产 $31.4\times10^8m^3$，极大提高已投产煤层气井的 CH_4 产能。

CO_2 注入煤层体积应变效应和地球化学反应效应共同影响的煤储层裂隙-连通孔隙结构、渗透率、力学强度和 CO_2-ECBM 流体连续性过程是沁水盆地无烟煤储层 CO_2-ECBM 有效性的关键影响因素。有效应力改变和 CO_2 吸附引起的体积膨胀是导致渗透率衰减的主要原因，也是造成煤储层 CO_2 可注性和 CH_4 产出速率降低的主要原因。煤岩地球化学反应效应虽然可在一定程度上改善煤储层孔裂隙连通性和渗透率，但研究结果表明，相对于煤层体积应变效应造成的渗透率衰减，其作用较弱。在 CO_2-ECBM 中，煤层有效应力的变化和 CO_2 吸附膨胀是不可避免的，因而煤层中注入 CO_2 引起渗透率衰减是客观存在的，如何尽可能减小 CO_2-ECBM 过程中煤储层渗透率的衰减，就成为 CO_2-ECBM 技术的关键。

10.2　沁水盆地深部无烟煤 CO_2-ECBM 有效性理论模型和技术模式

CO_2 可注性、CO_2 封存机制和存储容量及煤层气井增产效果组成了 CO_2-ECBM 有效性的核心内涵，通过 CO_2-ECBM 技术模式的改进实现 CO_2-ECBM 过程中煤储层渗透率衰减的减小是 CO_2-ECBM 技术有效性的关键。本节通过凝练 CO_2-ECBM 有效性理论模型与深部无烟煤储层 CO_2-ECBM 技术模式，从理论模型和技术模式层面分别阐述深部无烟煤 CO_2-ECBM 的有效性。

10.2.1　深部无烟煤储层 CO_2-ECBM 有效性理论模型

有效性是 CO_2-ECBM 工程的基础和前提，安全性是 CO_2-ECBM 工程的生命力，经济性是 CO_2-ECBM 工程的驱动力。CO_2-ECBM 有效性是本次研究工作关注的重点。

可注性是决定 CO_2-ECBM 是否具有有效性的关键要素，主要受控于煤储层渗透率及其随 CO_2 注入产生的衰减；渗透率动态变化是 CO_2 注入应力应变效应和地球化学反应效应的综合结果(图 10-5)；超临界 CO_2 较液态 CO_2 相比渗透性更好、地球化学反应正效应更显著，造缝后注入、控制注入速率和程序、N_2 协同注入等可消除和抑制应力应变正效应；深部无烟煤储层原始渗透率相对较低，但应力应变效应较弱、造成的煤层渗透率衰减也弱，是深部无烟煤储层具有可注性的主要内因(图 10-5)，应力应变效应的抑制和消除是深部无烟煤储层具有可注性的主要外因。

封存机制和存储容量是决定 CO_2-ECBM 有效性意义和潜力大小的基本要素，主要受控于煤储层吸附量和 CO_2/CH_4 吸附解吸置换率(图 10-5)；煤储层吸附量和 CO_2/CH_4 吸附解吸置换率与煤级、注入压力等密切相关；超临界 CO_2 在煤层中具有高(绝对)吸附量，在较高的注入压力下，CO_2/CH_4 具有高置换率；深部无烟煤储层 CO_2/CH_4 置换率相对较低，但吸附量很高，是深部无烟煤具有高 CO_2 存储容量的主要内因，注入压力的保持和提高是深部无烟煤具有高 CO_2 存储容量的主要外因。

煤层气井增产效果是决定 CO_2-ECBM 有效性优劣的要素，主要受控于煤储层与 CO_2 注入共同影响的流体连续性过程(图 10-5)；CO_2/CH_4 吸附置换与运移驱替衔接关系是流体连续性过程的实质，置换率是驱替效率的前提，扩散与渗流的短板制约驱替效率；超临界 CO_2 较液态 CO_2 相比具有高置换率和高驱替效率，控制 CO_2 注入压力、煤层渗透性动态变化等可改善流体连续性过程；深部无烟煤储层 CO_2 吸附置换量高，区域热变质型无烟煤渗透率及 CO_2-ECBM 有效性较高是取得深部无烟煤煤层气井增产效果的主要内因，通过注入压力、注入时间、注入-生产井井控范围、储层激励等优化 CO_2/CH_4 置换驱替关系、抑制渗透率衰减、改善渗透率有效性是取得深部无烟煤煤层气井增产效果的主要外因。

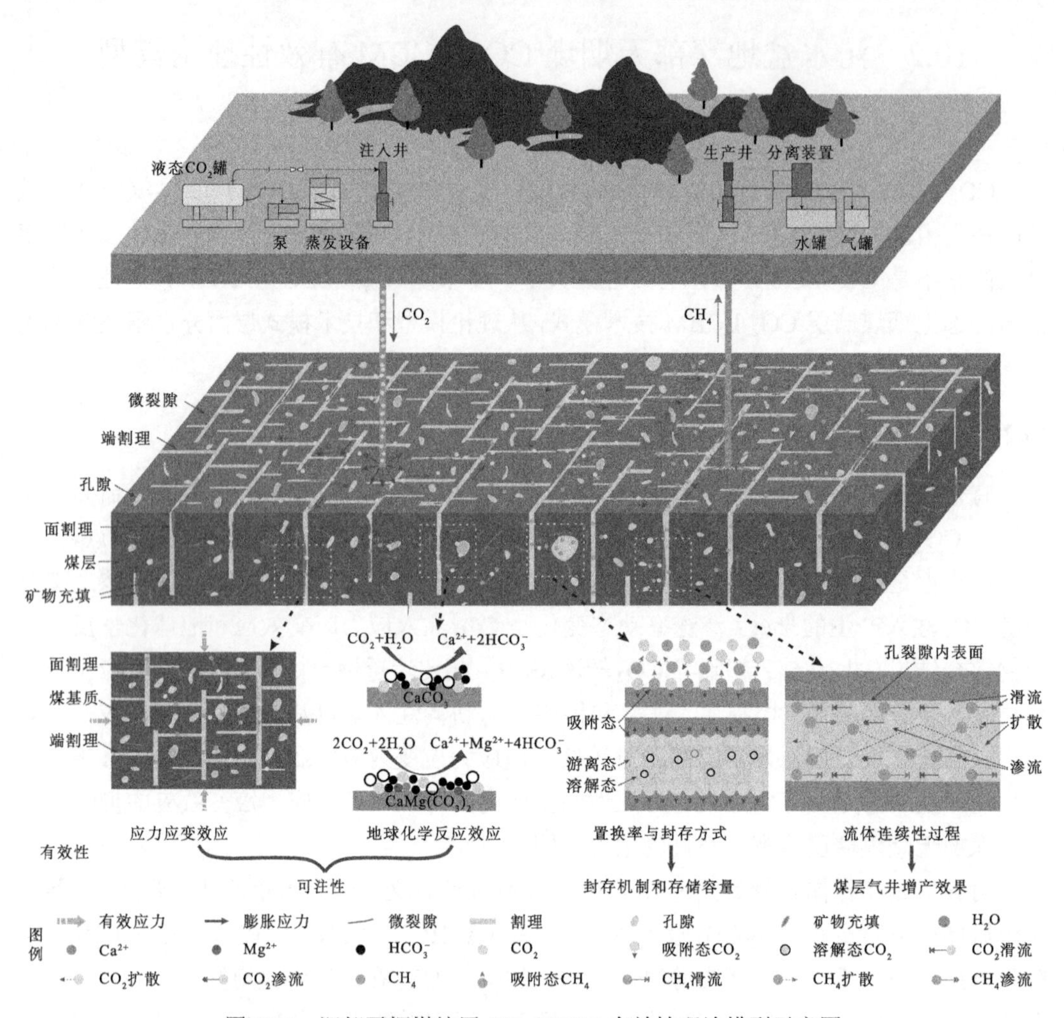

图 10-5　深部无烟煤储层 CO_2-ECBM 有效性理论模型示意图

10.2.2　深部无烟煤储层 CO_2-ECBM 有效性技术模式

前文的论述表明，有效应力改变和 CO_2 吸附引起的体积膨胀是导致煤储层渗透率衰减以及煤储层 CO_2 可注性和 CH_4 产出速率降低的主要原因。虽然在深部无烟煤储层 CO_2-ECBM 中，注入 CO_2 引起的煤储层渗透率衰减是客观存在的，但是通过 CO_2-ECBM 技术模式的改进可以实现 CO_2-ECBM 过程中煤储层渗透率衰减的减小。在前文研究的基础上，从技术原理、实验验证和技术关键三个方面，分别探讨三种深部无烟煤储层 CO_2-ECBM 技术模式，以期实现煤储层 CO_2 可注性和 CH_4 产出速率的长期、稳定。

1. CO_2/N_2 交替注入技术模式

1) 技术原理

注入 N_2 后，煤储层存在三种气体的相互作用。由于煤对 N_2 的吸附能力低于 CH_4 和 CO_2，在注入 N_2 的过程中，随着 N_2 分压的增大，CH_4 和 CO_2 分压减小，引起气体降压解吸。和吸附膨胀效果相反，煤基质解吸之后会发生基质收缩效应，导致窄裂隙的扩张或者闭合裂隙的重新张开，N_2 注入闷井之后也会引起孔隙结构的变化，如孔隙体积的增大、孔径分布范围的扩展、孔隙连通性的改善，进而增大煤层渗透率。渗透率的提升可增加 CO_2 和 CH_4 的渗流路径，CO_2 能重新通过渗流-扩散作用进入煤基质孔隙中，增强 CO_2 可注性，CH_4 则通过扩散-渗流作用而产出，提高了 CH_4 产出效率。此外，注入 N_2 引起的 CH_4 的解吸也进一步提高了煤层气的采收率(李贵川等，2016)。

2) 实验验证

(1) 实验方案。

为探讨 CO_2-ECBM 过程中注 N_2 对煤储层 CO_2 可注性与 CH_4 增产效果的影响，开展了注 N_2 提高煤储层 CO_2 可注性与 CH_4 增产效果的实验模拟。实验平台为第 9 章所介绍的模拟 CO_2 注入煤储层渗流驱替实验装置。实验煤样长度为 9.436cm，直径为 4.966cm，质量为 259.037g。为了更好地进行对比，分别进行了亚临界 CO_2 和超临界 CO_2 下的驱替实验。实验流程如下：

①将煤样装入夹持器内，加载围压至 12MPa，调节温度至 35℃；

②用 N_2 测试煤样在 12MPa 围压、4MPa 注入压力下的初始渗透率；

③将设备内抽真空，注入 4MPa 的 CO_2 于夹持器内，并测试应变和渗透率；

④关闭出口端阀门，4MPa 吸附 24h 后，注入 N_2 进行驱替实验(N_2 压力= 4MPa)，测试驱替过程中样品的应变和渗透率，利用背压阀维持 2MPa 出口压力，并利用气相色谱仪实时监测出口气体组分含量；

⑤待 CO_2 被驱替完毕之后，进行二次 CO_2 注入(CO_2 注入压力 4MPa)，并测实时应变、渗透率和气体组分变化，当 CO_2 组分含量接近 100%时实验完毕；

⑥随后，进行超临界 CO_2 注入后的驱替实验，CO_2 和 N_2 的压力为 8MPa，背压阀维持 6MPa 出口压力，重复步骤①~⑤，直至测试完成。

(2) 实验结果分析。

①注 N_2 后煤中气体组分变化规律。

N_2 驱替亚临界 CO_2 及亚临界 CO_2 二次注入实验过程中，在 1.47h 时开始注入 4MPa 的 CO_2，并开始 CO_2 吸附过程，吸附时间为 24.67h，此时整个岩心夹持器内全部为 CO_2(图 10-6)。实验进行到 26.14h 时，开始注入 4MPa 的 N_2，此时气体组分呈现阶段性变化，在 26.14~29.71h 时间段内，CO_2 含量从 99.37%迅速降低至 8.13%，而 N_2 含量从 0.63%急剧增大到 91.87%，说明 N_2 的注入对 CO_2 起到了驱替作用；在 29.71~37.24h 时间段内，CO_2 含量减少，N_2 含量增大，但是整个变化趋势趋于缓慢，气体组分变化速率明显降低(图 10-6)。随后，从 45.74h 开始进行 CO_2 的二次注入，CO_2 通过竞争吸附作用将 N_2 驱离煤基质，导致 N_2 含量的明显降低(图 10-6)。

N_2 驱替超临界 CO_2 及超临界 CO_2 二次注入实验过程中，在 0.55h 时开始注入 8MPa 的超临界 CO_2，在 CO_2 吸附 25.12h 之后，开始注入 8MPa 的 N_2，同样 N_2 驱替超临界 CO_2 也呈现阶段性变化，在 26.06~30.63h 时间段内，CO_2 含量呈现急速降低的趋势，N_2 呈现快速上升的趋势，而在 30.63~37.64h 时间段内，这种趋势变化趋于缓慢，气体组分含量趋于稳定(图 10-7)。此后，在 46.14h，二次注入 8MPa 的超临界 CO_2，同样，具有强吸附性的 CO_2 占据了煤中的吸附位置，实现了对 N_2 的驱替(图 10-7)。

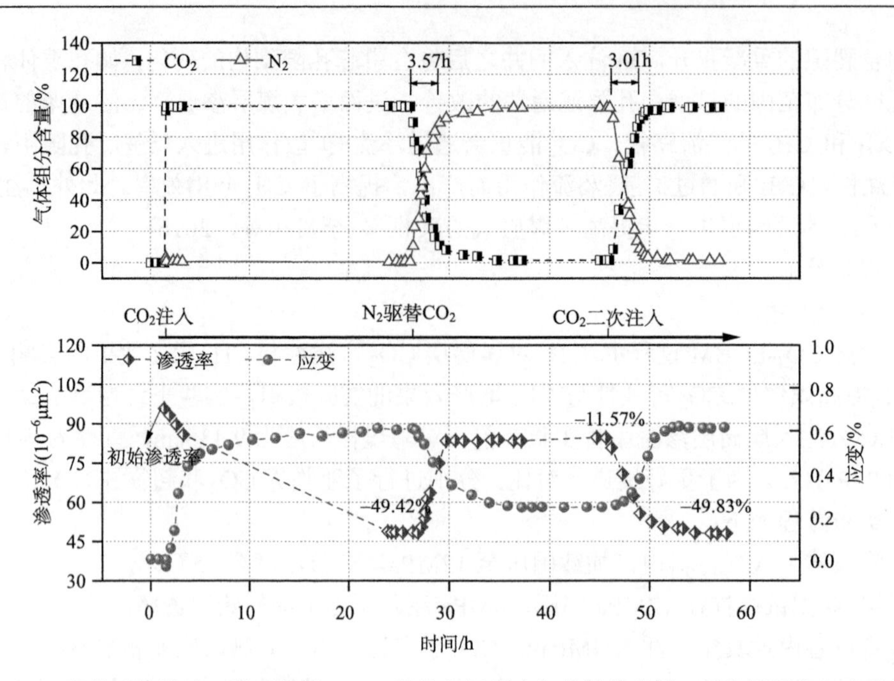

图 10-6　N_2 驱替亚临界 CO_2 及亚临界 CO_2 二次注入过程中气体组分含量、煤岩渗透率和应变的变化（牛庆合，2019）

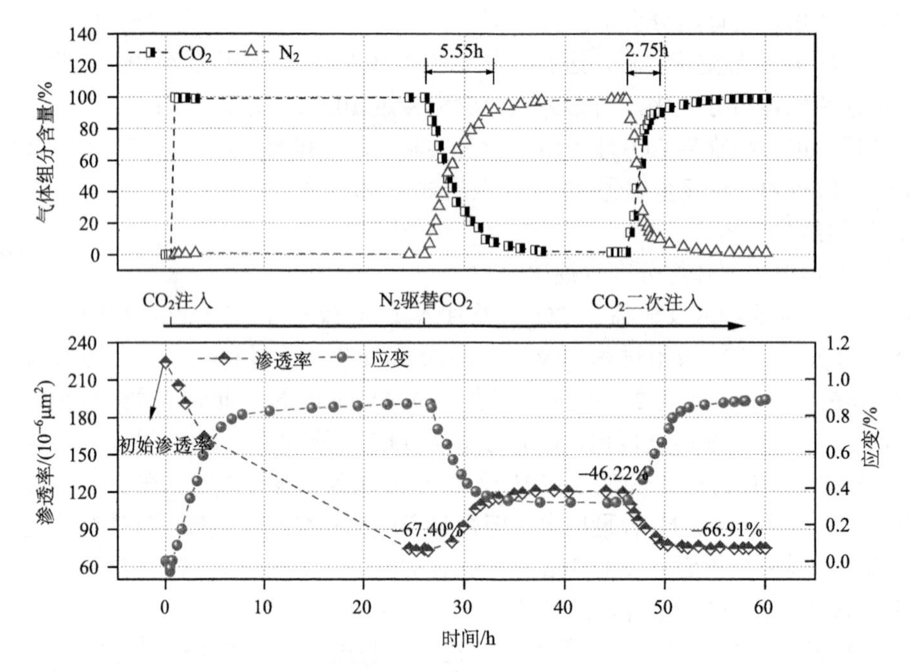

图 10-7　N_2 驱替超临界 CO_2 及超临界 CO_2 二次注入过程中气体组分含量、煤岩渗透率和应变的变化（牛庆合，2019）

实验结果表明，在整个 N_2 驱替 CO_2 和 CO_2 的二次注入过程中，无论是对于超临界 CO_2 还是亚临界 CO_2，均呈现相似的变化趋势，然而驱替时间和驱替效率存在差异。由于超临界 CO_2 的吸附能力远大于 N_2，超临界 CO_2 含量降低至 10%以下所耗费的时间

(5.55h)长于亚临界 CO_2(3.57h)，说明 N_2 驱替超临界 CO_2 的难度更大。在 CO_2 的二次注入中，超临界 CO_2 含量提升至 90%以上所耗费的时间(2.75h)短于亚临界 CO_2(3.01h)，说明超临界 CO_2 和 N_2 之间的竞争吸附效果更强烈，在更短的时间内就能将煤中的 N_2 驱替出去。

②注 N_2 后煤体应变的变化。

在亚临界 CO_2 初次注入过程中，随着 CO_2 的注入煤体应变瞬间减小至–0.03%，这反映了气体对煤的整体压缩作用，随后煤体发生吸附膨胀，最大膨胀应变量为 0.59%；在 N_2 驱替亚临界 CO_2 过程中，随 CO_2 的解吸煤岩发生基质收缩，尽管 N_2 的吸附也会引起煤岩膨胀，但是其膨胀量要小于 CO_2，因此煤岩应变先快速减小随后缓慢降低，最终的应变量为 0.25%，大于初始值；在亚临界 CO_2 二次注入过程中，由于 CO_2 的吸附能力很强，煤岩吸附 CO_2 后迅速发生吸附膨胀，随着 CO_2 吸附量和 N_2 解吸量的增大，煤岩的吸附膨胀量达到最大值 0.61%，和初始值相差不大(图 10-6)。

N_2 驱替超临界 CO_2 过程中，超临界 CO_2 二次注入过程中，煤体的变形情况和亚临界 CO_2 一致，但是应变大小有所差异(图 10-7)。煤体吸附超临界 CO_2 后最大膨胀应变量为 0.84%，高于吸附亚临界 CO_2 的膨胀应变；在 N_2 驱替超临界 CO_2 过程中，煤体发生基质收缩，应变量降低至 0.32%，也高于 N_2 驱替亚临界 CO_2 的应变量；在超临界 CO_2 二次注入过程中，煤岩同样发生膨胀，最大应变量为 0.87%，接近初始应变量(图 10-7)。

③注 N_2 后渗透率的变化。

N_2 驱替亚临界 CO_2 及亚临界 CO_2 二次注入过程中，煤岩在 4MPa 的注气压力下初始渗透率为 95.78×10^{-3}mD。随着 CO_2 的注入，煤体渗透率逐渐降低至 48.45×10^{-3}mD，降幅达到 49.42%(图 10-6)。随着 N_2 的注入，渗透率开始恢复，至 44.72h 渗透率为 84.70×10^{-3}mD，和初始值相比降低了 11.57%，和 CO_2 吸附后相比渗透率增长了 74.82%；CO_2 二次注入过程中，渗透率又出现降低，最小值为 48.05×10^{-3}mD，渗透率降低了 49.83%(图 10-6)。

N_2 驱替超临界 CO_2 及超临界 CO_2 二次注入过程中，煤岩在 8MPa 的注气压力下初始渗透率为 224.18×10^{-3}mD。吸附超临界 CO_2 之后，渗透率降低至 73.09×10^{-3}mD，降幅达到 67.40%；随着 N_2 的注入，渗透率恢复至 120.56×10^{-3}mD，和初始值相比降低了 46.22%，和 CO_2 吸附后相比渗透率增长了 64.95%；CO_2 二次注入过程中，渗透率降至 74.18×10^{-3}mD，降低了 66.91%，与第一次超临界 CO_2 注入后的渗透率相近(图 10-7)。

3)技术关键

(1) N_2 驱替 CO_2 机理。

与 CO_2 对 CH_4 的驱替作用不同，N_2 对 CO_2 的驱替实际是一种“冲刷”作用。N_2 驱替之前，CO_2 吸附处于平衡状态[图 10-8(a)]，裂隙中 CO_2 压力等于煤基质压力。N_2 注入煤层之后，裂隙中 N_2 分压逐渐增大，CO_2 分压逐渐降低，于是通过压力差 N_2 将 CO_2“冲刷”出去，导致裂隙中 CO_2 浓度随 N_2 的不断注入呈现线性减小的趋势[图 10-8(b)]。这个过程中，当裂隙中 CO_2 浓度低于基质中的 CO_2 浓度时，基质中 CO_2 吸附平衡状态被打破，在浓度差的驱使下，CO_2 从基质扩散到裂隙中，最终被 N_2 驱替出去[图 10-8(c)]。在第一个阶段，N_2 驱替的气体中包括大部分的游离 CO_2 和少量的解吸 CO_2，而在第二个阶段，N_2 驱替的气体主要是解吸 CO_2，因此 CO_2 的解吸主导了第二个驱替阶段，这也是 CO_2 浓度呈现缓慢降低的原因。

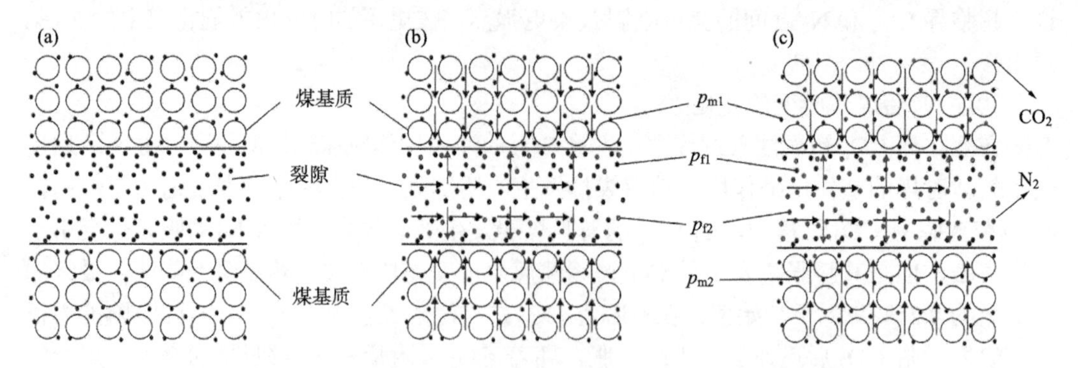

图 10-8 N_2 驱替 CO_2 机理示意图(改自 Lin et al., 2018)

(a) N_2 驱替前，CO_2 吸附处于平衡状态；(b) 注入的 N_2 将 CO_2“冲刷”出去；(c) 基质中解吸的 CO_2 将 N_2 驱替出去；p_{f1} 为裂隙中 CO_2 分压；p_{m1} 为煤基质中 CO_2 分压；p_{f2} 为裂隙中 N_2 分压；p_{m2} 为煤基质中 N_2 分压

(2) N_2 驱替 CO_2 对 CO_2 可注性和 CH_4 增产的作用。

本次研究的实验结果显示，注入 N_2 驱替 CO_2 实现了渗透率在一定程度上的恢复。这也得到了其他学者的证实，如在 5~14MPa 的 N_2 驱替之后，煤层渗透率提升了 73.51%~106.61% (Zhang et al., 2018b)；在 Ishikari 盆地的 CO_2-ECBM 现场试验中，N_2 的注入将 CO_2 的日注入量提高了 4 倍以上等(图 10-9)。但是煤层渗透率的提升仅仅是暂时的，CO_2 再次注入之后，随着 CO_2 将 N_2 驱替出去，煤储层的渗透率仍会降至 CO_2 初次注入的水平。另外，N_2 驱替 CO_2 虽然在一定程度上起到了增注的效果，但是将 CO_2 驱出之后也降低了 CO_2 的封存量。总之，在煤层中注入 N_2 可明显提高 CO_2 的可注性，但是该方法是暂时的，并不能从根本上解决 CO_2 可注性和 CH_4 增产问题。

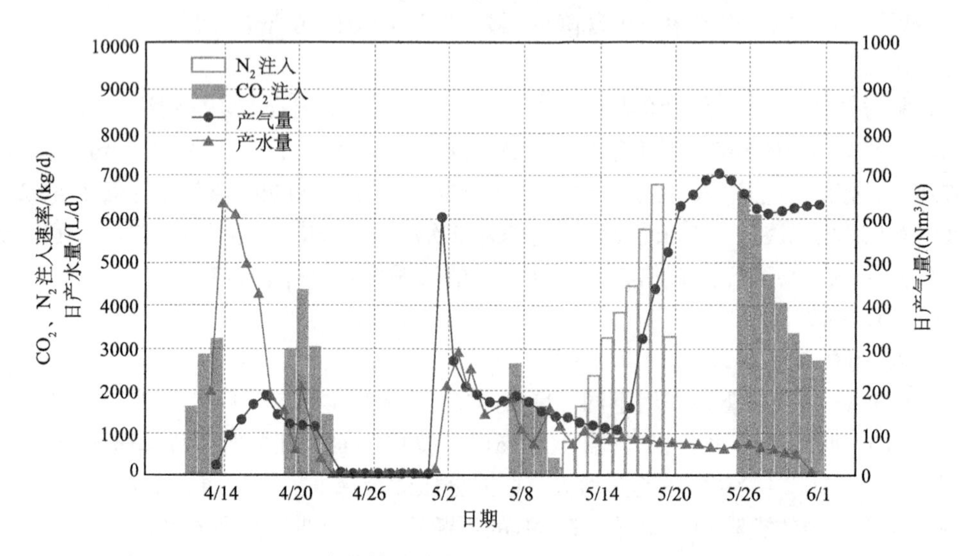

图 10-9 CO_2-ECBM 先导性试验产出和注入曲线(改自 Fujioka et al., 2010)

Nm^3/d 指标方每天；其中 Nm^3 指在 0℃、1 个标准大气压下的气体体积，N 为名义工况(nominal condition)，即空气条件为 1 个标准大气压，温度为 0℃，相对湿度为 0%

2. 预压裂后注入技术模式

1) 技术原理

渗透率是影响 CO_2 可注性与 CH_4 增产效果的关键因素。CO_2-ECBM 是一个连续的过程，在这个过程中层面渗流和割理渗流均会影响 CO_2 注入和 CH_4 产出。层面裂隙渗透率敏感于应力改变，而 CO_2 注入和 CH_4 产出引起的有效应力的改变降低了层面裂隙渗透率；割理渗透率敏感于 CO_2 吸附，超临界 CO_2 吸附引起的膨胀应变引起了割理渗透率的衰减。

煤储层在进行预压裂之后，可产生大量纵横交错的裂缝，垂直层理方向延伸的裂缝连通了割理，平行层理方向的裂缝增大了渗流空间，最终提高了煤岩的整体渗透率(图 10-10)。此外，预压裂产生的裂缝中充填压裂砂之后，层面裂隙的渗透率应力敏感性急剧下降，割理的渗透率吸附损失率也得到了降低。因此，煤储层预压裂后渗透率受应力改变和 CO_2 吸附的影响程度大幅度减弱，最终导致煤储层 CO_2 可注性与 CH_4 增产效果增大。

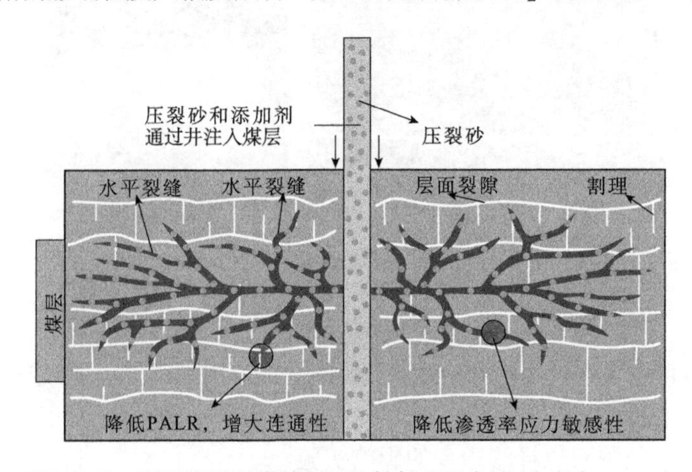

图 10-10　预压裂增强煤储层可注性机理示意图(牛庆合，2019)

2) 实验验证

(1) 实验方案。

为探讨预压裂对煤储层 CO_2 可注性与 CH_4 增产效果的影响，同样开展了预压裂提高煤储层 CO_2 可注性与 CH_4 增产效果的模拟实验，包括测试在吸附超临界 CO_2、改变有效应力条件下原煤样的渗透率变化；对煤样进行人工造缝-铺砂，来模拟压裂后的煤储层；测试人工造缝-铺砂后，吸附超临界 CO_2、改变有效应力煤样的渗透率变化。

①人工造缝-铺砂煤样制备过程。

选取宏观裂隙少、较为致密的煤柱，利用线切割机从煤柱顶端中心位置沿着轴向将煤样切为两半，随后将 60~80 目的石英砂均匀铺设在煤样切面上，铺设厚度约为 2mm，且应该避免铺砂厚度太大导致铺砂后煤样不能完好装于夹持器胶套内(图 10-11)。

②应力对煤样渗透率的影响实验。

分别对人工造缝-铺砂前后的煤样进行一次 4.3.1 节所介绍的加卸载实验，以测试渗透率应力敏感性、裂隙压缩系数和 IPLR 等参数。整个实验中温度恒定为 35℃。人工造缝-铺砂前煤样渗透率测试中，氦气注入压力为 2MPa，围压为 5→7→9→11→13→11→

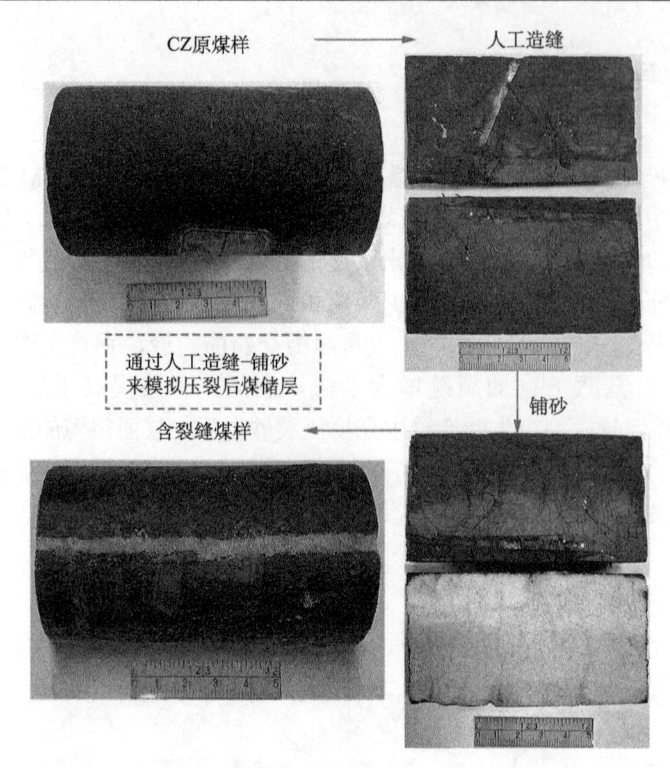

图 10-11 含人工裂缝煤样制作过程(牛庆合，2019)

9→7→5MPa；人工造缝-铺砂后煤样渗透率测试中，氦气注入压力为 1MPa，围压为 5→8→11→14→17→14→11→8→5MPa。为保证数据的可重复性，渗透率进行两次重复测试(run 1 和 run 2)。

③超临界 CO_2 吸附对煤样渗透率的影响实验。

为了说明人工造缝-铺砂后煤样的渗透率是否仍对 CO_2 吸附敏感，对人工造缝-铺砂前后煤样吸附超临界 CO_2，并对吸附前后煤岩渗透率进行测试，测试气体为氦气。为了维持 CO_2 在超临界状态，实验中环境温度设置为 35℃，CO_2 吸附压力为 8MPa，吸附时间 12h。造缝-铺砂前煤样渗透率测试中，设置围压为 13MPa，注气压力为 2MPa、4MPa、6MPa、8MPa 和 10MPa；造缝-铺砂后渗透率测试采用较低的注气压力，围压为 13MPa，注气压力为 0.5MPa、1.0MPa、1.5MPa、2.0MPa 和 2.5MPa。

(2) 实验结果分析。

①应力对人工造缝-铺砂前后煤样渗透率的影响。

人工造缝-铺砂前煤样的渗透率在 9.79×10^{-3}~162.42×10^{-3}mD，而人工造缝-铺砂后煤样的渗透率在 3076.61×10^{-3}~4812.75×10^{-3}mD，造缝-铺砂后煤样渗透率平均提升了 135 倍(图 10-12)，说明预压裂可以显著提高煤储层的渗透率。尽管造缝-铺砂对渗透率提升程度的说法不一，但预压裂可以显著提高煤储层的渗透率，这一认识得到了其他学者的证实(Kumar et al., 2015；Tan et al., 2017, 2018a；Wu et al., 2017)。

人工造缝-铺砂前，随有效应力的增大煤样的渗透率逐渐减小，随有效应力的减小渗透率重新恢复，但是卸载过程中渗透率均小于加载过程中渗透率；人工造缝-铺砂后煤样的加卸载曲线有所不同，尽管曲线可以用指数函数进行拟合，但是几乎呈现直线变化，另外卸载过程中的渗透率甚至会大于加载过程中的渗透率(图 10-12)，可见造缝-铺砂影响了煤样渗透率的变化特征。

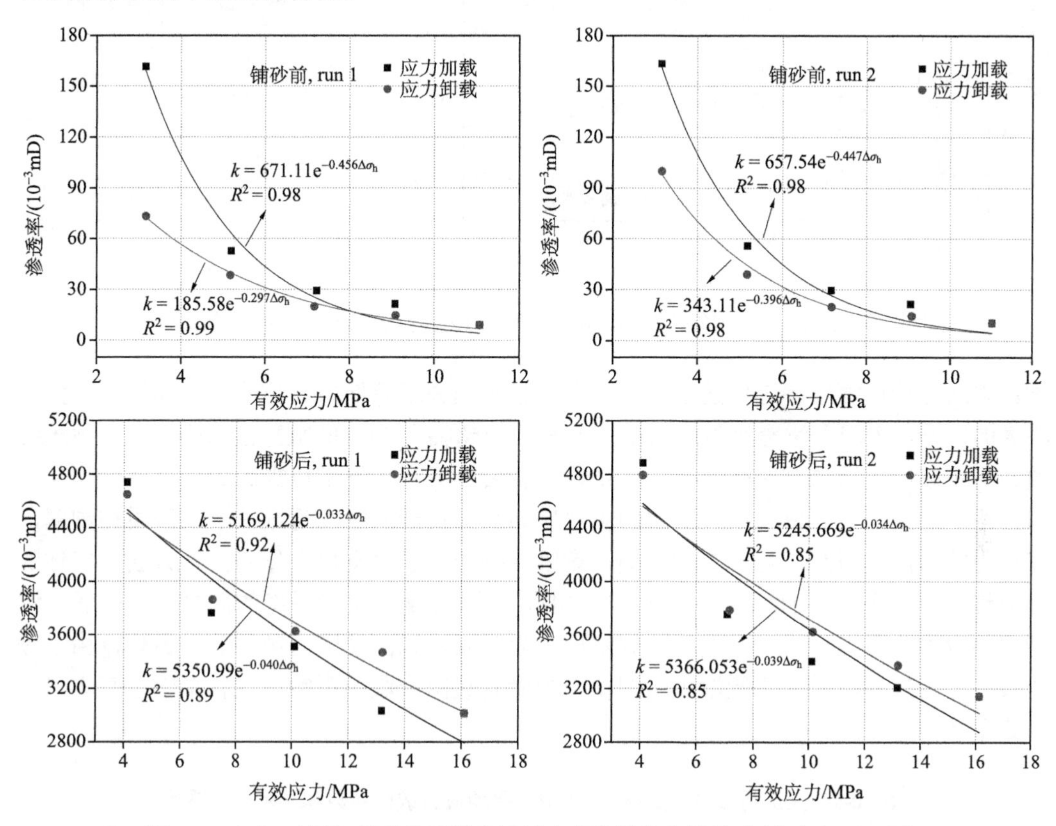

图 10-12　人工造缝-铺砂前后煤岩渗透率和有效应力的关系(牛庆合，2019)

②超临界 CO_2 吸附对人工造缝-铺砂前后煤样渗透率的影响。

造缝-铺砂前煤样在吸附超临界 CO_2 之后渗透率均低于吸附之前，说明吸附膨胀导致了煤样渗透率的降低；而造缝-铺砂后煤样呈现不一样的规律，超临界 CO_2 吸附后煤样渗透率并没有显现出明显的降低，甚至出现吸附超临界 CO_2 后高于吸附前的现象(图 10-13)。

3)技术关键

造缝-铺砂前煤样的 IPLR、应力敏感系数和裂隙压缩系数平均值分别为 46.80%、0.117 和 0.151，造缝-铺砂后煤样的 IPLR、应力敏感系数和裂隙压缩系数平均值分别为 1.93%、0.045 和 0.013，造缝-铺砂导致煤样的 IPLR 降低了 95.88%，应力敏感系数降低了 61.54%，裂隙压缩系数降低了 91.39%(表 10-4)。造缝-铺砂后煤样的 IPLR、平均应力敏感系数和裂隙压缩系数大幅降低，这与文献中的结论一致(Tan et al., 2018a; Wu et al., 2017)。同时，超临界 CO_2 吸附导致造缝-铺砂前煤样的 PALR 分别为 36.47%、34.48%、27.02%、22.25%和 32.10%，平均值为 30.46%；而超临界 CO_2 吸附导致造缝-铺砂后煤样的 PALR 分别为 3.15%、0.70%、–1.27%、2.12%和 0.94%，平均值为 1.13%(图 10-13)。可见，对造缝-铺砂后煤岩注入超临界 CO_2，其 PALR 值降低了 96.29%。上述现象说明，

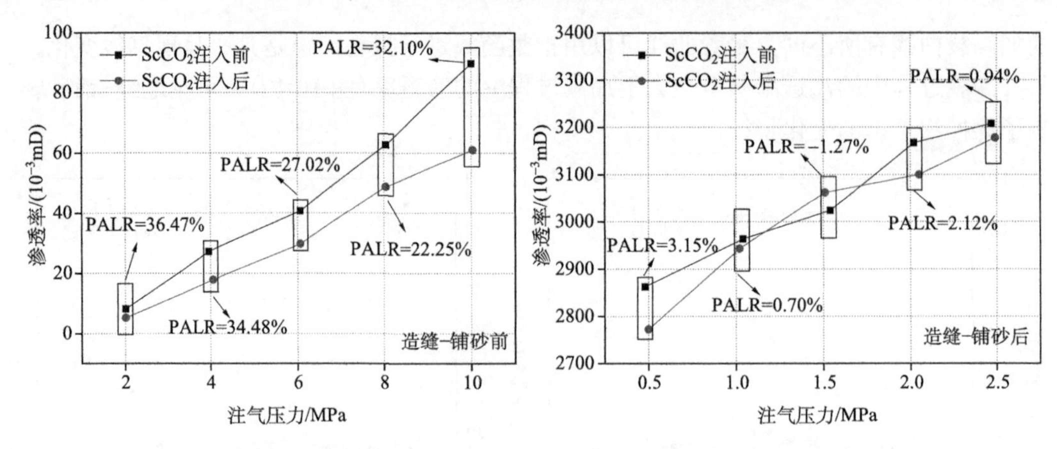

图 10-13　人工造缝-铺砂前后煤岩注入超临界 CO_2 渗透率的变化(牛庆合，2019)

预压裂改造造成煤层渗透率的应力损失率和吸附损失率降低，裂隙的抗压缩能力得到了极大的提升，表现在渗透率对应力敏感性和吸附超临界 CO_2 的敏感性急剧下降。预压裂改造所引起的煤层渗透率的上述变化是预压裂后 CO_2 注入技术可提高 CO_2 可注性和促进 CH_4 增产的关键。而造成这种现象的主要原因是石英砂的刚度远远大于煤基质的刚度，在应力的作用下石英砂几乎不被压缩，裂缝夹砂起到了“支撑”作用，一方面为气体的渗流维持了一个充足的渗流空间(图 10-14)，在增强煤储层渗透率的同时，又降低了渗透率的应力敏感性，另一方面导致煤基质吸附膨胀难以向裂隙内部扩展。另外，由于预压裂改造后煤层渗透率急剧增大，即使裂隙受到吸附膨胀的影响，这种影响也基本可以忽略不计。

表 10-4　人工铺砂前后煤样的 IPLR、平均应力敏感系数和裂隙压缩系数

样品	IPLR/%			平均应力敏感系数			裂隙压缩系数		
	run 1	run 2	平均	run 1	run 2	平均	run 1	run 2	平均
CZ-0	54.72	38.83	46.80	0.117	0.117	0.117	0.152	0.149	0.151
CZ-1	1.97	1.88	1.93	0.046	0.044	0.045	0.013	0.013	0.013

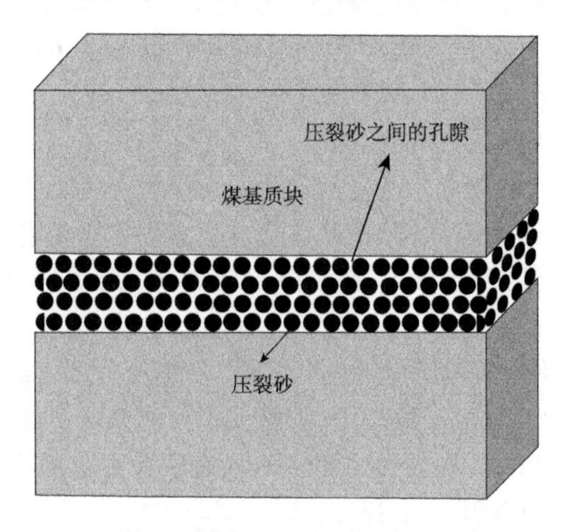

图 10-14　煤岩裂缝铺砂模型示意图(牛庆合，2019)

3. 间歇式注入技术模式

1)技术原理

相比于持续的CO_2注入，间歇式注入是目前生产中使用的主要措施(Dutta and Zoback, 2012)，间歇式注入即按一定周期，对目标煤储层进行CO_2注入/停止循环。CO_2-ECBM工程中，CO_2注入量未达到煤储层的最大封存量之前，关闭注入井，相当于将煤储层中的游离气作为煤层CO_2吸附的气体来源，随着吸附作用的持续进行，煤储层中的游离气逐步减小，最终降低了储层压力。注入井打开后，CO_2重新注入，由于注入压力和储层压力存在压力差，进一步促进了煤层对CO_2的吸附；随着注入/停止次数的增大，煤层吸附CO_2趋于饱和，而注入压力和储层压力之间的压力差降低，最终CO_2可注性逐渐降低。由此可见，采用间歇式注入弥补了持续注入过程中的压力损失，延长了CO_2的注入过程。此外，CO_2注入/停止循环类似于气体闷压和脉冲压裂，可能改变煤岩的渗透率，在一定程度上提高了煤储层的CO_2可注性和CH_4增产效果。

2)实验验证

为探讨间歇式注入对煤储层CO_2可注性与CH_4增产效果的影响，开展了间歇式注入提高煤储层CO_2可注性与CH_4增产效果的模拟实验。

(1)实验方案。

间歇式注入提高煤储层CO_2可注性与CH_4增产效果模拟实验的实验平台为第9章所介绍的模拟CO_2注入煤储层渗流驱替实验装置。实验煤样长度为9.476cm，直径为4.966cm，质量为274.185g。实验流程如下：

①将贴有电阻应变片的煤样装入夹持器内，加载围压至12MPa，调节温度至35℃；

②利用真空泵将实验设备内抽至真空；

③打开参考缸气动阀和夹持器入口阀门，注入4MPa的CO_2于夹持器内，直至达到注入平衡状态(参考缸内气体压力维持不变)，实验过程中实时监测CO_2的瞬时流量、累计流量、注入压力和煤体应变等参数，持续CO_2注入模拟实验完毕；

④将实验设备中气体排出，利用真空泵抽取煤样中的吸附气体，直至解吸完成；

⑤打开参考缸气动阀和夹持器入口阀门，注入4MPa的CO_2于夹持器内，待注入0.5h之后，关闭夹持器入口阀门，停止CO_2注入，再过0.5h重新打开夹持器入口阀门，重新注入CO_2，重复注入/停止循环，直至入口流量降为零；

⑥注入8MPa CO_2于参考缸中，重复步骤②～⑤，进行8MPa CO_2的持续、间歇注入模拟实验。

(2)实验结果分析。

①亚临界CO_2的持续/间歇注入实验结果。

注入压力为4MPa时，CO_2持续注入煤样的过程中，随着累计流量的逐步增大(CO_2注入量不断提高)，煤岩的体积膨胀升至5000με，CO_2瞬时流量逐渐降低至零，说明煤岩的吸附膨胀降低了煤岩渗透率，进而降低了煤岩的CO_2可注性和CH_4产出效果[图10-15(a)]。另外，持续注入方式下亚临界CO_2的净注入量为930.09mL(扣除标定的自由空间体积149.70mL后的亚临界CO_2注入量)。

图10-15(b)展现了间歇注入亚临界CO_2的实验过程，间歇时间为0.5h，共进行了10

次注入/停止循环。每次注入开始时，CO_2 瞬时流量会迅速出现峰值，随后快速下降，同时随循环次数的增多，瞬时流量的峰值逐渐减小。同样，煤岩体积膨胀量逐渐增大，当体积应变达到 6000με 之上后，瞬时流量衰减为零[图 10-15(b)]。间歇注入方式下亚临界 CO_2 的净注入量为 1151.45mL，与持续注入相比，亚临界 CO_2 的净注入量提高了 23.80%。

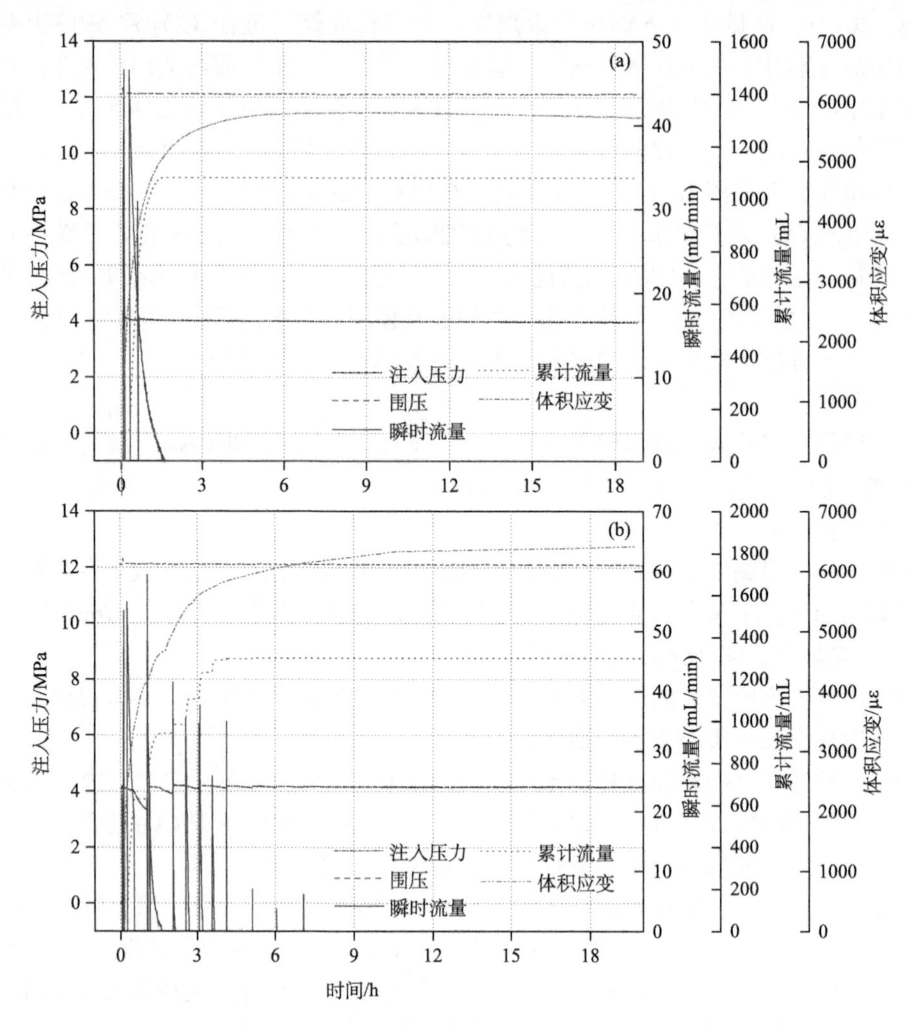

图 10-15　煤储层亚临界 CO_2 的持续/间歇注入实验结果(牛庆合，2019)

(a) CO_2 持续注入；(b) CO_2 间歇注入

②超临界 CO_2 的持续/间歇注入实验结果。

和亚临界 CO_2 相比，注入压力为 8MPa 时，超临界 CO_2 持续注入时间更长，直至 5.0h 后，瞬时流量才降为零[图 10-16(a)]。而吸附体积膨胀达到最大值的时间要早于瞬时流量降为零的时间，说明尽管吸附膨胀能降低 CO_2 可注性，但如果 CO_2 的注入压力足够高，CO_2 的注入过程将得到延长。持续注入方式下超临界 CO_2 的净注入量为 2473.13mL，远高于该方式下亚临界 CO_2 的净注入量。

图 10-16(b)展现了间歇注入超临界 CO_2 的实验过程，间歇时间同样为 0.5h，对于超临界 CO_2，10 次注入/停止循环过程中，瞬时流量均降至零，这和亚临界 CO_2 的注入不

同。同样，间歇注入超临界 CO_2 过程中瞬时流量降为零的时间在体积膨胀应变峰值之后[图 10-16(b)]。和持续注入方式相比，采用间歇注入方式，超临界 CO_2 的注入过程持续时间增长，另外循环的停止/注入过程能弥补间歇注入阶段的压力损失[图 10-16(b)]。间歇注入方式下超临界 CO_2 的净注入量为 5147.75mL。和持续注入方式相比，超临界 CO_2 的净注入量提高了 108.15%。

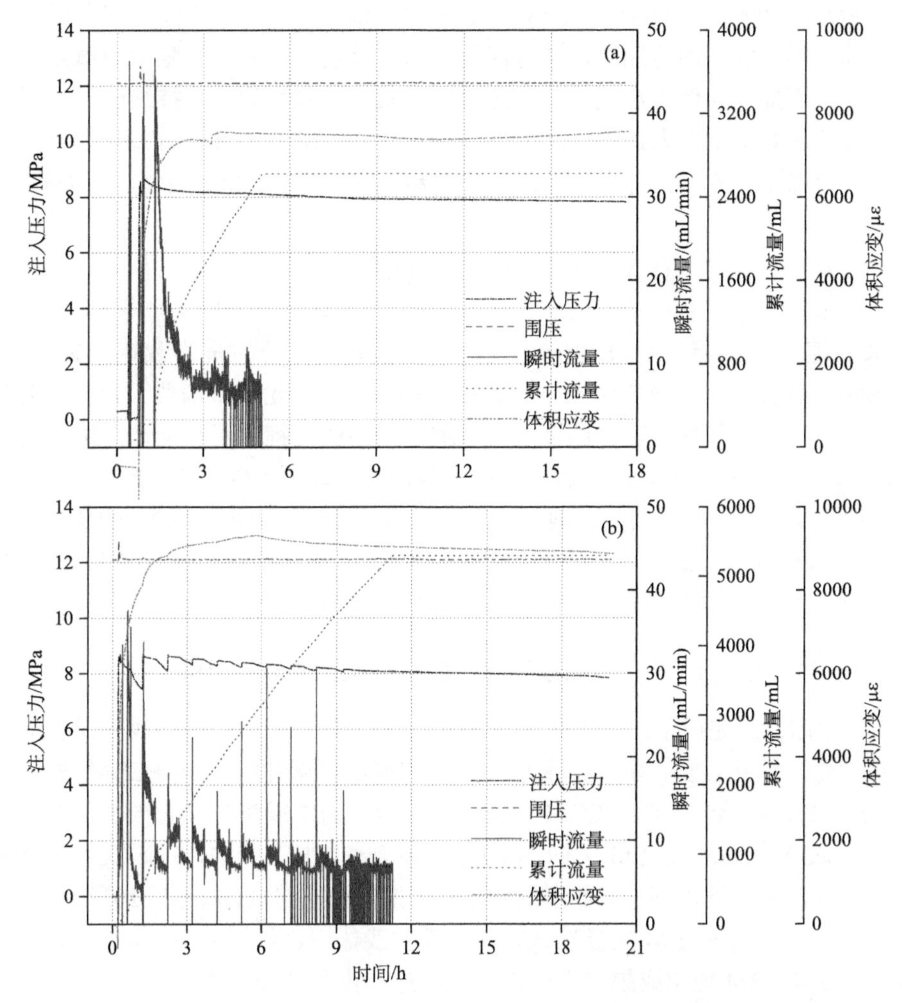

图 10-16　煤储层超临界 CO_2 的持续/间歇注入实验结果(牛庆合，2019)

(a) CO_2 持续注入；(b) CO_2 间歇注入

3) 技术关键

持续/间歇 CO_2 注入模拟实验表明，采用间歇注入方式可以在一定程度上提高 CO_2 的净注入量。和持续注入方式相比，对于亚临界 CO_2 和超临界 CO_2，采用间歇注入方式将 CO_2 注入量分别提高了 23.80%和 108.15%，说明在实际的 CO_2-ECBM 项目中，宜采用 CO_2 间歇注入方式(Li and Fang, 2014；Wong et al., 2007)，且提高 CO_2 的注入压力相应提高了 CH_4 的产出效果。

正如前文所述，CO_2 的间歇注入延长了 CO_2 的注入过程，对于亚临界 CO_2，间歇注

入方式的 CO_2 注入时间是持续注入的 4.44 倍；而对于超临界 CO_2，间歇注入方式的 CO_2 注入时间是持续注入的 2.24 倍。间歇注入能够延长 CO_2 的注入过程是因为在停注过程中渗透率得到了改善，这可以从工程效果中得到证实。Dutta 和 Zoback(2012) 在现场试验中发现，在 CO_2 间歇注入过程中，通过 6 个月的闷井，煤储层的渗透率损失得到了一定程度的恢复。另外，Hol 等(2012) 认为 6MPa 气体的脉冲处理导致煤岩的孔隙度增大了 59.72%，渗透率增大了 63.64%；Kang 等(2018) 对煤样进行 N_2 注/闷处理之后，认为气体闷压提高了煤岩裂隙的连通率，同时注入高压气体也可以驱散裂隙中的填充物并促使裂隙张开，进而提高煤储层渗透率。总之，间歇式注入技术弥补了持续注入过程中的压力损失，延长了 CO_2 的注入过程，同时 CO_2 注入/停止循环类似于气体闷压和脉冲压裂，改善了煤层渗透性，是间歇式注入技术提高煤储层 CO_2 可注性和 CH_4 增产效果的关键。

10.3　对工程实践探索的意义

沁水盆地深部煤层 CO_2-ECBM 有效性理论研究的目的是为我国实施深部煤层 CO_2-ECBM 工程探索提供科学依据。研究所取得的部分理论成果需要工程实践的验证，从而将理论研究与工程探索紧密结合，实现理论成果的工程应用和延伸，用来指导深部煤层 CO_2-ECBM 工程实施。本节通过总结我国已经完成的 CO_2-ECBM 先导性试验，从 CO_2 可注性、存储容量和煤层气井增产效果三个方面，对比分析沁水盆地 CO_2-ECBM 理论成果与先导性试验工程实践认识，验证理论成果的可靠性，进而探讨理论成果对 CO_2-ECBM 工程实践的重要启示，为理论成果的工程放大和应用奠定基调。

10.3.1　沁水盆地 CO_2-ECBM 理论成果与工程实践认识的对比分析

目前，中国已经完成了 4 个 CO_2-ECBM 先导性试验，已由最初的浅部煤层单井吞吐发展至深部煤层单井吞吐、多分支水平井吞吐和深部煤层井组 CO_2-ECBM 先导性试验(Pan et al., 2018)。4 个 CO_2-ECBM 先导性试验均由中联煤层气有限责任公司(China United Coalbed Methane Co. Ltd., CUCBM)主导或合作完成。其中，3 个 CO_2-ECBM 先导性试验分布在沁水盆地南部，1 个分布在鄂尔多斯盆地东缘(Pan et al., 2018)。本节对中国已完成的 4 个 CO_2-ECBM 先导性试验的工程实践认识进行综述，并与本次研究获得的沁水盆地 CO_2-ECBM 理论成果进行对比分析，进一步验证理论成果的可靠性。

1. 中国 CO_2-ECBM 先导性试验及其主要工程实践认识

1) 沁水盆地南部 TL-003 井 CO_2 注入微型先导性试验

(1) 微型先导性试验背景。

2002~2006 年，中国和加拿大两国政府联合开展了 CO_2 封存和提高煤层气采收率技术的试验研究(Pan et al., 2018；叶建平等，2007)，并于 2004 年在沁水盆地南部的 TL-003 井成功地实施了 CO_2 注入试验。TL-003 井微型先导性试验从 2003 年 10 月至 2004 年 8 月完成，这是中国首次完成 CO_2 注入的微型先导性试验(Pan et al., 2018)。

TL-003 井 CO_2 注入的目的煤层为山西组 3#煤层，埋藏深度 472.34~478.7m，煤层平均厚度 6.33m，原始储层压力 3.36MPa，煤层原始渗透率 0.95mD，压裂改造后的绝对渗透率为 12.6mD，气体有效渗透率为 1.92mD (Pan et al., 2018；中联煤层气有限责任公司和 Alberta Research Council，2008)。微型先导性试验前，该井日产量 218~824m^3/d，平均日产量 490m^3/d，其中 CH_4 含量约占 97.4% (Pan et al., 2018；叶建平等，2007；中联煤层气有限责任公司和 Alberta Research Council，2008)。

(2) 微型先导性试验主要技术参数。

TL-003 井微型先导性试验采用间歇式注入方式，CO_2 注入压力低于煤层破裂压力(叶建平等，2007)。单日注入液态 CO_2 13~16t，每天注入 8~10h，注入完成后关井使其压力恢复(叶建平等，2007)。该微型先导性试验连续注入液态 CO_2 13 天，共注入液态 CO_2 192.8t (Pan et al., 2018；叶建平等，2007)。注 CO_2 完成后闷井 63 天，然后重新开井生产。重新生产后，TL-003 井日产量 998~1466m^3/d，平均产气量为 1186m^3/d，产出的气体为 CH_4 和 CO_2 的混合气体，且重新生产初期累计产出约 30~40t 的 CO_2；重新生产 70 天后，CH_4 含量恢复到 80%以上，经过 4 个月的生产，TL-003 井日产量基本稳定在 1015~ 1231m^3/d，并以 CH_4 为主(CH_4 含量达到 88%以上)；重新生产两年后，该井的日产气量仍维持在 1200m^3/d，且仍以 CH_4 为主(Pan et al., 2018；叶建平等，2007)。同时，基于压力数据的双对数曲线分析，认为绝对渗透率从 CO_2 注入前的 12.6mD 降至 CO_2 注入后的 1.37mD，CO_2 的可注性大幅降低(中联煤层气有限责任公司和 Alberta Research Council，2008)。

TL-003 井微型先导性试验结束后，基于生产测试数据，项目技术团队对该微型先导性试验进行了进一步评价，认为排采生产后的 CO_2 封存能力为 12.62cm^3/g，CO_2 封存量可达 $86.21\times10^3m^3$，预测 83%的原位烃类气体被置换，原位烃类气体的采收率可达 67% (中联煤层气有限责任公司和 Alberta Research Council，2008)。

(3) 微型先导性试验技术评价。

该微型先导性试验说明，CO_2 注入可有效提高 CH_4 日产量和煤层气采收率，使 CH_4 日产量达到原平均日产量的 2 倍(叶建平等，2007)。同时，证实了煤层具有可观的 CO_2 封存能力，大部分注入的 CO_2 可被封存在煤层之中。

基于该微型先导性试验监测数据，项目技术团队通过数值模拟研究进一步对所采用的 CO_2-ECBM 技术进行了评价，认为沁水盆地南部无烟煤注入 CO_2 不仅能够提高煤层气采收率，而且具有 CO_2 封存潜力，CO_2 注入后 CH_4 的单井日产量是注入前的 2.8~15 倍，CO_2 突破时间(产出气体中 CO_2 浓度不超过 10%的生产时间)为 2.6~5.1 年(中联煤层气有限责任公司和 Alberta Research Council，2008)。

2) 沁水盆地南部柿庄北区块 SX-001 井深部煤层 CO_2 注入现场试验

(1) 深部煤层单井 CO_2 注入微型先导性试验背景。

2009~2010 年，中联煤层气有限责任公司又在沁水盆地南部柿庄北区块 SX-001 井开展了深部煤层的单井 CO_2 吞吐试验(Pan et al., 2018；叶建平等，2012)。该微型先导性试验于 2010 年完成，并取得了预期成果。其目的是实现 CO_2 的长期封存，进行深部煤层注入 CO_2 开采煤层气技术的应用(Pan et al., 2018；叶建平等，2012)。

SX-001 井 CO_2 注入的目的煤层同样为山西组 3#煤层，埋藏深度约 932m，厚度 6.05m，原始储层压力 2.4~6.1MPa，煤层属低压储层(Pan et al., 2018；叶建平等，2012)。试井测试结果显示，煤层渗透率为 0.002~0.8mD，煤层渗透率总体偏低，且变化较大(Pan et al., 2018；叶建平等，2012)。试验研究表明，在柿庄北区块的煤层中注入 CO_2 后，CH_4 的置换系数为 1.96，3#煤层煤层气资源丰度为 $1.24×10^8m^3/km^2$，CO_2 封存丰度为 $2.015×10^8m^3/km^2$，说明 3#煤层煤层气资源丰度相对较大，CH_4 置换系数较高，进行注入 CO_2 提高煤层气采收率的潜力较大(Pan et al., 2018；叶建平等，2012)。微型先导性试验前，该井最高日产气量 $16980m^3/d$，稳定日产气量 $80m^3/d$，产气高峰之后日产气量下降较快，属于典型的低产气井(Pan et al., 2018；叶建平等，2012)。

(2)深部煤层单井 CO_2 注入微型先导性试验主要技术参数。

SX-001 井微型先导性试验同样采用间歇式注入方式，CO_2 注入压力低于煤层破裂压力(26.07MPa)(叶建平等，2012)。设计液态 CO_2 注入总量 240t，注入速率 20t/d(叶建平等，2012)。该微型先导性试验共注入 CO_2 17 天，共注入液态 CO_2 233.6t(Pan et al., 2018；叶建平等，2012)。注 CO_2 完成后闷井 52 天，然后重新开井生产。重新生产后，SX-001 井最高日产气量达到 $421m^3/d$，平均日产气量 $196m^3/d$(Pan et al., 2018；叶建平等，2012)。CO_2 注入后，CH_4 日产量是注入前的 2.45 倍。重新生产 39 天后，产出气体中 CO_2 含量从 71%降至 51%，CH_4 含量从 29%上升至 49%；重新生产 5 个月后，CH_4 含量达到 66%以上，CO_2 含量降至 32%，相对于 TL-003 井，该井需要更长时间进行 CO_2 置换 CH_4 的过程(Pan et al., 2018；叶建平等，2012)。试井解释结果显示，CO_2 注入的初期，煤层渗透率减小；CO_2 注入一段时间后，煤层渗透率有一定的提高，主要原因是注入的 CO_2 起到了疏通煤裂隙通道的作用；重新生产一段时间后，煤层渗透率又进一步升高，水相有效渗透率由注入前的 5.5mD 升高至注入后的 20mD(叶建平等，2012)。

基于生产测试数据，项目技术团队对该微型先导性试验进行了进一步评价，认为排采生产后的 CO_2 埋藏能力为 $19.75cm^3/g$，CO_2 注入量可达 $110×10^3m^3$，置换出的烃类气体与注入 CO_2 的体积比值是 0.718(叶建平等，2012)。

(3)深部煤层单井 CO_2 注入微型先导性试验技术评价。

SX-001 井微型先导性试验说明，注入 CO_2 能够提高煤层气产量，CO_2 注入后的 CH_4 单井平均日产量达到原平均日产量的 2 倍(Pan et al., 2018；叶建平等，2012)；置换出的烃类气体与注入 CO_2 的体积比值是 0.718，实现了 CO_2 置换 CH_4 和 CO_2 的封存，但置换出的烃类气体主要分布在井筒周围，并分析认为当前储层条件下，CO_2 的注入速率为 20t/d 较合适(叶建平等，2012)。同时，证实了 CO_2 注入后煤层渗透率会有所减小，但 CO_2 停注后，经过一段时间重新生产，煤层渗透率能够恢复，甚至提高，表明 CO_2 可注性可以恢复(叶建平等，2012)。

通过该微型先导性试验还得到了另一重要认识，即单井 CO_2 注入提高 CH_4 产量的效果有限，而井组 CO_2 注入能够更有效地提高煤层气产量和封存 CO_2 的效果(叶建平等，2012)。

3)鄂尔多斯盆地东缘柳林区块多分支水平井 CO_2 注入现场试验

(1)多分支水平井 CO_2 注入微型先导性试验背景。

2011~2012 年，在亚太清洁发展与气候伙伴计划(Asia-Pacific partnership on clean development and climate，APP)资助下，中联煤层气有限责任公司在鄂尔多斯盆地东缘柳林区块开展了多分支水平井 CO_2 注入微型先导性试验(Pan et al., 2018)。该微型先导性试验于 2012 年完成，其目的是研究水平井的 CO_2 可注性和 CO_2 运移特征。

多分支水平井 CO_2 注入微型先导性试验 CO_2 注入的目的煤层是山西组 3#、4#煤层，多分支水平井垂直部分的深度为 560.77~565.47mm，煤层厚度为 4.70m(Pan et al., 2018；Connell et al., 2014)。不同于 TL-003 井微型先导性试验和 SX-001 井微型先导性试验，该多分支水平井 CO_2 注入微型先导性试验的目的煤层为烟煤，最大平均镜质组反射率为 1.6%。试井测试结果显示，煤层渗透率约 0.6mD(Pan et al., 2018；Connell et al., 2014)。

该微型先导性试验使用的多分支井共有 4 个水平分支，水平段总长约 2305m，直径为 120mm，与煤层的接触面积为 870m^2(Pan et al., 2018；Connell et al., 2014)。微型先导性试验前，该多分支水平井经过了 275 天的生产，累计产气量达到 1.16×10^6m^3，平均日产气量约 4213.6m^3/d，高峰日产气量达到 10000m^3/d(Pan et al., 2018；Connell et al., 2014)。CO_2 注入井井控范围内煤储层压力约 2.1MPa(Pan et al., 2018；Connell et al., 2014)。

(2) 多分支水平井 CO_2 注入微型先导性试验主要技术参数。

该微型先导性试验同样采用间歇式注入方式，井底 CO_2 注入压力始终低于 5.5MPa。该微型先导性试验共注入 CO_2 196 天，共注入液态 CO_2 460t(2.46×10^5m^3，标况下)，液态 CO_2 注入速率为 3.44~6.9t/h(Pan et al., 2018；Connell et al., 2014)。注 CO_2 完成后闷井 175 天，然后重新开井生产 1 年。重新生产后，产出气体中 CO_2 含量从 70%逐步降至 10%，表明 CO_2 开始吸附到煤中。截至 2013 年 2 月 16 日，该井累计产出 CO_2 约 26t，约为 CO_2 总注入量的 6%。重新生产后，多分支水平井的日产气量未得到显著提高，第二次停井监测前(2013 年 2 月 16 日之前)维持在 1000m^3/d，第二次停井监测后(2013 年 2 月 16 日之后)日产气量迅速恢复至约 1000m^3/d(Pan et al., 2018；Connell et al., 2014)。说明截至该微型先导性试验结束，注入的 CO_2 尚未有效波及至煤层，CO_2 对 CH_4 的置换/驱替作用处于开始阶段。

(3) 多分支水平井 CO_2 注入微型先导性试验技术评价。

多分支水平井 CO_2 注入微型先导性试验更关注于水平井的 CO_2 可注性。该项目技术团队通过数值模拟分析认为，注入的 CO_2 均匀分布于 2305m 长的水平井段，CO_2 在煤层中的波及范围仅限注入井周围 0.3m 的区域(Connell et al., 2014)；而通过水平井段附近水平距离 25m 的监测井的监测数据得出，CO_2 在煤层中的波及范围远大于 0.3m(Connell et al., 2014)。不论 CO_2 在煤层中的波及范围是否大于 0.3m，当该微型先导性试验结束时，CO_2 并未充分置换/驱替煤层中的 CH_4，对 CH_4 增产效果的指导意义有限。

4) 沁水盆地南部柿庄北区块深部煤层井组 CO_2 注入现场试验

(1) SX006 井组 CO_2 注入现场试验背景。

2011~2015 年，中联煤层气有限责任公司在沁水盆地南部柿庄北区块 SX006 井组开展了深部煤层的井组 CO_2 现场试验。该现场试验的目的是实现 CO_2 的长期大量埋藏，评估 CO_2 埋藏潜力和 CH_4 增产效果(叶建平等，2016)。

SX006 井组 CO_2 注入的目的煤层同样为山西组 3#煤层，埋藏深度约 972m，厚度 6.2m，原始储层压力 6.2~6.7MPa(Pan et al., 2018；叶建平等，2016)。SX006 井组共由 11 口井组成，其中注入井 3 口，生产井 8 口(Pan et al., 2018；叶建平等，2016)。投产前，井组内煤层气井进行了相同规模的水力压裂改造。现场试验前，该井组平均日产气量 400m^3/d(叶建平等，2016)，产气量极低。

(2) SX006 井组 CO_2 注入现场试验主要技术参数。

SX006 井组 CO_2 注入现场试验采用间歇式注入方式，注入过程分两个周期：第一周期为 SX006-1 井单井注入；第二周期为 SX006 井和 SX006-2 井同时注入(Pan et al., 2018；叶建平等，2016)。第一周期，SX006-1 井 CO_2 注入过程又分为两个阶段：第一阶段，注入 CO_2 103 天，共注入液态 CO_2 779t；第二阶段，注入 CO_2 80 天，共注入液态 CO_2 842t(Pan et al., 2018)。SX006-1 井 CO_2 注入速率为 5000~6000m^3/d(标况下)，CO_2 注入过程中 SX006-1 井井底注入压力约 19MPa，低于煤层破裂压力(Pan et al., 2018)。第二周期，SX006 井共注入 CO_2 90 天，共注入液态 CO_2 956t，该 CO_2 注入过程又分为三个阶段：第一阶段，保持井底注入压力为 5MPa 和 7MPa，共注入液态 CO_2 72t；第二阶段，井底注入压力为 7MPa，CO_2 注入速率每天仅几百方(标况下)；第三阶段，井底注入压力为 7MPa，CO_2 注入速率为 6000~7000m^3/d(Pan et al., 2018)。第二周期，SX006-2 井共注入 CO_2 90 天，CO_2 注入速率约 7000m^3/d(标况下)，井底注入压力 5~7MPa(Pan et al., 2018)。综上所述，3 口注入井累计注入 CO_2 4491t(Pan et al.，2018)。

随着 CO_2 注入的进行，生产井的日产气量呈现先减小后增大的趋势。CO_2 注入过程中，8 口生产井日产气量高峰达 1600m^3/d，但日产气量不稳定；CO_2 注入完成 1 年后，注入后的产气量趋于稳定，平均日产气量 500m^3/d，相对于 CO_2 注入前，平均日产气量提高了 25%(叶建平等，2016)。基于生产测试数据，项目技术团队对该井组的 CO_2 封存潜力进行了评估，单井的理论最大封存量为 2240×10^4~3790×10^4m^3，井组的理论最大封存量约为 13.3×10^8m^3，但实际封存量只占理论最大封存量的 0.5%左右，即单井实际封存量约为 11.2×10^4~18.95×10^4m^3，井组实际封存量约为 6.43×10^6m^3(约 12616t)(叶建平等，2016)。

(3) SX006 井组 CO_2 注入现场试验技术评价。

该 CO_2 注入现场试验说明通过注入 CO_2 能够有效地实现 CO_2 的封存和煤层气井产量、采收率的提高。其中，CO_2 的实际封存量远低于理论最大封存量，井组实际封存量约为 6.43×10^6m^3(叶建平等，2016)，考虑 SX006 井组单井井控半径约 200m，平均煤厚 6.2m，则 CO_2 封存能力仅为约 1.97cm^3/g。这与该井组注入方式及并未充分实现 CO_2 注入有关。另外，平均日产气量提高了 25%，远低于 TL-003 井和 SX-001 井微型先导性试验。这与井组内注入井、生产井布局有关，监测发现仅 SX006-3 检测到 CO_2 突破(叶建平等，2016)，说明所注入的 CO_2 并未完全波及整个井组，CO_2 置换/驱替 CH_4 的过程不充分。

2. 中国 CO_2-ECBM 先导性试验与 CO_2-ECBM 理论成果的对比分析

上述 CO_2-ECBM 先导性试验的工程结论均表明，CO_2 注入煤层后，煤层渗透率会降低，采用间歇式注入方式，煤层渗透率损失可得到一定程度的恢复，确保了 CO_2 的可注性；同时，沁水盆地无烟煤(深部与浅部)和鄂尔多斯盆地东缘烟煤均具有可观的 CO_2 存储容量，且 CO_2 注入可有效提高 CH_4 日产量和煤层气采收率。这些认识均与本次研究结论高度一致。考虑 CO_2 可注性和 CH_4 增产效果不是鄂尔多斯盆地东缘柳林区块多分支水平井 CO_2 注入现场试验和沁水盆地南部柿庄北区块深煤层井组(SX006 井组) CO_2 注入现场试验研究的重点，且现场试验过程中 CO_2 置换/驱替 CH_4 的过程不充分。重点以沁水盆地南部 TL-003 井 CO_2 注入微型先导性试验和沁水盆地南部柿庄北区块 SX-001 井深部煤层 CO_2 注入现场试验的工程结论为依据，从超临界 CO_2 可注性、超临界 CO_2 存储容量和煤层气井增产效果三个方面，对比分析本次研究所获得的 CO_2-ECBM 理论成果的可靠性。

1）超临界 CO_2 可注性对比分析

沁水盆地南部 SX-001 井深部煤层 CO_2 微型先导性试验表明，考虑深部无烟煤储层地质条件，CO_2 的注入速率以 20t/d 较合适（叶建平等，2012）。这一结论与本次研究中 CO_2 注入压力为 10MPa 时，沁水盆地埋深 1000~1600m 煤层，CO_2 可注性直井单井最大可注入速率 3.93~30.25t/d 相吻合。沁水盆地南部 TL-003 井 CO_2 注入微型先导性试验表明，CO_2 注入后，煤层绝对渗透率从 CO_2 注入前的 12.6mD 降至 CO_2 注入后的 1.37mD（中联煤层气有限责任公司和 Alberta Research Council，2008），渗透率的损失率约为 89%，CO_2 的可注性大幅降低。第 5 章对 CO_2 引起的煤岩吸附膨胀应变的研究结果表明，围压为 10MPa、CO_2 注入压力为 2~10MPa 时，CO_2 注入过程煤岩吸附膨胀应变造成的渗透率损失率为 19%~76%（图 5-61）。工程数据与实验结果相吻合。同时，沁水盆地南部 SX-001 井深部煤层 CO_2 微型先导性试验的监测结果表明，采用间歇式注入方式煤层渗透率能够恢复，其中水相有效渗透率由注入前的 5.5mD 升高至注入后的 20mD（Pan et al., 2018；叶建平等，2012），升高了 2.6 倍。本次研究通过超临界 CO_2 的持续/间歇注入对比实验同样发现，间歇注入不仅能够延长 CO_2 的注入过程，在停注过程中使煤层渗透率得以改善，并使亚临界 CO_2 和超临界 CO_2 注入量分别提高了 23.80%和 108.15%。

综上所述，通过 CO_2 的注入速率和 CO_2 注入后煤层渗透率演化规律的对比分析，本次研究所获得的沁水盆地深部无烟煤储层超临界 CO_2 可注性的认识与已有工程实践高度吻合。

2）超临界 CO_2 存储容量对比分析

TL-003 井 CO_2 注入微型先导性试验和 SX-001 井深部煤层 CO_2 微型先导性试验监测数据表明，沁水盆地无烟煤 CO_2 封存能力为 12.62~19.75cm^3/g，CO_2 单井可注入量为 86.21×10^3~110×10^3m^3（Pan et al., 2018；叶建平等，2007，2012），远小于本次研究所获得的单井可注入量（1.06×10^6~5.81×10^6m^3，CO_2 注入压力为 10MPa，煤层埋深为 1000~1600m）。这是由于上述 CO_2 单井可注入量可达 86.21×10^3~110×10^3m^3 是扣除重新生产后所产出 CO_2 后的净注入量，考虑工程条件和地质条件的复杂性，CO_2 实际注入效果受诸多因素影响，且波及范围较小。例如，SX-001 井深部煤层 CO_2 微型先导性试验监测数据表明 CO_2 运移距离注入井 76.2m（叶建平等，2012）。因此，正如实际 SX006 井组 CO_2 注入现场试验所得到的认识，CO_2 实际封存量只占理论最大封存量的 0.5%左右。采用与本章介绍的无烟煤储层超临界 CO_2 单井可注入量相同的估算方法，考虑超临界 CO_2 注入压力的传导距离为 150m，煤层平均厚度为 5m，无烟煤密度为 1.4×10^4kg/m^3，CO_2 封存能力为 12.62~19.75cm^3/g，则 TL-003 井 CO_2 注入微型先导性试验和 SX-001 井深部煤层 CO_2 微型先导性试验的单井理论可注入量可达 6.24×10^6~9.77×10^6m^3，与本次研究结果相吻合。

另外，SX006 井组 CO_2 注入现场试验所得到的重要认识有：CO_2 的实际封存量远低于理论最大封存量，CO_2 实际封存量只占理论最大封存量的 0.5%左右（叶建平等，2016）。与本次研究对郑庄区块 3#煤层和沁水盆地 3#煤层 CO_2 理论最大存储容量、CO_2 理论存储容量及理论有效存储容量之间的关系相吻合，均符合金字塔存储容量模型。

3）煤层气井增产效果对比分析

TL-003井 CO_2 注入微型先导性试验和SX-001井深部煤层 CO_2 微型先导性试验表明，CO_2 注入可有效提高 CH_4 日产量和煤层气采收率，CH_4 平均日产量可达 CO_2 注入前的2倍以上，甚至达2.8~15倍，CH_4 的采收率可达67%，相对于 CO_2 注入前的采收率提高了83%（叶建平等，2007，2012；中联煤层气有限责任公司和Alberta Research Council，2008）。本次研究对沁水盆地 CO_2-ECBM 煤层气增产效果的评估结果表明，当煤层埋深为1000m、CO_2 注入压力为15MPa时，注 CO_2 开采的 CH_4 累计产量约为直接开采的3.75倍，而注 CO_2 开采的 CH_4 单井日产气量约为直接开采的2.5倍，煤层中 CH_4 的采收率可提高80%以上，且随 CO_2 注入压力的增大，CH_4 单井累计产量和单井日产气量的增幅可高达数倍。微型先导性试验与本次研究所评估的煤层气井增产效果非常吻合，证实了沁水盆地无烟煤注入 CO_2 可有效提高 CH_4 产能。

10.3.2 CO_2-ECBM 理论成果对工程实践探索的启示

1. 对沁水盆地深部无烟煤 CO_2-ECBM 工程的启示

基于坚实的深部无烟煤储层 CO_2-ECBM 有效性理论研究和科学的深部无烟煤储层 CO_2-ECBM 有效性评价方法体系的建立，本次研究系统回答了沁水盆地深部无烟煤储层 CO_2-ECBM 有效性、CO_2 可注性、CO_2 存储容量和煤层气生产井增产效果4个关键科学问题，评价结果与已有工程实践高度吻合，可为改进和推动当前沁水盆地深部无烟煤储层 CO_2-ECBM 工程实施提供重要的理论技术支撑和指导。

1）对沁水盆地深部无烟煤 CO_2-ECBM 工程潜力前景的启示

本次研究确认了沁水盆地深部无烟煤储层（埋深2000m以浅）具有可观的 CO_2 单井可注入速率与 CO_2 可注入量，CO_2 埋藏潜力和煤层气资源潜力巨大，在 CO_2 可注性、CO_2 存储容量和提高煤层气可采资源量方面具有较高有效性，预示了沁水盆地深部无烟煤储层 CO_2-ECBM 具有可观的工程潜力。

从 CO_2 减排的角度看，山西省是我国煤炭储量和产量最高的省份，也是我国煤炭消费大省，以煤炭为主的能源结构相对单一。2017年全省煤炭消费量 321.71×10^6t，是石油制品消费量（12.857×10^6t，标准煤）的25倍，其中发电和炼焦的煤炭消费量分别为 121.12×10^6t 和 111.61×10^6t，占2017年山西省煤炭消费总量的72.34%（山西省统计局和国家统计局山西调查总队，2019）。本次研究估算，沁水盆地深部无烟煤储层 CO_2 有效存储容量可达亿吨级，即 136.8×10^7t。依据山西省2015年 CO_2 排放量 440.2×10^6t（Shan et al., 2018）估算，沁水盆地深部无烟煤储层 CO_2 有效存储容量相当于2015年山西省 CO_2 排放量的3.1倍；如果考虑至2030年山西省每年 CO_2 排放量的降幅为3.9%，则沁水盆地深部无烟煤储层可埋藏山西省3.3年的 CO_2 排放量。加之山西省煤炭消费以火力电厂和炼焦为主，CO_2 点源排放量大、排放量集中，CO_2 气源充足且单一，提高了 CO_2 气源经济效益。由此可见，从 CO_2 减排的角度，依托山西省 CO_2 排放源的 CO_2-ECBM 工程潜力巨大。

从煤层气增产角度看，通过 CO_2-ECBM 技术可使沁水盆地煤层气可采资源量达到 $2.61\times10^{12}m^3$，仅考虑目前沁水盆地主要煤层气开发区块已投产煤层气井，通过注 CO_2 强化开采煤层气，目前已投产的煤层气井预测年增产 $31.4\times10^8m^3$，占我国 2018 年地面开发煤层气产量($54.63\times10^8m^3$)的 57.48%。以直接经济效益估算，高浓度煤层气 CNG 灌装售卖价格为 2.7 元/m^3，再加上政府财政补贴 0.3 元/m^3，则年直接经济效益高达 94.2 亿元，其经济价值可观。因此，从煤层气增产角度看，沁水盆地 CO_2-ECBM 工程潜力和经济效益巨大。

综上，从能源、环保和经济等多方面综合考虑，沁水盆地深部无烟煤 CO_2-ECBM 工程实施具有可观的能源产出效益和经济效益，CO_2 源丰富且集中，减排效果突出，具有广阔的发展潜力和应用前景。

2) 对沁水盆地深部无烟煤 CO_2-ECBM 工程技术的启示

CO_2 注入深部煤储层后发生显著的煤岩体积应变(正)效应与地球化学反应(负)效应，温、压、水、地应力等地层条件和岩石物理结构、岩石力学性质、煤中矿物质赋存等煤储层特征差异导致了 CO_2 有效性的变化。对于沁水盆地深部无烟煤储层，有效应力改变和 CO_2 吸附体积膨胀引起的煤岩体积应变效应较地球化学反应效应更显著，是导致煤储层 CO_2 可注性和 CH_4 产出速率降低的主要原因。正如前文所述，虽然注入 CO_2 引起的煤储层渗透率衰减是客观存在的，但是通过 CO_2-ECBM 技术选择和优化，可以缓解 CO_2-ECBM 过程中煤储层渗透率的衰减。从这一点来看，CO_2-ECBM 工程实施前应当综合考虑煤储层裂隙-连通孔隙结构、渗透率、力学强度等特征及 CO_2-ECBM 工程技术本身的特点，选择适合的工程技术模式与开发方式。

(1) 对 CO_2-ECBM 工程技术选择的启示。

本次研究证实，对于 CO_2/N_2 交替注入技术，注入 N_2 对煤层渗透率的恢复是暂时的，且注入 N_2 可驱替出 CO_2，从而降低 CO_2 的封存量，不仅增加了工程成本，且不能从根本上解决煤储层 CO_2 可注性和 CH_4 产出速率降低的问题。因此，CO_2/N_2 交替注入技术并不是 CO_2-ECBM 工程的首选开发方式。而预压裂后 CO_2 注入技术关键在于会造成煤层渗透率的应力损失率和吸附损失率降低，提高裂隙的抗压缩能力，从而实现渗透率对应力的敏感性和对吸附超临界 CO_2 的敏感性下降，实现 CO_2 可注性和 CH_4 产出速率的提高；CO_2 间歇式注入技术弥补了持续注入过程中煤层的压力损失，延长了 CO_2 注入过程，并在一定程度上改善了煤层渗透性，从而提高煤储层的 CO_2 可注性和 CH_4 增产效果。因此，预压裂后 CO_2 注入技术和 CO_2 间歇式注入技术对 CO_2-ECBM 工程更具优势。同时，沁水盆地深部无烟煤储层渗透率总体偏低，直接进行 CO_2 注入的效果较差，预压裂改造后煤层渗透率可大幅提高，因此将预压裂后 CO_2 注入技术和 CO_2 间歇式注入技术相结合，即煤层预压裂改造后实施 CO_2 间歇式注入技术是 CO_2-ECBM 工程实施的首选。本次研究的结果与已有工程实践也证实了这一点。

(2) 对 CO_2-ECBM 工程技术参数的启示。

本次研究表明注入压力、注入时间、注入-生产井井控范围等是深部煤储层 CO_2-ECBM 有效性的关键外因，其中注入时间和注入-生产井井控范围可分别通过 CO_2 间歇式注入技术和预压裂后 CO_2 注入技术加以改善。在明确 CO_2-ECBM 工程技术的前提下，注入压力即成为 CO_2-ECBM 工程实施过程中工程控制的关键。本次研究证实了超临界 CO_2 较亚临界 CO_2 具有更高的置换率和驱替效率，提高 CO_2 注入压力可改善 CO_2 的可注性和 CH_4 增产效果。因此，CO_2-ECBM 工程实施的目标煤层以埋深大于 800m 为宜，确

保 CO_2 在煤层中以超临界状态为主，CO_2 注入压力也应高于 CO_2 的临界压力(7.38MPa)和临界温度(31.1℃)。即便目标煤层储层压力低于 CO_2 的超临界压力，考虑 CO_2 注入压力对 CO_2 可注性和 CH_4 增产效果的促进作用，也宜采用高于 CO_2 超临界压力(7.38MPa)的注入压力。同时，考虑煤岩的破裂压力和 CO_2 的封存效果，CO_2 注入压力不宜超过煤层的破裂压力，以免造成大量逸散。综上，CO_2-ECBM 工程实施中，CO_2 的注入压力以大于 7.38MPa，低于煤岩破裂压力为宜。

3) 对沁水盆地深部无烟煤 CO_2-ECBM 工程开展的启示

(1) 对 CO_2-ECBM 工程选址煤层条件选择的启示。

本次研究认为，为获得较高的 CO_2 注入和 CH_4 增产效果，可以从 CO_2 相态、煤储层渗透率两方面，重点选择 CO_2-ECBM 的工程选址煤层条件。

正如前文所述，CO_2 相态对 CO_2 可注性、封存容量和驱替 CH_4 效果具有显著影响。从 CO_2 置换率和驱替效率来看，CO_2-ECBM 工程实施的选址煤层条件以埋深大于 800m 为宜，煤储层压力宜高于 CO_2 的临界压力(7.38MPa)和临界温度(31.1℃)。从 CO_2 的存储能力看，同样超临界 CO_2 在煤层中的存储更具优势，沁水盆地 3#煤层超临界 CO_2 存储区的理论有效存储容量为 114.0×10^7t，远高于亚临界 CO_2 存储区的理论有效存储容量为 22.8×10^7t。因此，考虑 CO_2 相态，宜选择埋深大于 800m 的煤层作为 CO_2-ECBM 工程的选址煤层条件。煤层渗透率在较大程度上决定了 CO_2 存储的有效性和 CH_4 产出的效率。通过本次研究发现，沁水盆地 3#煤层渗透率变化比较大，且煤层埋深越大，渗透率往往越低，决定了 CO_2-ECBM 的限制深度。对于沁水盆地 3#煤层，渗透率大于 0.01mD 的区域能满足 CO_2 存储技术上的要求。因此，沁水盆地 3#煤层 CO_2-ECBM 工程实施的选址煤层条件应以埋深大于 800m、渗透率大于 0.01mD 的地区为主。符合这一要求的区域主要集中在盆地南部安泽—长子一线，以及中北部武乡以北和寿阳以南的地区，另外还包括盆地南部晋城、长治地区部分埋深较大的区块，如郑庄区块、马必区块等，这些地区可作为 CO_2-ECBM 工程实施的重点选址目标区。另外，从煤矿开采的角度，同样适宜选择埋深大于 800m 煤层，对煤矿开采的影响相对较小。

(2) 对 CO_2-ECBM 工程可行性评价的启示。

CO_2-ECBM 工程是一个复杂的过程，不仅包括选址、工艺的筛选、可行性论证，还需要对 CO_2-ECBM 的整个过程进行系统的安全性、经济性等各方面的评估，以达到最优的开发效果。CO_2-ECBM 工程实施前，通过已有的实验模拟和数值模拟技术，对 CO_2-ECBM 工程进行系统的有效性评价就显得尤为重要。前文对于本次理论研究成果与已有工程实践的对比分析证实了本次研究所建立的基于实验模拟和数值模拟的深部煤储层 CO_2-ECBM 有效性评价方法体系可行度高，且快捷经济。因此，通过实验室内的实验模拟和数值模拟技术，从理论上充分论证了 CO_2-ECBM 工程的可行性，可大大降低工程探索和工程实施的风险，提高 CO_2-ECBM 工程的成功率。

2. 对其他含煤盆地 CO_2-ECBM 工程的启示

本次研究所获得的 CO_2-ECBM 理论认识和所建立的深部无烟煤储层 CO_2-ECBM 有效性评价方法体系具有一定的普适性，对其他无烟煤发育含煤盆地及中低煤阶含煤盆地的 CO_2-ECBM 有效性评价和 CO_2-ECBM 工程实施同样具有启示和借鉴意义。

在超临界 CO_2 可注性方面，本次研究所获得的无烟煤煤岩应力应变效应、地球化学反应效应对煤岩渗透率和 CO_2 可注性的结论对中低煤阶煤同样适用，只是相对于中低煤阶煤，无烟煤煤岩应力应变效应、地球化学反应效应对 CO_2 可注性的影响更大。不同煤阶煤裂隙-连通孔隙结构、渗透率、力学强度等存在较大差异，但随煤层埋深增大渗透率降低及渗透率随 CO_2 注入产生衰减的趋势是一致的，通过造缝后注入、控制注入速率和程序、N_2 协同注入等同样可消除或抑制应力应变正效应；在中低煤阶煤中，超临界 CO_2 较亚临界 CO_2 同样具有更高的置换率和驱替效率，这是由 CO_2 相态性质决定的，也决定了对中低煤阶煤同样宜采用高于 CO_2 超临界压力(7.38MPa)的注入压力。

在超临界 CO_2 封存机制和存储容量方面，虽然煤储层吸附量和 CO_2/CH_4 吸附解吸置换率与煤阶、注入压力密切相关，但不同煤阶煤中 CO_2/CH_4 的吸附/解吸置换特征表现出的是 CO_2/CH_4 吸附能力的差异，而非吸附机理和 CO_2 封存机制的差异。CO_2 吸附能力明显高于 CH_4 这一特点在低煤阶煤中更为明显，表明中低煤阶煤中 CO_2/CH_4 具有更高的置换率，而高煤阶煤中 CO_2 吸附量更高，指示了相对于高煤阶煤，中低煤阶煤中 CO_2 存储容量相对较低。相对于亚临界 CO_2，超临界 CO_2 在中低煤阶煤中同样具有相对较高的吸附量，较高的注入压力下 CO_2/CH_4 具有更高的置换率。这同样是由 CO_2 相态性质决定的，指示了深部中低煤阶煤具有相对较高的 CO_2 存储容量，宜选择埋深大于 800m 的煤层作为 CO_2-ECBM 工程实施的主要选址煤层条件。

在 CO_2-ECBM 煤层气增产效果方面，CO_2-ECBM 可大幅提高煤层气井的 CH_4 产能，且增产效果同样受控于煤储层与 CO_2 注入共同影响的流体连续性过程。中低煤阶煤中，超临界 CO_2 较亚临界 CO_2 具有更高的置换率和驱替效率，工程实施中通过控制 CO_2 注入压力、煤层渗透性动态变化等可改善流体连续性过程，进而达到提高置换率和驱替效率的目的。相对于沁水盆地区域热变质型无烟煤，低煤阶煤孔容和孔比表面大小与高阶煤类似，但其吸附能力往往小于高煤阶煤，且整体结构更松散，发育大量的连通孔隙；而中煤阶煤大孔、中孔含量增加，导致煤储层的孔隙度增加。总体来看，中低煤阶煤往往具不弱于无烟煤的裂隙-连通孔隙结构，更有益于 CO_2-ECBM 过程中流体连续性过程，使得中低煤阶煤具有 CO_2-ECBM 煤层气增产潜力。

综上所述，本次研究获得的深部无烟煤储层 CO_2-ECBM 理论认识不仅对其他无烟煤发育含煤盆地 CO_2-ECBM 工程实施提供了参考，也对中低煤阶含煤盆地的 CO_2-ECBM 有效性评价提供了经验和借鉴。这也决定了基于深部无烟煤储层 CO_2-ECBM 理论认识所建立的超临界 CO_2 可注性评价模型、CO_2 存储容量计算模型和 CO_2-ECBM 连续性过程全耦合数学模型对其他无烟煤发育含煤盆地和低煤阶含煤盆地的 CO_2-ECBM 工程实施同样具有适用性。在其他无烟煤发育含煤盆地和低煤阶含煤盆地的应用中，需要通过目标盆地煤储层基础地质特征的实验室研究来明确如气体吸附/解吸特征、渗透率变化特征、煤岩力学性质等关键影响因素，确保模型基础参数的准确性，从而提高 CO_2-ECBM 有效性评价的科学性和合理性。

参 考 文 献

白冰. 2008. CO_2煤层封存流动—力学理论及场地力学稳定性数值模拟方法. 武汉: 中国科学院武汉岩土力学研究所.

白向飞. 2003. 中国煤中微量元素分布赋存特征及其迁移规律试验研究. 北京: 煤炭科学研究总院.

毕云飞, 杨清河, 曾双亲, 等. 2016. 水热处理三水铝石的实验研究. 石油学报(石油加工), 32(3): 564~568.

蔡进功, 谢忠怀, 田芳, 等. 2002. 济阳坳陷深层砂岩成岩作用及孔隙演化. 石油与天然气地质, 23: 84~88.

蔡美芳, 党志. 2006. 磁黄铁矿氧化机理及酸性矿山废水防治的研究进展. 环境污染与防治, 28(1): 58~61.

曹树刚, 郭平, 李勇, 等. 2010. 瓦斯压力对原煤渗透特性的影响. 煤炭学报, 35(4): 595~599.

曹新款, 朱炎铭, 王道华, 等. 2011. 郑庄区块煤层气赋存特征及控气地质因素. 煤田地质与勘探, 39(1): 16~19, 23.

常锁亮, 陈强, 刘东娜, 等. 2016. 煤层气封存单元及其地震-地质综合识别方法初探. 煤炭学报, 41(1): 57~66.

陈刚. 1997. 沁水盆地燕山期构造热事件及其油气地质意义. 西北地质科学, 18(2): 63~67.

陈金刚, 陈庆发. 2005. 煤岩力学性质对其基质自调节能力的控制效应. 天然气工业, 25(2): 140~142.

陈丽华, 缪昕, 魏宝和. 1990. 扫描电镜在石油地质上的应用. 北京: 石油工业出版社.

陈萍, 唐修义. 2001. 低温氮吸附法与煤中微孔隙特征的研究. 煤炭学报, 26(5): 552~556.

陈涛. 2012. 伊利石的微结构特征研究. 北京: 科学出版社.

陈修, 曲希玉, 邱隆伟, 等. 2015. 石英溶解特征及机理的水热实验研究. 矿物岩石地球化学通报, 34(5): 1027~1033.

程庆迎, 黄炳香, 李增华. 2011. 煤的孔隙和裂隙研究现状. 煤炭工程, 43(12): 91~93.

程远平, 刘洪永, 郭品坤, 等. 2014. 深部含瓦斯煤体渗透率演化及卸荷增透理论模型. 煤炭学报, 39(8): 1650~1658.

池卫国. 1998. 沁水盆地煤层气的水文地质控制作用. 石油勘探与开发, 25(3): 15~18.

崔永君, 张群, 张泓, 等. 2005. 不同煤级煤对 CH_4、N_2 和 CO_2 单组分气体的吸附. 天然气工业, 25(1): 61~65.

代世峰, 张贝贝, 朱长生, 等. 2009. 河北开滦矿区晚古生代煤对 CH_4/CO_2 二元气体等温吸附特性. 煤炭学报, 34(5): 577~582.

杜艺. 2018. Sc CO_2注入煤层矿物地球化学及其储层结构响应的实验研究. 徐州: 中国矿业大学.

冯启言, 周来, 陈中伟, 等. 2009. 煤层处置 CO_2 的二元气-固耦合数值模拟. 高校地质学报, 15(1): 63~68.

冯婷婷. 2013. 煤的超临界 CO_2 混合溶剂萃取过程及萃余煤气化特性研究. 上海: 华东理工大学.

抚顺煤炭科学研究所. 1985. 煤层烃类气体组分与煤岩煤化关系的研究. 抚顺: 抚顺煤炭科学研究所.

傅雪海, 李大华, 秦勇, 等. 2002a. 煤基质收缩对渗透率影响的实验研究. 中国矿业大学学报, 31(2): 22~24.

傅雪海, 秦勇, 姜波, 等. 2002b. 多相介质煤岩体力学实验研究. 高校地质学报, 8(4): 446~452.

傅雪海, 秦勇, 姜波, 等. 2003. 山西沁水盆地中南部煤储层渗透率物理模拟与数值模拟. 地质科学, 38(2): 221~229.

傅雪海, 秦勇, 韦重韬. 2007. 煤层气地质学. 徐州: 中国矿业大学出版社.
郭春阳. 2016. 沁水盆地煤系非常规天然气系统. 焦作: 河南理工大学.
郭景林, 郭晓明. 2010. 山西煤层瓦斯分布规律研究. 中国煤炭地质, 22(12): 11~17.
韩德馨, 杨起. 1980. 中国煤田地质学:中国聚煤规律(下册). 北京: 煤炭工业出版社.
韩思杰, 桑树勋, 梁晶晶. 2018. 沁水盆地南部中高阶煤高压甲烷吸附行为. 煤田地质与勘探, 46(5): 10~18.
何满潮, 杨晓杰, 孙晓明. 2006. 中国煤矿软岩黏土矿物特征研究. 北京: 煤炭工业出版社.
何生, 叶加仁, 徐思煌, 等. 2010. 石油及天然气地质学. 武汉: 中国地质大学出版社.
何勇明, 樊中海, 孙尚如. 2008. 低渗透储层渗流机理研究现状及展望. 石油地质与工程, 22(3): 5~7.
贺伟, 梁卫国, 张倍宁, 等. 2018. 不同煤阶煤体吸附储存 CO_2 膨胀变形特性试验研究. 煤炭学报, 43(5): 1408~1415.
侯大力, 罗平亚, 王长权, 等. 2015. 高温高压下 CO_2 在水中溶解度实验及理论模型. 吉林大学学报(地球科学版), 45(2): 564~572.
侯晓伟, 王猛, 刘宇, 等. 2016. 页岩气超临界状态吸附模型及其地质意义. 中国矿业大学学报, 45(1): 111~118.
黄丰. 2007. 多孔介质模型的三维重构研究. 合肥: 中国科学技术大学.
黄思静, 黄培培, 黄可可, 等. 2010. 碳酸盐倒退溶解模式的化学热力学基础——与 H_2S 有关的溶解介质及其与 CO_2 的对比. 沉积学报, 28(1): 1~9.
霍永忠, 张爱云. 1998. 煤层气储层的显微孔裂隙成因分类及其应用. 煤田地质与勘探, 28(6): 29~33.
冀涛, 杨德义. 2007. 沁水盆地煤与煤层气地质条件. 中国煤田地质, 19(5): 28~30, 61.
贾建称. 2007. 沁水盆地晚古生代含煤沉积体系及其控气作用. 地球科学与环境学报, 29(4): 374~382.
贾金龙. 2016. 超临界 CO_2 注入无烟煤储层煤岩应力应变效应的实验模拟研究. 徐州: 中国矿业大学.
蒋引珊, 金为群, 权新君, 等. 1999. 黏土矿物酸溶解反应特征. 长春科技大学学报, 29(1): 97~102.
降文萍, 崔永君, 钟玲文, 等. 2007. 煤中水分对煤吸附甲烷影响机理的理论研究. 天然气地球科学, 18(4): 576~579.
降文萍, 宋孝忠, 钟玲文. 2011. 基于低温液氮实验的不同煤体结构煤的孔隙特征及其对瓦斯突出影响. 煤炭学报: 609~614.
金建彪. 2014. Zr-Cu-Ag-Al 基大块金属玻璃的塑性和弹性行为研究. 杭州: 浙江大学.
琚宜文, 范俊佳, 谭静强, 等. 2009. 华北盆-山演化和岩石圈转型与煤层气富集的关系. 中国煤炭地质, 21(3): 1~27.
李得飞. 2012. 超临界二氧化碳驱替煤层瓦斯研究. 太原: 太原理工大学.
李贵川, 张锦虎, 邓拓, 等. 2016. 煤层气水平井注氮增产改造技术. 煤炭科学技术, 44(S1): 54~58.
李建楼, 严家平, 胡水根. 2013. 气体压力对煤体瓦斯渗透特征的影响. 采矿与安全工程学报, 30(2): 307~310.
李江飞, 段兴华, 李岩芳, 等. 2016. 含杂质 CO_2 的管道输送. 科技导报, 34(2): 173~177.
李全中. 2014. 多组分酸对不同煤阶煤增透机理研究. 焦作: 河南理工大学.
李霞, 曾凡桂, 王威, 等. 2016. 低中煤级煤结构演化的拉曼光谱表征. 煤炭学报, 41(9): 2298~2304.
李祥春, 郭勇义, 吴世跃, 等. 2007. 考虑吸附膨胀应力影响的煤层瓦斯流-固耦合渗流数学模型及数值模拟. 岩石力学与工程学报, 26(S1): 2743~2748.
李增学, 余继峰, 王明镇, 等. 2005. 沁水盆地煤地质与煤层气聚集单元特征研究. 山东科技大学学报(自然科学版), 24(1): 8~13.
梁冰, 章梦涛, 潘一山, 等. 1995. 煤和瓦斯突出的固流耦合失稳理论. 煤炭学报, 20(5):492~496.
梁虎珍, 王传格, 曾凡桂, 等. 2014. 应用红外光谱研究脱灰对伊敏褐煤结构的影响. 燃料化学学报, 42(2): 129~137.
梁丽彤. 2016. 低阶煤催化解聚研究. 太原: 太原理工大学.

林柏泉, 周世宁. 1987. 煤样瓦斯渗透率的实验研究. 中国矿业学院学报, 16(1): 21~28.

林建平. 1991. 山西太古代—中生代构造应力场. 现代地质, 5(4): 355~365.

刘贝, 黄文辉, 敖卫华, 等. 2014. 沁水盆地南部煤中矿物赋存特征及其对煤储层特性的影响. 现代地质, 28(3): 645~652.

刘长江. 2010. CO_2 地质储存煤储层结构演化与元素迁移的模拟实验研究. 徐州: 中国矿业大学.

刘长江, 桑树勋, Rudolph V. 2010. 模拟 CO_2 埋藏不同煤级煤孔隙结构变化实验研究. 中国矿业大学学报, 39(4): 496~503.

刘洪林, 李贵中, 王烽, 等. 2008. 沁水盆地煤层割理系统特征及其形成机理. 天然气工业, 28(3): 36~39.

刘洪林, 李贵中, 王广俊, 等. 2009. 沁水盆地煤层气地质特征与开发前景. 北京: 石油工业出版社.

刘焕杰, 秦勇, 桑树勋. 1998. 山西南部煤层气地质. 徐州: 中国矿业大学出版社.

刘会虎, 吴海燕, 徐宏杰, 等. 2018. 沁水盆地南部深部煤层超临界 CO_2 吸附特征及其控制因素. 煤田地质与勘探, 46(5): 38~42.

刘建军, 刘先贵. 1999. 煤储层流固耦合渗流的数学模型. 焦作工学院学报, 18(6): 397~401.

刘俊杰, 康志宏, 孟苗苗, 等. 2013. 煤层中埋藏 CO_2 量的计算方法. 煤矿安全, 44(5): 26~29.

刘猛, 邓敏, 莫立武. 2017. 水泥中 MgO 膨胀剂水化产生的膨胀应力表征. 材料科学与工程学报, 35(4): 626~630.

刘世奇, 王恬, 杜艺, 等. 2018. 超临界 CO_2 对烟煤和无烟煤化学结构的影响. 煤田地质与勘探, 46(5): 19~25.

刘延锋, 李小春, 白冰. 2005. 中国 CO_2 煤层储存容量初步评价. 岩石力学与工程学报, 24(16): 2947~2952.

罗孝俊, 杨卫东, 李荣西, 等. 2001. pH 值对长石溶解度及次生孔隙发育的影响. 矿物岩石地球化学通报, 20(2): 103~107.

罗陨飞, 李文华. 2004. 中低变质程度煤显微组分大分子结构的 XRD 研究. 煤炭学报, 29(3): 338~341.

马飞英, 王永清, 王林, 等. 2013. 煤岩中水分含量对渗透率的影响. 岩性油气藏, 25(3): 97~101.

孟繁奇, 李春柏, 刘立, 等. 2013. CO_2-咸水-方解石相互作用实验. 地质科技情报, 32(3): 171~175.

孟雅, 李治平. 2015. 覆压下煤的孔渗性实验及其应力敏感性研究. 煤炭学报, 40(1): 154~159.

孟元库, 汪新文, 李波, 等. 2015. 华北克拉通中部沁水盆地热演化史与山西高原中新生代岩石圈构造演化. 西北地质, 48(2): 159~168.

孟召平, 田永东, 李国富. 2009. 沁水盆地南部煤储层渗透性与地应力之间关系和控制机理. 自然科学进展, 19(10): 1142~1148.

倪小明, 于芸芸, 王延斌, 等. 2014. 伊利石中 Si/Al 元素在碳酸溶液中溶解的动力学特征. 天然气工业, 34(8): 20~26.

聂百胜, 何学秋, 王恩元, 等. 2004. 煤吸附水的微观机理. 中国矿业大学学报, 33(4): 17~21.

牛庆合. 2019. 无烟煤 CO_2-ECBM 过程中超临界 CO_2 可注性研究. 徐州: 中国矿业大学.

牛庆合, 曹丽文, 周效志. 2018. CO_2 注入对煤储层应力应变与渗透率影响的实验研究. 煤田地质与勘探, 46(5):45~48.

彭守建, 许江, 陶云奇, 等. 2009. 煤样渗透率对有效应力敏感性实验分析. 重庆大学学报, 32(3): 303~307.

普劳斯尼茨, 利希腾特勒, 德阿泽维多. 2006. 流体相平衡的分子热力学. 陆小华, 刘洪来, 译. 北京: 化学工业出版社.

前瞻网. 2019. 2018 年天然气行业市场现状与发展前景分析——煤层气将迎来行业发展新时期. https://www.qianzhan.com/analyst/detail/220/190802-e0fdab0d.html.

秦本东, 谌伦建, 晁俊奇, 等. 2009. 高温石灰岩膨胀应力的试验研究. 中国矿业大学学报, 38(3): 326~330.

秦勇, 宋党育. 1998. 山西南部煤化作用及其古地热系统:兼论煤化作用的控气地质机理. 北京: 地质出版社.
曲希玉. 2007. CO_2流体—砂岩相互作用的实验研究及其在CO_2气储层中的应用. 长春: 吉林大学.
曲希玉, 刘立, 高玉巧, 等. 2008a. 砂岩中片钠铝石的特征及其稳定性研究. 地质论评, 54(6): 837~844.
曲希玉, 刘立, 马瑞, 等. 2008b. CO_2流体对岩屑长石砂岩改造作用的实验. 吉林大学学报(地球科学版), 38(6): 959~964.
屈争辉. 2010. 构造煤结构及其对瓦斯特性的控制机理研究. 徐州: 中国矿业大学.
冉启全, 李士伦. 1997. 流固耦合油藏数值模拟中物性参数动态模型研究. 石油勘探与开发, 24(3): 61~65.
任晓龙, 秦新展, 张晓云. 2017. 工程温度下煤岩单轴力学特性研究及分析. 煤矿安全, 48(1): 162~164.
任战利, 肖辉, 刘丽, 等. 2005a. 沁水盆地中生代构造热事件发生时期的确定. 石油探勘与开发, 32(43): 43~47.
任战利, 肖辉, 刘丽, 等. 2005b. 沁水盆地构造-热演化史的裂变径迹证据. 科学通报, 50(S1): 87~92.
任战利, 赵重远, 陈刚. 1999. 沁水盆地中生代晚期构造热事件. 石油与天然气地质, 20(1): 46~48.
桑树勋. 2018. 二氧化碳地质存储与煤层气强化开发有效性研究述评. 煤田地质与勘探, 46(5): 1~9.
桑树勋, 朱炎铭, 张时音, 等. 2005. 煤吸附气体的固气作用机理(Ⅰ)——煤孔隙结构与固气作用. 天然气工业, 25(1): 13~15.
山西省统计局, 国家统计局山西调查总队. 2019. 山西统计年鉴 2018. 北京: 中国统计出版社.
邵龙义, 肖正辉, 何志平, 等. 2006. 晋东南沁水盆地石炭二叠纪含煤岩系古地理及聚煤作用研究. 古地理学报, 8(1): 43~52.
盛金昌, 叶辉明, 周治荣, 等. 2012. 三维数字岩心的重构及孔隙网络模型的孔隙度分析. 水电能源科学, 30(10): 65~68.
盛茂, 李根生, 陈立强, 等. 2014. 页岩气超临界吸附机理分析及等温吸附模型的建立. 煤炭学报, 39(S1): 179~183.
宋土顺, 曲希玉, 刘红艳, 等. 2012. 岩屑长石砂岩与 CO_2 流体在水热条件下的相互作用. 矿物岩石, 32(3): 19~24.
苏长荪. 1987. 高等工程热力学. 北京: 高等教育出版社.
苏娜. 2011. 低渗气藏微观孔隙结构三维重构研究. 成都: 西南石油大学.
苏现波, 司青, 宋金星. 2016. 煤的拉曼光谱特征. 煤炭学报, 41(5): 1197~1202.
苏现波, 张丽萍, 林晓英. 2005. 煤阶对煤的吸附能力的影响. 天然气工业, 25(1): 19~21.
孙可明, 李天舒, 辛利伟, 等. 2017. 超临界 CO_2 作用下煤体膨胀变形规律试验研究. 实验力学, 32(1): 94~100.
孙可明, 梁冰, 王锦山. 2001. 煤层气开采中两相流阶段的流固耦合渗流. 辽宁工程技术大学学报(自然科学版), 20(1): 36~39.
孙可明, 任硕, 张树翠, 等. 2013. 超临界 CO_2 在低渗透煤层中渗流规律的实验研究. 实验力学, 28(1): 117~120.
孙晔. 2016. 超临界 CO_2 与有机溶剂混合萃取及改质煤的研究. 上海: 华东理工大学.
汤达祯, 王生维. 2010. 煤储层物性控制机理及有利储层预测方法. 北京: 科学出版社.
汤中一. 2014. 煤的纳米结构特征探讨. 南京: 南京大学.
唐洪明, 孟英峰, 黎颖英, 等. 2006. 高岭石在酸中的化学行为实验研究. 天然气工业, 26(10): 111~113.
唐书恒, 马彩霞, 叶建平, 等. 2006. 注二氧化碳提高煤层甲烷采收率的实验模拟. 中国矿业大学学报, 35(5): 607~611, 616.
唐书恒, 汤达祯, 杨起. 2004a. 二元气体等温吸附-解吸中气分的变化规律. 中国矿业大学学报, 33(4): 86~90.
唐书恒, 汤达祯, 杨起. 2004b. 二元气体等温吸附实验及其对煤层甲烷开发的意义. 地球科学, 29(2):

219~223.

王勃, 姜波, 郭志斌, 等. 2007. 沁水盆地西山煤田煤层气成藏特征. 天然气地球科学, 18(4): 565~567.

王登科, 魏建平, 付启超, 等. 2014. 基于 Klinkenberg 效应影响的煤体瓦斯渗流规律及其渗透率计算方法. 煤炭学报, 39(10): 2029~2036.

王烽, 汤达祯, 刘洪林, 等. 2009. 利用 CO_2-ECBM 技术在沁水盆地开采煤层气和埋藏 CO_2 的潜力. 天然气工业, 29(4): 117~120.

王海柱, 沈忠厚, 李根生, 等. 2011. CO_2 气体物性参数精确计算方法研究. 石油钻采工艺, 33(5): 65~67.

王红岩. 2005. 山西沁水盆地高煤阶煤层气成藏特征及构造控制作用. 北京: 中国地质大学.

王红岩, 张建博, 刘洪林, 等. 2001. 沁水盆地南部煤层气藏水文地质特征. 煤田地质与勘探, 29(5): 33~36.

王晖, 马斌, 崔金榜, 等. 2016. 郑庄区块煤储层渗透性特征及地质控制因素分析. 科学技术与工程, 16(22): 193~198.

王惠芸, 刘勇, 梁冰. 2005. 煤层气在低渗透储层中传输非线性规律研究. 辽宁工程技术大学学报, 24(4): 469~472.

王兰云, 徐永亮, 姬宇鹏, 等. 2012. 含氧取代咪唑类离子液体影响煤结构及其氧化性质的实验研究. 煤炭学报, 37(7): 1190~1194.

王立国. 2013. 注气驱替深部煤层 CH_4 实验及驱替后特征痕迹研究. 徐州: 中国矿业大学.

王恬. 2018. Sc CO_2 与煤中有机质作用及其孔隙结构响应的实验研究. 徐州: 中国矿业大学.

王恬, 桑树勋, 刘世奇, 等. 2017. 沁水盆地南部高阶煤气水相对渗透特征.断块油气田, 24(2): 199~202.

王壹, 杨伟峰, 张旭光, 等. 2012. 深部非采煤层 CO_2 封存稳定性模糊综合评判. 岩石力学与工程学报, 31(S1): 2932~2939.

王永刚. 2014. 煤矸石中高岭石的结晶度研究. 山西化工, 34(3): 19~22.

文书明. 2002. 微流边界层理论及其应用. 北京: 冶金工业出版社.

吴盾. 2014. 淮南煤田早二叠纪岩浆接触变质煤纳米级结构研究. 合肥: 中国科学技术大学.

谢克昌. 2002. 煤的结构与反应性. 北京: 科学出版社.

邢俊旺. 2018. 超临界 CO_2 与 CH_4 吸附解吸引起煤体变形特性的对比研究. 太原: 太原理工大学.

徐容婷, 李会军, 侯泉林, 等. 2015. 不同变形机制对无烟煤化学结构的影响. 中国科学:地球科学, 45: 34~42.

许江, 张丹丹, 彭守建, 等. 2011. 三轴应力条件下温度对原煤渗流特性影响的实验研究. 岩石力学与工程学报, 30(9): 1848~1854.

杨国栋, 李义连, 马鑫, 等. 2014. 绿泥石对 CO_2-水-岩石相互作用的影响. 地球科学(中国地质大学学报), 39: 462~472.

杨浩. 2017. 沁水盆地煤系“三气”储层发育规律及地质控制. 徐州: 中国矿业大学.

杨宏民, 王兆丰, 任子阳. 2015. 煤中二元气体竞争吸附与置换解吸的差异性及其置换规律. 煤炭学报, 40(7): 1550~1554.

杨宏民, 许东亮, 陈立伟. 2016. 注 CO_2 置换/驱替煤中甲烷定量化研究. 中国安全生产科学技术, 12(5): 38~42.

杨克兵, 严德天, 马凤芹, 等. 2013. 沁水盆地南部煤系地层沉积演化及其对煤层气产能的影响分析. 天然气勘探与开发, 36(4): 22~29.

杨思敬, 杨福蓉, 高照祥. 1991. 煤的孔隙系统和突出煤的孔隙特征//第二届国际采矿科学技术讨论会论文集. 徐州: 中国矿业大学出版社: 770~777.

杨志杰, 王福刚, 杨冰, 等. 2014. 砂岩中绿泥石含量对 CO_2 矿物封存影响的模拟研究. 矿物岩石地球化学通报, 33(2): 201~207.

姚素平, 汤中一, 谭丽华, 等. 2012. 江苏省 CO_2 煤层地质封存条件与潜力评价. 高校地质学报, 18(2): 203~214.

易玲娜. 2015. 有机酸活化钾长石的机制及其应用研究. 广州: 华南理工大学.
尹光志, 李铭辉, 李生舟, 等. 2013. 基于含瓦斯煤岩固气耦合模型的钻孔抽采瓦斯三维数值模拟. 煤炭学报, 38(4): 535~541.
尹艳山, 张轶, 陈厚涛, 等. 2015. 高灰煤中矿物质及碳结构的振动光谱分析. 燃料化学学报, 43(10): 1167~1175.
叶建平, 冯三利, 范志强, 等. 2007. 沁水盆地南部注二氧化碳提高煤层气采收率微型先导性试验研究. 石油学报, 28(4): 77~80.
叶建平, 张兵, 韩学婷, 等. 2016. 深煤层井组 CO_2 注入提高采收率关键参数模拟和试验. 煤炭学报, 41(1): 149~155.
叶建平, 张兵, Wong S. 2012. 山西沁水盆地柿庄北区块3#煤层注入埋藏 CO_2 提高煤层气采收率试验和评价. 中国工程科学, 14(2): 38~44.
于洪观, 姜仁霞, 王盼盼, 等. 2013. 基于不同状态方程压缩因子的煤吸附 CO_2 等温线的比较. 煤炭学报, 38(8): 1411~1417.
张慧. 2001. 煤孔隙的成因类型及其研究. 煤炭学报, 26(1): 40~44.
张慧, 王晓刚, 员争荣, 等. 2002. 煤中显微裂隙的成因类型及其研究意义. 岩石矿物学杂志, 21(3): 278~284.
张建博, 王红岩. 1999. 山西沁水盆地煤层气有利区预测. 徐州: 中国矿业大学出版社.
张军伟, 姜德义, 赵云峰, 等. 2015. 分阶段卸荷过程中构造煤的力学特征及能量演化分析. 煤炭学报, 40(12): 2820~2828.
张军燕, 刘大锰, 蔡益栋, 等. 2017. 沁南郑庄地区3#煤含水层特征与含气规律. 2017油气田勘探与开发国际会议(IFEDC 2017), 中国成都: 1~9.
张抗, 冯力. 1989. 石油天然气产区战略接替问题之我见. 中国地质, 16(10): 11~13.
张琨. 2017. 超临界 CO_2-H_2O-煤岩反应体系影响下煤储层孔裂隙结构演化特征. 徐州: 中国矿业大学.
张丽萍. 2011. 低渗透煤层气开采的热-流-固耦合作用机理及应用研究. 徐州: 中国矿业大学.
张庆玲. 2007. 不同煤级煤对二元混合气体的吸附研究. 石油实验地质, 29(4): 436~440.
张庆玲, 张群, 崔永君, 等. 2005. 煤对多组分气体吸附特征研究. 天然气工业, 25(1): 57~60.
张双斌. 2016. 晋城矿区煤层气地质. 徐州: 中国矿业大学出版社.
张双全. 2004. 煤化学. 徐州: 中国矿业大学出版社.
张松航, 唐书恒, 万毅, 等. 2012a. 晋城无烟煤煤中 CH_4 和 CO_2 运移规律研究. 中国矿业大学学报, 41(5): 770~775.
张松航, 唐书恒, 万毅, 等. 2012b. 三轴围压下煤岩吸附膨胀特性与渗透性动态变化. 高校地质学报, 18(3): 539~543.
张遂安, 霍永忠, 叶建平, 等. 2005. 煤层气的置换解吸实验及机理探索. 科学通报, 50(S1): 143~146.
张晓阳. 2018. 郑庄区块煤层气直井定量化排采制度优化模型. 徐州: 中国矿业大学.
张小东, 张鹏. 2014. 不同煤级煤分级萃取后的 XRD 结构特征及其演化机理. 煤炭学报, 39(5): 941~946.
张小东, 王利丽, 张子戌. 2009. 山西古交矿区马兰煤矿肥煤注水后煤体吸附膨胀行为. 煤炭学报, 34(10): 1310~1315.
张遵国, 曹树刚, 郭平, 等. 2014. 原煤和型煤吸附-解吸瓦斯变形特性对比研究. 中国矿业大学学报, 43(3): 388~395.
章西焕, 马鸿文, 白峰. 2007. 利用钾长石粉体水热合成13X沸石分子筛的晶化过程. 现代地质, 21(3): 584~590.
赵冬, 丁文龙, 刘建军, 等. 2015. 沁水盆地煤系天然气系统富集成藏的主控因素分析. 科学技术与工程, 15(22): 137~147.
赵峰华. 1997. 煤中有害微量元素分布赋存机制及燃煤产物淋滤实验研究. 北京: 中国矿业大学(北京).

赵阳升, 胡耀青, 杨栋, 等. 1999. 三维应力下吸附作用对煤岩体气体渗流规律影响的实验研究. 岩石力学与工程学报, 18(6): 651.

赵阳升, 秦惠增, 白其峥. 1994. 煤层瓦斯流动的固-气耦合数学模型及数值解法的研究. 固体力学学报, 15(1): 49~57.

赵迎亚. 2016. 温和氧化和快速溶剂萃取法研究胜利褐煤大分子结构. 徐州: 中国矿业大学.

赵瑜, 王超林, 曹汉, 等. 2018. 页岩渗流模型及孔压与温度影响机理研究. 煤炭学报, 43(6): 1754~1760.

郑柏平, 马收先. 2008. 华北石炭—二叠系高分辨率层序地层单元划分及对比. 中国煤炭地质, 20(S1): 11~15.

郑长远, 张徽, 贾小丰, 等. 2016. 我国含煤层气盆地 CO_2 地质储存潜力评价. 煤炭工程, 48(8): 106~109.

郑贵强, 杨德方, 周显亮. 2018. 沁水盆地深、浅煤储层物性差异对比研究. 煤炭技术, 37(3): 108~110.

中联煤层气有限责任公司, Alberta Research Council. 2008. 中国二氧化碳注入提高煤层气采收率先导性试验技术. 北京: 地质出版社.

钟玲文, 张慧, 员争荣, 等. 2002. 煤的比表面积孔体积及其对煤吸附能力的影响. 煤田地质与勘探, 30(3): 26~29.

周军平. 2010. CH_4、CO_2、N_2 及其多元气体在煤层中的吸附-运移机理研究. 重庆: 重庆大学.

周军平, 鲜学福, 姜永东, 等. 2011. 基于热力学方法的煤岩吸附变形模型. 煤炭学报, 36(3): 468~472.

周来. 2009. 深部煤层处置 CO_2 多物理耦合过程的实验与模拟. 徐州: 中国矿业大学.

周尚文, 王红岩, 薛华庆, 等. 2017. 页岩气超临界吸附机理及模型. 科学通报, 62(35): 4189~4200.

周尚文, 薛华庆, 郭伟, 等. 2016. 基于重量法的页岩气超临界吸附特征实验研究. 煤炭学报, 41(11): 2806~2812.

Ходот В В. 1966. 煤与瓦斯突出. 宋世钊, 王佑安, 译. 北京: 中国工业出版社: 27~30.

Al-Anazi B D, Al-Quraishi A. 2010. New correlation for *Z*-factor using genetic programming technique. SPE Oil and Gas India Conference and Exhibition, Mumbai India: SPE-128878-MS. DOI: https://doi.org/10.2118/128878-MS.

Alastuey A, Jiménez A, Plana F, et al. 2001. Geochemistry, mineralogy, and technological properties of the main Stephanian (Carboniferous) coal seams from the Puertollano Basin, Spain. International Journal of Coal Geology, 45: 247~265.

Alemu B L, Aagaard P, Munz I A, et al. 2011. Caprock interaction with CO_2: A laboratory study of reactivity of shale with super critical CO_2 and brine mixtures at 250℃ and 110bars. Applied Geochemistry, 26(12): 1975~1989.

Al-Raoush R I, Willson C S. 2005. Extraction of physically realistic pore network properties from three-dimensional synchrotron X-ray microtomography images of unconsolidated porous media systems. Journal of Hydrology, 300(1~4): 44~64.

Aminu M D, Nabavi S A, Rochelle C A, et al. 2017. A review of developments in carbon dioxide storage. Applied Energy, 208: 1389~1419.

Anggara F, Sasaki K, Sugai Y. 2016. The correlation between coal swelling and permeability during CO_2 sequestration: A case study using Kushiro low rank coals. International Journal of Coal Geology, 166: 62~70.

Angus S, Armstrong B, Reuck K M D. 1981. Methane: International thermodynamic tables of the fluid state-5. Nuclear Technology, 54(1): 126.

Arami-Niya A, Rufford T E, Zhu Z. 2016. Activated carbon monoliths with hierarchical pore structure from tar pitch and coal powder for the adsorption of CO_2, CH_4 and N_2. Carbon, 103: 115~124.

Árkai P. 1991. Chlorite crystallinity: An empirical approach and correlation with illite crystallinity, coal rank and mineral faces as exemplified by Palaeozoic and Mesozoic rocks of northeast Hungary. Journal of Metamorphic Geology, 9 (6) : 723~734.

Arya G, Chang H C, Maginn E J. 2003. Molecular simulations of Knudsen wall-slip: Effect of wall morphology. Molecular Simulation, 29 (10~11) : 697~709.

Ates Y, Barron K. 1988. The effect of gas sorption on the strength of coal. Mining Science and Technology, 6 (3) : 291~300.

Audigane P, Gaus I, Czernichowski-Lauriol I, et al. 2007. Two-dimensional reactive transport modeling of CO_2 injection in a saline aquifer at the Sleipner site, North Sea. American Journal of Science, 307 (7) : 699~704.

Azom P N, Javadpour F. 2012. Dual-continuum modeling of shale and tight gas reservoirs. SPE Annual Technical Conference and Exhibition, San Antonio USA: SPE-159584-MS. DOI: https://doi.org/10.2118/159584-MS.

Bachu S, Bonijoly D, Bradshaw J, et al. 2007. CO_2 storage capacity estimation: Methodology and gaps. International Journal of Greenhouse Gas Control, 1 (4) : 430~443.

Bae J S, Bhatia S K. 2006. High-pressure adsorption of methane and carbon dioxide on coal. Energy & Fuels, 20 (6) : 2599~2607.

Bagga P, Roy D G, Singh T N. 2015. Effect of carbon dioxide sequestration on the mechanical properties of Indian coal. EUROCK 2015 & 64th Geomechanics Colloquium, Salzburg Austria: 1163~1168.

Baines S J, Worden R H. 2001. Geological CO_2 disposal: Understanding the long-term fate of CO_2 in naturally occurring accumulations. Fifth International Conference on Greenhouse Gas Control Technologies, Caims Australia: 311~316.

Baldwin C A, Sederman A J, Mantle M D, et al. 1996. Determination and characterization of the structure of a pore space from 3D volume images. Journal of Colloid and Interface Science, 181 (1) : 79~92.

Bao Y, Wei C T, Wang C Y, et al. 2013. Geochemical characteristics and identification of thermogenic CBM generated during the low and middle coalification stages. Geochemical Journal, 47 (4) : 451~458.

Bangham D H, Fakhoury N. 1931. CLXXV.—The translation motion of molecules in the adsorbed phase on solids. Journal of the Chemical Society: 1324~1333.

Bertier P, Swennen R, Laenen B, et al. 2006. Experimental identification of CO_2-water-rock interactions caused by sequestration of CO_2 in Westphalian and Buntsandstein sandstones of the Campine Basin (NE-Belgium) . Journal of Geochemical Exploration, 89 (1~3) : 10~14.

Beskok A, Karniadakis G E. 1999. Report: A model for flows in channels, pipes, and ducts at micro and nano scales. Microscale Thermophysical Engineering, 3 (1) : 43~77.

Bibi I, Singh B, Silvester E. 2011. Dissolution of illite in saline-acidic solutions at 25℃. Geochimica et Cosmochimica Acta, 75 (11) : 3237~3249.

Biot M A. 1941. General theory of three-dimensional consolidation. Journal of Applied Physics, 12 (2) : 155~164.

Biot M A. 1973. Nonlinear and semilinear rheology of porous solids. Journal of Geophysical Research Atmospheres, 78 (23) : 4924~4937.

Bird M B, Butler S L, Hawkes C D, et al. 2014. Numerical modeling of fluid and electrical currents through geometries based on synchrotron X-ray tomographic images of reservoir rocks using Avizo and COMSOL. Computers & Geosciences, 73: 6~16.

Black J R, Haese R R. 2014. Chlorite dissolution rates under CO_2 saturated conditions from 50 to 120℃ and 120 to 200 bar CO_2. Geochimica et Cosmochimica Acta, 125 (15) : 225~240.

Bradshaw J, Bachu S, Bonijoly D, et al. 2007. CO_2 storage capacity estimation: Issues and development of standards. International Journal of Greenhouse Gas Control, 1 (1) : 62~68.

Brantley S L, Kubicki J D, White A F. 2008. Kinetics of Water-rock Interaction. New York: Springer New York.

Briggs H, Sinha R P V. 1934. Expansion and contraction of coal caused respectively by the sorption and discharge of gas. Proceedings of the Royal Society of Edinburgh, 53: 48~53.

Busch A, Gensterblum Y. 2011. CBM and CO_2-ECBM related sorption processes in coal: A review. International Journal of Coal Geology, 87(2): 49~71.

Busch A, Gensterblum Y, Krooss B M. 2007. High-pressure sorption of nitrogen, carbon dioxide, and their mixtures on Argonne Premium coals. Energy & Fuels, 21(3): 1640~1645.

Busch A, Gensterblum Y, Krooss B M, et al. 2004. Methane and carbon dioxide adsorption-diffusion experiments on coal: Upscaling and modeling. International Journal of Coal Geology, 60(2~4): 151~168.

Busch A, Gensterblum Y, Krooss B M, et al. 2006. Investigation of high-pressure selective adsorption/desorption behavior of CO_2 and CH_4 on coals: An experimental study. International Journal of Coal Geology, 66(1~2): 53~68.

Bustin R M, Clarkson C R. 1998. Geological controls on coalbed methane reservoir capacity and gas content. International Journal of Coal Geology, 38(1~2): 3~26.

Cao Y, Davis A, Liu R, et al. 2003. The influence of tectonic deformation on some geochemical properties of coals—A possible indicator of outburst potential. International Journal of Coal Geology, 53(2): 69~79.

Cervik J. 1967. Behavior of coal-gas reservoirs. SPE Eastern Regional Meeting, Pittsburgh USA: SPE-1973-MS. DOI: https://doi.org/10.2118/1973-MS.

Chaback J J, Morgan W D, Yee D. 1996. Sorption of nitrogen, methane, carbon dioxide and their mixtures on bituminous coals at in-situ conditions. Fluid Phase Equilibria, 117(1~2): 289~296.

Clarkson C R, Bustin R M. 1997. Variation in permeability with lithotype and maceral composition of Cretaceous coals of the Canadian Cordillera. International Journal of Coal Geology, 33(2): 135~151.

Clarkson C R, Bustin R M. 2000. Binary gas adsorption/desorption isotherms: Effect of moisture and coal composition upon carbon dioxide selectivity over methane. International Journal of Coal Geology, 42(4): 241~271.

Charrière D, Pokryszka Z, Behra P. 2010. Effect of pressure and temperature on diffusion of CO_2 and CH_4 into coal from the Lorraine basin(France). International Journal of Coal Geology, 81(4): 373~380.

Chen D, Pan Z J, Liu J S, et al. 2012b. Modeling and simulation of moisture effect on gas storage and transport in coal seams. Energy & Fuels, 26(3): 1695~1706.

Chen Y, Mastalerz M, Schimmelmann A. 2012a. Characterization of chemical functional groups in macerals across different coal ranks via micro-FTIR spectroscopy. International Journal of Coal Geology, 104: 22~33.

Chen S D, Tang D Z, Tao S, et al. 2019. Fractal analysis of the dynamic variation in pore-fracture systems under the action of stress using a low-field NMR relaxation method: An experimental study of coals from western Guizhou in China. Journal of Petroleum Science and Engineering, 173: 617~629.

Chilingar G V. 1964. Relationship between porosity, permeability, and grain-size distribution of sands and sandstones. Developments in Sedimentology, 1: 71~75.

Chiquet P, Thibeau S, Lescanne M, et al. 2013. Geochemical assessment of the injection of CO_2 into rousse depleted gas reservoir part II: Geochemical impact of the CO_2 injection. Energy Procedia, 37: 6383~6394.

Civan F. 2007. Reservoir Formation Damage. 2 edn, Houston: Gulf Professional Publishing.

Civan F. 2010a. A review of approaches for describing gas transfer through extremely tight porous media. AIP Conference Proceedings, 1254(1): 53~58. DOI: https://doi.org/10.1063/1.3453838.

Civan F. 2010b. Effective correlation of apparent gas permeability in tight porous media. Transport in Porous Media, 82(2): 375~384.

Civan F. 2010c. Practical Finite-analytic method for solving differential equations by compact numerical schemes. Numerical Methods for Partial Differential Equations, 25(2): 347~379.

Civan F, Rai C S, Sondergeld C H. 2011. Shale-gas permeability and diffusivity inferred by improved formulation of relevant retention and transport mechanisms. Transport in Porous Media, 86(3): 925~944.

Close J C. 1993. Natural fractures in coal. AAPG, 38: 119~130.

Connell L D, Pan Z J, Camilleri M, et al. 2014. Description of a CO_2 enhanced coal bed methane field trial using a multi-lateral horizontal well. International Journal of Greenhouse Gas Control, 26: 204~219.

Cook D J, Haque M N. 1974. Strength reduction and length changes in concrete and mortar on water and methanol sorption. Cement and Concrete Research. 4(5): 735~744.

Corkum A G, Martin C D. 2007. The mechanical behaviour of weak mudstone (Opalinus Clay) at low stresses. International Journal of Rock Mechanics and Mining Sciences, 44(2): 196~209.

Crosdale P J, Moore T A, Mares T E. 2008. Influence of moisture content and temperature on methane adsorption isotherm analysis for coals from a low-rank, biogenically-sourced gas reservoir. International Journal of Coal Geology, 76(1~2): 166~174.

Cui G L, Liu J S, Wei M Y, et al. 2018. Evolution of permeability during the process of shale gas extraction. Journal of Natural Gas Science and Engineering, 49: 94~109.

Cui X, Bustin R M, Chikatamarla L. 2007. Adsorption-induced coal swelling and stress: Implications for methane production and acid gas sequestration into coal seams. Journal of Geophysical Research: Solid Earth, 112(B10202): 1~16.

Cui X, Bustin R M, Dipple G. 2004. Selective transport of CO_2, CH_4, and N_2 in coals: Insights from modeling of experimental gas adsorption data. Fuel, 83(3): 293~303.

Czerw K. 2011. Methane and carbon dioxide sorption/desorption on bituminous coal–Experiments on cubicoid sample cut from the primal coal lump. International Journal of Coal Geology, 85(1): 72~77.

Dai S F, Zhang W G, Seredin V V, et al. 2013. Factors controlling geochemical and mineralogical compositions of coals preserved within marine carbonate successions: A case study from the Heshan Coalfield, southern China. International Journal of Coal Geology, 109: 77~100.

Dawson G K W, Golding S D, Biddle D, et al. 2015. Mobilisation of elements from coal due to batch reactor experiments with CO_2 and water at 40℃ and 9.5 MPa. International Journal of Coal Geology, 140: 63~70.

Dawson G K W, Golding S D, Massarotto P, et al. 2011. Experimental supercritical CO_2 and water interactions with coal under simulated in situ conditions. Energy Procedia, 4: 3139~3146.

Darot M, Gueguen Y. 1986. Slow crack growth in minerals and rocks: Theory and experiments. Pure and Applied Geophysics, 124(4): 677~692.

Day S, Duffy G, Sakurovs R, et al. 2008a. Effect of coal properties on CO_2 sorption capacity under supercritical conditions. International Journal of Greenhouse Gas Control, 2(3): 342~352.

Day S, Fry R, Sakurovs R. 2008b. Swelling of Australian coals in supercritical CO_2. International Journal of Coal Geology, 74: 41~52.

Day S, Fry R, Sakurovs R. 2011. Swelling of moist coal in carbon dioxide and methane. International Journal of Coal Geology, 86(2~3): 197~203.

Day S, Fry R, Sakurovs R. 2012. Swelling of coal in carbon dioxide, methane and their mixtures. International Journal of Coal Geology, 93: 40~48.

Day S, Fry R, Sakurovs R, et al. 2010. Swelling of coals by supercritical gases and its relationship to sorption. Energy & Fuels, 24(4): 2777~2783.

Day S, Sakurovs R, Weir S. 2008c. Supercritical gas sorption on moist coals. International Journal of Coal Geology, 74(3~4): 203~214.

De Boer J H. 1958. The Structure and Properties of Porous Materials. London: Butterworths.

De Silva P N K, Ranjith P G, Choi S K. 2012. A study of methodologies for CO_2 storage capacity estimation of coal. Fuel, 91(1): 1~15.

Debelak K A, Schrodt J T. 1979. Comparison of pore structure in Kentucky coals by mercury penetration and carbon dioxide adsorption. Fuel, 58(10): 732~736.

DeGance A E, Morgan W D, Yee D. 1993. High pressure adsorption of methane, nitrogen and carbon dioxide on coal substrates. Fluid Phase Equilibria, 82: 215~224.

Delerue J F, Perrier E. 2002. DXSoil, a library for 3D image analysis in soil science. Computers & Geosciences, 28(9):1041~1050.

Deng J F, Su S G, Niu Y L, et al. 2007. A possible model for the lithospheric thinning of North China Craton: Evidence from the Yanshanian (Jura-Cretaceous) magmatism and tectonism. Lithos, 96(1~2): 22~35.

Diduszko R, Swiatkowski A, Trznadel B J. 2000. On surface of micropores and fractal dimension of activated carbon determined on the basis of adsorption and SAXS investigations. Carbon, 38(8): 1153~1162.

Du Y, Sang S X, Pan Z J, et al. 2018a. Experimental study of the reactions of supercritical CO_2 and minerals in high-rank coal under formation conditions. Energy & Fuels, 32(2): 1115~1125.

Du Y, Sang S X, Pan Z J, et al. 2019. Experimental study of supercritical CO_2-H_2O-coal interactions and the effect on coal permeability. Fuel, 253: 369~382.

Du Y, Sang S X, Wang W F, et al. 2018b. Dissolution of illite in supercritical CO_2 saturated water: Implications for clayey caprock stability in CO_2 geological storage. Journal of Chemical Engineering of Japan, 51(1): 116~122.

Duan Z, Møller N, Greenberg J, et al. 1992a. The prediction of methane solubility in natural waters to high ionic strength from 0 to 250 ℃ and from 0 to 1600 bar. Geochimica et Cosmochimica Acta, 56(4): 1451~1460.

Duan Z, Møller N, Weare J H. 1992b. An equation of state for the CH_4-CO_2-H_2O system: II. Mixtures from 50 to 1000 ℃ and 0 to 1000 bar. Geochimica et Cosmochimica Acta, 56(7): 2619~2631.

Duan Z, Sun R. 2003. An improved model calculating CO_2 solubility in pure water and aqueous NaCl solutions from 273 to 533 K and from 0 to 2000 bar. Chemical Geology, 193(3): 257~271.

Duan Z, Sun R. 2006. A model to predict phase equilibrium of CH_4 and CO_2 clathrate hydrate in aqueous electrolyte solutions. American Mineralogist, 91(8-9): 1346~1354.

Duan Z, Sun R, Zhu C, et al. 2006. An improved model for the calculation of 2 solubility in aqueous solutions containing Na^+, K^+, Ca^{2+}, Mg^{2+}, Cl^-, and SO_4^{2-}. Marine Chemistry, 98(2): 131~139.

Dubinin M M. 1960. The potential theory of adsorption of gases and vapors for adsorbents with energetically nonuniform surfaces. Chemical Reviews, 60(2): 235~241.

Dubinin M M, Radushkevich L V. 1947. The equation of the characteristics curve of activated charcoal. Proceedings of the Union of Soviet Socialist Republics Academy of Sciences, 55: 331~337.

Durucan S, Ahsanb M, Shia J Q. 2009. Matrix shrinkage and swelling characteristics of European coals. Energy Procedia, 1(1): 3055~3062.

Dutta P, Zoback M D. 2012. CO_2 sequestration into the Wyodak coal seam of Powder River Basin—Preliminary reservoir characterization and simulation. International Journal of Greenhouse Gas Control, 9: 103~116.

Economides M J, Nolte K G, Ahmed U, et al. 2000. Reservoir Stimulation. 3rd ed. Chichester: John Wiley.

Espinoza D N, Kim S H, Santamarina J C. 2011. CO_2 geological storage—Geotechnical implications. KSCE Journal of Civil Engineering, 15(4): 707~719.

Faiz M, Saghafi A, Sherwood N, et al. 2007. The influence of petrological properties and burial history on coal seam methane reservoir characterisation, Sydney Basin, Australia. International Journal of Coal Geology, 70(1-3): 193~208.

Fan Y P, Deng C B, Zhang X, et al. 2018. Numerical study of CO_2-enhanced coalbed methane recovery. International Journal of Greenhouse Gas Control, 76: 12~23.

Fang H H, Sang S X, Liu S Q. 2019a. A methodology for characterizing the multiscale pores and fractures in anthracite and semi-anthracite coals and its application in analysis of the storage and permeable capacity of coalbed methane. SPE Reservoir Evaluation & Engineering. DOI: https://doi.org/10.2118/195672-PA.

Fang H H, Sang S X, Liu S Q. 2019b. Numerical simulation of enhancing coalbed methane recovery by injecting CO_2 with heat injection. Petroleum Science, 16(1): 32~43.

Fang H H, Sang S X, Liu S Q, et al. 2019c. Experimental simulation of replacing and displacing CH_4 by injecting supercritical CO_2 and its geological significance. International Journal of Greenhouse Gas Control, 81: 115~125.

Farquhar S M, Pearce J K, Dawson G K W, et al. 2015. A fresh approach to investigating CO_2, storage: Experimental CO_2-water-rock interactions in a low-salinity reservoir system. Chemical Geology, 399(3): 98~122.

Farzard B, Yang Z B, Auli N. 2017. Pore-scale modeling of wettability effects on CO_2-brine displacement during geological storage. Advances in Water Resources, 109: 181~195.

Feucht L J, Logan J M. 1990. Effects of chemically active solutions on shearing behavior of a sandstone. Tectonophysics, 175(1~3): 159~176.

Fischer S, Liebscher A, Zemke K, et al. 2013. Does injected CO_2 affect (Chemical) reservoir system integrity? - A comprehensive experimental approach. Energy Procedia, 37: 4473~4482.

Fitzgerald J E, Pan Z J, Sudibandriyo M, et al. 2005. Adsorption of methane, nitrogen, carbon dioxide and their mixtures on wet Tiffany coal. Fuel, 84(18): 2351~2363.

Friesen W I, Mikula R J. 1988. Mercury porosimetry of coals: Pore volume distribution and compressibility. Fuel, 67(11): 1516~1520.

Fry R, Day S, Sakurovs R. 2009. Moisture-induced swelling of coal. Coal Preparation, 29(6): 298~316.

Fujioka M, Yamaguchi S, Nako M. 2010. CO_2-ECBM field tests in the Ishikari Coal Basin of Japan. International Journal of Coal Geology, 82(3~4): 287~298.

Gan H, Nandi S P, Walker Jr P L. 1972. Nature of the porosity in American coals. Fuel, 51(4): 272~277.

Gathitu B B, Chen W, Mcclure M. 2009. Effects of coal interaction with supercritical CO_2: Physical structure. Industrial & Engineering Chemistry Research, 48(10): 5024~5034.

Geng W, Nakajima T, Takanashi H, et al. 2009. Analysis of carboxyl group in coal and coal aromaticity by Fourier transform infrared (FT-IR) spectrometry. Fuel, 88: 139~144.

Gensterblum Y, Ghanizadeh A, Krooss B M. 2014. Gas permeability measurements on Australian subbituminous coals: Fluid dynamic and poroelastic aspects. Journal of Natural Gas Science & Engineering, 19(7): 202~214.

Gensterblum Y, Merkel A, Busch A, et al. 2013. High-pressure CH_4 and CO_2 sorption isotherms as a function of coal maturity and the influence of moisture. International Journal of Coal Geology, 118: 45~57.

Gentzis T, Deisman N, Chalaturnyk R J. 2007. Geomechanical properties and permeability of coals from the foothills and mountain regions of western Canada. International Journal of Coal Geology, 69(3): 153~164.

Georgakopoulos A, Iordanidis A, Kapina V. 2003. Study of low rank greek coals using FTIR spectroscopy. Energy Sources, 25(10): 995~1005.

Gibbs J W. 1921. On the Equilibrium of Heterogeneous Substances. New Haven: Yale University Press.

Golding S D, Uysal I T, Boreham C J, et al. 2011. Adsorption and mineral trapping dominate CO_2 storage in coal systems. Energy Procedia, 4: 3131~3138.

Goodman A L, Busch A, Duffy G J, et al. 2004. An inter-laboratory comparison of CO_2 isotherms measured on Argonne premium coal samples. Energy & Fuels, 18 (4) : 1175~1182.

Griffith A A. 1921. The phenomena of rupture and flow in solids. Philosophical Transactions of the Royal Society of London, 221: 163~198.

Groshong Jr R H, Pashin J C, McIntyre M R. 2009. Structural controls on fractured coal reservoirs in the southern Appalachian Black Warrior foreland basin. Journal of Structural Geology, 31 (9) : 874~886.

Gruener S, Huber P. 2008. Knudsen diffusion in silicon nanochannels. Physical Review Letters, 100 (6) : 1431~1432.

Gruszkiewicz M S, Naney M T. 2009. Adsorption kinetics of CO_2, CH_4, and their equimolar mixture on coal from the Black Warrior Basin, West-Central Alabama. International Journal of Coal Geology, 77 (1~2) : 23~33.

Guan C, Liu S, Li C, et al. 2018. The temperature effect on the methane and CO_2 adsorption capacities of Illinois coal. Fuel, 211: 241~250.

Guedes A, Valentim B, Prieto A C, et al. 2010. Micro-Raman spectroscopy of collotelinite, fusinite and macrinite. International Journal of Coal Geology, 83 (4) : 415~422.

Guo H, Cheng Y, Wang L, et al. 2015. Experimental study on the effect of moisture on low-rank coal adsorption characteristics. Journal of Natural Gas Science and Engineering, 24: 245~251.

Guo H, Ni X, Wang Y, et al. 2018. Experimental study of CO_2-water-mineral interactions and their influence on the permeability of coking coal and implications for CO_2-ECBM. Minerals, 8 (3) : 117.

Hakimi M H, Abdullah W H, Alias F L, et al. 2013. Organic petrographic characteristics of Tertiary (Oligocene-Miocene) coals from eastern Malaysia: Rank and evidence for petroleum generation. International Journal of Coal Geology, 120 (6) : 71~81.

Han G, Dusseault M B. 2002. Quantitative analysis of mechanisms for water-related sand production. International Symposium and Exhibition on Formation Damage Control, Lafayette, USA: SPE-73737-MS. DOI: https://doi.org/10.2118/73737-MS.

Han S J, Sang S X, Liang J J, et al. 2019. Supercritical CO_2 adsorption in a simulated deep coal reservoir environment, implications for geological storage of CO_2 in deep coals in the southern Qinshui Basin, China. Energy Science & Engineering, 2 (7) : 488~503.

Harpalani S, Prusty B K, Dutta P. 2006. Methane/CO_2 sorption modeling for coalbed methane production and CO_2 sequestration. Energy & Fuels, 20 (4) : 1591~1599.

Harpalani S, Schraufnagel R A. 1990. Shrinkage of coal matrix with release of gas and its impact on permeability of coal. Fuel, 69 (5) : 551~556.

Hatcher P G, Clifford D J. 1997. The organic geochemistry of coal: from plant materials to coal. Organic Geochemistry, 27 (5) : 251~274.

Hayashi J I, Takeuchi K, Kusakabe K, et al. 1991. Removal of calcium from low rank coals by treatment with CO_2 dissolved in water. Fuel, 70 (10) : 1181~1186.

He Z Y, Xu X S. 2012. Petrogenesis of the Late Yanshanian mantle-derived intrusions in southeastern China: Response to the geodynamics of paleo-Pacific plate subduction. Chemical Geology, 328 (11) : 208~221.

Heddle G, Herzog H, Klett M. 2003. The Economics of CO_2 Storage. Boston: Massachusetts Institute of Technology Laboratory for Energy and the Environment.

Hedges S W, Soong Y, Jones J R, et al. 2007. Exploratory study of some potential environmental impacts of CO_2 sequestration in unmineable coal seams. International Journal of Environment and Pollution, 29 (4) : 457~473.

Hensen E J M, Smit B. 2002. Why clays swell. Journal of Physical Chemistry B, 106(49): 12664~12667.

Hiller K H. 1964. Strength reduction and length changes in porous glass caused by water vapor adsorption. Journal of Applied Physics, 35(5): 1622~1628.

Hol S, Peach C J, Spiers C J. 2011. Applied stress reduces the CO_2 sorption capacity of coal. International Journal of Coal Geology, 85(1): 128~142.

Hol S, Spiers C J. 2012. Competition between adsorption-induced swelling and elastic compression of coal at CO_2 pressures up to 100 MPa. Journal of the Mechanics & Physics of Solids, 60(11): 1862~1882.

Hol S, Spiers C J, Peach C J. 2012. Microfracturing of coal due to interaction with CO_2 under unconfined conditions. Fuel, 97(7): 569~584.

Holdren M W, Spicer C W, Hales J M. 1984. Peroxyacetyl nitrate solubility and decomposition rate in acidic water. Atmospheric Environment, 18(6): 1171~1173.

Hu H, Li X, Fang Z, et al. 2010. Small-molecule gas sorption and diffusion in coal: Molecular simulation. Energy, 35(7): 2939~2944.

Hu W, Li Z, Deng J, et al. 2017. Influence on coal pore structure during liquid CO_2-ECBM process for CO_2 utilization. Journal of CO_2 Utilization, 21: 543~552.

Huang H Z, Sang S X, Miao Y, et al. 2017. Trends of ionic concentration variations in water coproduced with coalbed methane in the Tiefa Basin. International Journal of Coal Geology, 182: 32~41.

Hughes R G, Blunt M J. 2001. Network modeling of multiphase flow in fractures. Advances in Water Resources, 24(3): 409~421.

Huron M J, Vidal J. 1979. New mixing rules in simple equations of state for representing vapour-liquid equilibria of strongly non-ideal mixtures. Fluid Phase Equilibria, 3(4): 255~271.

Israelachvili J N. 2011. Intermolecular and Surface Forces. 3rd edn. Burlington: Academic Press.

Ioannidis M A, Chatzis I. 2000. On the geometry and topology of 3D stochastic porous media. Journal of Colloid & Interface Science, 229(2): 323~334.

Javadpour F. 2009. Nanopores and apparent permeability of gas flow in Mudrocks(Shales and Siltstone). Journal of Canadian Petroleum Technology, 48(8): 16~21.

Jia J L, Sang S X, Cao L W, et al. 2018. Characteristics of CO_2 supercritical CO_2 adsorption-induced swelling to anthracite: An experimental study. Fuel, 216: 639~647.

Jiang R, Yu H. 2019. Interaction between sequestered supercritical CO_2 and minerals in deep coal seams. International Journal of Coal Geology, 202: 1~13.

Jiang Z, Wu K, Couples G, et al. 2007. Efficient extraction of networks from three-dimensional porous media. Water Resources Research, 43(12): 1~17.

Joubert J I, Grein C T, Bienstock D. 1973. Sorption of methane in moist coal. Fuel, 52(3): 181~185.

Kalinowski B E, Schweda P. 2007. Rates and nonstoichiometry of vermiculite dissolution at 22 ℃. Geoderma, 142(1~2): 197~209.

Kang J Q, Fu X H, Liang S, et al. 2018. Experimental study of changes in fractures and permeability during nitrogen injection and sealing of low-rank coal. Journal of Natural Gas Science and Engineering, 57: 21~30.

Karacan C Ö. 2003. Heterogeneous sorption and swelling in a confined and stressed coal during CO_2 injection. Energy & Fuels, 17(6): 1595~1608.

Karacan C Ö. 2007. Swelling-induced volumetric strains internal to a stressed coal associated with CO_2 sorption. International Journal of Coal Geology, 72(3~4): 209~220.

Kaszuba J P, Janecky D R, Snow M G. 2003. Carbon dioxide reaction processes in a model brine aquifer at 200 ℃ and 200 bars: Implications for geologic sequestration of carbon. Applied Geochemistry, 18(7): 1065~1080.

Kelemen S R, Kwiatek L M. 2009. Physical properties of selected block Argonne Premium bituminous coal related to CO_2, CH_4, and N_2 adsorption. International Journal of Coal Geology, 77 (1~2) : 2~9.

Khan M R, Jenkins G R. 1985. Thermoplastic properties of coal at elevated pressures: 2. Low-temperature preoxidation of a Pittsburgh Seam coal. Fuel, 64 (2) : 189~192.

Kiepe J, Horstmann S, Fischer K, et al. 2002. Experimental determination and prediction of gas solubility data for CO_2 + H_2O mixtures containing NaCl or KCl at temperatures between 313 and 393 K and pressures up to 10 MPa. Industrial & Engineering Chemistry Research, 41 (17) : 4393~4398.

Knackstedt M, Arns C, Ghous A, et al. 2006. ANU-digital collections: 3D imaging and flow characterization of the pore space of carbonate core samples. The International Symposium of the Society of Core Analysts, Trondheim, Norway: 136~154.

Knackstedt M, Arns C, Saadatfar M, et al. 2005. Virtual materials design: Properties of cellular solids derived from 3D tomographic images. Advanced Engineering Materials, 7 (4) : 238~243.

Knipe S W, Mycroft J R, Pratt A R, et al. 1995. X-ray photoelectron spectroscopic study of water adsorption on iron sulphide minerals. Geochimica et Cosmochimica Acta, 59 (6) : 1079~1090.

Kolak J J, Burruss R C. 2006. Geochemical investigation of the potential for mobilizing non-methane hydrocarbons during carbon dioxide storage in deep coal beds. Energy & Fuels, 20 (2) :566~574.

Kumar H, Elsworth D, Liu J S, et al. 2012. Optimizing enhanced coalbed methane recovery for unhindered production and CO_2 injectivity. International Journal of Greenhouse Gas Control, 11: 86~97.

Kumar H, Elsworth D, Liu J S, et al. 2015. Permeability evolution of propped artificial fractures in coal on injection of CO_2. Journal of Petroleum Science and Engineering, 133: 695~704.

Kumar H, Elsworth D, Mathews J P, et al. 2014. Effect of CO_2 injection on heterogeneously permeable coalbed reservoirs. Fuel, 135: 509~521.

Kumar H, Lester E, Kingman S, et al. 2011. Inducing fractures and increasing cleat apertures in a bituminous coal under isotropic stress via application of microwave energy. International Journal of Coal Geology, 88 (1) : 75~82.

Kutchko B G, Goodman A L, Rosenbaum E, et al. 2013. Characterization of coal before and after supercritical CO_2 exposure via feature relocation using field-emission scanning electron microscopy. Fuel, 107: 777~786.

Lago M, Araujo M. 2001. Threshold pressure in capillaries with polygonal cross section. Journal of Colloid and Interface Science, 243 (1) : 219~226.

Lama R D, Bodziony J. 1998. Management of outburst in underground coal mines. International Journal of Coal Geology, 35 (1~4) : 83~115.

Lamberson M N, Bustin R M. 1993. Coalbed methane characteristics of gates formation coals, northeastern British Columbia: Effect of maceral composition. AAPG Bulletin, 77(12): 2062~2076.

Langmuir I. 1916. The constitution and fundamental properties of solids and liquids. Part I. Solids. Journal of the American Chemical Society, 38 (11) : 2221~2295.

Langmuir I. 1918. The adsorption of gases on plane surfaces of glass, mica and platinum. Journal of the American Chemical Society, 40 (9) : 1361~1403.

Larsen J W. 2004. The effects of dissolved CO_2 on coal structure and properties. International Journal of Coal Geology, 57 (1) : 63~70.

Lasaga A C. 1984. Chemical kinetics of water-rock interactions. Journal of Geophysical Research Atmospheres, 89 (B6) : 4009~4025.

Laubach S E, Marrett R A, Olson J E, et al. 1998. Characteristics and origins of coal cleat: A review. International Journal of Coal Geology, 35 (1~4) : 175~207.

Laxminarayana C, Crosdale P J. 2002. Controls on methane sorption capacity of Indian coals. AAPG Bulletin,

86 (2) : 201~212.

Lee G, Baek W, Chang S H. 2002. Improved methodology for generation of axial flux shapes in digital core protection systems. Annals of Nuclear Energy, 29 (7) : 805~819.

Lee G, Chang S H. 2003. Radial basis function networks applied to DNBR calculation in digital core protection systems. Annals of Nuclear Energy, 30 (15) : 1561~1572.

Levine J R. 1996. Model study of the influence of matrix shrinkage on absolute permeability of coal bed reservoirs. Geological Society, London, Special Publications, 109 (1) : 197~212.

Levine J R, Johnson P W, Beamish B B. 1993. High pressure microbalance sorption studies. Proceedings of the International Coalbed Methane Symposium, Birmingham USA: 187~196.

Levy J H, Day S J, Killingley J S. 1997. Methane capacities of Bowen Basin coals related to coal properties. Fuel, 76 (9) : 813~819.

Li B B, Yang K, Xu P, et al. 2019. An experimental study on permeability characteristics of coal with slippage and temperature effects. Journal of Petroleum Science and Engineering, 175: 294~302.

Li D, Liu Q, Weniger P, et al. 2010. High-pressure sorption isotherms and sorption kinetics of CH_4 and CO_2 on coals. Fuel, 89 (3) : 569~580.

Li S, Fan C J, Han J, et al. 2016. A fully coupled thermal-hydraulic-mechanical model with two-phase flow for coalbed methane extraction. Journal Natural Gas Science and Engineering, 33: 324~336.

Li W, Zhu J T, Cheng Y P, et al. 2014. Evaluation of coal swelling-controlled CO_2 diffusion processes. Greenhouse Gases Science & Technology, 4 (1) : 131~139.

Li X, Wei N, Liu Y, et al. 2009. CO_2 point emission and geological storage capacity in China. Energy Procedia, 1 (1) : 2793~2800.

Li X C, Fang Z M. 2014. Current status and technical challenges of CO_2 storage in coal seams and enhanced coalbed methane recovery: An overview. Journal of Coal Science & Engineering, 1 (1) : 93~102.

Li X C, Kang Y L, Zhou L C. 2018. Investigation of gas displacement efficiency and storage capability for enhanced CH_4 recovery and CO_2 sequestration. Journal of Petroleum Science and Engineering, 169: 485~493.

Li X J, Hayashi J I, Li C Z. 2006. FT-Raman spectroscopic study of the evolution of char structure during the pyrolysis of a Victorian brown coal. Fuel, 85 (12~13) : 1700~1707.

Li Z S, Fredericks P M, Rintoul L, et al. 2007. Application of attenuated total reflectance micro-Fourier transform infrared (ATR-FTIR) spectroscopy to the study of coal macerals: Examples from the Bowen Basin, Australia. International Journal of Coal Geology, 70 (1~3) : 87~94.

Li Z T, Liu D M, Cai Y D, et al. 2016. Investigation of methane diffusion in low-rank coals by a multiporous diffusion model. Journal of Natural Gas Science and Engineering, 33: 97~107.

Limantseva O A, Makhnach A A, Ryzhenko B N, et al. 2008. Formation of dawsonite mineralization at the Zaozernyi deposit, Belarus. Geochemistry International, 46 (1) : 62~76.

Lin B Q, Li H, Chen Z W, et al. 2017. Sensitivity analysis on the microwave heating of coal: A coupled electromagnetic and heat transfer model. Applied Thermal Engineering, 126: 949~962.

Lin J, Ren T, Wang G, et al. 2018. Experimental investigation of N_2 injection to enhance gas drainage in CO_2-rich low permeable seam. Fuel, 215: 665~674.

Lindquist W B, Venkatarangan A, Dunsmuir J, et al. 2000. Pore and throat size distributions measured from synchrotron X-ray tomographic images of Fontainebleau sandstones. Journal of Geophysical Research Solid Earth, 105 (B9) : 21509~21527.

Liu C J, Wang G X, Sang S X, et al. 2010a. Changes in pore structure of anthracite coal associated with CO_2 sequestration process. Fuel, 89 (10) : 2665~2672.

Liu C J, Wang G X, Sang S X, et al. 2015a. Fractal analysis in pore structure of coal under conditions of CO_2

sequestration process. Fuel, 139: 125~132.

Liu G, Smirnov A V. 2008. Modeling of carbon sequestration in coal-beds: A variable saturated simulation. Energy Conversion and Management, 49 (10) : 2849~2858.

Liu H H, Sang S X, Formolo M, et al. 2013. Production characteristics and drainage optimization of coalbed methane wells: A case study from low-permeability anthracite hosted reservoirs in southern Qinshui Basin, China. Energy for Sustainable Development, 17 (5) : 412~423.

Liu H H, Sang S X, Liu S M, et al. 2019a. Supercritical-CO_2 adsorption quantification and modeling for a deep coalbed methane reservoir in the Southern Qinshui Basin, China. ACS Omega, 4 (7) : 11685~11700.

Liu H H, Sang S X, Wang G G X, et al. 2014. Block scale investigation on gas content of coalbed methane reservoirs in southern Qinshui Basin with statistical model and visual map. Journal of Petroleum Science and Engineering, 114: 1~14.

Liu J S, Chen Z W, Elsworth D, et al. 2010b. Evaluation of stress-controlled coal swelling processes. International Journal of Coal Geology, 83 (4) : 446~455.

Liu S, Harpalani S. 2013. A new theoretical approach to model sorption-induced coal shrinkage or swelling. AAPG Bulletin, 97 (7) : 1033~1049.

Liu S, Yi W, Harpalani S. 2016a. Anisotropy characteristics of coal shrinkage/swelling and its impact on coal permeability evolution with CO_2 injection. Greenhouse Gases Science & Technology, 6 (5) : 615~632.

Liu S Q, Ma J S, Sang S X, et al. 2018a. The effects of supercritical CO_2 on mesopore and macropore structure in bituminous and anthracite coal. Fuel, 223: 32~43.

Liu S Q, Sang S X, Liu H H, et al. 2015b. Growth characteristics and genetic types of pores and fractures in a high-rank coal reservoir of the southern Qinshui Basin. Ore Geology Reviews, 64: 140~151.

Liu S Q, Sang S X, Ma J S, et al. 2019b. Effects of supercritical CO_2 on micropores in bituminous and anthracite coal. Fuel, 242: 96~108.

Liu S Q, Sang S X, Ma J S, et al. 2019c. Three-dimensional digitalization modeling characterization of pores in high-rank coal in the southern Qinshui Basin. Geosciences Journal, 23 (1) : 175~188.

Liu S Q, Sang S X, Pan Z J, et al. 2016b. Study of characteristics and formation stages of macroscopic natural fractures in coal seam #3 for CBM development in the east Qinnan block, Southern Quishui Basin, China. Journal of Natural Gas Science and Engineering, 34: 1321~1332.

Liu S Q, Sang S X, Wang G X, et al. 2017. FIB-SEM and X-ray CT characterization of interconnected pores in high-rank coal formed from regional metamorphism. Journal of Petroleum Science and Engineering, 148:21~31.

Liu S Q, Sang S X, Wang T, et al. 2018b. The effects of CO_2 on organic groups in bituminous coal and high-rank coal via Fourier transform infrared spectroscopy. Energy Exploration & Exploitation, 36 (6) : 1566~1592.

Longwell J P. 1987. Reviewed work: Mineral impurities in coal combustion: Behavior, problems and remedial measures by Erich Raask. American Scientist, 75 (1) : 90~91.

Lowell S, Shields J E. 1991. Power surface area and porosity. 3rd ed. Dordrecht: Springer Netherlands.

Loyalka S K, Hamoodi S A. 1990. Poiseuille flow of a rarefied gas in a cylindrical tube: Solution of linearized Boltzmann equation. Physics of Fluids A: Fluid Dynamics, 2 (11) : 2061~2065.

Lu L, Sahajwalla V, Kong C, et al. 2001. Quantitative X-ray diffraction analysis and its application to various coals. Carbon, 39 (12) : 1821~1833.

Lu J, Wilkinson M, Haszeldine R S, et al. 2009. Long-term performance of a mudrock seal in natural CO_2 storage. Geology, 37 (1) : 35~38.

Lu Y, Xiang A, Tang J, et al. 2016. Swelling of shale in supercritical carbon dioxide. Journal of Natural Gas Science & Engineering, 30 (4) : 268~275.

Ma J S, Couples G D, Jiang Z Y, et al. 2014a. A multi-scale framework for digital core analysis of gas shale at millimeter scales. The Unconventional Resources Technology Conference, Denver, USA, URTeC: 1934450.

Ma J S, Sanchez J P, Wu K J, et al. 2014b. A pore network model for simulating non-ideal gas flow in micro- and nano-porous materials. Fuel, 116: 498~508.

Ma J S, Zhang X X, Jiang Z Y, et al. 2014c. Flow properties of an intact MPL from nano-tomography and pore network modelling. Fuel, 136: 307~315.

Ma Q, Harpalani S, Liu S M. 2011. A simplified permeability model for coalbed methane reservoirs based on matchstick strain and constant volume theory. International Journal of Coal Geology, 85 (1) : 43~48.

Mackinnon A J, Hall P J. 1995. Observation of first- and second-order transitions during the heating of Argonne Premium coals. Energy & Fuels, 9 (1) : 25~32.

Majewska Z, Majewski S, Ziętek J. 2010. Swelling of coal induced by cyclic sorption/desorption of gas: Experimental observations indicating changes in coal structure due to sorption of CO_2 and CH_4. International Journal of Coal Geology, 83 (4) : 475~483.

Mahamud M, Scar L, Pis J J, et al. 2003. Textural characterization of coals using fractal analysis. Fuel Processing Technology, 81 (2) : 127~142.

Marbler H, Erickson K P, Schmidt M, et al. 2013. Geomechanical and geochemical effects on sandstones caused by the reaction with supercritical CO_2: An experimental approach to in situ conditions in deep geological reservoirs. Environmental Earth Sciences, 69 (6) : 1981~1998.

Marques M, Suárez-Ruiz I, Flores D, et al. 2009. Correlation between optical, chemical and micro-structural parameters of high-rank coals and graphite. International Journal of Coal Geology, 77 (3~4) : 377~382.

Marshall S. 2009. Nonlinear pressure diffusion in flow of compressible liquids through porous media. Transport in Porous Media, 77 (3) : 431~446.

Mason E A. 1960. An introduction to statistical thermodynamics. Journal of the American Chemical Society, 82 (23) : 6209.

Masoudian M S, Airey D W, El-Zein A. 2014. Experimental investigations on the effect of CO_2 on mechanics of coal. International Journal of Coal Geology, 128: 12~23.

Massarotto P, Golding S D, Bae J S, et al. 2010. Changes in reservoir properties from injection of supercritical CO_2 into coal seams—A laboratory study. International Journal of Coal Geology, 82 (3~4) : 269~279.

Mastalerz M, Drobniak A, Walker R, et al. 2010. Coal lithotypes before and after saturation with CO_2; insights from micro-and mesoporosity, fluidity, and functional group distribution. International Journal of Coal Geology, 83 (4) : 467~474.

Mathews J P, Chaffee A L. 2012. The molecular representations of coal – A review. Fuel, 96: 1~14.

Mathews J P, Van Duin A C T, Chaffee A L. 2011. The utility of coal molecular models. Fuel Processing Technology, 92 (4) : 718~728.

Mavor M J, Vaughn J E. 1998. Increasing coal absolute permeability in the San Juan Basin fruitland formation. SPE Reservoir Evaluation & Engineering, 1 (3) : 201~206.

Mazumder S, Van Hemert P, Bruining J, et al. 2006. In situ CO_2-coal reactions in view of carbon dioxide storage in deep unminable coal seams. Fuel, 85 (12~13) : 1904~1912.

Mazumder S, Wolf K H. 2008. Differential swelling and permeability change of coal in response to CO_2 injection for ECBM. International Journal of Coal Geology, 74 (2) : 123~138.

Mazzoccoli M, Bosio B, Arato E. 2012. Analysis and comparison of equations-of-state with p-ρ-T Experimental data for CO_2 and CO_2-Mixture pipeline transport. Energy Procedia, 23: 274~283.

Mazzotti M, Pini R, Storti G. 2009. Enhanced coalbed methane recovery. The Journal of Supercritical Fluids, 47 (3) : 619~627.

Mckee C R, Bumb A C, Koenig RA. 1988. Stress-dependent permeability and porosity of coal. SPE Formation Evaluation, 3 (1) : 81~91.

Meng F Q, Chun-Bai L I, Liu L, et al. 2013. Experiment of CO_2-saline water-calcite interactions. Geological Science & Technology Information, 32 (3) : 171~176.

Meng Z P, Li G Q. 2013. Experimental research on the permeability of high-rank coal under a varying stress and its influencing factors. Engineering Geology, 162: 108~117.

Meng Z P, Zhang J C, Wang R. 2011. In-situ stress, pore pressure and stress-dependent permeability in the Southern Qinshui Basin. International Journal of Rock Mechanics and Mining Sciences, 48 (1) : 122~131.

Metz V, Amram K, Ganor J. 2005. Stoichiometry of smectite dissolution reaction. Geochimica et Cosmochimica Acta, 69 (7) : 1755~1772.

Milewska-Duda J, Duda J, Nodzeñski A, et al. 2000. Absorption and adsorption of methane and carbon dioxide in hard coal and active carbon. Langmuir, 16 (12) : 5458~5466.

Mirzaeian M, Hall P J. 2006. The interaction of coal with CO_2 and its effects on coal structure. Energy & Fuels, 20 (5) : 2022~2027.

Mirzaeian M, Hall P J, Jirandehi H F. 2010. Study of structural change in Wyodak coal in high-pressure CO_2 by small angle neutron scattering. Journal of Materials Science, 45 (19) : 5271~5281.

Moffat D H, Weale K E. 1955. Sorption by coal of methane at high pressures. Fuel, 34 (4) : 449~462.

Morini G L, Spiga M, Tartarini P. 2004. The rarefaction effect on the friction factor of gas flow in microchannels. Superlattices and Microstructures, 35 (3~6) : 587~599.

Mukherjee M, Misra S. 2018. A review of experimental research on enhanced coal bed methane (ECBM) recovery via CO_2 sequestration. Earth-Science reviews, 179: 392~410.

Murata S, Hosokawa M, Kidena K, et al. 2000. Analysis of oxygen-functional groups in brown coals. Fuel Processing Technology, 67 (3) : 231~243.

Myers A L. 2002. Thermodynamics of adsorption in porous materials. AIChE Journal, 48 (1) : 145~160.

Mycroft J R, Nesbitt H W, Pratt A R. 1995. X-ray photoelectron and auger electron spectroscopy of air-oxidized pyrrhotite: Distribution of oxidized species with depth. Geochimica et Cosmochimica Acta, 59 (4) : 721~733.

Ni G H, Li Z, Xie H C. 2018. The mechanism and relief method of the coal seam water blocking effect (WBE) based on the surfactants. Powder Technology, 323: 60~68.

Ni X M, Miao J, Lv R S, et al. 2017. Quantitative 3D spatial characterization and flow simulation of coal macro-pores based on μ-CT technology. Fuel, 200: 199~207.

Niu Q H, Cao L W, Sang S X, et al. 2019. Experimental study of permeability changes and its influencing factors with CO_2 injection in coal. Journal of Natural Gas Science and Engineering, 61: 215~225.

Niu Q H, Cao L W, Sang S X, et al. 2018a. Anisotropic adsorption swelling and permeability characteristics with injecting CO_2 in coal. Energy & Fuels, 32 (2) : 1979~1991.

Niu Q H, Cao L W, Sang S X, et al. 2017b. The adsorption-swelling and permeability characteristics of natural and reconstituted anthracite coals. Energy, 141: 2206~2217.

Niu Q H, Pan J N, Cao L W, et al. 2017a. The evolution and formation mechanisms of closed pores in coal. Fuel, 200: 555~563.

Niu Y F, Mostaghimi P, Shikhov I, et al. 2018b. Coal permeability: Gas slippage linked to permeability rebound. Fuel, 215: 844~852.

Okabe H, Blunt M J. 2005. Pore space reconstruction using multiple-point statistics. Journal of Petroleum Science and Engineering, 46 (1~2) : 121~137.

Øren P E, Bakke S. 2003. Reconstruction of Berea sandstone and pore-scale modelling of wettability effects. Journal of Petroleum Science and Engineering, 39 (3) : 177~199.

Oren P E, Bakke S, Arntzen O J. 1998. Extending predictive capabilities to network models. SPE Journal, 3 (4) : 324~336.

Ottiger S, Pini R, Storti G, et al. 2006. Adsorption of pure carbon dioxide and methane on dry coal from the Sulcis Coal Province (SW Sardinia, Italy) . Environmental Progress, 25 (4) : 355~364.

Ottiger S, Pini R, Storti G, et al. 2008. Measuring and modeling the competitive adsorption of CO_2, CH_4, and N_2 on a dry coal. Langmuir, 24 (17) : 9531~9540.

Ozdemir E. 2009. Modeling of coal bed methane （CBM） production and CO_2 sequestration in coal seams. International Journal of Coal Geology, 77 (1~2) : 145~152.

Ozdemir E, Schroeder K. 2009. Effect of moisture on adsorption isotherms and adsorption capacities of CO_2 on coals. Energy & Fuels, 23 (5) : 2821~2831.

Palmer I. 2009. Permeability changes in coal: Analytical modeling. International Journal of Coal Geology, 77 (1~2) : 119~126.

Pan J N, Meng Z P, Hou Q L, et al. 2013. Coal strength and Young's modulus related to coal rank, compressional velocity and maceral composition. Journal of Structural Geology, 54: 129~135.

Pan J N, Niu Q H, Wang K, et al. 2016. The closed pores of tectonically deformed coal studied by small-angle X-ray scattering and liquid nitrogen adsorption. Microporous and Mesoporous Materials, 224: 245~252.

Pan J N, Zhu H T, Hou Q L, et al. 2015. Macromolecular and pore structures of Chinese tectonically deformed coal studied by atomic force microscopy. Fuel, 139: 94~101.

Pan Z J, Connell L D. 2007. A theoretical model for gas adsorption-induced coal swelling. International Journal of Coal Geology, 69 (4) : 243~252.

Pan Z J, Connell L D. 2009. Comparison of adsorption models in reservoir simulation of enhanced coalbed methane recovery and CO_2 sequestration in coal. International Journal of Greenhouse Gas Control, 3 (1) : 77~89.

Pan Z J, Connell L D. 2011. Modelling of anisotropic coal swelling and its impact on permeability behaviour for primary and enhanced coalbed methane recovery. International Journal of Coal Geology, 85 (3) : 257~267.

Pan Z J, Connell L D, Camilleri M. 2010. Laboratory characterisation of coal reservoir permeability for primary and enhanced coalbed methane recovery. International Journal of Coal Geology, 82 (3~4) : 252~261.

Pan Z J, Ye J P, Zhou F B, et al. 2018. CO_2 storage in coal to enhance coalbed methane recovery: A review of field experiments in China. International Geology Review, 60 (5~6) : 754~776.

Patzek T. 2001. Verification of a complete pore network simulator of drainage and imbibition. SPE Journal, 6 (2) : 144~156.

Peng Y, Liu J S, Pan Z J, et al. 2017. Impact of coal matrix strains on the evolution of permeability. Fuel, 189: 270~283.

Peng D Y, Robinson D B. 1976. A new two-constant equation of state. Industrial & Engineering Chemistry Fundamentals, 15 (1) : 59~64.

Perera M S A, Ranjith P G, Peter M. 2011. Effects of saturation medium and pressure on strength parameters of Latrobe Valley brown coal: Carbon dioxide, water and nitrogen saturations. Energy, 36 (12) : 6941~6947.

Perera M S A, Ranjith P G, Viete D R. 2013. Effects of gaseous and super-critical carbon dioxide saturation on the mechanical properties of bituminous coal from the Southern Sydney Basin. Applied Energy, 110: 73~81.

Petch N J. 1956. XXX. The lowering of fracture-stress due to surface adsorption. The Philosophical Magazine: A Journal of Theoretical Experimental and Applied Physics, 1 (4) : 331~337.

Pierotti R A, Rouquerol J. 1985. Reporting physisorption data for gas/solid systems with special reference to the determination of surface area and porosity. Pure and Applied Chemistry, 57(4): 603~619.

Pini R, Ottiger S, Burlini L, et al. 2009a. CO_2 storage through ECBM recovery: An experimental and modeling study. Energy Procedia, 1(1): 1711~1717.

Pini R, Ottiger S, Storti G, et al. 2009b. Pure and competitive adsorption of CO_2, CH_4 and N_2 on coal for ECBM. Energy Procedia, 1(1): 1705~1710.

Pitzer K S. 1973. Thermodynamics of electrolytes: I. Theoretical basis and general equations. The Journal of Physical Chemistry, 77(2): 268~277.

Plummer L N. 1978. The kinetics of calcite dissolution in CO_2-water systems at 5℃to 60℃ and 0.0 to 1.0 atm CO_2. American Journal of Science, 278(2): 179~216.

Polanyi M. 1963. The potential theory of adsorption. Science, 141(3585): 1010~1013.

Pratt A R, Nesbitt H W, Muir I J. 1994. Generation of acids from mine waste: Oxidative leaching of pyrrhotite in dilute H_2SO_4 solutions at pH 3.0. Geochimica et Cosmochimica Acta, 58(23): 5147~5159.

Prinz D. 2004. The pore structure of coals. Aachen: RWTH Aachen University.

Prodanović M, Lindquist W B, seright R S. 2007. 3D image-based characterization of fluid displacement in a Berea core. Advances in Water Resources, 30(2): 214~226.

Quiblier J A. 1984. A new three-dimensional modeling technique for studying porous media. Journal of Colloid and Interface Science, 98(1): 84~102.

Radliński A P, Busbridge T L, Gray E M A, et al. 2009. Small angle X-ray scattering mapping and kinetics study of sub-critical CO_2 sorption by two Australian coals. International Journal of Coal Geology, 77(1~2): 80~89.

Ramandi H L, Mostaghimi P, Armstrong R T, et al. 2016. Porosity and permeability characterization of coal: A micro-computed tomography study. International Journal of Coal Geology, 154~155: 57~68.

Ranathunga A S, Perera M S A, Ranjith P G. 2016b. Influence of CO_2 adsorption on the strength and elastic modulus of low rank Australian coal under confining pressure. International Journal of Coal Geology, 167: 148~156.

Ranathunga A S, Perera M S A, Ranjith P G, et al. 2016a. Super-critical CO_2 saturation-induced mechanical property alterations in low rank coal: An experimental study. The Journal of Supercritical Fluids, 109: 134~140.

Ranathunga A S, Perera M S A, Ranjith P G, et al. 2017. An experimental investigation of applicability of CO_2 enhanced coal bed methane recovery to low rank coal. Fuel, 189: 391~399.

Ranjith P G, Jasinge D, Choi S K, et al. 2010. The effect of CO_2 saturation on mechanical properties of Australian black coal using acoustic emission. Fuel, 89(8): 2110~2117.

Ranjith P G, Perera M S A. 2012. Effects of cleat performance on strength reduction of coal in CO_2 sequestration. Energy, 45(1): 1069~1075.

Reedy B J, Beattie J K, Lowson R T. 1991. A vibrational spectroscopic ^{18}O tracer study of pyrite oxidation. Geochimica et Cosmochimica Acta, 55(6): 1609~1614.

Reeves S R. 2003. Assessment of CO_2 Sequestration and ECBM Potential of USA Coal Beds. Houston: Advanced Recourses International.

Ren T, Wang G D, Cheng Y P, et al. 2017. Model development and simulation study of the feasibility of enhancing gas drainage efficiency through nitrogen injection. Fuel, 194: 406~422.

Reucroft P J, Patel H. 1986. Gas-induced swelling in coal. Fuel, 65(6): 816~820.

Reucroft P J, Sethuraman A R. 1987. Effect of pressure on carbon dioxide induced coal swelling. Energy & Fuels, 1(1): 72~75.

Reid R C, Prausnitz J M, Sherwood T K. 1977. The Properties of Gases and Liquids. 3rd ed. New York:

McGraw-Hill.

Ross D J K, Bustin R M. 2012. Impact of mass balance calculations on adsorption capacities in microporous shale gas reservoirs. Fuel, 86 (17) : 2696~2706.

Ryan B, Lane B. 2001. Adsorption characteristics of coals with special reference to the Gething Formation, Northeast British Columbia. Geological Fieldwork, Paper 2002-1: 83~98.

Ryazanov A V, Dijke M I J, Sorbie K S. 2009. Two-phase pore-network modelling: Existence of oil layers during water invasion. Transport in Porous Media, 80 (1) : 79~99.

Ryzhenko B N. 2006. Genesis of dawsonite mineralization: Thermodynamic analysis and alternatives. Geochemistry international, 44 (8) : 835~840.

Saghafi A. 2010. Potential for ECBM and CO_2 storage in mixed gas Australian coals. International Journal of Coal Geology, 82 (3~4) : 240~251.

Saghafi A, Faiz M, Roberts D. 2007. CO_2 storage and gas diffusivity properties of coals from Sydney Basin, Australia. International Journal of Coal Geology, 70 (1~3) : 240~254.

Sakhaee-Pour A, Bryant S. 2012. Gas permeability of shale. SPE Reservoir Evaluation & Engineering, 15 (4) : 401~409.

Sakurovs R, Day S, Weir S. 2010. Relationships between the critical properties of gases and their high pressure sorption behavior on coals. Energy & Fuels, 24 (3) : 1781~1787.

Sakurovs R, Day S, Weir S, et al. 2007. Application of a modified Dubinin-Radushkevich equation to adsorption of gases by coals under supercritical conditions. Energy & Fuels, 21 (2) : 992~997.

Sakurovs R, Day S, Weir S, et al. 2008. Temperature dependence of sorption of gases by coals and charcoals. International Journal of Coal Geology, 73 (3~4) : 250~258.

Sakurovs R, Fry R, Day S. 2011. Swelling of moist coal in carbon dioxide and methane. International Journal of Coal Geology, 86 (2) : 197~203.

Sampath K H S M, Perera M S A, Li D, et al. 2019b. Characterization of dynamic mechanical alterations of supercritical CO_2-interacted coal through gamma-ray attenuation, ultrasonic and X-ray computed tomography techniques. Journal of Petroleum Science and Engineering, 174: 268~280.

Sampath K H S M, Perera M S A, Li D, et al. 2019c. Qualitative and quantitative evaluation of the alteration of micro-fracture characteristics of supercritical CO_2-interacted coal. The Journal of Supercritical Fluids, 147: 90~101.

Sampath K H S M, Perera M S A, Ranjith P G, et al. 2019a. Application of neural networks and fuzzy systems for the intelligent prediction of CO_2-induced strength alteration of coal. Measurement, 135: 47~60.

Sampath K H S M, Perera M S A, Ranjith P G, et al. 2019d. CO_2 interaction induced mechanical characteristics alterations in coal: A review. International Journal of Coal Geology, 204: 113~129.

Sang G J, Elsworth D, Miao X X, et al. 2016. Numerical study of a stress dependent triple porosity model for shale gas reservoirs accommodating gas diffusion in kerogen. Journal of Natural Gas Science and Engineering, 32: 423~438.

Sang S X, Liu H H, Li Y M, et al. 2009. Geological controls over coal-bed methane well production in southern Qinshui Basin. Procedia Earth and Planetary Science, 1 (1) : 917~922.

Shah B L, Shertukde V V. 2010. Effect of plasticizers on mechanical, electrical, permanence, and thermal properties of poly (vinyl chloride) . Journal of Applied Polymer Science, 90 (12) : 3278~3284.

Shan Y L, Guan D B, Zheng H R, et al. 2018. China CO_2 emission accounts 1997-2015. Scientific Data, 5: 170201. DOI:10.1038/sdata.2017.201.

Sheppard A P, Sok R M, Averdunk H. 2005. Improved pore network extraction methods. International Symposium of the Society of Core Analysts, 2125: 1~11.

Shi J Q, Durucan S. 2004. Drawdown induced changes in permeability of coalbeds: A new interpretation of the reservoir response to primary recovery. Transport in Porous Media, 56 (1) : 1~16.

Shi J Q, Mazumder S, Wolf K H, et al. 2018. Competitive methane desorption by supercritical CO_2 injection in Coal. Transport in Porous Media, 75 (1) : 35~54.

Shimada S, Li H, Oshima Y, et al. 2005. Displacement behavior of CH_4 adsorbed on coals by injecting pure CO_2, N_2, and CO_2-N_2 mixture. Environmental Geology, 49 (1) : 44~52.

Shin H, Lindquist W B, Sahagian D L, et al. 2005. Analysis of the vesicular structure of basalts. Computers & Geosciences, 31 (4) : 473~487.

Siemons N, Busch A. 2007. Measurement and interpretation of supercritical CO_2 sorption on various coals. International Journal of Coal Geology, 69 (4) : 229~242.

Silin D B, Jin G, Patzek T W. 2003. Robust determination of the pore space morphology in sedimentary rocks. SPE Annual Technical Conference and Exhibition, Denver USA: SPE-84296-MS. DOI: https://doi.org/10.2118/84296-MS.

Silin D B, Patzek T W. 2006. Pore space morphology analysis using maximal inscribed spheres. Physica A: Statistical Mechanics & Its Applications, 371 (2) : 336~360.

Sing K S W, Everett D H, Haul R A W, et al. 1985. Reporting physisorption data for gas/solid systems with special reference to the determination of surface area and porosity. Pure and Applied Chemistry, 57(4): 603~619.

Siriwardane H J, Gondle R K, Smith D H. 2009. Shrinkage and swelling of coal induced by desorption and sorption of fluids: Theoretical model and interpretation of a field project. International Journal of Coal Geology, 77 (1~2) : 188~202.

Smith M E, Knauss K G, Higgins S R. 2013. Effects of crystal orientation on the dissolution of calcite by chemical and microscopic analysis. Chemical Geology, 360~361: 10~21.

Soave G. 1972. Equilibrium constants from a modified redlich-kwong equation of state. Chemical Engineering Science, 27 (6) : 1197~1203.

Sonibare O O, Haeger T, Foley S F. 2010. Structural characterization of Nigerian coals by X-ray diffraction. Raman and FTIR spectroscopy. Energy, 35 (12) : 5347~5353.

Sok R M, Knackstedt M A, Sheppard A P, et al. 2002. Direct and stochastic generation of network models from tomographic images; effect of topology on residual saturations. Transport in Porous Media, 46 (2) : 345~371.

Song R, Liu J J, Cui M M. 2017. A new method to reconstruct structured mesh model from micro-computed tomography images of porous media and its application. International Journal of Heat and Mass Transfer, 109: 705~715.

Song W H, Yao J, Li Y, et al. 2018. Fractal models for gas slippage factor in porous media considering second-order slip and surface adsorption. International Journal of Heat and Mass Transfer, 118: 948~960.

Span R, Wagner W. 1996. A new equation of state for carbon dioxide covering the fluid region from the triple - point temperature to 1100 K at pressures up to 800 MPa. Journal of Physical & Chemical Reference Data, 25 (6) : 1509~1596.

St. George J D, Barakat M A. 2001. The change in effective stress associated with shrinkage from gas desorption in coal. International Journal of Coal Geology, 45 (2-3) : 105~113.

Stadnichenko T, Zubovic P, Sheffey N B. 1961. Beryllium Content of American Coals. United States Government Printing Office, Washington, D.C.: 253~295. DOI: https://doi.org/10.3133/b1084K.

Stahl E, Schilz W, Schutz E, et al. 1978. A quick method for the microanalytical evaluation of the dissolving power of supercritical gases. Angewandte Chemie, 17 (10) : 731~738.

Staib G, Sakurovs R, Gray E M A. 2015. Dispersive diffusion of gases in coals. Part I: Model development. Fuel, 143: 612~619.

Starling K E. 1973. Fluid Properties for Light Petroleum Systems. Houston: Gulf Publishing Company.

Stevens S. 1999. CO_2 sequestration in EOR and ECBM projects. 4th CO_2 Oil Recovery Forum, Socorro USA.

Syed A, Durucan S, Shi J Q, et al. 2013. Flue gas injection for CO_2 storage and enhanced coalbed methane recovery: Mixed gas sorption and swelling characteristics of coals. Energy Procedia, 37: 6738~6745.

Tan Y L, Pan Z J, Liu J S, et al. 2017. Experimental study of permeability and its anisotropy for shale fracture supported with proppant. Journal of Natural Gas Science & Engineering, 44: 250~264.

Tan Y L, Pan Z J, Liu J S, et al. 2018a. Laboratory study of proppant on shale fracture permeability and compressibility. Fuel, 222: 83~97.

Tan Y L, Pan Z J, Liu J S, et al. 2018b. Experimental study of impact of anisotropy and heterogeneity on gas flow in coal. Part I: Diffusion and adsorption. Fuel, 232: 444~453.

Tan Y L, Pan Z J, Liu J S, et al. 2018c. Experimental study of impact of anisotropy and heterogeneity on gas flow in coal. Part II: Permeability. Fuel, 230: 397~409.

Tang X, Ripepi N. 2017. High pressure supercritical carbon dioxide adsorption in coal: Adsorption model and thermodynamic characteristics. Journal of CO_2 Utilization, 18: 189~197.

Tang X, Ripepi N, Stadie N P, et al. 2016. A dual-site Langmuir equation for accurate estimation of high pressure deep shale gas resources. Fuel, 185: 10~17.

Tang Y, Bian X Q, Du Z M, et al. 2015. Measurement and prediction model of carbon dioxide solubility in aqueous solutions containing bicarbonate anion. Fluid Phase Equilibria, 386: 56~64.

Tao S, Wang Y B, Tang D Z, et al. 2012. Dynamic variation effects of coal permeability during the coalbed methane development process in the Qinshui Basin, China. International Journal of Coal Geology, 93(1): 16~22.

Tarkowski R, Wdowin M, Labus K. 2011. Results of mineralogic-petrographical studies and numerical modeling of water-rock-CO_2 system of the potential storage site within the Belchatow area(Poland). Energy Procedia, 4: 3450~3456.

Taylor B E, Wheeler M C, Nordstrom D K. 1984. Stable isotope geochemistry of acid mine drainage: Experimental oxidation of pyrite. Geochimica et Cosmochimica Acta, 48(12): 2669~2678.

Thyberg B, Jahren J, Winje T, et al. 2010. Quartz cementation in Late Cretaceous mudstones, northern North Sea: Changes in rock properties due to dissolution of smectite and precipitation of micro-quartz crystals. Marine and Petroleum Geology, 27(8): 1752~1764.

Tian B, Qiao Y Y, Tian Y Y, et al. 2016. FTIR study on structural changes of different-rank coals caused by single/multiple extraction with cyclohexanone and NMP/CS2 mixed solvent. Fuel Processing Technology, 154: 210~218.

Tuin G, Stein H N. 1995. The excess Gibbs free energy of adsorption of sodium dodecylbenzenesulfonate on polystyrene particles. Langmuir, 4(11): 1284~1290.

Tsotsis T T, Patel H, Najafi B F, et al. 2004. Overview of laboratory and modeling studies of carbon dioxide sequestration in coal beds. Industrial & Engineering Chemistry Research, 43(12): 2887~2901.

Urosevic M, Rodriguez-Navarro C, Putnis C V, et al. 2012. In situ nanoscale observations of the dissolution of $\{10\bar{1}4\}$ dolomite cleavage surfaces. Geochimica et Cosmochimica Acta, 80: 1~13.

Valvatne P H, Blunt M J. 2004. Predictive pore-scale modeling of two-phase flow in mixed wet media. Water Resources Research, 40(W07406):1~21.

Vandamme M, Brochard L, Lecampion B, et al. 2010. Adsorption and strain: The CO_2-induced swelling of coal. Journal of the Mechanics & Physics of Solids, 58(10): 1489~1505.

van Bergen F, Spiers C, Floor G, et al. 2009. Strain development in unconfined coals exposed to CO_2, CH_4 and Ar: Effect of moisture. International Journal of Coal Geology, 77(1~2): 43~53.

Viete D R, Ranjith P G. 2006. The effect of CO_2 on the geomechanical and permeability behaviour of brown coal: Implications for coal seam CO_2 sequestration. International Journal of Coal Geology, 66(3): 204~216.

Viete D R, Ranjith P G. 2007. The mechanical behavior of coal with respect to CO_2 sequestration in deep coal seams. Fuel, 86(17~18): 2667~2671.

Vishal V, Ranjith P G, Singh T N. 2013. CO_2 permeability of Indian bituminous coals: Implications for carbon sequestration. International Journal of Coal Geology, 105: 36~47.

Vogel H J, Roth K. 2001. Quantitative morphology and network representation of soil pore structure. Advances in Water Resources, 24(3~4): 233~242.

Walker Jr P L, Verma S K, Rivera-Utrilla J, et al. 1988. A direct measurement of expansion in coals and macerais induced by carbon dioxide and methanol. Fuel, 67(5): 719~726.

Wang B, Li J M, Zhang Y, et al. 2009a. Geological characteristics of low rank coalbed methane, China. Petroleum Exploration and Development, 36(1): 30~34.

Wang G, Wang K, Jiang Y J, et al. 2018a. Reservoir permeability evolution during the process of CO_2-enhanced coalbed methane recovery. Energies, 11(11): 2996.

Wang G, Wang K, Wang S G, et al. 2018b. An improved permeability evolution model and its application in fractured sorbing media. Journal of Natural Gas Science & Engineering, 56: 222~232.

Wang G D, Ren T, Qi Q X, et al. 2017a. Determining the diffusion coefficient of gas diffusion in coal: Development of numerical solution. Fuel, 196: 47~58.

Wang G X, Massarotto P, Rudolph V. 2009b. An improved permeability model of coal for coalbed methane recovery and CO_2 geosequestration. International Journal of Coal Geology, 77(1~2): 127~136.

Wang J G, Kabir A, Liu J S, et al. 2012. Effects of non-Darcy flow on the performance of coal seam gas wells. International Journal of Coal Geology, 93: 62~74.

Wang J G, Liu J, Kabir A. 2013. Combined effects of directional compaction, non-Darcy flow and anisotropic swelling on coal seam gas extraction. International Journal of Coal Geology, 109~101: 1~14.

Wang L, Cheng Y, Li W. 2014. Migration of metamorphic CO_2 into a coal seam: A natural analog study to assess the long-term fate of CO_2 in coal bed carbon capture, utilization, and storage projects. Geofluids, 14(4): 379~390.

Wang Q, Ye J, Yang H, et al. 2016a. Chemical composition and structural characteristics of oil shales. Energy & Fuels, 30(8): 6271~6280.

Wang S H, Lukyanov A A, Wu Y S. 2019a. Second-order gas slippage model for the Klinkenberg effect of multicomponent gas at finite Knudsen numbers up to 1. Fuel, 235:1275~1286.

Wang S Q, Tang Y G, Schobert H H, et al. 2011. FTIR and ^{13}C NMR investigation of coal component of late Permian coals from southern China. Energy & Fuels, 25(12): 5672~5677.

Wang T, Sang S X, Liu S Q, et al. 2016b. Occurrence and genesis of minerals and their influences on pores and fractures in the high-rank coals. Energy Exploration & Exploitation, 34(6): 899~914.

Wang T, Sang S X, Liu S Q, et al. 2019b. Study on the evolution of the chemical structure characteristics of high rank coals by simulating the $ScCO_2$-H_2O reaction. Energy Sources, Part A: Recovery, Utilization, and Environmental Effects, 1~17, DOI: 10.1080/15567036.2019.1624878.

Wang X, Guo C H, He S, et al. 2018c. Improved skeleton extraction method considering surface feature of natural micro fractures in unconventional shale/tight reservoirs. Journal of Petroleum Science and Engineering, 168: 521~532.

Wang X, Yao J, Jiang Z Y, et al. 2017b. A new method of fast distance transform 3d image based on “neighborhood between voxels in space” theory. Chinese Science Bulletin, 62(15): 1662~1669.

Wang X H, Sun Y F, Wang Y F, et al. 2017c. Gas production from hydrates by CH_4-CO_2/H_2 replacement. Applied Energy, 188: 305~314.

Washburn E W. 1921. The dynamics of capillary flow. Physical Review, 17(3): 273~283.

Watson M N, Zwingmann N, Lemon N M. 2004. The Ladbroke Grove-Katnook carbon dioxide natural laboratory: A recent CO_2 accumulation in a lithic sandstone reservoir. Energy, 29(9~10): 1457~1466.

Wdowin M, Tarkowski R, Franus W. 2014. Supplementary studies of textural and mineralogical changes in reservoir and caprocks from selected potential sites suitable for underground CO_2 storage. Arabian Journal for Science and Engineering, 39: 295~309.

Wei X, Massarotto P, Wang G, et al. 2010. CO_2 sequestration in coals and enhanced coalbed methane recovery: New numerical approach. Fuel, 89(5): 1110~1118.

Weishauptová Z, Přibyl O, Sýkorová I, et al. 2015. Effect of bituminous coal properties on carbon dioxide and methane high pressure sorption. Fuel, 139: 115~124.

Wen H, Li Z, Deng J, et al. 2017. Influence on coal pore structure during liquid CO_2-ECBM process for CO_2 utilization. Journal of CO_2 Utilization, 21: 543~552.

Weniger P, Franců J, Hemza P, et al. 2012. Investigations on the methane and carbon dioxide sorption capacity of coals from the SW Upper Silesian Coal Basin, Czech Republic. International Journal of Coal Geology, 93: 23~39.

White C M, Smith D H, Jones K L, et al. 2005. Sequestration of carbon dioxide in coal with enhanced coalbed methane recovery a review. Energy & Fuels, 19(3): 659~724.

Wong S, Law D, Deng X H, et al. 2007. Enhanced coalbed methane and CO_2 storage in anthracitic coals-micro pilot test at South Qinshui, Shanxi, China. International Journal of Greenhouse Gas Control, 1(2): 215~222.

Wu D, Liu G J, Sun R Y, et al. 2014. Influences of magmatic intrusion on the macromolecular and pore structures of coal: Evidences from Raman spectroscopy and atomic force microscopy. Fuel, 119: 191~201.

Wu Y, Liu J S, Chen Z W, et al. 2011. A dual poroelastic model for CO_2-enhanced coalbed methane recovery. International Journal of Coal Geology, 86(2~3): 177~189.

Wu Y, Liu J S, Elsworth D, et al. 2010. Dual poroelastic response of a coal seam to CO_2 injection. International Journal of Greenhouse Gas Control, 4(4): 668~678.

Wu Y T, Pan Z J, Zhang D Y, et al. 2017. Experimental study of permeability behavior for proppant supported coal fracture. Journal of Natural Gas Science & Engineering, 51: 250~264.

Xia T Q, Zhou F B, Gao F, et al. 2015. Simulation of coal self-heating processes in underground methane-rich coal seams. International Journal of Coal Geology, 141~142: 1~12.

Xia W C, Yang J G, Liang C. 2013. A short review of improvement in flotation of low rank/oxidized coals by pretreatments. Powder Technology, 237: 1~8.

Xu H, Tang D Z, Zhao J L, et al. 2015. A new laboratory method for accurate measurement of the methane diffusion coefficient and its influencing factors in the coal matrix. Fuel, 158: 239~247.

Xu T, Apps J A, Pruess K. 2005. Mineral sequestration of carbon dioxide in a sandstone–shale system. Chemical Geology, 217(3~4): 295~318.

Xu X F, Chen S Y, Zhang D X. 2006. Convective stability analysis of the long-term storage of carbon dioxide in deep saline aquifers. Advances in Water Resources, 29(3): 397~407.

Xu Y S, Liu X W, Zhang P H, et al. 2016. Role of chlorine in ultrafine particulate matter formation during the combustion of a blend of high-Cl coal and low-Cl coal. Fuel, 184: 185~191.

Yan C H, Whalen R T, Beaupre G S, et al. 2000. Reconstruction algorithm for polychromatic CT imaging: Application to beam hardening correction. IEEE Transactions on Medical Imaging, 19(1): 1~11.

Yang M X, Fu J J, Ren A Q. 2015. Recognition of Yanshanian magmatic-hydrothermal gold and polymetallic gold mineralization in the Laowan gold metallogenic belt, Tongbai Mountains: New evidence from structural controls, geochronology and geochemistry. Ore Geology Reviews, 69: 58~72.

Yang Y, Peng X D, Liu X. 2012. The stress sensitivity of coal bed methane wells and impact on production. Procedia Engineering, 31: 571~579.

Yassin M R, Habibi A, Eghbali S, et al. 2017. An experimental study of non-equilibrium CO_2-oil interactions. SPE Annual Technical Conference and Exhibition, San Antonio USA: SPE-187093-MS. DOI: https://doi.org/10.2118/187093-MS.

Yao Y B, Liu D M. 2012. Comparison of low-field NMR and mercury intrusion porosimetry in characterizing pore size distributions of coals. Fuel, 95: 152~158.

Yao Y B, Liu D M, Xie S B. 2014. Quantitative characterization of methane adsorption on coal using a low-field NMR relaxation method. International Journal of Coal Geology, 131: 32~40.

Ye J P. 2017. Study and pilot test for enhanced CBM recovery by injecting CO_2 into well groups of deep coal reservoirs in Qinshui Basin// Tang D. Proceedings of International Academic Symposium on Deep Coalbed Methane. Beijing: Geological Publishing House, 168~182.

Yeong C L Y, Torquato S J P R E. 1998. Reconstructing random media. II. Three-dimensional media from two-dimensional cuts. Physical Review E, 58(1): 224~233.

Yin G Z, Deng B Z, Li M H, et al. 2017. Impact of injection pressure on CO_2-enhanced coalbed methane recovery considering mass transfer between coal fracture and matrix. Fuel, 196: 288~297.

Yu H, Zhou L, Guo W, et al. 2008. Predictions of the adsorption equilibrium of methane/carbon dioxide binary gas on coals using Langmuir and ideal adsorbed solution theory under feed gas conditions. International Journal of Coal Geology, 73(2): 115~129.

Zagorščak R, Thomas H R. 2018. Effects of subcritical and supercritical CO_2 sorption on deformation and failure of high-rank coals. International Journal of Coal Geology, 199: 113~123.

Zarębska K, Ceglarska-Stefańska G. 2008. The change in effective stress associated with swelling during carbon dioxide sequestration on natural gas recovery. International Journal of Coal Geology, 74(3~4): 167~174.

Zhang D F, Cui Y J, Liu B, et al. 2011. Supercritical pure methane and CO_2 adsorption on various rank coals of China: Experiments and modeling. Energy & Fuels, 25(4): 1891~1899.

Zhang H B, Liu J S, Elsworth D. 2008. How sorption-induced matrix deformation affects gas flow in coal seams: A new FE model. International Journal of Rock Mechanics and Mining Sciences, 45(8): 1226~1236.

Zhang J F, Liu K Y, Clennell M B, et al. 2015. Molecular simulation of CO_2-CH_4 competitive adsorption and induced coal swelling. Fuel, 160: 309~317.

Zhang K, Sang S X, Liu C J, et al. 2019a. Experimental study the influences of geochemical reaction on coal structure during the CO_2 geological storage in deep coal seam. Journal of Petroleum Science and Engineering, 178: 1006~1017.

Zhang M, De Jong S M, Spiers C J, et al. 2018a. Swelling stress development in confined smectite clays through exposure to CO_2. International Journal of Greenhouse Gas Control, 74: 49~61.

Zhang X G, Ranjith P G, Li D Y, et al. 2018b. CO_2 enhanced flow characteristics of naturally-fractured bituminous coals with N_2 injection at different reservoir depths. Journal of CO_2 Utilization, 28: 393~402.

Zhang X G, Ranjith P G, Ranathunga A S, et al. 2019b. Variation of mechanical properties of bituminous coal under CO_2 and H_2O saturation. Journal of Natural Gas Science and Engineering, 61: 158~168.

Zhang Y H, Lebedev M, Al-Yaseri A, et al. 2018c. Nanoscale rock mechanical property changes in heterogeneous coal after water adsorption. Fuel, 218: 23~32.

Zhang Y H, Lebedev M, Sarmadivaleh M, et al. 2016. Swelling-induced changes in coal microstructure due to supercritical CO_2 injection. Geophysical Research Letters, 43(17): 9077~9083.

Zhang Z X, Wang G X, Massarotto P, et al. 2006. Optimization of pipeline transport for CO_2 sequestration. Energy Conversion & Management, 47 (6) : 702~715.

Zhao J L, Tang D Z, Lin W J, et al. 2015. Permeability dynamic variation under the action of stress in the medium and high rank coal reservoir. Journal of Natural Gas Science and Engineering, 26: 1030~1041.

Zhao W, Cheng Y P, Jiang H N, et al. 2017. Modeling and experiments for transient diffusion coefficients in the desorption of methane through coal powders. International Journal of Heat and Mass Transfer, 110: 845~854.

Zhao Y L, Feng Y H, Zhang X X. 2016. Molecular simulation of CO_2/CH_4 self- and transport diffusion coefficients in coal. Fuel, 165: 19~27.

Zhao Y X, Zhao G F, Jiang Y D, et al. 2014. Effects of bedding on the dynamic indirect tensile strength of coal: Laboratory experiments and numerical simulation. International Journal of Coal Geology, 132: 81~93.

Zhou F B, Liu S Q, Pang Y Q, et al. 2015. Effects of coal functional groups on adsorption microheat of coal bed methane. Energy & Fuels, 29 (3) : 1550~1557.

Zhou F D, Hussain F, Cinar Y. 2013. Injecting pure N_2 and CO_2 to coal for enhanced coalbed methane: Experimental observations and numerical simulation. International Journal of Coal Geology, 116~117 (5) : 53~62.

Zhu W C, Wei C H, Liu J, et al. 2011. A model of coal-gas interaction under variable temperatures. International Journal of Coal Geology, 86 (2~3) : 213~221.

Zimmerman R W. 2010. Coupling in poroelasticity and thermoelasticity. International Journal of Rock Mechanics and Mining Science, 37 (1~2) : 79~87.

Zimmerman R W, Somerton W H, King M S. 2012. Compressibility of porous rocks. Journal of Geophysical Research Solid Earth, 91 (B12) : 12765~12777.

Zou M J, Wei C T, Pan H Y, et al. 2010. Productivity of coalbed methane wells in southern of Qinshui Basin. Mining Science and Technology (China) , 20 (5) : 765~769, 777.

Zolfaghari A, Dehghanpour H, Holyk J. 2017a. Water sorption behaviour of gas shales: I. Role of clays. International Journal of Coal Geology, 179: 130~138.

Zolfaghari A, Dehghanpour H, Xu M. 2017b. Water sorption behaviour of gas shales: II. Pore size distribution. International Journal of Coal Geology, 179: 187~195.